CAD/CAM/CAE 入门与提高 系列丛书

SOLIDWORKS 2020

中文版

入门与提高

CAD/CAM/CAE技术联盟◎编著

清华大学出版社
北京

内容简介

本书介绍了SOLIDWORKS 2020建模的设计方法，详细讲解了建模中的草图绘制、特征创建、曲面设计、钣金设计、装配体设计、工程图设计和挖掘机设计综合实例等知识。

本书突出了实用性和技巧性，使读者可以很快地掌握SOLIDWORKS 2020中的基础建模方法，同时还可以学习到该软件在各行各业中的应用。

本书涵盖内容多，从基础讲解，由少集多，从简入难，除利用传统的纸面讲解外，还随书赠送了电子资料，其中包含全书讲解实例和练习实例的源文件素材以及全程实例动画的同步录音讲解AVI文件。

本书适合广大技术人员和机械工程专业的学生使用，也可以作为各大、中专学校的教学参考书。

图书在版编目(CIP)数据

SOLIDWORKS 2020中文版入门与提高/CAD/CAM/CAE技术联盟编著. —北京：清华大学出版社，2021.4
(CAD/CAM/CAE入门与提高系列丛书)
ISBN 978-7-302-57053-0

Ⅰ. ①S… Ⅱ. ①C… Ⅲ. ①计算机辅助设计－应用软件 Ⅳ. ①TP391.72

中国版本图书馆CIP数据核字(2020)第238282号

责任编辑：秦 娜 王 华
封面设计：李召霞
责任校对：刘玉霞
责任印制：刘海龙

出版发行：清华大学出版社
网　　址：http://www.tup.com.cn，http://www.wqbook.com
地　　址：北京清华大学学研大厦A座　　**邮　　编**：100084
社 总 机：010-62770175　　**邮　　购**：010-62786544
投稿与读者服务：010-62776969，c-service@tup.tsinghua.edu.cn
质量反馈：010-62772015，zhiliang@tup.tsinghua.edu.cn
印 刷 者：北京富博印刷有限公司
装 订 者：北京市密云县京文制本装订厂
经　　销：全国新华书店
开　　本：185mm×260mm　　**印　　张**：34　　**字　　数**：781千字
版　　次：2021年6月第1版　　**印　　次**：2021年6月第1次印刷
定　　价：109.80元

产品编号：089599-01

前　言

Preface

SOLIDWORKS 因其在关键技术上的突破、深层功能上的开发和工程应用上的不断拓展，成为 CAD 市场中的主流产品。SOLIDWORKS 可以在平面工程制图、三维造型、求逆运算、加工制造、工业标准交互传输、模拟加工过程、电缆布线和电子线路等领域应用。

一、本书特色

纵观市面上的 SOLIDWORKS 书籍，琳琅满目，让人眼花缭乱，但读者想要挑选一本适合自己的书反而举步维艰，虽然“身在此山中”，却也只是“雾里看花”。以下五大特色可以使本书从众多同类书籍中脱颖而出。

☑ 作者权威

本书作者有多年计算机辅助设计领域的工作和教学经验。作者总结多年的设计经验以及教学的心得体会，力求全面细致地展现 SOLIDWORKS 在曲面造型应用领域的各种功能和使用方法。

☑ 实例丰富

本书中的实例本身就是工程设计项目案例，经过作者的精心提炼和改编，不仅保证了读者能够学好知识点，更重要的是能帮助读者掌握实际的操作技能。本书以实例为绝对核心，透彻讲解各种类型的案例，所采用的案例多且具有代表性，经过了多次课堂和工程检验；案例由浅入深，每一个案例所包含的重点难点非常明确，读者学习起来会感到非常轻松。

☑ 突出提升技能

本书将工程设计中涉及的专业知识融于其中，让读者深刻体会到利用 SOLIDWORKS 工程设计的完整过程和使用技巧，真正做到以不变应万变；为读者以后的实际工作做好技术储备，使读者能够快速掌握工作技能。

本书结合大量的实例详细讲解 SOLIDWORKS 的知识要点，让读者在学习案例的过程中潜移默化地掌握 SOLIDWORKS 软件的操作技巧，同时培养了工程设计实践能力。

二、本书的基本内容

本书以 SOLIDWORKS 2020 版本为演示平台，着重介绍 SOLIDWORKS 软件在各行业设计中的应用方法。全书分为 13 章，各章内容如下所述。

第 1 章为 SOLIDWORKS 2020 概述。

第 2 章主要介绍草图绘制。

第 3 章主要介绍三维草图和三维曲线。

第 4 章主要介绍参考几何体。

Note

第 5 章主要介绍草绘特征。

第 6 章主要介绍放置特征。

第 7 章主要介绍特征的复制。

第 8 章主要介绍修改零件。

第 9 章主要介绍曲面。

第 10 章主要介绍钣金设计。

第 11 章主要介绍装配体设计。

第 12 章主要介绍工程图设计。

第 13 章主要介绍挖掘机设计综合实例。

三、本书的配套资源

本书通过二维码提供了极为丰富的学习配套资源，期望读者能够在最短的时间内学会并精通这门技术。

本书专门制作了 36 个经典中小型案例，1 个大型综合工程应用案例，885 分钟教材实例同步微视频，读者可以先看视频，像看电影一样轻松愉悦地学习本书内容，然后对照教材加以实践和练习，这样可以大大提高学习效率。

本书还提供了第 1～8 届全国成图大赛试题集，扫描二维码即可下载学习。

四、致谢

本书主要由 CAD/CAM/CAE 技术联盟编写。CAD/CAM/CAE 技术联盟是一个CAD/CAM/CAE 技术研讨、工程开发、培训咨询和图书创作的工程技术人员协作联盟，包含 40 多位专职和众多兼职 CAD/CAM/CAE 工程技术专家。

由于作者水平有限，疏漏之处在所难免，希望广大读者发邮件(714491436@qq.com)提出宝贵意见，或加 QQ 交流群(814799307)直接在线交流。

0-1

编　者

2020 年 12 月

目　录

Contents

Note

Note

Note

Note

Note

Note

Note

第1章

SOLIDWORKS 2020概述

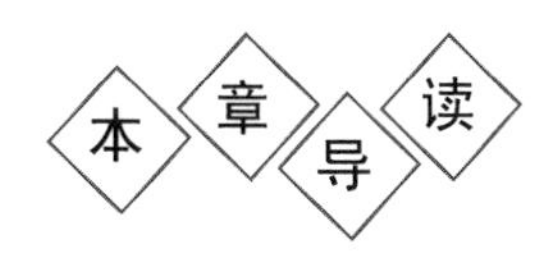

本章简要介绍了SOLIDWORKS软件的基本知识，主要讲解了软件的工作环境及视图显示，基本讲解了用户界面，为后面章节介绍绘图操作打下基础。

内容要点

- SOLIDWORKS用户界面
- SOLIDWORKS工作环境设置
- 文件管理

1.1 SOLIDWORKS 2020 简介

Note

1-1

达索公司推出的 SOLIDWORKS 2020 在创新性、使用的方便性以及界面的人性化等方面都得到了增强，性能和质量得以大幅度完善，同时开发了更多 SOLIDWORKS 新设计功能，使产品开发流程发生了根本性的变革；它还支持全球性的协作和连接，增强了项目的广泛合作，大大缩短了产品设计的时间，提高了产品设计的效率。

SOLIDWORKS 2020 在用户界面、草图绘制、特征、成本、零件、装配体、SOLIDWORKS Enterprise PDM、Simulation、运动算例、工程图、出样图、钣金设计、输出和输入以及网络协同等方面都得到了增强，比原来的版本至少增强了 250 个用户功能，使用户可以更方便地使用该软件。本节将介绍 SOLIDWORKS 2020 的一些基本知识。

1.1.1 启动 SOLIDWORKS 2020 系统

SOLIDWORKS 2020 安装完成后，即可启动该软件。在 Windows 操作环境下，选择屏幕左下角的“开始”→“所有程序”→“SOLIDWORKS 2020”命令，或者双击桌面上 SOLIDWORKS 2020 的快捷方式图标，就可以启动该软件。SOLIDWORKS 2020 的启动画面如图 1-1 所示。

图 1-1 SOLIDWORKS 2020 的启动画面

启动画面消失后，系统进入 SOLIDWORKS 2020 的初始界面，初始界面中只有几个菜单栏和“标准”工具栏，如图 1-2 所示，用户可在设计过程中根据自己的需要打开其他工具栏。

Note

图 1-2　SOLIDWORKS 2020 的初始界面

1.1.2　新建文件

单击“标准”工具栏中的“新建”按钮，或者选择菜单栏中的“文件”→“新建”命令，根据个人习惯选择 SOLIDWORKS 所使用的单位制和标准，单击“确定”按钮。弹出的“新建 SOLIDWORKS 文件”对话框如图 1-3 所示，该版本中使用较简单的对话框，提供零件、装配体和工程图文档的说明。其按钮的功能如下。

- “零件”按钮：双击该按钮，可以生成单一的三维零部件文件。
- “装配体”按钮：双击该按钮，可以生成零件或其他装配体的排列文件。
- “工程图”按钮：双击该按钮，可以生成属于零件或装配体的二维工程图文件。

单击“零件” 按钮→“确定”按钮，即进入完整的用户界面。

在 SOLIDWORKS 2020 中，“新建 SOLIDWORKS 文件”对话框有两个版本可供选择：新手版本和高级版本。

在如图 1-3 所示的“新建 SOLIDWORKS 文件”对话框中单击“高级”按钮，即进入高级版本的“新建 SOLIDWORKS 文件”对话框，如图 1-4 所示。高级版本在各个标签上显示模板图标的对话框，当选择某一文件类型时，模板预览出现在预览框中。在该版本中，用户可以保存模板，添加自己的标签，也可以选择 Tutorial 标签来访问指导教程模板。

Note

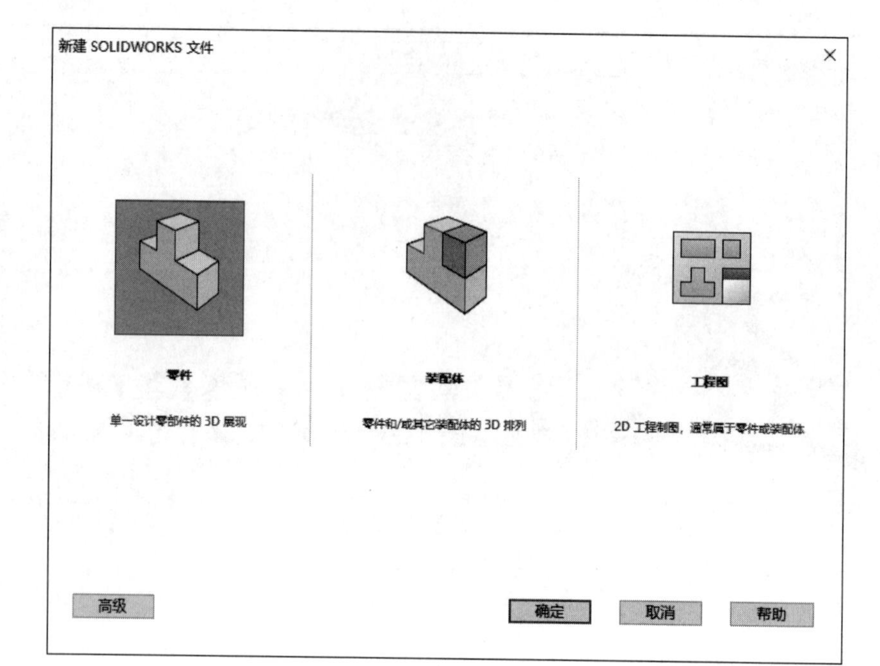

图 1-3　“新建 SOLIDWORKS 文件”对话框

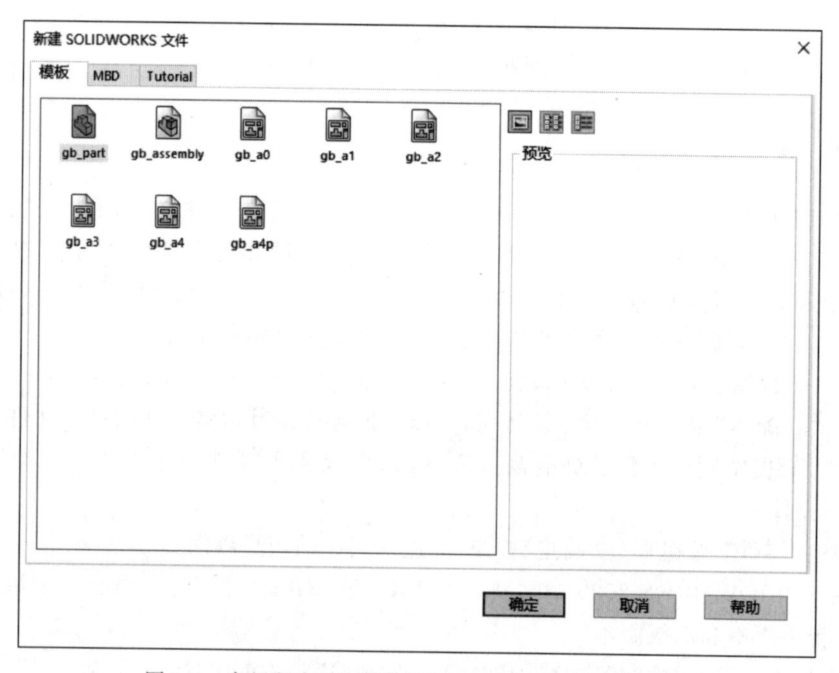

图 1-4　高级版本的“新建 SOLIDWORKS 文件”对话框

1.1.3　SOLIDWORKS 用户界面

新建一个零件文件后，进入 SOLIDWORKS 2020 用户界面，如图 1-5 所示，其中包括菜单栏、工具栏、状态栏、FeatureManager 设计树和绘图区等。

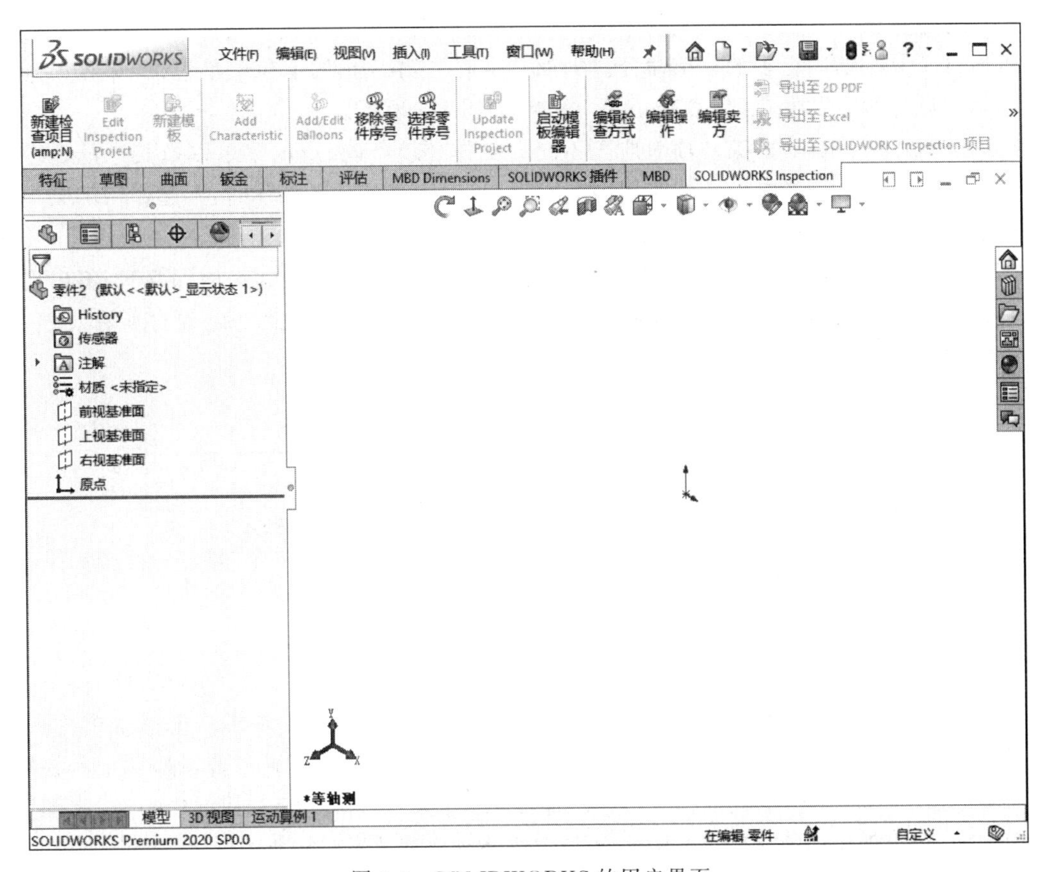

图 1-5　SOLIDWORKS 的用户界面

装配体文件和工程图文件与零件文件的用户界面类似，在此不再赘述。

菜单栏包含了所有 SOLIDWORKS 的命令，工具栏可根据文件类型（零件、装配体或工程图）来调整和放置并设定其显示状态。SOLIDWORKS 用户界面底部的状态栏可以提供用户正在执行的功能的有关信息。下面介绍该用户界面的一些基本功能。

1. 菜单栏

菜单栏显示在标题栏的下方，默认情况下菜单栏是隐藏的，只显示标准工具栏，如图 1-6 所示。

图 1-6　标准工具栏

要显示菜单栏需要将光标移动到 SOLIDWORKS 图标 上或单击该图标，显示的菜单栏如图 1-7 所示。若要始终保持菜单栏可见，需要将“图钉”图标 更改为钉住状态 ，该软件中最关键的功能集中在“插入”菜单和“工具”菜单中。

图 1-7　菜单栏

Note

通过单击工具栏按钮右侧的下拉三角图标，可以打开带有附加功能的弹出菜单，即可通过工具栏访问更多的菜单命令。例如，“保存”按钮 的下拉菜单包括“保存”“另存为”“保存所有”“发布到 eDrawings”命令，如图 1-8 所示。

SOLIDWORKS 的菜单项对应于不同的工作环境，其相应的菜单以及其中的命令也会有所不同。读者在以后的应用中会发现，当进行某些任务操作时，不起作用的菜单会临时变灰，此时将无法应用该菜单。

如果选择保存文档提示，则当文档在指定间隔（分钟或更改次数）内保存时，将出现“未保存的文档通知：”对话框，如图 1-9 所示。其中包含“保存文档”和“保存所有文档”命令，该对话框将在几秒后淡化消失。

图 1-8 “保存”按钮的下拉菜单

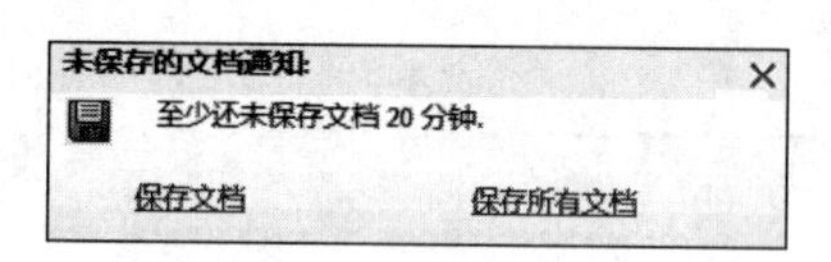

图 1-9 “未保存的文档通知：”对话框

2. 工具栏

SOLIDWORKS 中有很多可以按需要显示或隐藏的内置工具栏。选择菜单栏中的“视图”→“工具栏”命令，如图 1-10(a)所示。或者在工具栏区域右击，弹出“工具栏”菜单，如图 1-10(b)所示。选择“自定义”命令，在打开的“自定义”对话框中勾选“视图”复选框，会出现浮动的“视图”工具栏，可以自由拖动将其放置在需要的位置，如图 1-10(c)所示。

此外，还可以设定哪些工具栏在没有文件打开时可显示，或者根据文件类型（零件、装配体或工程图）来放置工具栏并设定其显示状态（自定义、显示或隐藏）。例如，保持“自定义”对话框的打开状态，在 SOLIDWORKS 用户界面中，可对工具栏按钮进行如下操作。

- 从工具栏上的一个位置拖动到另一位置。
- 从一个工具栏拖动到另一个工具栏。
- 从工具栏拖动到图形区中，即从工具栏上将其移除。

有关工具栏命令的各种功能和具体操作方法将在后面的章节中做具体的介绍。

在使用工具栏或工具栏中的命令时，将指针移动到工具栏图标附近，会弹出消息提示，显示该工具的名称及相应的功能，如图 1-11 所示，显示一段时间后，该提示会自动消失。

3. 状态栏

状态栏位于 SOLIDWORKS 用户界面底端的水平区域，它显示了当前窗口中正在编辑的内容的状态，以及指针位置坐标、草图状态等信息的内容，状态栏的典型信息如下。

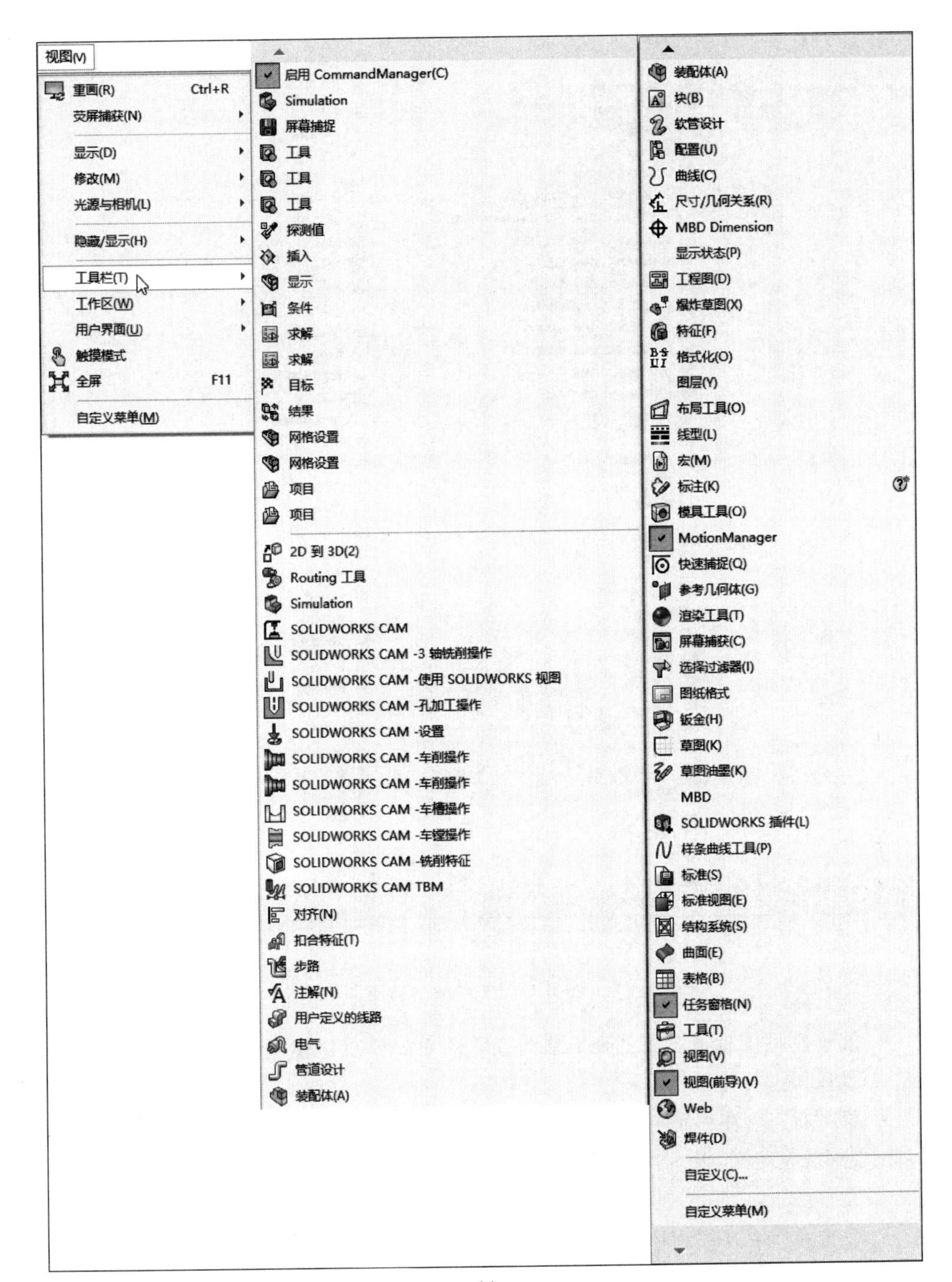

(a)

图 1-10　调用“视图”工具栏

(a) 在“视图”菜单调用工具栏；(b) 在工具栏右击调用工具栏；(c) “自定义”对话框

Note

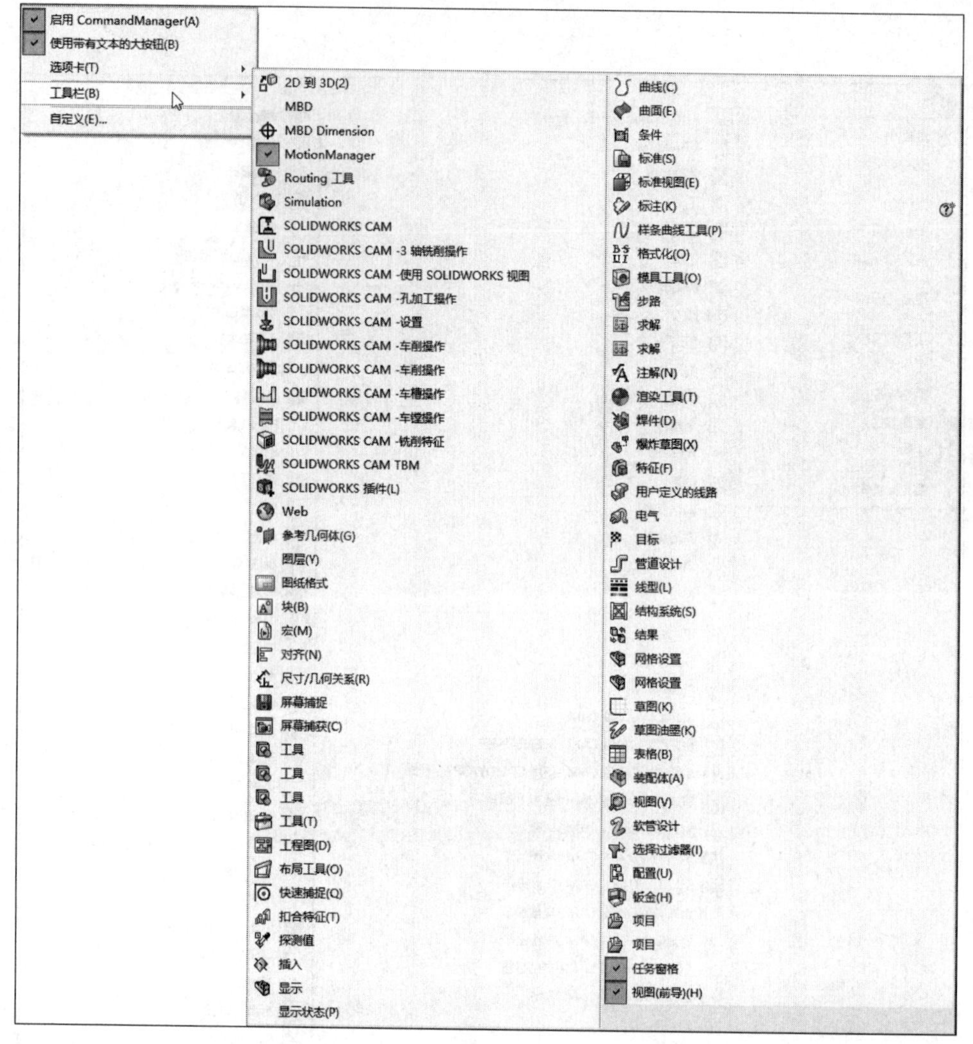

(b)

图 1-10 （续）

- 重建模型图标 ：在更改了草图或零件而需要重建模型时，重建模型图标会显示在状态栏中。
- 草图状态：在编辑草图过程中，状态栏中会出现 5 种草图状态，即完全定义、过定义、欠定义、没有找到解、发现无效的解。在零件完成之前，最好选择完全定义草图。
- 单位系统：在编辑草图过程中，单击“单位系统”按钮 自定义 ，在弹出的列表中选择绘制草图的文档单位，如图 1-12 所示。

4. FeatureManager 设计树

FeatureManager 设计树位于 SOLIDWORKS 用户界面的左侧，是 SOLIDWORKS 中比较常用的部分，它提供了激活的零件、装配体或工程图的大纲视图，从而可以很方便地查看模型或装配体的构造情况，或者查看工程图中的不同图样和视图。

Note

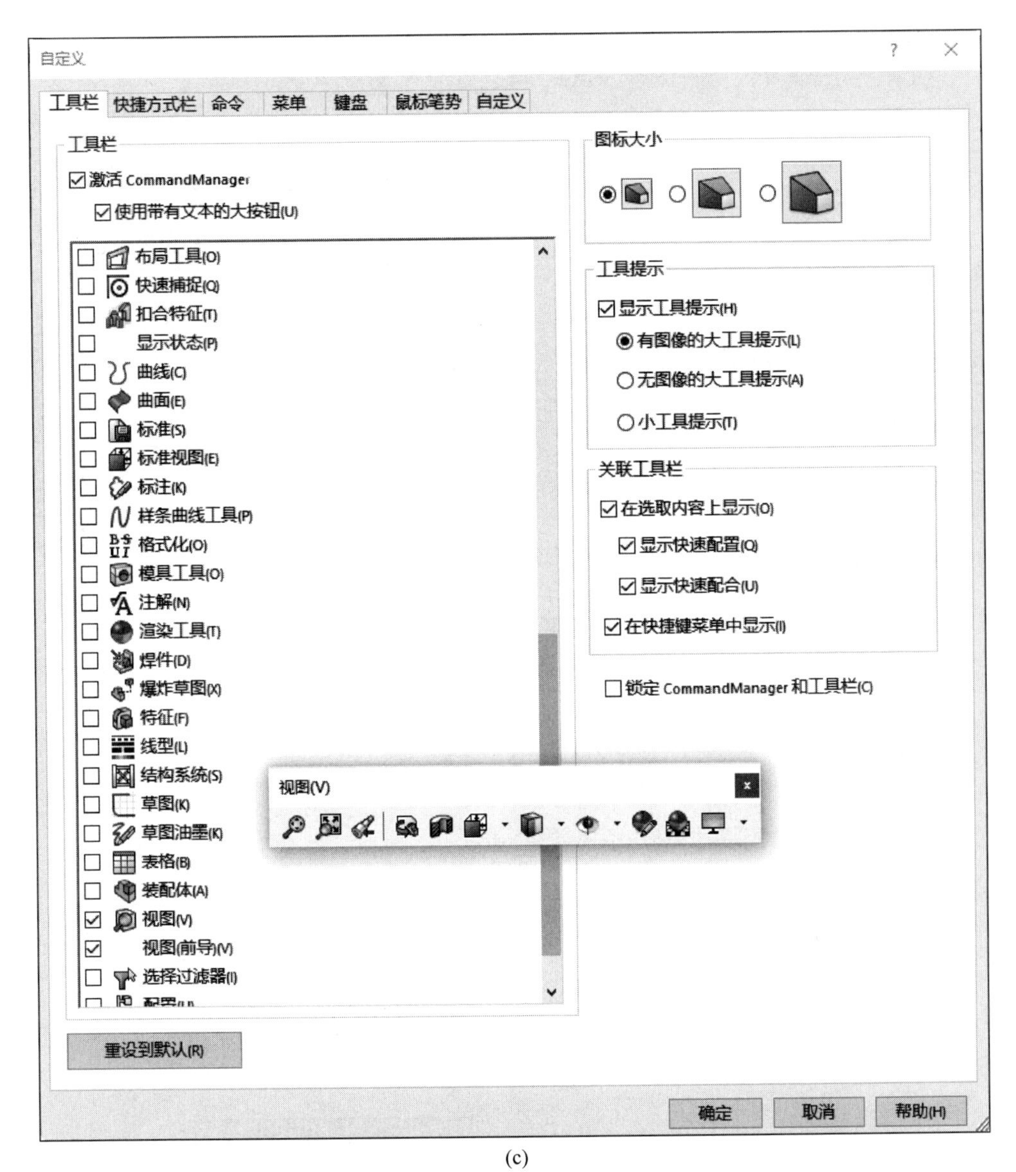

(c)

图 1-10 （续）

FeatureManager 设计树和图形区是动态链接的，使用时可以在任何窗格中选择特征、草图、工程视图和构造几何线。FeatureManager 设计树可以用来组织和记录模型中各个要素及要素之间的参数信息和相互关系，以及模型、特征和零件之间的约束关系等，其中几乎包含了所有设计信息。FeatureManager 设计树如图 1-13 所示。

FeatureManager 设计树的功能主要有以下几个方面。

- 以名称来选择模型中的项目，即可通过在模型中选择其名称来选择特征、草图、基准面及基准轴。SOLIDWORKS 在这一项中的很多功能与 Windows 操作界面类似，如在选择的同时按住 Shift 键，可以选取多个连续项目；在选择的同时按住 Ctrl 键，可以选取多个非连续项目。

Note

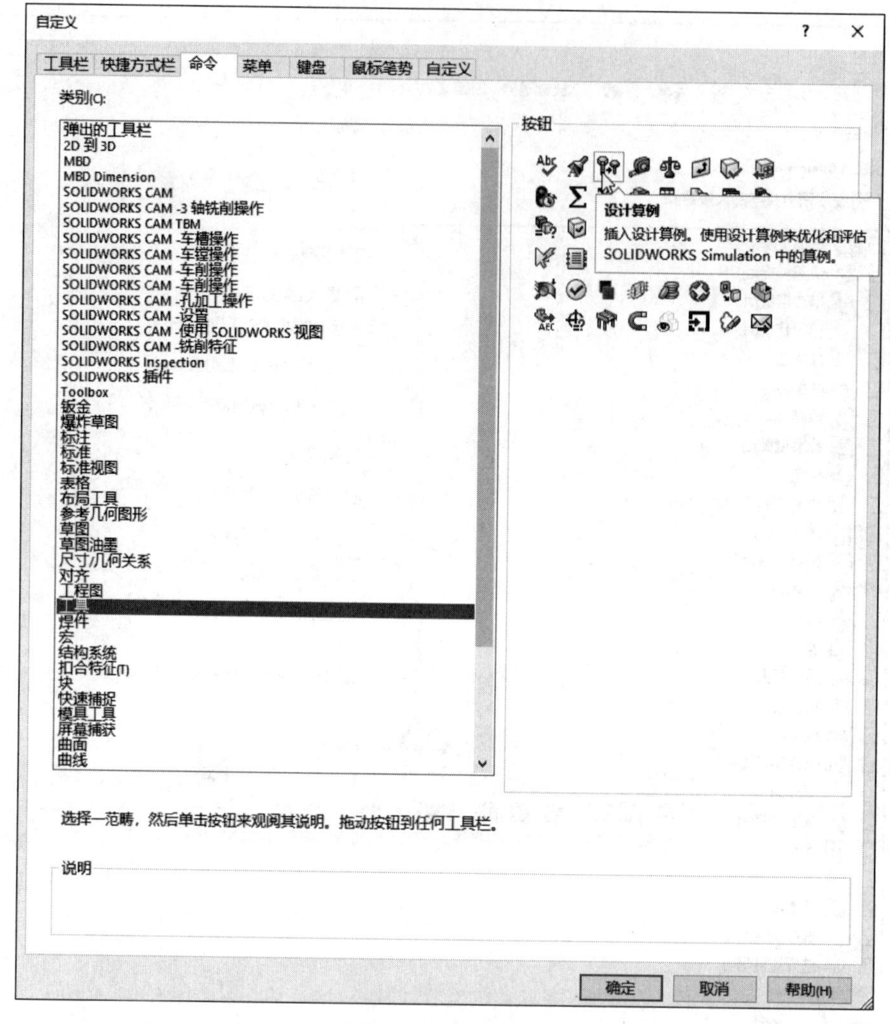

图 1-11　消息提示

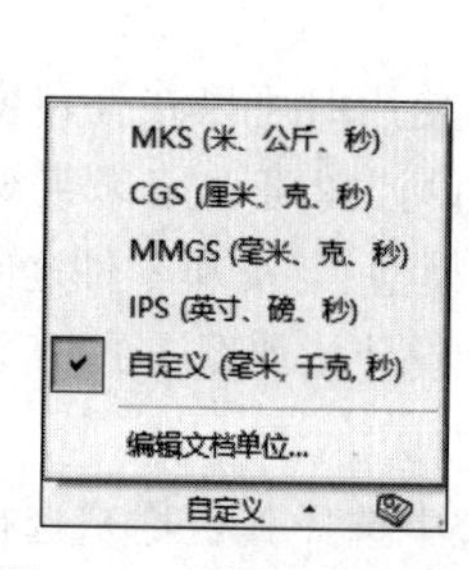

图 1-12　“单位系统”列表

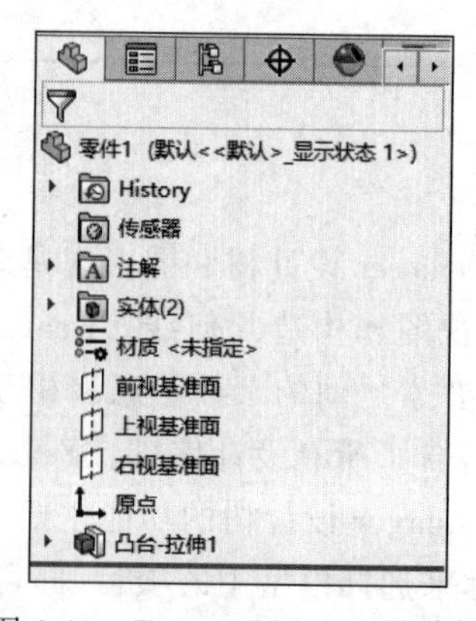

图 1-13　FeatureManager 设计树

- 确认和更改特征的生成顺序。在 FeatureManager 设计树中利用拖动项目可以重新调整特征的生成顺序，这将更改重建模型时特征重建的顺序。

Note

- 通过双击特征的名称可以显示特征的尺寸。
- 如要更改项目的名称，在名称上缓慢单击两次以选择该名称，然后输入新的名称即可，如图 1-14 所示。

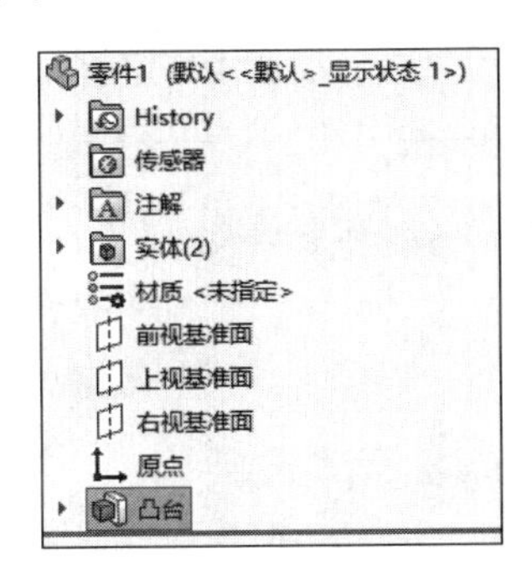

图 1-14　在 FeatureManager 设计树中更改项目名称

- 压缩和解除压缩零件特征和装配体零部件，在装配零件时是很常用的，同样，如要选择多个特征，在选择的时候按住 Ctrl 键。
- 右击清单中的特征，然后选择父子关系，以便查看父子关系。
- 如在设计树区域右击，还可显示如下项目：特征说明、零部件说明、零部件配置名称、零部件配置说明等。
- 将文件夹添加到 FeatureManager 设计树中。

对 FeatureManager 设计树的熟练操作是应用 SOLIDWORKS 的基础，也是应用 SOLIDWORKS 的重点，由于其功能强大，在此不能一一列举，但是在后几章节中会多次用到，只有在学习的过程中熟练应用设计树的功能，才能加快建模的速度和效率。

5. 绘图区

绘图区是进行零件设计、制作工程图、装配图的主要操作窗口。下面提到的草图绘制、零件装配、工程图的绘制等操作，均是在这个区域中完成的。

1-2

1.2　SOLIDWORKS 工作环境设置

要熟练地使用一套软件，必须先认识软件的工作环境，然后设置适合自己的使用环境，这样可以使设计更加便捷。SOLIDWORKS 软件同其他软件一样，可以根据自己的需要显示或者隐藏工具栏，以及添加或者删除工具栏中的命令按钮，还可以根据需要设置零件、装配体和工程图的工作界面。

1.2.1　设置工具栏

SOLIDWORKS 有很多工具栏，由于图形区的限制，不能显示所有的工具栏，因此 SOLIDWORKS 系统默认的工具栏是比较常用的。在建模过程中，用户可以根据需要显示或者隐藏部分工具栏，其设置方法有两种，下面将分别介绍。

Note

1. 利用菜单命令设置工具栏

利用菜单命令添加或者隐藏工具栏的操作步骤如下。

(1) 选择菜单栏中的“工具”→“自定义”命令，或者在工具栏区域右击，在弹出的快捷菜单中选择“自定义”命令，此时系统弹出的“自定义”对话框如图 1-15 所示。

图 1-15 “自定义”对话框

(2) 单击对话框中的“工具栏”选项卡，会出现所有的工具栏，勾选需要打开的工具栏复选框。

(3) 确认设置。单击对话框中的“确定”按钮，在图形区中会显示选择的工具栏。

如果要隐藏已经显示的工具栏，则取消对工具栏复选框的勾选，然后单击“确定”按钮，此时在图形区中将会隐藏取消勾选的工具栏。

2. 利用鼠标右键设置工具栏

利用鼠标右键添加或者隐藏工具栏的操作步骤如下。

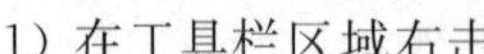

(1) 在工具栏区域右击，会出现“工具栏”快捷菜单，如图 1-16 所示。

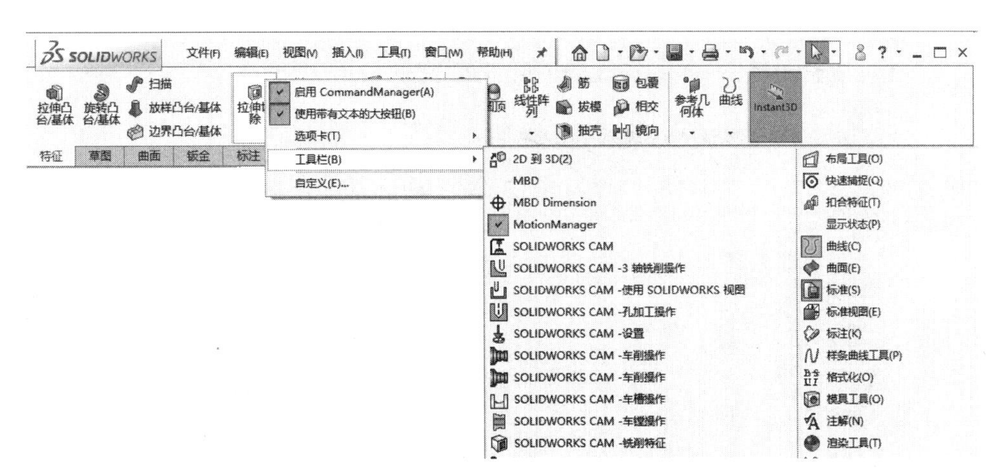

图 1-16 “工具栏”快捷菜单

(2) 单击需要显示的工具栏,前面复选框的颜色会加深,图形区中将会显示需要选择的工具栏;如果单击已经显示的工具栏,前面复选框的颜色会变浅,则图形区中将会隐藏选择的工具栏。

另外,隐藏工具栏还有一个简便的方法,即选择界面中不需要的工具栏,用鼠标将其拖到图形区中,此时工具栏上会出现标题栏。如图 1-17 所示是拖至图形区中的“注解”工具栏,单击“注解”工具栏右上角中的“关闭”按钮,图形区将隐藏该工具栏。

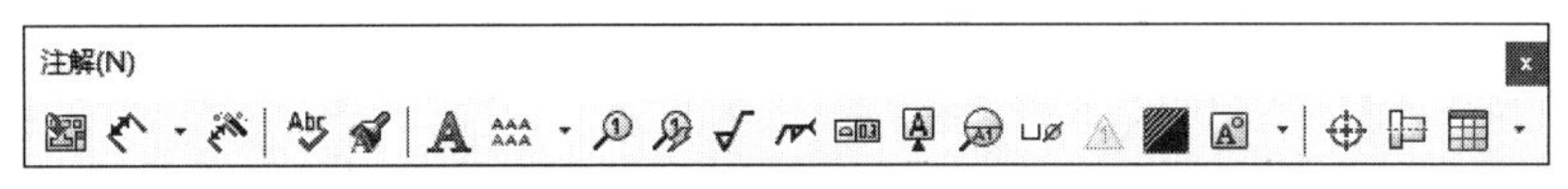

图 1-17 “注解”工具栏

1.2.2 设置工具栏命令按钮

默认工具栏中,并没有包括平时所用的所有命令按钮,用户可以根据自己的需要添加或者删除命令按钮。

设置工具栏中命令按钮的操作步骤如下。

(1) 选择菜单栏中的“工具”→“自定义”命令,或者在工具栏区域右击,在弹出的快捷菜单中选择“自定义”命令,弹出“自定义”对话框。

(2) 单击该对话框中的“命令”选项卡,出现“类别”选项组和“按钮”选项组,如图 1-18 所示。

(3) 在“类别”选项组中选择工具栏,会在“按钮”选项组中出现该工具栏中所有的命令按钮。

(4) 在“按钮”选项组中,单击选择要增加的命令按钮,接着按住鼠标左键拖动该按钮到要放置的工具栏上,然后松开鼠标左键。

(5) 单击对话框中的“确定”按钮,则工具栏上会显示添加的命令按钮。

如果要删除无用的命令按钮,只要打开“自定义”对话框的“命令”选项卡,然后用鼠标左键把要删除的按钮拖动到图形区,即可删除。

Note

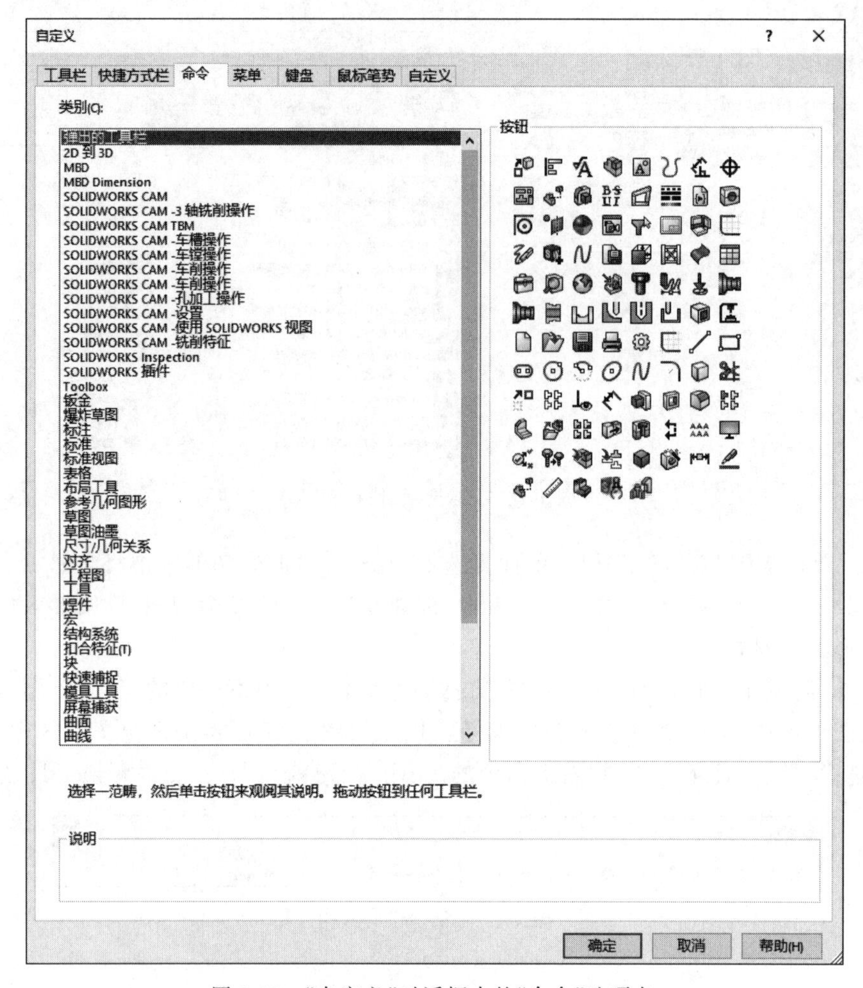

图 1-18 “自定义”对话框中的“命令”选项卡

例如，在“草图”工具栏中添加“椭圆”命令按钮。先选择菜单栏中的“工具”→“自定义”命令，打开“自定义”对话框，然后单击“命令”选项卡，在“类别”选项组中选择“草图”工具栏。在“按钮”选项组中单击“椭圆”按钮，按住鼠标左键将其拖到“草图”工具栏中合适的位置，然后松开鼠标左键，该命令按钮即可添加到工具栏中。如图 1-19 所示为添加命令按钮前后“草图”工具栏的变化情况。

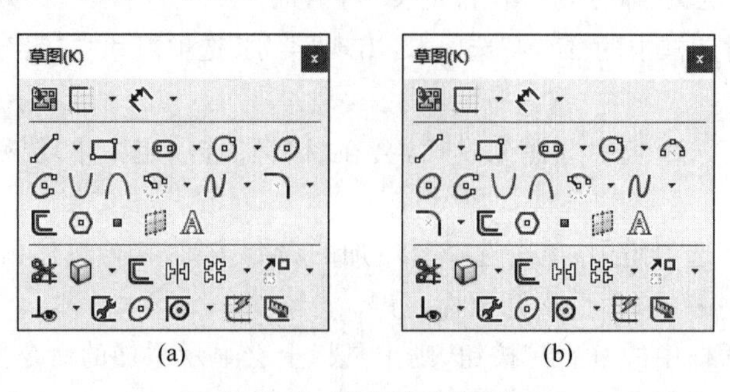

图 1-19 添加命令按钮

(a) 添加命令按钮前；(b) 添加命令按钮后

技巧荟萃

在添加工具栏或者删除命令按钮时，对工具栏的设置会应用到当前激活的SOLIDWORKS文件类型中。

1.2.3 设置快捷键

除了可以使用菜单栏和工具栏执行命令外，SOLIDWORKS软件还允许用户通过自行设置快捷键的方式来执行命令。其操作步骤如下。

（1）选择菜单栏中的“工具”→“自定义”命令，或者在工具栏区域右击，在弹出的快捷菜单中选择“自定义”命令，此时系统弹出“自定义”对话框。

（2）单击对话框中的“键盘”选项卡，如图1-20所示。

图1-20 “自定义”对话框中的“键盘”选项卡

（3）在“类别”下拉列表框中选择“文件”选项，然后在下面列表的“显示”选项中选择要设置快捷键的命令“带键盘快捷键的命令”。

(4) 在“搜索”选项中输入要搜索的快捷键,输入的快捷键就出现在“当前快捷键”选项中。

(5) 单击对话框中的“确定”按钮,快捷键设置成功。

Note

技巧荟萃

(1) 如果设置的快捷键已经被使用,则系统会提示该快捷键已被使用,必须更改要设置的快捷键。

(2) 如果要取消设置的快捷键,在“键盘”选项卡中选择“快捷键”选项中设置的快捷键,然后单击对话框中的“移除快捷键”按钮,则该快捷键就会被取消。

1.2.4 设置背景

在 SOLIDWORKS 中,可以更改操作界面的背景及颜色,以设置个性化的用户界面。设置背景的操作步骤如下。

(1) 选择菜单栏中的“工具”→“选项”命令,弹出“系统选项-颜色”对话框。

(2) 在对话框“系统选项”选项卡的左侧列表框中选择“颜色”选项,如图 1-21 所示。

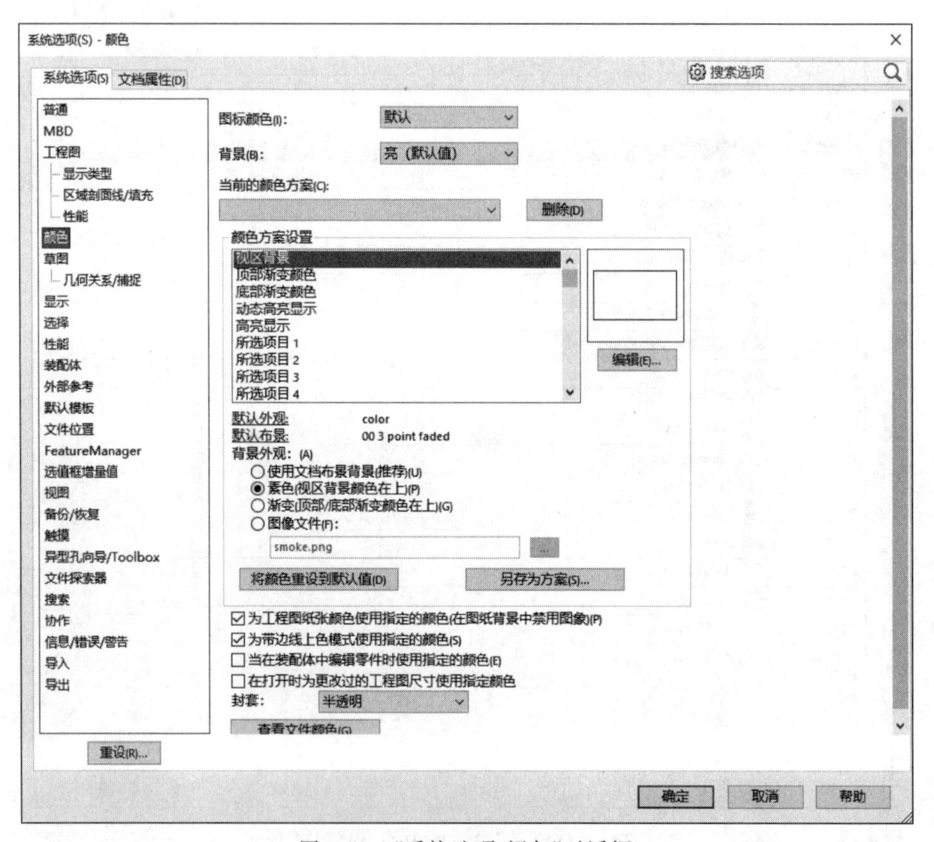

图 1-21 “系统选项-颜色”对话框

(3) 在“颜色方案设置”列表框中选择“视区背景”选项,然后单击“编辑”按钮,弹出如图 1-22 所示的“颜色”对话框,在其中选择设置的颜色,然后单击“确定”按钮。还可

以使用该方式设置其他选项的颜色。

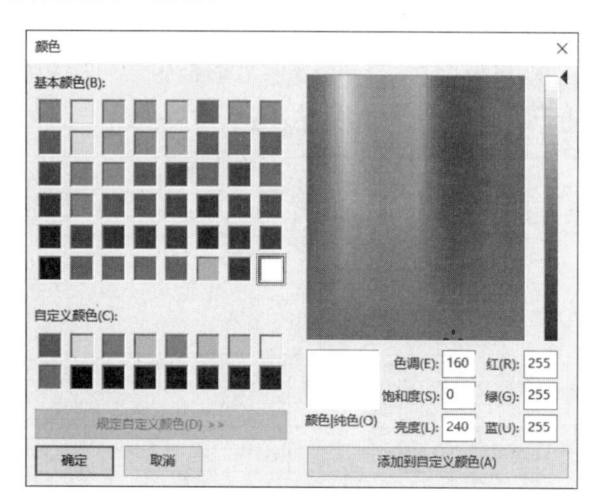

图 1-22 “颜色”对话框

(4) 单击“系统选项-颜色”对话框中的“确定”按钮,系统背景颜色设置成功。

在如图 1-21 所示对话框的“背景外观”选项组中,点选下面 4 个不同的单选按钮,可以得到不同的背景效果,用户可以自行设置,在此不再赘述。如图 1-23 所示为一个设置好背景颜色的零件图。

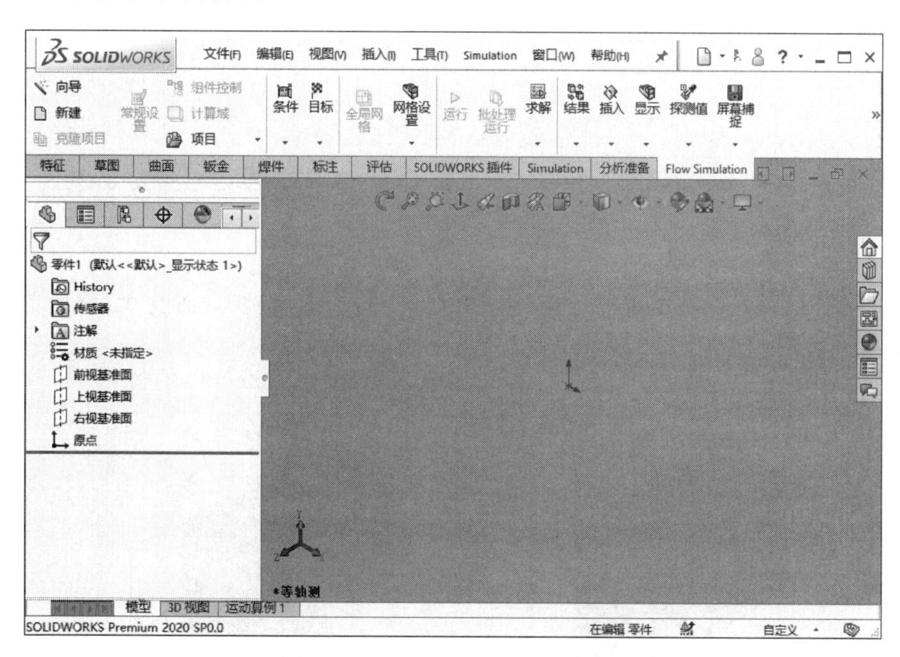

图 1-23 设置好背景颜色的零件图

1.2.5 设置单位

在三维实体建模前,需要设置好系统的单位,系统默认的单位为“MMGS(毫米、克、秒)”,可以使用自定义的方式设置其他类型的单位系统以及长度单位等。

下面以修改长度单位的小数位数为例，说明设置单位的操作步骤。

(1) 选择菜单栏中的“工具”→“选项”命令。

(2) 弹出“系统选项-单位”对话框，单击该对话框中的“文档属性”选项卡，然后在左侧列表框中选择“单位”选项，如图 1-24 所示。

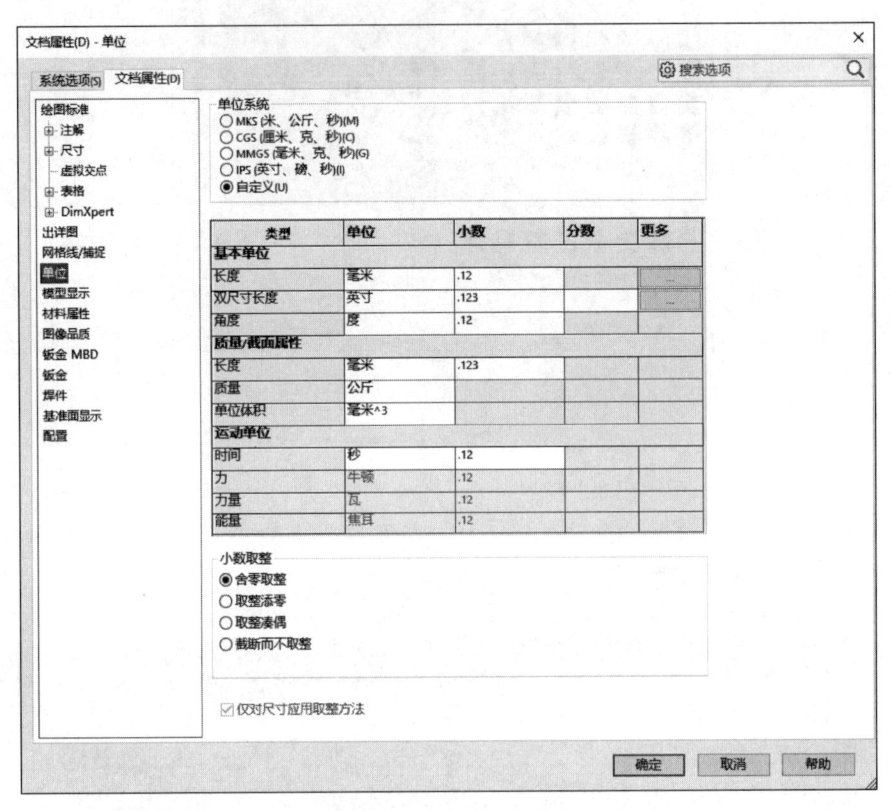

图 1-24 “单位”选项

(3) 将对话框中“基本单位”选项组中“长度”选项的“小数”设置为无，然后单击“确定”按钮。如图 1-25 所示为设置单位前后的图形比较。

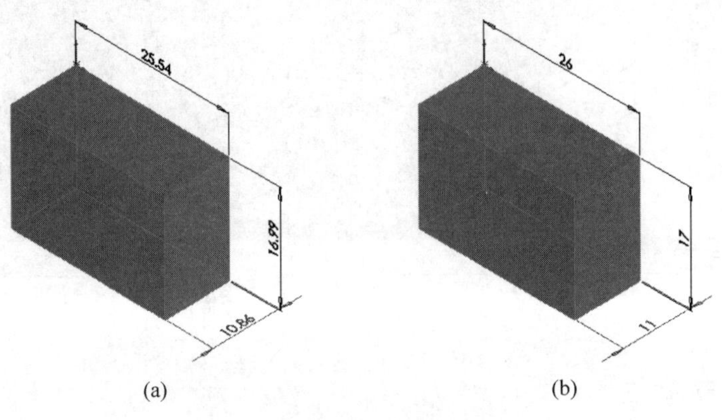

(a) (b)

图 1-25 设置单位前后的图形比较

(a) 设置单位前的图形；(b) 设置单位后的图形

1.3　文件管理

Note

除了上面讲述的新建文件外，常见的文件管理工作还有打开文件、保存文件、退出 SOLIDWORKS 2020 系统等，下面简要介绍。

1.3.1　打开文件

在 SOLIDWORKS 2020 中，可以打开已存储的文件，对其进行相应的编辑和操作。打开文件的操作步骤如下。

（1）选择菜单栏中的“文件”→“打开”命令，或者单击“标准”工具栏中的“打开”按钮，执行打开文件命令。

（2）弹出如图 1-26 所示的“打开”对话框，在该对话框的“文件类型”下拉列表框中选择文件的类型。选择不同的文件类型时，在对话框中会显示文件夹中对应该文件类型的文件。单击“显示预览窗口”按钮，选择的文件就会显示在对话框的“预览”窗口中，但是并不打开该文件。

1-3

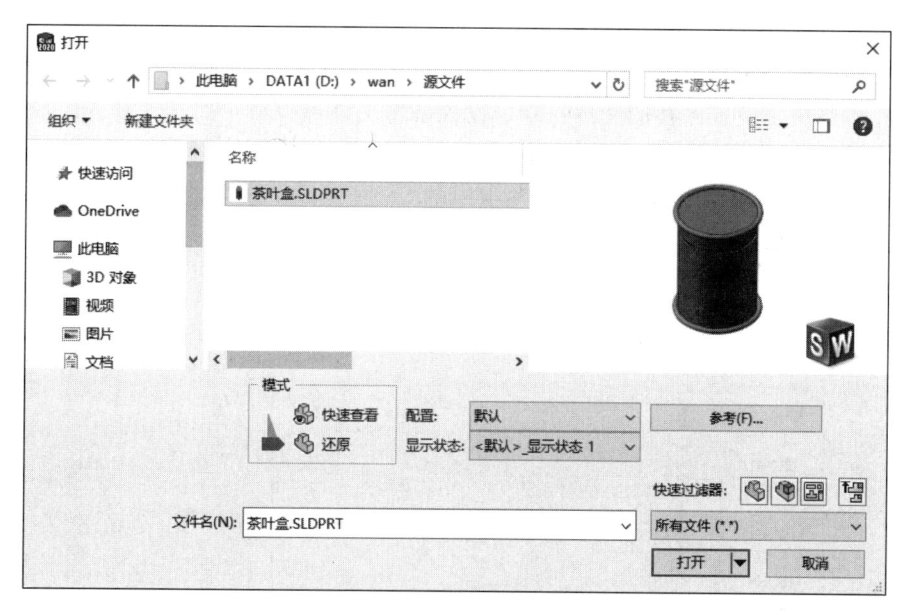

图 1-26　“打开”对话框

选取了需要的文件后，单击对话框中的“打开”按钮，就可以打开选择的文件，对其进行相应的编辑和操作。

在“文件类型”下拉列表框菜单中，并不限于 SOLIDWORKS 类型的文件，还可以是调用其他软件（如 Pro/E、CATIA、UG 等）所形成的文件并对其进行编辑，如图 1-27 所示是“文件类型”下拉列表框。

Note

SOLIDWORKS 文件 (*.sldprt; *.sldasm; *.slddrw)
SOLIDWORKS SLDXML (*.sldxml)
SOLIDWORKS 工程图 (*.drw; *.slddrw)
SOLIDWORKS 装配体 (*.asm; *.sldasm)
SOLIDWORKS 零件 (*.prt; *.sldprt)
3D Manufacturing Format (*.3mf)
ACIS (*.sat)
Add-Ins (*.dll)
Adobe Illustrator Files (*.ai)
Adobe Photoshop Files (*.psd)
Autodesk AutoCAD Files (*.dwg;*.dxf)
Autodesk Inventor Files (*.ipt;*.iam)
CADKEY (*.prt;*.ckd)
CATIA Graphics (*.cgr)
CATIA V5 (*.catpart;*.catproduct)
IDF (*.emn;*.brd;*.bdf;*.idb)
IFC 2x3 (*.ifc)
IGES (*.igs;*.iges)
JT (*.jt)
Lib Feat Part (*.lfp;*.sldlfp)
Mesh Files(*.stl;*.obj;*.off;*.ply;*.ply2)
Parasolid (*.x_t;*.x_b;*.xmt_txt;*.xmt_bin)
PTC Creo Files (*.prt;*.prt.*;*.xpr;*.asm;*.asm.*;*.xas)
Rhino (*.3dm)
Solid Edge Files (*.par;*.psm;*.asm)
STEP AP203/214/242 (*.step;*.stp)
Template (*.prtdot;*.asmdot;*.drwdot)
Unigraphics/NX (*.prt)
VDAFS (*.vda)
VRML (*.wrl)
所有文件 (*.*)
自定义 (*.prt;*.asm;*.drw;*.sldprt;*.sldasm;*.slddrw)

图 1-27 “文件类型”下拉列表框

1.3.2 保存文件

已编辑的图形只有保存后，才能在需要时打开该文件对其进行相应的编辑和操作。保存文件的操作步骤如下。

选择菜单栏中的“文件”→“保存”命令，或者单击“标准”工具栏中的“保存”按钮，执行保存文件命令，弹出如图 1-28 所示的“另存为”对话框。在该对话框的“保存在”下拉列表框中选择文件存放的文件夹，在“文件名”文本框中输入要保存的文件名称，在“保存类型”下拉列表框中选择所保存文件的类型。通常情况下，在不同的工作模式下，系统会自动设置文件的保存类型。

在“保存类型”下拉列表框中，并不限于 SOLIDWORKS 类型的文件，如“*.sldprt”“*.sldasm”和“*.slddrw”。也就是说，SOLIDWORKS 不但可以把文件保存为自身的类型，还可以保存为其他类型的文件，以方便其他软件对其调用并进行编辑。

在如图 1-28 所示的“另存为”对话框中，可以将文件保存的同时备份一份。保存备份文件需要预先设置保存的文件目录。设置备份文件保存目录的步骤如下。

选择菜单栏中的“工具”→“选项”命令，系统弹出如图 1-29 所示的“系统选项-备份/恢复”对话框，单击“系统选项”选项卡中的“备份/恢复”选项，在“备份文件夹”文本框中可以修改保存备份文件的目录。

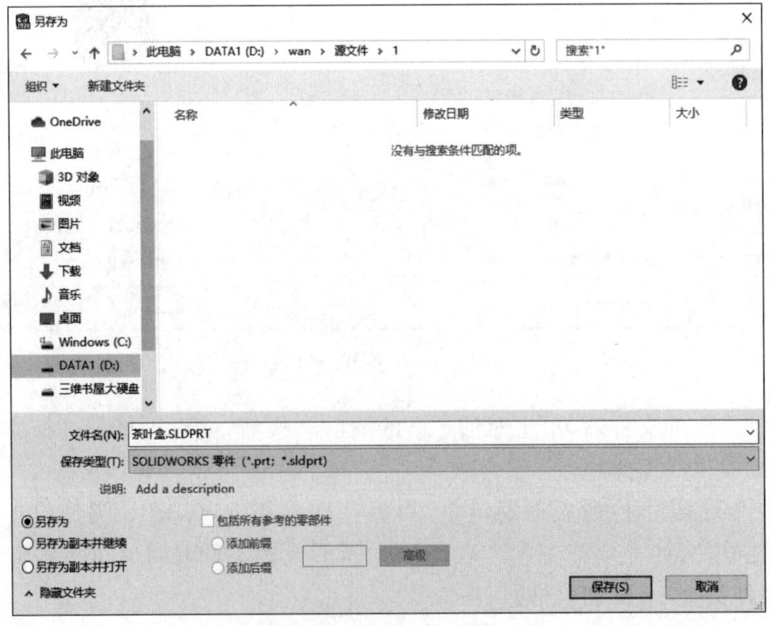

图 1-28 “另存为”对话框

Note

图 1-29　“系统选项-备份/恢复”对话框

1.3.3　退出 SOLIDWORKS 2020 系统

在文件编辑并保存完成后，就可以退出 SOLIDWORKS 2020 系统。选择菜单栏中的“文件”→“退出”命令，或者单击系统操作界面右上角的“退出”按钮 ×，可直接退出。

如果对文件进行了编辑而没有保存文件，或者在操作过程中，不小心执行了退出命令，会弹出系统提示框，如图 1-30 所示。如果要保存对文件的修改，单击“全部保存”按钮，系统会保存修改后的文件，并退出 SOLIDWORKS 系统；如果不保存对文件的修改，则单击“不保存”按钮，系统不保存修改后的文件，并退出 SOLIDWORKS 系统；单击“取消”按钮，则取消退出操作，回到原来的操作界面。

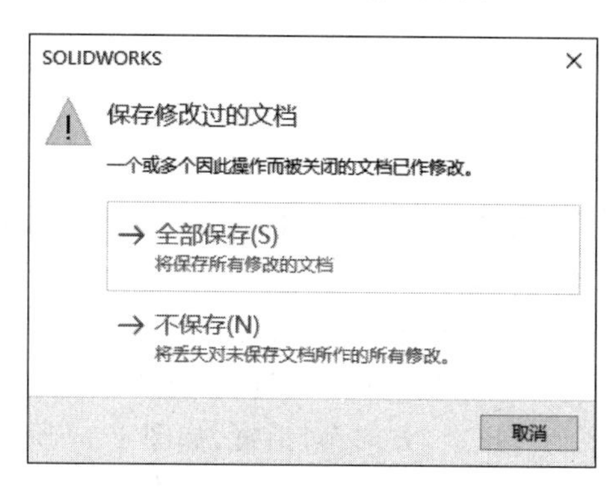

图 1-30　系统提示框

1.4 视图操作

Note

在进行SOLIDWORKS实体模型绘制过程中，视图操作是不可或缺的一部分，本节将讲解视图的缩放、旋转等命令。

常见的视图操作方式如下：视图定向、整屏显示全图、局部放大、动态放大/缩小、旋转、平移、滚转、上一视图。“视图”→“修改”菜单栏下显示的命令如图1-31所示。下面依次讲解常用命令。

1-4

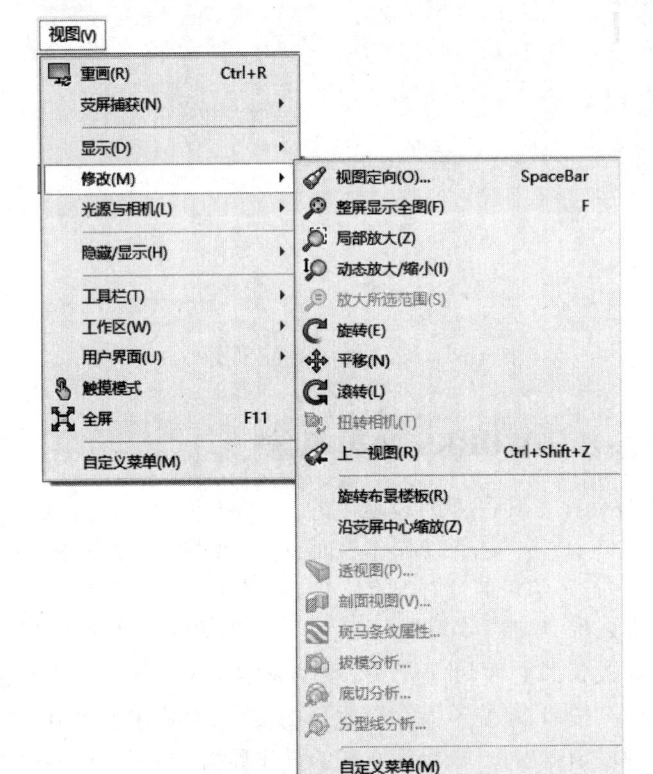

图1-31 “视图”→“修改”菜单命令

1. 视图定向

“视图定向”命令可选择模型显示方向，通过3种方式进行此操作。

- 选择菜单栏“视图”→“修改”→“视图定向”命令，如图1-31所示。
- 右击，在弹出的快捷菜单中选择“视图定向”命令，如图1-32所示。
- 单击“标准视图”工具栏中的“视图定向”按钮，如图1-33所示。

选择“视图定向”命令后，弹出“方向”对话框，如图1-34所示。

在弹出的对话框中双击选择所需视图方向，实体模型转换到视图方向，如图1-35所示。

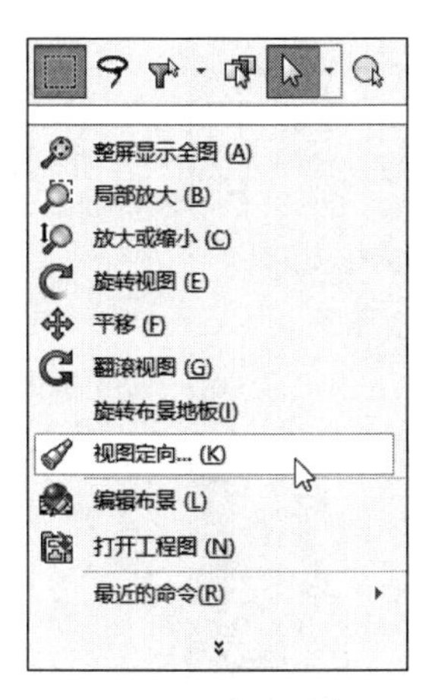

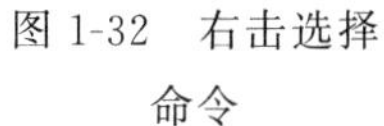
图 1-32 右击选择命令

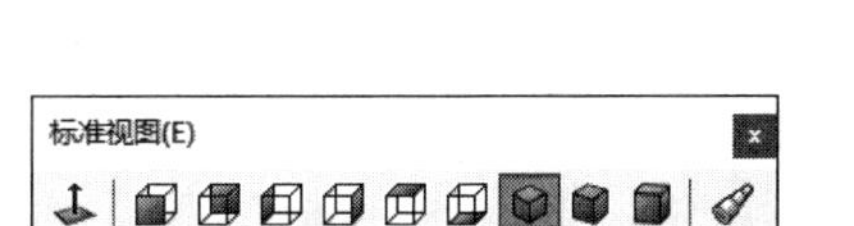

图 1-33 “标准视图”工具栏

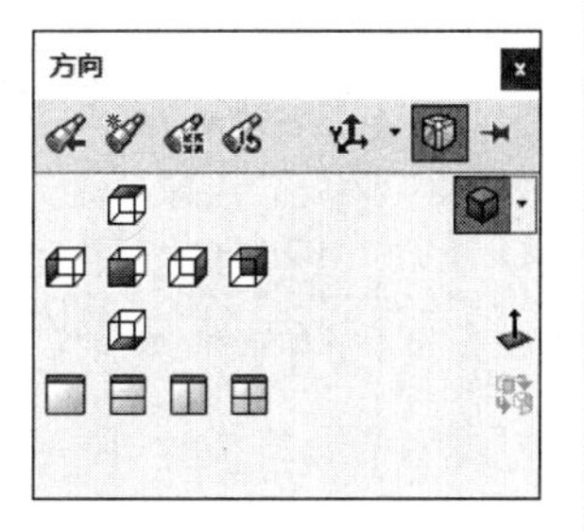

图 1-34 “方向”对话框

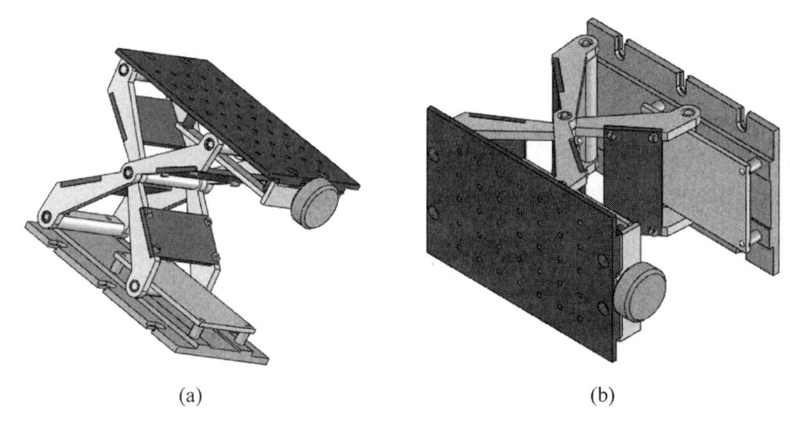

(a) (b)

图 1-35 转换视图

(a) 旋转前视图；(b) 等轴测方向

2. 整屏显示全图

“整屏显示全图”命令可以缩放模型以套合窗口，下面有 4 种方式使用此命令。

- 选择菜单栏“视图”→“修改”→“整屏显示全图”命令，如图 1-31 所示。
- 在绘图区上方单击“整屏显示全图”按钮🔎，如图 1-36 所示。
- 右击，在弹出的快捷菜单中选择“整屏显示全图”命令，如图 1-32 所示。
- 在“视图”工具栏中单击“整屏显示全图”按钮🔎，如图 1-37 所示。

图 1-36 视图显示　　图 1-37 “视图”工具栏

使用此命令可将模型全部显示在窗口中，如图 1-38 所示。

Note

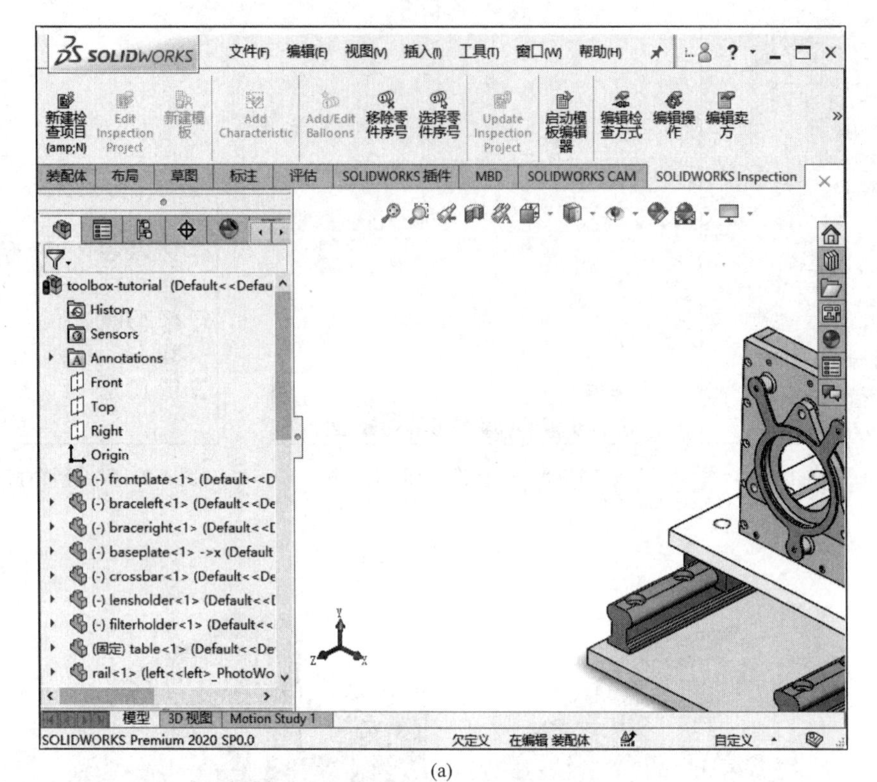

(a)

(b)

图 1-38　显示视图

(a) 部分显示模型；(b) 全屏显示模型

Note

3. 局部放大

“局部放大”命令是以边界框放大到选择的区域，下面有 3 种方式使用此命令。

- 选择菜单栏“视图”→“修改”→“局部放大”命令，如图 1-31 所示。
- 在绘图区上方单击“局部放大”按钮，如图 1-36 所示。
- 右击，在弹出的快捷菜单中选择“局部放大”命令，如图 1-32 所示。

使用此命令可放大局部模型，如图 1-39 所示。

4. 动态放大/缩小

“动态放大/缩小”命令可动态地调整模型放大与缩小。选择菜单栏中的“视图”→“修改”→“局部放大”命令，如图 1-31 所示，在绘图区出现图标，将图标放置在模型上，按住鼠标左键，向下拖动将会缩小模型，向上拖动将会放大模型，如图 1-40 所示。

5. 旋转

“旋转”命令可以旋转模型视图方向，下面有两种方式使用此命令。

- 选择菜单栏中的“视图”→“修改”→“旋转”命令，如图 1-31 所示。
- 右击，在弹出的快捷菜单中选择“旋转视图”命令，如图 1-32 所示。

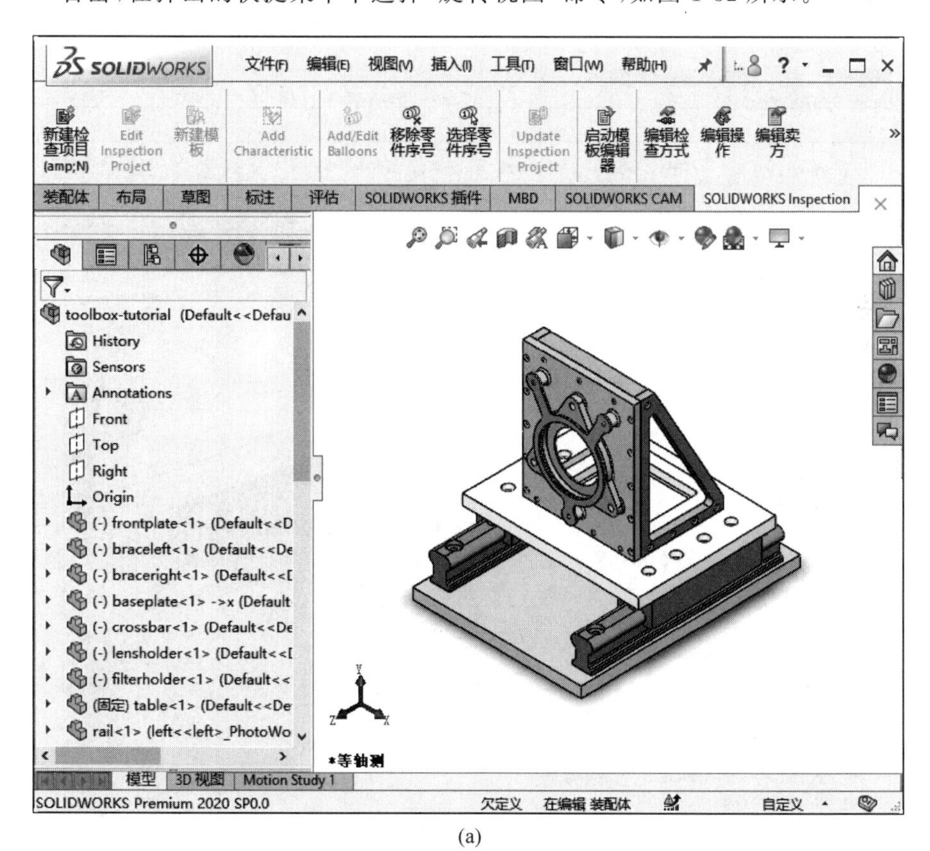

(a)

图 1-39 局部放大

(a) 放大前；(b)选择放大区域；(c) 放大后

Note

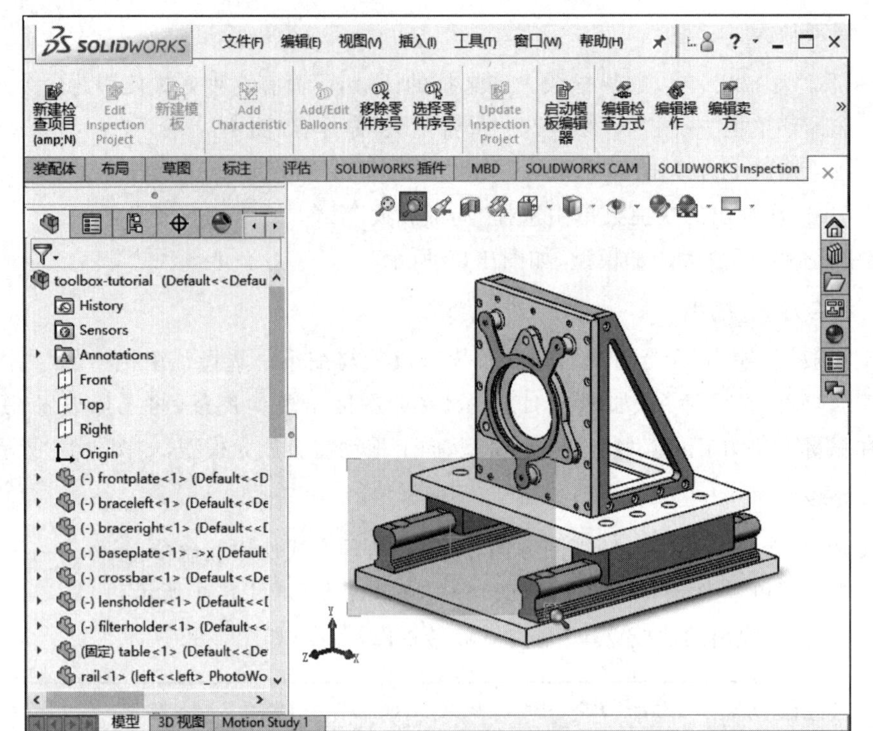

(b)

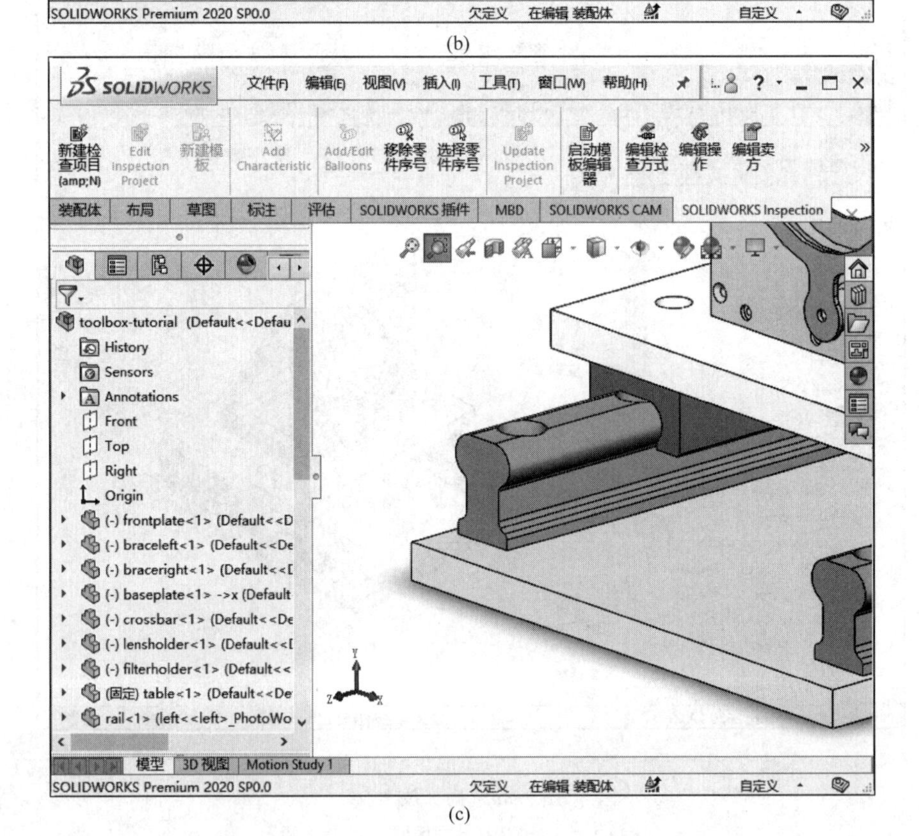

(c)

图 1-39 （续）

Note

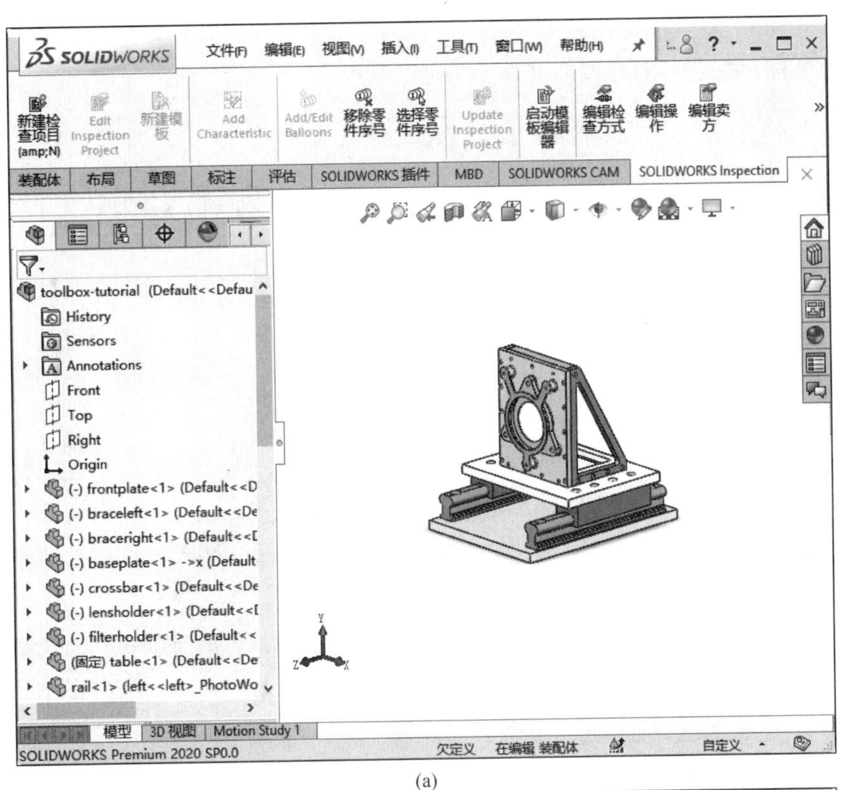

(a)

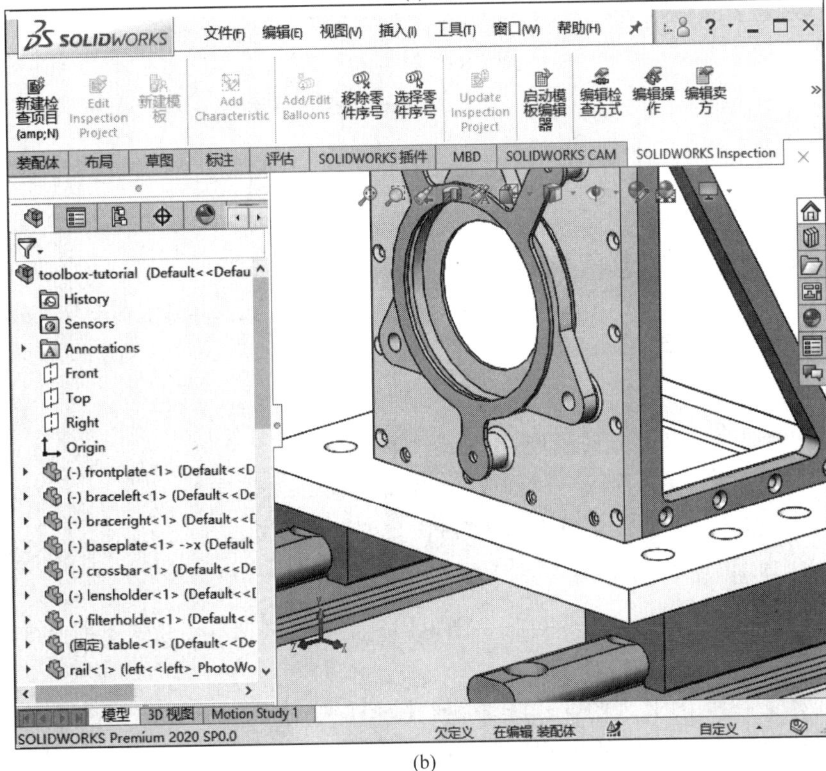

(b)

图 1-40 动态放大/缩小

(a) 缩小；(b) 放大

Note

选择此命令，在绘图区出现↻图标，将图标放置在模型上，按住鼠标左键，向不同方向拖动鼠标，模型将随之旋转，如图 1-41 所示。

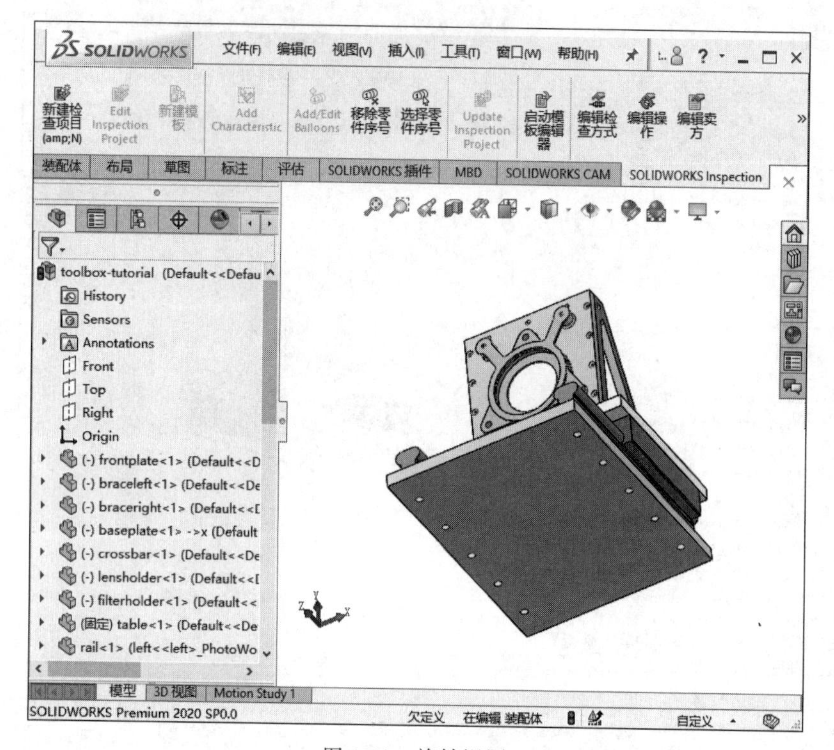

图 1-41 旋转视图

6. 平移

“平移”命令指移动模型零件，下面有 2 种方式使用此命令。

- 选择菜单栏中的“视图”→“修改”→“平移”命令，如图 1-31 所示。
- 右击，在弹出的快捷菜单中选择“平移”命令，如图 1-32 所示。

选择此命令，在绘图区出现“平移”按钮，将图标放置在模型上，按住左键，模型随着鼠标向不同方向拖动而移动。

7. 滚转

“滚转”命令指绕基点旋转模型，下面有 2 种方式使用此命令。

- 选择菜单栏中的“视图”→“修改”→“滚转”命令，如图 1-31 所示。
- 右击，在弹出的快捷菜单中选择“翻滚视图”命令，如图 1-32 所示。

8. 上一视图

显示上一视图。使用此命令可将视图返回到上一个视图显示中。下面有 3 种方式使用此命令。

- 选择菜单栏中的“视图”→“修改”→“上一视图”命令，如图 1-31 所示。
- 在绘图区上方单击“上一视图”按钮，如图 1-36 所示。
- 在“视图”工具栏中单击“上一视图”按钮，如图 1-37 所示。

第2章 草图绘制

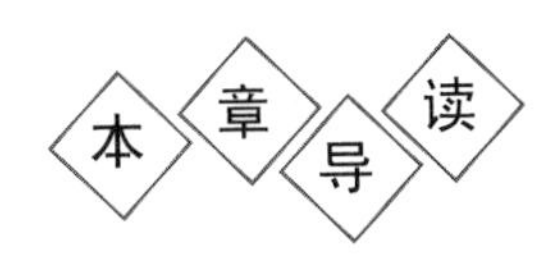

SOLIDWORKS能够提供不同的设计方案，减少设计过程中的错误，以及提高产品质量。它不仅具有强大的功能，而且对每个工程师和设计者来说，还操作简单方便、易学易用。SOLIDWORKS最基本的操作方式是绘制草图、特征建模，草图是建模的基础，没有草图，建模只是空谈。

本章简要介绍了SOLIDWORKS草图的一些基本操作，包括草图工具及一些辅助操作，使草图绘制更精准。

内容要点

- 绘制草图
- 草图编辑工具
- 尺寸标注
- 添加几何关系
- 编辑约束

2.1 草图绘制的基本知识

Note

本节主要介绍如何开始绘制草图，使读者熟悉“草图”控制面板，认识绘图光标和锁点光标，掌握退出草图绘制状态。

2.1.1 进入草图绘制

要想绘制2D草图，必须进入草图绘制状态。在平面上绘制草图，这个平面可以是基准面，也可以是三维模型上的平面。由于开始进入草图绘制状态时没有三维模型，因此必须指定基准面。

2-1

绘制草图必须认识草图绘制的工具，如图2-1所示为常用的“草图”控制面板和“草图”工具栏。绘制草图可以先选择绘制的基准面，也可以先选择草图绘制实体。

(a)

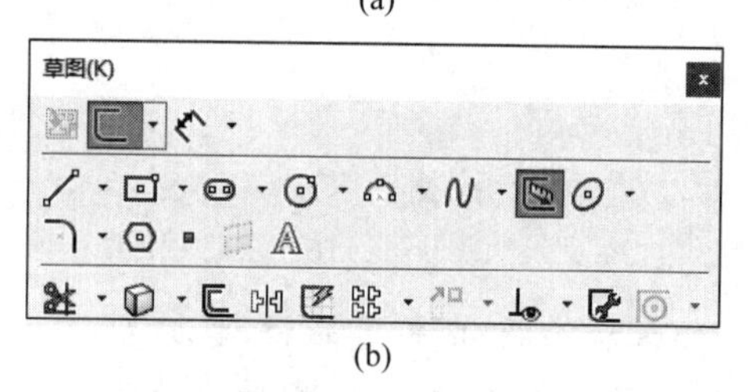

(b)

图2-1 “草图”控制面板和“草图”工具栏

(a)“草图”控制面板；(b)“草图”工具栏

下面分别介绍两种方式的操作步骤。

1. 选择草图绘制实体

以选择草图绘制实体的方式进入草图绘制状态的操作步骤如下。

(1) 选择菜单栏中的“插入”→“草图绘制”命令，或者单击“草图”工具栏中的“草图绘制”按钮，或者单击“草图”控制面板中的“草图绘制”按钮，或者直接单击“草图”工具栏中要绘制的草图实体，此时图形区显示的系统默认基准面如图2-2所示。

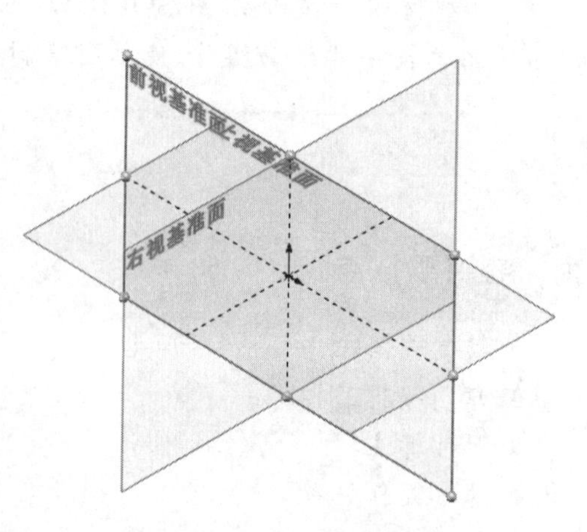

图2-2 系统默认基准面

(2) 单击选择图形区三个基准面中的一个，确定要在哪个平面上绘制草图实体。

(3) 单击"视图(前导)"工具栏中的"正视于"按钮,旋转基准面,以方便绘图。

2. 选择草图绘制基准面

以选择草图绘制基准面的方式进入草图绘制状态的操作步骤如下。

(1) 先在左侧 FeatureManager 设计树中选择要绘制的基准面,即前视基准面、右视基准面和上视基准面中的一个面。

(2) 单击"视图(前导)"工具栏中的"正视于"按钮,旋转基准面。

(3) 单击"草图"工具栏中的"草图绘制"按钮,或者单击"草图"控制面板中的"草图绘制"按钮,进入草图绘制状态。

Note

2-2

2.1.2　退出草图绘制

草图绘制完毕后,可以立即建立特征,也可以退出草图绘制再建立特征。有些特征的建立需要多个草图,如扫描实体等,因此需要了解退出草图绘制的方法。退出草图绘制的方法主要有如下几种。

(1) 使用菜单方式:选择菜单栏中的"插入"→"退出草图"命令,退出草图绘制状态。

(2) 利用工具栏图标按钮方式:单击"标准"工具栏中的"重建模型"按钮,或者单击"草图"工具栏中的"退出草图"按钮,退出草图绘制状态。

(3) 利用快捷菜单方式:在图形区右击,弹出如图 2-3 所示的快捷菜单,单击"退出草图"按钮,退出草图绘制状态。

(4) 利用图形区确认提示图标:在绘制草图的过程中,图形区右上角会显示如图 2-4 所示的确认提示图标,单击上面的图标,退出草图绘制状态。

单击确认提示下面的图标✖,弹出系统提示框,提示用户是否保存对草图的修改,如图 2-5 所示,然后根据需要单击其中的按钮,退出草图绘制状态。

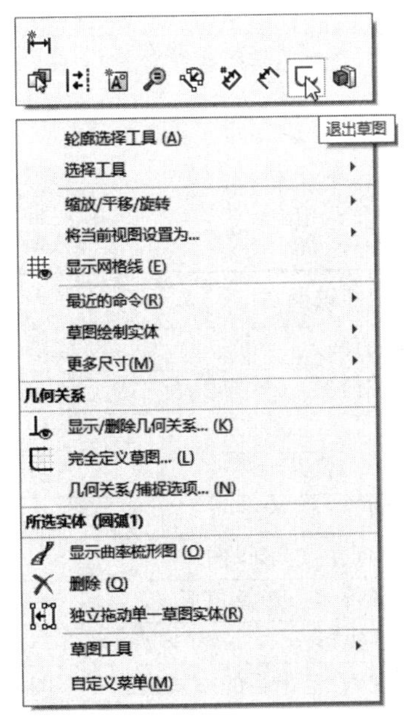

图 2-3　快捷菜单

图 2-4　确认提示图标

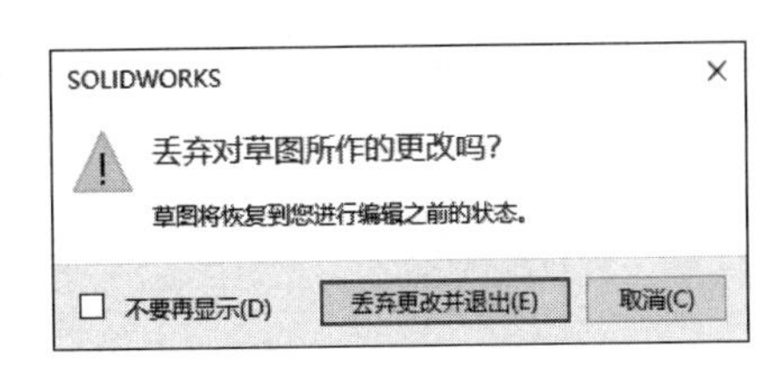

图 2-5　系统提示框

Note

2.1.3 草图绘制工具

"草图"工具栏如图 2-1(b)所示,有些草图绘制按钮没有在该工具栏中显示,用户可以利用 1.2.2 节的方法设置相应的命令按钮。"草图"工具栏主要包括四大类,分别为草图绘制、实体绘制、标注几何关系和草图编辑工具,其中各命令按钮的名称与功能分别如表 2-1~表 2-4 所示。

草图绘制命令按钮见表 2-1。

表 2-1 草图绘制命令按钮

按钮图标	名称	功能说明
	选择	选取工具,用来选择草图实体、模型和特征的边线和面,框选可以选择多个草图实体
	网格线/捕捉	对激活的草图或工程图选择显示草图网格线,并可设定网格线显示和捕捉功能选项
/	草图绘制/退出草图	进入或者退出草图绘制状态
	3D 草图	在三维空间任意点绘制草图实体
	基准面上的 3D 草图	在 3D 草图中添加基准面后,可添加或修改该基准面的信息
	修改草图	移动、旋转或按比例缩放所选取的草图
	移动时不求解	在不解出尺寸或几何关系的情况下,从草图中移动出草图实体
	移动实体	选择一个或多个草图实体并将之移动,该操作不生成几何关系
	复制实体	选择一个或多个草图实体并将之复制,该操作不生成几何关系
	按比例缩放实体	选择一个或多个草图实体并将之按比例缩放,该操作不生成几何关系
	旋转实体	选择一个或多个草图实体并将之旋转,该操作不生成几何关系

实体绘制工具命令按钮见表 2-2。

表 2-2 实体绘制工具命令按钮

按钮图标	名称	功能说明
	直线	以起点、终点方式绘制一条直线
	边角矩形	以对角线的起点和终点方式绘制一个矩形,其一边为水平或竖直
	中心矩形	在中心点绘制矩形草图
	三点边角矩形	以所选的角度绘制矩形草图
	三点中心矩形	以所选的角度绘制带有中心点的矩形草图
	平行四边形	生成边不为水平或竖直的平行四边形及矩形
	多边形	生成边数为 3~40 的等边多边形
	圆	以先指定圆心,然后拖动鼠标确定半径的方式绘制一个圆
	周边圆	以圆周直径的两点方式绘制一个圆
	圆心/起/终点画弧	以顺序指定圆心、起点以及终点的方式绘制一个圆弧

续表

按钮图标	名称	功能说明
	切线弧	绘制一条与草图实体相切的弧线，可以根据草图实体自动确认是法向相切还是径向相切
	三点圆弧	以顺序指定起点、终点及中点的方式绘制一个圆弧
	椭圆	以先指定圆心，然后指定长短轴的方式绘制一个完整的椭圆
	部分椭圆	以先指定中心点，然后指定起点及终点的方式绘制一部分椭圆
	抛物线	先指定焦点，再拖动鼠标确定焦距，然后以指定起点和终点的方式绘制一条抛物线
	样条曲线	以不同路径上的两点或者多点绘制一条样条曲线，可以在端点处指定相切
	曲面上样条曲线	在曲面上绘制一个样条曲线，可以沿曲面添加和拖动点生成
	点	绘制一个点，该点可以绘制在草图和工程图中
	中心线	绘制一条中心线，可以在草图和工程图中绘制
	文字	在特征表面上，添加文字草图，然后拉伸或者切除生成文字实体

标注几何关系命令按钮见表 2-3。

表 2-3 标注几何关系命令按钮

按钮图标	名称	功能说明
	添加几何关系	给选定的草图实体添加几何关系，即限制条件
	显示/删除几何关系	显示或者删除草图实体的几何限制条件
	自动几何关系	打开/关闭自动添加几何关系

草图编辑工具命令按钮见表 2-4。

表 2-4 草图编辑工具命令按钮

按钮图标	名称	功能说明
	构造几何线	将草图上或者工程图中的草图实体转换为构造几何线，构造几何线的线型与中心线相同
	绘制圆角	在两个草图实体的交叉处剪裁掉角部，从而生成一个切线弧
	绘制倒角	此工具在 2D 和 3D 草图中均可使用。在两个草图实体交叉处按照一定角度和距离剪裁，并用直线相连，形成倒角
	等距实体	按给定的距离等距一个或多个草图实体，可以是线、弧、环等草图实体
	转换实体引用	将其他特征轮廓投影到草图平面上，可以形成一个或者多个草图实体
	交叉曲线	在基准面和曲面或模型面、两个曲面、曲面和模型面、基准面和整个零件及曲面和整个零件的交叉处生成草图曲线
	面部曲线	从面或者曲面提取 ISO 参数，形成 3D 曲线
	剪裁实体	根据剪裁类型，剪裁或者延伸草图实体
	延伸实体	将草图实体延伸以与另一个草图实体相遇

Note

续表

按钮图标	名称	功能说明
	分割实体	将一个草图实体分割以生成两个草图实体
	镜像实体	相对一条中心线生成对称的草图实体
	线性草图阵列	沿一个轴或者同时沿两个轴生成线性草图排列
	圆周草图阵列	生成草图实体的圆周排列

2.1.4 绘图光标和锁点光标

在绘制草图实体或者编辑草图实体时，光标会根据所选择的命令变为相应的图标，以方便用户了解绘制或者编辑该类型的草图。

绘图光标的类型与功能如表 2-5 所示。

表 2-5 绘图光标的类型与功能

光标类型	作用说明	光标类型	作用说明
	绘制一点		绘制直线或者中心线
	绘制三点圆弧		绘制抛物线
	绘制圆		绘制椭圆
	绘制样条曲线		绘制矩形
	绘制多边形		绘制四边形
	标注尺寸		延伸草图实体
	圆周阵列复制草图		线性阵列复制草图

为了提高绘制图形的效率，SOLIDWORKS 软件提供了自动判断绘图位置的功能。在执行绘图命令时，光标会在图形区自动寻找端点、中心点、圆心、交点、中点以及其上任意点，这样提高了光标定位的准确性和快速性。

光标在相应的位置会变成相应的图形，成为锁点光标。锁点光标可以在草图实体上形成，也可以在特征实体上形成。需要注意的是在特征实体上的锁点光标，只能在绘图平面的实体边缘产生，在其他平面的边缘不能产生。

锁点光标的类型在此不再赘述，用户可以在实际使用中慢慢体会，充分利用锁点光标可以提高绘图的效率。

2.2 “草图”控制面板

SOLIDWORKS 提供了草图绘制工具以方便绘制草图实体。如图 2-6 所示为“草图”控制面板。

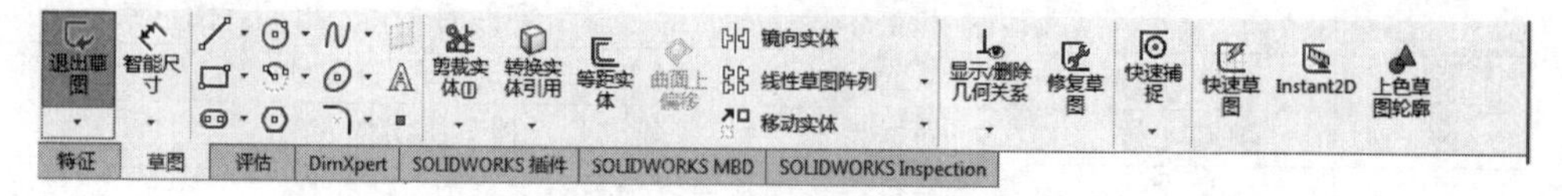

图 2-6 “草图”控制面板

并非所有的草图绘制工具对应的按钮都会出现在“草图”控制面板中，如果要重新安排“草图”控制面板中的工具按钮，可进行如下操作。

(1) 选择“工具”→“自定义”命令，打开“自定义”对话框。

(2) 选择“命令”选项卡，在“类别”列表框中选择“草图”。

(3) 单击一个按钮以查看“说明”文本框内对该按钮的说明，如图 2-7 所示。

图 2-7 “说明”文本框内对按钮的说明

(4) 在“自定义”对话框内选择要使用的按钮，将其拖动放置到“草图”控制面板中。

(5) 如果要删除面板中的按钮，只要将其从面板中拖放回按钮区域中。

(6) 更改结束后，单击“确定”按钮，关闭对话框。

2.2.1 绘制点

执行“点”命令后，在图形区中的任何位置，都可以绘制点，绘制的点不影响三维建模的外形，只起参考作用。

执行“异型孔向导”命令后，“点”命令用于决定产生孔的数量。

Note

2-3

2-4

“点”命令可以生成草图中两不平行线段的交点以及特征实体中两个不平行边线的交点，产生的交点作为辅助图形，用于标注尺寸或者添加几何关系，并不影响实体模型的建立。下面分别介绍不同类型点的操作步骤。

1. 绘制一般点

(1) 在草图绘制状态下，选择菜单栏中的“工具”→“草图绘制实体”→“点”命令，或者单击“草图”工具栏中的“点”按钮▣，或者单击“草图”控制面板中的“点”按钮▣，光标变为绘图光标。

(2) 在图形区单击，确认绘制点的位置，此时“点”命令继续处于激活位置，可以继续绘制点。

图 2-8 所示为使用“点”命令绘制的多个点。

2. 生成草图中两不平行线段的交点

以图 2-9(a)所示为例，生成图中直线 1 和直线 2 的交点，其中图 2-9(a)为生成交点前的图形，图 2-9(b)为生成交点后的图形。

(1) 打开源文件“X:\源文件\原始文件\2\生成草图中两不平行线段的交点.SLDPRT”。在草图绘制状态下按住 Ctrl 键，单击选择如图 2-9(a)所示的直线 1 和直线 2。

(2) 选择菜单栏中的“工具”→“草图绘制实体”→“点”命令，或者单击“草图”工具栏中的“点”按钮▣，或者单击“草图”控制面板中的“点”按钮▣，此时生成交点后的图形如图 2-9(b)所示。

图 2-8　绘制多个点

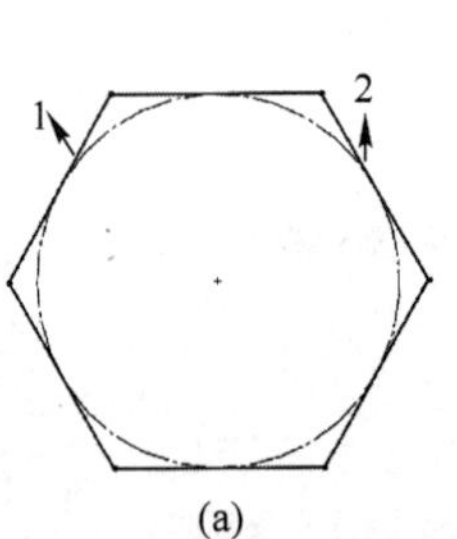

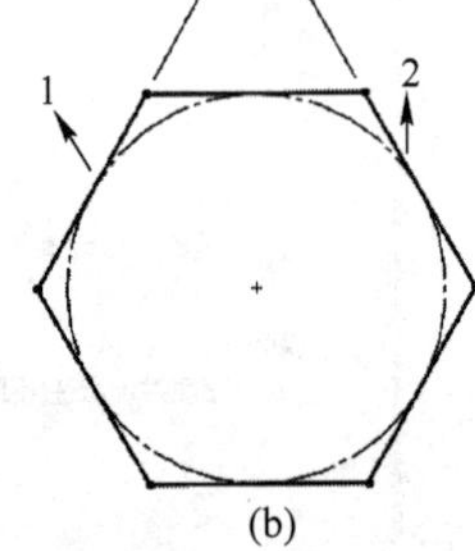

图 2-9　生成草图中两不平行线段的交点

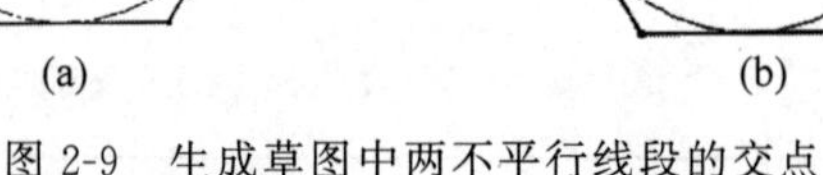

(a) 生成交点前的图形；(b) 生成交点后的图形

2-5

3. 生成特征实体中两条不平行边线的交点

以图 2-10(a)所示为例，生成面 A 中直线 1 和直线 2 的交点，其中图 2-10(a)为生成交点前的图形，图 2-10(b)为生成交点后的图形。

(1) 打开源文件“X:\源文件\原始文件\2\生成特征实体中两条不平行边线的交点.SLDPRT”。选择如图 2-10(a)所示的面 A 作为绘图面，然后进入草图绘制状态。

(2) 按住 Ctrl 键，选择如图 2-10(a)所示的边线 1 和边线 2。

(3) 选择菜单栏中的“工具”→“草图绘制实体”→“点”命令，或者单击“草图”工具

栏中的“点”按钮▣，或者单击“草图”控制面板中的“点”按钮▣，生成交点后的图形如图 2-10(b)所示。

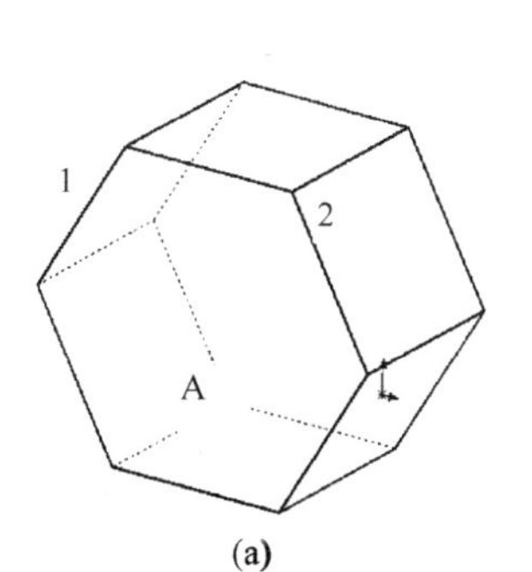

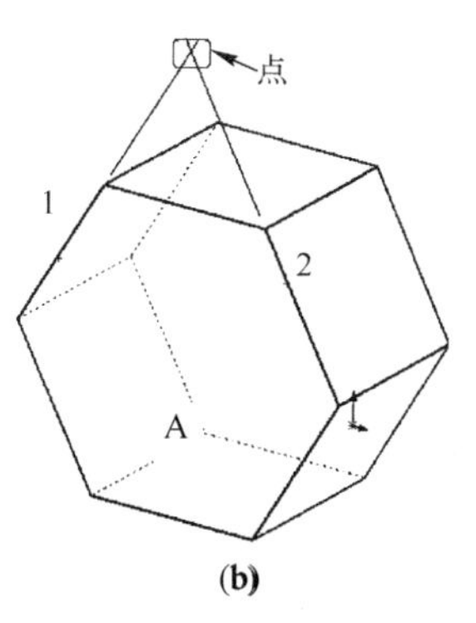

图 2-10　生成特征实体中两个不平行边线的交点

(a) 生成交点前的图形；(b) 生成交点后的图形

2.2.2　绘制直线与中心线

直线与中心线的绘制方法相同，执行不同的命令，按照类似的操作步骤在图形区绘制相应的图形即可。

直线分为 4 种类型：水平直线、竖直直线、任意角度直线和 45°/135°角直线。在绘制过程中，不同类型的直线其显示方式不同，下面将分别介绍。

- 水平直线：在绘制直线过程中，笔形光标附近会出现水平直线图标符号 ▬，如图 2-11 所示。
- 竖直直线：在绘制直线过程中，笔形光标附近会出现竖直直线图标符号 ▮，如图 2-12 所示。

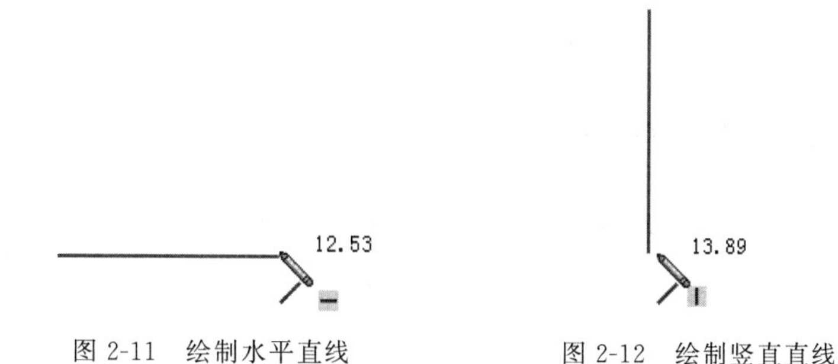

图 2-11　绘制水平直线　　图 2-12　绘制竖直直线

- 任意角度直线：在绘制直线过程中，笔形光标附近会出现任意角度直线图标符号 ╱，如图 2-13 所示。
- 45°/135°角直线：在绘制直线过程中，笔形光标附近会出现 45°/135°角直线图标符号 ∡，如图 2-14 所示。

在绘制直线的过程中，光标上方显示的参数为直线的长度，可供参考。一般在绘制过程中，首先绘制一条直线，然后标注尺寸，直线也随着改变长度和角度。

Note

图 2-13　绘制任意角度直线

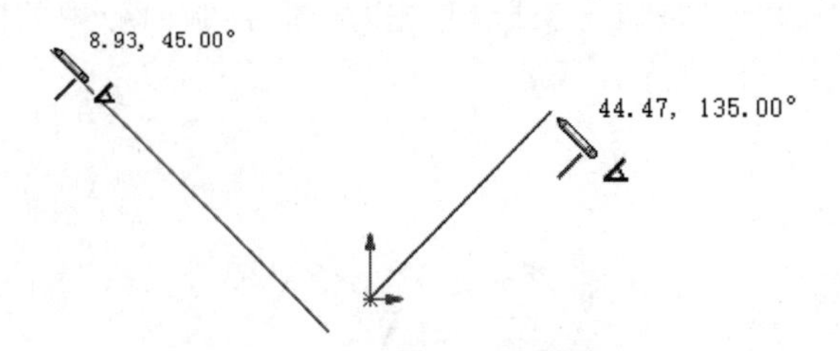

图 2-14　绘制 45°/135°角直线

绘制直线的方式有两种：拖动式和单击式。拖动式就是在绘制直线的起点，按住鼠标左键开始拖动鼠标，直到直线终点放开鼠标。单击式就是在绘制直线的起点处单击，然后在直线终点处单击。

下面以绘制如图 2-15 所示的中心线和直线为例，介绍中心线和直线的绘制步骤。

（1）在草图绘制状态下，选择菜单栏中的“工具”→“草图绘制实体”→“中心线”命令，或者单击“草图”工具栏中的“中心线”按钮，或者单击“草图”控制面板中的“中心线”命令，开始绘制中心线。

（2）在图形区单击确定中心线的起点 1，然后移动光标到图中合适的位置，由于图 2-15 中的中心线为竖直直线，所以当光标附近出现符号时，单击确定中心线的终点 2。

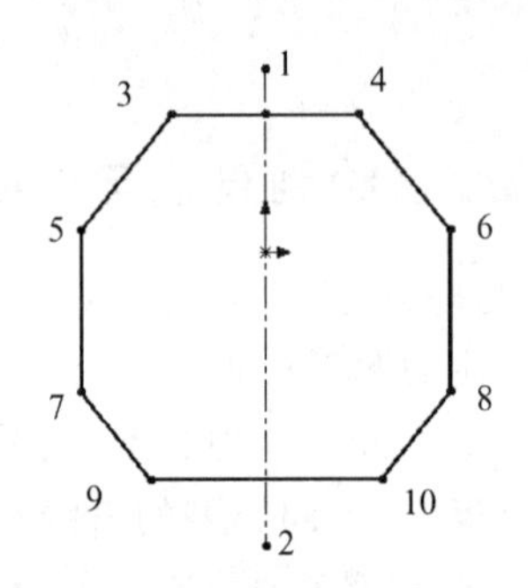

图 2-15　绘制中心线和直线

（3）按 Esc 键，或者在图形区右击，在弹出的快捷菜单中选择“选择”命令，退出中心线的绘制。

（4）选择菜单栏中的“工具”→“草图绘制实体”→“直线”命令，或者单击“草图”工具栏中的“直线”按钮，或者单击“草图”控制面板中的“直线”按钮，开始绘制直线。

（5）在图形区单击确定直线的起点 3，然后移动光标到图中合适的位置，由于直线 34 为水平直线，所以当光标附近出现符号时，单击确定直线 34 的终点 4。

（6）重复以上绘制直线的步骤，绘制其他直线段，在绘制过程中要注意光标的形状，以确定是水平、竖直或者任意直线段。

（7）按 Esc 键，或者在图形区右击，在弹出的快捷菜单中选择“选择”命令，退出直线的绘制，绘制的中心线和直线如图 2-15 所示。

在执行“绘制直线”命令时，弹出的“插入线条”属性管理器如图 2-16 所示，在“方向”选项组中有 4 个单选按钮，默认是点选“按绘制原样”单选按钮。点选不同的单选按钮，绘制直线的类型不一样。点选“按绘制原样”单选按钮以外的任意一项，均会要求输入直线的参数。如点选“角度”单选按钮，弹出的“插入线条”属性管理器如图 2-17 所示，要求输入直线的参数。设置好参数以后，单击直线的起点就可以绘制出所需要的直线。

在图 2-16“插入线条”属性管理器的“选项”选项组中有 3 个复选框，勾选不同的复选框可以分别绘制构造线、无限长度直线和中点线。

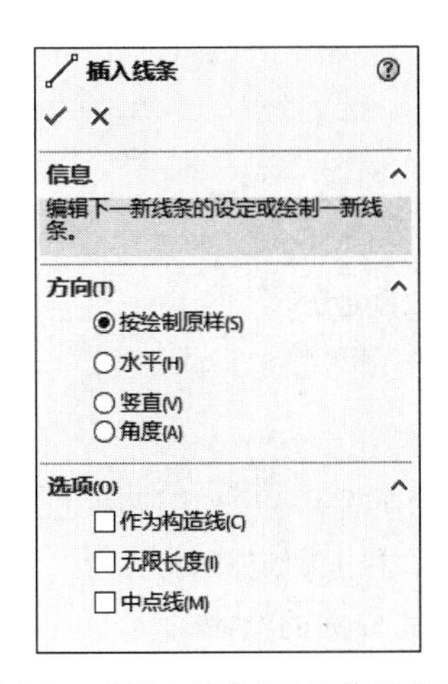

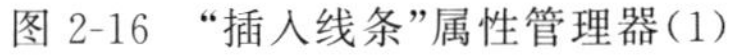

图 2-16　“插入线条”属性管理器(1)

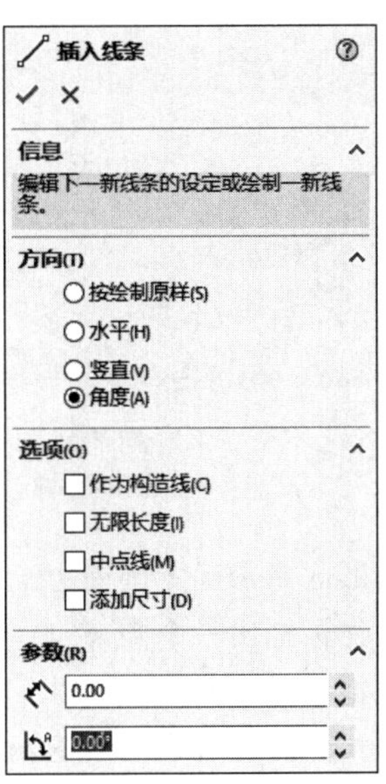

图 2-17　“插入线条”属性管理器(2)

在 2-17“插入线条”属性管理器的“参数”选项组中有两个文本框，分别是“长度”文本框和“角度”文本框。通过设置这两个参数可以绘制一条直线。

2.2.3　绘制圆

当执行“圆”命令时，系统弹出的“圆”属性管理器如图 2-18 所示。从属性管理器中可以知道，可以通过两种方式来绘制圆：一种是绘制基于中心的圆；另一种是绘制基于周边的圆。下面将分别介绍这两种方法。

1. 绘制基于中心的圆

(1) 在草图绘制状态下，选择菜单栏中的“工具”→“草图绘制实体”→“圆”命令，或者单击“草图”工具栏中的“圆”按钮，或者单击“草图”控制面板中的“圆”按钮，开始绘制圆。

(2) 在图形区选择一点单击确定圆的圆心，如图 2-19(a)所示。

(3) 移动光标拖出一个圆，在合适位置单击确定圆的半径，或在光标下文本框中输入尺寸，如图 2-19(b)所示。

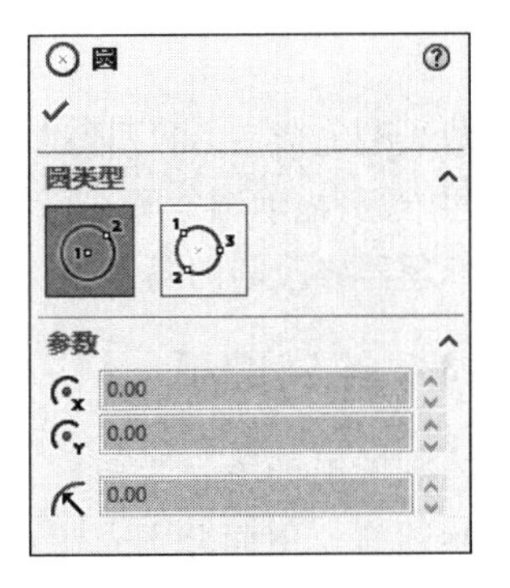

图 2-18　“圆”属性管理器

(4) 单击“圆”属性管理器中的“确定”按钮 ✔，完成圆的绘制，如图 2-19(c)所示。图 2-19 即为基于中心的圆的绘制过程。

2. 绘制基于周边的圆

(1) 在草图绘制状态下，选择菜单栏中的“工具”→“草图绘制实体”→“周边圆”命令，或者单击“草图”工具栏中的“周边圆”按钮，或者单击“草图”控制面板中的“周边圆”按钮，开始绘制圆。

Note

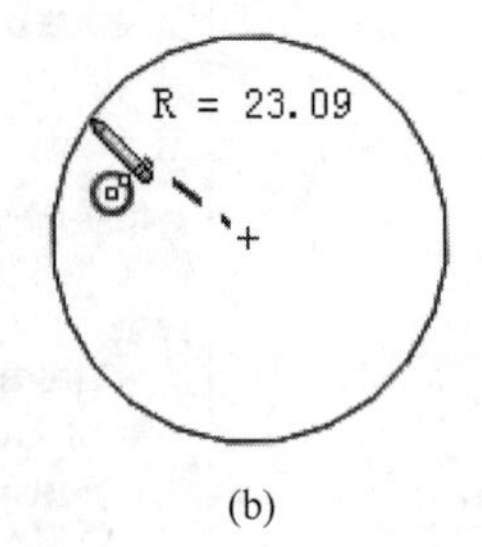

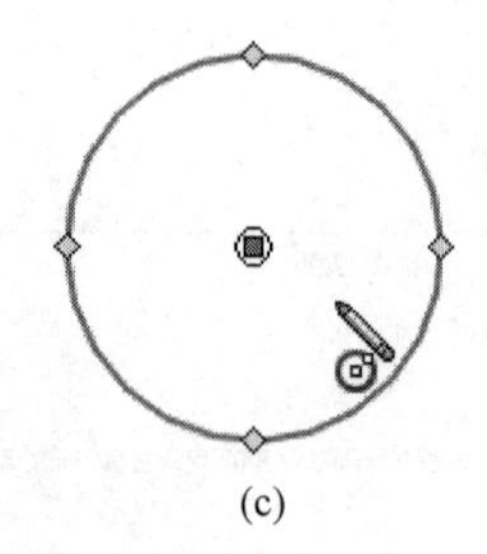

(a)　　(b)　　(c)

图 2-19　基于中心的圆的绘制过程

(a)确定圆心；(b) 确定半径；(c) 确定圆

(2) 在图形区单击确定圆周边上的一点，如图 2-20(a)所示。

(3) 移动光标拖出一个圆，然后单击确定周边上的另一点，如图 2-20(b)所示。

(4) 完成拖动时，光标变为如图 2-20(b)所示时，右击确定圆，如图 2-20(c)所示。

(5) 单击“圆”属性管理器中的“确定”按钮 ✔，完成圆的绘制。

图 2-20 即为基于周边的圆的绘制过程。

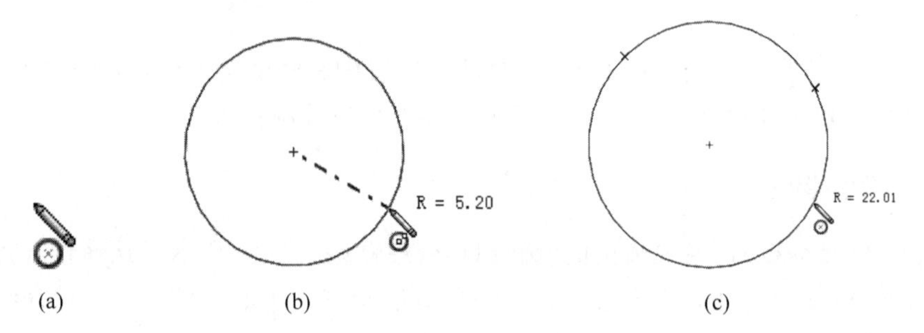

图 2-20　基于周边的圆的绘制过程

(a) 确定圆周边上一点；(b) 拖动绘制圆，确定圆周边上的另一点；(c) 确定圆

圆绘制完成后，可以通过拖动光标修改圆草图。通过鼠标左键拖动圆的周边可以改变圆的半径，拖动圆的圆心可以改变圆的位置。同时，也可以通过如图 2-18 所示的“圆”属性管理器修改圆的属性，通过属性管理器中“参数”选项修改圆心坐标和圆的半径。

2.2.4　绘制圆弧

绘制圆弧的方法主要有 4 种，即圆心/起/终点画弧、切线弧、三点圆弧与“直线”命令绘制圆弧。下面分别介绍这 4 种绘制圆弧的方法。

2-9

1. 圆心/起/终点画弧

圆心/起/终点画弧方法是先指定圆弧的圆心，然后顺序拖动光标指定圆弧的起点和终点，确定圆弧的大小和方向。

(1) 在草图绘制状态下，选择菜单栏中的“工具”→“草图绘制实体”→“圆心/起/终点画弧”命令，或者单击“草图”工具栏中的“圆心/起/终点画弧”按钮，或者单击“草图”控制面板中的“圆心/起点/终点画弧”按钮，开始绘制圆弧。

(2) 在图形区单击确定圆弧的圆心，如图 2-21(a)所示。

(3) 在图形区合适的位置单击，确定圆弧的起点，如图 2-21(b)所示。

Note

(4) 拖动光标确定圆弧的角度和半径，并单击确认，如图 2-21(c)所示。

(5) 单击“圆弧”属性管理器中的“确定”按钮 ✓，完成圆弧的绘制。

图 2-21 即为用“圆心/起/终点”方法绘制圆弧的过程。

圆弧绘制完成后，可以在“圆弧”属性管理器中修改其属性。

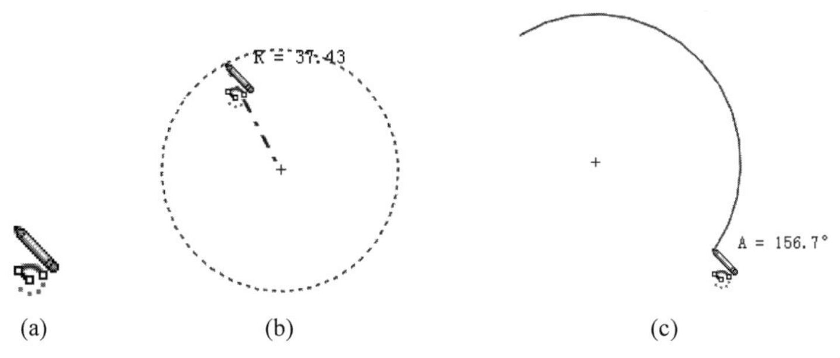

图 2-21　用“圆心/起/终点”方法绘制圆弧的过程

(a) 确定圆弧的圆心；(b) 拖动光标确定起点；(c) 拖动光标确定角度和半径

2. 切线弧

2-10

切线弧是指生成一条与草图实体相切的弧线。草图实体可以是直线、圆弧、椭圆和样条曲线等。

(1) 打开源文件“X:\源文件\原始文件\2\切线弧.SLDPRT”。在草图绘制状态下，选择菜单栏中的“工具”→“草图绘制实体”→“切线弧”命令，或者单击“草图”工具栏中的“切线弧”按钮，或者单击“草图”控制面板中的“切线弧”按钮，开始绘制切线弧。

(2) 在已经存在草图实体的端点处单击，弹出“圆弧”属性管理器，如图 2-22 所示，光标变为形状。

(3) 拖动光标确定绘制圆弧的形状，并单击确认。

(4) 单击“圆弧”属性管理器中的“确定”按钮 ✓，完成切线弧的绘制。如图 2-23 所示为绘制的直线切线弧。

在绘制切线弧时，SOLIDWORKS 可以从指针的移动推理出需要画的是切线弧还是法线弧。SOLIDWORKS 存在 4 个目的区，具有如图 2-24 所示的 8 种切线弧。沿相切方向移动指针将生成切线弧，沿垂直方向移动指针将生成法线弧。可以通过将指针返回到端点，然后向新的方向移动，在切线弧和法线弧之间进行切换。

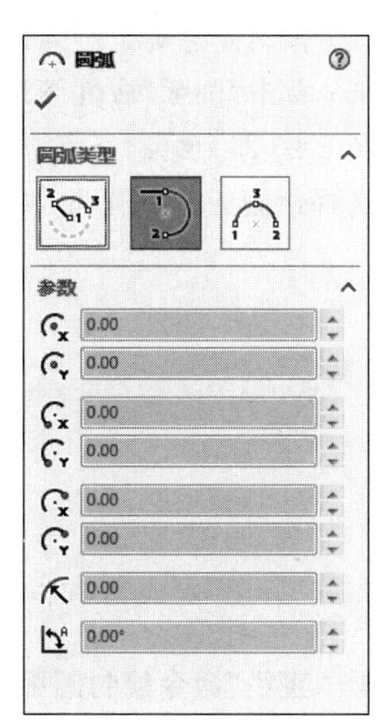

图 2-22　“圆弧”属性管理器

技巧荟萃

绘制切线弧时，光标拖动的方向会影响绘制圆弧的样式，因此在绘制切线弧时，光标最好沿着产生圆弧的方向拖动。

Note

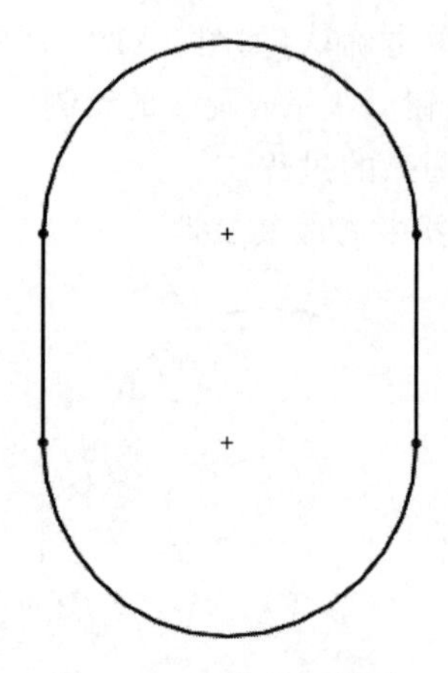

图 2-23　直线的切线弧

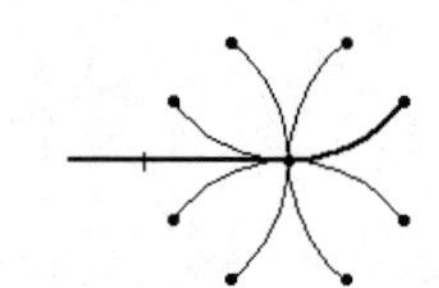

图 2-24　绘制的 8 种切线弧

2-11

3. 三点圆弧

三点圆弧是通过起点、终点与中点的方式绘制圆弧。

(1) 在草图绘制状态下，选择菜单栏中的“工具”→“草图绘制实体”→“三点圆弧”命令，或者单击“草图”工具栏中的“三点圆弧”按钮，或者单击“草图”控制面板中的“三点圆弧”按钮，开始绘制圆弧，此时光标变为形状。

(2) 在图形区单击，确定圆弧的起点，如图 2-25(a)所示。

(3) 拖动光标确定圆弧结束的位置，并单击确认，如图 2-25(b)所示。

(4) 拖动光标确定圆弧的半径和方向，并单击确认，如图 2-25(c)所示。

(5) 单击“圆弧”属性管理器中的“确定”按钮✔，完成三点圆弧的绘制。

图 2-25 即为绘制三点圆弧的过程。

选择绘制的三点圆弧，可以在“圆弧”属性管理器中修改其属性。

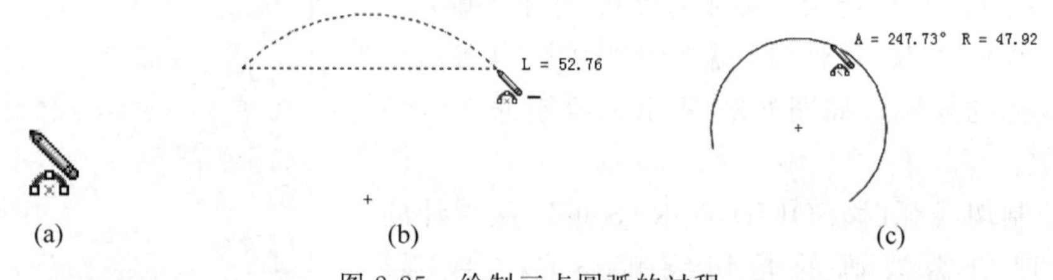

(a)　(b)　(c)

图 2-25　绘制三点圆弧的过程

(a) 确定起点；(b) 确定终点；(c) 确定半径和方向

2-12

4. “直线”命令绘制圆弧

“直线”命令除了可以绘制直线外，还可以绘制连接在直线端点处的切线弧，使用该命令时，必须首先绘制一条直线，然后才能绘制圆弧。

(1) 在草图绘制状态下，选择菜单栏中的“工具”→“草图绘制实体”→“直线”命令，或者单击“草图”工具栏中的“直线”按钮，或者单击“草图”控制面板中的“直线”按钮，首先绘制一条直线。

(2) 在不结束绘制直线命令的情况下，将光标稍微向旁边拖动，如图 2-26(a)所示。

(3) 将光标拖回至直线的终点，开始绘制圆弧，如图 2-26(b)所示。

(4) 拖动光标到图中合适的位置，并单击确定圆弧的大小，如图 2-26(c)所示。

图 2-26 即为使用直线命令绘制圆弧的过程。

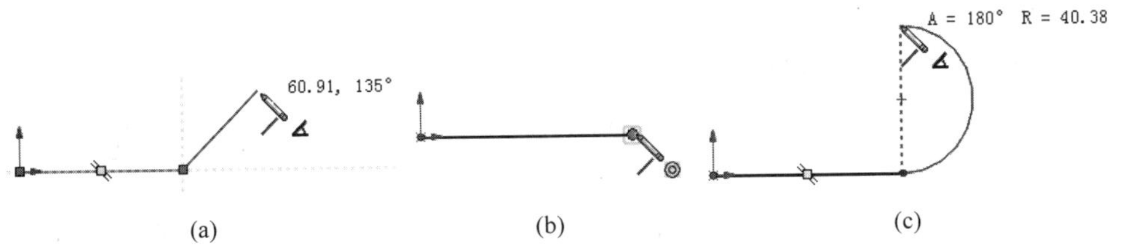

图 2-26　使用“直线”命令绘制圆弧的过程

(a) 向旁边拖动光标；(b) 将光标拖回至终点；(c) 确定圆弧

直线转换为绘制圆弧的状态，必须先将光标拖回至终点，然后拖出才能绘制圆弧。也可以在此状态下右击，弹出的快捷菜单如图 2-27 所示，选择“转到圆弧”命令即可绘制圆弧。同样在绘制圆弧的状态下，选择快捷菜单中的“转到直线”命令即可绘制直线。

2-13

2.2.5　绘制矩形

绘制矩形的方法主要有 5 种：使用“边角矩形”“中心矩形”“三点边角矩形”“三点中心矩形”以及“平行四边形”命令绘制矩形。下面分别介绍绘制矩形的不同方法。

1. “边角矩形”命令绘制矩形

“边角矩形”命令绘制矩形的方法是标准的矩形草图绘制方法，即指定矩形的左上方与右下方的端点，确定矩形的长度和宽度。

以绘制如图 2-28 所示的矩形为例，说明采用“边角矩形”命令绘制矩形的操作步骤。

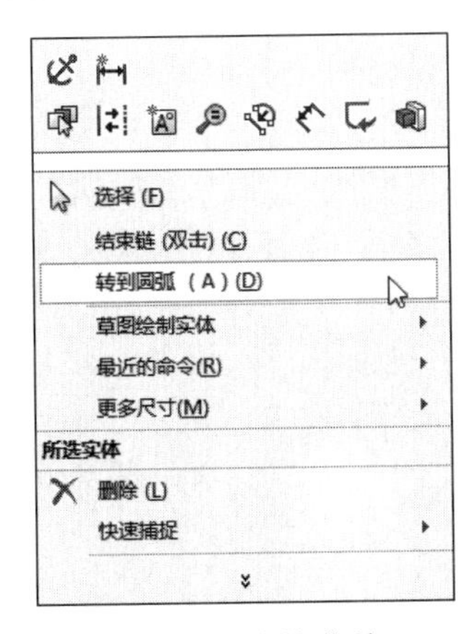

图 2-27　快捷菜单

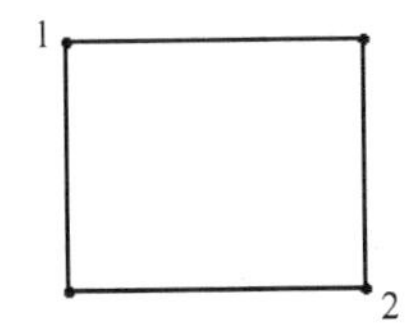

图 2-28　使用“边角矩形”命令绘制矩形

(1) 在草图绘制状态下，选择菜单栏中的“工具”→“草图绘制实体”→“边角矩形”命令，或者单击“草图”工具栏中的“边角矩形”按钮，或者单击“草图”控制面板中的“边角矩形”按钮，此时光标变为形状。

(2) 在图形区单击，确定矩形的一个角点 1。

(3) 移动光标，单击确定矩形的另一个角点 2，矩形绘制完毕。

在绘制矩形时，既可以移动光标确定矩形的角点 2，也可以在确定第一角点时，不释放鼠标，直接拖动光标确定角点 2。

矩形绘制完毕后，按住鼠标左键拖动矩形的一个角点，可以动态地改变矩形的尺寸。“矩形”属性管理器如图 2-29 所示。

2. “中心矩形”命令绘制矩形

“中心矩形”命令绘制矩形的方法是指定矩形的中心与右上方的端点，确定矩形的中心和 4 条边线。

以绘制如图 2-30 所示的矩形为例，说明采用“中心矩形”命令绘制矩形的操作步骤。

(1) 在草图绘制状态下，选择菜单栏中的“工具”→“草图绘制实体”→“中心矩形”命令，或者单击“草图”工具栏中的“中心矩形”按钮，或者单击“草图”控制面板中的“中心矩形”按钮，此时光标变为 形状。

(2) 在图形区单击，确定矩形的中心点 1。

(3) 移动光标，单击确定矩形的一个角点 2，矩形绘制完毕。

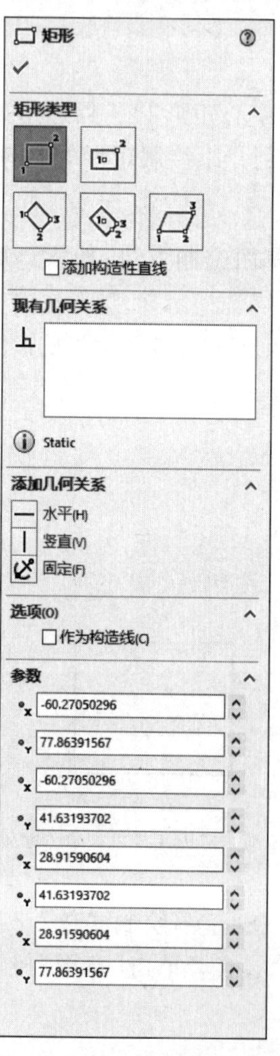

图 2-29 “矩形”属性管理器

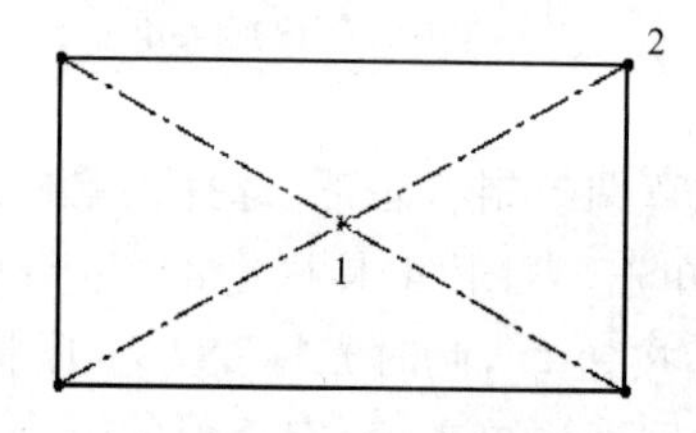

图 2-30 使用“中心矩形”命令绘制矩形

Note

3. “三点边角矩形”命令绘制矩形

“三点边角矩形”命令是通过制定三个点来确定矩形，前面两个点定义角度和一条边，第三点确定另一条边。

以绘制如图 2-31 所示的矩形为例，说明采用“三点边角矩形”命令绘制矩形的操作步骤。

(1) 在草图绘制状态下，选择菜单栏中的“工具”→“草图绘制实体”→“三点边角矩形”命令，或者单击“草图”工具栏中的“三点边角矩形”按钮，或者单击“草图”控制面板中的“三点边角矩形”按钮，此时光标变为形状。

(2) 在图形区单击，确定矩形的边角点 1。

(3) 移动光标，单击确定矩形的另一个边角点 2。

(4) 继续移动光标，单击确定矩形的第三个边角点 3，矩形绘制完毕。

4. “三点中心矩形”命令绘制矩形

“三点中心矩形”命令是通过制定三个点来确定矩形。以绘制如图 2-32 所示的矩形为例，说明采用“三点中心矩形”命令绘制矩形的操作步骤。

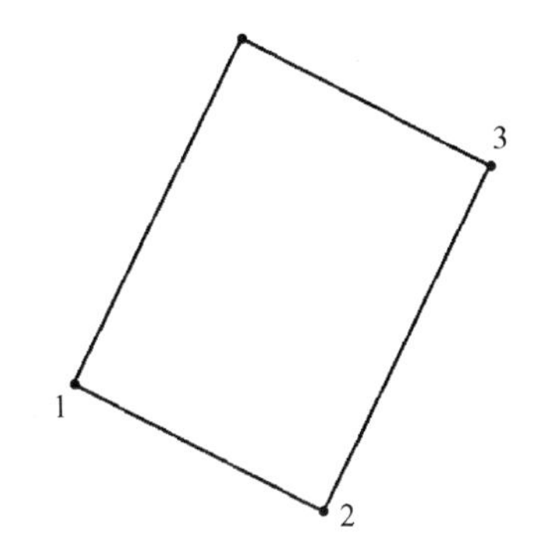

图 2-31　使用“三点边角矩形”命令绘制矩形

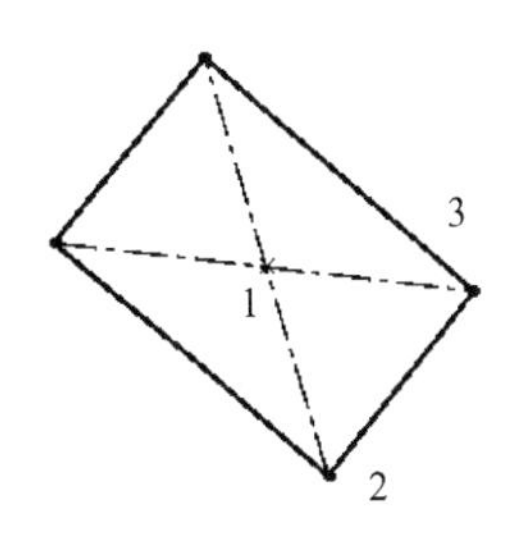

图 2-32　使用“三点中心矩形”命令绘制矩形

(1) 在草图绘制状态下，选择菜单栏中的“工具”→“草图绘制实体”→“三点中心矩形”命令，或者单击“草图”工具栏中的“三点中心矩形”按钮，或者单击“草图”控制面板中的“三点中心矩形”按钮，此时光标变为形状。

(2) 在图形区单击，确定矩形的中心点 1。

(3) 移动光标，单击确定矩形一条边线的一半长度的一个角点 2。

(4) 移动光标，单击确定矩形的一个角点 3，矩形绘制完毕。

5. “平行四边形”命令绘制矩形

“平行四边形”命令既可以生成平行四边形，也可以生成边线与草图网格线不平行或不垂直的矩形。

以绘制如图 2-33 所示的矩形为例，说明采用“平行四边形”命令绘制矩形的操作步骤。

(1) 在草图绘制状态下，选择菜单栏中的“工具”→“草图绘制实体”→“平行四边形”命令，或者单击“草图”工具栏中的“平行四边形”按钮，或者单击“草图”控制面板

中的“平行四边形”按钮▱,此时光标变为形状。

(2) 在图形区单击,确定矩形的第一个点 1。

(3) 移动光标,在合适的位置单击,确定矩形的第二个点 2。

(4) 移动光标,在合适的位置单击,确定矩形的第三个点 3,矩形绘制完毕。

Note

矩形绘制完毕后,按住鼠标左键拖动矩形的一个角点,可以动态地改变矩形的尺寸。

在绘制完矩形的点 1 与点 2 后,按住 Ctrl 键,移动光标可以改变平行四边形的形状,然后在合适的位置单击,可以完成任意形状的平行四边形的绘制。如图 2-34 所示为绘制的任意形状的平行四边形。

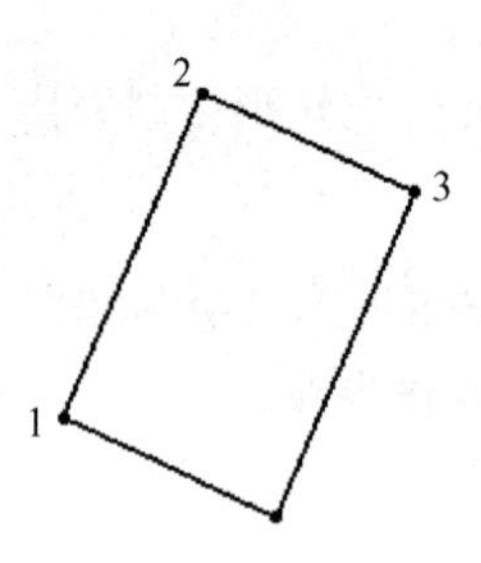

图 2-33 使用“平行四边形”命令绘制矩形

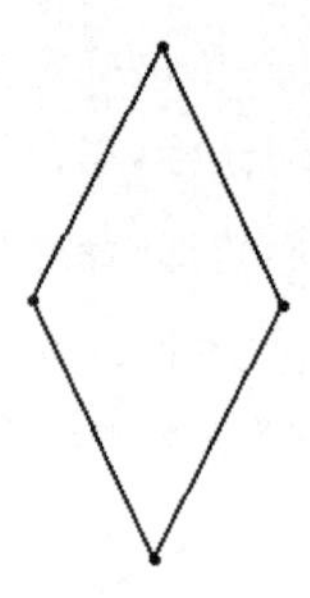

图 2-34 任意形状的平行四边形

2.2.6 绘制多边形

2-14

“多边形”命令用于绘制边数为 3～40 的等边多边形。

(1) 在草图绘制状态下,选择菜单栏中的“工具”→“草图绘制实体”→“多边形”命令,或者单击“草图”工具栏中的“多边形”按钮⊙,或者单击“草图”控制面板中的“多边形”按钮⊙,此时光标变为形状,弹出的“多边形”属性管理器如图 2-35 所示。

(2) 在“多边形”属性管理器中输入多边形的边数,也可以接受系统默认的边数,在绘制完多边形后再修改多边形的边数。

(3) 在图形区单击,确定多边形的中心。

(4) 移动光标,在合适的位置单击,确定多边形的形状。

(5) 在“多边形”属性管理器中选择是“内切圆”模式还是“外接圆”模式,然后修改多边形辅助圆直径及角度。

(6) 如果还要绘制另一个多边形,单击属性管理器中的“新多边形”按钮,然后重复步骤(2)～步骤(5)即可。

绘制的多边形如图 2-36 所示。

技巧荟萃

多边形有内切圆和外接圆两种方式,两者的区别主要在于标注方法的不同。内切圆是表示圆中心到各边的垂直距离,外接圆是表示圆中心到多边形端点的距离。

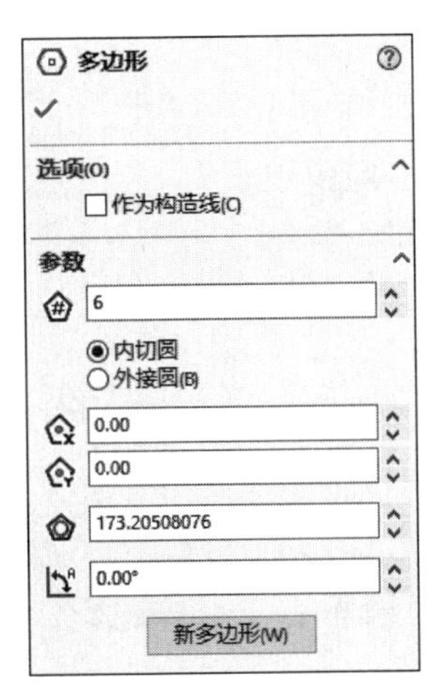

图 2-35　“多边形”属性管理器

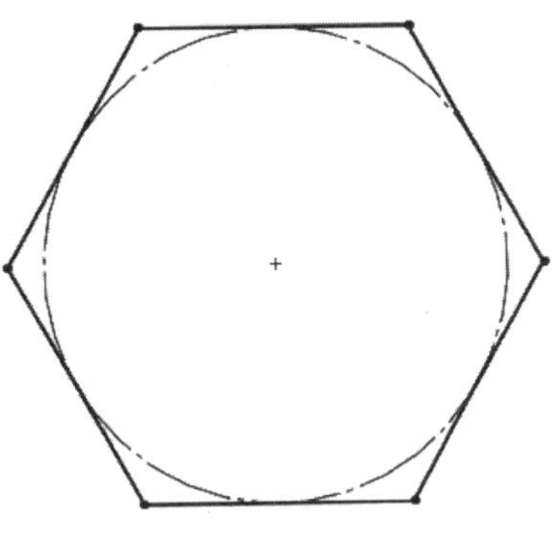

图 2-36　绘制的多边形

Note

2-15

2.2.7　绘制椭圆与部分椭圆

椭圆是由中心点、长轴长度与短轴长度确定的，三者缺一不可。下面将分别介绍椭圆和部分椭圆的绘制方法。

1. 绘制椭圆

绘制椭圆的操作步骤如下。

（1）在草图绘制状态下，选择菜单栏中的“工具”→“草图绘制实体”→“椭圆”命令，或者单击“草图”工具栏中的“椭圆”按钮，或者单击“草图”控制面板中的“椭圆”按钮，此时光标变为形状。

（2）在图形区合适的位置单击，确定椭圆的中心。

（3）移动光标，在光标附近会显示椭圆的长半轴 R 和短半轴 r。在图中合适的位置单击，确定椭圆的长半轴 R。

（4）移动光标，在图中合适的位置单击，确定椭圆的短半轴 r，此时弹出“椭圆”属性管理器，如图 2-37 所示。

（5）在“椭圆”属性管理器中修改椭圆的中心坐标，以及长半轴和短半轴的大小。

（6）单击“椭圆”属性管理器中的“确定”按钮✓，完成椭圆的绘制，如图 2-38 所示。

图 2-37　“椭圆”属性管理器

椭圆绘制完毕后，按住鼠标左键拖动椭圆的中心和 4 个特征点，可以改变椭圆的形状。通过“椭圆”属性管理器可以精确地修改椭圆的位置和长、短半轴。

Note

2. 绘制部分椭圆

部分椭圆即椭圆弧，绘制椭圆弧的操作步骤如下。

（1）在草图绘制状态下，选择菜单栏中的“工具”→“草图绘制实体”→“部分椭圆”命令，或者单击“草图”工具栏中的“部分椭圆”按钮，或者单击“特征”控制面板中的“部分椭圆”按钮，此时光标变为形状。

（2）在图形区合适的位置单击，确定椭圆弧的中心。

（3）移动光标，在光标附近会显示椭圆的长半轴 R 和短半轴 r。在图中合适的位置单击，确定椭圆弧的长半轴 R。

（4）移动光标，在图中合适的位置单击，确定椭圆弧的短半轴 r。

（5）绕圆周移动光标，确定椭圆弧的范围，此时会弹出“椭圆”属性管理器，根据需要设定椭圆弧的参数。

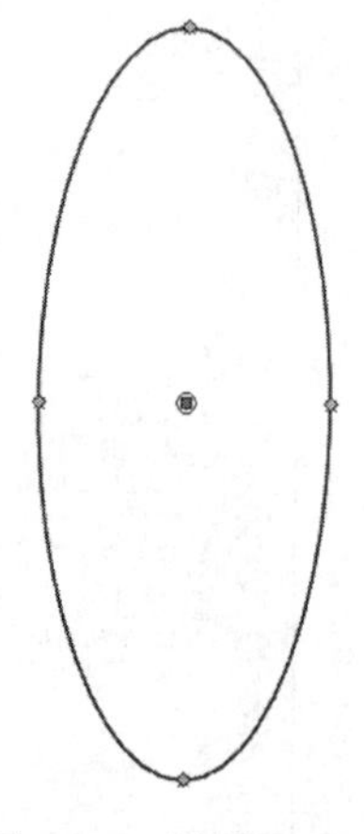

图 2-38　绘制的椭圆

（6）单击“椭圆”属性管理器中的“确定”按钮✔，完成椭圆弧的绘制。

如图 2-39 所示为绘制部分椭圆的过程。

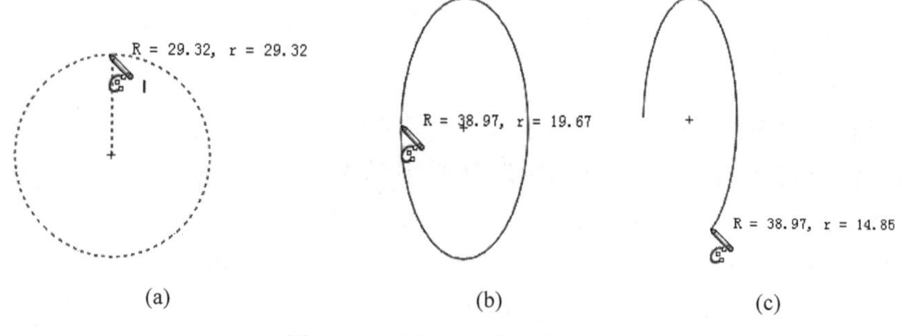

图 2-39　绘制部分椭圆的过程

(a) 确定长半轴；(b) 确定短半轴；(c) 确定椭圆弧

2-16

2.2.8　绘制抛物线

抛物线的绘制方法是，先确定抛物线的焦点，然后确定抛物线的焦距，最后确定抛物线的起点和终点。

（1）在草图绘制状态下，选择菜单栏中的“工具”→“草图绘制实体”→“抛物线”命令，或者单击“草图”工具栏中的“抛物线”按钮，或者单击“草图”控制面板中的“抛物线”按钮，此时光标变为形状。

（2）在图形区中合适的位置单击，确定抛物线的焦点。

（3）移动光标，在图中合适的位置单击，确定抛物线的焦距。

（4）移动光标，在图中合适的位置单击，确定抛物线的起点。

（5）移动光标，在图中合适的位置单击，确定抛物线的终点，此时会弹出“抛物线”属性管理器，根据需要设置属性管理器中抛物线的参数。

（6）单击“抛物线”属性管理器中的“确定”按钮✔，完成抛物线的绘制。

如图 2-40 所示为绘制抛物线的过程。

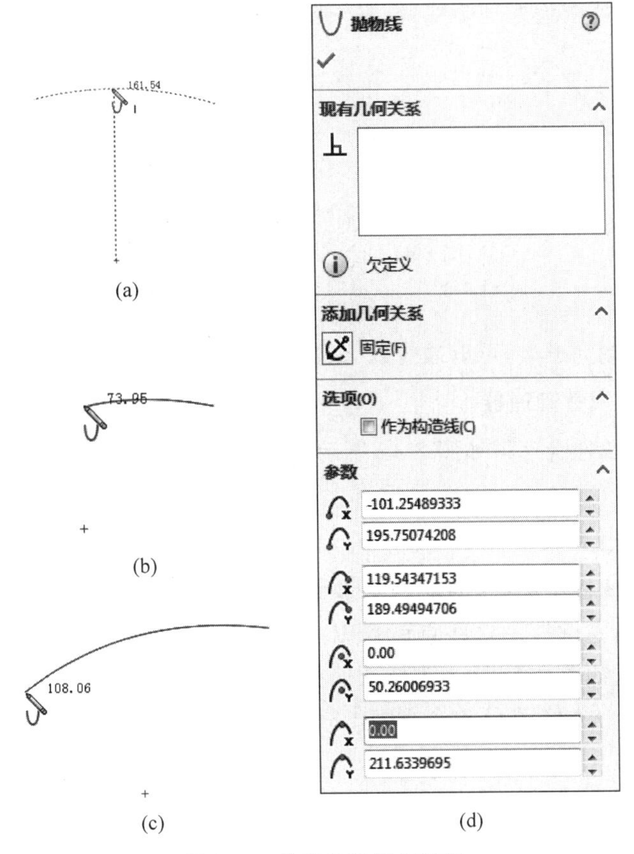

(a)　(b)　(c)　(d)

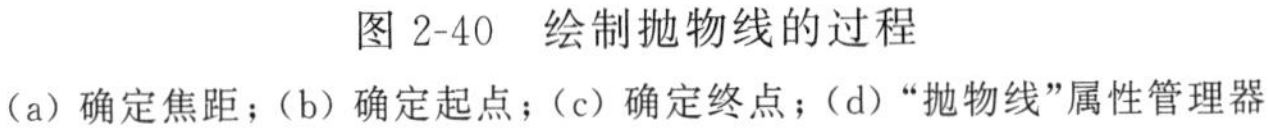
图 2-40　绘制抛物线的过程

(a) 确定焦距；(b) 确定起点；(c) 确定终点；(d)"抛物线"属性管理器

按住鼠标左键拖动抛物线的特征点，可以改变抛物线的形状。拖动抛物线的顶点，使其偏离焦点，可以使抛物线更加平缓；反之，抛物线会更加尖锐。拖动抛物线的起点或者终点，可以改变抛物线一侧的长度。

如果要改变抛物线的属性，则在草图绘制状态下选择绘制的抛物线，弹出"抛物线"属性管理器，按照需要修改其中的参数，就可以修改相应的属性。

2.2.9　绘制样条曲线

2-17

SOLIDWORKS 提供了强大的样条曲线绘制功能，样条曲线至少需要两个点，并且可以在端点指定相切。

(1) 在草图绘制状态下，选择菜单栏中的"工具"→"草图绘制实体"→"样条曲线"命令，或者单击"草图"工具栏中的"样条曲线"按钮，或者单击"草图"控制面板中的"样条曲线"按钮，此时光标变为形状。

(2) 在图形区单击，确定样条曲线的起点。

(3) 移动光标，在图中合适的位置单击，确定样条曲线上的第二点。

(4) 重复移动光标，确定样条曲线上的其他点。

（5）按 Esc 键，或者双击退出样条曲线的绘制。

如图 2-41 所示为绘制样条曲线的过程。

Note

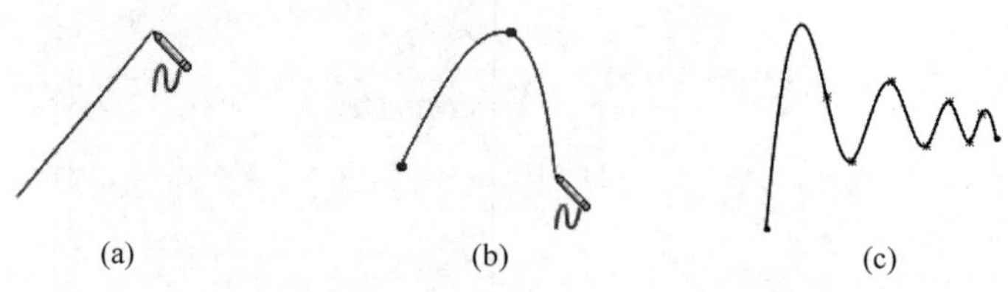

图 2-41　绘制样条曲线的过程

（a）确定第二点；（b）确定第三点；（c）确定其他点

样条曲线绘制完毕后，可以通过以下方式，对样条曲线进行编辑和修改。

1. 样条曲线属性管理器

“样条曲线”属性管理器如图 2-42 所示，在“参数”选项组中可以实现对样条曲线的各种参数进行修改。

2. 样条曲线上的点

选择要修改的样条曲线，此时样条曲线上会出现点，按住鼠标左键拖动这些点就可以实现对样条曲线的修改，如图 2-43 所示为样条曲线的修改过程，图 2-43（a）为修改前的图形，图 2-43（b）为修改后的图形。

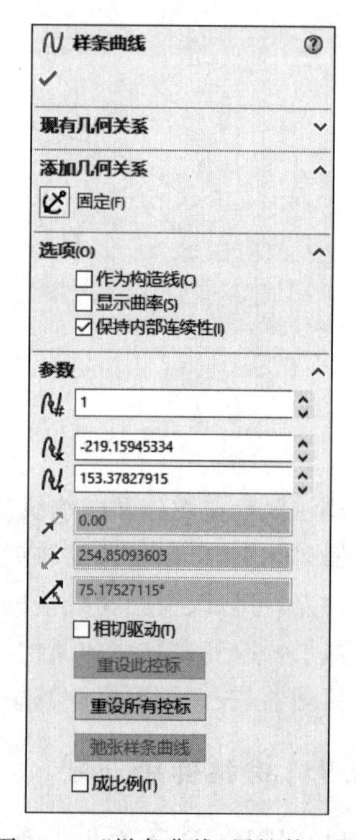

图 2-42　“样条曲线”属性管理器

3. 插入样条曲线型值点

确定样条曲线形状的点称为型值点，即除样条曲线端点以外的点。在样条曲线绘制以后，还可以插入一些型值点。右击样条曲线，在弹出的快捷菜单中选择“插入样条曲线型值点”命令，然后在需要添加的位置单击即可。

4. 删除样条曲线型值点

若要删除样条曲线上的型值点，单击选择要删除的点，然后按 Delete 键即可。

样条曲线的编辑还有其他一些功能，如显示样条曲线控标、显示拐点、显示最小半径与显示曲率检查等，在此不一一介绍，读者可以右击样条曲线，选择相应的功能进行练习。

技巧荟萃

系统默认显示样条曲线的控标。单击“样条曲线工具”工具栏中的“显示样条曲线控标”按钮，可以隐藏或者显示样条曲线的控标。

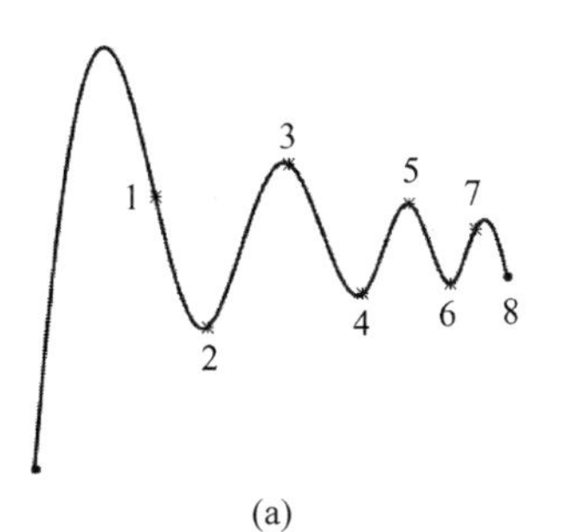

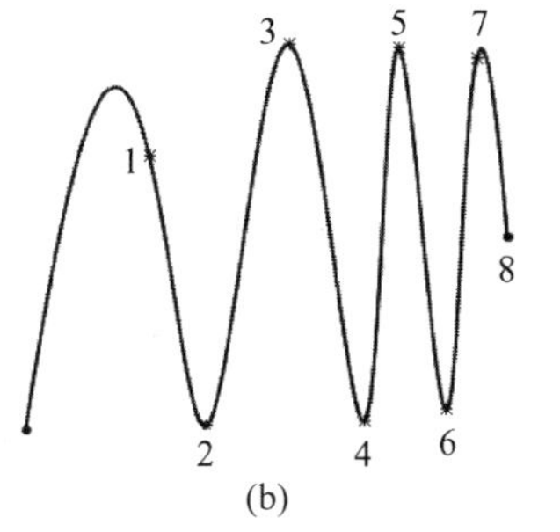

图 2-43 样条曲线的修改过程

(a) 修改前的图形；(b) 修改后的图形

2.2.10 绘制草图文字

草图文字可以在零件特征面上添加，用于拉伸和切除文字，形成立体效果。文字可以添加在任何连续曲线或边线组中，包括由直线、圆弧或样条曲线组成的圆或轮廓。

(1) 在草图绘制状态下，选择菜单栏中的“工具”→“草图绘制实体”→“文字”命令，或者单击“草图”工具栏中的“文字”按钮![A]，或者单击“草图”控制面板中的“文字”按钮![A]，系统弹出“草图文字”属性管理器，如图 2-44 所示。

(2) 在图形区中选择一边线、曲线、草图或草图线段，作为绘制文字草图的定位线，此时所选择的边线显示在“草图文字”属性管理器的“曲线”选项组中。

(3) 在“草图文字”属性管理器的“文字”选项中输入要添加的文字 SOLIDWORKS 2020。此时，添加的文字显示在图形区曲线上。

(4) 如果不需要系统默认的字体，则取消对“使用文档字体”复选框的勾选，然后单击“字体”按钮，此时系统弹出“选择字体”对话框，如图 2-45 所示，可按照需要进行设置。

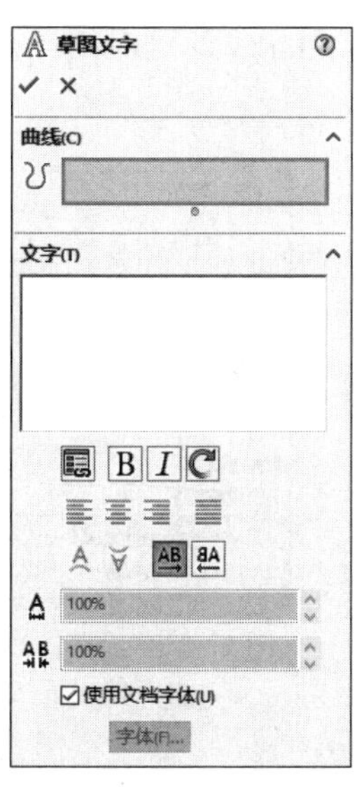

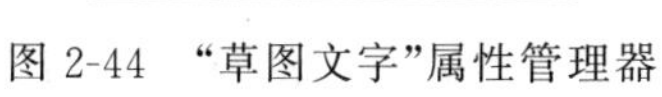
图 2-44 “草图文字”属性管理器

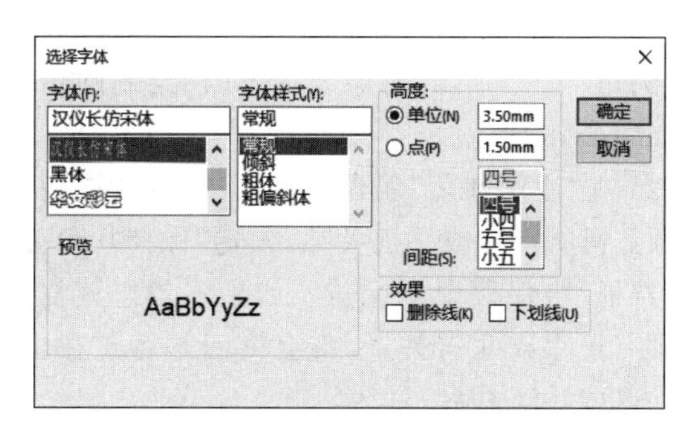

图 2-45 “选择字体”对话框

(5) 设置好字体后，单击“选择字体”对话框中的“确定”按钮，然后单击“草图文字”属性管理器中的“确定”按钮✔，完成草图文字的绘制。

Note

技巧荟萃

（1）在草图绘制模式下，双击已绘制的草图文字，在系统弹出的“草图文字”属性管理器中可以对其进行修改。

（2）如果曲线为草图实体或一组草图实体，而且草图文字与曲线位于同一草图内，那么必须将草图实体转换为几何构造线。

如图 2-46 所示为绘制的草图文字，如图 2-47 所示为拉伸后的草图文字。

SolidWorks 2020

图 2-46　绘制的草图文字

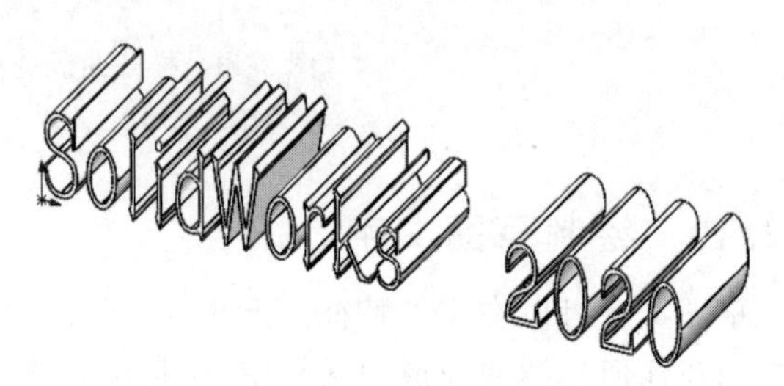

图 2-47　拉伸后的草图文字

2.3　草图编辑工具

本节主要介绍草图编辑工具的使用方法，如圆角、倒角、等距实体、转换实体引用、剪裁、延伸、分割、镜像、阵列、移动、复制、旋转、缩放、伸展等。

2-19

2.3.1　绘制圆角

绘制圆角工具是将两个草图实体的交叉处剪裁掉角部，生成一个与两个草图实体都相切的圆弧，此工具在二维和三维草图中均可使用。

（1）打开源文件“X:\源文件\原始文件\2\绘制圆角.SLDPRT”。在草图编辑状态下，选择菜单栏中的“工具”→“草图工具”→“圆角”命令，或者单击“草图”工具栏中的“绘制圆角”按钮，或者单击“草图”控制面板中的“绘制圆角”按钮，此时系统弹出的“绘制圆角”属性管理器如图 2-48 所示。

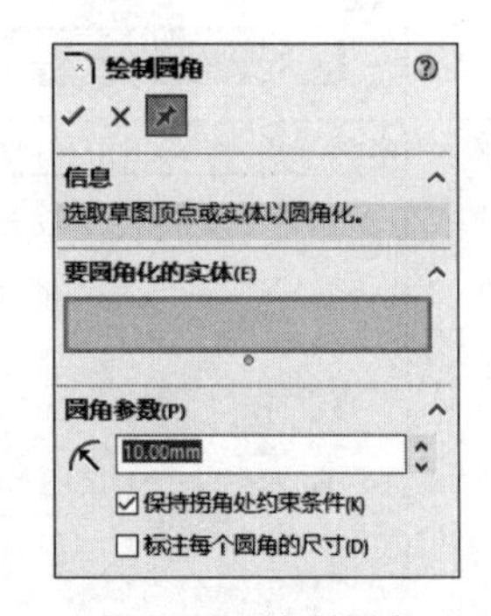

图 2-48　“绘制圆角”属性管理器

（2）在“绘制圆角”属性管理器中，设置圆角的半径。如果顶点具有尺寸或几何关系，勾选“保持拐角处约束条件”复选框，将保留虚拟交点。如果不勾选该复选框，且顶点具有尺寸或几何关系，将会询问是否想在生成圆角时删除这些几何关系。

（3）设置好“绘制圆角”属性管理器后，单击选择如图 2-49(a)所示的直线 1 和 2、直线 2 和 3、直线 3 和 4、直线 4 和 5、直线 5 和 6、直线 6 和 1。

（4）勾选“标注每个圆角的尺寸”复选框，单击“绘制圆角”属性管理器中的“确定”按钮✔，完成圆角的绘制，如图 2-49(b)所示。

技巧荟萃

SOLIDWORKS 可以将两个非交叉的草图实体进行倒圆角操作。执行完“圆角”命令后，草图实体将被拉伸，边角将被圆角处理。

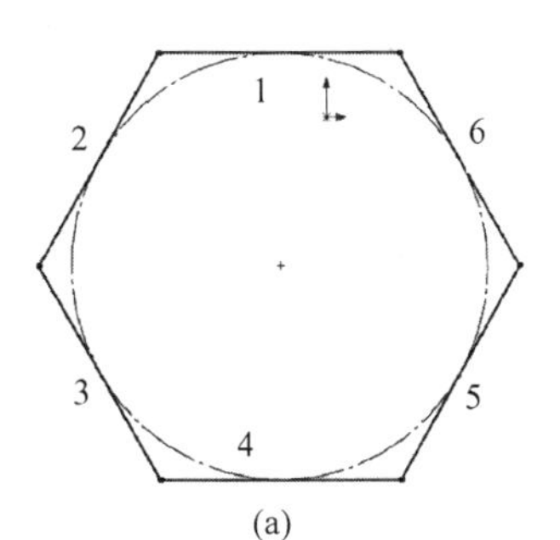

(a)

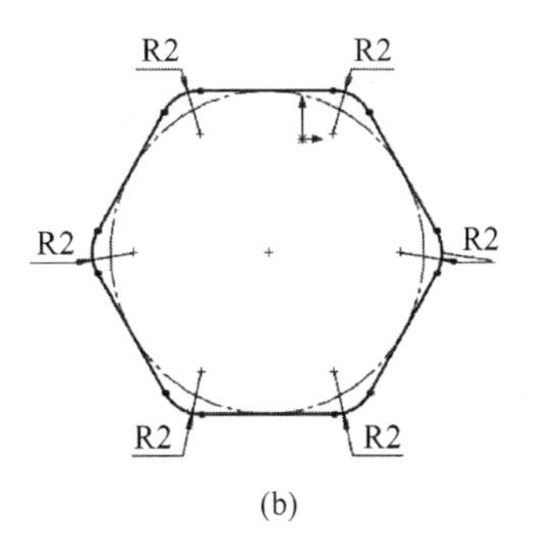

(b)

图 2-49　绘制圆角过程

(a) 绘制前的图形；(b) 绘制后的图形

2.3.2　绘制倒角

2-20

绘制倒角工具是将倒角应用到相邻的草图实体中，此工具在二维和三维草图中均可使用。倒角的选取方法与圆角相同。“绘制倒角”属性管理器中提供了倒角的两种设置方式，分别是“角度距离”设置倒角方式和“距离-距离”设置倒角方式。

(1) 打开源文件“X:\源文件\原始文件\2\绘制倒角.SLDPRT”。在草图编辑状态下，选择菜单栏中的“工具”→“草图工具”→“倒角”命令，或者单击“草图”工具栏中的“绘制倒角”按钮，或者单击“草图”控制面板中的“绘制倒角”按钮，此时系统弹出的“绘制倒角”属性管理器如图 2-50 所示。

图 2-50　“角度距离”设置方式

(2) 在“绘制倒角”属性管理器中，点选“角度距离”单选按钮，按照图 2-50 设置倒角方式和倒角参数，然后选择如图 2-51(a)所示的直线 1 和直线 4。

(3) 在“绘制倒角”属性管理器中，点选“距离-距离”单选按钮，按照图 2-52 设置倒角方式和倒角参数，然后选择如图 2-51(a)所示的直线 2 和直线 3。

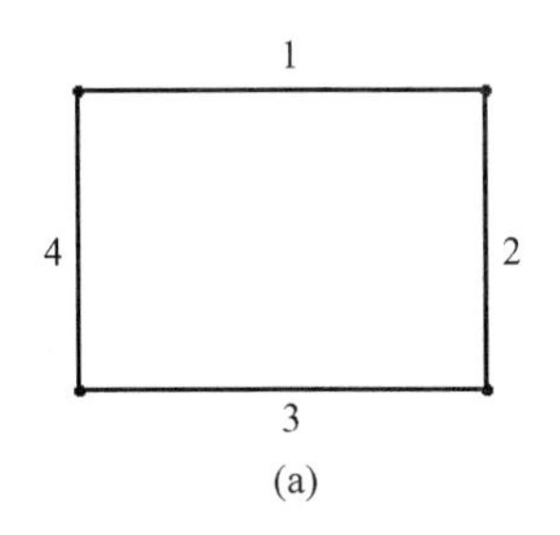

(a)

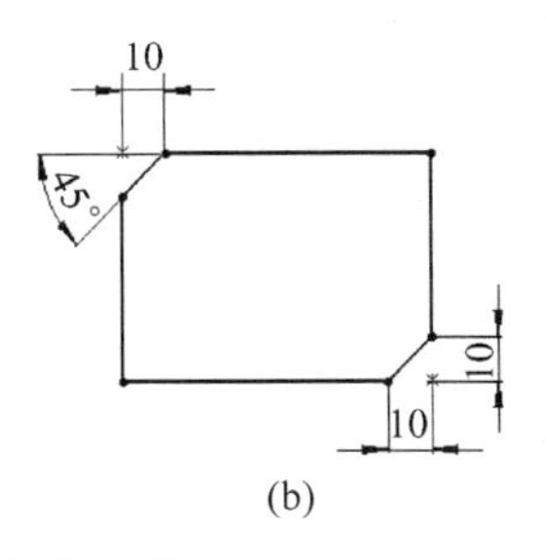

(b)

图 2-51　绘制倒角的过程

(a) 绘制前的图形；(b) 绘制后的图形

图 2-52　“距离-距离”设置方式

(4) 单击“绘制倒角”属性管理器中的“确定”按钮✓,完成倒角的绘制,结果如图 2-51(b)所示。

Note

以“距离-距离”设置方式绘制倒角时,如果设置的两个距离不相等,选择不同草图实体的次序不同,绘制的结果也不相同。设置 D1=10、D2=20,如图 2-53(a)所示为原始图形;如图 2-53(b)所示为先选取左侧的直线,后选择右侧直线形成的倒角;如图 2-53(c)所示为先选取右侧的直线,后选择左侧直线形成的倒角。

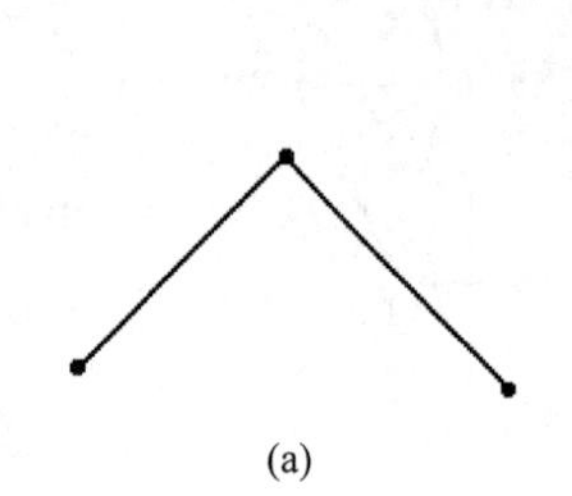

(a)

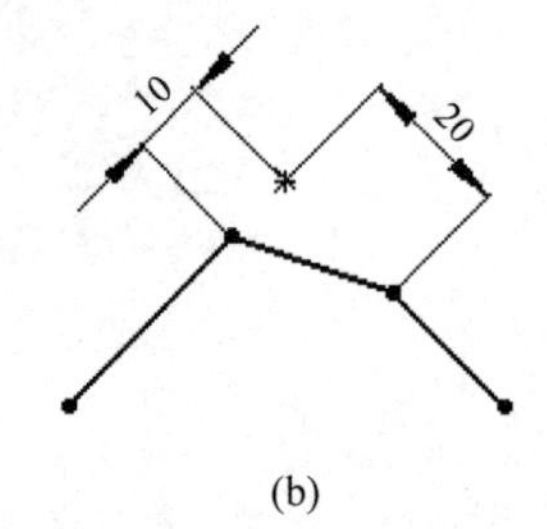

(b)

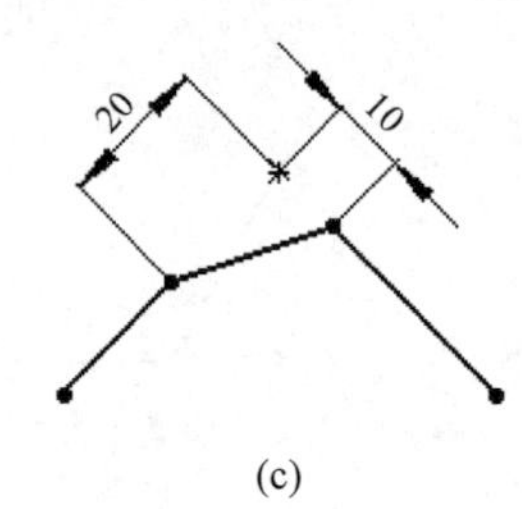

(c)

图 2-53　选择直线次序不同形成的倒角

(a) 原始图形;(b) 先左后右形成的倒角图形;(c) 先右后左形成的倒角图形

2-21

2.3.3 等距实体

等距实体工具是按特定的距离等距一个或者多个草图实体、所选模型边线、模型面,例如样条曲线或圆弧、模型边线组、环等之类的草图实体。

(1) 打开源文件“X:\源文件\原始文件\2\等距实体.SLDPRT”。在草图绘制状态下,选择菜单栏中的“工具”→“草图工具”→“等距实体”命令,或者单击“草图”工具栏中的“等距实体”按钮,或者单击“草图”控制面板中的“等距实体”按钮。

(2) 弹出“等距实体”属性管理器,按照实际需要进行设置。

(3) 单击选择要等距的实体对象。

(4) 单击“等距实体”属性管理器中的“确定”按钮✓,完成等距实体的绘制。

如图 2-54 所示“等距实体”属性管理器中各选项的含义如下。

- “等距距离”文本框:设定数值以特定距离来等距草图实体。
- “添加尺寸”复选框:勾选该复选框将在草图中添加等距距离的尺寸标注,这不会影响到包括在原有草图实体中的任何尺寸。
- “反向”复选框:勾选该复选框将更改单向等距实体的方向。
- “选择链”复选框:勾选该复选框将生成所有连续草图实体的等距。
- “双向”复选框:勾选该复选框将在草图中双向生成等距实体。
- “顶端加盖”复选框:勾选该复选框将通过选择双向并添加一顶盖来延伸原有非相交草图实体。
- “构造几何体”:勾选复选框“基本几何体”或“偏移几何体”,或两者均勾选将原始草图实体转换为构造线。

如图 2-55 所示为按照如图 2-54 所示的“等距实体”属性管理器进行设置后,选取中间草图实体中任意一部分得到的图形。

如图 2-56 所示为在模型面上添加草图实体的过程,图 2-56(a)为原始图形,图 2-56(b)为

等距实体后的图形。执行过程为：先选择如图 2-56(a)所示的模型的上表面，然后进入草图绘制状态，再执行等距实体命令，设置参数为单向等距距离，距离为 5mm。

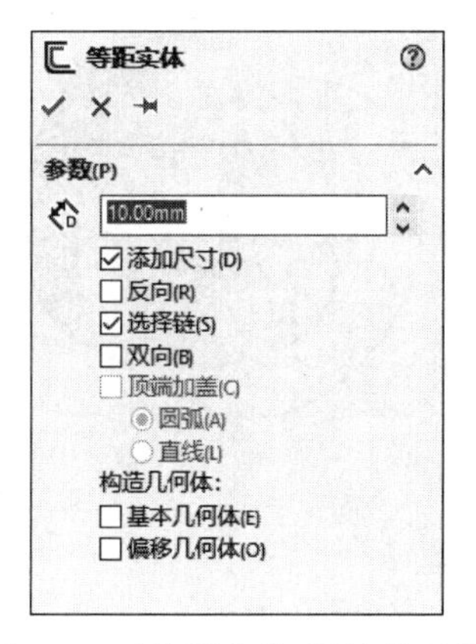

图 2-54　"等距实体"属性管理器

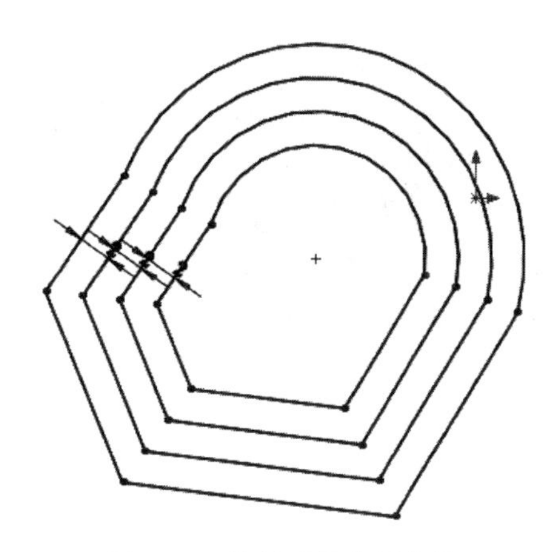

图 2-55　等距后的草图实体

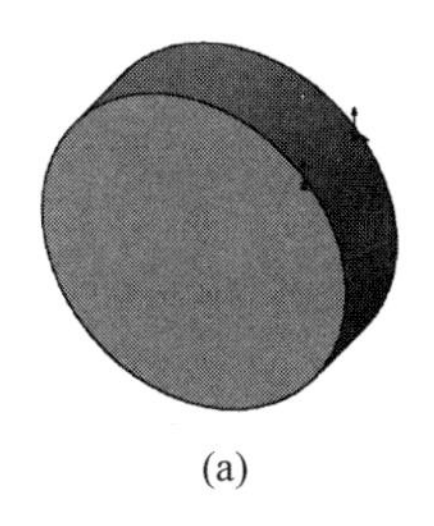

(a)

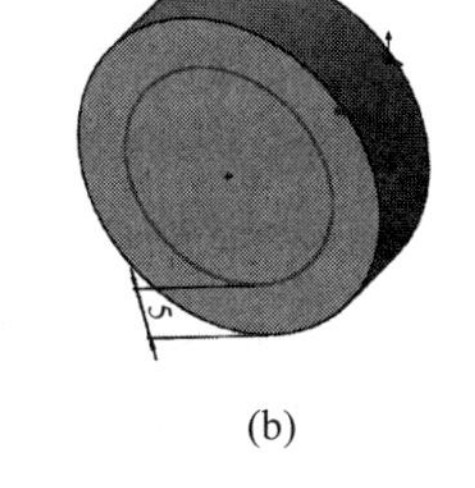

(b)

图 2-56　在模型面上添加等距实体的过程

(a) 原始图形；(b) 等距实体后的图形

技巧荟萃

在草图绘制状态下，双击等距距离的尺寸，然后更改数值，就可以修改等距实体的距离。在双向等距中，修改单个数值就可以更改两个等距的尺寸。

2.3.4　转换实体引用

2-22

转换实体引用是通过已有的模型或者草图，将其边线、环、面、曲线、外部草图轮廓线、一组边线或一组草图曲线投影到草图基准面上。通过这种方式，可以在草图基准面上生成一个或多个草图实体。使用该命令时，如果引用的实体发生更改，那么转换的草图实体也会相应地改变。

(1) 打开源文件"X:\源文件\原始文件\2\转换实体引用. SLDPRT"。在特征管理器的树状目录中，选择要添加草图的基准面，本例选择基准面 1，然后单击"草图"控制面板中的"草图绘制"按钮，进入草图绘制状态。

(2) 按住 Ctrl 键，选取如图 2-57(a)所示的边线 1～4 以及圆弧 5。

(3) 选择菜单栏中的"工具"→"草图工具"→"转换实体引用"命令，或者单击"草图"工具栏中的"转换实体引用"按钮，或者单击"草图"控制面板中的"转换实体引

用”按钮，执行转换实体引用命令。

(4) 退出草图绘制状态，转换实体引用后的图形如图 2-57(b)所示。

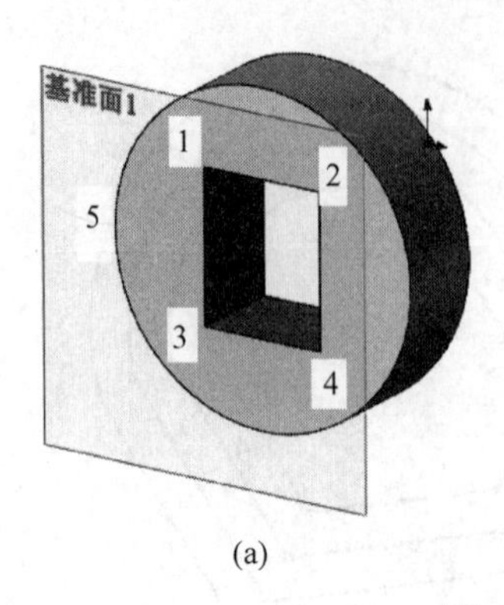

(a)

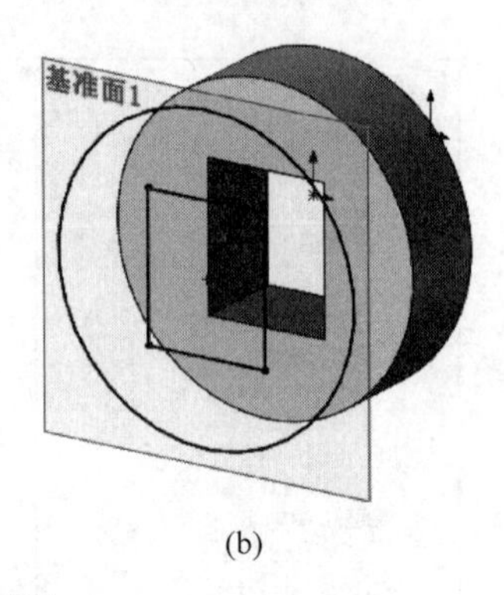

(b)

图 2-57 转换实体引用过程

(a) 转换实体引用前的图形；(b) 转换实体引用后的图形

2-23

2.3.5 草图剪裁

草图剪裁是常用的草图编辑命令。执行草图剪裁命令时，系统弹出的“剪裁”属性管理器如图 2-58 所示，根据剪裁草图实体的不同，可以选择不同的剪裁模式，下面将介绍不同类型的草图剪裁模式。

- 强劲剪裁：通过将光标拖过每个草图实体来剪裁草图实体。
- 边角：剪裁两个草图实体，直到它们在虚拟边角处相交。
- 在内剪除：选择两个边界实体，然后选择要剪裁的实体，剪裁位于两个边界实体外的草图实体。
- 在外剪除：剪裁位于两个边界实体内的草图实体。
- 剪裁到最近端：将一草图实体剪裁到最近端交叉实体。

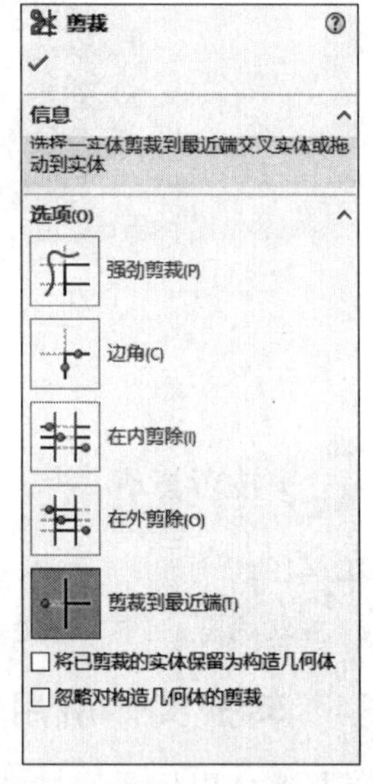

图 2-58 “剪裁”属性管理器

以图 2-59 所示为例说明剪裁实体的过程，图 2-59(a)为剪裁前的图形，图 2-59(b)为剪裁后的图形，其操作步骤如下。

(1) 打开源文件“X:\源文件\原始文件\2\草图剪裁. SLDPRT”。在草图编辑状态下，选择菜单栏中的“工具”→“草图工具”→“剪裁”命令，或者单击“草图”工具栏中的“剪裁实体”按钮，或者单击“草图”控制面板中的“剪裁实体”按钮，此时光标变为形状，并在左侧特征管理器弹出“剪裁”属性管理器。

(2) 在“剪裁”属性管理器中选择“剪裁到最近端”选项。

(3) 依次单击如图 2-59(a)所示的 A 处和 B 处，剪裁图中的直线。

(4) 单击“剪裁”属性管理器中的“确定”按钮✓，完成草图实体的剪裁，剪裁后的

图形如图 2-59(b)所示。

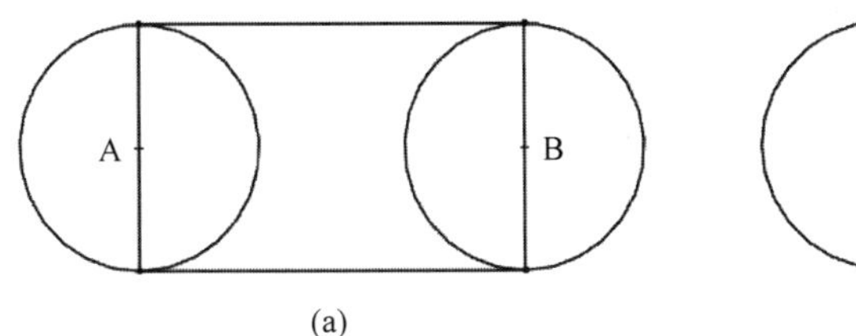

(a)

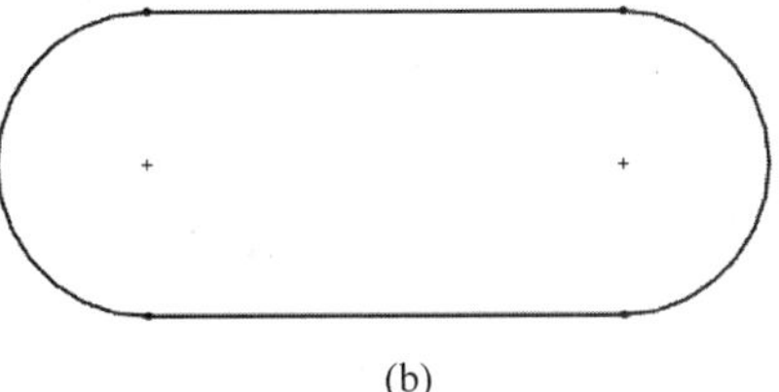

(b)

图 2-59　剪裁实体的过程
(a) 剪裁前的图形；(b) 剪裁后的图形

2.3.6　草图延伸

2-24

草图延伸是常用的草图编辑工具。利用该工具可以将草图实体延伸至另一个草图实体。以图 2-60 所示为例说明草图延伸的过程，图 2-60(a)为延伸前的图形，图 2-60(b)为延伸后的图形。操作步骤如下。

(1) 打开源文件“X:\源文件\原始文件\2\草图延伸.SLDPRT”。在草图编辑状态下，选择菜单栏中的“工具”→“草图工具”→“延伸”命令，或者单击“草图”工具栏中的“延伸实体”按钮，或者单击“草图”控制面板中的“延伸实体”按钮，此时光标变为形状，进入草图延伸状态。

(2) 单击如图 2-60(a)所示的直线。

(3) 按 Esc 键，退出延伸实体状态，延伸后的图形如图 2-60(b)所示。

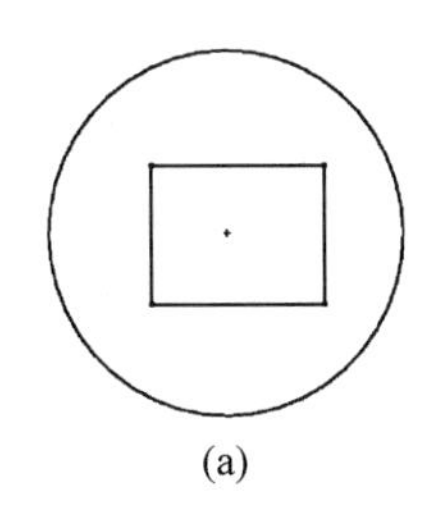

(a)

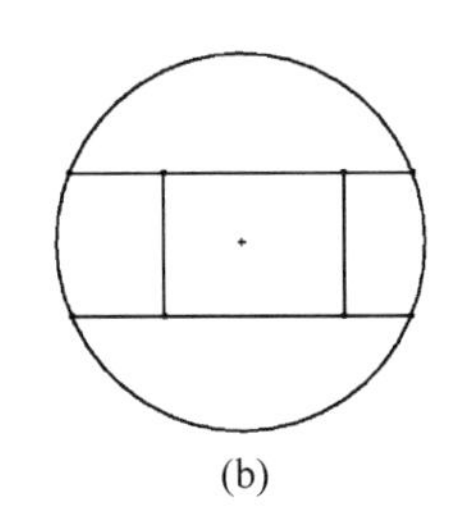

(b)

图 2-60　草图延伸的过程
(a) 延伸前的图形；(b) 延伸后的图形

在延伸草图实体时，如果两个方向都可以延伸，实际只需要单一方向延伸时，单击延伸方向一侧的实体部分即可实现。在执行该命令过程中，实体延伸的结果在预览时会以红色显示。

2.3.7　分割草图

2-25

分割草图是将一个连续的草图实体分割为两个草图实体，以方便进行其他操作。反之，也可以删除一个分割点，将两个草图实体合并成一个单一草图实体。

以图 2-61 所示为例说明分割实体的过程，图 2-61(a)为分割前的图形，图 2-61(b)为分割后的图形，其操作步骤如下。

(1) 打开源文件“X:\源文件\原始文件\2\草图分割.SLDPRT”。在草图编辑状态

下，选择菜单栏中的“工具”→“草图工具”→“分割实体”命令，或者单击“草图”工具栏中的“分割实体”按钮，进入分割实体状态。

（2）单击如图 2-61(a)所示的圆弧的合适位置，添加一个分割点。

（3）按 Esc 键，退出分割实体状态，分割后的图形如图 2-61(b)所示。

Note

在草图编辑状态下，如果欲将两个草图实体合并为一个草图实体，单击选中分割点，然后按 Delete 键即可。

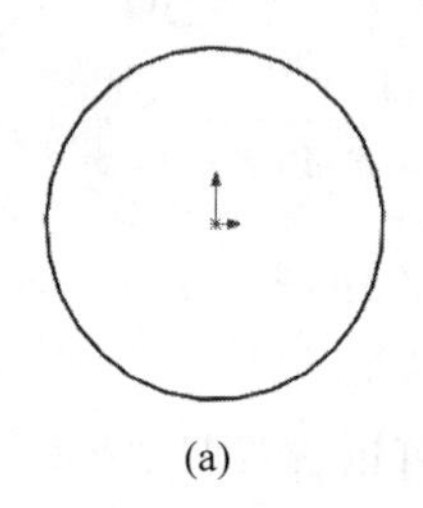

(a)

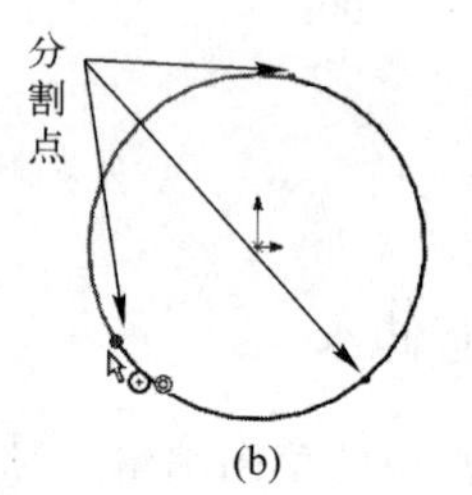

(b)

图 2-61　分割实体的过程

(a) 分割前的图形；(b) 分割后的图形

2.3.8　镜像草图

在绘制草图时，经常要绘制对称的图形，这时可以使用镜像实体命令来实现，“镜像”属性管理器如图 2-62 所示。

在 SOLIDWORKS 2020 中，镜像点不再仅限于构造线，它可以是任意类型的直线。SOLIDWORKS 提供了两种镜像方式：一种是镜像现有草图实体；另一种是在绘制草图时动态镜像草图实体，下面将分别介绍两种镜像方式。

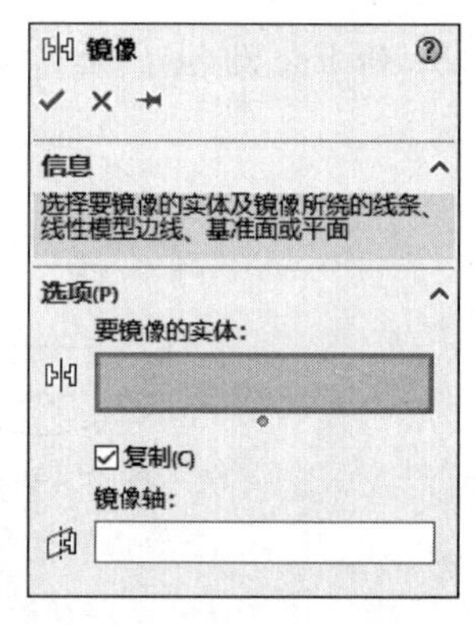

图 2-62　“镜像”属性管理器

2-26

1. 镜像现有草图实体

以如图 2-63 所示为例说明镜像草图的过程，图 2-63(a)为镜像前的图形，图 2-63(b)为镜像后的图形，其操作步骤如下。

（1）打开源文件“X:\源文件\原始文件\2\镜像现有草图实体. SLDPRT”。在草图编辑状态下，选择菜单栏中的“工具”→“草图工具”→“镜像”命令，或者单击“草图”工具栏中的“镜像实体”按钮，或者单击“草图”控制面板中的“镜向实体”按钮，此时系统弹出“镜像”属性管理器。

（2）单击属性管理器中的“要镜像的实体”列表框，使其变为浅蓝色，然后在图形区中框选如图 2-63(a)所示的直线左侧图形。

（3）单击属性管理器中的“镜像点”列表框，使其变为浅蓝色，然后在图形区中选取如图 2-63(a)所示的直线。

（4）单击“镜像”属性管理器中的“确定”按钮✔，草图实体镜像完毕，镜像后的图形如图 2-63(b)所示。

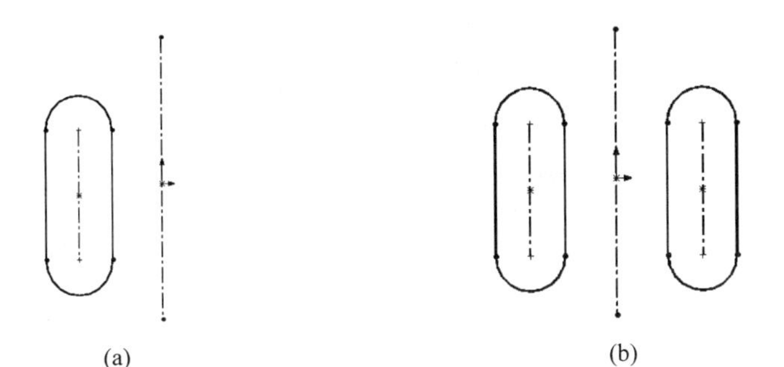

图 2-63　镜像草图的过程

(a) 镜像前的图形；(b) 镜像后的图形

Note

2-27

2. 动态镜像草图实体

以如图 2-64 所示为例说明动态镜像草图实体的过程，操作步骤如下。

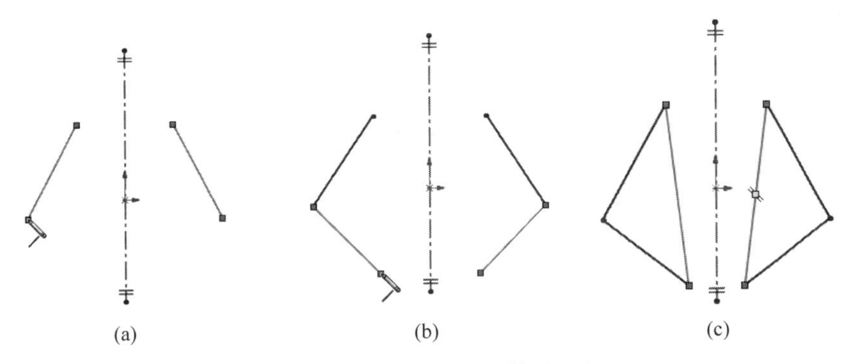

图 2-64　动态镜像草图实体的过程

(1) 在草图绘制状态下，先在图形区中绘制一条中心线，并选取它。

(2) 选择菜单栏中的“工具”→“草图工具”→“动态镜像”命令，或者单击“草图”工具栏中的“动态镜像实体”按钮，单击中心线，此时对称符号出现在中心线的两端。

(3) 单击“草图”控制面板中的“直线”按钮，在中心线的一侧绘制草图，此时另一侧会动态地镜像出绘制的草图。

(4) 草图绘制完毕后，再次单击“草图”控制面板中的“直线”按钮，即可结束该命令的使用。

技巧荟萃

镜像实体在三维草图中不可使用。

2.3.9　线性草图阵列

2-28

线性草图阵列是将草图实体沿一个或者两个轴复制生成多个排列图形。执行该命令时，系统弹出“线性阵列”属性管理器，如图 2-65 所示。

以图 2-66 所示为例说明线性草图阵列的过程，图 2-66(a)为阵列前的图形，图 2-66(b)为阵列后的图形，其操作步骤如下。

Note

(1) 打开源文件"X:\源文件\原始文件\2\线性草图阵列.SLDPRT"。如图 2-66(a)所示,在草图编辑状态下,选择菜单栏中的"工具"→"草图工具"→"线性阵列"命令,或者单击"草图"工具栏中的"线性草图阵列"按钮,或者单击"草图"控制面板中的"线性草图阵列"按钮。

(2) 此时系统弹出"线性阵列"属性管理器,单击"要阵列的实体"列表框,然后在图形区中选取如图 2-66(a)所示的直径为 10mm 的圆弧,其他设置如图 2-65 所示。

(3) 单击"线性阵列"属性管理器中的"确定"按钮✓,阵列后的图形如图 2-66(b)所示。

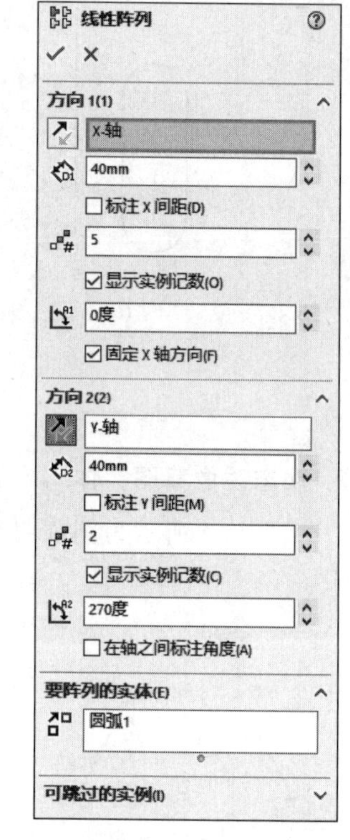

图 2-65 "线性阵列"属性管理器

2-29

2.3.10 圆周草图阵列

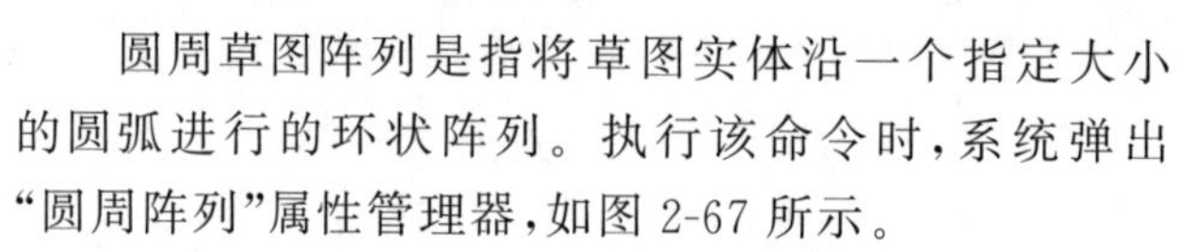

圆周草图阵列是指将草图实体沿一个指定大小的圆弧进行的环状阵列。执行该命令时,系统弹出"圆周阵列"属性管理器,如图 2-67 所示。

以图 2-68 所示为例说明圆周草图阵列的过程,图 2-68(a)为阵列前的图形,图 2-68(b)为阵列后的图形,其操作步骤如下。

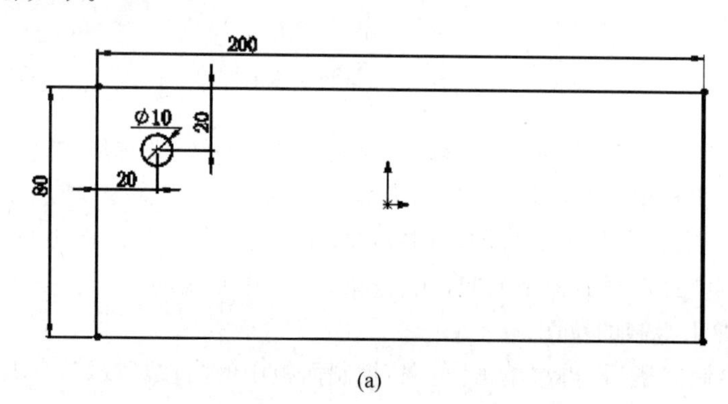

(a)

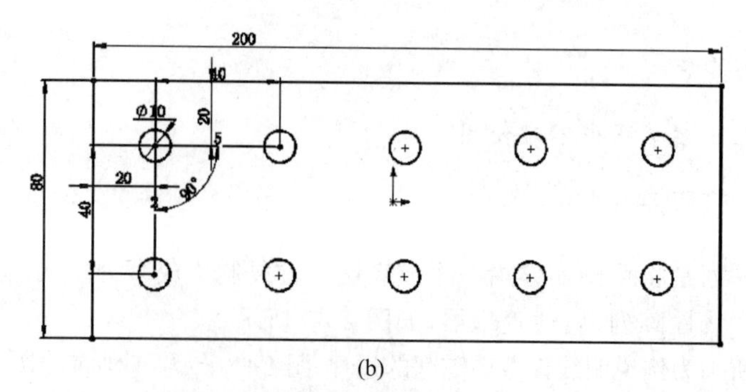

(b)

图 2-66 线性草图阵列的过程

(a) 阵列前的图形;(b) 阵列后的图形

(1) 打开源文件"X:\源文件\原始文件\2\圆周草图阵列.SLDPRT"。在草图编辑状态下,选择菜单栏中的"工具"→"草图工具"→"圆周阵列"命令,或者单击"草图"工具栏中的"圆周草图阵列"按钮,或者单击"草图"控制面板中的"圆周草图阵列"按钮,此时系统弹出"圆周阵列"属性管理器。

(2) 单击"圆周阵列"属性管理器的"要阵列的实体"列表框,然后在图形区中选取如图 2-68(a)所示的圆弧外的 3 条直线,在"参数"选项组的列表框中选择圆弧的圆心,在"实例数"文本框中输入 8。

(3) 单击"圆周阵列"属性管理器中的"确定"按钮,阵列后的图形如图 2-68(b)所示。

图 2-67 "圆周阵列"属性管理器

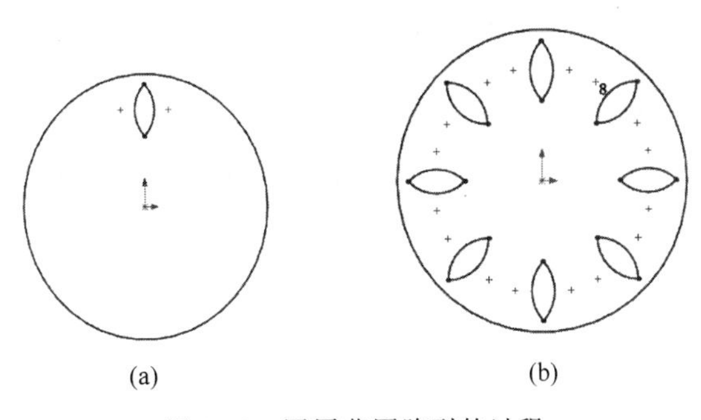

图 2-68 圆周草图阵列的过程

(a) 阵列前的图形;(b) 阵列后的图形

2.3.11 移动草图

2-30

"移动"草图命令,是将一个或者多个草图实体进行移动。执行该命令时,系统弹出的"移动"属性管理器如图 2-69 所示。

在"移动"属性管理器中,"要移动的实体"列表框用于选取要移动的草图实体;"参数"选项组中的"从/到"单选按钮用于指定移动的开始点和目标点,是一个相对参数;如果在"参数"选项组中点选 X/Y 单选按钮,则弹出新的对话框,在其中输入相应的参数即可以设定数值生成相应的目标。

2.3.12 复制草图

2-31

"复制"草图命令是将一个或者多个草图实体进行复制。执行该命令时,系统弹出

Note

的“复制”属性管理器如图 2-70 所示。“复制”属性管理器中的参数与“移动”属性管理器中参数意义相同，在此不再赘述。

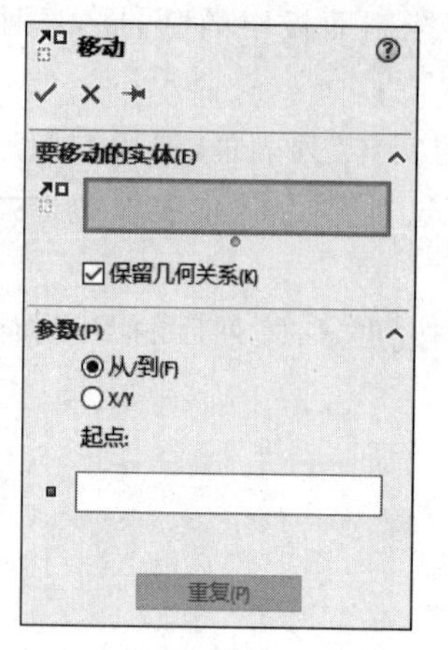

图 2-69 “移动”属性管理器

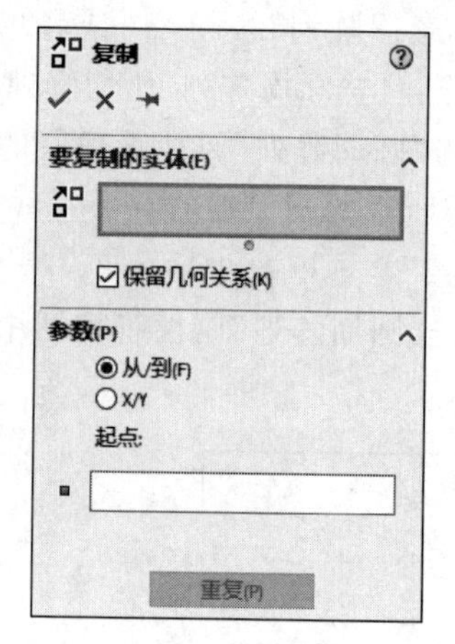

图 2-70 “复制”属性管理器

2-32

2.3.13 旋转草图

“旋转”草图命令，是通过选择旋转中心及要旋转的度数来旋转草图实体。执行该命令时，系统弹出的“旋转”属性管理器如图 2-71 所示。

以图 2-72 所示为例说明旋转草图的过程，图 2-72(a)为旋转前的图形，图 2-72(b)为旋转后的图形，其操作步骤如下。

(1) 打开源文件“X:\源文件\原始文件\2\旋转草图.SLDPRT”。如图 2-72(a)所示，在草图编辑状态下，选择菜单栏中的“工具”→“草图工具”→“旋转”命令，或者单击“草图”工具栏中的“旋转实体”按钮，或者单击“草图”控制面板中的“旋转实体”按钮。

(2) 弹出“旋转”属性管理器，单击“要旋转的实体”列表框，在图形区中选取如图 2-72(a)所示的椭圆形，在“基准点”列表框中选取椭圆形的左下端点，在“角度”文本框中输入 0.00 度。

(3) 单击“旋转”属性管理器中的“确定”按钮，旋转后的图形如图 2-72(b)所示。

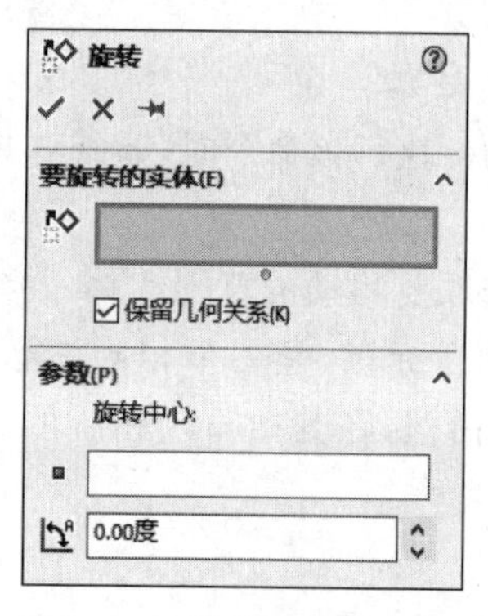

图 2-71 “旋转”属性管理器

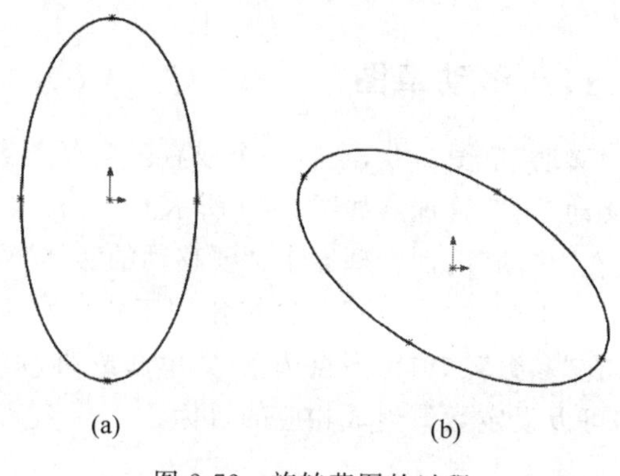

图 2-72 旋转草图的过程

(a) 旋转前的图形；(b) 旋转后的图形

Note

2.3.14　缩放草图

“缩放比例”命令是通过基准点和比例因子来对草图实体进行缩放，也可以根据需要在保留原缩放对象的基础上缩放草图。执行该命令时，弹出的“比例”属性管理器如图 2-73 所示。

2-33

以图 2-74 所示为例说明缩放草图的过程，图 2-74(a)为缩放比例前的图形，图 2-74(b)为比例因子为 0.8、不保留原图的图形，图 2-74(c)为保留原图、复制数为 4 的图形，其操作步骤如下。

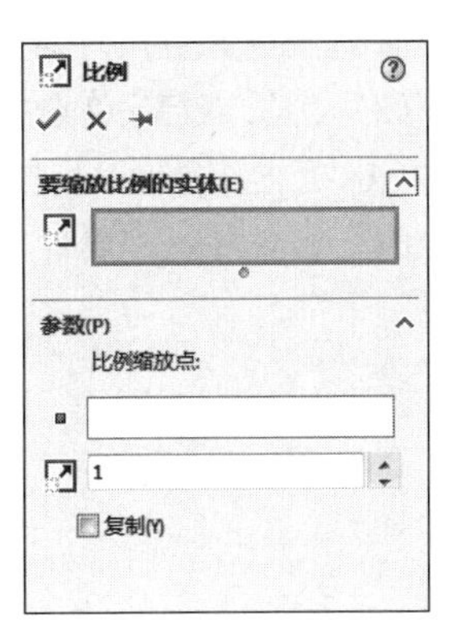

图 2-73　“比例”属性管理器

(1) 打开源文件“X:\源文件\原始文件\2\缩放草图.SLDPRT”。在草图编辑状态下，选择菜单栏中的“工具”→“草图工具”→“缩放比例”命令，或者单击“草图”工具栏中的“缩放实体比例”按钮，或者单击“草图”控制面板中的“缩放实体比例”按钮。弹出“比例”属性管理器。

(2) 单击“比例”属性管理器的“要缩放比例的实体”列表框，在图形区中选取如图 2-74(a)所示的圆形，在“基准点”列表框中选取圆形的左下端点，在“比例因子”文本框中输入 0.8，缩放后的结果如图 2-74(b)所示。

(3) 勾选“复制”复选框，在“份数”文本框中输入 4，结果如图 2-74(c)所示。

(4) 单击“比例”属性管理器中的“确定”按钮，草图实体缩放完毕。

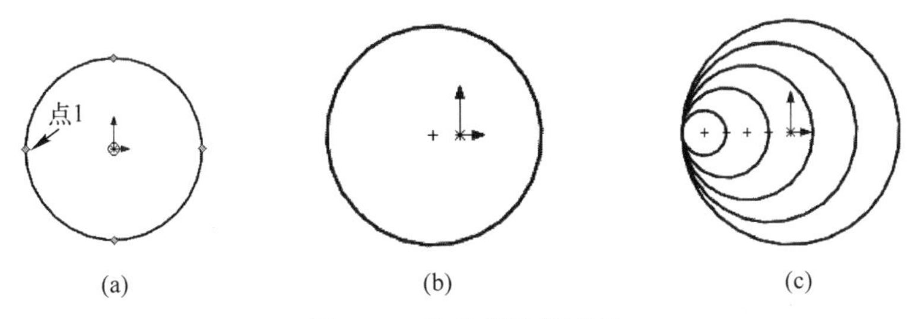

图 2-74　缩放草图的过程

(a) 缩放比例前的图形；(b) 比例因子为 0.8、不保留原图的图形；(c) 保留原图、复制数为 4 的图形

2.3.15　伸展草图

2-34

“伸展实体”命令是通过基准点和坐标点对草图实体进行伸展。执行该命令时，系统弹出的“伸展”属性管理器如图 2-75 所示。

以图 2-76 所示为例说明伸展草图的过程，图 2-76(a)为伸展前的图形，图 2-76(c)为伸展后的图形，其操作步骤如下。

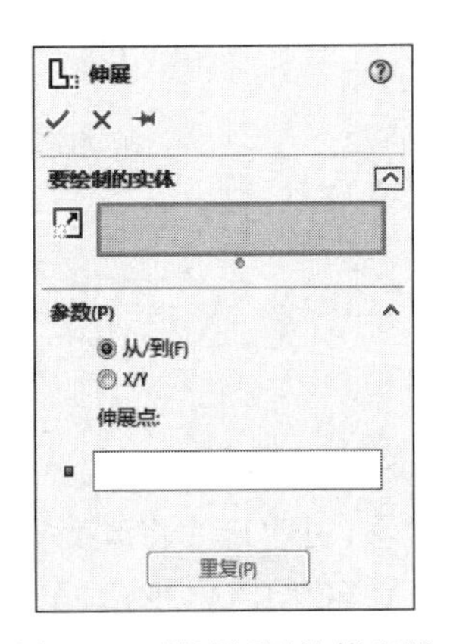

图 2-75　“伸展”属性管理器

(1) 打开源文件“X:\源文件\原始文件\2\伸展草图.SLDPRT”。在草图编辑状态下，选择菜单栏中的

Note

“工具”→“草图工具”→“伸展实体”命令,或者单击“草图”工具栏中的“伸展实体”按钮,单击“草图”控制面板中的“伸展实体”按钮,弹出“伸展”属性管理器。

(2) 单击“伸展”属性管理器的“要绘制的实体”列表框,在图形区中选取如图 2-76(a)所示的矩形,点选“从/到”单选按钮,在“基准点”列表框中选取矩形的左下端点,单击“基点”按钮,然后单击草图设定基准点,拖动以伸展草图实体;当放开鼠标时,实体伸展到该点并且属性管理器将关闭。

(3) 点选“X/Y”单选按钮,为 ΔX 和 ΔY 设定值以伸展草图实体,如图 2-76(b)所示,单击“重复”按钮以相同距离伸展实体。伸展后的结果如图 2-76(c)所示。

(4) 单击“伸展”属性管理器中的“确定”按钮,草图实体伸展完毕。

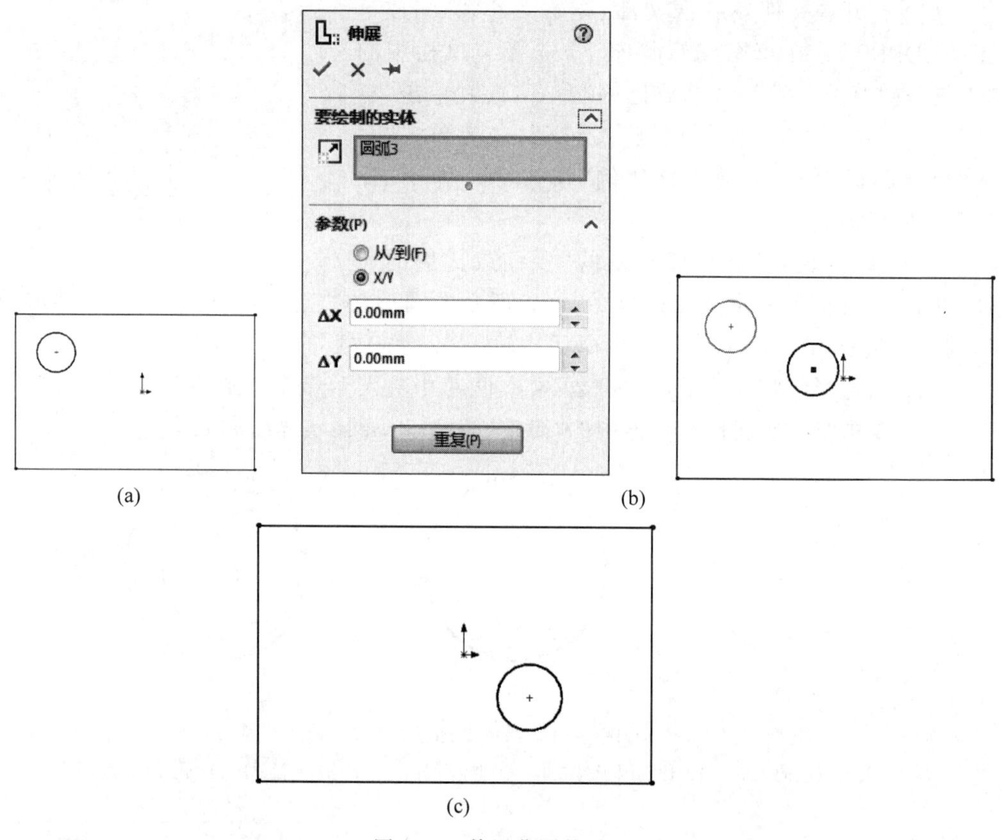

图 2-76 伸展草图的过程

(a) 伸展前的图形;(b)“伸展”属性管理器;(c) 伸展后的图形

2.4 尺寸标注

SOLIDWORKS 2020 是一种尺寸驱动式系统,用户可以指定尺寸及各实体间的几何关系,更改尺寸将改变零件的尺寸与形状。尺寸标注是草图绘制过程中的重要组成部分。SOLIDWORKS 虽然可以捕捉用户的设计意图,自动进行尺寸标注,但由于各种原因有时自动标注的尺寸不理想,此时用户必须自己进行尺寸标注。

2.4.1　度量单位

在 SOLIDWORKS 2020 中可以使用多种度量单位,包括埃米、纳米、微米、毫米、厘米、米、英寸、英尺。设置单位的方法在第 1 章中已讲述,这里不再赘述。

2-35

2.4.2　线性尺寸的标注

线性尺寸用于标注直线段的长度或两个几何元素间的距离。

(1) 标注直线长度尺寸的操作步骤如下。

① 打开源文件"X:\源文件\原始文件\2\标注直线长度尺寸.SLDPRT"。单击"草图"控制面板中的"智能尺寸"按钮,此时光标变为形状。

② 将光标放到要标注的直线上,这时光标变为形状,要标注的直线以红色高亮度显示。

③ 在直线上单击,标注尺寸线出现并随着光标移动,如图 2-77(a)所示。

④ 将尺寸线移动到适当的位置后单击,则尺寸线被固定下来。

⑤ 弹出"修改"对话框,在其中输入要标注的尺寸值,如图 2-77(b)所示。

⑥ 在"修改"对话框中输入直线的长度,单击"确定"按钮,完成标注。

⑦ 在左侧出现"尺寸"属性管理器,如图 2-78 所示,可在"主要值"选项组中输入尺寸大小。

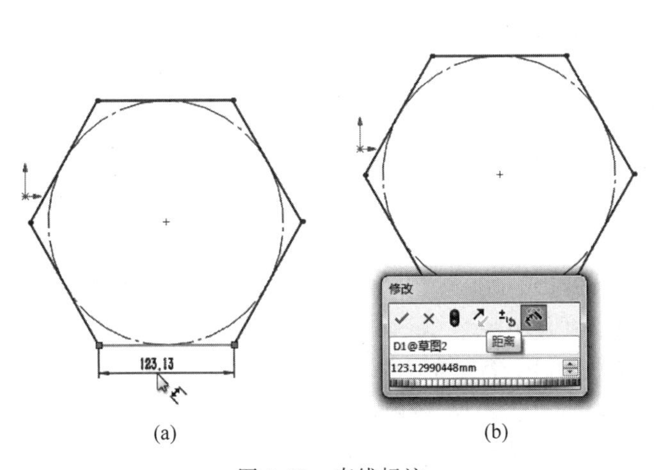

图 2-77　直线标注

(a) 拖动尺寸线;(b) 修改尺寸值

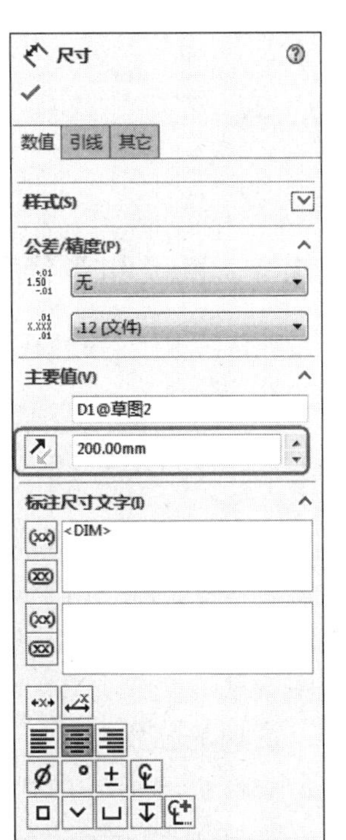

图 2-78　"尺寸"属性管理器

（2）标注两个几何元素间距离的操作步骤如下。

① 打开源文件"X:\源文件\原始文件\2\标注两个几何元素间距离.SLDPRT"。单击"草图"控制面板中的"智能尺寸"按钮，此时光标变为形状。

② 单击拾取第一个几何元素。

③ 标注尺寸线出现，不用管它，继续单击拾取第二个几何元素。

④ 这时标注尺寸线显示为两个几何元素之间的距离，移动光标到适当的位置，如图2-79(a)所示。

⑤ 单击标注尺寸线，将尺寸线固定下来，弹出"修改"对话框，如图2-79(b)所示。

⑥ 在"修改"对话框中输入两个几何元素间的距离，单击"确定"按钮✔完成标注，如图2-79(c)所示。

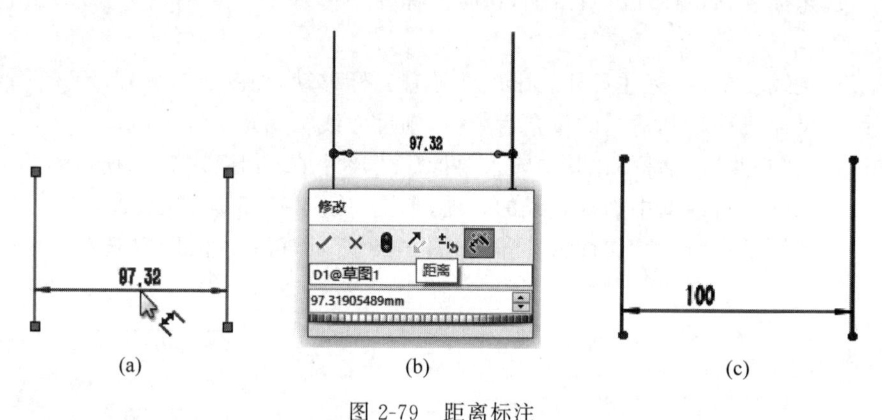

图2-79　距离标注

(a) 拖动尺寸线；(b) 修改尺寸值；(c) 标注结果

2.4.3　直径和半径尺寸的标注

默认情况下，SOLIDWORKS对圆标注的直径尺寸、对圆弧标注的半径尺寸如图2-80所示。

（1）对圆进行直径尺寸标注的操作步骤如下。

① 打开源文件"X:\源文件\原始文件\2\圆周草图阵列.SLDPRT"。单击"草图"控制面板中的"智能尺寸"按钮，此时光标变为形状。

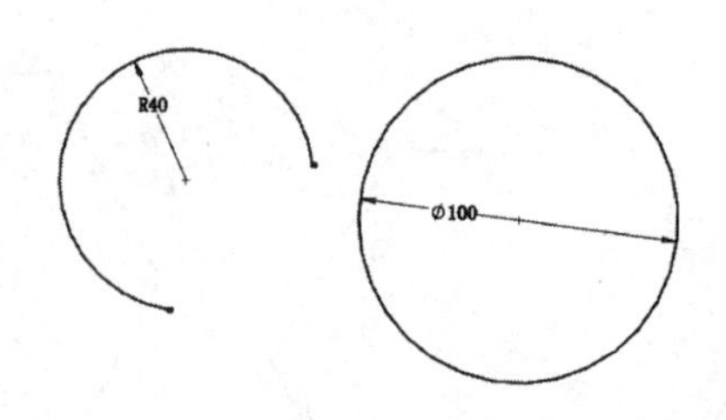

图2-80　直径和半径尺寸的标注

② 将光标放到要标注的圆上，这时光标变为形状，要标注的圆以红色高亮度显示。

③ 在圆上单击，出现标注尺寸线，并随着光标移动。

④ 将尺寸线移动到适当的位置后，单击将尺寸线固定下来。

⑤ 在"修改"对话框中输入圆的直径，单击"确定"按钮✔完成标注。

（2）对圆弧进行半径尺寸标注的操作步骤如下。

① 单击"草图"控制面板中的"智能尺寸"按钮，此时光标变为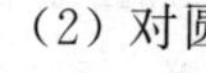形状。

② 将光标放到要标注的圆弧上，这时光标变为形状，要标注的圆弧以红色高亮度显示。

③ 单击需要标注的圆弧，出现标注尺寸线，并随着光标移动。

④ 将尺寸线移动到适当的位置后，单击将尺寸线固定下来。

⑤ 在“修改”对话框中输入圆弧的半径，单击“确定”按钮✔完成标注。

Note

2-37

2.4.4 角度尺寸的标注

角度尺寸标注用于标注两条直线的夹角或圆弧的圆心角。

(1) 标注两条直线夹角的操作步骤如下。

① 绘制两条相交的直线。

② 单击“草图”控制面板中的“智能尺寸”按钮，此时光标变为形状。

③ 单击拾取第一条直线。

④ 出现标注尺寸线，不用管它，继续单击拾取第二条直线。

⑤ 这时标注尺寸线显示为两条直线之间的角度，随着光标的移动，系统会显示4种不同的夹角角度，如图2-81所示。

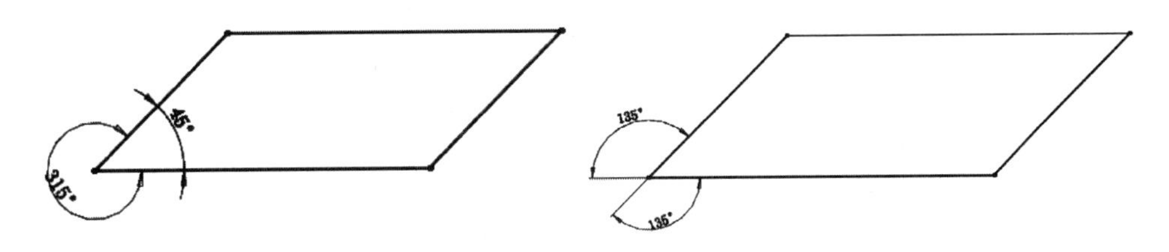

图2-81　4种不同的夹角角度

⑥ 单击，将尺寸线固定下来。

⑦ 在“修改”对话框中输入夹角的角度值，单击“确定”按钮✔完成标注。

(2) 标注圆弧圆心角的操作步骤如下。

① 打开源文件“X:\源文件\原始文件\2\圆周草图阵列.SLDPRT”。单击“草图”控制面板中的“智能尺寸”按钮，此时光标变为形状。

② 单击拾取圆弧的一个端点。

③ 单击拾取圆弧的另一个端点，此时标注尺寸线显示这两个端点间的距离。

④ 继续单击拾取圆心点，此时标注尺寸线显示圆弧两个端点间的圆心角。

⑤ 将尺寸线移到适当的位置后，单击将尺寸线固定下来，标注圆弧的圆心角如图2-82所示。

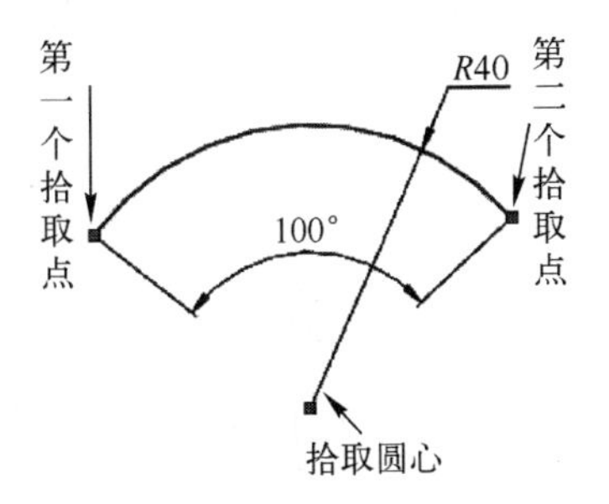

图2-82　标注圆弧的圆心角

⑥ 在“修改”对话框中输入圆弧的角度值，单击“确定”按钮✔完成标注。

⑦ 如果在步骤④中拾取的不是圆心点而是圆弧，则将标注两个端点间圆弧的长度。

2.5 添加几何关系

Note

几何关系为草图实体之间或草图实体与基准面、基准轴、边线或顶点之间的几何约束。表 2-6 说明了可为几何关系选择的实体以及所产生的几何关系的特点。

表 2-6 几何关系说明

几何关系	要执行的实体	所产生的几何关系
水平或竖直	一条或多条直线，两个或多个点	直线会变成水平或竖直（由当前草图的空间定义），而点会水平或竖直对齐
共线	两条或多条直线	实体位于同一条无限长的直线上
全等	两个或多个圆弧	实体会共用相同的圆心和半径
垂直	两条直线	两条直线相互垂直
平行	两条或多条直线	实体相互平行
相切	圆弧、椭圆和样条曲线，直线和圆弧，直线和曲面或三维草图中的曲面	两个实体保持相切
同心	两个或多个圆弧，一个点和一个圆弧	圆弧共用同一圆心
中点	一个点和一条直线	点位于线段的中点
交叉	两条直线和一个点	点位于直线的交叉点处
重合	一个点和一条直线、一个圆弧或椭圆	点位于直线、圆弧或椭圆上
相等	两条或多条直线，两个或多个圆弧	直线长度或圆弧半径保持相等
对称	一条中心线和两个点、直线、圆弧或椭圆	实体保持与中心线相等距离，并位于一条与中心线垂直的直线上
固定	任何实体	实体的大小和位置被固定
穿透	一个草图点和一个基准轴、边线、直线或样条曲线	草图点与基准轴、边线或曲线在草图基准面上穿透的位置重合
合并点	两个草图点或端点	两个点合并成一个点

选择菜单栏中的"工具"→"几何关系"→"添加"命令，或单击"草图"工具栏中的"添加几何关系"按钮 ⊥，或者单击"草图"控制面板"显示/删除几何关系"下拉列表中的"添加几何关系"按钮 ⊥，如图 2-83 所示，系统弹出"添加几何关系"属性管理器，如图 2-84 所示。

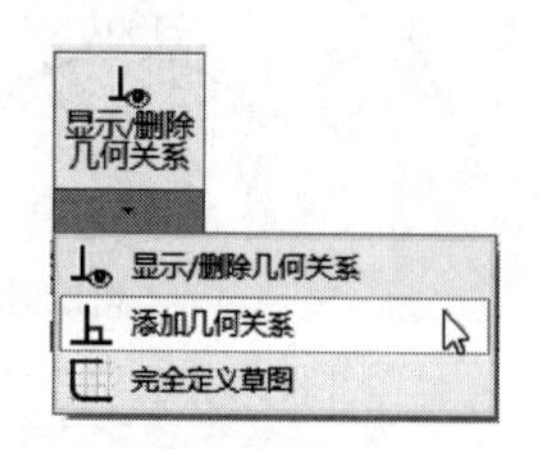

图 2-83 "添加几何关系"按钮

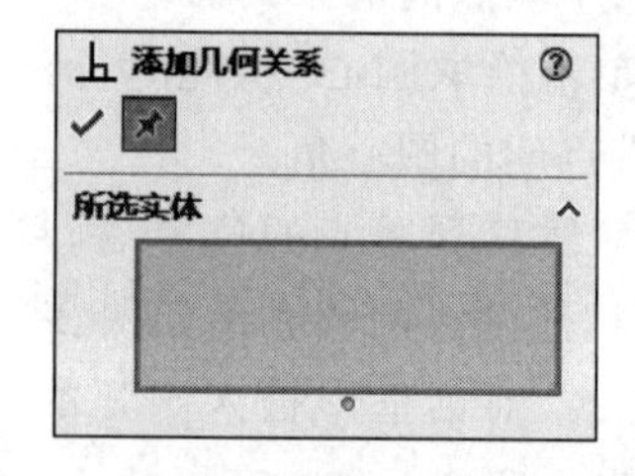

图 2-84 "添加几何关系"属性管理器

在弹出的"添加几何关系"属性管理器中对草图实体添加几何约束、设置几何关系。利用添加几何关系工具 ⊥ 可以在草图实体之间或草图实体与基准面、基准轴、边

线或顶点之间生成几何关系。下面几节依次介绍常用约束关系。

2.5.1　水平约束

“水平约束”是指为对象(直线或两点)添加一种约束,使直线(或两点所组成的直线)与 X 轴方向成 0°夹角,成平行关系。

1. 利用“添加几何关系”属性管理器添加“水平约束”

在草绘平面中绘制平行四边形,如图 2-85(a)所示,单击“草图”控制面板中的“添加几何关系”按钮 ⊥,弹出“添加几何关系”属性管理器,如图 2-85(b)所示,在“所选实体”选项组中选择直线 4,在“添加几何关系”选项组中选择“水平”; 图 2-85(c)所示为添加几何关系后的图形。

2-38

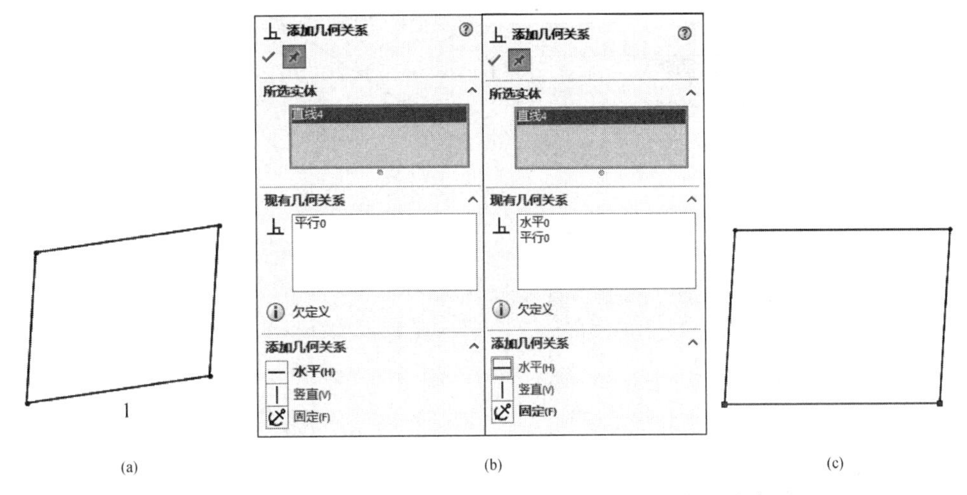

图 2-85　利用“添加几何关系”属性管理器添加“水平约束”

(a) 几何图形; (b) 添加几何关系; (c) 添加几何关系后的图形

2. 利用“线条属性”属性管理器添加“水平约束”

2-39

在绘制草图过程中,完成一段直线绘制后,单击直接选择该直线,直线变为蓝色,显示被选中,同时在左侧弹出“线条属性”属性管理器,如图 2-86(a)所示,在“添加几何关系”选项组中单击“水平”按钮,完成“水平”几何约束的添加,如图 2-86(b)所示,单击“确定”按钮 ✓,关闭左侧属性管理器。

2.5.2　竖直约束

“竖直约束”是指为对象(一条直线或两点)添加一种约束,使直线(或两点所组成的直线)与 Y 轴方向成 90°夹角,成竖直关系。

1. 利用“添加几何关系”属性管理器添加“竖直约束”

2-40

在草绘平面中绘制平行四边形,如图 2-87(a)所示,单击“草图”控制面板中的“添加几何关系”按钮 ⊥,弹出“添加几何关系”属性管理器,如图 2-87(b)所示,在“所选实体”选项组中选择直线 1,在“添加几何关系”选项组中选择“竖直”; 如图 2-87(c)所示为添加几何关系后的图形。

Note

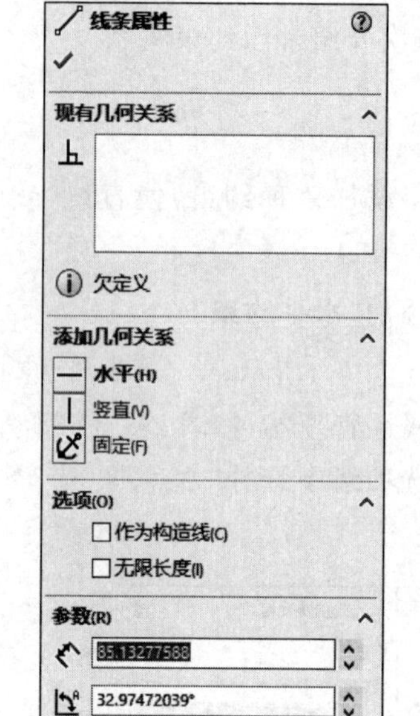

(a)

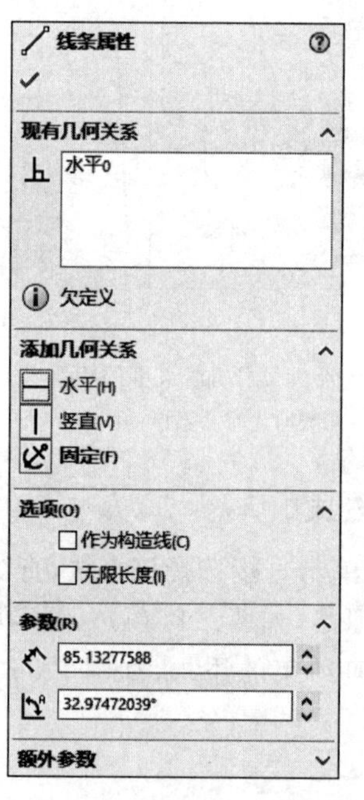

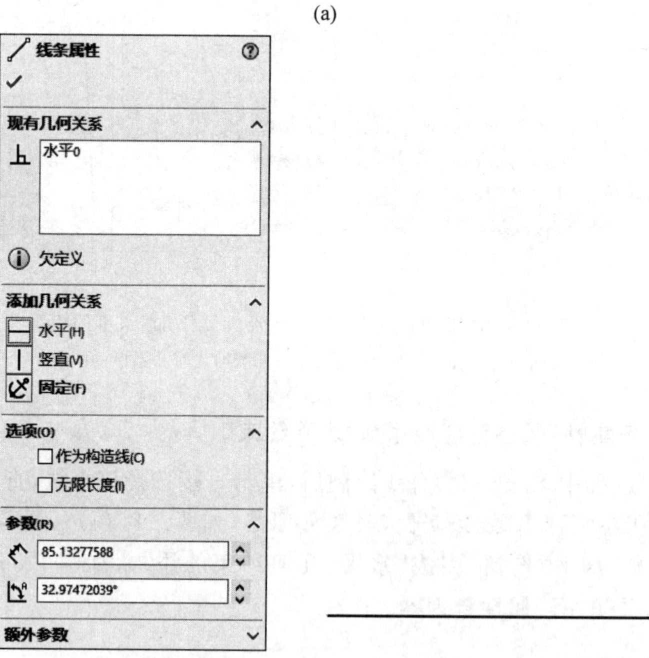

(b)

图 2-86　利用“线条属性”属性管理器添加“水平约束”

(a)“线条属性”属性管理器；(b) 添加几何关系后的图形

2-41

2. 利用“线条属性”属性管理器添加“竖直约束”

在绘制草图过程中，完成一段直线绘制后，单击直接选择该直线，直线变为蓝色，显示被选中，同时在左侧弹出“线条属性”属性管理器，如图 2-88(a)所示，在“添加几何关系”选项组中单击“竖直”按钮，完成“竖直”几何约束的添加，如图 2-88(b)所示，单击“确定”按钮 ✔，关闭左侧属性管理器。

Note

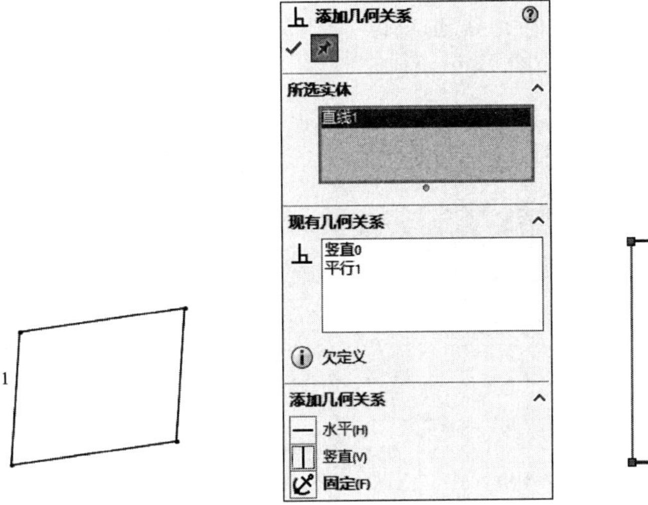

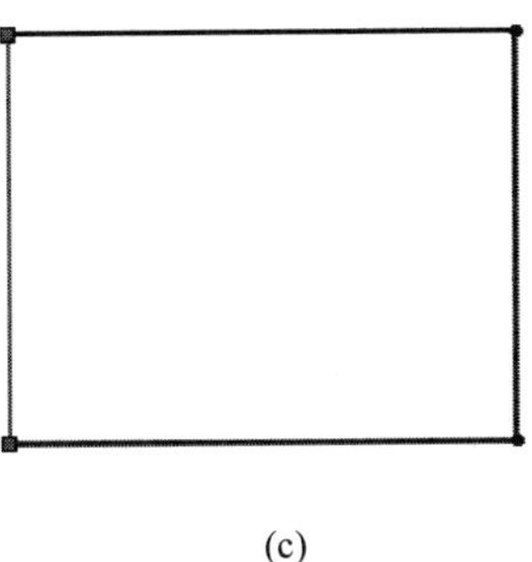

(a) (b) (c)

图 2-87 利用“添加几何关系”属性管理器添加“竖直约束”

(a)几何图形；(b) 添加几何关系；(c) 添加几何关系后的图形

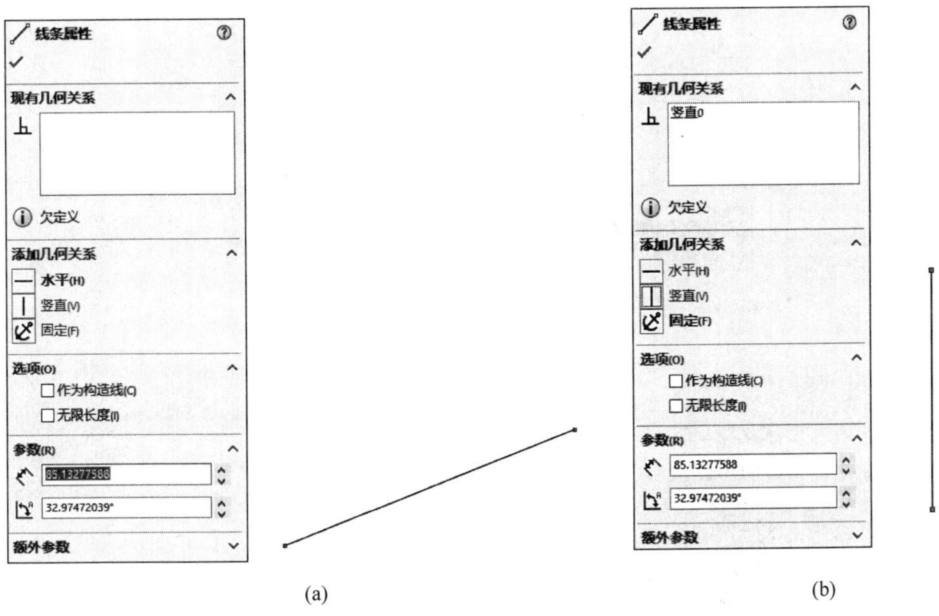

(a) (b)

图 2-88 利用“线条属性”属性管理器添加“竖直约束”

(a)“线条属性”属性管理器；(b) 添加几何关系后的图形

2.5.3 共线约束

“共线约束”是指为对象(两条或多条直线)添加一种约束,使所有直线统一在无限长直线上,两两直线夹角为 0°。

1. 两条直线“共线约束”

在草绘平面中绘制几何图形,如图 2-89(a)所示,单击“草图”控制面板中的“添加几何关系”按钮 上,弹出“添加几何关系”属性管理器,在“所选实体”选项组中选择两水平

2-42

直线，如图 2-89(b)所示，在“添加几何关系”选项组中选择“共线”，两直线共线，“现有几何关系”选项组中显示“共线 1”，如图 2-89(c)所示。

Note

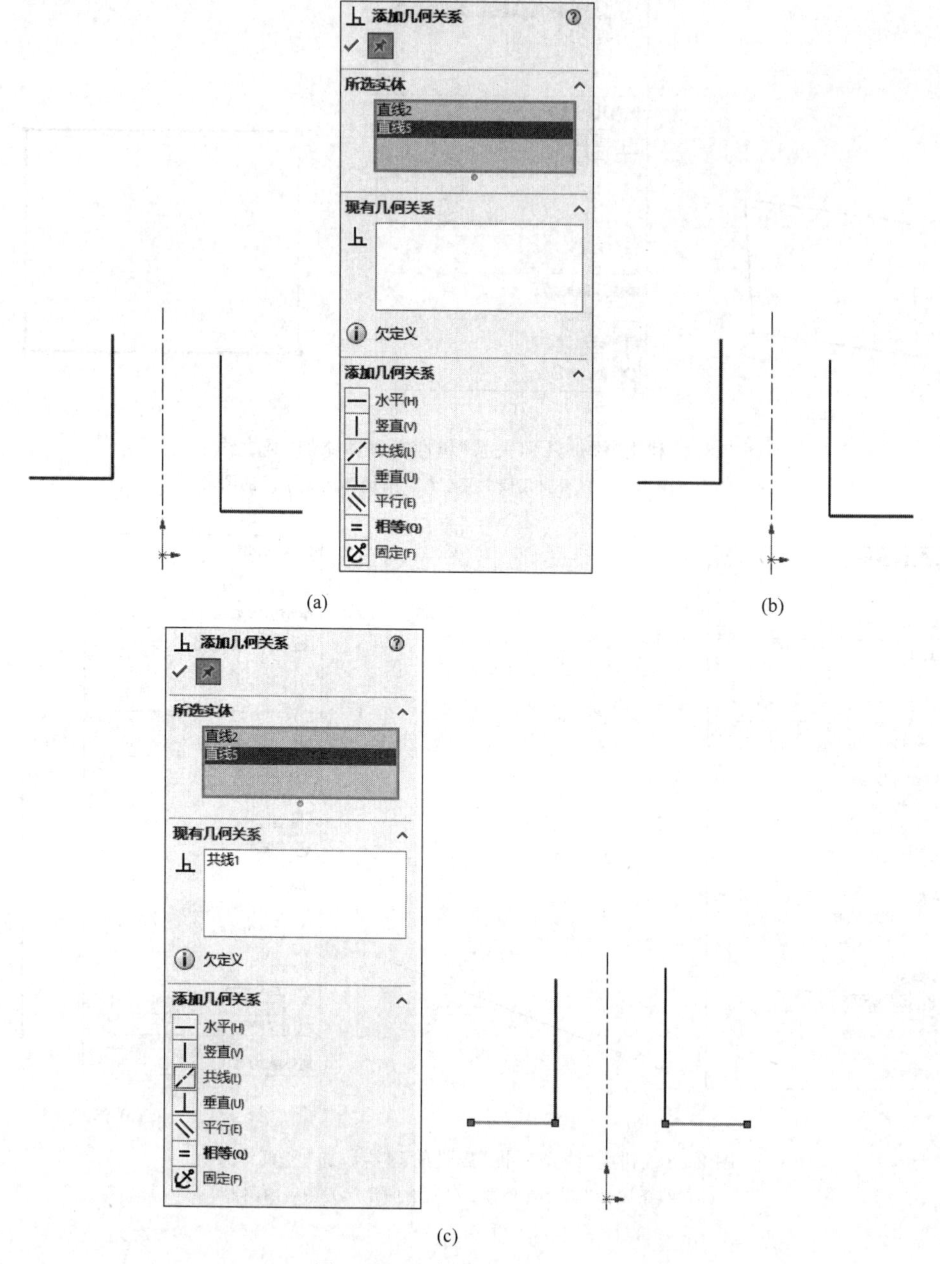

图 2-89　两条直线“共线约束”

(a) 几何图形；(b) 添加几何关系；(c) 添加几何关系后的图形

2-43

2. 多条直线“共线约束”

在草绘平面中绘制几何图形，如图 2-90(a)所示，单击“草图”控制面板中的“添加几何关系”按钮 ⊥，弹出“添加几何关系”属性管理器，在“所选实体”选项组中选择多条直线，选中直线显示蓝色，且两端点分别用小矩形框表示，如图 2-90(b)所示，在“添加几

Note

何关系”选项组中选择“共线”，所有直线共线，如图 2-90(c)所示。

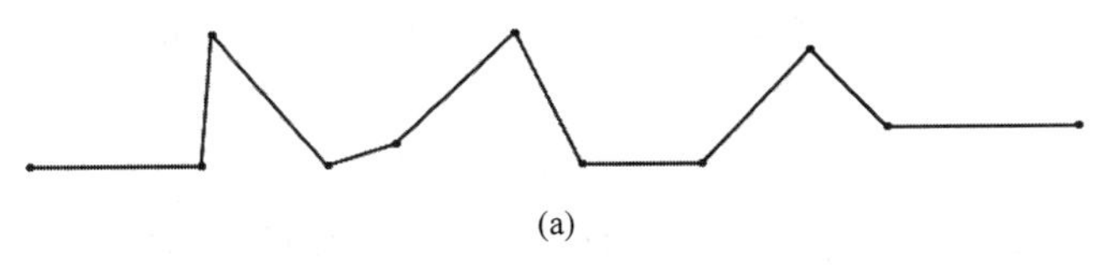

(a)

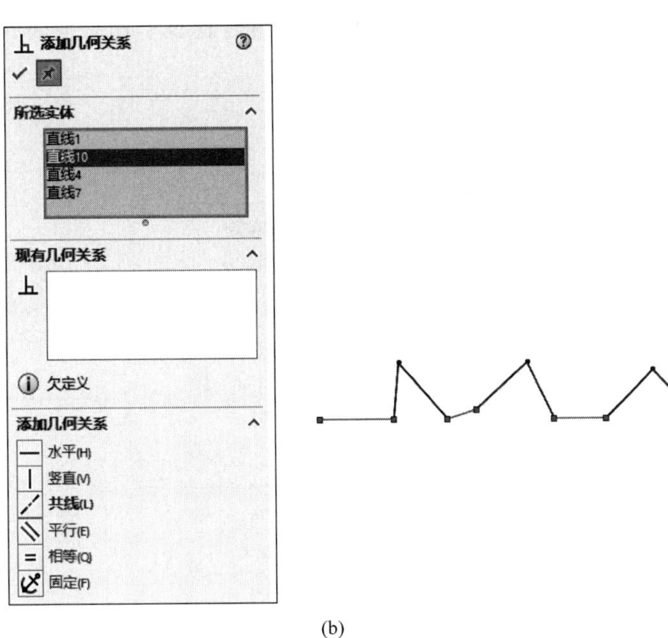

(b)

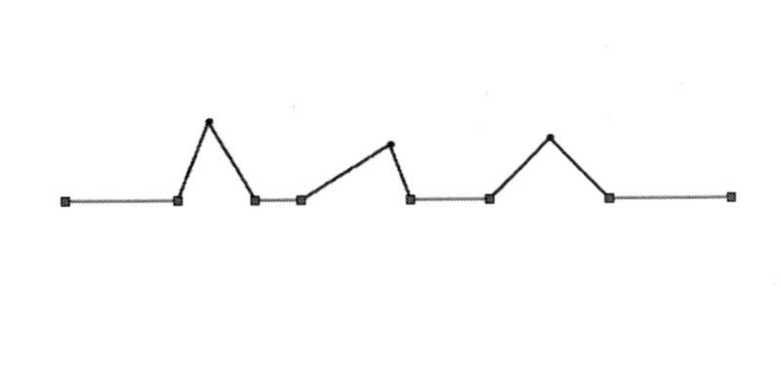

(c)

图 2-90　多条直线“共线约束”

(a) 几何图形；(b) 添加几何关系；(c) 添加几何关系后的图形

2.5.4 垂直约束

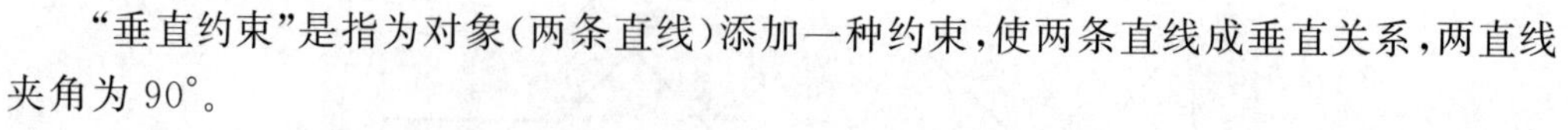

“垂直约束”是指为对象(两条直线)添加一种约束,使两条直线成垂直关系,两直线夹角为90°。

Note

在草绘平面中绘制几何图形,如图2-91(a)所示,单击“草图”控制面板中的“添加几何关系”按钮上,弹出“添加几何关系”属性管理器,在“所选实体”选项组中选择相交直线,如图2-91(b)所示,在“添加几何关系”选项组中选择“垂直”,两直线垂直,“现有几何关系”选项组中显示“垂直2”,如图2-91(c)所示。

2-44

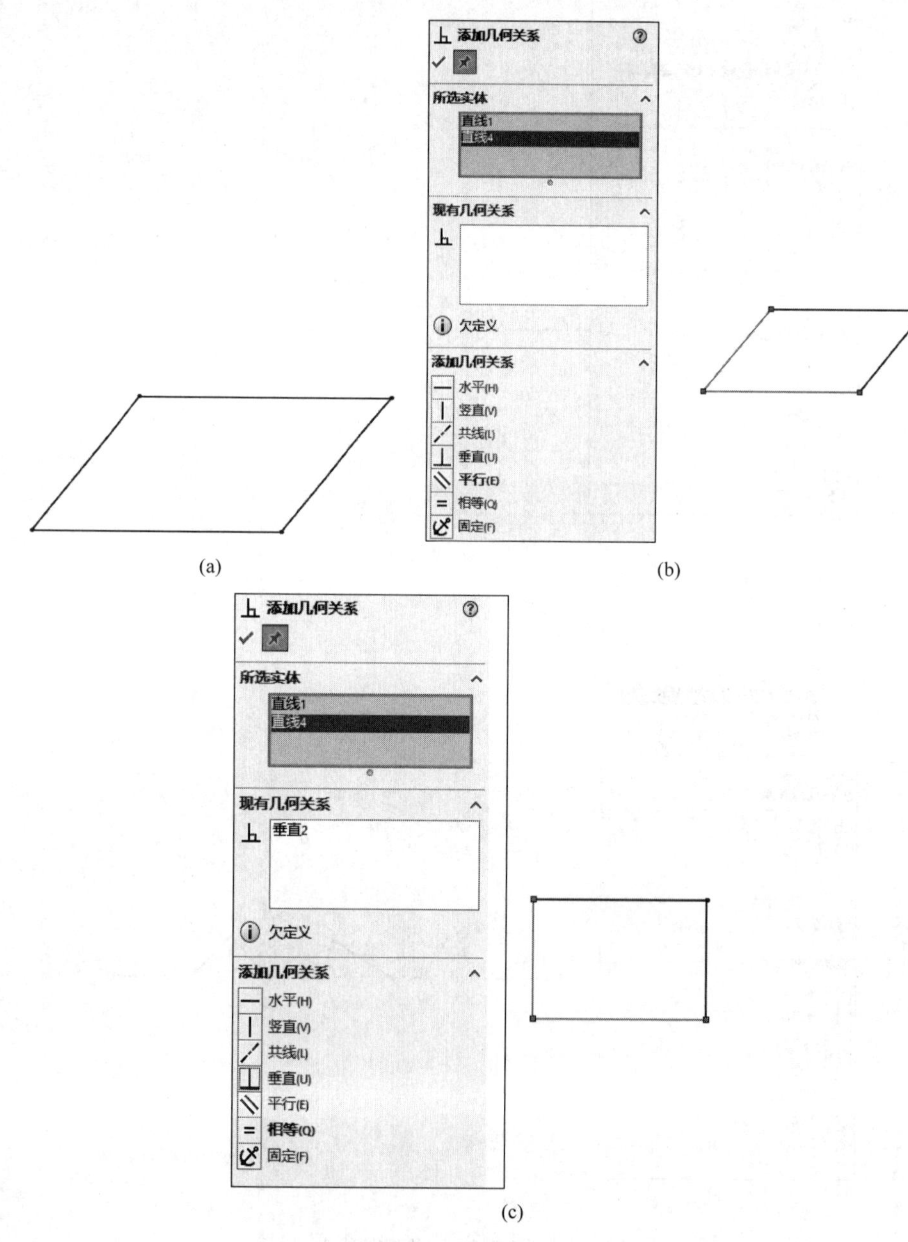

图2-91 垂直约束

(a) 几何图形;(b) 添加几何关系;(c) 添加几何关系后的图形

Note

2.5.5　平行约束

“平行约束”是指为对象（两条或多条直线）添加一种约束，使直线成平行关系，所有直线或延长线永不相交，两两直线之间夹角为0°。

2-45

在草绘平面中绘制几何图形，如图2-92(a)所示，单击“草图”控制面板中的“添加几何关系”按钮 ⊥，弹出“添加几何关系”属性管理器，在“所选实体”选项组中选择多条直线，选中直线显示蓝色，且两端点分别用小矩形框表示，如图2-92(b)所示，在“添加几何关系”选项组中选择“平行”，使所有直线平行，如图2-92(c)所示。

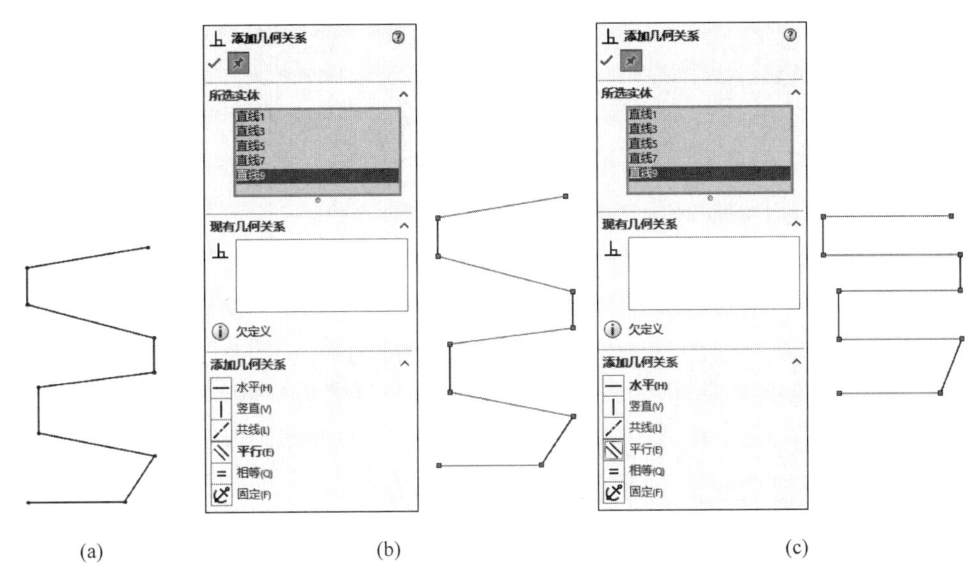

图 2-92　平行约束

(a) 几何图形；(b) 添加几何关系；(c) 添加几何关系后的图形

2.5.6　相等约束

2-46

“相等约束”是指为对象（两条或多条直线，两个或多个圆弧）添加一种约束，使直线（圆弧）保持相等关系，保证直线长度、圆弧半径相等。

1. 为圆弧添加“相等约束”

在草绘平面中绘制几何图形，如图2-93(a)所示，单击“草图”控制面板中的“添加几何关系”按钮 ⊥，弹出“添加几何关系”属性管理器，在“所选实体”选项组中选择多条直线，选中圆弧显示蓝色，且圆弧两端点分别用小矩形框表示，如图2-93(b)所示，在“添加几何关系”选项组中选择“相等”，使所有圆弧半径相等，如图2-93(c)所示。

2. 为直线添加“相等”约束

在“添加几何关系”属性管理器“所选实体”选项组中选择其中一选项，右击，在弹出的快捷菜单中选择“消除选择”命令，删除所有选项，如图2-94(a)所示。同时，选择圆弧两端水平直线，如图2-94(b)所示，在“所选实体”选项组中显示选择直线，单击“添加几何关系”选项组中“相等”按钮，绘图区显示两直线长度相等，如图2-94(c)所示。

Note

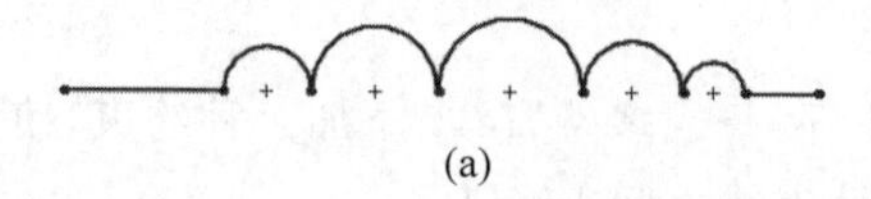

(a)

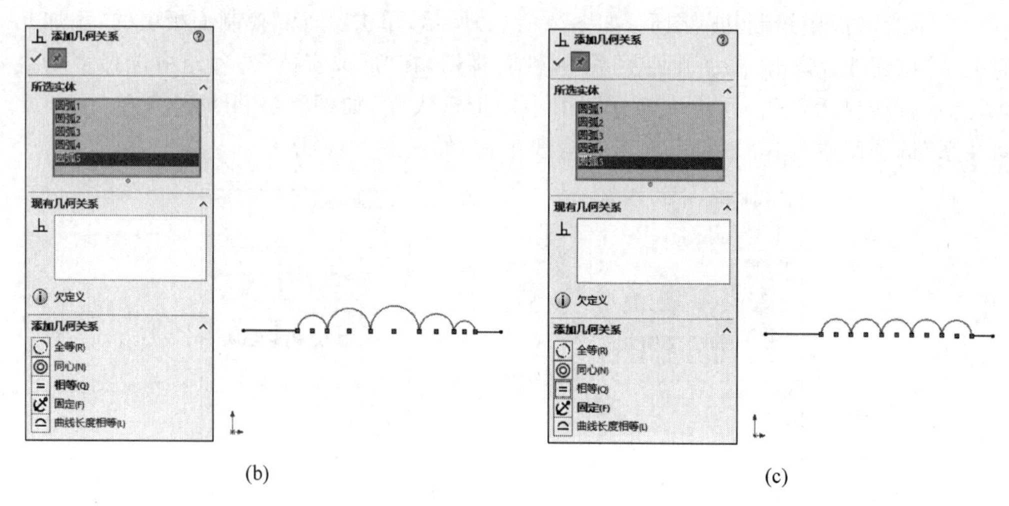

图 2-93　为圆弧添加“相等约束”

(a) 几何图形；(b) 添加几何关系；(c) 添加几何关系后的图形

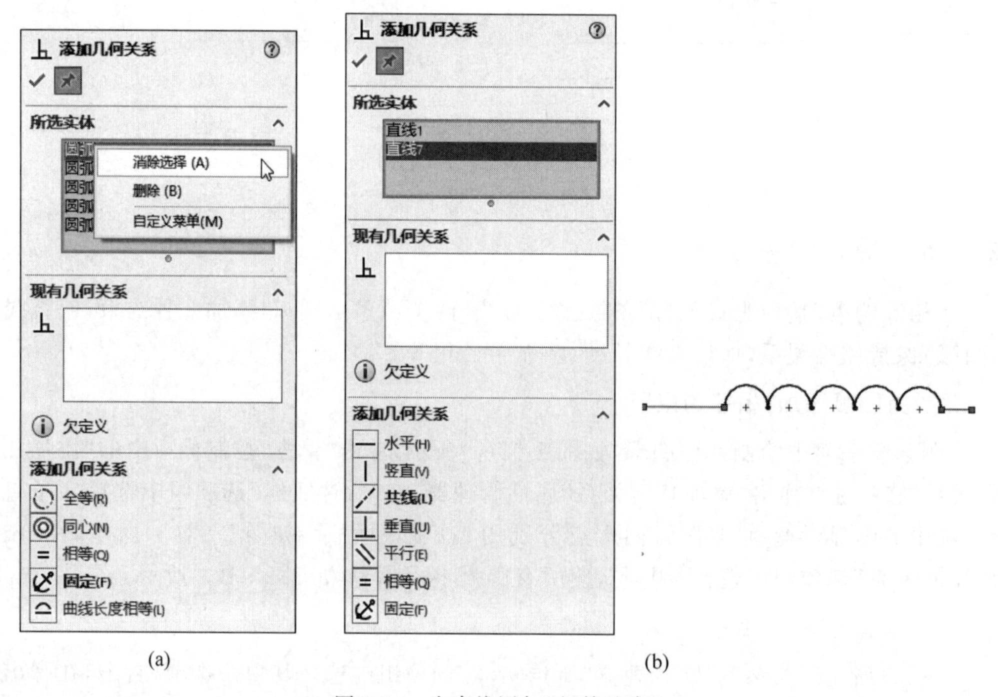

图 2-94　为直线添加“相等约束”

(a) 删除选项；(b) 添加直线选项；(c) 添加几何关系

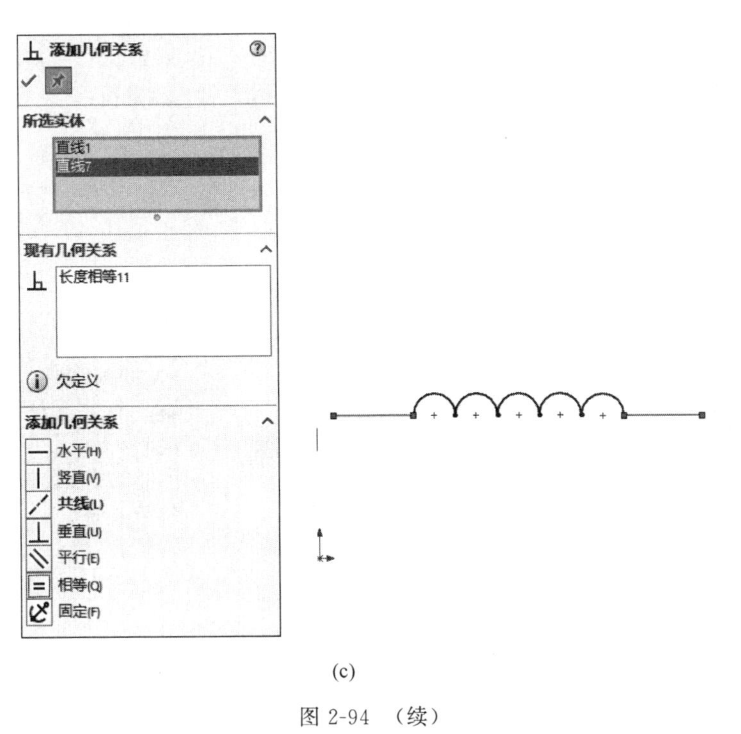

(c)

图 2-94　(续)

2.5.7　固定约束

“固定约束”是指为对象(任何实体)添加一种约束,使实体对象大小及位置固定不变,不因尺寸定位或其他操作而发生变化。

2-47

1. 利用“添加几何关系”属性管理器添加“固定约束”

在草绘平面中分别绘制点、直线、圆弧等图形,单击“草图”控制面板中的“添加几何关系”按钮 ⊥,弹出“添加几何关系”属性管理器,在“所选实体”选项组中分别选择点、直线、圆弧,在“添加几何关系”选项组中选择“固定(F)”按钮。

2-48

2. 利用属性管理器添加“固定约束”

在绘制草图过程中,单击直接选择点、直线、圆弧,所选对象变为蓝色,显示被选中,同时在左侧弹出对应属性对话框,如图 2-95 所示,在“添加几何关系”选项组中单击“固定(F)”按钮,完成“固定”几何约束的添加,单击“确定”按钮 ✓,关闭左侧属性管理器。

2-49

2.5.8　相切约束

“相切约束”是指为对象(圆弧、椭圆和样条曲线、直线和圆弧、直线和曲面或三维草图中的曲面)添加一种约束,使实体对象两两相切,如图 2-96 所示。

单击“草图”控制面板中的“添加几何关系”按钮 ⊥,弹出“添加几何关系”属性管理器,在草图中单击要添加几何关系的实体。

此时所选实体会在“添加几何关系”属性管理器的“所选实体”选项中显示,如图 2-97 所示。

Note

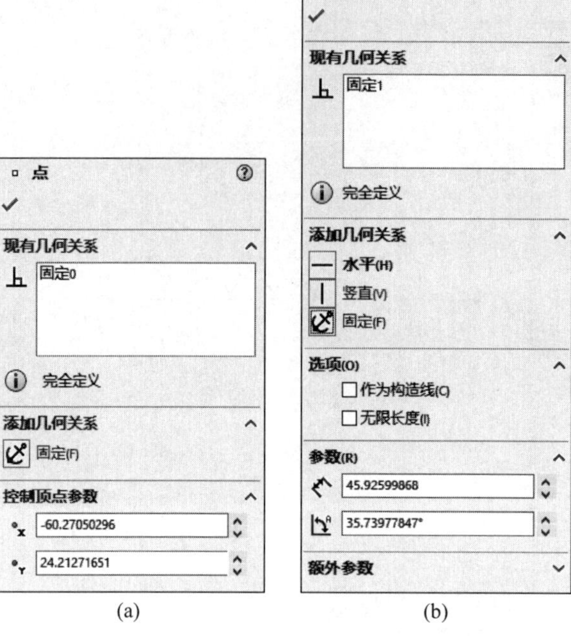

图 2-95　属性管理器

(a) 点；(b) 线条属性；(c) 圆弧

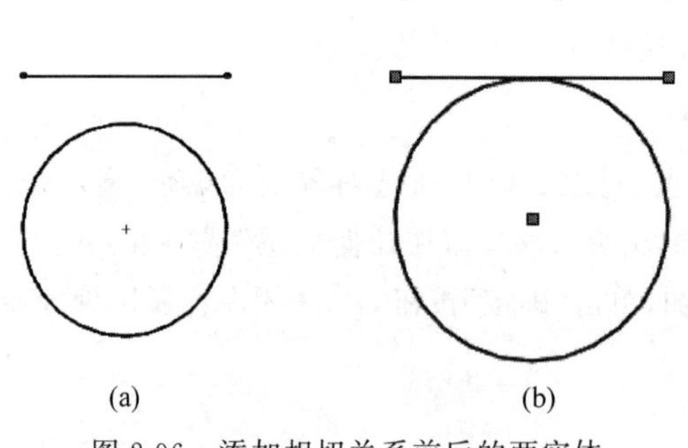

图 2-96　添加相切关系前后的两实体

(a) 添加相切关系前；(b) 添加相切关系后

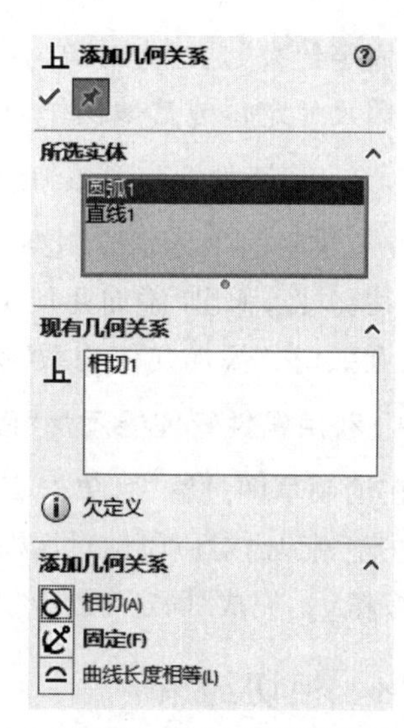

图 2-97　“添加几何关系”属性管理器

☎ 注意

（1）信息栏ⓘ显示所选实体的状态(“完全定义”或“欠定义”等)。

（2）如果要移除一个实体，只需在“所选实体”选项的列表框中右击该项目，在弹出的快捷菜单中选择“清除选项”命令即可。

(3) 在“添加几何关系”选项组中单击要添加的几何关系类型(“相切”或“固定”等),这时添加的几何关系类型就会显示在“现有几何关系”列表框中。

(4) 如果要删除添加了的几何关系,只需在“现有几何关系”列表框中右击该几何关系,在弹出的快捷菜单中选择“删除”命令即可。

(5) 单击“确定”按钮 ✔ 后,几何关系将添加到草图实体间。

Note

2.6　自动添加几何关系

2-50

使用 SOLIDWORKS 的自动添加几何关系后,在绘制草图时光标会改变形状以显示可以生成哪些几何关系。如图 2-98 所示显示了不同几何关系对应的光标指针形状。

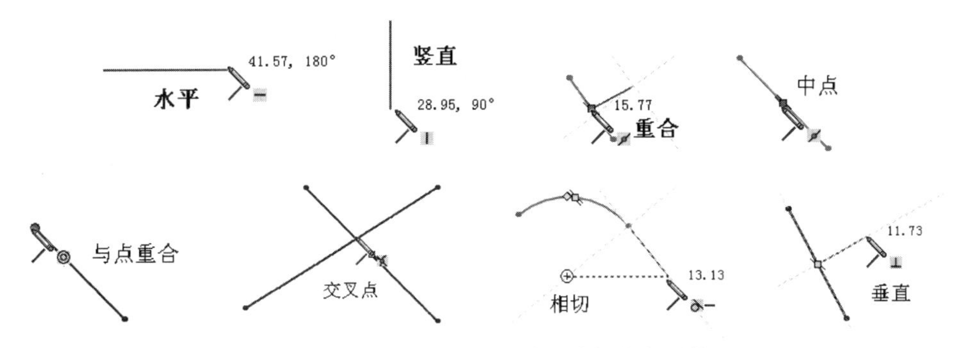

图 2-98　不同几何关系对应的光标指针形状

将自动添加几何关系作为系统的默认设置,其操作步骤如下。

(1) 选择菜单栏中的“工具”→“选项”命令,打开“系统选项-几何关系/捕捉”对话框。

(2) 在“系统选项”选项卡的左侧列表框中选择“几何关系/捕捉”选项,然后在右侧的区域中勾选“自动几何关系”复选框,如图 2-99 所示。

图 2-99　自动添加几何关系

（3）单击“确定”按钮，关闭对话框。

技巧荟萃

Note

所选实体中至少要有一个项目是草图实体，其他项目可以是草图实体，也可以是边线、面、顶点、原点、基准面、轴或从其他草图的线或圆弧映射到此草图平面所形成的草图曲线。

2-51

2.7 编辑约束

2-52

利用“显示/删除几何关系”工具可以显示手动和自动应用到草图实体的几何关系，查看有疑问的特定草图实体的几何关系，并可以删除不再需要的几何关系。此外，还可以通过替换列出的参考引用来修正错误的实体。

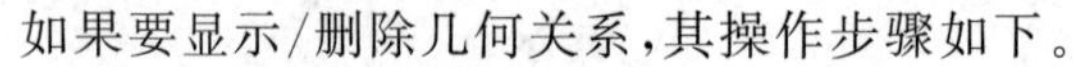

如果要显示/删除几何关系，其操作步骤如下。

（1）单击“草图”工具栏中的“显示/删除几何关系”按钮 ，或选择菜单栏中的“工具”→“关系”→“显示/删除”命令，或者单击“草图”控制面板中的“显示/删除几何关系”按钮 。

（2）在弹出的“显示/删除几何关系”属性管理器的列表框中执行显示几何关系的准则，如图 2-100(a)所示。

（3）在“几何关系”选项组中执行要显示的几何关系。在显示每个几何关系时，高亮显示相关的草图实体，同时还会显示其状态。在“实体”选项组中也会显示草图实体的名称、状态，如图 2-100(b)所示。

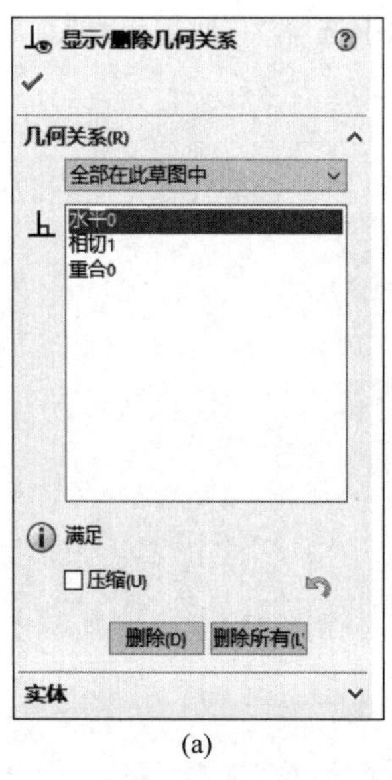

(a)

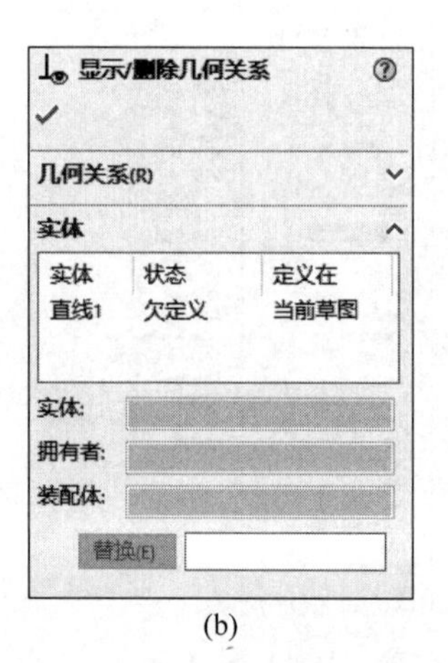

(b)

图 2-100 “显示/删除几何关系”属性管理器

(a) 显示的几何关系；(b) 存在几何关系的实体状态

（4）勾选“压缩”复选框，压缩或解除压缩当前的几何关系。

（5）单击“删除”按钮，删除当前的几何关系；单击“删除所有”按钮，删除当前执行的所有几何关系。

Note

2-53

2.8　综合实例

本节主要通过具体实例讲解草图编辑工具的综合使用方法。

2.8.1　气缸体截面草图

在本实例中，将利用草图绘制工具绘制如图 2-101 所示的气缸体截面草图。

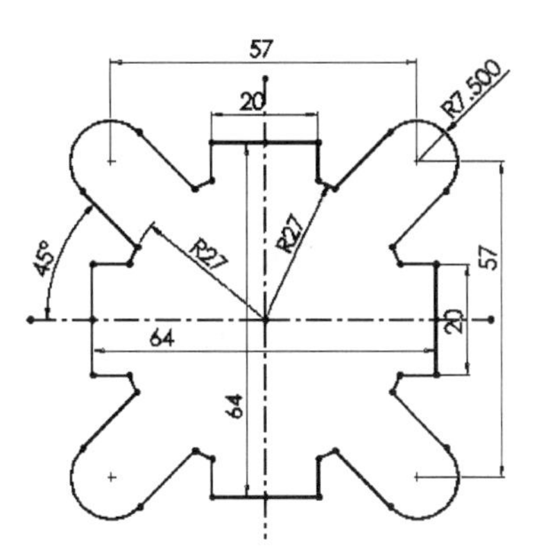

图 2-101　气缸体截面草图

思路分析

由于图形关于两坐标轴对称，所以先绘制关于轴对称部分的实体图形，再利用镜像或阵列方式进行复制，完成整个图形的绘制。绘制流程如图 2-102 所示。

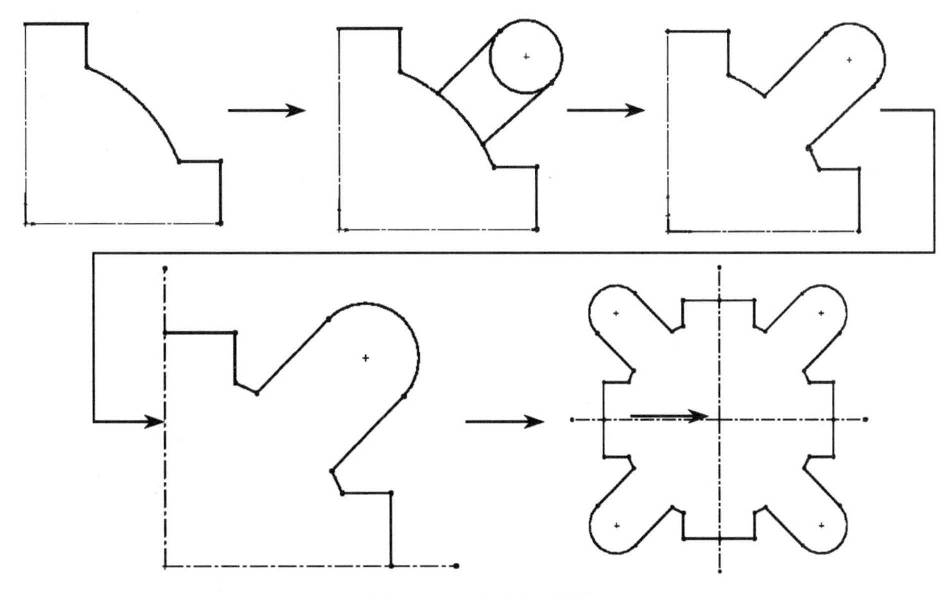

图 2-102　绘制流程图

绘制步骤

（1）新建文件。启动 SOLIDWORKS 2020，选择菜单栏中的“文件”→“新建”命令，在打开的“新建 SOLIDWORKS 文件”对话框中单击“零件”→“确定”按钮。

(2) 绘制截面草图。在设计树中选择前视基准面，单击“草图”控制面板中的“草图绘制”按钮，新建一张草图。单击“草图”控制面板中的“中心线”按钮和“圆心/起/终点画弧”按钮，绘制线段和圆弧。

Note

(3) 标注尺寸 1。单击“草图”控制面板中的“智能尺寸”按钮，标注尺寸 1 如图 2-103 所示。

(4) 绘制圆和直线段。单击“草图”控制面板中的“圆”按钮和“直线”按钮，绘制一个圆和两条线段。

(5) 添加几何关系。按住 Ctrl 键选择其中一条线段和圆，几何关系添加为相切，两线段均与圆相切，如图 2-104 所示。

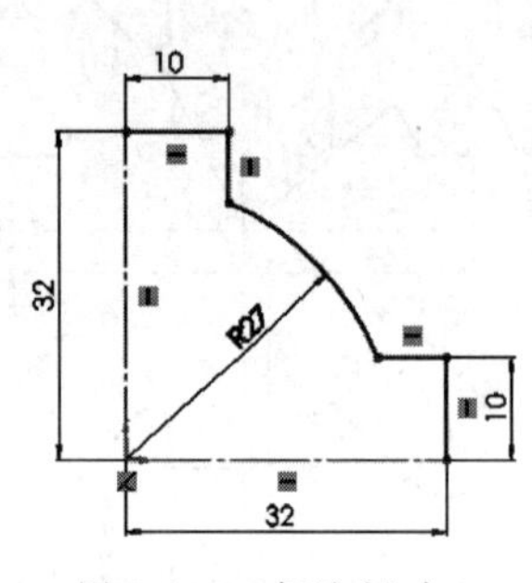

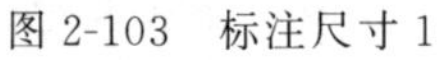

图 2-103　标注尺寸 1

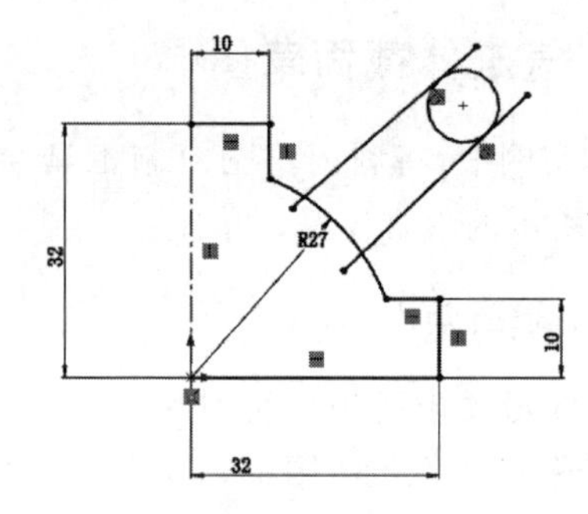

图 2-104　绘制圆和直线段，两线段与圆相切

(6) 裁剪图形。单击“草图”控制面板中的“裁剪实体”按钮，修剪多余圆弧，裁剪图形如图 2-105 所示。

(7) 标注尺寸 2。单击“草图”控制面板中的“智能尺寸”按钮，标注尺寸 2 如图 2-106 所示。

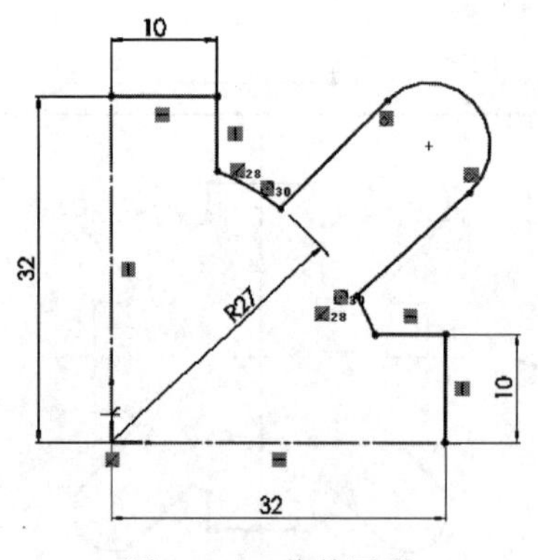

图 2-105　裁剪图形

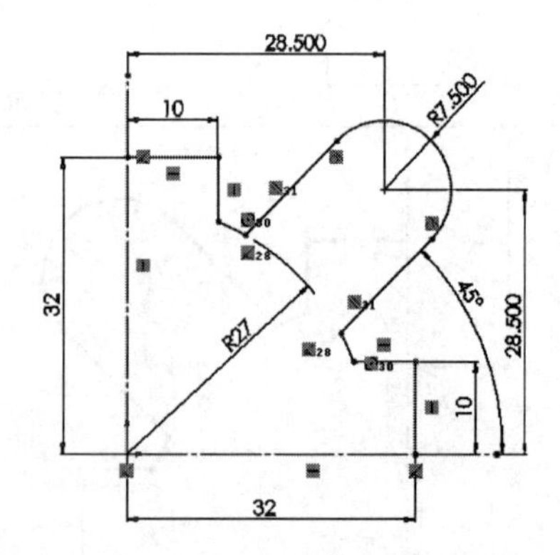

图 2-106　标注尺寸 2

(8) 阵列草图实体。单击“草图”控制面板中的“圆周草图阵列”按钮，选择草图实体进行阵列，阵列数目为 4，阵列草图实体如图 2-107 所示。

(9) 保存草图。单击“退出草图”按钮，单击“标准”工具栏中的“保存”按钮，将文件保存为“气缸体截面草图. sldprt”，最终生成的气缸截面草图如图 2-108 所示。

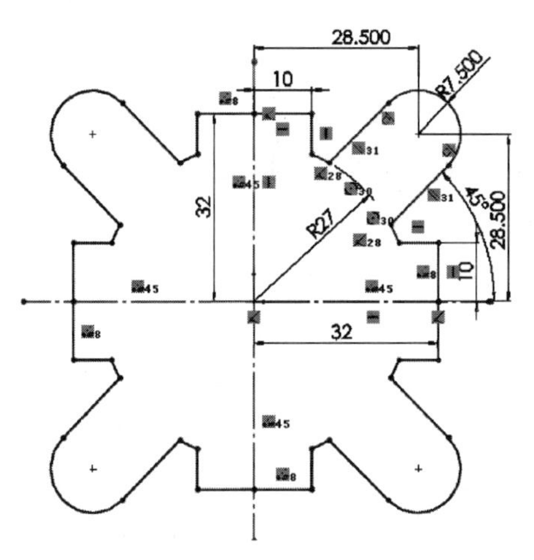

图 2-107 阵列草图实体

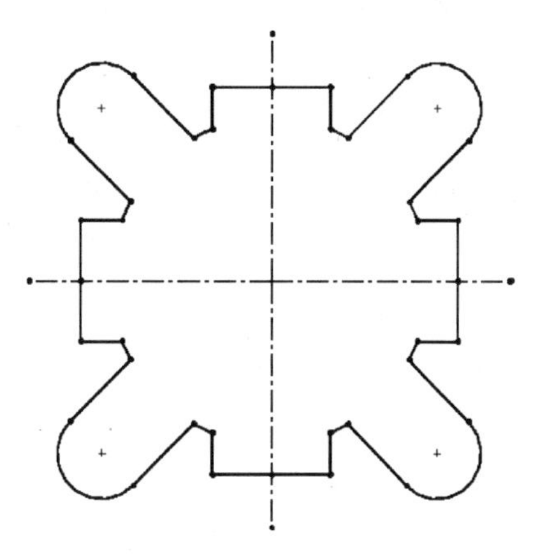

图 2-108 最终生成的气缸体截面草图

2-54

2.8.2 连接片截面草图

在本实例中，将利用草图绘制工具绘制如图 2-109 所示的连接片截面草图。

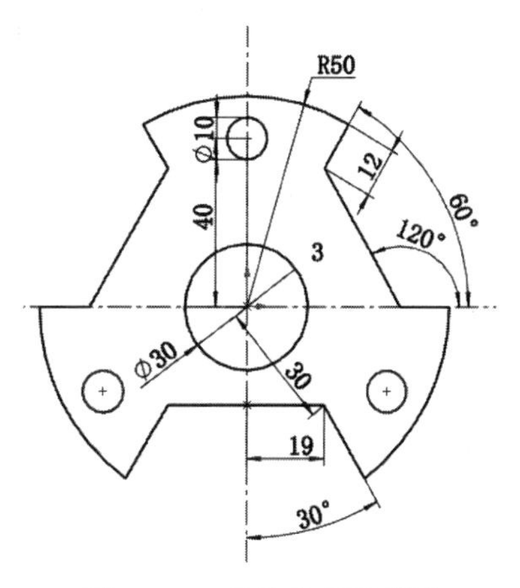

图 2-109 连接片截面草图

思路分析

由于图形关于竖直坐标轴对称，所以先绘制除圆以外的关于轴对称部分的实体图形，利用镜像方式进行复制，调用“圆”命令绘制大圆和小圆，再将均匀分布的小圆进行环形阵列，尺寸的约束在绘制过程中完成。绘制流程如图 2-110 所示。

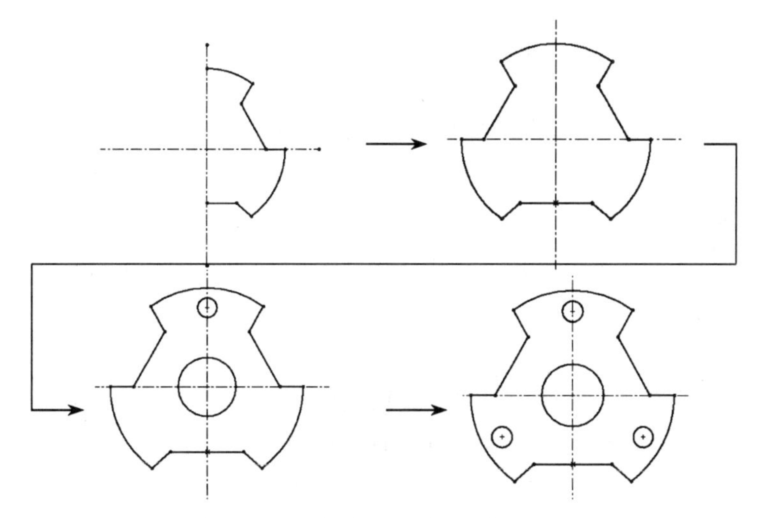

图 2-110 连接片截面草图的绘制流程

Note

绘制步骤

(1) 新建文件。启动 SOLIDWORKS 2020,选择菜单栏中的“文件”→“新建”命令,或单击“标准”工具栏中的“新建”按钮,在弹出的“新建 SOLIDWORKS 文件”对话框中单击“零件”→“确定”按钮,进入零件设计状态。

(2) 设置基准面。在特征管理器中选择前视基准面,此时前视基准面变为绿色。

(3) 绘制中心线。选择菜单栏中的“插入”→“草图绘制”命令,或者单击“草图”控制面板中的“草图绘制”按钮,进入草图绘制界面。选择菜单栏中的“工具”→“草图绘制实体”→“中心线”命令,或者单击“草图”控制面板中的“中心线”按钮,绘制水平和竖直的中心线。

(4) 绘制草图 1。单击“草图”控制面板中的“直线”按钮和“圆”按钮,绘制如图 2-111 所示的草图。

(5) 标注尺寸。单击“草图”控制面板中的“智能尺寸”按钮,进行尺寸约束。单击“草图”控制面板中的“剪裁实体”按钮,修剪掉多余的圆弧线,尺寸标注如图 2-112 所示。

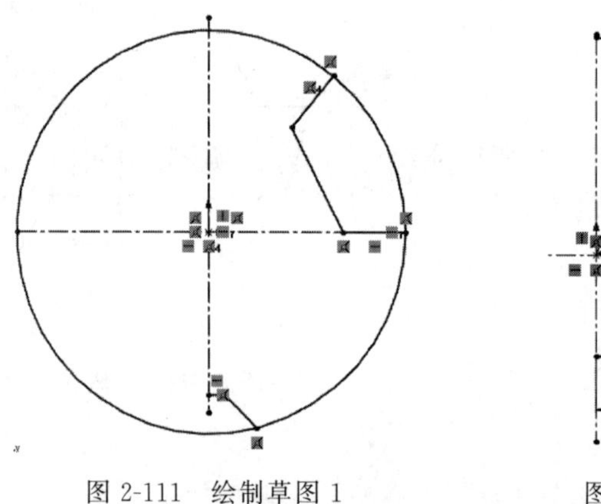

图 2-111　绘制草图 1

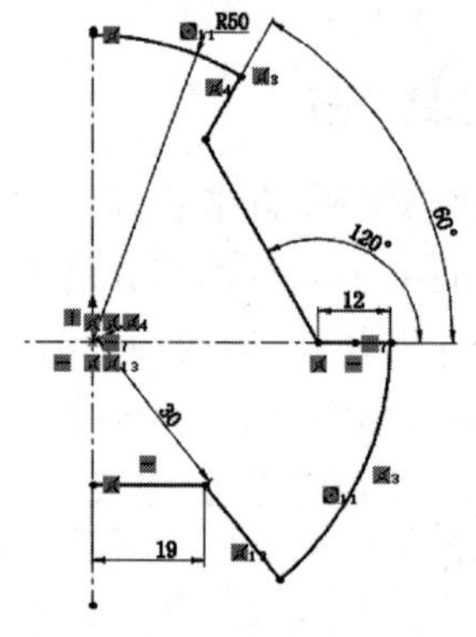

图 2-112　标注尺寸

(6) 镜像图形。单击“草图”控制面板中的“镜像实体”按钮,选择竖直轴线右侧的实体图形作为复制对象,镜像点为竖直中心线段,进行实体镜像,镜像实体图形如图 2-113(b)所示。

(7) 绘制草图 2。选择菜单栏中的“工具”→“草图工具”→“圆”命令,或者单击“草图”控制面板中的“圆”按钮,绘制直径分别为 10mm 和 30mm 的圆,并单击“智能尺寸”按钮,确定位置尺寸,如图 2-114 所示。

(8) 圆周阵列草图。单击“草图”控制面板中的“圆周草图阵列”按钮,选择直径为 10mm 的小圆,阵列数目为 3,圆周阵列草图如图 2-115 所示。

(9) 保存草图。单击“标准”工具栏中的“保存”按钮,保存文件。

Note

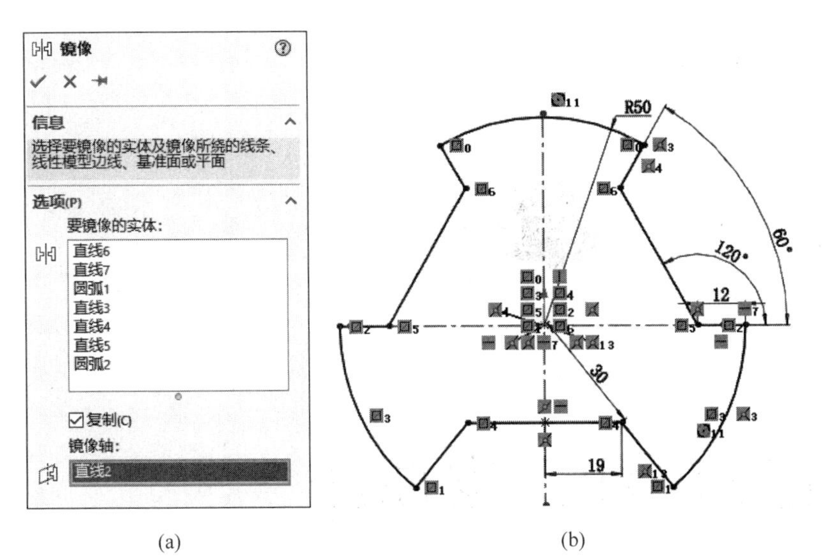

(a)　　　　(b)

图 2-113　镜像实体图形

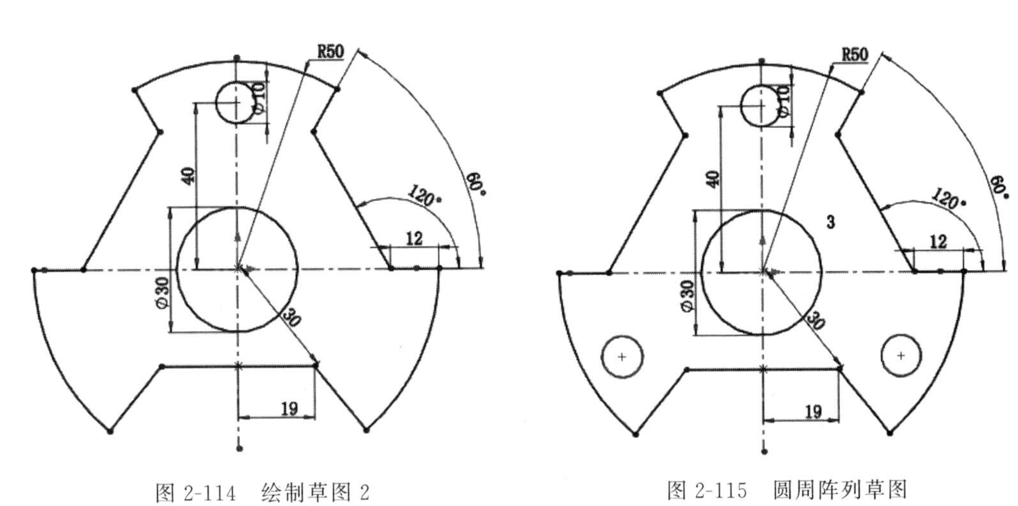

图 2-114　绘制草图 2　　　　图 2-115　圆周阵列草图

第3章

三维草图和三维曲线

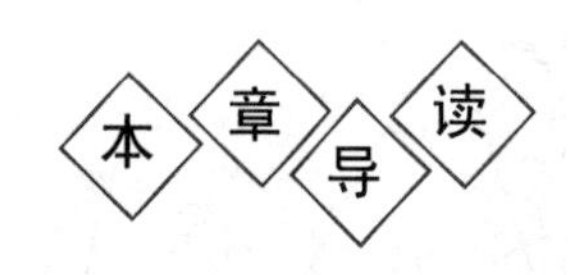

草图绘制包括二维草图和三维草图，三维草图是空间草图，有别于一般平面直线，它不但拓宽了草图的绘制范围，并且更进一步地增强了SOLIDWORKS软件的模型建立功能。三维草图功能为扫描、放样生成三维草图路径，或为管道、电缆、线和管线生成路径。

本章简要介绍了三维草图的一些基本操作，重点阐述了三维直线、三维曲线是对一般草图的升级，为绘制复杂不规则模型奠定了不可动摇的地位。

内容要点

- 三维草图
- 创建曲线

Note

3.1 三维草图

在学习曲线生成方式之前，首先要了解三维草图的绘制，它是生成空间曲线的基础。

SOLIDWORKS可以直接在基准面上或者在三维空间的任意点绘制三维草图实体，绘制的三维草图可以作为扫描路径、扫描的引导线，也可以作为放样路径、放样中心线等。

3-1

3.1.1 绘制三维空间直线

（1）新建一个文件。单击“视图(前导)”工具栏中“等轴测”按钮，设置视图方向为等轴测方向。在该视图方向下，坐标X、Y、Z三个方向均可见，可以比较方便地绘制三维草图。

（2）选择菜单栏中的“插入”→“三维草图”命令，或者单击“草图”工具栏中“3D草图”按钮，或者单击“草图”控制面板中的“3D草图”按钮，进入三维草图绘制状态。

（3）单击“草图”控制面板中需要绘制的草图工具，本例单击“直线”按钮，开始绘制三维空间直线，注意此时在绘图区中出现了空间控标，如图3-1所示。

（4）以原点为起点绘制草图，基准面为控标提示的基准面，方向由光标拖动决定，如图3-2所示为在XY基准面上绘制草图。

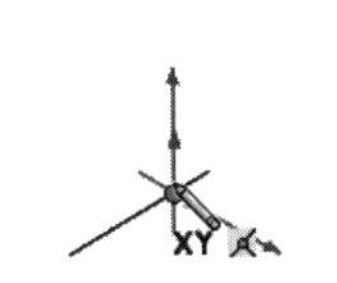

图3-1 空间控标

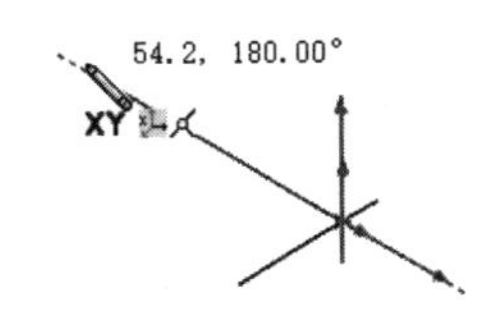

图3-2 在XY基准面上绘制草图

（5）步骤(4)是在XY基准面上绘制直线，当继续绘制直线时，控标会显示出来。按Tab键可以改变绘制的基准面，依次为XY、YZ、ZX基准面。如图3-3所示为在YZ基准面上绘制草图。按Tab键依次绘制其他基准面上的草图，绘制完的三维草图如图3-4所示。

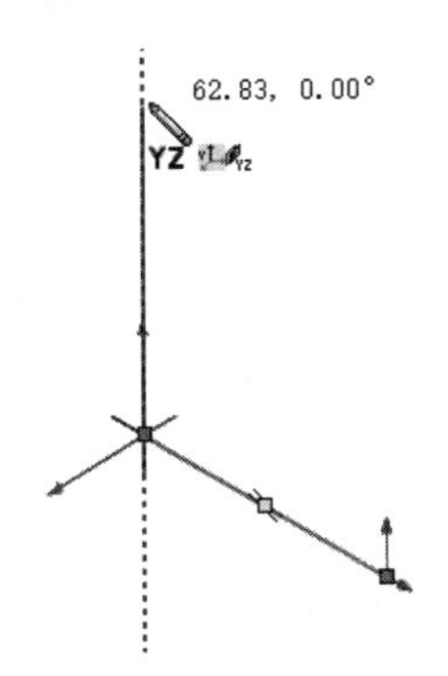

图3-3 在YZ基准面上绘制草图

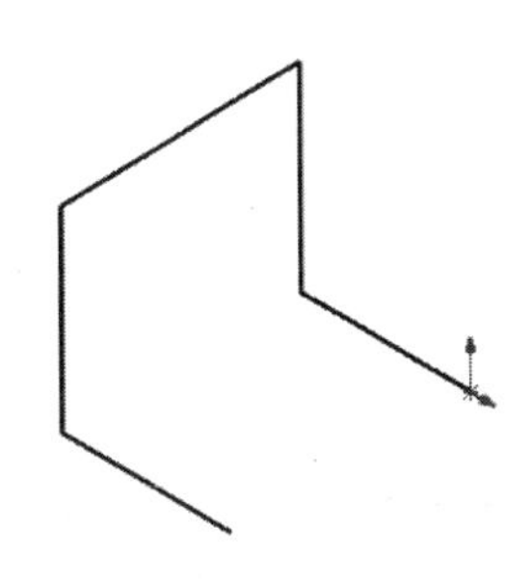

图3-4 绘制完的三维草图

(6) 再次单击“草图”控制面板中“三维草图”按钮，或者在绘图区右击，在弹出的快捷菜单中选择“退出草图”按钮，退出三维草图绘制状态。

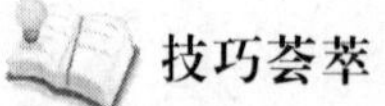

技巧荟萃

在绘制三维草图时，绘制的基准面要以控标显示为准，不要主观判断，通过按 Tab 键，变换视图的基准面。

二维草图和三维草图既有相似之处，又有不同之处。在绘制三维草图时，二维草图中的所有圆、弧、矩形、直线、样条曲线和点等工具都可用，曲面上的样条曲线工具只能用在三维草图中。在添加几何关系时，二维草图中大多数几何关系都可用于三维草图中，但是对称、阵列、等距和等长线例外。

另外需要注意的是，对于二维草图，其绘制的草图实体是所有几何体在草绘基准面上的投影，而三维草图是空间实体。

在绘制三维草图时，除了使用系统默认的坐标系外，用户还可以定义自己的坐标系，此坐标系将同测量、质量特性等工具一起使用。

3-2

3.1.2 建立坐标系

(1) 选择菜单栏中的“插入”→“参考几何体”→“坐标系”命令，或者单击“特征”控制面板“参考几何体”下拉列表中的“坐标系”按钮，系统弹出“坐标系”属性管理器。

(2) 单击“原点”图标右侧的列表框，然后单击如图 3-5(b)所示的点 A，设置 A 点为新坐标系的原点；单击“X 轴”下面的“X 轴参考方向”列表框，然后单击如图 3-5(b)所示的边线 1，设置边线 1 为 X 轴；依次设置如图 3-5(b)所示的边线 2 为 Y 轴，边线 3 为 Z 轴，“坐标系”属性管理器设置如图 3-5(a)所示。

(3) 单击“确定”按钮，完成坐标系的设置，添加坐标系后的图形如图 3-6 所示。

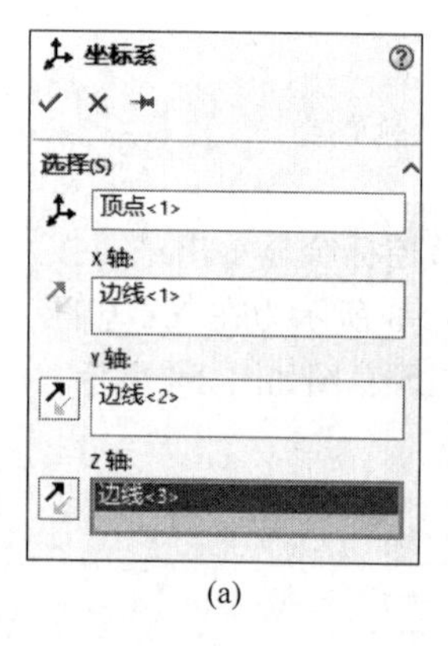

(a)

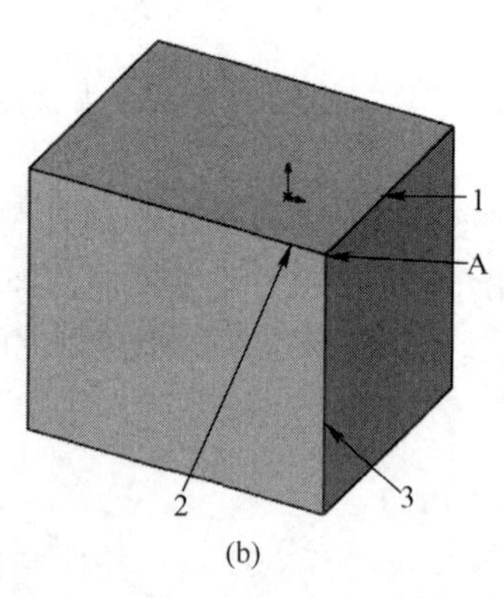

(b)

图 3-5 “坐标系”属性管理器及示意图

图 3-6 添加坐标系后的图形

技巧荟萃

在设置坐标系的过程中，如果坐标轴的方向不是用户想要的方向，可以单击“坐标系”属性管理器中设置轴左侧的“反转方向”按钮进行设置。

在设置坐标系时，X 轴、Y 轴和 Z 轴的参考方向可为以下实体。

- 顶点、点或者中点：将轴向的参考方向与所选点对齐。
- 线性边线或者草图直线：将轴向的参考方向与所选边线或者直线平行。
- 非线性边线或者草图实体：将轴向的参考方向与所选实体上的所选位置对齐。
- 平面：将轴向的参考方向与所选面的垂直方向对齐。

Note

3.2 创建曲线

曲线是构建复杂实体的基本要素，SOLIDWORKS提供专用的“曲线”工具栏，如图3-7所示。

在“曲线”工具栏中，SOLIDWORKS创建曲线的方式主要有分割线、投影曲线、组合曲线、通过XYZ点的曲线、通过参考点的曲线与螺旋线/涡状线等。本节介绍各种不同曲线的创建方式。

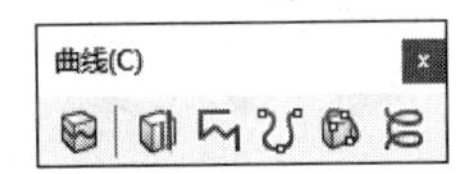

图3-7 “曲线”工具栏

3.2.1 投影曲线

在SOLIDWORKS中，投影曲线主要有两种创建方式：一种方式是将绘制的曲线投影到模型面上，生成一条三维曲线；另一种方式是在两个相交的基准面上分别绘制草图，此时系统会将每一个草图沿所在平面的垂直方向投影得到一个曲面，这两个曲面在空间中相交，生成一条三维曲线。下面将分别介绍采用两种方式创建曲线的操作步骤。

3-3

1. 利用绘制曲线投影到模型面上生成投影曲线

① 新建一个文件，在左侧的FeatureManager设计树中选择“上视基准面”作为草绘基准面。

② 单击“草图”面板中的“样条曲线”按钮，绘制样条曲线。

③ 单击“曲面”面板中的“拉伸曲面”按钮，弹出“曲面-拉伸”属性管理器。在“深度”文本框中输入120，单击“确定”按钮，生成拉伸曲面。

④ 单击“特征”面板“参考几何体”下拉列表中的“基准面”按钮，弹出“基准面”属性管理器。选择“上视基准面”作为参考面，单击“确定”按钮，添加基准面1。

⑤ 在新平面上绘制样条曲线，如图3-8所示。绘制完毕退出草图绘制状态。

⑥ 选择菜单栏中的“插入”→“曲线”→“投影曲线”命令，或者单击“曲线”工具栏中的“投影曲线”按钮，弹出“投影曲线”属性管理器。

⑦ 点选“面上草图”单选按钮，在“要投影的草图”列表框中，单击选择如图3-8所示的样条曲线1；在“投影面”列表框中，单击选择如图3-8所示的曲面2；在视图中观测投影曲线的方向，看是否投影到曲面，勾选“反转投影”复选框，使曲线投影到曲面上。“投影曲线”属性管理器1，设置如图3-9所示。

⑧ 单击“确定”按钮，生成的投影曲线1如图3-10所示。

3-4

2. 利用两个相交的基准面上的曲线生成投影曲线

① 新建一个文件，在左侧的FeatureManager设计树中选择“前视基准面”作为草绘基准面。

Note

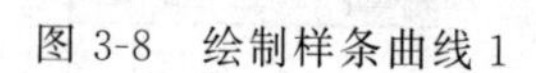

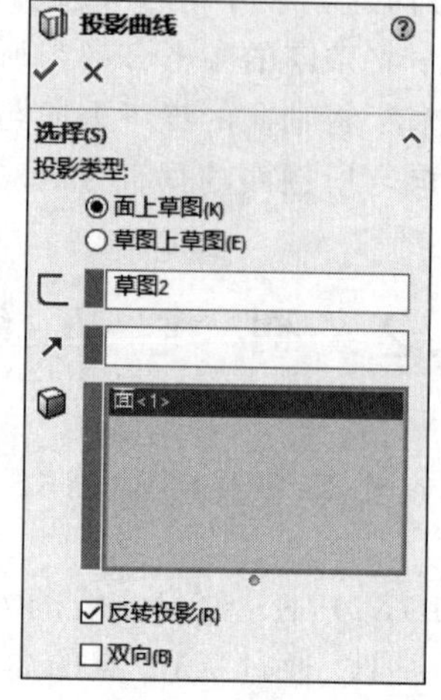

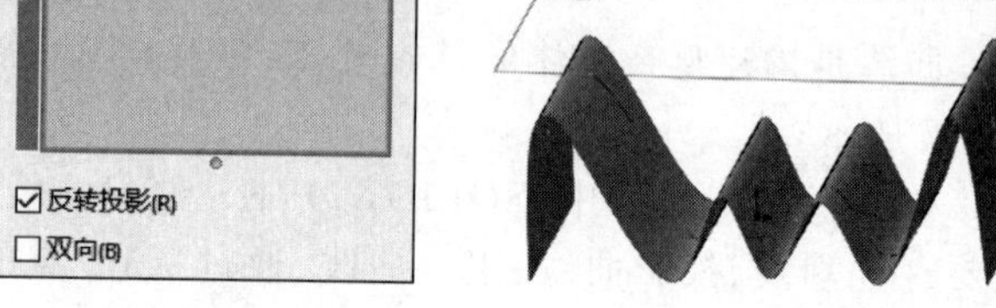

图 3-8　绘制样条曲线 1　　图 3-9　“投影曲线”属性管理器 1　　图 3-10　投影曲线 1

② 单击“草图”面板中的“样条曲线”按钮，在步骤①中设置的基准面上绘制样条曲线 2，如图 3-11 所示，然后退出草图绘制状态。

③ 在左侧的 FeatureManager 设计树中选择“上视基准面”作为草绘基准面。

④ 单击“草图”面板中的“样条曲线”按钮，在步骤③中设置的基准面上绘制样条曲线 3，如图 3-12 所示，然后退出草图绘制状态。

⑤ 选择菜单栏中的“插入”→“曲线”→“投影曲线”命令，弹出“投影曲线”属性管理器。

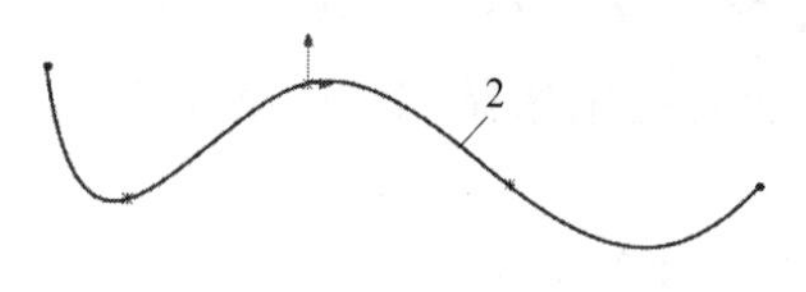

图 3-11　绘制样条曲线 2

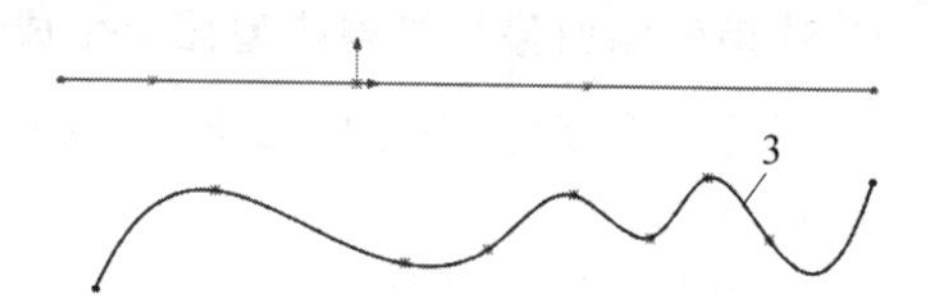

图 3-12　绘制样条曲线 3

⑥ 单击“草图上草图”按钮，在“要投影的草图”列表框中选择如图 3-12 所示的两条样条曲线，如图 3-13 所示。

⑦ 单击“确定”按钮，生成的投影曲线 2 如图 3-14 所示。

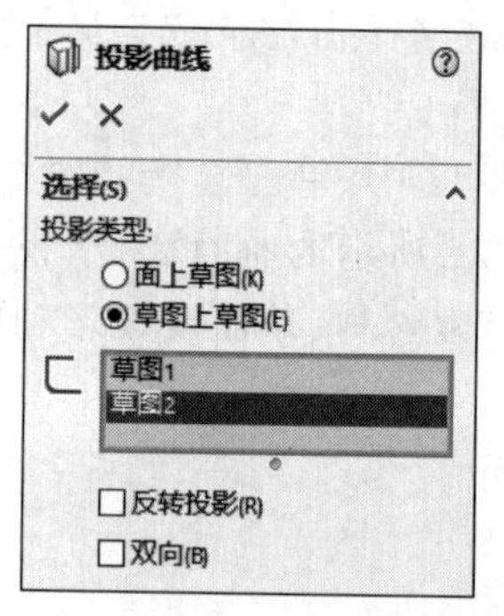

图 3-13　“投影曲线”属性管理器 2

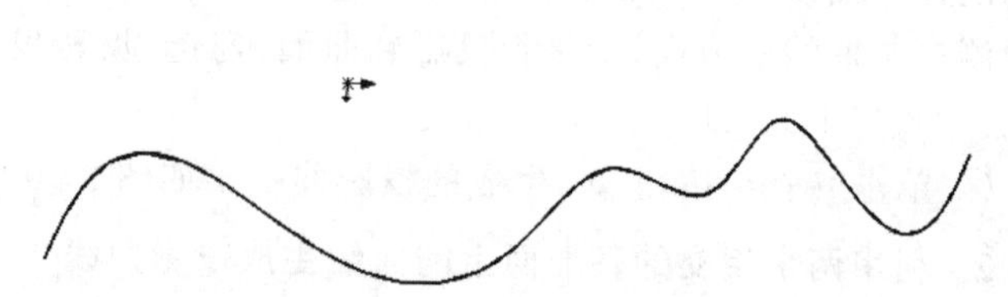

图 3-14　投影曲线 2

Note

3-5

技巧荟萃

如果在执行投影曲线命令之前，先选择了生成投影曲线的草图，则在执行投影曲线命令后，“投影曲线”属性管理器会自动选择合适的投影类型。

3.2.2 组合曲线

组合曲线是指将曲线、草图几何和模型边线组合为一条单一曲线，生成的该组合曲线可以作为生成放样或扫描的引导曲线、轮廓线。

下面结合实例介绍创建组合曲线的操作步骤。

(1) 打开源文件“X:\源文件\原始文件\3\组合曲线.SLDPRT”。选择菜单栏中的“插入”→“曲线”→“组合曲线”命令，或者单击“曲线”工具栏中的“组合曲线”按钮，系统弹出“组合曲线”属性管理器。

(2) 在“要连接的实体”选项组中，选择如图3-15所示的边线1～边线6，如图3-16所示。

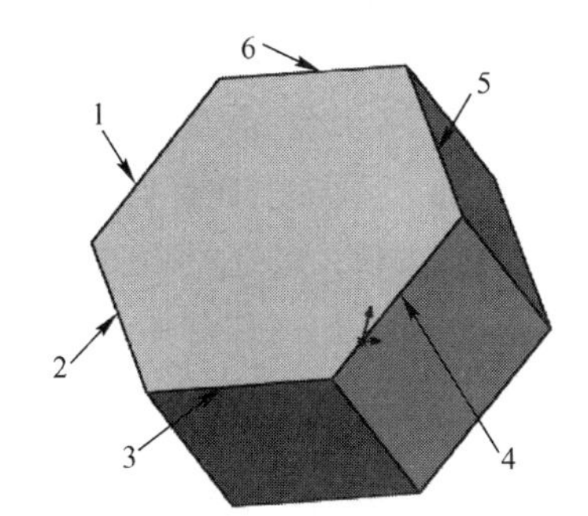

图3-15 打开的文件实体

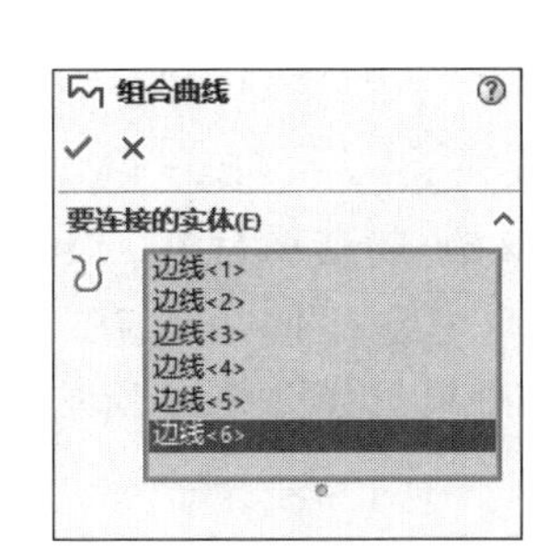

图3-16 “组合曲线”属性管理器

(3) 单击“确定”按钮，生成所需要的组合曲线。生成组合曲线后的图形及其FeatureManager设计树如图3-17所示。

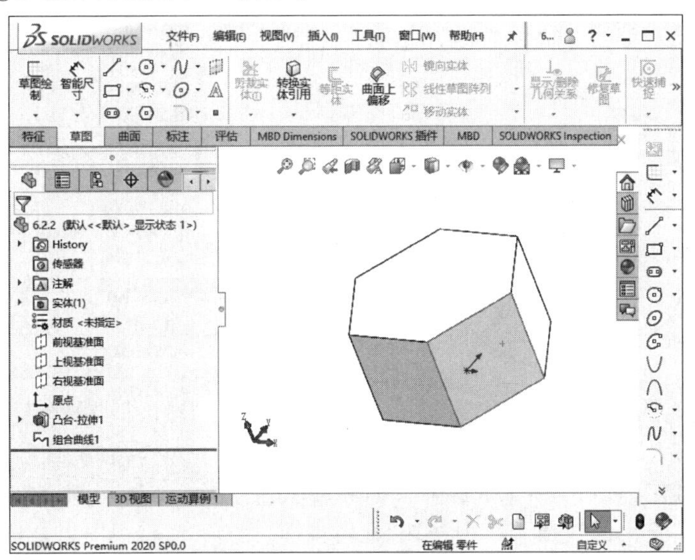

图3-17 生成组合曲线后的图形及其FeatureManager设计树

技巧荟萃

Note

在创建组合曲线时，所选择的曲线必须是连续的，因为所选择的曲线要生成一条曲线。生成的组合曲线可以是开环的，也可以是闭合的。

3.2.3 螺旋线和涡状线

螺旋线和涡状线通常在零件中生成，这两种曲线可以被当成一个路径或者引导曲线使用在扫描的特征上，或作为放样特征的引导曲线，通常用来生成螺纹、弹簧和发条等零件。下面将分别介绍绘制这两种曲线的操作步骤。

3-6

1. 创建螺旋线

① 新建一个文件，在左侧的 FeatureManager 设计树中选择“上视基准面”作为草绘基准面。

② 单击“草图”面板中的“圆”按钮，在步骤①中设置的基准面上绘制一个圆，然后单击“草图”面板中的“智能尺寸”按钮，标注绘制圆的尺寸，如图 3-18 所示。

③ 选择菜单栏中的“插入”→“曲线”→“螺旋线/涡状线”命令，或者单击“曲线”工具栏中的“螺旋线/涡状线”按钮，系统弹出“螺旋线/涡状线”属性管理器(图 3-19)。

④ 在“定义方式”选项组中，选择“螺距和圈数”选项；点选“恒定螺距”单选按钮；在“螺距”文本框中输入 15mm；在“圈数”文本框中输入 6；在“起始角度”文本框中输入“135 度”，其他设置如图 3-19 所示。

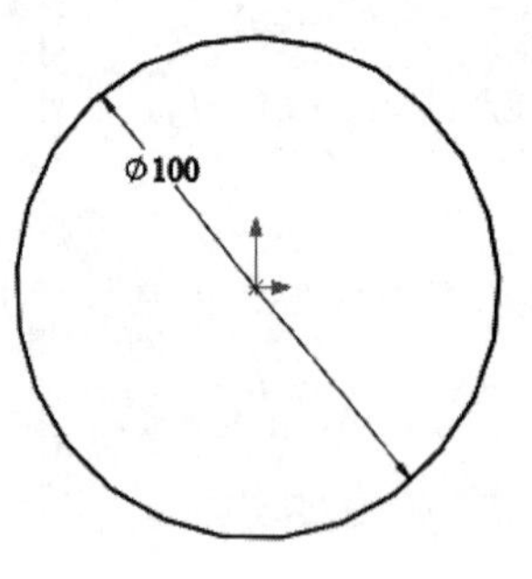

图 3-18 标注尺寸 1

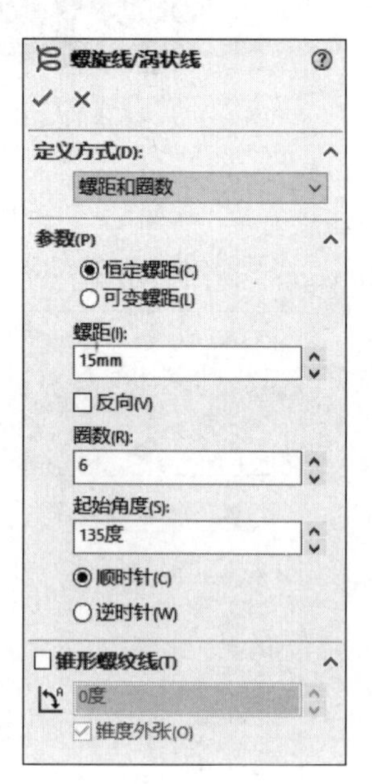

图 3-19 “螺旋线/涡状线”属性管理器

⑤ 单击“确定”按钮，生成所需要的螺旋线。

⑥ 右击，在弹出的快捷菜单中选择“旋转视图”命令，将视图以合适的方向显示。生成的螺旋线及其 FeatureManager 设计树如图 3-20 所示。

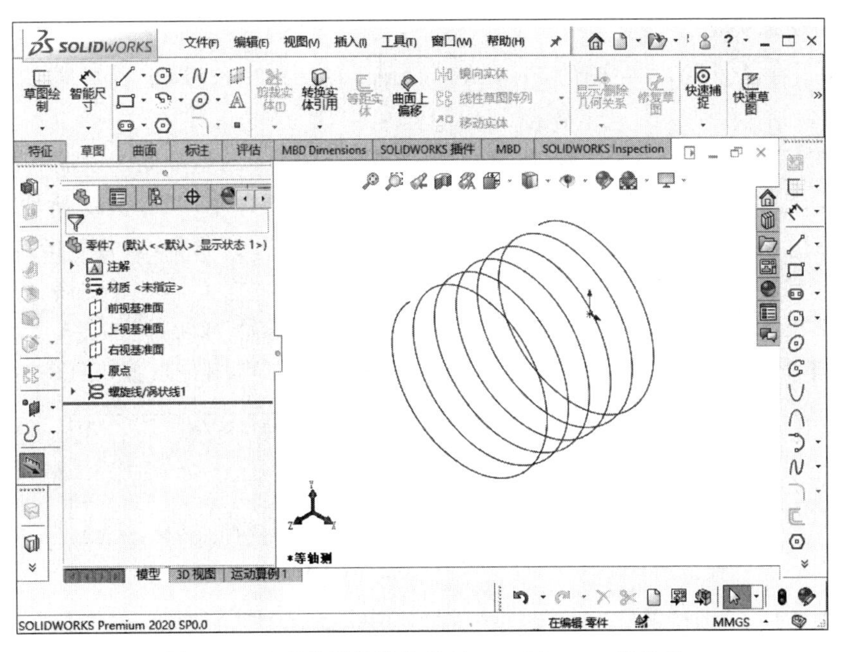

图 3-20 生成的螺旋线及其 FeatureManager 设计树

使用该命令还可以生成锥形螺纹线，如果要绘制锥形螺纹线，则在如图 3-19 所示的“螺旋线/涡状线”属性管理器中勾选“锥形螺纹线”复选框。

图 3-21 所示为取消对“锥度外张”复选框的勾选设置后生成的内张锥形螺纹线。如图 3-22 所示为勾选“锥度外张”复选框的设置后生成的外张锥形螺纹线。

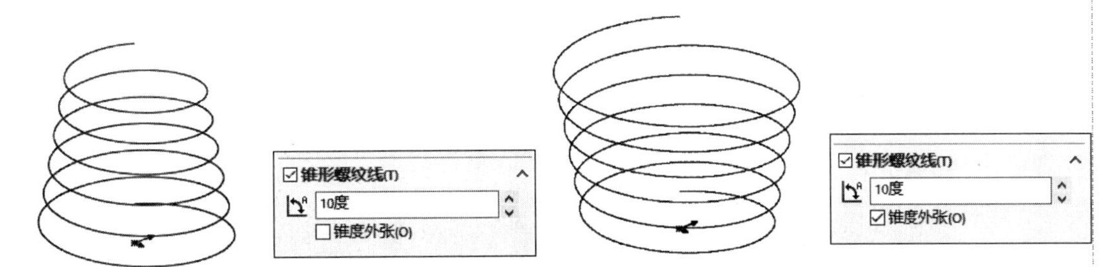

图 3-21 内张锥形螺纹线及示意图

图 3-22 外张锥形螺纹线及示意图

在创建螺纹线时，有螺距和圈数、高度和圈数、高度和螺距等几种定义方式，这些定义方式可以在“螺旋线/涡状线”属性管理器的“定义方式”选项中进行选择。下面简单介绍这几种方式的意义。

- 螺距和圈数：创建由螺距和圈数所定义的螺旋线，选择该选项时，参数相应发生改变。
- 高度和圈数：创建由高度和圈数所定义的螺旋线，选择该选项时，参数相应发生改变。
- 高度和螺距：创建由高度和螺距所定义的螺旋线，选择该选项时，参数相应发生改变。

Note

3-7

2. 创建涡状线

① 新建一个文件，在左侧的 FeatureManager 设计树中选择“上视基准面”作为草绘基准面。

② 单击“草图”面板中的“圆”按钮，在步骤①中设置的基准面上绘制一个圆，然后单击“草图”面板中的“智能尺寸”按钮，标注绘制圆的尺寸，如图 3-23 所示。

③ 选择菜单栏中的“插入”→“曲线”→“螺旋线/涡状线”命令，或者单击“曲线”工具栏中的“螺旋线/涡状线”按钮，系统弹出“螺旋线/涡状线 1”属性管理器。

④ 在“定义方式”选项组中选择“涡状线”选项；在“螺距”文本框中输入 15mm；在“圈数”文本框中输入 6；在“起始角度”文本框中输入“135 度”，其他设置如图 3-24 所示。

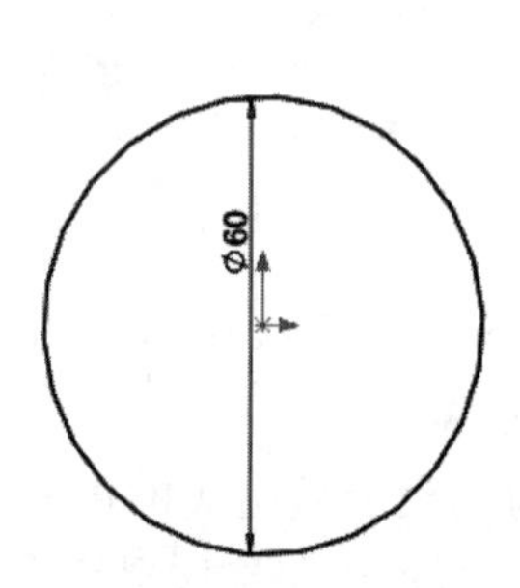

图 3-23　标注尺寸 2

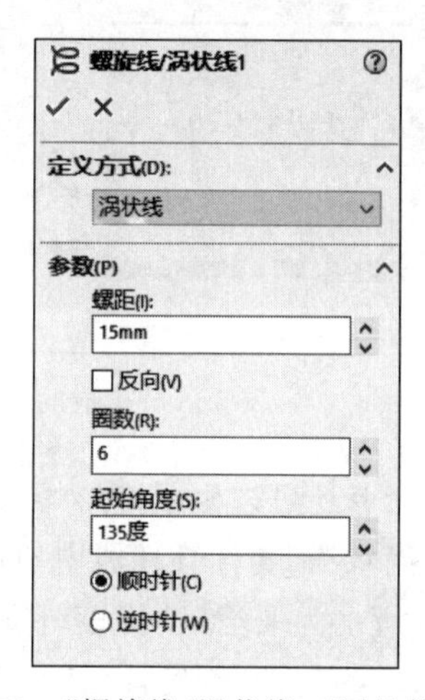

图 3-24　“螺旋线/涡状线 1”属性管理器

⑤ 单击“确定”按钮，生成的涡状线及其 FeatureManager 设计树如图 3-25 所示。

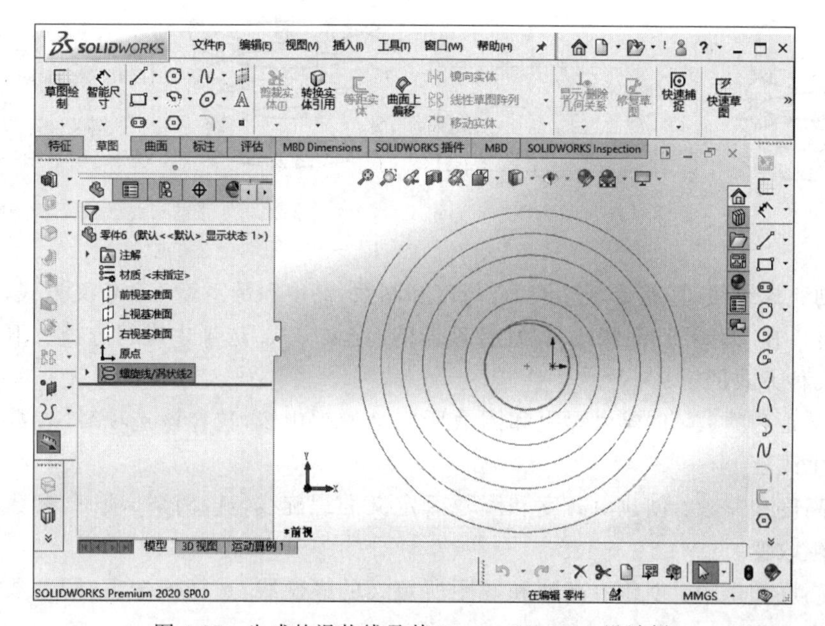

图 3-25　生成的涡状线及其 FeatureManager 设计树

SOLIDWORKS 既可以生成顺时针涡状线，也可以生成逆时针涡状线。在执行命令时，系统默认的生成方式为顺时针方式，顺时针涡状线如图 3-26 所示。在如图 3-24 所示"螺旋线/涡状线 1"属性管理器中点选"逆时针"单选按钮，就可以生成逆时针方向的涡状线，如图 3-27 所示。

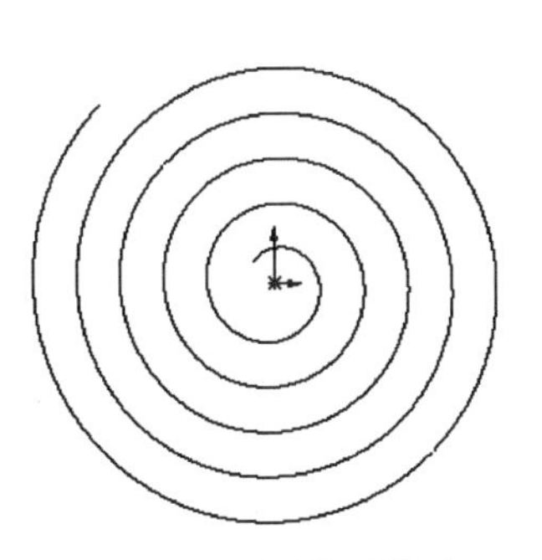

图 3-26 顺时针涡状线

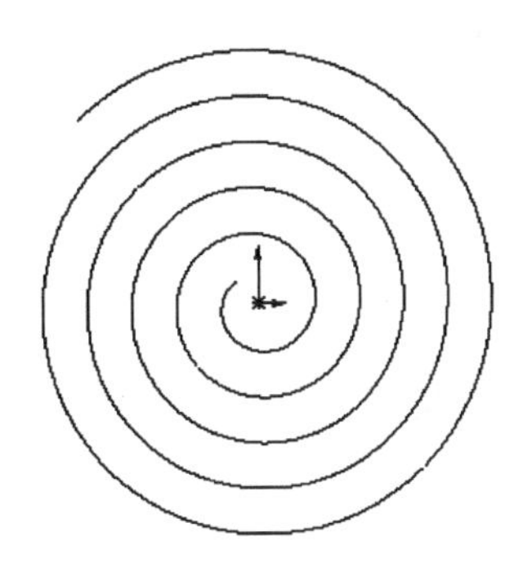

图 3-27 逆时针涡状线

3.2.4 分割线

3-8

分割线工具将草图投影到曲面或平面上，它可以将所选的面分割为多个分离的面，从而可以选择操作其中一个分离面，也可将草图投影到曲面实体生成分割线。可利用分割线创建拔模特征、混合面圆角，并可延展曲面来切除模具。创建分割线有以下几种方式。

- 投影：将一条草图线投影到一表面上创建分割线。
- 侧影轮廓线：在一个圆柱形零件上生成一条分割线。
- 交叉：以交叉实体、曲面、面、基准面或曲面样条曲线分割面。

下面介绍以投影方式创建分割线的操作步骤。

(1) 新建一个文件，在左侧的 FeatureManager 设计树中选择"前视基准面"作为草绘基准面。

(2) 单击"草图"控制面板中的"多边形"按钮，在步骤①中设置的基准面上绘制一个圆，然后单击"草图"控制面板中的"智能尺寸"按钮，标注绘制圆形的尺寸，如图 3-28 所示。

(3) 选择菜单栏中的"插入"→"凸台/基体"→"拉伸"命令，系统弹出"凸台-拉伸"属性管理器。在"终止条件"下拉列表框中选择"给定深度"选项，在"深度"文本框中输入 60.00mm，如图 3-29 所示，单击"确定"按钮。

(4) 单击"视图(前导)"工具栏中的"等轴测"按钮，将视图以等轴测方向显示，创建的拉伸特征如图 3-30 所示。

(5) 单击"特征"面板"参考几何体"下拉列表中的"基准面"按钮，系统弹出"基准面"属性管理器。在"参考实体"列表框中，单击选择面 1；在"偏移距离"文本框中输入"30.00mm"，并调整基准面的方向，"基准面"属性管理器设置如图 3-31 所示。单击"确定"按钮，添加一个新的基准面，添加基准面后的图形如图 3-32 所示。

Note

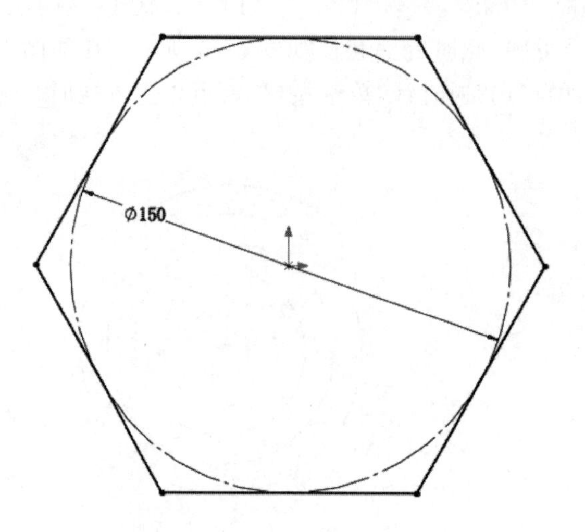

图 3-28　标注尺寸 3

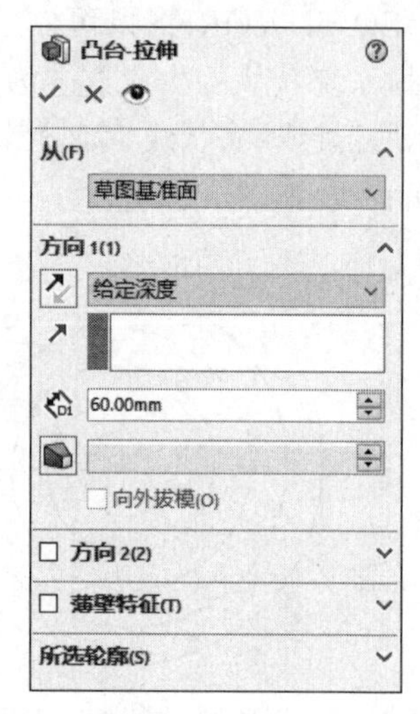

图 3-29　"凸台-拉伸"属性管理器

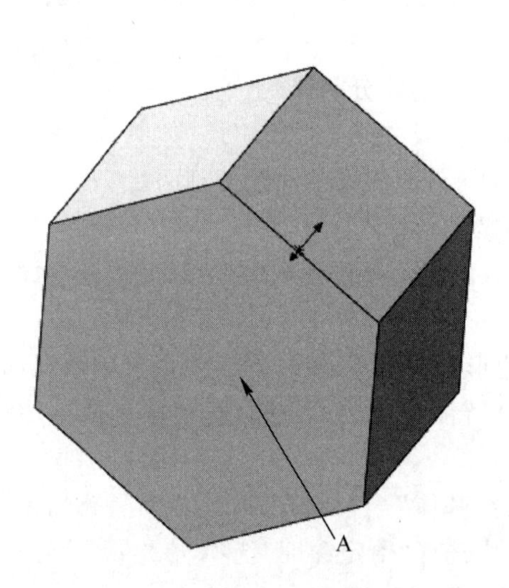

图 3-30　创建拉伸特征

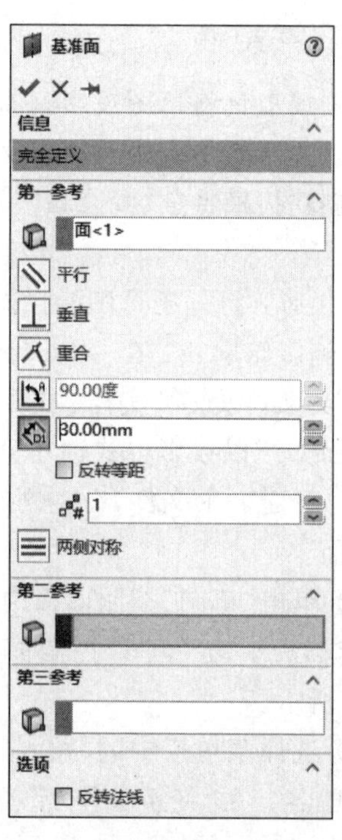

图 3-31　"基准面"属性管理器

(6) 单击步骤(5)中添加的基准面,然后单击"视图(前导)"工具栏中的"正视于"按钮,将该基准面作为草绘基准面。

(7) 选择菜单栏中的"工具"→"草图绘制实体"→"样条曲线"命令,在步骤(6)中设置的基准面上绘制一个样条曲线,如图 3-33 所示,然后退出草图绘制状态。

(8) 单击"视图(前导)"工具栏中的"等轴测"按钮,将视图以等轴测方向显示,如图 3-34 所示。

（9）选择菜单栏中的“插入”→“曲线”→“分割线”命令，或者单击“曲线”工具栏中的“分割线”按钮，系统弹出“分割线”属性管理器(图 3-35)。

（10）在“分割类型”选项组中，点选“投影”单选按钮；在“要投影的草图”列表框中单击选择图 3-34 中的曲线 2；在“要分割的面”列表框中单击选择图 3-34 中的面 1，具体设置如图 3-35 所示。

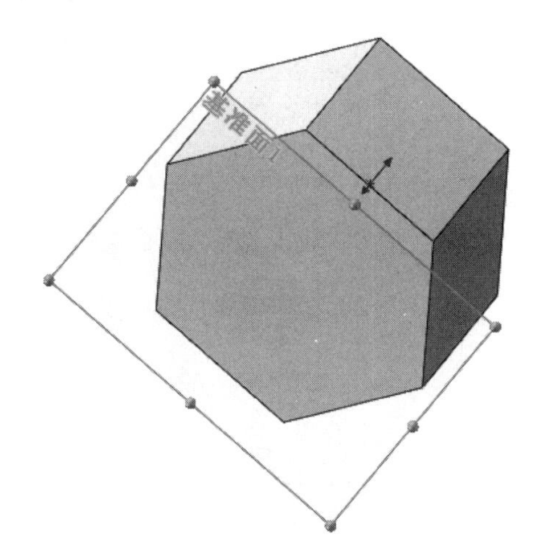

图 3-32 添加基准面

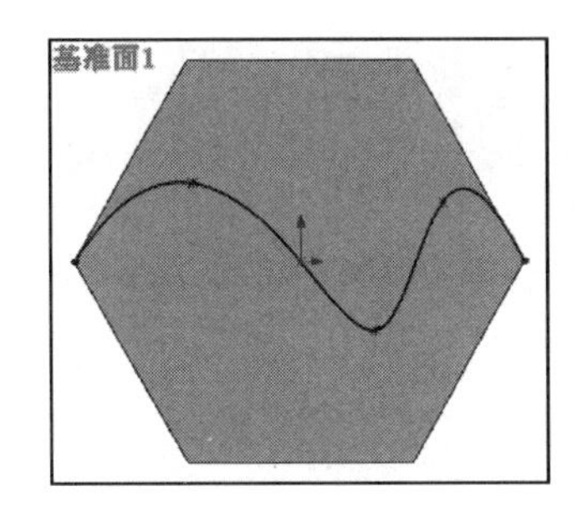

图 3-33 绘制样条曲线

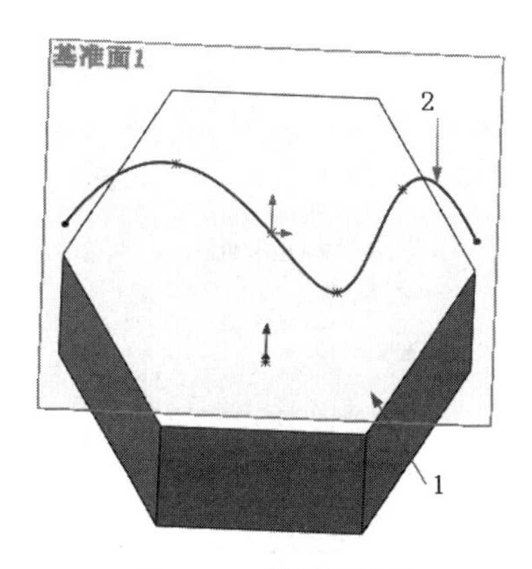

图 3-34 等轴测视图

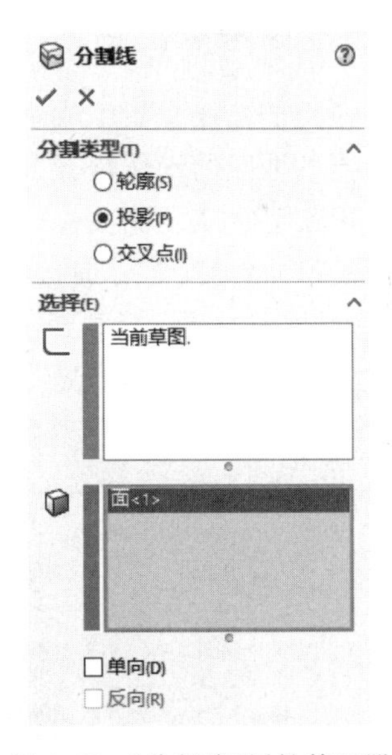

图 3-35 “分割线”属性管理器

（11）单击“确定”按钮，生成的分割线及其 FeatureManager 设计树如图 3-36 所示。

技巧荟萃

在使用投影方式绘制投影草图时，绘制的草图在投影面上的投影必须穿过要投影的面，否则系统会提示错误，而不能生成分割线。

Note

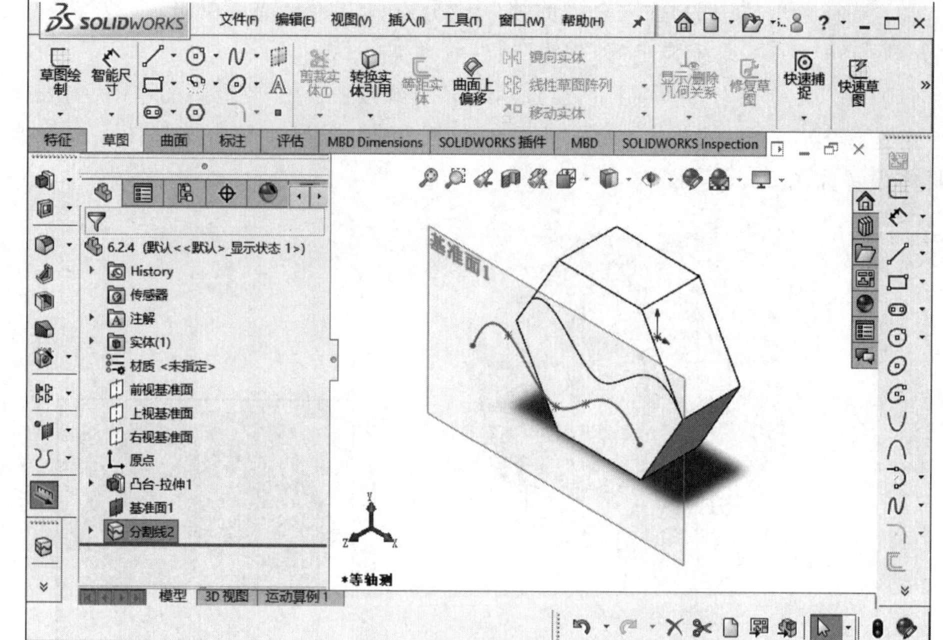

图 3-36　生成的分割线及其 FeatureManager 设计树

3-9

3.2.5　通过参考点的曲线

通过参考点的曲线是指生成一个或者多个平面上点的曲线。下面结合实例介绍创建通过参考点的曲线的操作步骤。

（1）打开源文件“X:\源文件\原始文件\3\通过参考点的曲线.SLDPRT”。选择菜单栏中的“插入”→“曲线”→“通过参考点的曲线”命令，或者单击“曲线”工具栏中的“通过参考点的曲线”按钮，系统弹出“通过参考点的曲线”属性管理器。

（2）在“通过点”选项组中，依次单击选择如图 3-37 所示的点，其他设置如图 3-38 所示。

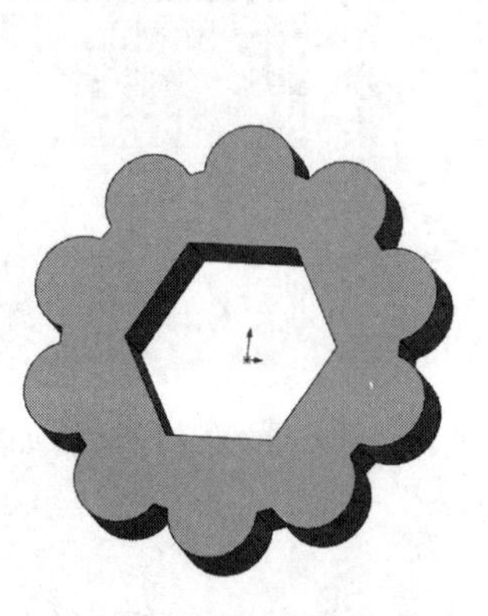

图 3-37　打开的文件实体

图 3-38　“通过参考点的曲线”属性管理器

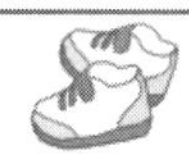

(3) 单击“确定”按钮 ✓，生成通过参考点的曲线。生成曲线后的图形及其 Feature Manager 设计树如图 3-39 所示。

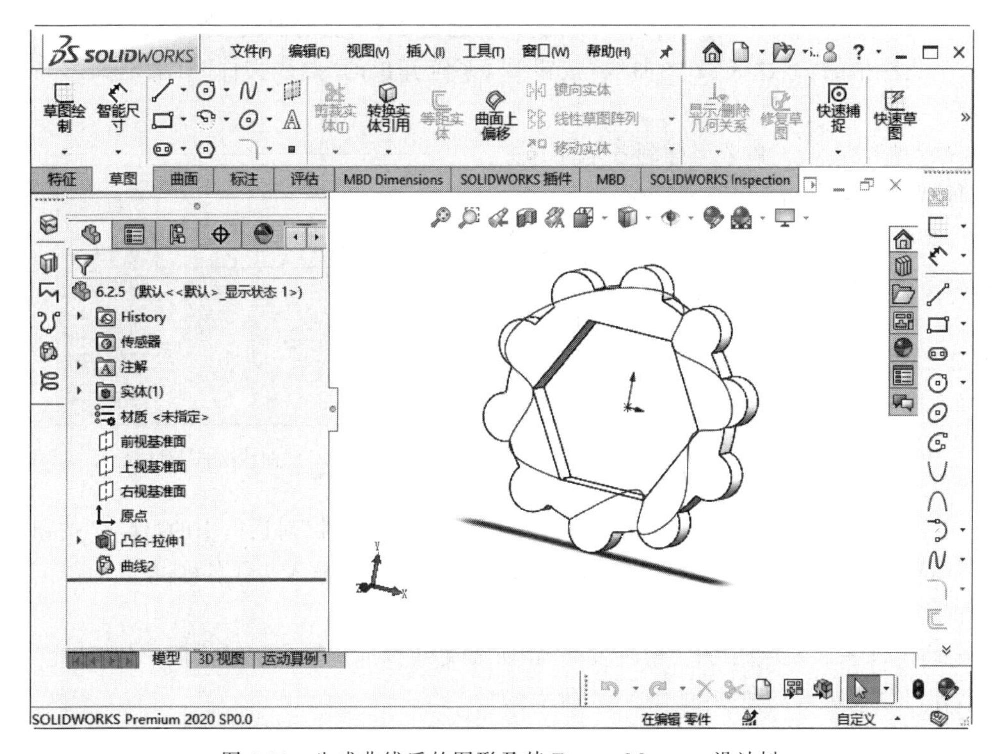

图 3-39　生成曲线后的图形及其 FeatureManager 设计树

在生成通过参考点的曲线时，系统默认生成的为开环曲线，如图 3-40 所示。如果在“通过参考点的曲线”属性管理器中勾选“闭环曲线”复选框，则执行命令后，会自动生成闭环曲线，如图 3-41 所示。

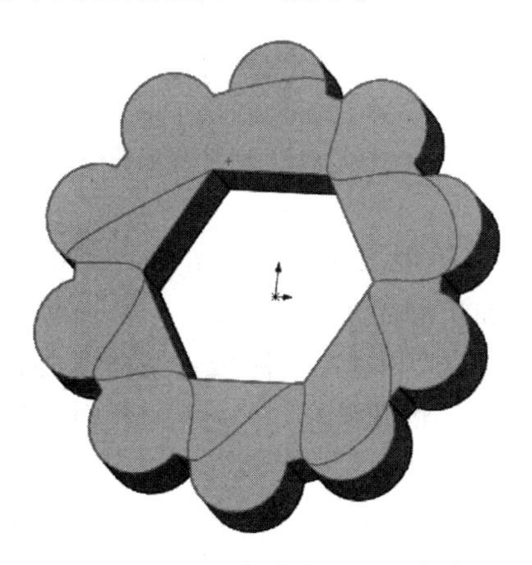

图 3-40　通过参考点的开环曲线

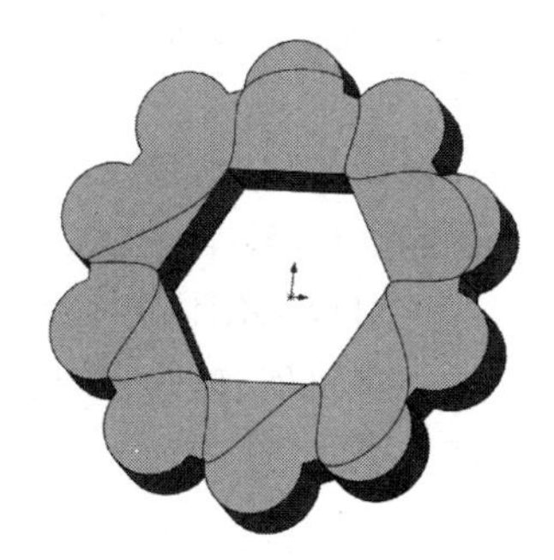

图 3-41　通过参考点的闭环曲线

3-10

3.2.6　通过 XYZ 点的曲线

通过 XYZ 点的曲线是指生成通过用户定义的点的样条曲线。在 SOLIDWORKS

中，用户既可以自定义样条曲线通过的点，也可以利用点坐标文件生成样条曲线。

下面介绍创建通过 XYZ 点的曲线的操作步骤。

(1) 选择菜单栏中的“插入”→“曲线”→“通过 XYZ 点的曲线”命令，或者单击“曲线”工具栏中的“通过 XYZ 的曲线”按钮，系统弹出的“曲线文件”对话框如图 3-42 所示。

Note

(2) 单击 X、Y 和 Z 坐标列各单元格并在每个单元格中输入一个点坐标。

(3) 在最后一行的单元格中双击时，系统会自动增加一个新行。

(4) 如果要在行的上面插入一个新行，只要单击该行，然后单击“曲线文件”对话框中的“插入”按钮即可；如果要删除某一行的坐标，只需单击该行，然后按 Delete 键即可。

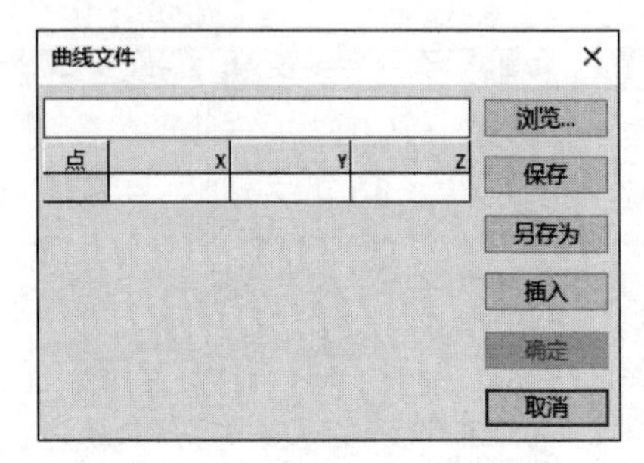

图 3-42 “曲线文件”对话框

(5) 设置好的曲线文件可以保存下来。单击“曲线文件”对话框中的“保存”按钮或者“另存为”按钮，弹出“另存为”对话框，选择合适的路径，输入文件名称，单击“保存”按钮即可。

(6) 如图 3-43 所示为一个设置好的“曲线文件”对话框，单击对话框中的“确定”按钮，即可生成需要的曲线，如图 3-44 所示。

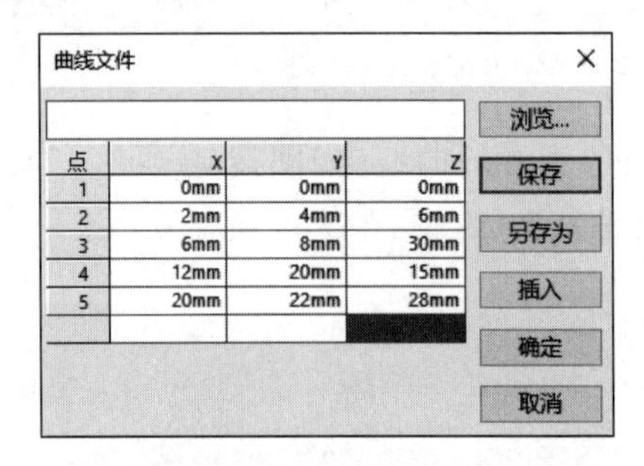

点	X	Y	Z
1	0mm	0mm	0mm
2	2mm	4mm	6mm
3	6mm	8mm	30mm
4	12mm	20mm	15mm
5	20mm	22mm	28mm

图 3-43 设置好的“曲线文件”对话框

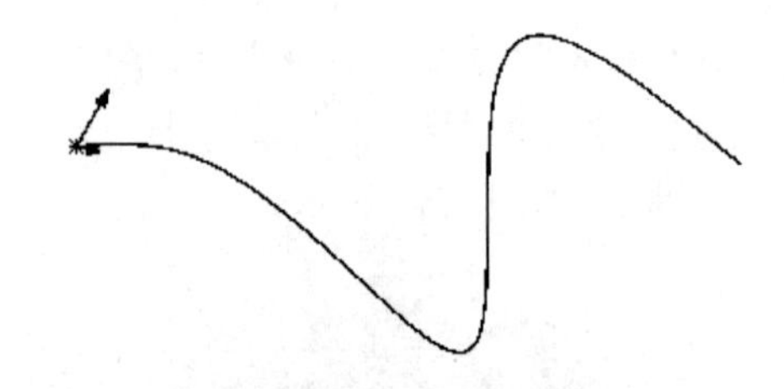

图 3-44 通过 XYZ 点的曲线

保存曲线文件时，SOLIDWORKS 默认文件的扩展名称为“*.sldcrv”，如果没有指定扩展名，SOLIDWORKS 应用程序会自动添加扩展名“*.sldcrv”。

在 SOLIDWORKS 中，除了在“曲线文件”对话框中输入坐标来定义曲线外，还可以通过文本编辑器、Excel 等应用程序生成坐标文件，将其保存为“*.txt”文件，然后导入系统即可。

技巧荟萃

在使用文本编辑器、Excel 等应用程序生成坐标文件时，文件中只能包含坐标数据，而不能是 X、Y 或 Z 的标号及其他无关数据。

3-11

下面介绍通过导入坐标文件创建曲线的操作步骤。

(1) 选择菜单栏中的“插入”→“曲线”→“通过 XYZ 点的曲线”命令，或者单击“曲

线”工具栏中的“通过 XYZ 的曲线”按钮，系统弹出的“曲线文件”对话框如图 3-45 所示。

(2) 单击“曲线文件”对话框中的“浏览”按钮，弹出“打开”对话框，查找需要输入的文件名称，然后单击“打开”按钮。

(3) 插入文件后，文件名称显示在“曲线文件”对话框中，并且在图形区中可以预览显示效果，如图 3-45 所示。双击其中的坐标可以修改坐标值，直到满意为止。

(4) 单击“曲线文件”对话框中的“确定”按钮，生成需要的曲线。

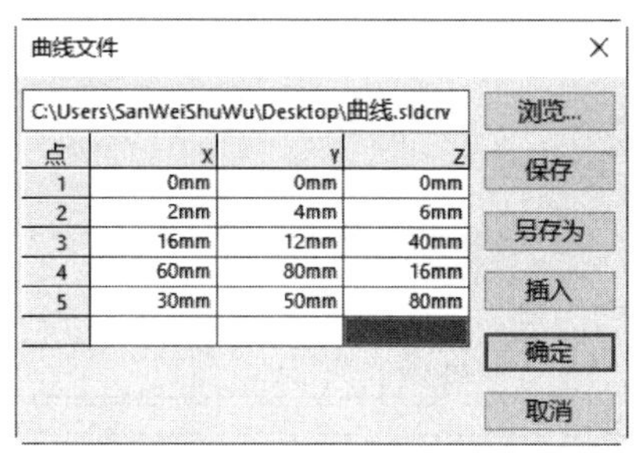

点	X	Y	Z
1	0mm	0mm	0mm
2	2mm	4mm	6mm
3	16mm	12mm	40mm
4	60mm	80mm	16mm
5	30mm	50mm	80mm

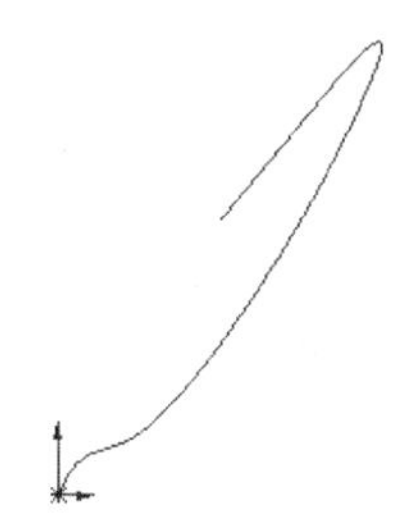

图 3-45　插入的文件及其预览效果

3-12

3.3　综合实例——暖气管道

本实例绘制的暖气管道如图 3-46 所示。

思路分析

本例基本绘制方法是根据房间暖气管道接线图，结合“三维草图”命令和“扫描”命令(5.3 节讲解)来完成模型创建。暖气管道流程图如图 3-47 所示。

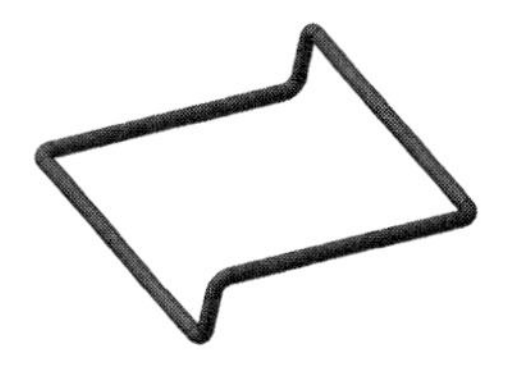

图 3-46　暖气管道

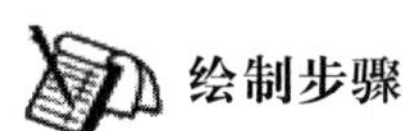

绘制步骤

(1) 新建文件。启动 SOLIDWORKS 2020，选择菜单栏中的“文件”→“新建”命令，或者单击“标准”工具栏中的“新建”图标，在弹出的“新建 SOLIDWORKS 文件”对话框中选择“零件”图标，然后单击“确定”按钮，创建一个新的零件文件。

(2) 绘制三维草图。选择菜单栏中的“插入”→“三维草图”命令，或者单击“草图”工具栏中的“三维草图”按钮，进入三维草图绘制状态。单击“草图”控制面板中需要绘制的草图工具，接着单击“直线”按钮，开始绘制三维空间直线，注意此时在绘图区中出现了空间控标，以原点为起点绘制草图，基准面为控标提示的基准面，方向由光标拖动决定，如图 3-48 所示绘制草图。

(3) 标注尺寸。单击“草图”控制面板中的“智能尺寸”按钮，标注尺寸如图 3-49 所示。

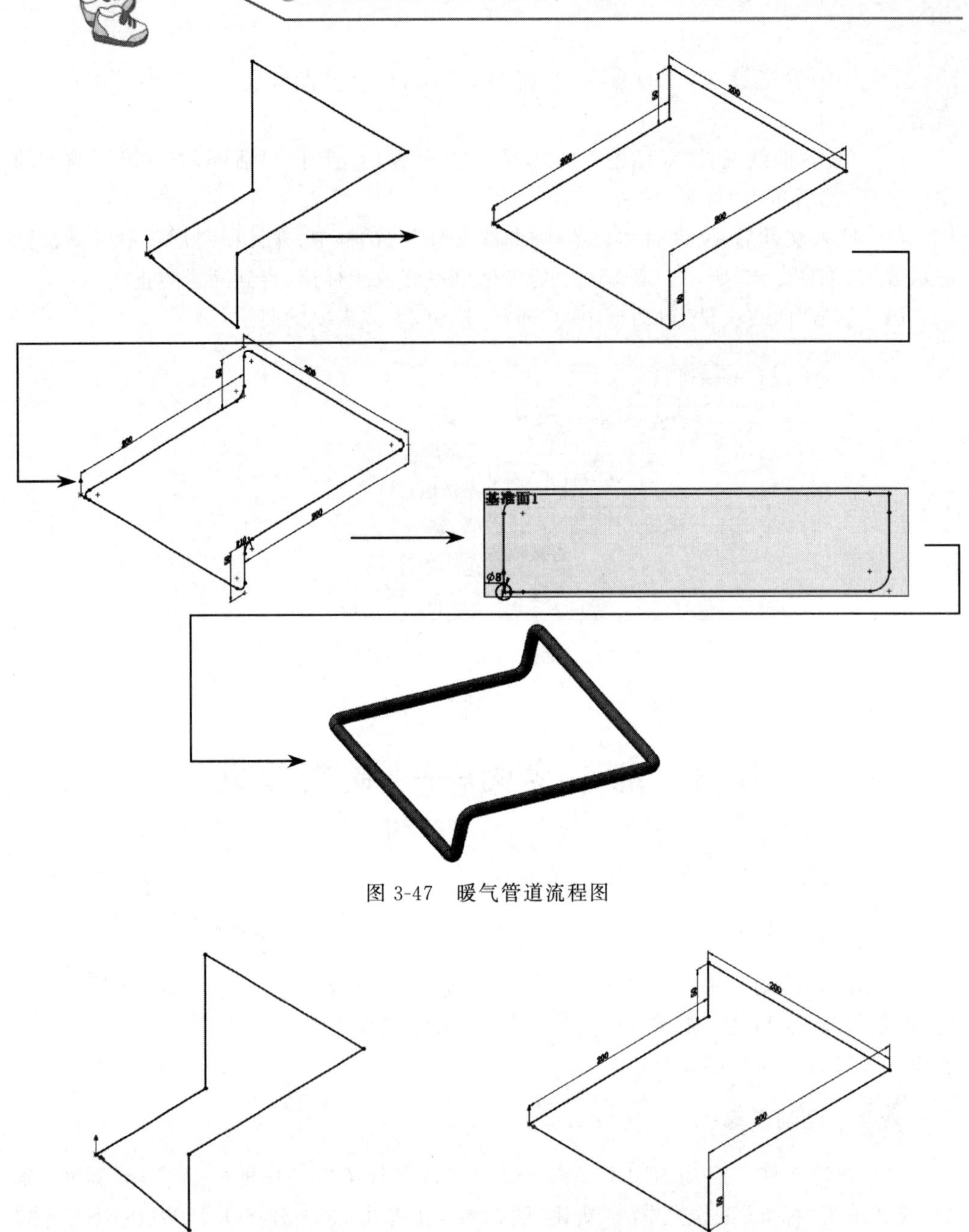

图 3-47　暖气管道流程图

图 3-48　绘制三维草图

图 3-49　标注三维草图

(4) 圆角操作。单击“草图”控制面板中的“绘制圆角”按钮，或执行“工具”→“草图工具”→“绘制圆角”菜单命令，弹出“绘制圆角”属性管理器，如图 3-50(a)所示，并在图 3-50(b)中依次选择圆角端点。

(5) 基准面设置。单击“特征”控制面板“参考几何体”下拉列表中的“基准面”按钮，或执行“插入”→“参考几何体”→“基准面”菜单命令，弹出“基准面”属性管理器，第一参考选择“右视基准面”，并输入距离值为 20mm，如图 3-51(a)所示。

(6) 绘制草图。在设计树中选择第(5)步创建的“基准面 1”，单击“草图”控制面板

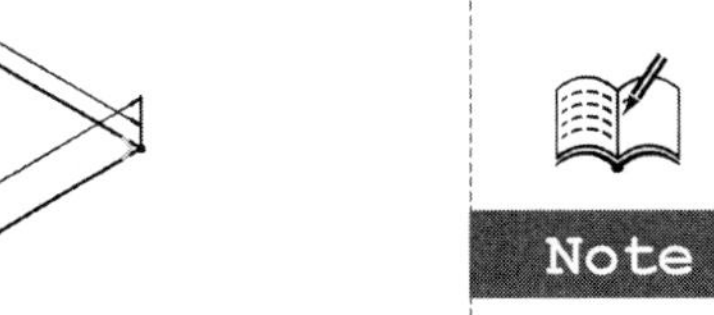

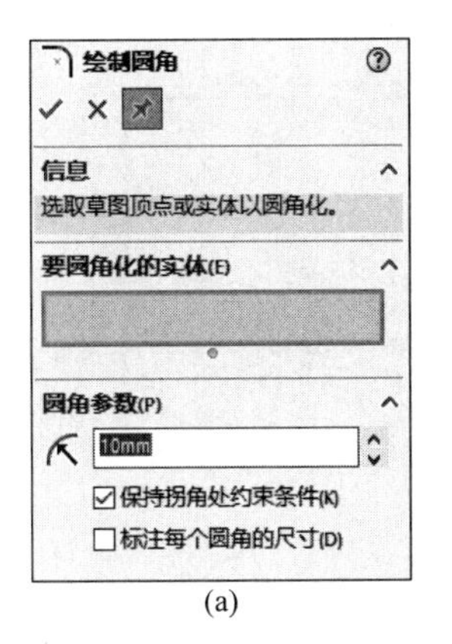

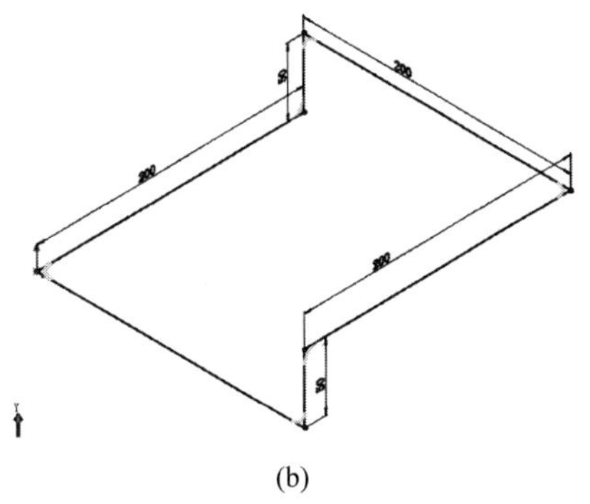

(a) (b)

图 3-50 绘制圆角

(a)“绘制圆角”属性管理器；(b)选择圆角端点

中的“草图绘制”按钮，新建一张草图。

(7) 绘制圆和直线段。单击“草图”控制面板中的“圆”按钮，绘制一个圆和两条线段，如图 3-51(b)所示。

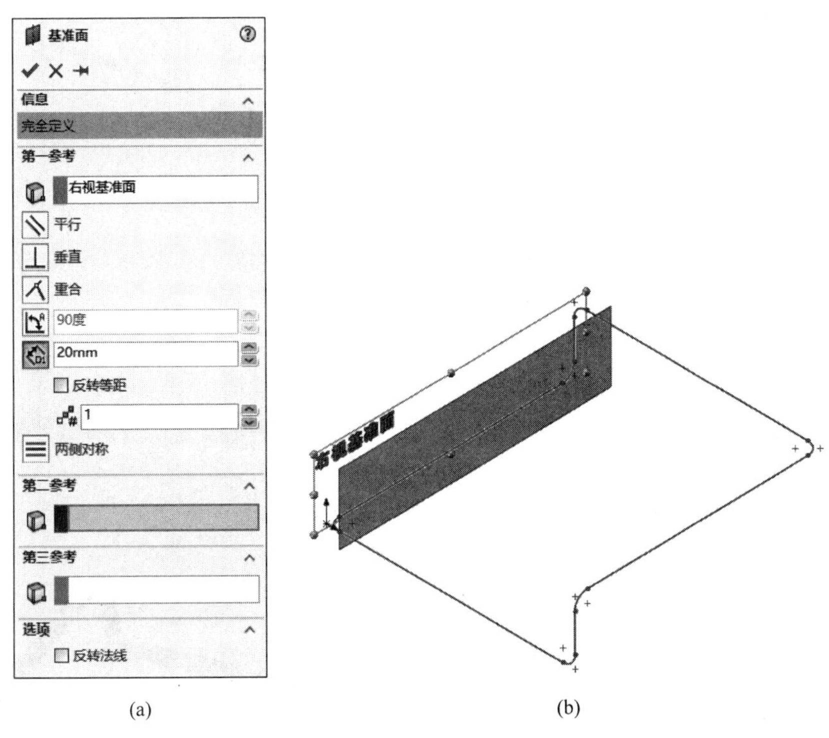

(a) (b)

图 3-51 “基准面”设置及绘制圆和线段示意图

(a)“基准面”属性管理器；(b)绘制圆和直线段

(8) 标注尺寸。单击“草图”控制面板中的“智能尺寸”按钮，标注尺寸如图 3-52 所示。

(9) 扫描设置。单击“特征”控制面板中的“扫描”按钮，或选择菜单栏中的“插入”→“凸台/基体”→“扫描”命令。弹出“扫描”属性管理器，同时在右侧的图形区中显示生成的扫描特征，如图 3-53 所示。

Note

图 3-52　标注草图尺寸

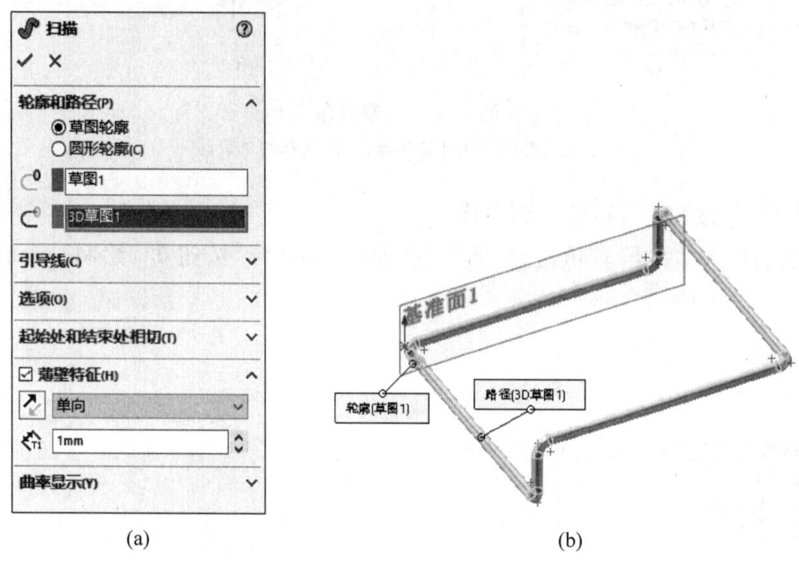

图 3-53　扫描设置及生成的扫描特征

(a)"扫描"属性管理器；(b) 扫描特征

(10) 隐藏基准面。在绘图区选择基准面 1，右击，在弹出的快捷菜单中选择"隐藏"命令 ，如图 3-54 所示，图形最终结果如图 3-55 所示。

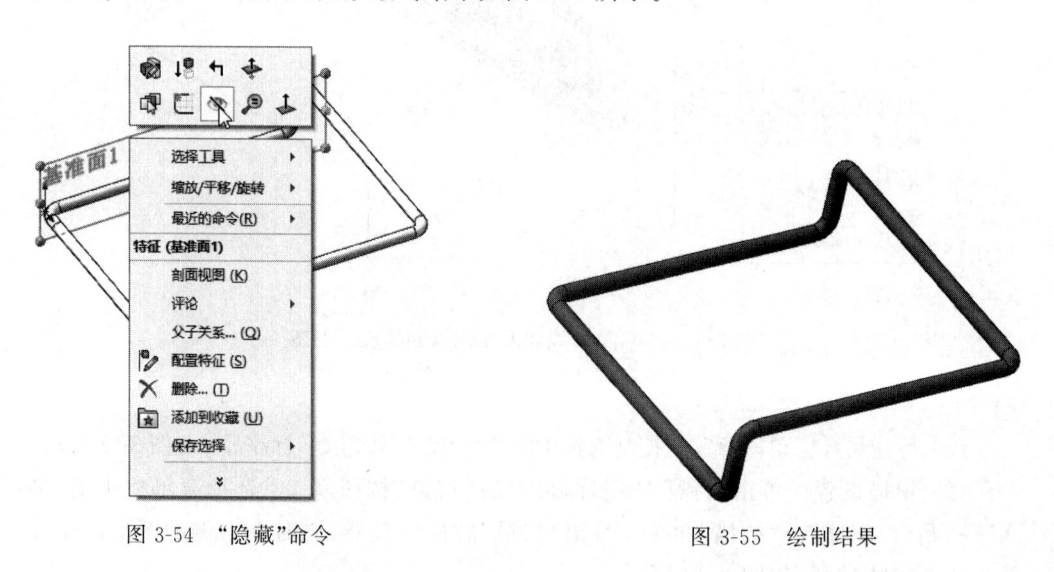

图 3-54　"隐藏"命令

图 3-55　绘制结果

第4章 参考几何体

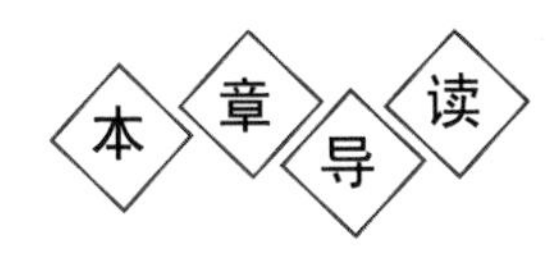

在模型创建过程中不可避免地需要一些辅助操作，如参考几何体，它们与实体结果无直接关系，但却是不可或缺的操作桥梁。

本章主要介绍参考几何体的分类，参考几何体主要包括基准面、基准轴、坐标系、点、质心、边界框与配合参考7个部分。

内容要点

- ◆ 基准面与基准轴
- ◆ 坐标系
- ◆ 参考点

"参考几何体"下拉列表如图4-1所示，各参考几何体的功能见正文。

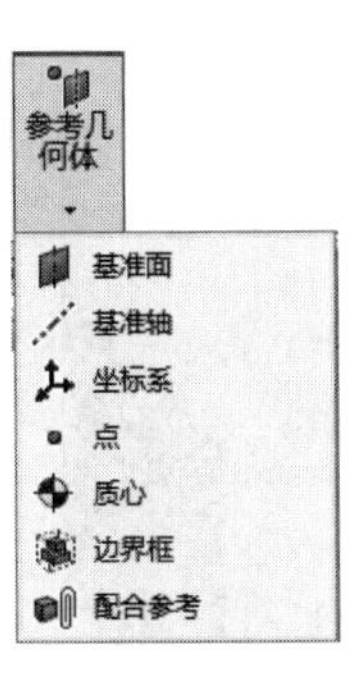

图4-1 "参考几何体"下拉列表

4.1 基 准 面

Note

基准面主要应用于零件图和装配图中，可以利用基准面来绘制草图，生成模型的剖面视图，用于拔模特征中的中性面等。

SOLIDWORKS 提供了前视基准面、上视基准面和右视基准面 3 个默认的相互垂直的基准面。通常情况下，用户在这 3 个基准面上绘制草图，然后使用特征命令创建实体模型即可绘制需要的图形。但是，对于一些特殊的特征，比如扫描特征和放样特征，需要在不同的基准面上绘制草图才能完成模型的构建，这就需要创建新的基准面。

创建基准面有 6 种方式：通过直线/点方式、点和平行面方式、两面夹角方式、等距距离方式、垂直于曲线方式与曲面切平面方式。下面详细介绍这几种创建基准面的方式。

4.1.1 直线/点方式

4-1

通过直线/点方式创建的基准面有 3 种：通过边线、轴；通过草图线及点；通过三点。下面介绍该方式的操作步骤。

（1）打开源文件“X:\源文件\原始文件\4\通过直线点方式.SLDPRT”，执行“基准面”命令。选择菜单栏中的“插入”→“参考几何体”→“基准面”命令，或者单击“特征”控制面板“参考几何体”下拉列表中的“基准面”按钮，或者单击“特征”工具栏“参考几何体”下拉列表中的“基准面”按钮，此时系统弹出“基准面”属性管理器。

（2）设置属性管理器。在“第一参考”选项框中，选择如图 4-2 所示的边线 1。在“第二参考”选项框中，选择如图 4-2 所示的边线 2 的中点。“基准面”属性管理器设置如图 4-3 所示。

（3）确认创建的基准面。单击“基准面”属性管理器中的“确定”按钮，创建的基准面 1 如图 4-4 所示。

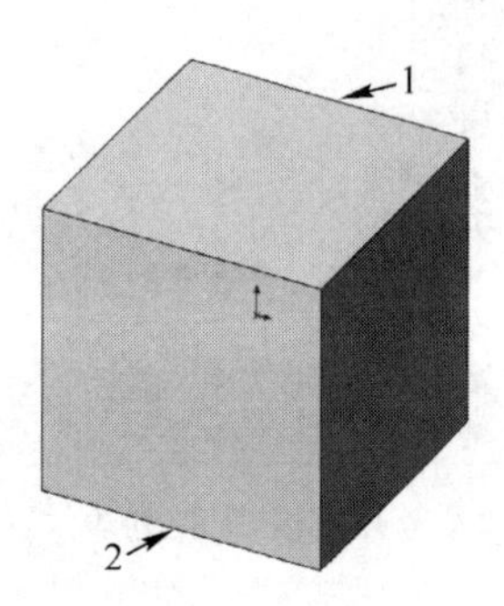

图 4-2　打开的文件实体(1)

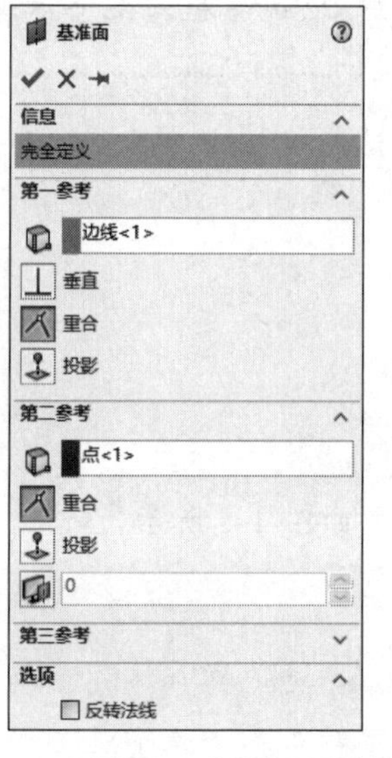

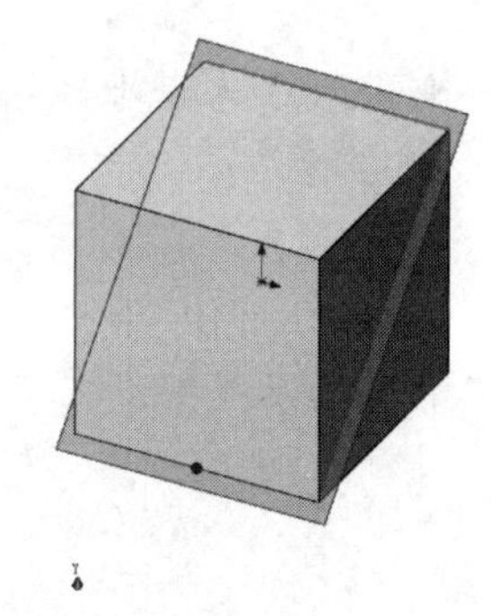

图 4-3　“基准面”属性管理器及示意图(1)

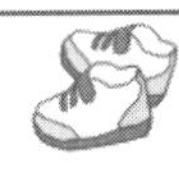

4-2

Note

4.1.2　点和平行面方式

点和平行面方式用于创建通过点且平行于基准面或者面的基准面。下面介绍该方式的操作步骤。

(1) 打开源文件"X:\源文件\原始文件\4\点和平行面方式.SLDPRT"。执行"基准面"命令。选择菜单栏中的"插入"→"参考几何体"→"基准面"命令,或者单击"特征"工具栏"参考几何体"下拉列表中的"基准面"按钮,或者单击"特征"控制面板"参考几何体"下拉列表中的"基准面"按钮,此时系统弹出"基准面"属性管理器。

(2) 设置属性管理器。在"第一参考"选项框中,选择如图4-5所示的边线1的中点。在"第二参考"选项框中,选择如图4-6所示的面2。"基准面"属性管理器设置如图4-6所示。

(3) 确认创建的基准面。单击"基准面"属性管理器中的"确定"按钮✓,创建的基准面2如图4-7所示。

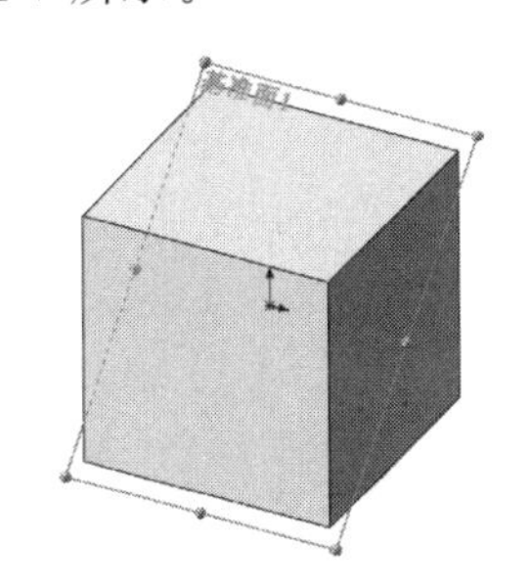

图4-4　创建的基准面(1)

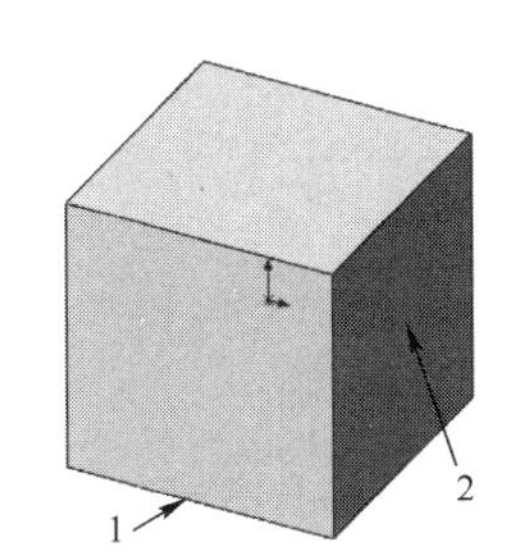

图4-5　打开的文件实体(2)

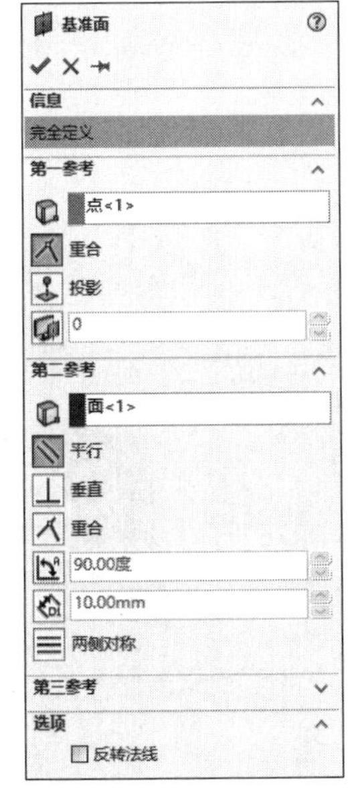

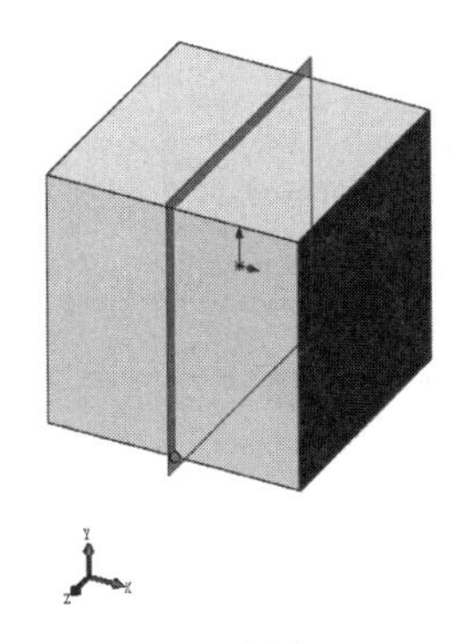

图4-6　"基准面"属性管理器及示意图(2)

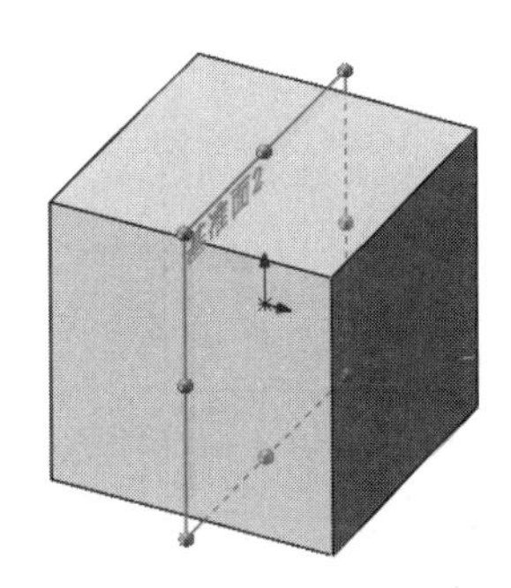

图4-7　创建的基准面(2)

4-3

4.1.3　两面夹角方式

两面夹角方式用于创建通过一条边线、轴线或者草图线,并与一个面或者基准面成

Note

一定角度的基准面。下面介绍该方式的操作步骤。

（1）打开源文件“X:\源文件\原始文件\4\两面夹角方式. SLDPRT”。执行“基准面”命令。选择菜单栏中的“插入”→“参考几何体”→“基准面”命令，或者单击“特征”工具栏“参考几何体”下拉列表中的“基准面”按钮，或者单击“特征”控制面板“参考几何体”下拉列表中的“基准面”按钮，此时系统弹出“基准面”属性管理器。

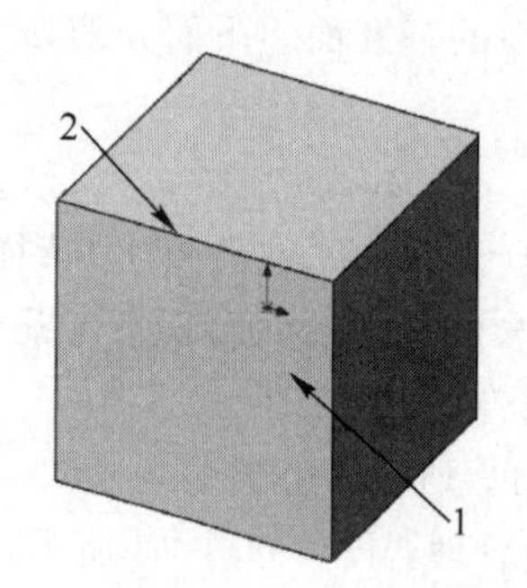

图 4-8　打开的文件实体(3)

（2）设置属性管理器。在“第一参考”选项框中，选择如图 4-8 所示的面 1。在“第二参考”选项框中，选择如图 4-8 所示的边线 2。“基准面”属性管理器设置如图 4-9 所示，夹角为 60.00 度。

（3）确认创建的基准面。单击“基准面”属性管理器中的“确定”按钮✔，创建的基准面 3 如图 4-10 所示。

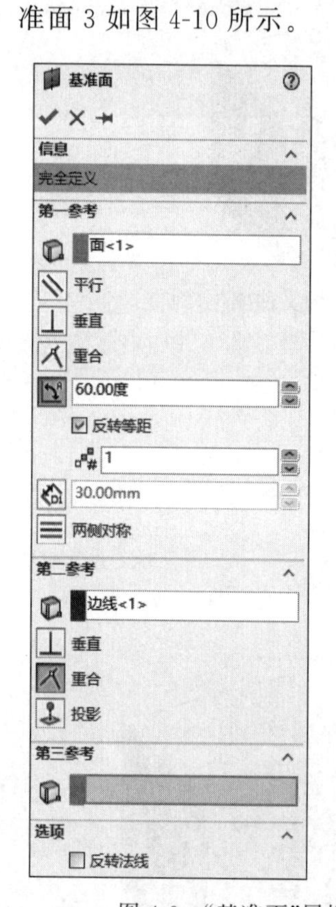

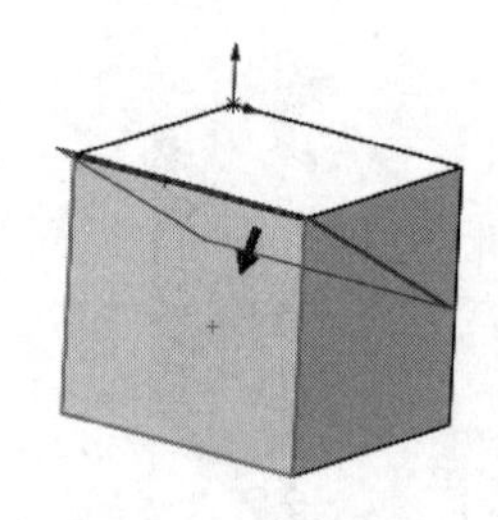

图 4-9　“基准面”属性管理器及示意图(3)

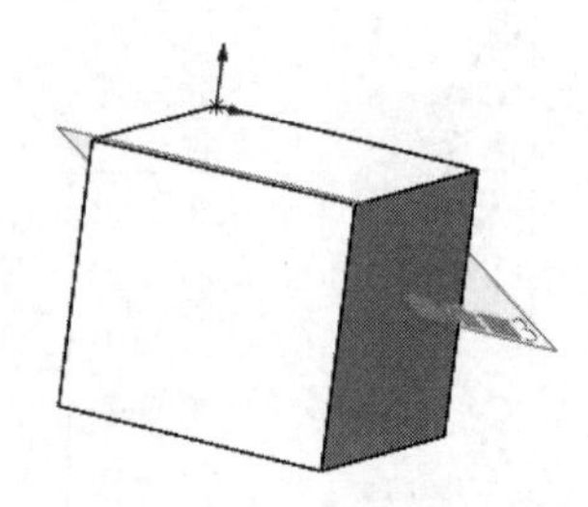

图 4-10　创建的基准面(3)

4-4

4.1.4　等距距离方式

等距距离方式用于创建平行于一个基准面或者面，并等距指定距离的基准面。下面介绍该方式的操作步骤。

Note

（1）打开源文件“X:\源文件\原始文件\4\等距距离方式.SLDPRT”。执行“基准面”命令。选择菜单栏中的“插入”→“参考几何体”→“基准面”命令，或者单击“特征”工具栏“参考几何体”下拉列表中的“基准面”按钮，或者单击“特征”控制面板“参考几何体”下拉列表中的“基准面”按钮，此时系统弹出“基准面”属性管理器。

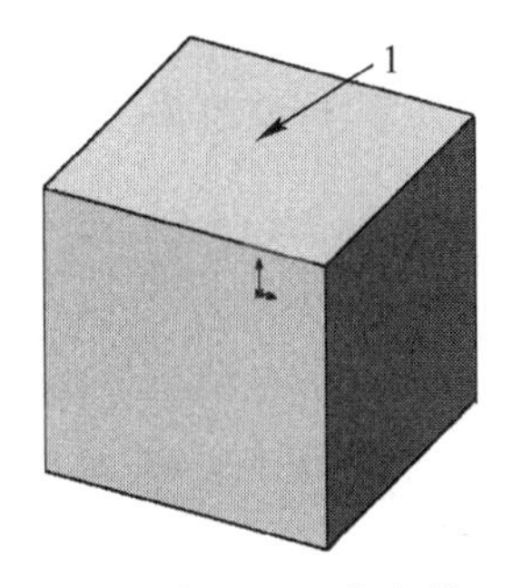

图 4-11　打开的文件实体(4)

（2）设置属性管理器。在“第一参考”选项框中，选择如图 4-11 所示的面 1。“基准面”属性管理器设置如图 4-12 所示，距离为 20.00mm。勾选“基准面”属性管理器中的“反转等距”复选框，可以设置生成基准面相对于参考面的方向。

（3）确认创建的基准面。单击“基准面”属性管理器中的“确定”按钮✓，创建的基准面 1 如图 4-13 所示。

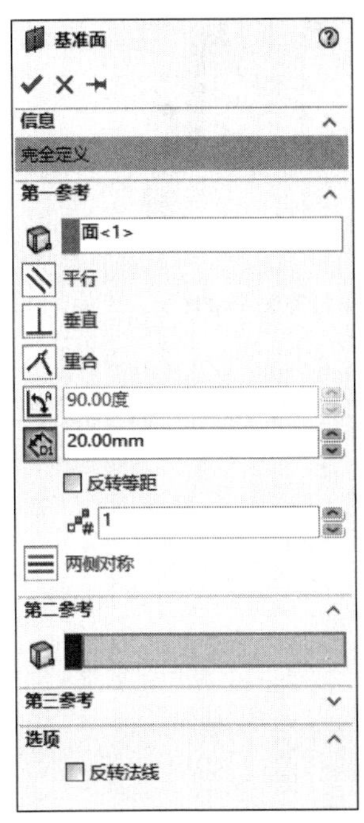

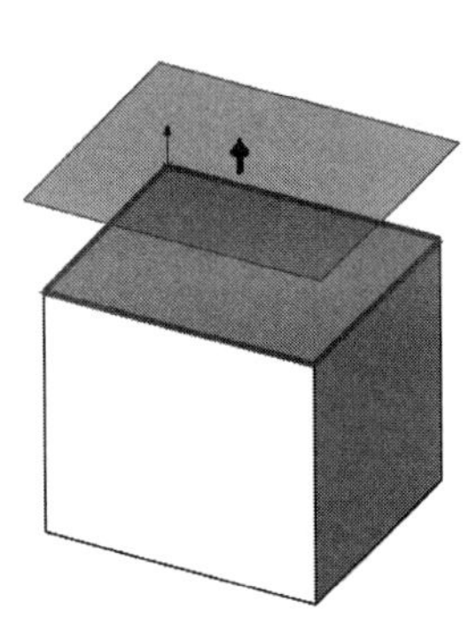

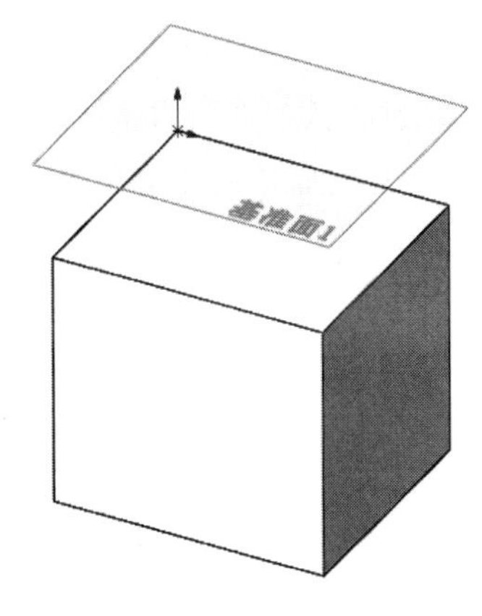

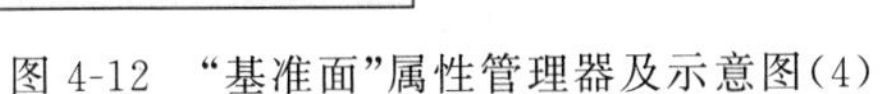

图 4-12　“基准面”属性管理器及示意图(4)

图 4-13　创建的基准面(4)

4.1.5　垂直于曲线方式

4-5

垂直于曲线方式用于创建通过一个点且垂直于一条边线或者曲线的基准面。下面介绍该方式的操作步骤。

（1）打开源文件“X:\源文件\原始文件\4\垂直于曲线方式.SLDPRT”。执行“基准面”命令。选择菜单栏中的“插入”→“参考几何体”→“基准面”命令，或者单击“特征”工具栏“参考几何体”下拉列表中的“基准面”按钮，或者单击“特征”控制面板“参考几何体”下拉列表中的“基准面”按钮，此时系统弹出“基准面”属性管理器。

(2) 设置属性管理器。在“第一参考”选项框中，选择如图 4-14 所示的点 A。在“第二参考”选项框中，选择如图 4-14 所示的线 1。“基准面”属性管理器设置如图 4-15 所示。

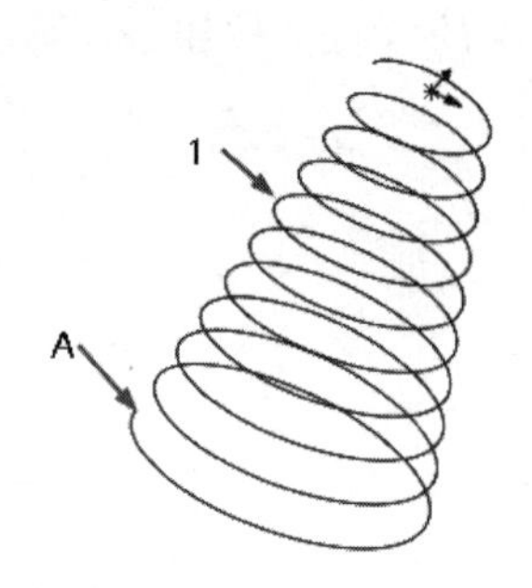

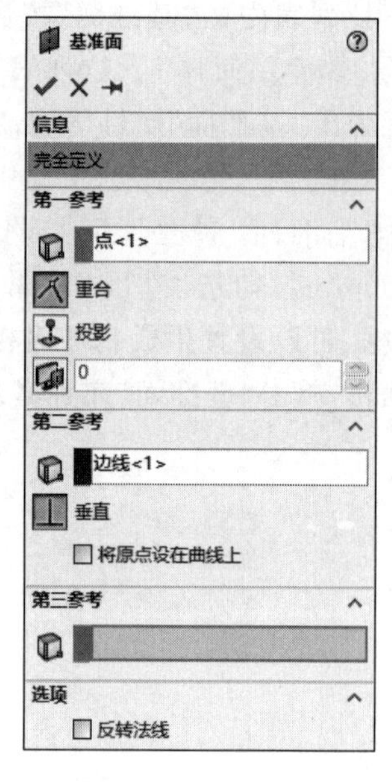

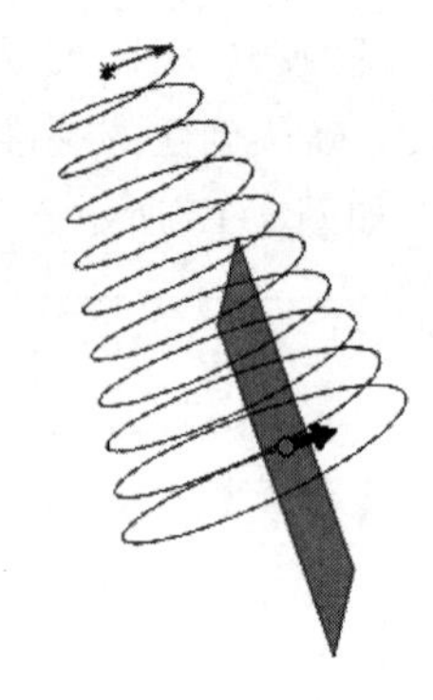

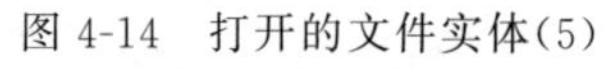
图 4-14　打开的文件实体(5)

图 4-15　“基准面”属性管理器及示意图(5)

(3) 确认创建的基准面。单击“基准面”属性管理器中的“确定”按钮 ✔，则创建通过点 A 且与螺旋线垂直的基准面，如图 4-16 所示。

(4) 右击，在弹出的快捷菜单中选择“旋转视图”命令 ，将视图以合适的方向显示，如图 4-17 所示。

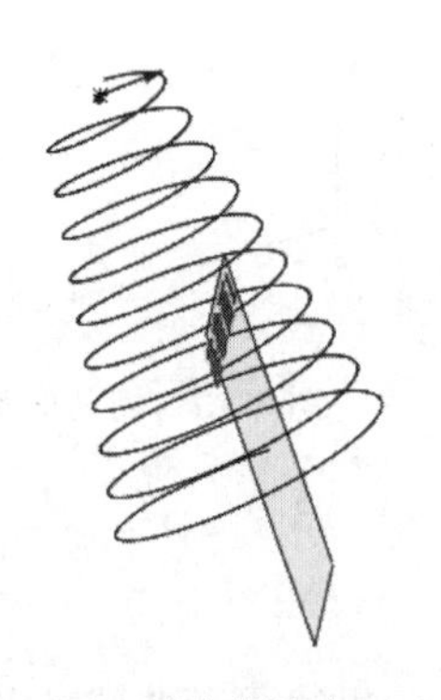

图 4-16　创建的基准面(5)

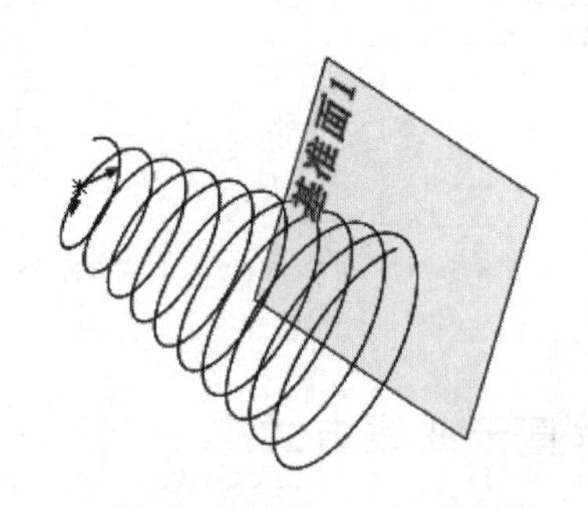

图 4-17　旋转视图后的图形

4-6

4.1.6　曲面切平面方式

曲面切平面方式用于创建一个与空间面或圆形曲面相切于一点的基准面。下面介绍该方式的操作步骤。

(1) 打开源文件“X:\源文件\原始文件\4\曲面切平面方式. SLDPRT”。执行“基

准面”命令。选择菜单栏中的“插入”→“参考几何体”→“基准面”命令,或者单击“特征”工具栏“参考几何体”下拉列表中的“基准面”按钮,或者单击“特征”控制面板“参考几何体”下拉列表中的“基准面”按钮,此时系统弹出“基准面”属性管理器。

(2) 设置属性管理器。在“第一参考”选项框中,选择如图 4-18 所示的面 1。在“第二参考”选项框中,选择“右视基准面”。“基准面”属性管理器设置如图 4-19 所示。

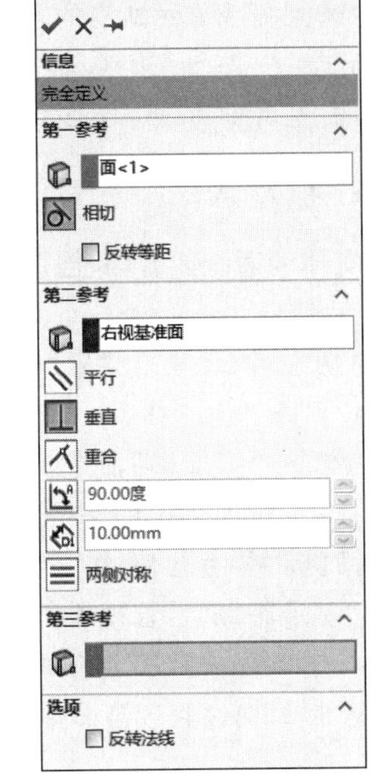

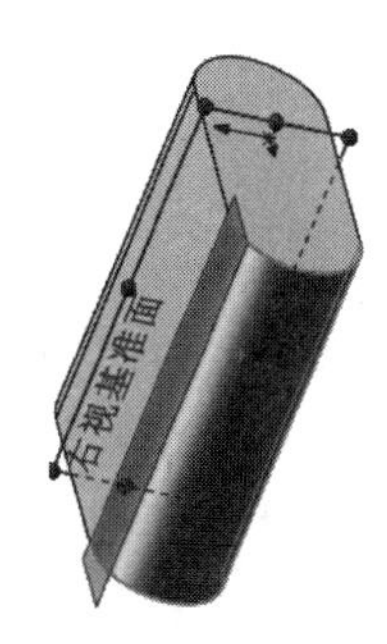

图 4-18　打开的文件实体(6)　　图 4-19　“基准面”属性管理器及示意图(6)

(3) 确认创建的基准面。单击“基准面”属性管理器中的“确定”按钮✓,则创建与圆柱体表面相切且垂直于上视基准面的基准面,如图 4-20 所示。

本实例是以参照平面方式生成的基准面,生成的基准面垂直于参考平面。另外,也可以参考点方式生成基准面,生成的基准面是与点距离最近且垂直于曲面的基准面。如图 4-21 所示为参考点方式创建的基准面。

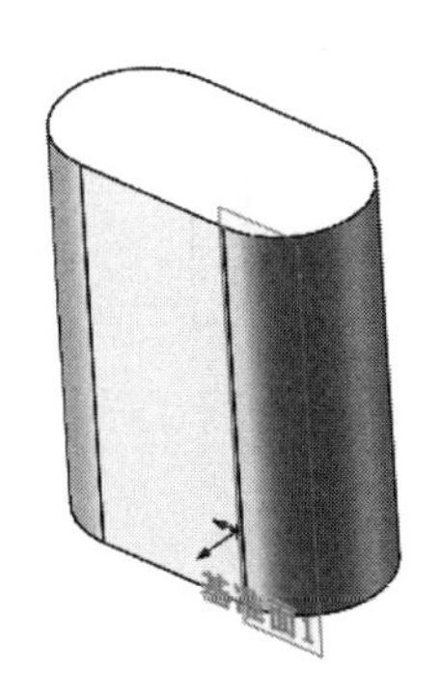

图 4-20　参照平面方式创建的基准面

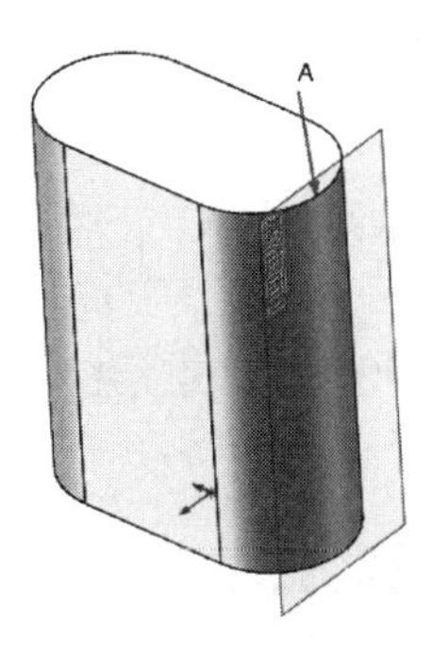

图 4-21　参考点方式创建的基准面

4.2 基 准 轴

Note

基准轴通常在草图几何体或者圆周阵列中使用。每一个圆柱和圆锥面都有一条轴线。临时轴是由模型中的圆锥和圆柱隐含生成的，可以选择菜单栏中的“视图”→“隐藏/显示”→“临时轴”命令来隐藏或显示所有的临时轴。

创建基准轴有 5 种方式：一直线/边线/轴方式、两平面方式、两点/顶点方式、圆柱/圆锥面方式以及点和面/基准面方式。下面详细介绍这几种创建基准轴的方式。

4-7

4.2.1 一直线/边线/轴方式

选择一草图的直线、实体的边线或者轴，创建所选直线所在的轴线。下面介绍该方式的操作步骤。

（1）打开源文件“X:\源文件\原始文件\4\一直线边线轴方式.SLDPRT”。执行“基准轴”命令。选择菜单栏中的“插入”→“参考几何体”→“基准轴”命令，或者单击“特征”工具栏“参考几何体”下拉列表中的“基准轴”按钮，或者单击“特征”控制面板“参考几何体”下拉列表中的“基准轴”按钮，弹出“基准轴”属性管理器。

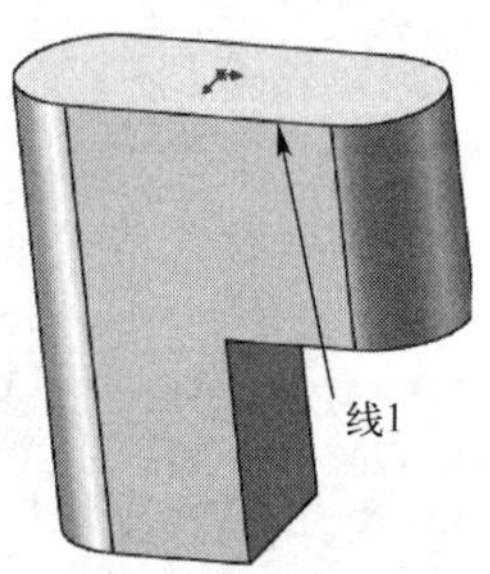

（2）设置属性管理器。在“第一参考”选项框中，选择如图 4-22 所示的线 1。“基准轴”属性管理器设置如图 4-23 所示。

图 4-22 打开的文件实体(1)

（3）确认创建的基准轴。单击“基准轴”属性管理器中的“确定”按钮 ✔，创建的边线 1 所在的基准轴 1 如图 4-24 所示。

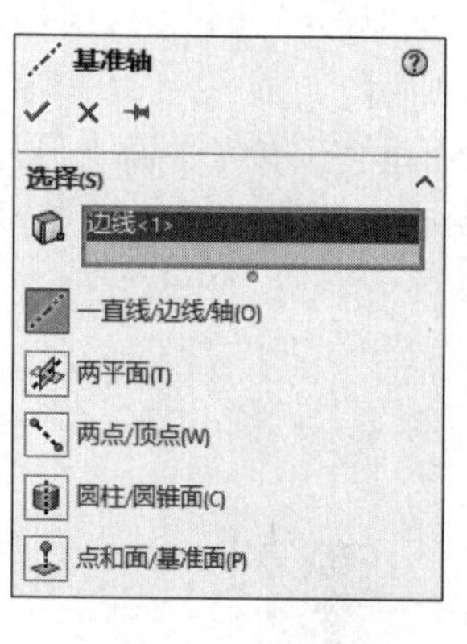

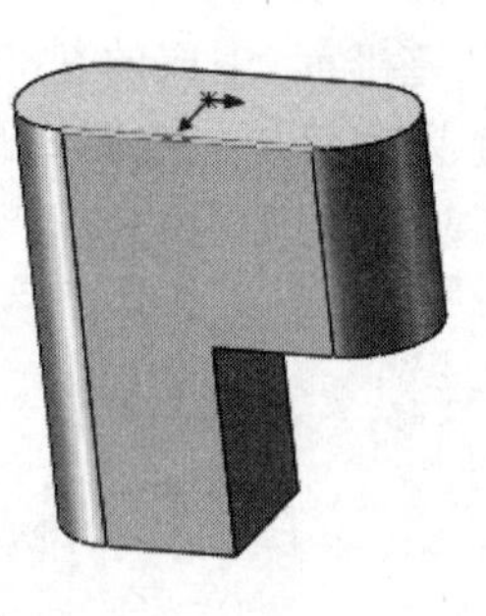

图 4-23 “基准轴”属性管理器及示意图(1)

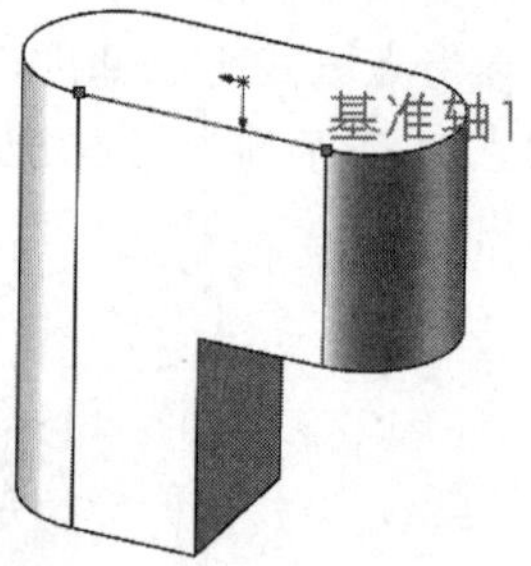

图 4-24 创建的基准轴(1)

4.2.2 两平面方式

两平面方式将所选两平面的交线作为基准轴。下面介绍该方式的操作步骤。

(1) 打开源文件“X:\源文件\原始文件\4\两平面方式.SLDPRT”。执行“基准轴”命令。选择菜单栏中的“插入”→“参考几何体”→“基准轴”命令,或者单击“特征”控制面板“参考几何体”下拉列表中的“基准轴”按钮,弹出“基准轴”属性管理器。

(2) 设置属性管理器。在“第一参考”选项框中,选择如图 4-25 所示的面 1、面 2。“基准轴”属性管理器设置如图 4-26 所示。

(3) 确认创建的基准轴。单击“基准轴”属性管理器中的“确定”按钮,以两平面的交线创建的基准轴 1 如图 4-27 所示。

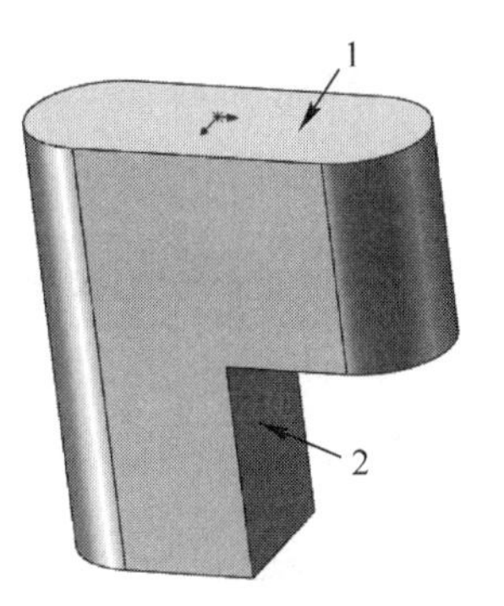

图 4-25 打开的文件实体(2)

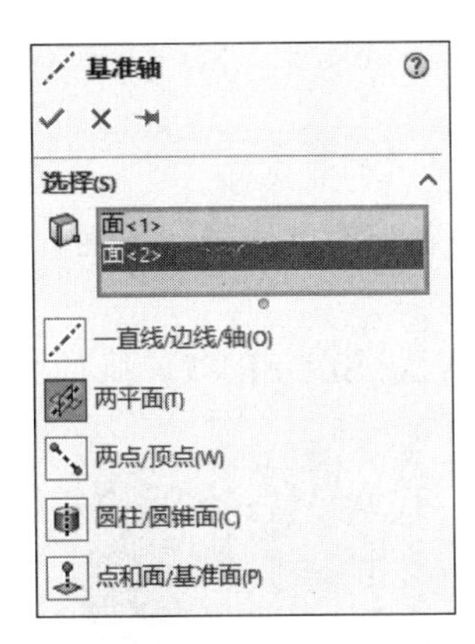

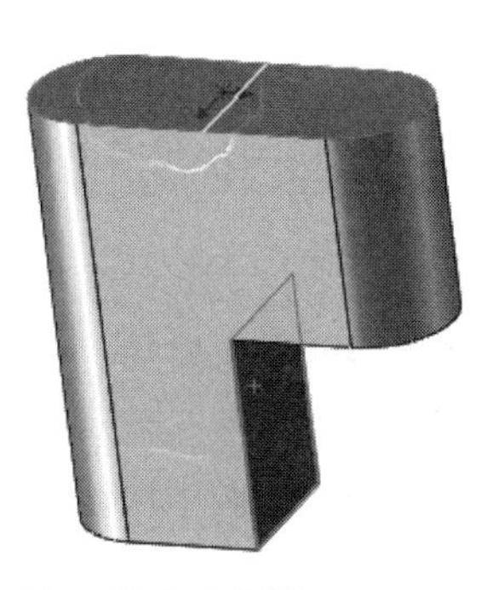

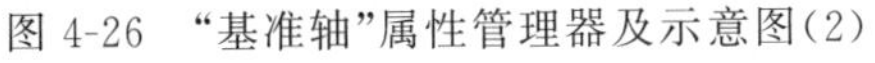

图 4-26 “基准轴”属性管理器及示意图(2)

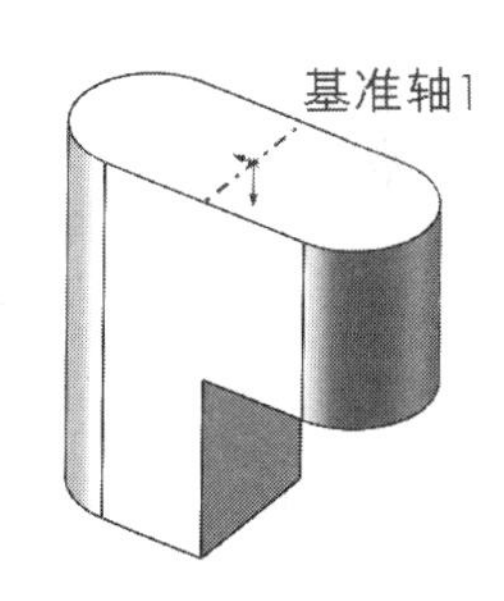

图 4-27 创建的基准轴(2)

4.2.3 两点/顶点方式

两点/顶点方式是指将两个点或者两个顶点的连线作为基准轴。下面介绍该方式的操作步骤。

(1) 打开源文件“X:\源文件\原始文件\4\两点顶点方式.SLDPRT”。执行“基准轴”命令。选择菜单栏中的“插入”→“参考几何体”→“基准轴”命令,或者单击“特征”控制面板“参考几何体”下拉列表中的“基准轴”按钮,弹出“基准轴”属性管理器。

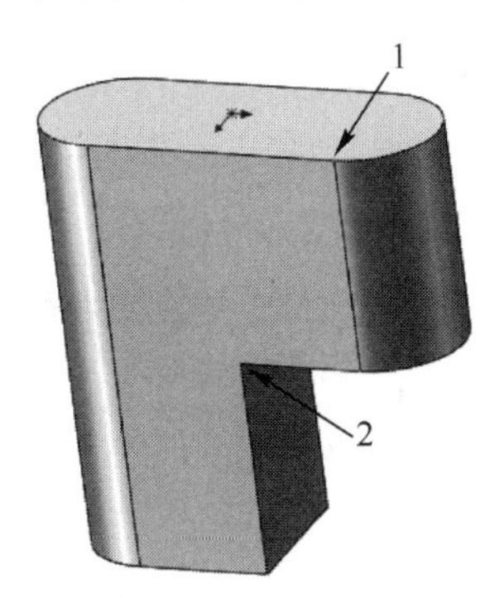

图 4-28 打开的文件实体(3)

(2) 设置属性管理器。在“第一参考”选项框中,选择如图 4-28 所示的点 1。在“第二参考”选项框中,选择如图 4-28 所示的点 2。“基准轴”属性管理器设置如图 4-29 所示。

(3) 确认创建的基准轴。单击“基准轴”属性管理器中的“确定”按钮,以两顶点的交线创建的基准轴如图 4-30 所示。

Note

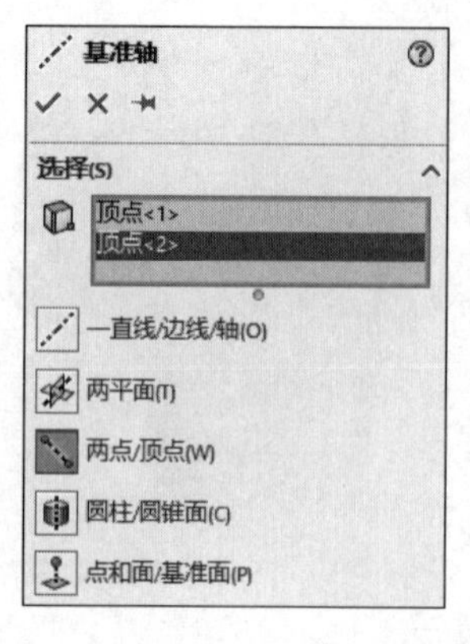

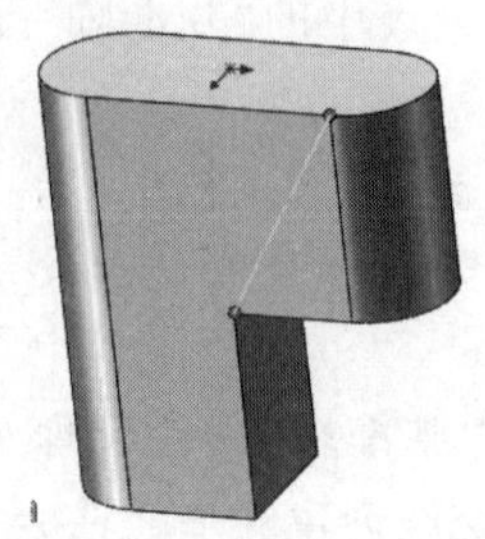

图 4-29 “基准轴”属性管理器及示意图(3)

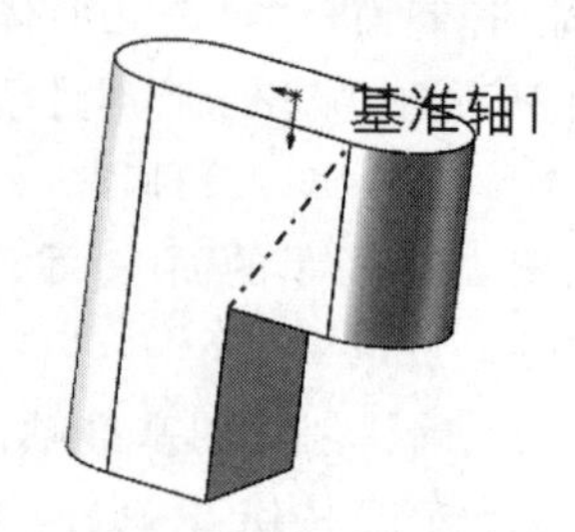

图 4-30 创建的基准轴(3)

4-10

4.2.4 圆柱/圆锥面方式

圆柱/圆锥面方式是选择圆柱面或者圆锥面，将其临时轴确定为基准轴。下面介绍该方式的操作步骤。

（1）打开源文件“X:\源文件\原始文件\4\圆柱圆锥面方式.SLDPRT”。执行“基准轴”命令。选择菜单栏中的“插入”→“参考几何体”→“基准轴”命令，或者单击“特征”控制面板“参考几何体”下拉列表中的“基准轴”按钮，弹出“基准轴”属性管理器。

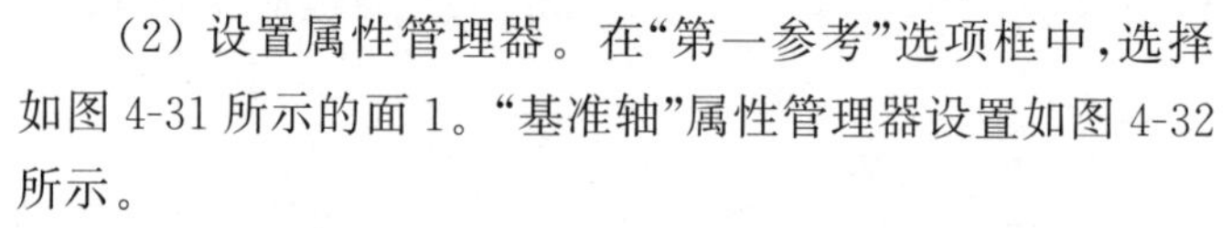

（2）设置属性管理器。在“第一参考”选项框中，选择如图 4-31 所示的面 1。“基准轴”属性管理器设置如图 4-32 所示。

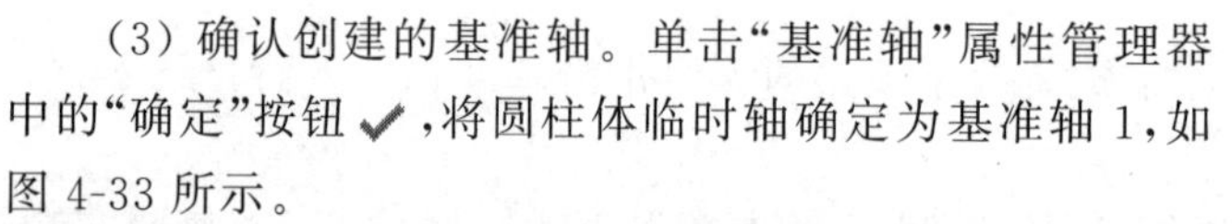

（3）确认创建的基准轴。单击“基准轴”属性管理器中的“确定”按钮✓，将圆柱体临时轴确定为基准轴 1，如图 4-33 所示。

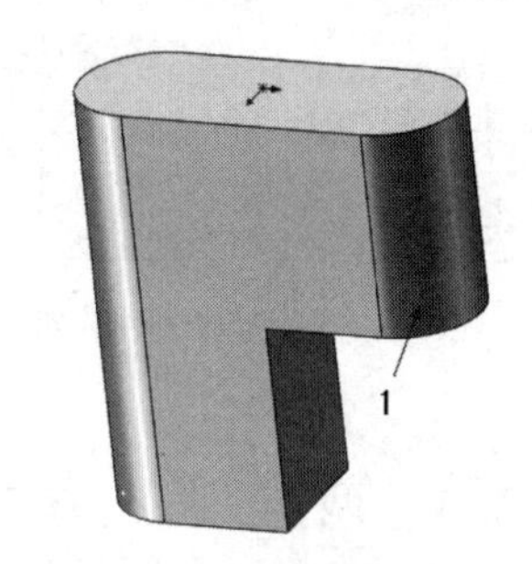

图 4-31 打开的文件实体(4)

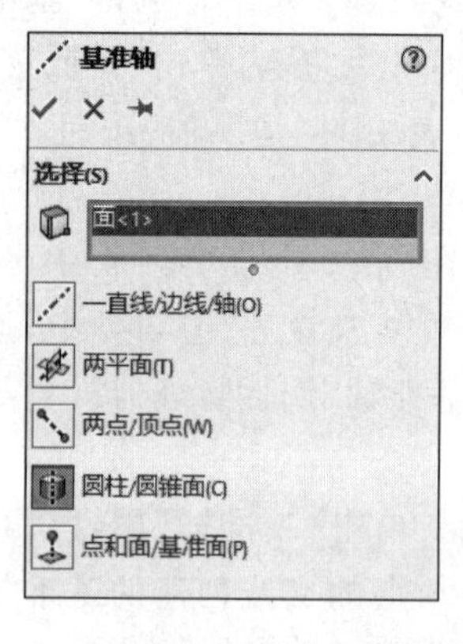

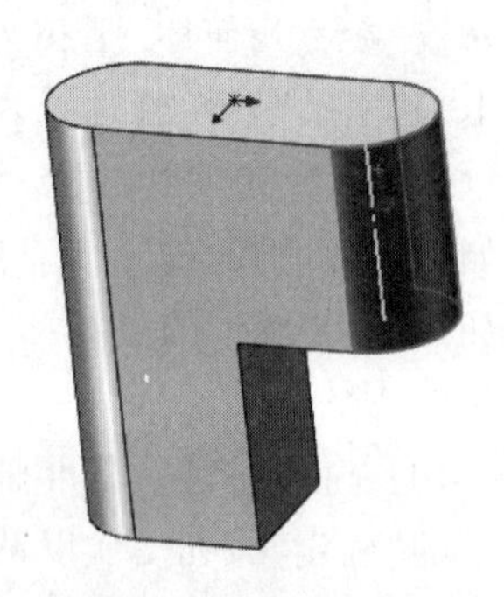

图 4-32 “基准轴”属性管理器及示意图(4)

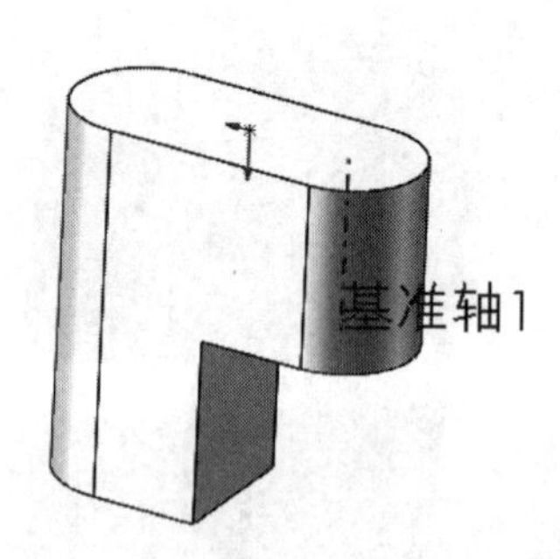

图 4-33 创建的基准轴(4)

4-11

4.2.5　点和面/基准面方式

点和面/基准面方式是选择一曲面或者基准面以及顶点、点或者中点，创建一个通过所选点并且垂直于所选面的基准轴。下面介绍该方式的操作步骤。

(1) 打开源文件"X:\源文件\原始文件\4\点和面基准面方式.SLDPRT"。执行"基准轴"命令。选择菜单栏中的"插入"→"参考几何体"→"基准轴"命令，或者单击"特征"控制面板"参考几何体"下拉列表中的"基准轴"按钮，弹出"基准轴"属性管理器。

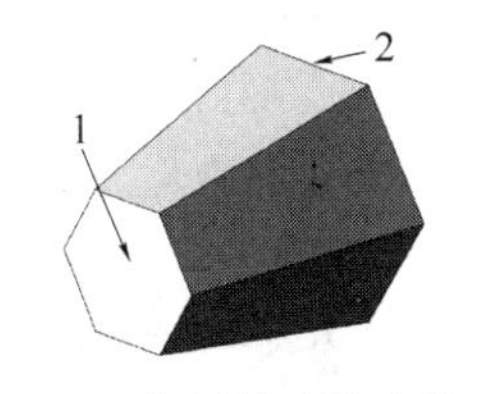

图 4-34　打开的文件实体(5)

(2) 设置属性管理器。在"第一参考"选项框中，选择如图 4-34 所示的面 1。在"第二参考"选项框中，选择如图 4-34 所示的边线的中点 2。"基准轴"属性管理器设置如图 4-35 所示。

(3) 确认创建的基准轴。单击"基准轴"属性管理器中的"确定"按钮✔，创建通过边线的中点 2 且垂直于面 1 的基准轴。

(4) 旋转视图。右击在弹出的快捷菜单中选择"旋转视图"命令或按住鼠标中间滚轮，在绘图区出现图标，旋转视图，将视图以合适的方向显示，创建的基准轴 1 如图 4-36 所示。

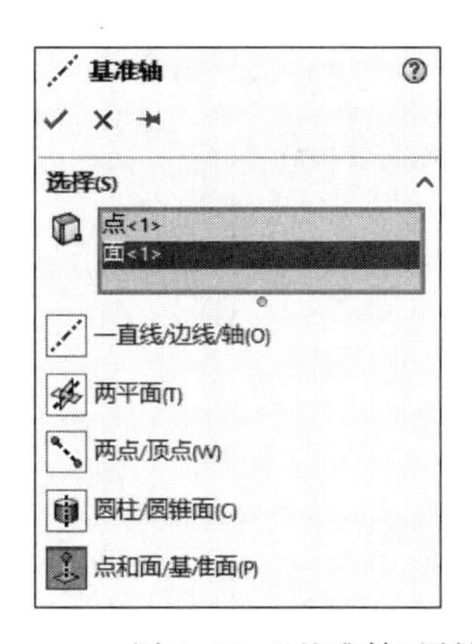

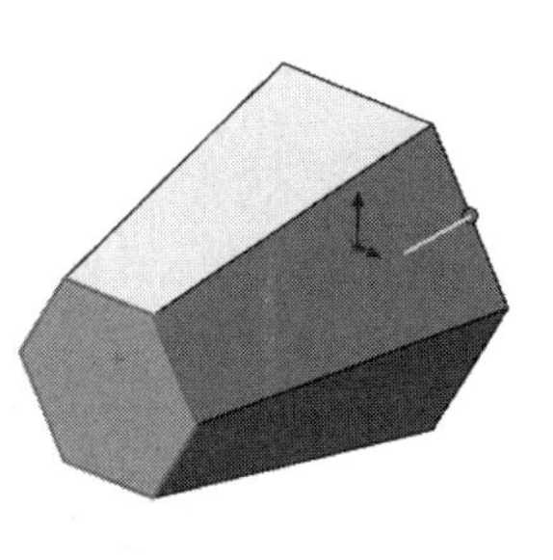

图 4-35　"基准轴"属性管理器及示意图(5)

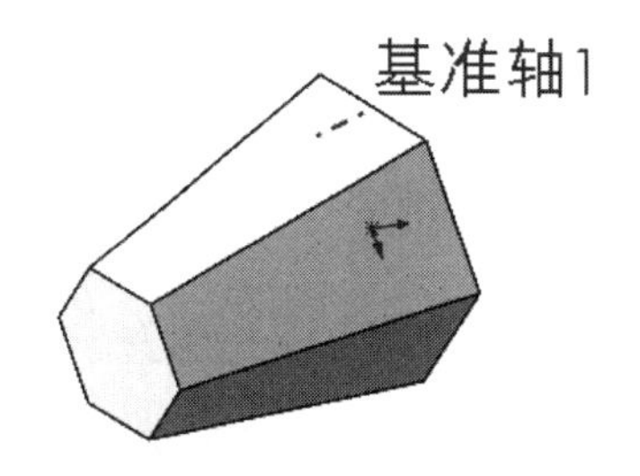

图 4-36　创建的基准轴(5)

4-12

4.3　坐　标　系

"坐标系"命令主要用来定义零件或装配体的坐标系。此坐标系与测量和质量属性工具一同使用，可用于将 SOLIDWORKS 文件输出至 IGES、STL、ACIS、STEP、Parasolid、VRML 和 VDA 文件。

下面介绍创建坐标系的操作步骤。

(1) 打开源文件"X:\源文件\原始文件\4\坐标系.SLDPRT"。执行"坐标系"命令，选择菜单栏中的"插入"→"参考几何体"→"坐标系"命令，或者单击"特征"工具栏

“参考几何体”下拉列表中的“坐标系”按钮，或者单击“特征”控制面板“参考几何体”下拉列表中的“坐标系”按钮，弹出“坐标系”属性管理器。

(2) 设置属性管理器。在“原点”选项中，选择如图 4-37 所示的点 A；在“X 轴”选项中，选择如图 4-37 所示的边线 1；在“Y 轴”选项中，选择如图 4-37 所示的边线 2；在“Z 轴”选项中，选择图 4-37 所示的边线 3。“坐标系”属性管理器设置如图 4-38 所示。

Note

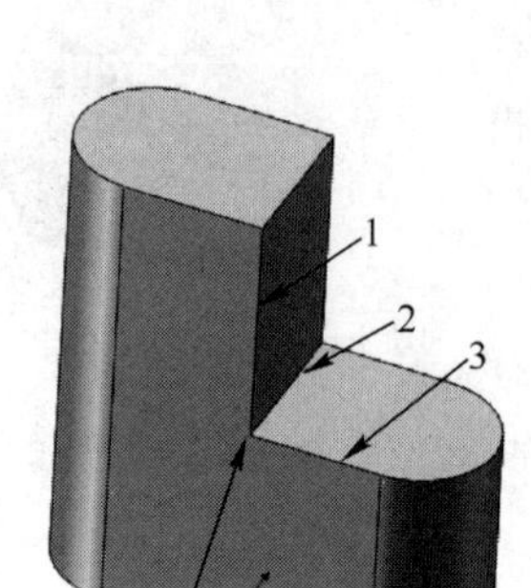

图 4-37　打开的文件实体

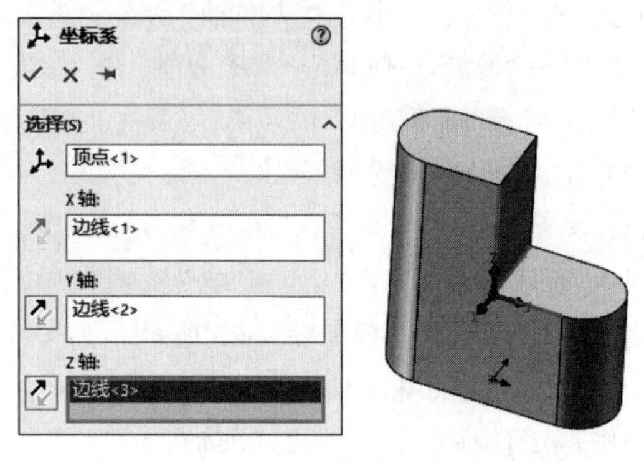

图 4-38　“坐标系”属性管理器及示意图

(3) 确认创建的坐标系。单击“坐标系”属性管理器中的“确定”按钮，创建的新坐标系 1 如图 4-39 所示。此时所创建的坐标系也会出现在 FeatureManger 设计树中，如图 4-40 所示。

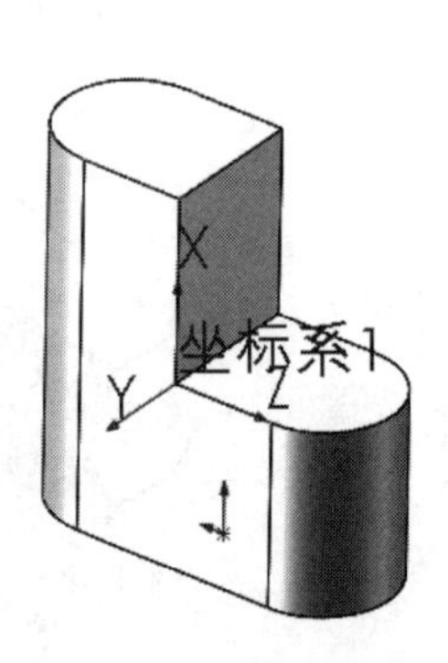

图 4-39　创建的坐标系 1

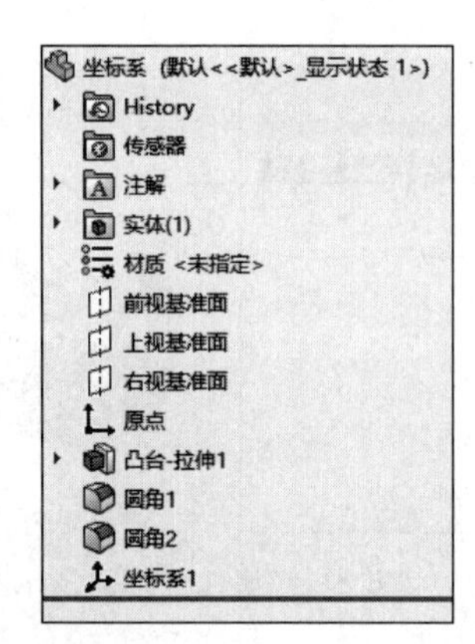

图 4-40　FeatureManger 设计树

4.4　参　考　点

在 SOLIDWORKS 中，可生成多种类型的参考点，用于构造对象，还可以在指定距离分割的曲线上生成多个参考点。

4-13

4.4.1　圆弧中心参考点

圆弧中心参考点方式是指在所选圆弧或圆的中心生成参考点。下面介绍该方式的

操作步骤。

(1) 打开源文件“X:\源文件\原始文件\4\圆弧中心参考点.SLDPRT”,如图 4-41 所示。执行“基准面”命令。选择菜单栏中的“插入”→“参考几何体”→“点”命令,或者单击“特征”工具栏“参考几何体”下拉列表中的“点”按钮 ●,或者单击“特征”控制面板“参考几何体”下拉列表中的“点”按钮 ●,弹出“点”属性管理器。

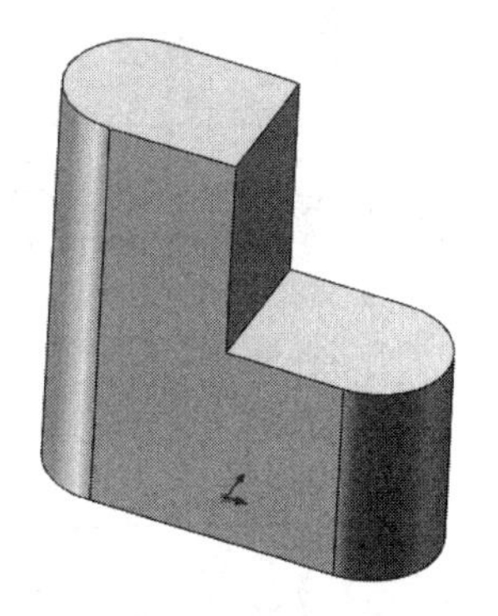

图 4-41　打开的文件实体(1)

(2) 设置属性管理器。单击“圆弧中心”按钮,设置点的创建方式为通过圆弧方式。在“参考实体”列表框中,选择圆弧边线。“点”属性管理器设置如图 4-42 所示。

(3) 确认创建的基准面。单击“点”属性管理器中的“确定”按钮 ✓,创建的点 1 如图 4-43 所示。

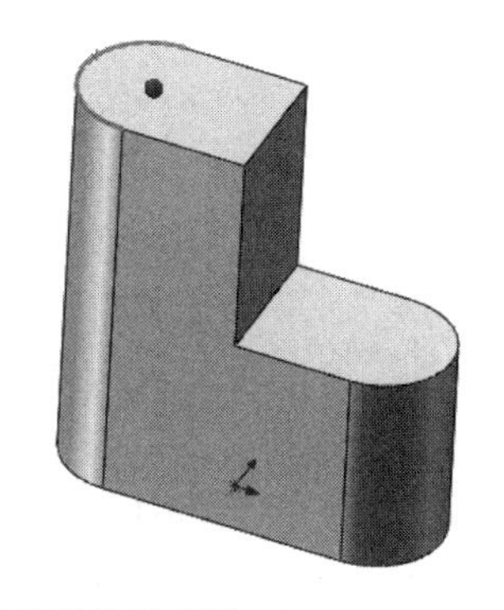

图 4-42　“点”属性管理器及示意图(1)

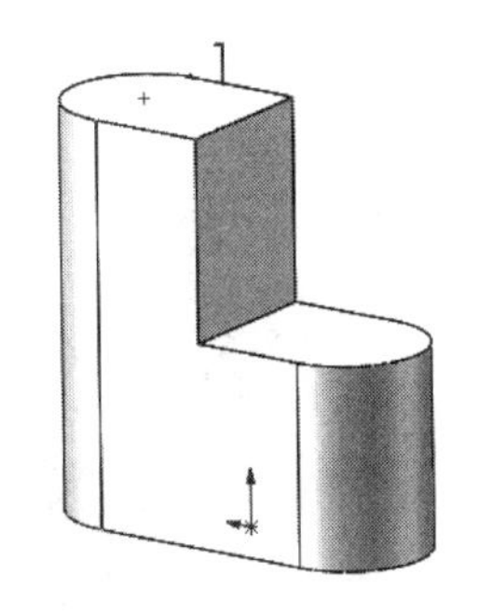

图 4-43　创建的点(1)

4.4.2　面中心参考点

面中心参考点方式是指在所选面的中心生成一参考点。下面介绍该方式的操作步骤。

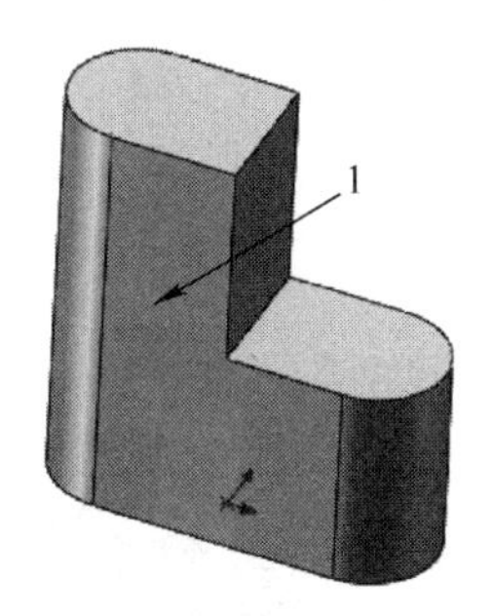

图 4-44　打开的文件实体(2)

(1) 打开源文件“X:\源文件\原始文件\4\面中心参考点.SLDPRT”。执行“基准面”命令。选择菜单栏中的“插入”→“参考几何体”→“点”命令,或者单击“特征”工具栏“参考几何体”下拉列表中的“点”按钮 ●,或者单击“特征”控制面板“参考几何体”下拉列表中的“点”按钮 ●,弹出“点”属性管理器。

(2) 设置“点”属性管理器。单击“面中心”按钮,设置点的创建方式为通过平面方式。在“参考实体”列表框中,选择如图 4-44 所示的面 1。“点”属性管理器设置如图 4-45 所示。

(3) 确认创建的基准面。单击“点”属性管理器中的“确定”按钮 ✓,创建的点 1 如图 4-46 所示。

Note

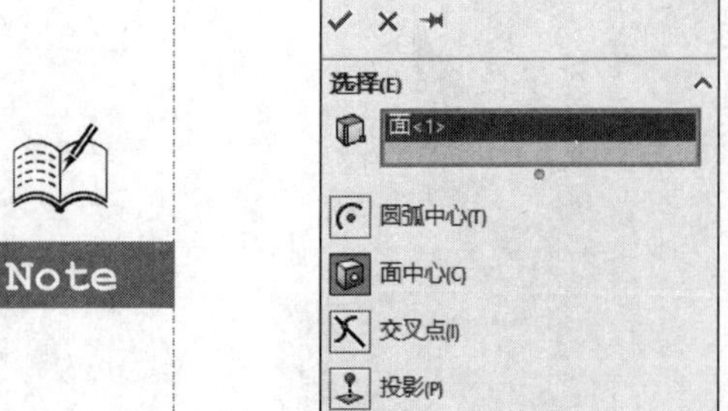

图 4-45 “点”属性管理器及示意图(2)

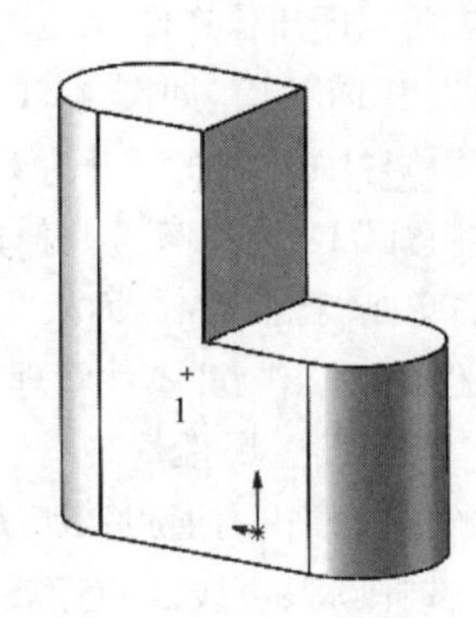

图 4-46 创建的点(2)

4-15

4.4.3 交叉点

交叉点方式是指在两个所选实体的交点处生成一参考点。下面介绍该方式的操作步骤。

(1) 打开源文件“X:\源文件\原始文件\4\交叉点.SLDPRT”。

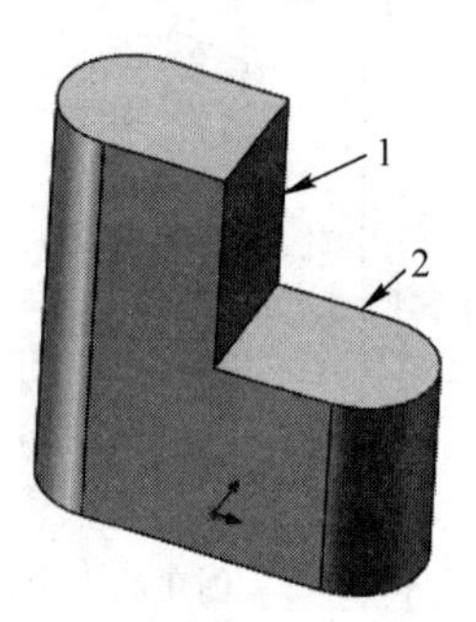

图 4-47 打开的文件实体(3)

(2) 执行“点”命令。选择菜单栏中的“插入”→“参考几何体”→“点”命令,或者单击“特征”工具栏“参考几何体”下拉列表中的“点”按钮,或者单击“特征”控制面板“参考几何体”下拉列表中的“点”按钮,弹出“点”属性管理器。

(3) 设置属性管理器。单击“交叉点”按钮,设置点的创建方式为通过线方式。在“参考实体”列表框中,选择如图 4-47 所示的点 1 和点 2。“点”属性管理器设置如图 4-48 所示。

(4) 确认创建的基准面。单击“点”属性管理器中的“确定”按钮,创建的点 1 如图 4-49 所示。

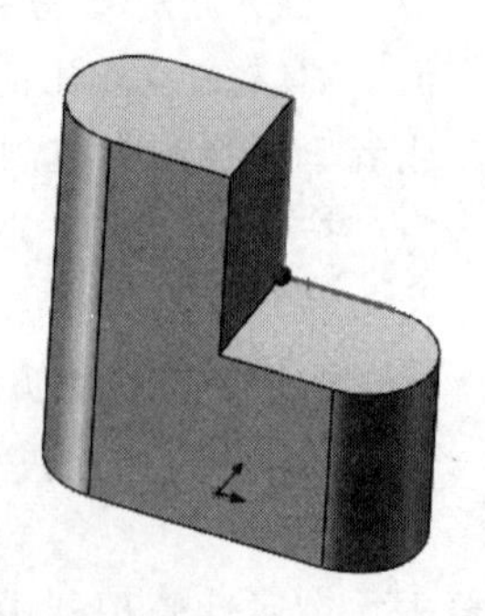

图 4-48 “点”属性管理器及示意图(3)

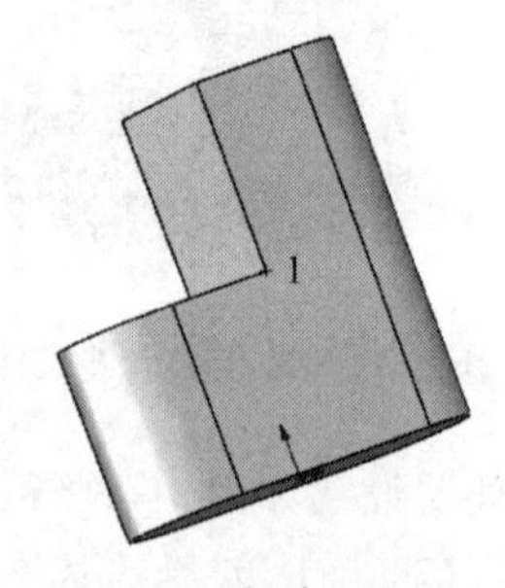

图 4-49 创建的点(3)

4.4.4　投影点

Note

4-16

投影点方式是指生成一个从一实体投影到另一实体的参考点。下面介绍该方式的操作步骤。

（1）打开源文件“X:\源文件\原始文件\4\投影点.SLDPRT”。

（2）执行“点”命令。选择菜单栏中的“插入”→“参考几何体”→“点”命令，或者单击“特征”工具栏“参考几何体”下拉列表中的“点”按钮，或者单击“特征”控制面板“参考几何体”下拉列表中的“点”按钮，弹出“点”属性管理器。

（3）设置属性管理器。单击“投影”按钮，设置点的创建方式为投影方式。在“参考实体”列表框中，选择如图4-50所示的点1和面2。“点”属性管理器设置如图4-51所示。

（4）确认创建的基准面。单击“点”属性管理器中的“确定”按钮，创建的点1如图4-52所示。

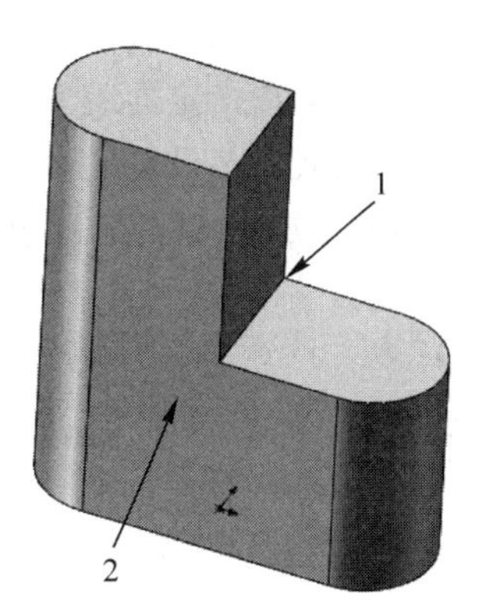

图4-50　打开的文件实体(4)

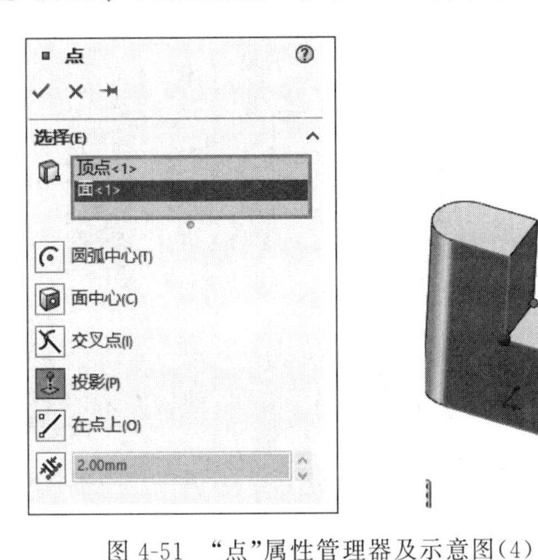

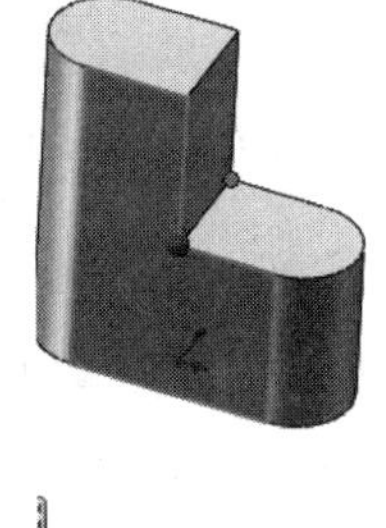

图4-51　“点”属性管理器及示意图(4)

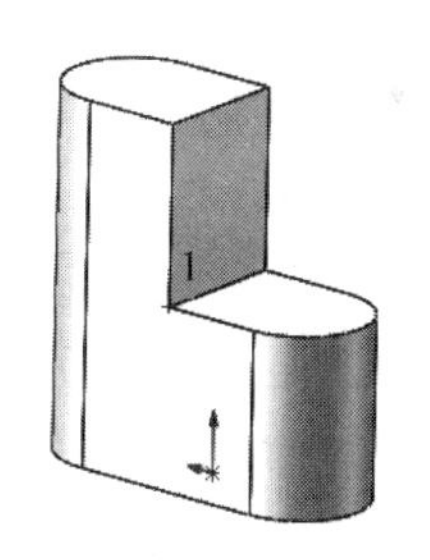

图4-52　创建的点(4)

4-17

4.4.5　沿曲线距离或多个参考点

沿曲线距离或多个参考点方式是指沿边线、曲线或草图线段生成一组参考点。下面介绍该方式的操作步骤。

（1）打开源文件“X:\源文件\原始文件\4\沿曲线距离或多个参考点.SLDPRT”。

（2）执行“点”命令。选择菜单栏中的“插入”→“参考几何体”→“点”命令，或者单击“特征”工具栏“参考几何体”下拉列表中的“点”按钮，或者单击“特征”控制面板“参考几何体”下拉列表中的“点”按钮，弹出“点”属性管理器。

（3）设置属性管理器。单击“沿曲线距离或多个参考点”按钮，设置点的创建方式为曲线方式。在"参考实体"列表框 中,选择如图 4-53 所示的边线 1。"点"属性管理器设置如图 4-54 所示,在属性管理器中选择分布类型。分布类型的介绍如下。

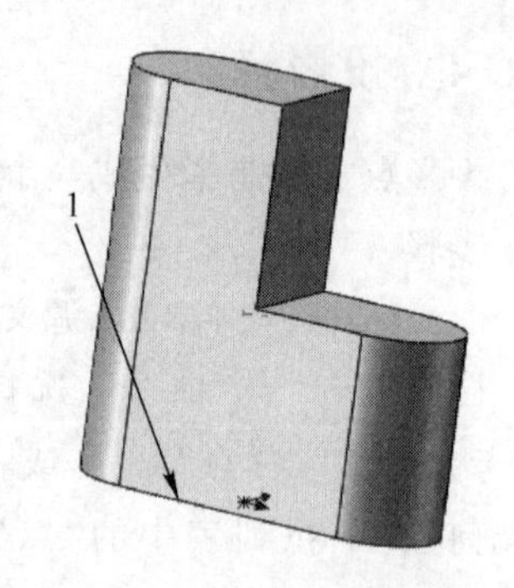

图 4-53　打开的文件实体(5)

- 输入距离/百分比数值:设定用来生成参考点的距离或百分比数值。
- 距离:按设定的距离生成参考点数。
- 百分比:按设定的百分比生成参考点数。
- 均匀分布:设定在实体上均匀分布的参考点数。
- 参考点数 :设定要沿所选实体生成的参考点数。

(4) 确认创建的基准面。单击"点"属性管理器中的"确定"按钮 ✓,创建的点 2 如图 4-55 所示。

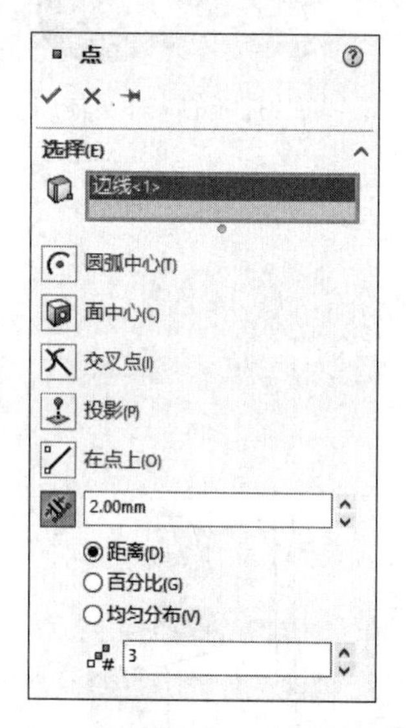

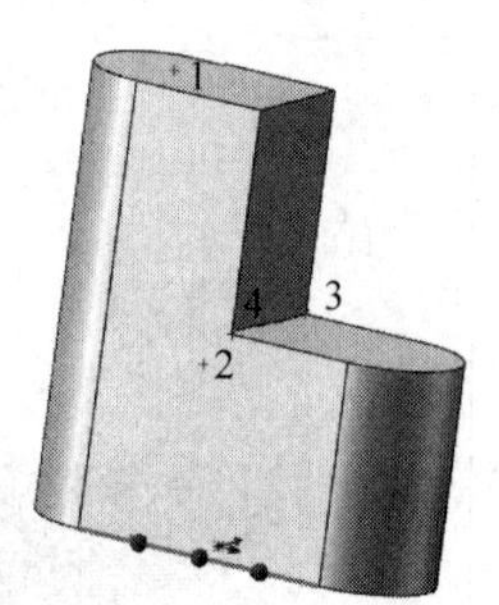

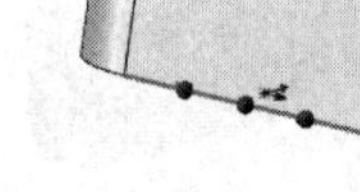

图 4-54　"点"属性管理器及示意图(5)

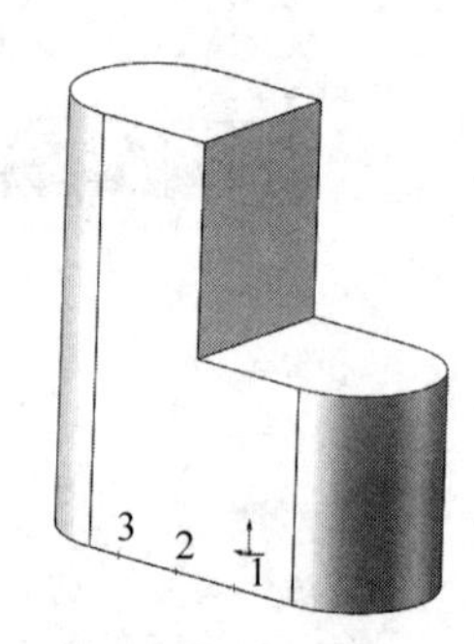

图 4-55　创建的点(5)

草绘特征

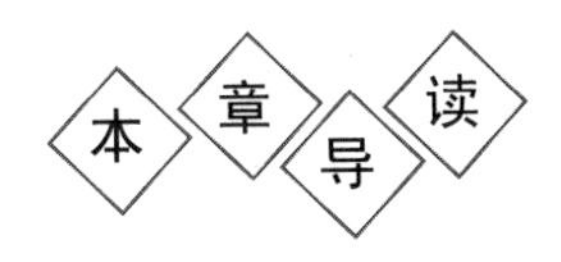

SOLIDWORKS提供了基于特征的实体建模功能。可以通过拉伸、旋转、薄壁特征以及打孔等操作来实现产品的设计。

内容要点

- ♦ 凸台/基体特征
- ♦ 旋转凸台/基体
- ♦ 扫描
- ♦ 放样凸台/基体
- ♦ 切除特征

Note

5.1 凸台/基体特征

拉伸特征由截面轮廓草图经过拉伸而成，它适合于构造等截面的实体特征。如图 5-1 所示展示了利用拉伸凸台/基体特征生成的零件。

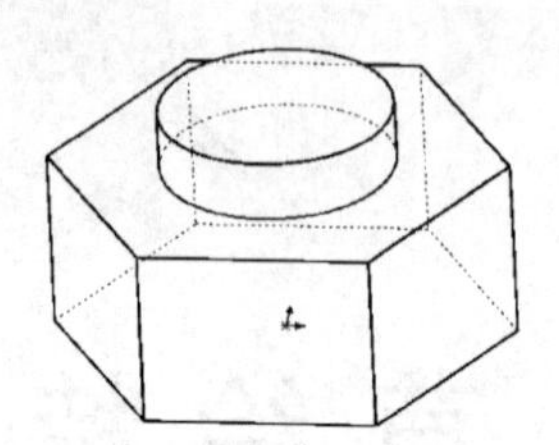
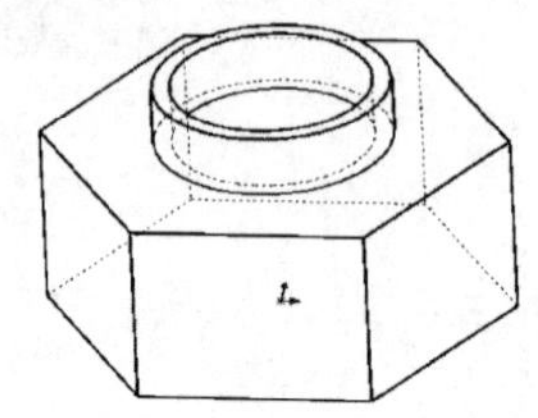
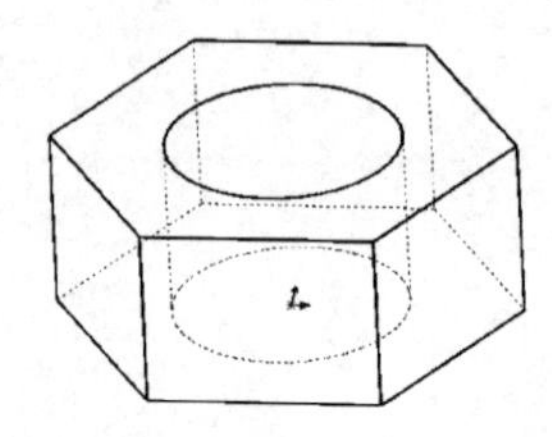

图 5-1　利用拉伸凸台/基体特征生成的零件

5-1

5.1.1 拉伸凸台/基体

拉伸特征是将一个二维平面草图按照给定的数值沿与平面垂直的方向拉伸一段距离形成的特征。下面介绍创建拉伸特征的操作步骤。

(1) 打开源文件“X:\源文件\原始文件\5\拉伸凸台基体. SLDPRT”。保持草图处于激活状态，如图 5-2 所示，单击“特征”工具栏中的“拉伸凸台/基体”按钮，或选择菜单栏中的“插入”→“凸台/基体”→“拉伸”命令，或者单击“特征”面板中的“拉伸凸台/基体”按钮。

(2) 弹出“凸台-拉伸”属性管理器，各选项如图 5-3 所示。

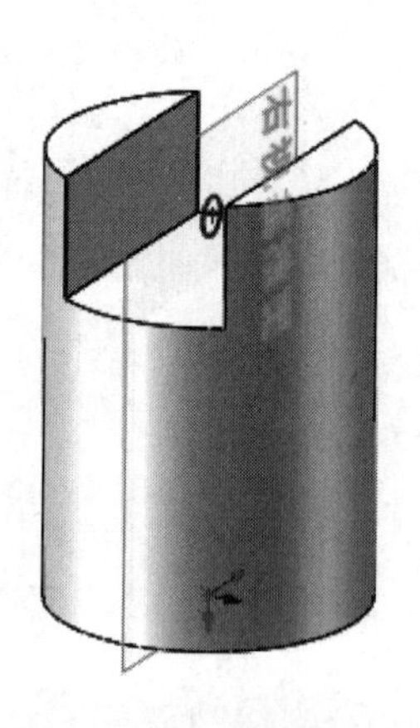

图 5-2　打开的文件实体

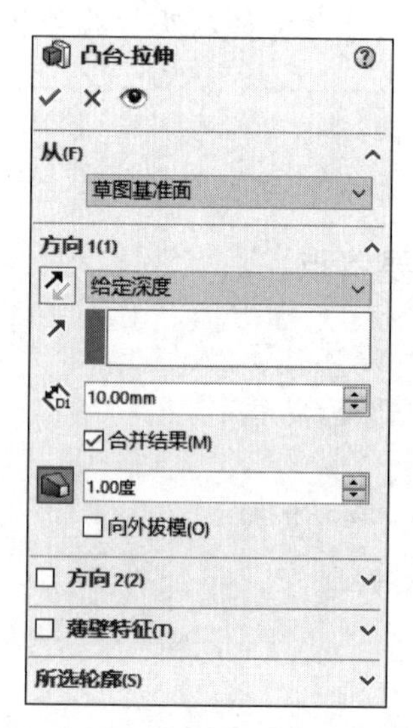

图 5-3　“凸台-拉伸”属性管理器

(3) 在“方向 1”选项组的“终止条件”下拉列表框中选择拉伸的终止条件，有以下几种。

- 给定深度：从草图的基准面拉伸到指定的距离处，以生成特征，如图 5-4(a)所示。
- 完全贯穿：从草图的基准面拉伸直到贯穿所有现有的几何体，如图 5-4(b)所示。
- 成形到下一面：从草图的基准面拉伸到下一面(隔断整个轮廓)，以生成特征，如图 5-4(c)所示。下一面必须在同一零件上。
- 成形到一面：从草图的基准面拉伸到所选的曲面以生成特征，如图 5-4(d)所示。
- 到离指定面指定的距离：从草图的基准面拉伸到离某面或曲面的特定距离处，以生成特征，如图 5-4(e)所示。
- 两侧对称：从草图基准面向两个方向对称拉伸，如图 5-4(f)所示。
- 成形到一顶点：从草图基准面拉伸到一个平面，这个平面平行于草图基准面且穿越指定的顶点，如图 5-4(g)所示。
- 成形到实体：从草图基准面拉伸草图到所选的实体，如图 5-4(h)所示。

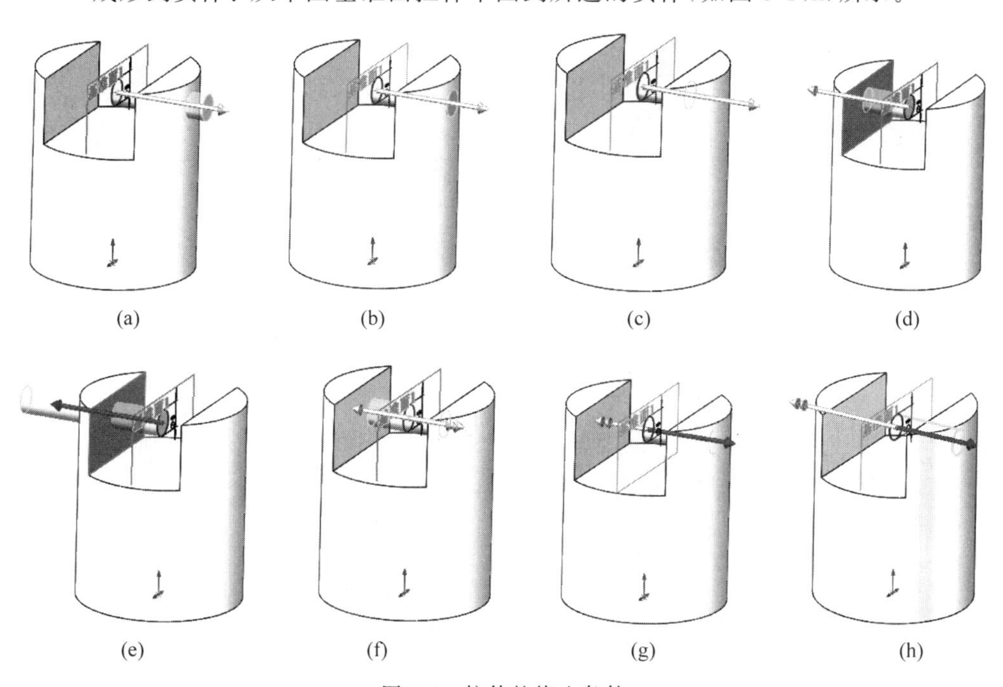

图 5-4　拉伸的终止条件

(a) 给定深度；(b) 完全贯穿；(c) 成形到下一面；(d) 成形到一面；
(e) 到离指定面指定的距离；(f) 两侧对称；(g) 成形到一顶点；(h) 成形到实体

(4) 在右面的图形区中检查预览。如果需要，单击“反向”按钮，向另一个方向拉伸。

(5) 在“深度”文本框中输入拉伸的深度。

(6) 如果要给特征添加一个拔模，单击“拔模开/关”按钮，然后输入一个拔模角度。如图 5-5 所示说明了拔模特征。

(7) 如有必要，勾选“方向 2”复选框，将拉伸应用到第二个方向。

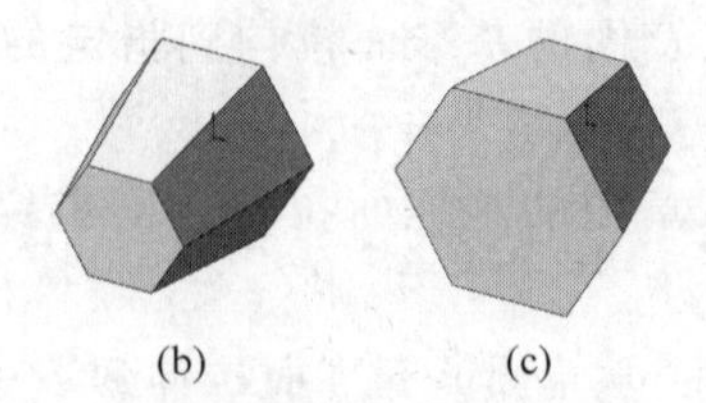

(a)　　(b)　　(c)

图 5-5　拔模说明

(a) 无拔模；(b) 向内拔模 10°；(c) 向外拔模 10°

Note

（8）保持“薄壁特征”复选框没有被勾选，单击“确定”按钮✔，完成凸台/基体的创建。

5-2

5.1.2　拉伸薄壁特征

SOLIDWORKS 可以对闭环和开环草图进行薄壁拉伸，如图 5-6 所示。所不同的是，如果草图本身是一个开环图形，则拉伸凸台/基体工具只能将其拉伸为薄壁；如果草图是一个闭环图形，则既可以选择将其拉伸为薄壁特征，也可以选择将其拉伸为实体特征。

下面介绍创建拉伸薄壁特征的操作步骤。

（1）单击“标准”工具栏中的“新建”按钮，进入零件绘图区域。

（2）绘制一个圆。

（3）保持草图处于激活状态，单击“特征”控制面板中的“拉伸凸台/基体”按钮，或选择菜单栏中的“插入”→“凸台/基体”→“拉伸”命令。

（4）在弹出的“拉伸”属性管理器中勾选“薄壁特征”复选框，如果草图是开环系统则只能生成薄壁特征。

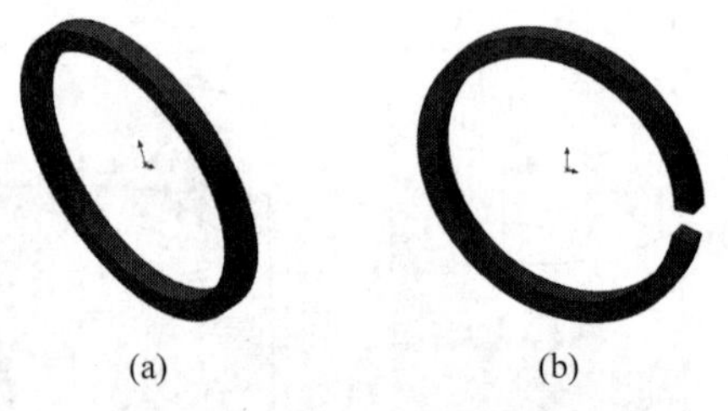

(a)　　(b)

图 5-6　开环和闭环草图的薄壁拉伸

(a) 开环；(b) 闭环

（5）在“反向”按钮右侧的“拉伸类型”下拉列表框中选择拉伸薄壁特征的方式，有以下几种。

- 单向：使用指定的壁厚向一个方向拉伸草图。
- 两侧对称：在草图的两侧各以指定壁厚的一半向两个方向拉伸草图。
- 双向：在草图的两侧各使用不同的壁厚向两个方向拉伸草图。

（6）在“厚度”文本框中输入薄壁的厚度。

（7）默认情况下，壁厚加在草图轮廓的外侧。单击“反向”按钮，可以将壁厚加在草图轮廓的内侧。

（8）对于薄壁特征基体拉伸，还可以指定以下附加选项。

- 如果生成的是一个闭环的轮廓草图，可以勾选“顶端加盖”复选框，此时将为特征的顶端加上封盖，形成一个中空的零件，如图 5-7(a)所示。
- 如果生成的是一个开环的轮廓草图，可以勾选“自动加圆角”复选框，此时自动在每一个具有相交夹角的边线上生成圆角，如图 5-7(b)所示。

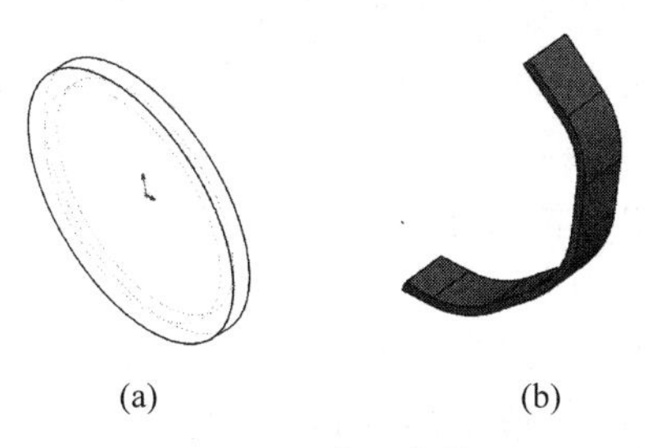

图 5-7　薄壁拉伸

(a) 中空零件；(b) 带有圆角的薄壁

(9) 单击“确定”按钮 ✔，完成拉伸薄壁特征的创建。

5.1.3　实例——大臂

本例绘制的大臂如图 5-8 所示。

思路分析

首先拉伸绘制大臂的外形轮廓，然后切除大臂局部轮廓，最后进行圆角处理。绘制的流程图如图 5-9 所示。

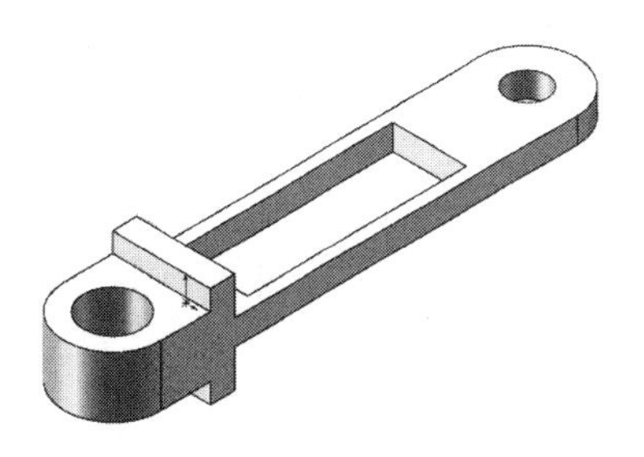

图 5-8　大臂

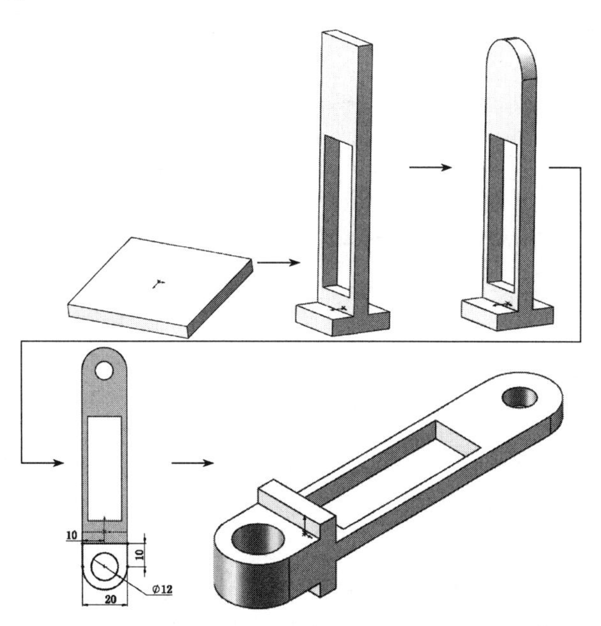

图 5-9　大臂绘制流程图

Note

绘制步骤

(1) 新建文件。启动 SOLIDWORKS 2020,选择菜单栏中的“文件”→“新建”命令,或者单击“标准”工具栏中的“新建”按钮,在弹出的“新建 SOLIDWORKS 文件”对话框中选择“零件”按钮,然后单击“确定”按钮,创建一个新的零件文件。

(2) 绘制草图。在左侧的 FeatureManager 设计树中用鼠标选择“前视基准面”作为绘制图形的基准面。单击“草图”控制面板中的“中心矩形”按钮,在坐标原点绘制正方形,单击“草图”控制面板中的“智能尺寸”按钮,标注尺寸后结果如图 5-10 所示。

(3) 拉伸实体。选择菜单栏中的“插入”→“凸台/基体”→“拉伸”命令,或者单击“特征”控制面板中的“拉伸凸台/基体”按钮,弹出如图 5-11 所示的“凸台-拉伸”属性管理器。设置拉伸终止条件为“给定深度”,输入拉伸距离为 5mm,然后单击“确定”按钮 ✔,结果如图 5-12 所示。

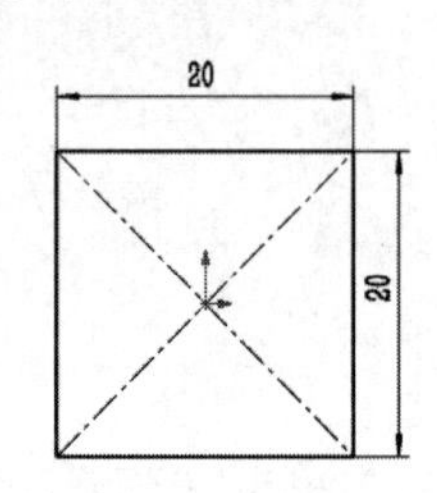

图 5-10　绘制草图并标注尺寸(1)

(4) 绘制草图。在左侧的 FeatureManager 设计树中用鼠标选择“上视基准面”作为绘制图形的基准面。单击“草图”控制面板中的“直线”按钮,绘制如图 5-13 所示的草图并标注尺寸。

图 5-11　“凸台-拉伸”属性管理器(1)

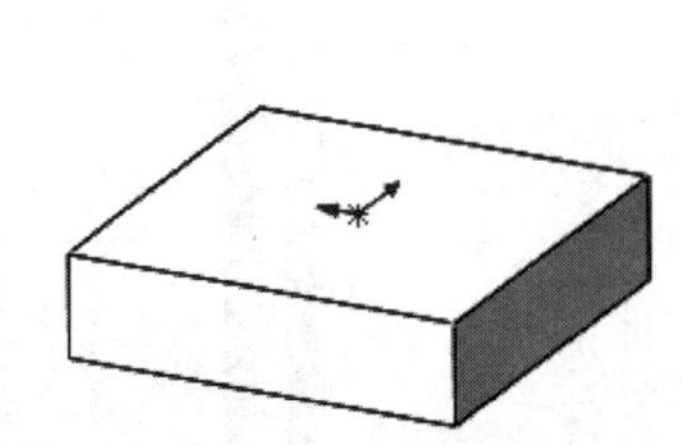

图 5-12　拉伸结果(1)

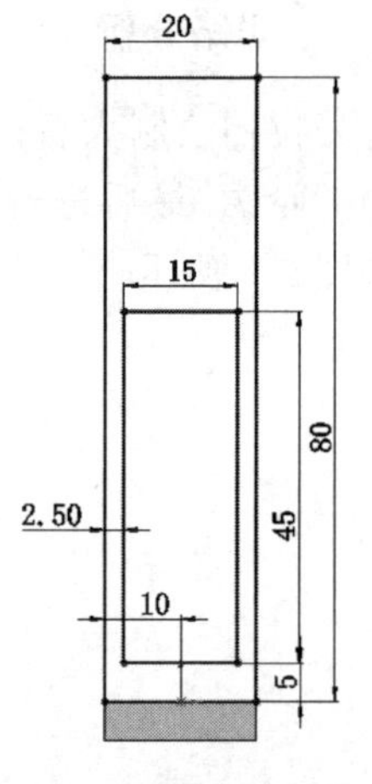

图 5-13　绘制草图并标注尺寸(2)

(5) 拉伸实体。选择菜单栏中的“插入”→“凸台/基体”→“拉伸”命令,或者单击“特征”控制面板中的“拉伸凸台/基体”按钮,弹出如图 5-14 所示的“凸台-拉伸”属性管理器。设置拉伸终止条件为“两侧对称”,输入拉伸距离为 5.00mm,然后单击“确定”按钮 ✔。结果如图 5-15 所示。

(6) 圆角实体。选择菜单栏中的“插入”→“特征”→“圆角”命令,或者单击“特征”面板中的“圆角”按钮,弹出如图 5-16(a)所示的“圆角”属性管理器。在“半径”一栏中输入值 10.00mm,然后用鼠标选取图 5-16(b)中的两条边线。然后单击属性管理器中的“确定”按钮 ✔,结果如图 5-17 所示。

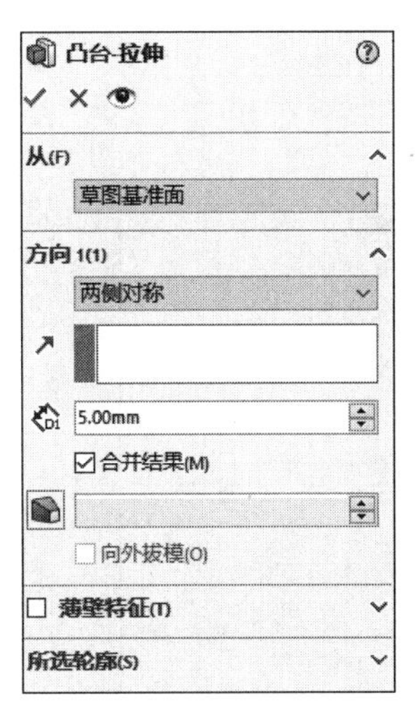

图 5-14 “凸台-拉伸”属性管理器(2)

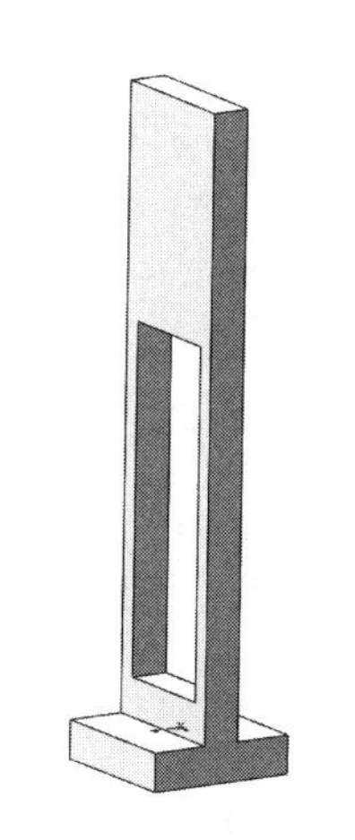

图 5-15 拉伸结果(2)

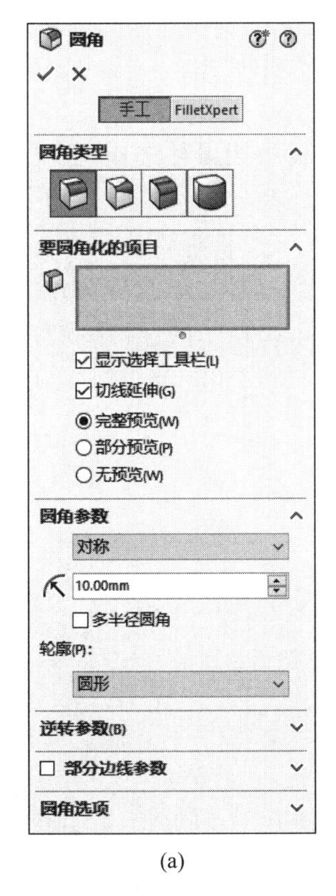

(a)

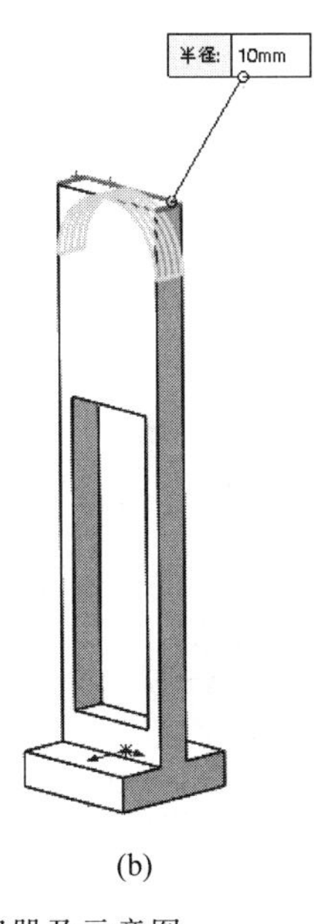

(b)

图 5-16 “圆角”属性管理器及示意图

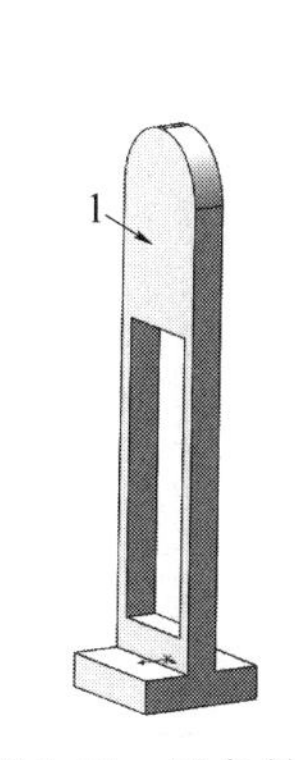

图 5-17 圆角结果

(7) 绘制草图。在视图中用鼠标选择如图 5-17 所示的面 1 作为绘制图形的基准面。单击“草图”控制面板中的“圆”按钮,绘制如图 5-18 所示的草图并标注尺寸。

(8) 拉伸切除实体。选择菜单栏中的“插入”→“切除”→“拉伸”命令,或者单击“特征”面板中的“拉伸切除”按钮,弹出如图 5-19 所示的“切除-拉伸”属性管理器。设置

Note

拉伸终止条件为“完全贯穿”，然后单击“确定”按钮 ✔，结果如图 5-20 所示。

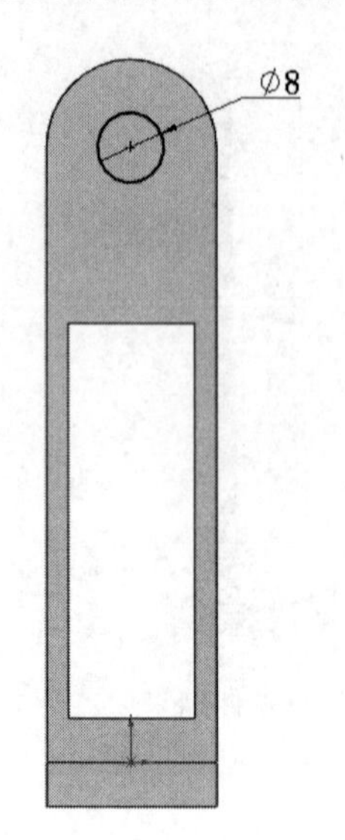

图 5-18　绘制草图并标注尺寸(3)

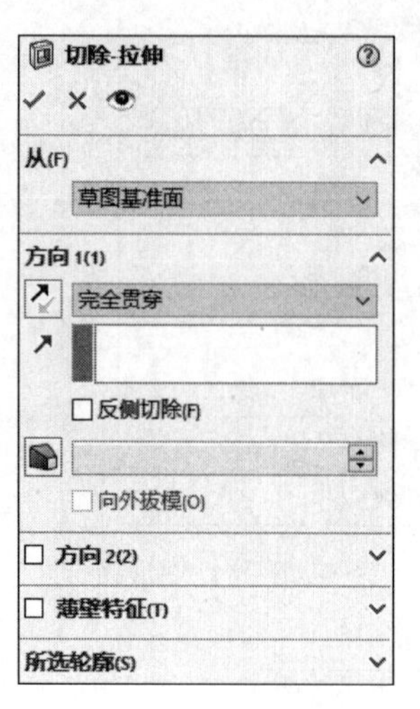

图 5-19　“切除-拉伸”属性管理器

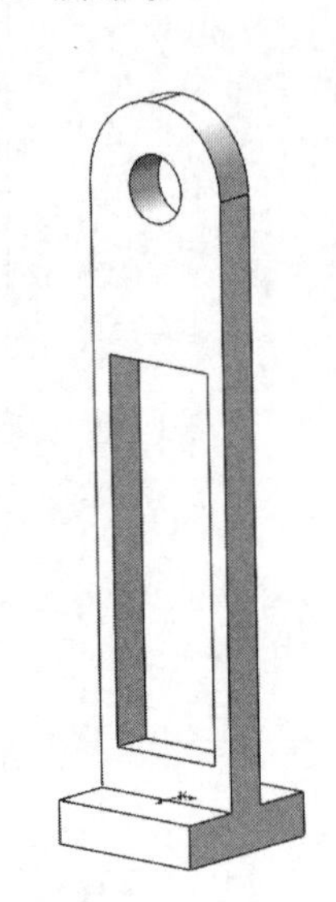

图 5-20　切除结果

(9) 绘制草图。在左侧的 FeatureManager 设计树中用鼠标选择“上视基准面”作为绘制图形的基准面。单击“草图”控制面板中的“直线”按钮、“圆”按钮和“剪裁实体”按钮，绘制如图 5-21 所示的草图并标注尺寸。

(10) 拉伸实体。选择菜单栏中的“插入”→“凸台/基体”→“拉伸”命令，或者单击“特征”面板中的“拉伸凸台/基体”按钮，弹出如图 5-22 所示的“凸台-拉伸”属性管理器。设置拉伸终止条件为“两侧对称”，输入拉伸距离为 12.00mm，然后单击“确定”按钮 ✔，结果如图 5-23 所示。

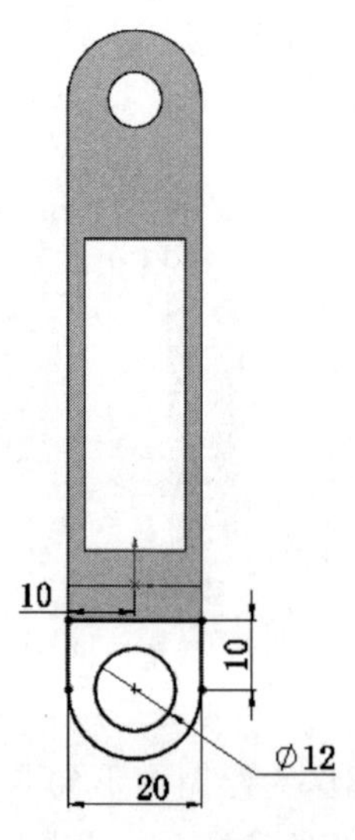

图 5-21　绘制草图并标注尺寸(4)

图 5-22　“凸台-拉伸”属性管理器(3)

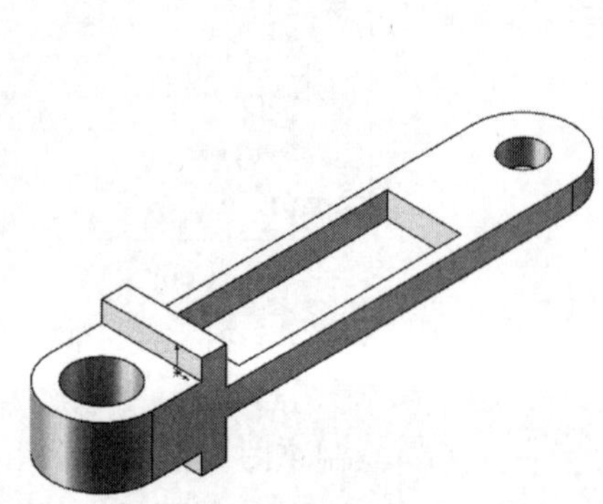

图 5-23　拉伸结果(3)

Note

5-4

5.2　旋转凸台/基体

旋转特征是由特征截面绕中心线旋转而成的一类特征，它适用于构造回转体零件。如图 5-24 所示是一个由旋转特征形成的零件。

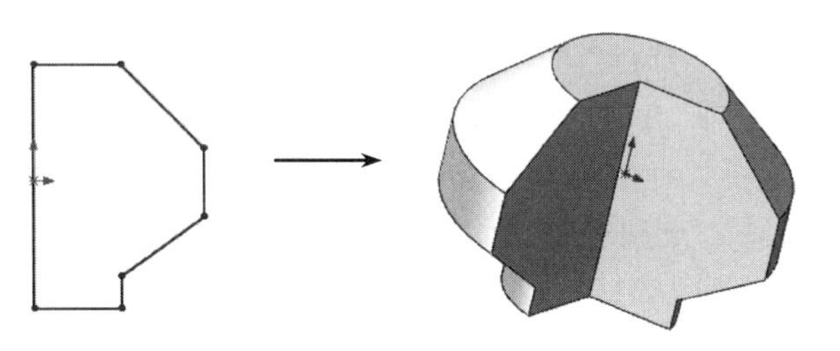

图 5-24　由旋转特征形成的零件

5.2.1　一般旋转凸台/基体

实体旋转特征的草图可以包含一个或多个闭环的非相交轮廓。对于包含多个轮廓的基体旋转特征，其中一个轮廓必须包含所有其他轮廓。如果草图包含一条以上的中心线，则选择一条中心线用作旋转轴。

下面介绍创建旋转的凸台/基体特征的操作步骤。

(1) 打开源文件“X:\源文件\原始文件\5\旋转凸台基体.SLDPRT”。单击“特征”工具栏中的“旋转凸台/基体”按钮，或选择菜单栏中的“插入”→“凸台/基体”→“旋转”命令，或者单击“特征”面板中的“旋转凸台/基体”按钮。

(2) 弹出“旋转”属性管理器，选择如图 5-25 所示的闭环旋转草图及基准轴，同时在右侧的图形区中显示生成的旋转特征，如图 5-26 所示。

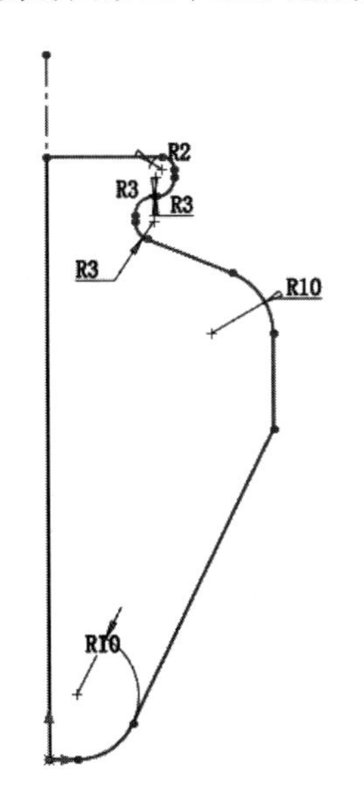

图 5-25　闭环旋转草图及基准轴

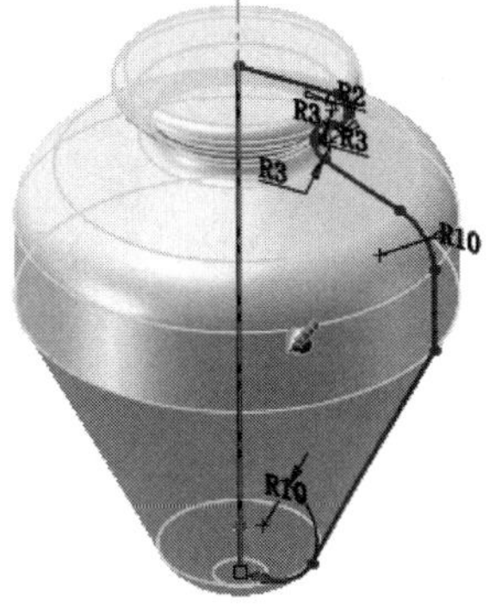

图 5-26　“旋转”属性管理器及生成的旋转特征

Note

（3）在“角度”文本框中输入旋转角度。

（4）在“反向”按钮后“类型”下拉列表框中选择旋转类型，包括以下几种。

- 单向旋转：草图向一个方向旋转指定的角度。在“方向 1”选项组下选择“给定深度”类型，在“角度”文本框中输入所需角度，如果想要向相反的方向旋转特征，单击“反向”按钮即可，如图 5-27(a)所示，角度为 120°。
- 两侧对称旋转：草图以所在平面为中面分别向两个方向旋转相同的角度，在“方向 1”选项组下选择“两侧对称”类型，在“角度”文本框中输入所需角度，如图 5-27(b)所示，角度为 120°。
- 双向旋转：草图以所在平面为中面分别向两个方向旋转指定的角度，分别在“方向 1”“方向 2”选项组中“角度”文本框中设置对应角度，这两个角度可以分别指定，角度均为 120°，如图 5-27(c)所示。

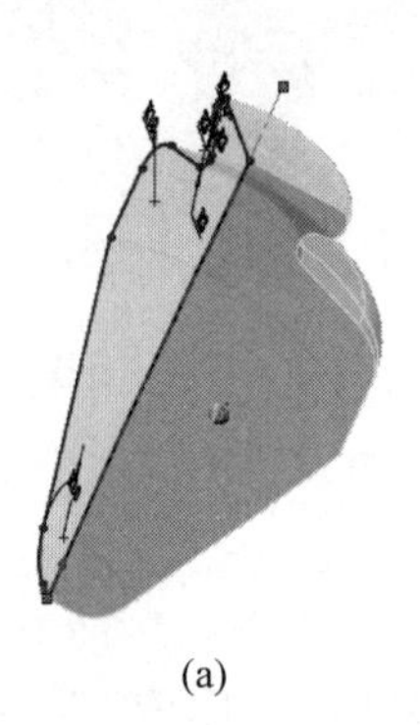

(a)

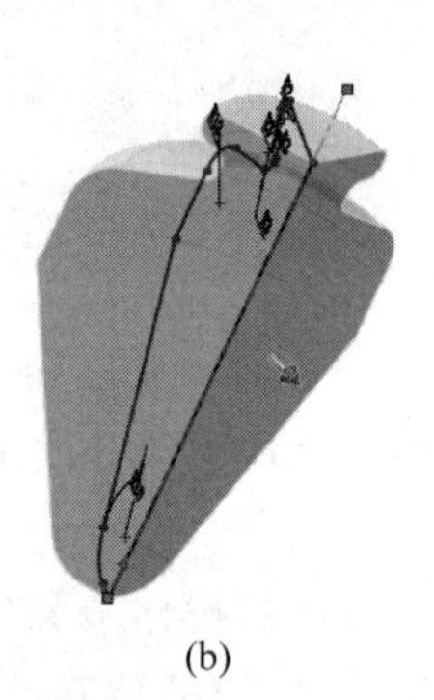

(b)

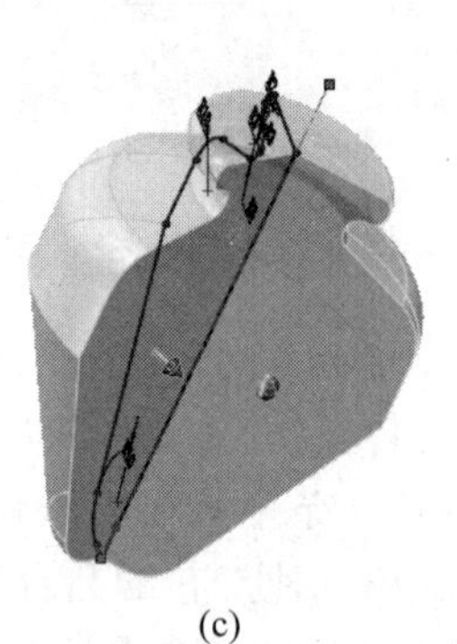

(c)

图 5-27　旋转特征

(a) 单向旋转；(b) 两侧对称旋转；(c) 双向旋转

（5）单击“确定”按钮✔，完成旋转凸台/基体特征的创建。

旋转特征应用比较广泛，是比较常用的特征建模工具，主要应用在以下零件的建模中。

- 环形零件，如图 5-28 所示。
- 球形零件，如图 5-29 所示。
- 轴类零件，如图 5-30 所示。
- 形状规则的轮毂类零件，如图 5-31 所示。

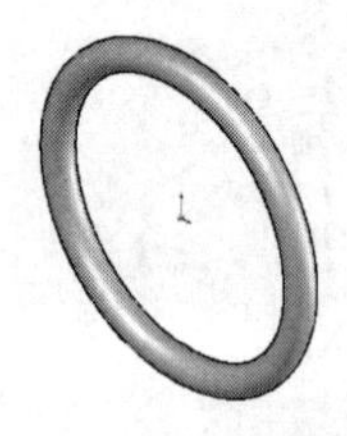

图 5-28　环形零件

图 5-29　球形零件

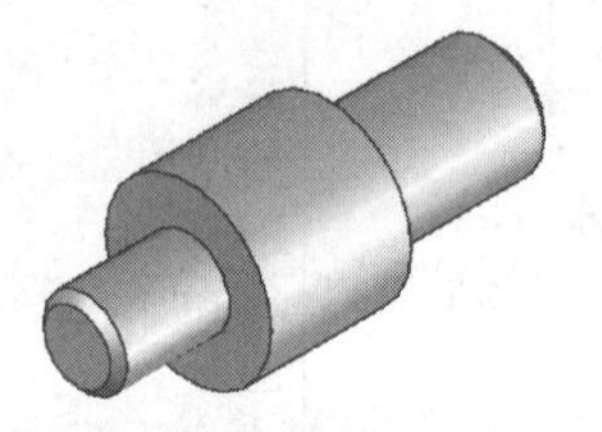

图 5-30　轴类零件

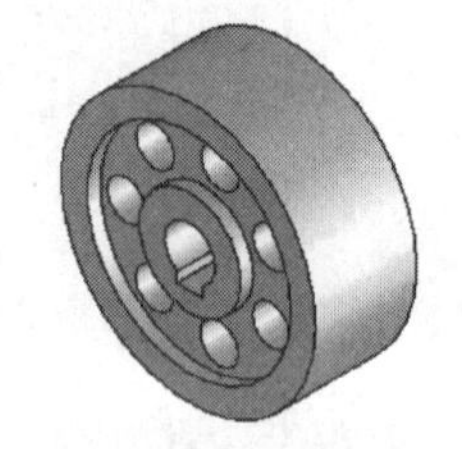

图 5-31　形状规则的轮毂类零件

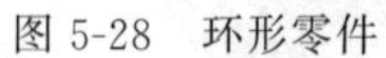

Note

5-5

5.2.2 旋转薄壁凸台/基体

薄壁或曲面旋转特征的草图只能包含一个开环或闭环的非相交轮廓。轮廓不能与中心线交叉。如果草图包含一条以上的中心线，则选择一条中心线用作旋转轴即可。

下面介绍创建旋转的薄壁凸台/基体特征的操作步骤。

（1）打开源文件“X:\源文件\原始文件\5\旋转薄壁凸台基体.SLDPRT”。单击“特征”控制面板中的“旋转凸台/基体”按钮，或选择菜单栏中的“插入”→“凸台/基体”→“旋转”命令。

（2）弹出“旋转”属性管理器，选择如图5-32所示的旋转草图及基准轴，由于草图是开环，属性管理器自动勾选“薄壁特征”复选框，设置薄壁厚度为1mm，同时在右侧的图形区中显示生成的旋转特征，如图5-33所示。

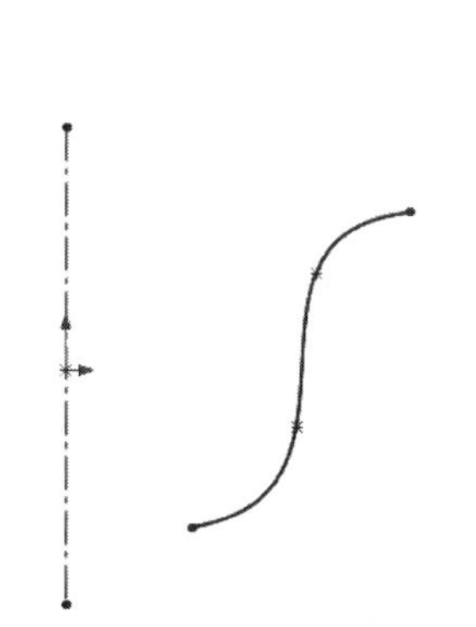

图5-32 旋转草图及基准轴

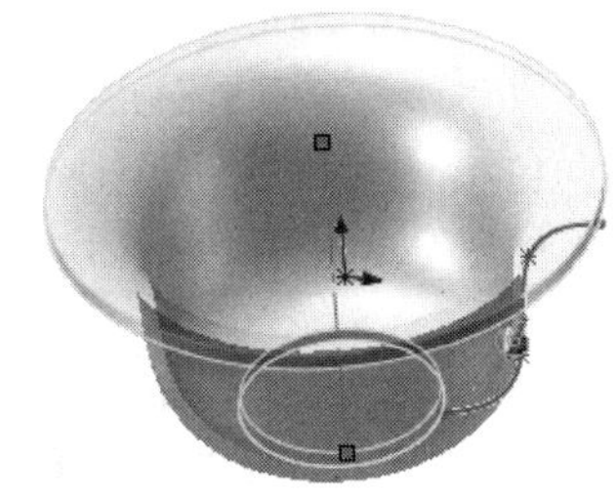

图5-33 “旋转”属性管理器及生成的旋转特征

（3）在“角度”文本框中输入旋转角度。

（4）在“反向”按钮后“类型”下拉列表框中选择旋转类型，如下所述。

- 单向旋转：草图向一个方向旋转指定的角度。在“方向1”选项组下，选择“给定深度”类型，在“角度”文本框中输入所需角度，如果想要向相反的方向旋转特征，则单击“反向”按钮，如图5-34(a)所示，角度为100°。
- 两侧对称旋转：草图以所在平面为中面分别向两个方向旋转相同的角度，在“方向1”选项组下，选择“两侧对称”类型，在“角度”文本框中输入所需角度，如图5-34(b)所示，角度为100°。
- 双向旋转：草图以所在平面为中面分别向两个方向旋转指定的角度，分别在“方向1”“方向2”选项组中“角度”文本框中设置对应角度，这两个角度可以分别指定，角度均为100°，如图5-34(c)所示。

（5）如果草图是闭环草图，准备生成薄壁旋转，则勾选“薄壁特征”复选框，然后在“薄壁特征”选项组的下拉列表框中选择拉伸薄壁类型。这里的类型与在旋转类型中的含义完全不同，这里的方向是指薄壁截面上的方向，具体旋转类型如下所述。

- 单向旋转：使用指定的壁厚向一个方向拉伸草图，默认情况下，壁厚加在草图轮廓的外侧。
- 两侧对称旋转：在草图的两侧各以指定壁厚的 1/2 向两个方向拉伸草图。
- 双向旋转：在草图的两侧各使用不同的壁厚向两个方向拉伸草图。

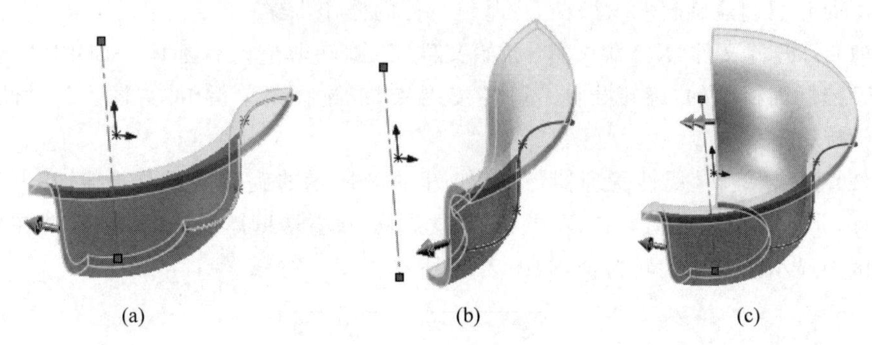

图 5-34　旋转特征

（a）单向旋转；（b）两侧对称旋转；（c）双向旋转

（6）在“厚度”文本框中指定薄壁的厚度。单击“反向”按钮，可以将壁厚加在草图轮廓的内侧。图 5-35(b)所示为壁厚加在外侧的旋转实体。

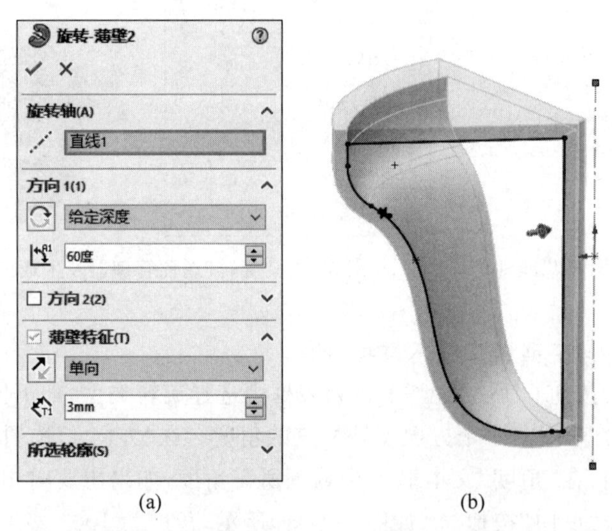

图 5-35　“旋转-薄壁 2”属性管理器及壁厚加在外侧的旋转实体示意图

（7）单击“确定”按钮✓，完成薄壁旋转凸台/基体特征的创建。

5-6

5.2.3　实例——公章

本例绘制的公章如图 5-36 所示。

图 5-36　公章

思路分析

公章是一个比较复杂的实体。首先绘制公章的中间部分，然

后绘制公章的顶部，最后绘制公章的下部，并绘制草图文字，然后拉伸实体。绘制的流程图如图 5-37 所示。

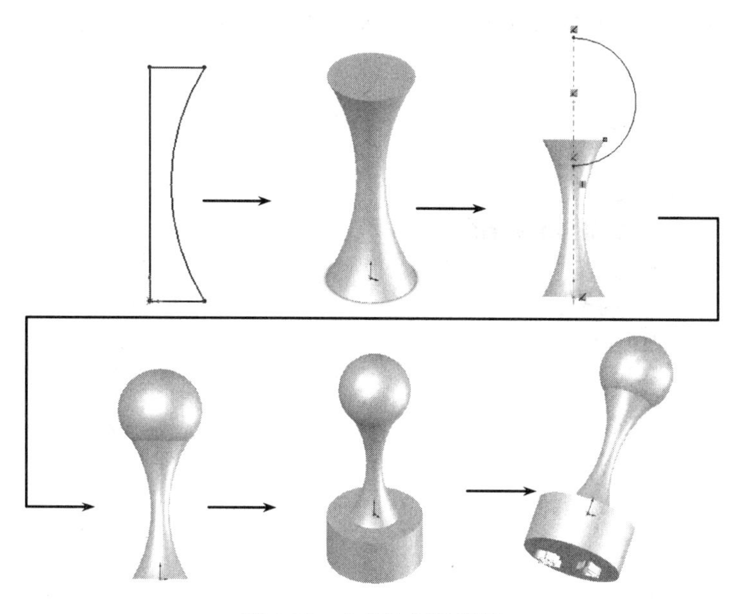

图 5-37　公章绘制流程图

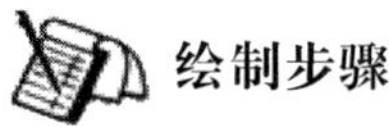

绘制步骤

(1) 新建文件。启动 SOLIDWORKS 2020，选择菜单栏中的"文件"→"新建"命令，或者单击"标准"工具栏中的"新建"按钮，在弹出的"新建 SOLIDWORKS 文件"属性管理器中选择"零件"按钮，然后单击"确定"按钮，创建一个新的零件文件。

(2) 绘制草图。在左侧的 FeatureManager 设计树中用鼠标选择"前视基准面"作为绘制图形的基准面。单击"草图"控制面板中的"直线"按钮，绘制图 5-38 中的直线段；单击"草图"控制面板中的"三点圆弧"按钮，绘制图 5-38 中的圆弧。

注意

在使用"三点圆弧"命令时，首先确定圆弧的起点和终点，然后通过第三点确定圆弧的方向。可以通过拖动鼠标在圆弧内外的位置来改变圆弧的方向。

(3) 标注尺寸。选择菜单栏中的"工具"→"标注尺寸"→"智能尺寸"命令，标注图 5-38 中图形的尺寸，结果如图 5-39 所示。

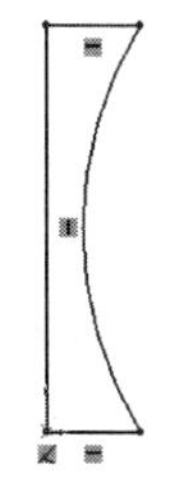

图 5-38　绘制的草图(1)

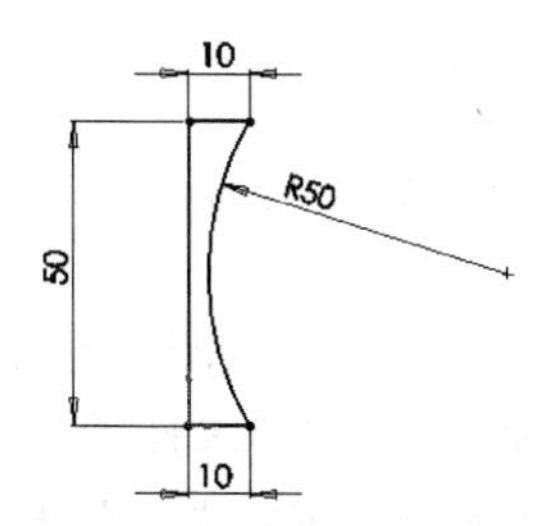

图 5-39　标注草图尺寸

Note

(4) 旋转实体。选择菜单栏中的"插入"→"凸台/基体"→"旋转"命令,或者单击"特征"面板中的"旋转凸台/基体"按钮,弹出如图 5-40 所示的"旋转"属性管理器。在"旋转轴"一栏中,用鼠标选择图 5-39 中最左边的直线段。单击属性管理器中的"确定"按钮✔,结果如图 5-41 所示。

图 5-40 "旋转"属性管理器(1)

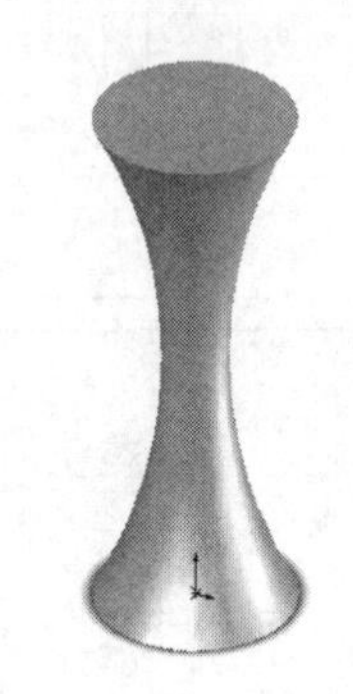

图 5-41 旋转后的图形(1)

(5) 设置基准面。在左侧的 FeatureMannger 设计树中用鼠标选择"前视基准面",然后单击"视图(前导)"工具栏中的"正视于"按钮,将该基准面作为绘制图形的基准面,结果如图 5-42 所示。

(6) 绘制草图。单击"草图"控制面板中的"中心线"按钮,绘制一条通过原点的中心线;单击"草图"控制面板中的"圆心/起/终点画弧"按钮,绘制一个圆心在中心线上的圆弧,结果如图 5-43 所示。

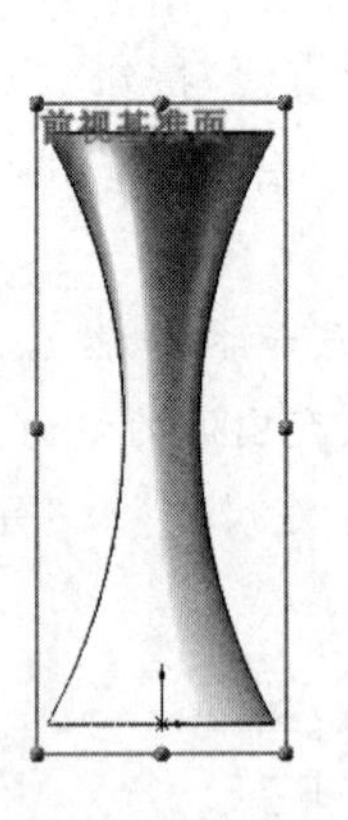

图 5-42 设置的基准面(1)

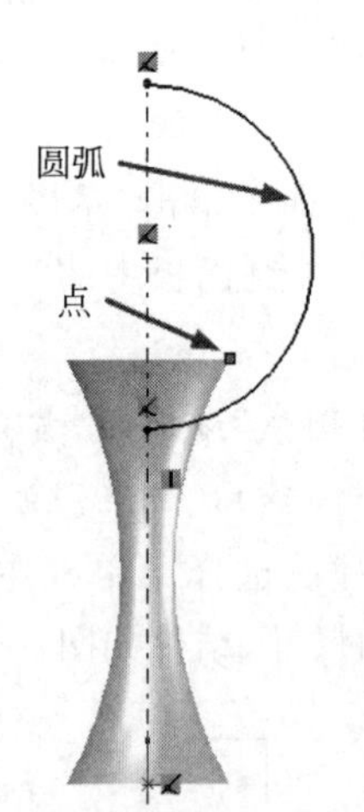

图 5-43 绘制的草图(2)

(7) 添加几何关系。单击"草图"控制面板中的"添加几何关系"按钮,弹出如图 5-44 所示的"添加几何关系"属性管理器。单击图 5-43 中标注的点和圆弧,此时所选的实体出现在属性管理器中,然后单击属性管理器中的"重合"按钮,此时"重合"关系出现在属性管理器中。单击属性管理器中的"确定"按钮✔,再单击"草图" 控制

面板中的“智能尺寸”按钮[icon]，标注图 5-43 中圆弧的尺寸，结果如图 5-45 所示。

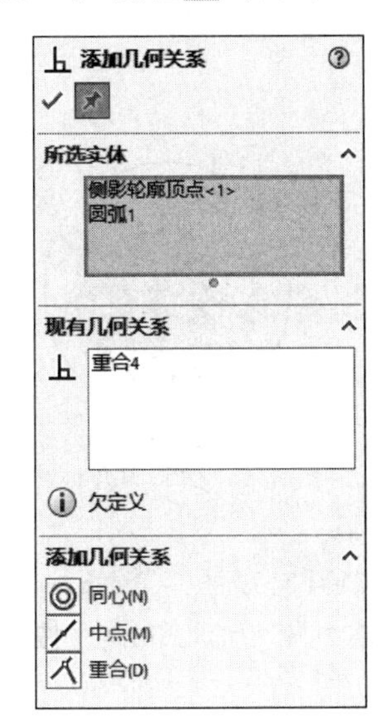

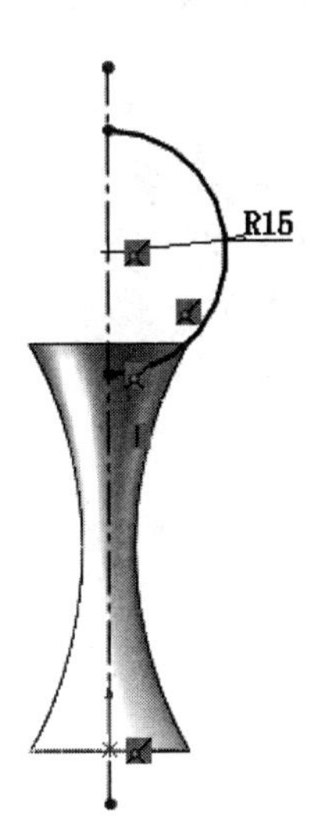

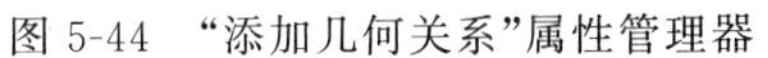

图 5-44 “添加几何关系”属性管理器　　图 5-45 添加几何关系后的图形

注意

添加几何关系是 SOLIDWORKS 中常用的命令，它可以约束两个或者多个几何体的关系，也可以方便地设置几何体的位置关系以及尺寸关系。在实际应用中，灵活使用该命令，可以提高绘图的效率。

(8) 旋转实体。选择菜单栏中的“插入”→“凸台/基体”→“旋转”命令或单击“特征”控制面板中的“旋转凸台/基体”按钮[icon]，弹出是否将该草图闭合的提示框，选择“是”，然后弹出如图 5-46 所示的“旋转”属性管理器。按照图 5-46 所示设置后，单击属性管理器中的“确定”按钮✓，结果如图 5-47 所示。

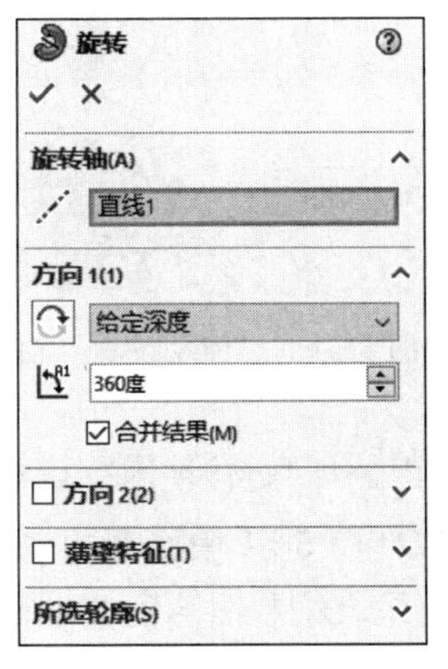

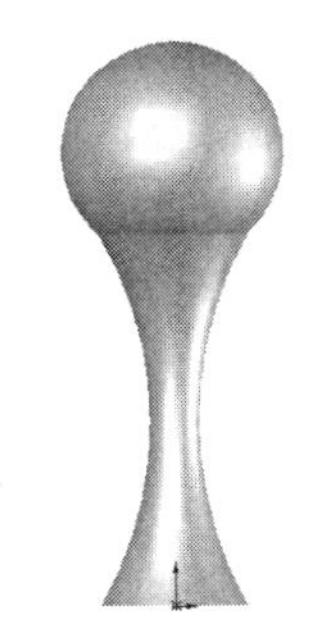

图 5-46 “旋转”属性管理器(2)　　图 5-47 旋转后的图形(2)

(9) 设置基准面。右击，在弹出的快捷菜单中选择“旋转视图”命令或按住鼠标中间滚轮，在绘图区出现[icon]图标，改变视图的方向，然后用鼠标选择图 5-47 中底部的平面作为基准面，单击“视图(前导)”工具栏中的“正视于”按钮[icon]，结果如图 5-48 所示。

（10）绘制草图。单击“草图”控制面板中的“圆”按钮⊙，以原点为圆心绘制一个圆，然后标注圆的直径，结果如图 5-49 所示。

Note

图 5-48　设置的基准面(2)

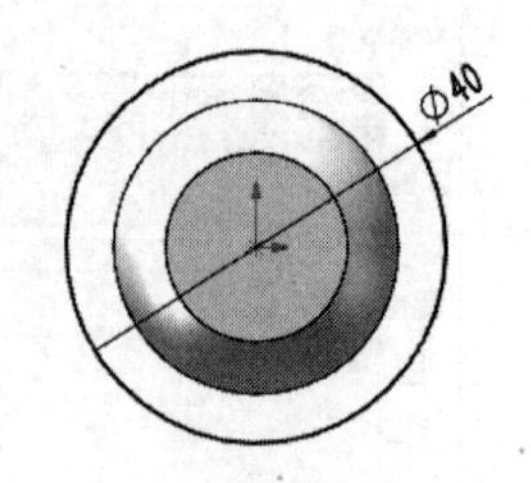

图 5-49　绘制圆并标注尺寸

（11）拉伸实体。单击“特征”控制面板中的“拉伸凸台/基体”按钮，弹出如图 5-50 所示的“凸台-拉伸”属性管理器。在“深度”一栏中输入值 20mm。按照图 5-50 所示进行设置后，单击属性管理器中的“确定”按钮✓。

（12）设置视图方向。单击“视图(前导)”工具栏中“等轴测”按钮，将视图以等轴测方向显示，结果如图 5-51 所示。

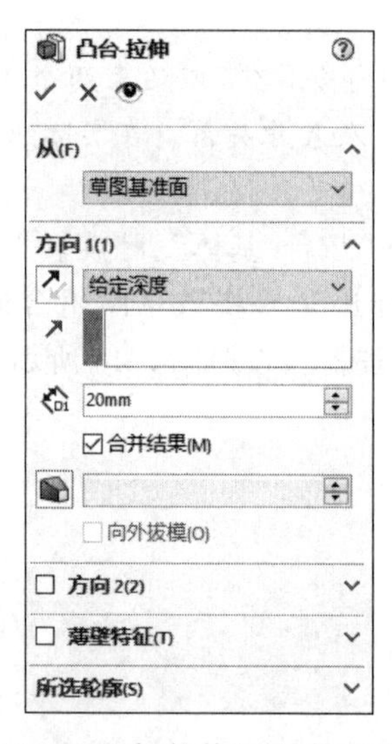

图 5-50　“凸台-拉伸”属性管理器(1)

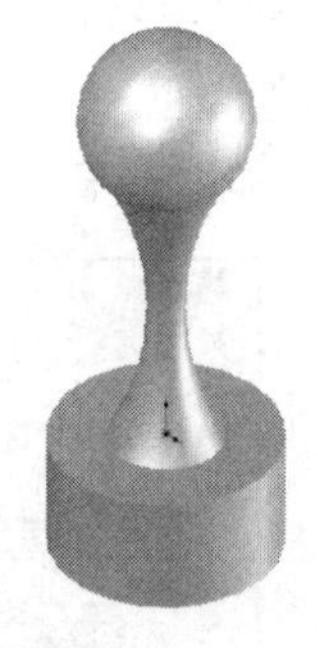

图 5-51　拉伸及设置等轴测方向后的图形

（13）设置基准面。右击，在弹出的快捷菜单中选择“旋转视图”命令或按住鼠标中间滚轮，在绘图区出现图标，改变视图的方向。选择图 5-51 中底部的平面，然后单击“视图(前导)”工具栏中的“正视于”按钮，将该表面作为绘制图形的基准面，结果如图 5-52 所示。

（14）绘制草图文字。选择菜单栏中的“工具”→“草图绘制实体”→“文字”命令，或者单击“草图”控制面板中的“文字”按钮Ⓐ，弹出如图 5-53 所示的“草图文字”属性管理器。在“文字”一栏中输入需要的文字，并设置文字的大小及属性，然后用鼠标调整文字在基准面上的位置。单击属性管理器中的“确定”按钮✓，结果如图 5-54 所示。

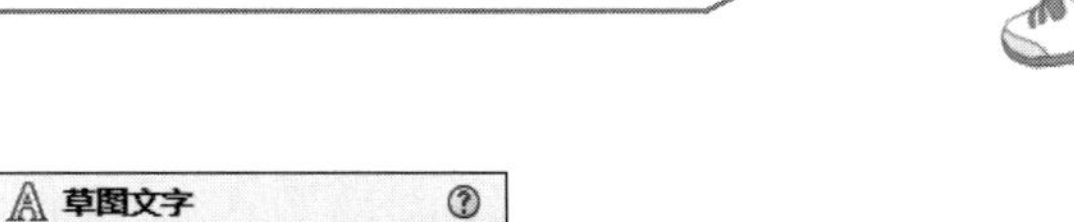

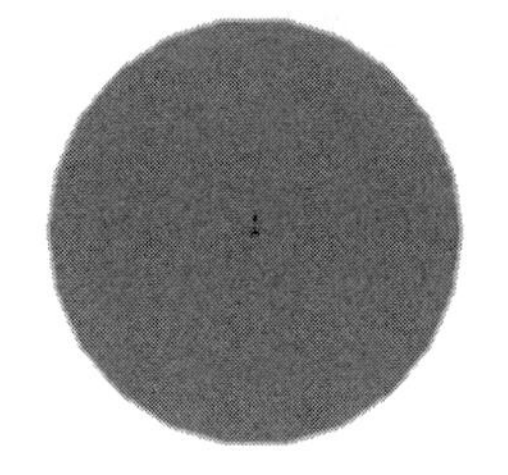

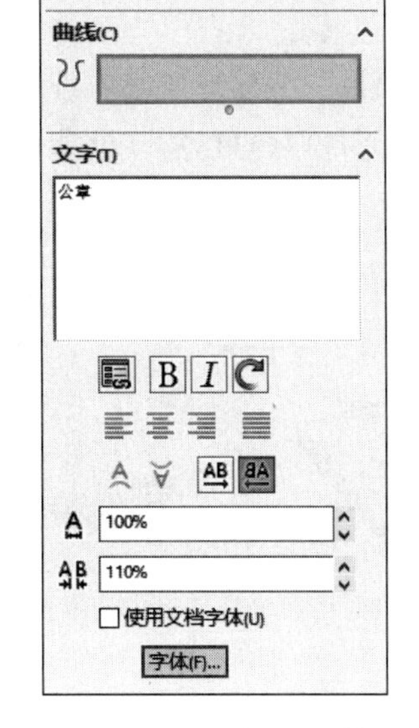

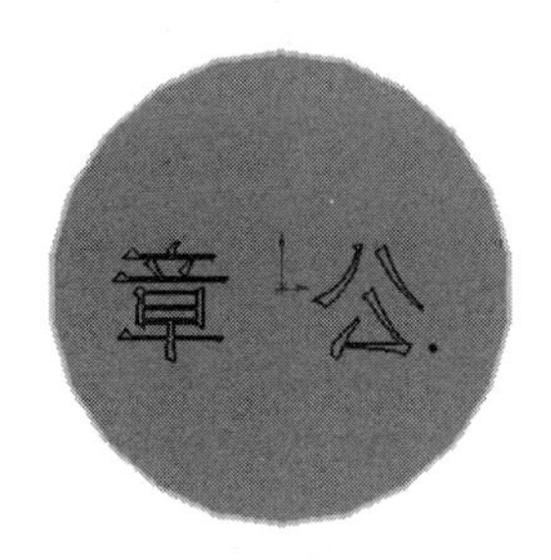

图 5-52 设置的基准面(3) 图 5-53 "草图文字"属性管理器 图 5-54 绘制的草图文字

(15) 拉伸草图文字。单击"特征"控制面板中的"拉伸凸台/基体"按钮，此时系统弹出如图 5-55 所示的"凸台-拉伸"属性管理器。在"深度"一栏中输入值 3mm。按照图 5-55 所示进行设置后，单击属性管理器中的"确定"按钮。

(16) 设置视图方向。右击，在弹出的快捷菜单中选择"旋转视图"命令或按住鼠标中间滚轮，在绘图区出现图标，将视图以合适的方向显示，结果如图 5-56 所示。

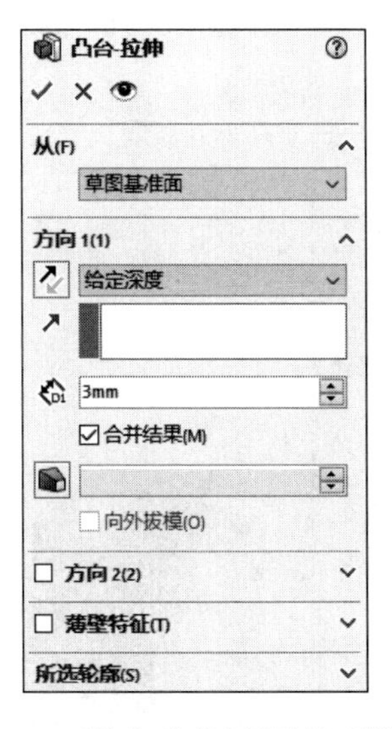

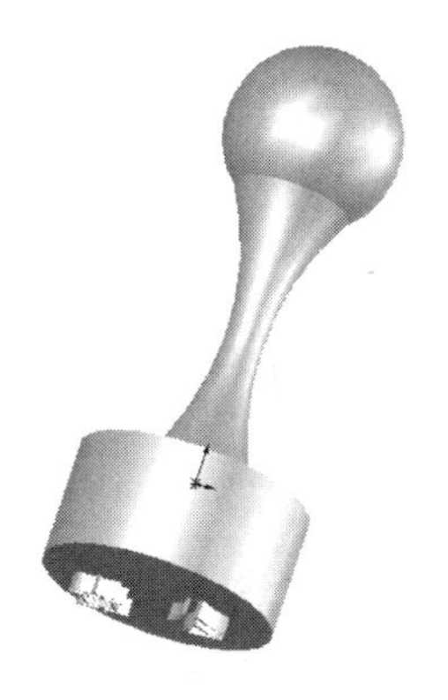

图 5-55 "凸台-拉伸"属性管理器(2) 图 5-56 拉伸及设置视图方向后的图形

5.3 扫　　描

Note

扫描特征是指由二维草绘平面沿一平面或空间轨迹线扫描而成的一类特征。沿着一条路径移动轮廓(截面)可以生成基体、凸台、切除或曲面,如图 5-57 所示。

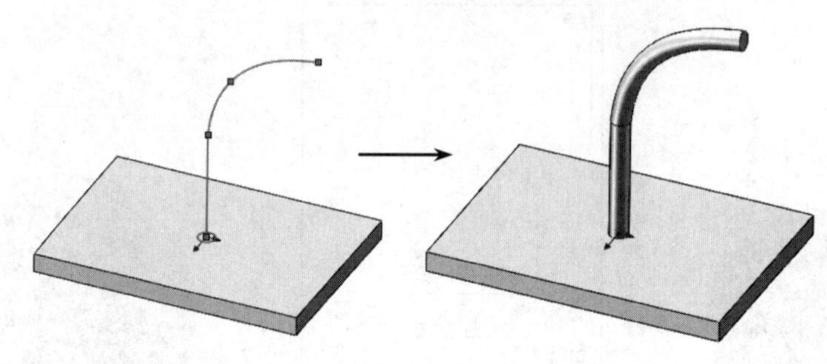

图 5-57　由扫描特征形成的零件

5.3.1　凸台/基体扫描

5-7

凸台/基体扫描特征属于叠加特征。下面介绍创建凸台/基体扫描特征的操作步骤。

(1) 打开源文件“X:\源文件\原始文件\5\凸台基体扫描.SLDPRT”。在一个基准面上绘制一个闭环的非相交轮廓。使用草图、现有的模型边线或曲线生成轮廓将遵循的路径,如图 5-58 所示。

(2) 单击“特征”工具栏中“扫描”按钮,或选择菜单栏中的“插入”→“凸台/基体”→“扫描”命令,或者单击“特征”面板中的“扫描”按钮。

(3) 弹出“扫描”属性管理器,同时在右侧的图形区中显示生成的扫描特征,如图 5-59 所示。

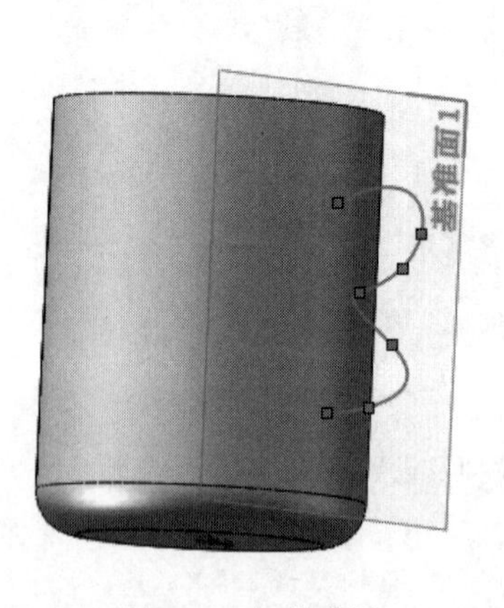

图 5-58　扫描草图

图 5-59　“扫描”属性管理器及示意图

(4) 单击“轮廓”按钮，然后在图形区中选择轮廓草图。

(5) 单击“路径”按钮，然后在图形区中选择路径草图。如果预先选择了轮廓草图或路径草图，则草图将显示在对应的属性管理器文本框中。

(6) 在“轮廓方位”下拉列表框中选择以下选项之一。

- 随路径变化：草图轮廓随路径的变化而变换方向，其法线与路径相切，如图 5-60(a)所示。
- 保持方向不变：草图轮廓保持法线方向不变，如图 5-60(b)所示。

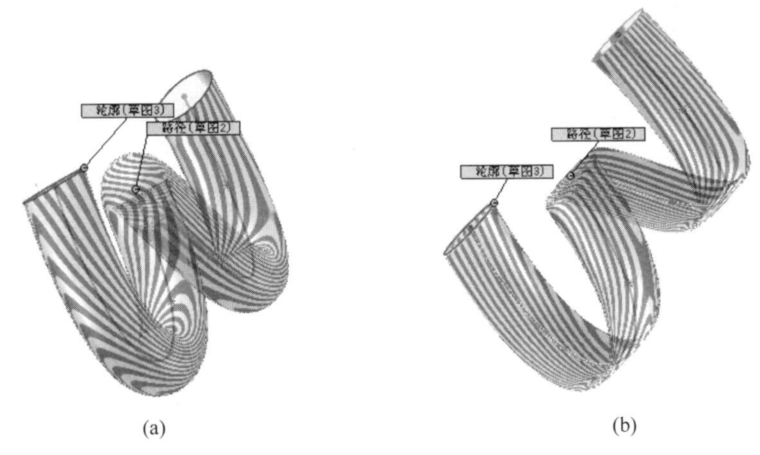

图 5-60　扫描特征

(a) 随路径变化；(b) 保持方向不变

(7) 如果要生成薄壁特征扫描，则勾选“薄壁特征”复选框，从而激活薄壁选项，如下所示。

- 选择薄壁类型(单向、两侧对称或双向)。
- 设置薄壁厚度。

(8) 扫描属性设置完毕，单击“确定”按钮✔。

5.3.2 引导线扫描

5-8

SOLIDWORKS2020 不仅可以生成等截面的扫描，还可以生成随着路径变化截面也发生变化的扫描——引导线扫描。如图 5-61 所示展示了引导线扫描效果。

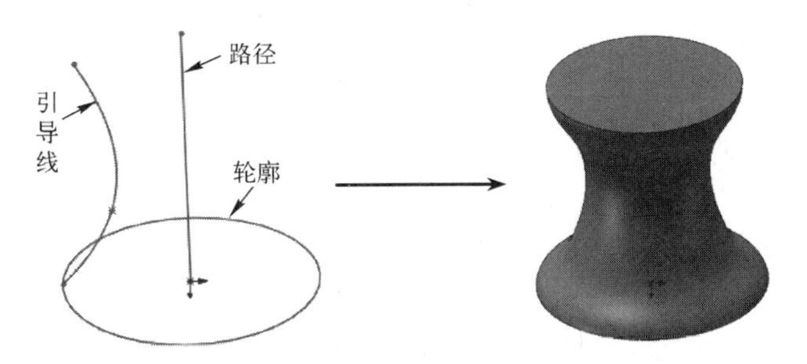

图 5-61　引导线扫描效果

Note

在利用引导线生成扫描特征之前，应该注意以下几点。

- 应该先生成扫描路径和引导线，然后再生成截面轮廓。
- 引导线必须要和轮廓相交于一点，作为扫描曲面的顶点。
- 最好在截面草图上添加引导线上的点和截面相交处之间的穿透关系。

下面介绍利用引导线生成扫描特征的操作步骤。

（1）打开源文件“X:\源文件\原始文件\5\引导线扫描.SLDPRT”。在轮廓草图中引导线与轮廓相交处添加穿透几何关系。穿透几何关系将使截面沿着路径改变大小、形状或者两者均改变。截面受曲线的约束，但曲线不受截面的约束，绘制如图5-62所示的轮廓、路径和引导线草图。

（2）单击“特征”控制面板中的“扫描”按钮，或选择菜单栏中的“插入”→“凸台/基体”→“扫描”命令。如果要生成切除扫描特征，则选择菜单栏中的“插入”→“切除”→“扫描”命令。

（3）弹出“扫描”属性管理器，同时在右侧的图形区中显示生成的基体或凸台扫描特征（图5-63）。

（4）单击“轮廓”按钮，然后在图形区中选择轮廓草图。

（5）单击“路径”按钮，然后在图形区中选择路径草图。如果勾选了“显示预览”复选框，此时在图形区中将显示不随引导线变化截面的扫描特征。

（6）在“引导线”选项组中单击“引导线”按钮，然后在图形区中选择引导线。此时在图形区中将显示随引导线变化截面的扫描特征，如图5-63所示。

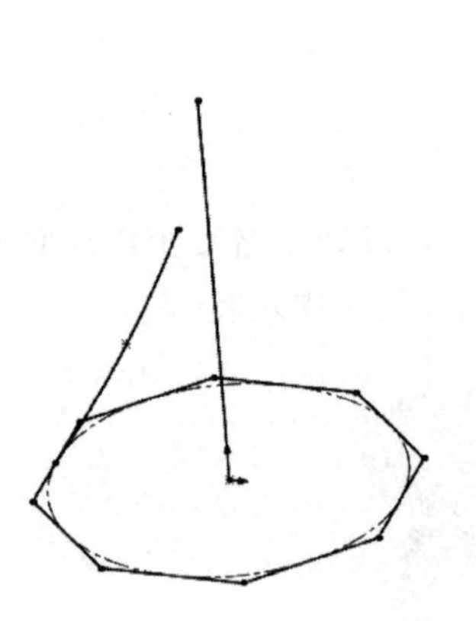

图5-62　打开的文件实体

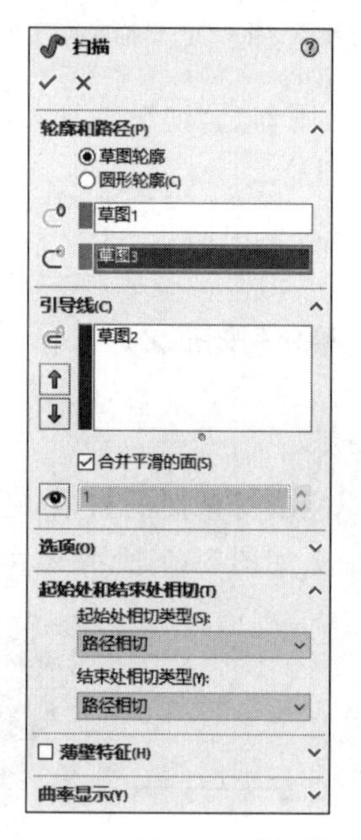

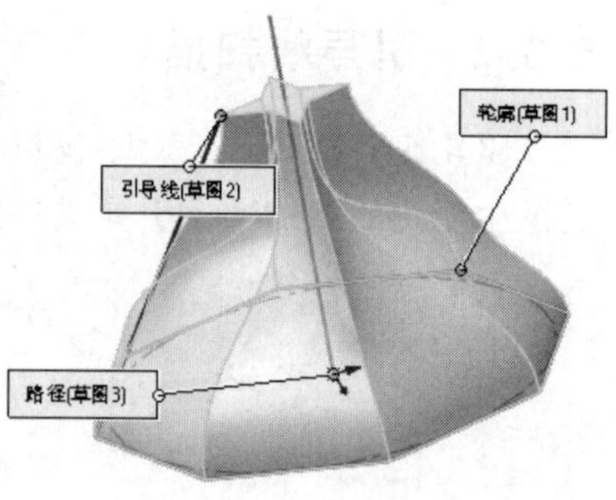

图5-63　“扫描”属性管理器及引导线扫描示意图

（7）如果存在多条引导线，可以单击“上移”按钮或“下移”按钮，改变使用引导线的顺序。

（8）单击“显示截面”按钮，然后单击“微调框”箭头，根据截面数量查看并修

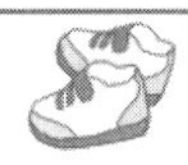

Note

正轮廓。

（9）在“选项”选项组的“方向/扭转类型”下拉列表框中可以选择以下选项。

- 随路径变化：草图轮廓随路径的变化而变换方向，其法线与路径相切。
- 保持法线方向不变：草图轮廓保持法线方向不变。
- 随路径和第一引导线变化：如果引导线不只一条，选择该项将使扫描随第一条引导线变化，如图 5-64(a)所示。
- 随第一和第二引导线变化：如果引导线不只一条，选择该项将使扫描随第一条和第二条引导线同时变化，如图 5-64(b)所示。

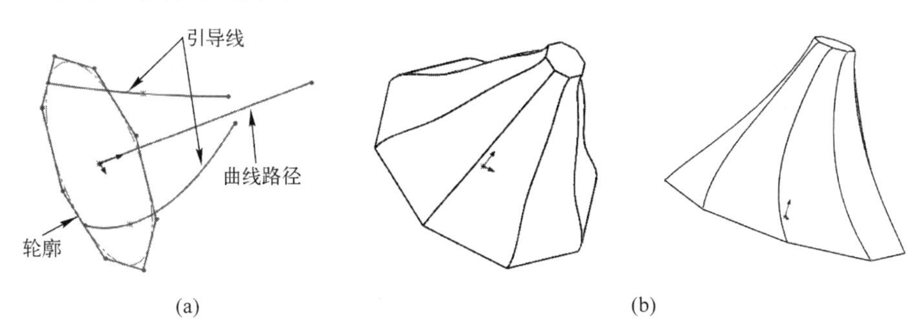

图 5-64　随路径和引导线扫描

（a）随路径和第一条引导线变化；（b）随第一条和第二条引导线同时变化

（10）如果要生成薄壁特征扫描，则勾选“薄壁特征”复选框，从而激活薄壁选项，具体如下。

- 选择薄壁类型(单向、两侧对称或双向)。
- 设置薄壁厚度。

（11）在“起始处/结束处相切”选项组中可以设置起始或结束处的相切选项，具体如下。

- 无：不应用相切。
- 路径相切：扫描在起始处和终止处与路径相切。
- 方向向量：扫描与所选的直线边线或轴线相切，或与所选基准面的法线相切。
- 所有面：扫描在起始处和终止处与现有几何的相邻面相切。

（12）扫描属性设置完毕，单击“确定”按钮 ✔，完成引导线扫描。

扫描路径和引导线的长度可能不同，如果引导线比扫描路径长，扫描将使用扫描路径的长度；如果引导线比扫描路径短，扫描将使用最短的引导线长度。

5.4　放样凸台/基体

所谓放样是指连接多个剖面或轮廓形成的基体、凸台或切除，通过在轮廓之间进行过渡来生成特征。如图 5-65 所示即放样特征实例。

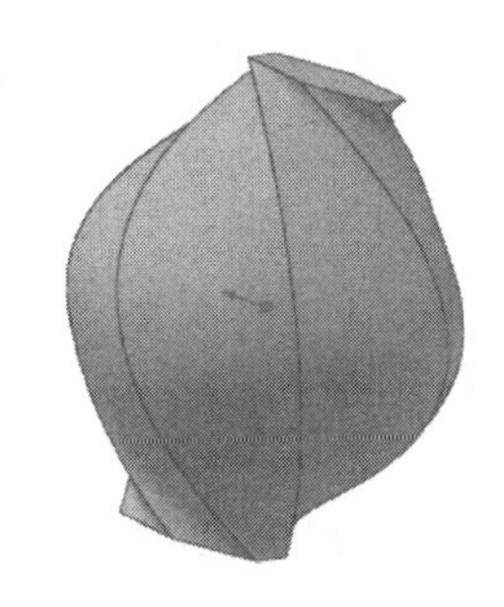

图 5-65　放样特征实例

5.4.1 凸台/基体放样方法

Note

5-9

通过使用空间上两个或两个以上的不同平面轮廓，可以生成最基本的放样特征。下面介绍创建空间轮廓的放样特征的操作步骤。

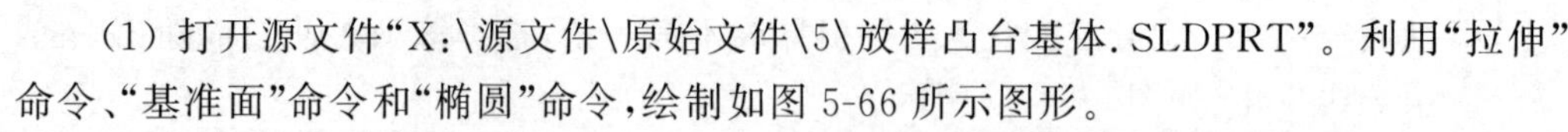

(1) 打开源文件"X:\源文件\原始文件\5\放样凸台基体.SLDPRT"。利用"拉伸"命令、"基准面"命令和"椭圆"命令，绘制如图 5-66 所示图形。

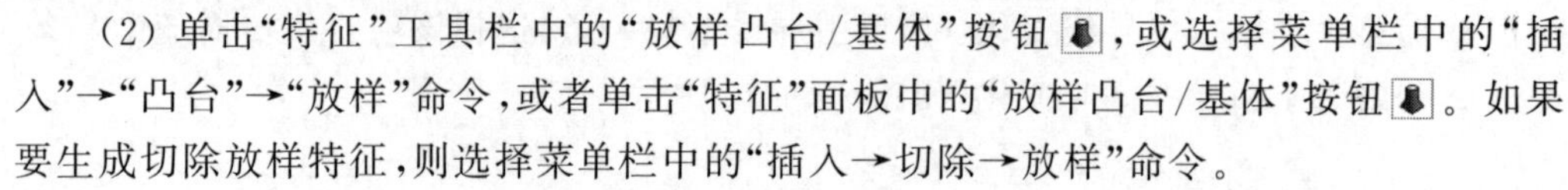

(2) 单击"特征"工具栏中的"放样凸台/基体"按钮，或选择菜单栏中的"插入"→"凸台"→"放样"命令，或者单击"特征"面板中的"放样凸台/基体"按钮。如果要生成切除放样特征，则选择菜单栏中的"插入→切除→放样"命令。

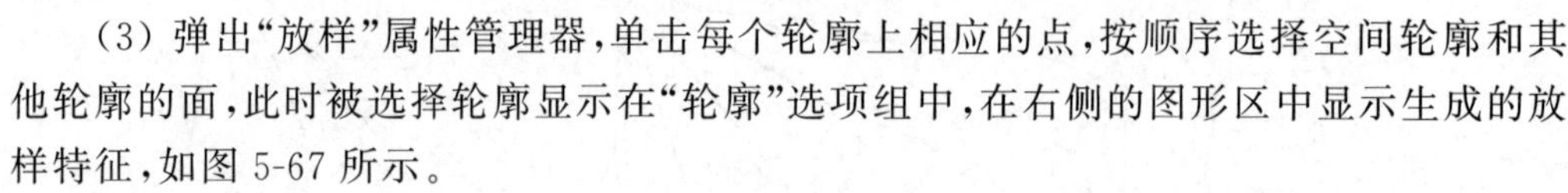

(3) 弹出"放样"属性管理器，单击每个轮廓上相应的点，按顺序选择空间轮廓和其他轮廓的面，此时被选择轮廓显示在"轮廓"选项组中，在右侧的图形区中显示生成的放样特征，如图 5-67 所示。

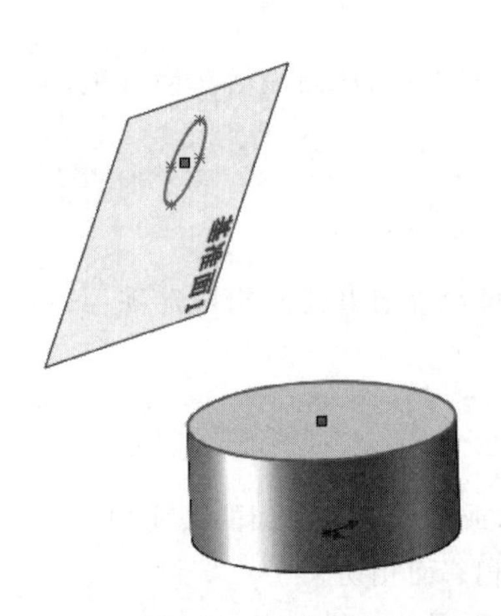

图 5-66 绘制图形

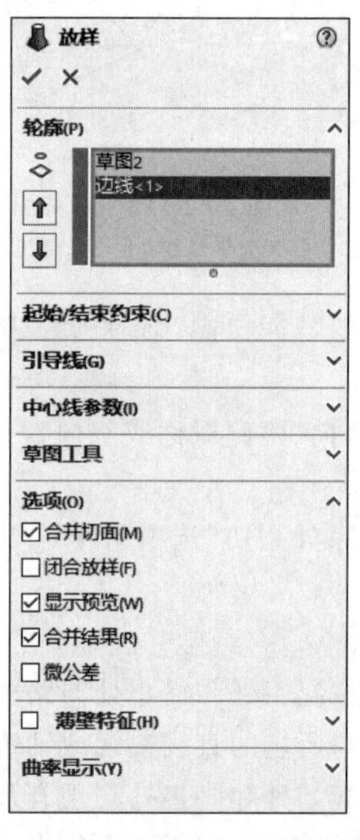

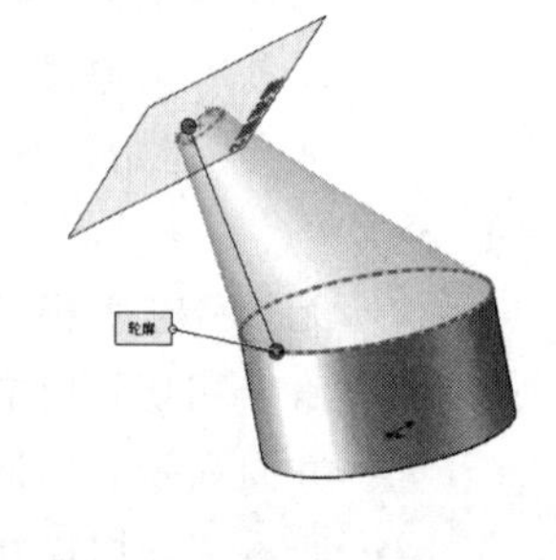

图 5-67 "放样"属性管理器及示意图

(4) 单击"上移"按钮或"下移"按钮，改变轮廓的顺序。此项只针对两个以上轮廓的放样特征。

(5) 如果要在放样的开始和结束处控制相切，则设置"起始/结束约束"选项组，图 5-68 分别显示"开始约束"与"结束约束"两个下拉列表里的选项。

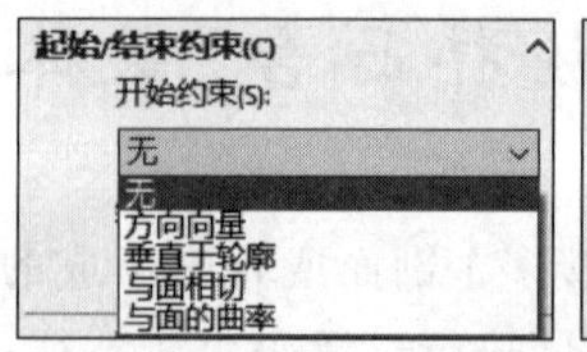

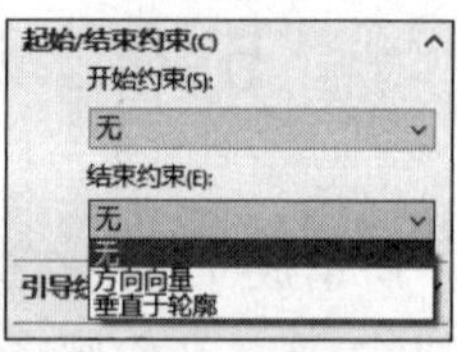

图 5-68 "起始/结束约束"选项组

下面分别介绍"开始约束"与"结

Note

束约束”下拉列表里的常用选项。

- 无：不应用相切。
- 方向向量：放样与所选的边线或轴相切，或与所选基准面的法线相切。
- 垂直于轮廓：放样在起始和终止处与轮廓的草图基准面垂直。
- 与面相切：使相邻面在所选开始或结束轮廓处相切。
- 与面的曲率：在所选开始或结束轮廓处应用平滑、具有美感的曲率连续放样。

如图 5-69 所示说明了相切选项的差异。

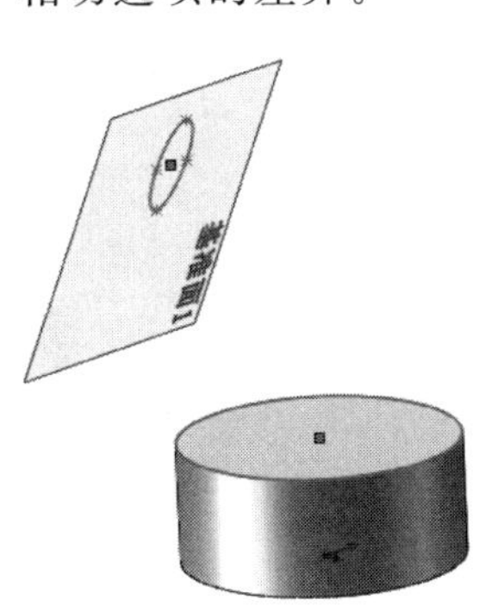

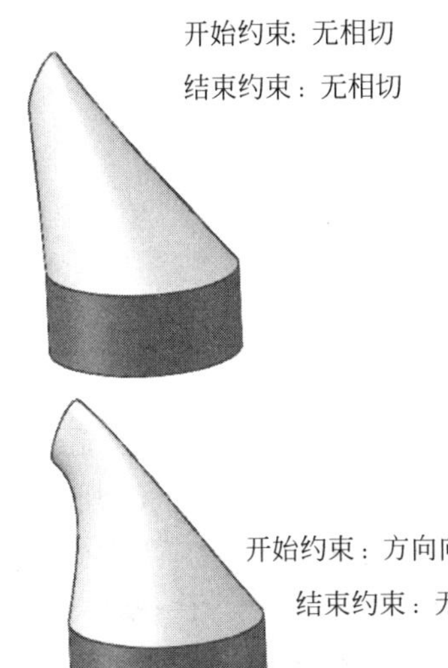

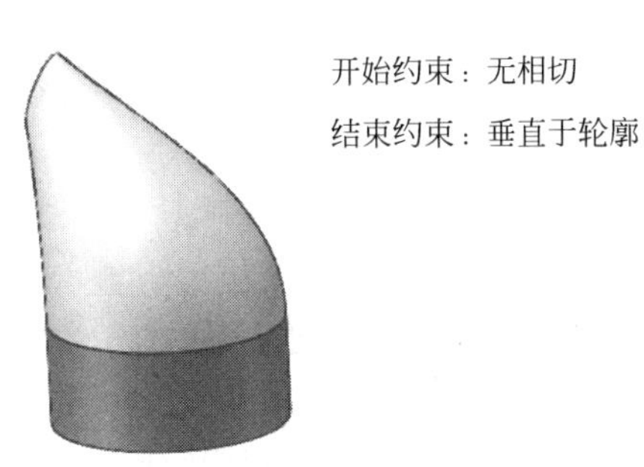

图 5-69　相切选项的差异

(6) 如果要生成薄壁放样特征，则勾选“薄壁特征”复选框，从而激活薄壁选项，具体如下。

- 选择薄壁类型(单向、两侧对称或双向)。
- 设置薄壁厚度。

(7) 放样属性设置完毕，单击“确定”按钮 ✔ 完成放样。

Note

5-10

5.4.2 引导线放样方法

同生成引导线扫描特征一样，SOLIDWORKS 2020 也可以生成引导线放样特征。通过使用两个或多个轮廓并使用一条或多条引导线来连接轮廓，生成引导线放样特征。通过引导线可以帮助控制所生成的中间轮廓。如图 5-70 所示展示了引导线放样效果。

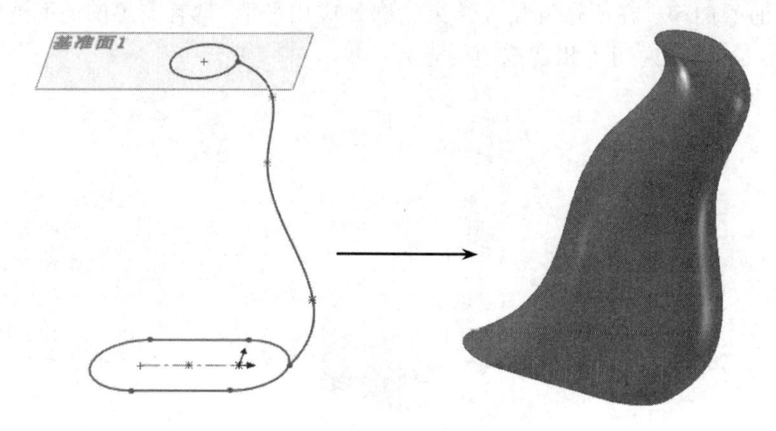

图 5-70　引导线放样效果

在利用引导线生成放样特征时，应该注意以下几点。

- 引导线必须与轮廓相交。
- 引导线的数量不受限制。
- 引导线之间可以相交。
- 引导线可以是任何草图曲线、模型边线或曲线。
- 引导线可以比生成的放样特征长，放样将终止于最短的引导线的末端。

下面介绍创建引导线放样特征的操作步骤。

(1) 打开源文件“X:\源文件\原始文件\5\引导线放样. SLDPRT”。在轮廓所在的草图中为引导线和轮廓顶点添加穿透几何关系或重合几何关系，如图 5-71 所示。

(2) 单击“特征”工具栏中的“放样凸台/基体”按钮，或选择菜单栏中的“插入”→“凸台”→“放样”命令，或者单击“特征”控制面板中的“放样凸台/基体”按钮，如果要生成切除特征，则选择菜单栏中的“插入”→“切除”→“放样”命令。

(3) 弹出“放样”属性管理器，单击每个轮廓上相应的点，按顺序选择空间轮廓和其他轮廓的面，此时被选择轮廓显示在“轮廓”选项组中，如图 5-72(a)所示。

(4) 单击“上移”按钮或“下移”按钮，改变轮廓的顺序，此项只针对两个以上轮廓的放样特征。

(5) 在“引导线”选项组中单击“引导线框”按钮，然后在图形区中选择引导线。此时在图形区中将显示随引导线变化的放样特征，如图 5-72(b)所示。

(6) 如果存在多条引导线，可以单击“上移”按钮或“下移”按钮，改变使用引导线的顺序。

(7) 通过“起始/结束约束”选项组可以控制草图、面或曲面边线之间的相切量和放样方向。

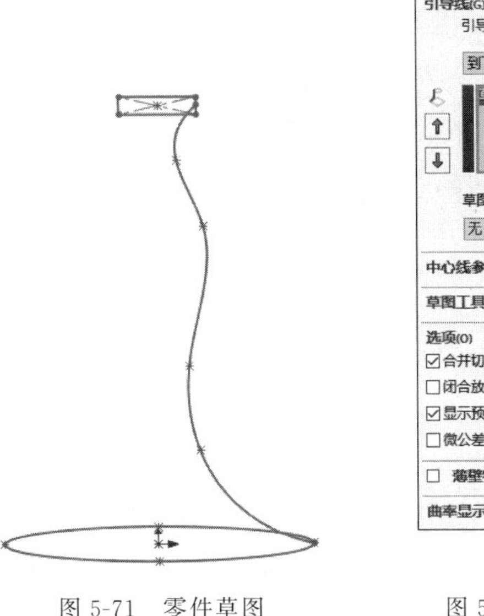

图 5-71　零件草图

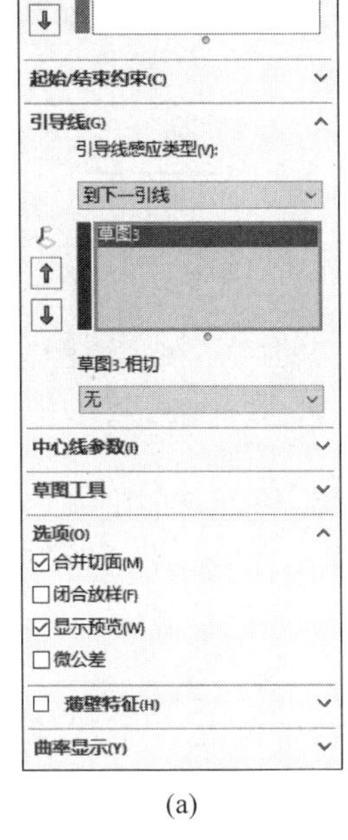

(a)

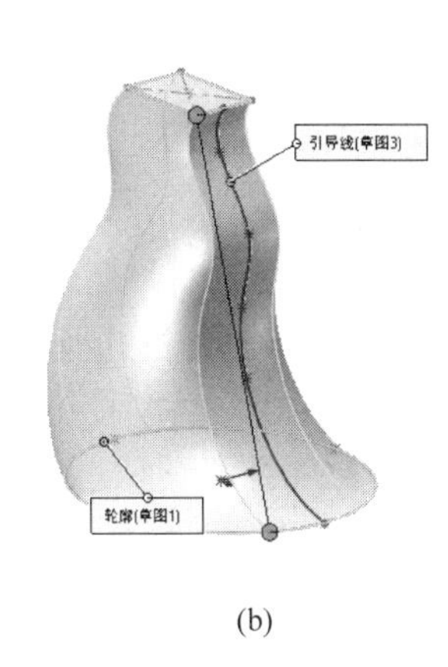

(b)

图 5-72　“放样”属性管理器及随引导线变化的示意图

(8) 如果要生成薄壁特征，则勾选“薄壁特征”复选框，从而激活薄壁选项，设置薄壁特征。

(9) 放样属性设置完毕，单击“确定”按钮✔完成放样。

技巧荟萃

绘制引导线放样时，草图轮廓必须与引导线相交。

5.4.3　中心线放样方法

5-11

SOLIDWORKS 2020 还可以生成中心线放样特征。中心线放样是指将一条变化的引导线作为中心线进行的放样，在中心线放样特征中，所有中间截面的草图基准面都与此中心线垂直。

中心线放样特征的中心线必须与每个闭环轮廓的内部区域相交，而不是像引导线放样那样必须与每个轮廓线相交。图 5-73 所示展示了中心线放样效果。

下面介绍创建中心线放样特征的操作步骤。

(1) 打开源文件“X:\源文件\原始文件\5\中心线放样.SLDPRT”。利用“草图绘制”命令绘制如图 5-74 所示的草图，注意 3 个草图在不同的平面上。

(2) 单击“特征”面板中的“放样凸台/基体”按钮，或选择菜单栏中的“插入”→“凸台”→“放样”命令。如果要生成切除特征，则选择菜单栏中的“插入”→“切除”→“放

Note

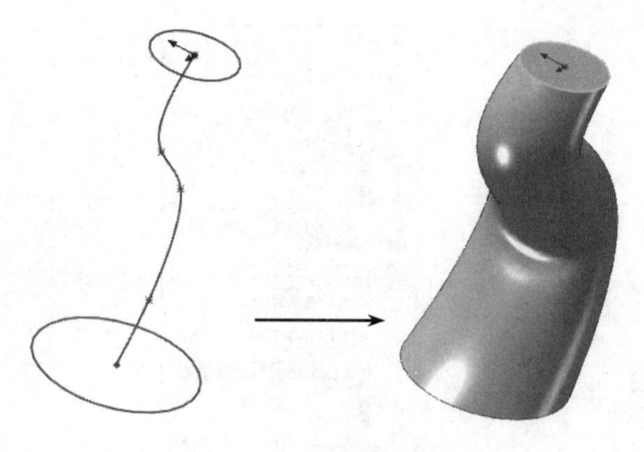

图 5-73　中心线放样效果

样”命令。

(3) 弹出“放样”属性管理器，单击每个轮廓上相应的点，按顺序选择空间轮廓和其他轮廓的面，此时被选择轮廓显示在“轮廓”选项组中。

(4) 单击“上移”按钮⬆或“下移”按钮⬇，改变轮廓的顺序，此项只针对两个以上轮廓的放样特征。

(5) 在“中心线参数”选项组中单击“中心线框”按钮，然后在图形区中选择中心线，此时在图形区中将显示随着中心线变化的放样特征，如图 5-75 所示。

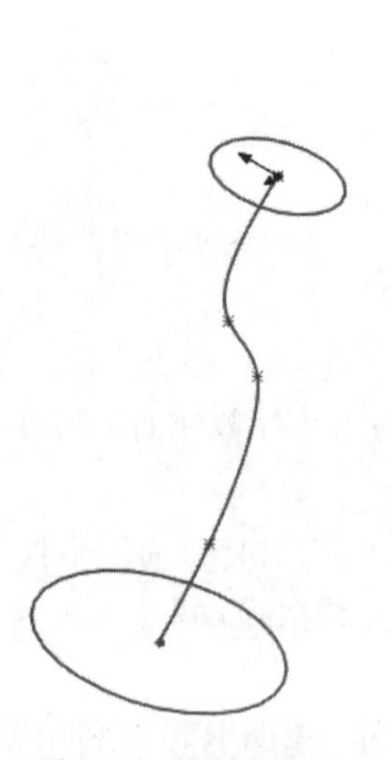

图 5-74　绘制的草图

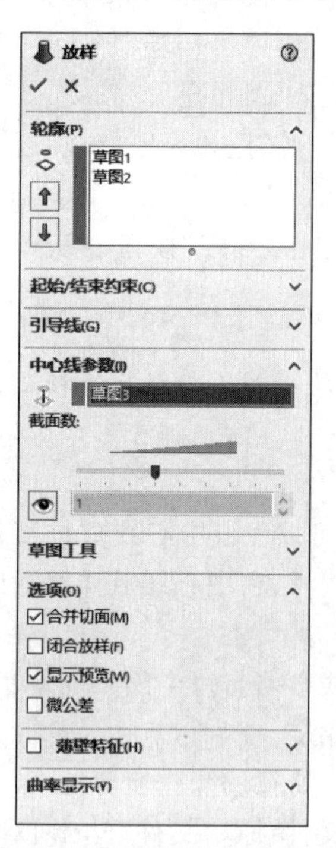

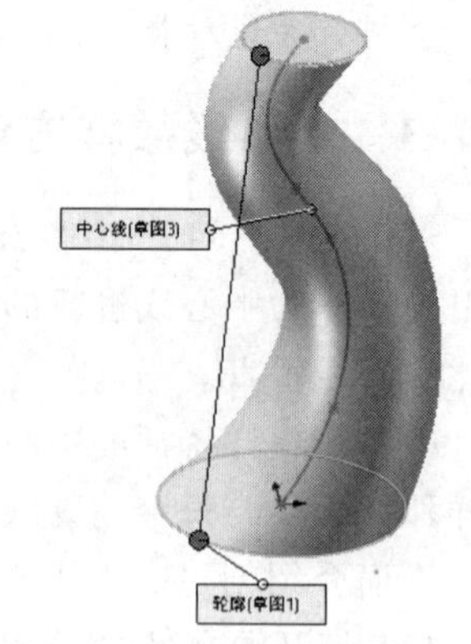

图 5-75　“放样”属性管理器及随中心线变化的示意图

(6) 调整“截面数”滑杆来更改在图形区显示的预览数。

(7) 单击“显示截面”按钮，然后单击“微调框”箭头，根据截面数量查看并修

正轮廓。

（8）如果要在放样的开始和结束处控制相切，则设置“起始/结束约束”选项组。

（9）如果要生成薄壁特征，则勾选“薄壁特征”复选框，并设置薄壁特征。

（10）放样属性设置完毕后，单击“确定”按钮✔，完成放样。

技巧荟萃

绘制中心线放样时，中心线必须与每个闭环轮廓的内部区域相交。

5-12

5.4.4　分割线放样方法

要生成一个与空间曲面无缝连接的放样特征，就必须用到分割线放样。分割线放样可以将放样中的空间轮廓转换为平面轮廓，从而使放样特征进一步扩展到空间模型的曲面上。如图 5-76 所示说明了分割线放样效果。

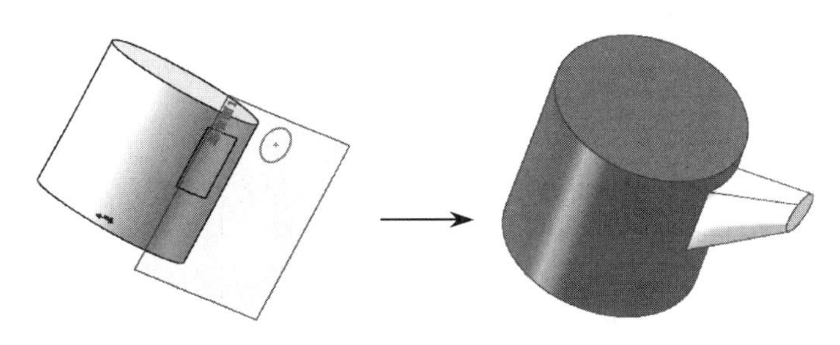

图 5-76　分割线放样效果

下面介绍创建分割线放样的操作步骤。

（1）打开源文件“X:\源文件\原始文件\5\分割线放样.SLDPRT”。单击“特征”控制面板中的“放样凸台/基体”按钮，或选择菜单栏中的“插入”→“凸台”→“放样”命令。如果要生成切除特征，则选择菜单栏中的“插入”→“切除”→“放样”命令，弹出“放样”属性管理器。

（2）单击每个轮廓上相应的点，按顺序选择空间轮廓和其他轮廓的面，此时被选择轮廓显示在“轮廓”选项组中。此时，分割线也是一个轮廓。

（3）单击“上移”按钮或“下移”按钮，改变轮廓的顺序，此项只针对两个以上轮廓的放样特征。

（4）如果要在放样的开始和结束处控制相切，则设置“起始/结束约束”选项组。

（5）如果要生成薄壁特征，则勾选“薄壁特征”复选框，并设置薄壁特征。

（6）放样属性设置完毕，单击“确定”按钮✔，完成放样，效果如图 5-76 所示。

利用分割线放样不仅可以生成普通的放样特征，还可以生成引导线或中心线放样特征。它们的操作步骤基本一样，这里不再赘述。

5.5　切除特征

图 5-77 展示了利用拉伸切除特征生成的几种零件效果。下面介绍创建拉伸切除特征的操作步骤。

Note

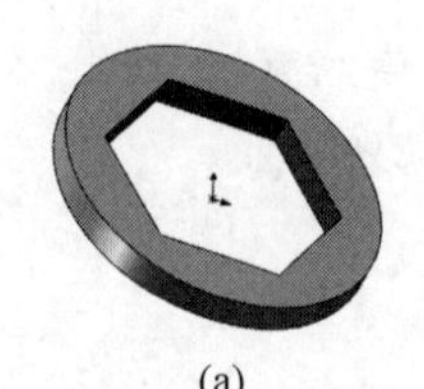
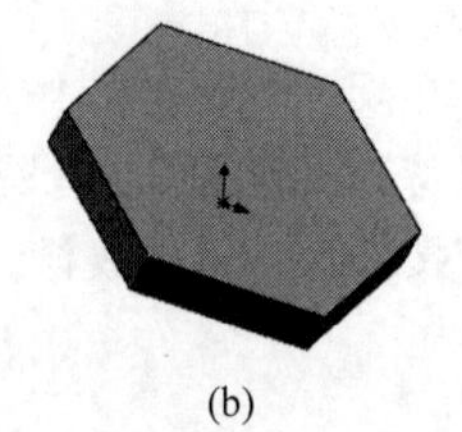
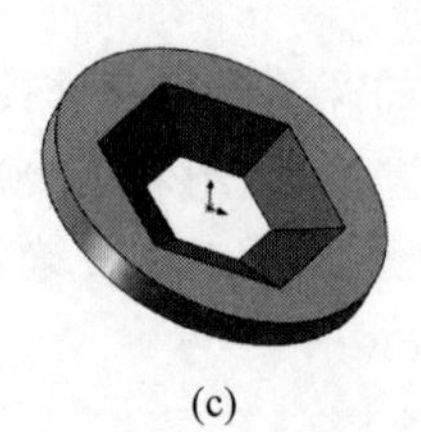
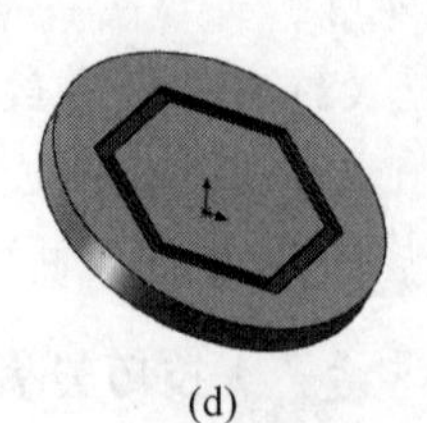

(a) (b) (c) (d)

图 5-77 利用拉伸切除特征生成的几种零件效果

(a) 拉伸切除；(b) 反侧切除；(c) 拔模切除；(d) 薄壁切除

5-13

5.5.1 拉伸切除特征

(1) 打开源文件“X:\源文件\原始文件\5\拉伸切除特征.SLDPRT”。在图 5-78 中保持草图处于激活状态,单击“特征”工具栏中的“拉伸切除”按钮,或选择菜单栏中的“插入”→“切除”→“拉伸”命令,或者单击“特征”面板中的“拉伸切除”按钮。

(2) 弹出“切除-拉伸”属性管理器,如图 5-79 所示。

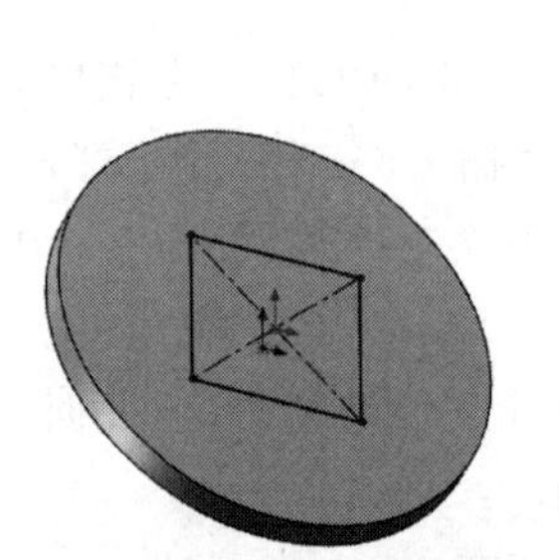
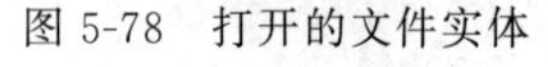

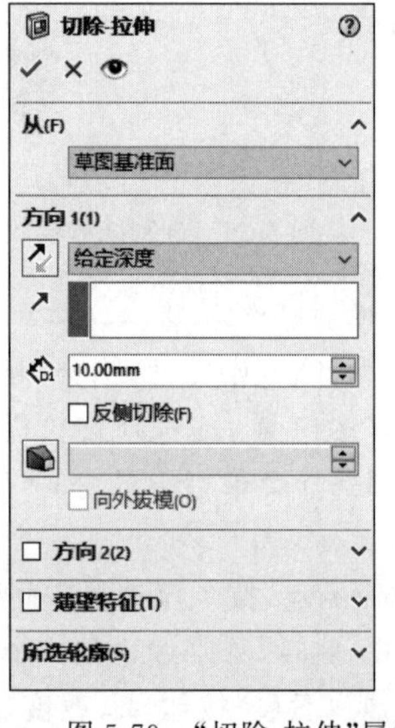

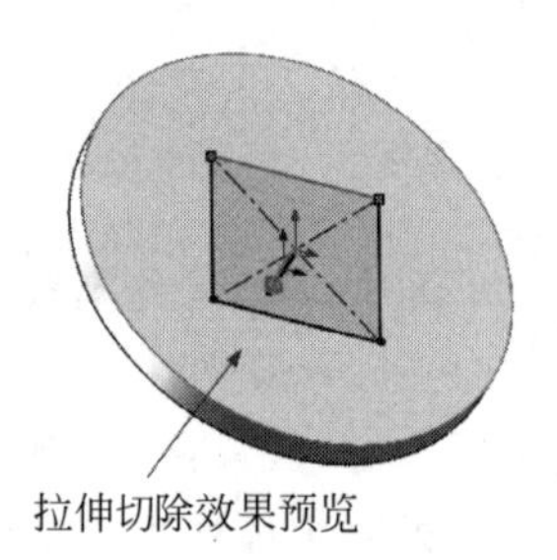

图 5-78 打开的文件实体

图 5-79 “切除-拉伸”属性管理器及效果预览图

(3) 在“方向 1”选项组中执行如下操作。

- 在“反向”按钮右侧的“终止条件”下拉列表框中选择“切除-拉伸”。
- 如果勾选了“反侧切除”复选框,将生成反侧切除特征。
- 单击“反向”按钮,可以向另一个方向切除。
- 单击“拔模开/关”按钮,可以给特征添加拔模效果。

(4) 如果有必要,勾选“方向 2”复选框,将拉伸切除应用到第二个方向。

(5) 如果要生成薄壁切除特征,勾选“薄壁特征”复选框,然后执行如下操作。

- 在“反向”按钮右侧的下拉列表框中选择切除类型：单向、两侧对称或双向。
- 单击“反向”按钮,可以以相反的方向生成薄壁切除特征。
- 在“厚度微调”文本框中输入切除的厚度。

(6) 单击“确定”按钮✓,完成拉伸切除特征的创建。

技巧荟萃

下面以图 5-80 为例,说明“反侧切除”复选框对拉伸切除特征的影响。图 5-80(a)所示为绘制的草图轮廓,图 5-80(b)所示为取消对“反侧切除”复选框勾选的拉伸切除特征,图 5-80(c)所示为勾选“反侧切除”复选框的拉伸切除特征。

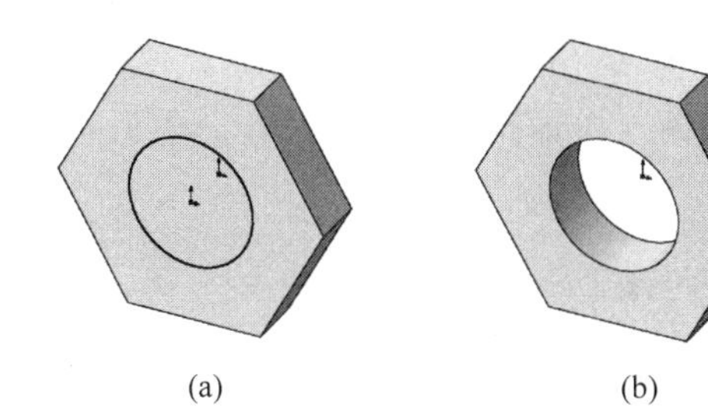

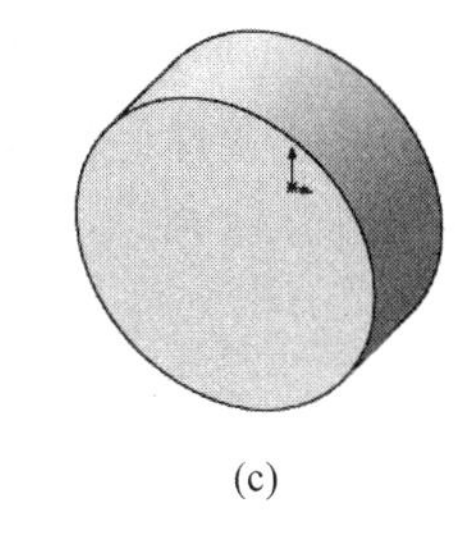

(a)　(b)　(c)

图 5-80　“反侧切除”复选框对拉伸切除特征的影响

(a) 绘制的草图轮廓;(b) 未选择“反侧切除”复选框的特征图形;(c) 选择“反侧切除”复选框的特征图形

5.5.2　实例——小臂

5-14

本例绘制的小臂如图 5-81 所示。

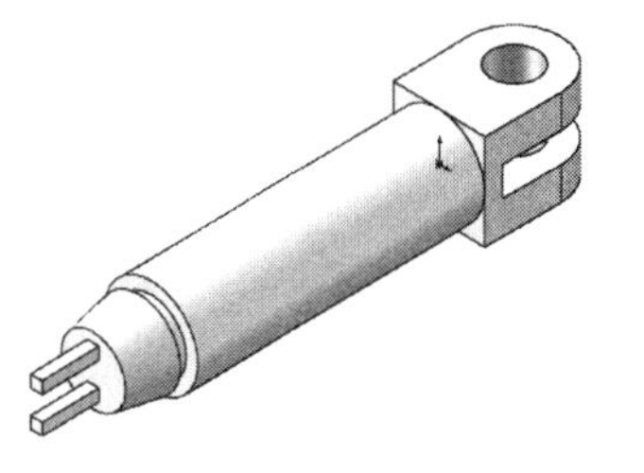

图 5-81　小臂

思路分析

首先利用“拉伸”命令依次绘制小臂的外形轮廓,然后切除小臂局部实体,最后旋转剩余草图。绘制的流程图如图 5-82 所示。

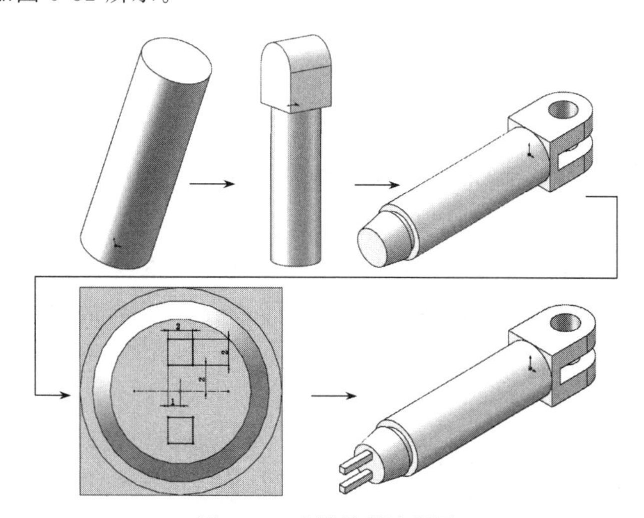

图 5-82　小臂绘制流程图

绘制步骤

(1) 新建文件。启动 SOLIDWORKS 2020,选择菜单栏中的“文件”→“新建”命

Note

令，或者单击“标准”工具栏中的“新建”按钮，在弹出的“新建 SOLIDWORKS 文件”对话框中单击“零件”按钮，然后单击“确定”按钮，创建一个新的零件文件。

(2) 绘制草图。在左侧的 FeatureManager 设计树中用鼠标选择“前视基准面”作为绘制图形的基准面。单击“草图”控制面板中的“圆”按钮，在坐标原点绘制直径为16mm 的圆，标注尺寸后结果如图 5-83 所示。

(3) 拉伸实体。选择菜单栏中的“插入”→“凸台/基体”→“拉伸”命令，或者单击“特征”面板中的“拉伸凸台/基体”按钮，弹出如图 5-84 所示的“凸台-拉伸”属性管理器。设置拉伸终止条件为“给定深度”，输入拉伸距离为 50.00mm，然后单击“确定”按钮✔，结果如图 5-85 所示。

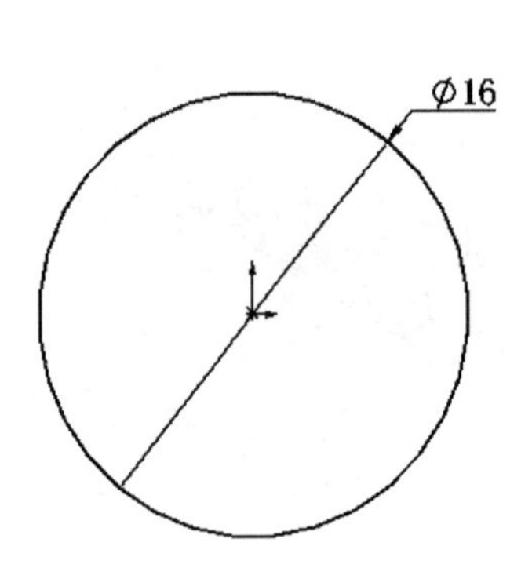

图 5-83　绘制的草图

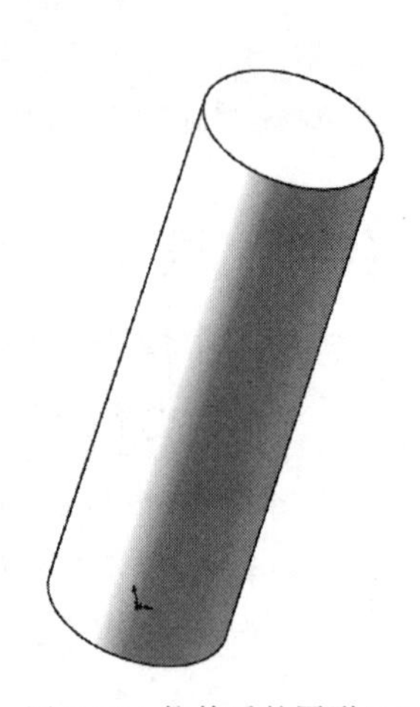

图 5-84　“凸台-拉伸”属性管理器(1)　图 5-85　拉伸后的图形(1)

(4) 绘制草图。在左侧的 FeatureManager 设计树中用鼠标选择“上视基准面”作为绘制图形的基准面。单击“草图”控制面板中的“直线”按钮和“三点圆弧”按钮，绘制草图标注尺寸后结果如图 5-86 所示。

(5) 拉伸实体。选择菜单栏中的“插入”→“凸台/基体”→“拉伸”命令，或者单击“特征”面板中的“拉伸凸台/基体”按钮，弹出如图 5-87 所示的“凸台-拉伸”属性管理器。设置拉伸终止条件为“两侧对称”，输入拉伸距离为 16.00mm，然后单击“确定”按钮✔，结果如图 5-88 所示。

(6) 绘制草图。在左侧的 FeatureManager 设计树中用鼠标选择“上视基准面”作为绘制图形的基准面。单击“草图”控制面板中的“边角矩形”按钮，绘制草图标注尺寸后结果如图 5-89 所示。

(7) 拉伸切除实体。选择菜单栏中的“插入”→“切除”→“拉伸”命令，或者单击“特征”面板中的“切除拉伸”按钮，此时系统弹出如图 5-90 所示的“切除-拉伸”属性管理器。设置拉伸终止条件为“两侧对称”，输入拉伸距离为 5.00mm，然后单击“确定”按钮

✔，结果如图 5-91 所示。

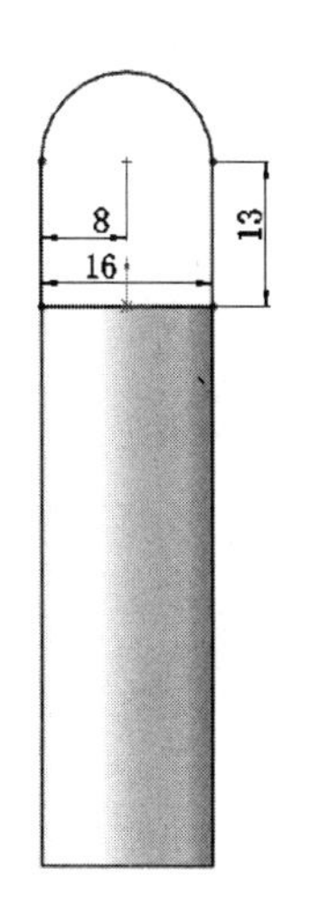

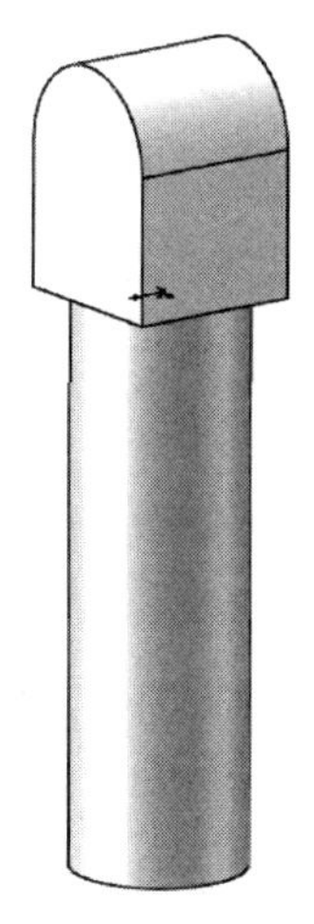

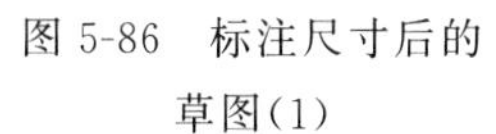

图 5-86　标注尺寸后的草图(1)

图 5-87　“凸台-拉伸”属性管理器(2)

图 5-88　拉伸后的图形(2)

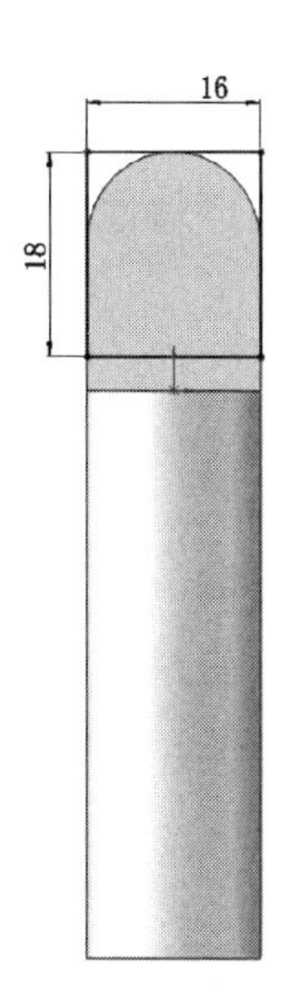

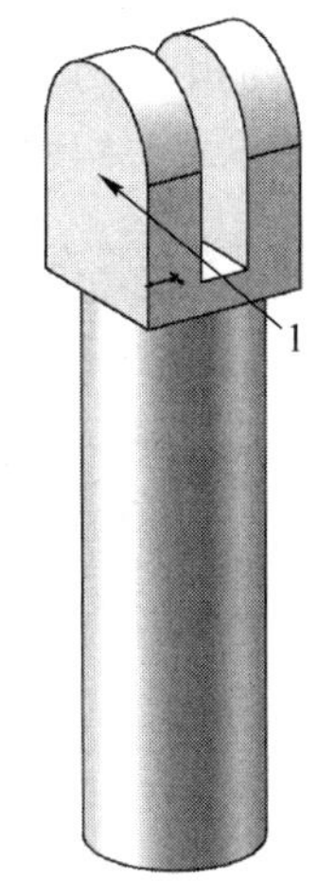

图 5-89　标注尺寸后的草图(2)

图 5-90　“切除-拉伸”属性管理器(1)

图 5-91　拉伸切除后的结果(1)

Note

(8) 绘制草图。在视图中用鼠标选择如图 5-91 所示的面 1 作为绘制图形的基准面。单击“草图”控制面板中的“圆”按钮⊙，绘制如图 5-92 所示的草图并标注尺寸。

(9) 拉伸切除实体。选择菜单栏中的“插入”→“切除”→“拉伸”命令，或者单击“特征”面板中的“切除拉伸”按钮▣，弹出如图 5-93 所示的“切除-拉伸”属性管理器。设置拉伸终止条件为“完全贯穿”，然后单击“确定”按钮✔，结果如图 5-94 所示。

Note

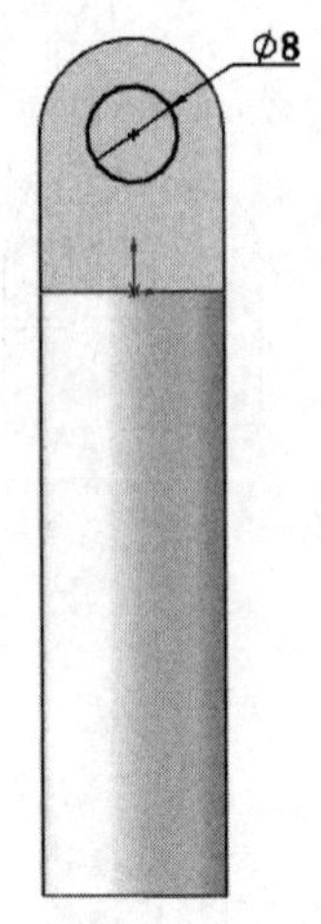

图 5-92　标注尺寸后的草图(3)

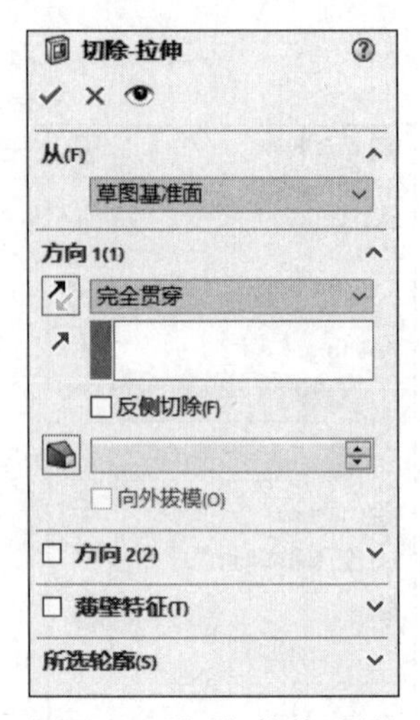

图 5-93　"切除-拉伸"属性管理器(2)

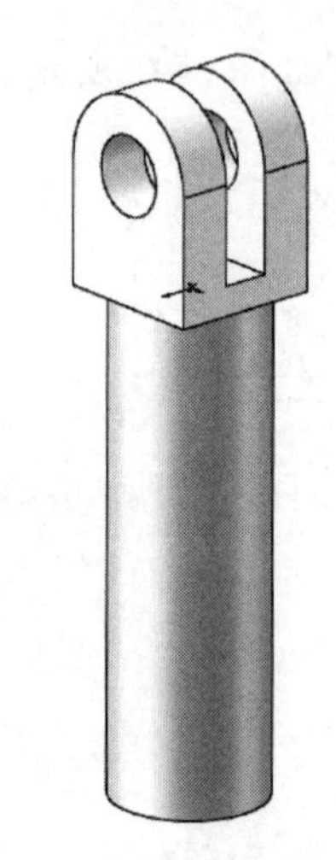

图 5-94　拉伸切除后的结果(2)

(10) 绘制草图。在左侧的 FeatureManager 设计树中用鼠标选择"上视基准面"作为绘制图形的基准面。单击"草图"控制面板中的"直线"按钮，绘制草图标注尺寸后结果如图 5-95 所示。

(11) 旋转实体。选择菜单栏中的"插入"→"凸台/基体"→"旋转"命令，或者单击"特征"面板中的"旋转凸台/基体"按钮，弹出如图 5-96 所示的"旋转"属性管理器。采用默认设置，然后单击"确定"按钮，结果如图 5-97 所示。

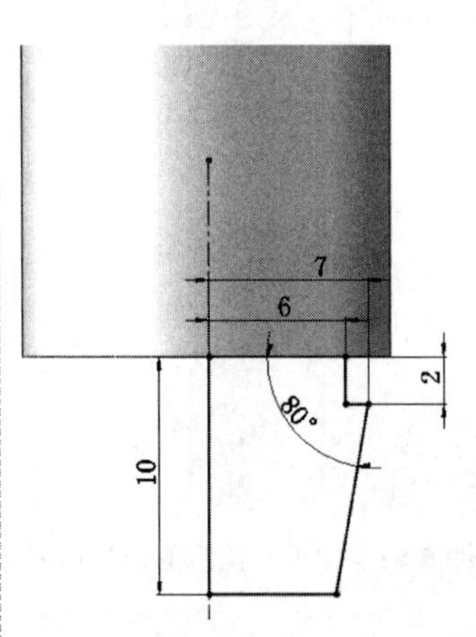

图 5-95　标注尺寸后的草图(4)

图 5-96　"旋转"属性管理器

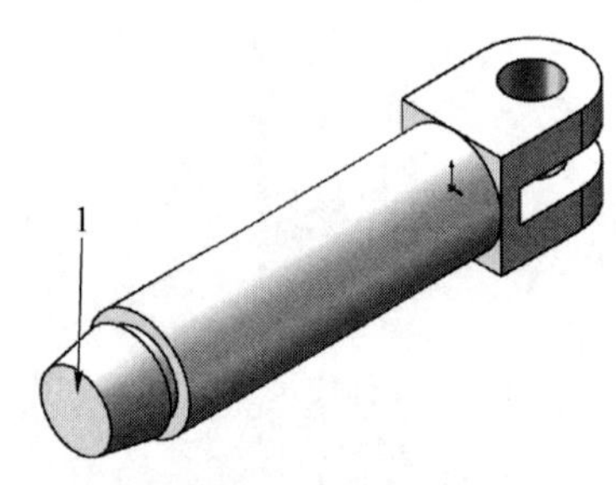

图 5-97　旋转结果

(12) 绘制草图。在视图中用鼠标选择如图 5-97 所示的面 1 作为绘制图形的基准面。单击"草图"控制面板中的"中心线"按钮、"边角矩形"按钮和"镜像实体"按钮，绘制如图 5-98 所示的草图并标注尺寸。

(13) 拉伸实体。选择菜单栏中的"插入"→"凸台/基体"→"拉伸"命令，或者单击"特征"面板中的"拉伸凸台/基体"按钮，弹出如图 5-99 所示的"凸台-拉伸"属性管理器。设置拉伸终止条件为"给定深度"，输入拉伸距离为 10.00mm，然后单击"确定"按钮，结果如图 5-100 所示。

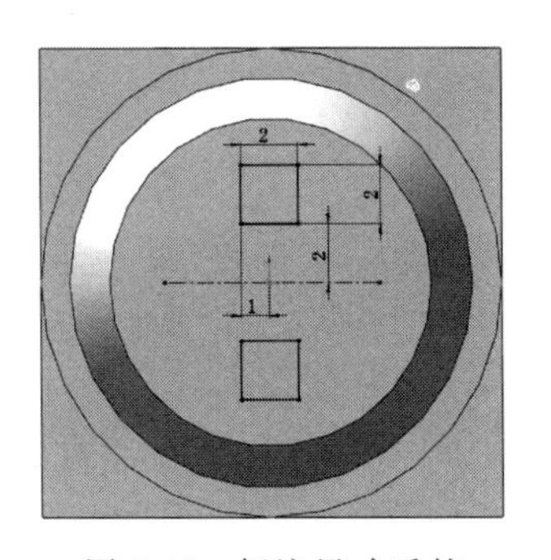

图 5-98　标注尺寸后的草图(5)

图 5-99　“凸台-拉伸”属性管理器(3)

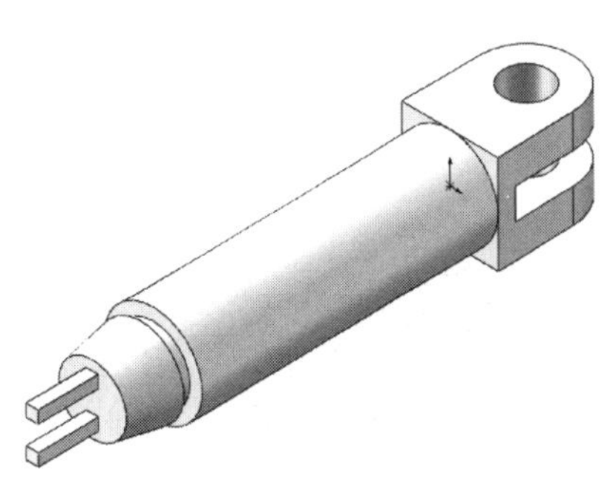

图 5-100　拉伸结果

5.5.3　旋转切除

5-15

与旋转凸台/基体特征不同的是，旋转切除特征用来产生切除特征，也就是用来去除材料。如图 5-101 所示展示了旋转切除的几种效果。

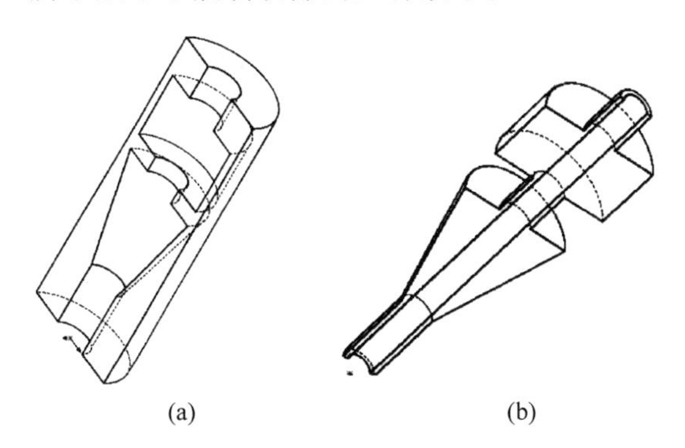

图 5-101　旋转切除的几种效果

(a) 旋转切除；(b) 旋转薄壁切除

下面介绍创建旋转切除特征的操作步骤。

(1) 打开源文件“X:\源文件\原始文件\5\旋转切除.SLDPRT”。选择图 5-102 中模型面上的一个草图轮廓和一条中心线。

(2) 单击“特征”工具栏中的“旋转切除”按钮，或选择菜单栏中的“插入”→“切除”→“旋转”命令，或者单击“特征”面板中的“旋转切除”按钮。

(3) 弹出“切除-旋转”属性管理器，同时在右侧的图形区中显示生成的切除旋转特征，如图 5-103 所示。

(4) 在“旋转参数”选项组的下拉列表框中选择旋转类型(单向、两侧对称、双向)。其含义同“旋转凸台/基体”属性管理器中的“旋转类型”。

(5) 在“角度”文本框中输入旋转角度。

(6) 如果准备生成薄壁旋转，则勾选“薄壁特征”复选框，设定薄壁旋转参数。

(7) 单击“确定”按钮✓,完成旋转切除特征的创建。

Note

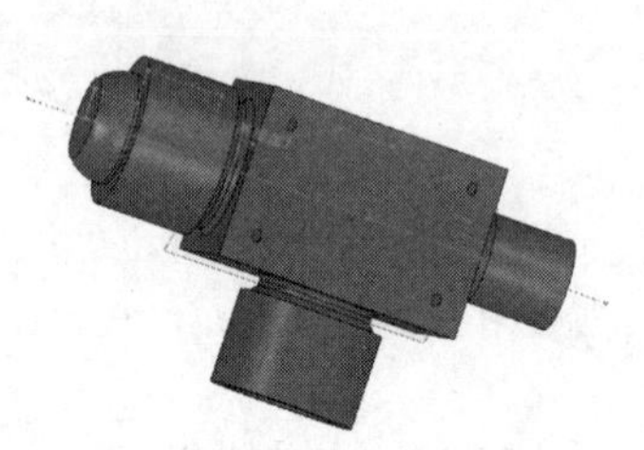

图 5-102　打开的文件实体

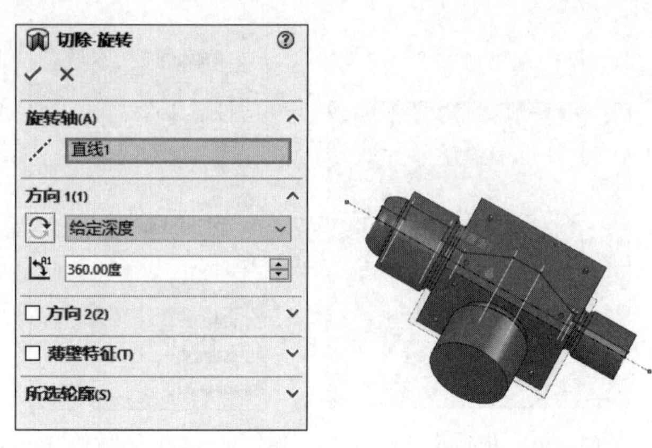

图 5-103　“切除-旋转”属性管理器及示意图

5-16

5.5.4　切除扫描

切除扫描特征属于切割特征。下面结合实例介绍创建切除扫描特征的操作步骤。

(1) 打开源文件“X:\源文件\原始文件\5\切除扫描.SLDPRT”。在一个基准面上绘制一个闭环的非相交轮廓。

(2) 使用草图、现有的模型边线或曲线生成轮廓将遵循的路径,绘制结果如图 5-104 所示。

(3) 单击“特征”面板中的“扫描切除”按钮。

(4) 此时弹出“切除-扫描”属性管理器,同时在右侧的图形区中显示生成的切除扫描特征,如图 5-105 所示。

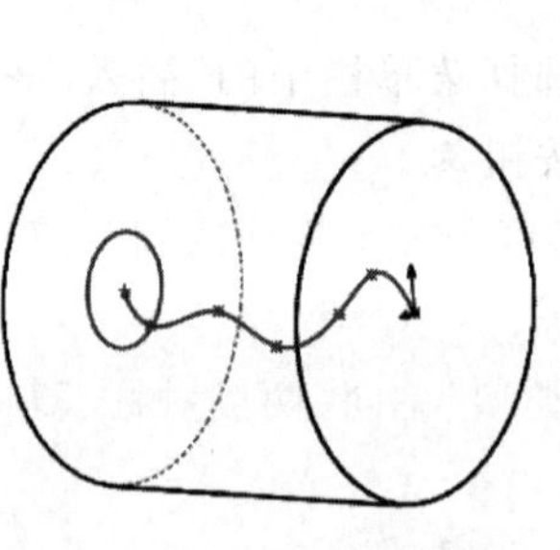

图 5-104　打开的文件实体

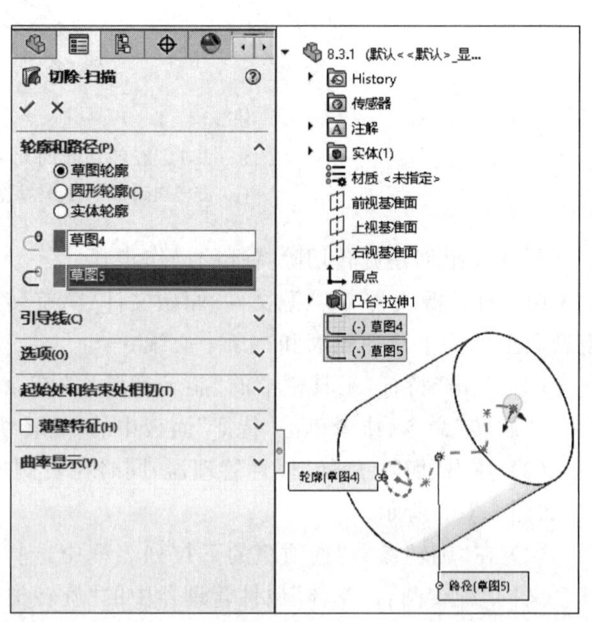

图 5-105　“切除-扫描”属性管理器及切除扫描特征示意图

(5) 单击“轮廓”按钮，然后在图形区中选择轮廓草图。

(6) 单击“路径”按钮，然后在图形区中选择路径草图。如果预先选择了轮廓草图或路径草图，则草图将显示在对应的属性管理器方框内。

(7) 在“选项”选项组的“方向/扭转类型”下拉列表框中选择扫描方式。

(8) 其余选项同凸台/基体扫描。

(9) 切除扫描属性设置完毕，单击“确定”按钮✓。

Note

5-17

5.5.5 异型孔向导

异型孔即具有复杂轮廓的孔，主要包括柱孔、锥孔、(光)孔、螺纹孔、管螺纹孔和旧制孔 6 种。异型孔的类型和位置都是在“孔规格”属性管理器中完成。

下面介绍异型孔创建的操作步骤。

(1) 创建一个新的零件文件。

(2) 在左侧的 FeatureManager 设计树中选择“前视基准面”作为绘制图形的基准面。

(3) 选择菜单栏中的“工具”→“草图绘制实体”→“矩形”命令，以原点为一角点绘制一个矩形，并标注尺寸，如图 5-106 所示。

(4) 选择菜单栏中的“插入”→“凸台/基体”→“拉伸”命令，将步骤(3)中绘制的草图拉伸成深度为 10mm 的实体，拉伸的实体如图 5-107 所示。

(5) 单击选择如图 5-107 所示的面 1，选择菜单栏中的“插入”→“特征”→“孔向导”命令，或者单击“特征”工具栏中的“异型孔向导”按钮，或者单击“特征”控制面板中的“异形孔向导”按钮，此时系统弹出“孔规格”属性管理器。

(6) “孔类型”选项组按照图 5-108 设置，然后单击“位置”选项卡，单击 3D 草图 按钮，此时光标处于“绘制点”状态，在如图 5-107 所示的面 1 上添加 4 个点。

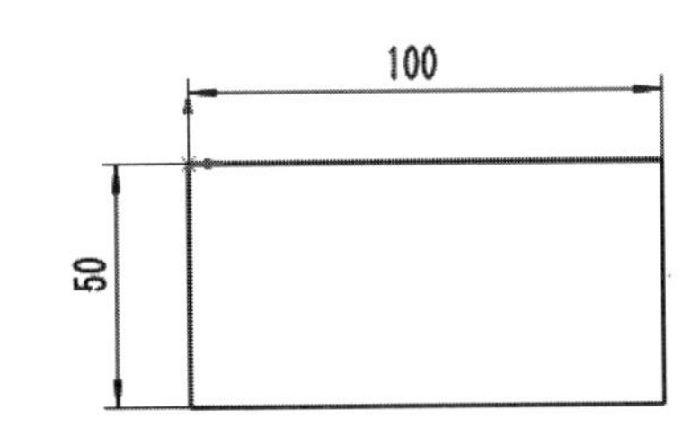

图 5-106　绘制的草图

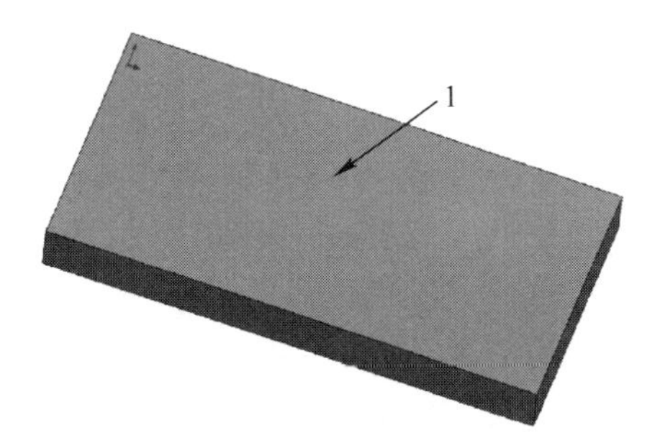

图 5-107　拉伸实体

图 5-108　“孔规格”属性管理器

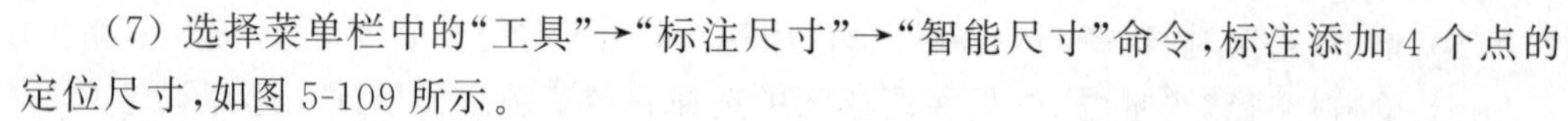

（7）选择菜单栏中的“工具”→“标注尺寸”→“智能尺寸”命令，标注添加 4 个点的定位尺寸，如图 5-109 所示。

（8）单击“孔规格”属性管理器中的“确定”按钮✔，添加的孔如图 5-110 所示。

（9）右击，在弹出的快捷菜单中选择“旋转视图”命令或按住鼠标中间滚轮，绘图区出现↻图标，旋转视图，将视图以合适的方向显示，旋转视图后的图形如图 5-111 所示。

Note

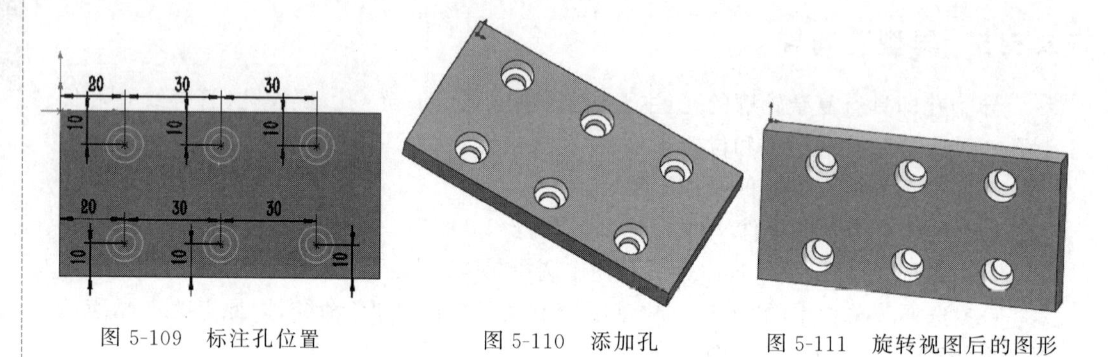

图 5-109　标注孔位置　　图 5-110　添加孔　　图 5-111　旋转视图后的图形

5-18

5.5.6　实例——螺母

本例绘制的螺母如图 5-112 所示。

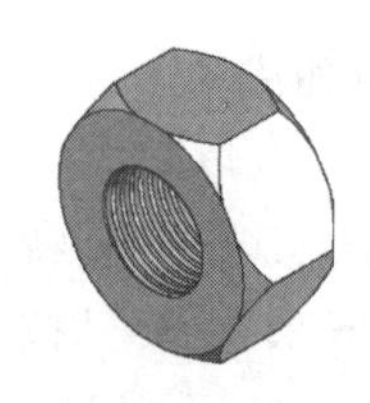

图 5-112　螺母

思路分析

首先绘制螺母外形轮廓草图并拉伸实体，然后旋转切除边缘的倒角，最后绘制内侧的螺纹。绘制的流程图如图 5-113 所示。

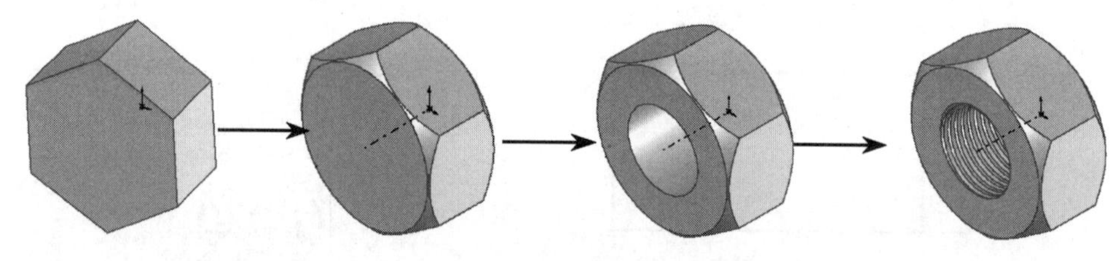

图 5-113　螺母绘制流程图

绘制步骤

1. 绘制螺母外形轮廓

（1）新建文件。启动 SOLIDWORKS2020，选择菜单栏中的“文件”→“新建”命令，或者单击“标准”工具栏中的“新建”按钮，在弹出的“新建 SOLIDWORKS 文件”对话框中先单击“零件”按钮，再单击“确定”按钮，创建一个新的零件文件。

（2）绘制草图。在左侧的 FeatureManager 设计树中用鼠标选择“前视基准面”作为绘制图形的基准面。单击“草图”控制面板中的“多边形”按钮，以原点为圆心绘制一个正六边形，其中多边形的一个角点在原点的正上方。

（3）标注尺寸。选择菜单栏中的“工具”→“标注尺寸”→“智能尺寸”命令，或者单击“草图”控制面板中的“智能尺寸”按钮，标注上一步绘制草图的尺寸，结果如图 5-114 所示。

（4）拉伸实体。选择菜单栏中的“插入”→“凸台/基体”→“拉伸”命令，或者单击“特征”面板中的“拉伸凸台/基体”按钮，弹出“凸台-拉伸”属性管理器。在“深度”一栏中输入值 30.00mm，然后单击“确定”按钮 ✔。

（5）设置视图方向。单击“视图(前导)”工具栏中的“等轴测”按钮，将视图以等轴测方向显示，结果如图 5-115 所示。

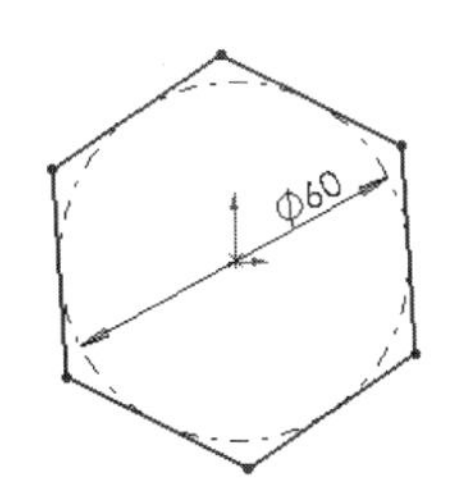

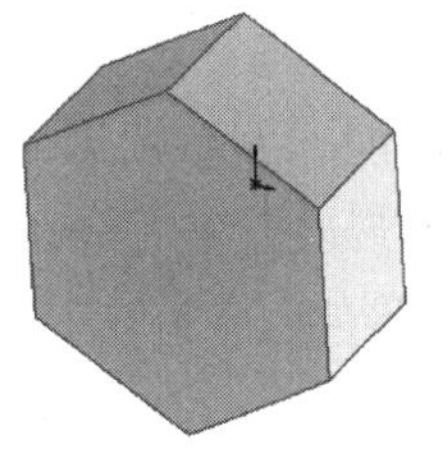

图 5-114　标注尺寸后的草图(1)　　图 5-115　等轴测方向显示拉伸后的图形

2. 绘制边缘倒角

（1）设置基准面。单击左侧的 FeatureManager 设计树中“右视基准面”，然后单击“视图(前导)”工具栏中的“正视于”按钮，将该基准面作为绘制图形的基准面。

（2）绘制草图。单击“草图”控制面板中的“中心线”按钮，绘制一条通过原点的水平中心线；单击“草图”控制面板中的“直线”按钮，绘制螺母两侧的两个三角形。

（3）标注尺寸。单击“草图”控制面板中的“智能尺寸”按钮，标注上一步绘制草图的尺寸，结果如图 5-116 所示。

（4）旋转切除实体。选择菜单栏中的“插入”→“切除”→“旋转”命令，或者单击“特征”面板中的“旋转切除”按钮，弹出“切除-旋转”属性管理器，如图 5-117 所示。在“旋转轴”一栏中，用鼠标选择绘制的水平中心线，然后单击“确定”按钮 ✔。

（5）设置视图方向。单击“视图(前导)”工具栏中的“等轴测”按钮，将视图以等轴测方向显示，结果如图 5-118 所示。

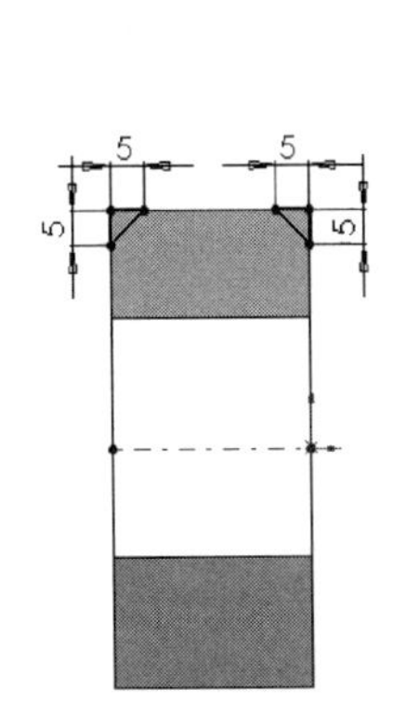

图 5-116　标注尺寸后的草图(2)

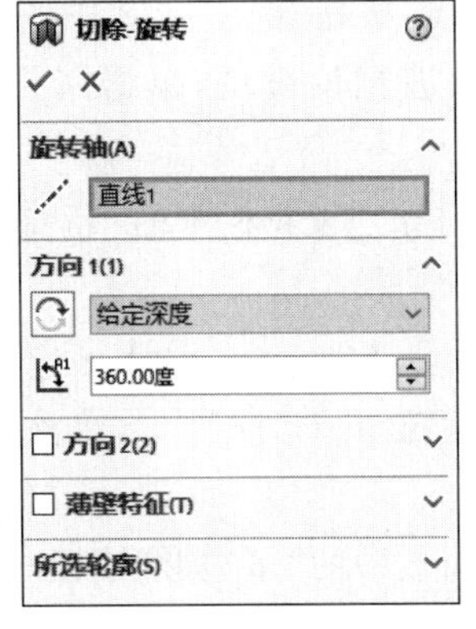

图 5-117　“切除-旋转”属性管理器

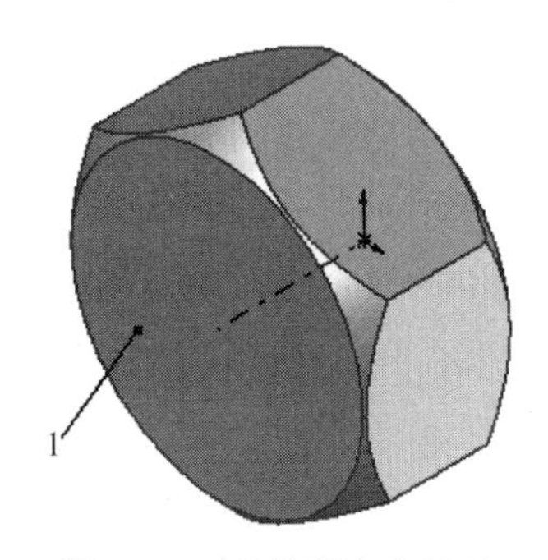

图 5-118　等轴测方向显示旋转切除后的图形

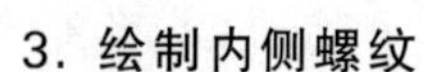

Note

3．绘制内侧螺纹

(1) 设置基准面。单击图 5-118 中的面 1，然后单击“视图(前导)”工具栏中的“正视于”按钮，将该面作为绘制图形的基准面。

(2) 绘制草图。单击“草图”控制面板中的“圆”按钮，以原点为圆心绘制一个圆。

(3) 标注尺寸 1。单击“草图”控制面板中的“智能尺寸”按钮，标注圆的直径，结果如图 5-119 所示。

(4) 拉伸切除实体。选择菜单栏中的“插入”→“切除”→“拉伸”命令，或者单击“特征”面板中的“拉伸切除”按钮，此时系统弹出“切除-拉伸”属性管理器。在“终止条件”一栏的下拉菜单中，用鼠标选择“完全贯穿”选项，然后单击“确定”按钮✔。

(5) 设置视图方向。单击“视图(前导)”工具栏中的“等轴测”按钮，将视图以等轴测方向显示，结果如图 5-120 所示。

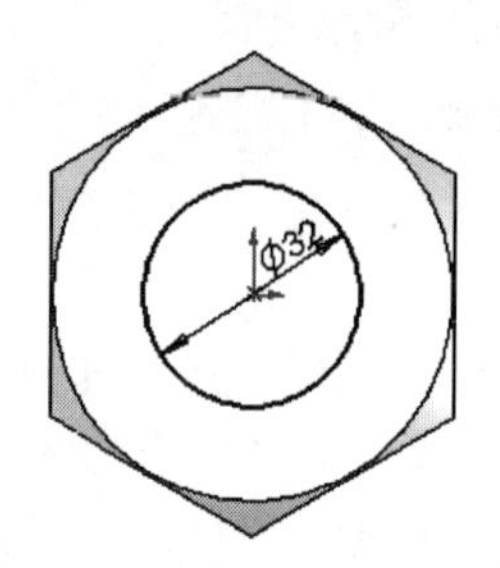

图 5-119　标注尺寸后的草图(3)

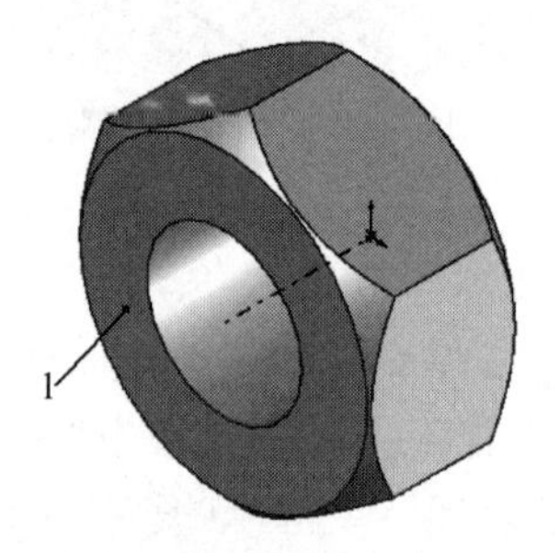

图 5-120　等轴测方向显示拉伸切除后的图形

(6) 设置基准面。单击图 5-120 中的面 1，然后单击“视图(前导)”工具栏中的“正视于”按钮，将该表面作为绘制图形的基准面。

(7) 绘制草图。单击“草图”控制面板中的“圆”按钮，以原点为圆心绘制一个圆。

(8) 标注尺寸 2。单击“草图”控制面板中的“智能尺寸”按钮，标注圆的直径。结果如图 5-121 所示。

(9) 生成螺旋线。选择菜单栏中的“插入”→“曲线”→“螺旋线/涡状线”命令，或者单击“曲线”工具栏中的“螺旋线和涡状线”按钮，弹出如图 5-122 所示的“螺旋线/涡状线”属性管理器。按照图 5-122 所示进行设置后，单击属性管理器中的“确定”按钮✔。

(10) 设置视图方向。单击“视图(前导)”工具栏中的“等轴测”按钮，将视图以等轴测方向显示，结果如图 5-123 所示。

(11) 设置基准面。在左侧的 FeatureManager 设计树中用鼠标选择“右视基准面”，然后单击“视图(前导)”工具栏中的“正视于”按钮，将该基准面作为绘制图形的基准面。

(12) 绘制草图。单击“草图”控制面板中的“多边形”按钮，以螺旋线右上端点为圆心绘制一个正三角形。

(13) 标注尺寸。单击“草图”控制面板中的“智能尺寸”按钮，标注步骤(12)绘制的正三角形的内切圆的直径，结果如图 5-124 所示，然后退出草图绘制状态。

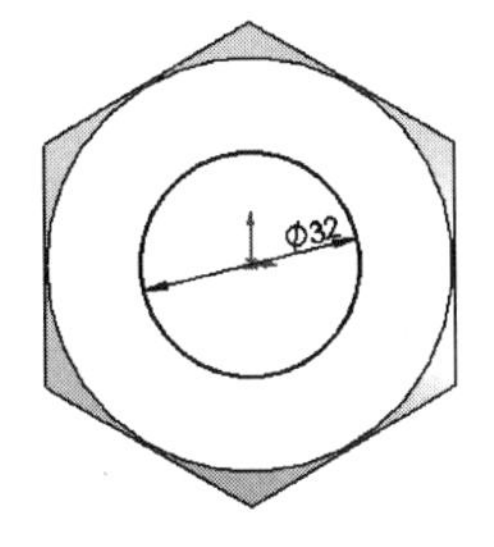

图 5-121　标注尺寸后的草图(4)

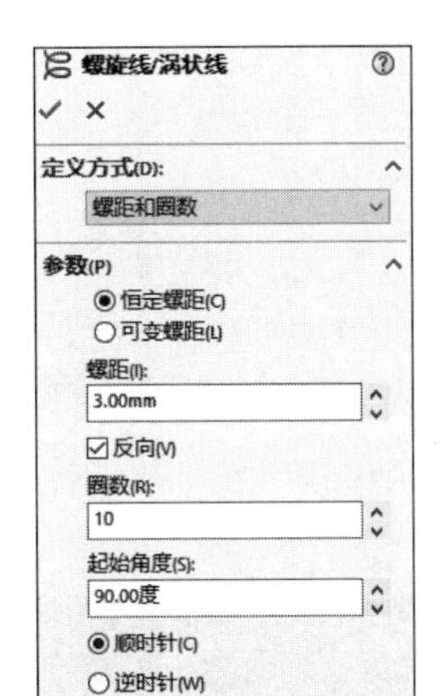

图 5-122　"螺旋线/涡状线"属性管理器

(14) 扫描切除实体。单击"特征"控制面板中的"扫描切除"按钮,弹出"切除-扫描"属性管理器。在"轮廓"一栏中,用鼠标选择图 5-124 绘制的正三角形;在"路径"一栏中,用鼠标选择图 5-123 绘制的螺旋线。单击属性管理器中的"确定"按钮,结果如图 5-125 所示。

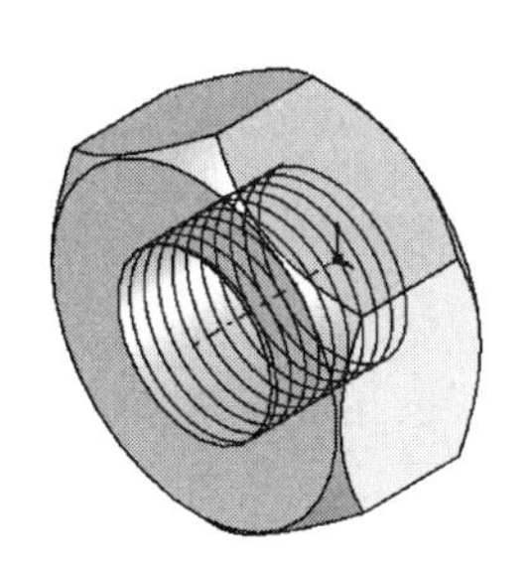

图 5-123　等轴测方向显示生成的螺旋线

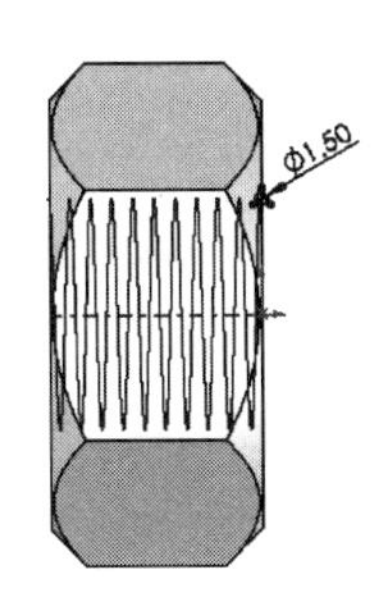

图 5-124　标注尺寸后的草图(5)

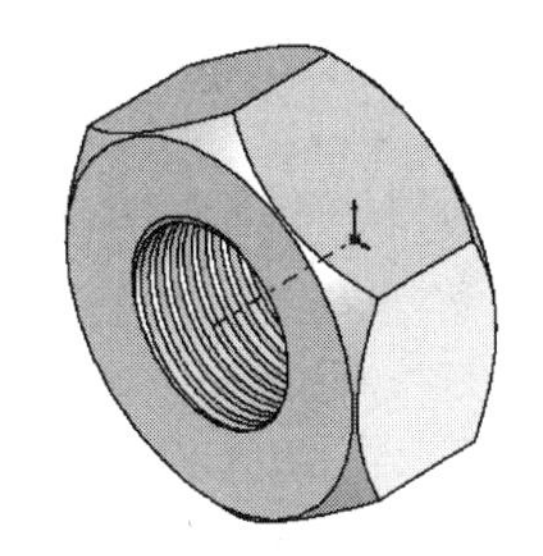

图 5-125　扫描切除后的图形

(15) 设置视图方向。单击"视图(前导)"工具栏中的"等轴测"按钮,将视图以等轴测方向显示,结果如图 5-112 所示。

5-19

5.6　综合实例——基座

本例绘制的基座如图 5-126 所示。

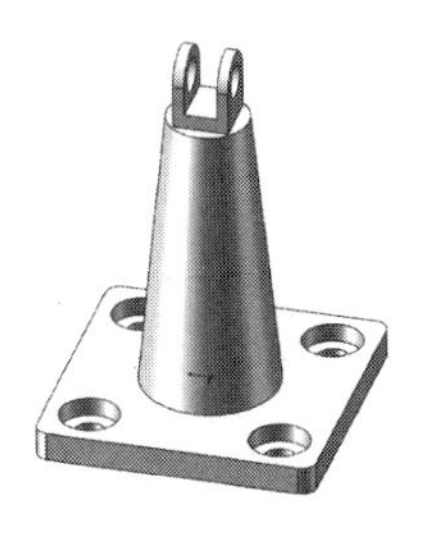

图 5-126　基座

思路分析

首先绘制基座的外形轮廓草图,然后旋转成为基座主体轮廓,最后进行倒角处理。绘制的流程图如图 5-127 所示。

Note

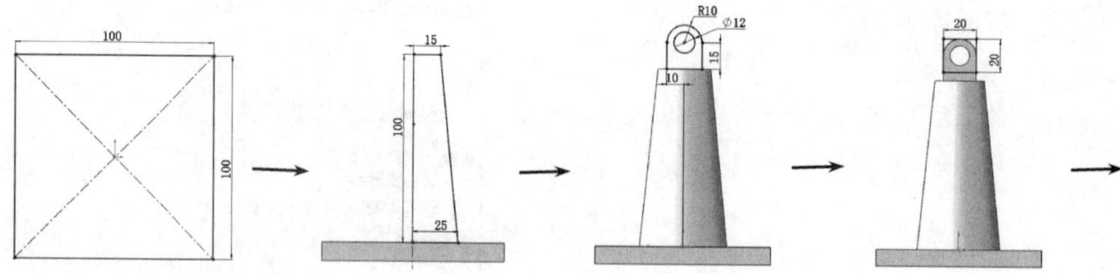

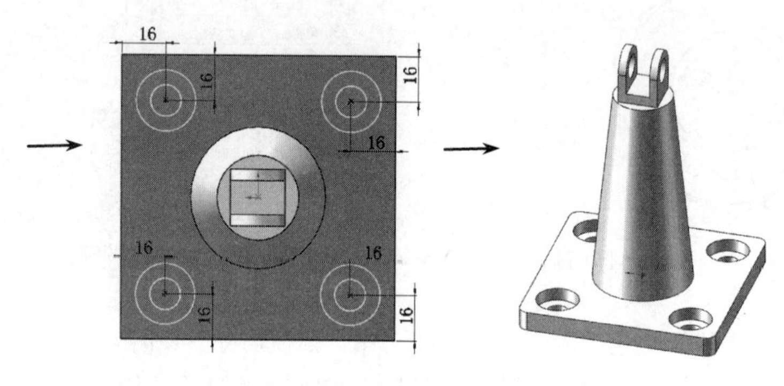

图 5-127　基座绘制流程图

绘制步骤

（1）新建文件。启动 SOLIDWORKS 2020，选择菜单栏中的“文件”→“新建”命令，或者单击“标准”工具栏中的“新建”按钮，在弹出的“新建 SOLIDWORKS 文件”对话框中选择“零件”按钮，然后单击“确定”按钮，创建一个新的零件文件。

（2）绘制草图。在左侧的 FeatureManager 设计树中用鼠标选择“前视基准面”作为绘制图形的基准面。单击“草图”控制面板中的“中心矩形”按钮，在坐标原点绘制边长为 100 的正方形，标注尺寸后结果如图 5-128 所示。

（3）拉伸实体。选择菜单栏中的“插入”→“凸台/基体”→“拉伸”命令，或者单击“特征”控制面板中的“拉伸凸台/基体”按钮，此时系统弹出如图 5-129 所示的“凸台-拉伸”属性管理器。设置拉伸终止条件为“给定深度”，输入拉伸距离为 10.00mm，然后单击“确定”按钮✓，结果如图 5-130 所示。

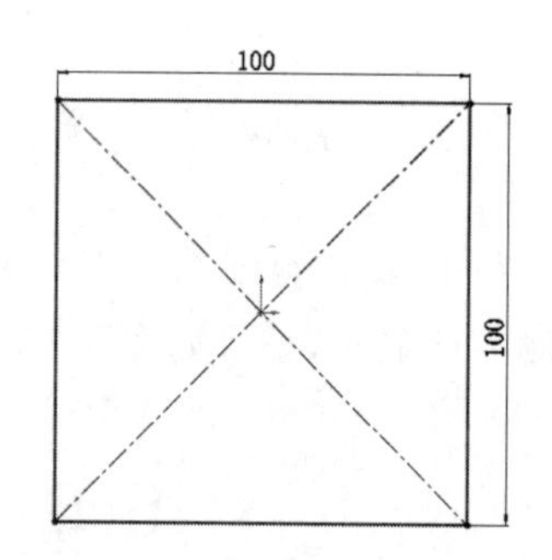

图 5-128　绘制的草图并标注尺寸(1)

（4）绘制草图。在左侧的 FeatureManager 设计树中用鼠标选择“上视基准面”作为绘制图形的基准面。单击“草图”控制面板中的“中心线”按钮和“直线”按钮，绘制如图 5-131 所示的草图并标注尺寸。

（5）旋转实体。选择菜单栏中的“插入”→“凸台/基体”→“旋转”命令，或者单击“特征”控制面板中的“旋转凸台/基体”按钮，弹出如图 5-132 所示的“旋转”属性管理器。采用默认设置，然后单击“确定”按钮✓，结果如图 5-133 所示。

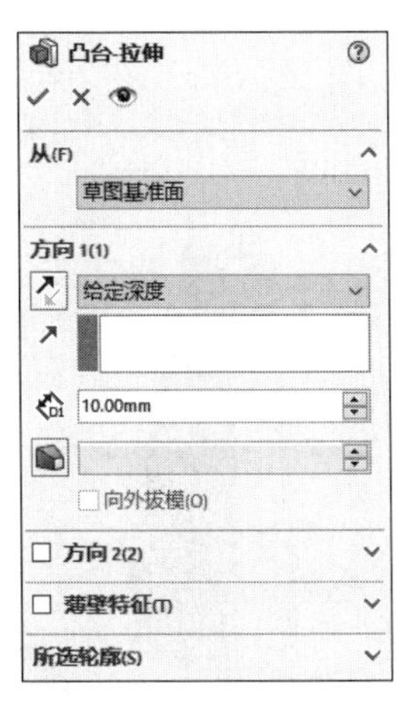

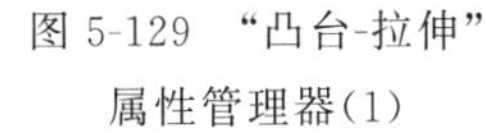

图 5-129　“凸台-拉伸”属性管理器(1)

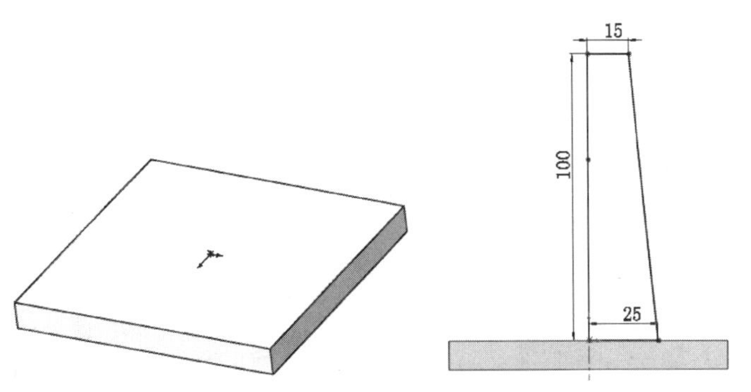

图 5-130　拉伸结果(1)　　图 5-131　绘制草图并标注尺寸(2)

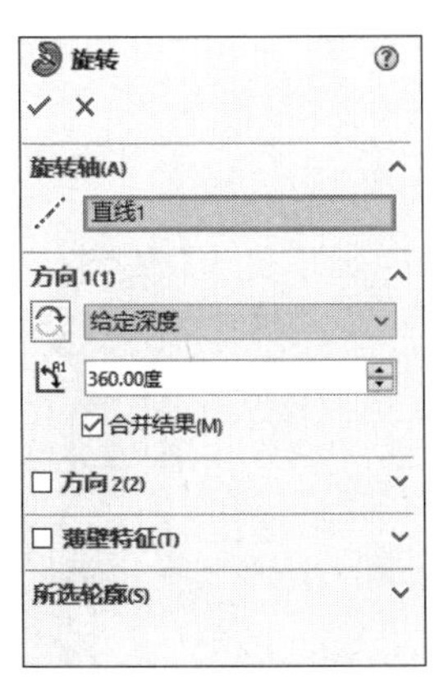

图 5-132　“旋转”属性管理器

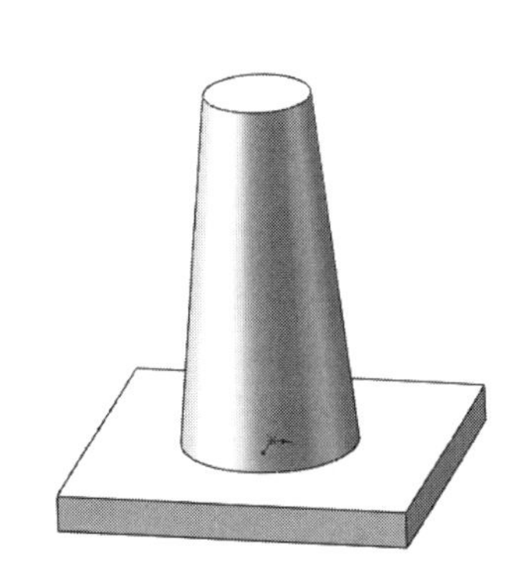

图 5-133　绘制结果

(6) 绘制草图。在左侧的 FeatureManager 设计树中用鼠标选择“上视基准面”作为绘制图形的基准面。单击“草图”控制面板中的“直线”按钮、“圆”按钮和“剪裁实体”按钮，绘制如图 5-134 所示的草图并标注尺寸。

(7) 拉伸实体。选择菜单栏中的“插入”→“凸台/基体”→“拉伸”命令，或者单击“特征”控制面板中的“拉伸凸台/基体”按钮，弹出如图 5-135 所示的“凸台-拉伸”属性管理器。设置拉伸终止条件为“两侧对称”，输入拉伸距离为 20.00mm，然后单击“确定”按钮✓，结果如图 5-136 所示。

(8) 绘制草图。在左侧的 FeatureManager 设计树中用鼠标选择“上视基准面”作为绘制图形的基准面。单击“草图”控制面板中的“边角矩形”按钮，绘制如图 5-137 所示的草图并标注尺寸。

(9) 拉伸切除实体。选择菜单栏中的“插入”→“切除”→“拉伸”命令，或者单击“特征”控制面板中的“切除拉伸”按钮，弹出如图 5-138 所示的“切除-拉伸”属性管理器。设置拉伸终止条件为“两侧对称”，输入拉伸距离为 12.00mm，然后单击“确定”按钮✓，结果如图 5-139 所示。

Note

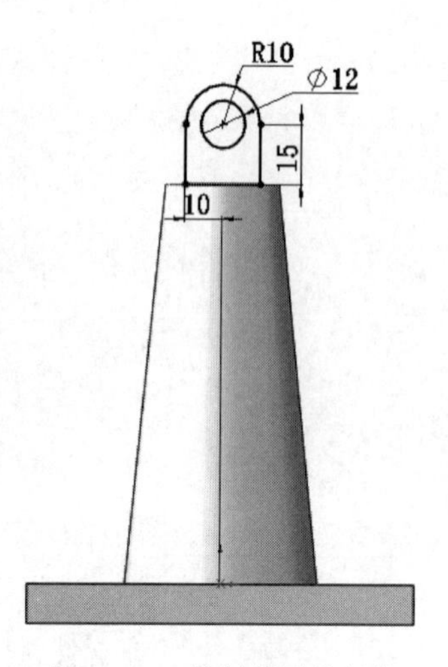

图 5-134　绘制草图并标注尺寸(3)

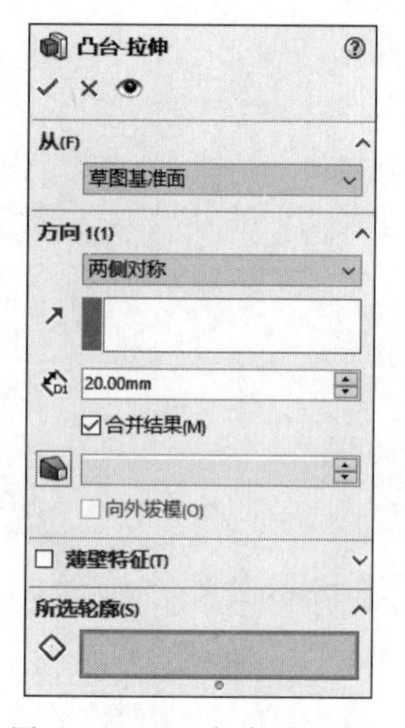

图 5-135　“凸台-拉伸”属性管理器(2)

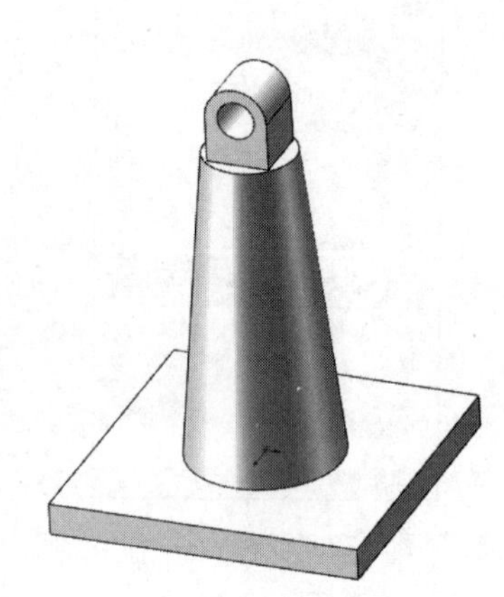

图 5-136　拉伸结果(2)

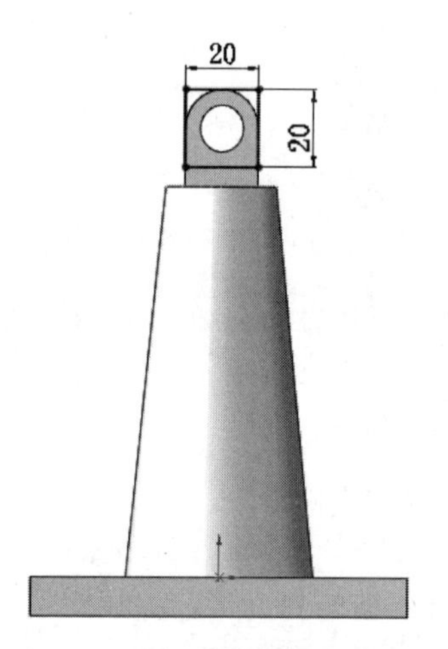

图 5-137　绘制草图并标注尺寸(4)

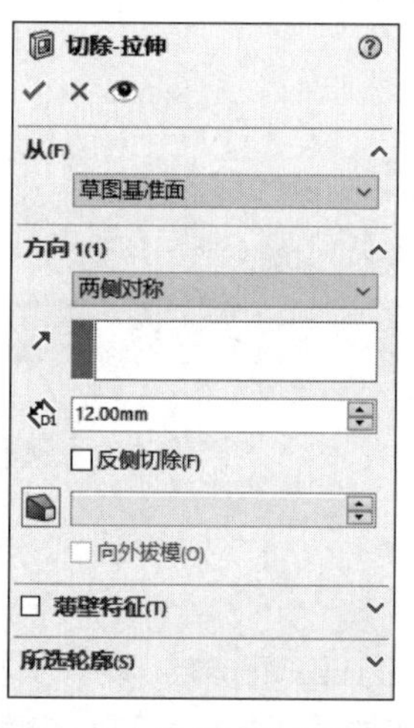

图 5-138　“切除-拉伸”属性管理器

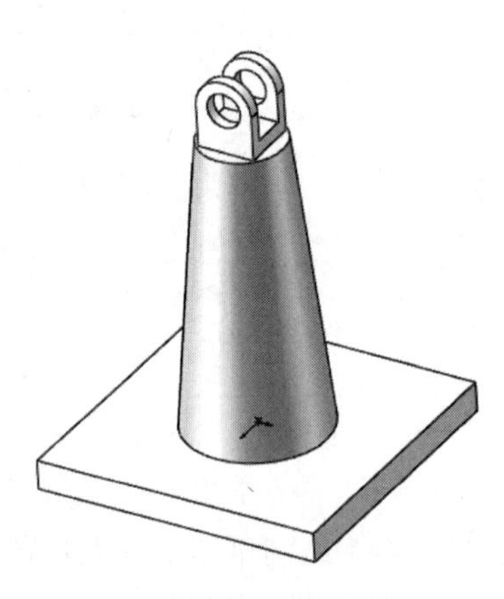

图 5-139　拉伸结果(3)

(10) 创建沉头孔。选择菜单栏中的“插入”→“特征”→“孔”→“向导”命令，或者单击“特征”控制面板中的“异型孔向导”按钮，弹出如图 5-140 所示的“孔规格”属性管理器，选择“六角螺栓等级 C ISO 4016”类型，“M10”大小，设置终止条件为“完全贯穿”，选择“位置”选项卡，单击“3D 草图”按钮。依次在绘图基准面上放置孔，单击“草图”控制面板中的“智能尺寸”按钮，标注上一步绘制的孔。然后单击“确定”按钮✔，结果如图 5-141 所示。

(11) 圆角实体。选择菜单栏中的“插入”→“特征”→“圆角”命令，或者单击“特征”控制面板中的“圆角”按钮，弹出如图 5-142 所示的“圆角”属性管理器。在“半径”一栏中输入值 5.00mm，用鼠标选取图 5-143 中的边线。然后单击属性管理器中的“确定”按钮✔，结果如图 5-144 所示。

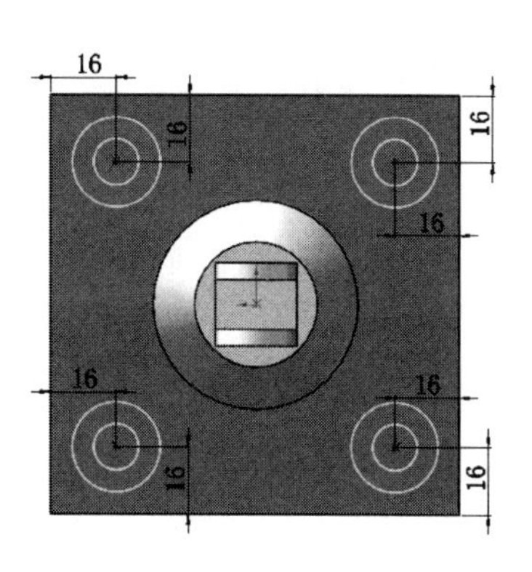

图 5-140 “孔规格”属性管理器及示意图

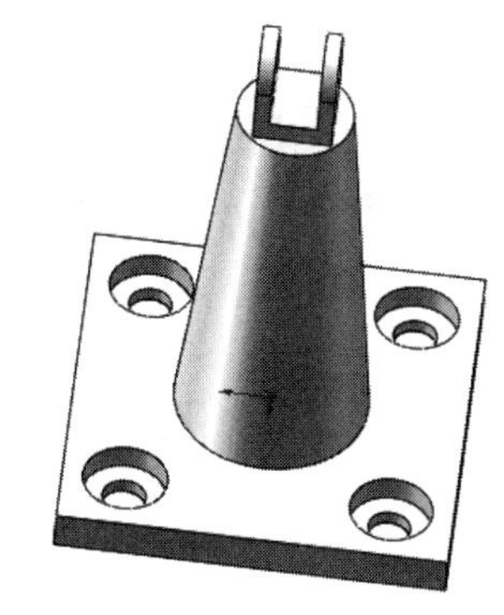

图 5-141 绘制孔结果

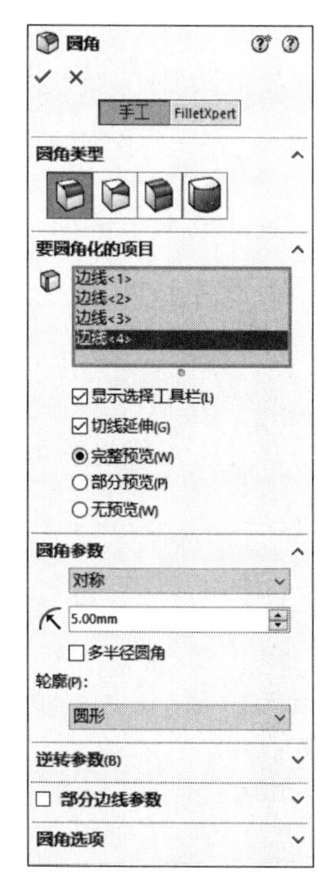

图 5-142 “圆角”属性

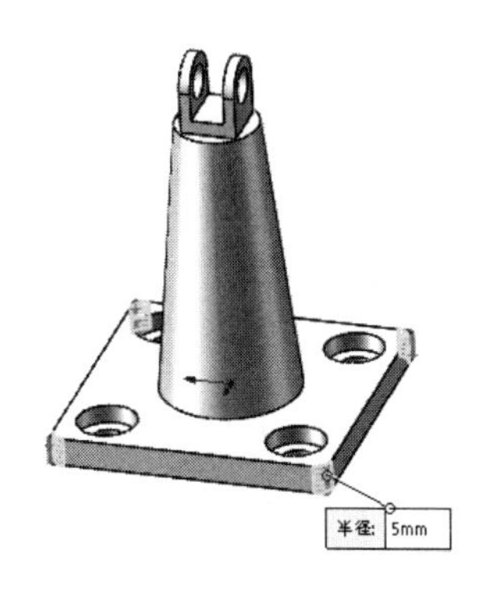

图 5-143 选择圆角边

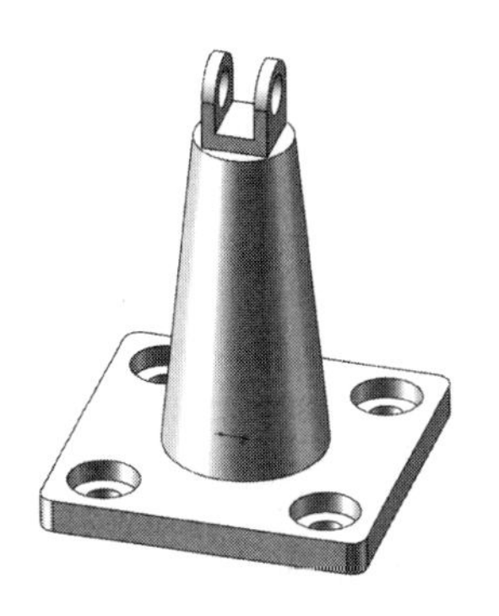

图 5-144 绘制倒圆角结果

放置特征

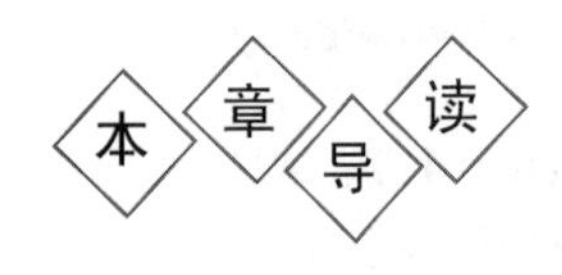

SOLIDWORKS除了提供基础特征的实体建模功能外，还通过高级抽壳、圆顶、筋特征以及倒角等操作来实现产品的辅助设计。这些功能使模型创建更精细化，能更广泛地应用于各行业。

内容要点

- 圆角特征
- 倒角特征
- 圆顶特征
- 抽壳特征
- 拔模特征
- 筋特征
- 包覆

Note

6.1 圆角特征

使用圆角特征可以在一零件上生成内圆角或外圆角。圆角特征在零件设计中起着重要作用。大多数情况下,如果能在零件特征上加入圆角,则有助于造型上的变化,或是产生平滑的效果。

SOLIDWORKS 2020 可以为一个面上的所有边线、多个面、多个边线或边线环创建圆角特征。在 SOLIDWORKS 2020 中有以下几种圆角特征。

- 恒定大小圆角特征:对所选边线以相同的圆角半径进行倒圆角操作。
- 变量大小圆角特征:可以为每条边线选择不同的圆角半径值。
- 面圆角特征:使用面圆角特征混合非相邻、非连续的面。
- 完整圆角特征:使用完整圆角特征可以生成相切于 3 个相邻面组(一个或多个面相切)的圆角。

图 6-1 展示了几种圆角特征效果。

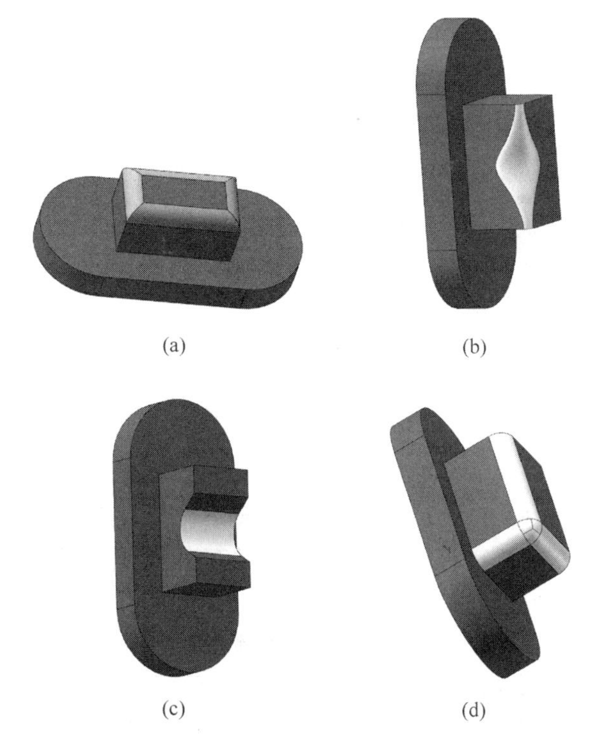

图 6-1　圆角特征效果
(a) 恒定大小圆角;(b) 变量大小圆角;(c) 面圆角;(d) 完整圆角

6.1.1　恒定大小圆角特征

6-1

恒定大小圆角特征是指对所选边线以相同的圆角半径进行倒圆角操作。下面结合实例介绍创建等半径圆角特征的操作步骤。

（1）打开源文件“X:\源文件\原始文件\6\恒定大小圆角.SLDPRT”。利用“矩形”和“拉伸”命令，创建如图 6-2 所示的实体。

Note

（2）单击“特征”工具栏中的“圆角”按钮，或选择菜单栏中的“插入”→“特征”→“圆角”命令，或单击“特征”控制面板中的“圆角”按钮。

（3）在弹出的“圆角”属性管理器的“圆角类型”选项组中，点选“等半径”单选按钮，如图 6-3 所示。

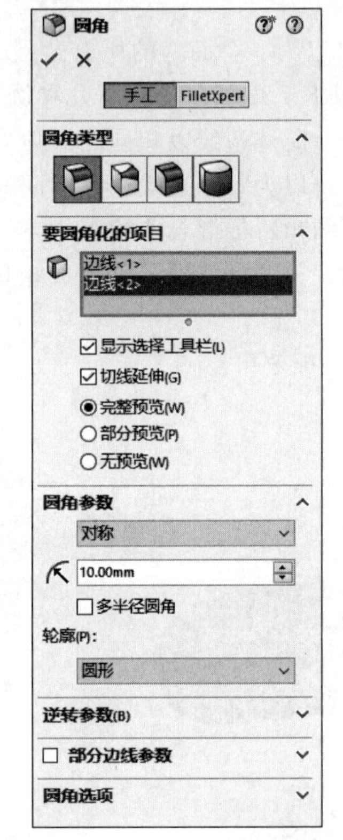

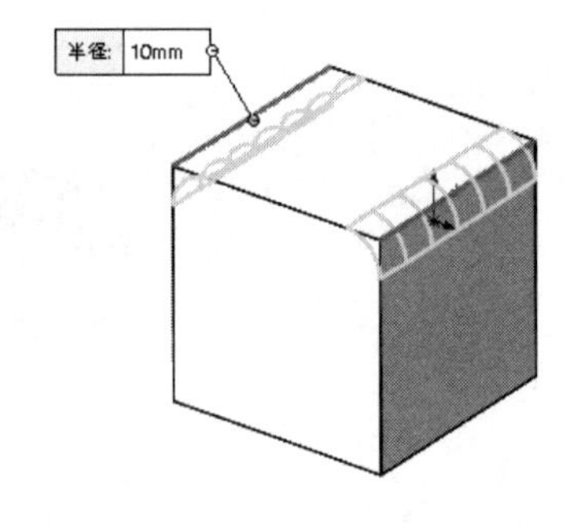

图 6-2 创建实体

图 6-3 “圆角”属性管理器及示意图

（4）在“圆角项目”选项组的“半径”文本框中设置圆角的半径。

（5）单击“边线、面、特征和环”图标右侧的列表框，然后在右侧的图形区中选择要进行圆角处理的模型边线、面或环。

（6）如果勾选“切线延伸”复选框，则圆角将延伸到与所选面或边线相切的所有面，切线延伸效果如图 6-4 所示。

（7）在“圆角选项”选项组的“扩展方式”组中选择一种扩展方式，如图 6-5 所示，具体如下。

- 默认：系统根据几何条件（进行圆角处理的边线凸起和相邻边线等）默认选择“保持边线”或“保持曲面”选项。
- 保持边线：系统将保持邻近的直线形边线的完整性，但圆角曲面断裂成分离的曲面。在许多情况下，圆角的顶部边线中会有沉陷，如图 6-6(a)所示。
- 保持曲面：使用相邻曲面来剪裁圆角。因此圆角边线是连续且光滑的，但是相

邻边线会受到影响,如图 6-6(b)所示。

(8) 圆角属性设置完毕,单击“确定”按钮 ✔,生成等半径圆角特征。

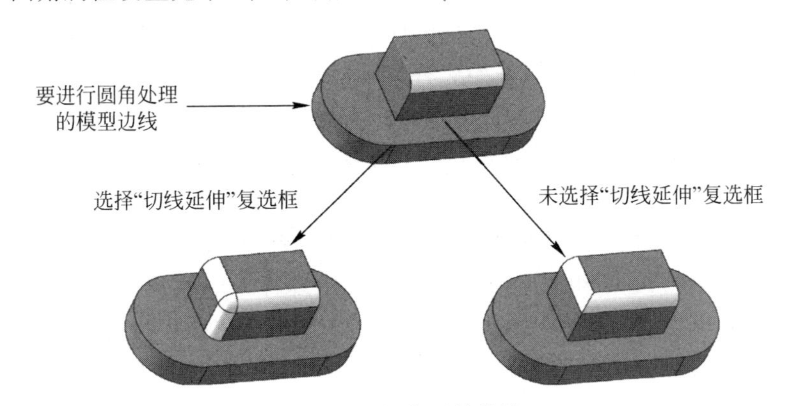

图 6-4　切线延伸效果

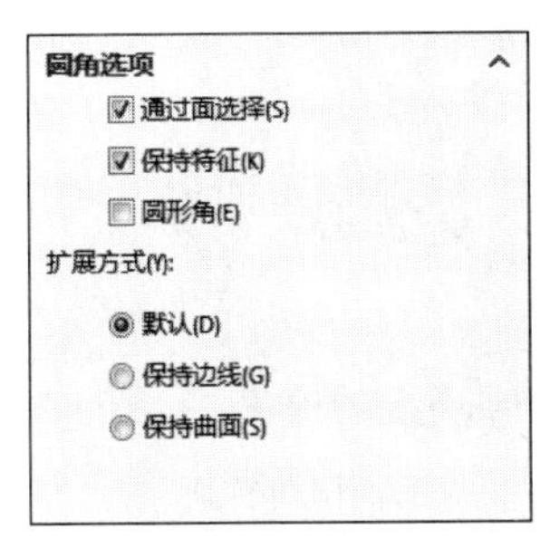

图 6-5　扩展方式

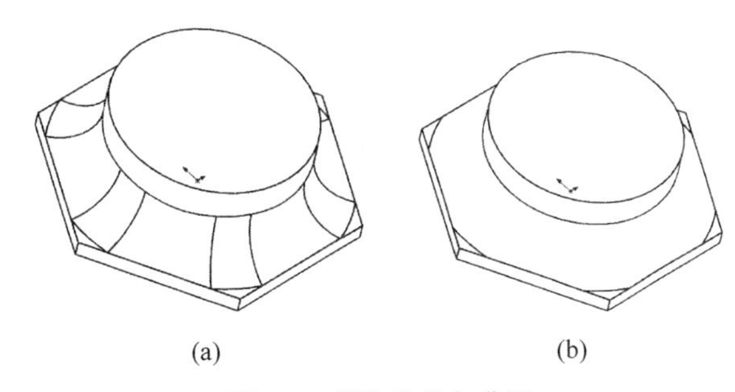

图 6-6　保持边线与曲面

(a) 保持边线; (b) 保持曲面

6.1.2　变量大小圆角特征

6-2

使用多半径圆角特征可以为每条所选边线选择不同的半径值,还可以为不具有公共边线的面指定多个半径。下面介绍创建多半径圆角特征的操作步骤。

(1) 打开源文件“X:\源文件\原始文件\6\变量大小圆角.SLDPRT”。单击“特征”工具栏中的“圆角”按钮,或选择菜单栏中的“插入”→“特征”→“圆角”命令,或单击“特征”控制面板中的“圆角”按钮。

(2) 在“圆角类型”选项组中,点选“变量大小圆角”按钮。

(3) 单击“要加圆角的边线”图标右侧的列表框,然后在右侧的图形区中选择要进行圆角处理的第一条模型边线、面或环。

(4) 在“等半径参数”选项组的“半径”文本框中设置圆角半径。

(5) 重复步骤(3)和步骤(4)的操作,对多条模型边线、面或环分别指定不同的圆角半径,直到设置完所有要进行圆角处理的边线。

(6) 圆角属性设置完毕,单击“确定”按钮 ✔,生成多半径圆角特征。

6.1.3 面圆角特征

使用面圆角特征混合非相邻、非连续的面。下面介绍创建面圆角特征的操作步骤。

Note

6-3

(1) 打开源文件"X:\源文件\原始文件\6\面圆角.SLDPRT"。单击"特征"控制面板中的"圆角"按钮,或单击菜单栏中的"插入"→"特征"→"圆角"命令。

(2) 在弹出的"圆角"属性管理器的"圆角类型"选项组中,点选"面圆角"单选按钮。

(3) 在"要圆角化的项目"选项组中,取消对"切线延伸"复选框的勾选。

(4) 在"圆角参数"选项组的"半径"文本框中设置圆角半径。

(5) 单击"面组1、面组2"图标右侧的列表框,然后在右侧的图形区中选择两个或更多相邻的面,如图6-7所示。

(6) 圆角属性设置完毕,单击"确定"按钮,生成面圆角特征,如图6-8所示。

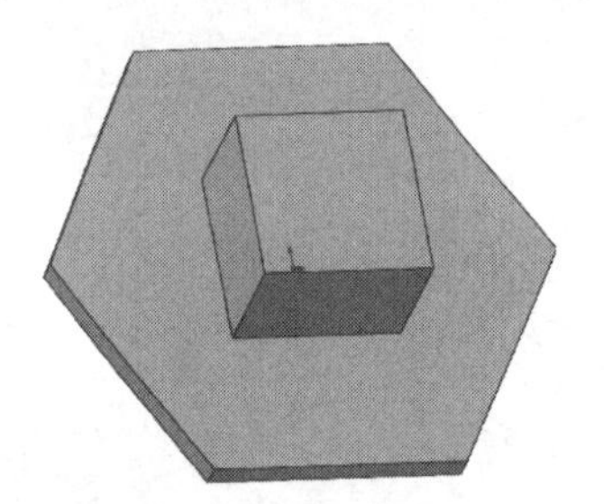

图6-7 打开的文件实体

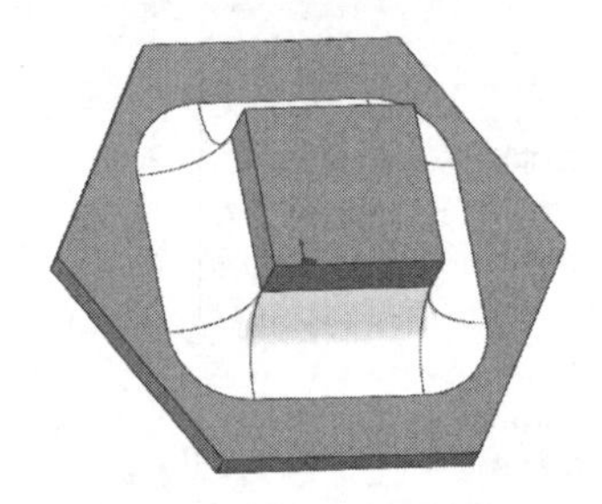

图6-8 生成的面圆角特征

6-4

6.1.4 完整圆角特征

使用完整圆角特征可以生成相切于三个相邻面组(一个或多个面相切)的圆角。图6-9说明了应用逆转圆角特征的效果。下面介绍创建逆转圆角特征的操作步骤。

(1) 打开源文件"X:\源文件\原始文件\6\完整圆角.SLDPRT"。单击"特征"控制面板中的"圆角"按钮,弹出"圆角"属性管理器。

(2) 在"圆角类型"选项组中,点选"完整圆角"单选按钮。

(3) 单击"面组1"、"中央面组"、"面组2"图标右侧的显示框,分别依次选择第一个边侧面、中央面、相反于面组1的侧面。

技巧荟萃

如果在生成变半径控制点的过程中,只指定两个顶点的圆角半径值,而不指定中间控制点的半径,则可以生成平滑过渡的变半径圆角特征。

在生成圆角时,要注意以下几点。

① 在添加小圆角之前先添加较大的圆角。当有多个圆角汇聚于一个顶点时,先生成较大的圆角。

② 如果要生成具有多个圆角边线及拔模面的铸模零件,在大多数的情况下,应在添加圆角之前先添加拔模特征。

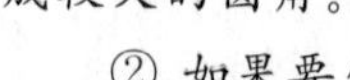

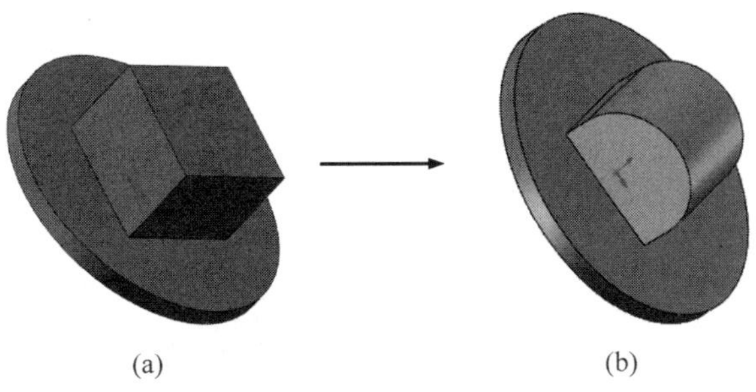

(a)　　　　　　　　(b)

图 6-9　完整圆角效果

(a) 未使用完整圆角特征；(b)使用完整圆角特征

③ 应该最后添加装饰用的圆角。在大多数其他几何体定位后再尝试添加装饰圆角。如果先添加装饰圆角，则系统需要花费很长的时间重建零件。

④ 尽量使用一个“圆角”命令来处理需要相同圆角半径的多条边线，这样会加快零件重建的速度。但是，当改变圆角的半径时，在同一操作中生成的所有圆角都会改变。

此外，还可以通过为圆角设置边界或包络控制线来决定混合面的半径和形状。控制线可以是要生出圆角的零件边线或投影到一个面上的分割线。

6.1.5　实例——三通管

6-5

本例创建的三通管如图 6-10 所示。

思路分析

三通管常用于管线的连接处，它将水平方向和垂直方向的管线连通成一条管路。本例利用拉伸工具的薄壁特征和圆角特征进行零件建模，最终生成三通管零件模型，流程图如图 6-11 所示。

图 6-10　三通管

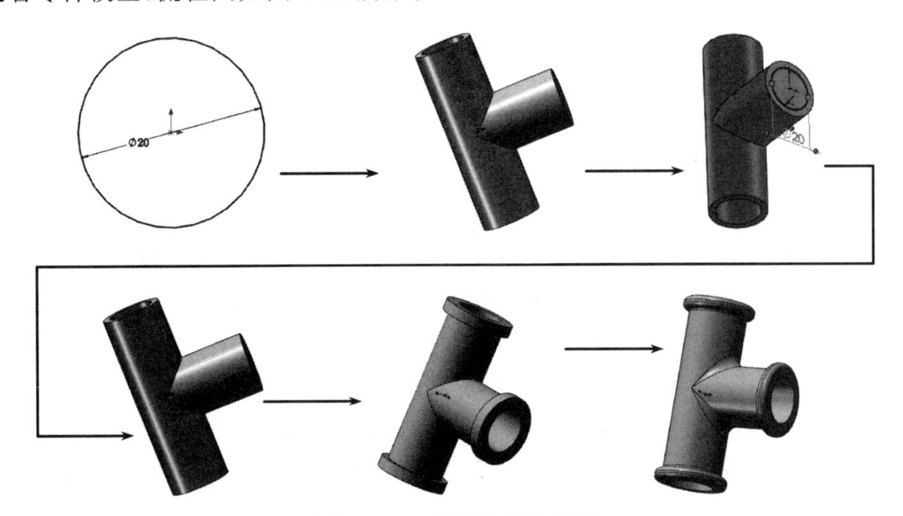

图 6-11　三通管绘制流程图

Note

绘制步骤

1. 创建三通管主体部分

(1) 新建文件。启动 SOLIDWORKS 2020,选择菜单栏中的“文件”→“新建”命令,或单击“标准”工具栏中的“新建”按钮,在弹出的“新建 SOLIDWORKS 文件”对话框中,先单击“零件”按钮,再单击“确定”按钮,新建一个零件文件。

(2) 新建草图。在 FeatureManager 设计树中选择“上视基准面”作为草图绘制基准面,单击“草图”控制面板中的“草图绘制”按钮,新建一张草图。

(3) 绘制圆。单击“草图”控制面板中的“圆”按钮,以原点为圆心绘制一个直径为 20mm 的圆作为拉伸轮廓草图,如图 6-12 所示。

(4) 拉伸实体 1。单击“特征”控制面板中的“拉伸凸台/基体”按钮,或选择菜单栏中的“插入”→“凸台/基体”→“拉伸”命令,在弹出的“凸台-拉伸”属性管理器中设置拉伸终止条件为“两侧对称”,在“深度”文本框中输入 80.00mm,并勾选“薄壁特征”复选框,设定薄壁类型为“单向”,薄壁的厚度为 3.00mm,如图 6-13 所示,单击“确定”按钮✓,生成薄壁特征。

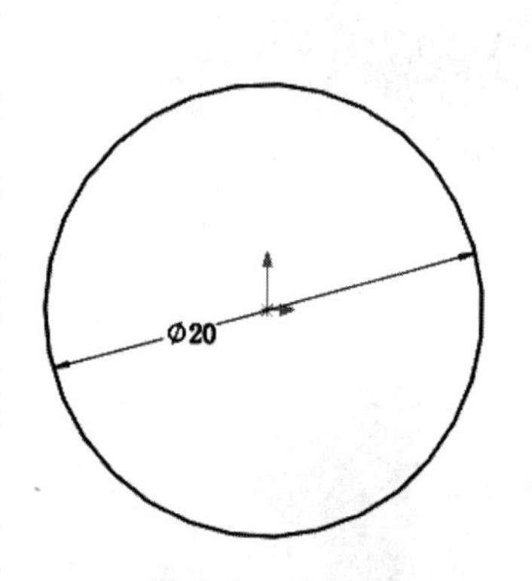

图 6-12 绘制圆

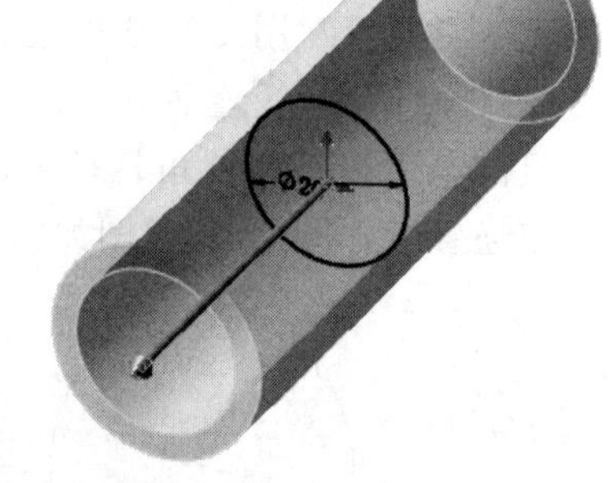

图 6-13 拉伸实体 1

(5) 创建基准面。在 FeatureManager 设计树中选择“右视基准面”作为草图绘制基准面,单击“特征”控制面板“参考几何体”下拉列表中的“基准面”按钮,在“基准面”属性管理器的“偏移距离”文本框中输入 40.00mm,如图 6-14 所示。单击“确定”按钮✓,生成基准面 1。

(6) 新建草图。选择基准面 1,单击“草图”控制面板中的“草图绘制”按钮,在基准面 1 上新建一张草图。单击“视图(前导)”工具栏中的“正视于”按钮,正视于基准面 1。

(7) 绘制凸台轮廓。单击“草图”控制面板中的“圆”按钮,以原点为圆心,绘制一个直径为 26mm 的圆作为凸台轮廓,如图 6-15 所示。

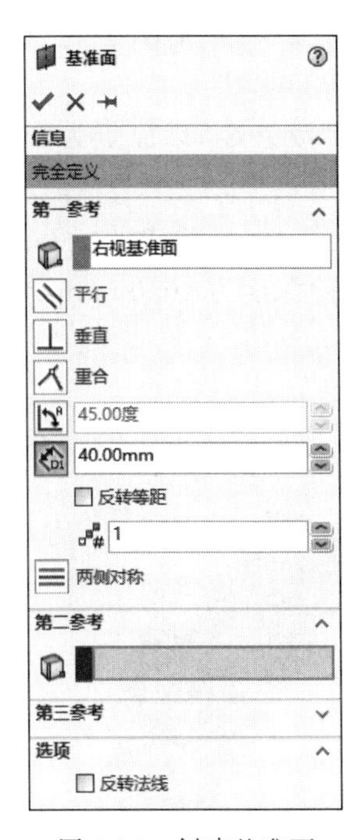

图 6-14　创建基准面

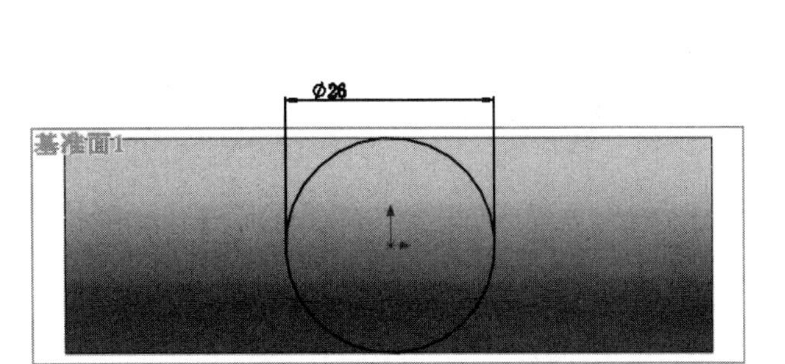

图 6-15　绘制凸台轮廓

（8）拉伸实体 2。单击“特征”控制面板中的“拉伸凸台/基体”按钮，在弹出的“凸台-拉伸”属性管理器中设置拉伸终止条件为“成形到一面”，拾取上步创建的圆柱外表面，如图 6-16 所示。单击“确定”按钮✓，生成凸台拉伸特征。

（9）设置视图方向。单击“视图（前导）”工具栏中的“等轴测”按钮，以等轴测视图观看模型。

（10）隐藏基准面。在 FeatureManager 设计树中选择基准面 1 并右击，在弹出的快捷菜单中单击“隐藏”按钮，将基准面 1 隐藏，此时的模型如图 6-17 所示。

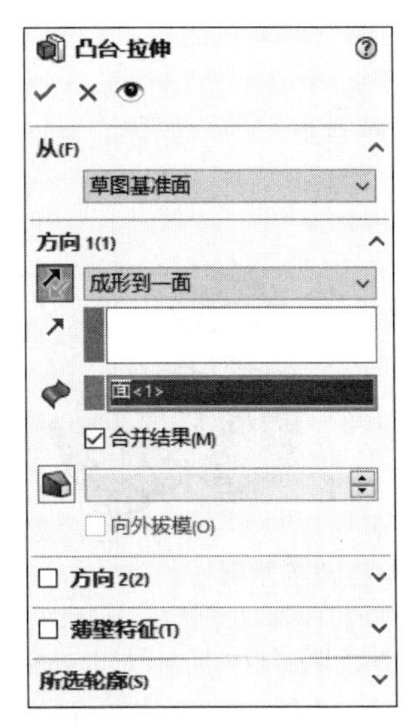

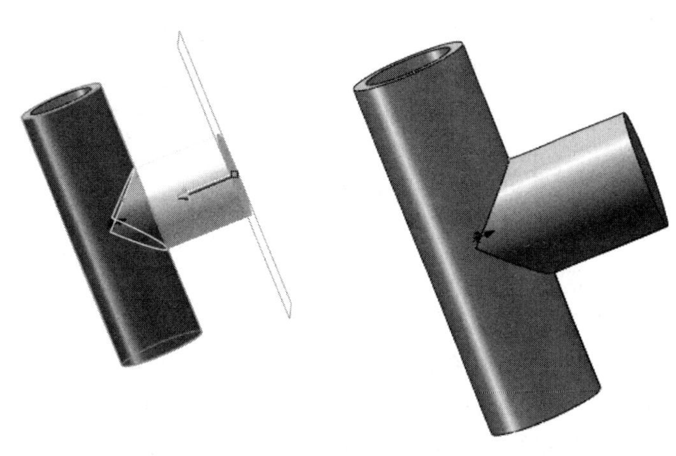

图 6-16　拉伸实体 2　　　　图 6-17　隐藏基准面的效果

Note

（11）新建草图。选择生成的凸台面，单击“草图”控制面板中的“草图绘制”按钮，在其上新建一张草图。

（12）绘制拉伸切除轮廓。单击“草图”控制面板中的“圆”按钮，以原点为圆心，绘制一个直径为20mm的圆作为拉伸切除的轮廓，如图6-18所示。

（13）切除实体。单击“特征”控制面板中的“拉伸切除”按钮，在弹出的“切除-拉伸”属性管理器中设置切除的终止条件为“给定深度”，设置切除深度为40.00mm，单击“确定”按钮✓，生成切除特征，如图6-19所示。

图6-18　绘制拉伸切除轮廓

图6-19　“切除-拉伸”属性管理器切除实体示意图

2. 创建接头

（1）新建草图。选择基体特征的顶面，单击“草图”控制面板中的“草图绘制”按钮，在其上新建一张草图。

（2）生成等距圆。选择圆环的外侧边缘，单击“草图”控制面板中的“等距实体”按钮，在“等距实体”属性管理器中设置等距距离为3.00mm，方向向外，单击“确定”按钮✓，生成等距圆，如图6-20所示。

（3）拉伸生成薄壁特征。单击“特征”控制面板中的“拉伸凸台/基体”按钮，在弹出的“拉伸-薄壁”属性管理器中设定拉伸的终止条件为“给定深度”，拉伸深度为5.00mm，方向向下，勾选“薄壁特征”复选框，并设置薄壁厚度为4.00mm，薄壁的拉伸方向向内，如图6-21所示。单击“确定”按钮✓，生成薄壁拉伸特征。

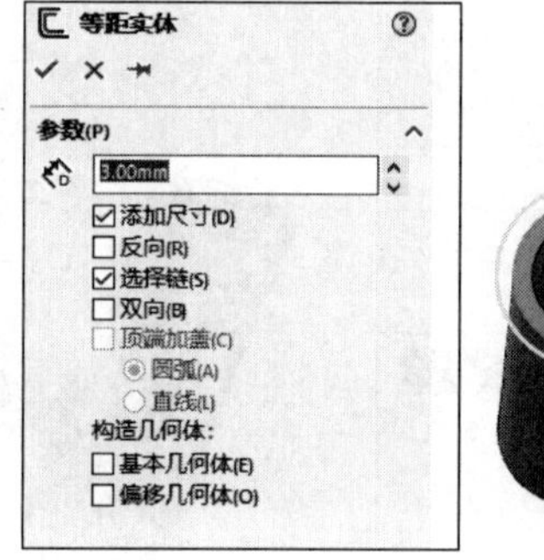

图6-20　生成等距圆

（4）生成另外两个端面上的薄壁特征。仿照步骤（3），在模型的另外两个端面生成薄壁特征，特征参数与第一个薄壁特征相同，生成的模型如图6-22所示。

（5）创建圆角。单击“特征”控制面板中的“圆角”按钮，在弹出的“圆角”属性管理器中设置圆角类型为“恒定大小圆角”，在“半径”文本框中输入2.00mm，单击

图标右侧的选项框，然后在绘图区分别选择 3 个端面拉伸薄壁特征的两条边线，如图 6-23 所示。单击“确定”按钮 ✓，生成等半径圆角特征。

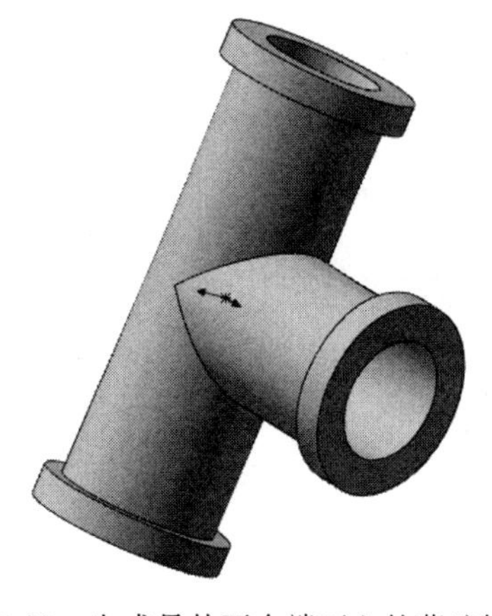

图 6-21　“凸台-拉伸”属性管理器及拉伸生成薄壁特征　图 6-22　生成另外两个端面上的薄壁特征

(6) 创建其他圆角特征。仿照步骤(5)，在“半径”文本框中输入 1mm，单击图标右侧的选项框，然后在绘图区选择三条边线，如图 6-24 所示。继续创建管接头圆角，圆角半径为 5.00mm，如图 6-25 所示，倒圆角最终效果如图 6-26 所示。

(7) 单击“标准”工具栏中的“保存”按钮，将零件保存为“三通管.sldprt”。

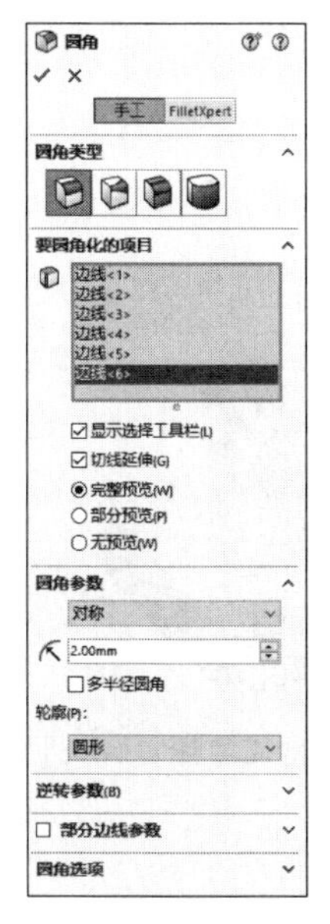

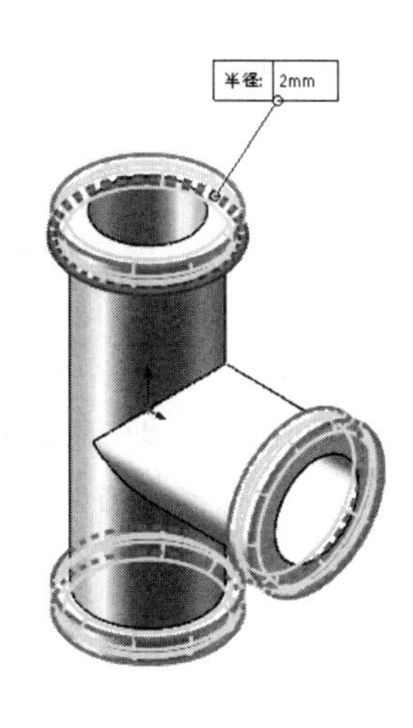

图 6-23　“圆角”属性管理器及创建圆角示意图

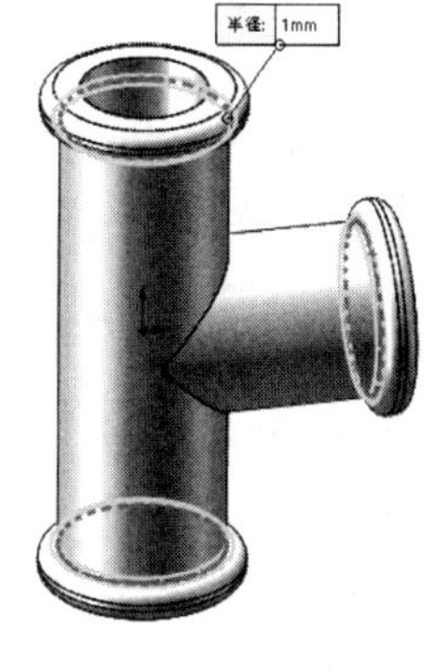

图 6-24　“圆角”属性管理器创建其他圆角特征示意图

Note

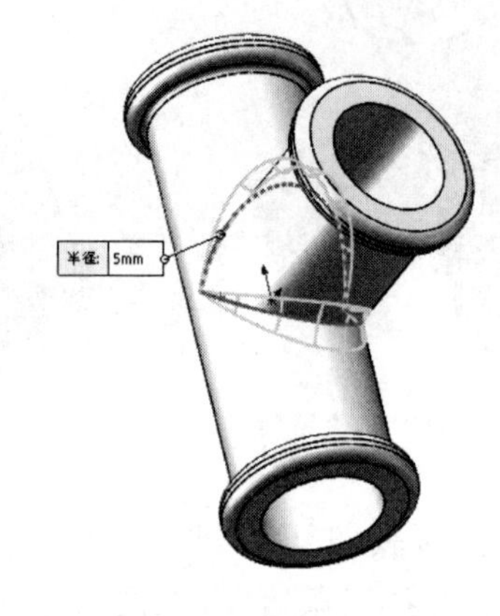

图 6-25 “圆角”属性管理器及选择圆角边示意图

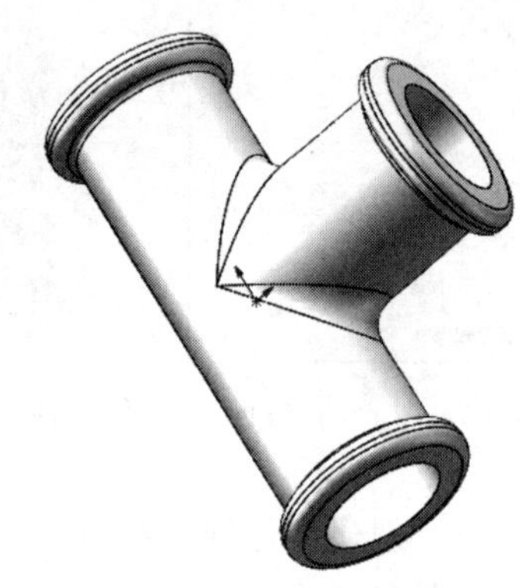

图 6-26 倒圆角最终结果

6.2 倒角特征

第 6.1 节介绍了圆角特征，本节将介绍倒角特征。在零件设计过程中，通常对锐利的零件边角进行倒角处理，以防止伤人和避免应力集中，便于搬运、装配等。此外，有些倒角特征也是机械加工过程中不可缺少的工艺。与圆角特征类似，倒角特征是对边或角进行倒角。如图 6-27 所示是应用倒角特征后的零件实例。

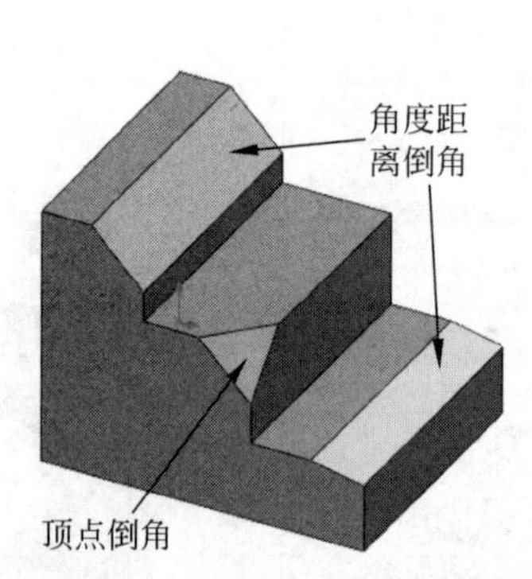

图 6-27 倒角特征零件实例

6-6

6.2.1 创建倒角特征

下面介绍在零件模型上创建倒角特征的操作步骤。

(1) 打开源文件“X:\源文件\原始文件\6\创建倒角特征.SLDPRT”。单击“特征”工具栏中的“倒角”按钮，或选择菜单栏中的“插入”→“特征”→“倒角”命令，或单击“特征”面板中的“倒角”按钮，弹出“倒角”属性管理器。

(2) 在“倒角”属性管理器中选择倒角类型有以下 3 种。

- 角度距离：在所选边线上指定距离和倒角角度来生成倒角特征，如图 6-28(a)所示。
- 距离-距离：在所选边线的两侧分别指定两个距离值来生成倒角特征，如图 6-28(b)所示。
- 顶点：在与顶点相交的 3 个边线上分别指定距顶点的距离来生成倒角特征，如图 6-28(c)所示。

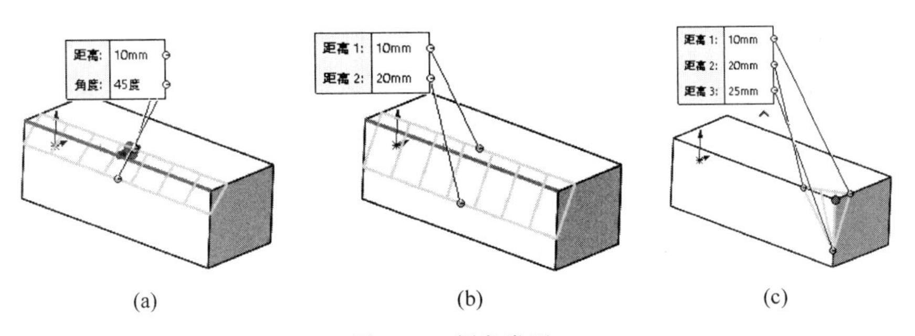

图 6-28 倒角类型

(a) 角度距离；(b) 距离-距离；(c) 顶点

(3) 单击“边线、面和环”图标右侧的列表框，然后在图形区选择边线、面或顶点，设置倒角参数，如图 6-29 所示。

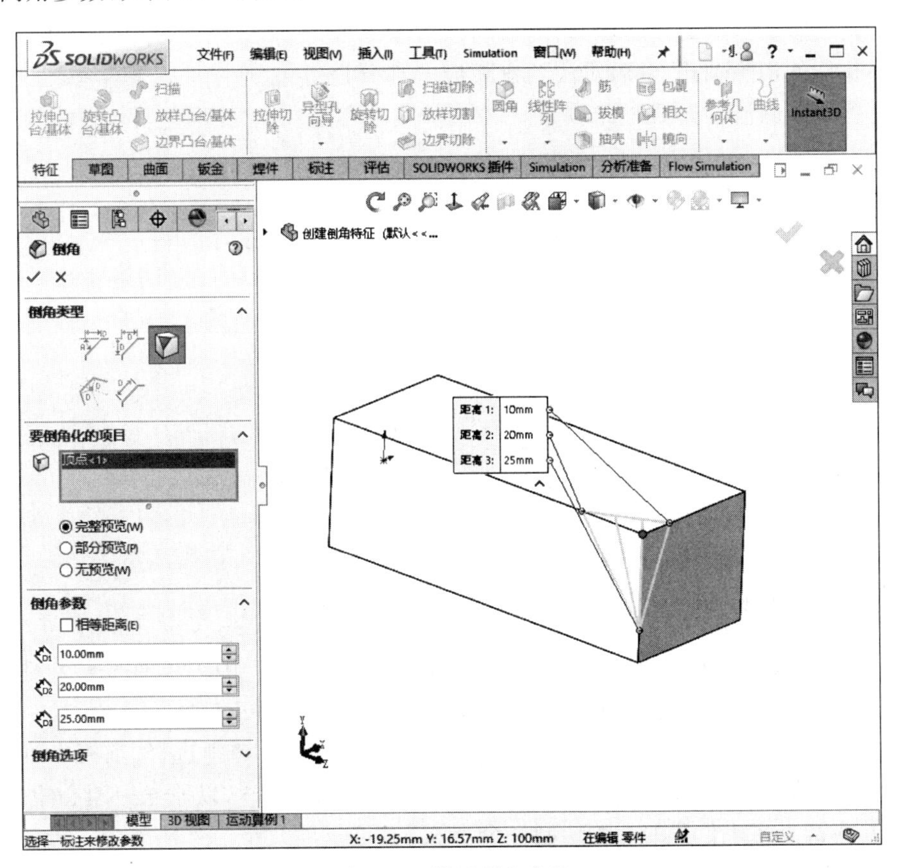

图 6-29 设置倒角参数

Note

(4) 在对应的文本框中指定距离或角度值。

(5) 如果勾选"保持特征"复选框,则当应用倒角特征时,会保持零件的其他特征,如图 6-30 所示。

(6) 倒角参数设置完毕,单击"确定"按钮✔,生成倒角特征。

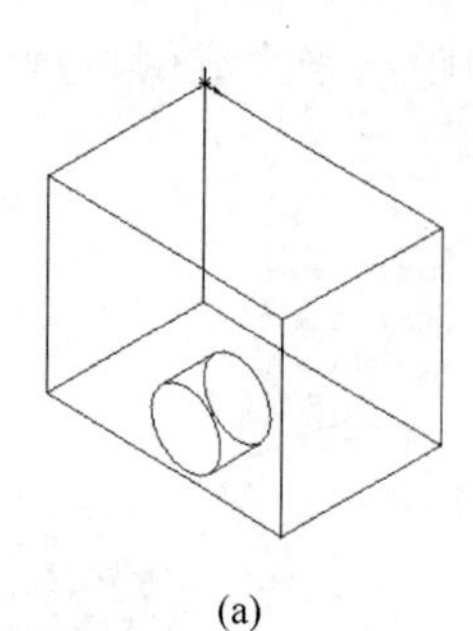

(a)

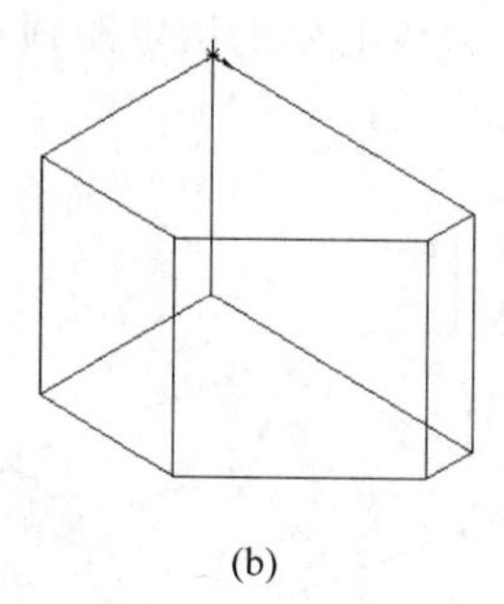

(b)

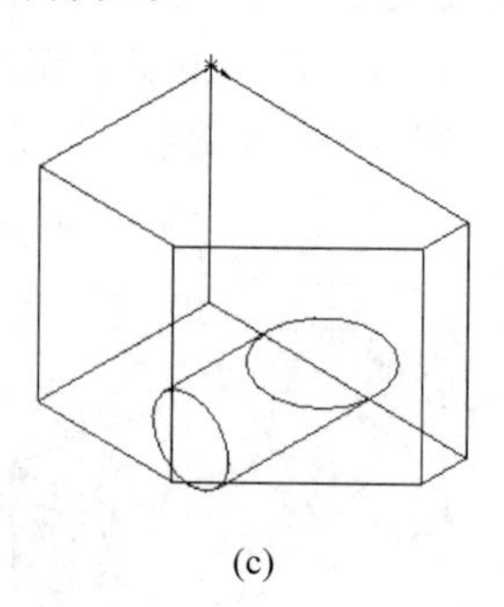

(c)

图 6-30 倒角特征

(a) 原始零件;(b) 未勾选"保持特征"复选框;(c) 勾选"保持特征"复选框

6.2.2 实例——法兰盘

6-7

本实例绘制的法兰盘如图 6-31 所示。

思路分析

首先绘制法兰盘的底座草图并拉伸,然后绘制法兰盘轴部并拉伸切除轴孔,最后对法兰盘相应的部分进行倒角处理。绘制流程如图 6-32 所示。

图 6-31 法兰盘

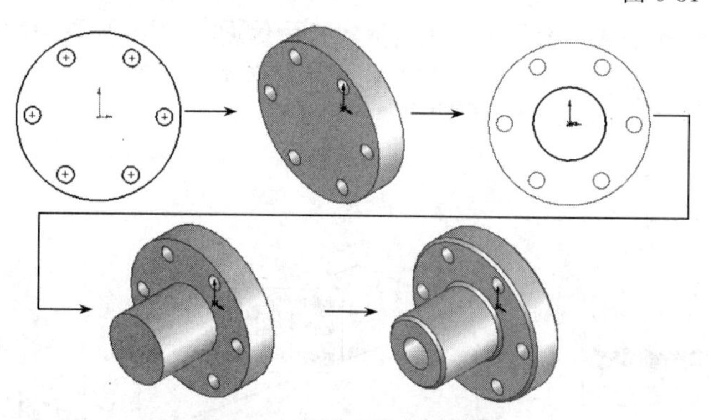

图 6-32 法兰盘绘制流程图

绘制步骤

(1) 新建文件。启动 SOLIDWORKS 2020,选择菜单栏中的"文件"→"新建"命令或单击"标准"工具栏中的"新建"按钮,创建一个新的零件文件。

(2) 绘制法兰盘底座的草图。在 FeatureManager 设计树中选择"前视基准面"作为绘制图形的基准面。单击"草图"控制面板中的"圆"按钮,以原点为圆心绘制一个大圆,并在圆点水平位置的左侧绘制一个小圆。

(3) 标注尺寸。单击"草图"控制面板中的"智能尺寸"按钮,标注步骤(2)中绘制

圆的直径以及定位尺寸，如图 6-33 所示。

(4) 添加几何关系。单击“草图”控制面板中的“添加几何关系”按钮 ⊥，弹出“添加几何关系”属性管理器。选择两个圆的圆心，然后单击属性管理器中的“水平”按钮 —。设置好几何关系后，单击“确定”按钮 ✓。

(5) 圆周阵列草图。单击“草图”控制面板中的“圆周阵列草图”按钮，弹出“圆周阵列”属性管理器。在“要阵列的实体”选项组中，选择如图 6-33 所示的小圆。按照图 6-34 进行设置后，单击“确定”按钮 ✓，阵列草图如图 6-35 所示。

(6) 拉伸实体。单击“特征”控制面板中的“拉伸凸台/基体”按钮，弹出“拉伸”属性管理器。在“深度”文本框中输入 20.00mm，然后单击“确定”按钮 ✓。

(7) 设置视图方向。单击“视图(前导)”工具栏中的“等轴测”按钮，将视图以等轴测方向显示，创建的拉伸 1 特征如图 6-36 所示。

(8) 设置基准面。单击选择如图 6-36 所示的面 1，然后单击“视图(前导)”工具栏中的“正视于”按钮，将该面作为绘制图形的基准面。

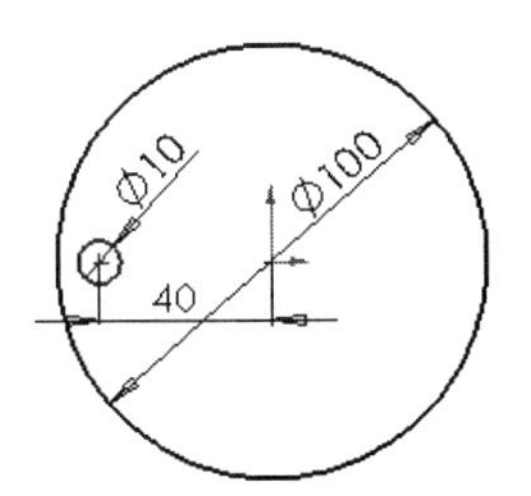

图 6-33　标注尺寸(1)

图 6-34　“圆周阵列”属性管理器

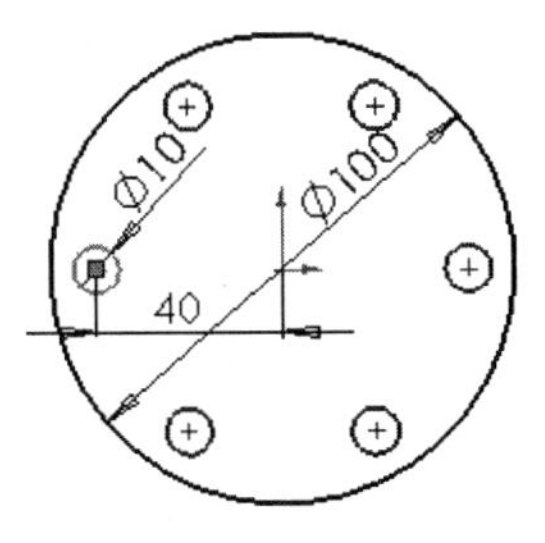

图 6-35　圆周阵列草图

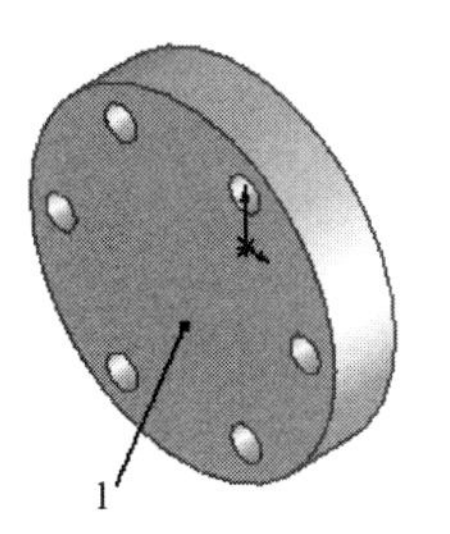

图 6-36　创建拉伸 1 特征

Note

(9) 绘制草图。单击“草图”控制面板中的“圆”按钮⊙，以原点为圆心绘制一个圆。

(10) 标注尺寸。单击“草图”控制面板中的“智能尺寸”按钮，标注步骤(8)中绘制圆的直径，如图 6-37 所示。

(11) 拉伸实体。单击“特征”控制面板中的“拉伸凸台/基体”按钮，此时系统弹出“拉伸”属性管理器。在“深度”文本框中输入 45.00mm，然后单击“确定”按钮✓。

(12) 设置视图方向。单击“视图(前导)”工具栏中的“等轴测”按钮，将视图以等轴测方向显示，创建的拉伸 2 特征如图 6-38 所示。

(13) 设置基准面。单击选择如图 6-38 所示的面 1，然后单击“视图(前导)”工具栏中的“正视于”按钮，将该表面作为绘制图形的基准面。

(14) 绘制草图。单击“草图”控制面板中的“圆”按钮⊙，以原点为圆心绘制一个圆。

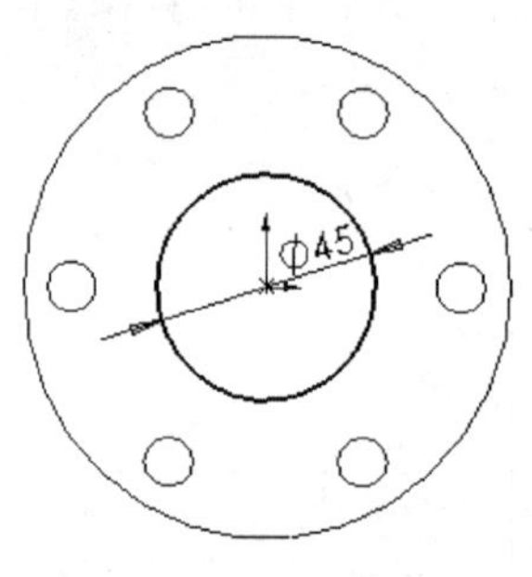

图 6-37　标注尺寸(2)

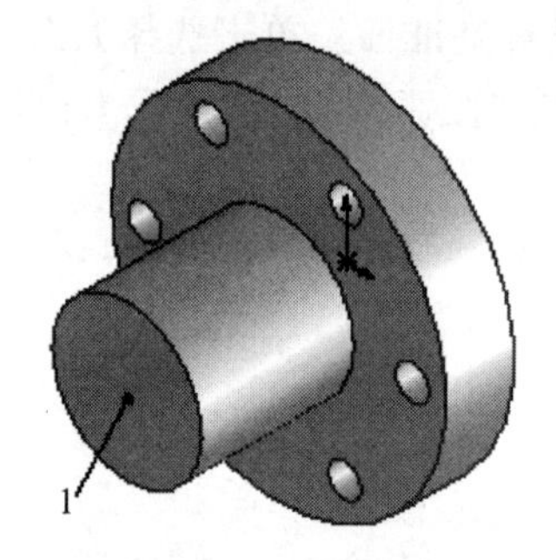

图 6-38　创建的拉伸 2 特征

(15) 标注尺寸。单击“草图”控制面板中的“智能尺寸”按钮，标注步骤(13)中绘制圆的直径，如图 6-39 所示。

(16) 拉伸实体。单击“特征”控制面板中的“拉伸切除”按钮，弹出“拉伸”属性管理器。在“深度”文本框中输入 45.00mm，然后单击“确定”按钮✓。

(17) 设置视图方向。单击“视图(前导)”工具栏中的“等轴测”按钮，将视图以等轴测方向显示，创建的拉伸 3 特征如图 6-40 所示。

(18) 倒角实体。单击“特征”控制面板中的“倒角”按钮，弹出“倒角”属性管理器。在“距离”文本框中输入 2.00mm，然后单击选择如图 6-40 所示的边线 1～边线 4。单击“确定”按钮✓，倒角后的图形如图 6-41 所示。

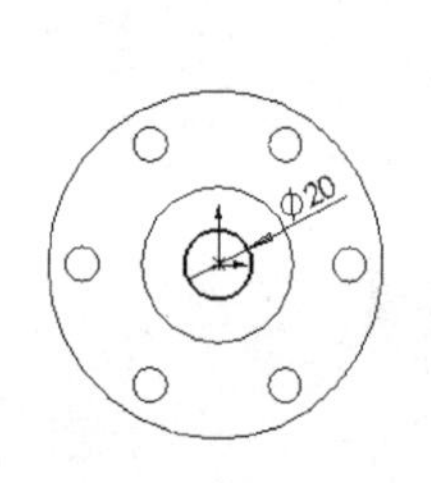

图 6-39　标注尺寸(3)

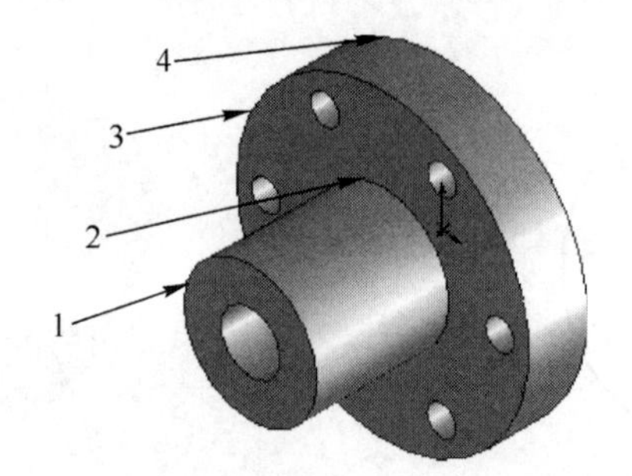

图 6-40　创建的拉伸 3 特征

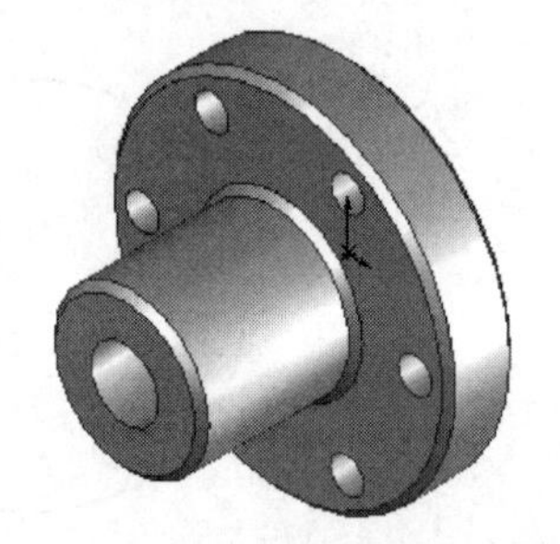

图 6-41　倒角后的图形

Note

6.3 圆顶特征

圆顶特征是对模型的一个面进行变形操作，生成圆顶型凸起特征。图 6-42 展示了圆顶特征的几种效果。

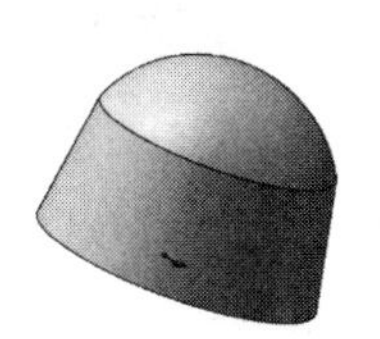
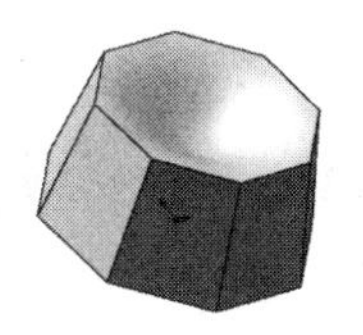
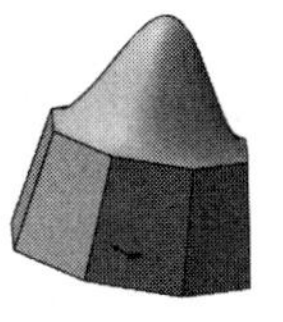
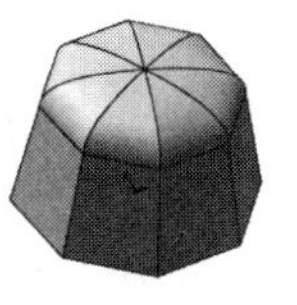

图 6-42　圆顶特征效果

6.3.1　创建圆顶特征

6-8

下面介绍创建圆顶特征的操作步骤。

(1) 创建一个新的零件文件。

(2) 在左侧的 FeatureManager 设计树中选择"前视基准面"作为绘制图形的基准面。

(3) 单击"草图"控制面板中的"多边形"按钮，以原点为圆心绘制一个多边形并标注尺寸，如图 6-43 所示。

(4) 单击"特征"控制面板中的"拉伸凸台/基体"按钮，将步骤(3)中绘制的草图拉伸成深度为 60mm 的实体，拉伸后的图形如图 6-44 所示。

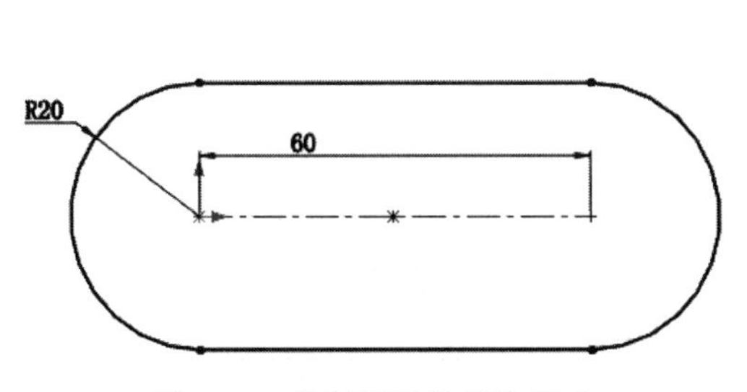

图 6-43　绘制草图并标注尺寸

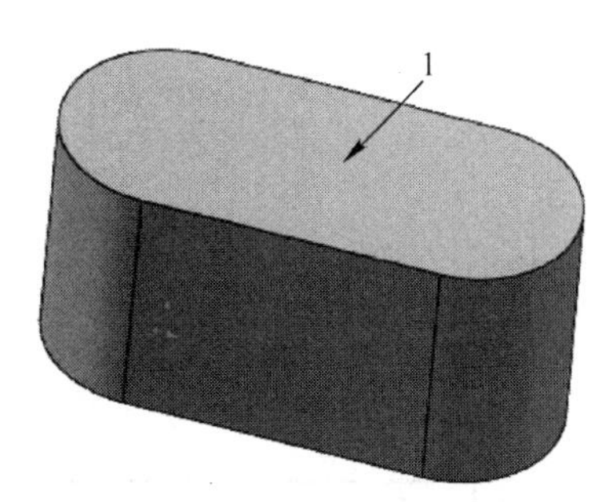

图 6-44　拉伸图形后效果

(5) 选择菜单栏中的"插入"→"特征"→"圆顶"命令，或者单击"特征"工具栏中的"圆顶"按钮，弹出"圆顶"属性管理器。

(6) 在"参数"选项组中，单击选择如图 6-44 所示的面 1，在"距离"文本框中输入 50.00mm，勾选"连续圆顶"复选框，"圆顶"属性管理器设置如图 6-45 所示。

(7) 单击属性管理器中的"确定"按钮✓，并调整视图的方向，连续圆顶的图形如图 6-46 所示。

图 6-47 所示为不勾选"连续圆顶"复选框生成的圆顶图形。

Note

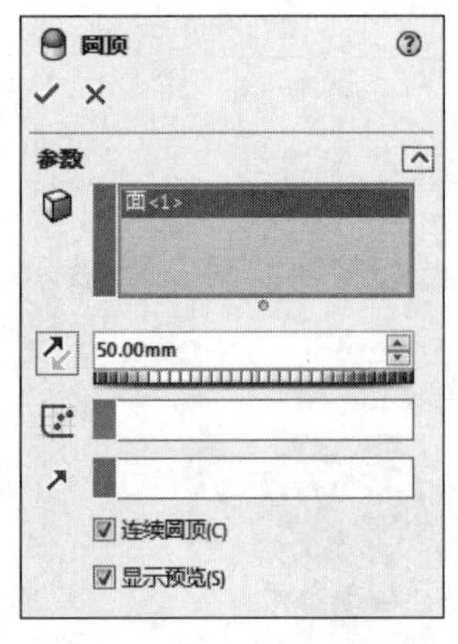

图 6-45 “圆顶”属性管理器

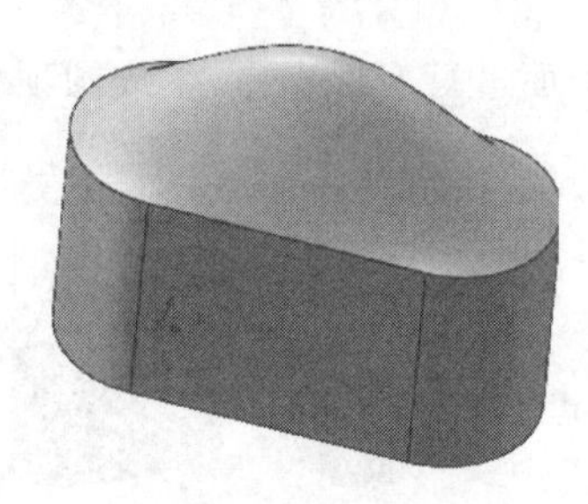

图 6-46 连续圆顶的图形

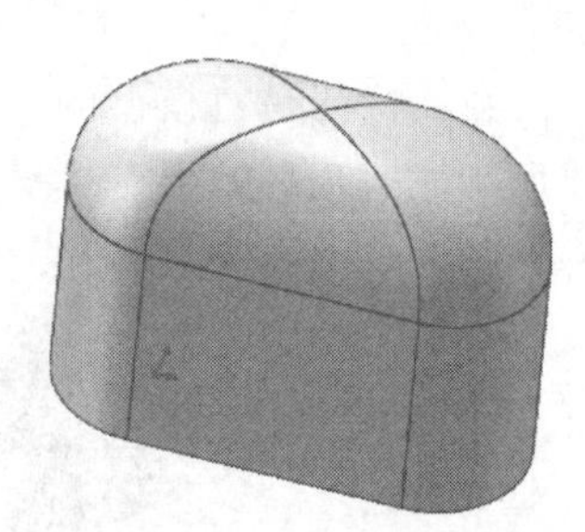

图 6-47 不连续圆顶的图形

技巧荟萃

在圆柱和圆锥模型上，可以将“距离”设置为 0，此时系统会使用圆弧半径作为圆顶的基础来计算距离。

6-9

6.3.2 实例——瓜皮小帽

本实例绘制的瓜皮小帽如图 6-48 所示。

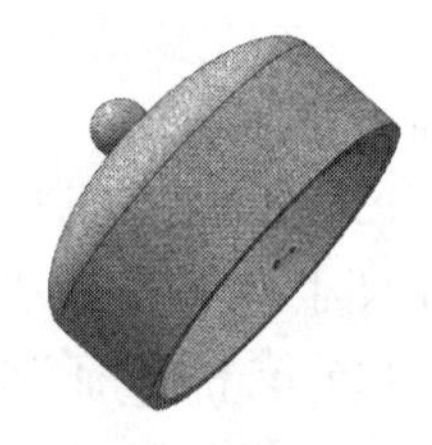

图 6-48 瓜皮小帽

思路分析

首先绘制瓜皮小帽的帽围，然后利用“圆顶”命令绘制椭圆帽顶，利用“抽壳”命令绘制帽里，最后利用“旋转”命令绘制头饰。绘制流程如图 6-49 所示。

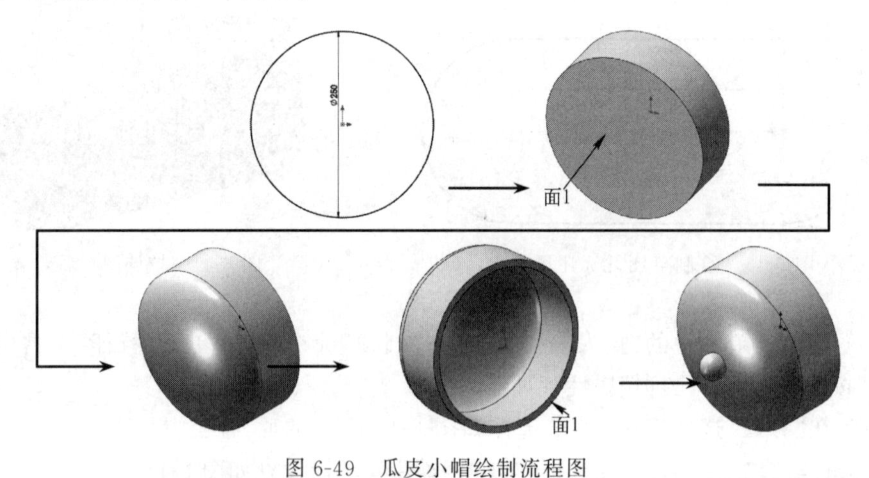

图 6-49 瓜皮小帽绘制流程图

绘制步骤

(1) 新建文件。启动 SOLIDWORKS 2020，选择菜单栏中的“文件”→“新建”命

令，创建一个新的零件文件。

（2）绘制帽子轮廓草图。在左侧的FeatureManager设计树中选择“前视基准面”作为绘图基准面。单击“草图”控制面板中的“圆”按钮，以原点为圆心绘制一个圆。

（3）标注尺寸。单击“草图”控制面板中的“智能尺寸”按钮，标注步骤（2）中绘制圆的直径，如图6-50所示。

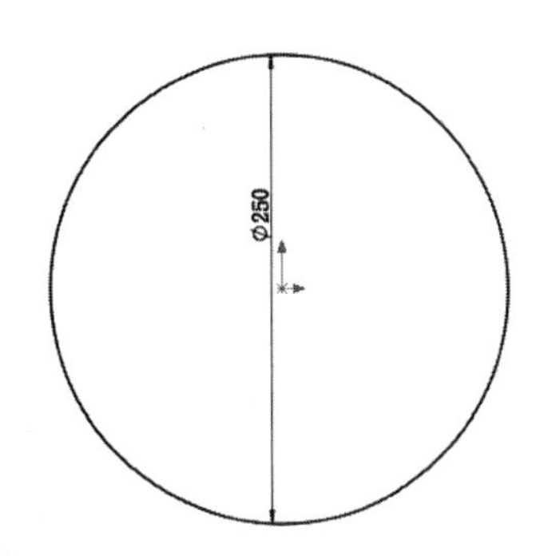

图6-50　标注尺寸(1)

（4）拉伸实体。单击“特征”控制面板中的“拉伸凸台/基体”按钮，弹出“凸台-拉伸”属性管理器。在“深度”文本框中输入80.00mm，如图6-51所示，然后单击“确定”按钮，结果如图6-52所示。

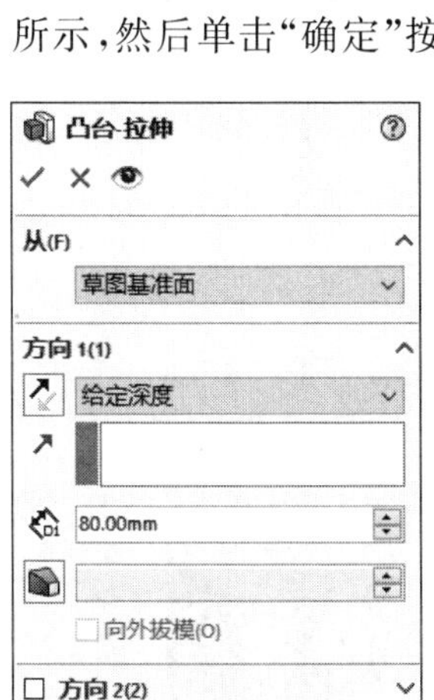

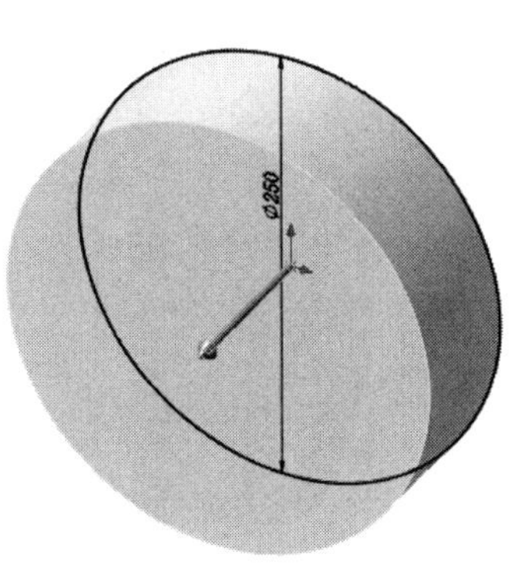

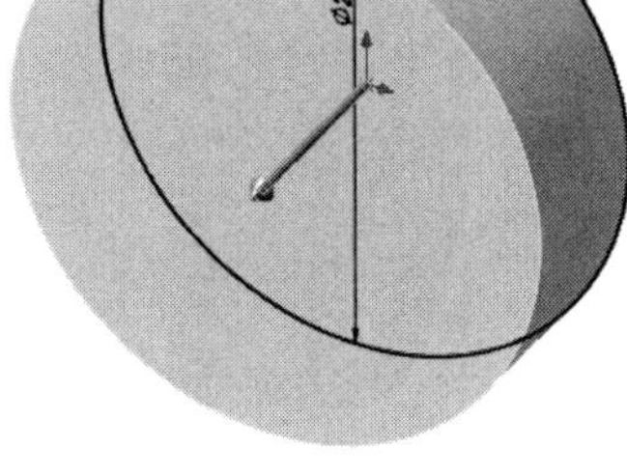

图6-51　“凸台-拉伸”属性管理器及示意图

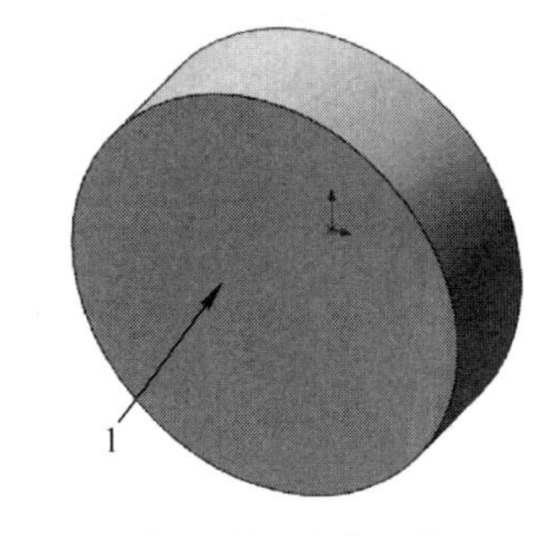

图6-52　拉伸实体

（5）圆顶实体。选择菜单栏中的“插入”→“特征”→“圆顶”命令，弹出“圆顶”属性管理器。在“参数”选项组中，单击选择如图6-52所示的面1。按照图6-53所示进行参数设置后，单击“确定”按钮，创建的圆顶实体如图6-54所示。

（6）绘制切除实体草图。在左侧的FeatureManager设计树中选择“右视基准面”作为绘图基准面。单击“草图”控制面板中的“中心线”按钮，过原点绘制一个竖直中心线。单击“草图”控制面板中的“等距实体”按钮，弹出“等距实体”属性管理器，选择草图边线，在“等距距离”文本框中输入10.00mm，如图6-55所示。单击“草图”控制面板中的“直线”按钮，完成闭合图形绘制，完成草图如图6-56所示。

（7）旋转切除实体。单击“特征”控制面板中的“旋转切除”按钮，弹出“切除-旋转”属性管理器，如图6-57所示，然后单击“确定”按钮，结果如图6-58所示。

（8）设置基准面。单击“特征”控制面板“参考几何体”下拉列表中的“基准面”按钮，在左侧弹出“基准面”属性管理器，在“第一参考”选项组下图标后选择如图6-58

Note

所示面 1,输入偏移距离 140.00mm,如图 6-59 所示。然后单击“确定”按钮 ✓,结果如图 6-60 所示。

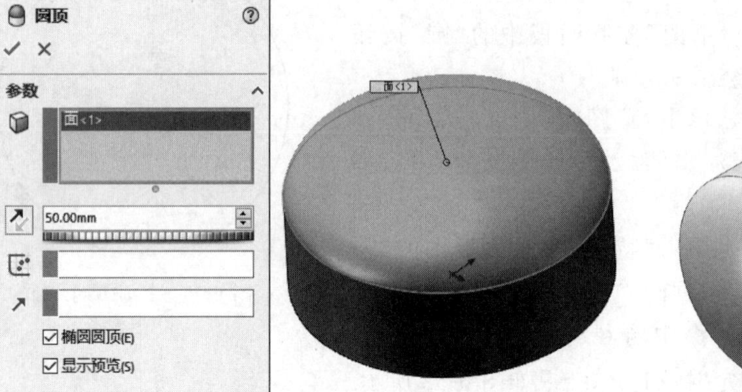

图 6-53 “圆顶”属性管理器及示意图

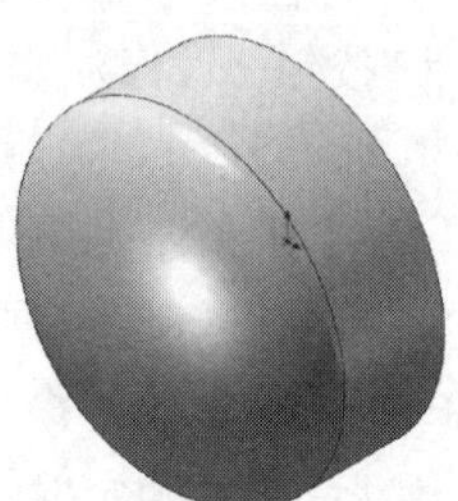

图 6-54 圆顶实体

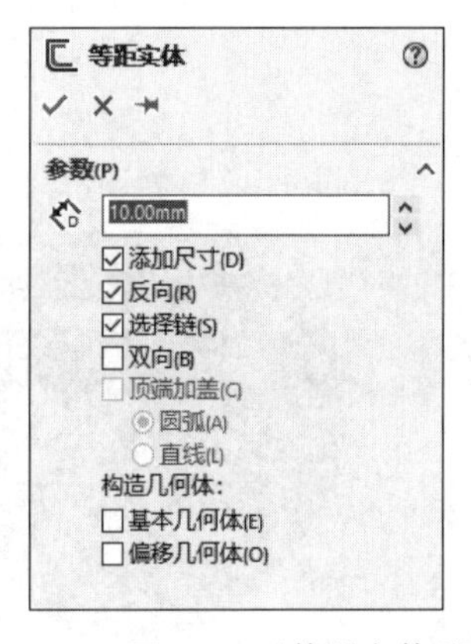

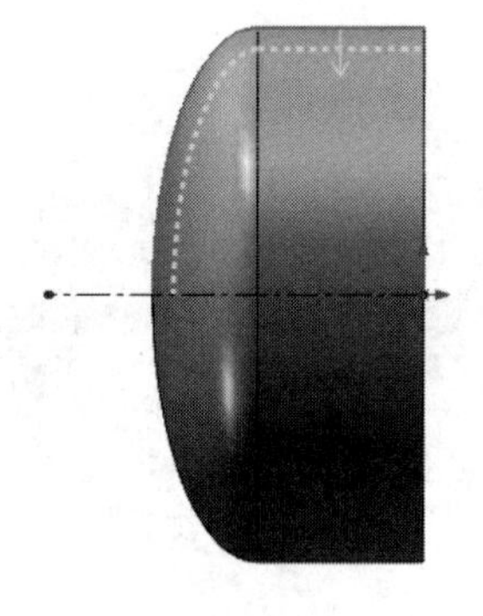

图 6-55 “等距实体”属性管理器及示意图

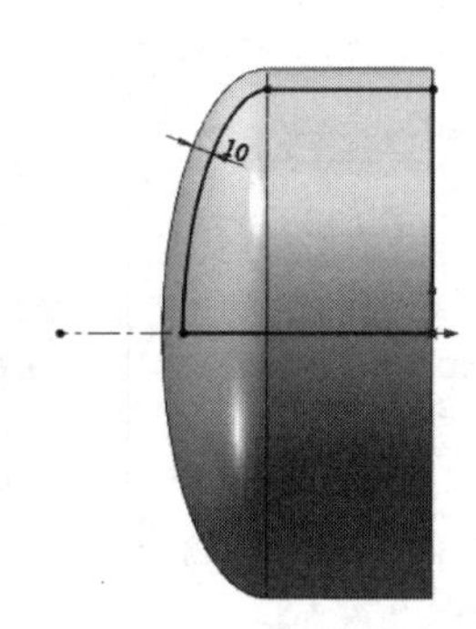

图 6-56 等距结果

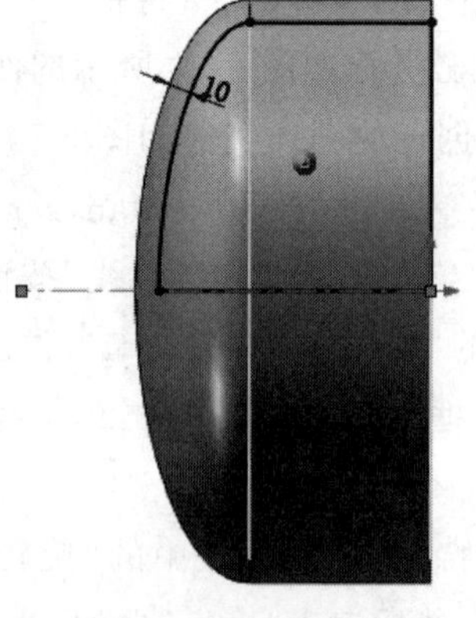

图 6-57 “切除-旋转”属性管理器及示意图

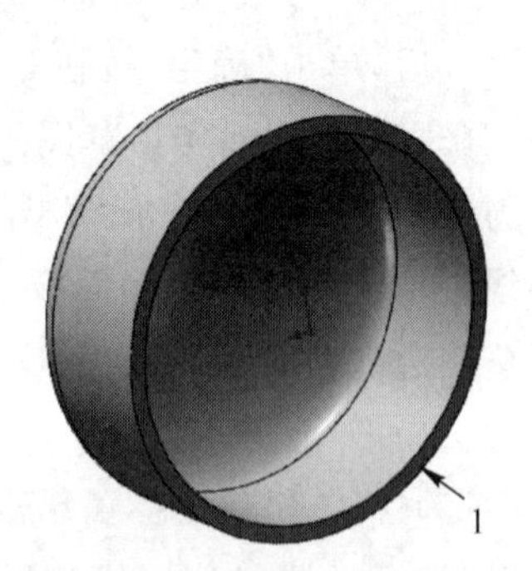

图 6-58 旋转切除结果图

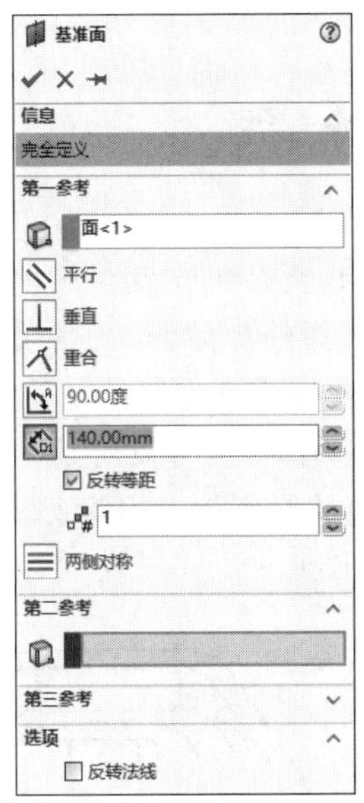

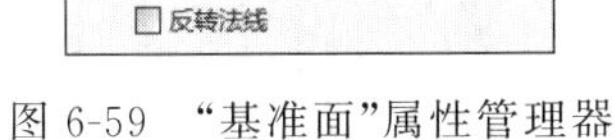

图 6-59　“基准面”属性管理器

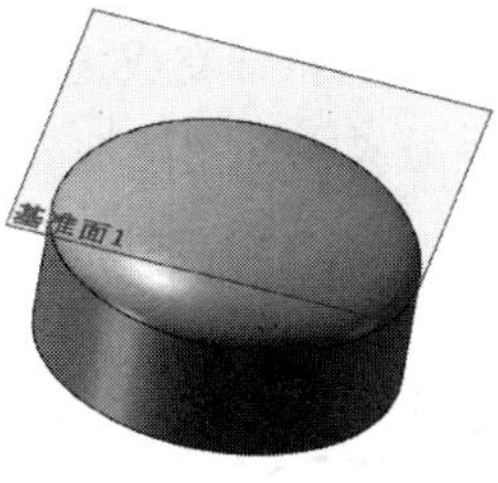

图 6-60　创建基准面 1

(9) 绘制草图。选择上步绘制的基准面 1 为草绘平面，单击“草图”控制面板中的“草图绘制”按钮，单击“草图”控制面板中的“圆”按钮，以原点为圆心绘制一个圆；单击“草图”控制面板中的“直线”按钮，绘制过原点竖直线，单击“草图”控制面板中的“裁剪实体”按钮，修剪单侧圆弧。

(10) 标注尺寸。单击“草图”控制面板中的“智能尺寸”按钮，标注刚绘制的圆的直径，如图 6-61 所示。

(11) 旋转实体。单击“特征”控制面板中的“旋转”按钮，弹出“旋转”属性管理器。在“旋转轴”选项框中选择直线 1，如图 6-62 所示，然后单击“确定”按钮。

(12) 隐藏基准面。单击基准面 1，在弹出的快捷对话框中选择“隐藏”按钮，取消基准面 1 的显示。

(13) 设置视图方向。单击“视图(前导)”工具栏中的“等轴测”按钮，将视图以等轴测方向显示，绘制结果如图 6-63 所示。

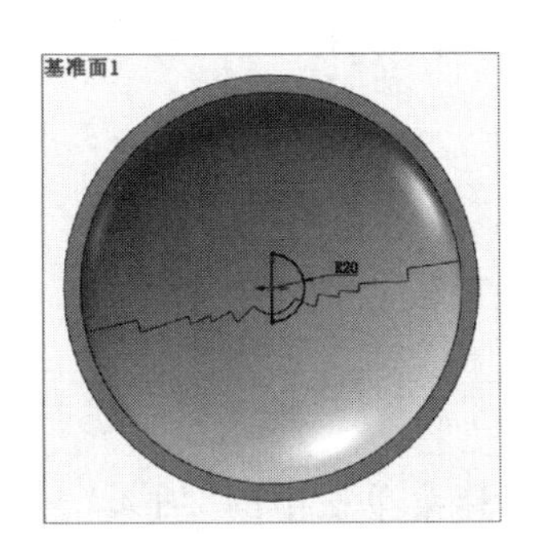

图 6-61　标注尺寸(2)

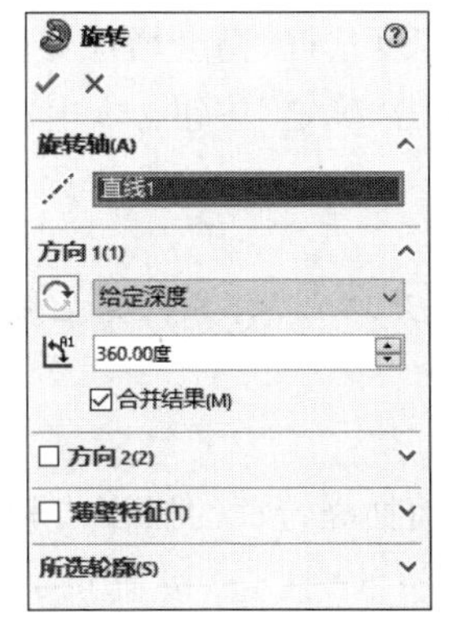

图 6-62　“旋转”属性管理器

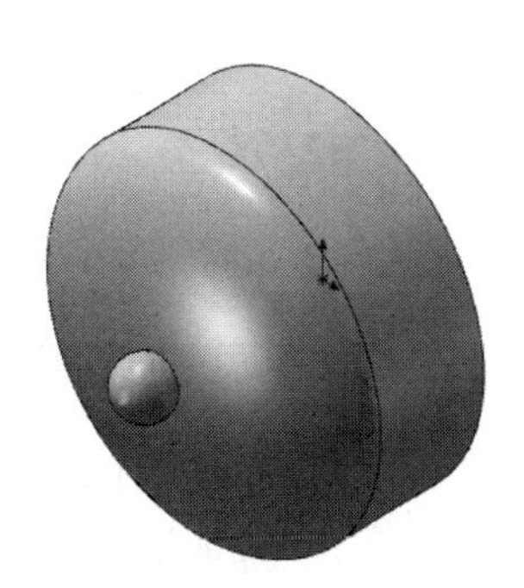

图 6-63　等轴测视图结果

6.4 抽壳特征

Note

抽壳特征是零件建模中的重要特征，它能使一些复杂工作变得简单化。当在零件的一个面上抽壳时，系统会掏空零件的内部，使所选择的面敞开，在剩余的面上生成薄壁特征。如果没有选择模型上的任何面，而直接对实体零件进行抽壳操作，则会生成一个闭合、掏空的模型。通常，抽壳时各个表面的厚度相等，也可以对某些表面的厚度进行单独指定，这样抽壳特征完成之后，各个零件表面的厚度就不相等了。

图 6-64 所示是对零件创建抽壳特征后建模的实例。

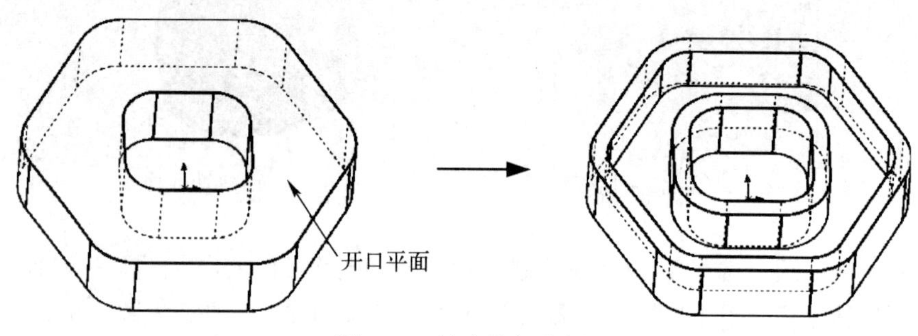

图 6-64　抽壳特征实例

6-10

6.4.1　等厚度抽壳特征

下面介绍生成等厚度抽壳特征的操作步骤。

(1) 打开源文件"X:\源文件\原始文件\6\等厚度抽壳.SLDPRT"。单击"特征"控制面板中的"抽壳"按钮，或选择菜单栏中的"插入"→"特征"→"抽壳"命令，弹出"抽壳"属性管理器。

(2) 在"参数"选项组的"厚度"文本框中指定抽壳的厚度。

(3) 单击"要移除的面"图标右侧的列表框，然后从右侧的图形区中选择一个或多个面作为开口面。此时在列表框中显示所选的开口面，如图 6-65 所示。

(4) 如果勾选了"壳厚朝外"复选框，则会增加零件外部尺寸，从而生成抽壳。

(5) 抽壳属性设置完毕，单击"确定"按钮✓，生成等厚度抽壳特征。

技巧荟萃

如果在步骤(3)中没有选择开口面，则系统会生成一个闭合、掏空的模型。

6-11

6.4.2　多厚度抽壳特征

下面介绍生成具有多厚度面抽壳特征的操作步骤。

(1) 单击"特征"控制面板中的"抽壳"按钮，或选择菜单栏中的"插入"→"特征"→"抽壳"命令，弹出"抽壳"属性管理器。

(2) 单击"参数"选项组"要移除的面"图标右侧的列表框，在图形区中选择开口

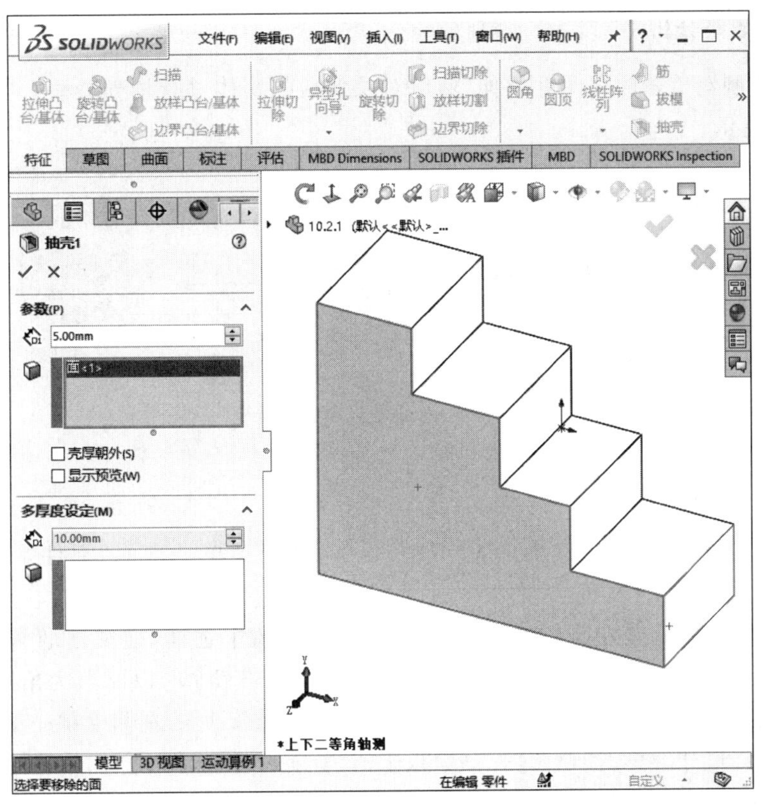

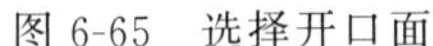
图 6-65　选择开口面

面 1,如图 6-66 所示,这些面会在该列表框中显示出来。

(3) 单击“多厚度设定”选项组“多厚度面”图标右侧的列表框,激活多厚度设定。

(4) 在列表框中选择多厚度面,然后在“多厚度设定”选项组的“厚度”文本框中输入对应的壁厚。

(5) 重复步骤(4),直到为所有选择的多厚度面指定厚度。

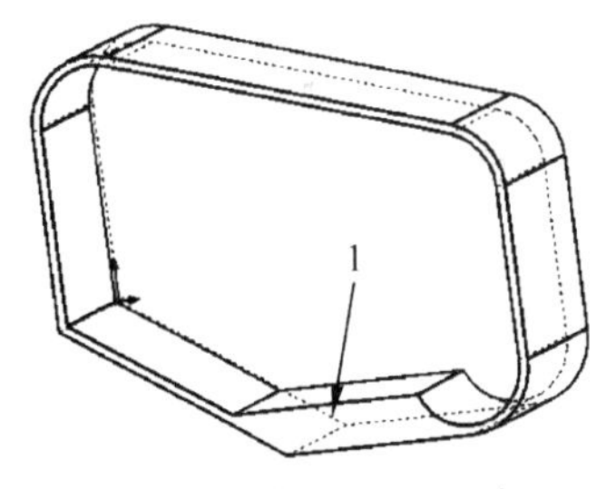

图 6-66　多厚度抽壳

(6) 如果要使壁厚添加到零件外部,则勾选“壳厚朝外”复选框。

(7) 抽壳属性设置完毕,单击“确定”按钮,生成多厚度抽壳特征,其剖视图如图 6-66 所示。

技巧荟萃

如果想在零件上添加圆角特征,应当在生成抽壳之前对零件进行圆角处理。

6.4.3　实例——闪存盘盖

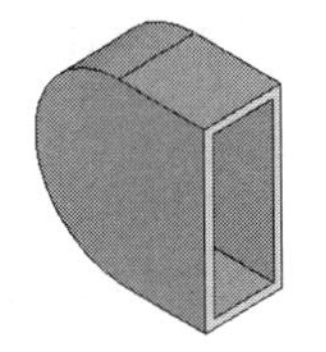
图 6-67　闪存盘盖

6-12

本实例绘制的闪存盘盖如图 6-67 所示。

Note

思路分析

首先绘制盘盖轮廓草图并拉伸，然后对拉伸后的实体进行抽壳处理。绘制流程图如图 6-68 所示。

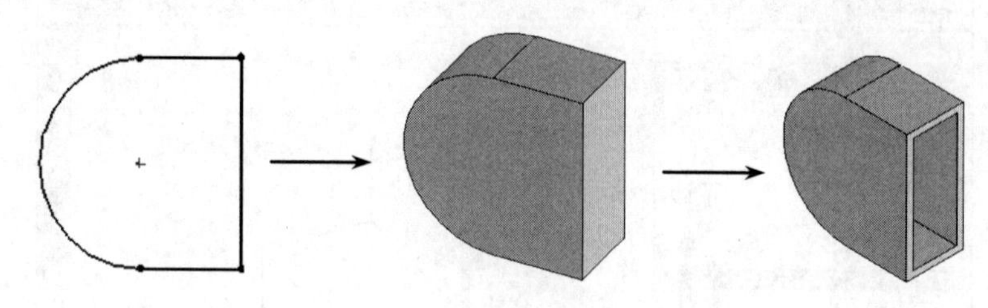

图 6-68　闪存盘盖绘制流程图

绘制步骤

（1）新建文件。启动 SOILDWORKS 2020，选择菜单栏中的“文件”→“新建”命令，创建一个新的零件文件。

（2）绘制草图。在左侧的 FeatureManager 设计树中选择“前视基准面”作为绘制图形的基准面。单击“草图”控制面板中的“边角矩形”按钮，以原点为角点绘制一个矩形；单击“草图”控制面板中的“三点圆弧”按钮，在矩形的左侧绘制一个圆弧。

（3）标注尺寸。单击“草图”控制面板中的“智能尺寸”按钮，然后标注步骤（2）中绘制草图的尺寸，如图 6-69 所示。

（4）剪裁实体。单击“草图”控制面板中的“剪裁实体”按钮，剪裁如图 6-69 所示的直线 1，剪裁后的图形如图 6-70 所示。

（5）拉伸实体。单击“特征”控制面板中的“拉伸凸台/基体”按钮，弹出“拉伸”属性管理器。在“深度”文本框中输入 9.00mm，然后单击“确定”按钮。

（6）设置视图方向。单击“视图（前导）”工具栏中的“等轴测”按钮，将视图以等轴测方向显示，创建的拉伸特征如图 6-71 所示。

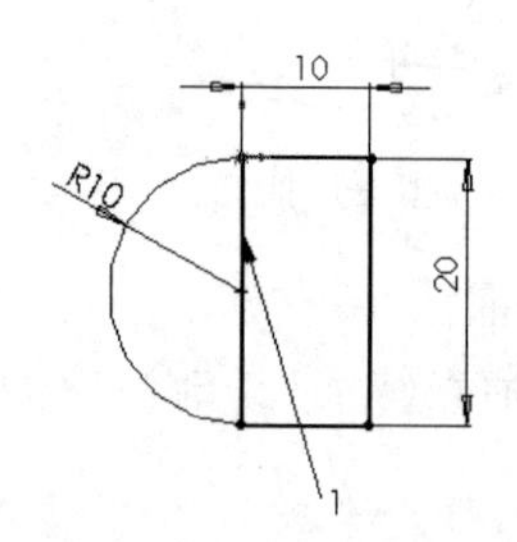

图 6-69　标注尺寸

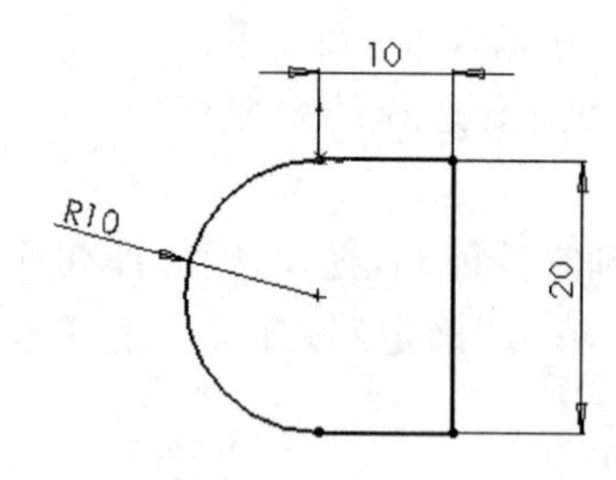

图 6-70　剪裁实体

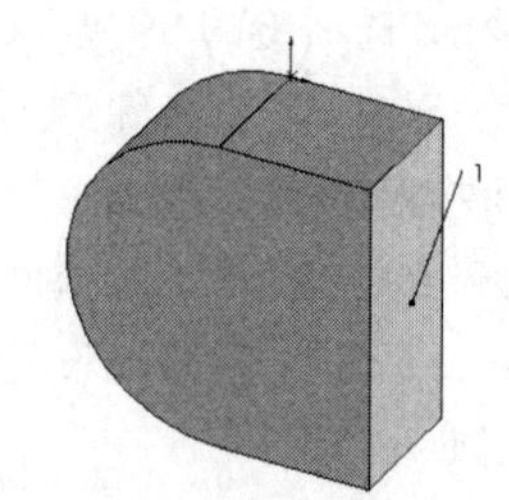

图 6-71　创建的拉伸特征

（7）抽壳实体。单击“特征”控制面板中的“抽壳”按钮，弹出“抽壳”属性管理器。在“参数”选项组的“厚度”文本框中输入 1.00mm，单击“要移除的面”图标右侧的列表框，选择如图 6-71 所示的面 1，“抽壳 1”属性管理器设置如图 6-72 所示，单击“确定”按钮。

（8）设置视图方向。单击“视图（前导）”工具栏中的“等轴测”按钮，将视图以等

轴测方向显示，抽壳实体如图 6-73 所示。

图 6-72 "抽壳 1"属性管理器

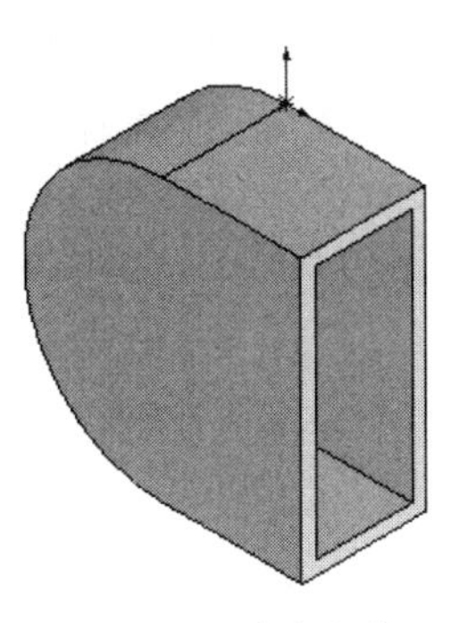
图 6-73 抽壳实体

6.5 拔模特征

拔模是零件模型上常见的特征，是以指定的角度斜削模型中所选的面。经常应用于铸造零件，由于拔模角度的存在可以使型腔零件更容易脱出模具，SOLIDWORKS 提供了丰富的拔模功能。用户既可以在现有的零件上插入拔模特征，也可以在拉伸特征的同时进行拔模。本节主要介绍在现有的零件上插入拔模特征。

下面对与拔模特征有关的术语进行说明。

- 拔模面：选取的零件表面，此面将生成拔模斜度。
- 中性面：在拔模的过程中大小不变的固定面，用于指定拔模角的旋转轴。如果中性面与拔模面相交，则相交处即为旋转轴。
- 拔模方向：用于确定拔模角度的方向。

图 6-74 所示是一个拔模特征的应用实例。

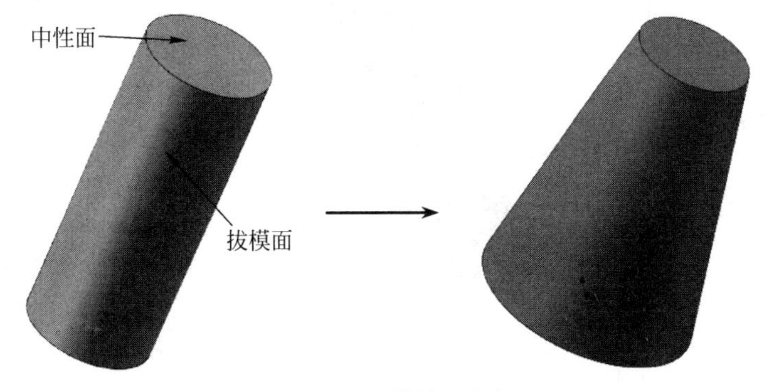

图 6-74 拔模特征实例

要在现有的零件上插入拔模特征，从而以特定角度斜削所选的面，可以使用中性面拔模、分型线拔模和阶梯拔模。

6.5.1 中性面拔模特征

Note

6-13

下面介绍使用中性面在模型面上生成拔模特征的操作步骤。

(1) 打开源文件"源文件\原始文件\6\中性面拔模.SLDPRT"。单击"特征"工具栏中的"拔模"按钮，或选择菜单栏中的"插入"→"特征"→"拔模"命令，或单击"特征"控制面板中的"拔模"按钮，系统弹出"拔模"属性管理器。

(2) 在"拔模类型"选项组中，选择"中性面"选项。

(3) 在"拔模角度"选项组的"角度"文本框中设定拔模角度。

(4) 单击"中性面"选项组中的列表框，然后在图形区中选择面或基准面作为中性面，如图 6-75(a)所示。

(5) 图形区中的控标会显示拔模的方向，如果要向相反的方向生成拔模，单击"反向"按钮。

(6) 单击"拔模面"选项组"拔模面"图标右侧的列表框，然后在图形区中选择拔模面。

(7) 如果要将拔模面延伸到额外的面，从"拔模沿面延伸"下拉列表框中选择以下选项。

- 沿切面：将拔模延伸到所有与所选面相切的面。
- 所有面：所有从中性面拉伸的面都进行拔模。
- 内部的面：所有与中性面相邻的内部面都进行拔模。
- 外部的面：所有与中性面相邻的外部面都进行拔模。
- 无：拔模面不进行延伸。

(8) 拔模属性设置完毕，单击"确定"按钮✓，完成中性面拔模特征，如图 6-75(b)所示。

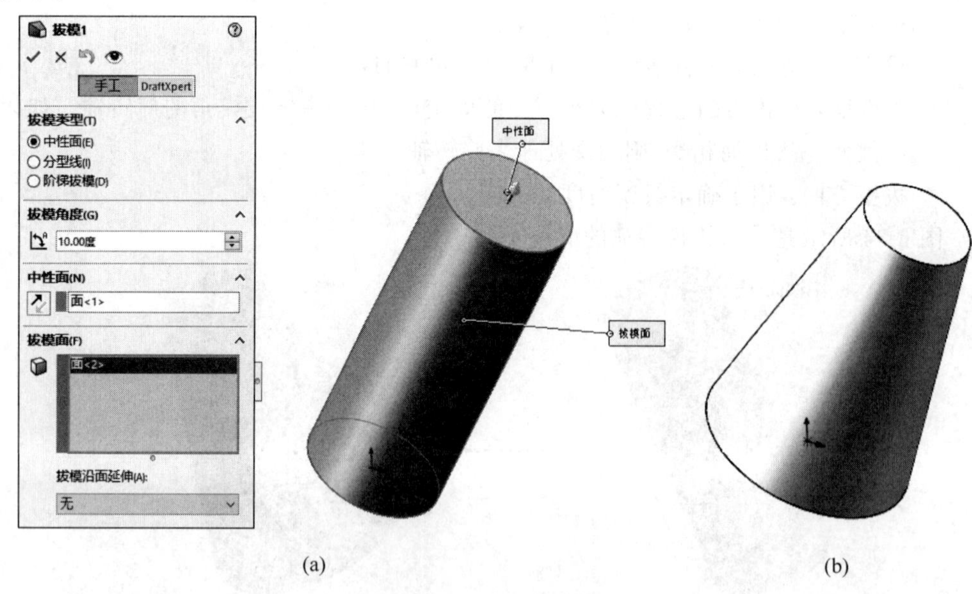

图 6-75　选择中性面

(a)"拔模 1"属性管理器及示意图；(b) 中性面拔模效果

6.5.2　分型线拔模特征

Note

6-14

利用分型线拔模可以对分型线周围的曲面进行拔模。下面介绍插入分型线拔模特征的操作步骤。

（1）打开源文件“X:\源文件\原始文件\6\分型线拔模.SLDPRT”。单击“特征”工具栏中的“拔模”按钮，或选择菜单栏中的“插入”→“特征”→“拔模”命令，或者单击“特征”控制面板中的“拔模”按钮，系统弹出“拔模”属性管理器。

（2）在“拔模类型”选项组中，选择“分型线”选项。

（3）在“拔模角度”选项组的“角度”文本框中指定拔模角度。

（4）单击“拔模方向”选项组中的列表框，然后在图形区中选择一条边线或一个面来指示拔模方向。

（5）如果要向相反的方向生成拔模，单击“反向”按钮。

（6）单击“分型线”选项组“分型线”图标右侧的列表框，在图形区中选择分型线，如图 6-76(a)所示。

（7）如果要为分型线的每一线段指定不同的拔模方向，单击“分型线”选项组“分型线”图标右侧列表框中的边线名称，然后单击“其他面”按钮。

（8）在“拔模沿面延伸”下拉列表框中选择拔模沿面延伸类型，具体如下。

- 无：只在所选面上进行拔模。
- 沿相切面：将拔模延伸到所有与所选面相切的面。

（9）拔模属性设置完毕，单击“确定”按钮，完成分型线拔模特征，如图 6-76(b)所示。

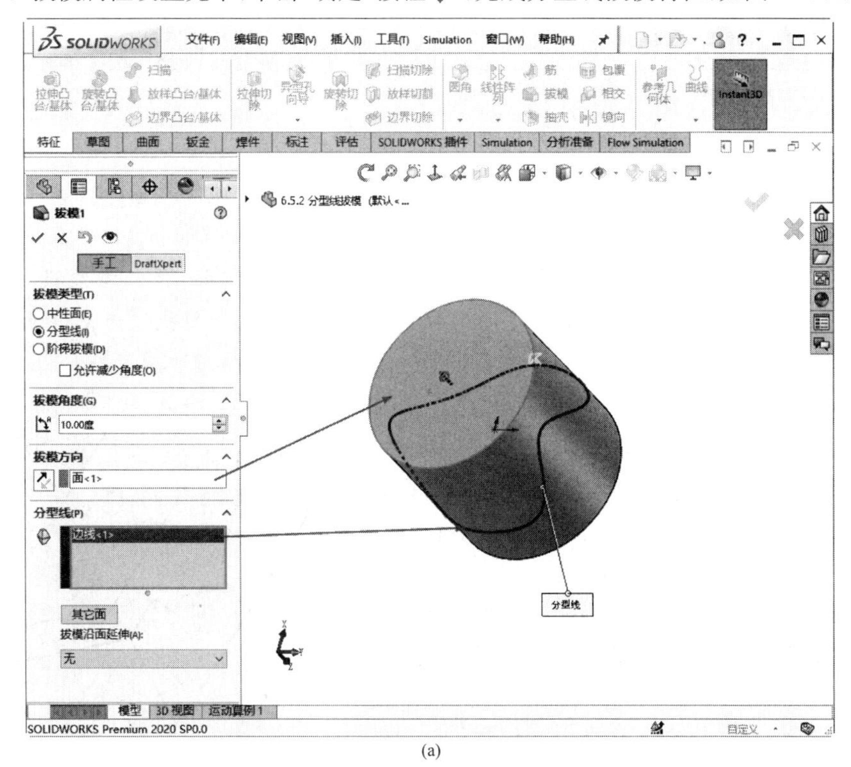

(a)

图 6-76　分型线拔模

(a) 设置分型线拔模；(b) 分型线拔模效果

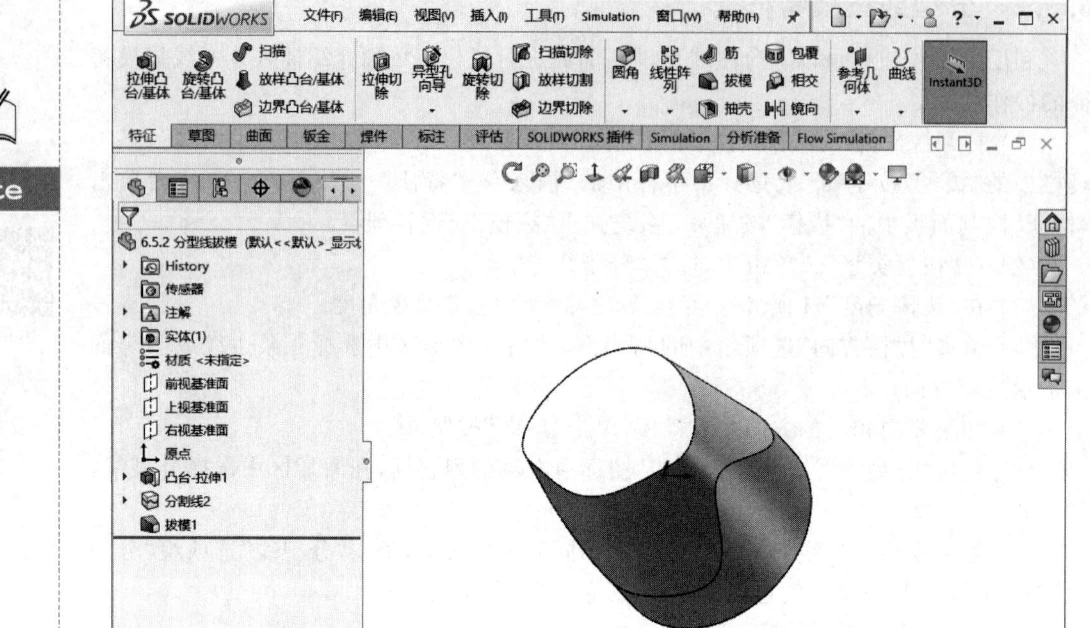

(b)

图 6-76 （续）

技巧荟萃

拔模分型线必须满足以下条件：①在每个拔模面上至少有一条分型线段与基准面重合；②其他所有分型线段处于基准面的拔模方向；③没有分型线段与基准面垂直。

6-15

6.5.3 阶梯拔模特征

除了中性面拔模和分型线拔模以外，SOLIDWORKS还提供了阶梯拔模。阶梯拔模为分型线拔模的变体，它的分型线可以不在同一平面内，如图 6-77 所示。

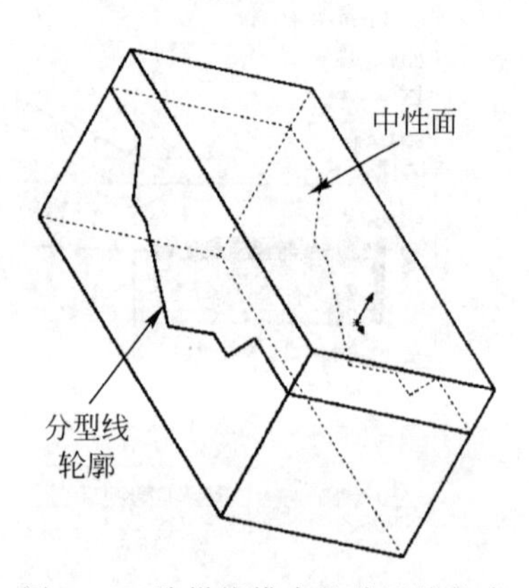

图 6-77 阶梯拔模中的分型线轮廓

下面介绍插入阶梯拔模特征的操作步骤。

(1) 打开源文件“X:\源文件\原始文件\6\阶梯拔模.SLDPRT”。单击“特征”工具栏中的“拔模”按钮，或选择菜单栏中的“插入”→“特征”→“拔模”命令，或者单击“特征”控制面板中

Note

的“拔模”按钮，系统弹出“拔模”属性管理器。

(2) 在“拔模类型”选项组中，选择“阶梯拔模”选项。

(3) 如果想使曲面与锥形曲面一样生成，则勾选“锥形阶梯”复选框；如果想使曲面垂直于原主要面，则勾选“垂直阶梯”复选框。

(4) 在“拔模角度”选项组的“角度”文本框中输入拔模角度。

(5) 单击“拔模方向”选项组中的列表框，然后在图形区中选择一基准面指示拔模方向。

(6) 如果要向相反的方向生成拔模，单击“反向”按钮。

(7) 单击“分型线”选项组“分型线”图标右侧的列表框，然后在图形区中选择分型线，如图 6-78(a)所示。

(8) 如果要为分型线的每一线段指定不同的拔模方向，则在“分型线”选项组“分型线”图标右侧的列表框中选择边线名称，然后单击“其他面”按钮。

(9) 在“拔模沿面延伸”下拉列表框中选择拔模沿面延伸类型。

(10) 拔模属性设置完毕，单击“确定”按钮，完成阶梯拔模特征，如图 6-78(b)所示。

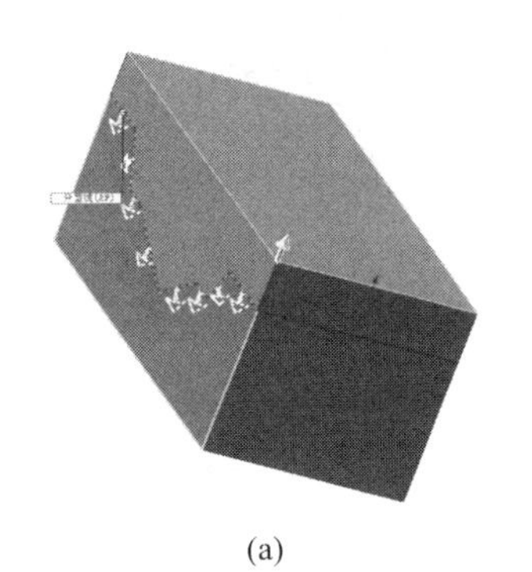

(a)

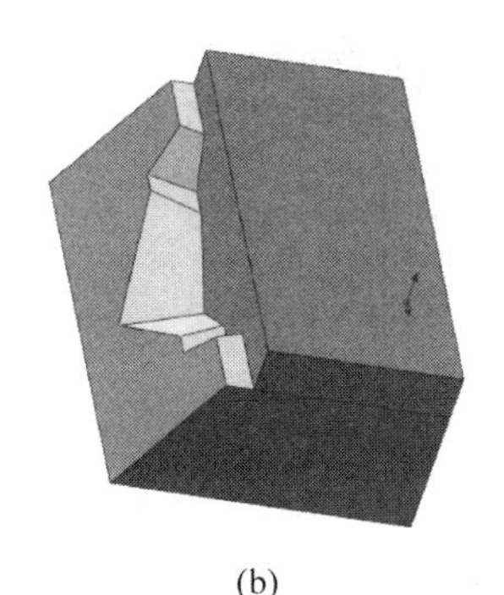

(b)

图 6-78 创建分型线拔模

(a) 选择分型线；(b) 阶梯拔模效果

6.5.4 实例——显示器壳体

6-16

本实例绘制的显示器壳体如图 6-79 所示。

思路分析

首先绘制一个拉伸实体，然后在实体局部拉伸实体，完成显示器壳体外形设计，最后对实体各边进行倒圆角操作并进行抽壳操作，完成显示器壳体的绘制。绘制流程如图 6-80 所示。

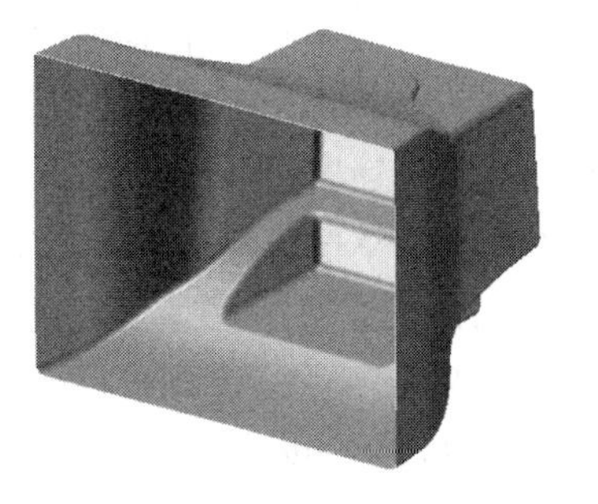

图 6-79 显示器壳体

绘制步骤

(1) 新建文件。启动 SOLIDWORKS 2020，

Note

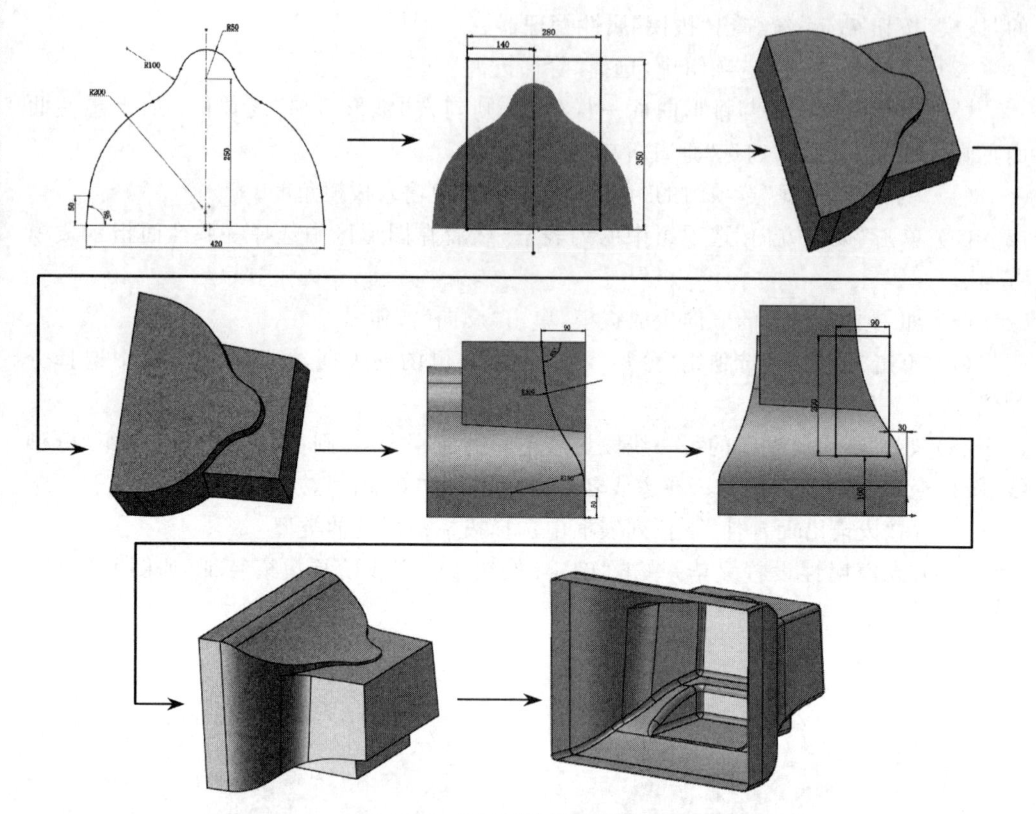

图 6-80　显示器壳体绘制流程图

选择菜单栏中的“文件”→“新建”命令，或者单击“标准”工具栏中的“新建”按钮，在弹出的“新建 SOLIDWORKS 文件”属性管理器中选择“零件”按钮，然后单击“确定”按钮，创建一个新的零件文件。

(2) 绘制草图。在左侧的 FeatureManager 设计树中用鼠标选择“前视基准面”作为绘制图形的基准面。单击“草图”控制面板中的“中心线”按钮、“直线”按钮、“三点圆弧”按钮和“镜像实体”按钮，绘制如图 6-81 所示的草图。

(3) 拉伸实体。选择菜单栏中的“插入”→“凸台/基体”→“拉伸”命令，或者单击“特征”控制面板中的“拉伸凸台/基体”按钮，此时系统弹出如图 6-82 所示的“凸台-拉伸”属性管理器，输入拉伸距离 320.00mm，单击属性管理器中的“确定”按钮 ✓，结果如图 6-83 所示。

(4) 绘制草图。在左侧的 FeatureManager 设计树中用鼠标选择“前视基准面”作为绘制图形的基准面。单击“草图”控制面板中的“中心线”按钮和“边角矩形”按钮，绘制如图 6-84 所示的草图。

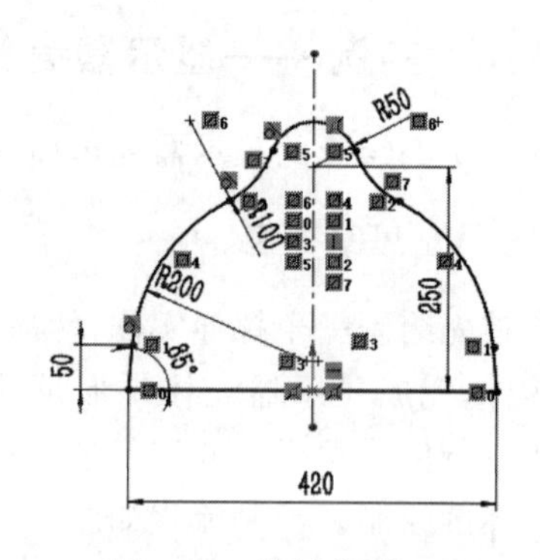

图 6-81　绘制草图(1)

Note

图 6-82 “凸台-拉伸”属性管理器(1)

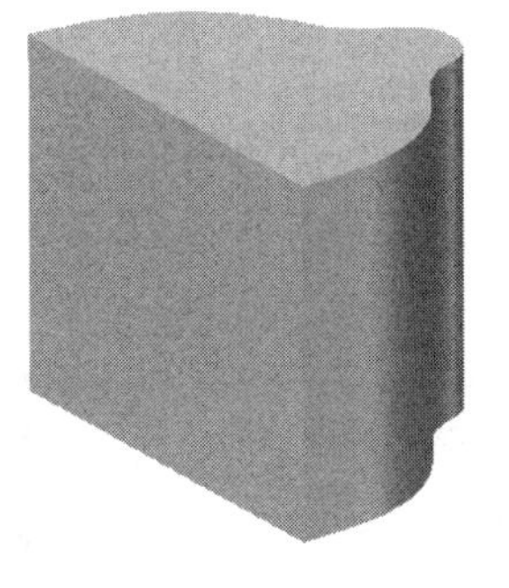

图 6-83 拉伸结果(1)

(5) 拉伸实体。选择菜单栏中的“插入”→“凸台/基体”→“拉伸”命令，或者单击“特征”控制面板中的“拉伸凸台/基体”按钮，此时系统弹出“凸台-拉伸”属性管理器。输入拉伸距离 250.00mm，单击属性管理器中的“确定”按钮✓，结果如图 6-85 所示。

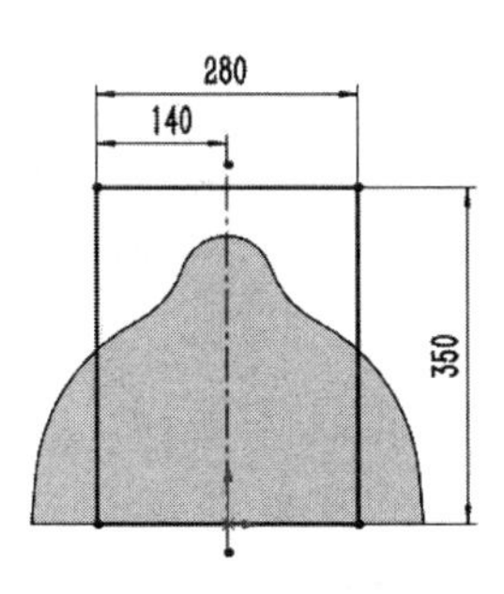

图 6-84 绘制草图(2)

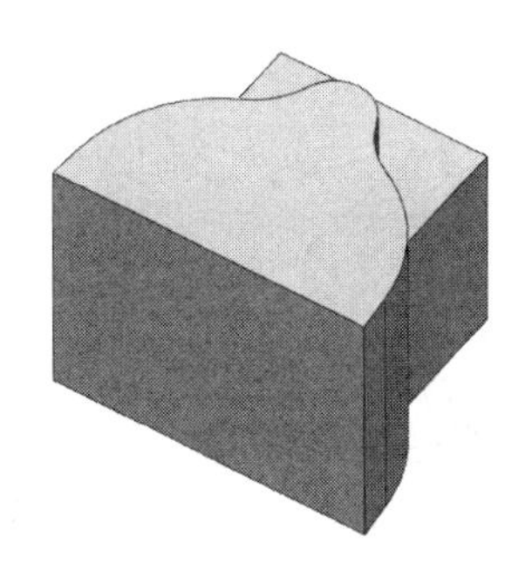

图 6-85 拉伸结果(2)

(6) 拔模实体。单击“特征”控制面板中的“拔模”按钮，弹出如图 6-86(a)所示的“拔模 1”属性管理器。在视图中选择第(5)步创建拉伸体的外表面为中性面，两侧面为拔模面，如图 6-86(b)所示，输入拔模角度 3.00 度，单击属性管理器中的“确定”按钮✓，结果如图 6-87 所示。

(7) 拔模其他实体。重复上述步骤继续进行拔模操作，在右侧绘图区选择第(6)步创建拉伸体的下表面为中性面，两侧面为拔模面，如图 6-88 所示，输入拔模角度“3.00 度”，单击属性管理器中的“确定”按钮✓，结果如图 6-89 所示。

(8) 绘制草图。在左侧的 FeatureManager 设计树中用鼠标选择“右视基准面”作为绘制图形的基准面。单击“草图”控制面板中的“直线”按钮和“三点圆弧”按钮，绘制如图 6-90 所示的草图。

Note

(a)

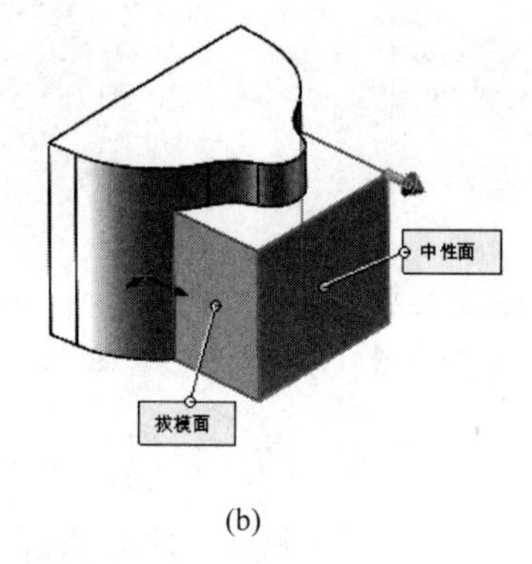

(b)

图 6-86 “拔模 1”属性管理器及示意图

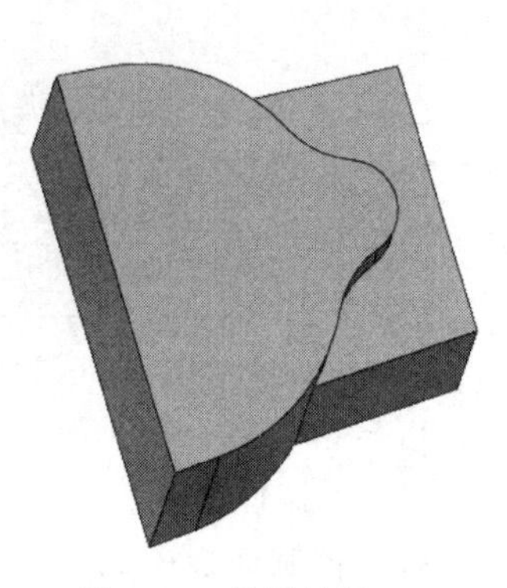

图 6-87 拔模结果(1)

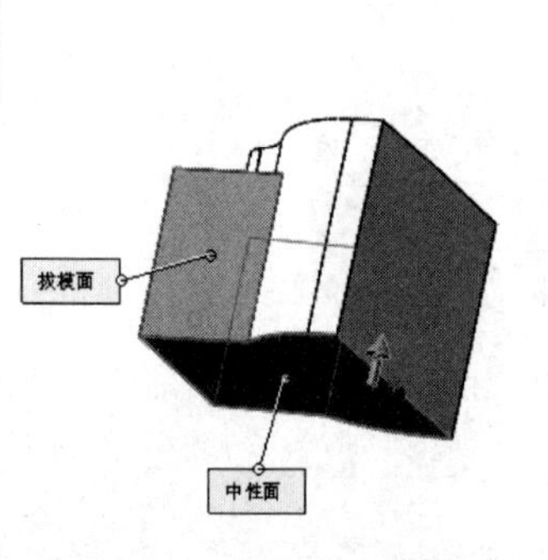

图 6-88 选择拔模面

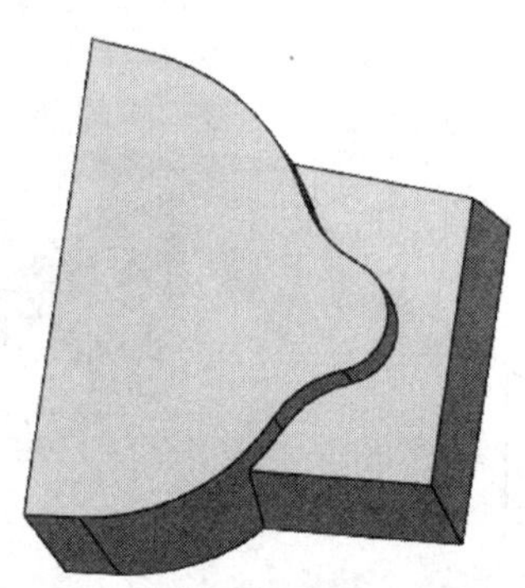

图 6-89 拔模结果(2)

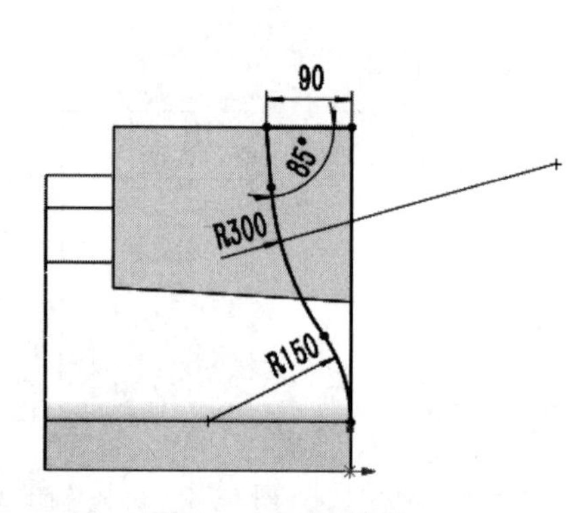

图 6-90 绘制草图(3)

(9) 切除把手。选择菜单栏中的“插入”→“切除”→“拉伸”命令,或者单击“特征”控制面板中的“拉伸切除”按钮,弹出“切除-拉伸”属性管理器。设置方向 1 和方向 2 的终止条件为“完全贯穿”,如图 6-91 所示。然后单击属性管理器中的“确定”按钮✔,结果如图 6-92 所示。

(10) 绘制草图。在左侧的 FeatureManager 设计树中用鼠标选择“右视基准面”作为绘制图形的基准面。单击“草图”控制面板中的“直线”按钮和“三点圆弧”按钮,绘制如图 6-93 所示的草图。

(11) 切除把手。单击“特征”控制面板中的“拉伸切除”按钮,弹出“切除-拉伸”属性管理器。设置“方向 1”和“方向 2”的终止条件为“完全贯穿”,然后单击属性管理器中的“确定”按钮✔,结果如图 6-94 所示。

(12) 绘制草图。在左侧的 FeatureManager 设计树中用鼠标选择"右视基准面"作为绘制图形的基准面。单击"草图"控制面板中的"边角矩形"按钮,绘制如图 6-95 所示的草图。

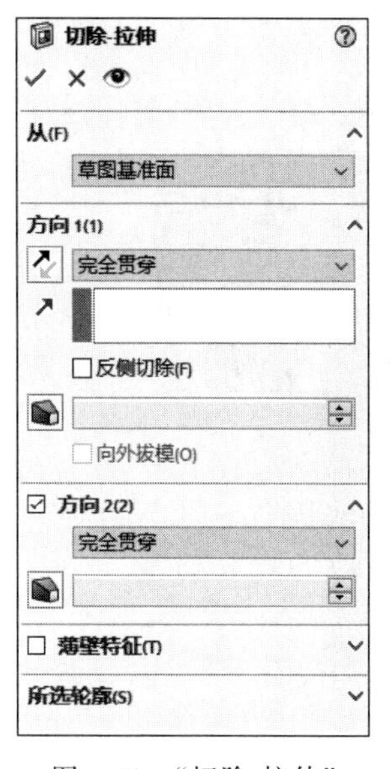

图 6-91 "切除-拉伸"属性管理器

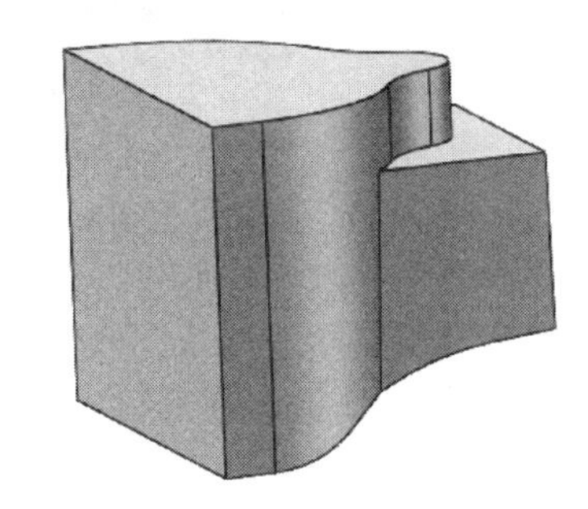

图 6-92 切除结果(1)

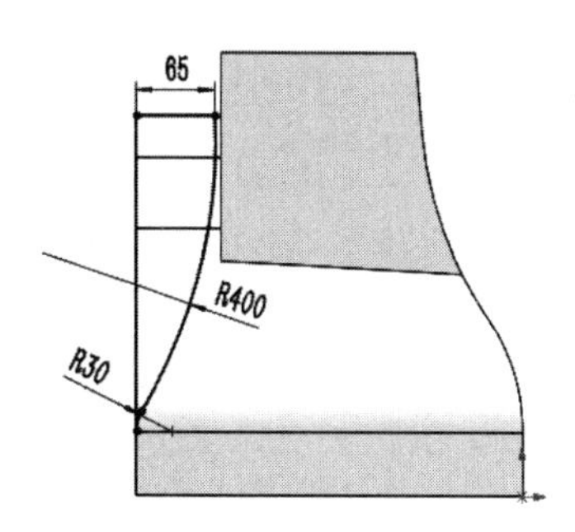

图 6-93 绘制草图(4)

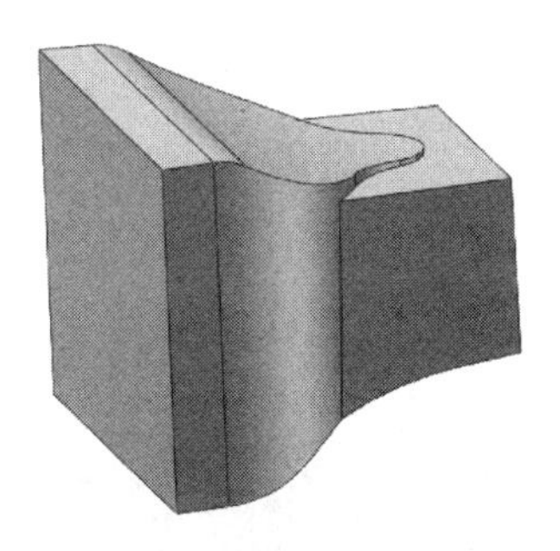

图 6-94 切除结果(2)

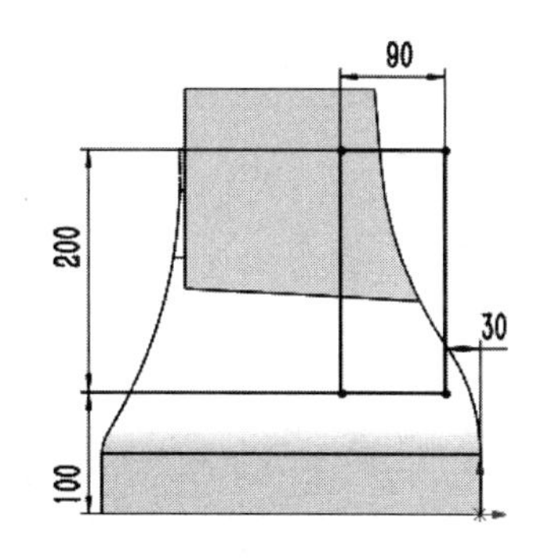

图 6-95 绘制草图(5)

(13) 拉伸实体。选择菜单栏中的"插入"→"凸台/基体"→"拉伸"命令,或者单击"特征"控制面板中的"拉伸凸台/基体"按钮,弹出如图 6-96 所示的"凸台-拉伸"属性管理器。设置终止条件为"两侧对称",输入拉伸距离 200.00mm,单击属性管理器中的"确定"按钮✓,结果如图 6-97 所示。

(14) 圆角实体。单击"特征"控制面板中的"圆角"按钮,弹出如图 6-98 所示的"圆角"属性管理器。选择"等半径"类型,在视图中选取如图 6-99 所示的边线,输入半径 100.00mm,然后单击属性管理器中的"确定"按钮✓,结果如图 6-100 所示。

(15) 重复"圆角"命令,选择如图 6-101(a)～(e)所示的边线,创建圆角半径为 10mm,结果如图 6-101(f)所示。

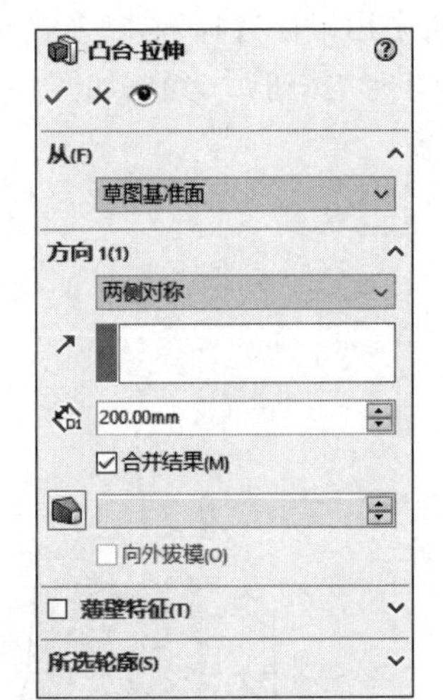

图 6-96 “凸台-拉伸”属性管理器(2)

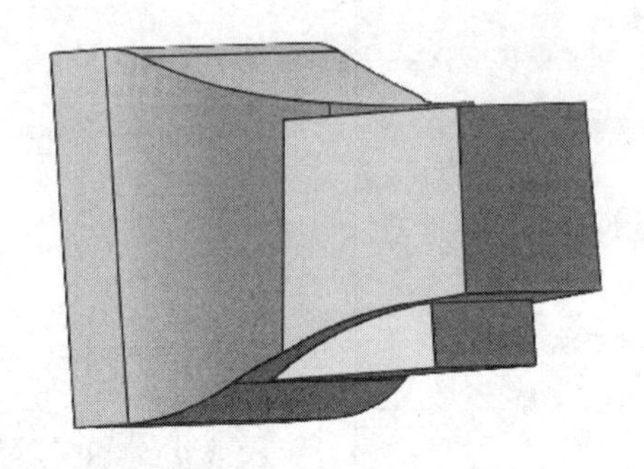

图 6-97 拉伸结果(3)

图 6-98 “圆角”属性管理器

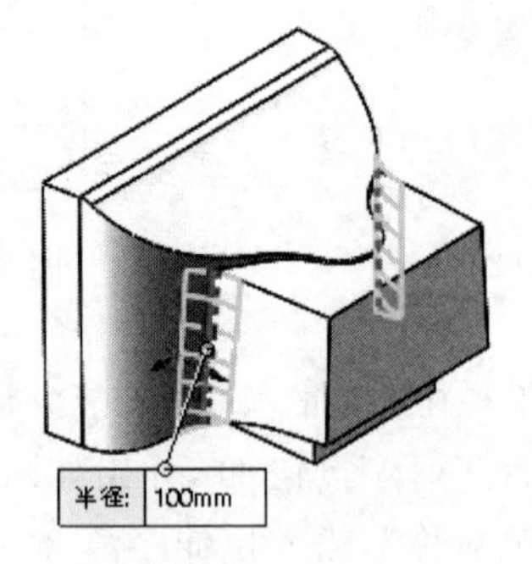

图 6-99 选择圆角边线

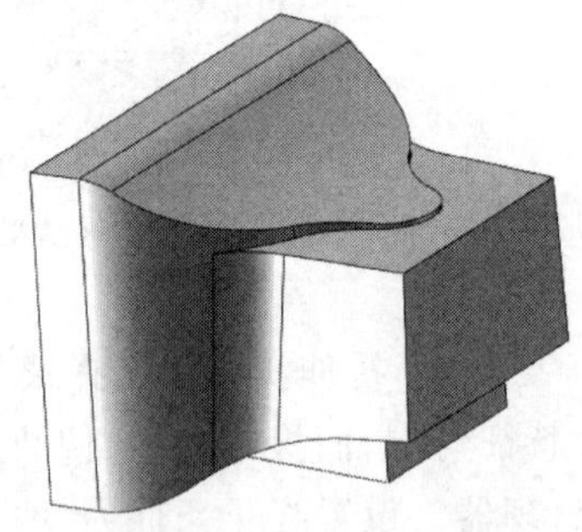

图 6-100 绘制圆角结果

(16) 抽壳。单击“特征”控制面板中的“抽壳”按钮，弹出如图 6-102 所示的“抽壳 1”属性管理器。在视图中选取外表面为移除面，输入半径为 1.00mm，然后单击属性管理器中的“确定”按钮，结果如图 6-103 所示。

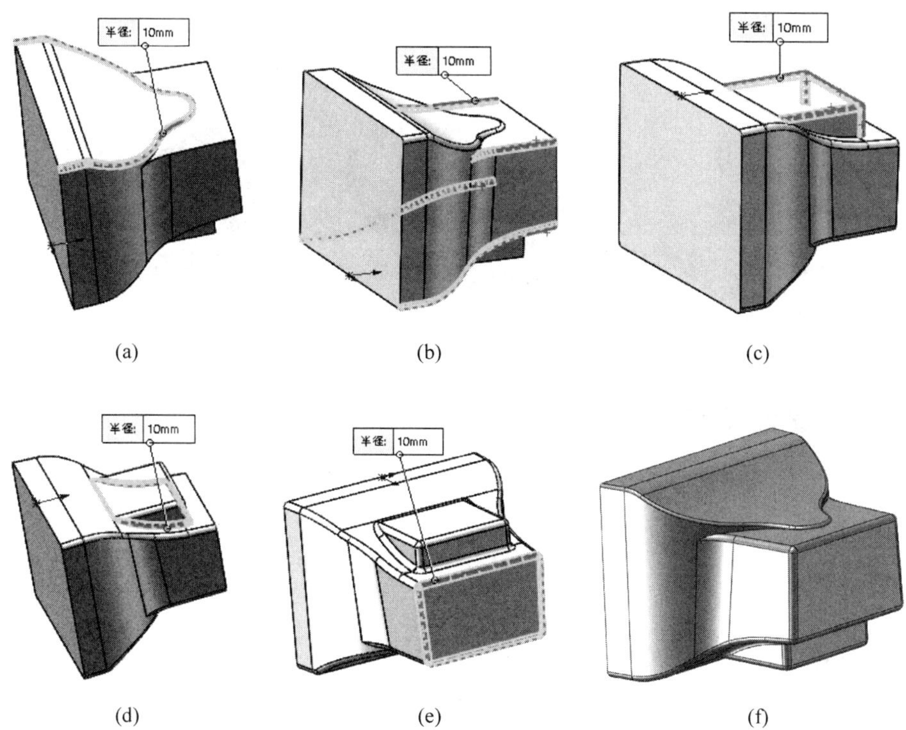

图 6-101　选择圆角边线

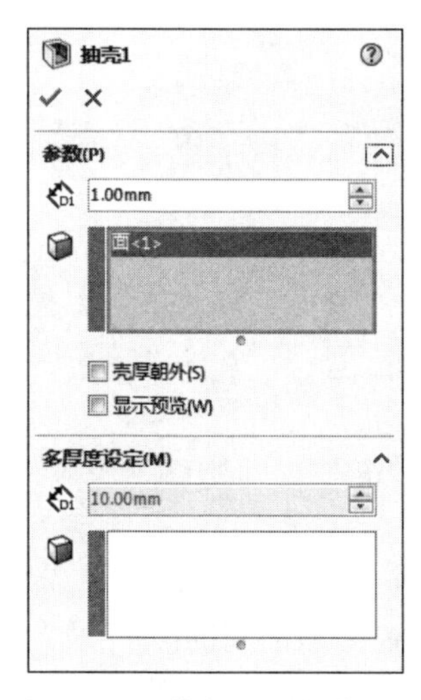

图 6-102　“抽壳 1”属性管理器

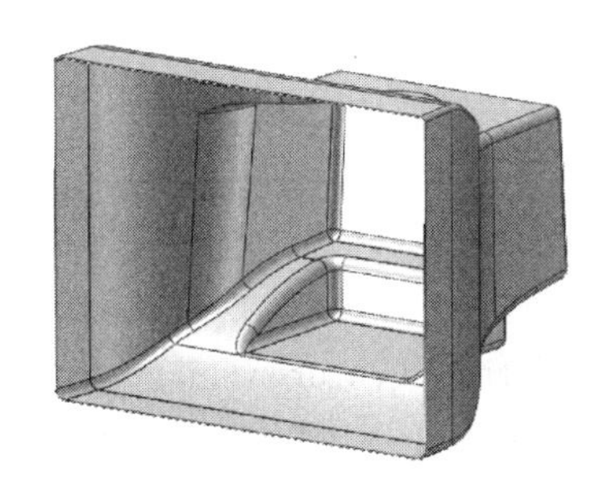

图 6-103　抽壳结果

6.6　筋　特　征

筋是零件上增加强度的部分,它是一种从开环或闭环草图轮廓生成的特殊拉伸实体,它在草图轮廓与现有零件之间添加指定方向和厚度的材料。

在 SOLIDWORKS 2020 中，筋实际上是由开环的草图轮廓生成的特殊类型的拉伸特征。图 6-104 展示了筋特征的几种效果。

图 6-104 筋特征的效果

6-17

6.6.1 创建筋特征

下面介绍筋特征创建的操作步骤。

(1) 创建一个新的零件文件。

(2) 在左侧的 FeatureManager 设计树中选择"前视基准面"作为绘制图形的基准面。

(3) 单击"草图"控制面板中的"边角矩形"按钮，绘制两个矩形，并标注尺寸。

(4) 单击"草图"控制面板中的"剪裁实体"按钮，剪裁后的草图如图 6-105 所示。

(5) 单击"特征"控制面板中的"拉伸凸台/基体"按钮，在"深度"文本框中输入 40.00mm，然后单击"确定"按钮，创建的拉伸特征如图 6-106 所示。

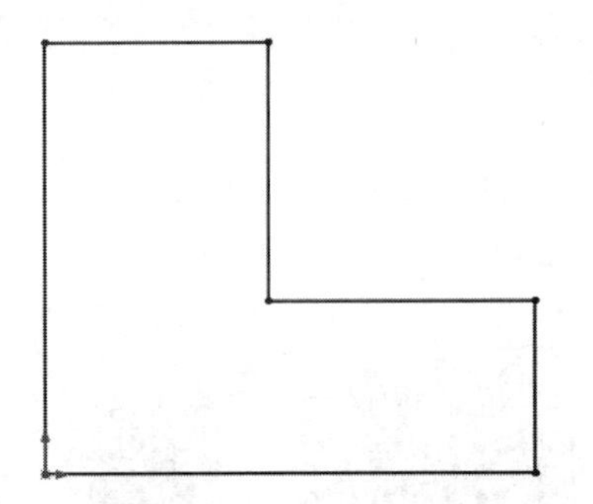

图 6-105 剪裁后的草图

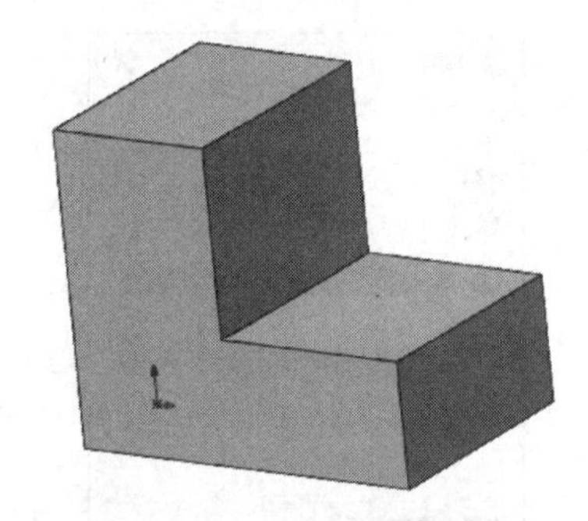

图 6-106 创建拉伸特征

(6) 在左侧的 FeatureManager 设计树中选择"前视基准面"，然后单击"视图(前导)"工具栏中的"正视于"按钮，将该基准面作为绘制图形的基准面。

(7) 单击"草图"控制面板中的"直线"按钮，在前视基准面上绘制如图 6-107 所示的草图。

(8) 单击"特征"控制面板中的"筋"按钮，此时系统弹出"筋 1"属性管理器。按照图 6-108 所示进行参数设置，然后单击"确定"按钮。

(9) 单击"视图(前导)"工具栏中的"等轴测"按钮，将视图以等轴测方向显示，添加的筋如图 6-109 所示。

Note

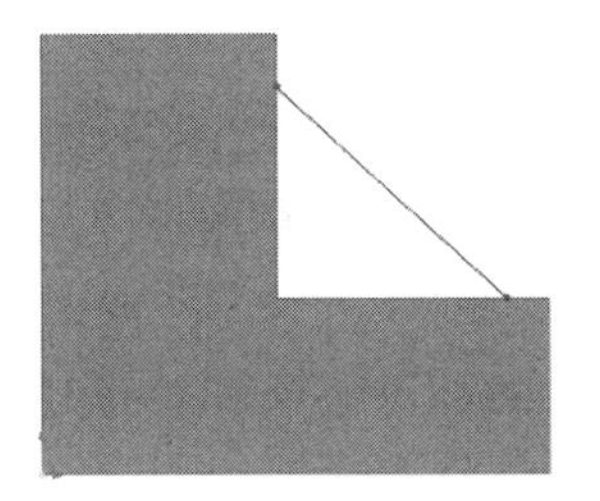

图 6-107 绘制草图

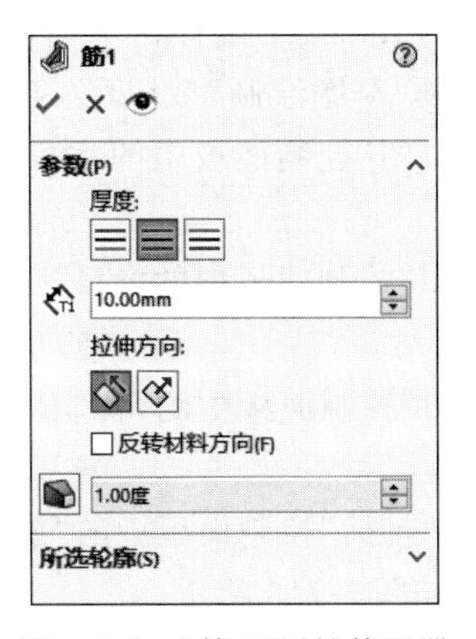

图 6-108 “筋 1”属性管理器

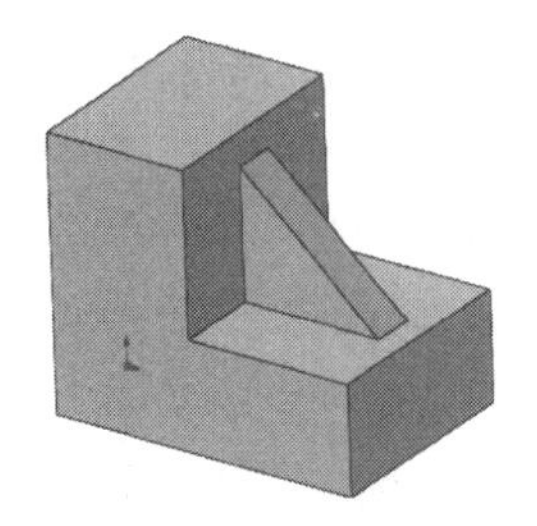

图 6-109 添加筋效果

6.6.2 实例——导流盖

6-18

本例创建的导流盖如图 6-110 所示。

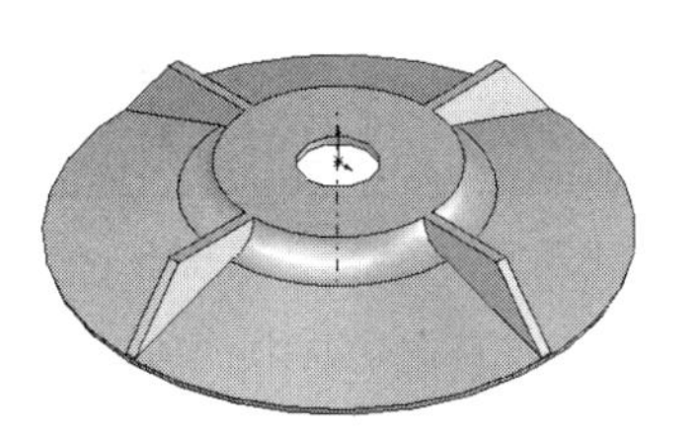

图 6-110 导流盖

思路分析

本例首先绘制开环草图,旋转成薄壁模型,接着绘制筋特征,重复操作绘制其余筋,完成零件建模,最终生成导流盖模型,绘制流程图如图 6-111 所示。

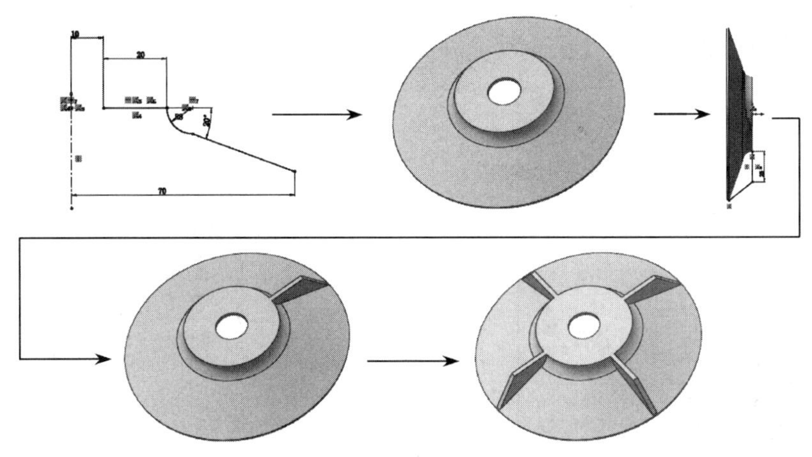

图 6-111 导流盖流程图

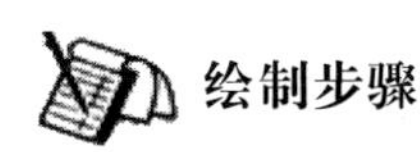

绘制步骤

1. 生成薄壁旋转特征

(1) 新建文件。启动 SOLIDWORKS 2020,选择菜单栏中的“文件”→“新建”命令,或单击“标准”工具栏中的“新建”按钮,在弹出的“新建 SOLIDWORKS 文件”对话框中单击“零件”按钮,然后单击“确定”按钮,新建一个零件文件。

Note

(2) 新建草图。在 FeatureManager 设计树中选择“前视基准面”作为草图绘制基准面,单击“草图”控制面板中的“草图绘制”按钮,新建一张草图。

(3) 绘制中心线。单击“草图”控制面板中的“中心线”按钮,过原点绘制一条竖直中心线。

(4) 绘制轮廓。单击“草图”控制面板中的“直线”按钮和“切线弧”按钮,绘制旋转草图轮廓。

(5) 标注尺寸。单击“草图”控制面板中的“智能尺寸”按钮,为草图标注尺寸,如图 6-112 所示。

(6) 旋转生成实体。单击“特征”控制面板中的“旋转凸台/基体”按钮,在弹出的询问对话框中单击“否”按钮,如图 6-113 所示。

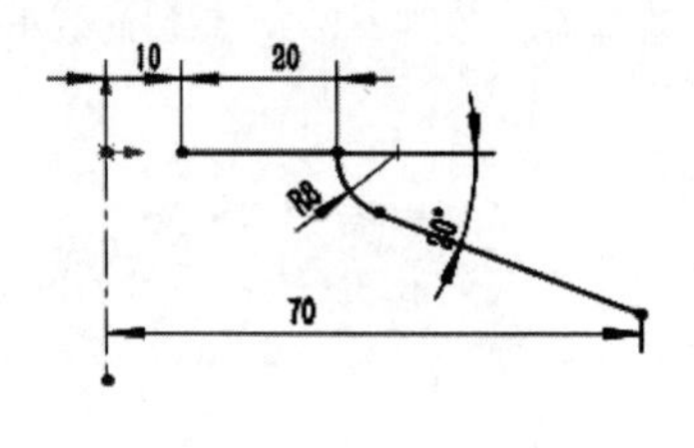

图 6-112 标注尺寸(1)

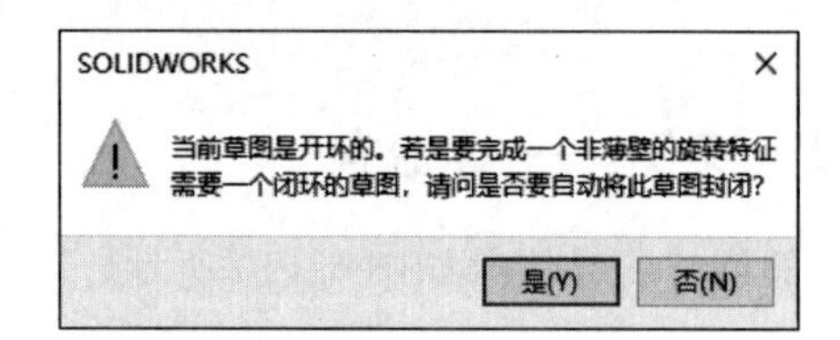

图 6-113 询问对话框

(7) 生成薄壁旋转特征。在“旋转”属性管理器中设置旋转类型为“单向”,并在“角度”文本框中输入“360.00 度”,单击“薄壁特征”面板中的“反向”按钮,使薄壁向内部拉伸,在“厚度”文本框中输入 2.00mm,如图 6-114 所示。单击“确定”按钮,生成薄壁旋转特征。

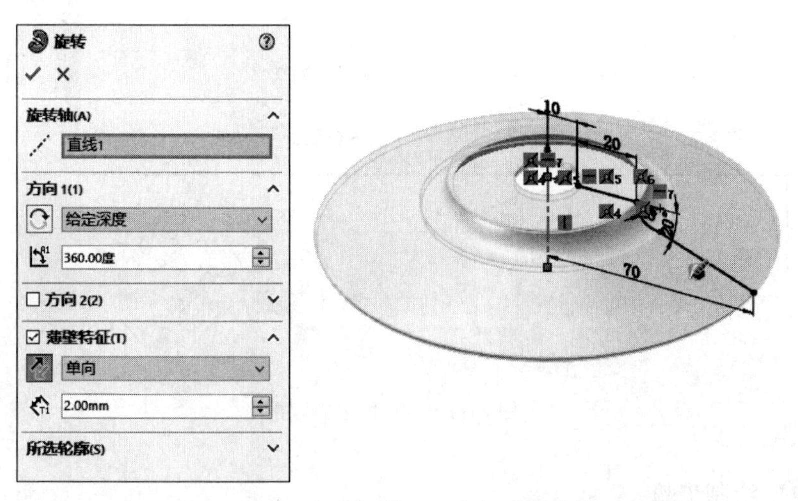

图 6-114 “旋转”属性管理器及生成薄壁旋转特征示意图

2. 创建筋特征

(1) 新建草图。在 FeatureManager 设计树中选择“右视基准面”作为草图绘制基准面,单击“草图”控制面板中的“草图绘制”按钮,新建一张草图。单击“视图(前导)”工具栏中的“正视于”按钮,正视于右视图。

Note

(2) 绘制直线。单击“草图”控制面板中的“直线”按钮，将光标移到台阶的边缘，当光标变为形状时，表示指针正位于边缘上，移动光标以生成从台阶边缘到零件边缘的折线。

(3) 标注尺寸。单击“草图”控制面板中的“智能尺寸”按钮，为草图标注尺寸，如图 6-115 所示。

(4) 设置视图方向。单击“视图(前导)”工具栏中的“等轴测”按钮，用等轴测视图观看图形。

(5) 创建筋特征。单击“特征”控制面板中的“筋”按钮，或选择菜单栏中的“插入”→“特征”→“筋”命令，弹出“筋”属性管理器，单击“两侧”按钮，设置厚度生成方式为两边均等添加材料，在“筋厚度”文本框中输入 3.00mm，单击“平行于草图”按钮，设定筋的拉伸方向为平行于草图，如图 6-116 所示，单击“确定”按钮，生成筋特征。

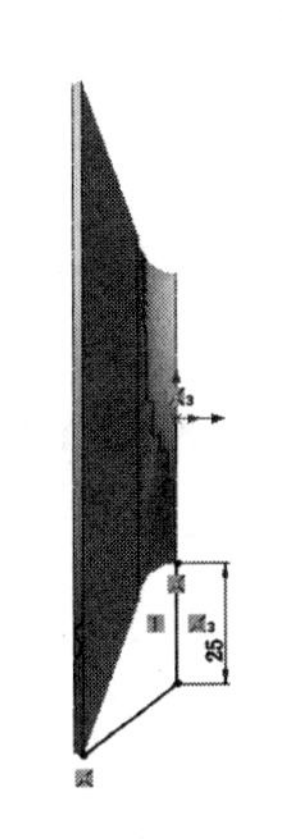

图 6-115　标注尺寸(2)

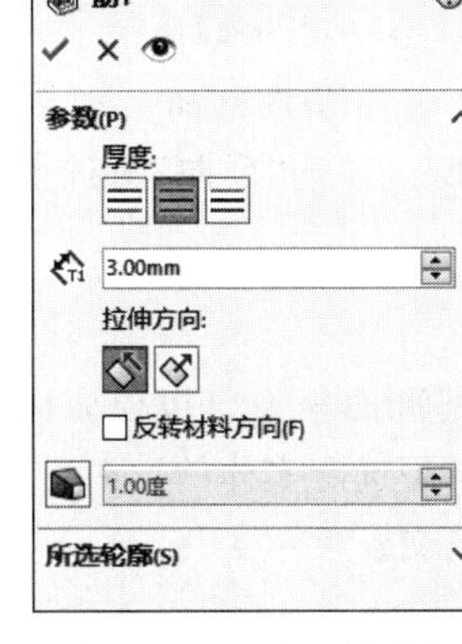

图 6-116　“筋 1”属性管理器及创建筋特征示意图

(6) 重复步骤(4)、步骤(5)的操作，创建其余 3 个筋特征。同时也可利用“圆周阵列”命令阵列筋特征，最终结果如图 6-110 所示。

6.7　包　　覆

6-19

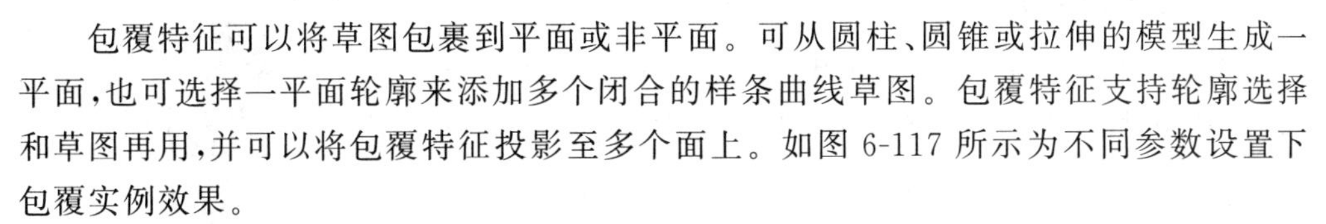

包覆特征可以将草图包裹到平面或非平面。可从圆柱、圆锥或拉伸的模型生成一平面，也可选择一平面轮廓来添加多个闭合的样条曲线草图。包覆特征支持轮廓选择和草图再用，并可以将包覆特征投影至多个面上。如图 6-117 所示为不同参数设置下包覆实例效果。

打开源文件“X:\源文件\原始文件\6\包覆.SLDPRT”。单击“特征”工具栏中的“包覆”按钮，选择菜单栏中的“插入”→“特征”→“包覆”命令，或者单击“特征”控制面板中的“包覆”按钮。打开如图 6-118 所示的“包覆 1”属性管理器，其中的可控参数如下。

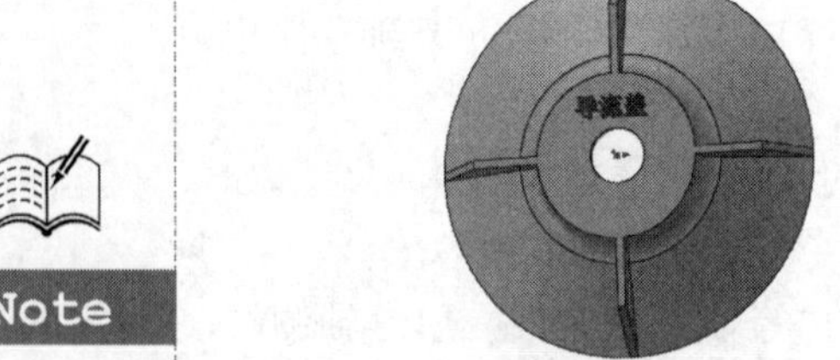
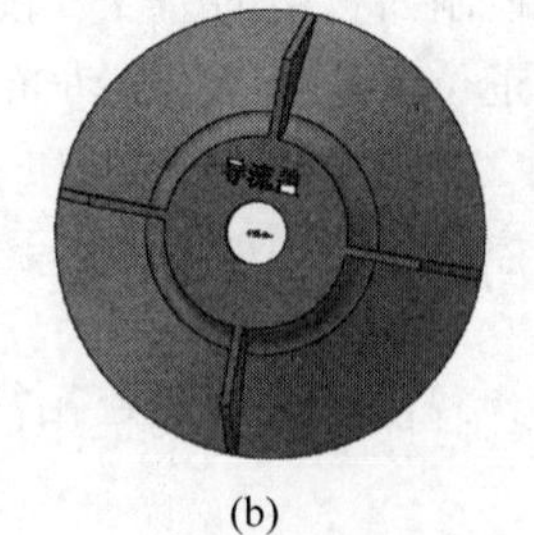
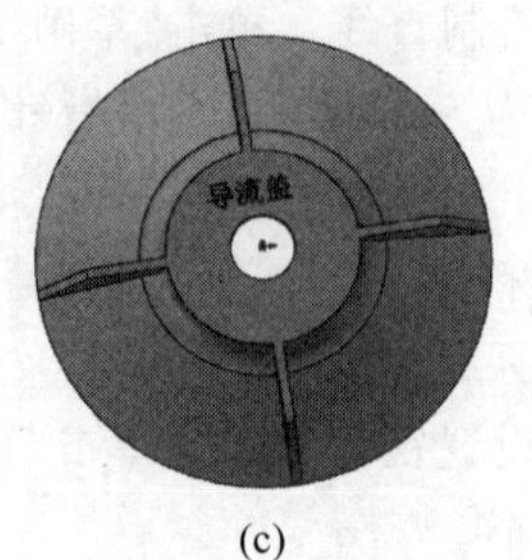

(a)　　(b)　　(c)

图 6-117　包覆特征效果

(a) 浮雕；(b) 蚀雕；(c) 刻划

图 6-118　“包覆 1”属性管理器

1. “包覆参数”选项组

(1) 浮雕：在面上生成一突起特征。

(2) 蚀雕：在面上生成一缩进特征。

(3) 刻划：在面上生成一草图轮廓的压印。

(4) 包覆草图的面：选择一个非平面的面。

(5) “厚度”：输入厚度值。勾选“反向”复选框，更改方向。

2. “拔模方向”选项组

选取一直线、线性边线或基准面来设定拔模方向。对于直线或线性边线，拔模方向是选定实体的方向。对于基准面，拔模方向与基准面正交。

3. “源草图”选项组

在视图中选择要创建包覆的草图。

6.8　综合实例——凉水壶

6-20

本实例绘制的凉水壶如图 6-119 所示。

图 6-119　凉水壶

思路分析

本例绘制的凉水壶主要利用“拉伸”命令拉伸基本轮廓，并利用“抽壳”命令绘制壶身，然后利用“扫描”命令扫描壶把，最后利用“圆角”命令修饰外形。绘制流程图如图 6-120 所示。

绘制步骤

(1) 新建文件。启动 SOLIDWORKS 2020，选择菜单栏中的“文件”→“新建”命令，或者单击“标准”工具栏中的“新建”按钮，在弹出的“新建

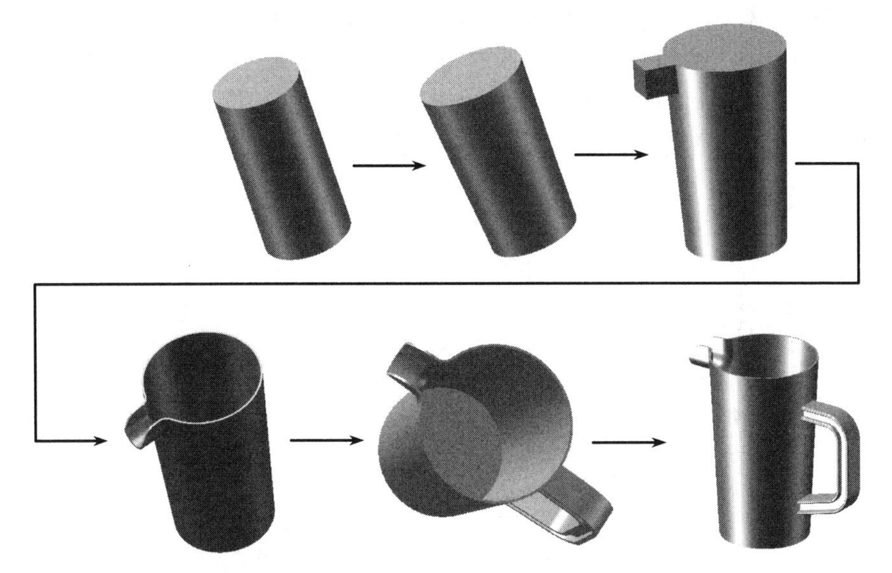

图 6-120 凉水壶绘制流程图

SOLIDWORKS 文件”属性管理器中选择“零件”按钮，然后单击“确定”按钮，创建一个新的零件文件。

（2）绘制草图。在左侧的 FeatureManager 设计树中用鼠标选择“前视基准面”作为绘制图形的基准面。单击“草图”控制面板中的“圆”按钮，绘制如图 6-121 所示的圆。

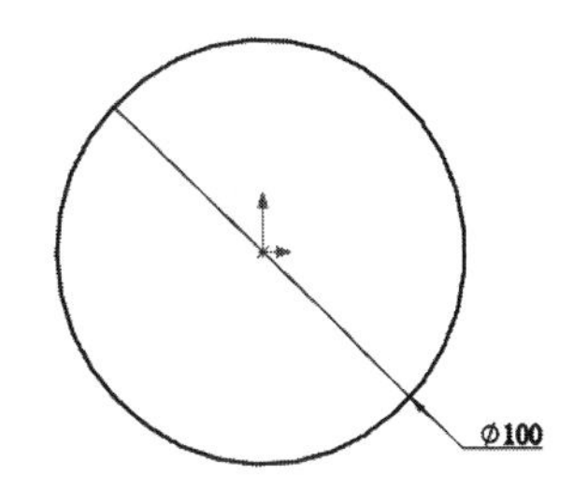

图 6-121 绘制圆

（3）拉伸实体。选择菜单栏中的“插入”→“凸台/基体”→“拉伸”命令，或者单击“特征”控制面板中的“拉伸凸台/基体”按钮，弹出如图 6-122 所示的“凸台-拉伸”属性管理器。输入拉伸距离 200.00mm，单击属性管理器中的“确定”按钮，结果如图 6-123 所示。

图 6-122 “凸台-拉伸”属性管理器

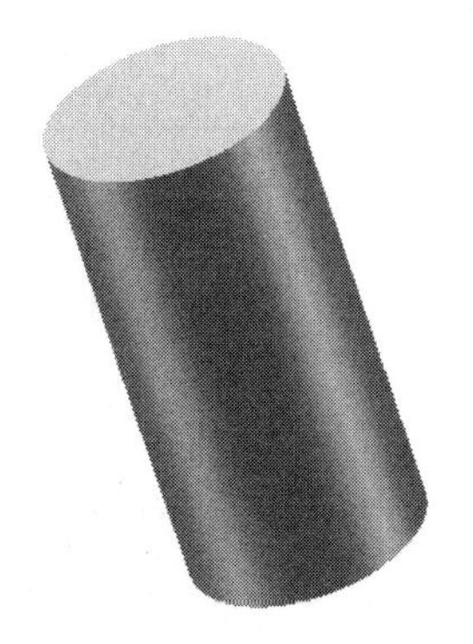

图 6-123 拉伸结果(1)

Note

（4）拔模实体。选择菜单栏中的“插入”→“特征”→“拔模”命令，或者单击“特征”控制面板中的“拔模”按钮，弹出如图 6-124 所示的“拔模 1”属性管理器。在视图中选择拉伸实体的下表面为中性面，外表面为拔模面，输入拔模角度“3.00 度”，单击属性管理器中的“确定”按钮✓，结果如图 6-125 所示。

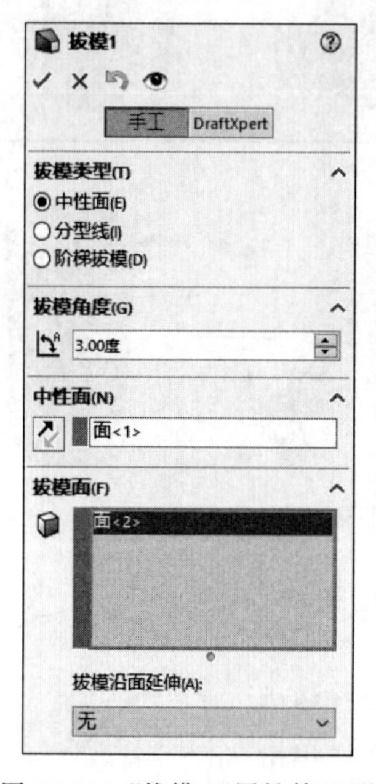

图 6-124 “拔模 1”属性管理器

图 6-125 拔模结果

（5）绘制草图。在左侧的 FeatureManager 设计树中用鼠标选择“上视基准面”作为绘制图形的基准面。单击“草图”控制面板中的“矩形”按钮，绘制如图 6-126 所示的草图。

（6）拉伸实体。单击“特征”控制面板中的“拉伸凸台/基体”按钮，弹出“凸台-拉伸”属性管理器。设置拉伸终止条件为“给定深度”，输入拉伸距离 90.00mm，然后单击“确定”按钮✓。结果如图 6-127 所示。

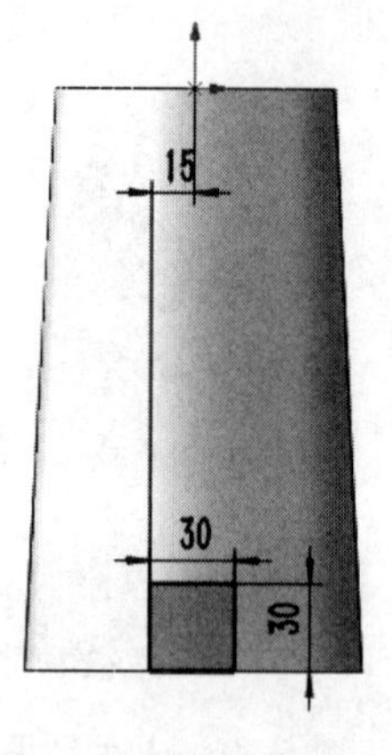

图 6-126 绘制草图(1)

图 6-127 拉伸结果(2)

Note

（7）圆角实体。单击“特征”控制面板中的“圆角”按钮，弹出如图 6-128 所示的“圆角”属性管理器。选择“完整圆角”类型，在视图中选取如图 6-129 所示的 3 个面，然后单击属性管理器中的“确定”按钮 ✔，结果如图 6-130 所示。

（8）圆角处理。单击“特征”控制面板中的“圆角”按钮，此时系统弹出“圆角”属性管理器。选择“恒定大小圆角”按钮，输入半径 20.00mm，在视图中选取如图 6-131 所示的边线，然后单击属性管理器中的“确定”按钮 ✔，重复“圆角”命令，在属性管理器中输入半径 10.00mm，选取如图 6-132 所示的边线进行圆角处理，结果如图 6-133 所示。

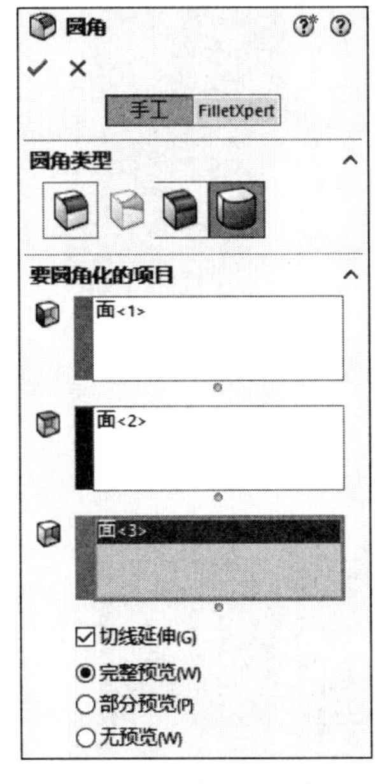

图 6-128　“圆角”属性管理器

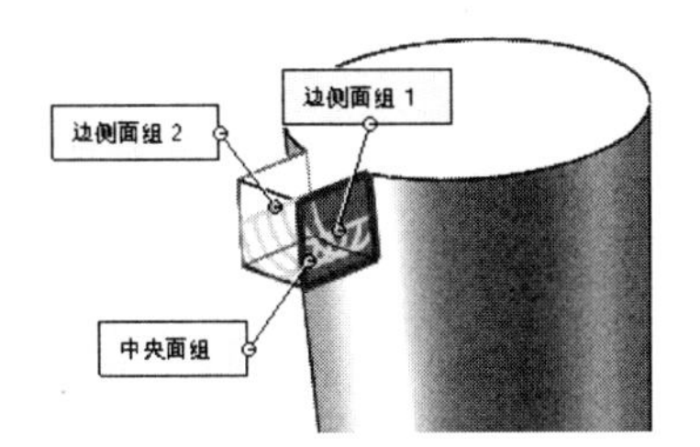

图 6-129　选择 3 个面

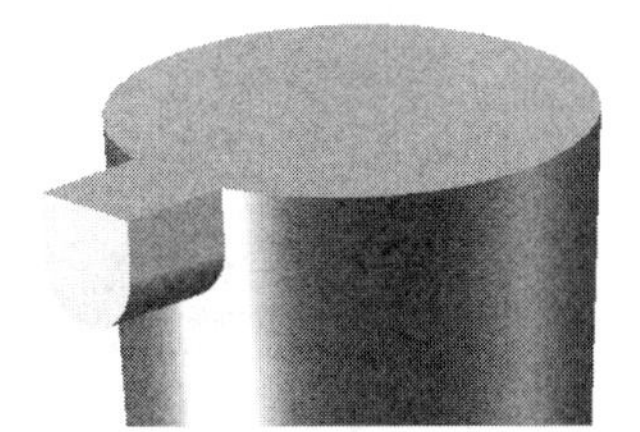

图 6-130　圆角绘制结果(1)

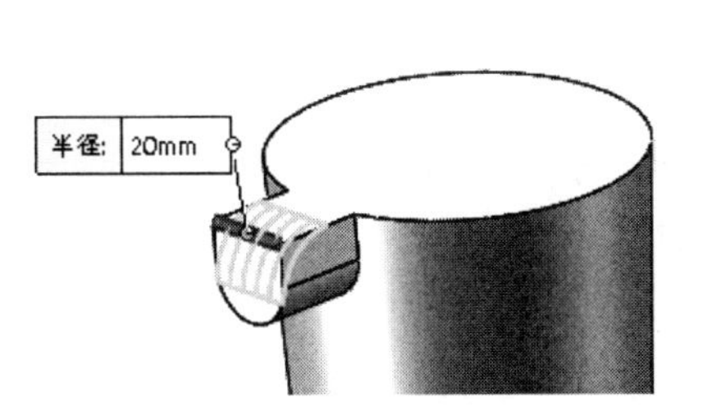

图 6-131　选择圆角边(1)

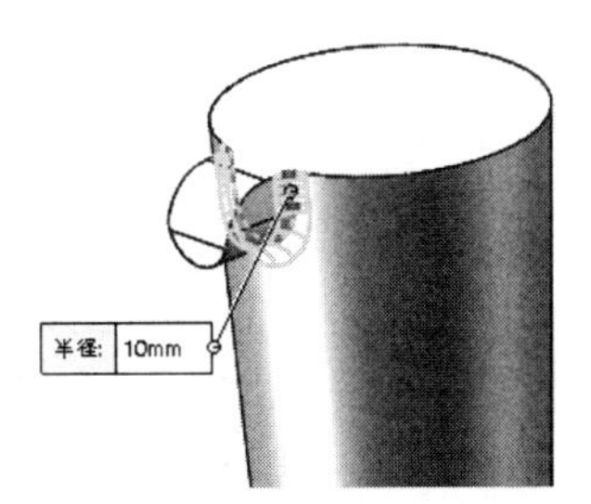

图 6-132　选择圆角边(2)

图 6-133　圆角绘制结果(2)

（9）抽壳处理。单击“特征”控制面板中的“抽壳”按钮，此时弹出“抽壳 1”属性管理器。输入厚度 2.00mm，在视图中选取如图 6-134 所示的面为移除面，然后单击属性管理器中的“确定”按钮 ✔，结果如图 6-135 所示。

（10）绘制扫描路径。在左侧的 FeatureManager 设计树中用鼠标选择“右视基准面”作为绘制图形的基准面。单击“草图”控制面板中的“直线”按钮和“圆角”按钮，绘制如图 6-136 所示的草图。

(11) 绘制扫描截面。在左侧的 FeatureManager 设计树中用鼠标选择“上视基准面”作为绘制图形的基准面。单击“草图”控制面板中的“直线”按钮，绘制如图 6-137 所示的扫描截面。

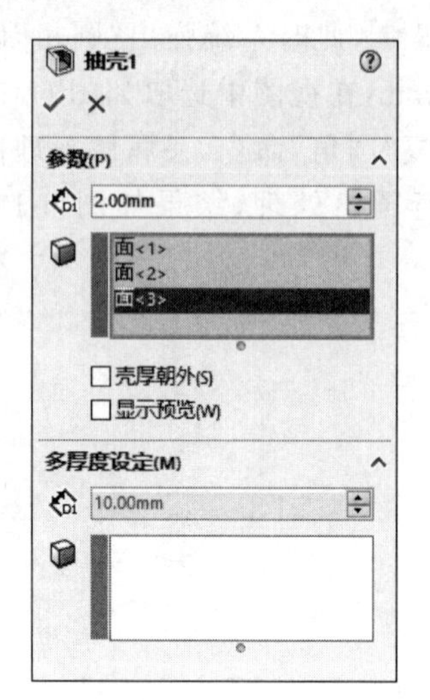

图 6-134 “抽壳 1”属性管理器及示意图

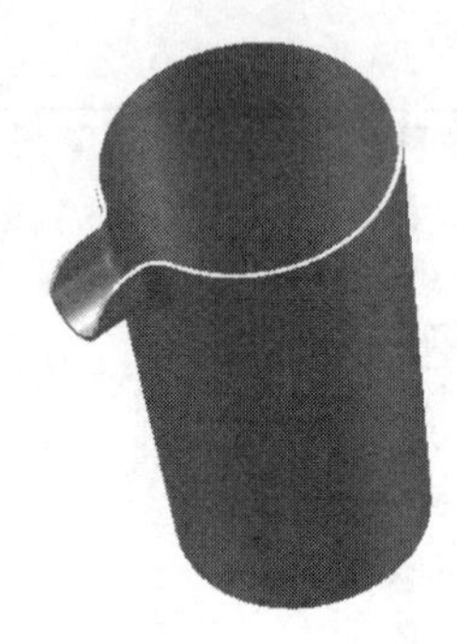

图 6-135 抽壳结果

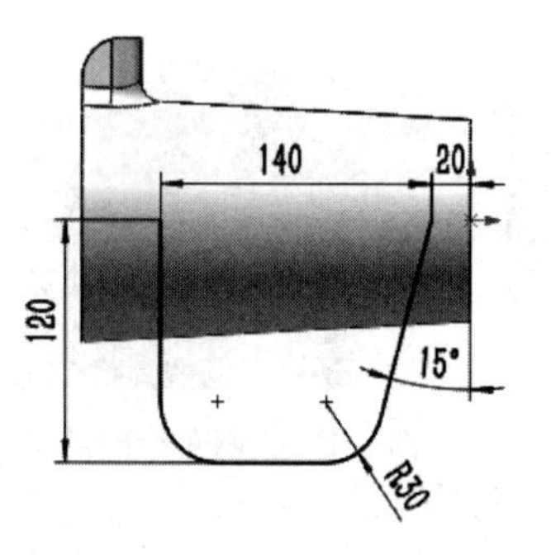

图 6-136 绘制草图(2)

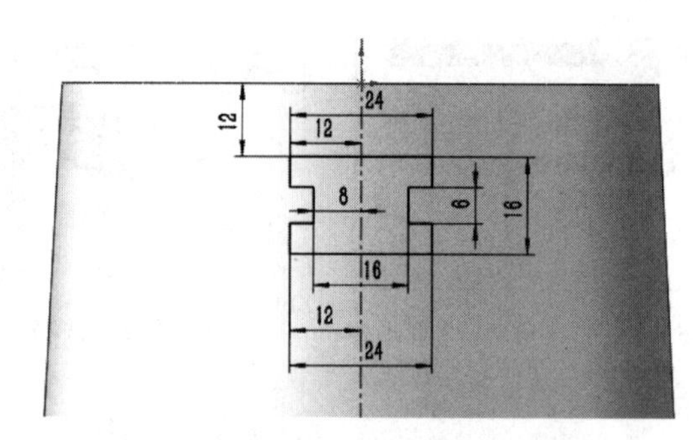

图 6-137 扫描截面

(12) 扫描把手。单击“特征”控制面板中的“扫描”按钮，弹出“扫描”属性管理器，如图 6-138 所示。选取步骤(11)绘制的草图为扫描轮廓，选取步骤(10)绘制的草图为扫描路径，然后单击属性管理器中的“确定”按钮✓，结果如图 6-139 所示。

(13) 绘制拉伸截面。在视图中选择水壶的内底面作为绘制图形的基准面。单击“草图”控制面板中的“转换实体引用”按钮，将底面边线转换为草图。

(14) 切除把手。单击“特征”控制面板中的“拉伸切除”按钮，弹出“切除-拉伸”属性管理器。设置终止条件为“完全贯穿”，单击“拔模”按钮，输入拔模角度“3.00度”，勾选“向外拔模”复选框，如图 6-140 所示，然后单击属性管理器中的“确定”按钮✓，结果如图 6-141 所示。

(15) 圆角处理。单击“特征”控制面板中的“圆角”按钮，弹出“圆角”属性管理器。选择“恒定大小圆角”按钮，输入半径为 2.00mm，在视图中选取如图 6-142 所示的边线，然后单击属性管理器中的“确定”按钮✓，结果如图 6-143 所示。

Note

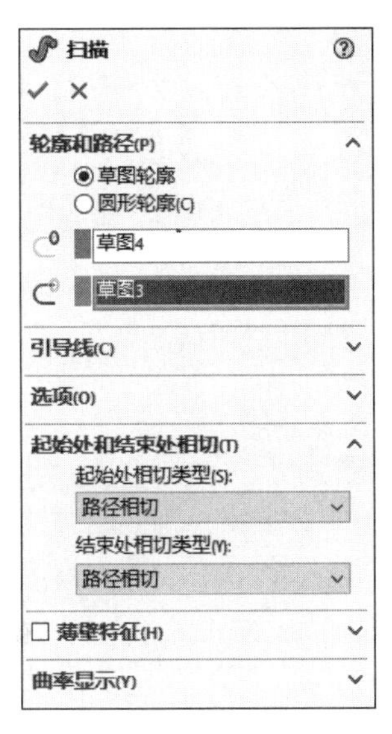

图 6-138　“扫描”属性管理器

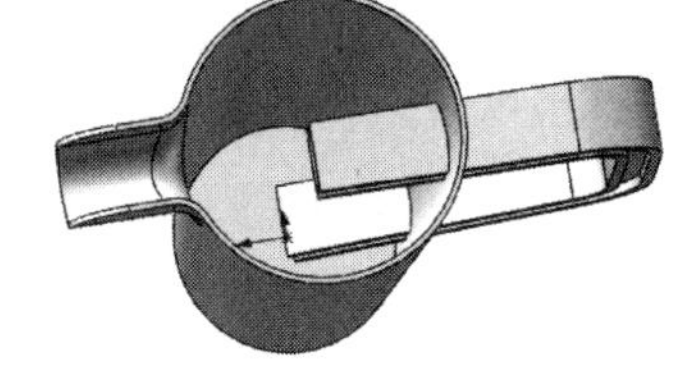

图 6-139　壶把手绘制结果

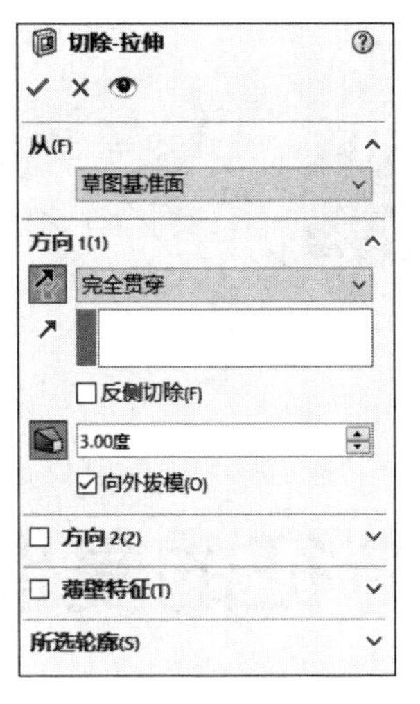

图 6-140　“切除-拉伸”属性管理器

图 6-141　把手切除结果

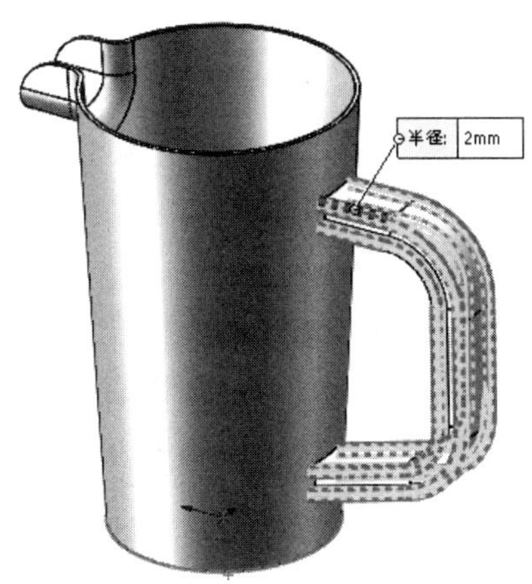

图 6-142　选择圆角边线

图 6-143　倒圆角结果

第7章

特征的复制

在进行特征建模时，为方便操作、简化步骤，选择进行特征复制操作，其中包括阵列特征、镜像特征等操作，将某特征根据不同参数设置进行复制，这一命令的使用在很大程度上缩短了操作时间，简化了实体创建过程，使建模功能更全面。

内容要点

- 阵列特征
- 镜像特征
- 特征的复制与删除

7.1 阵列特征

特征阵列用于将任意特征作为原始样本特征，通过指定阵列尺寸产生多个类似的子样本特征。特征阵列完成后，原始样本特征和子样本特征成为一个整体，用户可将它们作为一个特征进行相关的操作，如删除、修改等。如果修改了原始样本特征，则阵列中的所有子样本特征也随之更改。

SOLIDWORKS 2020 提供了线性阵列、圆周阵列、草图驱动阵列、曲线驱动阵列、表格驱动阵列和填充阵列 6 种阵列方式。下面详细介绍这些常用的阵列方式。

7.1.1 线性阵列

7-1

线性阵列是指沿一条或两条直线路径生成多个子样本特征。图 7-1 列举了线性阵列的零件模型。

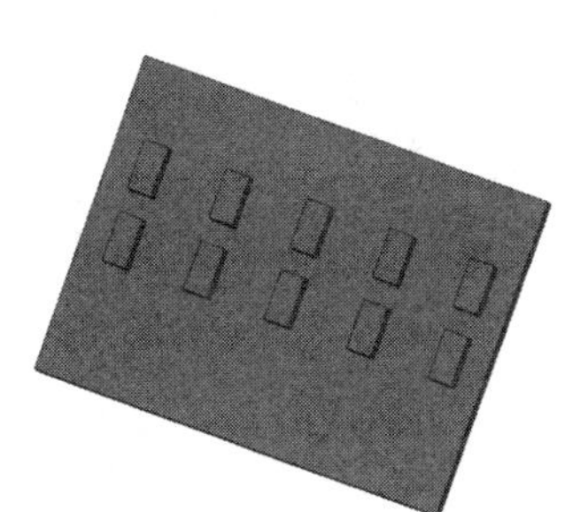

图 7-1　线性阵列模型

下面介绍创建线性阵列特征的操作步骤，阵列前实体如图 7-2 所示。

(1) 打开源文件“X:\源文件\原始文件\7\线性阵列. SLDPRT”。在图形区中选择原始样本特征(切除、孔或凸台等)。

(2) 单击“特征”工具栏中的“线性阵列”按钮，或选择菜单栏中的“插入”→“阵列/镜像”→“线性阵列”命令，或者单击“特征”控制面板中的“线性阵列”按钮，系统弹出“线性阵列”属性管理器。在“要阵列的特征”选项组中将显示上面所选择的特征。如果要选择多个原始样本特征，在选择特征时，需按住 Ctrl 键。

技巧荟萃

当使用特型特征来生成线性阵列时，所有阵列的特征都必须在相同的面上。

(3) 在“方向 1”选项组中单击第一个列表框，然后在图形区中选择模型的一条边线或尺寸线，指出阵列的第一个方向。所选边线或尺寸线的名称出现在该列表框中。

(4) 如果图形区中表示阵列方向的箭头不正确，则单击“反向”按钮，可以反转阵列方向。

(5) 在“方向 1”选项组的“间距”文本框中指定阵列特征之间的距离。

(6) 在“方向 1”选项组的“实例数”文本框中指定该方向下阵列的特征数(包括

Note

原始样本特征)。此时在图形区中可以预览阵列效果,如图 7-3 所示。

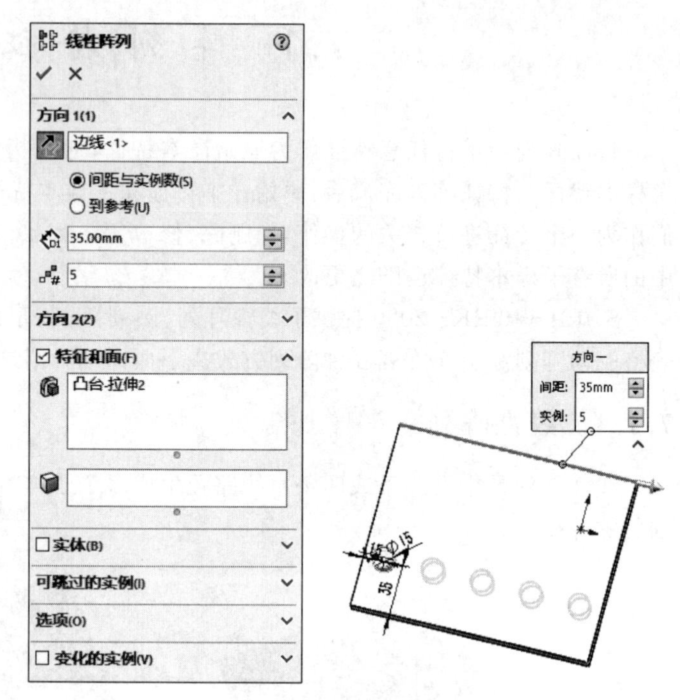

图 7-2 打开的文件实体

图 7-3 设置线性阵列示意图

(7) 如果要在另一个方向上同时生成线性阵列,则仿照步骤(2)~步骤(6)中的操作,对"方向 2"选项组进行设置。

(8) 在"方向 2"选项组中有一个"只阵列源"复选框。如果勾选该复选框,则在第 2 方向中只复制原始样本特征,而不复制"方向 1"中生成的其他子样本特征,如图 7-4 所示。

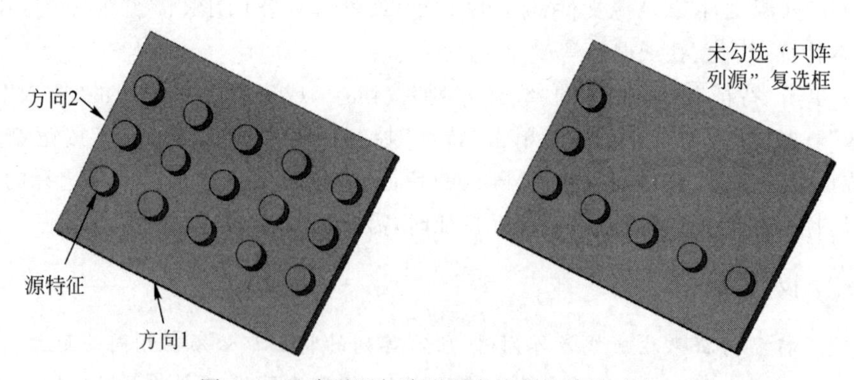

图 7-4 只阵列源与阵列所有特征的效果对比

(9) 在阵列中如果要跳过某个阵列子样本特征,则在"可跳过的实例"选项组中单击"要跳过的实例"图标右侧的列表框,并在图形区中选择想要跳过的某个阵列特征,这些特征将显示在该列表框中。如图 7-5 所示显示了可跳过的实例效果。

(10) 线性阵列属性设置完毕,单击"确定"按钮✓,生成线性阵列。

Note

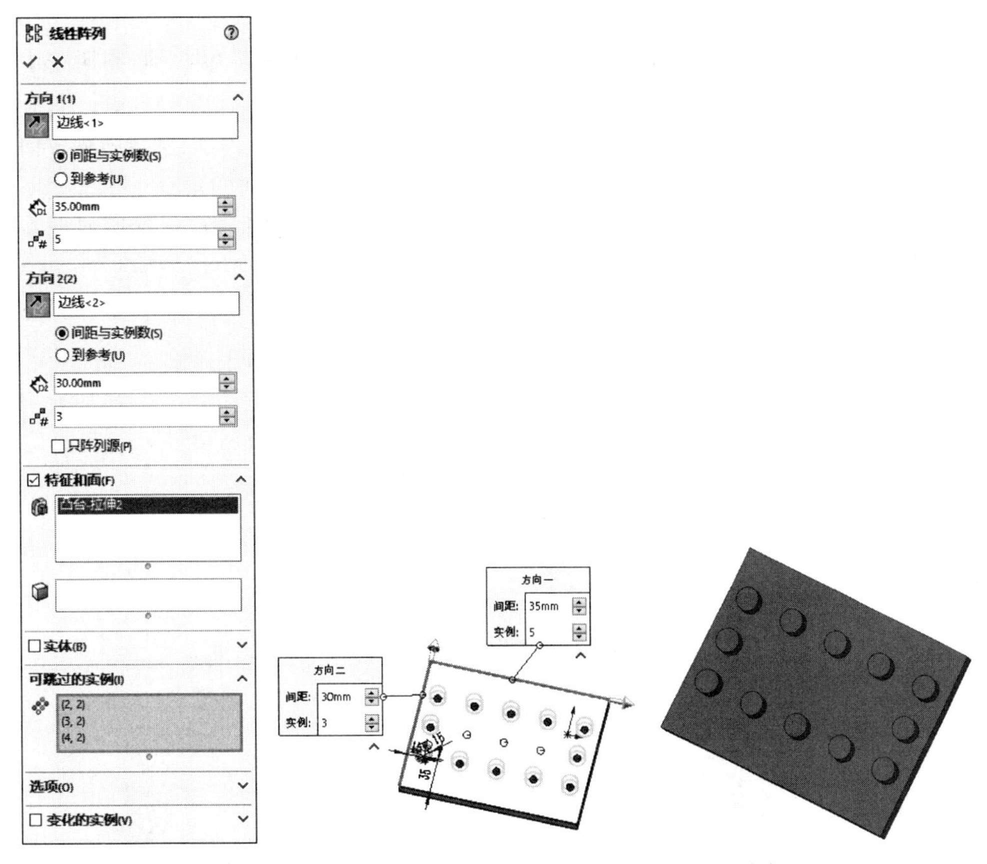

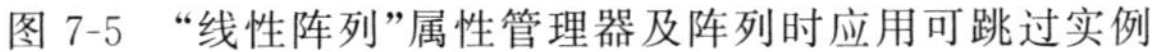

图 7-5　"线性阵列"属性管理器及阵列时应用可跳过实例

7.1.2　圆周阵列

7-2

圆周阵列是指绕一个轴心以圆周路径生成多个子样本特征。在创建圆周阵列特征之前，首先要选择一个中心轴，这个轴可以是基准轴或者临时轴。每一个圆柱和圆锥面都有一条轴线，被称为临时轴。临时轴是由模型中的圆柱和圆锥隐含生成的，在图形区中一般不可见。在生成圆周阵列时需要使用临时轴，单击菜单栏中的"视图"→"临时轴"命令就可以显示临时轴了。此时该菜单旁边出现标记"√"，表示临时轴可见。此外，还可以生成基准轴作为中心轴。

下面介绍创建圆周阵列特征的操作步骤。

(1) 打开源文件"X:\源文件\原始文件\7\圆周阵列.SLDPRT"。选择菜单栏中的"视图"→"临时轴"命令，显示特征基准轴，如图 7-6 所示。

(2) 在图形区选择原始样本特征(切除、孔或凸台等)。

(3) 单击"特征"工具栏中的"圆周阵列"按钮，或选择菜单栏中的"插入"→"阵列/镜像"→"圆周阵列"命令，或者单击"特征"控制面板中的"圆周阵列"按钮，系统弹出"阵列圆周 1"属性管理器。

(4) 在"要阵列的特征"选项组中高亮显示步骤(2)中所选择的特征。如果要选择多个原始样本特征，需按住 Ctrl 键进行选择。此时，在图形区生成一个中心轴，作为圆周阵列的圆心位置。

在“参数”选项组中，单击第一个列表框，然后在图形区中选择中心轴，则所选中心轴的名称显示在该列表框中。

Note

(5) 如果图形区中阵列的方向不正确，则单击“反向”按钮，可以翻转阵列方向。

(6) 在“参数”选项组的“角度”文本框中指定阵列特征之间的角度。

(7) 在“参数”选项组的“实例数”文本框中指定阵列的特征数(包括原始样本特征)。此时在图形区中可以预览阵列效果，如图 7-7 所示。

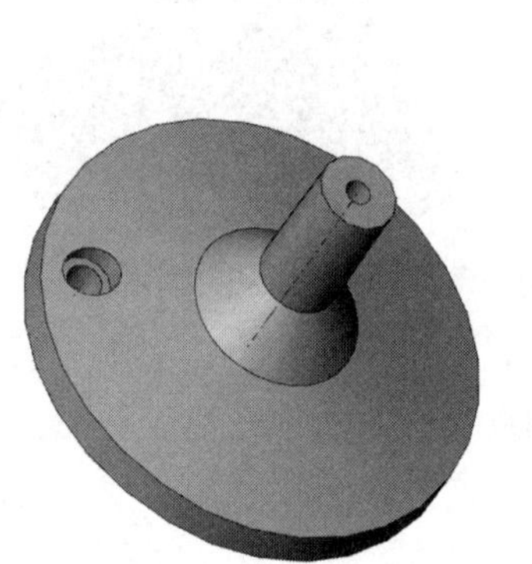

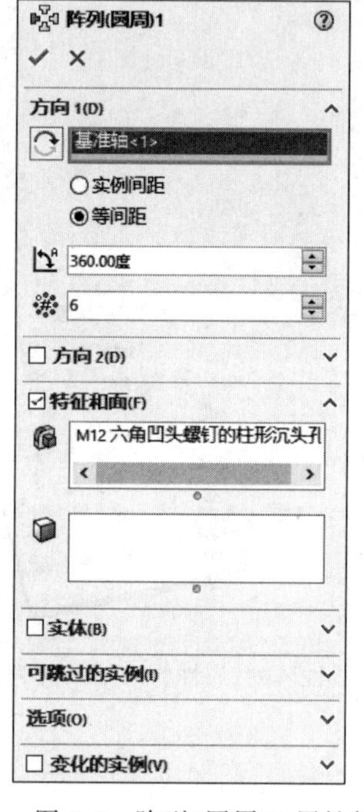

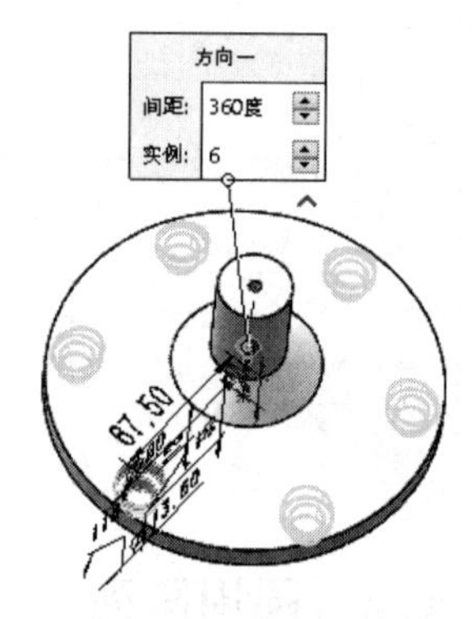

图 7-6　打开的文件实体　　　图 7-7　阵列(圆周)1 属性管理器及预览圆周阵列效果

(8) 勾选“等间距”复选框，则总角度将默认为 360.00 度，所有的阵列特征会等角度均匀分布。

(9) 勾选“几何体阵列”复选框，则只复制原始样本特征而不对它进行求解，这样可以加速生成及重建模型的速度。但是如果某些特征的面与零件的其余部分合并在一起，则不能为这些特征生成几何体阵列。

(10) 圆周阵列属性设置完毕，单击“确定”按钮✔，生成圆周阵列。

7-3

7.1.3　草图驱动阵列

SOLIDWORKS 2020 还可以根据草图上的草图点来安排特征的阵列。用户只要控制草图上的草图点，就可以将整个阵列扩散到草图中的每个点。

下面介绍创建草图阵列的操作步骤。

(1) 打开源文件“X:\源文件\原始文件\7\草图驱动阵列.SLDPRT”。单击“草图”控制面板中的“草图绘制”按钮，在零件的面上打开一个草图。

(2) 单击“草图”控制面板中的“点”按钮，绘制驱动阵列的草图点。

（3）单击“草图”控制面板中的“草图绘制”按钮，关闭草图。

（4）单击“特征”工具栏中的“草图驱动的阵列”按钮，或者选择菜单栏中的“插入”→“阵列/镜像”→“由草图驱动的阵列”命令，或者“特征”控制面板中的“草图驱动的阵列”按钮，系统弹出“由草图驱动的阵列”属性管理器。

Note

（5）在“选择”选项组中，单击“参考草图”图标右侧的列表框，然后选择驱动阵列的草图，则所选草图的名称显示在该列表框中。

（6）选择参考点，具体说明如下：

- 重心：如果点选该单选按钮，则使用原始样本特征的重心作为参考点。
- 所选点：如果点选该单选按钮，则在图形区中选择参考顶点。可以使用原始样本特征的重心、草图原点、顶点或另一个草图点作为参考点。

（7）单击“要阵列的特征”选项组“要阵列的特征”图标右侧的列表框，然后选择要阵列的特征。此时在图形区中可以预览阵列效果，如图7-8所示。

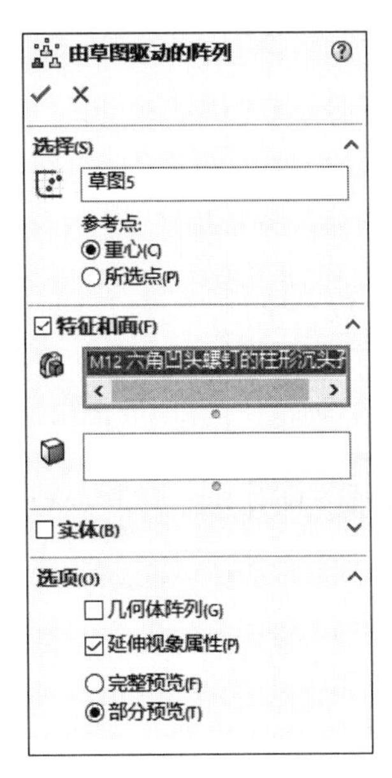

图7-8　“由草图驱动的阵列”复选框及预览阵列效果

（8）勾选“几何体阵列”复选框，则只复制原始样本特征而不对它进行求解，这样可以加速生成及重建模型的速度。但是如果某些特征的面与零件的其余部分合并在一起，则不能为这些特征生成几何体阵列。

（9）草图阵列属性设置完毕，单击“确定”按钮，生成草图驱动的阵列。

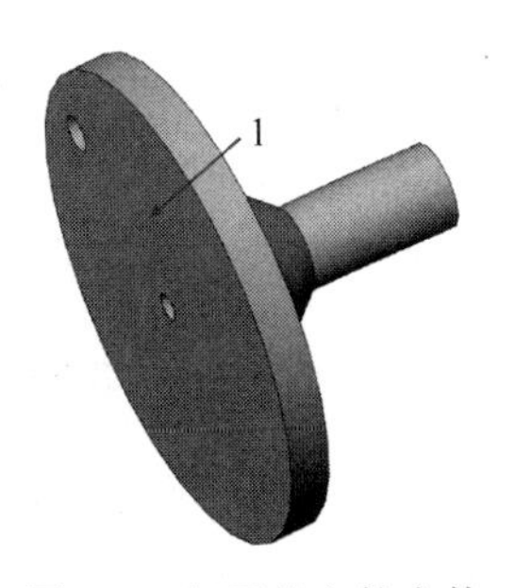

图7-9　打开的文件实体

7-4

7.1.4　曲线驱动阵列

曲线驱动阵列是指沿平面曲线或者空间曲线生成的阵列实体。下面介绍创建曲线驱动阵列的操作步骤。

（1）打开源文件“X:\源文件\原始文件\7\曲线驱动阵列.SLDPRT”。设置基准面。用鼠标选择图7-9中的面1，

Note

然后单击"视图(前导)"工具栏中的"正视于"按钮，将该面作为绘制图形的基准面。

(2) 绘制草图。选择菜单栏中的"工具"→"草图绘制实体"→"样条曲线"命令，绘制如图 7-10 所示的样条曲线，然后退出草图绘制状态。

(3) 执行曲线驱动的阵列命令。选择菜单栏中的"插入"→"阵列/镜向"→"曲线驱动的阵列"命令，或者单击"特征"工具栏中的"曲线驱动的阵列"按钮，或者单击"特征"控制面板中的"曲线驱动的阵列"按钮，弹出如图 7-11 所示的"曲线驱动的阵列"属性管理器。

图 7-10　绘制样条曲线

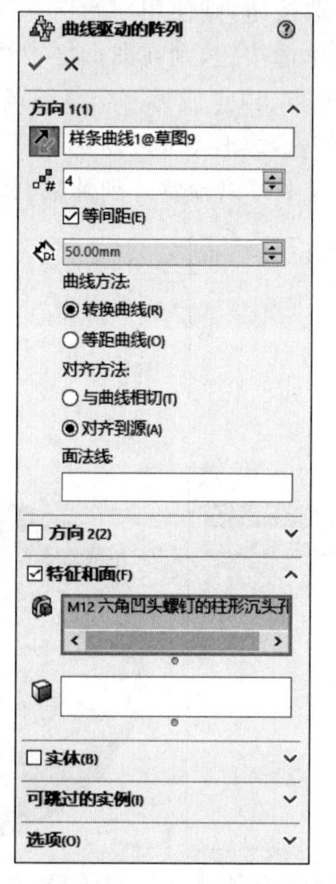

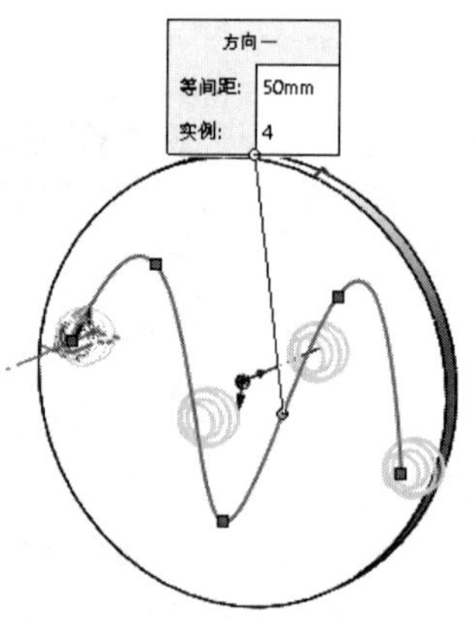

图 7-11　"曲线驱动的阵列"属性管理器及示意图

(4) 设置属性管理器。在"要阵列的特征"一栏中，用鼠标选择如图 7-10 所示拉伸的实体；在"阵列方向"一栏中，用鼠标选择样条曲线。其他设置参考图 7-11。

(5) 确认曲线驱动阵列的特征。单击"曲线驱动的阵列"属性管理器中的"确定"按钮✓，结果如图 7-12 所示。

(6) 取消视图中草图显示。选择菜单栏中的"视图"→"隐藏/显示"→"草图"命令，取消视图中草图的显示，结果如图 7-13 所示。

7-5

7.1.5　表格驱动阵列

表格驱动阵列是指添加或检索以前生成的 X-Y 坐标，在模型的面上增添源特征。下面介绍创建表格驱动阵列的操作步骤。

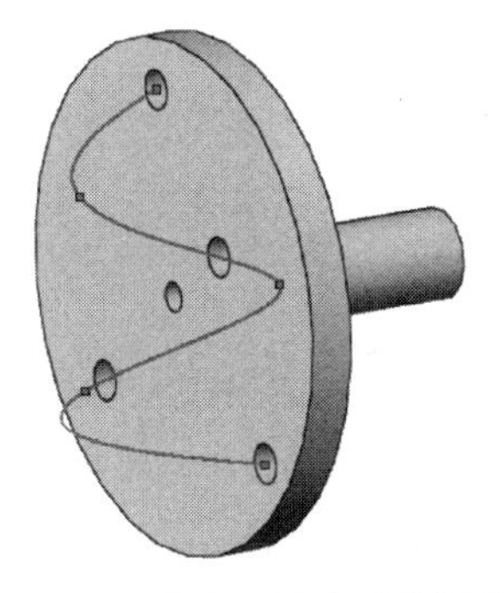

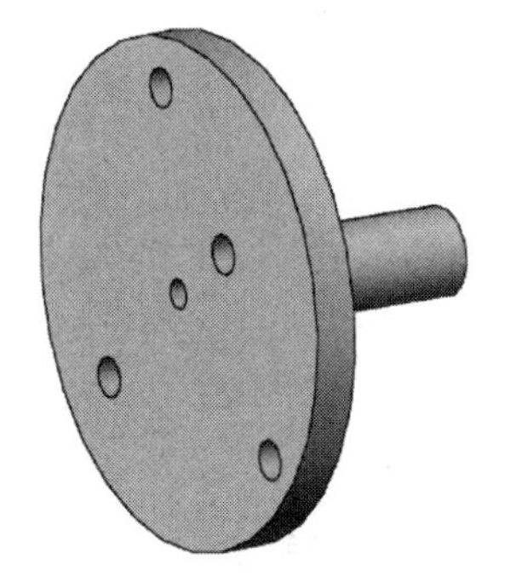

图 7-12 曲线驱动阵列的图形　　图 7-13 取消草图显示的图形

(1) 打开源文件"X:\源文件\原始文件\7\表格驱动阵列.SLDPRT"。执行坐标系命令。选择"特征"控制面板"参考几何体"下拉列表中的"坐标系"按钮，弹出"坐标系"属性管理器，创建一个新的坐标系。

(2) 设置属性管理器。在"原点"一栏中，用鼠标选择如图 7-14 所示中的点 A；拾取"基准轴 1"为 Z 轴。

(3) 确认创建的坐标系。单击"坐标系"属性管理器中的"确定"按钮 ✓，结果如图 7-15 所示。

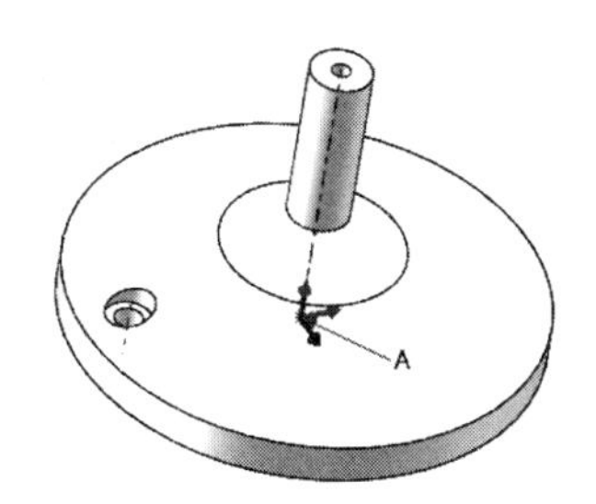

图 7-14 绘制的图形

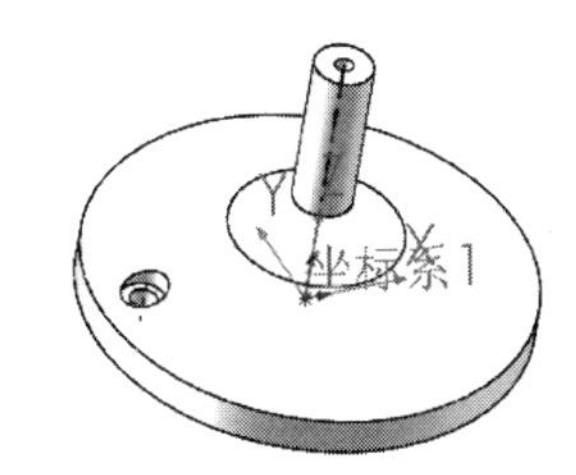

图 7-15 创建坐标系的图形

(4) 执行表格驱动阵列命令。选择菜单栏中的"插入"→"阵列/镜像"→"表格驱动的阵列"命令，或者单击"特征"工具栏中的"表格驱动的阵列"按钮，或者单击"特征"控制面板中的"表格驱动的阵列"按钮，此时系统弹出如图 7-16 所示的"由表格驱动的阵列"对话框。

(5) 设置对话框 1。在"要复制的特征"一栏中，用鼠标选择如图 7-14 所示的拉伸的实体；在"坐标系"一栏中，用鼠标选择如图 7-15 所示中的坐标系 1。如图 7-17 中，点 0 的坐标为源特征的坐标；双击点 1 的 X 和 Y 的文本框，输入要阵列的坐标值；重复此步骤，输入点 2～点 5 的坐标值，"由表格驱动的阵列"对话框设置如图 7-17 所示。

(6) 确认表格驱动阵列特征。单击"由表格驱动的阵列"对话框中的"确定"按钮，结果如图 7-18 所示。

(7) 取消显示视图中的坐标系。选择菜单栏中的"视图"→"隐藏/显示"→"坐标系"命令，取消视图中坐标系的显示，结果如图 7-19 所示。

Note

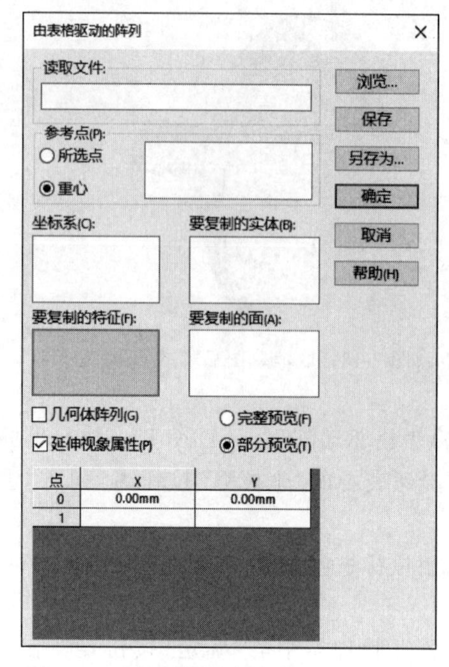

图 7-16 “由表格驱动的阵列”对话框(1)

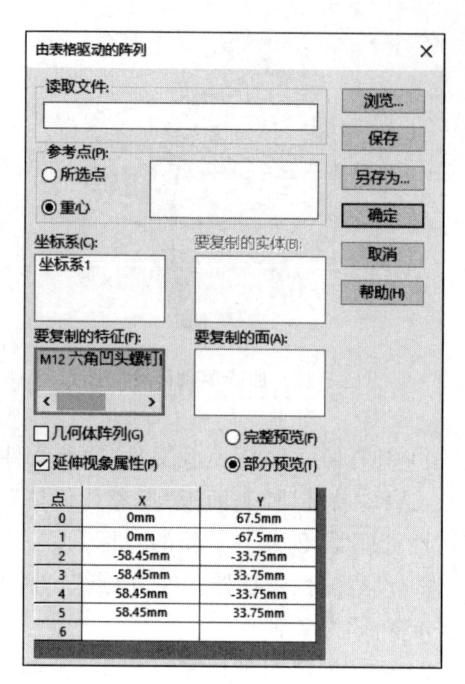

图 7-17 “由表格驱动的阵列”对话框(2)

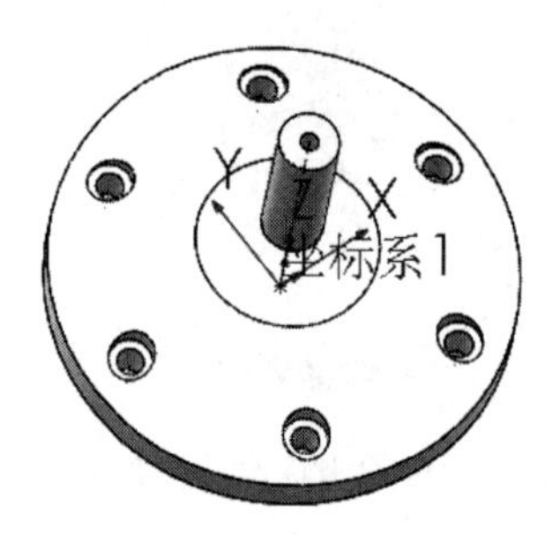

图 7-18 阵列的图形

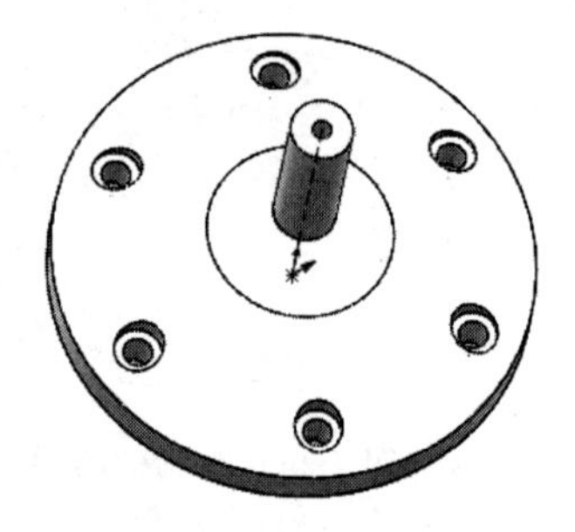

图 7-19 取消坐标系显示的图形

7-6

7.1.6 填充阵列

填充阵列是在特定边界内，通过设置参数来控制阵列位置、数量的特征方式。下面介绍创建填充阵列的操作步骤。

(1) 打开源文件“X:\源文件\原始文件\7\填充阵列.SLDPRT”。选择菜单栏中的“插入”→“阵列/镜像”→“填充阵列”命令，或者单击“特征”工具栏中的“填充阵列”按钮，或者单击“特征”控制面板中的“填充阵列”按钮，此时系统弹出如图 7-20 所示的“填充阵列”属性管理器。

(2) 在“填充边界”选项组下“选择面或共面上的草图、平面曲线”图标右侧列表框中选择面 1，如图 7-21 所示。

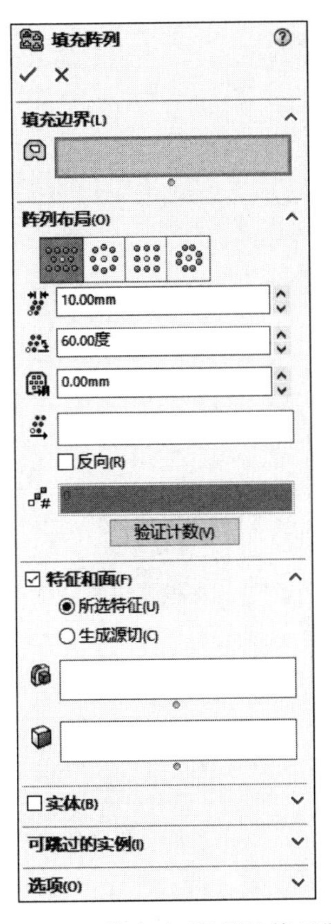

图 7-20 “填充阵列”属性管理器

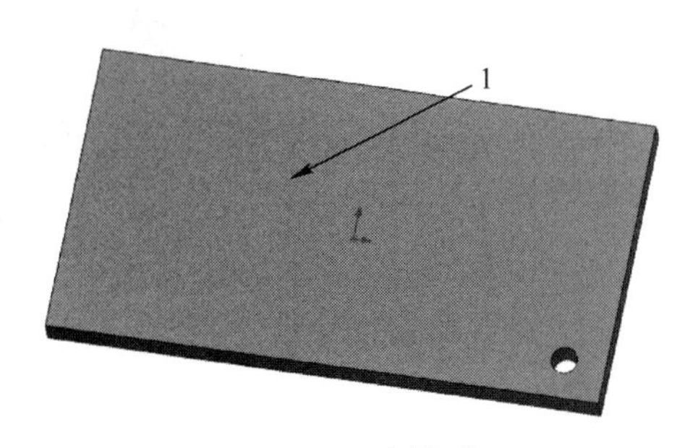

图 7-21 选择面

(3) 在“阵列布局”选项组中设置参数，各参数含义如下。

- “穿孔”：为钣金穿孔式阵列生成网格。
- “实例间距”：输入两特征间距值。
- “交错断续角度”：输入两特征夹角值。
- “边距”：输入填充边界边距值。
- “阵列方向”：确定阵列方向。
- “圆周”：生成圆周形阵列。
- “方形”：生成方形阵列。
- “多边形”：生成多边形阵列。

选择布局方式为“穿孔”。

(4) 在“要阵列的特征”选项组下设置参数，选择“所选特征”单选按钮，在“要阵列的特征”图标右侧选择特征，如图 7-22 所示，在属性管理器中设置参数。

(5) 选择“生成源切”单选按钮，如图 7-23 所示，选择“方形”按钮，在图 7-24 中显示阵列前后图形。

下面在图 7-25 中显示其他阵列效果实例(设置“布局类型”及“源切”类型)。

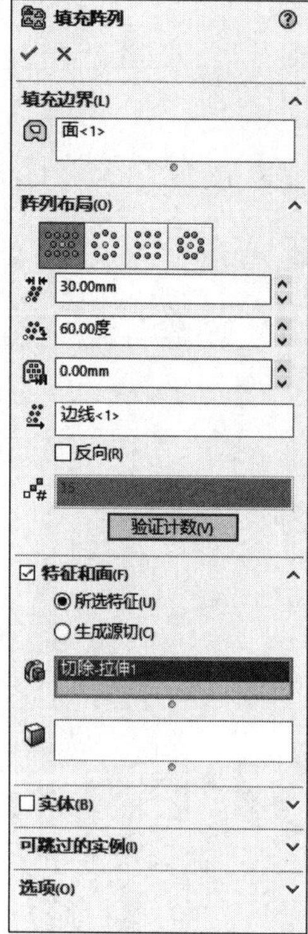

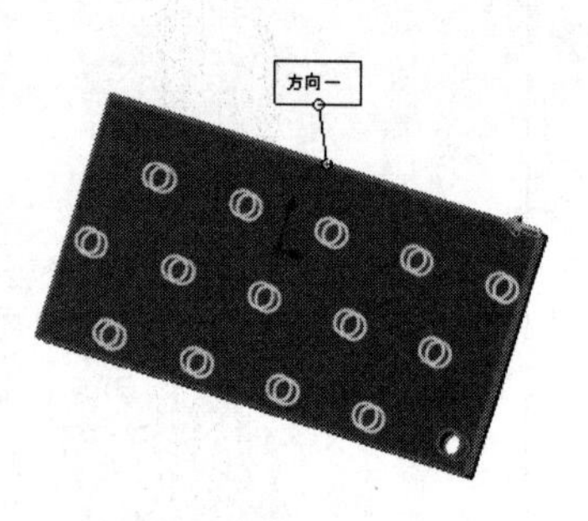

图 7-22 “填充阵列”属性管理器及选择特征示意图

图 7-23 要阵列的特征

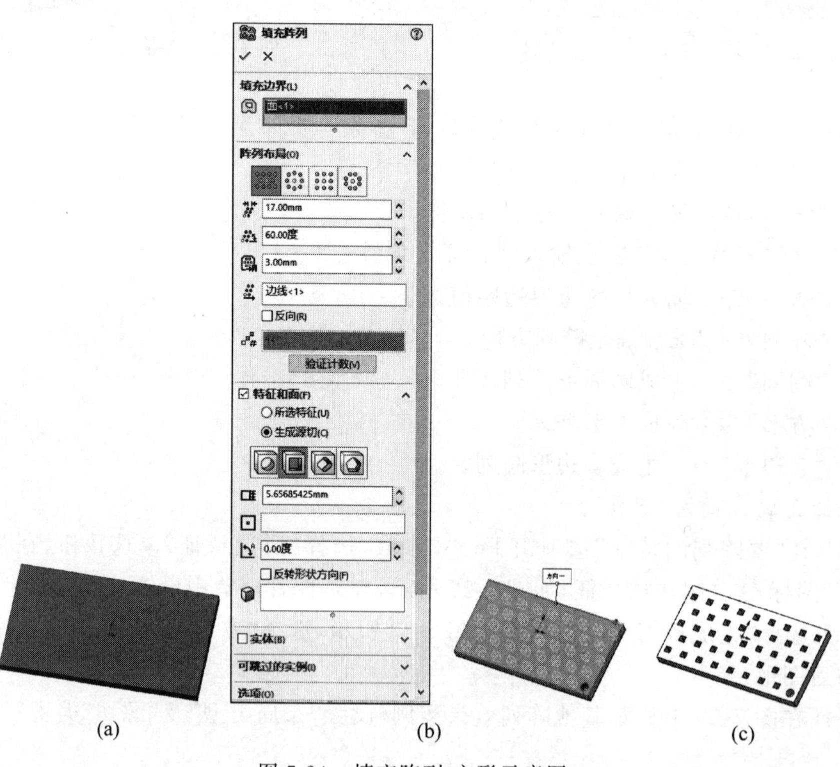

图 7-24 填充阵列-方形示意图

（a）阵列前；（b）设置参数；（c）阵列后

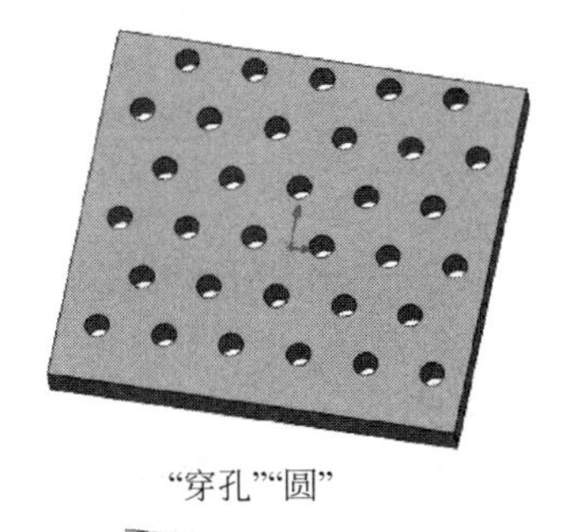

“穿孔”“圆”

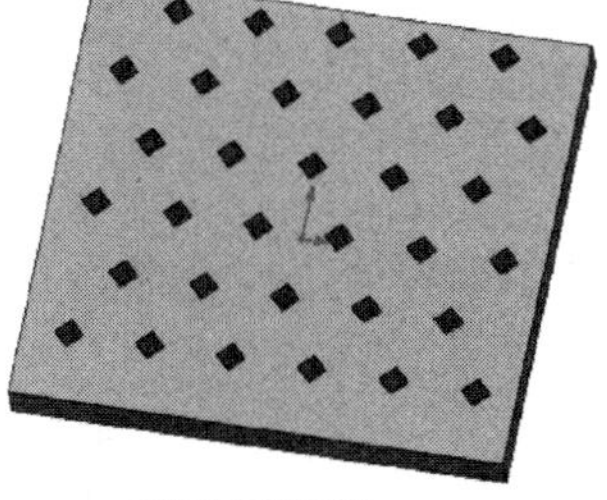

“穿孔”“菱形”

“穿孔”“多边形”

“圆周”“圆形”

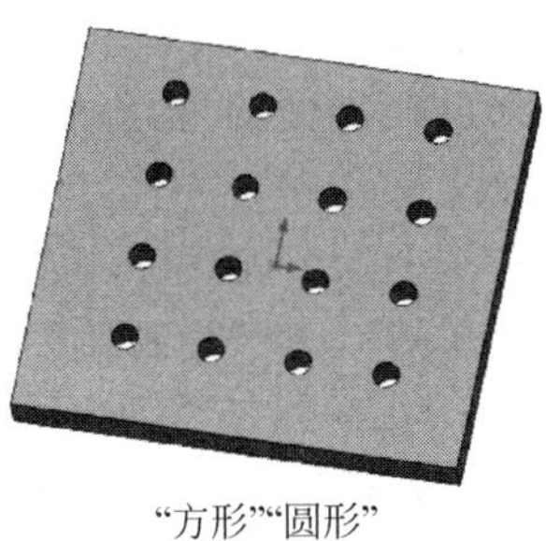

“方形”“圆形”

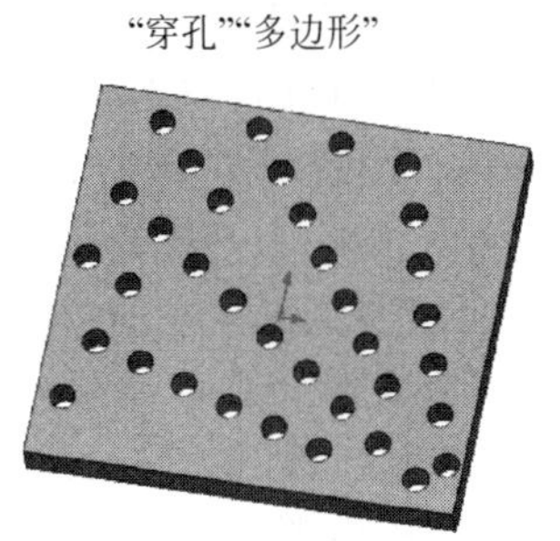

“多边形”“圆形”

图 7-25 其他阵列效果实例

7.1.7 实例——接口

7-7

本例创建的法兰类零件——接口,如图 7-26 所示。

思路分析

接口零件主要起传动、连接、支撑、密封等作用。其主体为回转体或其他平板型实体,厚度方向的尺寸比其他两个方向的尺寸小,其上常有凸台、凹坑、螺孔、销孔、轮辐等局部结构。由于接口要和一段圆环焊接,所以其根部采用压制后再使用铣刀加工圆弧沟槽的方法加工。接口的基本创建过程如图 7-27 所示。

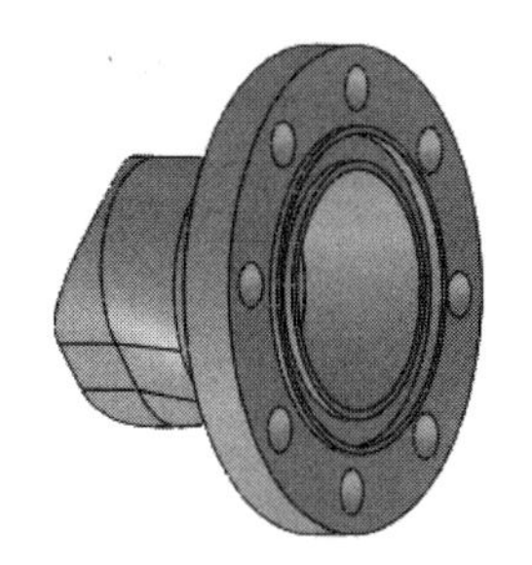

图 7-26 接口

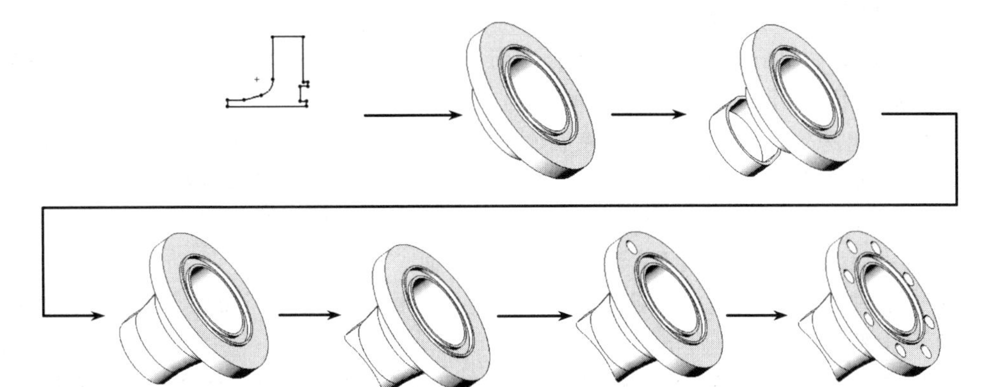

图 7-27 接口绘制流程图

绘制步骤

Note

1. 创建接口基体端部特征

(1) 新建文件。启动 SOLIDWORKS 2020,单击“标准”工具栏中的“新建”按钮,或选择菜单栏中的“文件”→“新建”命令,在弹出的“新建 SOLIDWORKS 文件”对话框中,单击“零件”按钮,然后单击“确定”按钮,创建一个新的零件文件。

(2) 新建草图。在 FeatureManager 设计树中选择“前视基准面”作为草图绘制基准面,单击“草图”控制面板中的“草图绘制”按钮,创建一张新草图。

(3) 绘制草图。单击“草图”控制面板中的“中心线”按钮,过坐标原点绘制一条水平中心线作为基体旋转的旋转轴;然后单击“直线”按钮,绘制接口轮廓草图。单击“草图”控制面板中的“智能尺寸”按钮,为草图添加尺寸标注,如图 7-28 所示。

(4) 创建接口基体端部实体。单击“特征”控制面板中的“旋转凸台/基体”按钮,弹出“旋转”属性管理器;SOLIDWORKS 会自动将草图中唯一的一条中心线作为旋转轴,设置旋转类型为“给定深度”,在“角度”文本框中输入“360.00 度”,其他选项设置如图 7-29 所示,单击“确定”按钮,生成接口基体端部实体。

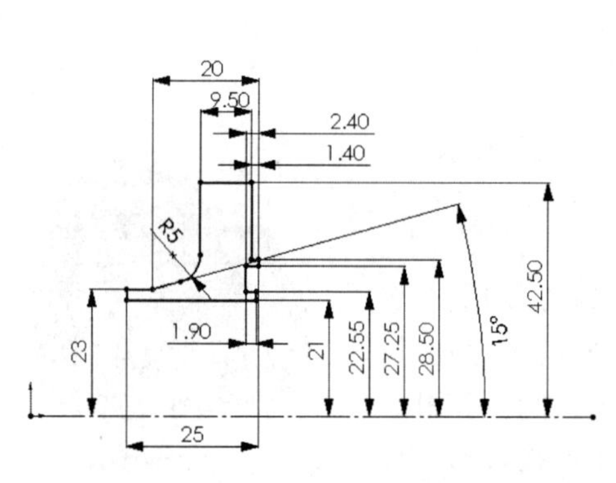

图 7-28 绘制草图并标注尺寸

图 7-29 创建接口基体端部实体

2. 创建接口根部特征

接口根部的长圆段是从距法兰密封端面 40mm 处开始的,所以这里要先创建一个与密封端面相距 40mm 的参考基准面。

(1) 创建基准面。单击“特征”控制面板“参考几何体”下拉列表中的“基准面”按钮,弹出“基准面”属性管理器;在“参考实体”选项框中选择接口的密封面作为参考平面,在“偏移距离”文本框中输入 40.00mm,勾选“反转等距”复选框,其他选项设置如图 7-30 所示,单击“确定”按钮,创建基准面。

(2) 新建草图。选择生成的基准面,单击“草图”控制面板中的“草图绘制”按钮,在其上新建一张草图。

(3) 绘制草图。单击“草图”控制面板中的“直槽口”按钮和“智能尺寸”按钮,绘制根部的长圆段草图并标注,结果如图 7-31 所示。

(4) 拉伸实体。单击“特征”控制面板中的“拉伸凸台/基体”按钮,或选择菜单栏中的“插入”→“凸台/基体”→“拉伸”命令,弹出“凸台-拉伸”属性管理器。

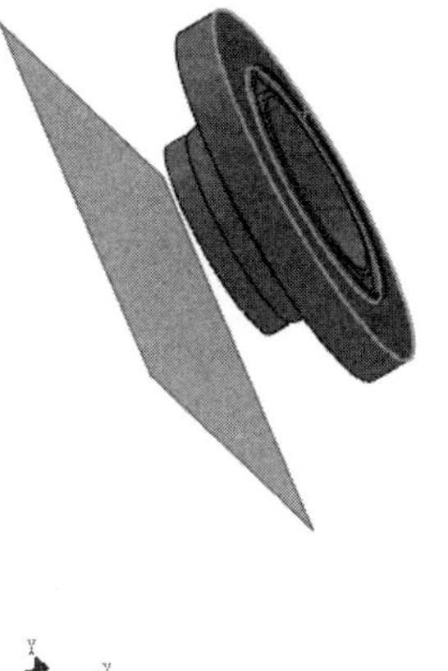

图 7-30　创建基准面示意图

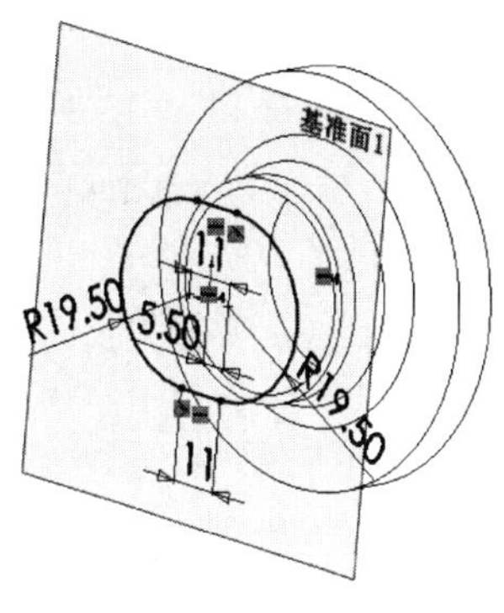

图 7-31　绘制草图并标注尺寸

(5) 设置拉伸方向和深度。单击"反向"按钮，使根部向外拉伸，指定拉伸类型为"单向"，在"深度"文本框中设置拉伸深度为 12.00mm。

(6) 生成接口根部特征。勾选"薄壁特征"复选框，在"薄壁特征"面板中单击"反向"按钮，使薄壁的拉伸方向指向轮廓内部，选择拉伸类型为"单向"，在"厚度"文本框中输入 2.00mm，其他选项设置如图 7-32 所示，单击"确定"按钮✓，生成接口根部特征。

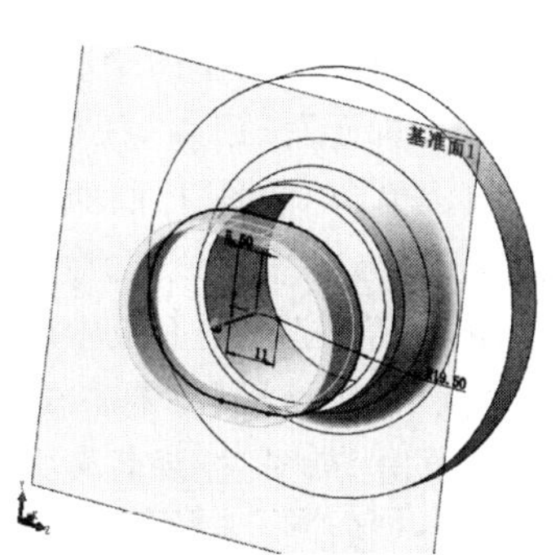

图 7-32　生成法兰盘根部特征

Note

3. 创建长圆段与端部的过渡段

(1) 选择放样工具。单击“特征”控制面板中的“放样凸台/基体”按钮，或选择菜单栏中的“插入”→“凸台/基体”→“放样”命令，弹出“放样”属性管理器。

(2) 生成放样特征。选择接口基体端部的外扩圆作为放样的一个轮廓，在 FeatureManager 设计树中选择刚绘制的“草图 2”作为放样的另一个轮廓；勾选“薄壁特征”复选框，展开“薄壁特征”面板，单击“反向”按钮，使薄壁的拉伸方向指向轮廓内部，选择拉伸类型为“单向”，在“厚度”文本框中输入 2.00mm，其他选项设置如图 7-33 所示，单击“确定”按钮，创建长圆段与基体端部圆弧段的过渡特征。

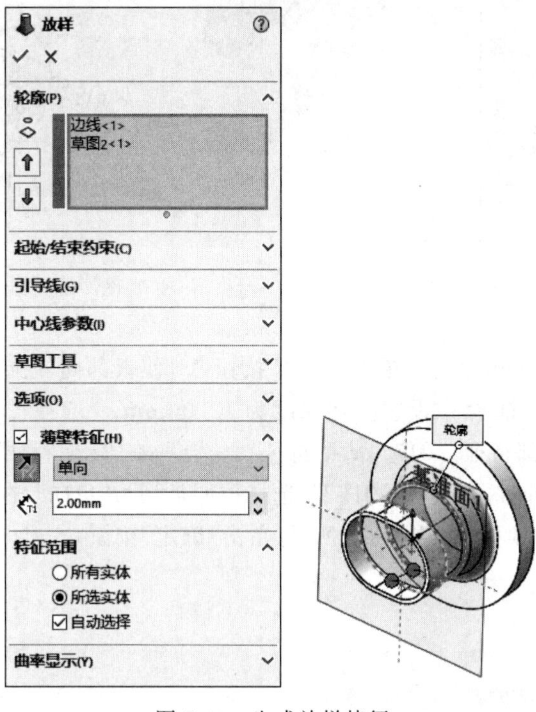

图 7-33 生成放样特征

4. 创建接口根部的圆弧沟槽

(1) 新建草图。在 FeatureManager 设计树中选择“前视基准面”作为草图绘制基准面，单击“草图”控制面板中的“草图绘制”按钮，在其上新建一张草图。单击“视图(前导)”工具栏中的“正视于”按钮，使视图方向正视于草图平面。

(2) 绘制中心线。单击“草图”控制面板中的“中心线”按钮，或选择菜单栏中的“工具”→“草图绘制实体”→“中心线”命令，过坐标原点绘制一条水平中心线。

(3) 绘制圆。单击“草图”控制面板中的“圆”按钮，或选择菜单栏中的“工具”→“草图绘制实体”→“圆”命令，绘制一圆心在中心线上的圆。

(4) 标注尺寸。单击“草图”控制面板中的“智能尺寸”按钮，或选择菜单栏中的“工具”→“标注尺寸”→“智能尺寸”命令，标注圆的直径为 48mm。

(5) 添加“重合”几何关系。单击“草图”控制面板中的“添加几何关系”按钮，弹出“添加几何关系”属性管理器；为圆和接口根部的角点添加“重合”几何关系，如图 7-34

所示，定位圆的位置。

(6) 拉伸切除实体。单击“特征”控制面板中的“拉伸切除”按钮，或选择菜单栏中的“插入”→“切除”→“拉伸”命令，弹出“切除-拉伸”属性管理器。

(7) 创建根部的圆弧沟槽。在“切除-拉伸”属性管理器中设置切除终止条件为“两侧对称”，在“深度”文本框中输入 110.00mm，其他选项设置如图 7-35 所示，单击“确定”按钮，生成根部的圆弧沟槽。

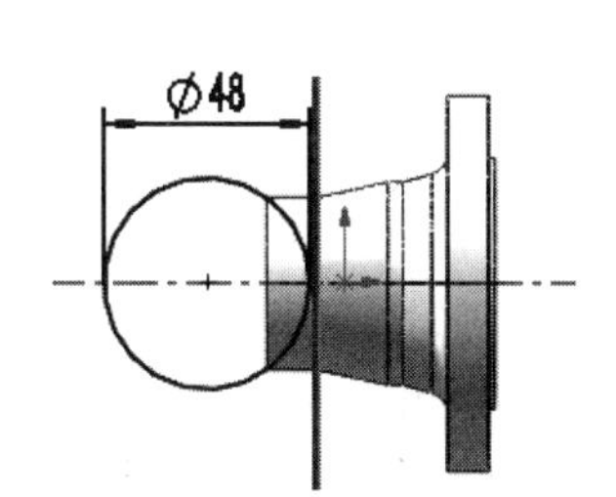

图 7-34　添加“重合”几何关系

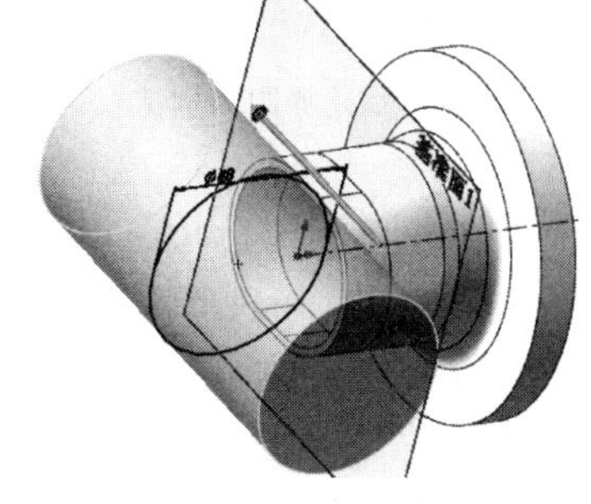

图 7-35　创建根部的圆弧沟槽

5. 创建接口螺栓孔

(1) 新建草图。选择接口的基体端面，单击“草图”控制面板中的“草图绘制”按钮，在其上新建一张草图。单击“视图(前导)”工具栏中的“正视于”按钮，使视图方向正视于草图平面。

(2) 绘制构造线。单击“草图”控制面板中的“圆”按钮，或选择菜单栏中的“工具”→“草图绘制实体”→“圆”命令，利用 SOLIDWORKS 的自动跟踪功能绘制一个圆，使其圆心与坐标原点重合，在“圆”属性管理器中勾选“作为构造线”复选框，将圆设置为构造线，如图 7-36 所示。

(3) 标注尺寸。单击“草图”控制面板中的“智能尺寸”按钮，或选择菜单栏中的“工具”→“标注尺寸”→“智能尺寸”命令，标注圆的直径为 70mm。

(4) 绘制圆。单击“草图”控制面板中的“圆”按钮，或选择菜单栏中的“工具”→“草图绘制实体”→“圆”命令，利用 SOLIDWORKS 的自动跟踪功能绘制一圆，使其圆心落在所绘制的构造圆上，并且其 X 坐标值为 0。

(5) 拉伸切除实体。单击“特征”控制面板中的“拉伸切除”按钮，或选择菜单栏中的“插入”→“切除”→“拉伸”命令，弹出“切除-拉伸”属性管理器；设置切除的终止条件为“完全贯穿”，其他选项设置如图 7-37 所示，单击“确定”按钮，创建一个接口螺栓孔。

(6) 显示临时轴。选择菜单栏中的“视图”→“隐藏/显示”→“临时轴”命令，显示模型中的临时轴，为进一步阵列特征做准备。

Note

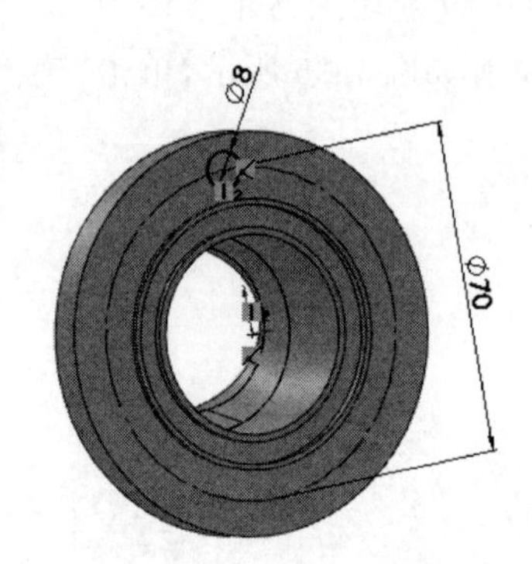

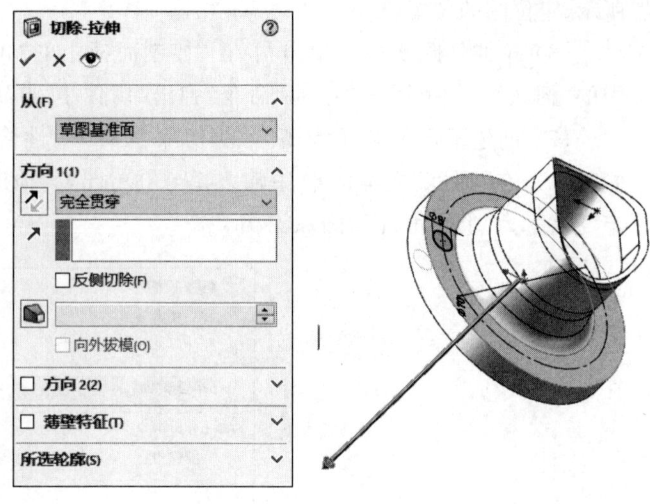

图 7-36　设置圆为构造线　　　　图 7-37　拉伸切除实体

（7）阵列螺栓孔。单击“特征”控制面板中的“圆周阵列”按钮 ，或选择菜单栏中的“插入”→“阵列/镜像”→“圆周阵列”命令，弹出“阵列(圆周)1”属性管理器；在绘图区选择法兰盘基体的临时轴作为圆周阵列的阵列轴，在“角度”文本框 中输入“360.00 度”，在“实例数”文本框 中输入 8，勾选“等间距”复选框，在绘图区选择步骤（5）中创建的螺栓孔，其他选项设置如图 7-38 所示，单击“确定”按钮 ，完成螺栓孔的圆周阵列。

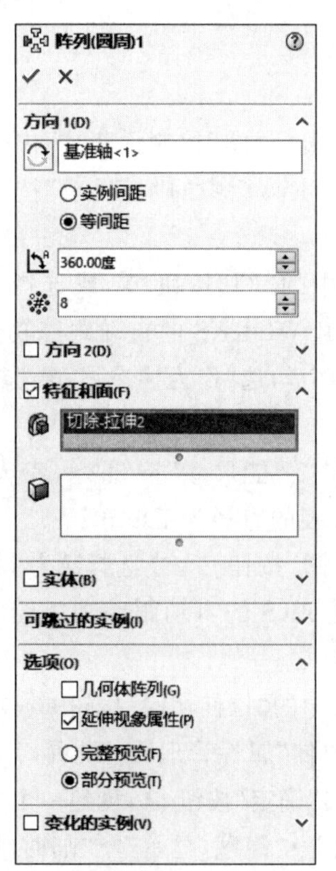

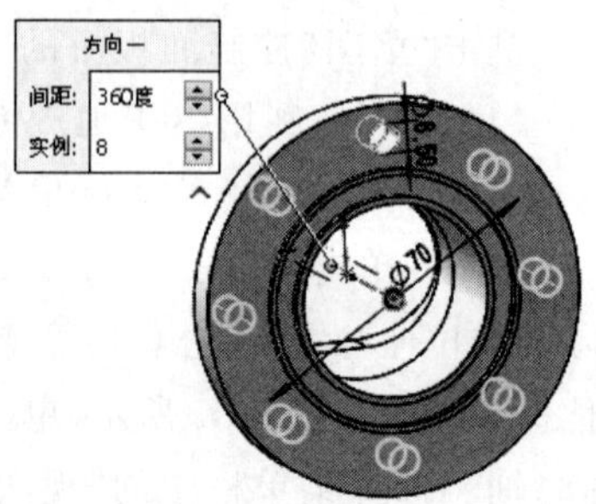

图 7-38　阵列螺栓孔

（8）保存文件。单击“标准”工具栏中的“保存”按钮，将零件保存为“接口.sldprt”。使用旋转观察功能观察零件图，最终效果如图 7-39 所示。

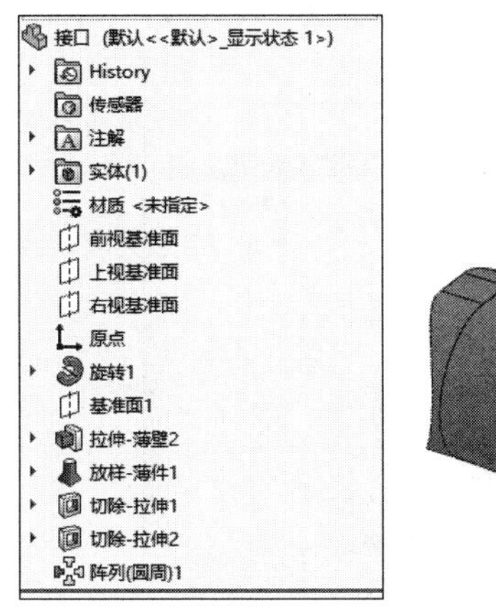

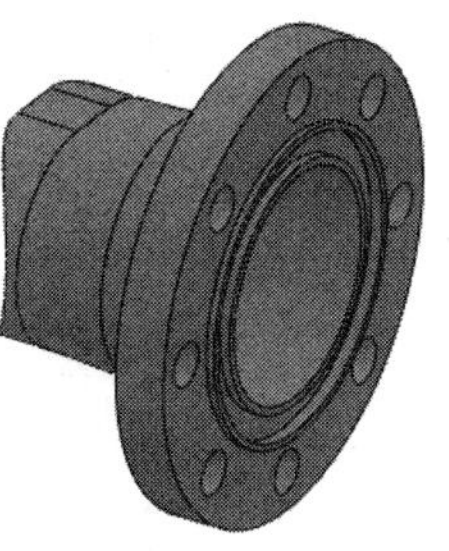

图 7-39 接口的最终效果

7.2 镜像命令

如果零件结构是对称的，用户可以只创建零件模型的一半，然后使用镜像的方法生成整个零件。如果修改了原始特征，则镜像的特征也随之更改。图 7-40 所示为运用镜像生成的零件模型。

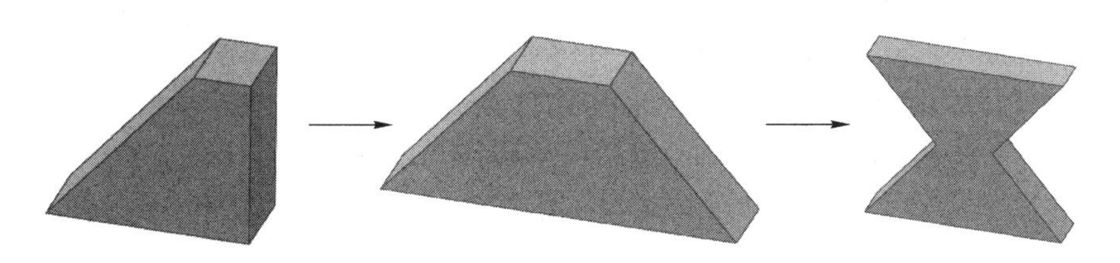

图 7-40 镜像生成零件

镜像命令是指对称于基准面镜像所选的特征。按照镜像对象的不同，可以分为镜像特征和镜像实体。

7.2.1 镜像特征

7-8

镜像特征是指以某一平面或者基准面作为参考面，对称复制一个或者多个特征。下面介绍创建镜像特征的操作步骤，图 7-41 所示为实体文件。

（1）打开源文件“X:\源文件\原始文件\7\镜像特征.SLDPRT”。选择菜单栏中的“插入”→“阵列/镜像”→“镜像”命令，或者单击“特征”工具栏中的“镜像”按钮，或者单击“特征”控制面板中的“镜像”按钮，系统弹出“镜像”属性管理器。

（2）在“镜像面/基准面”选项组中，单击选择如图 7-42 所示的前视基准面；在“要镜像的特征”选项组中，单击选择如图 7-42 所示的“切除-旋转 1”，“镜像”属性管理器设置如图 7-42 所示。单击“确定”按钮，创建的镜像特征如图 7-43 所示。

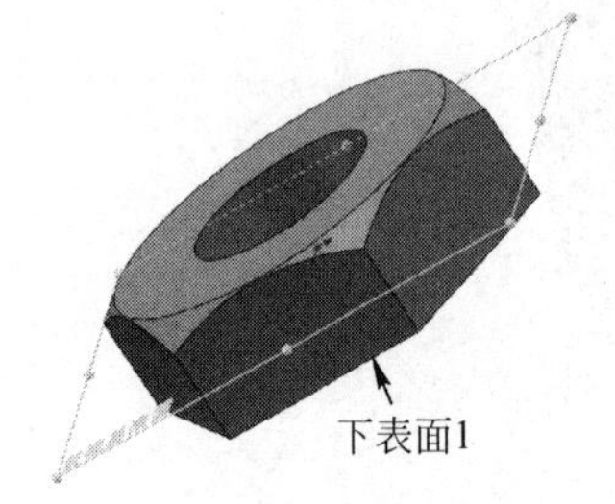

图 7-41　打开的实体文件

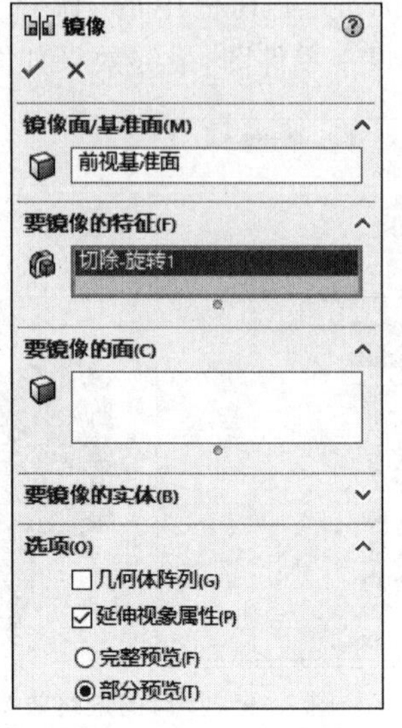

图 7-42　“镜像”属性管理器

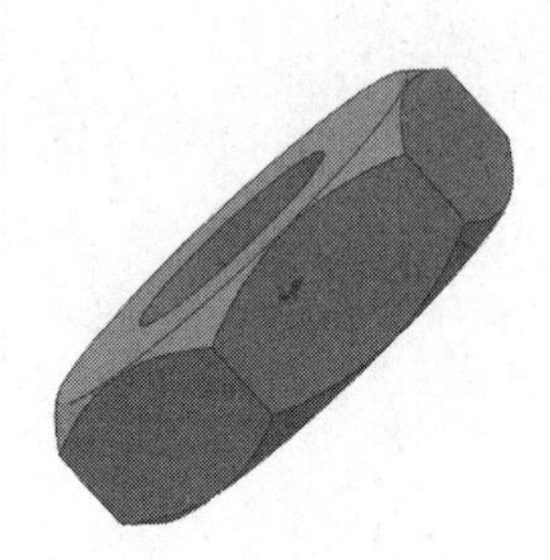

图 7-43　镜像特征

7-9

7.2.2　镜像实体

镜像实体是指以某一平面或者基准面作为参考面，对称复制视图中的整个模型实体。下面介绍创建镜像实体的操作步骤。

（1）打开源文件“X:\源文件\原始文件\7\镜像实体.SLDPRT”。接着图 7-41 中的实体，选择菜单栏中的“插入”→“阵列/镜像”→“镜像”命令，或者单击“特征”工具栏中的“镜像”按钮，或者单击“特征”控制面板中的“镜像”按钮，弹出“镜像”属性管理器。

（2）在“镜像面/基准面”选项组中，单击选择如图 7-44 所示的面 1；在“要镜像的实体”选项组中，单击选择如图 7-41 所示模型实体上的任意一点。“镜像”属性管理器设置如图 7-44 所示。单击“确定”按钮，创建的镜像实体如图 7-45 所示。

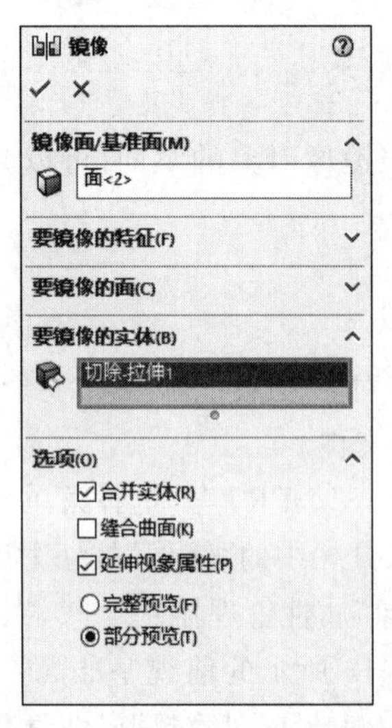

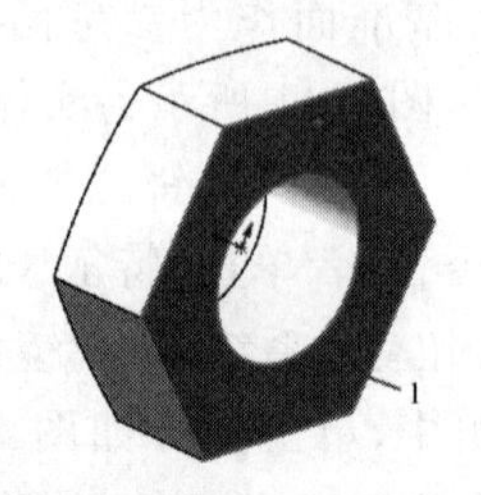

图 7-44　“镜像”属性管理器及示意图

图 7-45　镜像实体

Note

7-10

7.2.3　实例——管接头

本例创建的管接头模型如图 7-46 所示。

思路分析

图 7-46　管接头模型

管接头是非常典型的拉伸类零件，其基本造型利用拉伸方法可以很容易地创建。拉伸特征是将一个用草图描述的截面，沿指定的方向(一般情况下沿垂直于截面的方向)延伸一段距离后所形成的特征。拉伸是 SOLIDWORKS 模型中最常见的类型，具有相同截面、一定长度的实体，如长方体、圆柱体等都可以利用拉伸特征来生成。

管接头的基本创建过程如图 7-47 所示。

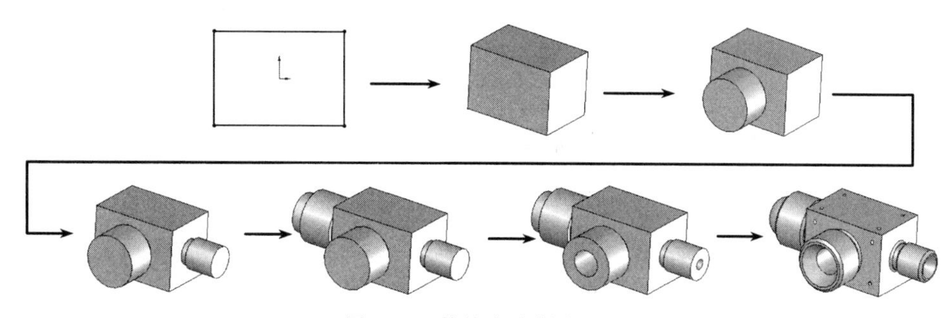

图 7-47　管接头绘制流程图

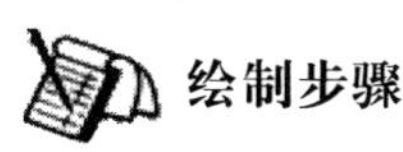

绘制步骤

1. 创建长方形基体

(1) 新建文件。选择菜单栏中的"文件"→"新建"命令，或单击"标准"工具栏中的"新建"按钮，在弹出的"新建 SOLIDWORKS 文件"对话框中，单击"零件"按钮，然后单击"确定"按钮，创建一个新的零件文件。

(2) 绘制草图。在 FeatureManager 设计树中选择"前视基准面"作为绘图基准面，单击"草图"控制面板中的"草图绘制"按钮，新建一张草图，单击"草图"控制面板中的"中心矩形"按钮，或选择菜单栏中的"工具"→"草图绘制实体"→"中心矩形"命令，以原点为中心绘制一个矩形。

(3) 标注矩形尺寸。单击"草图"控制面板中的"智能尺寸"按钮，或选择菜单栏中的"工具"→"标注尺寸"→"智能尺寸"命令，标注矩形草图轮廓的尺寸，如图 7-48 所示。

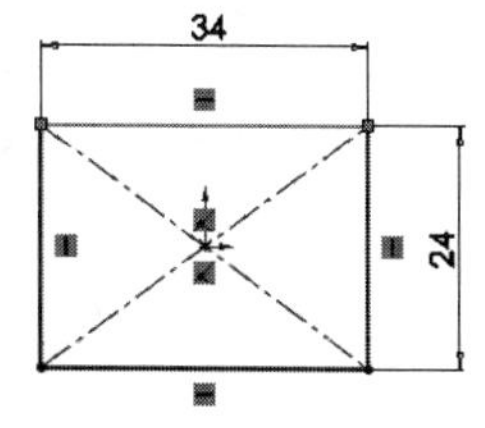

图 7-48　标注矩形尺寸

(4) 拉伸实体。单击"特征"控制面板中的"拉伸凸台/基体"按钮，或选择菜单栏中的"插入"→"凸台/

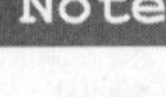

基体”→“拉伸”命令，在弹出的“凸台-拉伸”属性管理器中设置拉伸终止条件为“两侧对称”，在“深度”文本框中输入23.00mm，其他选项保持默认设置，如图7-49所示。单击“确定”按钮，完成长方形基体的创建，如图7-50所示。

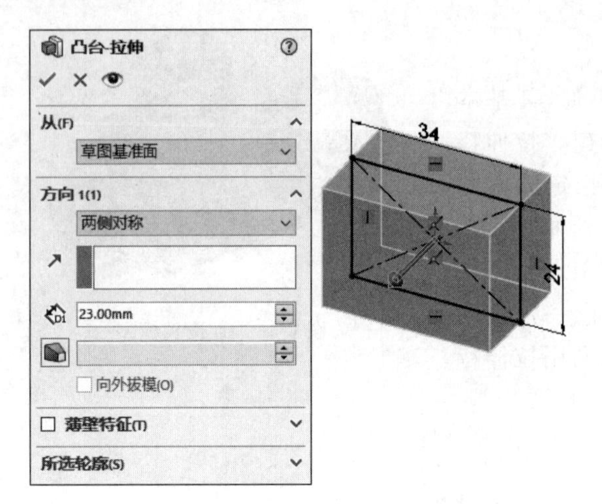

图7-49 设置拉伸参数及拉伸实体示意图

图7-50 创建长方形基体

2. 创建直径为10mm的喇叭口基体

(1) 新建草图。选择长方形基体上的34mm×24mm面，单击“草图”控制面板中的“草图绘制”按钮，在其上创建草图。

(2) 绘制草图。单击“草图”控制面板中的“圆”按钮，或选择菜单栏中的“工具”→“草图绘制实体”→“圆”命令，以坐标原点为圆心绘制一个圆。

(3) 标注圆的尺寸。单击“草图”控制面板中的“智能尺寸”按钮，或选择菜单栏中的“工具”→“标注尺寸”→“智能尺寸”命令，标注圆的直径尺寸为16mm。

(4) 拉伸凸台。单击“特征”控制面板中的“拉伸凸台/基体”按钮，或选择菜单栏中的“插入”→“凸台/基体”→“拉伸”命令，在弹出的“凸台-拉伸”属性管理器中设置拉伸终止条件为“给定深度”，在“深度”文本框中输入2.50mm，其他选项保持默认设置，如图7-51所示，单击“确定”按钮，生成退刀槽圆柱。

(5) 绘制草图。选择退刀槽圆柱的端面，单击“草图”控制面板中的“草图绘制”按钮，在其上新建一张草图；单击“草图”控制面板中的“圆”按钮，或选择菜单栏中的“工具”→“草图绘制实体”→“圆”命令，以原点为圆心绘制一个圆。

(6) 标注尺寸。单击“草图”控制面板中的“智能尺寸”按钮，或选择菜单栏中的“工具”→“标注尺寸”→“智能尺寸”命令，标注圆的直径尺寸为20mm。

(7) 拉伸实体。单击“特征”控制面板中的“拉伸凸台/基体”按钮，或选择菜单栏中的“插入”→“凸台/基体”→“拉伸”命令，在弹出的“凸台-拉伸”属性管理器中设置拉伸终止条件为“给定深度”，在“深度”文本框中输入2.50mm，其他选项保持默认设置，单击“确定”按钮，生成喇叭口基体1，如图7-52所示。

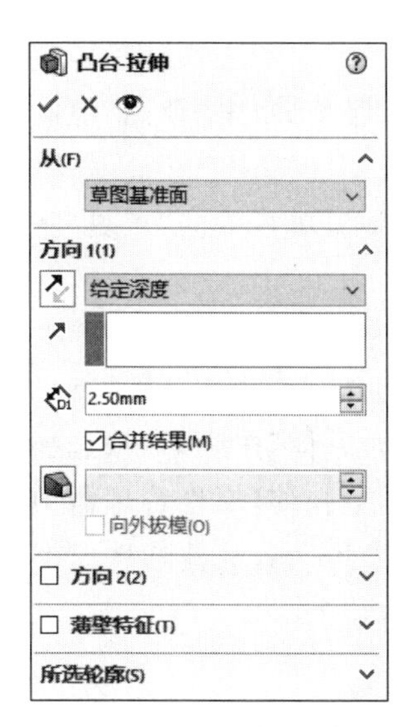

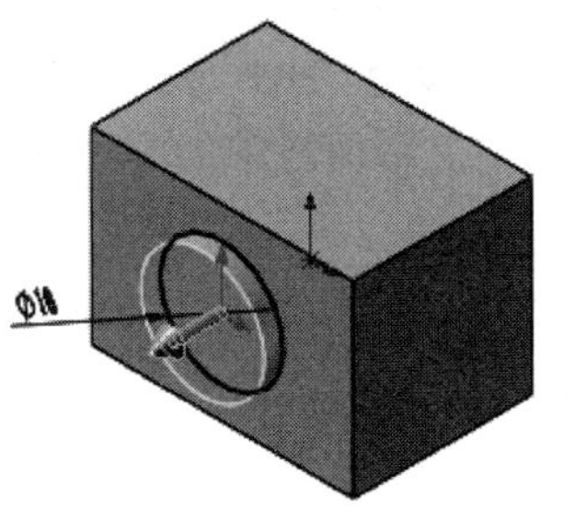

图 7-51　“凸台-拉伸”属性管理器及拉伸凸台示意图

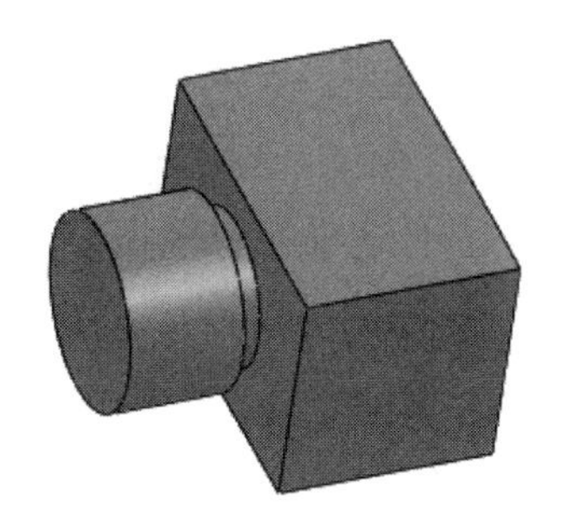

图 7-52　生成喇叭口基体(1)

3. 创建直径为 4mm 的喇叭口基体

(1) 新建草图。选择长方形基体上的 24mm×23mm 面，单击“草图”控制面板中的“草图绘制”按钮，在其上新建一张草图。

(2) 绘制圆。单击“草图”控制面板中的“圆”按钮，或选择菜单栏中的“工具”→“草图绘制实体”→“圆”命令，以坐标原点为圆心绘制一个圆。

(3) 标注圆的尺寸。单击“草图”控制面板中的“智能尺寸”按钮，或选择菜单栏中的“工具”→“标注尺寸”→“智能尺寸”命令，标注圆的直径尺寸为 10mm。

(4) 拉伸实体。单击“特征”控制面板中的“拉伸凸台/基体”按钮，或选择菜单栏中的“插入”→“凸台/基体”→“拉伸”命令，在弹出的“凸台-拉伸”属性管理器中设置拉伸终止条件为“给定深度”，在“深度”文本框中输入 2.50mm，其他选项保持默认设置，单击“确定”按钮，创建的退刀槽圆柱如图 7-53 所示。

(5) 新建草图。选择退刀槽圆柱的平面，单击“草图”控制面板中的“草图绘制”按钮，在其上新建一张草图。

(6) 绘制圆。单击“草图”控制面板中的“圆”按钮，或选择菜单栏中的“工具”→“草图绘制实体”→“圆”命令，以坐标原点为圆心绘制一个圆。

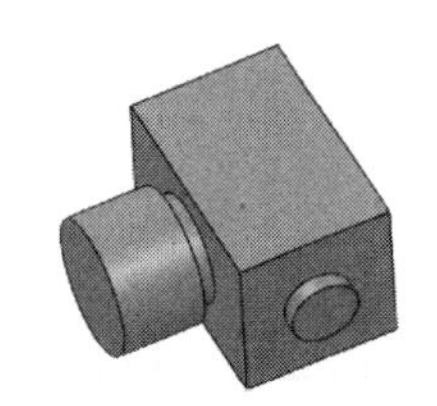

图 7-53　创建退刀槽圆柱(1)

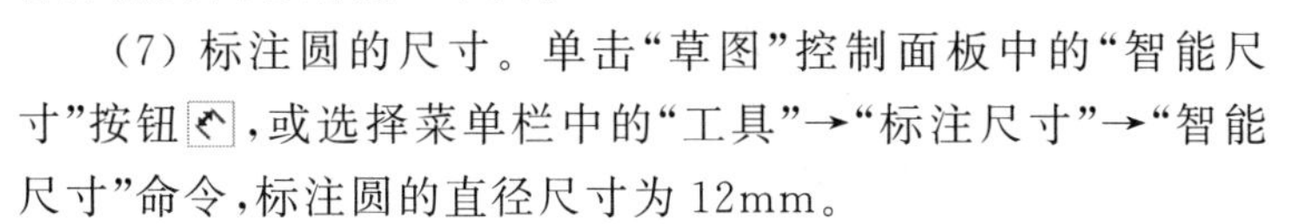

(7) 标注圆的尺寸。单击“草图”控制面板中的“智能尺寸”按钮，或选择菜单栏中的“工具”→“标注尺寸”→“智能尺寸”命令，标注圆的直径尺寸为 12mm。

(8) 创建喇叭口基体。单击“特征”控制面板中的“拉伸凸台/基体”按钮，或选择菜单栏中的“插入”→“凸台/基体”→“拉伸”命令，在弹出的“凸台-拉伸”属性管理器中设置拉伸终止条件为“给定深度”，在“深度”文本框中输入 11.50mm，其他选项保持默认设置，单击“确定”按钮，生成喇叭口基体 2，如图 7-54 所示。

Note

4．创建直径为10mm的球头基体

（1）新建草图。选择长方形基体上24mm×23mm的另一个面，单击“草图”控制面板中的“草图绘制”按钮，在其上新建一张草图。

（2）绘制圆。单击“草图”控制面板中的“圆”按钮，或选择菜单栏中的“工具”→“草图绘制实体”→“圆”命令，以坐标原点为圆心绘制一个圆。

（3）标注圆的尺寸。单击“草图”控制面板中的“智能尺寸”按钮，或选择菜单栏中的“工具”→“标注尺寸”→“智能尺寸”命令，标注圆的直径尺寸为17mm。

（4）创建退刀槽圆柱。单击“特征”控制面板中的“拉伸凸台/基体”按钮，或选择菜单栏中的“插入”→“凸台/基体”→“拉伸”命令，在弹出的“凸台-拉伸”属性管理器中设置拉伸终止条件为“给定深度”，在“深度”文本框中输入2.50mm，其他选项保持默认设置，单击“确定”按钮，生成退刀槽圆柱，如图7-55所示。

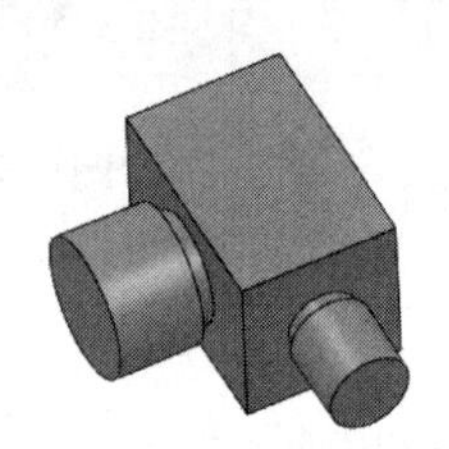

图7-54　生成喇叭口基体(2)

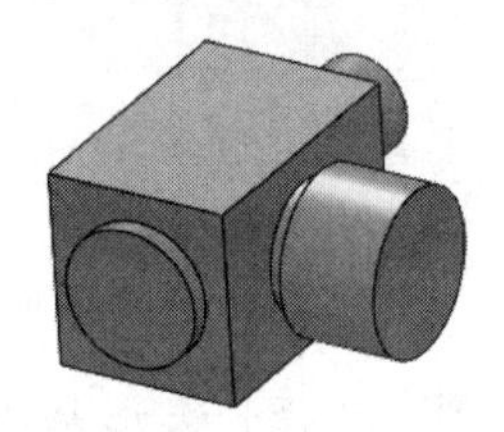

图7-55　创建退刀槽圆柱(2)

（5）新建草图。选择退刀槽圆柱的端面，单击“草图”控制面板中的“草图绘制”按钮，在其上新建一张草图。

（6）绘制圆。单击“草图”控制面板中的“圆”按钮，或选择菜单栏中的“工具”→“草图绘制实体”→“圆”命令，以坐标原点为圆心绘制一个圆。

（7）标注圆的尺寸。单击“草图”控制面板中的“智能尺寸”按钮，或选择菜单栏中的“工具”→“标注尺寸”→“智能尺寸”命令，标注圆的直径尺寸为20mm。

（8）创建球头螺柱基体。单击“特征”控制面板中的“拉伸凸台/基体”按钮，或选择菜单栏中的“插入”→“凸台/基体”→“拉伸”命令，在弹出的“凸台-拉伸”属性管理器中设置拉伸终止条件为“给定深度”，在“深度”文本框中输入12.50mm，其他选项保持默认设置，单击“确定”按钮，生成球头螺柱基体，如图7-56所示。

（9）新建草图。选择球头螺柱基体的外侧面，单击“草图”控制面板中的“草图绘制”按钮，在其上新建一张草图。

（10）绘制圆。单击“草图”控制面板中的“圆”按钮，或选择菜单栏中的“工具”→“草图绘制实体”→“圆”命令，以坐标原点为圆心绘制一个圆。

（11）标注圆的尺寸。单击“草图”控制面板中的“智能尺寸”按钮，或选择菜单栏中的“工具”→“标注尺寸”→“智能尺寸”命令，标注圆的直径尺寸为15mm。

（12）创建球头基体。单击“特征”控制面板中的“拉伸凸台/基体”按钮，或选择菜单栏中的“插入”→“凸台/基体”→“拉伸”命令，在弹出的“凸台-拉伸”属性管理器中设置拉伸终止条件为“给定深度”，在“深度”文本框中输入5.00mm，其他选项保持默认设置，单击“确定”按钮，生成球头基体，如图7-57所示。

图 7-56 创建球头螺柱基体

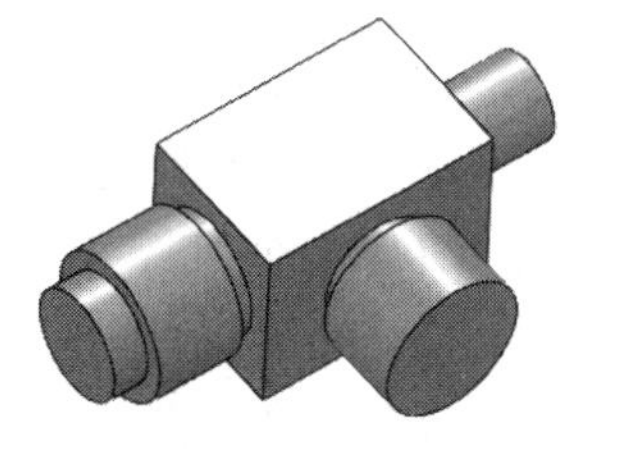

图 7-57 创建球头基体

5. 打孔

（1）新建草图。选择直径为 20mm 的喇叭口基体平面，单击“草图”控制面板中的“草图绘制”按钮，在其上新建草图。

（2）绘制圆。单击“草图”控制面板中的“圆”按钮，或选择菜单栏中的“工具”→“草图绘制实体”→“圆”命令，以坐标原点为圆心绘制一个圆，作为拉伸切除孔的草图轮廓。

（3）标注圆的尺寸。单击“草图”控制面板中的“智能尺寸”按钮，或选择菜单栏中的“工具”→“标注尺寸”→“智能尺寸”命令，标注圆的直径尺寸为 10mm。

（4）拉伸切除实体。单击“特征”控制面板中的“拉伸切除”按钮，或选择菜单栏中的“插入”→“凸台/基体”→“切除”命令，弹出“切除-拉伸”属性管理器；设定切除终止条件为“给定深度”，在“深度”文本框中输入 26.00mm，其他选项保持默认设置，如图 7-58 所示，单击“确定”按钮，生成直径为 10mm 的孔。

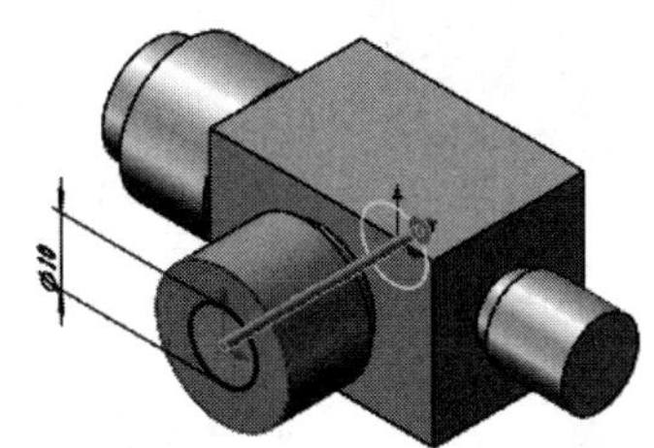

图 7-58 “切除-拉伸”属性管理器及切除实体示意图

（5）新建草图。选择球头上直径为 15mm 的端面，单击“草图”控制面板中的“草图绘制”按钮，在其上新建一张草图。

（6）绘制圆。单击“草图”控制面板中的“圆”按钮，或选择菜单栏中的“工具”→“草图绘制实体”→“圆”命令，以坐标原点为圆心绘制一个圆，作为拉伸切除孔的草图

Note

轮廓。

(7) 标注圆的尺寸。单击“草图”控制面板中的“智能尺寸”按钮，或选择菜单栏中的“工具”→“标注尺寸”→“智能尺寸”命令，标注圆的直径尺寸为 10mm。

(8) 创建直径为 10mm 的孔。单击“特征”控制面板中的“拉伸切除”按钮，或选择菜单栏中的“插入”→“凸台/基体”→“切除”命令，弹出“切除-拉伸”属性管理器；设定切除终止条件为“给定深度”，在“深度”文本框中输入 39.00mm，其他选项保持默认设置，单击“确定”按钮，生成直径为 10mm 的孔，如图 7-59 所示。

(9) 新建草图。选择直径为 12mm 的喇叭口端面，单击“草图”控制面板中的“草图绘制”按钮，在其上新建一张草图。

(10) 绘制圆。单击“草图”控制面板中的“圆”按钮，或选择菜单栏中的“工具”→“草图绘制实体”→“圆”命令，以坐标原点为圆心绘制一个圆，作为拉伸切除孔的草图轮廓。

(11) 标注圆的尺寸。单击“草图”控制面板中的“智能尺寸”按钮，或选择菜单栏中的“工具”→“标注尺寸”→“智能尺寸”命令，标注圆的直径尺寸为 4mm。

(12) 创建直径为 4mm 的孔。单击“特征”控制面板中的“拉伸切除”按钮，或选择菜单栏中的“插入”→“凸台/基体”→“切除”命令，弹出“切除-拉伸”属性管理器；设定拉伸终止条件为“完全贯穿”，其他选项保持默认设置，如图 7-60 所示，单击“确定”按钮，生成直径为 4mm 的孔。

图 7-59 创建直径为 10mm 的孔

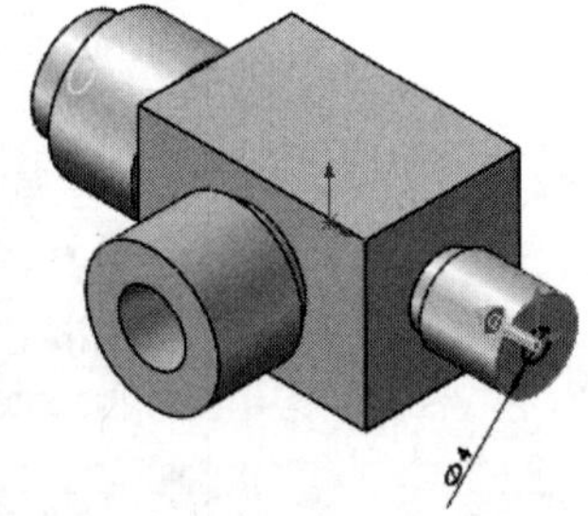

图 7-60 “切除-拉伸”属性管理器及创建孔的示意图

到此，孔的建模就完成了。为了更好地观察所建孔的正确性，通过剖视来观察三通模型。单击“视图(前导)”工具栏中的“剖面视图”按钮，在弹出的“剖面视图”属性管理器中选择“上视基准面”作为参考剖面，其他选项保持默认设置，如图 7-61 所示，单击“确定”按钮，得到以剖面视图观察模型的效果，剖面视图效果如图 7-62 所示。

6. 创建喇叭口工作面

(1) 选择倒角边。在绘图区选择直径为 10mm 的喇叭口的内径边线。

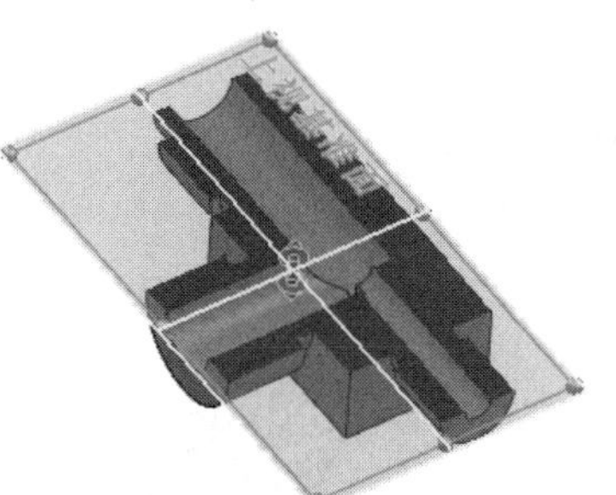

图 7-61 设置“剖面视图”参数及示意图

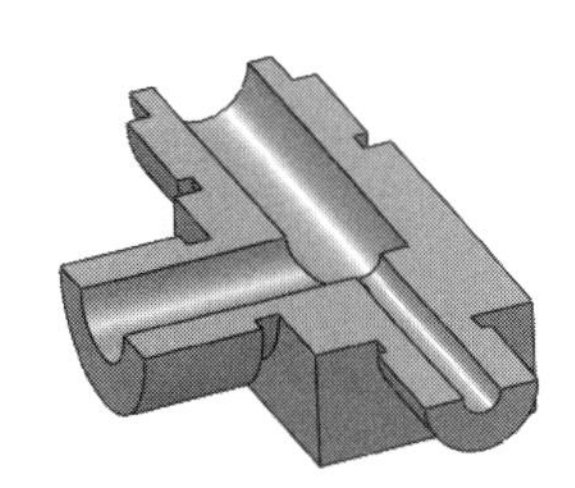

图 7-62 剖面视图效果

(2) 创建倒角特征 1。单击“特征”控制面板中的“倒角”按钮，或选择菜单栏中的“插入”→“特征”→“倒角”命令，弹出“倒角”属性管理器；在“距离”文本框中输入 3.00mm，在“角度”文本框中输入“60.00 度”，其他选项保持系统默认设置，单击“确定”按钮，创建直径为 10mm 的密封工作面，如图 7-63 所示。

(3) 选择倒角边。在绘图区选择直径为 4mm 喇叭口的内径边线。

(4) 创建倒角特征 2。单击“特征”控制面板中的“倒角”按钮，或选择菜单栏中的“插入”→“特征”→“倒角”命令，弹出“倒角”属性管理器；在“距离”文本框中输入 2.50mm，在“角度”文本框中输入“60.00 度”，其他选项保持系统默认设置，单击“确定”按钮，生成直径为 4mm 的密封工作面，如图 7-64 所示。

7. 创建球头工作面

(1) 新建草图。在 FeatureManager 设计树中选择“上视基准面”作为草图绘制基准面，单击“草图”控制面板中的“草图绘制”按钮，在其上新建一张草图。单击“视图(前导)”工具栏中的“正视于”按钮，正视于该草绘平面。

(2) 绘制中心线。单击“草图”控制面板中的“中心线”按钮，过坐标原点绘制一条水平中心线，作为旋转中心轴。

(3) 取消剖面视图观察。单击“视图(前导)”工具栏中的“剖面视图”按钮，取消剖面视图观察。这样做是为了将模型中的边线投影到草绘平面上，剖面视图上的边线

Note

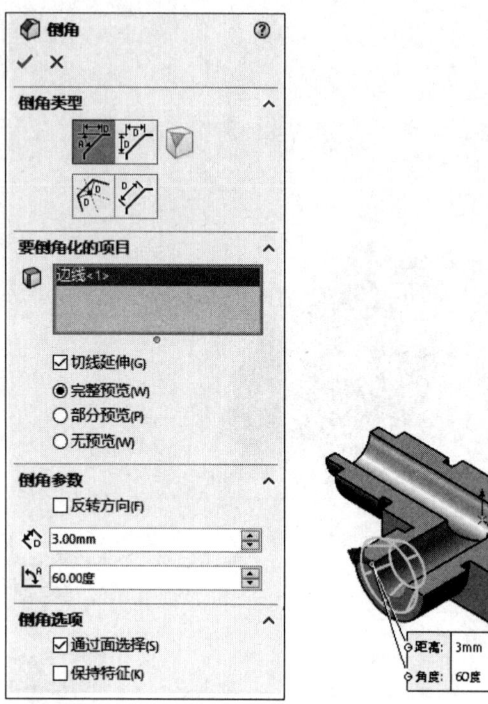

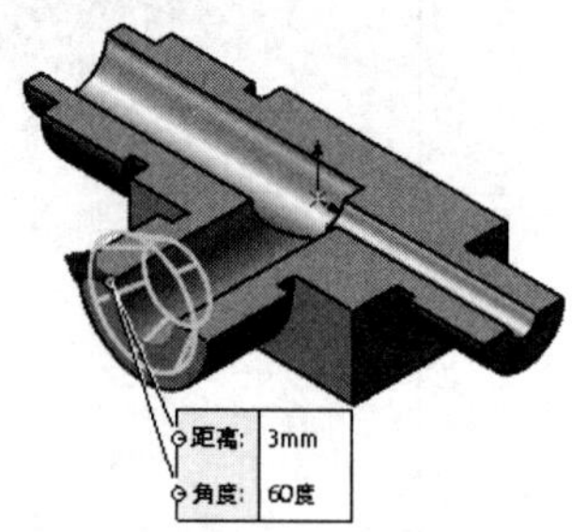

图 7-63　创建倒角特征(1)

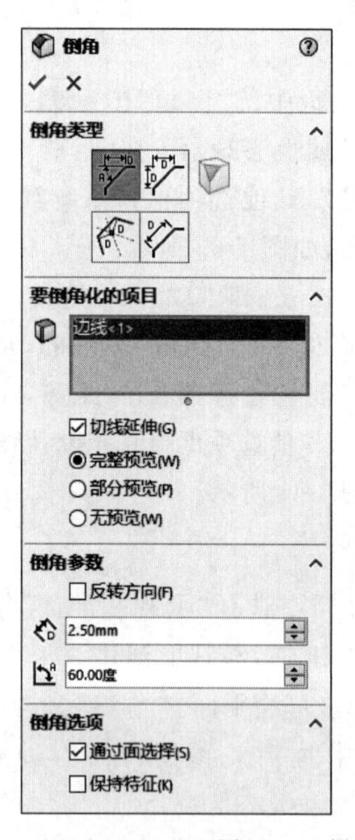

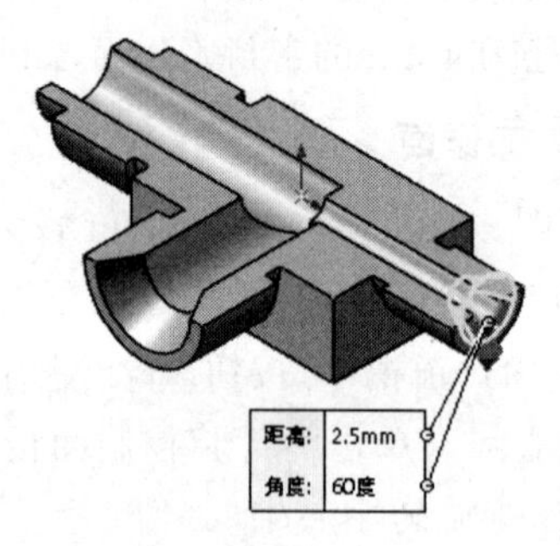

图 7-64　创建倒角特征(2)

是不能被转换实体引用的。

(4) 转换实体引用。选择球头上最外端拉伸凸台左上角的两条轮廓线,单击“草图”控制面板中的“转换实体引用”按钮,将该轮廓线投影到草图中。

(5) 绘制圆。单击“草图”控制面板中的“圆”按钮,或选择菜单栏中的“工具”→“草图绘制实体”→“圆”命令,绘制一个圆。

(6) 标注尺寸“ϕ12”。单击“草图”控制面板中的“智能尺寸”按钮,或选择菜单栏中的“工具”→“标注尺寸”→“智能尺寸”命令,标注圆的直径为 12mm,如图 7-65 所示。

(7) 裁剪图形。单击“草图”控制面板中的“剪裁实体”按钮,将草图中的部分多余线段裁剪掉。

(8) 旋转切除特征。单击“特征”控制面板中的“旋转切除”按钮,弹出“切除-旋转”属性管理器,参数设置如图 7-66 所示,单击“确定”按钮,生成球头工作面。

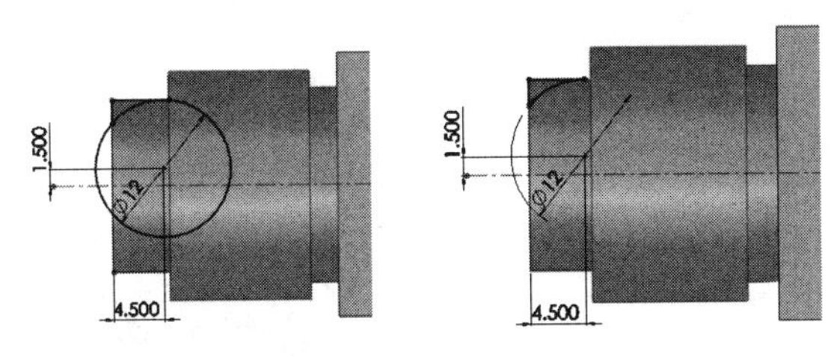

图 7-65 标注尺寸“ϕ12”

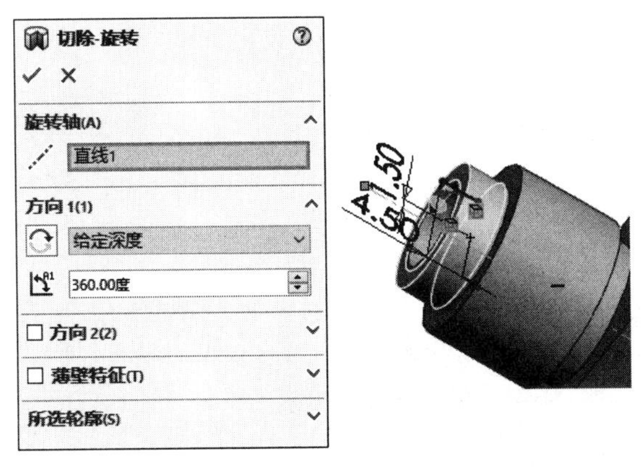

图 7-66 创建切除-旋转特征

8. 创建倒角和圆角特征

(1) 单击“前导视图”工具栏中的“剖面视图”按钮,选择“上视基准面”作为参考剖面观察视图。

(2) 创建倒角特征。单击“特征”控制面板中的“倒角”按钮,或选择菜单栏中的“插入”→“特征”→“倒角”命令,弹出“倒角”属性管理器;在“距离”文本框中输入 1.00mm,在“角度”文本框中输入 45.00 度,其他选项保持系统默认设置,如图 7-67 所示。选择三通管中需要倒 C1 角的边线,单击“确定”按钮,生成倒角特征。

(3) 创建圆角特征。单击“特征”控制面板中的“圆角”按钮,或选择菜单栏中的“插入”→“特征”→“圆角”命令,弹出“圆角”属性管理器;在“半径”文本框中输入

0.80mm，其他选项设置如图 7-68 所示，在绘图区选择要生成 0.8mm 圆角的 3 条边线，单击“确定”按钮 ✓，生成圆角特征。

Note

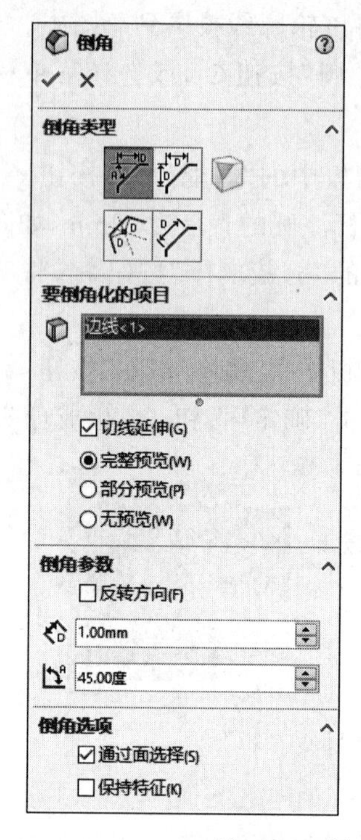

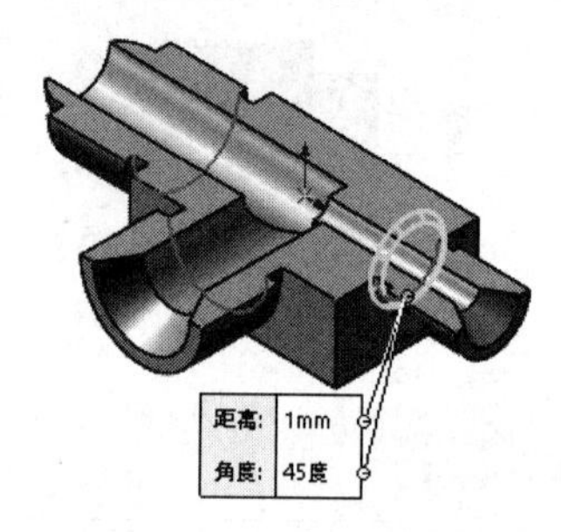

图 7-67　创建倒角特征(3)

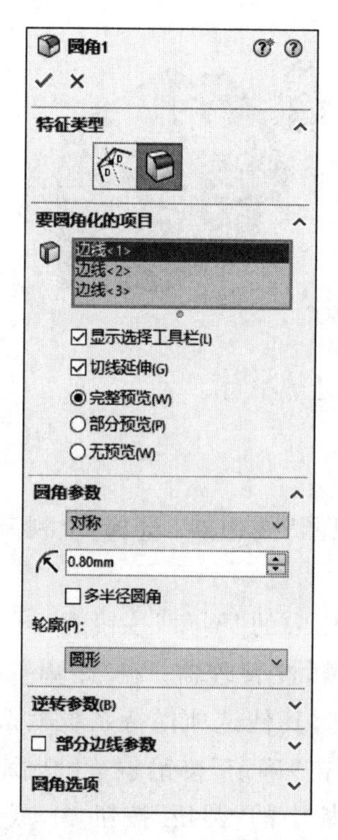

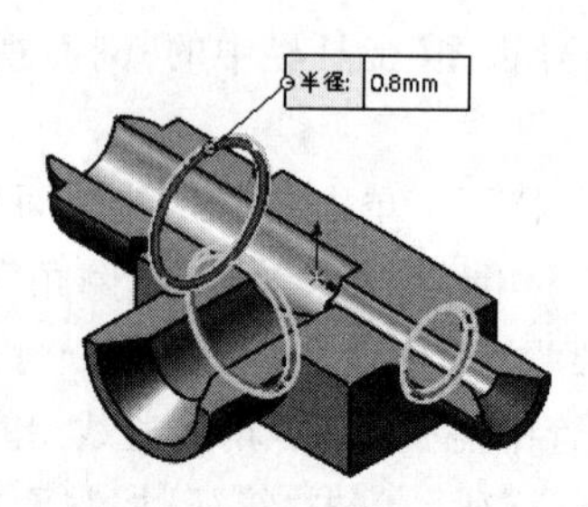

图 7-68　创建圆角特征

Note

9. 创建保险孔

（1）创建基准面1。单击“特征”控制面板“参考几何体”下拉列表中的“基准面”按钮，弹出“基准面”属性管理器。在绘图区选择如图7-69所示的长方体面和边线，单击“两面夹角”按钮，然后在右侧的文本框中输入“45.00度”，单击“确定”按钮✓，创建通过所选长方体边线并与所选面成45°角的参考基准面。

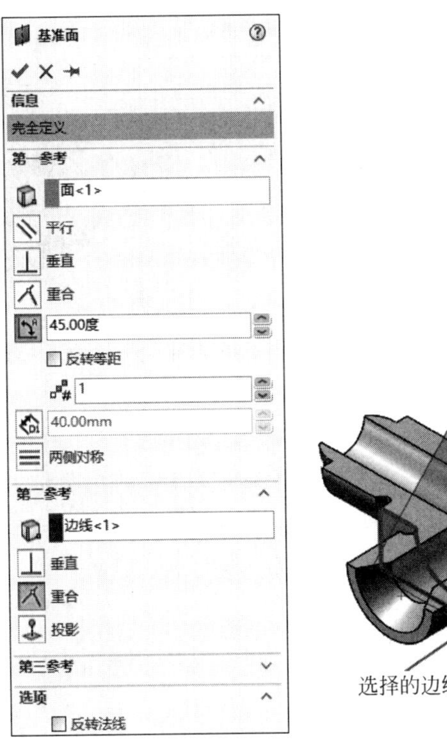

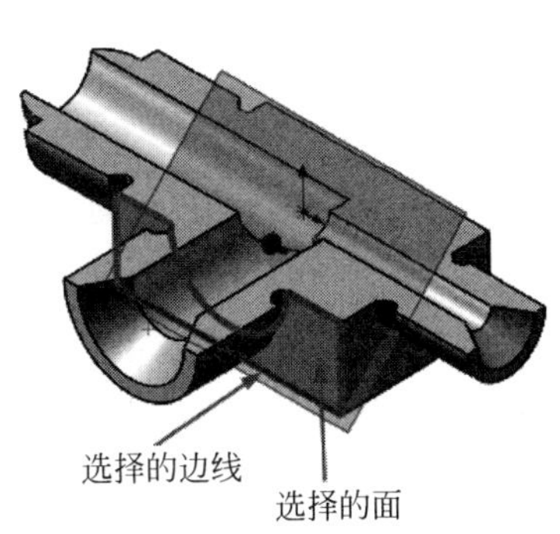

图7-69　创建基准面1

（2）取消剖面视图观察。单击“视图（前导）”工具栏中的“剖面视图”按钮，取消剖面视图观察。

（3）新建草图。选择刚创建的基准面1，单击“草图”控制面板中的“草图绘制”按钮，在其上新建一张草图。

（4）设置视图方向。单击“视图（前导）”工具栏中的“正视于”按钮，使视图正视于草图平面。

（5）绘制圆。单击“草图”控制面板中的“圆”按钮，或选择菜单栏中的“工具”→“草图绘制实体”→“圆”命令，绘制两个圆。

（6）标注尺寸“ϕ1.2”。单击“草图”控制面板中的“智能尺寸”按钮，或选择菜单栏中的“工具”→“标注尺寸”→“智能尺寸”命令，标注两个圆的直径均为1.2mm，并标注定位尺寸，如图7-70所示。

（7）创建保险孔。单击“特征”控制面板中的“拉伸切除”按钮，或选择菜单栏中的“插入”→“凸台/基体”→“切除”命令，系统弹出“切除-拉伸”属性管理器；设置切除终止条件为“两侧对称”，在“深度”文本框中输入20.00mm，如图7-71所示，单击“确

Note

定”按钮✔,完成两个保险孔的创建。

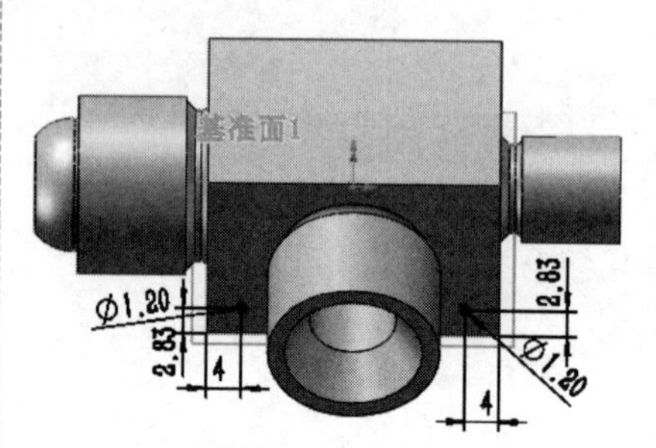

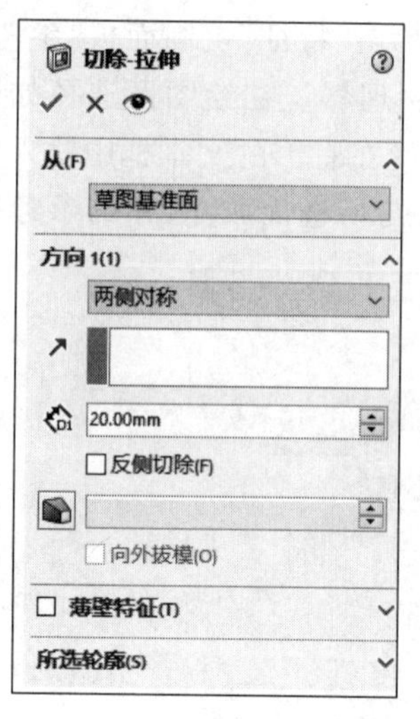

图 7-70　标注尺寸“ϕ1.2”

图 7-71　“切除-拉伸”属性管理器及创建保险孔示意图

(8) 保险孔前视基准面的镜像。单击“特征”控制面板中的“镜像”按钮,弹出“镜像”属性管理器。在“镜像面/基准面”文本框中选择“前视基准面”作为镜像面,在“要镜像的特征”选项框中选择生成的保险孔作为要镜像的特征,其他选项设置如图 7-72 所示,单击“确定”按钮✔,完成保险孔前视基准面的镜像。

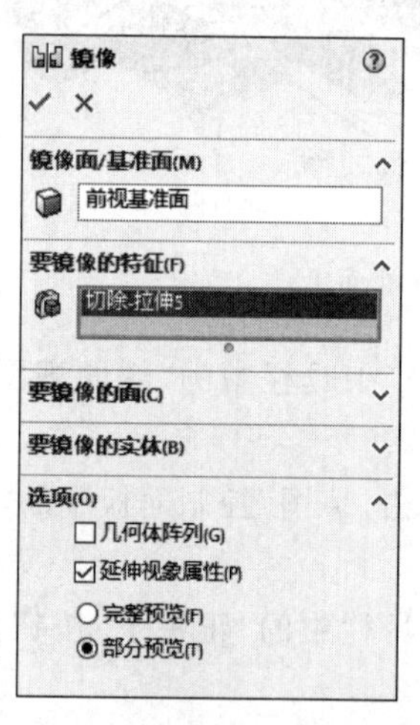

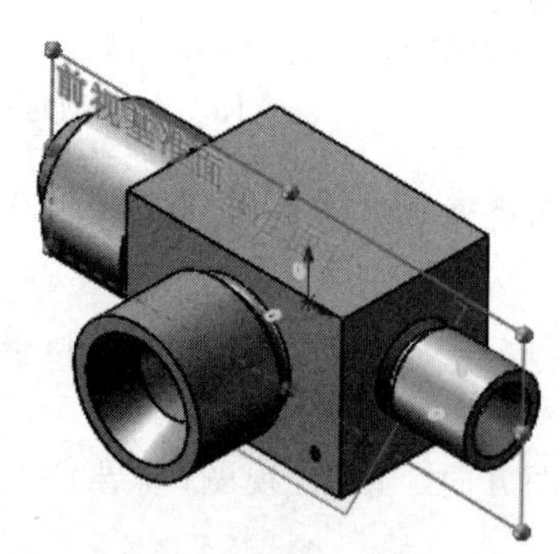

图 7-72　保险孔前视基准面的镜像设置

(9) 保险孔上视基准面的镜像。单击“特征”控制面板中的“镜像”按钮,弹出“镜像”属性管理器,在“镜像面/基准面”选项框中选择“上视基准面”作为镜像面,在“要镜像的特征”选项框中选择保险孔特征和对应的镜像特征,如图 7-73 所示,单击“确定”按钮✔,完成保险孔上视基准面的镜像。

(10) 保存文件。单击“标准”工具栏中的“保存”按钮,将零件保存为“管接头.sld prt”,使用旋转观察功能观察模型,最终效果如图 7-74 所示。

Note

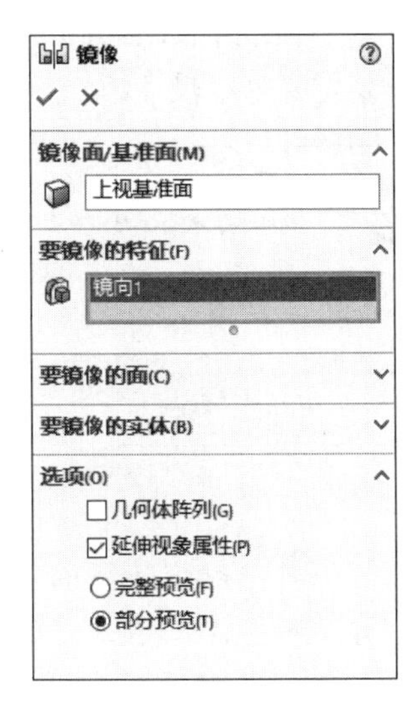

图 7-73　保险孔上视基准面的镜像设置

图 7-74　管接头模型最终效果

7.3　特征的复制与删除

7-11

在零件建模过程中，如果有相同的零件特征，用户可以利用系统提供的特征复制功能进行复制，这样可以节省大量的时间，达到事半功倍的效果。

SOLIDWORKS 2020 提供的复制功能，不仅可以实现同一个零件模型中的特征复制，还可以实现不同零件模型之间的特征复制。

下面介绍在同一个零件模型中复制特征的操作步骤。

(1) 在图 7-75 中选择特征，此时该特征在图形区中将以高亮度显示。

(2) 按住 Ctrl 键，拖动特征到所需的位置上(同一个面或其他的面上)。

(3) 如果特征具有限制其移动的定位尺寸或几何关系，则系统会弹出“复制确认”对话框，如图 7-76 所示，询问对该操作的处理，按钮的具体含义如下。

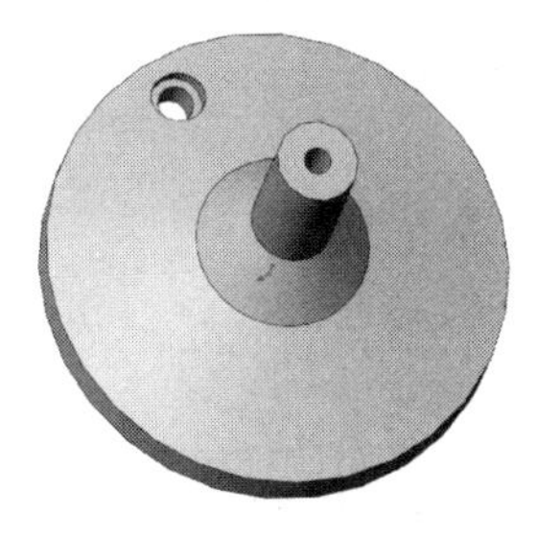

图 7-75　打开的文件实体

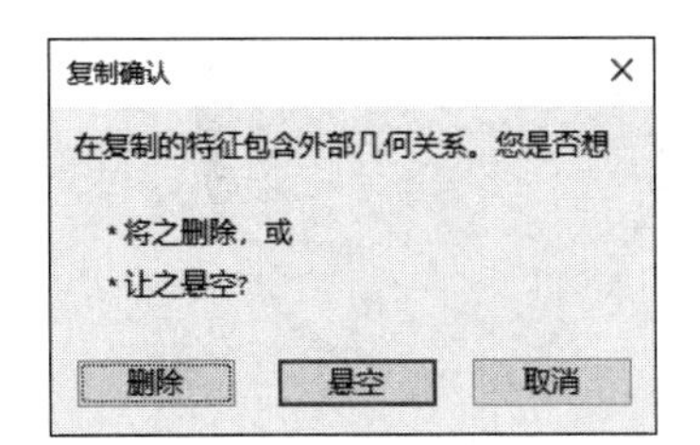

图 7-76　“复制确认”对话框

- 单击“删除”按钮，将删除限制特征移动的几何关系和定位尺寸。
- 单击“悬空”按钮，将不对尺寸标注、几何关系进行求解。
- 单击“取消”按钮，将取消复制操作。

Note

(4) 如果在步骤(3)中单击“悬空”按钮,则系统会弹出“什么错”对话框,如图 7-77 所示。警告在模型中的尺寸和几何关系已不存在,用户应该重新定义悬空尺寸。

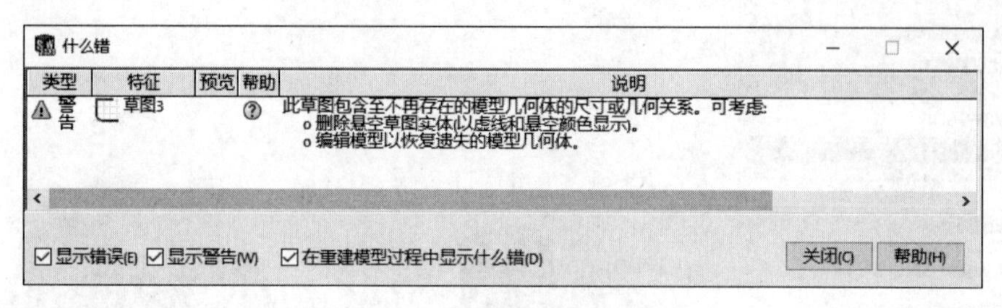

图 7-77 “什么错”对话框

(5) 要重新定义悬空尺寸,首先在 FeatureManager 设计树中右击对应特征的草图,在弹出的快捷菜单中单击“编辑草图”命令。此时悬空尺寸将以灰色显示,在尺寸的旁边还有对应的红色控标,如图 7-78 所示。然后按住鼠标左键,将红色控标拖动到新的附加点。释放鼠标左键,将尺寸重新附加到新的边线或顶点上,即完成了悬空尺寸的重新定义。

下面介绍将特征从一个零件复制到另一个零件上的操作步骤。

(1) 打开源文件“X:\源文件\原始文件\7\特征的复制和特征的复制 2.SLDPRT”。选择菜单栏中的“窗口”→“横向平铺”命令,以平铺方式显示多个文件。

(2) 在一个文件的 FeatureManager 设计树中选择要复制的特征。

(3) 选择菜单栏中的“编辑”→“复制”命令,或单击“标准”工具栏中的“复制”按钮。

(4) 在另一个文件中,选择菜单栏中的“编辑”→“粘贴”命令,或单击“标准”工具栏中的“粘贴”按钮。

如果要删除模型中的某个特征,只要在 FeatureManager 设计树或图形区中选择该特征,然后按 Delete 键,或右击,在弹出的快捷菜单中选择“删除”命令即可。系统会在“确认删除”对话框中提出询问,如图 7-79 所示。单击“是”按钮,就可以将特征从模型中删除。

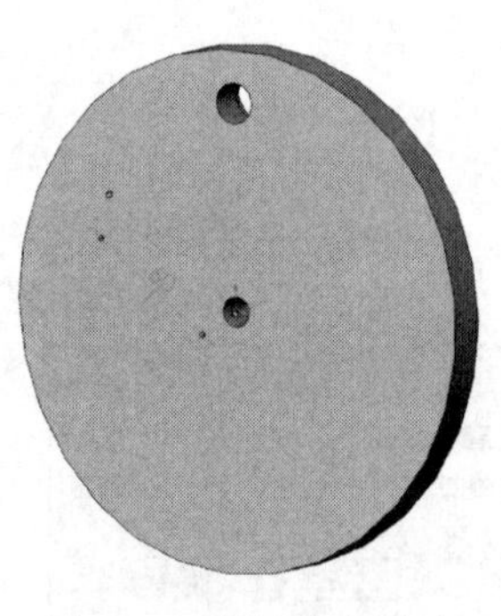

图 7-78 显示悬空尺寸

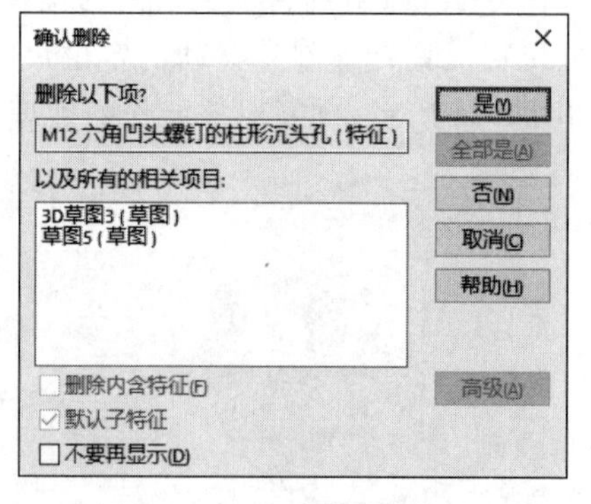

图 7-79 “确认删除”对话框

技巧荟萃

对于有父子关系的特征,如果删除父特征,则其所有子特征将一起被删除,而删除子特征时,父特征不受影响。

Note

7.4 综合实例——壳体

本例创建的壳体模型如图 7-80 所示。

思路分析

创建壳体模型时，先利用旋转、拉伸及拉伸切除命令来创建壳体的底座主体，然后主要利用拉伸命令来创建壳体上半部分，之后生成安装沉头孔及其他工作部分用孔，最后生成壳体的筋及其倒角和圆角特征。壳体的建模过程如图 7-81 所示。

图 7-80　壳体模型

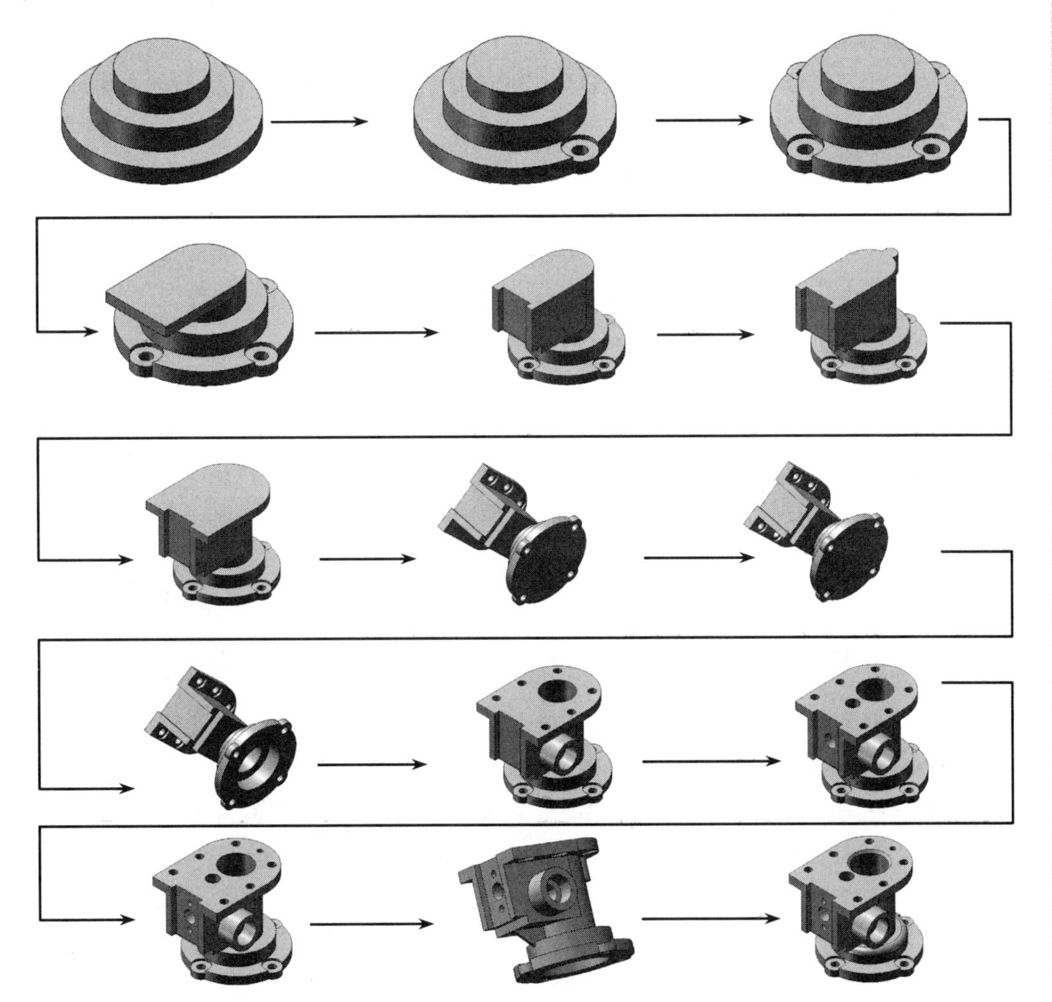

图 7-81　壳体建模流程图

绘制步骤

1. 创建底座部分

(1) 新建文件。启动 SOLIDWORKS 2020,单击"标准"工具栏中的"新建"按钮,或选择菜单栏中的"文件"→"新建"命令,在弹出的"新建 SOLIDWORKS 文件"对话框中,单击"零件"按钮,然后单击"确定"按钮,创建一个新的零件文件。

(2) 创建底座实体。

① 绘制底座轮廓草图。在 FeatureManager 设计树中选择"前视基准面"作为绘图基准面,然后单击"草图"控制面板中的"中心线"按钮,绘制一条中心线。然后单击"草图"控制面板中的"直线"按钮,或选择菜单栏中的"工具"→"草图绘制实体"→"直线"命令,在绘图区绘制底座的外形轮廓线;单击"草图"控制面板中的"智能尺寸"按钮,或选择菜单栏中的"工具"→"标注尺寸"→"智能尺寸"命令,对草图进行尺寸标注,调整草图尺寸,如图 7-82 所示。

② 旋转生成底座实体。单击"特征"控制面板中的"旋转凸台/基体"按钮,或选择菜单栏中的"插入"→"凸台/基体"→"旋转"命令,弹出"旋转"属性管理器,如图 7-83 所示,拾取草图中心线作为旋转轴,设置旋转类型为"给定深度",在"角度"文本框中输入"360.00 度",然后单击"确定"按钮,生成的底座实体如图 7-84 所示。

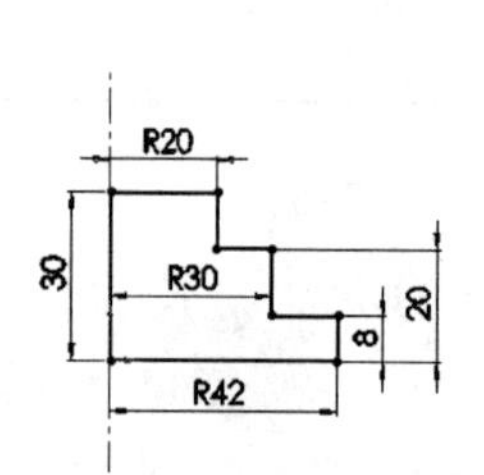

图 7-82　绘制底座轮廓草图及标注尺寸

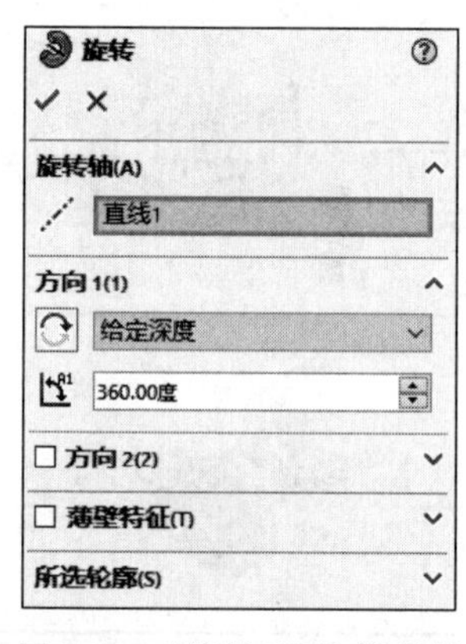

图 7-83　"旋转"属性管理器

图 7-84　旋转生成的底座实体

(3) 生成底座安装孔。

① 绘制凸台草图 1。在 FeatureManager 设计树中选择"上视基准面"作为绘图基准面,单击"草图"控制面板中的"圆"按钮,绘制如图 7-85 所示的凸台草图 1,并标注尺寸。

② 拉伸凸台 1。单击"特征"控制面板中的"拉伸凸台/基体"按钮,或选择菜单栏中的"插入"→"凸台/基体"→"拉伸"命令,系统弹出"凸台-拉伸"属性管理器;在"深度"文本框中输入 6.00mm,其他拉伸参数设置如图 7-86 所示,单击"确定"按钮,效果如图 7-87 所示。

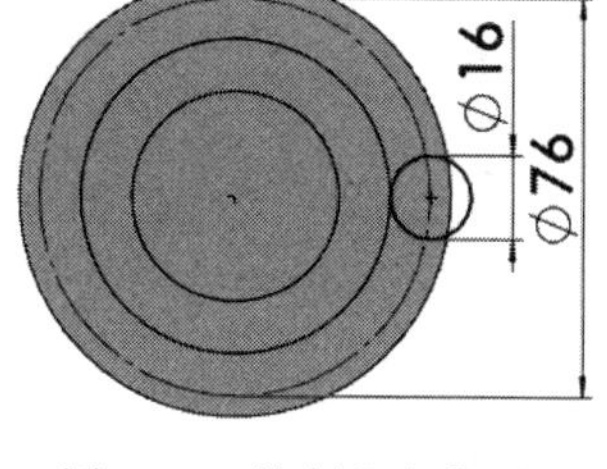

图 7-85　绘制凸台草图 1 并标注尺寸

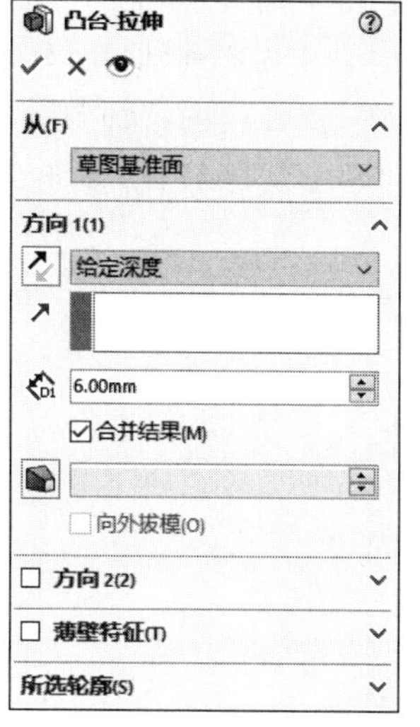

图 7-86　"凸台-拉伸"属性管理器

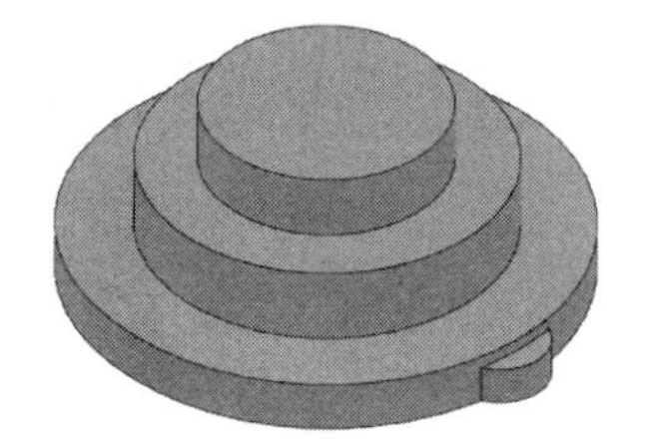

图 7-87　创建拉伸凸台 1

③ 创建基准面。选择刚才创建的圆柱实体顶面，单击"视图(前导)"工具栏中的"正视于"按钮，将该表面作为绘制图形的基准面；选择圆柱的外边线，然后单击"草图"控制面板中的"转换实体引用"按钮，生成切除拉伸 1 草图。

④ 切除拉伸实体。单击"特征"控制面板中的"拉伸切除"按钮，或选择菜单栏中的"插入"→"切除"→"拉伸"命令，系统弹出"切除-拉伸"属性管理器；在"深度"文本框中输入 2.00mm，单击"反向"按钮，单击"确定"按钮，拉伸切除效果如图 7-88 所示。

⑤ 绘制切除拉伸 2 草图。选择如图 7-88 所示的面 1，单击"视图(前导)"工具栏中的"正视于"按钮，将该面作为绘制图形的基准面，绘制如图 7-89 所示的圆并标注尺寸。

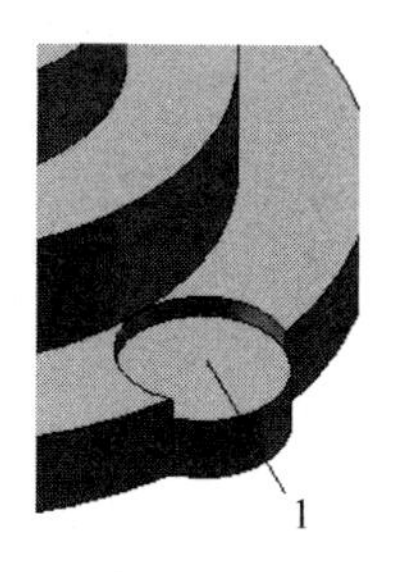

图 7-88　切除拉伸实体 1

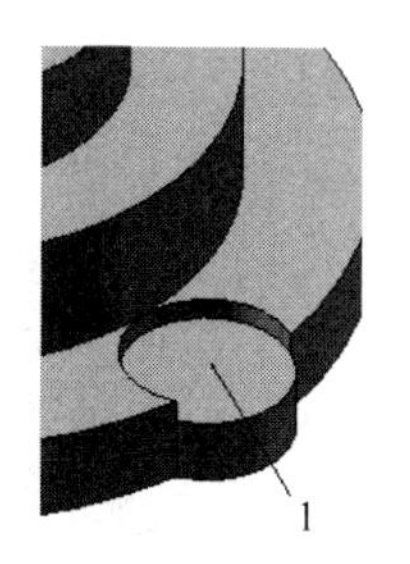

图 7-89　绘制切除拉伸 2 草图并标注尺寸

⑥ 切除拉伸实体。切除拉伸 $\phi 7$ 圆孔特征，设置切除终止条件为"完全贯穿"，得到切除拉伸 2 特征。

⑦ 显示临时轴。选择菜单栏中的"视图"→"隐藏/显示"→"临时轴"命令，将隐藏的临时轴显示出来。

Note

⑧ 圆周阵列实体。单击“特征”控制面板中的“圆周阵列”按钮，弹出“阵列(圆周)”属性管理器；选择显示的临时轴作为阵列轴，在“角度”文本框中输入“360.00 度”，在“实例数”文本框中输入 4，在“要阵列的特征”选项框中，通过 FeatureManager 设计树选择刚才创建的一个拉伸和两个切除特征，如图 7-90 所示，单击“确定”按钮，完成阵列操作。

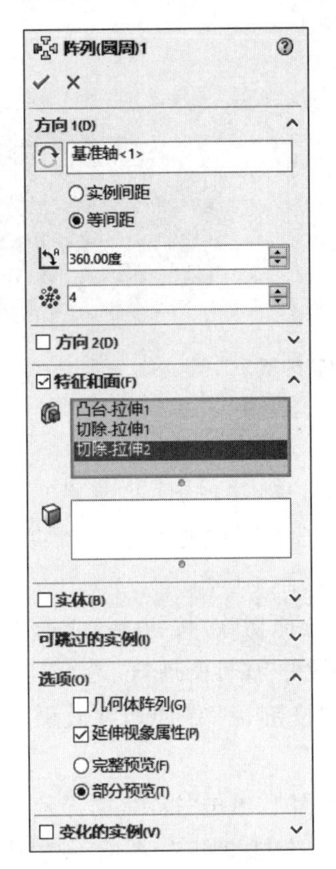

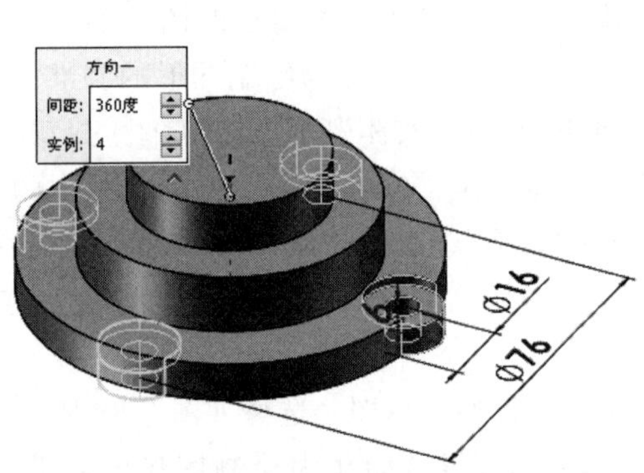

图 7-90　圆周阵列实体

2. 创建主体部分

(1) 创建拉伸凸台 2。

① 设置基准面。单击底座实体顶面，单击“视图(前导)”工具栏中的“正视于”按钮，将该表面作为绘制图形的基准面。

② 绘制凸台草图 2。单击“草图”控制面板中的“直线”按钮和“圆”按钮，或选择菜单栏中的“工具”→“草图绘制实体”→“直线”和“圆”命令，绘制凸台草图 2，如图 7-91 所示。

③ 拉伸凸台 2。单击“特征”控制面板中的“拉伸凸台/基体”按钮，或选择菜单栏中的“插入”→“凸台/基体”→“拉伸”命令，拉伸草图生成实体，设置拉伸深度为 6mm，效果如图 7-92 所示。

(2) 创建拉伸凸台 3。

① 设置基准面。单击刚才创建的凸台顶面，单击“视图(前导)”工具栏中的“正视

于"按钮，将该表面作为绘图的基准面。

② 绘制凸台草图3。单击"草图"控制面板中的"直线"按钮和"圆"按钮，或选择菜单栏中的"工具"→"草图绘制实体"→"直线"和"圆"命令，绘制凸台草图3；单击"草图"控制面板中的"智能尺寸"按钮，或选择菜单栏中的"工具"→"标注尺寸"→"智能尺寸"命令，对草图进行尺寸标注，效果如图7-93所示。

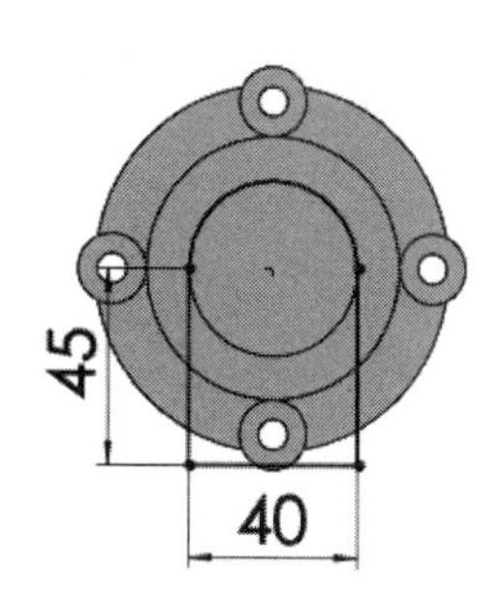

图7-91　绘制凸台草图2

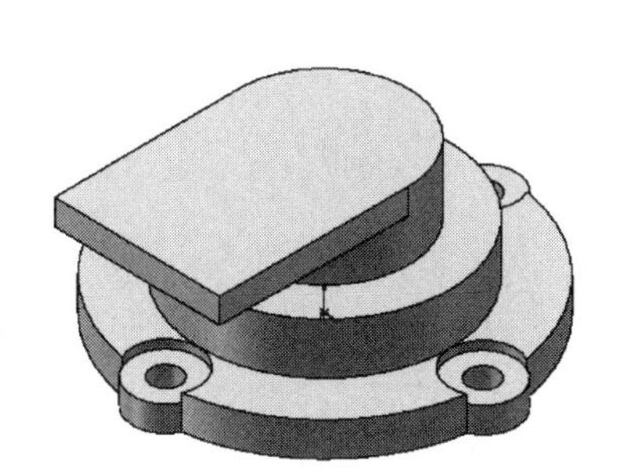

图7-92　创建拉伸凸台2

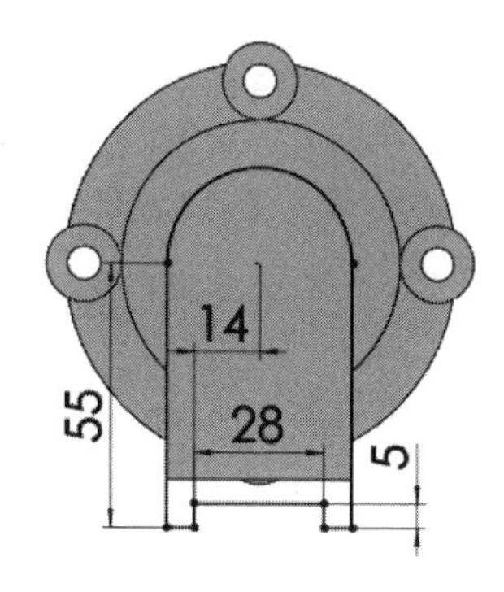

图7-93　绘制凸台草图3并标注尺寸

③ 拉伸凸台3。单击"特征"控制面板中的"拉伸凸台/基体"按钮，或选择菜单栏中的"插入"→"凸台/基体"→"拉伸"命令，拉伸草图生成实体，设置拉伸深度为36mm，效果如图7-94所示。

(3) 创建安装孔用凸台(拉伸凸台4)。

① 设置基准面。单击刚才创建的凸台顶面，单击"视图(前导)"工具栏中的"正视于"按钮，将该表面作为绘图的基准面。

② 绘制凸台草图4。单击"草图"控制面板中的"圆"按钮，绘制如图7-95所示凸台草图4。单击"草图"控制面板中的"智能尺寸"按钮，对草图进行尺寸标注，调整草图尺寸，效果如图7-95所示。

③ 拉伸实体凸台4。单击"特征"控制面板中的"拉伸凸台/基体"按钮，或选择菜单栏中的"插入"→"凸台/基体"→"拉伸"命令，拉伸草图生成实体，拉伸深度为16mm，效果如图7-96所示。

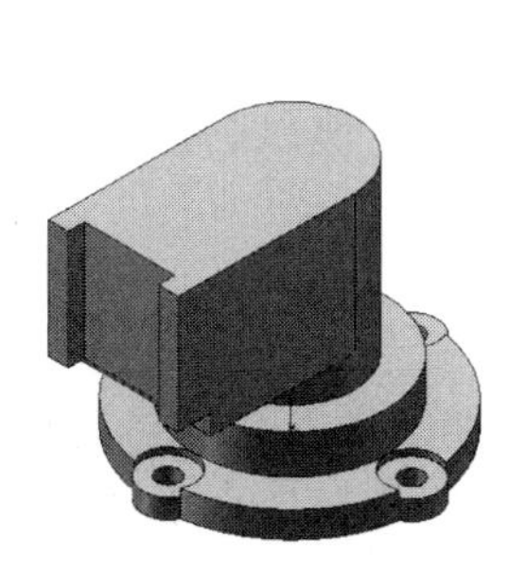

图7-94　创建拉伸凸台3

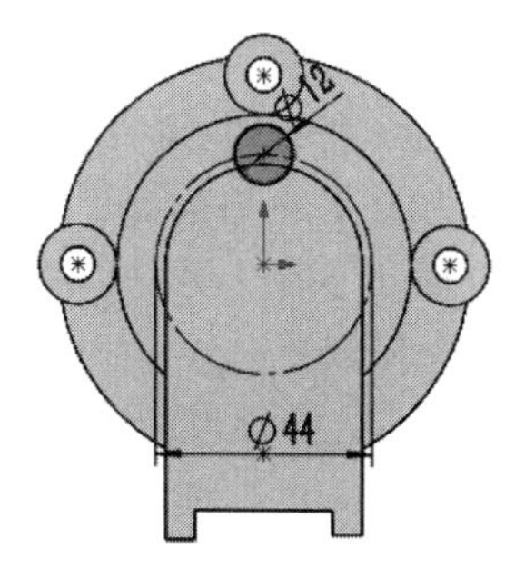

图7-95　绘制凸台草图4并标注尺寸

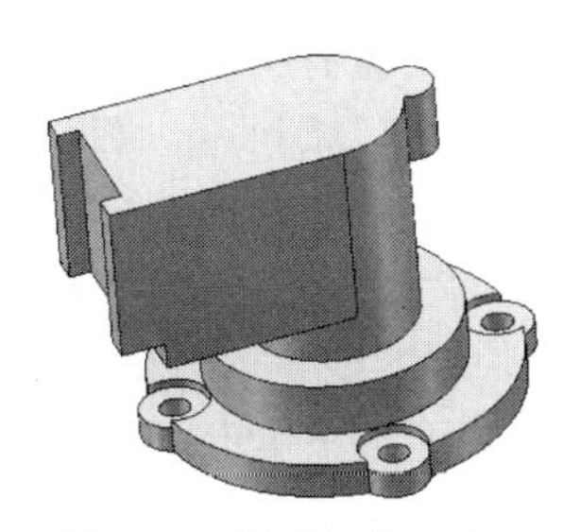

图7-96　创建拉伸凸台4

Note

(4) 创建工作部分顶面(拉伸凸台 5)。

① 设置基准面。选择刚创建的凸台顶面,单击“视图(前导)”工具栏中的“正视于”按钮,将该表面作为绘图基准面。

② 绘制凸台草图 5。利用草图工具绘制如图 7-97 所示的凸台草图 5,然后单击“草图”控制面板中的“智能尺寸”按钮,或选择菜单栏中的“工具”→“标注尺寸”→“智能尺寸”命令,对草图进行尺寸标注,调整草图尺寸。

③ 拉伸凸台 5。单击“特征”控制面板中的“拉伸凸台/基体”按钮,或选择菜单栏中的“插入”→“凸台/基体”→“拉伸”命令,拉伸草图生成实体,设置拉伸深度为 8mm,效果如图 7-98 所示。

3. 创建顶部安装孔

(1) 设置基准面。单击如图 7-98 所示的面 1,然后单击“视图(前导)”工具栏中的“正视于”按钮,将该表面作为绘图的基准面。

(2) 绘制切除拉伸 3 草图。单击“草图”控制面板中的“直线”按钮和“圆”按钮,或选择菜单栏中的“工具”→“草图绘制实体”→“直线”和“圆”命令,绘制草图;单击“草图”控制面板中的“智能尺寸”按钮,或选择菜单栏中的“工具”→“标注尺寸”→“智能尺寸”命令,对草图进行尺寸标注,如图 7-99 所示。

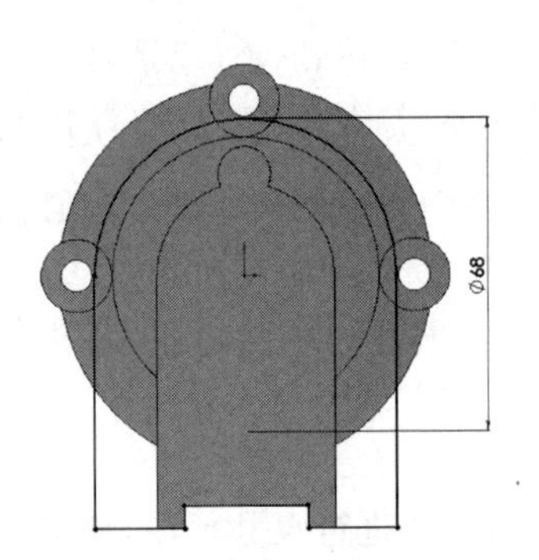

图 7-97　绘制凸台草图 5

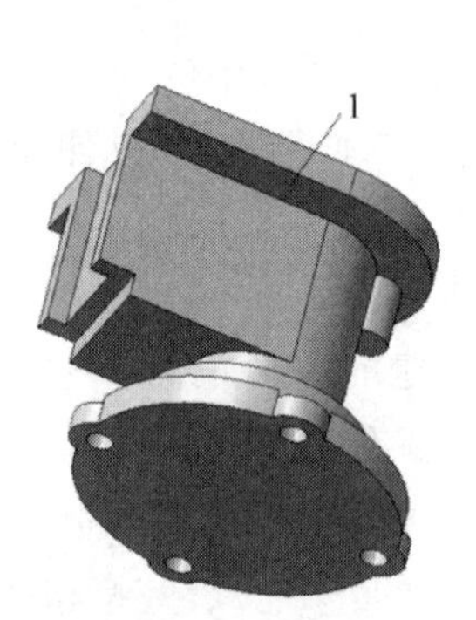

图 7-98　创建拉伸凸台 5

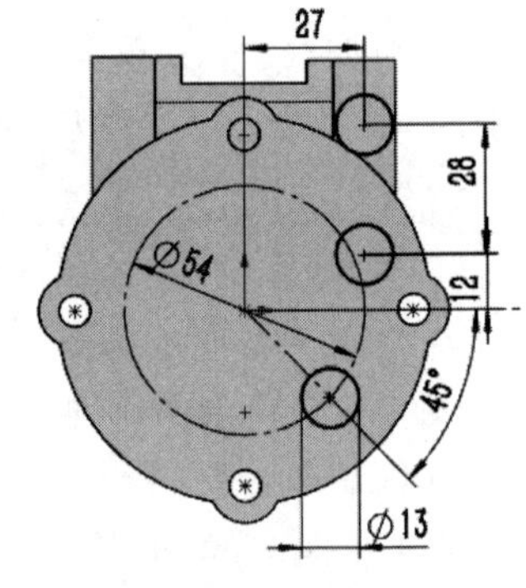

图 7-99　绘制切除拉伸 3 草图并标注尺寸

(3) 切除拉伸实体 3。单击“特征”控制面板中的“拉伸切除”按钮,或选择菜单栏中的“插入”→“切除”→“拉伸”命令,弹出“切除-拉伸”属性管理器,设置切除深度为 2mm,单击“确定”按钮✓,效果如图 7-100 所示。

(4) 设置基准面。选择如图 7-100 所示的沉头孔底面,单击“视图(前导)”工具栏中的“正视于”按钮,将该表面作为绘图的基准面。

(5) 显示隐藏线并绘制切除拉伸 4 草图。单击“视图(前导)”工具栏“显示样式”选项组中的“隐藏线可见”按钮,或选择菜单栏中的“视图”→“显示”→“隐藏线可见”命令,将隐藏的线显示出来;利用“草图”控制面板中的“圆”按钮以及自动捕捉功能绘制安装孔草图;单击“草图”控制面板中的“智能尺寸”按钮,或选择菜单栏中的“工具”→“标注尺寸”→“智能尺寸”命令,对圆进行尺寸标注,如图 7-101 所示。

(6) 切除拉伸实体 4。单击“特征”控制面板中的“拉伸切除”按钮,或选择菜单栏中的“插入”→“切除”→“拉伸”命令,弹出“切除-拉伸”属性管理器,设置切除深度为

6mm,然后单击“确定”按钮 ✓,生成的沉头孔如图 7-102 所示。

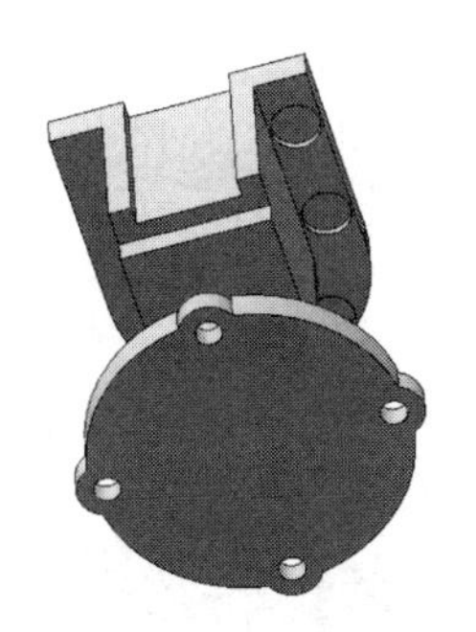

图 7-100 切除拉伸实体 3

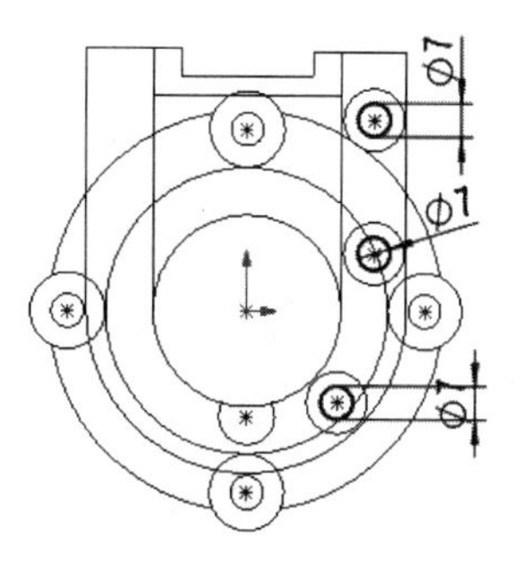

图 7-101 绘制切除拉伸 4 草图并标注尺寸

图 7-102 切除拉伸实体 4 生成的沉头孔

(7) 镜像实体。单击“特征”控制面板中的“镜像”按钮,或选择菜单栏中的“插入”→“阵列/镜像”→“镜像”命令,系统弹出“镜像”属性管理器;在“镜像面/基准面”选项框中选择“右视基准面”作为镜像面,在“要镜像的特征”选项框中选择前面创建的切除拉伸 3 和切除拉伸 4 特征,其他选项设置如图 7-103 所示,单击“确定”按钮 ✓,完成顶部安装孔特征的镜像。

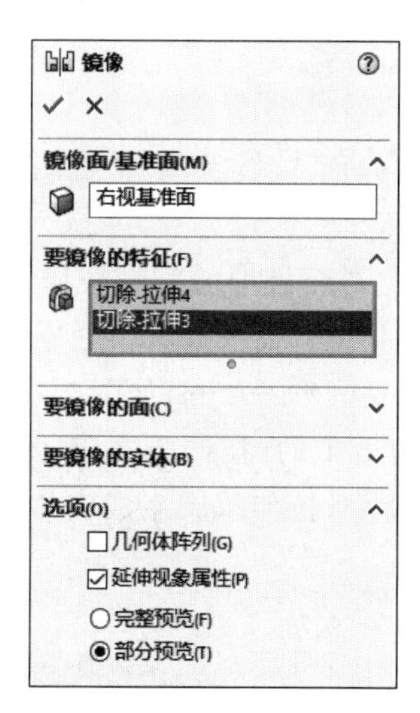

图 7-103 镜像实体

4. 创建壳体内部孔

(1) 绘制切除拉伸 5 草图。选择壳体底面作为绘图基准面,单击“草图”控制面板中的“圆”按钮,绘制一个圆;单击“草图”控制面板中的“智能尺寸”按钮,标注圆的直径为 48mm,如图 7-104 所示。

(2) 创建底孔(切除拉伸 5 特征)。单击“特征”控制面板中的“拉伸切除”按钮,或选择菜单栏中的“插入”→“切除”→“拉伸”命令,在弹出的“切除-拉伸”属性管理器中设置切除深度为 8mm,然后单击“确定”按钮 ✓,效果如图 7-105 所示。

(3) 绘制切除拉伸 6 草图。选择底孔底面作为绘图基准面,单击“草图”控制面板

中的"圆"按钮⊙,绘制一个圆,单击"草图"控制面板中的"智能尺寸"按钮,标注圆的直径为 30mm,如图 7-106 所示。

Note

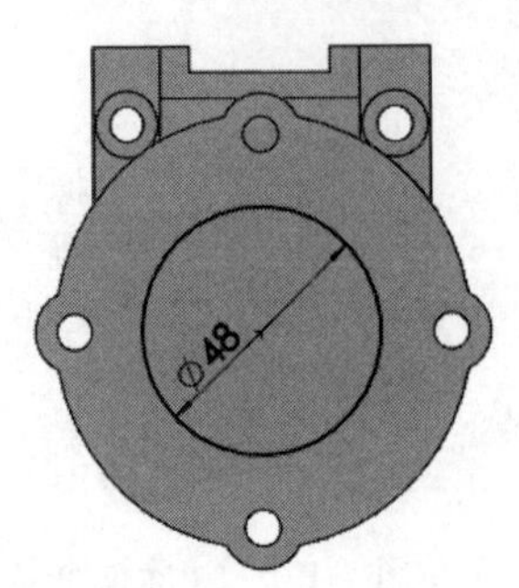

图 7-104　绘制切除拉伸 5 草图

图 7-105　创建底孔

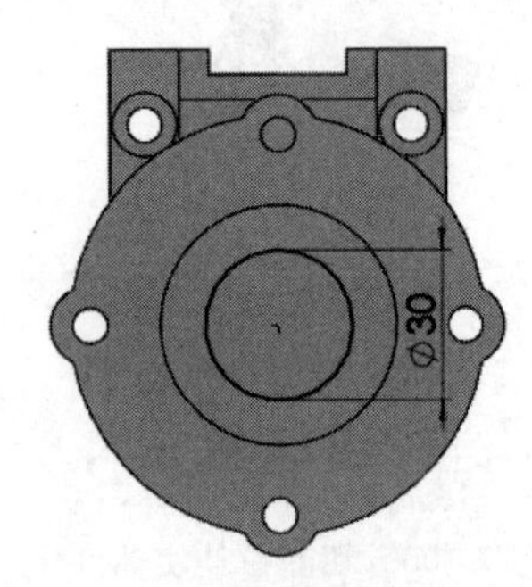

图 7-106　绘制切除拉伸 6 草图

(4) 创建通孔(切除拉伸 6 特征)。单击"特征"控制面板中的"拉伸切除"按钮,或选择菜单栏中的"插入"→"切除"→"拉伸"命令,在弹出的"切除-拉伸"属性管理器中设置拉伸切除终止条件为"完全贯穿",然后单击"确定"按钮✓,效果如图 7-107 所示。

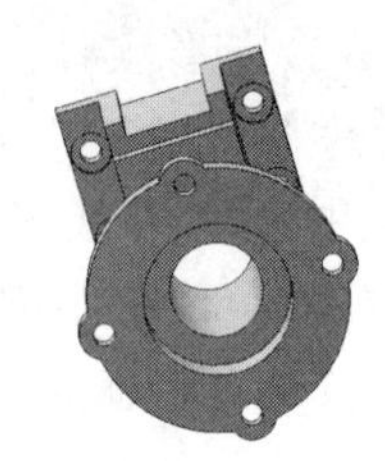

图 7-107　创建通孔

5. 创建其他工作用孔

(1) 创建侧面凸台孔(凸台 6)。

① 设置基准面。单击图 7-105 中所示的侧面 1,然后单击"视图(前导)"工具栏中的"正视于"按钮,将该表面作为绘图基准面。

② 绘制侧面凸台孔草图。单击"草图"控制面板中的"圆"按钮⊙,绘制两个同心圆。单击"草图"控制面板中的"智能尺寸"按钮⊙,或选择菜单栏中的"工具"→"标注尺寸"→"智能尺寸"命令,标注圆的直径为 20mm 和 30mm,如图 7-108 所示。

③ 拉伸侧面凸台孔。单击"特征"控制面板中的"拉伸凸台/基体"按钮,或选择菜单栏中的"插入"→"凸台/基体"→"拉伸"命令,拉伸草图生成实体,设置拉伸深度为 16mm,效果如图 7-109 所示。

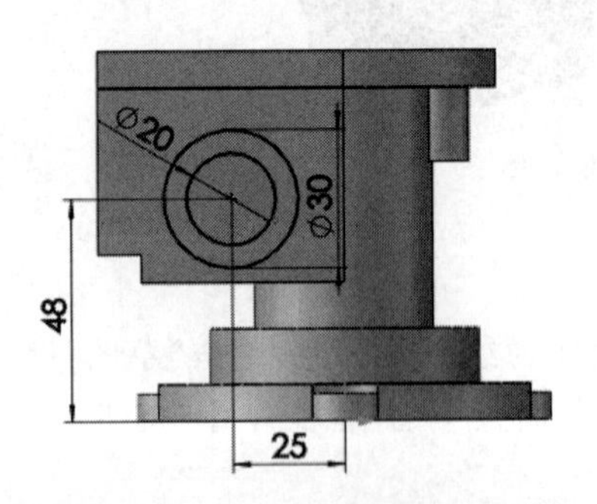

图 7-108　绘制侧面凸台孔草图

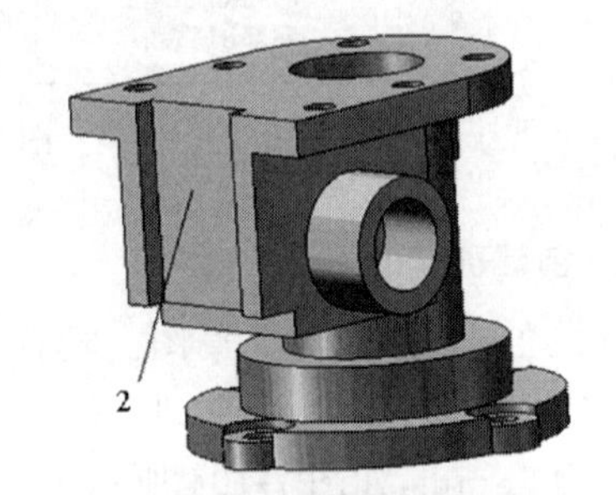

图 7-109　拉伸侧面凸台孔

(2) 创建顶部 ϕ12 孔。

① 设置基准面。单击壳体的上表面,然后单击"视图(前导)"工具栏中的"正视于"

按钮，将该表面作为绘图基准面。

② 添加孔。单击“特征”控制面板中的“异型孔向导”按钮，或选择菜单栏中的“插入”→“特征”→“孔”→“向导”命令，在弹出的“孔规格”属性管理器中选择“孔”，在“孔规格”面板的“大小”下拉列表框中选择 M12 规格，终止条件设置为“给定深度”，深度设为 40.00mm，其他选项设置如图 7-110 所示。

Note

③ 定位孔。单击“孔规格”属性管理器中的“位置”选项卡，利用草图工具确定孔的位置，如图 7-111 所示，单击“确定”按钮 ✓，结果如图 7-112 所示（利用钻孔工具添加的孔，具有加工时生成的底部倒角）。

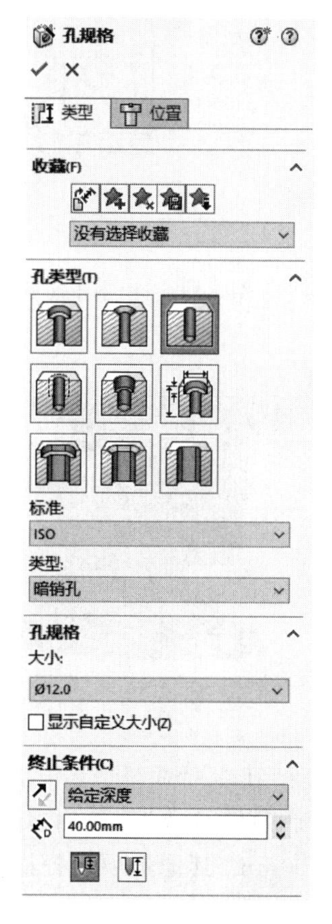

图 7-110　顶部 ϕ12 孔参数设置

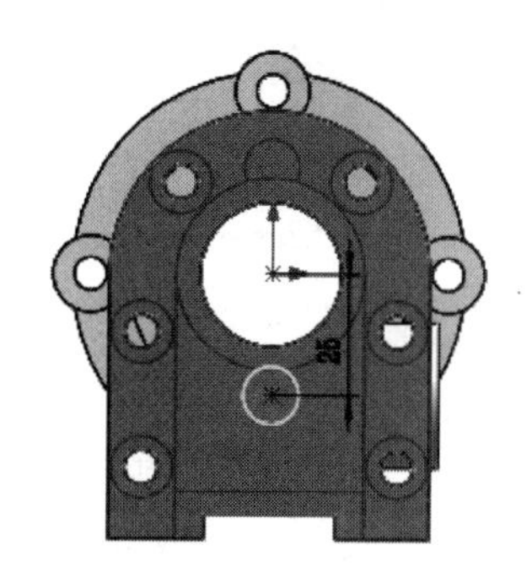

图 7-111　定位顶部 M12 孔

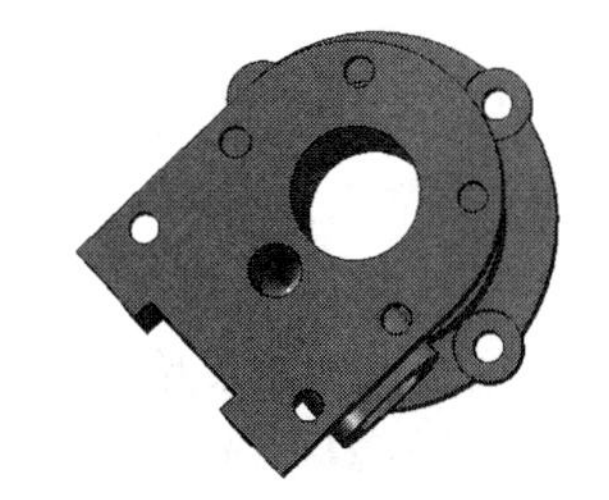

图 7-112　创建顶部 M12 孔

（3）创建正面 ϕ12 孔（切除拉伸 7 特征）。

① 设置基准面。单击图 7-109 所示的面 2，然后单击“视图(前导)”工具栏中的“正视于”按钮，将该表面作为绘图基准面。

② 绘制正面 ϕ12 孔草图。单击“草图”控制面板中的“圆”按钮，绘制一个圆。单击“草图”控制面板中的“智能尺寸”按钮，或选择菜单栏中的“工具”→“标注尺寸”→“智能尺寸”命令，标注圆的直径为 12mm，如图 7-113 所示。

③ 创建正面 ϕ12 孔。单击“特征”控制面板中的“拉伸切除”按钮，或选择菜单栏中的“插入”→“切除”→“拉伸”命令，拉伸草图生成实体，设置拉伸深度为 10mm，效

Note

果如图 7-114 所示。

(4) 创建正面 ϕ8 孔(切除拉伸 8 特征)。

① 设置基准面。选择第(3)步创建的 ϕ12 孔的底面,然后单击"视图(前导)"工具栏中的"正视于"按钮,将该表面作为绘图基准面。

② 绘制正面 ϕ8 孔草图。单击"草图"控制面板中的"圆"按钮,绘制一个圆;单击"草图"控制面板中的"智能尺寸"按钮,或选择菜单栏中的"工具"→"标注尺寸"→"智能尺寸"命令,标注圆的直径为 8mm,如图 7-115 所示。

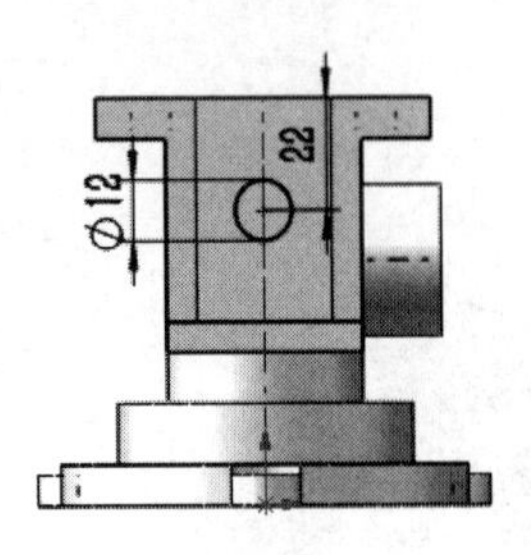

图 7-113 绘制正面 ϕ12 孔草图

图 7-114 创建正面 ϕ12 孔

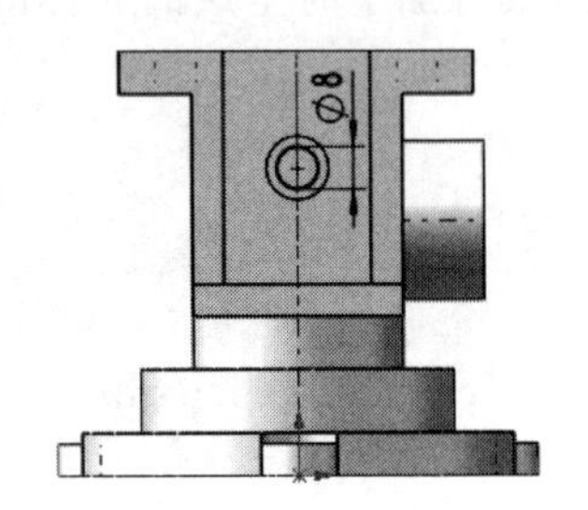

图 7-115 绘制正面 ϕ8 孔草图

③ 创建正面 ϕ8 孔。单击"特征"控制面板中的"拉伸切除"按钮,或选择菜单栏中的"插入"→"切除"→"拉伸"命令,拉伸草图生成实体,设置拉伸深度为 12mm,效果如图 7-116 所示。

图 7-116 创建正面"ϕ8"孔

(5) 创建正面 M6 螺纹孔 1。

① 设置基准面。单击壳体的顶面,然后单击"视图(前导)"工具栏中的"正视于"按钮,将该表面作为绘图基准面。

② 添加孔。单击"特征"控制面板中的"异型孔向导"按钮,或选择菜单栏中的"插入"→"特征"→"孔"→"向导"命令,在弹出的"孔规格"属性管理器中选择普通螺纹孔,在"孔规格"面板的"大小"下拉列表框中选择 M6 规格,设置终止条件为"给定深度",深度设为 18.00mm,其他选项设置如图 7-117 所示。

③ 确定孔的位置。在 FeatureManager 设计树中右击选择"M6 螺纹孔 1"中的第一个草图,在弹出的快捷菜单中单击"编辑草图"命令,利用草图工具确定孔的位置,如图 7-118 所示。

(6) 创建正面 M6 螺纹孔 2。

① 设置基准面。单击图 7-109 所示的面 2,然后单击"视图(前导)"工具栏中的"正视于"按钮,将该表面作为绘图基准面。

② 添加孔。单击"特征"控制面板中的"异型孔向导"按钮,或选择菜单栏中的"插入"→"特征"→"孔"→"向导"命令,在弹出的"孔规格"属性管理器中选择普通螺纹孔,在"孔规格"面板的"大小"下拉列表框中选择 M6 规格,设置终止条件为"给定深度",深度为 15.00mm,其他选项设置如图 7-119 所示,最后单击"确定"按钮✔。

Note

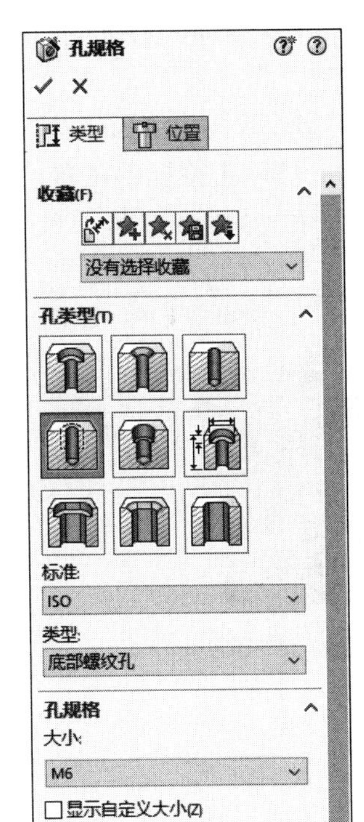

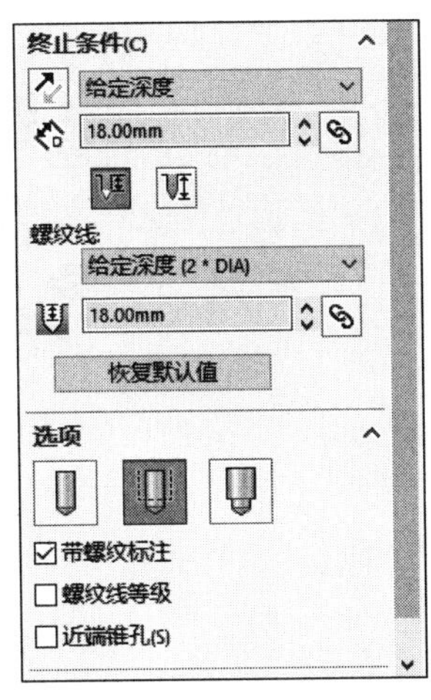

图 7-117　正面 M6 螺纹孔 1 参数设置

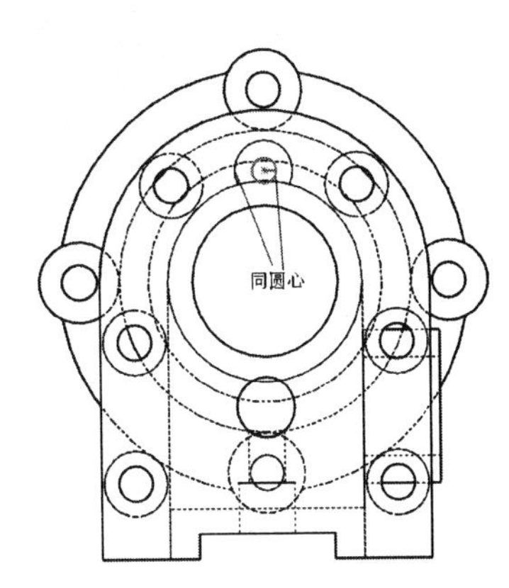

图 7-118　确定孔的位置

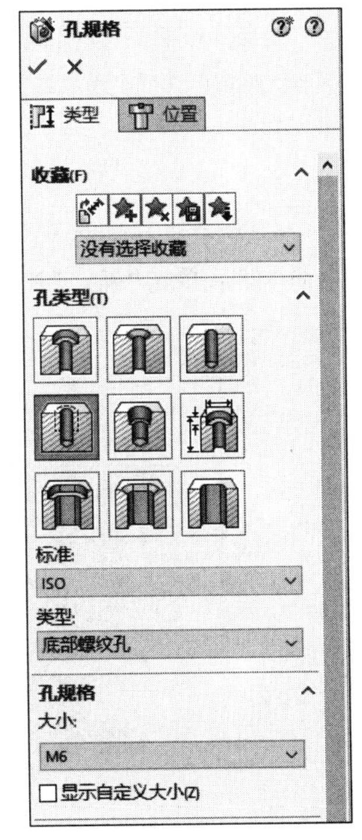

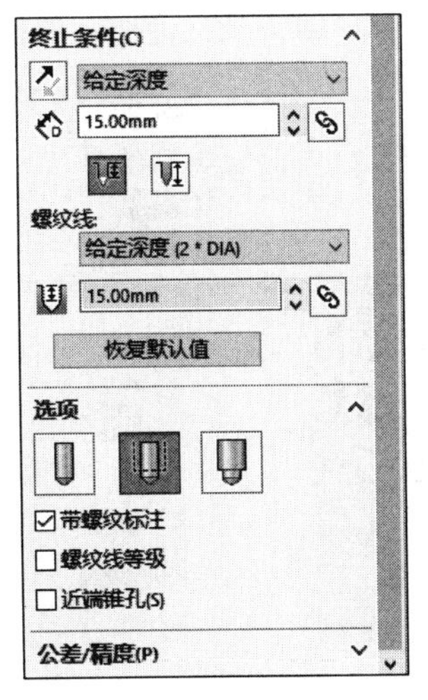

图 7-119　正面 M6 螺纹孔 2 参数设置

Note

③ 再添加孔。单击“孔规格”属性管理器中的“位置”选项卡，在要添加孔的平面的适当位置单击，再添加一个 M6 螺纹孔，最后单击“确定”按钮 ✔。

④ 改变孔的位置。在 FeatureManager 设计树中右击选择“M6 螺纹孔 2”中的第一个草图，在弹出的快捷菜单中单击“编辑草图”命令，利用草图工具确定两孔的位置，如图 7-120 所示；单击“孔规格”属性管理器中的“确定”按钮 ✔，生成的正面 M6 螺纹孔特征如图 7-121 所示。

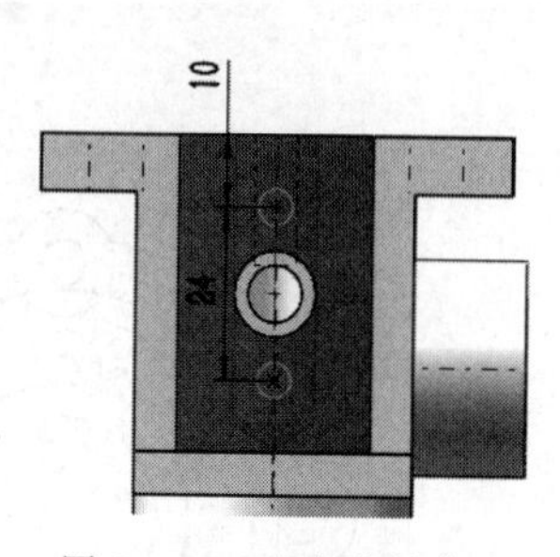

图 7-120　改变孔的位置

图 7-121　创建正面 M6 螺纹孔特征

6. 创建筋、倒角及圆角特征

（1）创建筋特征。

① 设置基准面。选择“右视基准面”作为绘图基准面，单击“视图（前导）”工具栏中的“正视于”按钮，使视图方向正视于绘图基准面；单击“特征”控制面板中的“筋”按钮，或选择菜单栏中的“插入”→“特征”→“筋”命令，系统自动进入草图绘制状态。

② 绘制筋草图。单击“草图”控制面板中的“直线”按钮，或选择菜单栏中的“工具”→“草图绘制实体”→“直线”命令，在绘图区绘制筋的轮廓线，单击“确定”按钮 ✔，生成筋草图，如图 7-122 所示。

③ 生成筋特征。单击“特征”控制面板中的“筋”按钮，弹出“筋 1”属性管理器。单击“两侧”按钮，在“筋厚度”文本框中输入 3.00mm，其他选项设置如图 7-123(a) 所示；在绘图区选择如图 7-123(b)所示的拉伸方向，然后单击“确定”按钮 ✔。

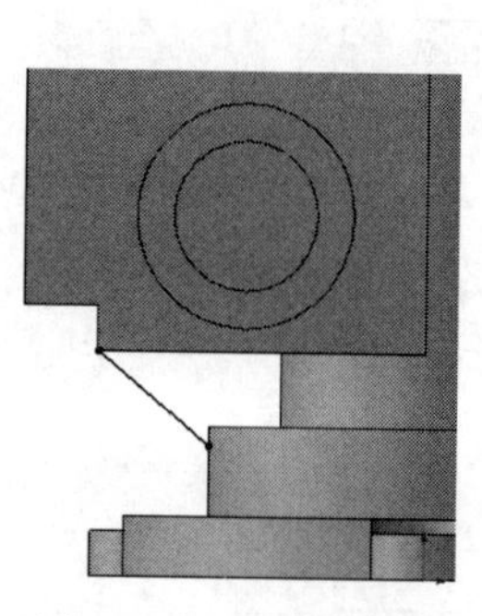

图 7-122　绘制筋草图

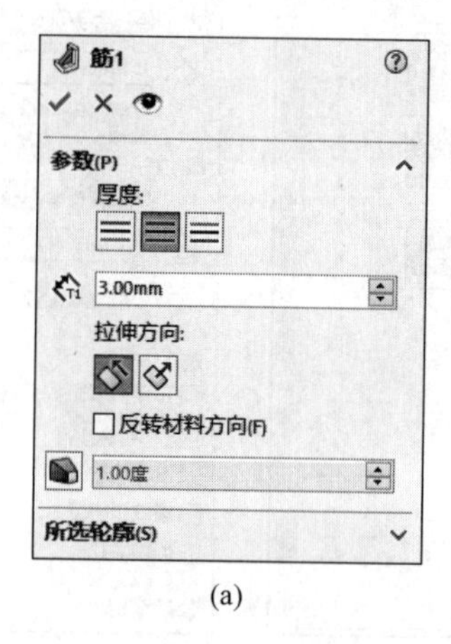

(a)

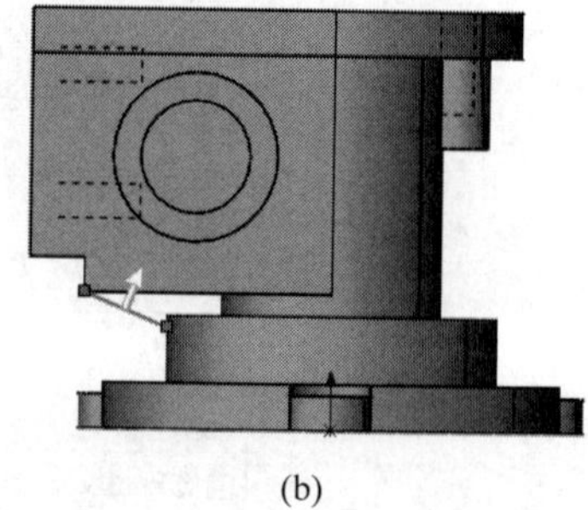

(b)

图 7-123　创建筋特征

（2）倒圆角。单击“特征”控制面板中的“圆角”按钮，或选择菜单栏中的“插入”→“特征”→“圆角”命令，弹出“圆角”属性管理器；在绘图区选择如图 7-124 所示的边线，在“半径”文本框中设置圆角半径为 5.00mm，其他选项设置如图 7-125 所示，单击“确定”按钮，完成底座部分圆角的创建。

（3）倒角 1。单击“特征”控制面板中的“倒角”按钮，或选择菜单栏中的“插入”→“特征”→“倒角”命令，弹出“倒角”属性管理器；在绘图区选择如图 7-126 所示的顶面与底面的两条边线，在“距离”文本框中输入 2.00mm，其他选项设置如图 7-127 所示，单击“确定”按钮，完成 2mm 倒角的创建。

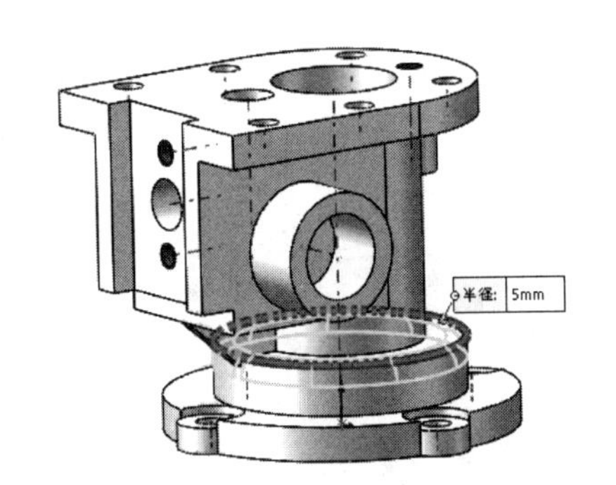

图 7-124　选择倒圆角边

（4）倒角 2。采用相同的方法，在绘图区选择如图 7-128 所示的边线，在“距离”文本框中输入 1.00mm，其他选项设置如图 7-129 所示，单击“确定”按钮，完成 1mm 倒角的创建。

壳体最终效果如图 7-130 所示。

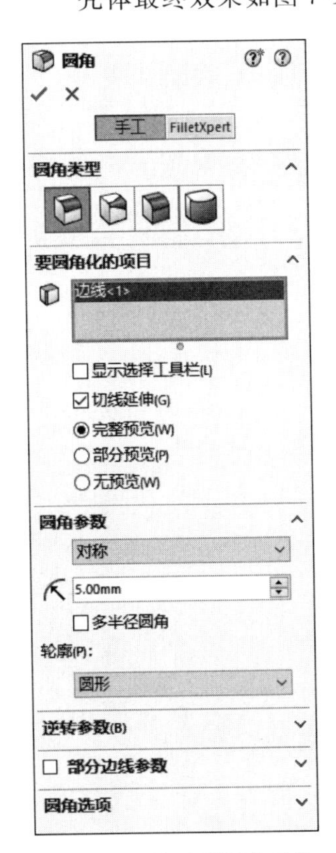

图 7-125　设置倒圆角参数

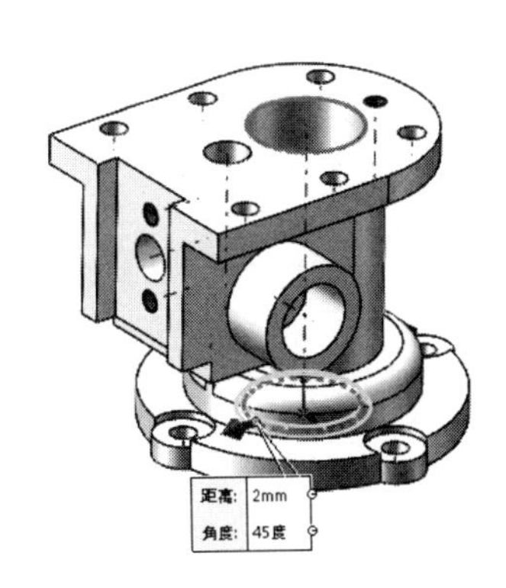

图 7-126　倒角 1 边线选择

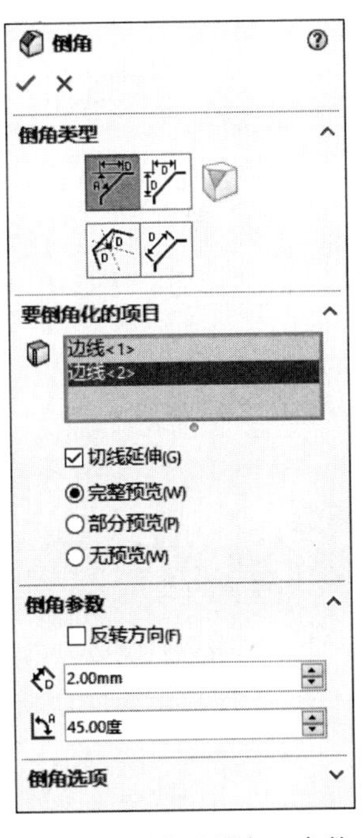

图 7-127　设置倒角 1 参数

Note

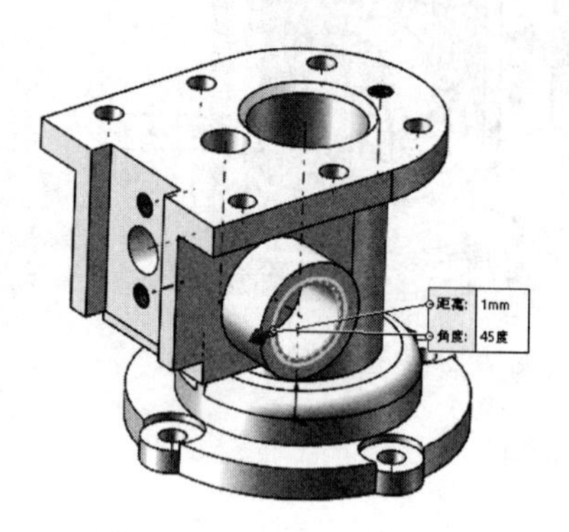

图 7-128 倒角 2 边线选择

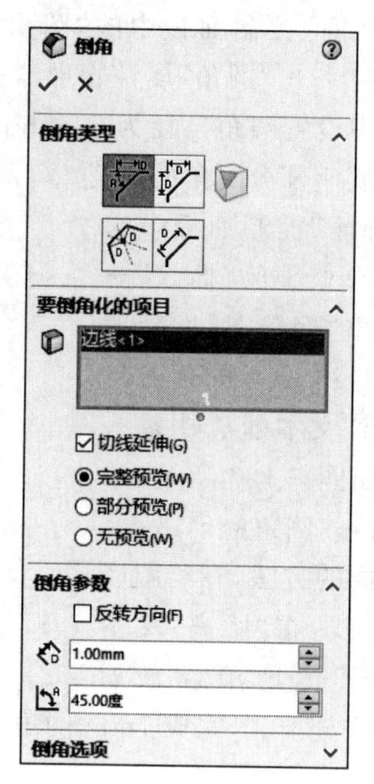

图 7-129 设置倒角 2 参数

图 7-130 壳体最终效果

第8章 修改零件

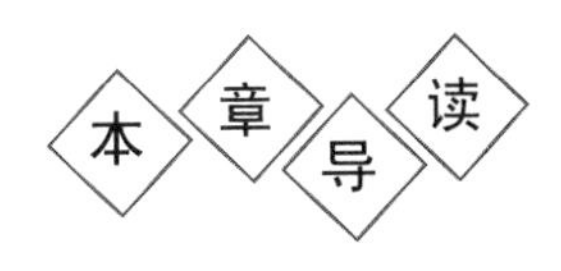

通过对特征和草图的动态修改,用拖拽的方式实现实时的设计修改,使模型设计更智能化,提高了设计效率。参数修改主要包括特征尺寸、库特征、查询等。

内容要点

- 参数化设计
- 库特征
- 查询
- 零件的特征管理
- 模型显示

Note

8-1

8.1 参数化设计

在设计的过程中,可以通过设置参数之间的关系或事先建立参数的规范,达到参数化或智能化建模的目的,下面简要介绍参数化设计。

8.1.1 特征尺寸

特征尺寸是指不属于草图部分的数值,如两个拉伸特征的深度。

下面介绍显示零件特征的所有尺寸操作步骤。

(1) 打开源文件"X:\源文件\原始文件\8\特征尺寸.SLDPRT"。在 FeatureManager 设计树中,右击"注解"文件夹,在弹出的快捷菜单中单击"显示特征尺寸"命令。此时,在图形区中零件的所有特征尺寸都显示出来。作为特征定义尺寸,它们是蓝色的,而对应特征中的草图尺寸则显示为黑色,如图 8-1 所示。

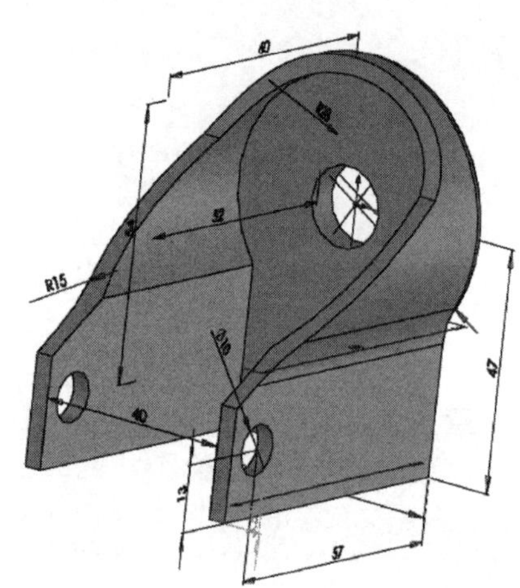

图 8-1 打开的文件实体

(2) 如果要隐藏其中某个特征的所有尺寸,只要在 FeatureManager 设计树中右击该特征,然后在弹出的快捷菜单中单击"隐藏所有尺寸"命令即可。

(3) 如果要隐藏某个尺寸,只要在图形区域中右击该尺寸,然后在弹出的快捷菜单中选择"隐藏"命令即可。

8-2

8.1.2 方程式驱动尺寸

特征尺寸只能控制特征中不属于草图部分的数值,即特征定义尺寸,而方程式可以驱动任何尺寸。当在模型尺寸之间生成方程式后,特征尺寸成为变量,它们之间必须满足方程式的要求,互相牵制。当删除方程式中使用的尺寸或尺寸所在的特征时,方程式也一起被删除。

下面介绍生成方程式驱动尺寸的操作步骤。

1. 为尺寸添加变量名

(1) 打开源文件"X:\源文件\原始文件\8\方程式驱动尺寸.SLDPRT"。在 FeatureManager 设计树中右击"注解"文件夹,在弹出的快捷菜单中选择"显示特征尺寸"命令。此时在图形区中零件的所有特征尺寸都显示出来。

(2) 在图 8-1 实体文件中,单击尺寸值,系统弹出"尺寸"属性管理器。

(3) 在"数值"选项卡的"主要值"选项组的文本框中输入尺寸名称,如图 8-2 所示。单击"确定"按钮✔。

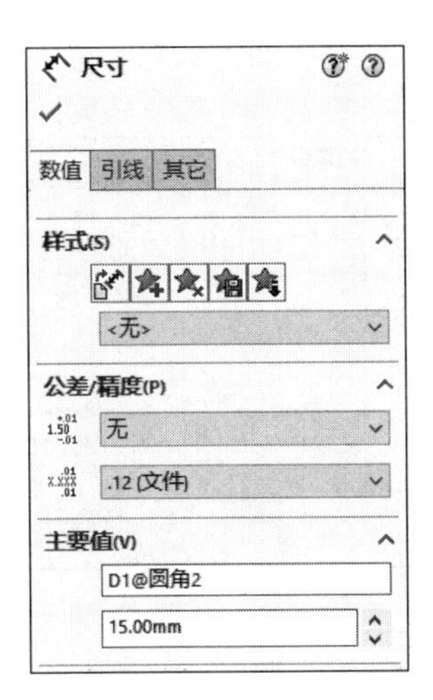

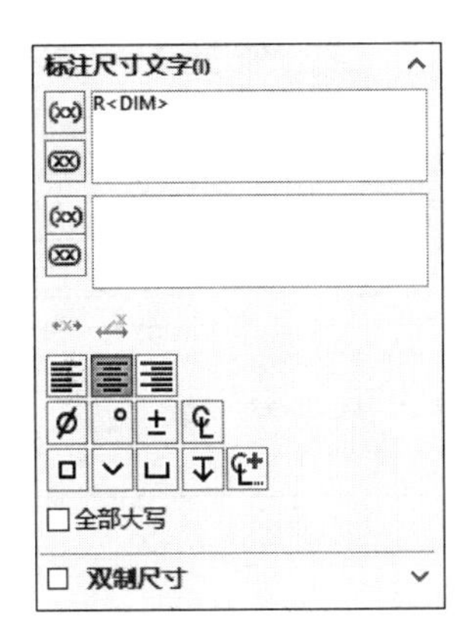

图 8-2 "尺寸"属性管理器

2. 建立方程式驱动尺寸

(1) 选择菜单栏中的"工具"→"方程式"命令，弹出"方程式、整体变量及尺寸"对话框。单击"添加"按钮，弹出"方程式、整体变量及尺寸"对话框，如图 8-3 所示。

(a)

(b)

图 8-3 "方程式、整体变量及尺寸"对话框

Note

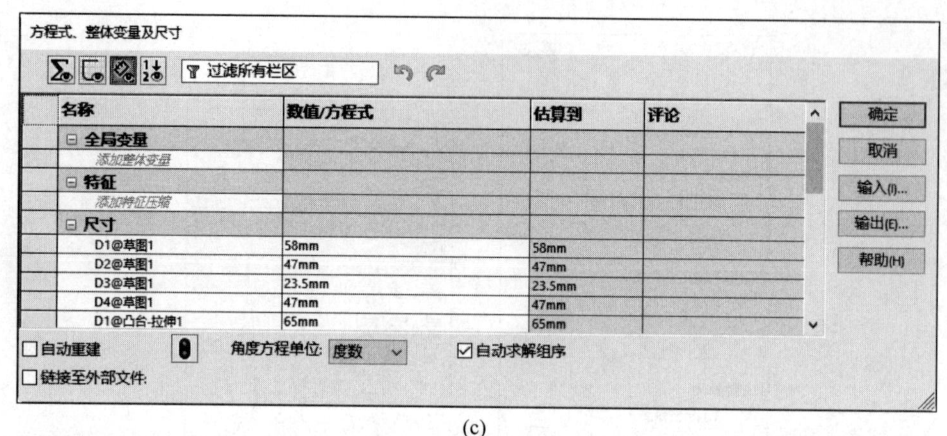

(c)

(d)

图 8-3 （续）

（2）在图形区中依次单击左上角图标、、、，分别显示“方程式视图”“草图方程式视图”“尺寸视图”“按需排列的视图”，如图 8-3 所示。

（3）单击对话框中的“重建模型”按钮，或选择菜单栏中的“编辑”→“重建模型”命令来更新模型，所有被方程式驱动的尺寸会立即更新。此时在 FeatureManager 设计树中会出现“方程式”文件夹，右击该文件夹即可对方程式进行编辑、删除、添加等操作。

技巧荟萃

被方程式驱动的尺寸无法在模型中以编辑尺寸值的方式来改变。

为了更好地了解设计者的设计意图，还可以在方程式中添加注释文字，也可以像编程那样将某个方程式注释掉，避免该方程式的运行。

下面介绍在方程式中添加注释文字的操作步骤。

（1）可直接在“方程式”下方空白框中输入内容，如图 8-3(a)所示。

（2）单击图 8-3 所示“方程式、整体变量及尺寸”对话框中的 输入(I)... 按钮，弹出如图 8-4 所示的“打开”对话框，选择要添加注释的方程式，即可添加外部方程式文件。

（3）同理，单击“输出”按钮，可输出外部方程式文件。

在 SOLIDWORKS 2020 中方程式支持的运算和函数如表 8-1 所示。

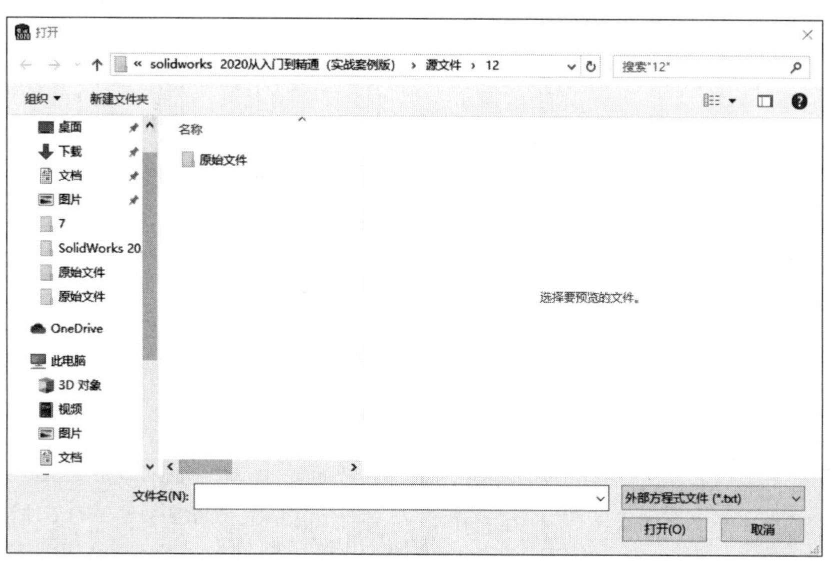

图 8-4 “打开”对话框

表 8-1 方程式支持的运算和函数

函数或运算符	说　明
+	加法
−	减法
*	乘法
/	除法
^	求幂
sin(a)	正弦，a 为以弧度表示的角度
cos(a)	余弦，a 为以弧度表示的角度
tan(a)	正切，a 为以弧度表示的角度
atn(a)	反正切，a 为以弧度表示的角度
abs(a)	绝对值，返回 a 的绝对值
exp(a)	指数，返回 e 的 a 次方
log(a)	对数，返回 a 的以 e 为底的自然对数
sqr(a)	平方根，返回 a 的平方根
int(a)	取整，返回 a 的整数部分

8.1.3 系列零件设计表

8-3

如果用户的计算机上同时安装了 Microsoft Excel，就可以使用 Excel 在零件文件中直接嵌入新的配置。配置是指由一个零件或一个部件派生而成的形状相似、大小不同的一系列零件或部件集合。在 SOLIDWORKS 中大量使用的配置是系列零件设计表，用户可以利用该表很容易地生成一系列形状相似、大小不同的标准零件，如螺母、螺栓等，从而形成一个标准零件库。

使用系列零件设计表具有如下优点。

- 可以采用简单的方法生成大量的相似零件，对于标准化零件管理有很大帮助。
- 使用系列零件设计表，不必一一创建相似零件，可以节省大量时间。

Note

- 使用系列零件设计表，在零件装配中很容易实现零件的互换。

生成的系列零件设计表保存在模型文件中，不会链接到原来的 Excel 文件，在模型中所进行的更改不会影响原来的 Excel 文件。

下面介绍在模型中插入一个新的空白的系列零件设计表的操作步骤。

（1）打开源文件“X：\源文件\原始文件\8\系列零件设计表.SLDPRT”。选择菜单栏中的“插入”→“表格”→“设计表”命令，弹出“系列零件设计表”属性管理器，如图 8-5 所示。在“源”选项组中点选“空白”单选按钮，然后单击“确定”按钮✔。

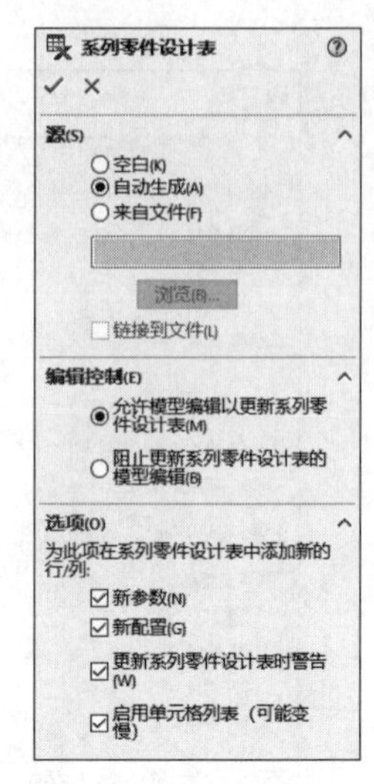

图 8-5 “系列零件设计表”属性管理器

（2）此时，一个 Excel 工作表出现在零件文件窗口中，Excel 工具栏取代了 SOLIDWORKS 工具栏，如图 8-6 所示。

（3）可以在表的第 2 行输入要控制的尺寸名称，也可以在图形区中双击要控制的尺寸，则相关的尺寸名称出现在第 2 行中，同时该尺寸名称对应的尺寸值出现在“第一实例”行中。

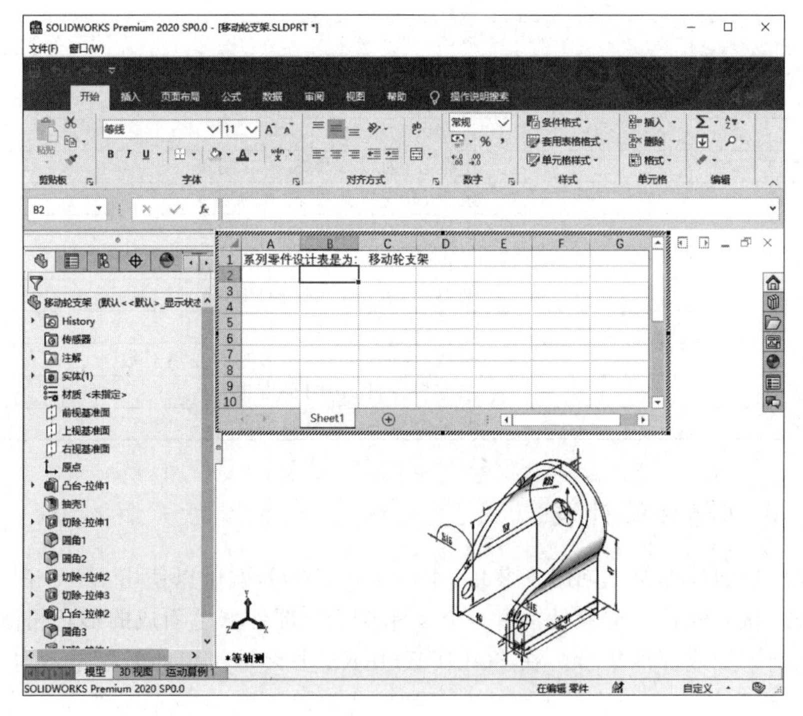

图 8-6 插入的 Excel 工作表

（4）重复步骤（3），直到定义完模型中所有要控制的尺寸。

（5）如果要建立多种型号，则在列 A（单元格 A4、A5…）中输入想生成的型号名称。

（6）在对应的单元格中输入该型号对应控制尺寸的尺寸值，如图 8-7 所示。

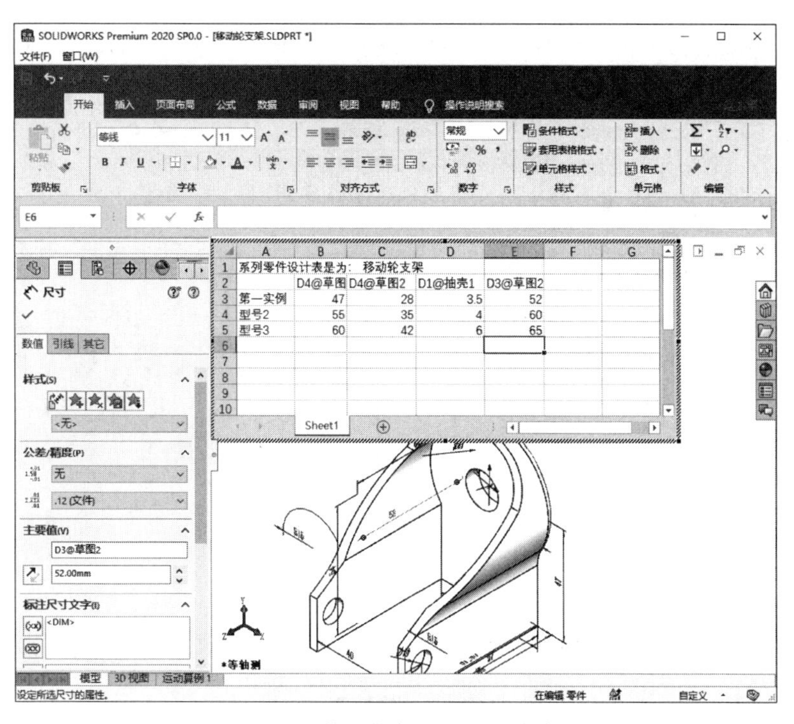

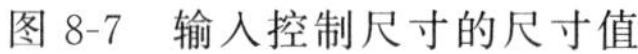

图 8-7 输入控制尺寸的尺寸值

（7）向工作表中添加信息后，在表格外单击，将其关闭。

（8）此时，系统会显示一条信息，列出所生成的型号，如图 8-8 所示。

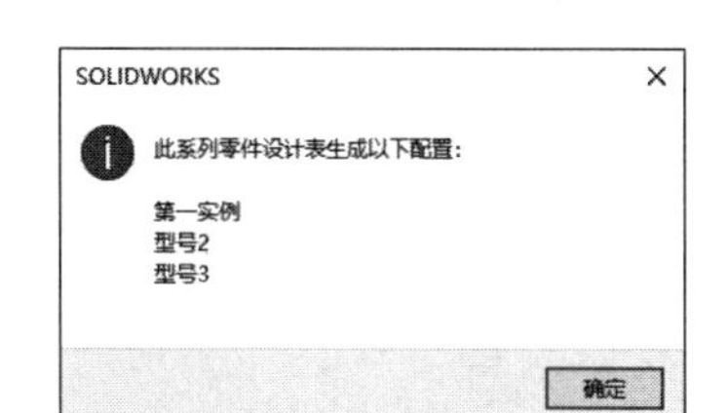

图 8-8 信息对话

当用户创建完成一个系列零件设计表后，其原始样本零件就是其他所有型号的样板，原始零件的所有特征、尺寸、参数等均有可能被系列零件设计表中的型号复制使用。

下面介绍将系列零件设计表应用于零件设计中的操作步骤。

（1）单击图形区左侧面板顶部的“ConfigurationManager 设计树”选项卡 。

（2）ConfigurationManager 设计树中显示该模型中系列零件设计表生成的所有型号。

（3）右击要应用的型号，在弹出的快捷菜单中选择“显示配置”命令，如图 8-9 所示。

（4）系统会按照系列零件设计表中该型号的模型尺寸重建模型。

下面介绍对已有的系列零件设计表进行编辑的操作步骤。

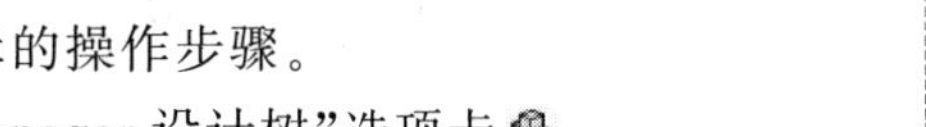

（1）单击图形区左侧面板顶部的“FeatureManager 设计树”选项卡 。

（2）在 FeatureManager 设计树中，右击“系列零件设计表”按钮 。

（3）在弹出的快捷菜单中选择“编辑定义”命令。

（4）如果要删除该系列零件设计表，则选择“删除”命令。

Note

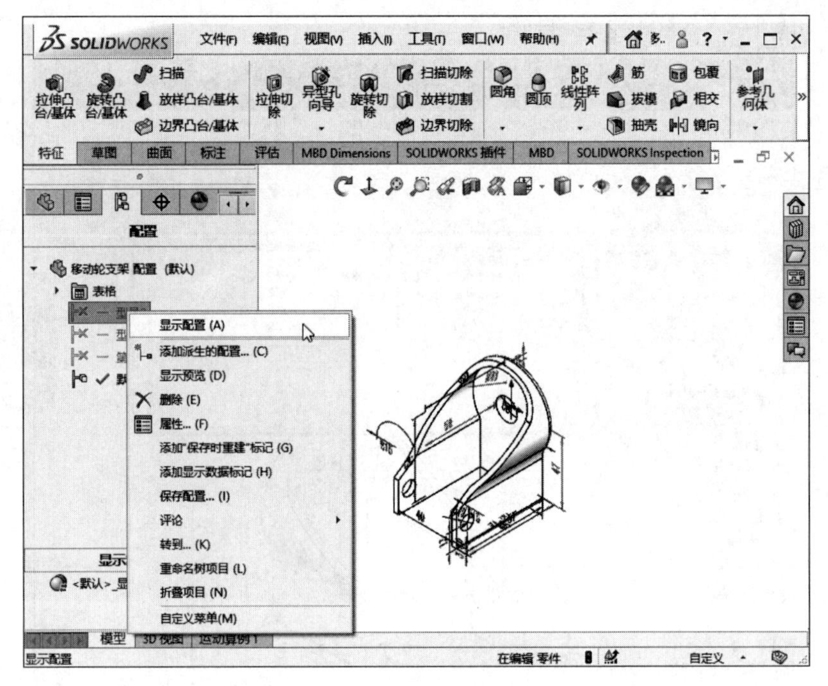

图 8-9 快捷菜单

在任何时候,用户均可在原始样本零件中加入或删除特征。如果是加入特征,则加入后的特征将是系列零件设计表中所有型号成员的共有特征。若某个型号成员正在被使用,则 SOLIDWORKS 2020 将会依照所加入的特征自动更新该型号成员。如果是删除原样本零件中的某个特征,则系列零件设计表中的所有型号成员的该特征都将被删除。若某个型号成员正在被使用,则 SOLIDWORKS 2020 会将工作窗口自动切换到现在的工作窗口,完成更新被使用的型号成员。

8.2 库 特 征

SOLIDWORKS 2020 允许用户将常用的特征或特征组(如具有公用尺寸的孔或槽等)保存到库中,便于日后使用。用户可以使用几个库特征作为块来生成一个零件,这样既可以节省时间,又有助于保持模型中的统一性。

用户可以编辑插入零件的库特征。当库特征添加到零件后,目标零件与库特征零件就没有关系了,对目标零件中库特征的修改不会影响到包含该库特征的其他零件。

库特征只能应用于零件,不能添加到装配体中。

技巧荟萃

大多数类型的特征可以作为库特征使用,但不包括基体特征本身。系统无法将包含基体特征的库特征添加到已经具有基体特征的零件中。

8-4

Note

8.2.1 库特征的创建与编辑

如果要创建一个库特征，首先要创建一个基体特征来承载作为库特征的其他特征，也可以将零件中的其他特征保存为库特征。

下面介绍创建库特征的操作步骤。

(1) 新建一个零件，或打开一个已有的零件。如果是新建的零件，必须首先创建一个基体特征。

(2) 在基体上创建包括库特征的特征。如果要用尺寸来定位库特征，则必须在基体上标注特征的尺寸。

(3) 在 FeatureManager 设计树中，选择作为库特征的特征。如果要同时选取多个特征，则在选择特征的同时按住 Ctrl 键。

(4) 选择菜单栏中的“文件”→“另存为”命令，弹出“另存为”对话框。选择“保存类型”为“Lib Feat Part Files(*. sldlfp)”，并输入文件名称。单击“保存”按钮，生成库特征。

此时，在 FeatureManager 设计树中，零件图标将变为库特征图标，其中库特征包括的每个特征都用字母 L 标记。

在库特征零件文件中还可以对库特征进行编辑。

- 如要添加另一个特征，则右击要添加的特征，在弹出的快捷菜单中单击“添加到库”命令。
- 如要从库特征中移除一个特征，则右击该特征，在弹出的快捷菜单中单击“从库中删除”命令。

8-5

8.2.2 将库特征添加到零件中

在库特征创建完成后，就可以将库特征添加到零件中。下面介绍将库特征添加到零件中的操作步骤。

(1) 打开源文件“X:\源文件\原始文件\8\将库特征添加到零件. SLDPRT”。在图形区右侧的任务窗格中单击“设计库”按钮，弹出“设计库”对话框，如图 8-10 所示。这是 SOLIDWORKS 2020 安装时预设的库特征。

(2) 浏览到库特征所在目录，从下窗格中选择库特征，然后将其拖动到零件的面上，即可将库特征添加到目标零件中。打开的库特征文件如图 8-11 所示。

在将库特征插入零件中后，可以用下列方法编辑库特征。

- 使用“编辑特征”按钮或“编辑草图”命令编辑库特征。
- 通过修改定位尺寸将库特征移动到目标零件的另一位置。

此外，还可以将库特征分解为该库特征中包含的每个单个特征。只需在 FeatureManager 设计树中右击库特征图标，然后在弹出的快捷菜单中单击“解散库特征”命令，则库特征图标被移除，库特征中包含的所有特征都在 FeatureManager 设计树中单独列出。

Note

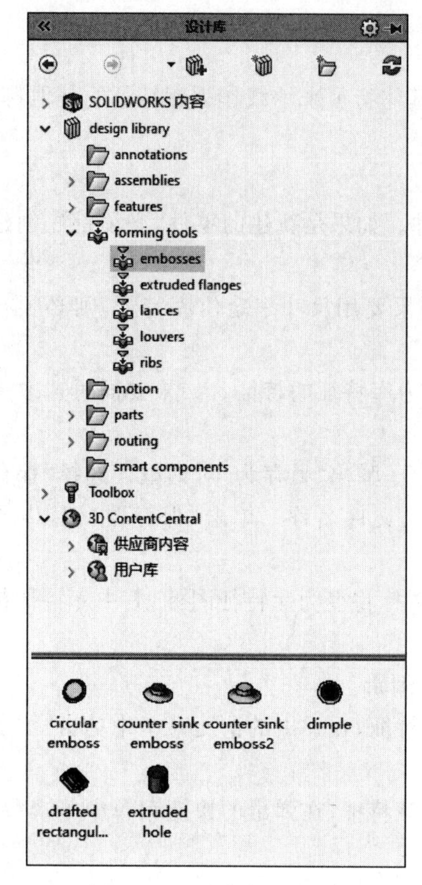

图 8-10 “设计库”对话框

图 8-11 打开的库特征文件

8.3 查　　询

查询功能主要是查询所建模型的表面积、体积及质量等相关信息，计算设计零部件的结构强度、安全因子等。SOLIDWORKS 提供了 3 种查询功能，即测量、质量特性与截面属性。这 3 个命令按钮位于“工具”工具栏中。

8-6

8.3.1 测量

测量功能可以测量草图、三维模型、装配体或者工程图中直线、点、曲面、基准面的距离、角度、半径、大小，以及它们之间的距离、角度、半径或尺寸。当测量两个实体之间的距离时，deltaX、Y 和 Z 的距离会显示出来。当选择一个顶点或草图点时，会显示其 X、Y 和 Z 的坐标值。

下面介绍测量点坐标、测量距离、测量面积与周长的操作步骤。

(1) 打开源文件“X:\源文件\原始文件\8\铲斗支撑架.SLDPRT”。选择菜单栏中的“工具”→“测量”命令，或者单击“工具”工具栏中的“测量”按钮，或者单击“评估”

面板中的“测量”按钮 ，系统弹出“测量”对话框。

（2）测量点坐标。测量点坐标主要用来测量草图中的点、模型中的顶点坐标。单击如图 8-12 所示的点 1，在“测量-××”对话框中便会显示该点的坐标值，如图 8-13 所示。

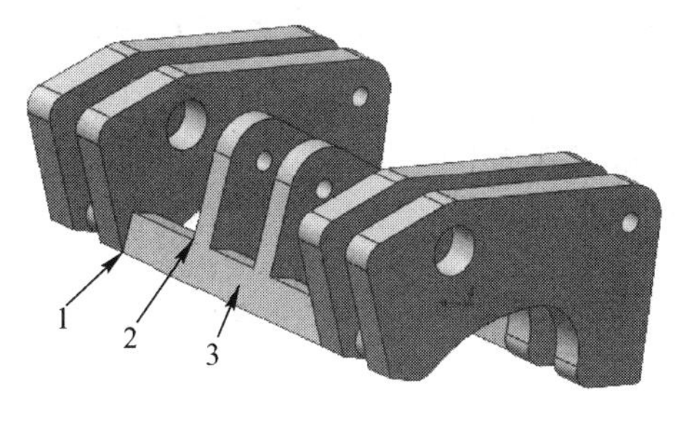

图 8-12　打开的文件实体

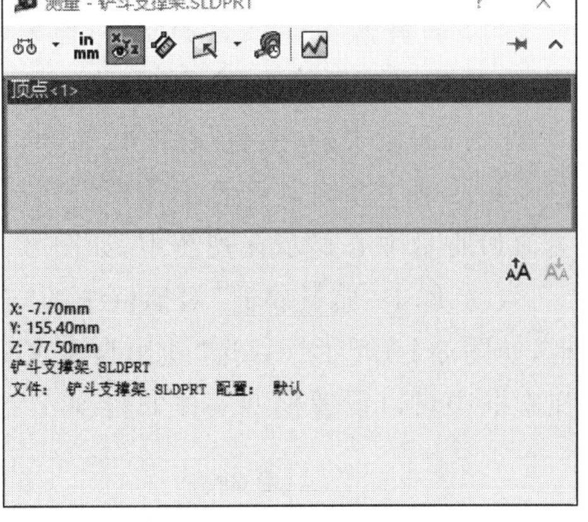

图 8-13　测量点坐标的“测量-××”对话框

（3）测量距离。测量距离主要用来测量两点、两条边和两面之间的距离。单击如图 8-12 所示的点 1 和点 2，在“测量”对话框中便会显示所选两点的绝对距离以及 X、Y 和 Z 坐标的差值，如图 8-14 所示。

（4）测量面积与周长。测量面积与周长主要用来测量实体某一表面的面积与周长。单击图 8-12 所示的面 3，在“测量”对话框中便会显示该面的面积与周长，如图 8-15 所示。

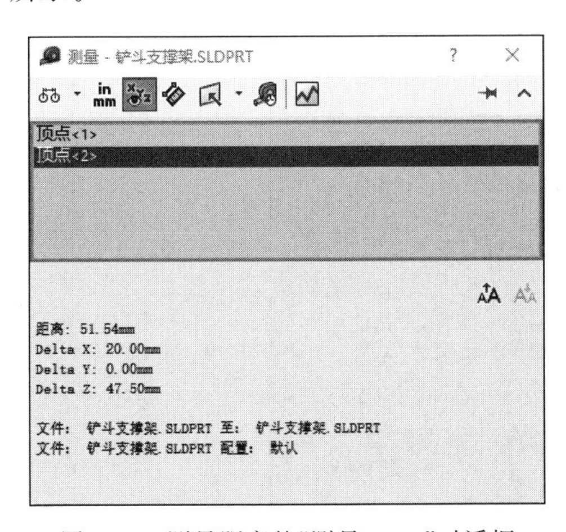

图 8-14　测量距离的“测量-××”对话框

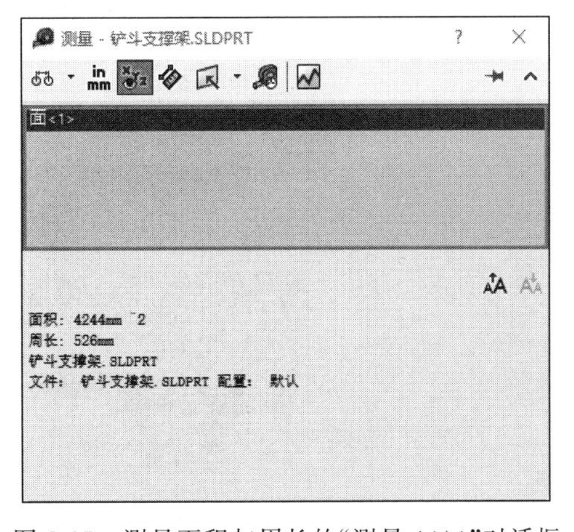

图 8-15　测量面积与周长的“测量-××”对话框

技巧荟萃

执行“测量”命令时，可以不必关闭对话框而切换不同的文件。当前激活的文件名会出现在“测量”对话框的顶部，如果选择了已激活文件中的某一测量项目，则对话框中的测量信息会自动更新。

8.3.2 质量属性

Note

8-7

质量属性功能可以测量模型实体的质量、体积、表面积与惯性矩等。

下面介绍质量属性的操作步骤。

(1) 打开源文件"X:\源文件\原始文件\8\铲斗支撑架.SLDPRT"。选择菜单栏中的"工具"→"质量属性"命令,或者单击"工具"工具栏中的"质量属性"按钮,或者单击"评估"面板中的"质量属性"按钮,系统弹出的"质量属性"对话框如图 8-16 所示。在该对话框中会自动计算出该模型实体的质量、体积、表面积与惯性矩等,模型实体的主轴和质量中心显示在视图中,如图 8-17 所示。

(2) 单击"质量属性"对话框中的"选项"按钮,系统弹出"质量/剖面属性选项"对话框,如图 8-18 所示。点选"使用自定义设定"单选按钮,在"材料属性"选项组的"密度"文本框中可以设置模型实体的密度。

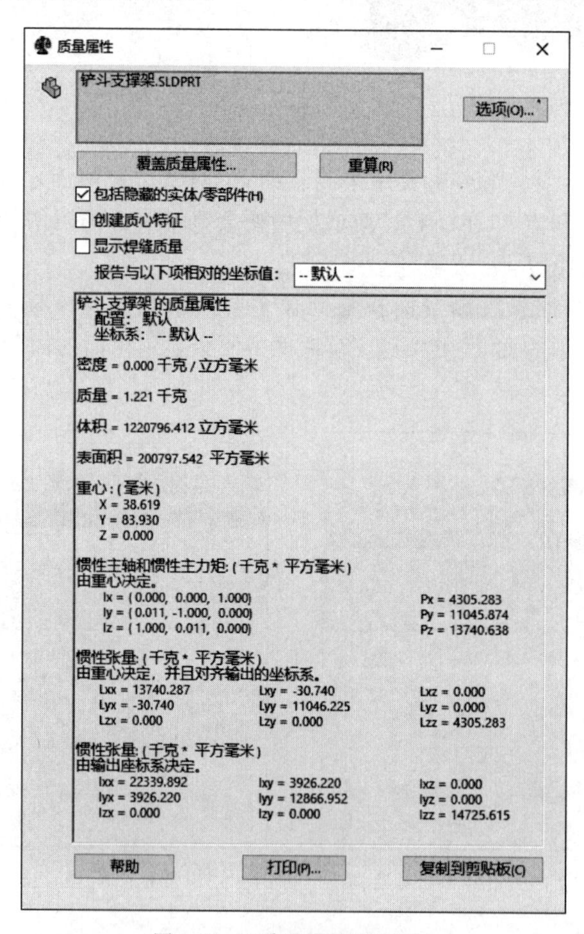

图 8-16 "质量属性"对话框

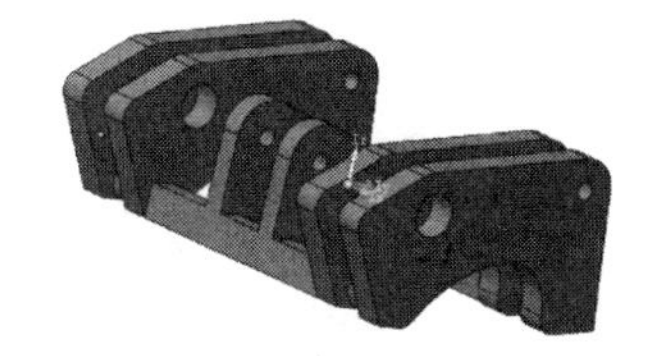

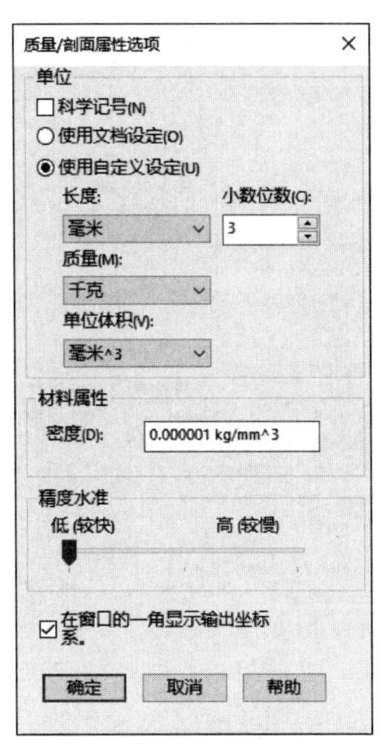

图 8-17 显示主轴和质量中心的视图 图 8-18 "质量/剖面属性选项"对话框

技巧荟萃

在计算另一个零件的质量属性时,不需要关闭"质量属性"对话框,选择需要计算的零部件,然后单击"重算"按钮即可。

8.3.3 截面属性

8-8

截面属性可以查询草图、模型实体平面或者剖面的某些特性,如截面面积、截面重心的坐标、在重心的面惯性矩、在重心的面惯性极力矩、位于主轴和零件轴之间的角度以及面心的二次矩等。下面介绍截面属性的操作步骤。

(1) 打开源文件"X:\源文件\原始文件\8\铲斗支撑架.SLDPRT"。选择菜单栏中的"工具"→"截面属性"命令,或者单击"工具"工具栏中的"截面属性"按钮,或者单击"评估"面板中的"截面属性"按钮,弹出"截面属性"对话框。

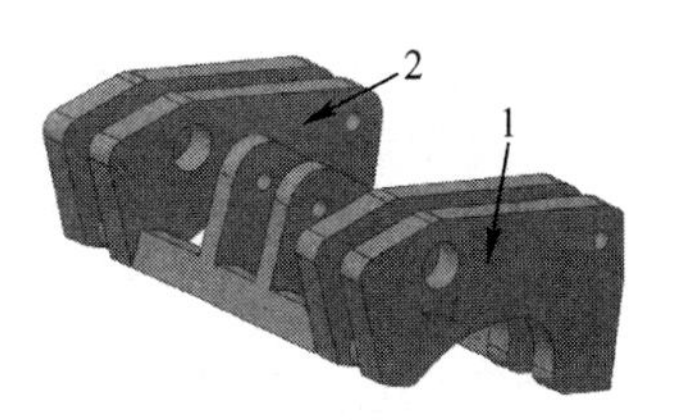

图 8-19 打开的文件实体

(2) 单击如图 8-19 所示的面 1,然后单击"截面属性"对话框中的"重算"按钮,计算结果出现在该对话框中,如图 8-20 所示。所选截面的主轴和重心显示在视图中,如图 8-21 所示。

截面属性不仅可以查询单个截面的属性,而且还可以查询多个平行截面的联合属性。如图 8-22 所示为图 8-19 中面 1 和面 2 的联合属性,如图 8-23 所示为面 1 和面 2 的主轴和重心显示。

Note

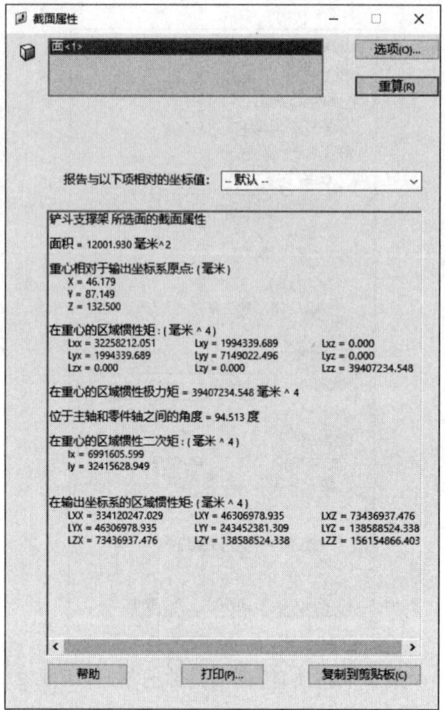

图 8-20 "截面属性"对话框(1)

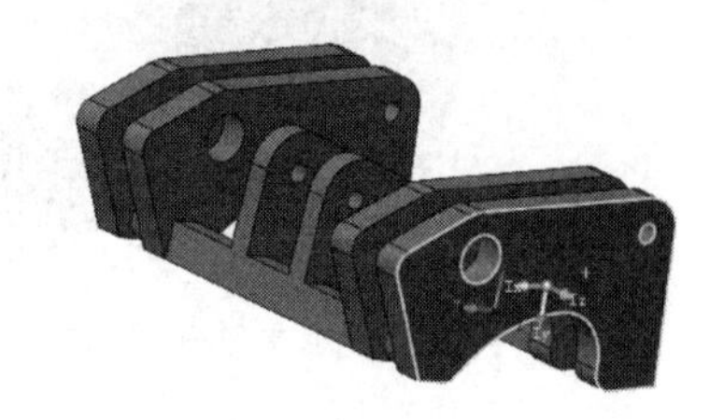

图 8-21 显示主轴和重心的图形(1)

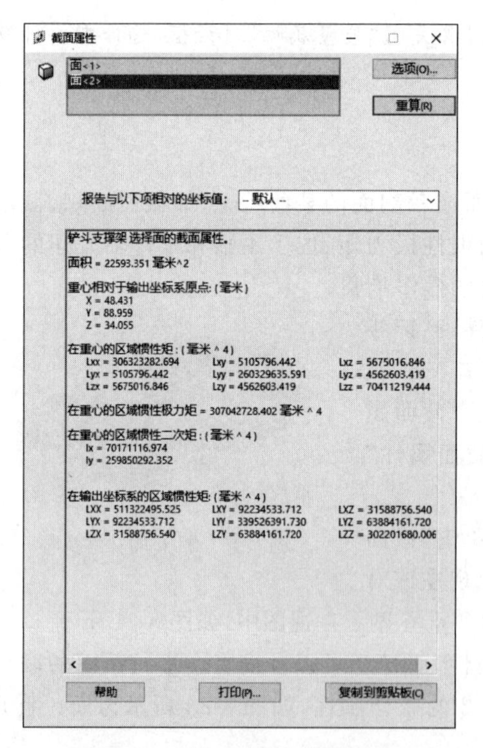

图 8-22 "截面属性"对话框(2)

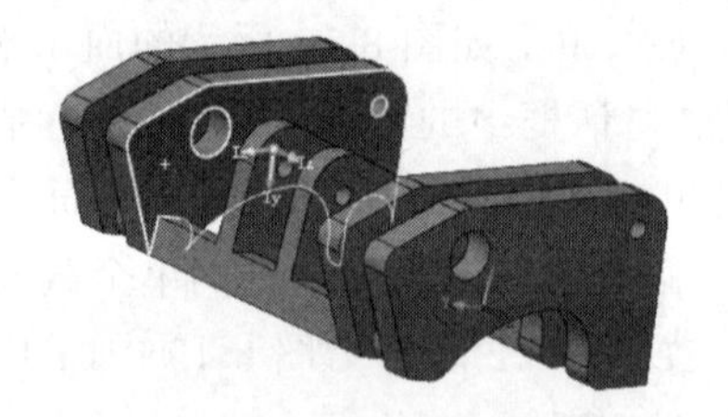

图 8-23 显示主轴和重心的图形(2)

8.4 零件的特征管理

Note

8-9

零件的建模过程实际上是创建和管理特征的过程。本节介绍零件的特征管理，即退回与插入特征、压缩与解除压缩特征、动态修改特征(Instant3D)。

8.4.1 退回与插入特征

退回特征命令可以查看某一特征生成前后模型的状态，插入特征命令用于在某一特征之后插入新的特征。

1. 退回特征

退回特征有两种方式：一种为使用“退回控制棒”，另一种为使用快捷菜单。在FeatureManager 设计树的最底端有一条粗实线，该线就是“退回控制棒”。

下面介绍截面属性的操作步骤。

(1) 打开源文件“X:\源文件\原始文件\8\铲斗支撑架.SLDPRT”。打开文件实体，如图 8-24 所示。基座的 FeatureManager 设计树如图 8-25 所示。

图 8-24 打开的文件实体

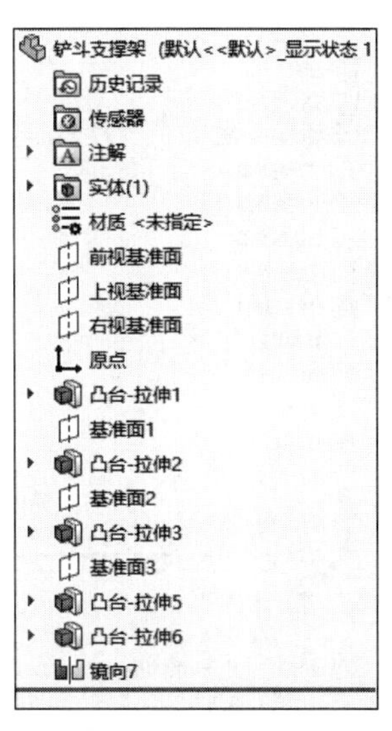

图 8-25 基座的 FeatureManager 设计树

(2) 将光标放置在“退回控制棒”上时，光标变为形状。单击，此时“退回控制棒”以蓝色显示，然后按住鼠标左键，拖动光标到欲查看的特征上，并释放鼠标。操作后的 FeatureManager 设计树如图 8-26 所示，退回的零件模型如图 8-27 所示。

从图 8-27 可以看出，查看特征后的特征在零件模型上没有显示，表明该零件模型退回到该特征以前的状态。

退回特征可以使用快捷菜单进行操作，右击 FeatureManager 设计树中的“镜像 7”特征，弹出的快捷菜单如图 8-28 所示，单击“退回”按钮，此时该零件模型退回到该特征以前的状态，如图 8-27 所示。也可以在退回状态下，使用如图 8-29 所示的退回快捷菜单，根据需要选择退回操作。

Note

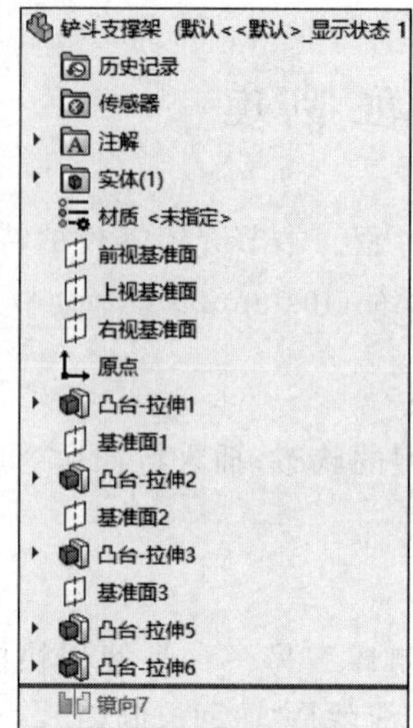

图 8-26　操作后的 FeatureManager 设计树

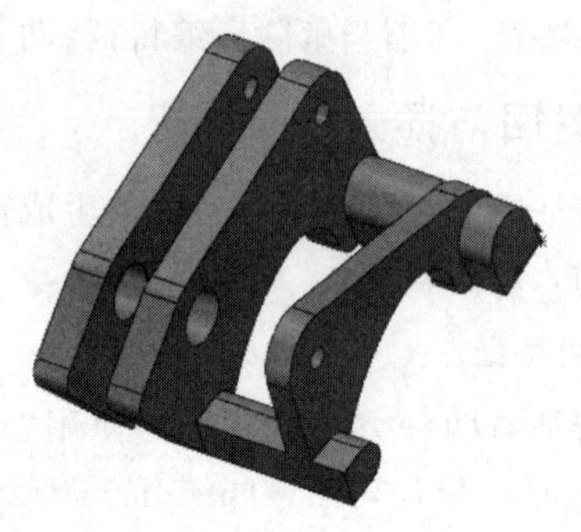

图 8-27　退回的零件模型

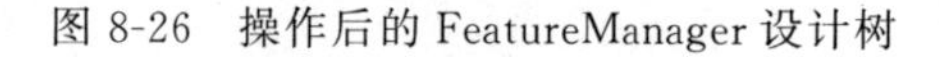

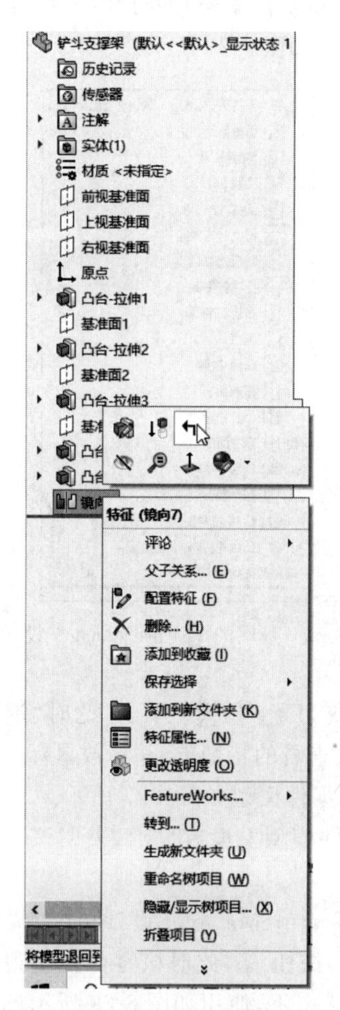

图 8-28　快捷菜单

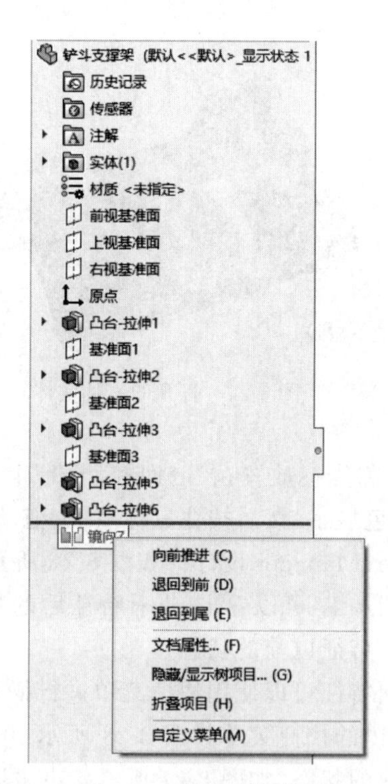

图 8-29　退回快捷菜单

Note

在退回快捷菜单中,“往前退”命令表示退回到下一个特征;“退回到前”命令表示退回到上一退回特征状态;“退回到尾”命令表示退回到特征模型的末尾,即处于模型的原始状态。

 技巧荟萃

① 当零件模型处于退回特征状态时,将无法访问该零件的工程图和基于该零件的装配图。

② 不能保存处于退回特征状态的零件图,在保存零件时,系统将自动释放退回状态。

③ 在重新创建零件的模型时,处于退回状态的特征不会被考虑,即视其处于压缩状态。

2. 插入特征

插入特征是零件设计中一项非常实用的操作,其操作步骤如下。

(1) 将 FeatureManager 设计树中的“退回控制棒”拖到需要插入特征的位置。

(2) 根据设计需要生成新的特征。

(3) 将“退回控制棒”拖动到 FeatureManager 设计树的最后位置,完成特征插入。

8.4.2 压缩与解除压缩特征

8-10

1. 压缩特征

压缩特征可以从 FeatureManager 设计树中选择需要压缩的特征,也可以从视图中选择需要压缩特征的一个面。压缩特征的方法有以下几种。打开源文件“X:\源文件\原始文件\8\铲斗支撑架.SLDPRT”。

(1) 工具栏方式:选择要压缩的特征,然后单击“特征”工具栏中“压缩”按钮。

(2) 菜单栏方式:选择要压缩的特征,然后选择菜单栏中的“编辑”→“压缩”→“此配置”命令。

(3) 快捷菜单方式:在 FeatureManager 设计树中,右击需要压缩的特征,在弹出的快捷菜单中单击“压缩”按钮,如图 8-30 所示。

(4) 对话框方式:在 FeatureManager 设计树中,右击需要压缩的特征,在弹出的快捷菜单中单击“特征属性”命令。在弹出的“特征属性”对话框中勾选“压缩”复选框,然后单击“确定”按钮,如图 8-31 所示。

特征被压缩后,在模型中不再被显示,但是并没有被删除,被压缩的特征在 FeatureManager 设计树中以灰色显示。如图 8-32 所示为基座后面 4 个特征被压缩后的图形,图 8-33 所示为压缩后的 FeatureManager 设计树。

2. 解除压缩特征

解除压缩特征必须从 FeatureManager 设计树中选择需要压缩的特征,而不能从视图中选择该特征的某一个面,因为视图中该特征不被显示。与压缩特征相对应,解除压缩特征的方法有以下几种。打开源文件“X:\源文件\原始文件\8\铲斗支撑架.SLDPRT”。

Note

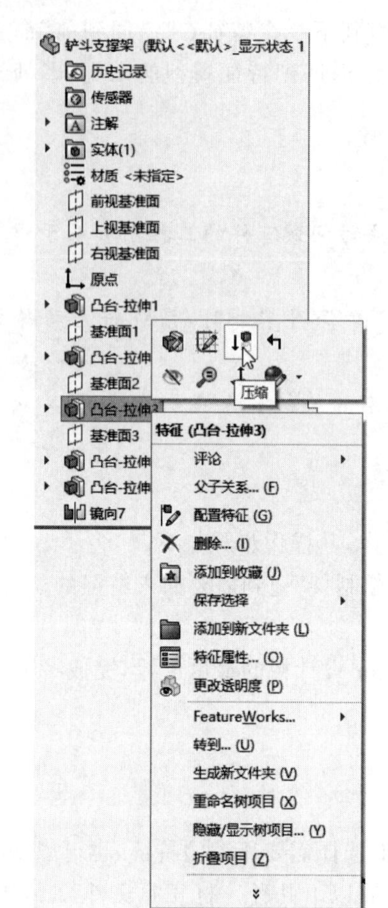

图 8-30　快捷菜单

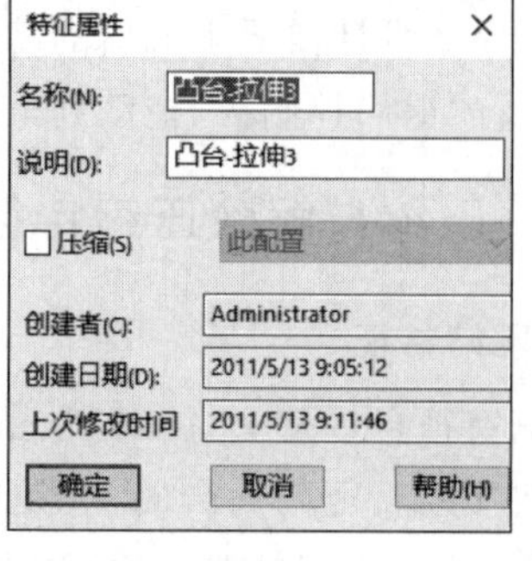

图 8-31　"特征属性"对话框

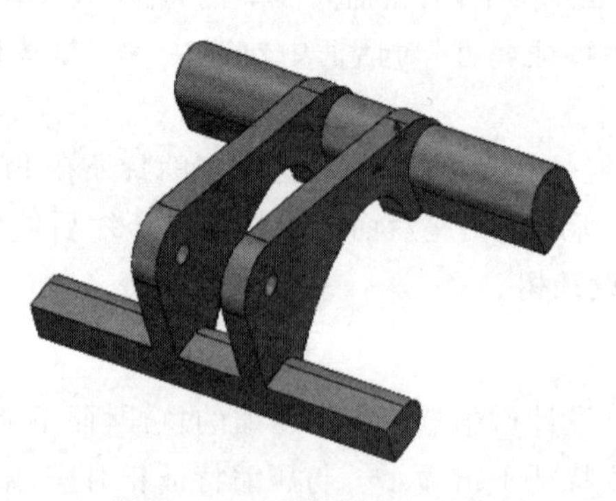

图 8-32　压缩特征后的基座

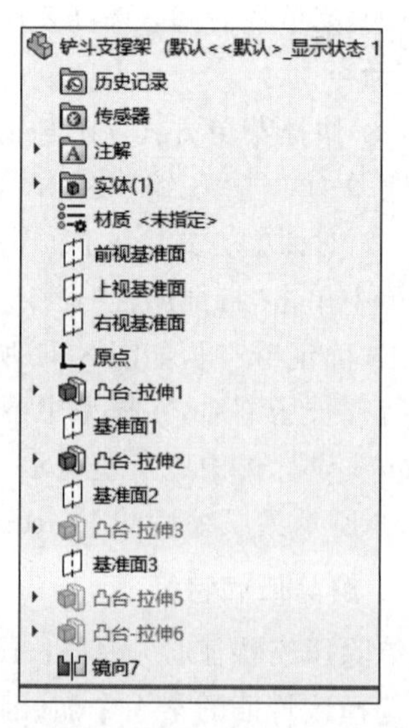

图 8-33　压缩后的 FeatureManager 设计树

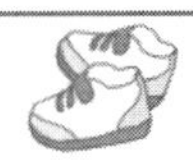

(1) 工具栏方式：选择要解除压缩的特征，然后单击“特征”工具栏中的“解除压缩”按钮。

(2) 菜单栏方式：选择要解除压缩的特征，然后选择菜单栏中的“编辑”→“解除压缩”→“此配置”命令。

(3) 快捷菜单方式：在 FeatureManager 设计树中，右击要解除压缩的特征，在弹出的快捷菜单中单击“解除压缩”按钮。

(4) 对话框方式：在 FeatureManager 设计树中，右击要解除压缩的特征，在弹出的快捷菜单中单击“特征属性”命令。在弹出的“特征属性”对话框中取消对“压缩”复选框的勾选，然后单击“确定”按钮。

压缩的特征被解除以后，视图中将显示该特征，FeatureManager 设计树中该特征将以正常模式显示。

8.4.3　Instant3D

8-11

Instant3D 可以使用户通过拖动控标或标尺来快速生成和修改模型几何体。Instant3D 特征是指系统不需要退回编辑特征的位置，直接对特征进行动态修改的命令。动态修改是通过控标移动、旋转来调整拉伸及旋转特征的大小。动态修改可以修改草图，也可以修改特征。

下面介绍 Instant3D 特征的操作步骤。

1. 修改草图

(1) 打开源文件“X:\源文件\原始文件\8\铲斗支撑架.SLDPRT”。单击“特征”工具栏中的 Instant3D 按钮，或者单击“特征”控制面板中的 Instant3D 按钮，开始 Instant3D 特征操作。

(2) 单击 FeatureManager 设计树中的“凸台-拉伸 5”作为要修改的特征，视图中该特征被亮显，如图 8-34 所示，同时，出现该特征的修改控标。

(3) 拖动尺寸为 17.5mm 的控标，屏幕出现标尺，如图 8-35 所示。使用屏幕上的标尺可以精确地修改草图，修改后的草图如图 8-36 所示。

(4) 单击“特征”工具栏中的 Instant3D 按钮，或者单击“特征”控制面板中的 Instant3D 按钮，退出 Instant3D 特征操作，修改后的模型如图 8-37 所示。

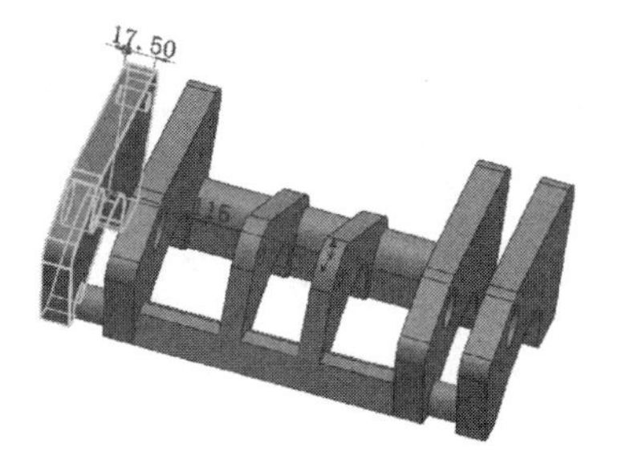

图 8-34　选择需要修改的特征

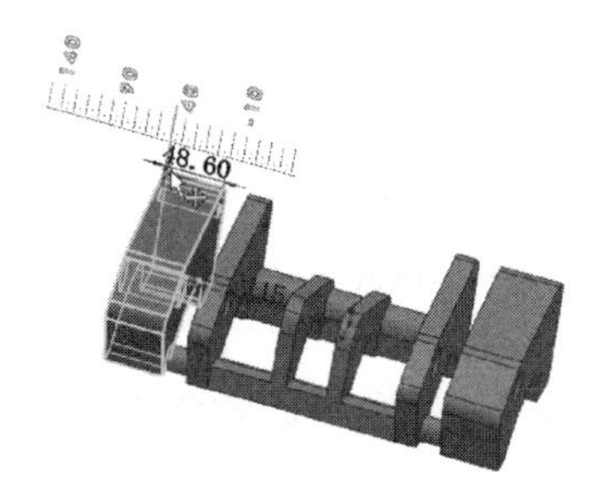

图 8-35　标尺

Note

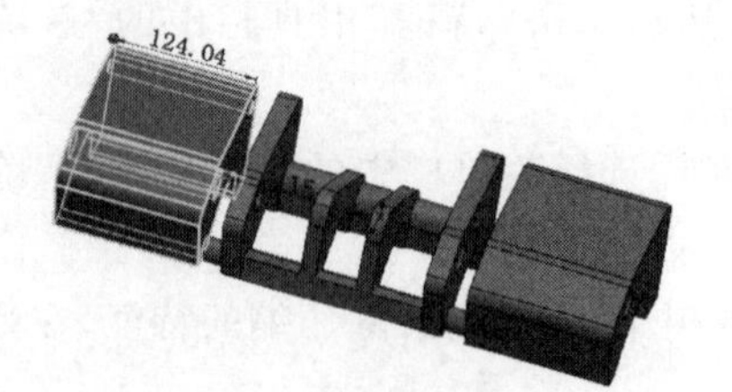

图 8-36　修改后的草图

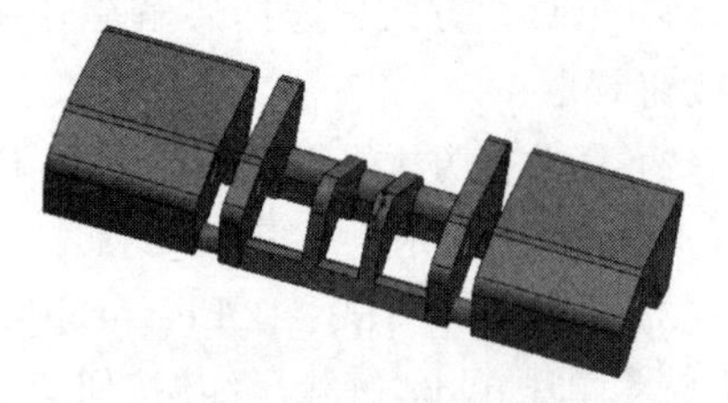

图 8-37　修改后的模型

2. 修改特征

(1) 打开源文件“X:\源文件\原始文件\8\铲斗支撑架.SLDPRT”。单击“特征”工具栏中的 Instant3D 按钮，或者单击“特征”控制面板中的 Instant3D 按钮，开始 Instant3D 特征操作。

(2) 单击 FeatureManager 设计树中的“拉伸 2”作为要修改的特征，视图中该特征被亮显，如图 8-38 所示，同时，出现该特征的修改控标。

(3) 拖动距离为 5mm 的修改光标，调整拉伸的长度，如图 8-39 所示。

(4) 单击“特征”工具栏中的 Instant3D 按钮，或者单击“特征”控制面板中的 Instant3D 按钮，退出 Instant3D 特征操作，修改后的模型如图 8-40 所示。

图 8-38　选择需要修改的特征

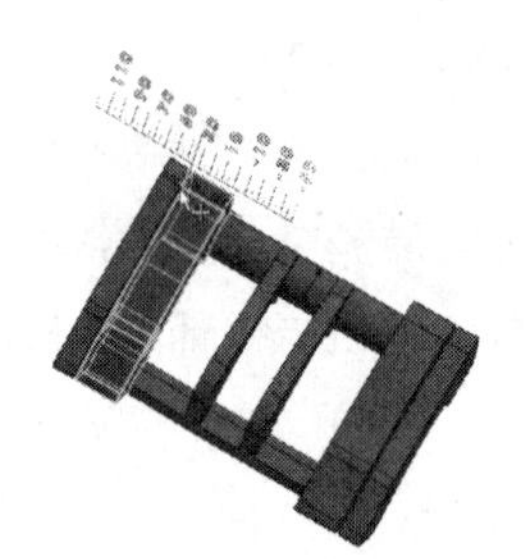

图 8-39　拖动修改控标

图 8-40　修改后的模型

8.5　模 型 显 示

零件建模时，SOLIDWORKS 提供了外观显示功能。可以根据实际需要设置零件的颜色及透明度，使设计的零件更加接近实际情况。

8-12

8.5.1　设置零件的颜色

设置零件的颜色包括整个零件的颜色属性、所选特征的颜色属性以及所选面的颜色属性。

下面介绍设置零件颜色的操作步骤。

1. 设置零件的颜色属性

(1) 打开源文件“X:\源文件\原始文件\8\铲斗支撑架.SLDPRT”。右击

FeatureManager 设计树中的文件名称，在弹出的快捷菜单中选择“外观”→“外观”命令，如图 8-41 所示。

（2）弹出的“颜色”属性管理器如图 8-42 所示，在“颜色”选项组中选择需要的颜色，然后单击“确定”按钮 ✔，此时整个零件将以设置的颜色显示。

图 8-41　快捷菜单(1)

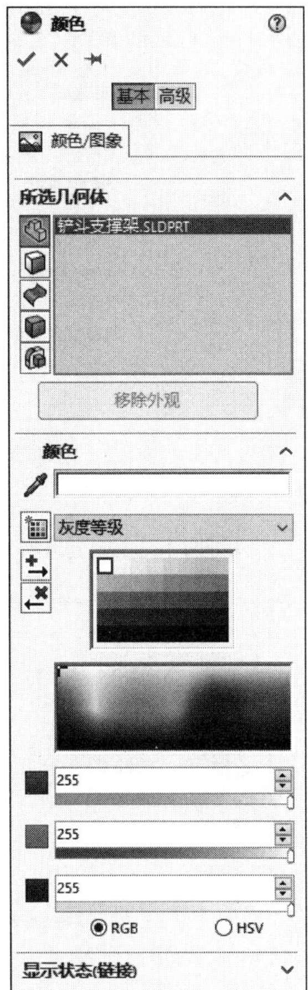

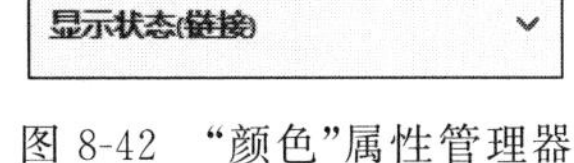

图 8-42　“颜色”属性管理器

2. 设置所选特征的颜色属性

（1）在 FeatureManager 设计树中选择需要改变颜色的特征，按 Ctrl 键可以选择多个特征。

（2）右击所选特征，在弹出的快捷菜单中单击“外观”按钮，在下拉菜单中选择步骤(1)中选中的特征，如图 8-43 所示。

（3）弹出的“颜色”属性管理器如图 8-42 所示，在“颜色”选项中选择需要的颜色，然后单击“确定”按钮 ✔，设置颜色后的特征如图 8-44 所示。

3. 设置所选面的颜色属性

（1）右击如图 8-44 所示的面 1，在弹出的快捷菜单中单击“外观”按钮，在下拉菜单中选择刚选中的面 1，如图 8-45 所示。

Note

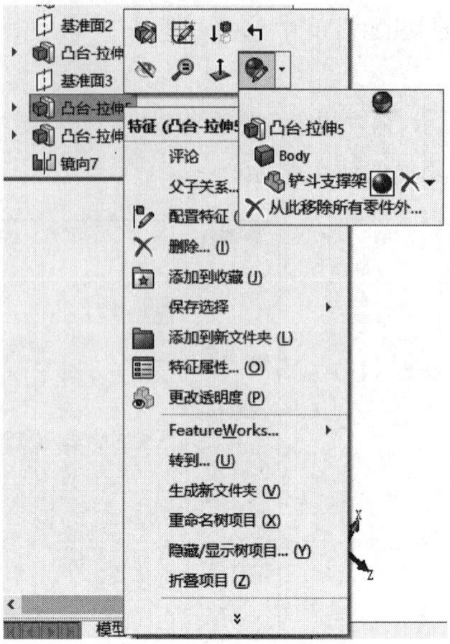

图 8-43　快捷菜单(2)

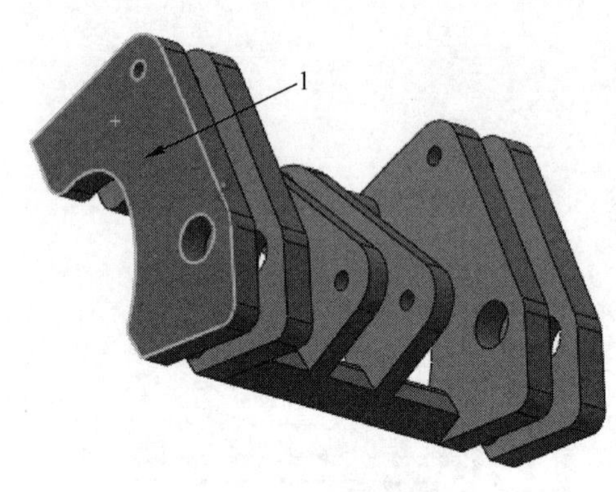

图 8-44　设置特征颜色

(2) 弹出的"颜色"属性管理器如图 8-42 所示。在"颜色"选项组中选择需要的颜色,然后单击"确定"按钮 ✓,设置颜色后的面如图 8-46 所示。

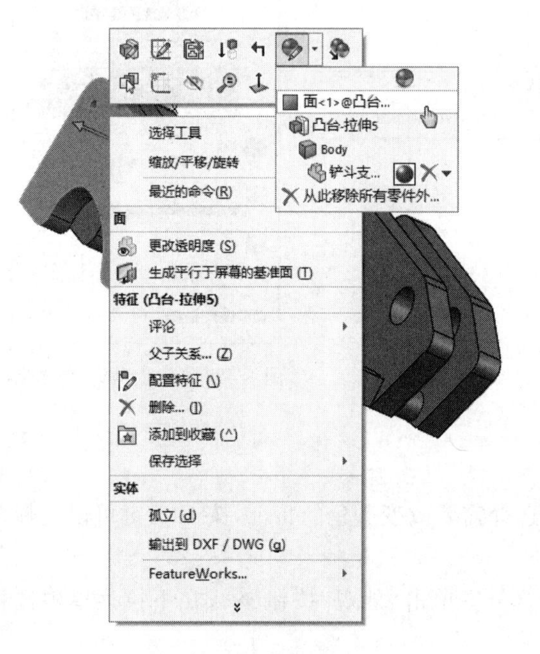

图 8-45　快捷菜单(3)

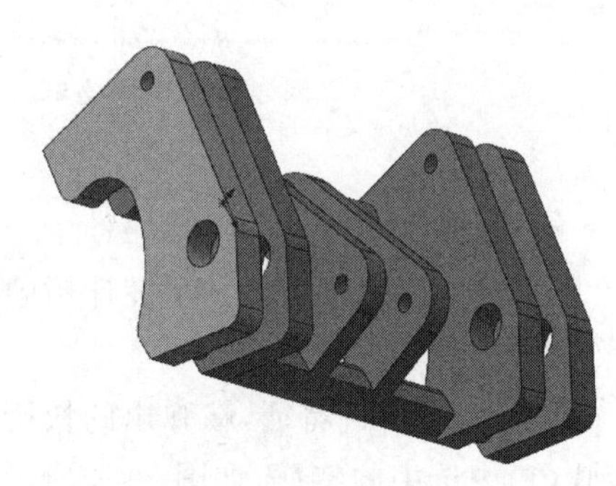

图 8-46　设置面颜色

8-13

8.5.2　设置零件的透明度

在装配体零件中,外面零件遮挡内部的零件,给零件的选择造成困难。设置零件的透明度后,可以透过透明零件选择非透明对象。

下面介绍设置零件透明度的操作步骤。

（1）打开源文件“X:\源文件\原始文件\8\轴承 6315\轴承装配体. SLDPRT”。打开的文件实体如图 8-47 所示。传动装配体的 FeatureManager 设计树如图 8-48 所示。

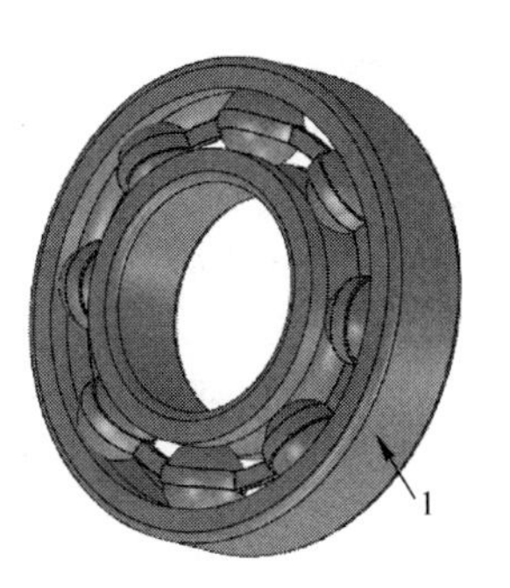

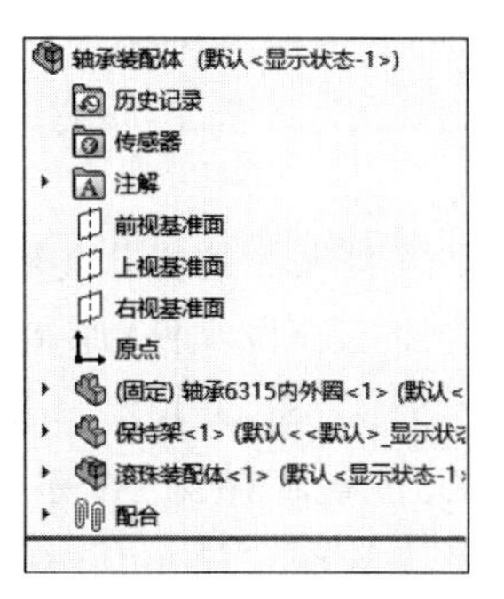

图 8-47　打开的文件实体　　　　图 8-48　传动装配体的 FeatureManager 设计树

（2）右击 FeatureManager 设计树中的文件名称“轴承 6315 内外圈＜1＞”，或者右击视图中的基座 1，弹出快捷菜单。单击“更改透明度”按钮，如图 8-49 所示。

（3）设置透明度后的图形如图 8-50 所示。

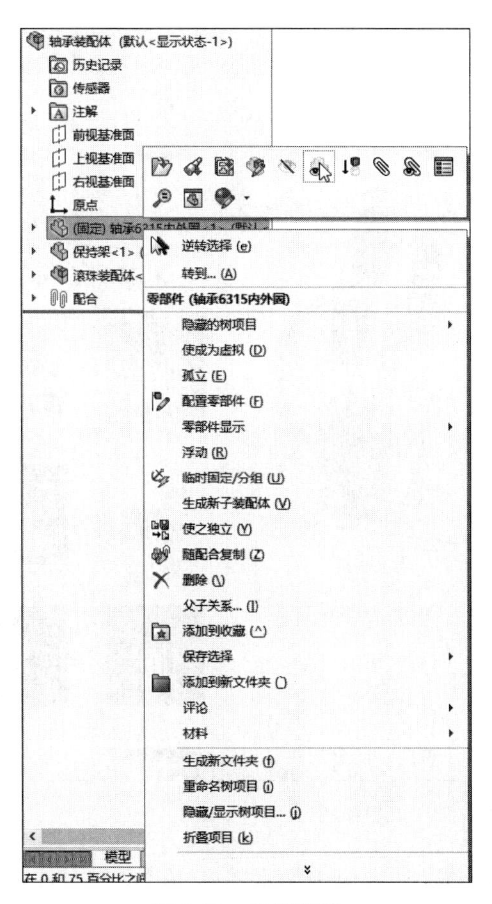

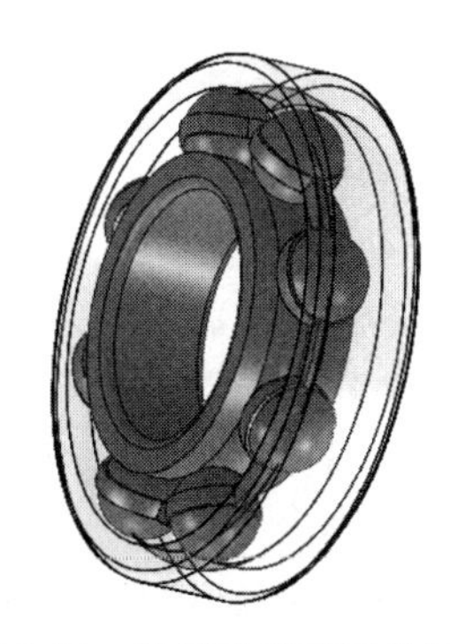

图 8-49　快捷菜单　　　　图 8-50　设置透明度后的图形

8-14

Note

8.5.3 贴图

贴图是指在零件、装配模型面上覆盖图片，覆盖的图片在特定路径下保存，若有特殊需要，用户也可以自己绘制图片，保存添加到零件、装配图中。

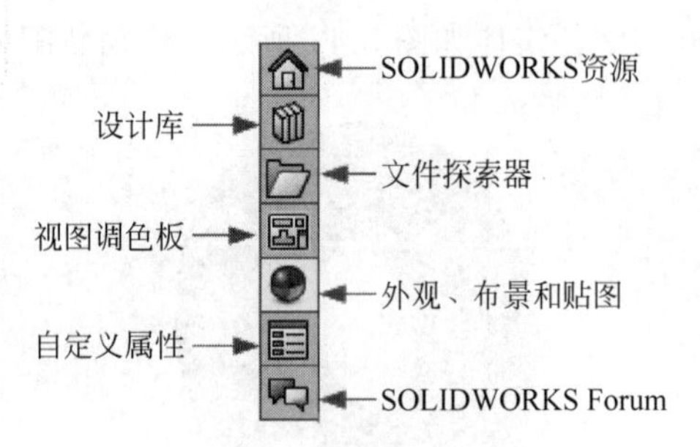

图 8-51 右侧属性按钮

下面介绍设置零件贴图的操作步骤。

(1) 打开源文件"X:\源文件\原始文件\8\轴承 6315\轴承外圈. SLDPRT"。在绘图区右侧单击"外观、布景和贴图"按钮，如图 8-51 所示，弹出如图 8-52 所示"外观、布景和贴图"的属性管理器，单击"标志"子选项，在管理器下部显示该标志图片。选择对应图标 GS，将图标拖动到零件模型面上，在左侧显示"显示"属性管理器。

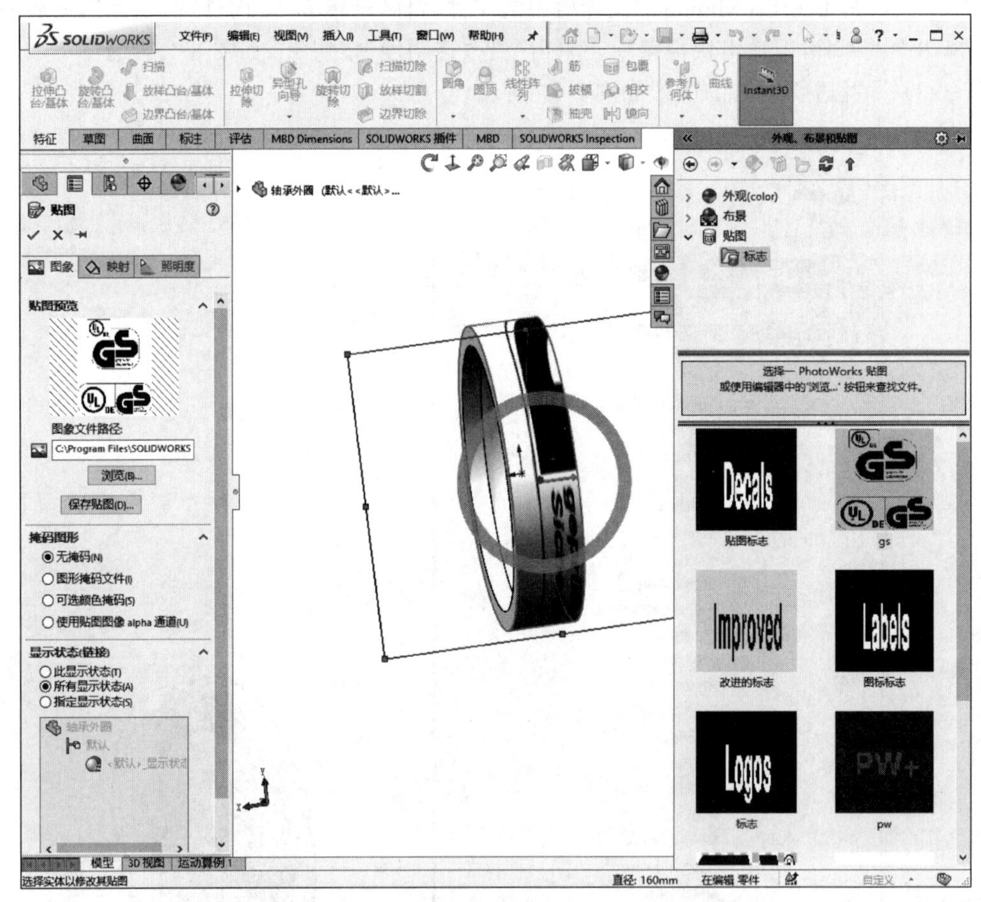

图 8-52 放置贴图

(2) 打开"图像"选项卡，在"贴图预览"选项组中显示图标，在"图像文件路径"列表中显示图片路径，单击 浏览(B)... 按钮，弹出"打开"对话框，选择所需图片，勾选"缩略图"复选框，在右侧显示图片缩写，如图 8-53 所示。

Note

图 8-53　“打开”对话框

（3）打开“映射”选项卡，在“所选几何体”选项组中选择贴图面，在“映射”选项组、“大小/方向”选项组中设置参数，如图 8-54 所示。

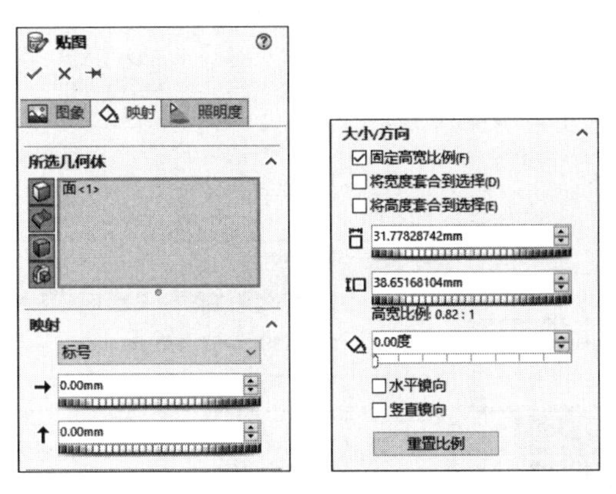

图 8-54　“贴图”属性管理器

（4）同时也可以在绘图区调节矩形框大小，调整图片大小；选择矩形框中心左边，旋转图标，如图 8-55 所示。

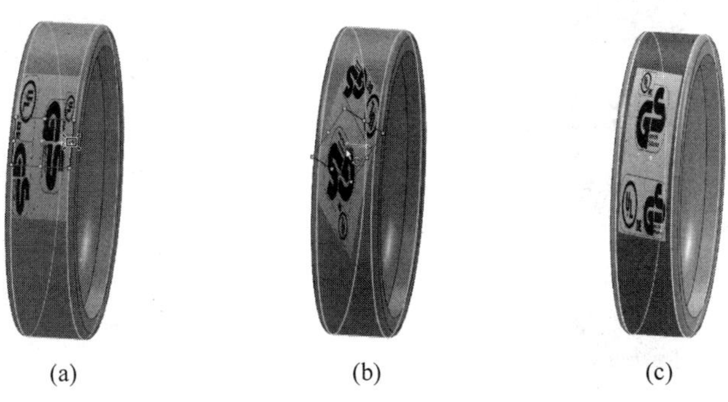

图 8-55　设置贴图

（a）调整图标大小；（b）调整图标角度；（c）贴图结果

8-15

Note

8.5.4 布景

布景是指在模型后面提供一可视背景。在 SOLIDWORKS 中，它们在模型上提供反射。在插入 PhotoView 360 插件时，布景提供逼真的光源，包括照明度和反射，从而要求更少光源操纵。布景中的对象和光源可在模型上形成反射并在楼板上投射阴影。

布景由以下内容组成。

- 选择的基于预设布景或图像的球形环境映射到模型周围。
- 二维背景可以是单色、渐变颜色或所选择的图像。虽然环境单元被背景部分遮掩，但仍然会在模型中反映出来。也可以关闭背景，以显示球形环境。
- 可以在二维地板上看到阴影和反射，可以更改模型与地板之间的距离。

在绘图区右侧单击“外观、布景和贴图”按钮●，“外观、布景和贴图”属性管理器如图 8-56 所示。

打开源文件“X:\源文件\原始文件\8\轴承 6315\轴承外圈. SLDPRT”。在“基本布景”子选项中选择“三点绿色”，并将所选背景拖动到绘图区，弹出如图 8-57 所示“背景显示设定”对话框，模型显示如图 8-58 所示。

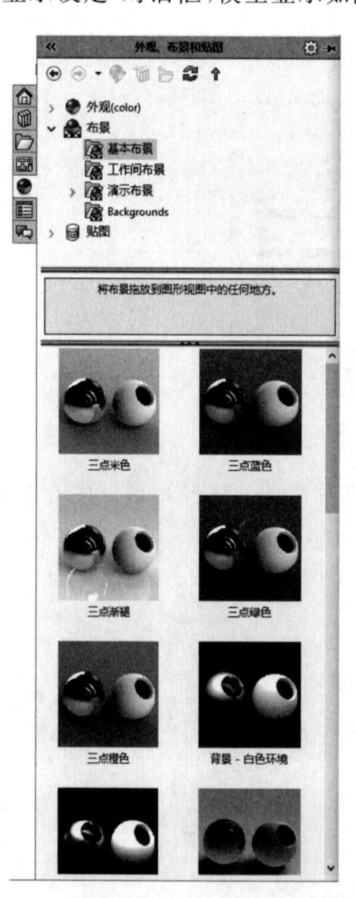

图 8-56 “外观、布景和贴图”属性管理器

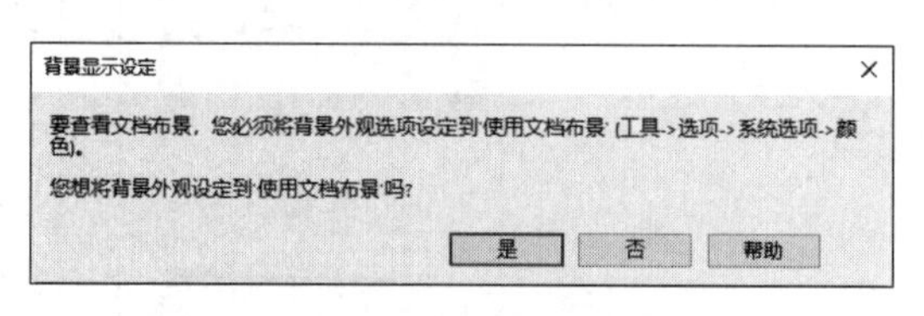

图 8-57 “背景显示设定”对话框

图 8-58 模型显示

8-16

Note

8.5.5 PhotoView 360 渲染

(1) 打开源文件“X:\源文件\原始文件\8\轴承 6315\轴承 6315 内外圈.SLDPRT”。在菜单栏中选择“工具”→“插件”命令，弹出“插件”对话框，勾选 PhotoView 360 前面的复选框，如图 8-59 所示。

(2) 单击“确定”按钮，在菜单栏显示添加的 PhotoView 360 菜单，如图 8-60 所示。

(3) 选择菜单栏 PhotoView 360→“编辑外观”命令，在左右两侧弹出属性管理器，如图 8-61 所示。

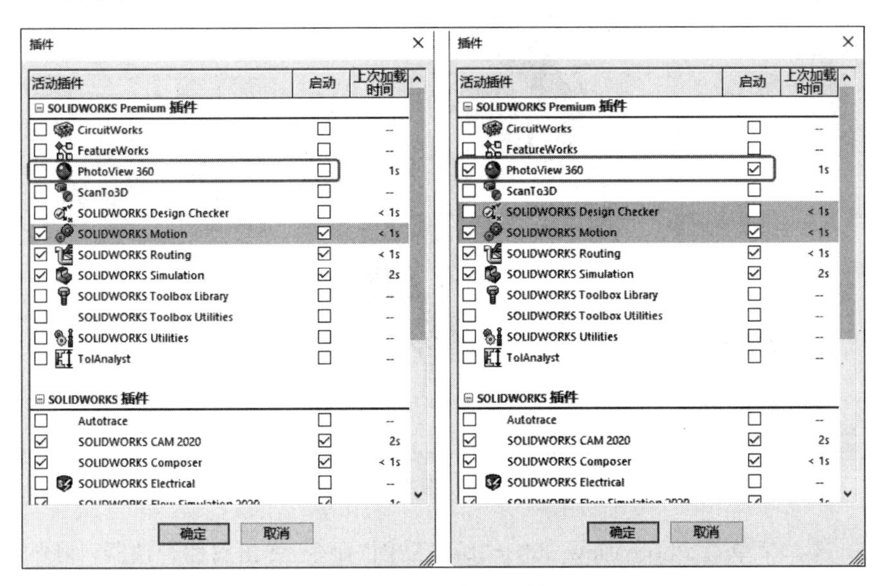

图 8-59 “插件”对话框

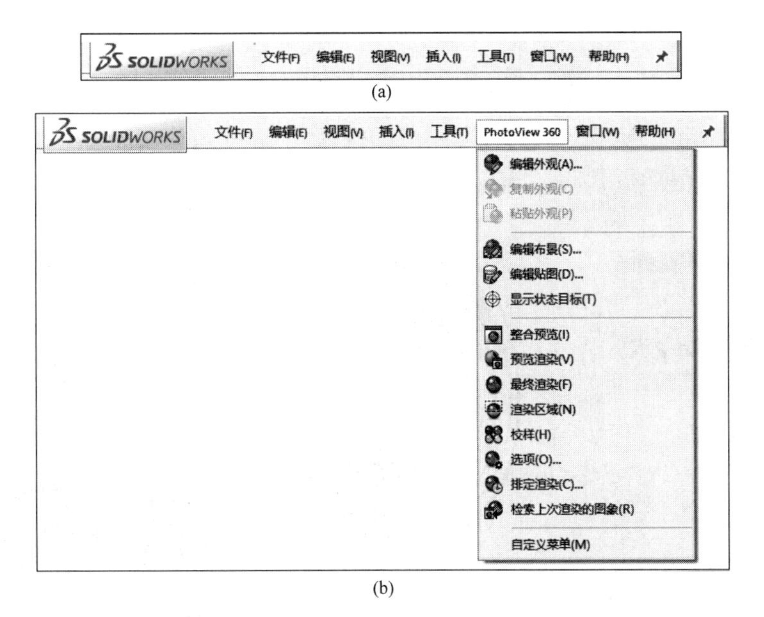

图 8-60 菜单栏

(a) 添加插件前；(b) 添加插件后

Note

（4）选择菜单栏 PhotoView 360→“编辑布景”命令，弹出“背景显示设定”对话框，设置布景，步骤同第 8.5.4 节。

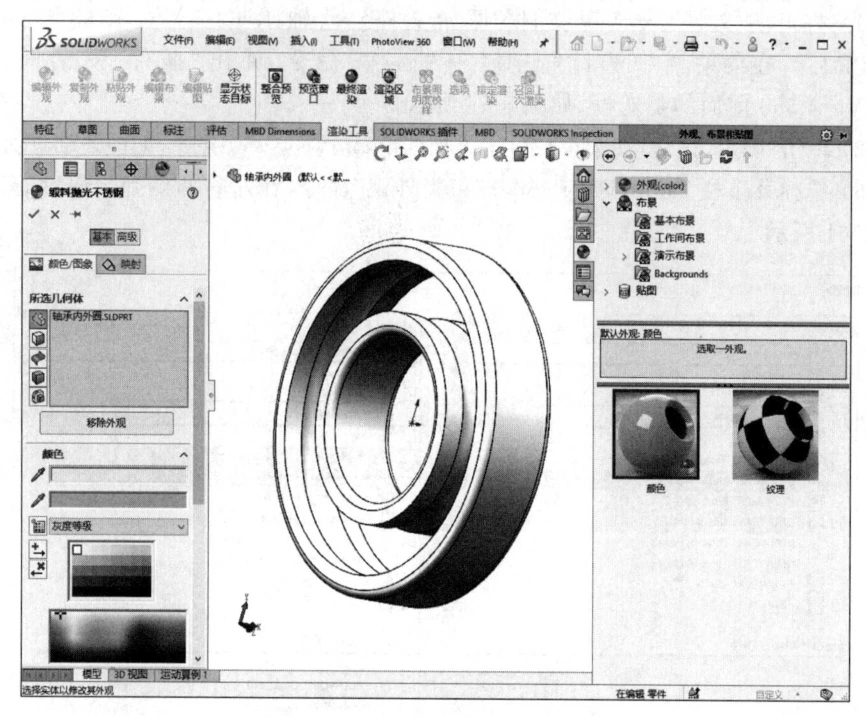

图 8-61　编辑布景

（5）选择菜单栏 PhotoView 360→“编辑贴图”命令，弹出属性管理器，如图 8-62 所示，设置布景。

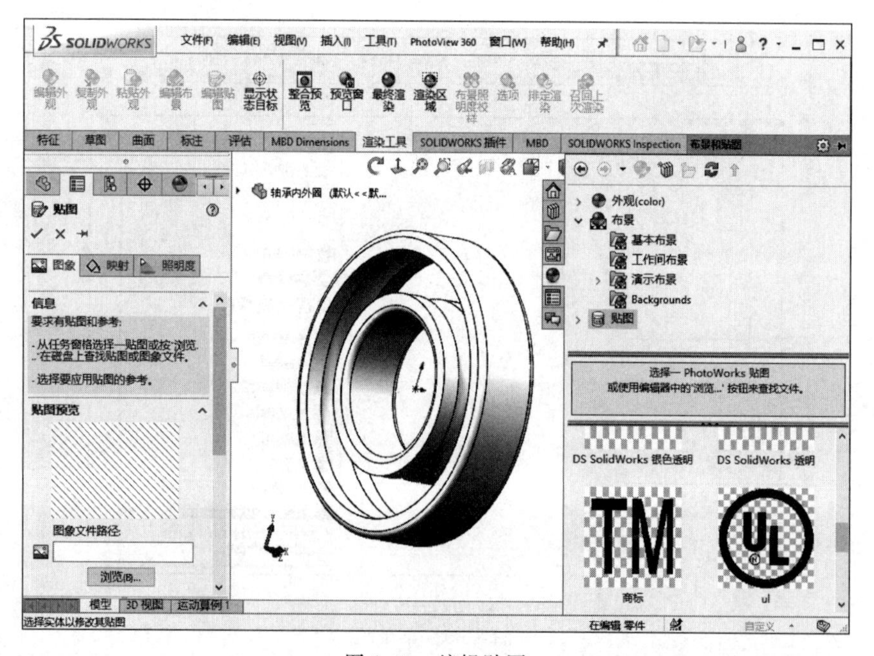

图 8-62　编辑贴图

(6) 选择菜单栏 PhotoView 360→“整合预览”命令，弹出“在渲染中使用透视图”对话框，如图 8-63 所示，单击“确定”按钮，渲染模型，结果如图 8-64 所示。

图 8-63 “在渲染中使用透视图”对话框

图 8-64 渲染结果(1)

(7) 选择菜单栏 PhotoView 360→“预览渲染”命令，弹出“轴承外圈”对话框，进行渲染，完成渲染后弹出“最终渲染”对话框，显示渲染结果，如图 8-65 所示。

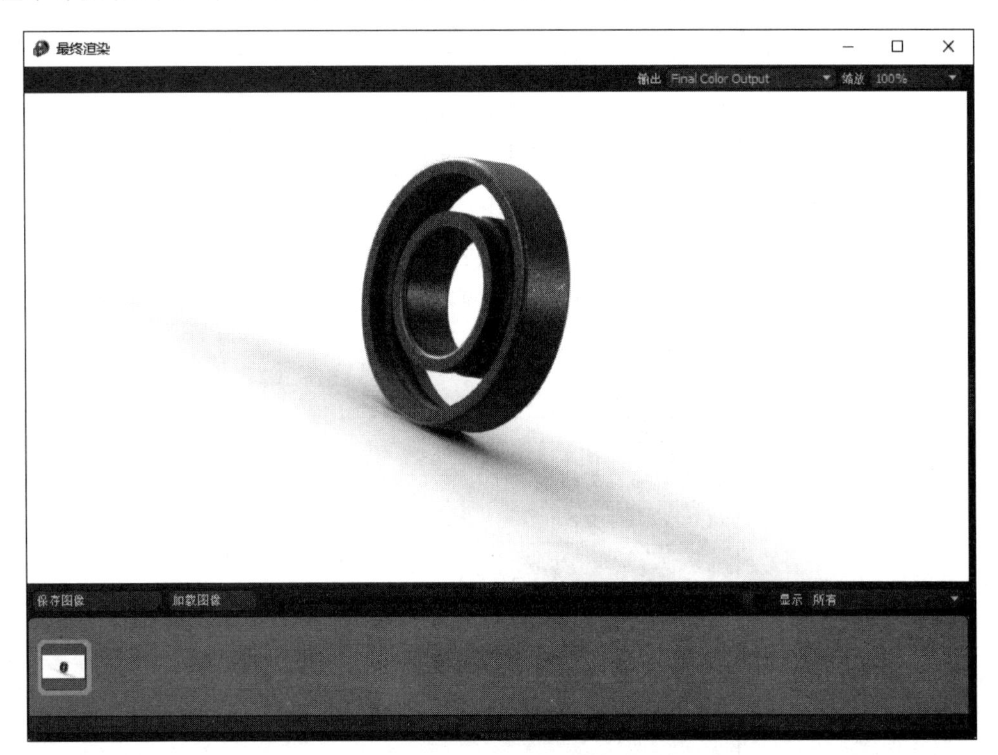

图 8-65 渲染结果(2)

(8) 选择菜单栏 PhotoView 360→“选项”命令，在左侧弹出“PhotoView 360 选项”属性管理器，如图 8-66 所示。

（9）选择菜单栏 PhotoView 360→"排定渲染"命令，弹出"排定渲染"对话框，如图 8-67 所示。

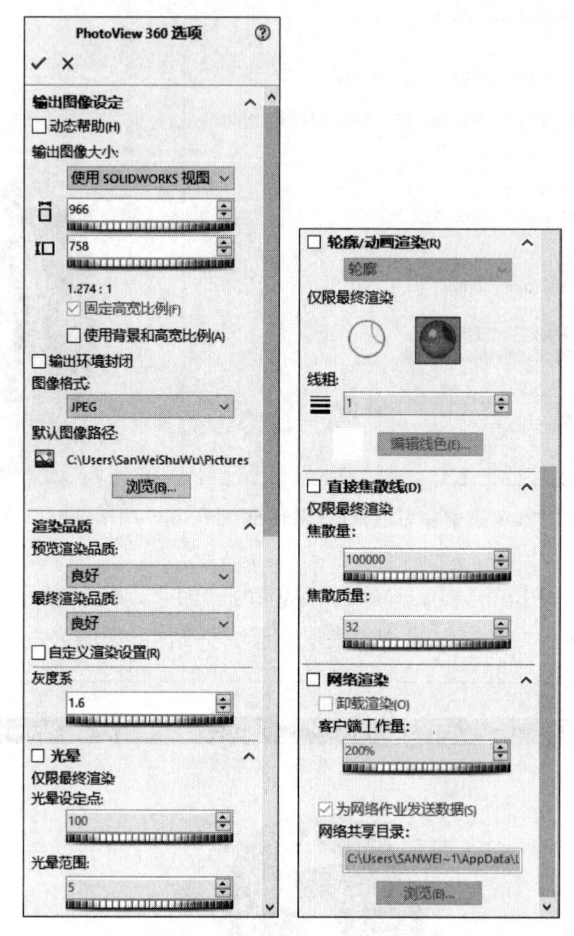

图 8-66 "PhotoView 360 选项"属性管理器

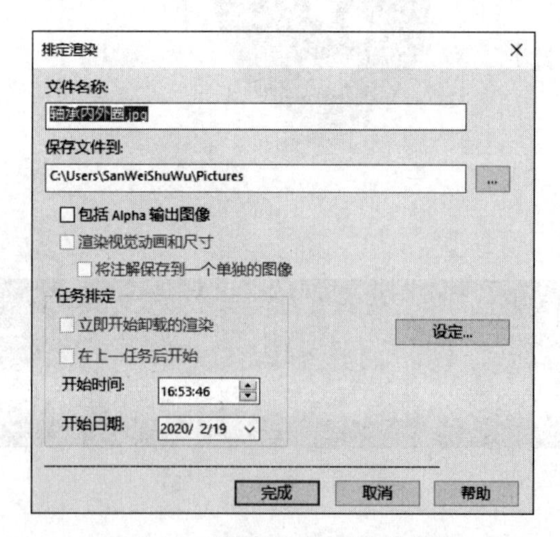

图 8-67 "排定渲染"属性管理器

Note

(10) 选择菜单栏 PhotoView 360→"检索上次渲染的图像"命令,弹出"最终渲染"对话框,如图 8-68 所示。

图 8-68 "最终渲染"对话框

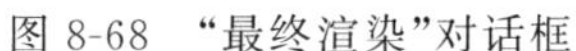

8-17

8.6 综合实例——茶叶盒

本实例绘制的茶叶盒如图 8-69 所示。

思路分析

首先利用"旋转"命令绘制茶叶盒盒身,然后利用"旋转切除"等命令设置局部细节,再利用模型显示,最后设置各表面的外观和颜色。绘制流程图如图 8-70 所示。

图 8-69 茶叶盒

绘制步骤

(1) 新建文件。启动 SOILDWORKS 2020,选择菜单栏中的"文件"→"新建"命令,创建一个新的零件文件。

(2) 绘制茶叶盒草图。在左侧的 FeatureManager 设计树中选择"前视基准面"作

Note

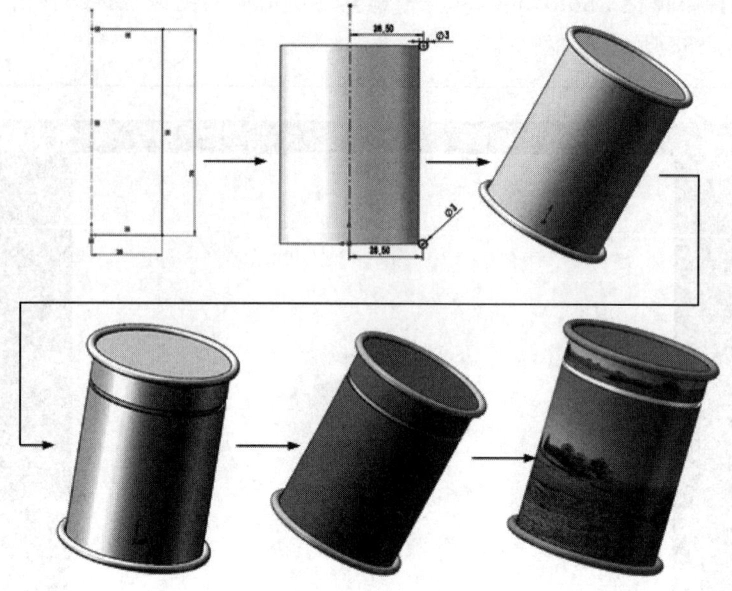

图 8-70　茶叶盒绘制流程图

为草绘基准面。单击“草图”控制面板中的“中心线”按钮，绘制通过原点的竖直中心线；单击“草图”控制面板中的“直线”按钮，绘制 3 条直线。

（3）标注尺寸 1。选择菜单栏中的“工具”→“标注尺寸”→“智能尺寸”命令，或者单击“草图”控制面板中的“智能尺寸”按钮，标注步骤（2）中绘制的各直线段的尺寸，如图 8-71 所示。

（4）旋转薄壁实体。单击“特征”控制面板中的“旋转凸台/基体”按钮，或执行“插入”→“凸台/基体”→“旋转” 菜单命令，弹出 SOLIDWORKS 对话框，如图 8-72 所示，单击“否”按钮，弹出“旋转”属性管理器。在“薄壁特征”选项组中“方向 1 厚度”文本框中输入 2.00mm。其他选项设置如图 8-73 所示，单击“确定”按钮完成。

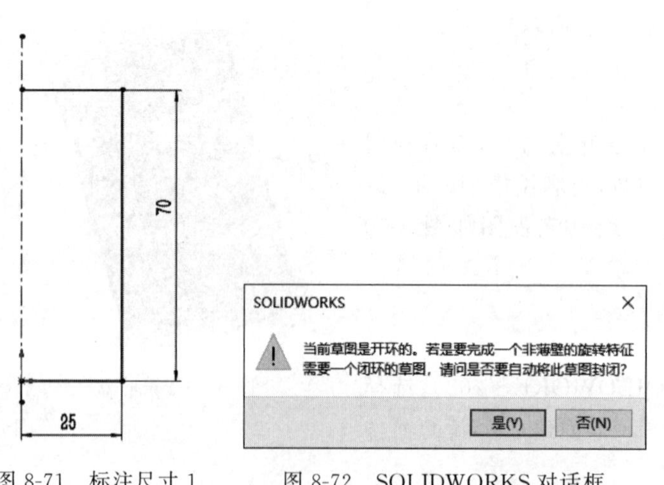

图 8-71　标注尺寸 1　　图 8-72　SOLIDWORKS 对话框

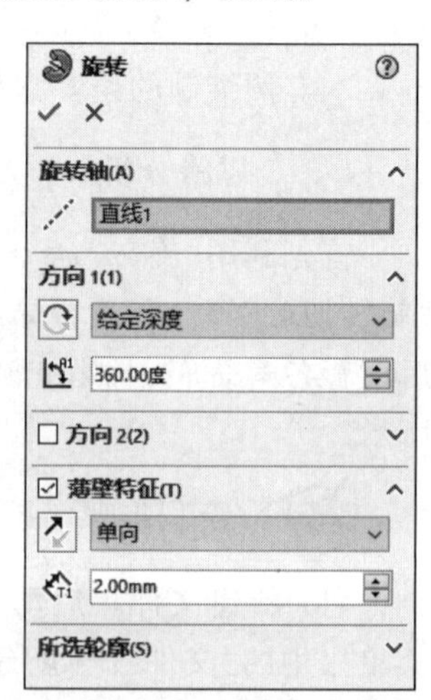

图 8-73　设置旋转参数

(5) 设置剖面图显示。在“前导”工具栏中单击“剖面视图”按钮，显示模型剖面视图，如图 8-74 所示，单击“确定”按钮 ✓，退出剖面视图。

(6) 设置基准面。在左侧的 FeatureManager 设计树中选择“前视基准面”，然后单击“视图(前导)”工具栏中的“正视于”按钮，将该基准面作为草绘基准面。

(7) 绘制草图。单击“草图”控制面板中的“中心线”按钮，绘制通过原点的竖直中心线；单击“草图”控制面板中的“圆”按钮，绘制圆。

(8) 标注尺寸 2。单击“草图”控制面板中的“智能尺寸”按钮，标注步骤(7)中绘制草图的尺寸，如图 8-75 所示。

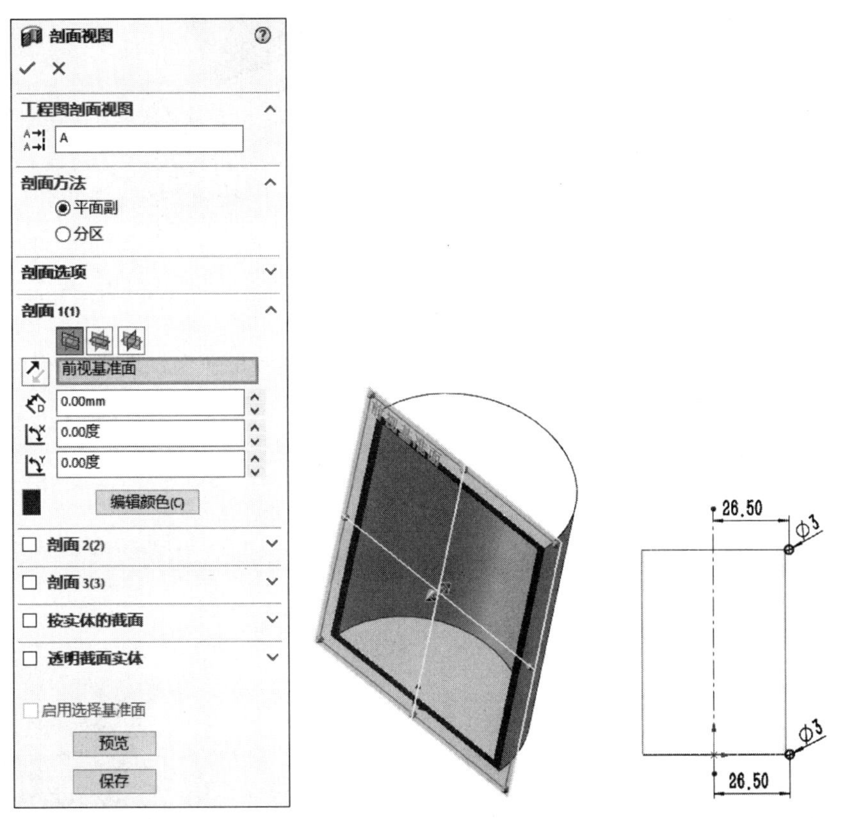

图 8-74 “剖面视图”属性管理器及示意图　　图 8-75 标注尺寸 2

(9) 旋转实体。单击“特征”控制面板中的“旋转凸台/基体”按钮，或执行“插入”→“凸台/基体”→“旋转”菜单命令，弹出“旋转”属性管理器。选项设置如图 8-76 所示，单击“确定”按钮 ✓ 完成实体，如图 8-77 所示。

(10) 设置基准面。单击选择“前视基准面”，然后单击“视图(前导)”工具栏中的“正视于”按钮，将该面作为草绘基准面。

(11) 绘制草图。单击“草图”控制面板中的“中心线”按钮，绘制通过原点的竖直中心线；单击“草图”控制面板中的“边角矩形”按钮，在步骤(10)中设置的基准面上绘制一个矩形。

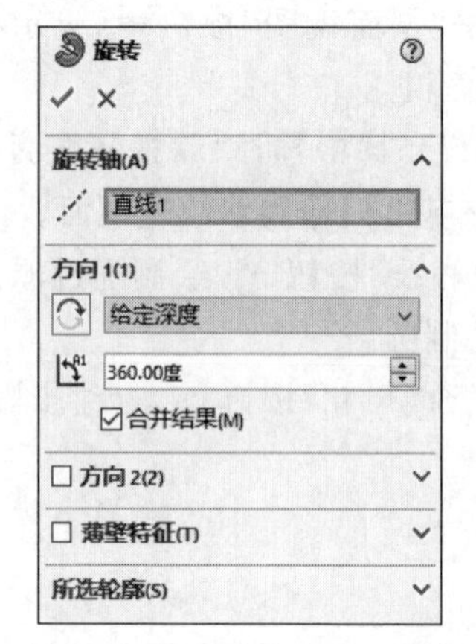

图 8-76 “旋转”属性管理器

图 8-77 创建旋转实体

(12) 标注尺寸 3。单击“草图”控制面板中的“智能尺寸”按钮，标注步骤(11)中绘制矩形的尺寸及其定位尺寸，如图 8-78 所示。

(13) 切除实体。单击“特征”控制面板中的“旋转切除”按钮，弹出“切除-旋转”属性管理器，如图 8-79 所示，然后单击“确定”按钮✓。

(14) 设置视图方向。单击“视图(前导)”工具栏中的“等轴测”按钮，将视图以等轴测方向显示，创建的实体特征如图 8-80 所示。

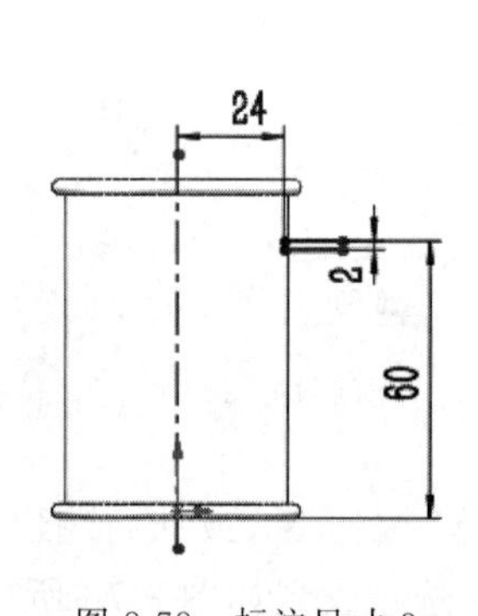

图 8-78 标注尺寸 3

图 8-79 “切除-旋转”属性管理器

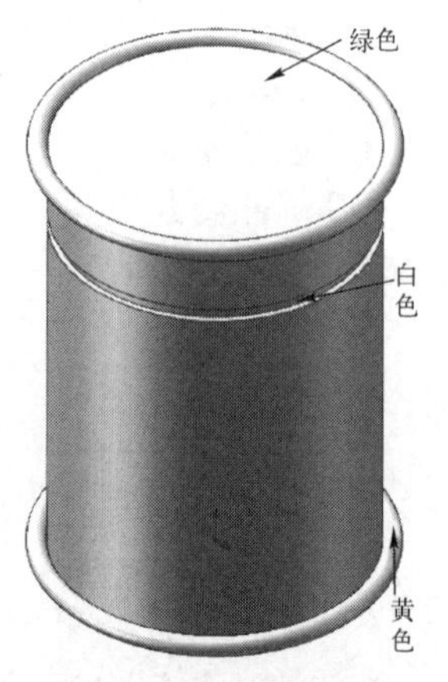

图 8-80 以等轴测方向显示设置外观后的图形

技巧荟萃

在 SOILDWORKS 中，外观设置的对象有多种：面、曲面、实体、特征、零部件等。其外观库是系统预定义的，通过对话框既可以设置纹理的比例和角度，也可以设置其混合颜色。

Note

（15）设置颜色属性。选择菜单栏 PhotoView 360→"编辑外观"命令或者选择特征右击，在系统弹出的快捷菜单中单击"外观"按钮，在下拉菜单中选择刚选中的实体，系统弹出"颜色"属性管理器，如图 8-81 所示。按图 8-80 面对应的颜色设置实体。单击"颜色"属性管理器中的"确定"按钮✓，设置外观后的图形如图 8-82 所示。

（16）设置贴图。选择菜单栏 PhotoView 360→"编辑贴图"命令，弹出"贴图"属性管理器，如图 8-83 所示，单击"浏览"按钮 浏览(B)...，弹出"打开"对话框，选择图片，如图 8-84 所示，单击"打开"按钮，在绘图区选择面，如图 8-85 所示，在绘图区将鼠标放置在矩形框上，绘图区显示图标后，调整图片，单击"确定"按钮✓，完成设置。重复此操作设置其余面，设置后的图形如图 8-86 所示。

（17）选择菜单栏 PhotoView 360→"预览渲染"命令，弹出"零件 1. SLDPRT－Photoview 360 2020"对话框，进行渲染，完成渲染后弹出"最终渲染"对话框，显示渲染结果，如图 8-87 所示。

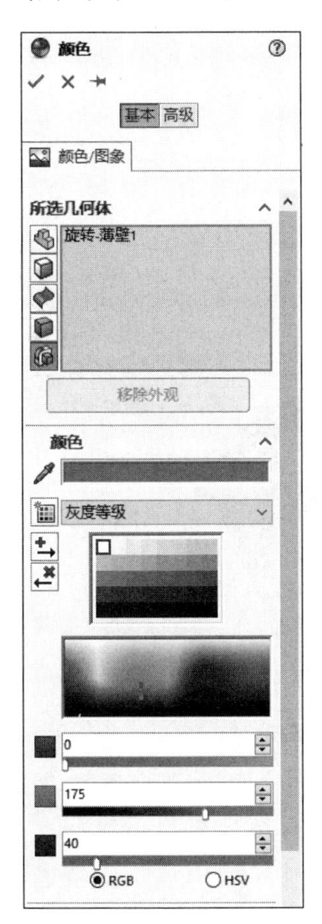

图 8-81　"颜色"属性管理器

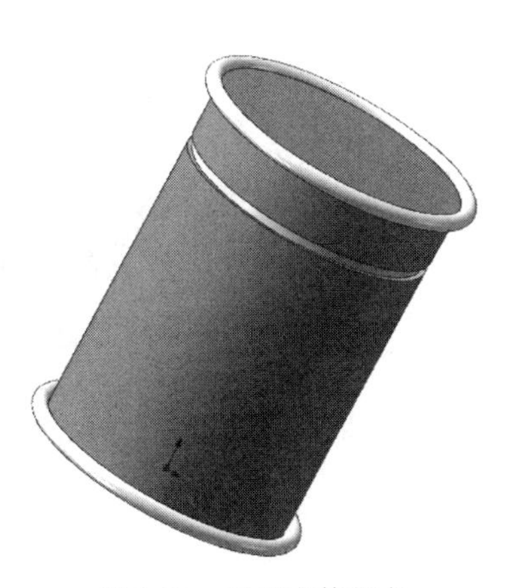

图 8-82　设置实体颜色

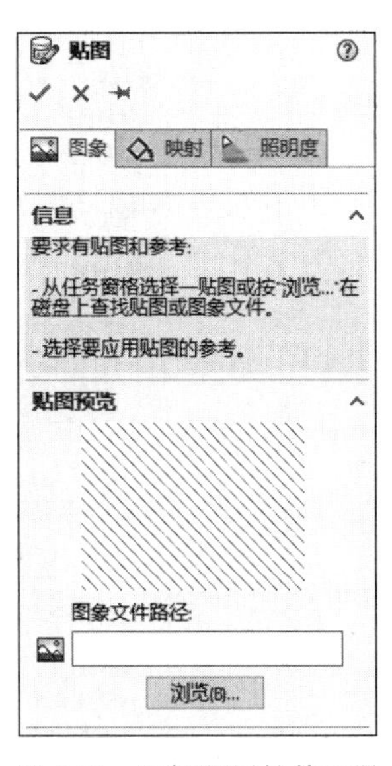

图 8-83　"贴图"属性管理器

Note

图 8-84 “打开”对话框

图 8-85 “贴图”属性管理器及设置贴图示意图

Note

图 8-86　设置贴图的效果

图 8-87　渲染结果

第9章

曲　面

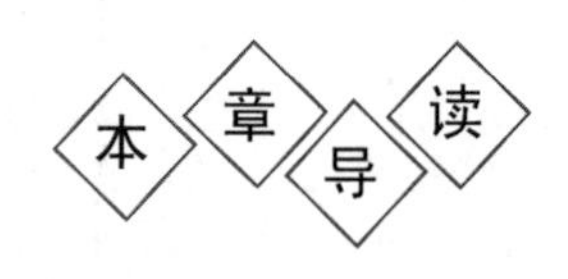

有别于传统的实体建模工具，曲面通过带控制线的扫描、放样、填充以及拖动可控制的相切操作产生复杂的曲面。可以直观地对曲面进行修剪、延伸、倒角和缝合等曲面的操作。它同样包含拉伸、旋转、扫描等操作，只是针对对象为曲面，绘制效果也有很大不同。

本章主要讲解曲面的基本操作，通过各种创建与编辑功能熟练掌握曲面功能。

- 创建曲面
- 编辑曲面
- 飞机模型

9.1 创建曲面

Note

一个零件中可以有多个曲面实体。SOLIDWORKS 提供了专门的“曲面”控制面板，如图 9-1 所示。利用该控制面板中的图标按钮既可以生成曲面，也可以对曲面进行编辑。

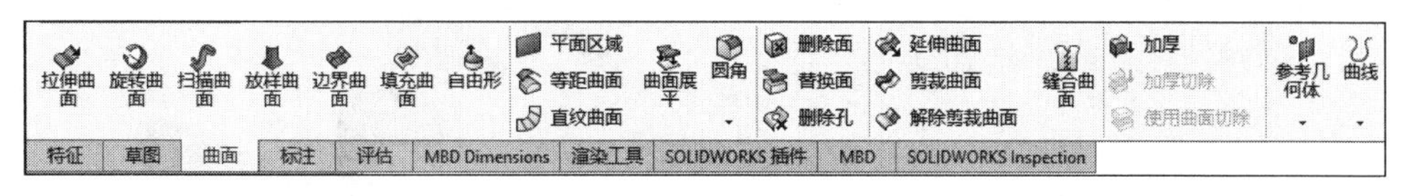

图 9-1 “曲面”控制面板

SOLIDWORKS 提供多种方式创建曲面，主要有以下几种。

- 由草图或基准面上的一组闭环边线插入一个平面。
- 由草图拉伸、旋转、扫描或者放样生成曲面。
- 由现有面或者曲面生成等距曲面。
- 从其他程序（如 CATIA、ACIS、Pro/ENGINEER、Unigraphics、SolidEdge、Autodesk Inverntor 等）输入曲面文件。
- 由多个曲面组合成新的曲面。

9.1.1 拉伸曲面

9-1

拉伸曲面是指将一条曲线拉伸为曲面。拉伸曲面可以从以下几种情况开始拉伸，即从草图所在的基准面拉伸、从指定的曲面/面/基准面开始拉伸、从草图的顶点开始拉伸以及从与当前草图基准面等距的基准面上开始拉伸等。

下面介绍拉伸曲面的操作步骤。

（1）新建一个文件，在左侧的 FeatureManager 设计树中选择“前视基准面”作为草绘基准面。

（2）选择菜单栏中的“工具”→“草图绘制实体”→“样条曲线”命令，或者单击“草图”控制面板中的“样条曲线”按钮，在步骤（1）中设置的基准面上绘制一条样条曲线，如图 9-2 所示。

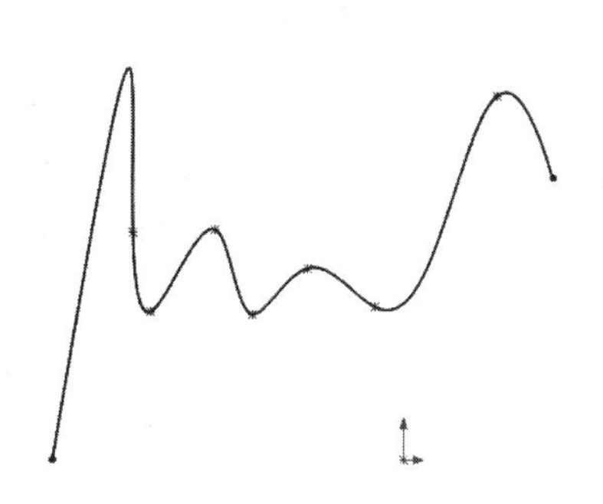

图 9-2 绘制样条曲线

（3）单击菜单栏中的“插入”→“曲面”→“拉伸曲面”命令，或者单击“曲面”工具栏中的“拉伸曲面”按钮，或者单击“曲面”控制面板中的“拉伸曲面”按钮，弹出“曲面-拉伸”属性管理器。

（4）按照如图 9-3 所示进行选项设置，注意设置曲面拉伸的方向，然后单击“确定”按钮，完成曲面拉伸。得到的拉伸曲面如图 9-4 所示。

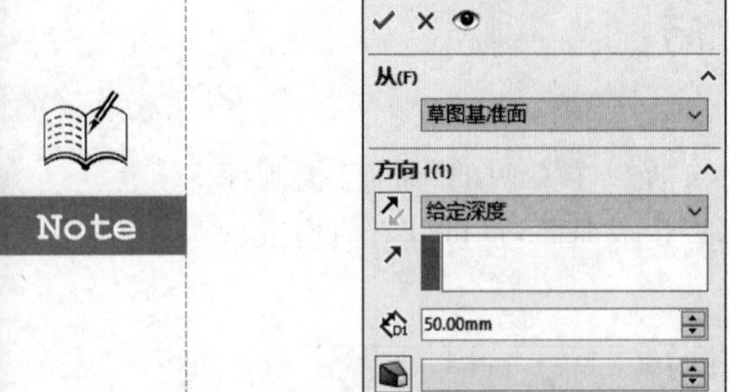

图 9-3 “曲面-拉伸”属性管理器

图 9-4 拉伸曲面

在“曲面-拉伸”属性管理器中，“方向 1”选项组的“终止条件”下拉列表框用来设置拉伸的终止条件，其各选项的意义如下。

- 给定深度：从草图的基准面拉伸特征到指定距离处形成拉伸曲面。
- 成形到一顶点：从草图基准面拉伸特征到模型的一个顶点所在的平面，这个平面平行于草图基准面且穿越指定的顶点。
- 成形到一面：从草图基准面拉伸特征到指定的面或者基准面。
- 成形到离指定面指定的距离：从草图基准面拉伸特征到离指定面的指定距离处生成拉伸曲面。
- 成形到实体：从草图基准面拉伸特征到指定实体处。
- 两侧对称：以指定的距离拉伸曲面，并且拉伸的曲面关于草图基准面对称。

9-2

9.1.2 旋转曲面

旋转曲面是指将交叉或者不交叉的草图，用所选轮廓指针生成旋转曲面。旋转曲面主要由三部分组成，即旋转轴、旋转类型和旋转角度。

下面介绍旋转曲面的操作步骤。

(1) 新建一个文件，在左侧的 FeatureManager 设计树中选择“前视基准面”作为草绘基准面，绘制如图 9-5 所示的草图。

(2) 选择菜单栏中的“插入”→“曲面”→“旋转曲面”命令，或者单击“曲面”工具栏中的“旋转曲面”按钮，或者单击“曲面”面板中的“旋转曲面”按钮，弹出“曲面-旋转”属性管理器。

(3) 按照如图 9-6 所示进行选项设置，注意设置曲面拉伸的方向，然后单击“确定”按钮✓，完成曲面旋转。得到的旋转曲面如图 9-7 所示。

技巧荟萃

生成旋转曲面时，绘制的样条曲线可以和中心线交叉，但是不能穿越。

Note

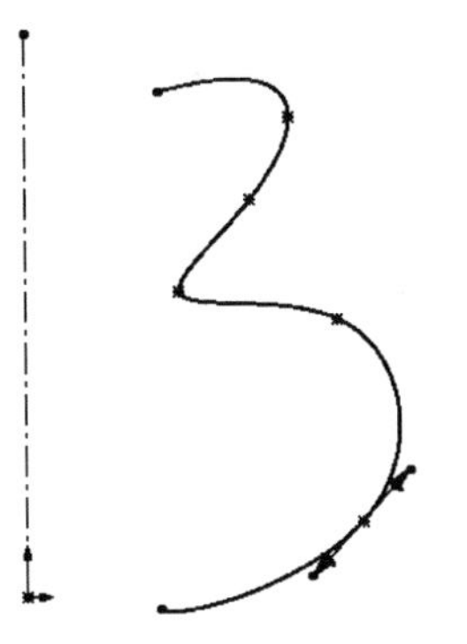

图 9-5　草图

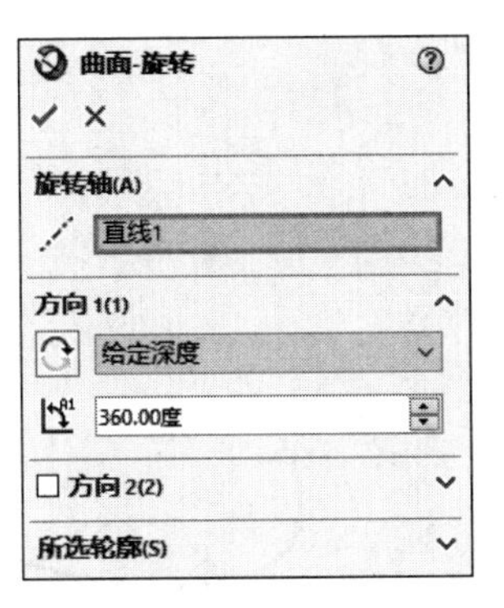

图 9-6　“曲面-旋转”属性管理器

图 9-7　旋转曲面后的效果

在“曲面-旋转”属性管理器中,“旋转参数”选项组的“旋转类型”下拉列表框用来设置旋转的终止条件,其各选项的意义如下。

- 单向：草图沿一个方向旋转生成旋转曲面。如果要改变旋转的方向,单击“旋转类型”下拉列表框左侧的“反向”按钮即可。
- 两侧对称：草图以所在平面为中面分别向两个方向旋转,并且关于中面对称。
- 双向：草图以所在平面为中面分别向两个方向旋转指定的角度,这两个角度可以分别指定。

9.1.3　扫描曲面

9-3

扫描曲面是指通过轮廓和路径的方式生成曲面,与扫描特征类似,也可以通过引导线扫描曲面。下面介绍扫描曲面的操作步骤。

(1) 新建一个文件,在左侧的 FeatureManager 设计树中选择“前视基准面”作为草绘基准面。

(2) 选择菜单栏中的“工具”→“草图绘制实体”→“样条曲线”命令,或者单击“草图”控制面板中的“样条曲线”按钮,在步骤(1)中设置的基准面上绘制样条曲线 1,作为扫描曲面的轮廓,如图 9-8 所示,然后退出草图绘制状态。

(3) 在左侧的 FeatureManager 设计树中选择“右视基准面”,然后单击“视图(前导)”工具栏中的“正视于”按钮,将右视基准面作为草绘基准面。

(4) 单击“草图”控制面板中的“样条曲线”按钮,在步骤(3)中设置的基准面上绘制样条曲线 2,作为扫描曲面的路径,如图 9-9 所示,然后退出草图绘制状态。

(5) 选择菜单栏中的“插入”→“曲面”→“扫描曲面”命令,或者单击“曲面”工具栏中的“扫描曲面”按钮,或者单击“曲面”控制面板中的“扫描曲面”按钮,弹出“曲面-扫描”属性管理器(图 9-10)。

(6) 在“轮廓”列表框中,单击选择步骤(2)中绘制的样条曲线 1;在“路径”列表框中,单击选择步骤(4)中绘制的样条曲线 2,如图 9-10 所示。单击“确定”按钮,完成曲面扫描。

(7) 单击“视图(前导)”工具栏中的“等轴测”按钮,将视图以等轴测方向显示,创建的扫描曲面如图 9-11 所示。

图 9-8　绘制样条曲线 1

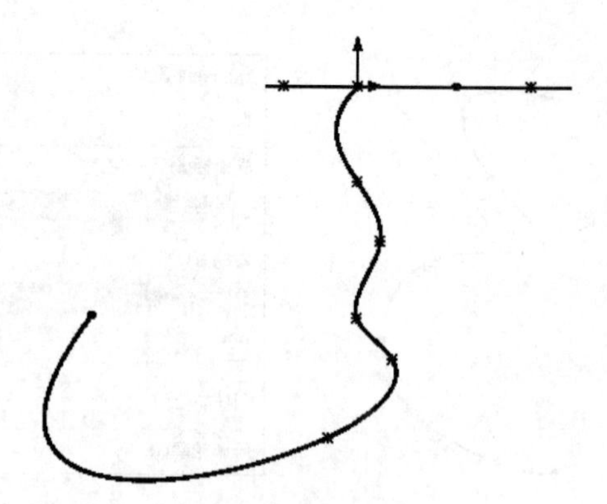

图 9-9　绘制样条曲线 2

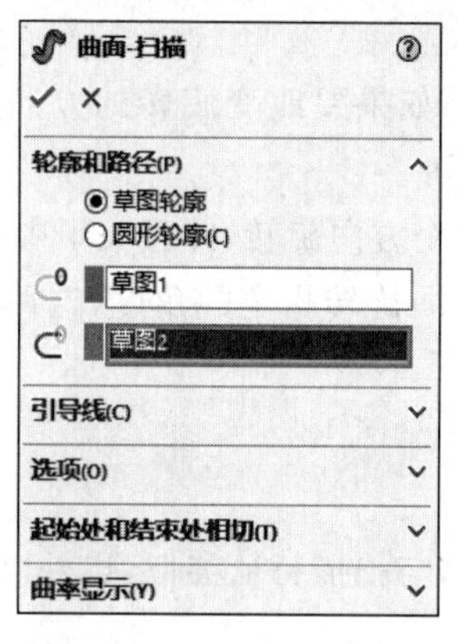

图 9-10　"曲面-扫描"属性管理器

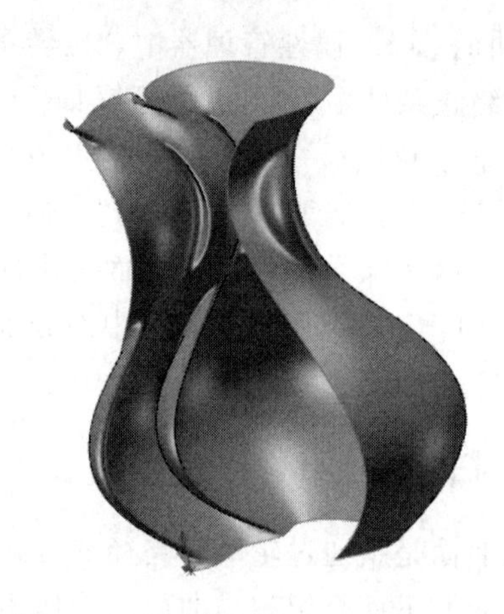

图 9-11　以等轴测方向显示扫描曲面

技巧荟萃

在使用引导线扫描曲面时，引导线必须贯穿轮廓草图，通常需要在引导线和轮廓草图之间建立重合和穿透几何关系。

9-4

9.1.4　放样曲面

放样曲面是指通过曲线之间的平滑过渡而生成曲面的方法。放样曲面主要由放样的轮廓曲线组成，如果有必要可以使用引导线。

下面介绍放样曲面的操作步骤。

(1) 打开源文件"X:\源文件\原始文件\9\放样曲面.SLDPRT"。选择菜单栏中的"插入"→"曲面"→"放样曲面"命令，或者单击"曲面"工具栏中的"放样曲面"按钮，或者单击"曲面"面板中的"放样曲面"按钮，弹出"曲面-放样"属性管理器，如图 9-12 所示。

(2) 在"轮廓"选项组中，依次选择如图 9-13 所示的样条曲线 1～样条曲线 3。

(3) 单击属性管理器中的"确定"按钮，创建的放样曲面如图 9-14 所示。

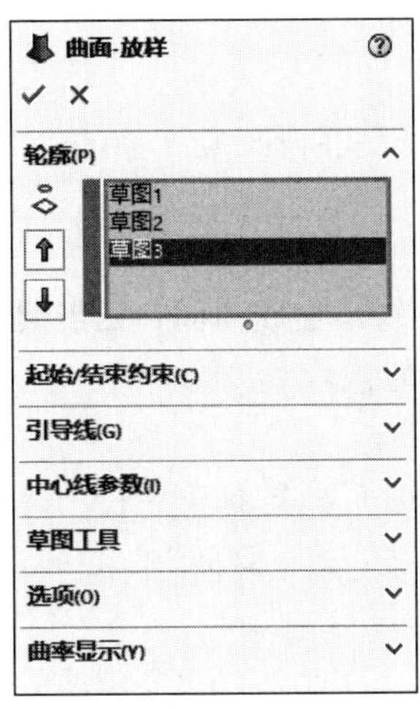

图 9-12　“曲面-放样”属性管理器

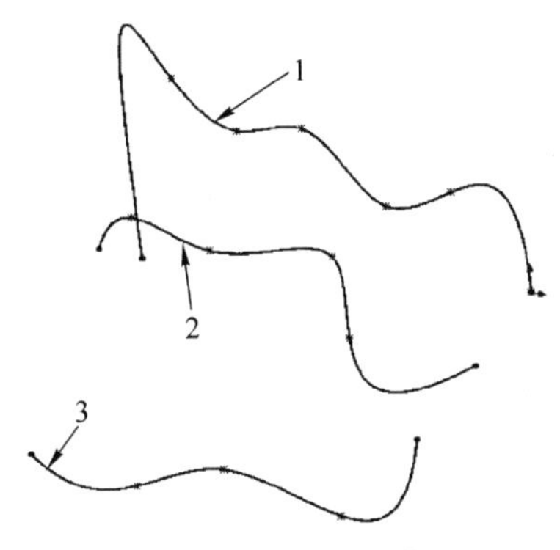

图 9-13　选择样条曲线

图 9-14　放样曲面

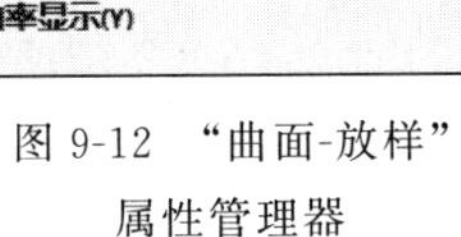

技巧荟萃

① 放样曲面时，轮廓曲线的基准面不一定要平行。

② 放样曲面时，可以应用引导线控制放样曲面的形状。

9.1.5　等距曲面

9-5

等距曲面是指将已经存在的曲面以指定的距离生成另一个曲面，该曲面可以是模型的轮廓面，也可以是绘制的曲面。

下面介绍等距曲面的操作步骤。

(1) 打开源文件“X:\源文件\原始文件\9\等距曲面.SLDPRT”。选择菜单栏中的“插入”→“曲面”→“等距曲面”命令，或者单击“曲面”工具栏中的“等距曲面”按钮，或者单击“曲面”面板中的“等距曲面”按钮，弹出“等距曲面”属性管理器。

(2) 在“要等距的曲面或面”列表框中，单击选择如图 9-15 所示的面 1；在“等距距离”文本框中输入 60.00mm，并注意调整等距曲面的方向，如图 9-16 所示。

(3) 单击“确定”按钮，生成的等距曲面如图 9-17 所示。

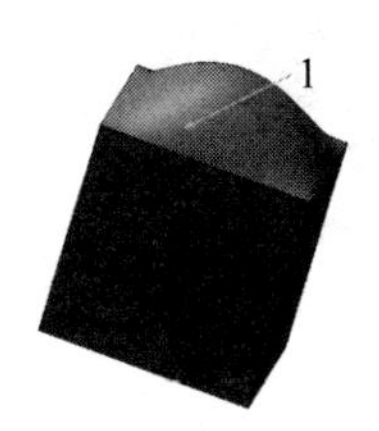

图 9-15　打开的文件实体

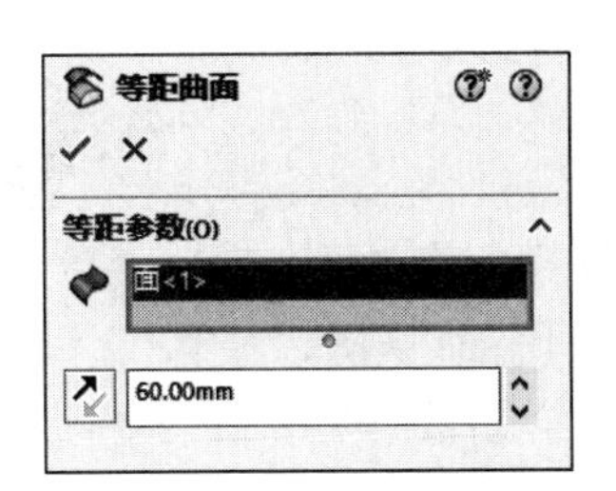

图 9-16　“等距曲面”属性管理器

图 9-17　等距曲面

技巧荟萃

等距曲面可以生成距离为0的等距曲面，用于生成一个独立的轮廓面。

9.1.6 延展曲面

延展曲面是指通过沿所选平面方向延展实体或者曲面的边线来生成曲面。延展曲面主要通过指定延展曲面的参考方向、参考边线和延展距离来确定。

9-6

下面介绍延展曲面的操作步骤。

(1) 打开源文件"X:\源文件\原始文件\9\延展曲面.SLDPRT"。选择菜单栏中的"插入"→"曲面"→"延展曲面"命令，或者单击"曲面"工具栏中的"延展曲面"按钮，系统弹出"延展曲面"属性管理器，如图9-18所示。

(2) 在"延展方向参考"列表框中，单击选择如图9-19所示的面2；在"要延展的边线"列表框中，单击选择如图9-19所示的边线1。

(3) 单击"确定"按钮✓，生成的延展曲面如图9-20所示。

生成的曲面可以进行编辑，在SOLIDWORKS 2020中如果修改相关曲面中的一个曲面，另一个曲面也将进行相应的修改。SOLIDWORKS提供了缝合曲面、延伸曲面、剪裁曲面、填充曲面、中面、替换曲面、删除曲面、解除剪裁曲面、分型面和直纹曲面等多种曲面编辑方式，相应的曲面编辑按钮在"曲面"工具栏中。

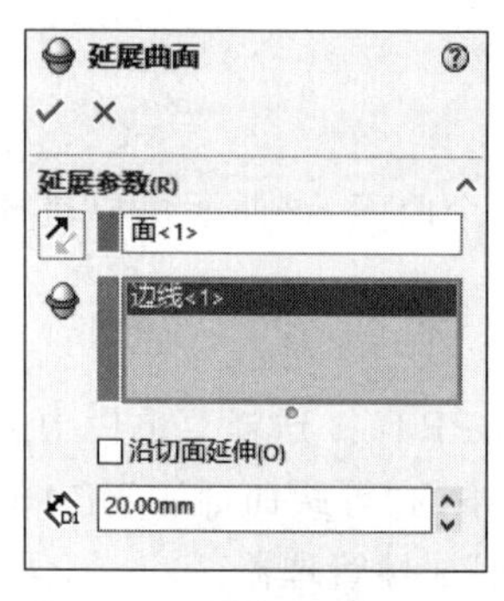

图9-18 "延展曲面"属性管理器

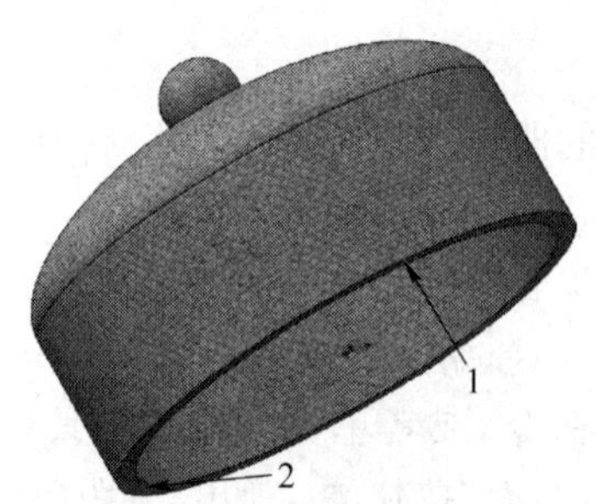

图9-19 打开的文件实体

图9-20 延展曲面

9-7

9.1.7 实例——灯罩

本例绘制的灯罩模型如图9-21所示。

思路分析

本例绘制的灯罩利用曲面放样命令放样实体，在绘制过程中绘制多个不同平面草图，大量使用草图绘制工具，按储存绘制放样草图，流程图如图9-22所示。

图9-21 灯罩

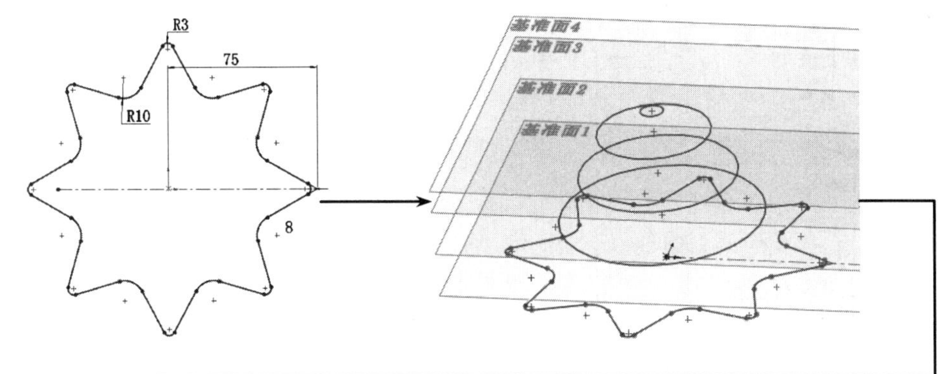

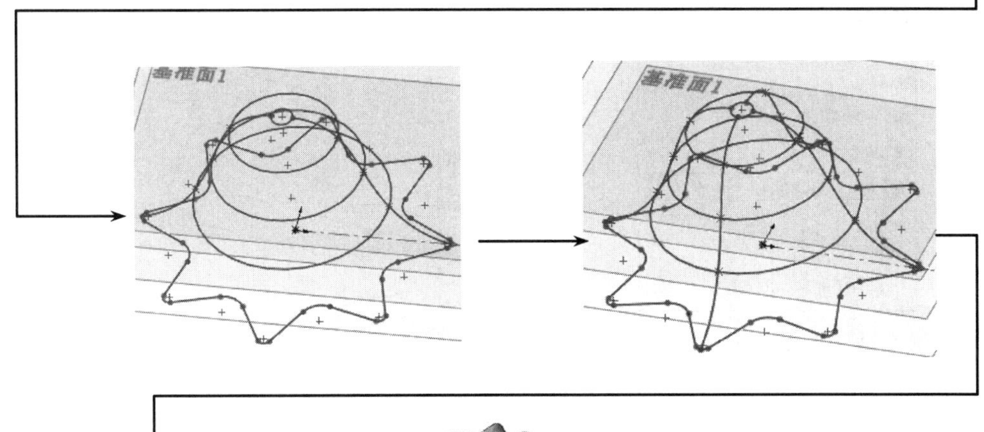

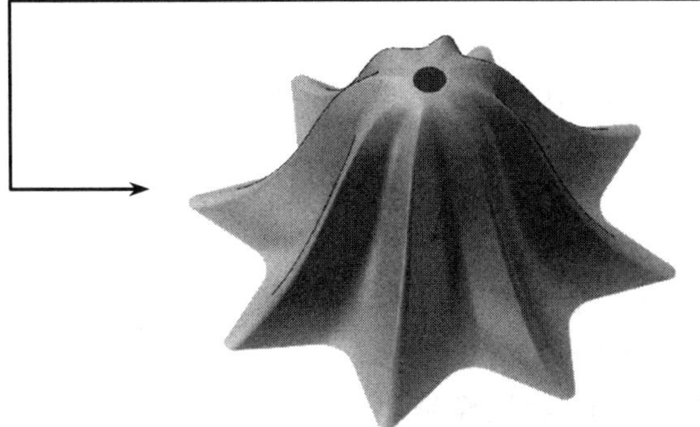

图 9-22 灯罩绘制流程

绘制步骤

(1) 新建文件。选择菜单栏中的“文件”→“新建”命令,或者单击“标准”工具栏中的“新建”按钮,在弹出的“新建 SOLIDWORKS 文件”对话框中先单击“零件”按钮,再单击“确定”按钮,创建一个新的零件文件。

(2) 创建基准面。选择“插入”→“参考几何体”→“基准面”菜单命令,或者单击“特征”工具栏中的“基准面”按钮,或者单击“特征”控制面板“参考几何体”下拉列表中的“基准面”按钮,弹出如图 9-23 所示的“基准面”属性管理器。选择“前视基准面”为参考面,在“偏移距离”文本框中输入偏移距离为 20.00mm,单击“确定”按钮✓,完成基准面 1 的创建。重复“基准面”命令,分别创建距离前视基准面为 40mm、60mm 和

Note

70mm 的基准面,如图 9-24 所示。

图 9-23 “基准面”属性管理器

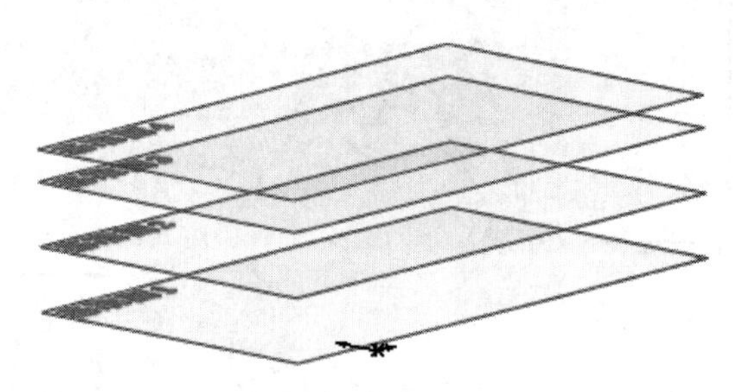

图 9-24 创建基准面

(3) 设置基准面。在左侧的 FeatureManager 设计树中选择“前视基准面”,然后单击“前导视图”工具栏中的“正视于”按钮,将该基准面作为绘制图形的基准面。

(4) 绘制草图。

① 选择“工具”→“草图绘制实体”→“中心线”菜单命令,或者单击“草图”控制面板中的“中心线”按钮,绘制一条水平中心线,单击“草图”控制面板中的“直线”按钮,绘制如图 9-25 所示的草图并标注尺寸。

② 选择“工具”→“草图工具”→“镜像实体”菜单命令,或者单击“草图”工具栏中的“镜像实体”按钮,或者单击“草图”控制面板中的“镜像实体”按钮,弹出“镜像”属性管理器,选择步骤(1)创建的直线作为要镜像的实体,选择水平中心线为镜像点,勾选“复制”复选框,如图 9-26 所示。单击“确定”按钮✓,结果如图 9-27 所示。

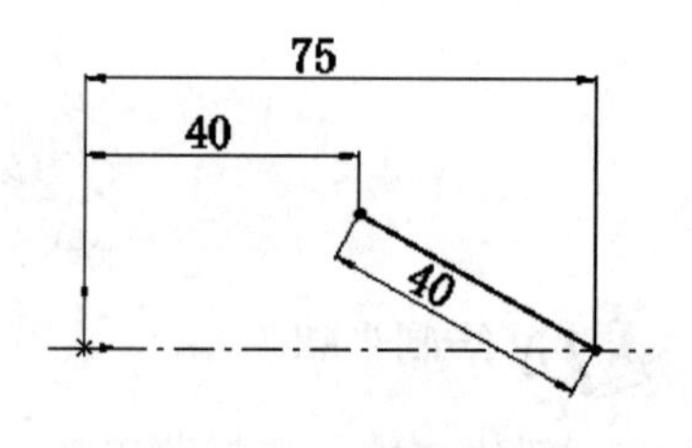

图 9-25 绘制的草图并标注尺寸

③ 选择“工具”→“草图工具”→“圆周阵列”菜单命令,或者单击“草图”工具栏中的“圆周阵列”按钮,或者单击“草图”控制面板中的“圆周阵列”按钮,弹出“圆周阵列”属性管理器,选择步骤(1)和步骤(2)创建的直线为圆周阵列实体,选择坐标原点为中心点,输入阵列个数为 8,勾选“等间距”复选框,如图 9-28 所示。单击“确定”按钮✓,结果如图 9-29 所示。

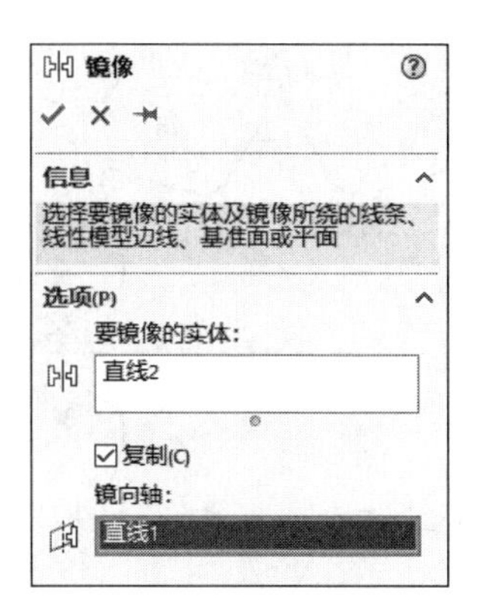

图 9-26　“镜像”属性管理器

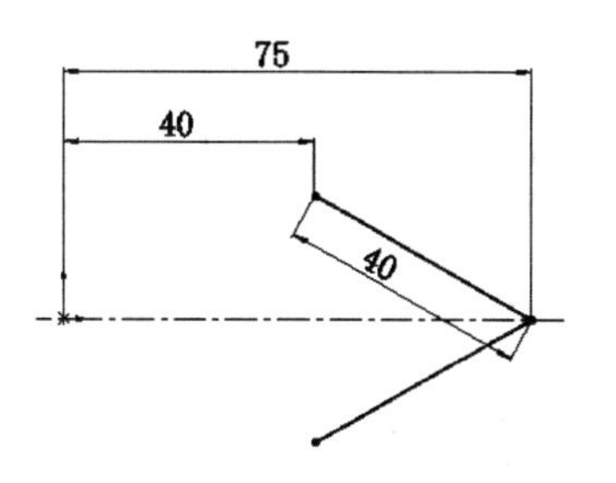

图 9-27　镜像草图

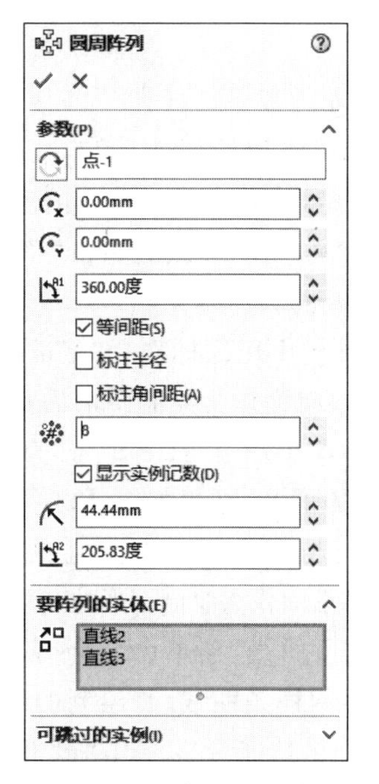

图 9-28　“圆周阵列”属性管理器

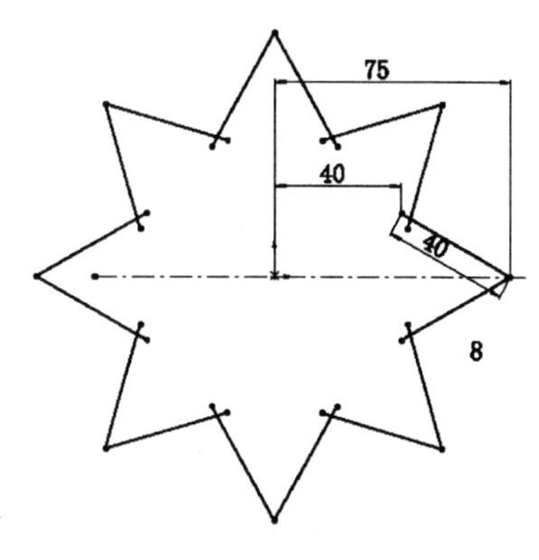

图 9-29　圆周阵列直线

④ 选择“工具”→“草图工具”→“圆角”菜单命令，或者单击“草图”工具栏中的“绘制圆角”按钮，或者单击“草图”控制面板中的“绘制圆角”按钮，弹出“绘制圆角”属性管理器，输入圆角半径为 10.00mm，如图 9-30 所示。单击“确定”按钮✓，结果如图 9-31 所示。

(5) 设置基准面 1。在左侧的 FeatureManager 设计树中用鼠标选择“基准面 1”，然后单击“前导视图”工具栏中的“正视于”按钮，将该基准面作为绘制图形的基准面。

(6) 绘制草图。选择“工具”→“草图工具”→“圆”菜单命令，或者单击“草图”控制面板中的“圆”按钮，在坐标原点处绘制直径为 90mm 的圆。

(7) 设置基准面 2。在左侧的 FeatureManager 设计树中用鼠标选择“基准面 2”，然后单击“前导视图”工具栏中的“正视于”按钮，将该基准面作为绘制图形的基准面。

Note

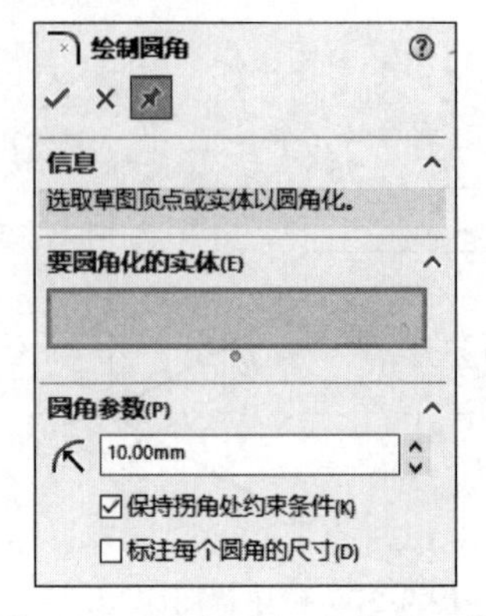

图 9-30 “绘制圆角”属性管理器

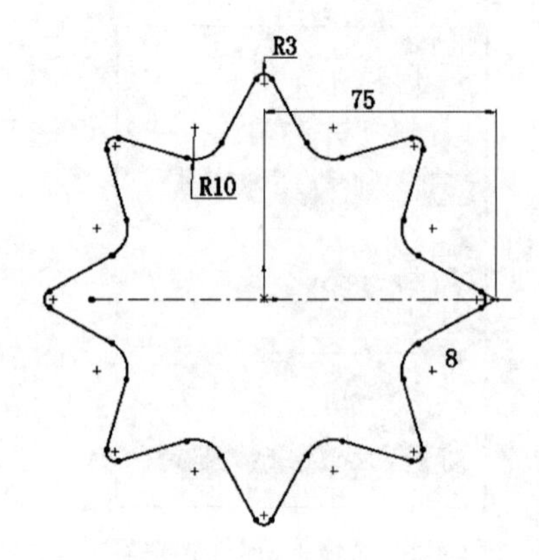

图 9-31 绘制圆角

(8) 绘制草图。选择“工具”→“草图工具”→“圆”菜单命令,或者单击“草图”控制面板中的“圆”按钮,在坐标原点处绘制直径为 70mm 的圆。

(9) 设置基准面 3。在左侧 FeatureManager 设计树中用鼠标选择“基准面 3”,然后单击“前导视图”工具栏中的“正视于”按钮,将该基准面作为绘制图形的基准面。

(10) 绘制草图。选择“工具”→“草图工具”→“圆”菜单命令,或者单击“草图”控制面板中的“圆”按钮,在坐标原点处绘制直径为 50mm 的圆。

(11) 设置基准面 4。在左侧 FeatureManager 设计树中用鼠标选择“基准面 4”,然后单击“前导视图”工具栏中的“正视于”按钮,将该基准面作为绘制图形的基准面。

(12) 绘制草图。选择“工具”→“草图工具”→“圆”菜单命令,或者单击“草图”控制面板中的“圆”按钮,在坐标原点处绘制直径为 10mm 的圆,结果如图 9-32 所示。

(13) 设置上视基准面。在左侧“FeatureManager 设计树”中用鼠标选择“上视基准面”,然后单击“前导视图”工具栏中的“正视于”按钮,将该基准面作为绘制图形的基准面。

(14) 绘制草图。选择“工具”→“草图工具”→“样条曲线”菜单命令,或者单击“草图”控制面板中的“样条曲线”按钮,捕捉圆的节点绘制样条曲线,将绘制的样条曲线各控制点分别与各圆添加“穿透”几何关系。结果如图 9-33 所示。单击“退出草图”按钮,退出草图。

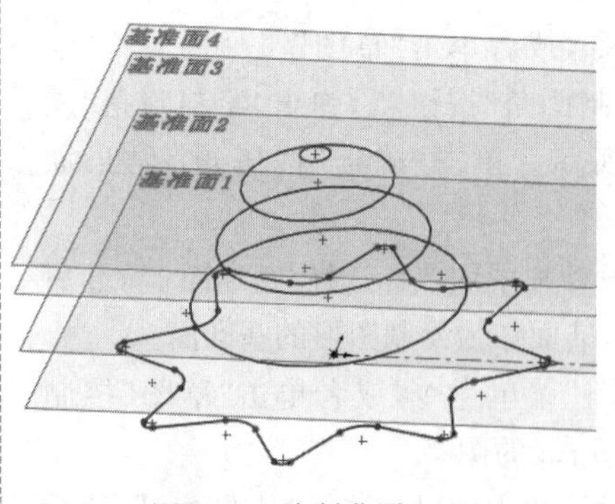

图 9-32 绘制草图(1)

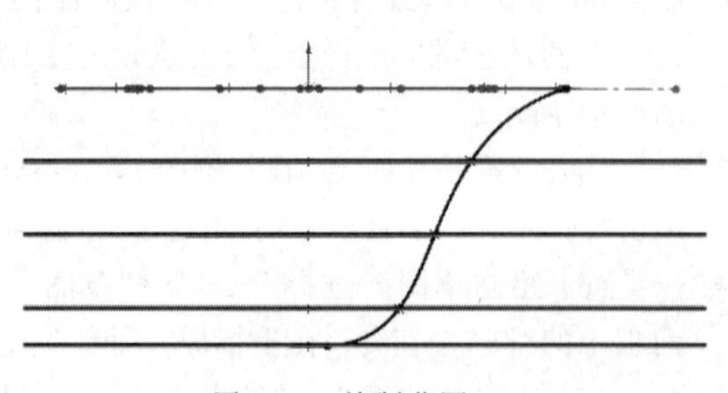

图 9-33 绘制草图(2)

(15) 重复步骤(13)和步骤(14),在上视基准面的另一侧创建样条曲线,如图 9-34 所示。

(16) 设置右视基准面。在左侧的 FeatureManager 设计树中用鼠标选择“右视基准面”,然后单击“前导视图”工具栏中的“正视于”按钮,将该基准面作为绘制图形的基准面。

Note

(17) 绘制草图。选择“工具”→“草图工具”→“样条曲线”菜单命令,或者单击“草图”控制面板中的“样条曲线”按钮,捕捉圆的节点绘制样条曲线。单击“退出草图”按钮,退出草图。

(18) 重复步骤(16)和步骤(17),在右视基准面的另一侧创建样条曲线,如图 9-35 所示。

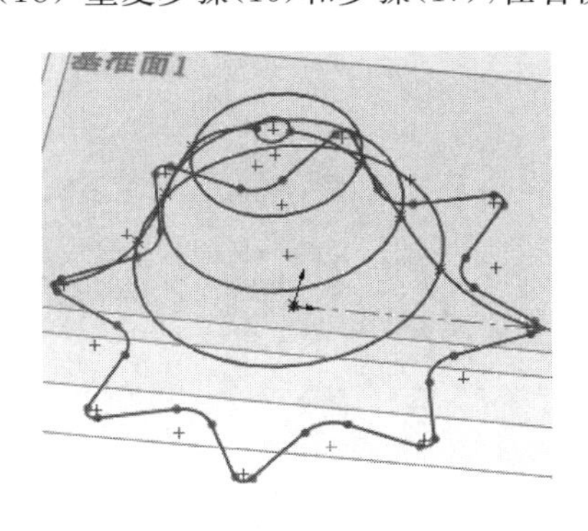

图 9-34 绘制草图(3)

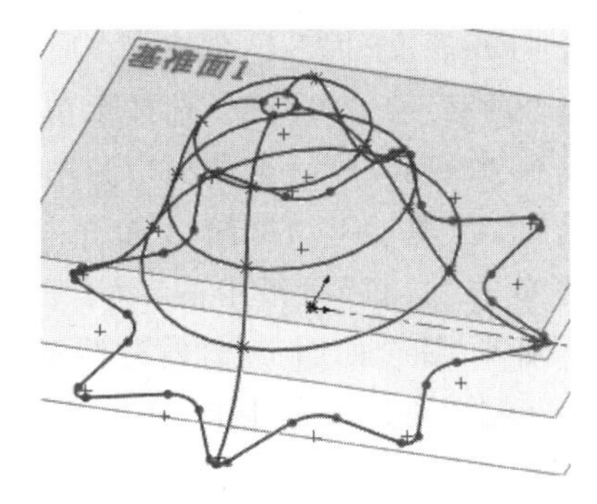

图 9-35 绘制草图(4)

(19) 放样曲面。选择“插入”→“曲面”→“放样曲面”菜单命令,或者单击“曲面”控制面板中的“放样曲面”按钮,或者单击“曲面”控制面板中的“放样曲面”按钮,弹出如图 9-36 所示的“曲面-放样”属性管理器。选择草图 1 和草图 5 为轮廓,选择 4 条样条曲线为引导线,单击属性管理器中的“确定”按钮,结果如图 9-37 所示。

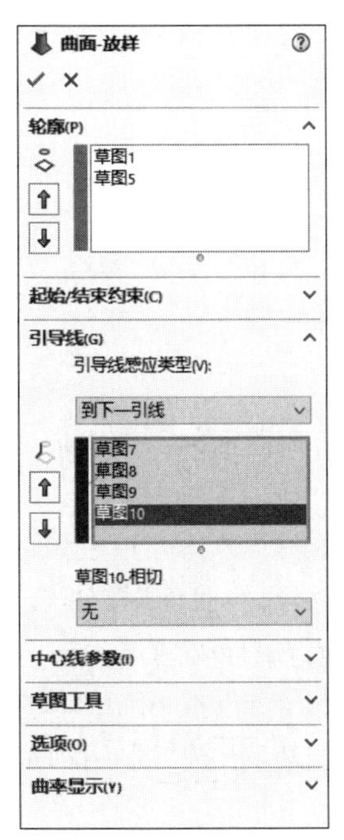

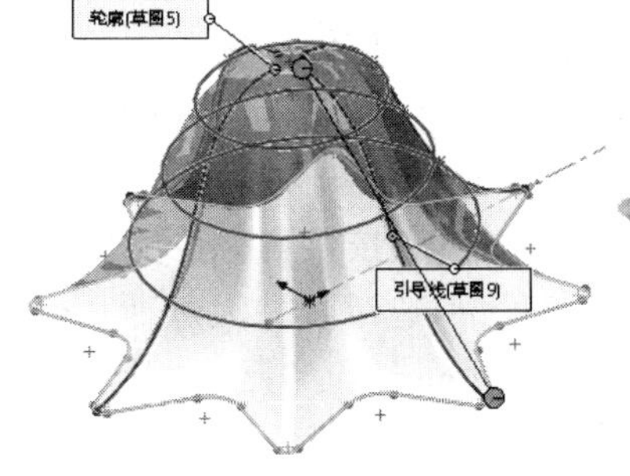

图 9-36 “曲面-放样”属性管理器

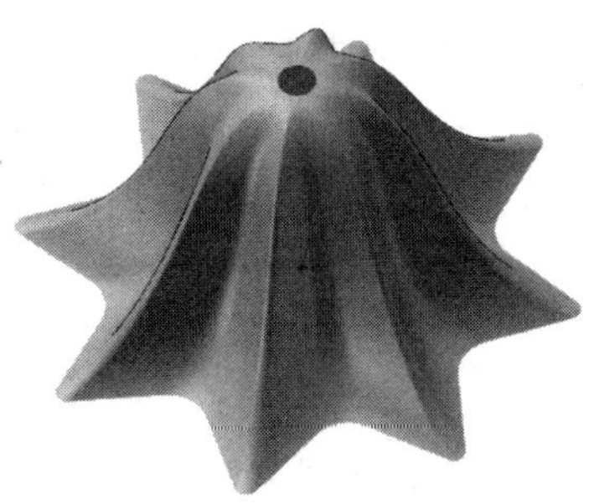

图 9-37 放样曲面

9.2 编辑曲面

Note

9-8

9.2.1 缝合曲面

缝合曲面是将两个或者多个平面或曲面组合成一个面。下面介绍缝合曲面的操作步骤。

（1）打开源文件“X:\源文件\原始文件\9\缝合曲面.SLDPRT”。选择菜单栏中的“插入”→“曲面”→“缝合曲面”命令，或者单击“曲面”工具栏中的“缝合曲面”按钮，或者单击“曲面”面板中的“缝合曲面”按钮，弹出“缝合曲面”属性管理器。

（2）单击“要缝合的曲面和面”列表框，选择如图9-38所示的面1～面3。

（3）单击“确定”按钮，生成缝合曲面。

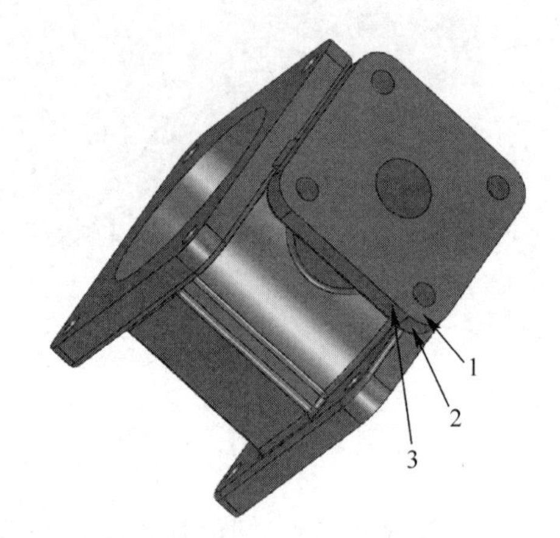

图9-38 打开的文件实体

技巧荟萃

使用曲面缝合时，要注意以下几项。

① 曲面的边线必须相邻且不重叠。

② 曲面不必处于同一基准面上。

③ 缝合的曲面实体可以是一个或多个相邻的曲面实体。

④ 缝合曲面不吸收用于生成它们的曲面。

⑤ 在缝合曲面形成一闭合体积或保留为曲面实体时生成一实体。

⑥ 在使用基面选项缝合曲面时，必须使用延展曲面。

⑦ 曲面缝合前后，曲面和面的外观没有任何变化。

9-9

9.2.2 延伸曲面

延伸曲面是指将现有曲面的边缘，沿着切线方向，以直线或者随曲面的弧度方向产生附加的延伸曲面。下面介绍延伸曲面的操作步骤。

（1）打开源文件“X:\源文件\原始文件\9\延伸曲面.SLDPRT”。单击菜单栏中的“插入”→“曲面”→“延伸曲面”命令，或者单击“曲面”工具栏中的“延伸曲面”按钮，或者单击“曲面”控制面板中的“延伸曲面”按钮，弹出“延伸曲面”属性管理器。

（2）单击“所选面/边线”列表框，选择如图9-39所示的边线1；点选“距离”单选按钮，在“距离”文本框中输入60.00mm；在“延伸类型”选项组中，点选“同一曲面”单选按钮，如图9-40所示。

Note

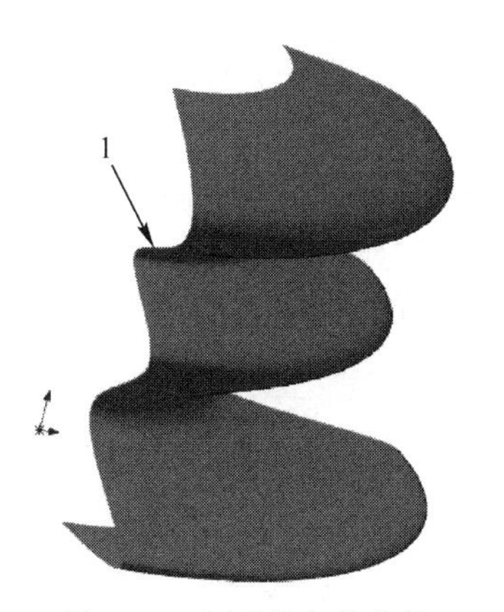

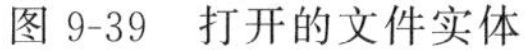
图 9-39 打开的文件实体

图 9-40 “延伸曲面”属性管理器

(3) 单击“确定”按钮 ✔,生成的延伸曲面如图 9-41 所示。

延伸曲面的延伸类型有两种方式：一种是同一曲面类型,是指沿曲面的几何体延伸曲面；另一种是线性类型,是指沿边线相切于原有曲面来延伸曲面。如图 9-41 所示是使用同一曲面类型生成的延伸曲面,如图 9-42 所示是使用线性类型生成的延伸曲面。

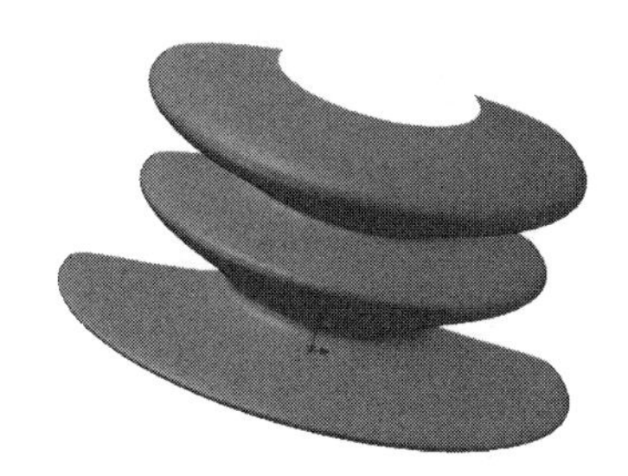
图 9-41 同一曲面类型生成的延伸曲面

图 9-42 线性类型生成的延伸曲面

在“延伸曲面”属性管理器的“终止条件”选项组中,各单选按钮的意义如下。

- 距离：按照在“距离”文本框中指定的数值延伸曲面。
- 成形到某一面：将曲面延伸到“曲面/面”列表框中选择的曲面或者面。
- 成形到某一点：将曲面延伸到“顶点”列表框中选择的顶点或者点。

9.2.3 剪裁曲面

剪裁曲面是指使用曲面、基准面或者草图作为剪裁工具来剪裁相交曲面,也可以将曲面和其他曲面联合使用作为相互的剪裁工具。

剪裁曲面有标准和相互两种类型。标准类型是指使用曲面、草图实体、曲线、基准面等来剪裁曲面；相互类型是指使用曲面本身来剪裁多个曲面。

下面介绍两种类型剪裁曲面的操作步骤。

1. 标准类型剪裁曲面

9-10

(1) 打开源文件“X:\源文件\原始文件\9\标准类型剪裁曲面.SLDPRT”。选择菜

Note

单栏中的“插入”→“曲面”→“剪裁曲面”命令，或者单击“曲面”工具栏中的“剪裁曲面”按钮，或者单击“曲面”面板中的“剪裁曲面”按钮，系统弹出“剪裁曲面”属性管理器。

（2）在“剪裁类型”选项组中，点选“标准”单选按钮；在“选择”选项组中，点选“保留选择”单选按钮，并在“剪裁曲面、基准面或草图”列表框中，单击选择如图 9-43 所示的曲面 2 所标注处，在“保留的部分”列表框中选择曲面 1 所标注处，“剪裁曲面”属性管理器设置如图 9-44 所示。

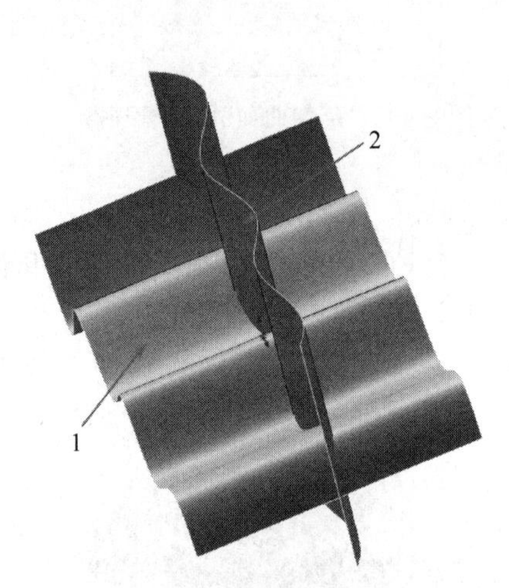

图 9-43　打开的文件实体

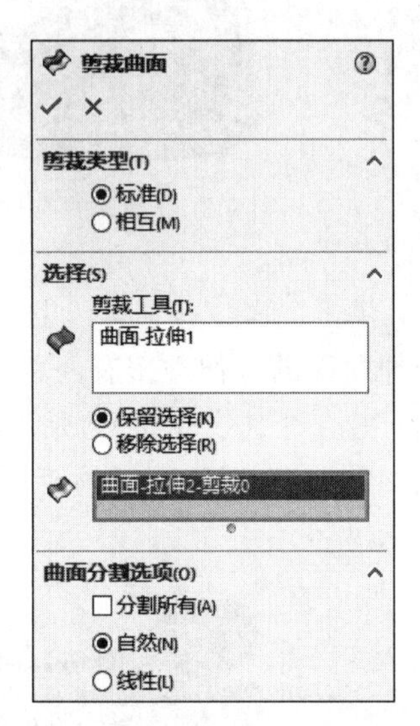

图 9-44　“剪裁曲面”属性管理器（1）

（3）单击“确定”按钮，生成剪裁曲面。保留选择的剪裁图形 1 如图 9-45 所示。

如果在“剪裁曲面”属性管理器中点选“移除选择”单选按钮，并在“剪裁曲面、基准面或草图”列表框中，单击选择如图 9-43 所示的曲面 1 标注处，在“保留的部分”列表框中选择曲面 2 标注处，则会移除曲面 1 下面的曲面 2 部分，移除选择的剪裁图形 1 如图 9-46 所示。

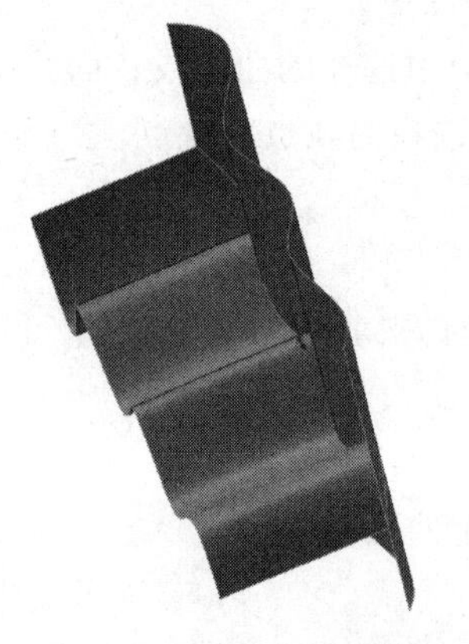

图 9-45　保留选择的剪裁图形 1

图 9-46　移除选择的剪裁图形 1

9-11

Note

2. 相互类型剪裁曲面

(1) 打开源文件"X:\源文件\原始文件\9\相互类型剪裁曲面.SLDPRT"。选择菜单栏中的"插入"→"曲面"→"剪裁曲面"命令，或者单击"曲面"工具栏中的"剪裁曲面"按钮，或者单击"曲面"控制面板中的"剪裁曲面"按钮，弹出"剪裁曲面"属性管理器。

(2) 在"剪裁类型"选项组中，点选"相互"单选按钮；在"剪裁工具"列表框中，单击选择如图 9-43 所示的曲面 1 和曲面 2；点选"保留选择"单选按钮，并在"保留的部分"列表框中单击选择如图 9-43 所示的曲面 1 左侧和曲面 2 下侧，其他设置如图 9-47 所示。

(3) 单击"确定"按钮，生成剪裁曲面。保留选择的剪裁图形 2 如图 9-48 所示。

如果在"剪裁曲面"属性管理器中点选"移除选择"单选按钮，并在"要移除的部分"列表框中，单击选择如图 9-43 所示的曲面 1 和曲面 2 所标注处，则会移除曲面 1 和曲面 2 所选择的部分。移除选择的剪裁图形 2 如图 9-49 所示。

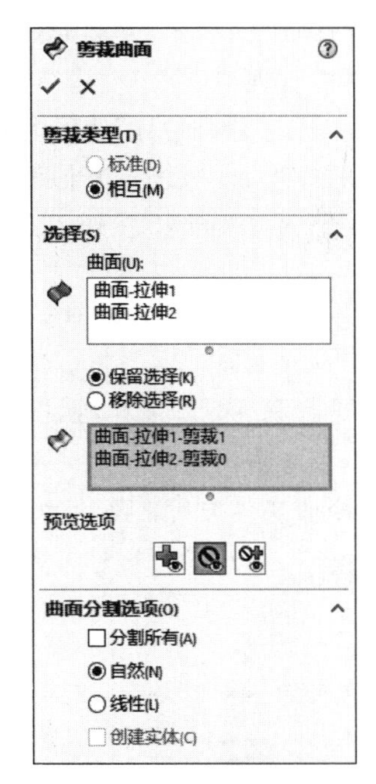

图 9-47 "剪裁曲面"属性管理器(2)

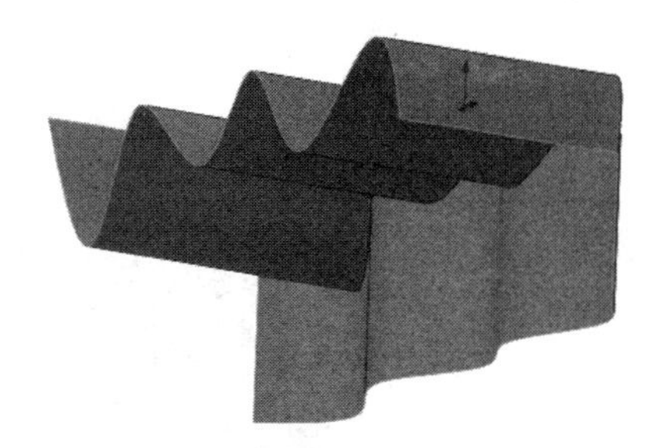

图 9-48 保留选择的剪裁图形 2

图 9-49 移除选择的剪裁图形 2

9-12

9.2.4 填充曲面

填充曲面是指在现有模型边线、草图或者曲线定义的边界内构成带任何边数的曲面修补。填充曲面通常用在以下几种情况中。

- 纠正没有正确输入到 SOLIDWORKS 中的零件，比如该零件有丢失的面。
- 填充型芯和型腔造型零件中的孔。
- 构建用于工业设计的曲面。
- 生成实体模型。
- 用于包括作为独立实体的特征或合并这些特征。

下面介绍填充曲面的操作步骤。

(1) 打开源文件"X:\源文件\原始文件\9\填充曲面.SLDPRT"。选择菜单栏中的"插入"→"曲面"→"填充"命令，或者单击"曲面"工具栏中的"填充曲面"按钮，或者

单击“曲面”面板中的“填充曲面”按钮，弹出“填充曲面”属性管理器。

（2）在“修补边界”选项组中，单击依次选择如图9-50所示的边线1～边线6，其他设置如图9-51所示。

（3）单击“确定”按钮✔，生成的填充曲面如图9-52所示。

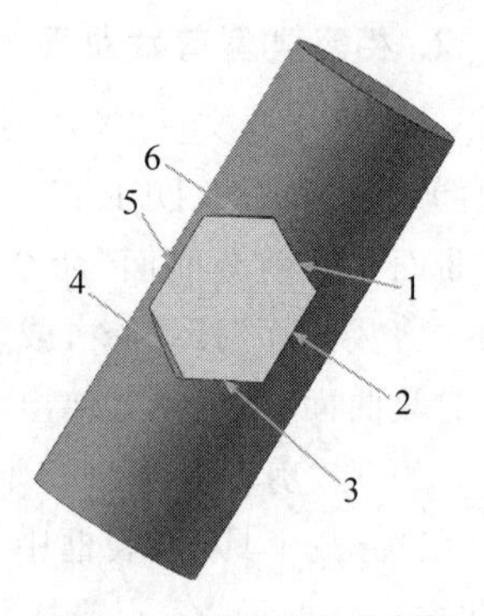

图9-50　打开的文件实体

技巧荟萃

进行拉伸切除实体时，一定要注意调节拉伸切除的方向，否则系统会提示所进行的切除不与模型相交，或者切除的实体与所需要的切除相反。

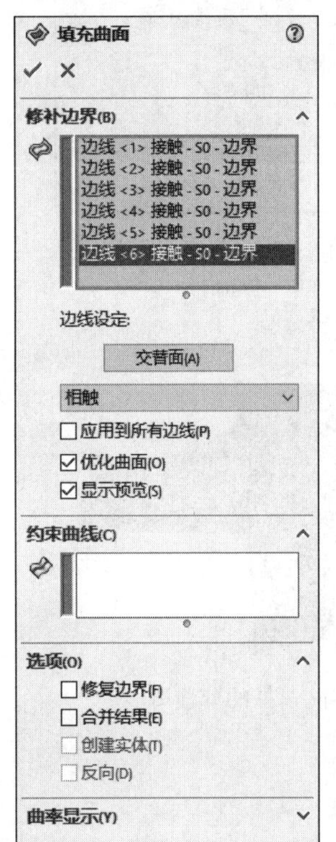

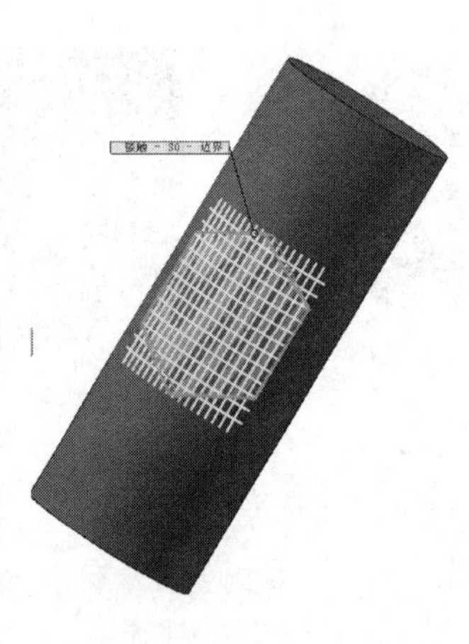

图9-51　“填充曲面”属性管理器及示意图

图9-52　填充曲面

9-13

9.2.5　中面

中面工具可让在实体上合适的所选双对面之间生成中面。合适的双对面应该处处等距，并且必须属于同一实体。

与所有在SOLIDWORKS中生成的曲面相同，中面包括所有曲面的属性。中面通常有以下几种情况。

- 单个：从图形区中选择单个等距面生成中面。

- 多个：从图形区中选择多个等距面生成中面。
- 所有：单击“曲面-中间面”属性管理器中的“查找双对面”按钮，让系统选择模型上所有合适的等距面，用于生成所有等距面的中面。

下面介绍中面的操作步骤。

（1）打开源文件“X:\源文件\原始文件\9\中面.SLDPRT”。选择菜单栏中的“插入”→“曲面”→“中面”命令，或者单击“曲面”控制面板中的“中面”按钮，弹出“中面”属性管理器。

（2）在“面1”列表框中，单击选择如图9-53所示的面1；在“面2”列表框中，单击选择如图9-53所示的面2；在“定位”文本框中输入50.000000%，“中面1”属性管理器设置如图9-54所示。

（3）单击“确定”按钮，生成的中面如图9-55所示。

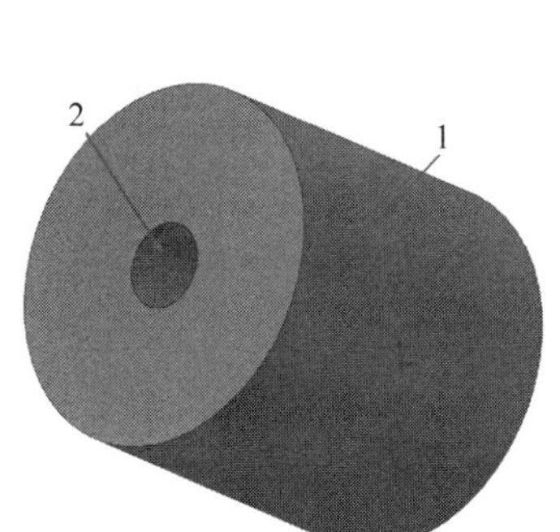

图9-53 打开的文件实体

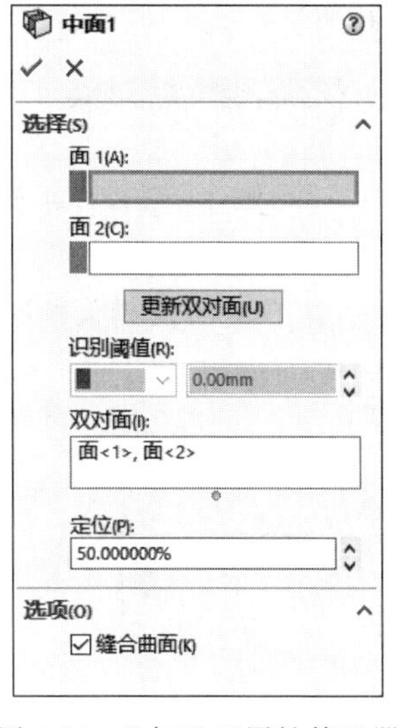

图9-54 “中面1”属性管理器

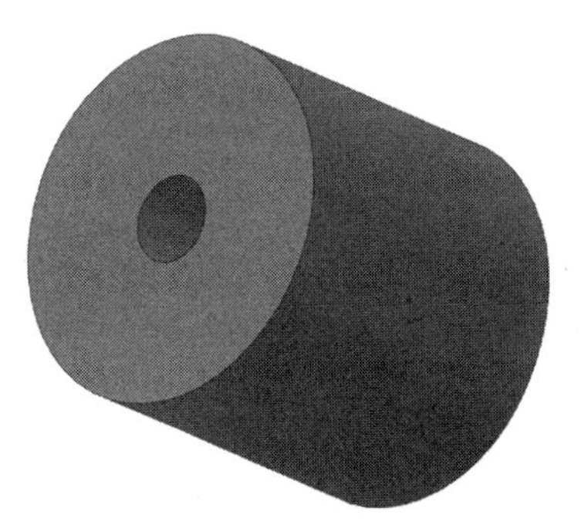

图9-55 创建中面

技巧荟萃

生成中面的定位值，是从面1的位置开始，位于面1和面2之间。

9.2.6 替换面

9-14

替换面是指以新曲面实体来替换曲面或者实体中的面。替换曲面实体不必与旧的面具有相同的边界。在替换面时，原来实体中的相邻面自动延伸并剪裁到替换曲面实体。

替换面通常有以下几种情况。

- 以一个曲面实体替换另一个或者一组相连的面。
- 在单一操作中，用一相同的曲面实体替换一组以上相连的面。
- 在实体或曲面实体中替换面。

在上面的几种情况中，比较常用的是用一个曲面实体替换另一个曲面实体中的一

Note

个面。下面介绍替换面的操作步骤。

(1) 打开源文件“X:\源文件\原始文件\9\替换面.SLDPRT”。选择菜单栏中的“插入”→“面”→“替换”命令，或者单击“曲面”工具栏中的“替换面”按钮，或者单击“曲面”面板中的“替换面”按钮，弹出“替换面1”属性管理器。

(2) 在“替换的目标面”列表框中，单击选择如图9-56所示的面2；在“替换曲面”列表框中，单击选择如图9-56所示的曲面1，属性管理器设置如图9-57所示。

(3) 单击“确定”按钮，生成的替换面如图9-58所示。

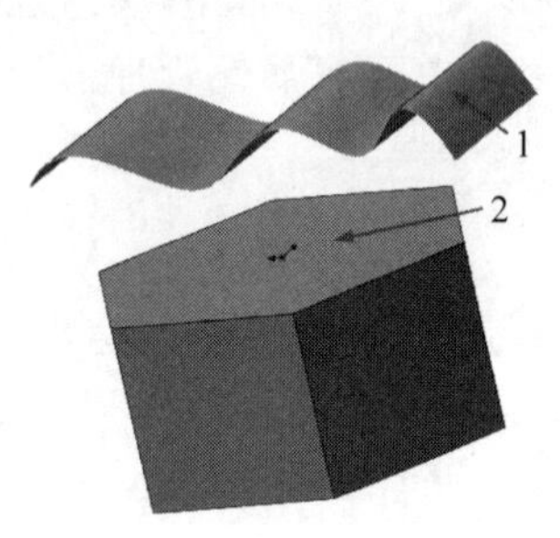

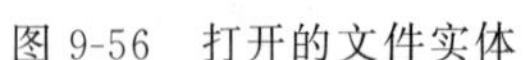

图9-56 打开的文件实体

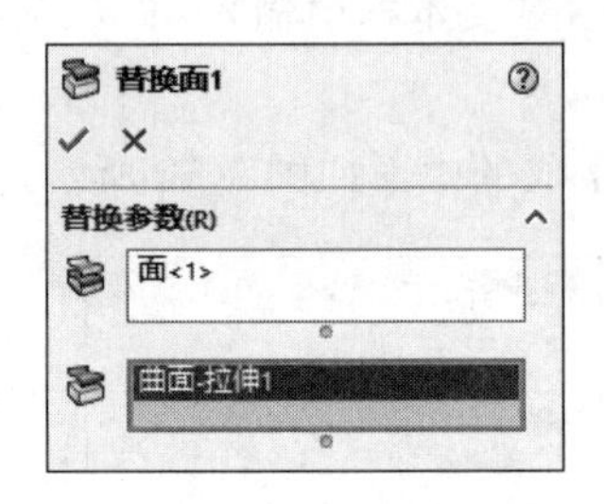

图9-57 “替换面1”属性管理器

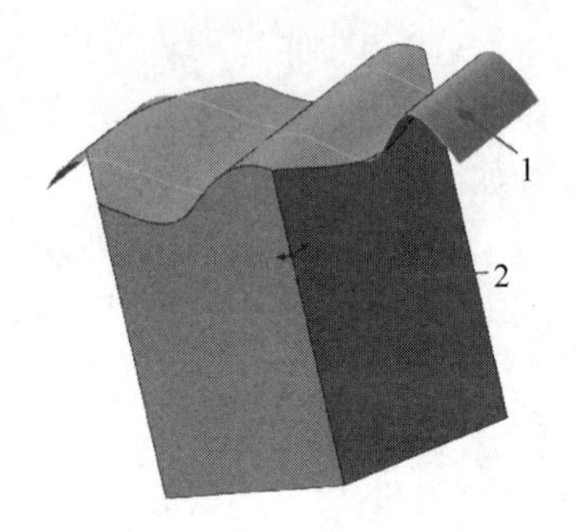

图9-58 创建替换面

(4) 右击图9-58所示的曲面1，在弹出的快捷菜单中单击“隐藏”按钮，如图9-59所示。隐藏目标面后的实体如图9-60所示。

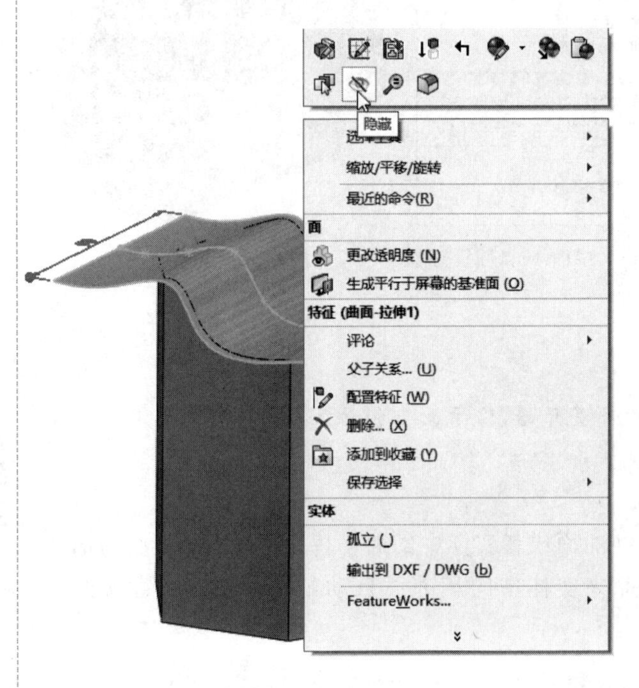

图9-59 快捷菜单

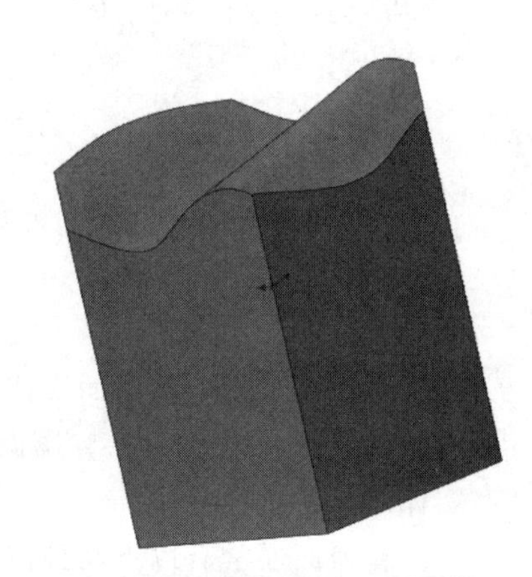

图9-60 隐藏目标面后的实体

在替换面中，替换的面有两个特点：一是必须替换，必须相连；二是不必相切。替换曲面实体可以是以下几种类型之一。

- 任何类型的曲面特征，如拉伸、放样等。
- 缝合曲面实体或者复杂的输入曲面实体。
- 通常比正替换的面要宽和长，但在某些情况下，当替换曲面实体比要替换的面小的时候，替换曲面实体会自动延伸以与相邻面相遇。

Note

9-15

9.2.7　删除面

删除面通常有以下几种情况。

- 删除：从曲面实体删除面，或者从实体中删除一个或多个面来生成曲面。
- 删除和修补：从曲面实体或者实体中删除一个面，并自动对实体进行修补和剪裁。
- 删除和填充：删除面并生成单一面，将任何缝隙填补起来。

下面介绍删除面的操作步骤。

(1) 打开源文件"X:\源文件\原始文件\9\删除面.SLDPRT"。选择菜单栏中的"插入"→"面"→"删除"命令，或者单击"曲面"工具栏中的"删除面"按钮，或者单击"曲面"面板中的"删除面"按钮，弹出"删除面"属性管理器。

(2) 在"要删除的面"列表框中，单击选择如图9-61所示的面1；在"选项"选项组中点选"删除"单选按钮，如图9-62所示。

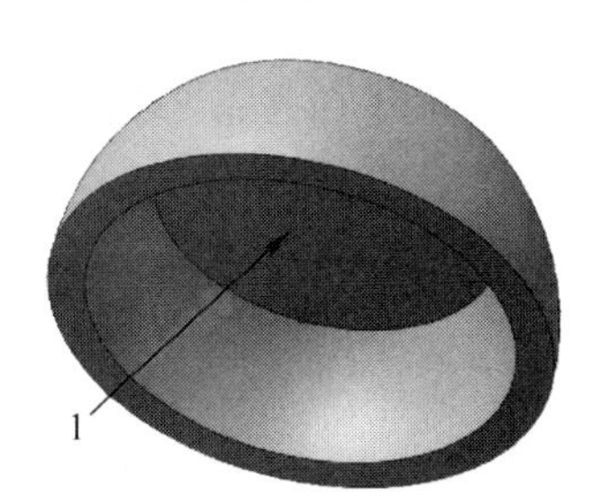

图9-61　打开的文件实体

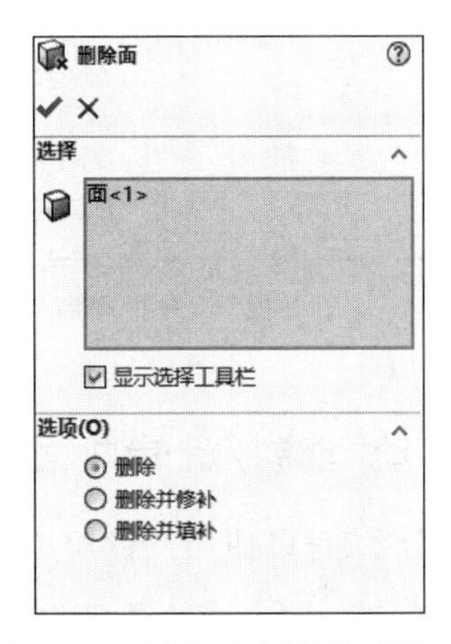

图9-62　"删除面"属性管理器(1)

(3) 单击"确定"按钮，将选择的面删除，删除面后的实体如图9-63所示。

(4) 执行删除面命令，可以将指定的面删除并修补。以图9-63所示的实体为例，执行删除面命令时，在"删除面"属性管理器的"要删除的面"列表框中，单击选择如图9-61所示的面1；在"选项"选项组中点选"删除并修补"单选按钮，然后单击"确定"按钮，面1被删除并修补。删除并修补面后的实体如图9-64所示。

执行删除面命令，可以将指定的面删除并填充删除面后的实体。以图9-61所示的实体为例，执行删除面命令时，在"删除面"属性管理器的"要删除的面"列表框中，单击选择如图9-61所示的面1；在"选项"选项组中点选"删除并填补"单选按钮，并勾选"相切填充"复选框，"删除面"属性管理器设置如图9-65所示。单击"确定"按钮，面1被删除并相切填充。删除和填充面后的实体如图9-66所示。

Note

图 9-63　删除面后的实体

图 9-64　删除并修补面后的实体

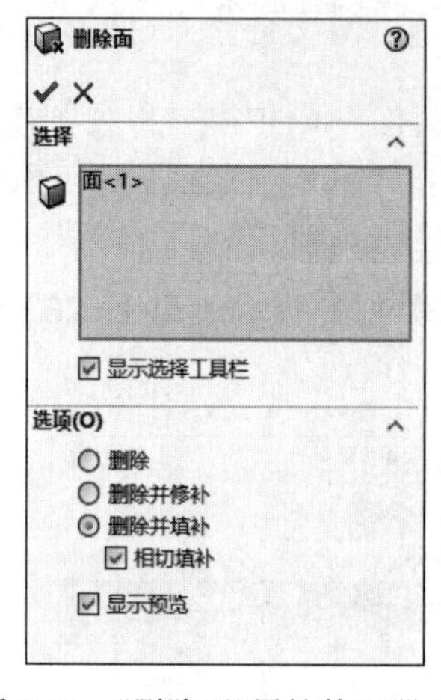

图 9-65　“删除面”属性管理器(2)

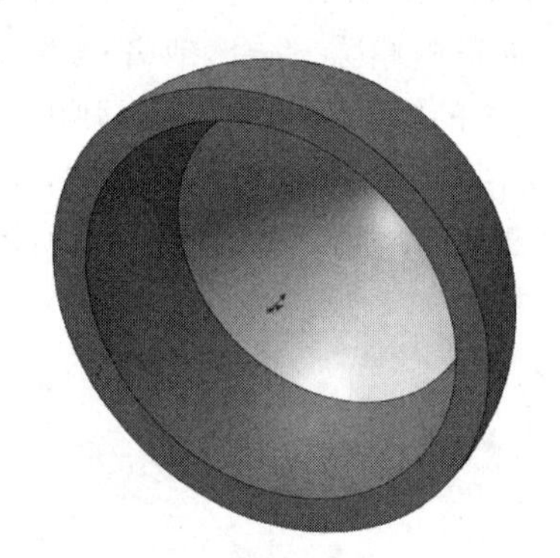

图 9-66　删除和填充面后的实体

9.2.8　移动/复制/旋转曲面

执行该命令，可以使用户像对拉伸特征、旋转特征那样对曲面特征进行移动、复制和旋转等操作。

9-16

1. 移动曲面

下面介绍移动曲面的操作步骤。

(1) 打开源文件“X:\源文件\原始文件\9\移动曲面.SLDPRT”。选择菜单栏中的“插入”→“曲面”→“移动/复制”命令，或者单击“特征”工具栏中的“移动/复制实体”按钮，弹出“移动/复制实体”属性管理器。

(2) 单击最下面的“平移/旋转”按钮，在“要移动/复制的实体”选项组中，单击选择待移动的曲面，在“平移”选项组中输入 X、Y 和 Z 的相对移动距离，“移动/复制实体”属性管理器的设置及预览效果如图 9-67 所示。

(3) 单击“确定”按钮 ✔，完成曲面的移动。

9-17

2. 复制曲面

下面介绍复制曲面的操作步骤。

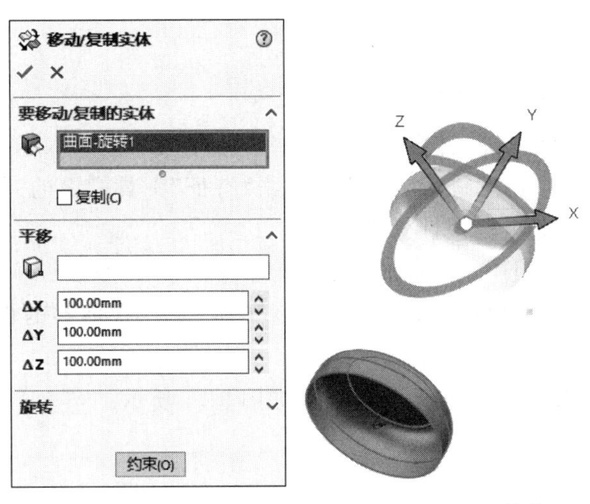

图 9-67 "移动/复制实体"属性管理器的设置及预览效果(1)

(1) 打开源文件"X:\源文件\原始文件\9\复制曲面.SLDPRT"。选择菜单栏中的"插入"→"曲面"→"移动/复制"命令,或者单击"特征"工具栏中的"移动/复制实体"按钮,弹出"移动/复制实体"属性管理器。

(2) 在"要移动/复制的实体"选项组中,单击选择待移动和复制的曲面;勾选"复制"复选框,并在"复制数"文本框中输入 6;然后分别输入 X、Y 和 Z 的相对复制距离,"实体-移动/复制 1"属性管理器的设置及预览效果如图 9-68 所示。

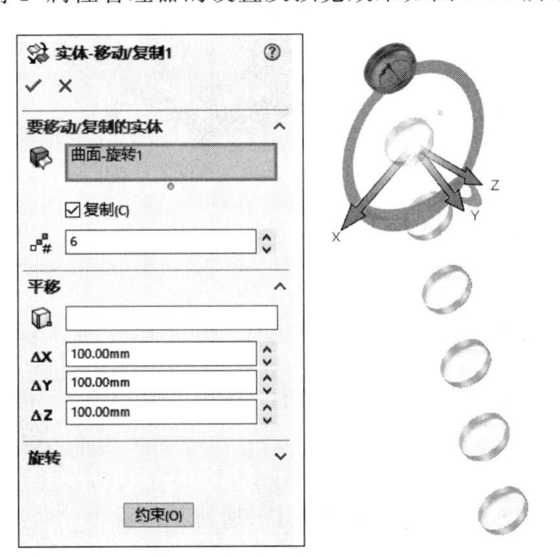

图 9-68 "实体-移动/复制 1"属性管理器的设置及预览效果

(3) 单击"确定"按钮✓,复制的曲面如图 9-69 所示。

图 9-69 复制曲面的效果

9-18

Note

3. 旋转曲面

下面介绍旋转曲面的操作步骤。

(1) 打开源文件“X:\源文件\原始文件\9\旋转曲面.SLDPRT”。选择菜单栏中的“插入”→“曲面”→“移动/复制”命令，或者单击“特征”工具栏中的“移动/复制实体”按钮，弹出“移动/复制实体”属性管理器。

(2) 在“旋转”选项组中，分别输入X旋转原点、Y旋转原点、Z旋转原点、X旋转角度、Y旋转角度和Z旋转角度值，“移动/复制实体”属性管理器的设置及预览效果如图9-70所示。

(3) 单击“确定”按钮，旋转后的曲面如图9-71所示。

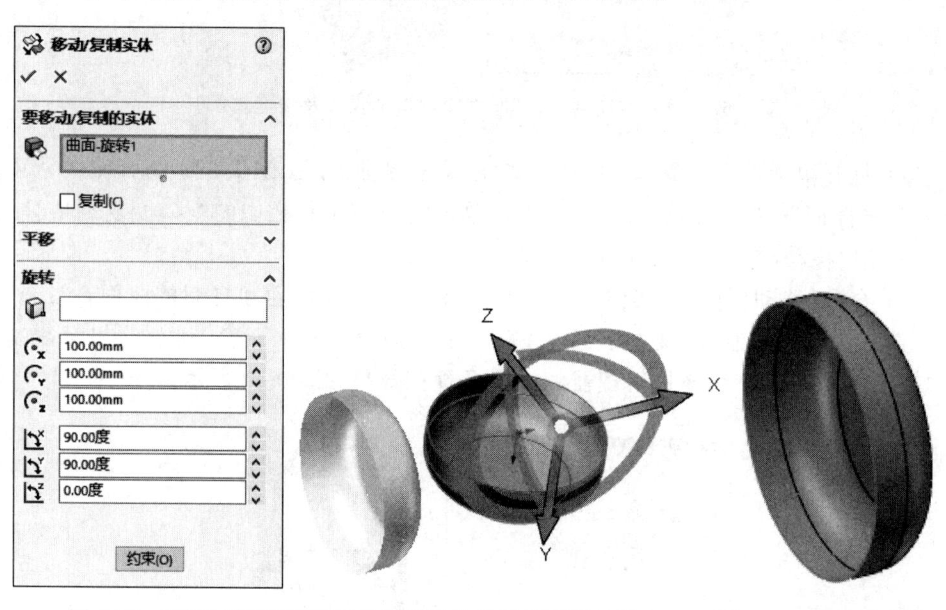

图9-70 “移动/复制实体”属性管理器的设置及预览效果(2)　　图9-71 旋转后的曲面

9-19

9.2.9 实例——吹风机

本例绘制的吹风机模型如图9-72所示。

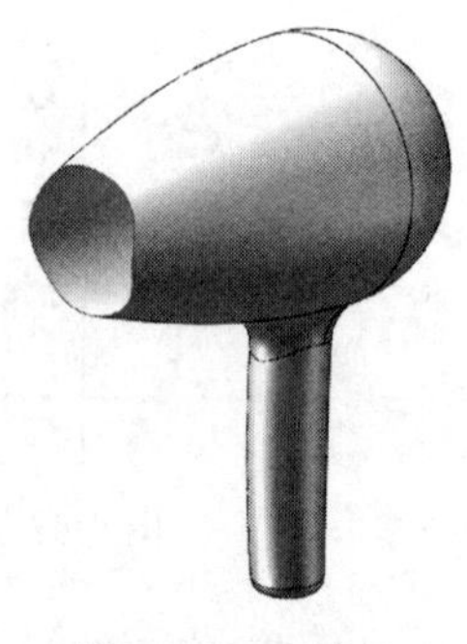

图9-72 吹风机

思路分析

本例绘制的吹风机模型主要用曲面操作，通过旋转曲面和拉伸曲面确定模型基本形状，其次使用剪裁曲面修饰局部，流程图如图9-73所示。

绘制步骤

(1) 新建文件。选择菜单栏中的“文件”→“新建”命令，或者单击“标准”工具栏中的“新建”按钮，在弹出的“新建SOLIDWORKS文件”对话框中先单击“零件”按钮，再单击“确定”按钮，创建一个新的零件文件。

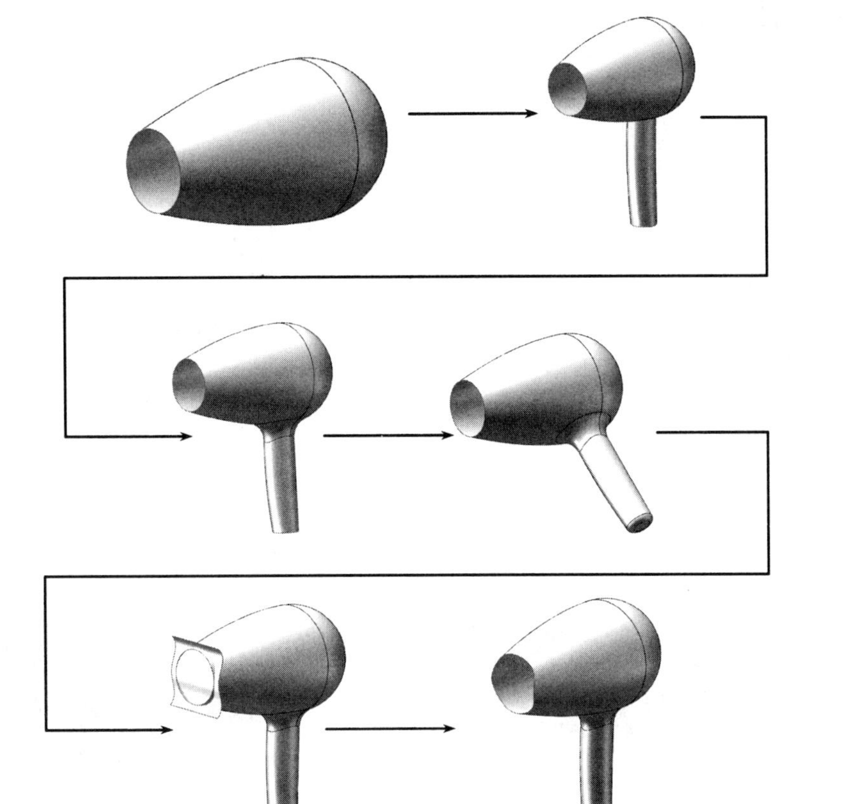

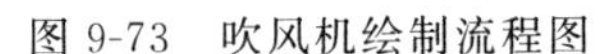

图 9-73　吹风机绘制流程图

（2）绘制草图 1。在左侧 FeatureManager 设计树中用鼠标选择“前视基准面”，作为绘制图形的基准面。单击“草图”控制面板中的“中心线”按钮、“样条曲线”按钮和“圆心/起/终点圆弧”按钮，绘制如图 9-74 所示的草图并标注尺寸。

（3）旋转曲面。选择菜单栏中的“插入”→“曲面”→“旋转曲面”命令，或者单击“曲面”工具栏中的“旋转曲面”按钮，或者单击“曲面”控制面板中的“旋转曲面”图标，弹出如图 9-75 所示的“曲面-旋转”属性管理器，在“旋转轴”一栏中，选择图 9-74 中的水平中心线，单击属性管理器中的“确定”按钮✔，结果如图 9-76 所示。

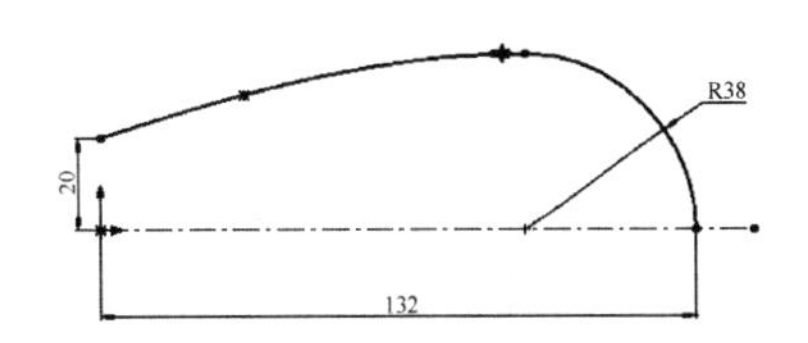

图 9-74　绘制草图 1 并标注尺寸

（4）绘制草图 2。在左侧的 FeatureManager 设计树中用鼠标选择“上视基准面”作为绘制图形的基准面。单击“草图”控制面板中的“直线”按钮，绘制如图 9-77 所示的草图并标注尺寸。

（5）绘制草图 3。在左侧的 FeatureManager 设计树中用鼠标选择“上视基准面”作为绘制图形的基准面。单击“草图”控制面板中的“三点圆弧”按钮，绘制如图 9-78 所示的草图并标注尺寸。

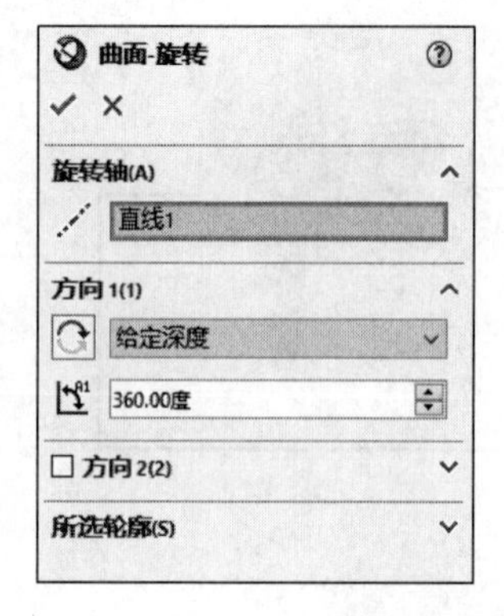

图 9-75 “曲面-旋转”属性管理器

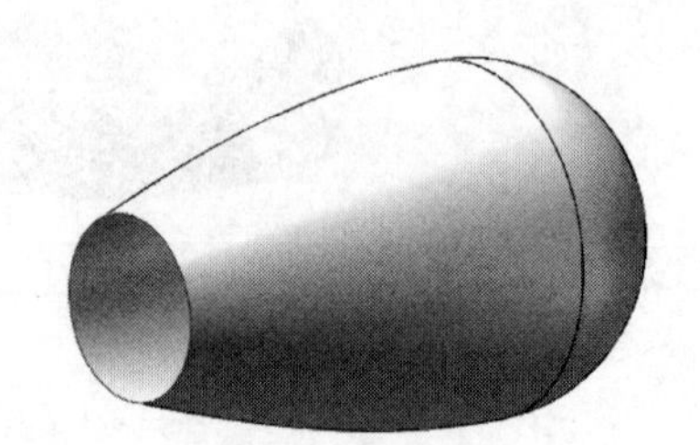

图 9-76 旋转曲面

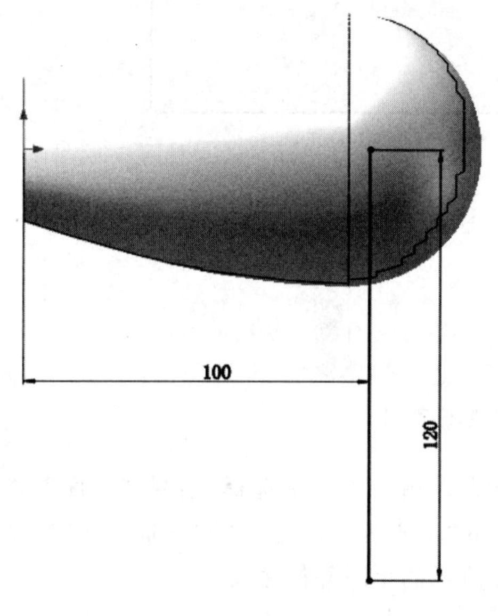

图 9-77 绘制草图 2 并标注尺寸

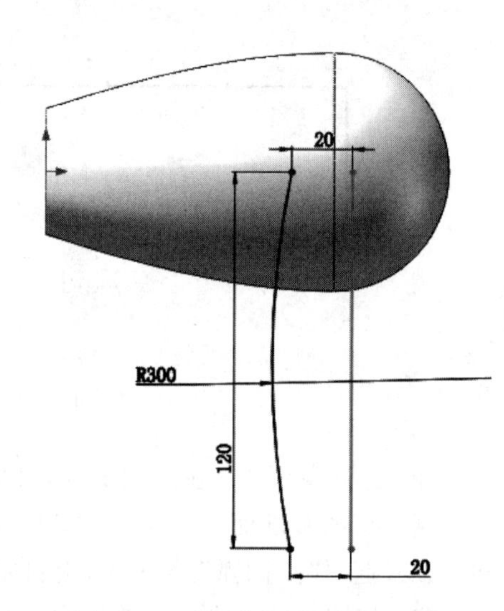

图 9-78 绘制草图 3 并标注尺寸

（6）绘制草图 4。在左侧的 FeatureManager 设计树中用鼠标选择“前视基准面”作为绘制图形的基准面。单击“草图”控制面板中的“圆”按钮，绘制如图 9-79 所示的草图并标注尺寸。

（7）创建基准面 1。单击“特征”控制面板“参考几何体”下拉列表中的“基准面”按钮，弹出如图 9-80 所示的“基准面”属性管理器。选择“前视基准面”为第一参考。选择图 9-81 所示的草图 2 中直线下端点为第二参考，单击属性管理器中的“确定”按钮，结果如图 9-81 所示。

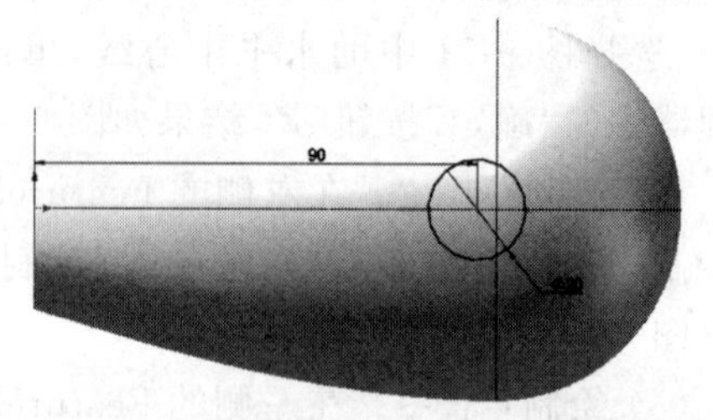

图 9-79 绘制草图 4 并标注尺寸

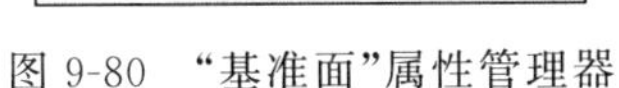

图 9-80 "基准面"属性管理器

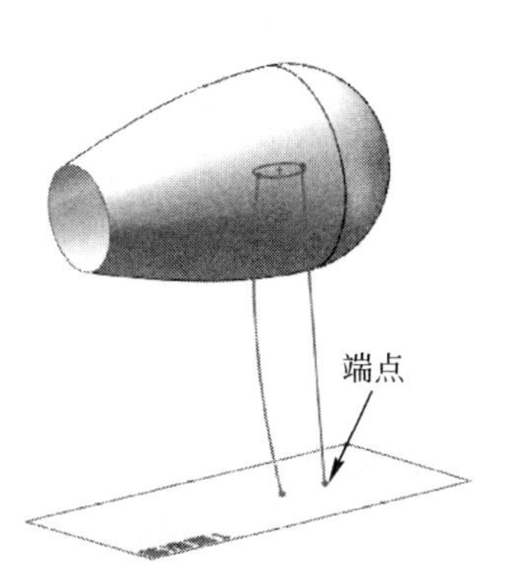

图 9-81 创建基准面 1

(8) 绘制草图 5。在左侧的 FeatureManager 设计树中用鼠标选择"基准面 1"作为绘制图形的基准面。单击"草图"控制面板中的"圆"按钮，绘制如图 9-82 所示的草图并标注尺寸。

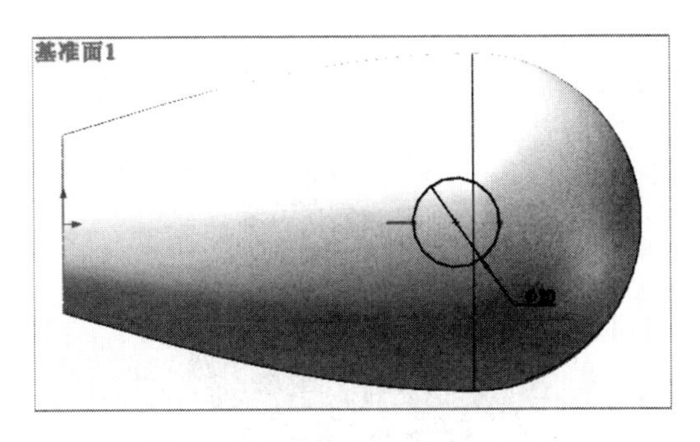

图 9-82 绘制草图 5 并标注尺寸

(9) 放样曲面。选择菜单栏中的"插入"→"曲面"→"放样曲面"命令，或者单击"曲面"控制面板中的"放样曲面"按钮，弹出如图 9-83 所示的"曲面-放样"属性管理器。用鼠标选择草图 4 和草图 5 为放样轮廓，选择草图 2 和草图 3 为引导线，单击属性管理器中的"确定"按钮✔，隐藏基准面 1，结果如图 9-84 所示。

(10) 剪裁曲面。选择菜单栏中的"插入"→"曲面"→"剪裁曲面"命令，或者单击"曲面"控制面板中的"剪裁曲面"按钮，弹出如图 9-85(a)所示的"剪裁曲面"属性管理器。在属性管理器中选择剪裁类型为"相互"，在视图中选择旋转曲面和放样曲面为剪裁曲面，选择如图 9-85(b)所示的两个面为保留曲面。单击属性管理器中的"确定"

Note

按钮 ✓，结果如图 9-86 所示。

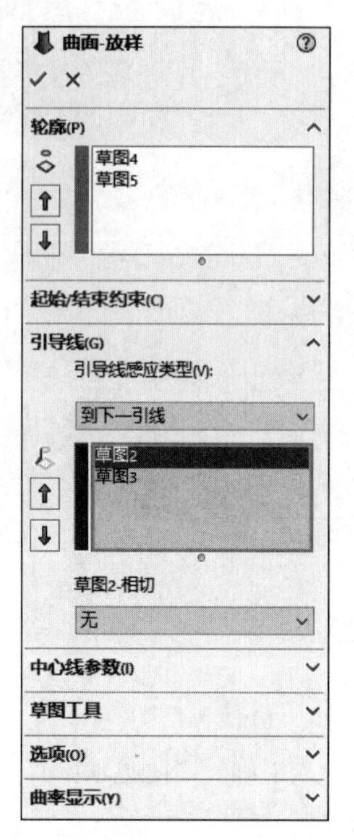

图 9-83 “曲面-放样”属性管理器

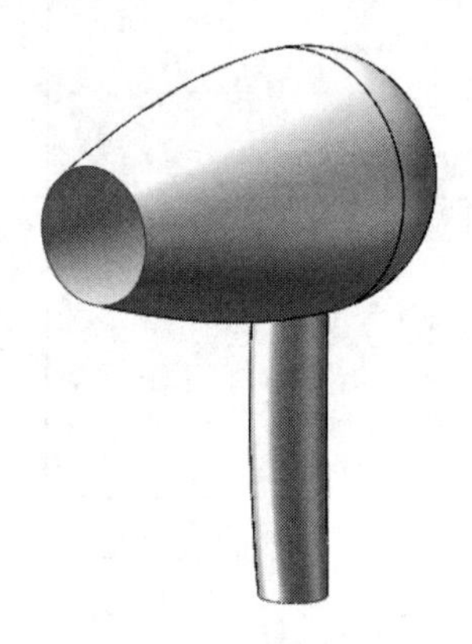

图 9-84 放样曲面结果

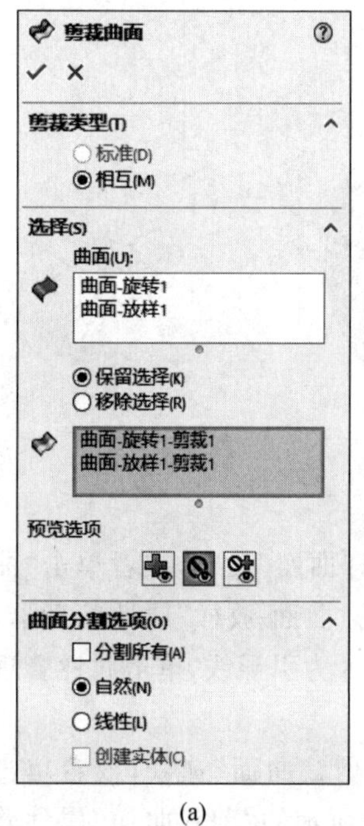

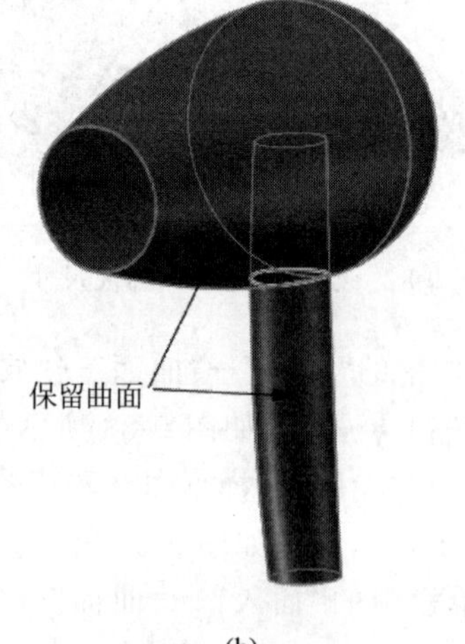

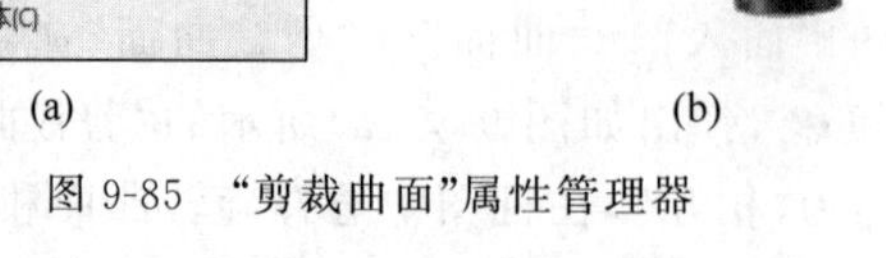

(a) (b)

图 9-85 “剪裁曲面”属性管理器

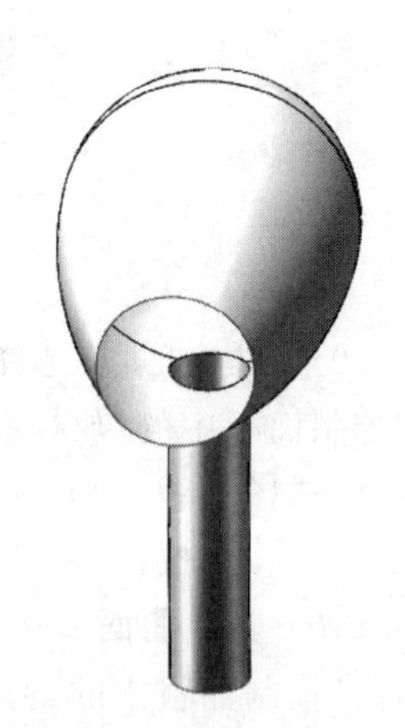

图 9-86 剪裁曲面结果(1)

(11) 圆角处理。单击“特征”控制面板中的“圆角”按钮，弹出“圆角”属性管理器。在属性管理器中输入圆角半径为15mm，在视图中选择如图9-87所示的边线。单击属性管理器中的“确定”按钮✓，结果如图9-88所示。

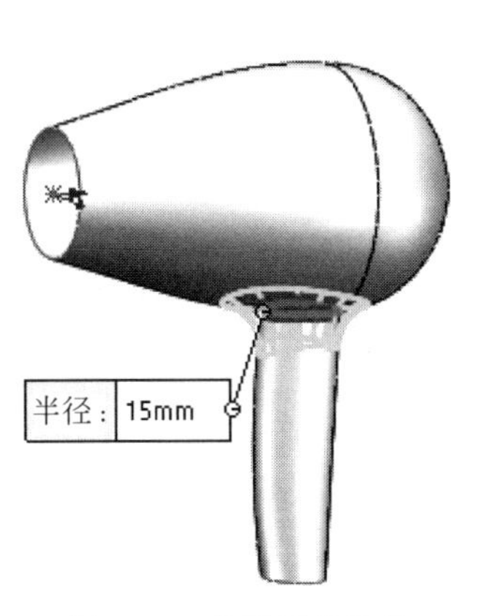

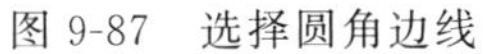

图9-87 选择圆角边线

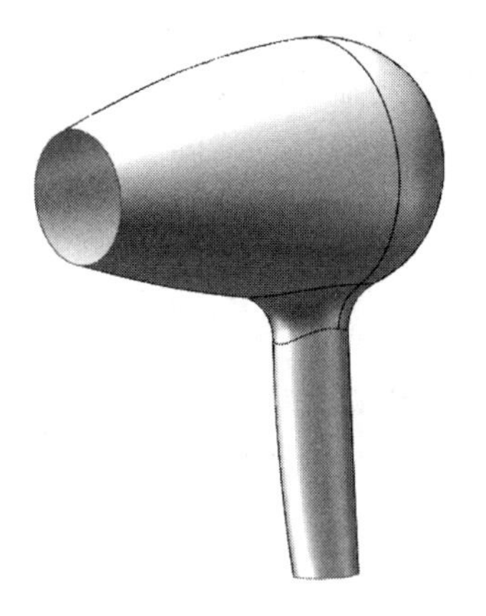

图9-88 圆角处理结果

(12) 填充曲面。单击“曲面”控制面板中的“填充曲面”按钮，弹出如图9-89(a)所示的“填充曲面”属性管理器。在视图中选择如图9-89(b)所示的边线。单击属性管理器中的“确定”按钮✓，结果如图9-90所示。

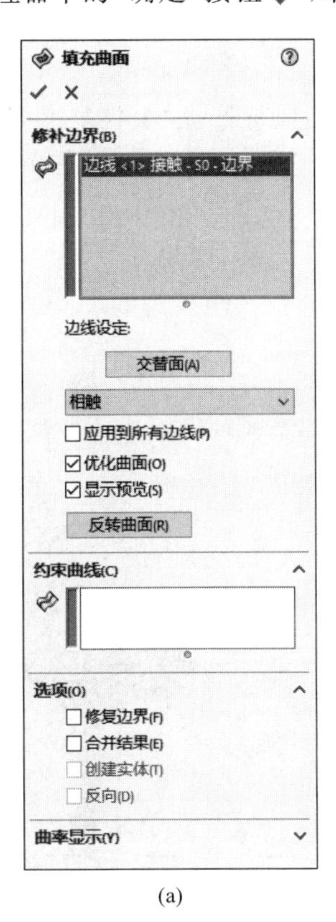

(a)

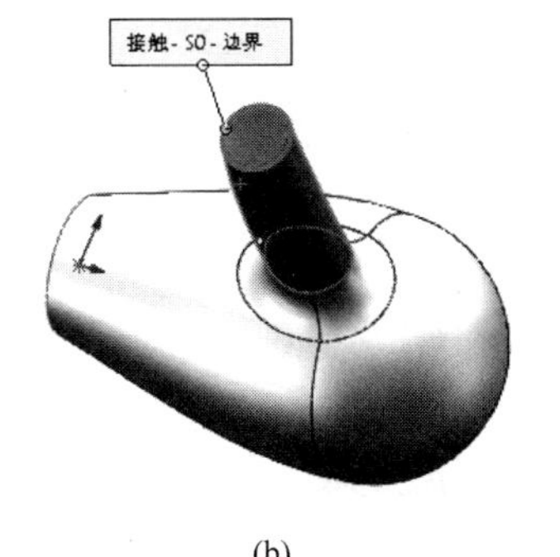

(b)

图9-89 “填充曲面”属性管理器及填空示意图

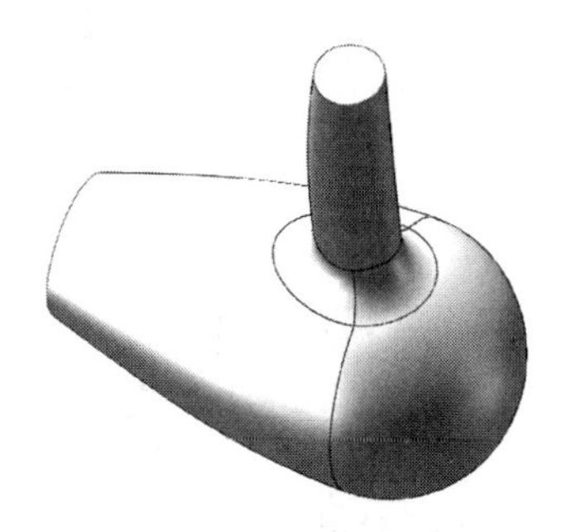

图9-90 填充曲面结果

Note

(13) 缝合曲面。单击“曲面”控制面板中的“缝合曲面”图标，弹出如图 9-91 所示的“缝合曲面”属性管理器。在视图中选择圆角后的曲面和填充曲面。单击属性管理器中的“确定”按钮✓，结果如图 9-92 所示。

(14) 圆角处理。单击“特征”控制面板中的“圆角”图标，弹出“圆角”属性管理器。在属性管理器中输入圆角半径为 4mm，在视图中选择如图 9-92 所示的边线。单击属性管理器中的“确定”按钮✓，结果如图 9-93 所示。

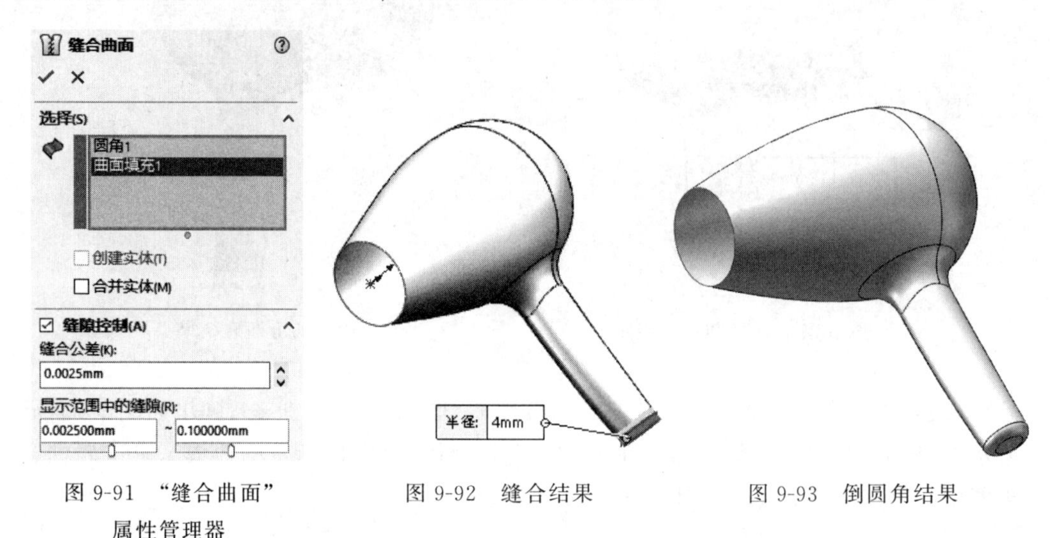

图 9-91 “缝合曲面”属性管理器　　图 9-92 缝合结果　　图 9-93 倒圆角结果

(15) 绘制草图 6。在左侧的 FeatureManager 设计树中用鼠标选择“上视基准面”作为绘制图形的基准面。单击“草图”控制面板中的“样条曲线”按钮，绘制如图 9-94 所示的草图并标注尺寸。

(16) 拉伸曲面。单击“曲面”控制面板中的“拉伸曲面”图标，弹出如图 9-95 所示的“曲面-拉伸”属性管理器。设置拉伸方向为两侧对称，输入拉伸距离为 50.00mm。单击属性管理器中的“确定”按钮✓，结果如图 9-96 所示。

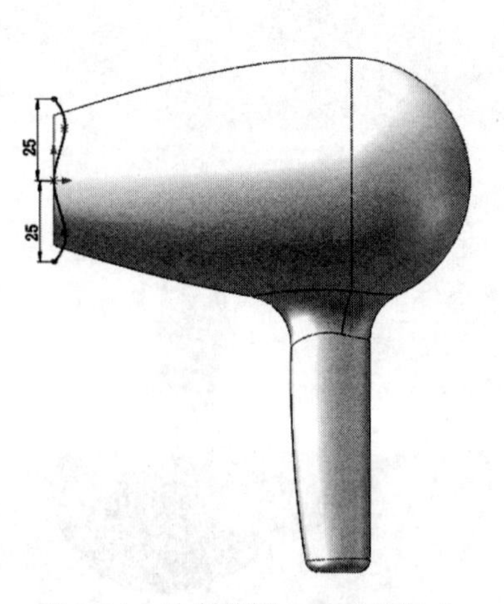

图 9-94 绘制草图 6 并标注尺寸

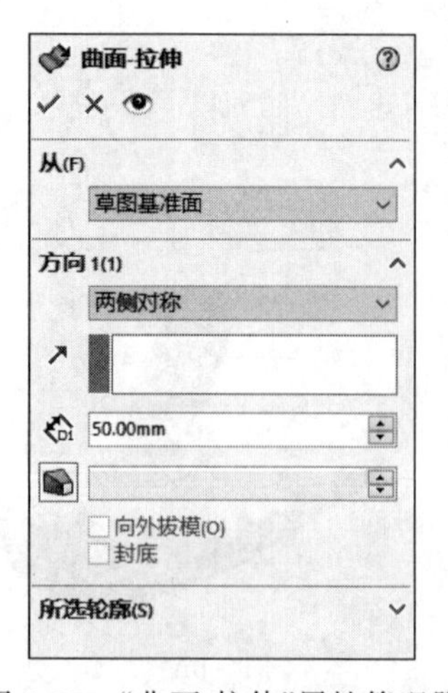

图 9-95 “曲面-拉伸”属性管理器

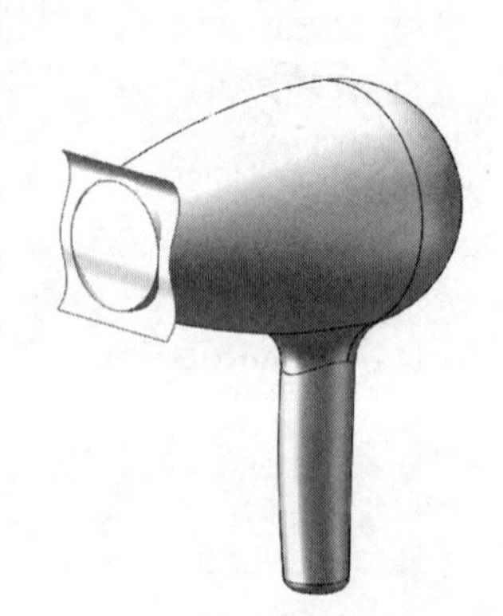

图 9-96 拉伸结果

(17) 剪裁曲面。单击“曲面”控制面板中的“剪裁曲面”图标，弹出如图 9-97(a)所示的“剪裁曲面”属性管理器。在属性管理器中选择剪裁类型为“标准”，在视图中选择拉伸为剪裁曲面，选择如图 9-97(b)所示的面为保留曲面。单击属性管理器中的“确定”按钮，隐藏拉伸曲面后结果如图 9-98 所示。

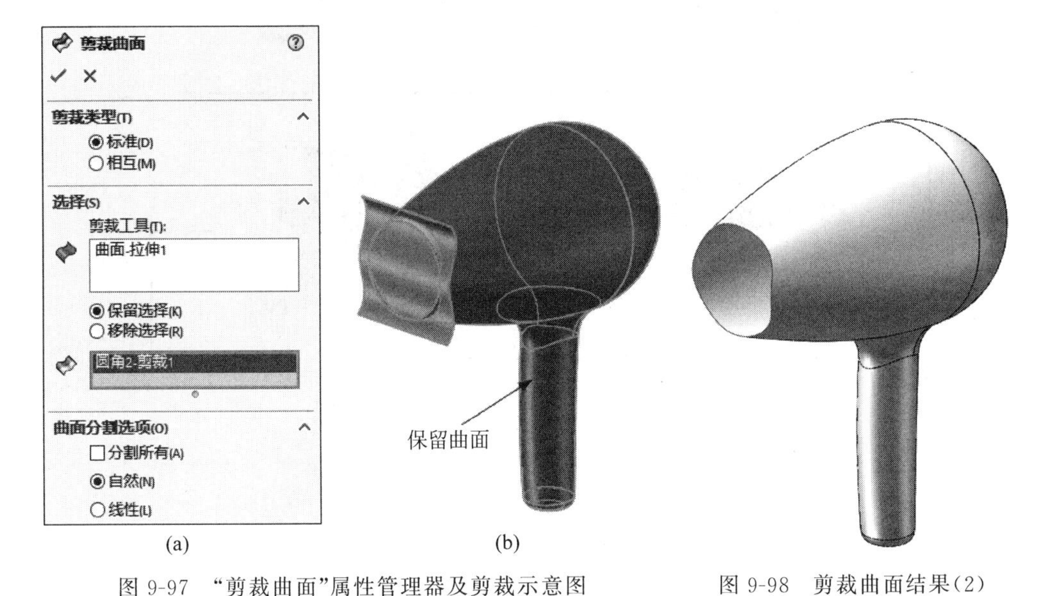

图 9-97　“剪裁曲面”属性管理器及剪裁示意图　　图 9-98　剪裁曲面结果(2)

9.3　综合实例——飞机模型

本例绘制的飞机模型如图 9-99 所示。

思路分析

本例绘制的飞机模型主要利用旋转曲面、拉伸曲面绘制机体模型，利用放样曲面、剪裁曲面、填充曲面命令绘制机翼零件，利用圆角命令修饰模型，最后利用剪裁曲面完成机舱绘制，其流程图如图 9-100 所示。

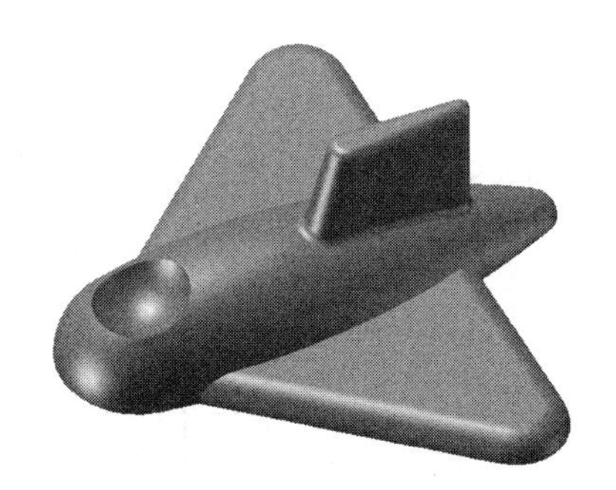

图 9-99　飞机模型

绘制步骤

(1) 新建文件。选择菜单栏中的“文件”→“新建”命令，或者单击“标准”工具栏中的“新建”按钮，在弹出的“新建 SOLIDWORKS 文件”对话框中先单击“零件”按钮，再单击“确定”按钮，创建一个新的零件文件。

(2) 绘制草图。在左侧的 FeatureManager 设计树中用鼠标选择“前视基准面”，作为绘制图形的基准面；单击“草图”控制面板中的“中心线”按钮和“三点圆弧”按钮，

Note

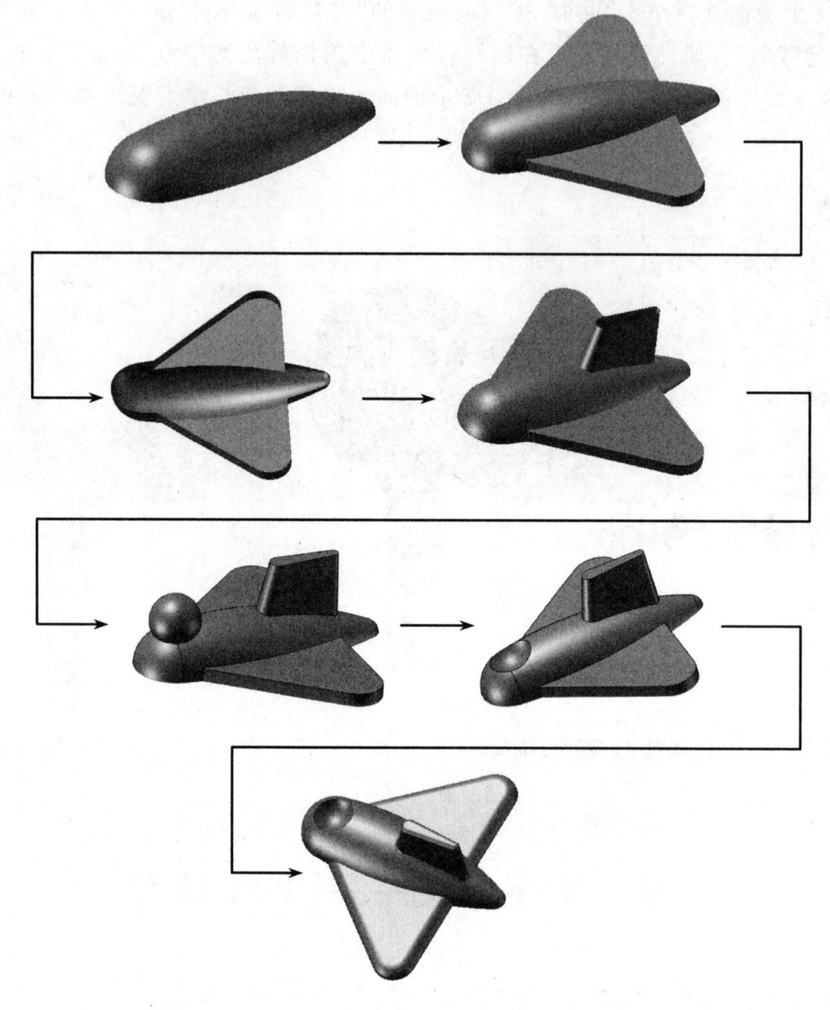

图 9-100　飞机模型流程图

绘制如图 9-101 所示的草图并标注尺寸。

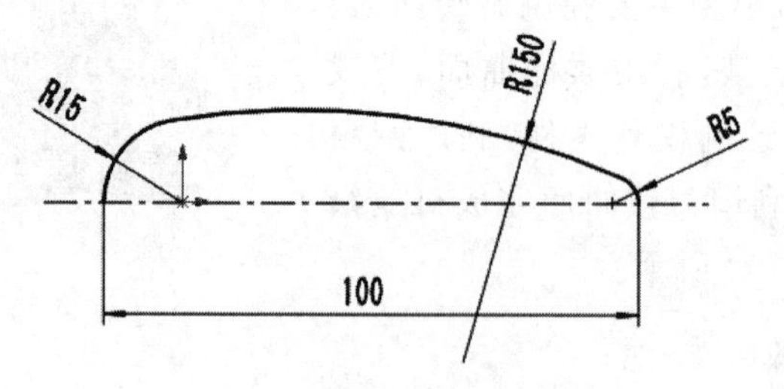

图 9-101　绘制草图并标注尺寸

（3）旋转曲面。单击“曲面”控制面板中的“旋转曲面”按钮，弹出如图 9-102 所示的“曲面-旋转”属性管理器。在“旋转轴”一栏中，用鼠标选择图 9-101 中的水平中心线，输入旋转角度为“180.00 度”。单击属性管理器中的“确定”按钮，结果如图 9-103 所示。

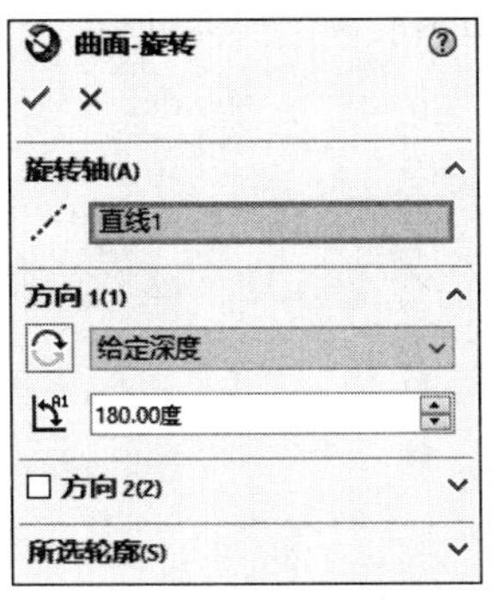

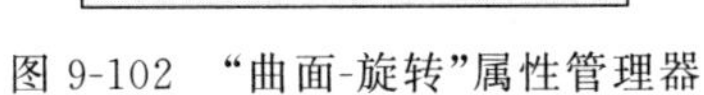
图 9-102 “曲面-旋转”属性管理器

图 9-103 旋转结果

(4) 绘制草图。在左侧的 FeatureManager 设计树中用鼠标选择“前视基准面”,作为绘制图形的基准面;单击“草图”控制面板中的“直线”按钮和“圆角”按钮,绘制如图 9-104 所示的草图并标注尺寸。

(5) 拉伸曲面。单击“曲面”控制面板中的“拉伸曲面”按钮,弹出如图 9-105 所示的“曲面-拉伸”属性管理器。输入拉伸距离为 5.00mm,勾选“封底”复选框。单击属性管理器中的“确定”按钮✓,结果如图 9-106 所示。

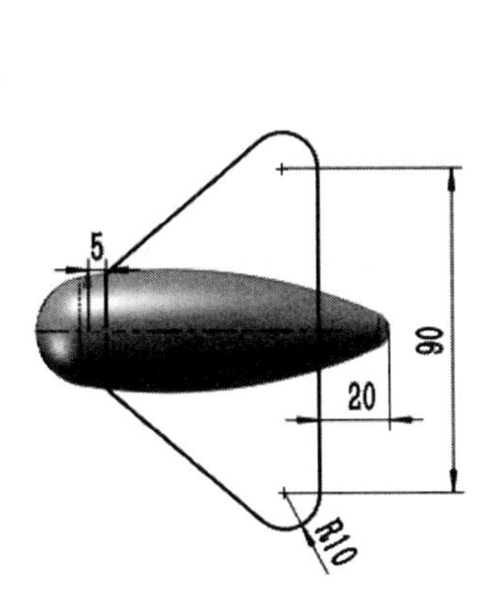

图 9-104 绘制草图并标注尺寸

图 9-105 “曲面-拉伸”属性管理器

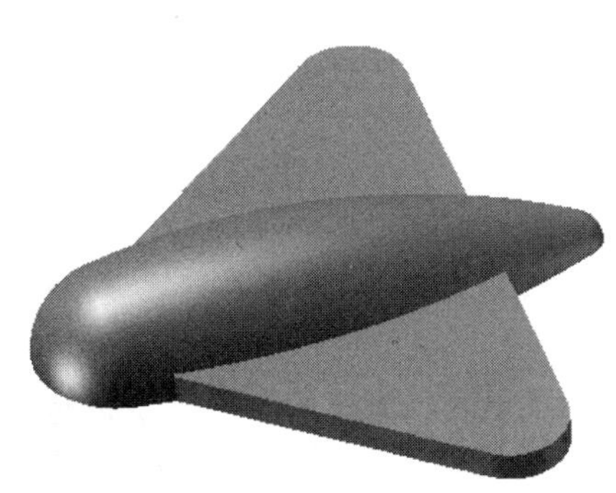

图 9-106 拉伸结果

(6) 剪裁曲面。单击“曲面”控制面板中的“剪裁曲面”按钮,弹出如图 9-107(a)所示的“剪裁曲面”属性管理器。在属性管理器中选择剪裁类型为“相互”,在视图中选择拉伸曲面和旋转曲面为剪裁曲面,选择如图 9-107(b)所示的面为移除曲面。单击属性管理器中的“确定”按钮✓,结果如图 9-108 所示。

(7) 绘制放样草图 1。在左侧的 FeatureManager 设计树中用鼠标选择“前视基准面”,作为绘制图形的基准面;单击“草图”控制面板中的“直线”按钮、“圆”按钮和“裁剪”按钮,绘制如图 9-109 所示的草图并标注尺寸。

(8) 创建基准面。单击“特征”控制面板“参考几何体”下拉列表中的“基准面”按钮,弹出如图 9-110 所示的“基准面”属性管理器。选择“前视基准面”为第一参考,输入

Note

距离为 35.00mm。单击属性管理器中的“确定”按钮✓，结果如图 9-111 所示。

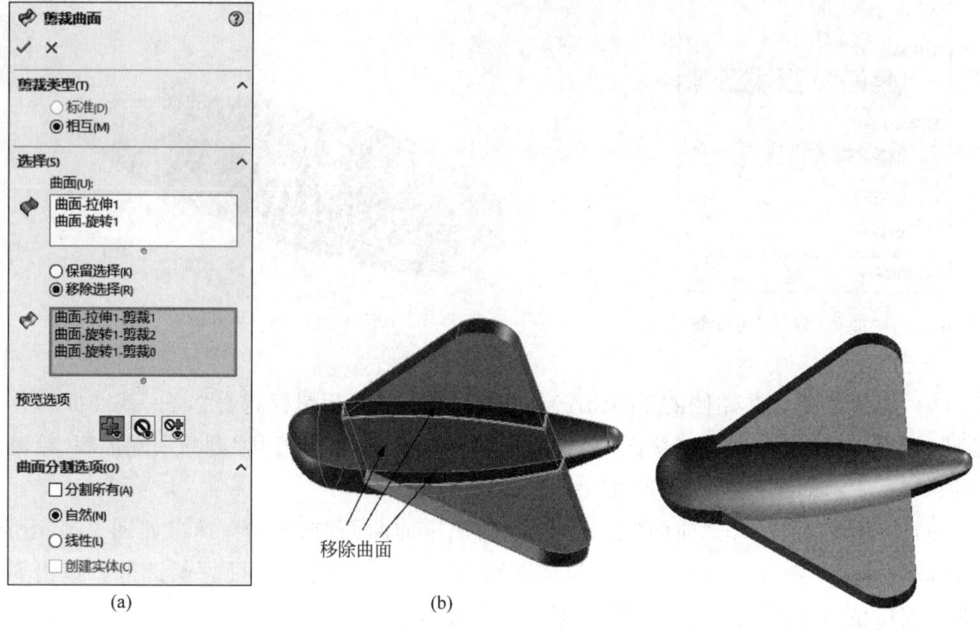

图 9-107 “剪裁曲面”属性管理器及移除曲面示意图　　图 9-108 剪裁曲面结果(1)

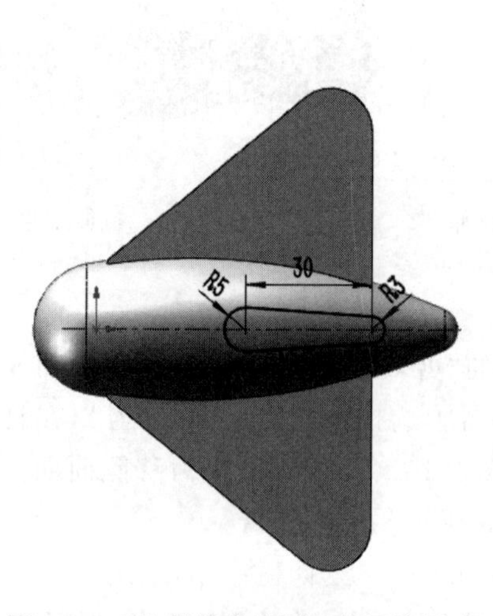

图 9-109 绘制放样草图 1 并标注尺寸

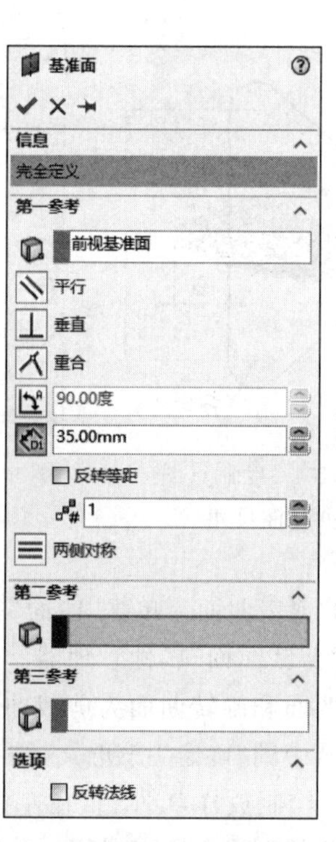

图 9-110 “基准面”属性管理器

(9) 绘制放样草图 2。在左侧的 FeatureManager 设计树中用鼠标选择“基准面 1”，作为绘制图形的基准面；单击“草图”控制面板中的“直线”按钮、“圆”按钮和

“裁剪”按钮，绘制如图 9-112 所示的草图 2 并标注尺寸。

(10) 放样曲面。单击“曲面”控制面板中的“放样曲面”按钮，弹出如图 9-113 所示的“曲面-放样”属性管理器。用鼠标选择放样草图 1 和草图 2 作为放样轮廓，单击属性管理器中的“确定”按钮，隐藏基准面 1，结果如图 9-114 所示。

图 9-111 创建基准面

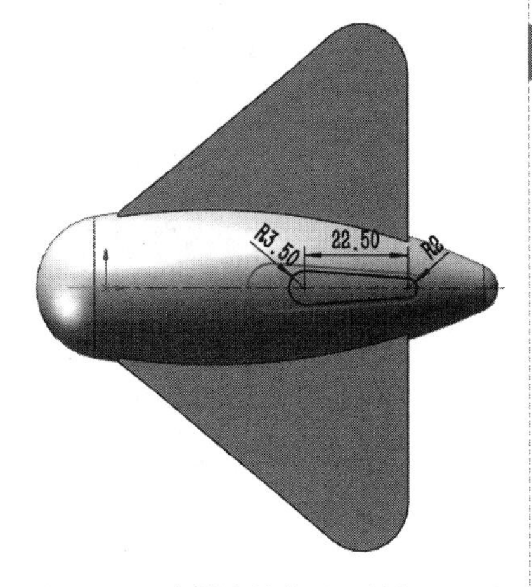

图 9-112 绘制放样草图 2 并标注尺寸

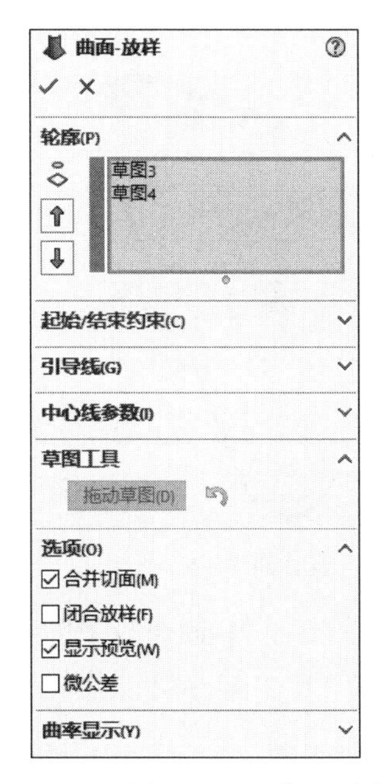

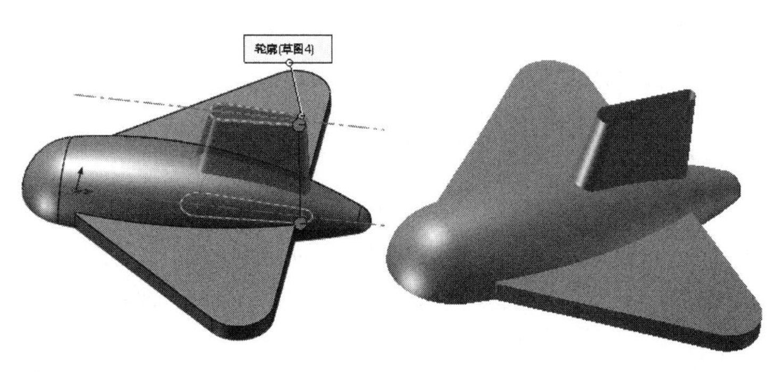

图 9-113 “曲面-放样”属性管理器及放样示意图

图 9-114 放样曲面结果

(11) 剪裁曲面。单击“曲面”控制面板中的“剪裁曲面”按钮，弹出如图 9-115(a) 所示的“剪裁曲面”属性管理器。在属性管理器中选择剪裁类型为“相互”，在视图中选择放样曲面和旋转曲面为剪裁曲面，选择如图 9-115(b)所示的面为移除曲面。单击属性管理器中的“确定”按钮，结果如图 9-116 所示。

Note

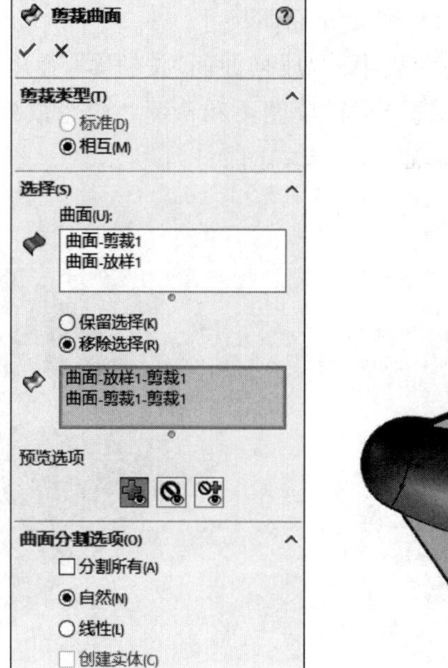

(a)

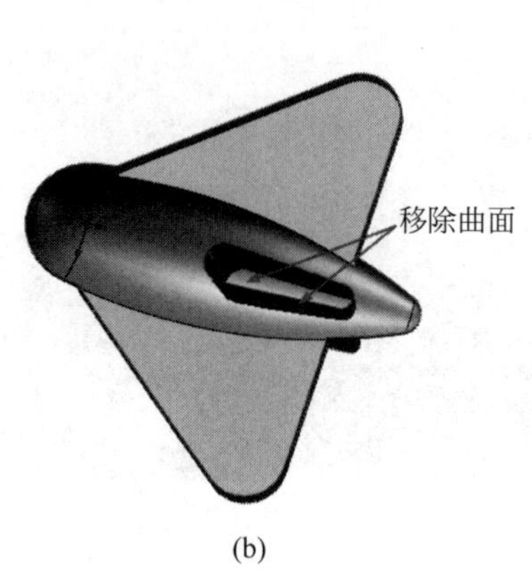

(b)

图 9-115 “剪裁曲面”属性管理器及剪裁曲面示意图

(12) 填充曲面。单击“曲面”控制面板中的“填充曲面”按钮，弹出如图 9-117(a)所示的“填充曲面”属性管理器。在视图中选择如图 9-117(b)所示的边线，单击属性管理器中的“确定”按钮✓，结果如图 9-118 所示。

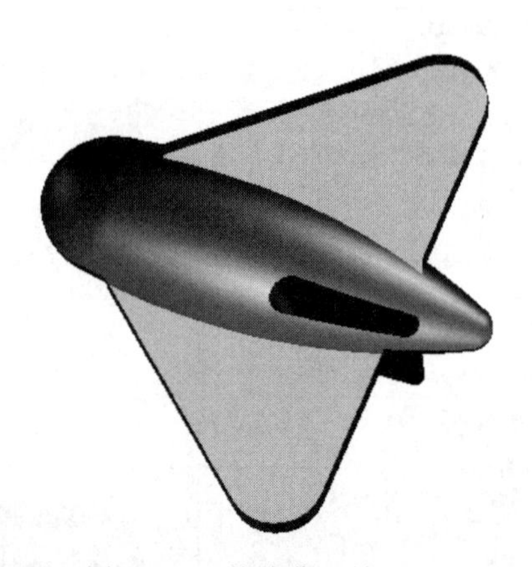

图 9-116 剪裁曲面结果(2)

(13) 缝合曲面。单击“曲面”控制面板中的“缝合曲面”按钮，弹出如图 9-119 所示的“缝合曲面”属性管理器。在视图中选择剪裁的曲面和填充曲面。单击属性管理器中的“确定”按钮✓，退出对话框。

(14) 绘制旋转草图。在左侧 FeatureManager 设计树中用鼠标选择“上视基准面”，作为绘制图形的基准面；单击“草图”控制面板中的“中心线”按钮和“圆心/起/终点圆弧”按钮，绘制如图 9-120 所示的草图并标注尺寸。

(15) 旋转曲面。单击“曲面”控制面板中的“旋转曲面”按钮，弹出“曲面-旋转”属性管理器。在“旋转轴”一栏中，用鼠标选择图 9-120 中的竖直中心线。单击属性管理器中的“确定”按钮✓，结果如图 9-121 所示。

(16) 剪裁曲面。单击“曲面”控制面板中的“剪裁曲面”按钮，弹出如图 9-122(a)所示的“曲面-剪裁”属性管理器。在属性管理器中选择剪裁类型为“相互”，在视图中选择缝合后的曲面和旋转曲面为剪裁曲面，选择图 9-122(b)所示的面为保留曲面。单击属性管理器中的“确定”按钮✓，结果如图 9-123 所示。

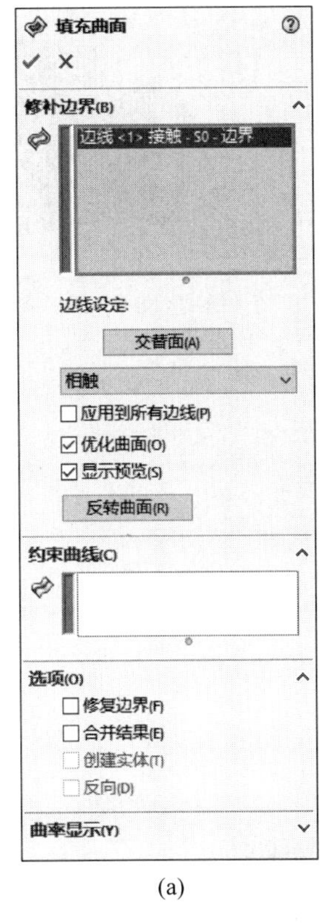

(a)

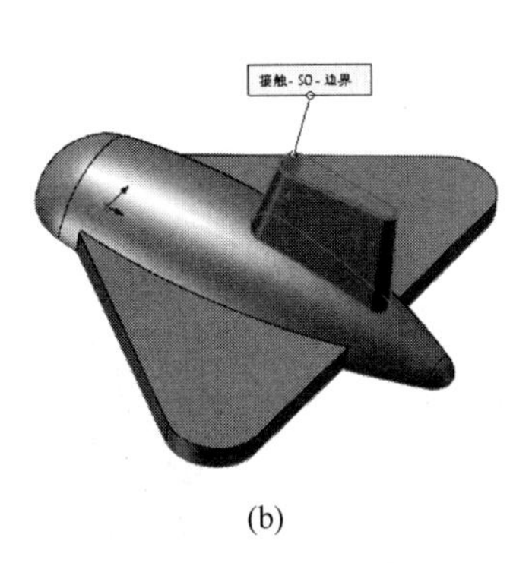

(b)

图 9-117　“填充曲面”属性管理器及填充曲面示意图

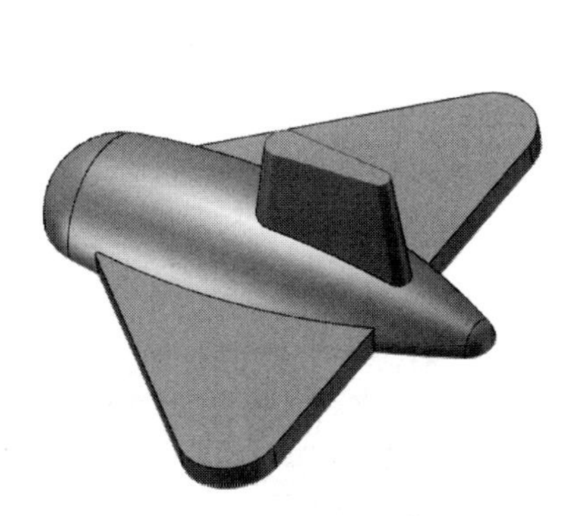

图 9-118　曲面填充结果

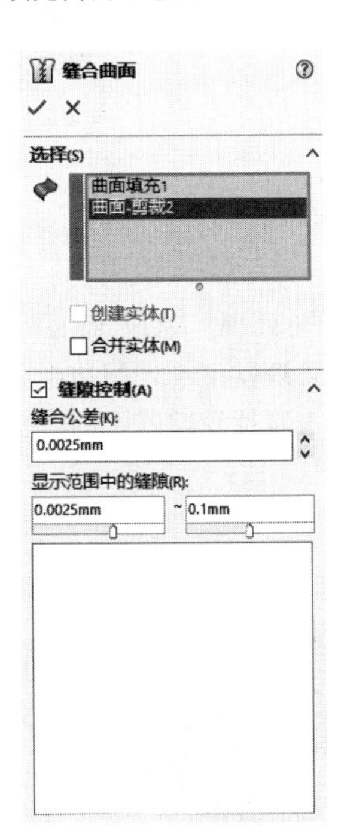

图 9-119　“缝合曲面”属性管理器

Note

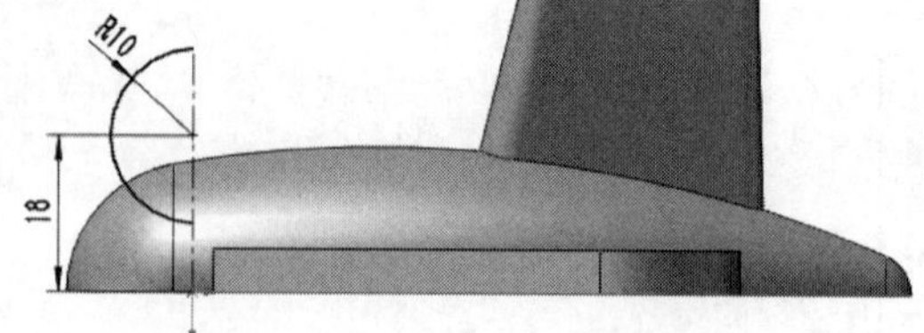

图 9-120　绘制旋转草图并标注尺寸

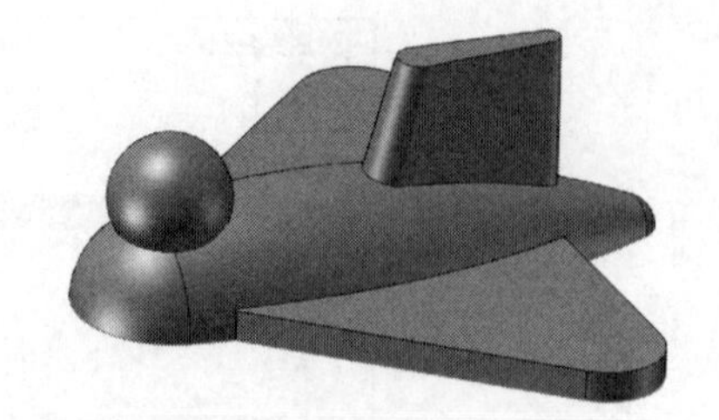

图 9-121　旋转曲面结果

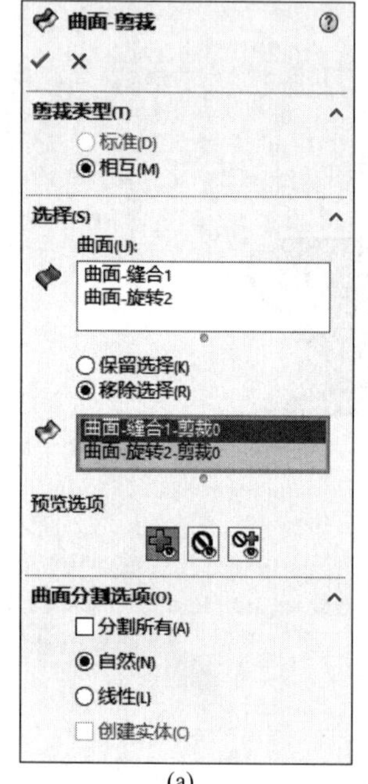

(a)

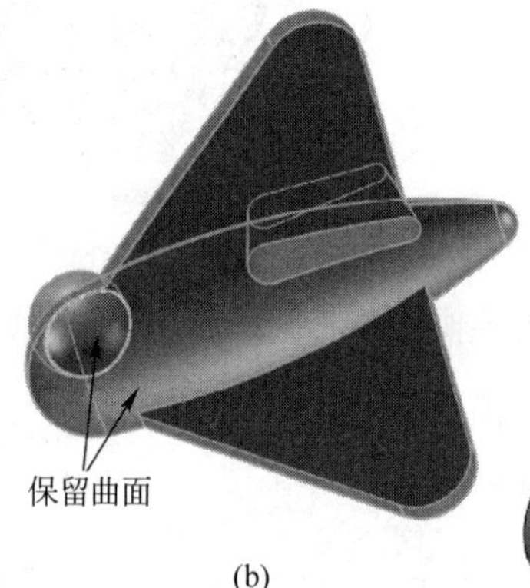

(b)

图 9-122　“曲面-剪裁”属性管理器及剪裁曲面示意图

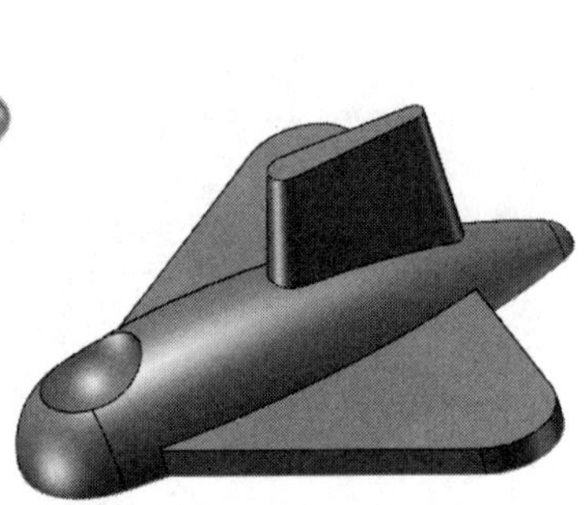

图 9-123　剪裁曲面结果(3)

(17) 圆角处理。单击“特征”控制面板中的“圆角”按钮，弹出“圆角”属性管理器。在属性管理器中输入圆角半径为 2mm，在视图中选择如图 9-124～图 9-126 所示的边线。单击属性管理器中的“确定”按钮 ✔，重复“圆角”命令，选择如图 9-126 所示的边线，结果如图 9-127 所示。

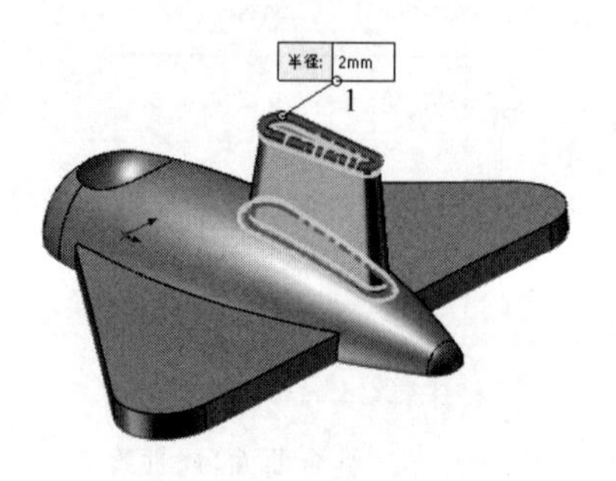

图 9-124　选择圆角边 1

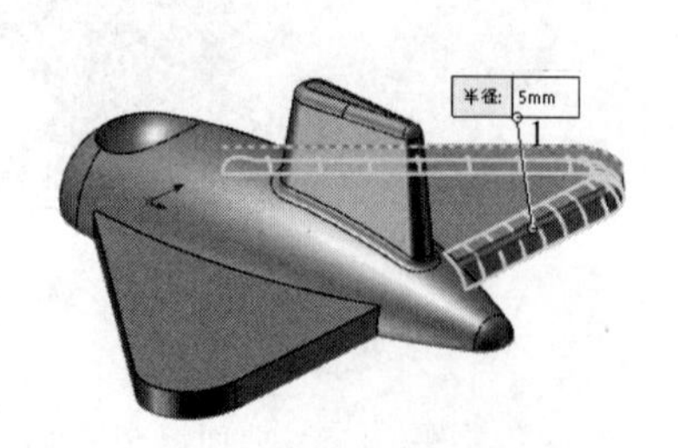

图 9-125　选择圆角边 2

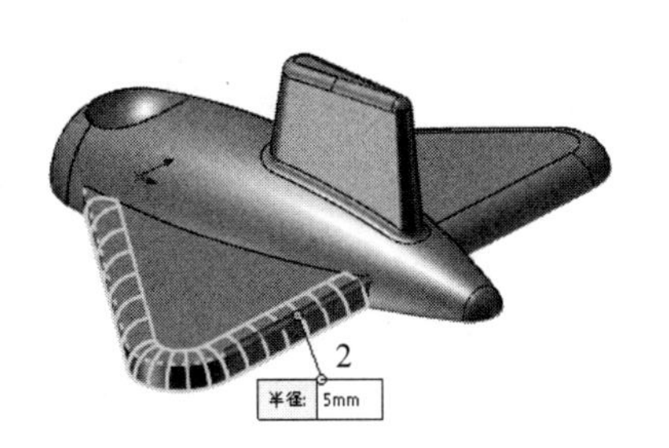

图 9-126 选择圆角边 3

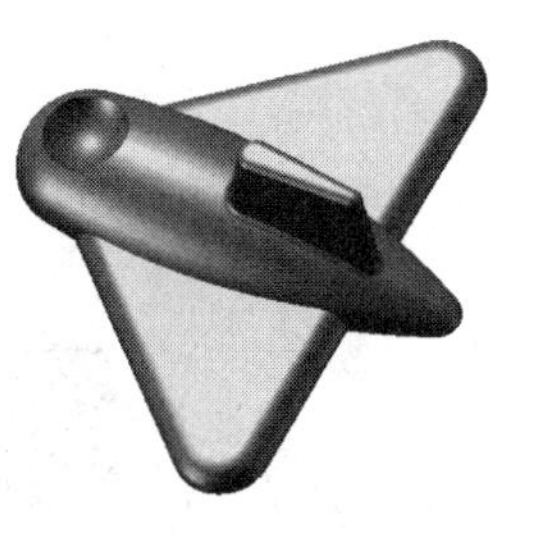

图 9-127 倒圆角结果

钣金设计

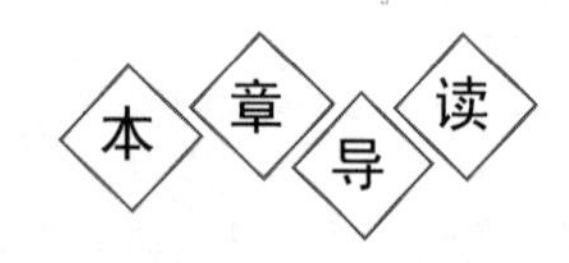

钣金零件通常用来作为零部件的外壳，在产品设计中的地位越来越高。本章简要介绍了 SOLIDWORKS 钣金设计的基本特征，是用户进行钣金操作必须要掌握的基础知识。主要目的是使读者了解钣金基础的概况，熟练钣金设计编辑的操作练习。

内容要点

- 钣金特征工具与钣金菜单
- 钣金主壁特征
- 钣金细节特征
- 展开钣金
- 钣金成形

10.1 概　　述

使用 SOLIDWORKS 2020 软件进行钣金零件设计，常用的方法基本上可以分为两种。

（1）使用钣金特有的特征来生成钣金零件。

这种设计方法将直接建模生成钣金零件：从最初的基体法兰特征开始，利用钣金设计软件的所有功能和特殊工具、命令和选项。对于几乎所有的钣金零件而言，这是最佳的方法。因为用户从最初设计阶段开始就生成零件作为钣金零件，所以消除了多余步骤。

（2）将实体零件转换成钣金零件。

在设计钣金零件过程中，也可以按照常见的设计方法设计零件实体，然后将其转换为钣金零件。也可以在设计过程中，先将零件展开，以便于应用钣金零件的特定特征。由此可见，将一个已有的零件实体转换成钣金零件是本方法的典型应用。

10.2 钣金特征工具与钣金菜单

10.2.1 启用钣金特征工具栏

启动 SOLIDWORKS 2020 软件并新建零件后，选择“工具”→“自定义”菜单命令，弹出如图 10-1 所示的“自定义”对话框。在对话框中，选择工具栏中“钣金”选项，然后单击“确定”按钮。在 SOLIDWORKS 用户界面将显示“钣金特征”工具栏，如图 10-2 所示。

图 10-1 “自定义”对话框

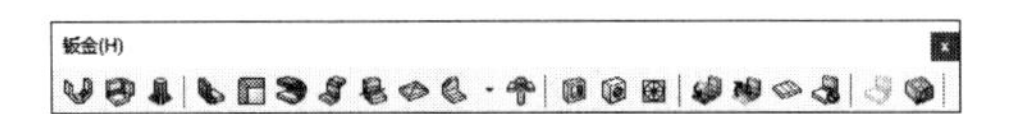

图 10-2 “钣金特征”工具栏

Note

10.2.2 钣金菜单

选择“插入”→“钣金”菜单命令，可以找到“钣金”下拉菜单，如图 10-3 所示。

图 10-3 “钣金”菜单

10.2.3 钣金控制面板

在控制面板处右击，弹出如图 10-4 所示的快捷菜单。然后单击“钣金”图标，弹出“钣金”控制面板，如图 10-5 所示。

Note

图 10-4　快捷菜单

图 10-5　“钣金”控制面板

10.3　钣金主壁特征

10.3.1　法兰特征

SOLIDWORKS 具有 4 种不同的法兰特征工具来生成钣金零件，使用这些法兰特征可以按预定的厚度给零件增加材料。这 4 种法兰特征依次为基体法兰、薄片（凸起法兰）、边线法兰、斜接法兰。

1. 基体法兰

10-1

基体法兰是新钣金零件的第一个特征。基体法兰被添加到 SOLIDWORKS 零件后，系统就会将该零件标记为钣金零件。折弯添加到适当位置，并且特定的钣金特征被添加到 FeatureManager 设计树中。

基体法兰特征是从草图生成的。草图可以是单一开环草图轮廓、单一闭环草图轮廓或多重封闭草图轮廓，如图 10-6 所示。

- 单一开环草图轮廓：可用于拉伸、旋转、剖面、路径、引导线以及钣金。典型的开环轮廓以直线或其草图实体绘制。

Note

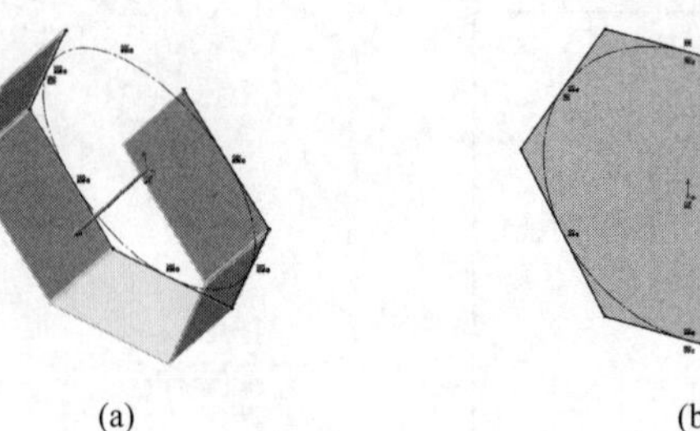

(a)

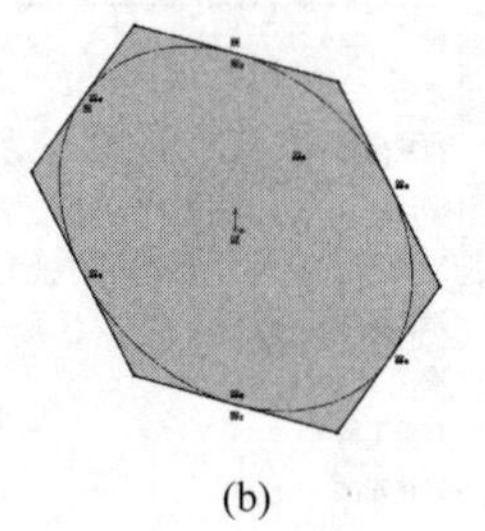

(b)

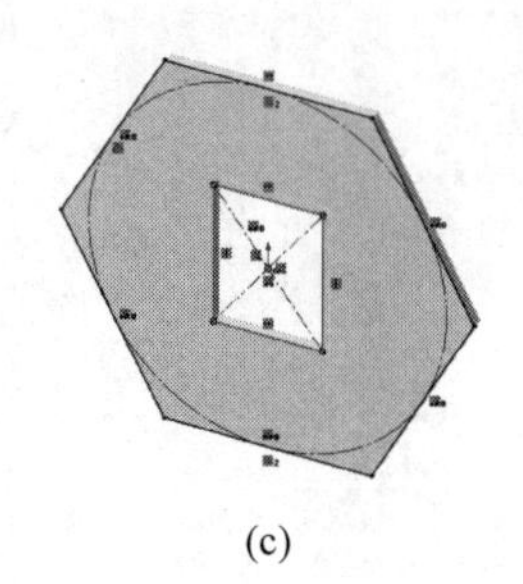

(c)

图 10-6 基体法兰图例

(a) 单一开环草图生成基体法兰；(b) 单一闭环草图生成基体法兰；(c) 多重封闭草图轮廓生成基体法兰

- 单一闭环草图轮廓：可用于拉伸、旋转、剖面、路径、引导线以及钣金。典型的单一闭环轮廓是用圆、方形、闭环样条曲线以及其他封闭的几何形状绘制的。
- 多重封闭草图轮廓：可用于拉伸、旋转以及钣金。如果有一个以上的轮廓，其中一个轮廓必须包含其他轮廓。典型的多重封闭轮廓是用圆、矩形以及其他封闭的几何形状绘制的。

技巧荟萃

在一个 SOLIDWORKS 零件中，只能有一个基体法兰特征，且样条曲线对于包含开环轮廓的钣金为无效的草图实体。

在进行基体法兰特征设计过程中，开环草图作为拉伸薄壁特征来处理，封闭的草图则作为展开的轮廓来处理。如果用户需要从钣金零件的展开状态开始设计钣金零件，可以使用封闭的草图来建立基体法兰特征。

(1) 打开源文件"X:\源文件\原始文件\10\基体法兰.SLDPRT"。单击"钣金"工具栏中的"基体法兰/薄片"按钮，或选择"插入"→"钣金"→"基体法兰"菜单命令，或者单击"钣金"面板中的"基体法兰/薄片"按钮。

(2) 绘制草图。在左侧的 FeatureMannger 设计树中选择"前视基准面"作为绘图基准面，绘制草图，然后单击"退出草图"按钮，结果如图 10-7 所示。

(3) 修改基体法兰参数。在"基体法兰"属性管理器中，修改"深度"栏中的数值为 30.00mm；"厚度"栏中的数值为 1.00mm；"折弯半径"栏中的数值为 10.00mm，然后单击"确定"按钮✔。生成基体法兰实体如图 10-8 所示。

基体法兰在 FeatureMannger 设计树中显示为"基体-法兰 1"，注意同时添加了其他两种特征：钣金和平板型式，如图 10-9 所示。

2. 薄片(凸起法兰)

10-2

薄片特征可为钣金零件添加薄片。系统会自动将薄片特征的深度设置为钣金零件的厚度。至于深度的方向，系统会自动将其设置为与钣金零件重合，从而避免与实体脱节。

在生成薄片特征时，需要注意的是，草图可以是单一闭环、多重闭环或多重封闭轮廓。草图必须位于垂直于钣金零件厚度方向的基准面或平面上。可以编辑草图，但不能编辑定义，其原因是已将深度、方向及其他参数设置为与钣金零件参数相匹配。

生成薄片特征的操作步骤如下。

Note

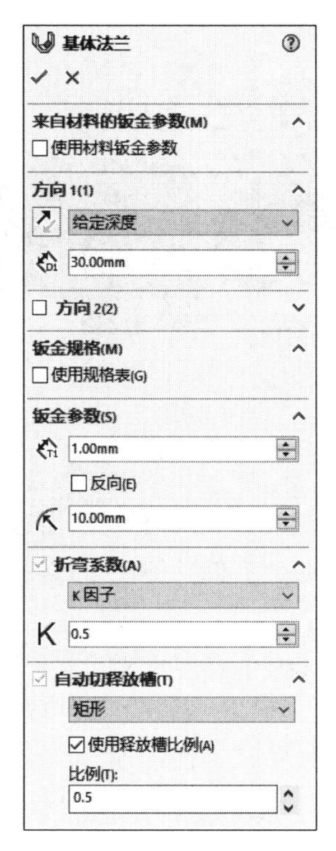

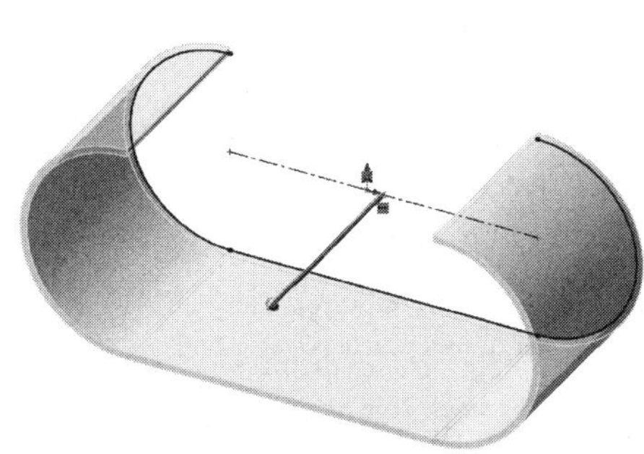

图 10-7 “基体法兰”属性管理器及拉伸基体法兰草图

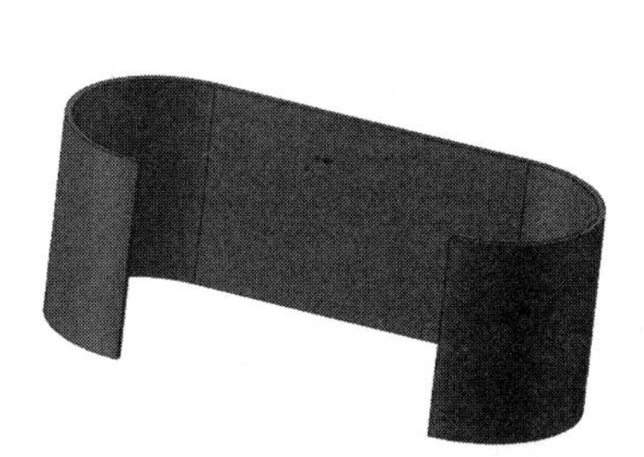

图 10-8 生成的基体法兰实体

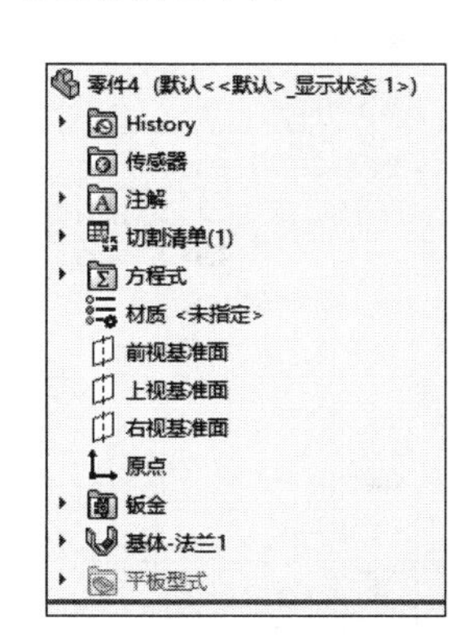

图 10-9 FeatureMannger 设计树

（1）打开源文件“X:\源文件\原始文件\10\薄片.SLDPRT”。单击“钣金”工具栏中的“基体法兰/薄片”按钮，或选择“插入”→“钣金”→“基体法兰”菜单命令，或者单击“钣金”面板中的“基体法兰/薄片”按钮。系统提示，要求绘制草图或者选择已绘制好的草图。

（2）单击，选择零件表面作为绘制草图基准面，如图 10-10 所示。

（3）在选择的基准面上绘制草图，如图 10-11 所示，然后单击“退出草图”按钮，生成薄片特征，如图 10-12 所示。

技巧荟萃

也可以先绘制草图，然后再单击“钣金”工具栏中的“基体法兰/薄片”按钮，生成薄片特征。

Note

图 10-10　选择草图基准面　　　　图 10-11　绘制草图　　　　图 10-12　生成薄片特征

10-3

3. 边线法兰

使用边线法兰特征工具可以将法兰添加到一条或多条边线上。添加边线法兰时，所选边线必须为线性。系统自动将褶边厚度链接到钣金零件的厚度上。轮廓的一条草图直线必须位于所选边线上。

(1) 打开源文件"X:\源文件\原始文件\10\边线法兰. SLDPRT"。单击"钣金"工具栏中的"边线法兰"按钮，或选择"插入"→"钣金"→"边线法兰"菜单命令，或者单击"钣金"面板中的"边线法兰"按钮。弹出"边线法兰 1"属性管理器，单击，选择钣金零件的一条边，在属性管理器的选择边线栏中将显示所选择边线，如图 10-13 所示。

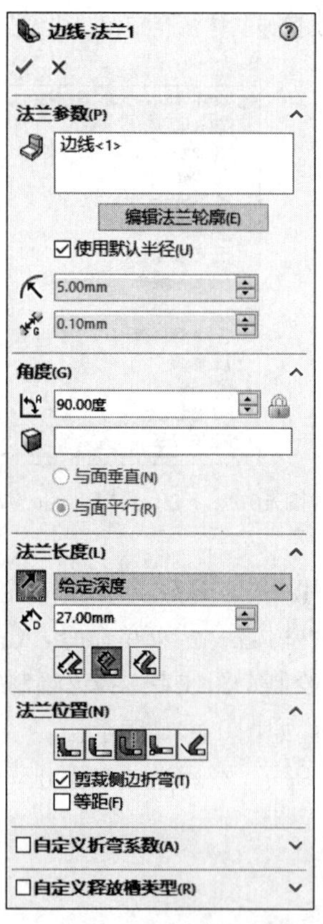

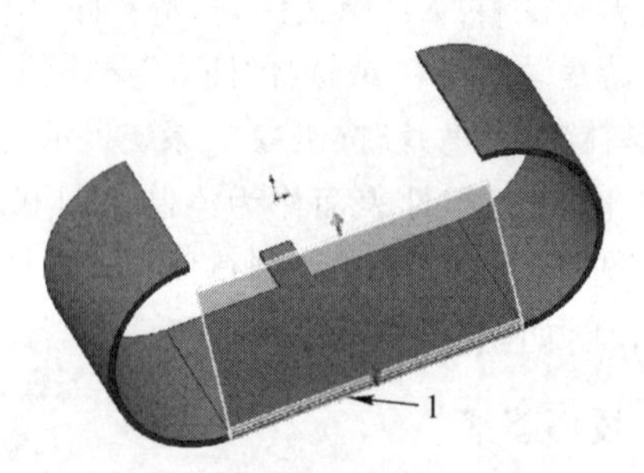

图 10-13　"边线-法兰 1"属性管理器及添加边线法兰示意图

(2) 设定法兰角度和长度。在角度输入栏中键入角度值“60.00 度”。在法兰长度输入栏选择给定深度选项，同时键入值 35.00mm。确定法兰长度有两种方式，即“外部虚拟交点”或“内部虚拟交点”来决定长度开始测量的位置，如图 10-14 和图 10-15 所示。

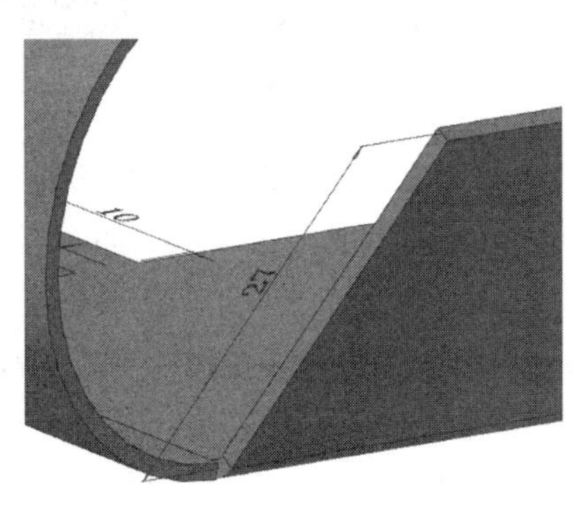

图 10-14　采用“外部虚拟交点”确定法兰长度

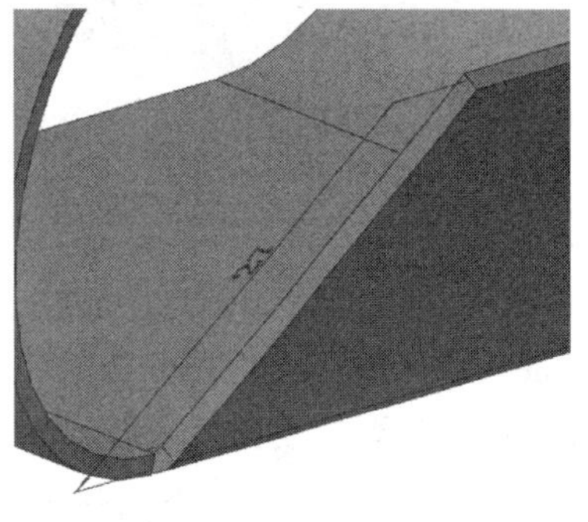

图 10-15　采用“内部虚拟交点”确定法兰长度

(3) 设定法兰位置。在法兰位置选项中有 5 种选项可供选择，即“材料在内”、“材料在外”、“折弯向外”、“虚拟交点的折弯”和“与折弯相切”，不同的选项产生的法兰位置不同，如图 10-16～图 10-20 所示。在本实例中，选择“材料在外”选项，最后结果如图 10-21 所示。

图 10-16　材料在内

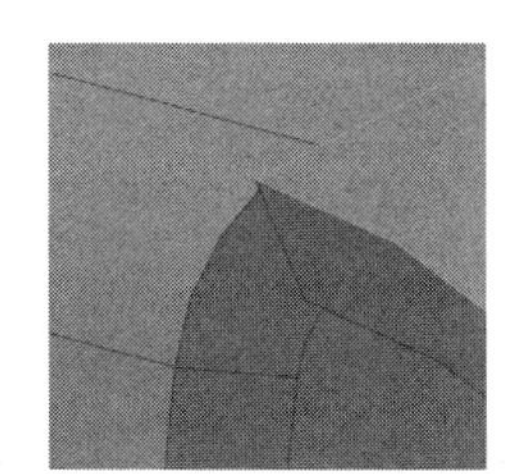

图 10-17　材料在外

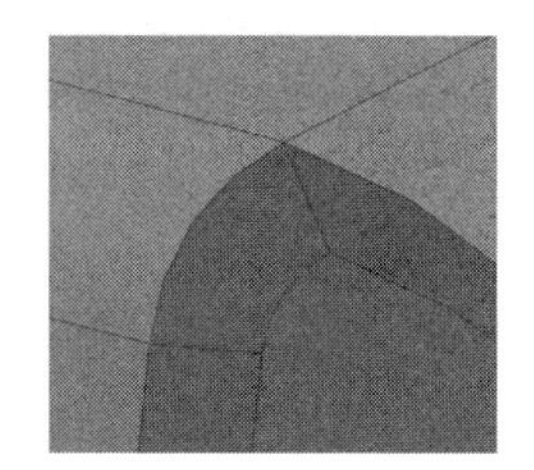

图 10-18　折弯向外

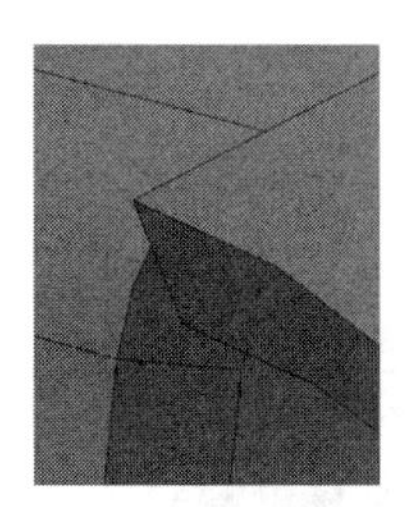

图 10-19　虚拟交点的折弯

图 10-20　与折弯相切

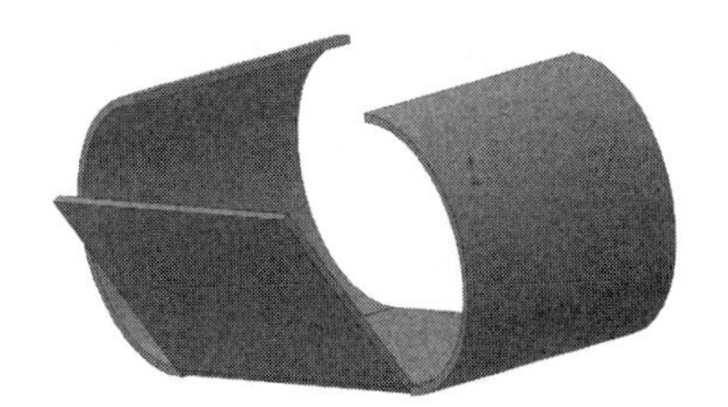

图 10-21　生成边线法兰

在生成边线法兰时，如果要切除邻近折弯的多余材料，在属性管理器中选择“剪裁侧边折弯”，结果如图 10-22 所示。欲从钣金实体等距法兰，选择“等距”，然后设定等距终止条件及其相应参数，如图 10-23 所示。

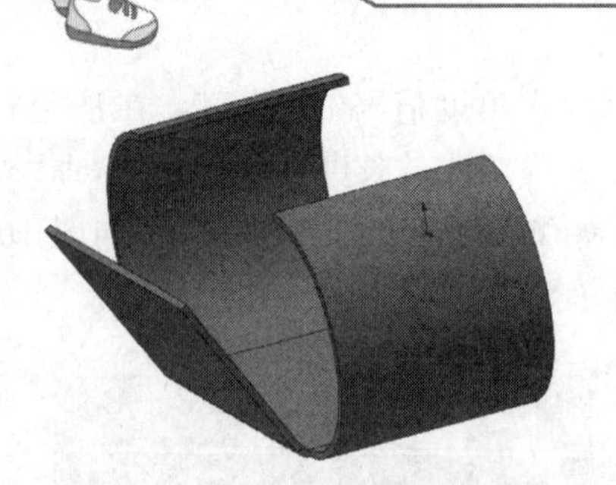

图 10-22　生成边线法兰时剪裁侧边折弯

图 10-23　生成边线法兰时生成等距法兰

Note

10-4

4. 斜接法兰

斜接法兰特征可将一系列法兰添加到钣金零件的一条或多条边线上。生成斜接法兰特征之前首先要绘制法兰草图，斜接法兰的草图可以是直线或圆弧。使用圆弧绘制草图生成斜接法兰时，圆弧不能与钣金零件厚度边线相切，如图 10-24 所示，此圆弧不能生成斜接法兰；圆弧可与长边线相切，或通过在圆弧和厚度边线之间放置一小段的草图直线，如图 10-25 和图 10-26 所示，这样可以生成斜接法兰。

图 10-24　圆弧与厚度边线相切

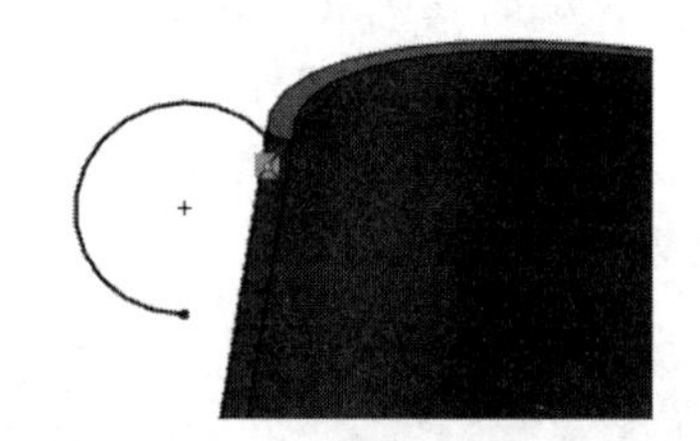

图 10-25　圆弧与长度边线相切

斜接法兰轮廓可以包括一个以上的连续直线。例如，它可以是 L 形轮廓。草图基准面必须垂直于生成斜接法兰的第一条边线。系统自动将褶边厚度链接到钣金零件的厚度上。可以在一系列相切或非相切边线上生成斜接法兰特征，可以指定法兰的等距，而不是在钣金零件的整条边线上生成斜接法兰。

生成斜接法兰的操作步骤如下。

(1) 打开源文件"X:\源文件\原始文件\10\斜接法兰.SLDPRT"。单击，选择如图 10-27 所示零件表面作为绘制草图基准面，绘制直线草图，直线长度为 10mm。

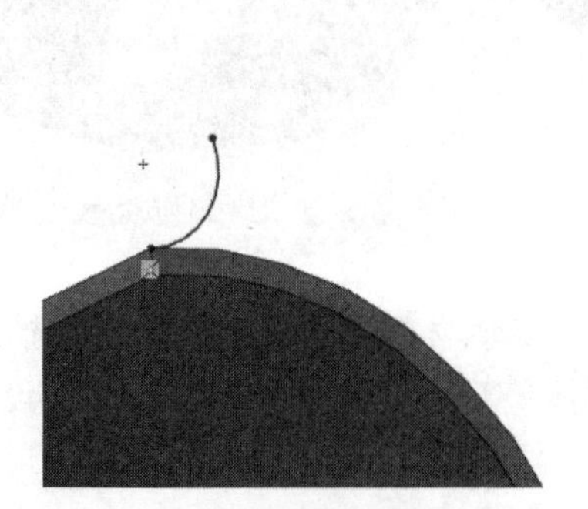

图 10-26　圆弧通过直线与厚度边线相接

图 10-27　绘制直线草图

（2）单击“钣金”工具栏中的“斜接法兰”按钮，或选择“插入”→“钣金”→“斜接法兰”菜单命令，或者单击“钣金”面板中的“斜接法兰”按钮。弹出“斜接法兰”属性管理器，如图 10-28 所示。系统随即会选定斜接法兰特征的第一条边线，且图形区域中出现斜接法兰的预览。

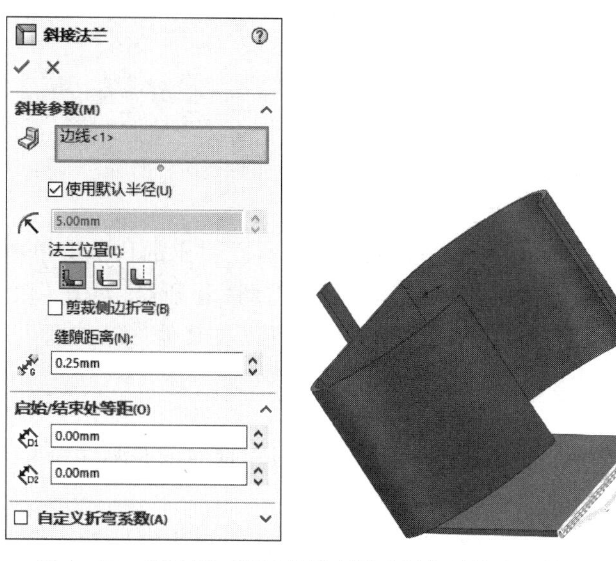

图 10-28　“斜接法兰”属性管理器及添加斜接法兰特征示意图

（3）单击，拾取钣金零件的其他边线，结果如图 10-29 所示，然后单击“确定”按钮✓，最后结果如图 10-30 所示。

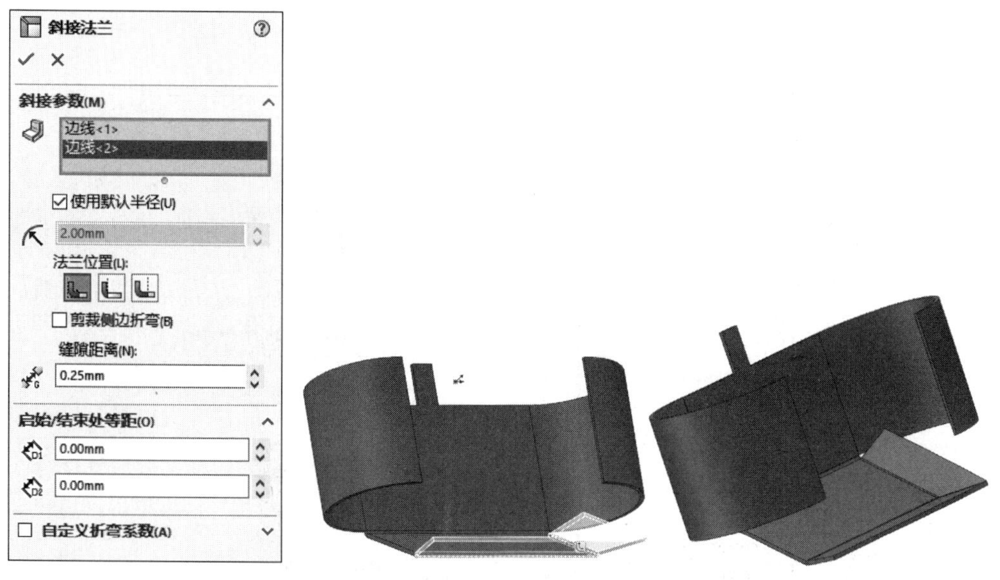

图 10-29　“斜接法兰”属性管理器及拾取斜接法兰其他边线示意图　　图 10-30　生成斜接法兰

技巧荟萃

Note

如有必要，可以为部分斜接法兰指定等距距离。在“斜接法兰”属性管理器中“启始/结束处等距”输入栏中输入“开始等距距离”和“结束等距距离”数值（如果想使斜接法兰跨越模型的整个边线，将这些数值设置为零）。其他参数设置可以参考边线法兰中的讲解。

10.3.2 钣金特征

在生成基体法兰特征时，同时生成钣金特征，如图10-7所示。通过对钣金特征的编辑，可以设置钣金零件的参数。

在FeatureMannger设计树中右击“钣金”特征，在弹出的快捷菜单中单击“编辑特征”按钮，如图10-31所示。弹出“特征（钣金）”属性管理器，如图10-32所示。钣金特征中包含用来设计钣金零件的参数，这些参数可以在其他法兰特征生成的过程中设置，也可以在钣金特征中编辑定义来改变它们。

（1）折弯参数。

- 固定的面或边线：该选项被选中的面或边在展开时保持不变。在使用基体法兰特征建立钣金零件时，该选项不可选。
- 折弯半径：该选项定义了建立其他钣金特征时默认的折弯半径，也可以针对不同的折弯给定不同的半径值。

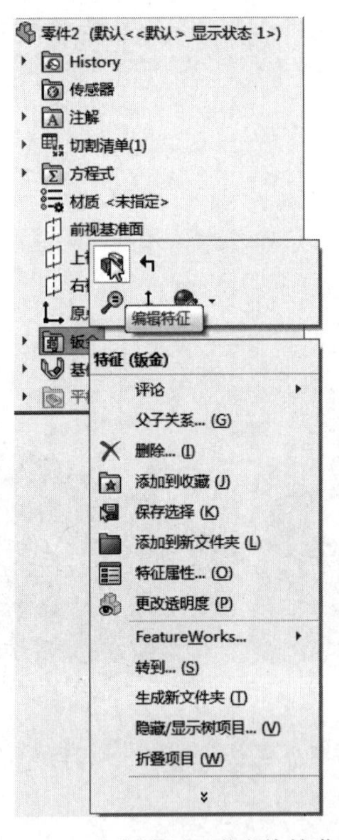

图10-31　右击“钣金”弹出快捷菜单

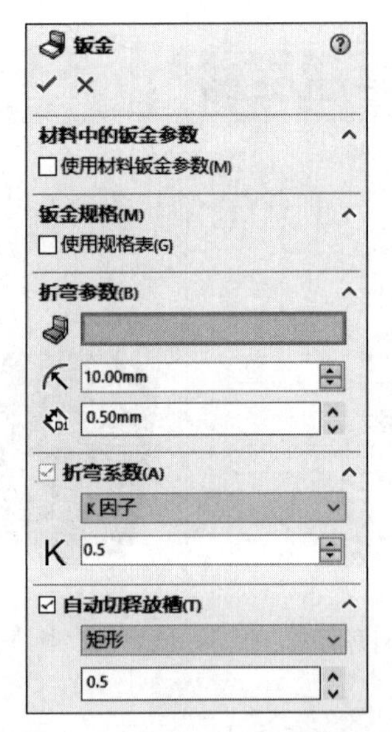

图10-32　“钣金”属性管理器

(2) 折弯系数。

在“折弯系数”选项中,用户可以选择 4 种类型的折弯系数表,如图 10-33 所示。

- 折弯系数表:折弯系数表是一种指定材料(如钢、铝等)的表格,它包含基于板厚和折弯半径的折弯运算,折弯系数表是 Excel 表格文件,其扩展名为“*.xls”。

通过选择“插入”→“钣金”→“折弯系数表”→“从文件”菜单命令,在当前的钣金零件中添加折弯系数表。也可以在钣金特征 PropertyManager 对话框中的“折弯系数”下拉列表框中选择“折弯系数表”,并选择指定的折弯系数表,或单击“浏览”按钮使用其他的折弯系数表,如图 10-34 所示。

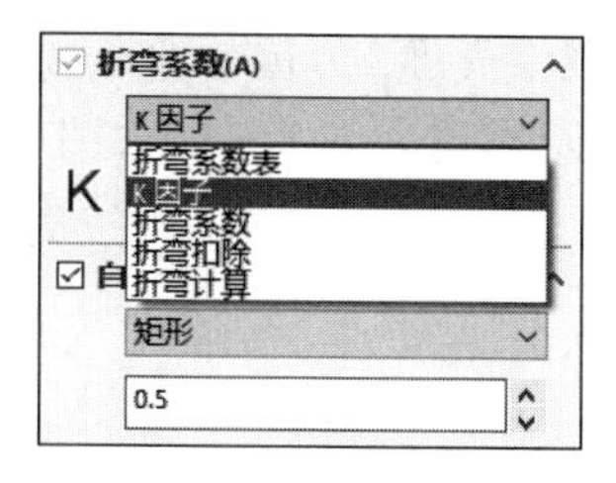

图 10-33 “折弯系数”类型

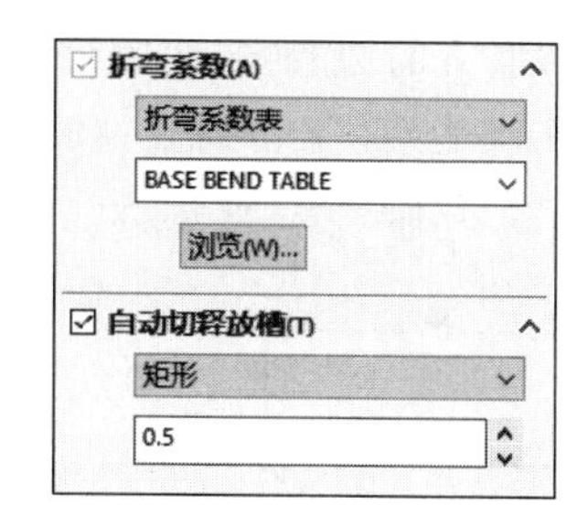

图 10-34 选择“折弯系数表”

- K 因子:K 因子在折弯计算中是一个常数,它是内表面到中性面的距离与材料厚度之比。
- 折弯系数和折弯扣除:可以根据用户的经验和工厂实际情况给定一个实际的数值。

(3) 自动切释放槽。

在“自动切释放槽”下拉列表框中可以选择 3 种不同的释放槽类型。

- 矩形:在需要进行折弯释放的边上生成一个矩形切除,如图 10-35(a)所示。
- 撕裂形:在需要撕裂的边和面之间生成一个撕裂口,而不是切除,如 10-35(b)所示。
- 矩圆形:在需要进行折弯释放的边上生成一个矩圆形切除,如图 10-35(c)所示。

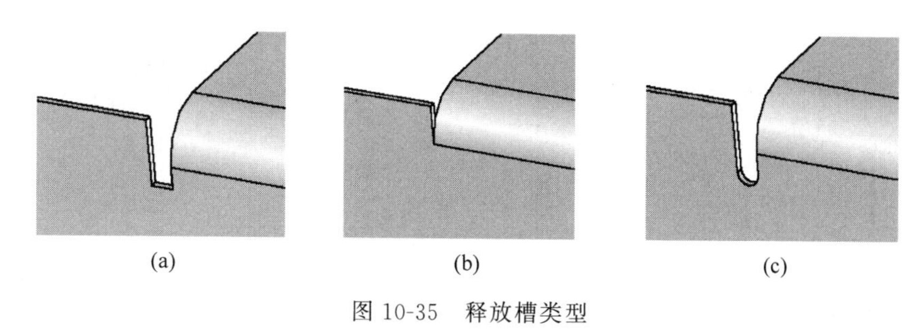

(a) (b) (c)

图 10-35 释放槽类型

10.3.3 放样折弯

Note

10-5

使用放样折弯特征工具可以在钣金零件中生成放样的折弯。放样的折弯和零件实体设计中的放样特征相似，需要两个草图才可以进行放样操作。草图必须为开环轮廓，轮廓开口应同向对齐，以使平板型式更精确，草图不能有尖锐边线。

(1) 首先绘制第一个草图。在左侧的 FeatureMannger 设计树中选择"上视基准面"作为绘图基准面，然后单击"草图"控制面板中的"中心矩形"按钮，或选择"工具"→"草图绘制实体"→"中心矩形"菜单命令，绘制一个圆心在原点的矩形，标注矩形长宽值分别为 50mm、50mm。将矩形直角进行圆角，半径值为 10mm，如图 10-36 所示。绘制一条竖直的构造线，然后绘制两条与构造线平行的直线，单击"草图"控制面板"显示/删除几何关系"下拉列表中的"添加几何关系"按钮，选择两条竖直直线和构造线添加"对称"几何关系，然后标注两条竖直直线距离值为 0.1mm，如图 10-37 所示。

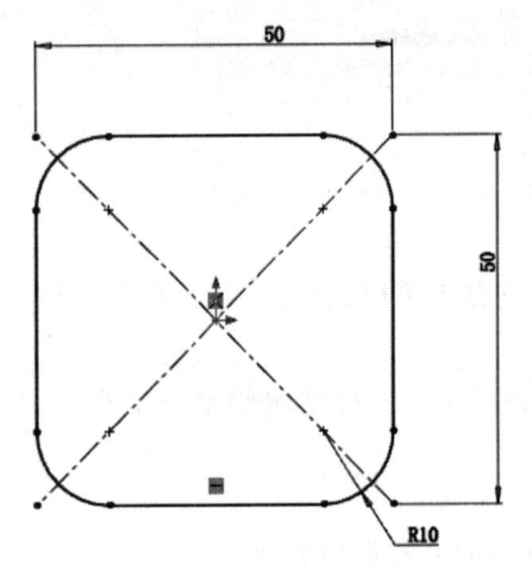

图 10-36　绘制矩形

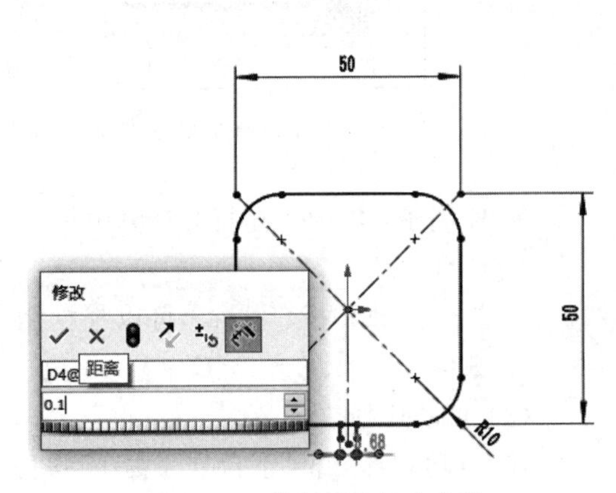

图 10-37　绘制两条竖直直线

(2) 单击"草图"控制面板中的"剪裁实体"按钮，对竖直直线和六边形进行剪裁，最后使六边形具有 0.1mm 宽的缺口，从而使草图为开环，如图 10-38 所示，然后单击"退出草图"按钮。

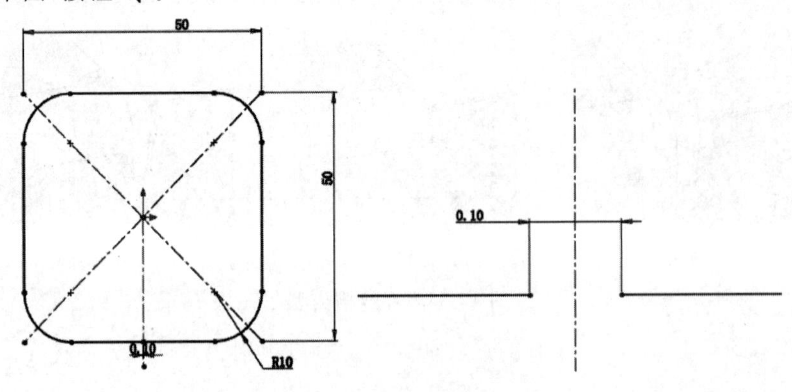

图 10-38　绘制缺口使草图为开环

(3) 绘制第 2 个草图。单击“特征”控制面板“参考几何体”下拉列表中的“基准面”按钮，弹出“基准面”属性管理器，在对话框中“选择参考实体”栏中选择上视基准面，输入距离值 40.00mm，生成与上视基准面平行的基准面，如图 10-39 所示。使用上述相似的操作方法，在圆草图上绘制一个 0.1mm 宽的缺口，使圆草图为开环，如图 10-40 所示，然后单击“退出草图”按钮。

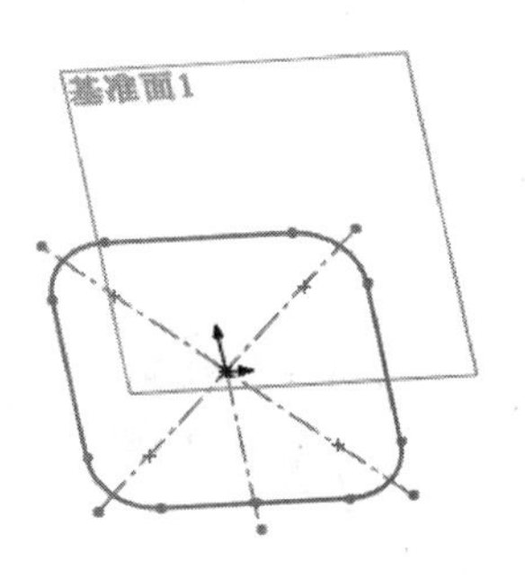

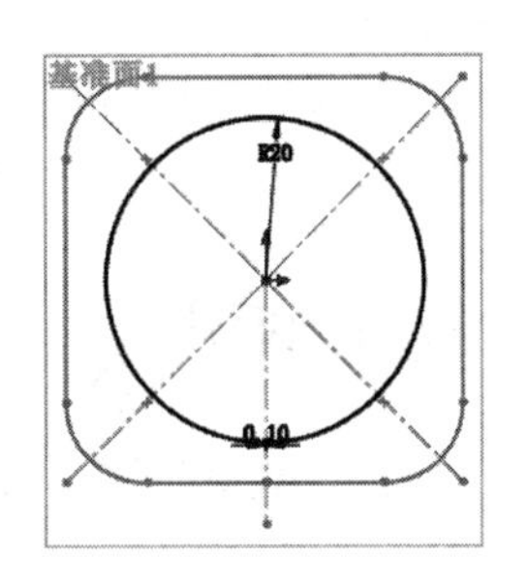

图 10-39　生成基准面

(4) 单击“钣金”工具栏中的“放样折弯”按钮，或选择“插入”→“钣金”→“放样折弯”菜单命令，或者单击“钣金”面板中的“放样折弯”按钮，弹出“放样折弯”属性管理器，在图形区域中选择两个草图，起点位置要对齐。输入厚度值 1.00mm，单击“确定”按钮，结果如图 10-41 所示。

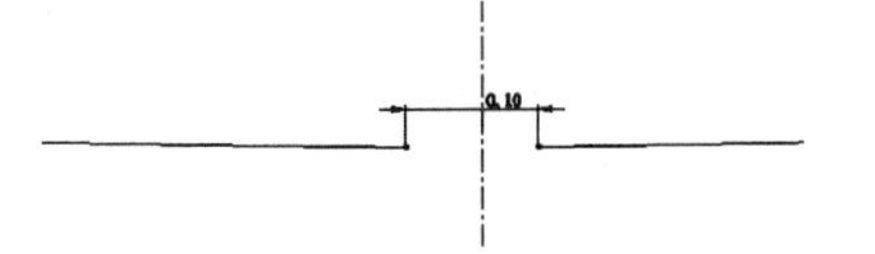

图 10-40　绘制开环的圆草图

技巧荟萃

基体法兰特征不与放样的折弯特征一起使用。放样折弯使用 K 因子和折弯系数来计算折弯。放样的折弯不能被镜像。在选择两个草图时，起点位置要对齐，即要在草图的相同位置，否则将不能生成放样折弯。如图 10-42 所示，箭头所选起点则不能生成放样折弯。

图 10-41　生成的放样折弯特征

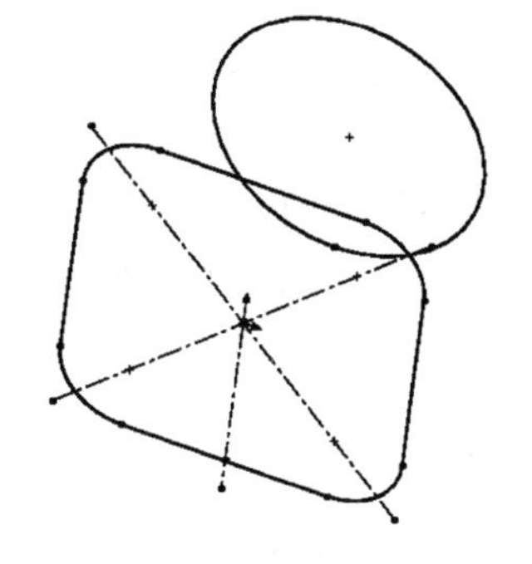

图 10-42　错误地选择草图起点不能生成放样折弯

Note

10-6

10.3.4 实例——U形槽

U形槽模型如图10-43所示。

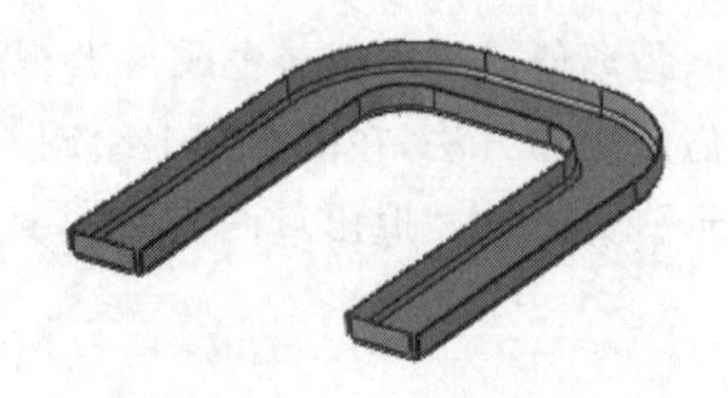

图10-43 U形槽

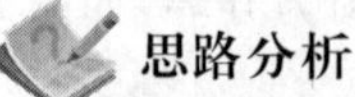

思路分析

通过对U形槽的设计,可以进一步熟练掌握钣金的边线法兰等钣金工具的使用方法,尤其是在曲线边线上生成边线法兰,如图10-44所示。

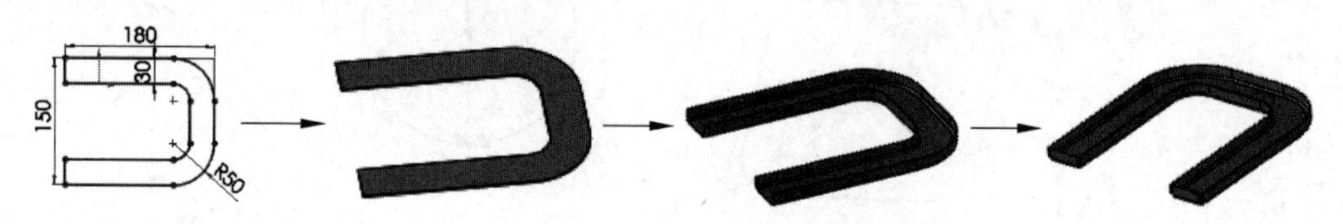

图10-44 U形槽绘制流程图

绘制步骤

(1) 启动SOLIDWORKS 2020,单击“标准”工具栏中的“新建”按钮,或选择“文件”→“新建”菜单命令,创建一个新的零件文件。

(2) 绘制草图

① 在左侧的FeatureMannger设计树中选择“前视基准面”作为绘图基准面,然后单击“草图”控制面板中的“边角矩形”按钮,绘制一个矩形,标注矩形的智能尺寸如图10-45所示。

② 单击“草图”控制面板中的“绘制圆角”按钮,绘制圆角,如图10-46所示。

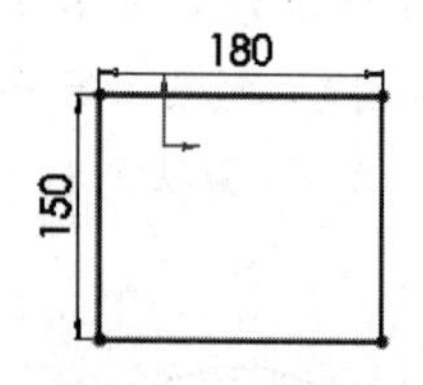

图10-45 绘制矩形

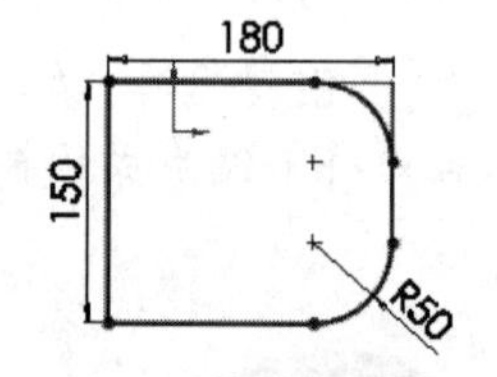

图10-46 绘制圆角

③ 单击“草图”控制面板中的“等距实体”按钮,在“等距实体”属性管理器中取消勾选“选择链”选项,然后选择如图10-46所示草图的线条,输入等距距离数值30.00mm,生成等距30mm的草图,如图10-47(b)所示。剪裁竖直的一条边线,结果如图10-48所示。

(3) 生成“基体法兰”特征。单击“钣金”控制面板中的“基体法兰/薄片”按钮,或选择“插入”→“钣金”→“基体法兰”菜单命令,在属性管理器中钣金参数厚度栏中输入厚度值1.00mm;其他设置如图10-49所示,最后单击“确定”按钮✔。

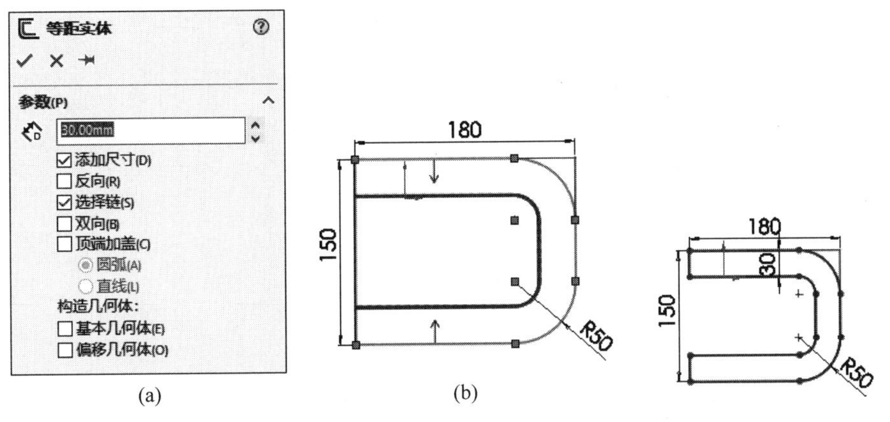

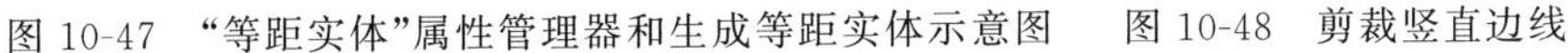

图 10-47 “等距实体”属性管理器和生成等距实体示意图　　图 10-48 剪裁竖直边线

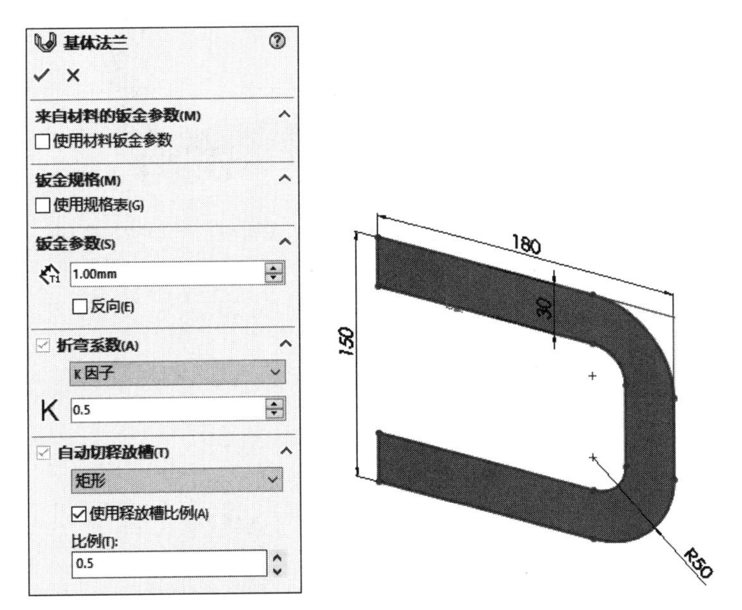

图 10-49 “基体法兰”属性管理器和生成基体法兰示意图

(4) 生成“边线法兰”特征。单击“钣金”控制面板中的“边线法兰”按钮，或选择“插入”→“钣金”→“边线法兰”菜单命令，在“边线法兰”属性管理器法兰长度栏中输入值 10.00mm；其他设置如图 10-50 所示，单击钣金零件的外边线，单击“确定”按钮 ✔。

(5) 生成“边线法兰”特征。重复上述的操作，单击拾取钣金零件的其他边线，生成边线法兰，法兰长度为 10mm，其他设置与图 10-50 中相同，结果如图 10-51 所示。

(6) 生成端面的“边线法兰”。单击“钣金”控制面板中的“边线法兰”按钮，或选择“插入”→“钣金”→“边线法兰”菜单命令，在“边线-法兰 2”属性管理器法兰长度栏中输入值 8.00mm；勾选“剪裁侧边折弯”，其他设置如图 10-52 所示，单击钣金零件端面的一条边线，如图 10-53 所示，生成边线法兰如图 10-54 所示。

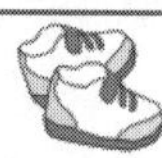

Note

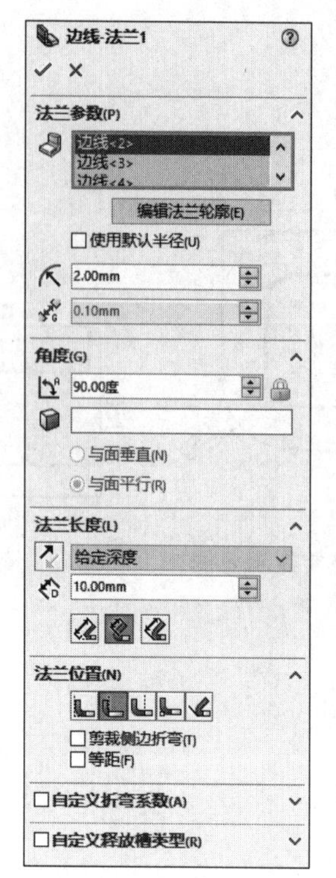

图 10-50　“边线-法兰 1”属性管理器和生成边线法兰操作示意图

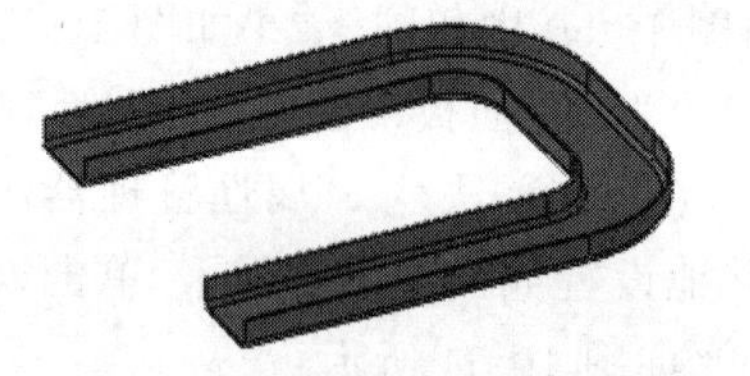

图 10-51　生成另一侧边线法兰

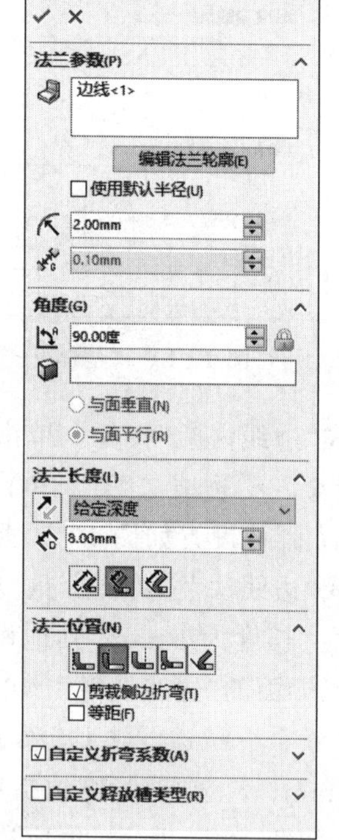

图 10-52　生成端面边线法兰的设置

（7）生成另一侧端面的“边线法兰”。单击“钣金”控制面板中的“边线法兰”按钮，或选择“插入”→“钣金”→“边线法兰”菜单命令，设置参数与上述相同，生成另一侧端面的边线法兰，结果如图 10-55 所示。

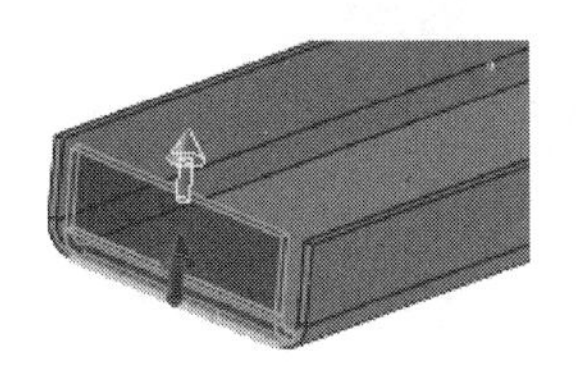

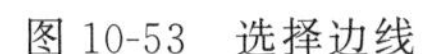

图 10-53　选择边线

图 10-54　生成边线法兰

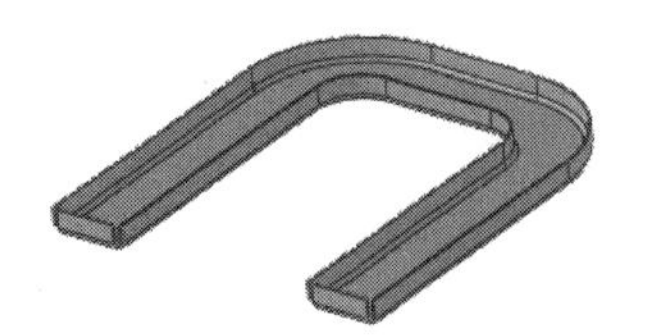

图 10-55　U 形槽

10.4　钣金细节特征

10-7

10.4.1　切口特征

使用切口特征工具可以在钣金零件或者其他任意的实体零件上生成切口特征。能够生成切口特征的零件，应该具有一个相邻平面且厚度一致，这些相邻平面形成一条或多条线性边线或一组连续的线性边线，而且是通过平面的单一线性实体。

在零件上生成切口特征时，可以沿所选内部或外部模型边线生成，或者从线性草图实体生成，也可以通过组合模型边线和单一线性草图实体生成切口特征。下面在一壳体零件（图 10-56）上生成切口特征。

（1）打开源文件“X:\源文件\原始文件\10\切口特征.SLDPRT”。选择壳体零件的上表面作为绘图基准面，然后单击“视图（前导）”工具栏中的“正视于”按钮，单击“草图”控制面板中的“直线”按钮，绘制一条直线，如图 10-57 所示。

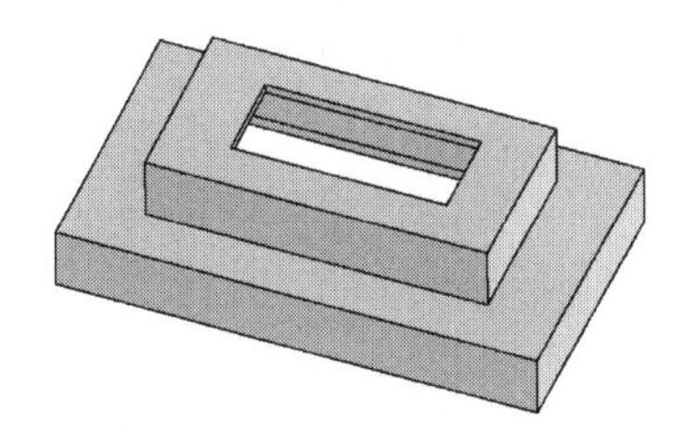

图 10-56　壳体零件

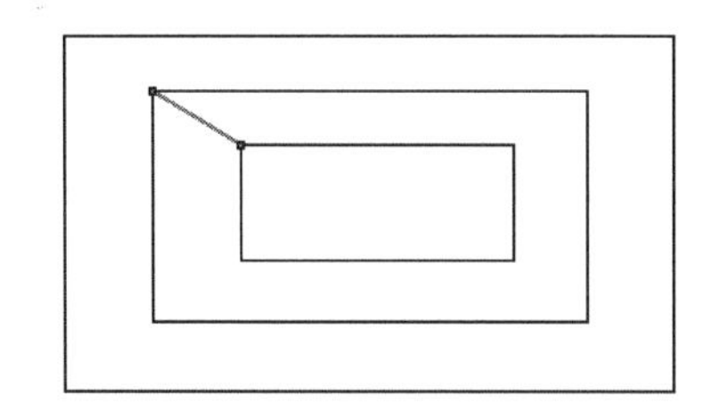

图 10-57　绘制直线

（2）单击“钣金”工具栏中的“切口”按钮，或选择“插入”→“钣金”→“切口”菜单命令，或者单击“钣金”面板中的“切口”按钮，弹出“切口”属性管理器，单击，选择绘制的直线和一条边线来生成切口，如图 10-58 所示。

（3）在对话框中的切口缝隙输入框中，输入数值 1。单击“改变方向”按钮 改变方向(C) ，将可以改变切口的方向，每单击一次，切口方向将能切换到一个方向，接着是另外一个方向，然后返回到两个方向。单击“确定”按钮，结果如图 10-59 所示。

Note

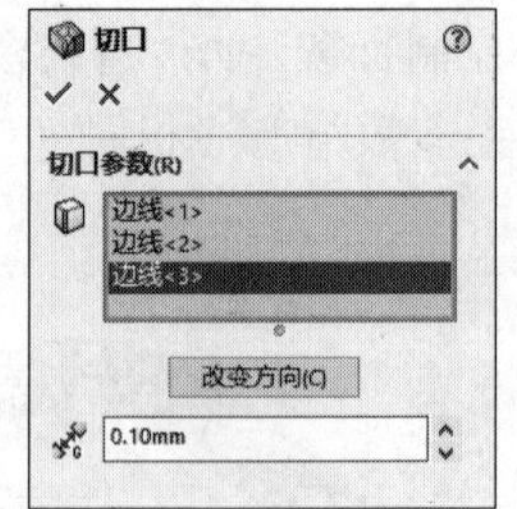

图 10-58 “切口”属性管理器和示意图

图 10-59 生成切口特征

技巧荟萃

在钣金零件上生成切口特征，操作方法与上文中的讲解相同。

10-8

10.4.2 通风口

使用通风口特征工具可以在钣金零件上添加通风口。在生成通风口特征之前与生成其他钣金特征相似，也要首先绘制生成通风口的草图，然后在“通风口”特征 PropertyManager 对话框中设定各种选项，从而生成通风口。

(1) 首先在钣金零件的表面绘制如图 10-60 所示的通风口草图。为了使草图清晰，可以选择“视图”→“草图几何关系”菜单命令(图 10-61)使草图几何关系不显示，结果如图 10-62 所示，然后单击“退出草图”按钮。

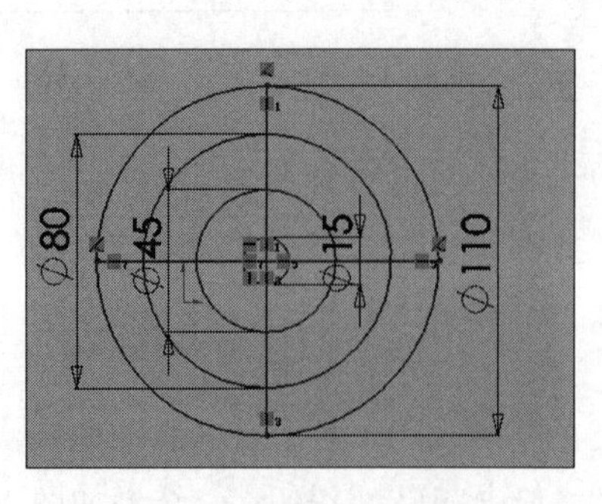

图 10-60 通风口草图

图 10-61 视图菜单

Note

(2) 单击"钣金"工具栏中的"通风口"按钮，或选择"插入"→"扣合特征"→"通风口"菜单命令，或者单击"钣金"面板中的"通风口"按钮，弹出"通风口"属性管理器，首先选择草图的最大直径的圆草图作为通风口的边界轮廓，如图 10-63 所示。同时，在几何体属性的"放置面"栏中自动输入绘制草图的基准面作为放置通风口的表面。

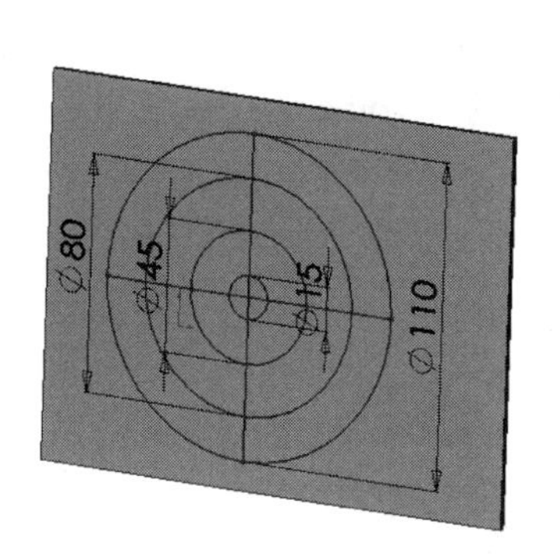

图 10-62　使草图几何关系不显示

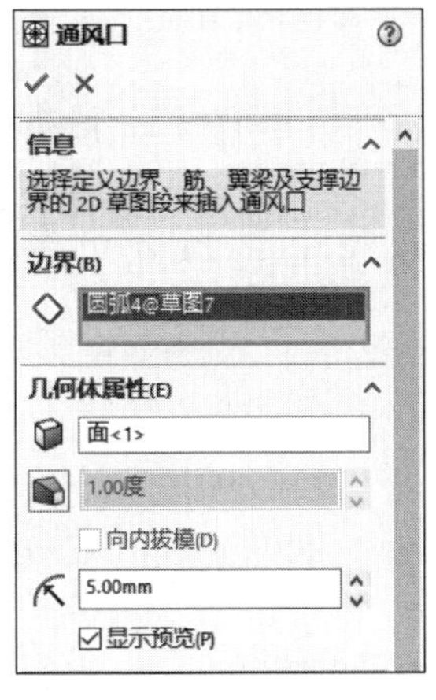

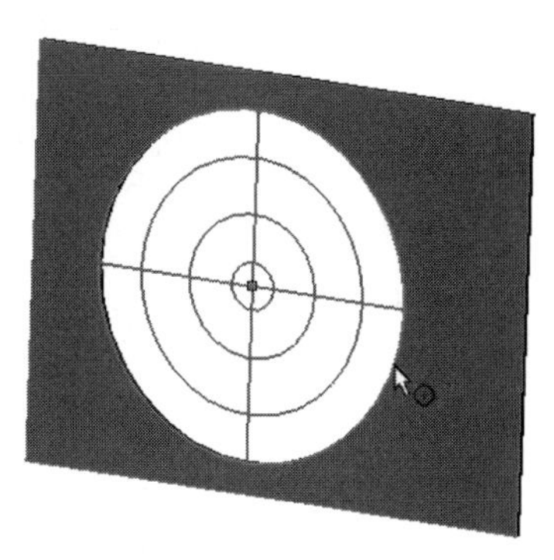

图 10-63　"通风口"属性管理器和选择通风口的边界示意图

(3) 在"圆角半径"输入栏中键入相应的圆角半径数值，本实例中输入数值"5.00mm"。这些值将在边界、筋、翼梁和填充边界之间的所有相交处产生圆角，如图 10-64 所示。

(4) 在"筋"下拉列表框中选择通风口草图中的两个互相垂直的直线作为筋轮廓，在"筋宽度"输入栏中输入数值 5.00mm，如图 10-65 所示。

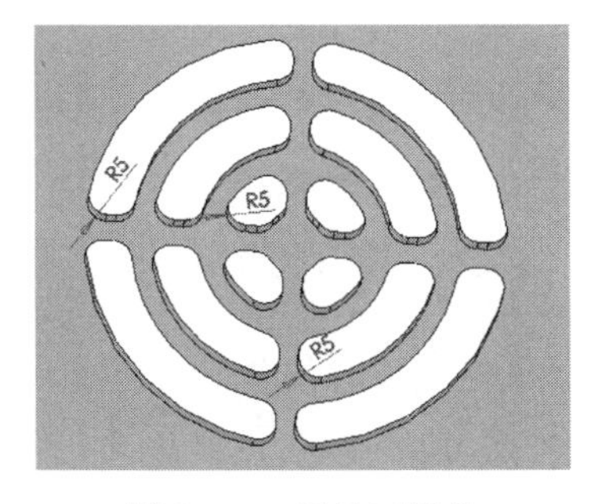

图 10-64　通风口圆角

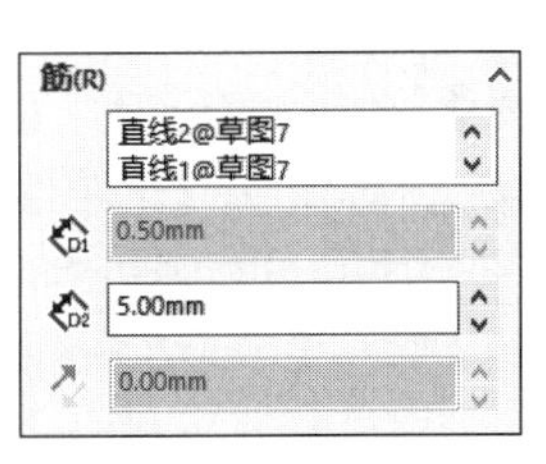

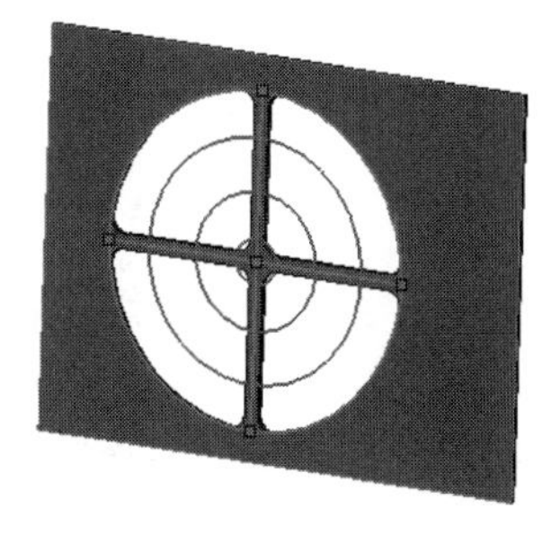

图 10-65　"筋"属性管理器和筋草图示意图

(5) 在"翼梁"下拉列表框中选择通风口草图中的两个同心圆作为翼梁轮廓，在"翼梁宽度"输入栏中输入数值 5.00mm，如图 10-66 所示。

(6) 在"填充边界"下拉列表框中选择通风口草图中的最小圆作为填充边界轮廓，如图 10-67 所示，最后单击"确定"按钮✓，结果如图 10-68 所示。

技巧荟萃

如果在"钣金"工具栏中找不到"通风口"按钮，可以利用"视图"→"工具栏"→

“扣合特征”菜单命令，使“扣合特征”工具栏在操作界面中显示出来，在此工具栏中可以找到“通风口”按钮，如图 10-69 所示。

Note

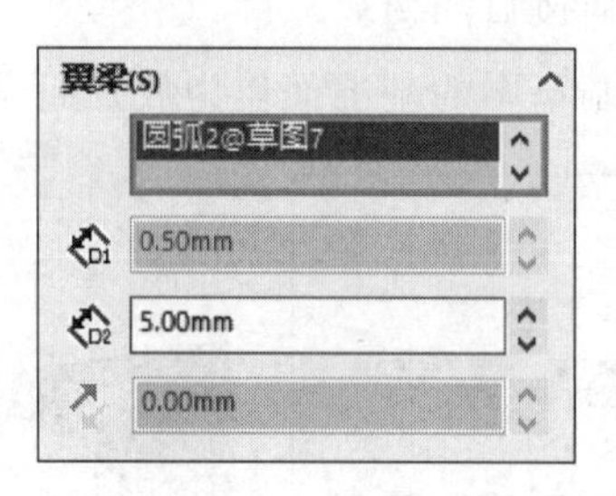

图 10-66　选择翼梁草图

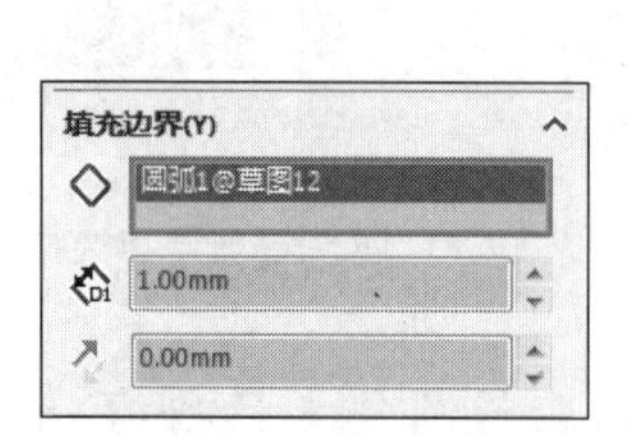

图 10-67　选择填充边界草图

图 10-68　生成通风口特征

图 10-69　“扣合特征”工具栏

10-9

10.4.3　褶边特征

褶边工具可将褶边添加到钣金零件的所选边线上，生成褶边特征时所选边线必须为直线，斜接边角被自动添加到交叉褶边上。如果选择多个要添加褶边的边线，则这些边线必须在同一个面上。

（1）打开源文件“X:\源文件\原始文件\10\褶边特征.SLDPRT”。单击“钣金”工具栏中的“褶边”按钮，或选择“插入”→“钣金”→“褶边”菜单命令，或者单击“钣金”面板中的“褶边”按钮，弹出“褶边”属性管理器。在图形区域中，选择想添加褶边的边线，如图 10-70(b)所示。

（2）在“褶边”属性管理器中，选择“材料在内”选项，在类型和大小栏中，选择“打开”选项，其他设置默认。然后单击“确定”按钮，最后结果如图 10-71 所示。

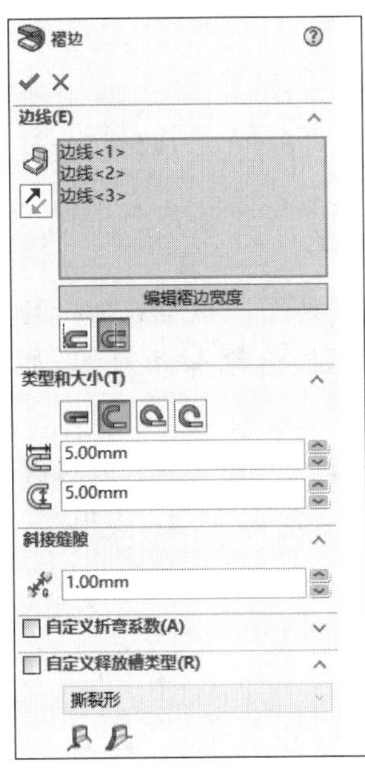

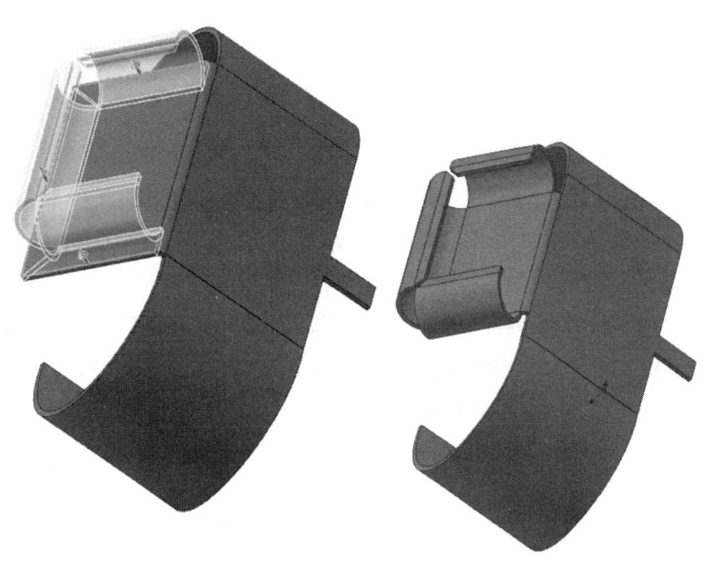

图 10-70　“褶边”属性管理器及选择添加褶边边线　　　　图 10-71　生成褶边

褶边类型共有 4 种，分别是“闭合”，如图 10-72 所示；“打开”，如图 10-73 所示；“撕裂形”，如图 10-74 所示；“滚轧”，如图 10-75 所示。每种类型褶边都有其对应的尺寸设置参数。长度参数只应用于闭合和开环褶边，间隙距离参数只应用于开环褶边，角度参数只应用于撕裂形和滚轧褶边，半径参数只应用于撕裂形和滚轧褶边。

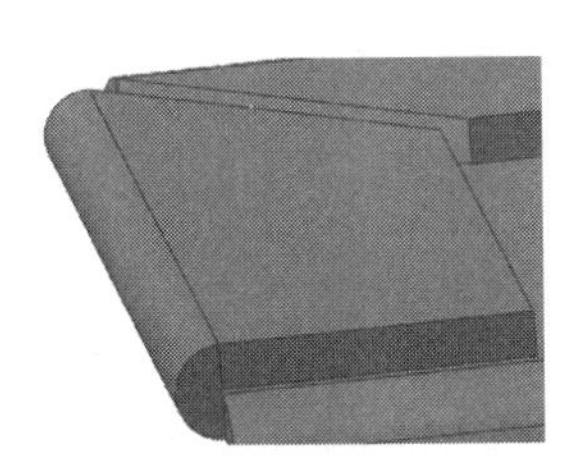

图 10-72　“闭合”类型褶边

图 10-73　“打开”类型褶边

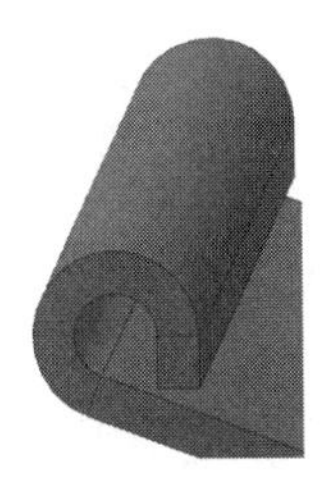

图 10-74　“撕裂形”类型褶边

选择多条边线添加褶边时，在属性管理器中可以通过设置“斜接缝隙”的“切口缝隙”数值来设定这些褶边之间的缝隙，斜接边角被自动添加到交叉褶边上。例如，输入斜轧角度“250.00 度”，更改后如图 10-76 所示。

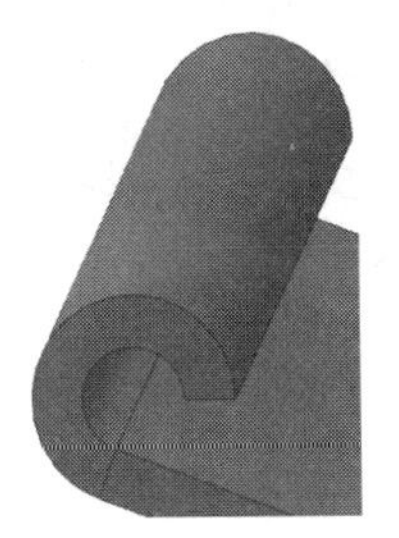

图 10-75　“滚轧”类型褶边

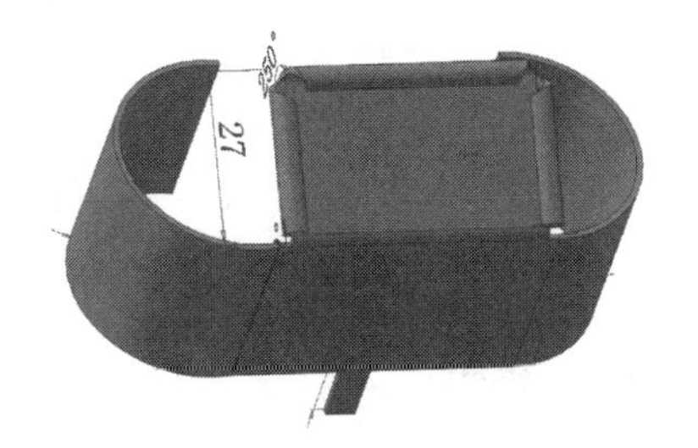

图 10-76　更改褶边之间的角度

10.4.4 转折特征

Note

10-10

使用转折特征工具可以在钣金零件上通过草图直线生成两个折弯。生成转折特征的草图必须只包含一根直线,不需要是水平和垂直直线。折弯线长度不一定必须与正折弯面的长度相同。

(1) 打开源文件"X:\源文件\原始文件\10\转折特征.SLDPRT"。在生成转折特征之前首先绘制草图,选择钣金零件的上表面作为绘图基准面,绘制一条直线,如图10-77所示。

(2) 在绘制的草图被打开状态下,单击"钣金"工具栏中的"转折"按钮,或选择"插入"→"钣金"→"转折"菜单命令,或者单击"钣金"面板中的"转折"按钮,弹出"转折"属性管理器,选择箭头所指的面作为固定面,如图10-78所示。

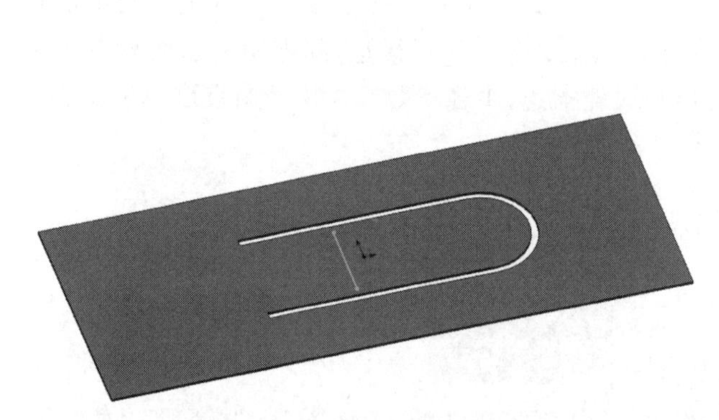

图10-77 绘制直线草图

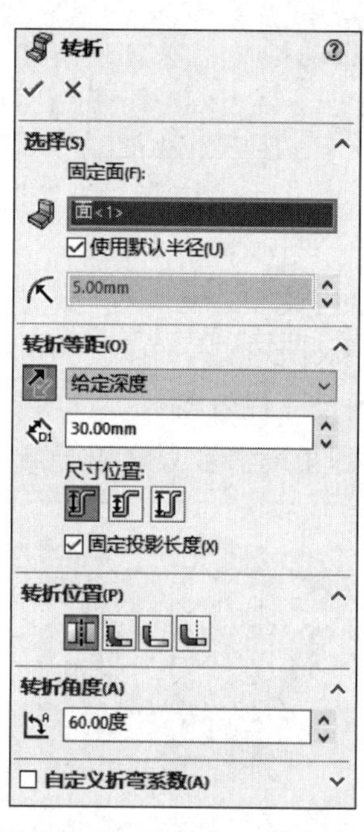

图10-78 "转折"属性管理器

(3) 选择"使用默认半径"。在转折等距栏中输入等距距离值30.00mm。选择尺寸位置栏中的"外部等距"选项,并且选择"固定投影长度"。在转折位置栏中选择"折弯中心线"选项。其他设置为默认,单击"确定"按钮,结果如图10-79所示。

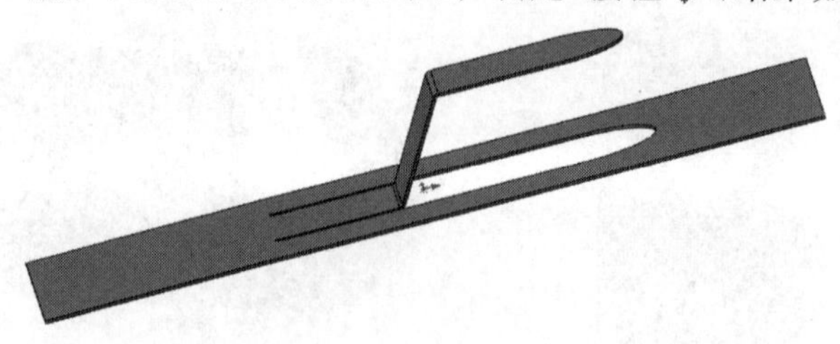

图10-79 生成转折特征

生成转折特征时，在“转折”属性管理器中选择不同的尺寸位置选项、是否勾选“固定投影长度”选项都将生成不同的转折特征。例如，上述实例中使用“外部等距”选项生成的转折特征尺寸如图 10-80 所示。使用“内部等距”选项生成的转折特征尺寸如图 10-81 所示。使用“总尺寸”选项生成的转折特征尺寸如图 10-82 所示。取消“固定投影长度”选项生成的转折投影长度将减小，如图 10-83 所示。

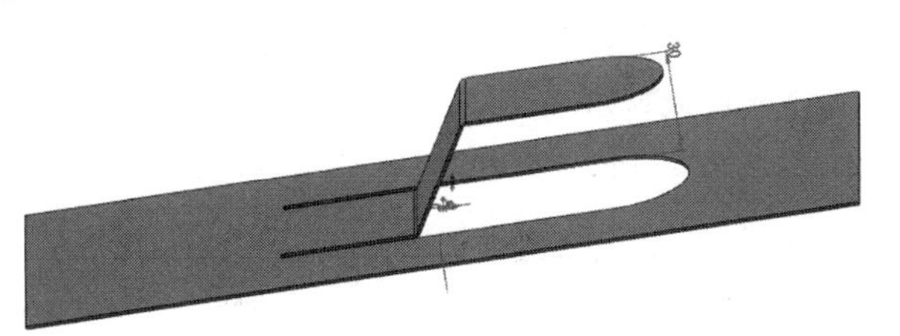

图 10-80 使用“外部等距”生成的转折

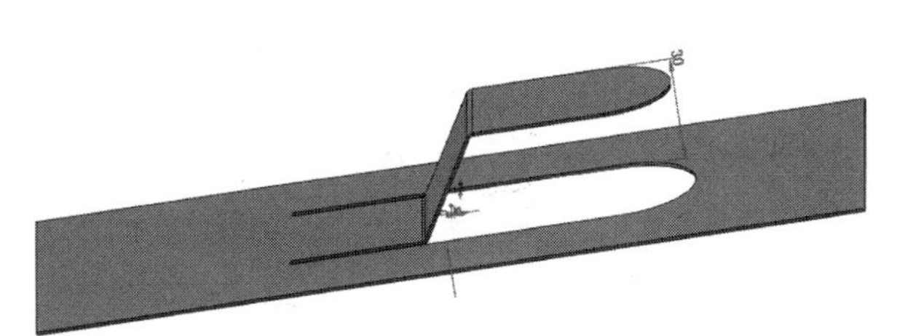

图 10-81 使用“内部等距”生成的转折

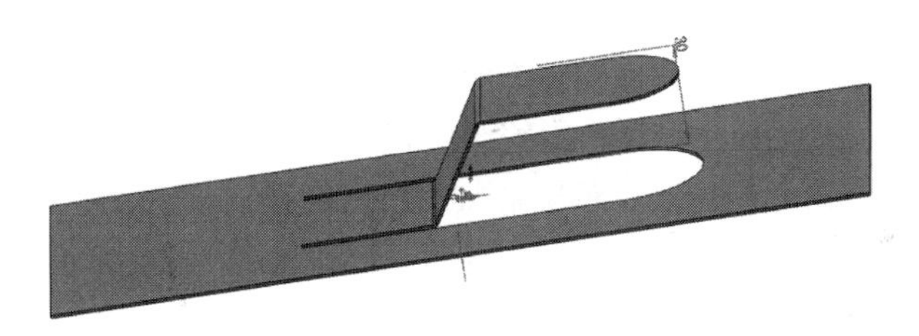

图 10-82 使用“总尺寸”生成的转折

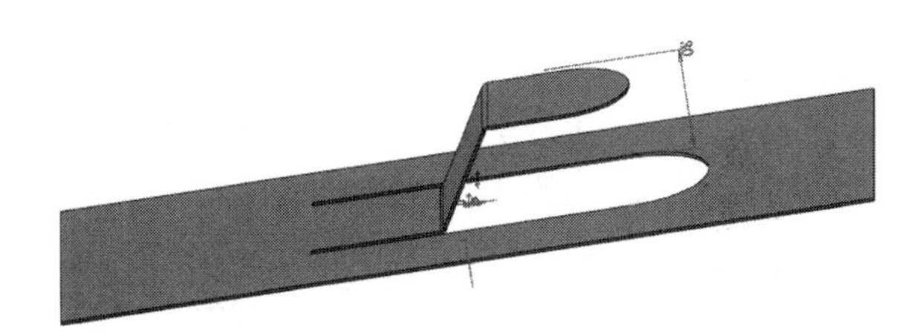

图 10-83 取消“固定投影长度”选项生成的转折

在转折位置栏中还有不同的选项可供选择，在前面的特征工具中已经讲解过，这里不再重复。

10.4.5 绘制的折弯特征

10-11

绘制的折弯特征可以在钣金零件处于折叠状态时绘制草图，将折弯线添加到零件。草图中只允许使用直线，可为每个草图添加多条直线。折弯线长度不一定非得与被折弯的面的长度相同。

Note

(1) 打开源文件“X:\源文件\原始文件\10\绘制的折弯特征.SLDPRT”。单击“钣金”工具栏中的“绘制的折弯”按钮，或选择“插入”→“钣金”→“绘制的折弯”菜单命令，或者单击“钣金”面板中的“绘制的折弯”按钮。提示选择平面来生成折弯线和选择现有草图为特征所用，如图 10-84 所示。如果没有绘制好草图，可以首先选择基准面绘制一条直线；如果已经绘制好了草图，可以单击选择绘制好的直线，弹出“绘制的折弯”对话框，如图 10-85 所示。

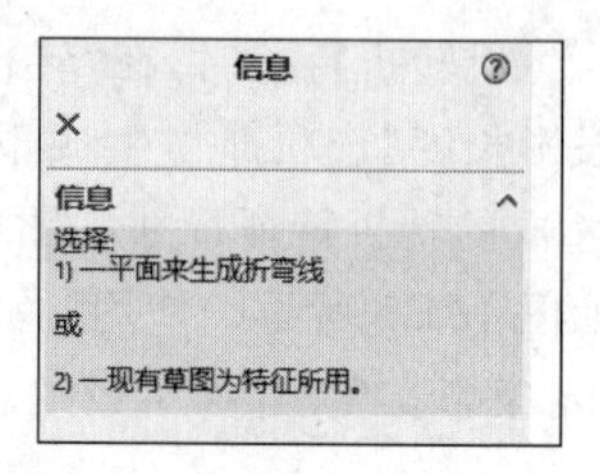

图 10-84　绘制的折弯提示信息

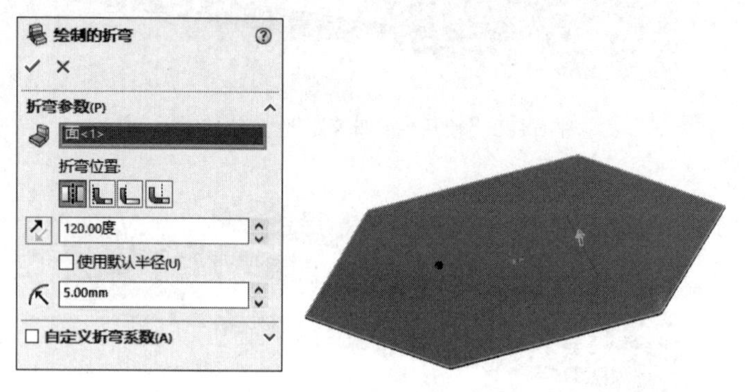

图 10-85　“绘制的折弯”对话框

(2) 在图形区域中，选择图 10-85 中所选的面作为固定面，选择折弯位置选项中的“折弯中心线”，输入角度值“120.00 度”，输入折弯半径值 5.00mm，单击“确定”按钮✔。

(3) 右击 FeatureMannger 设计树中绘制的折弯 1 特征的草图，选择“显示”按钮，如图 10-86 所示，绘制的直线可以显示出来，直观看到以“折弯中心线”选项生成的折弯特征的效果，如图 10-87 所示。其他选项生成折弯特征效果可以参考前文中的讲解。

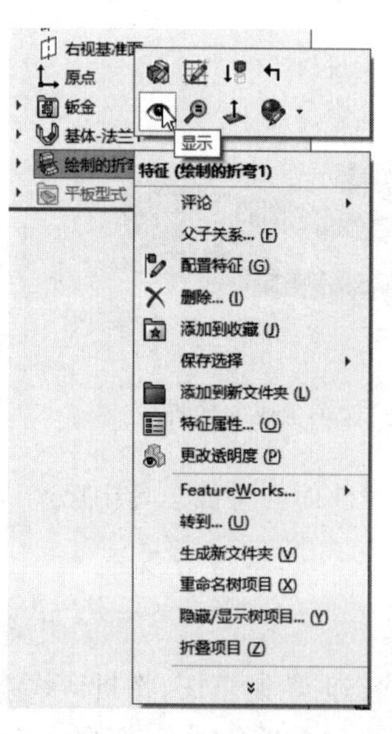

图 10-86　显示草图

图 10-87　生成绘制的折弯

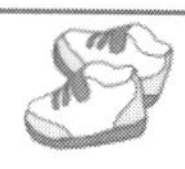

Note

10-12

10.4.6　闭合角特征

使用闭合角特征工具可以在钣金法兰之间添加闭合角，即在钣金特征之间添加材料。通过闭合角特征工具可以完成以下功能：通过选择面来为钣金零件同时闭合多个边角；关闭非垂直边角；将闭合边角应用到带有 90°以外折弯的法兰；调整缝隙距离，由边界角特征所添加的两个材料截面之间的距离；重叠/欠重叠比率指重叠的材料与欠重叠材料之间的比率。

（1）打开源文件“X:\源文件\原始文件\10\闭合角特征.SLDPRT”。单击“钣金”工具栏中的“闭合角”按钮，或选择“插入”→“钣金”→“闭合角”菜单命令，或者单击“钣金”面板中的“闭合角”按钮，弹出“闭合角”属性管理器，选择需要延伸的面，如图 10-88 所示。

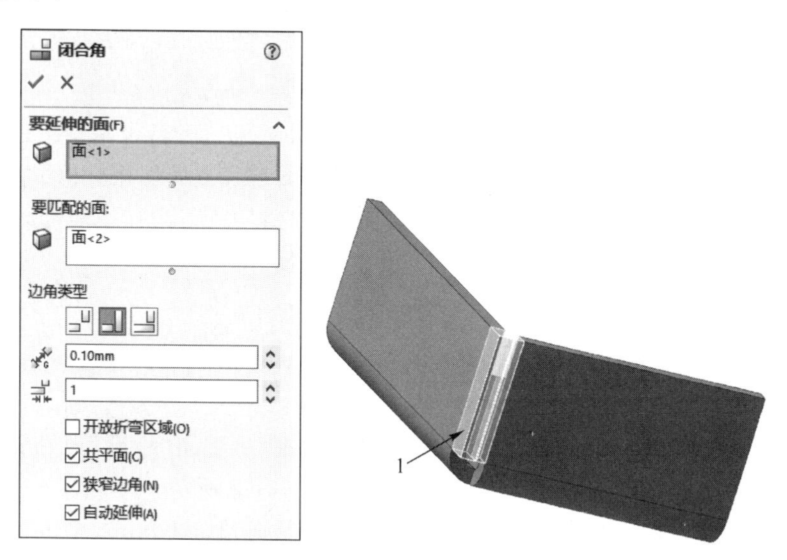

图 10-88　“闭合角”属性管理器和选择需要延伸的面

（2）选择边角类型中的“重叠”选项，单击“确定”按钮✔。在“缝隙距离”栏中输入数值过小时，系统提示错误，不能生成闭合角，如图 10-89 所示。

（3）在缝隙距离输入栏中，更改缝隙距离数值为 0.50mm，单击“确定”按钮✔，生成重叠闭合角结果如图 10-90 所示。

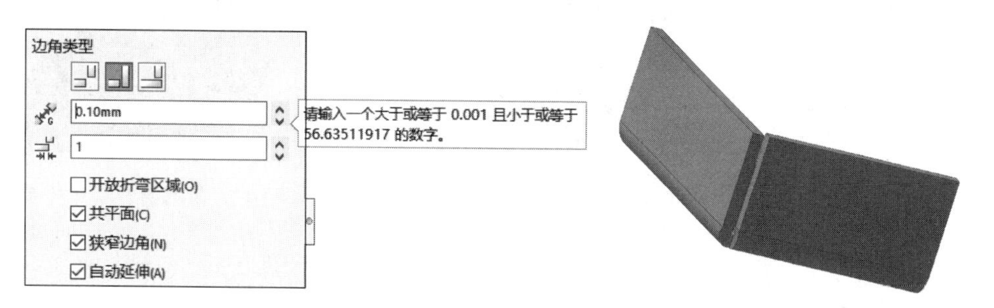

图 10-89　错误提示

图 10-90　生成重叠闭合角

使用其他边角类型选项可以生成不同形式的闭合角。图 10-91 是使用边角类型中“对接”选项生成的闭合角；图 10-92 是使用边角类型中“欠重叠”选项生成的闭合角。

Note

图 10-91 “对接”类型闭合角

图 10-92 “欠重叠”类型闭合角

10.4.7 断开边角/边角剪裁特征

使用断开边角特征工具可以从折叠的钣金零件的边线或面切除材料。使用边角剪裁特征工具可以从展开的钣金零件的边线或面切除材料。

10-13

1. 断开边角

断开边角操作只能在折叠的钣金零件中操作。

(1) 打开源文件“X:\源文件\原始文件\10\断开边角.SLDPRT”。单击“钣金”工具栏中的“断开边角/边角剪裁”按钮，或者选择“插入”→“钣金”→“断裂边角”命令，或者单击“钣金”面板中的“断开边角/边角剪裁”按钮，弹出“展开”属性管理器。在图形区域中，单击想断开的边角边线或法兰面，如图 10-93 所示。

(2) 在“折断类型”中选择“倒角”选项，输入距离值 5.00mm，单击“确定”按钮，结果如图 10-94 所示。

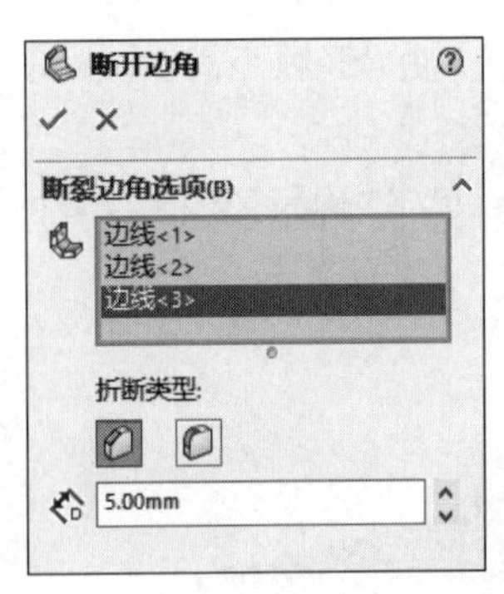

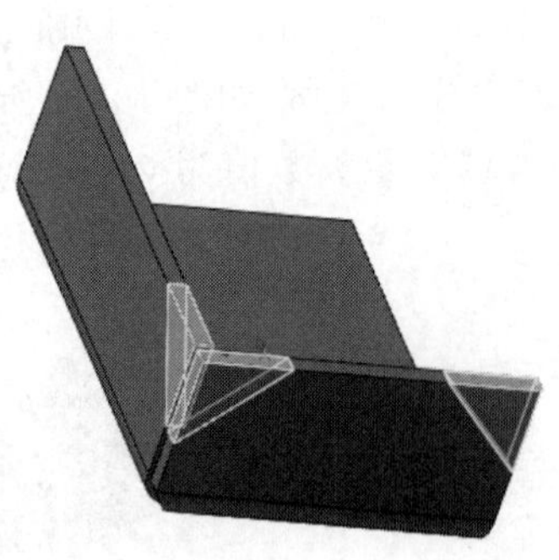

图 10-93 “断开边角”属性管理器和选择要断开边角的边线和面

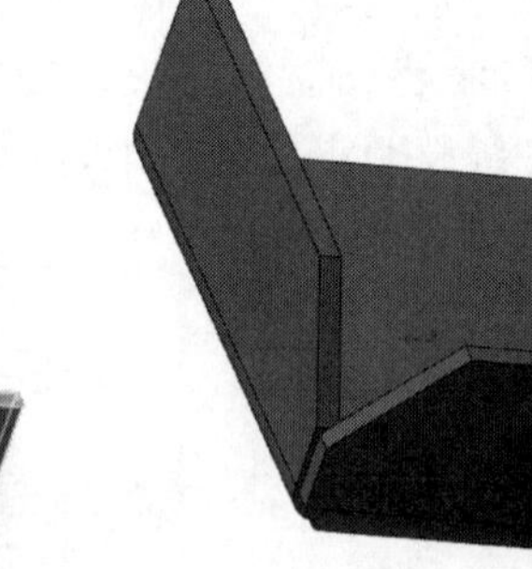

图 10-94 生成断开边角特征

10-14

2. 边角剪裁

边角剪裁只能在展开的钣金零件中操作，在零件被折叠时边角剪裁特征将被压缩。

(1) 单击“钣金”工具栏中的“展开”按钮，或者单击“钣金”控制面板中的“展开”

按钮，或选择“插入”→“钣金”→“展开”菜单命令，将钣金零件整个展开，如图 10-95 所示。

(2) 单击“钣金”工具栏中的“断开边角/边角剪裁”按钮，单击“钣金”控制面板中的“断开边角/边角剪裁”按钮，选择“插入”→“钣金”→“断开边角/边角剪裁”菜单命令，在图形区域中，选择要折断的边角边线或法兰面，如图 10-96 所示。

图 10-95　展开钣金零件

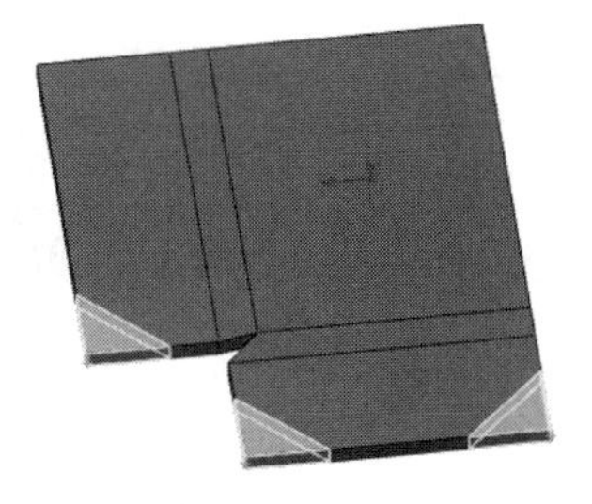

图 10-96　选择要折断边角的边线和面

(3) 在“折断类型”中选择“倒角”选项，输入距离值 5.00mm，单击“确定”按钮 ✔，结果如图 10-97 所示。

(4) 右击钣金零件 FeatureMannger 设计树中的平板形式特征，在弹出的菜单中选择“压缩”命令，或者单击“钣金”控制面板中的“折叠”按钮，使此图标弹起，将钣金零件折叠。边角剪裁特征将被压缩，如图 10-98 所示。

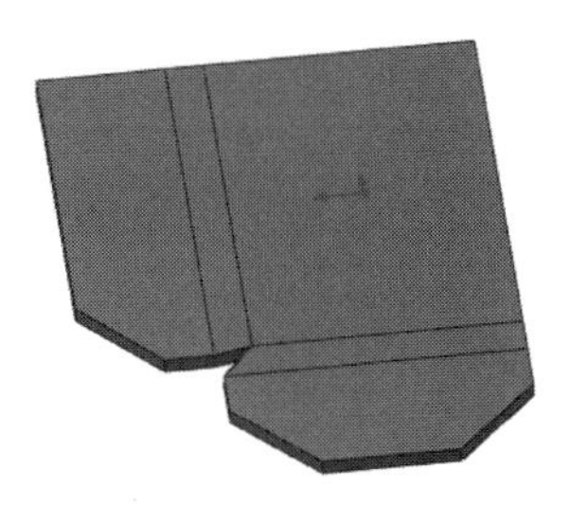

图 10-97　用“倒角”选项生成边角剪裁特征

图 10-98　折叠钣金零件

10.4.8　实例——六角盒

10-15

绘制如图 10-99 所示的六角盒。

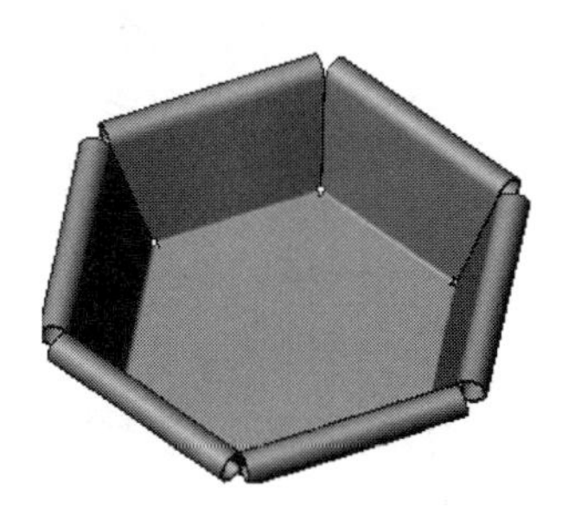

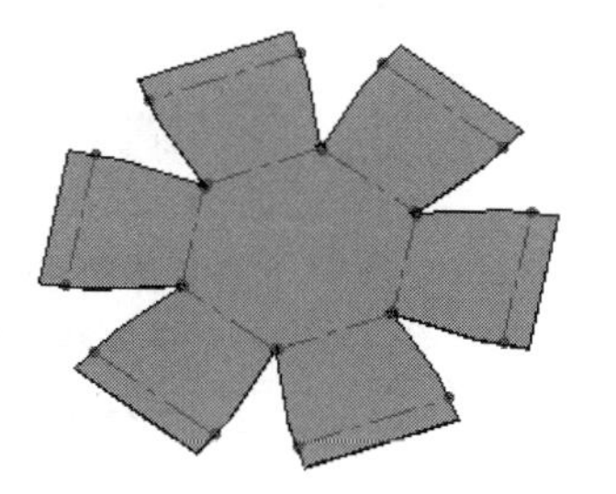

图 10-99　六角盒及展开图

Note

思路分析

本例绘制的六角盒模型主要利用实体建模绘制基体模型，拉伸实体，再利用抽壳命令抽空腔体，最后利用钣金知识，使用褶边命令绘制六角盒边角，绘制流程图如图 10-100 所示。

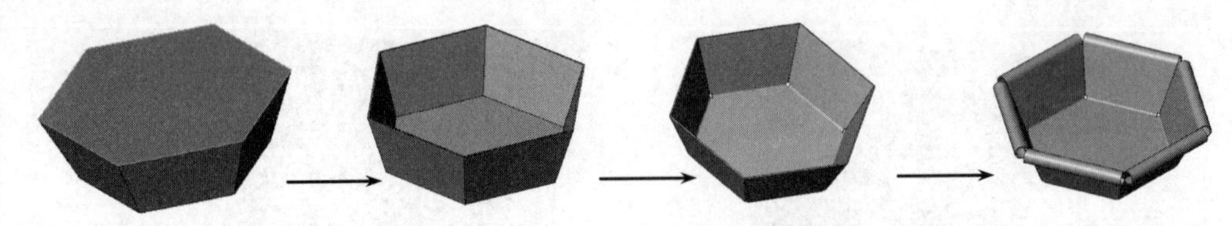

图 10-100　六角盒绘制流程图

绘制步骤

六角盒的设计步骤如下。

（1）启动 SOLIDWORKS 2020，选择菜单栏中的“文件”→“新建”命令，或者单击“标准”工具栏中的“新建”按钮，在弹出的“新建 SOLIDWORKS 文件”对话框中选择“零件”按钮，然后单击“确定”按钮，创建一个新的零件文件。

（2）绘制草图。在左侧的 FeatureMannger 设计树中选择“前视基准面”作为绘图基准面，然后单击“草图”控制面板中的“多边形”按钮，绘制一个六边形，标注六边形内接圆的直径智能尺寸如图 10-101 所示。

（3）生成“拉伸”特征。选择菜单栏中的“插入”→“凸台/基体”→“拉伸”命令，或者单击“特征”控制面板中的“拉伸凸台/基体”按钮，弹出“凸台-拉伸”属性管理器，在方向 1 的“终止条件”栏中选择“给定深度”，“深度”栏中输入值 50.00mm，在“拔模斜度”栏中输入数值“20.00 度”，如图 10-102 所示，然后单击“确定”按钮✔。

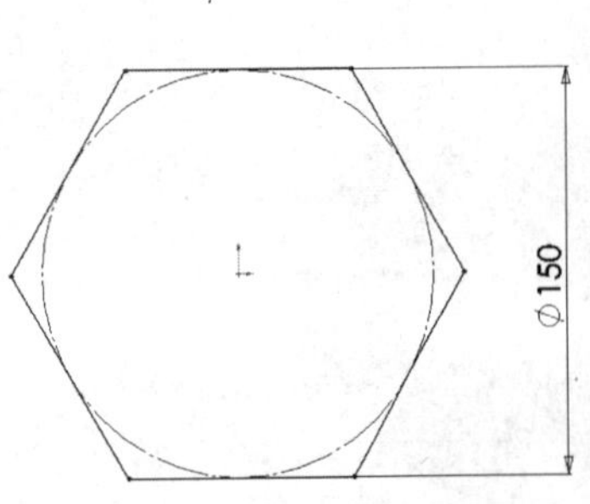

图 10-101　绘制草图并标注尺寸

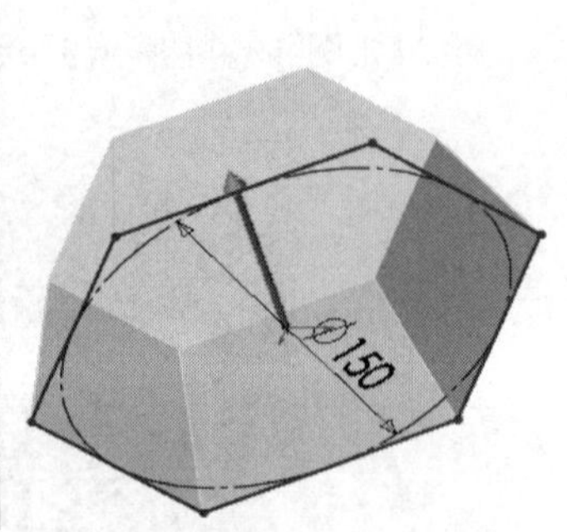

图 10-102　“凸台-拉伸”属性管理器及进行拉伸操作示意图

(4) 生成“抽壳”特征。选择菜单栏中的“插入”→“特征”→“抽壳”命令，或者单击“特征”控制面板中的“抽壳”按钮，弹出“抽壳 1”属性管理器，在“厚度”栏中输入值 1.00mm，单击实体表面作为要移除的面，如图 10-103 所示，然后单击“确定”按钮✔，结果如图 10-104 所示。

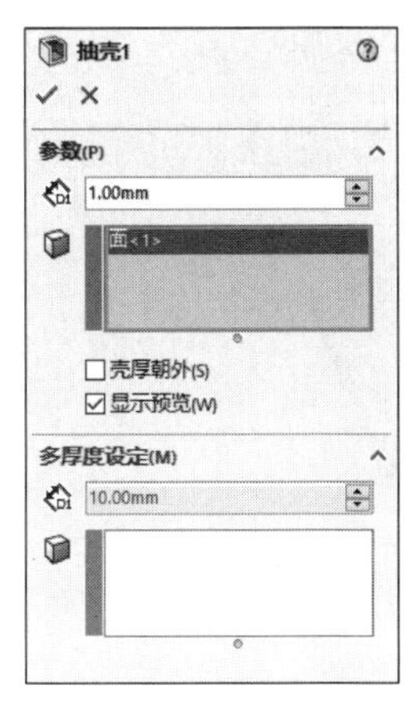

图 10-103 “抽壳 1”属性管理器及进行抽壳操作示意图

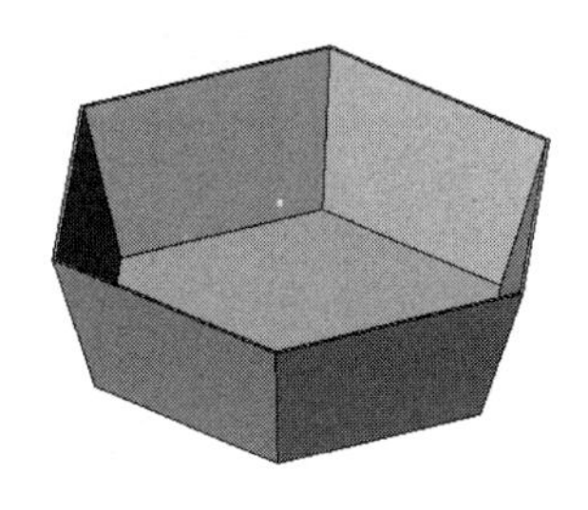

图 10-104 抽壳后的实体

(5) 生成“切口”特征。选择菜单栏中的“插入”→“钣金”→“切口”命令，或者单击“钣金”控制面板中的“切口”按钮，弹出“切口”属性管理器，在“切口缝隙”栏中输入值 0.10mm，单击实体表面的各棱线作为要生成切口的边线，如图 10-105 所示，然后单击“确定”按钮✔，结果如图 10-106 所示。

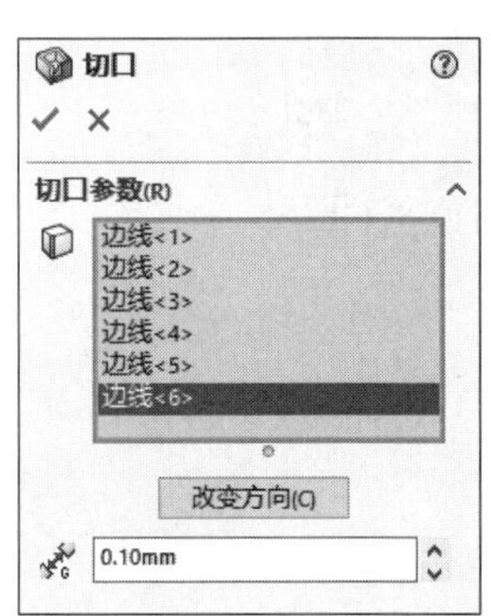

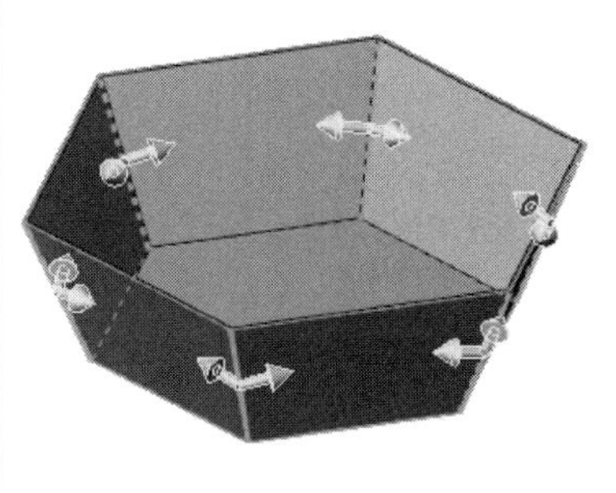

图 10-105 “切口”属性管理器及进行切口操作示意图

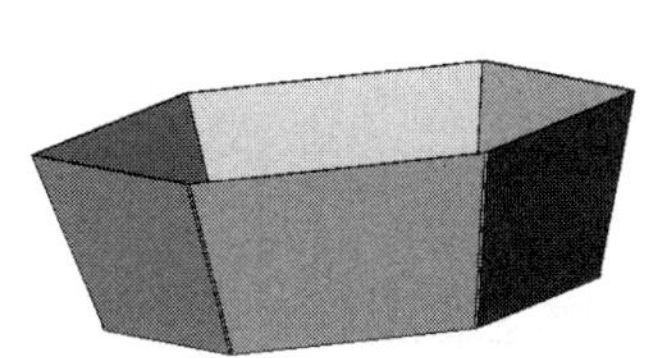

图 10-106 生成切口特征

(6) 插入折弯。选择菜单栏中的“插入”→“钣金”→“折弯”命令，或者单击“钣金”控制面板中的“插入折弯”按钮，弹出“折弯”属性管理器，单击如图 10-107 所示的面作为固定表面，输入折弯半径数值 2.00mm，其他设置如图 10-107 所示。单击“确定”按钮✔，弹出如图 10-108 所示对话框，单击“确定”按钮，插入的折弯如图 10-109 所示。

(7) 生成“褶边”特征。选择菜单栏中的“插入”→“钣金”→“褶边”命令，或者单击“钣金”控制面板中的“褶边”按钮，弹出“褶边”属性管理器，单击选择如图 10-110 所示的边作为添加褶边的边线，单击“材料在内”按钮，单击“滚轧”按钮，输入如

图 10-110 所示的角度数值和半径数值，其他设置默认，单击“确定”按钮 ✓，生成的褶边如图 10-111 所示。

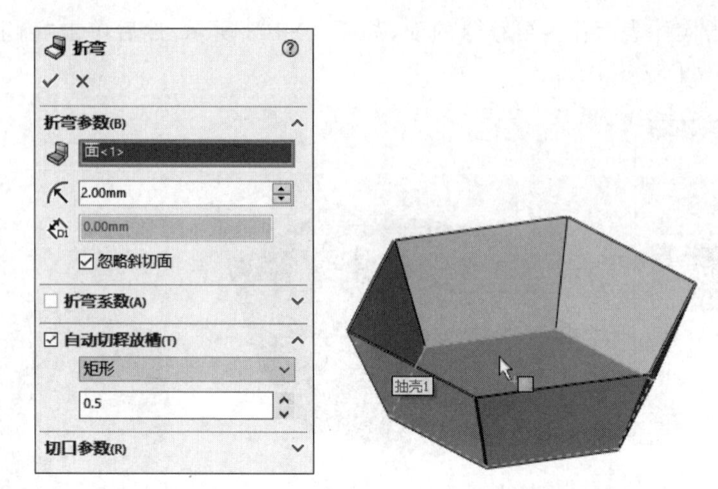

图 10-107 “折弯”属性管理器及插入折弯示意图

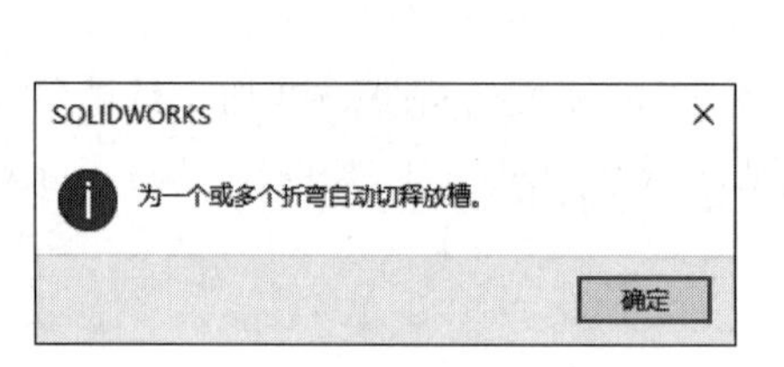

图 10-108 “切释放槽”对话框

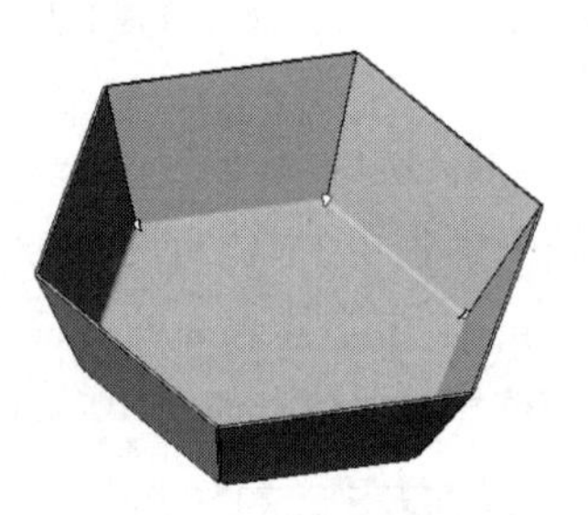

图 10-109 插入的折弯

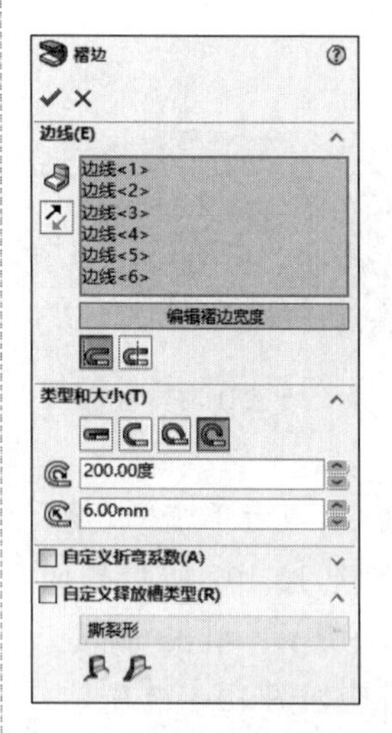

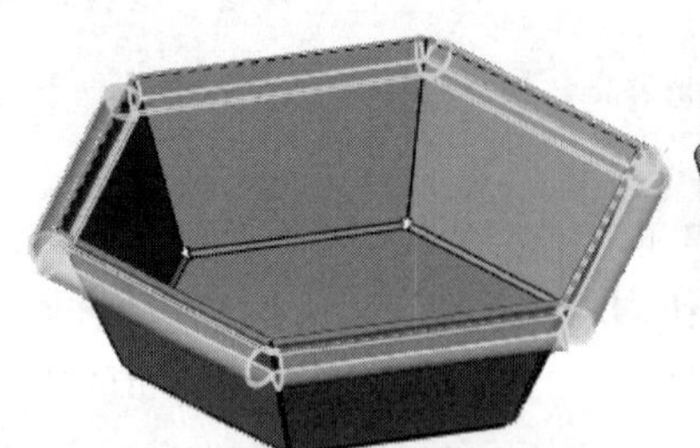

图 10-110 “褶边”属性管理器及生成褶边操作示意图

图 10-111 生成的褶边

10.5 展开钣金

Note

10.5.1 整个钣金零件展开

10-16

要展开整个零件，如果钣金零件的 FeatureMannger 设计树中的平板型式特征存在，可以右击平板型式 1 特征，在弹出的菜单中单击"解除压缩"按钮，如图 10-112 所示，或者单击"钣金"控制面板中的"展开"按钮，可以将钣金零件整个展开，如图 10-113 所示。

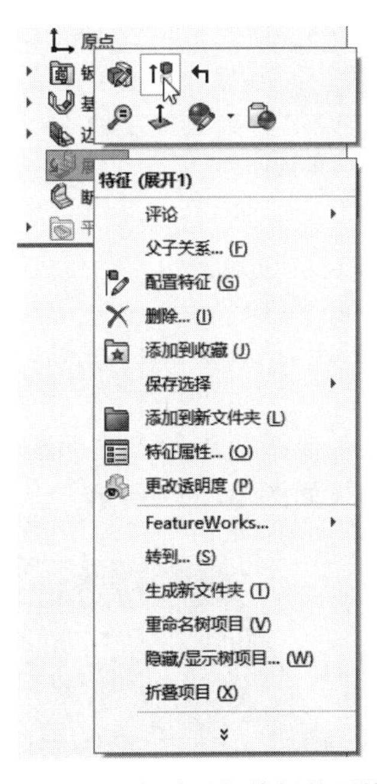

图 10-112 解除平板特征的压缩

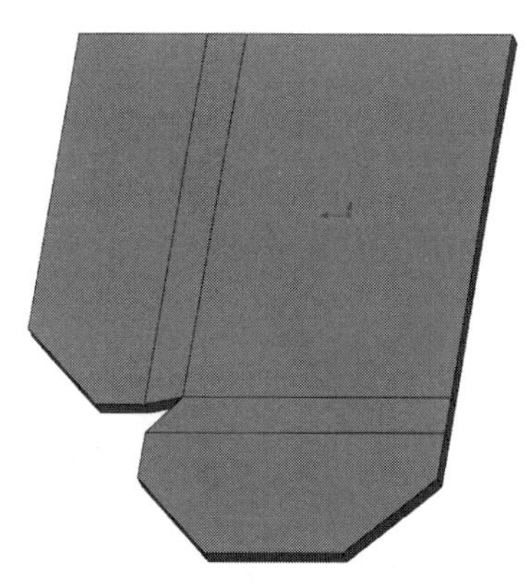

图 10-113 展开整个钣金零件

技巧荟萃

使用此方法展开整个零件时，应用边角处理以生成干净、展开的钣金零件，使在制造过程中不会出错。如果不想应用边角处理，可以右击平板型式，在弹出的菜单中选择"编辑特征"，在"平板型式"属性管理器中取消"边角处理"选项，如图 10-114 所示。

要将整个钣金零件折叠，可以右击钣金零件 FeatureMannger 设计树中的平板型式特征，在弹出的菜单中选择"压缩"按钮，或者单击"钣金"控制面板中的"折叠"按钮，使此图标弹起，即可以将钣金零件折叠。

10.5.2 将钣金零件部分展开

10-17

要展开或折叠钣金零件的一个、多个或所有折弯，可使用"展开"和"折叠"特征工具。使用此展开特征工具可以沿折弯上添加切除特征。首先添加一展开特征来展

Note

开折弯，然后添加切除特征，最后添加一折叠特征将折弯返回到其折叠状态。

(1) 打开源文件"X:\源文件\原始文件\10\将钣金零件部分展开.SLDPRT"。单击"钣金"工具栏中的"展开"按钮，或单击"钣金"控制面板中的"展开"按钮，或选择"插入"→"钣金"→"展开"菜单命令，弹出"展开"属性管理器，如图10-115所示。

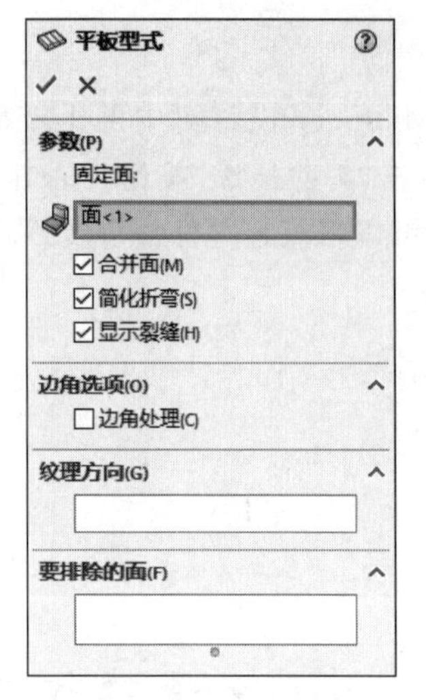

图10-114　取消"边角处理"

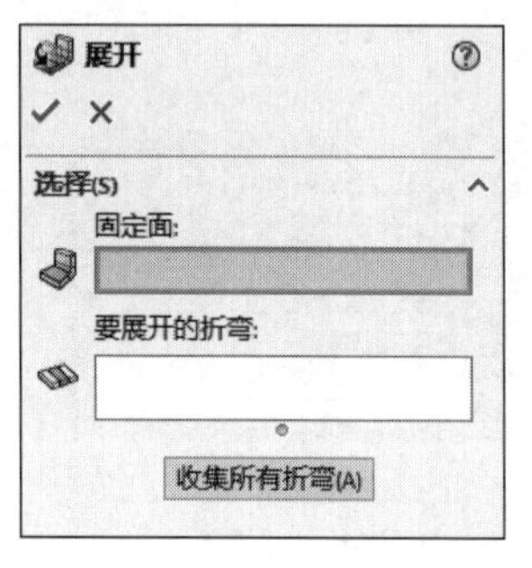

图10-115　"展开"属性管理器

(2) 在图形区域中选择箭头所指的面作为固定面，选择箭头所指的折弯作为要展开的折弯，如图10-116所示。单击"确定"按钮✔，结果如图10-117所示。

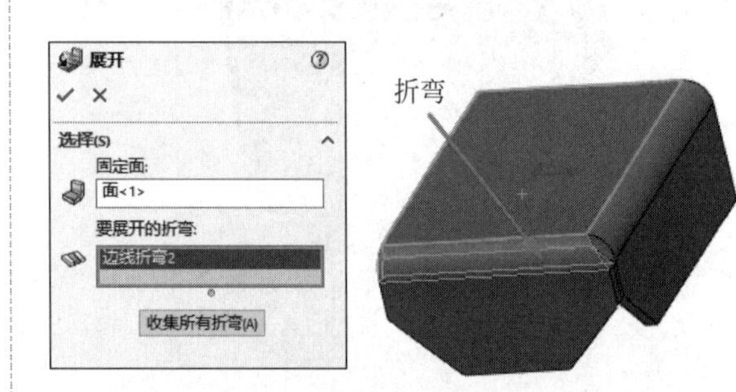

图10-116　选择固定边和要展开的折弯

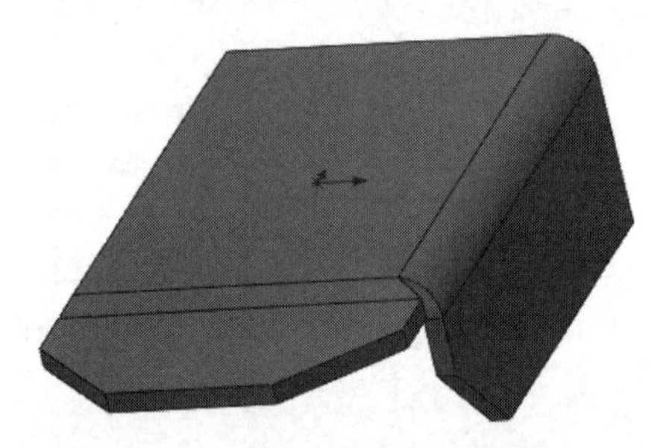

图10-117　展开一个折弯

(3) 选择钣金零件上箭头所指表面作为绘图基准面，如图10-118所示。然后单击"视图(前导)"工具栏中的"正视于"按钮，单击"草图"控制面板中的"边角矩形"按钮，绘制矩形草图，如图10-119所示。单击"特征"控制面板中的"拉伸切除"按钮，或选择"插入"→"切除"→"拉伸"菜单命令，在弹出"切除拉伸"属性管理器中"终止条件"一栏中选择"完全贯穿"，然后单击"确定"按钮✔，生成切除拉伸特征，如图10-120所示。

(4) 单击"钣金"控制面板中的"折叠"按钮，或选择"插入"→"钣金"→"折叠"菜单命令，弹出"展开"属性管理器。

(5) 在图形区域中选择在展开操作中选择的面作为固定面，选择展开的折弯作为要折叠的折弯，单击"确定"按钮✔，结果如图10-121所示。

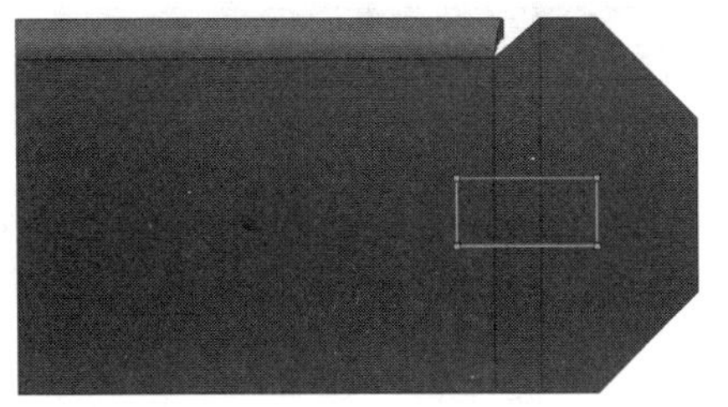

Note

图 10-118 设置基准面　　　　图 10-119 绘制矩形草图(1)

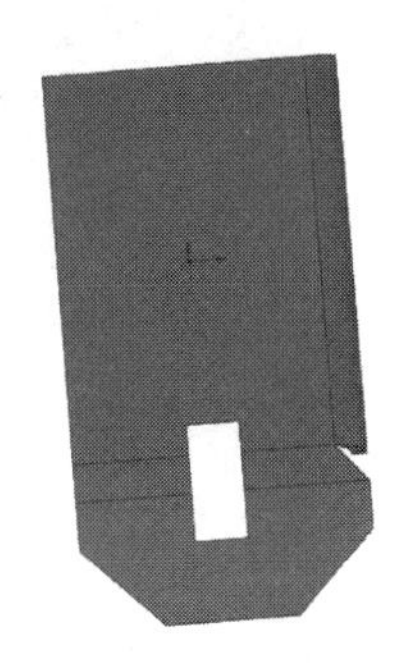

图 10-120 生成切除拉伸特征　　图 10-121 将钣金零件重新折叠

技巧荟萃

在设计过程中，为使系统性能更快，只展开和折叠正在操作项目的折弯。在“展开”特征 PropertyManager 对话框和“折叠”特征 PropertyManager 对话框中，选择“收集所有折弯”命令，可以把钣金零件所有折弯展开或折叠。

10.6 钣金成形

利用 SOLIDWORKS 软件中的钣金成形工具可以生成各种钣金成形特征，软件系统中已有的成形工具有 5 种，分别如下：embosses（凸起）、extruded flanges（冲孔）、louvers（百叶窗板）、ribs（筋）、lances（切开）。

用户可以在设计过程中自己创建新的成形工具或者对已有的成形工具进行修改。

10.6.1 使用成形工具

10-18

使用成形工具的操作步骤如下。

(1) 打开源文件“X:\源文件\原始文件\10\使用成形工具.SLDPRT”。首先创建或者打开一个钣金零件文件。单击“设计库”按钮，弹出“设计库”对话框，在对话框中按照路径 design library\forming tools\可以找到 5 种成形工具的文件夹，在每一个文件夹中都有若干种成形工具，如图 10-122 所示。

(2) 在设计库中选择 embosses（凸起）工具中的 counter sink emboss 成形图标，按下鼠标左键，将其拖入钣金零件需要放置成形特征的表面，如图 10-123 所示。

Note

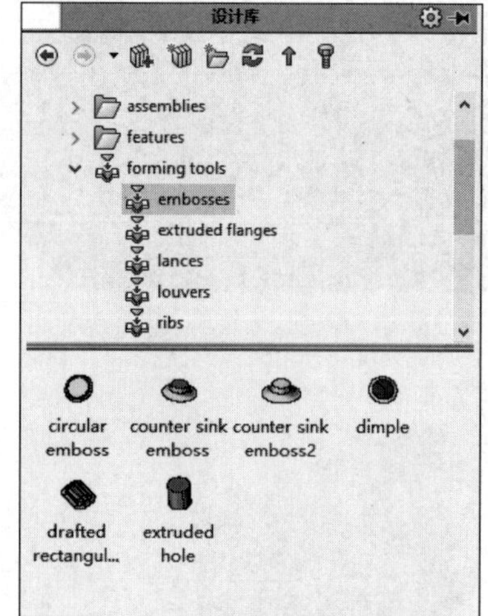

图 10-122　成形工具存在位置

图 10-123　将成形工具拖入放置表面

(3) 随意拖放的成形特征可能位置并不一定合适，在系统弹出的“成形工具特征”属性管理器中单击“位置”选项卡，如图 10-124 所示。用户可以单击“草图”控制面板中的“智能尺寸”按钮，标注如图 10-125 所示的尺寸，然后单击“完成”按钮，结果如图 10-126 所示。

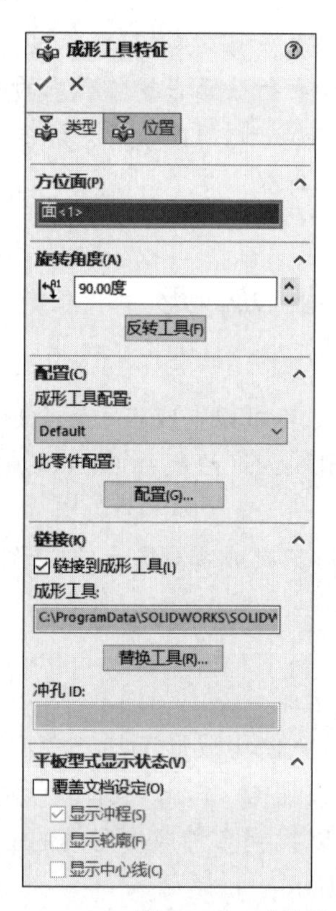

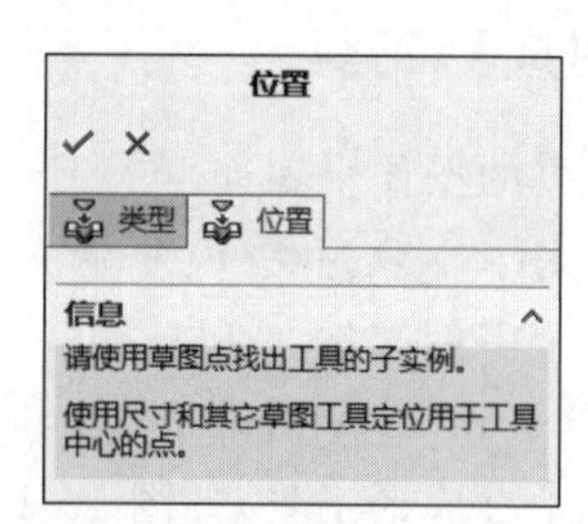

图 10-124　“成形工具特征”属性管理器

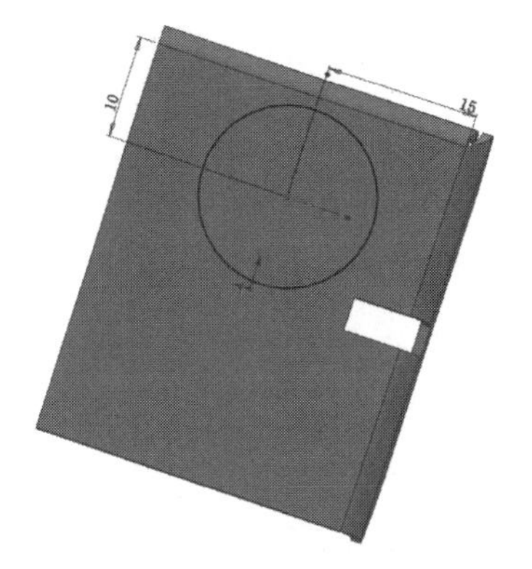

图 10-125　标注成形特征位置尺寸

图 10-126　生成的成形特征

技巧荟萃

使用成形工具时,成形工具默认情况下是向下行进,即形成的特征方向是“凹”,如果要使其方向变为“凸”,需要在拖入成形特征的同时按一下 Tab 键。

10.6.2　修改成形工具

10-19

SOLIDWORKS 软件自带的成形工具形成的特征,在尺寸上不能满足用户使用要求时,用户可以自行进行修改。

修改成形工具的操作步骤如下。

(1) 单击“设计库”按钮 ,在对话框中按照路径 design library\forming tools\找到需要修改的成形工具,双击成形工具图标,例如:双击 embosses(凸起)工具中的 dimple 成形图标,如图 10-127 所示,系统将会进入 dimple 成形特征的设计界面。

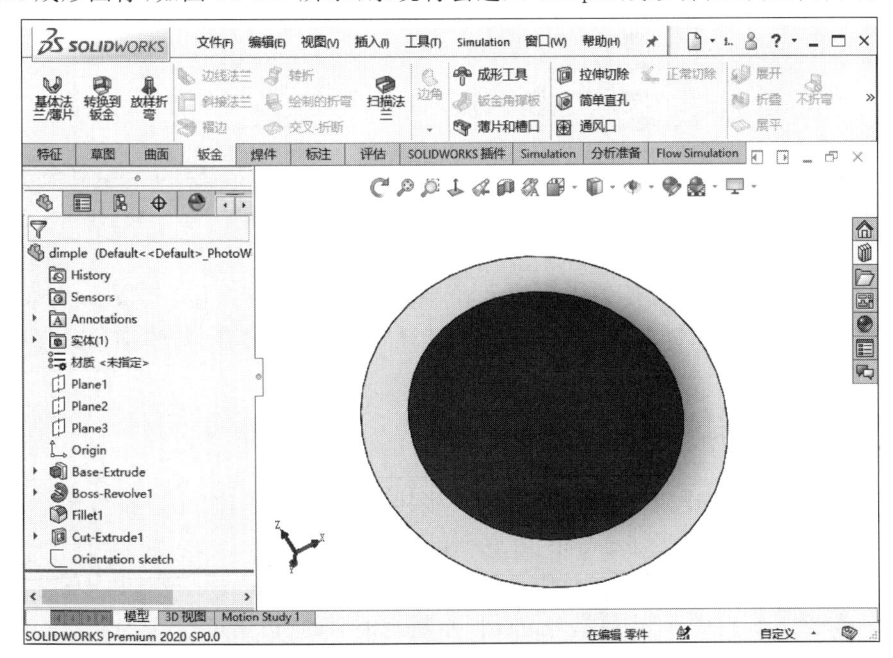

图 10-127　双击 circular emboss 成形图标

Note

(2) 在左侧的 FeatureMannger 设计树中右击 Boss-Extrudel 特征，在弹出的快捷菜单中单击“编辑草图”按钮，如图 10-128 所示。

(3) 双击草图中的圆弧直径尺寸，将其数值更改为 70，然后单击“退出草图”按钮，成形特征的尺寸将变大。

(4) 在左侧的 FeatureMannger 设计树中右击 Fillet1 特征，在弹出的快捷菜单中单击“编辑特征”按钮，如图 10-129 所示。

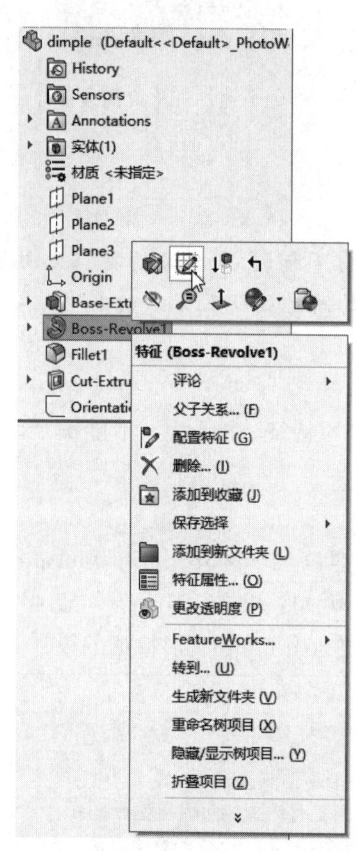

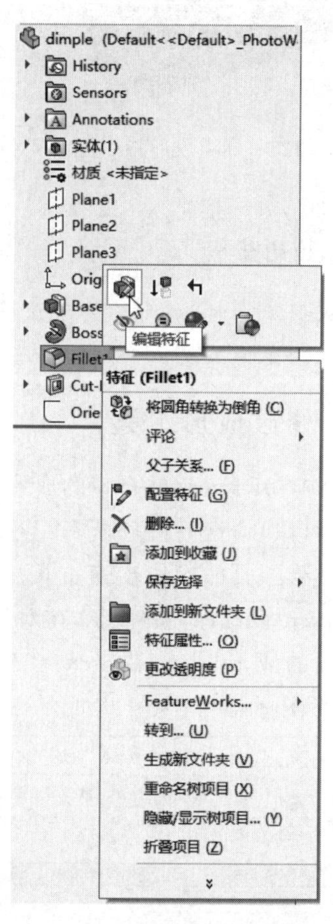

图 10-128　编辑 Boss-Extrudel 特征草图　　　图 10-129　编辑 Fillet1 特征(1)

(5) 在 Fillet1 属性管理器中更改圆角半径数值为 10.00mm，如图 10-130 所示。单击“确定”按钮，结果如图 10-131 所示，选择“文件”→“另存为”菜单命令将成形工具保存。

10-20

10.6.3　创建新成形工具

用户可以自己创建新的成形工具，然后将其添加到“设计库”中以备后用。创建新的成形工具和创建其他实体零件的方法一样，操作步骤如下。

(1) 创建一个新的文件，在操作界面左侧的 FeatureMannger 设计树中选择“前视基准面”作为绘图基准面，然后单击“草图”控制面板中的“边角矩形”按钮，绘制一个矩形，如图 10-132 所示。

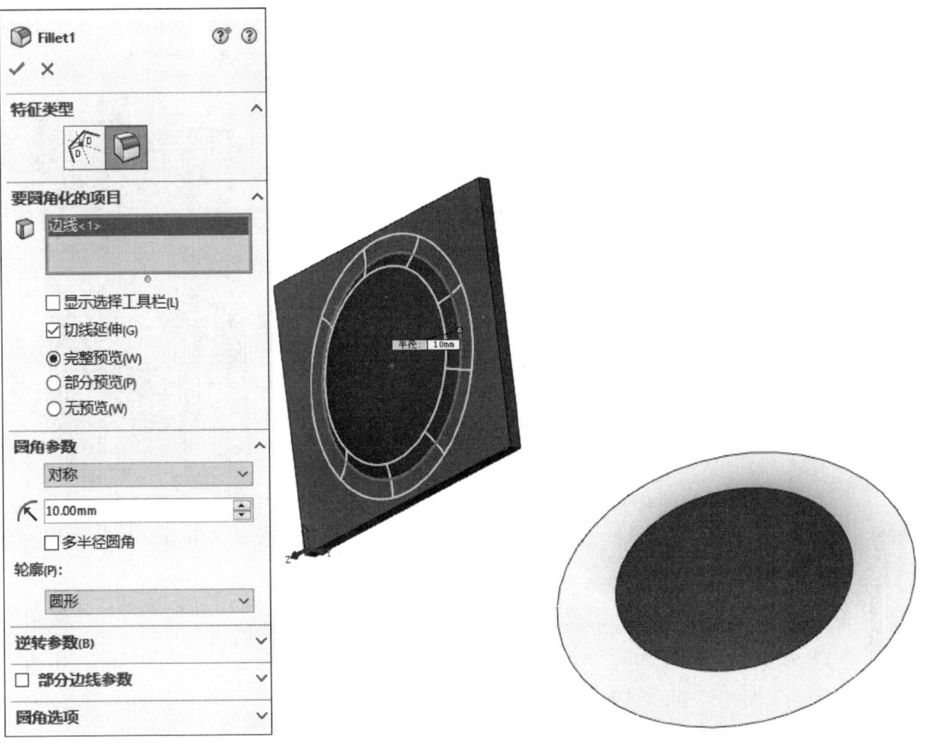

图 10-130 编辑 Fillet1 特征(2)　　图 10-131 修改后的 Boss-Extrudel 特征

(2) 单击“特征”控制面板中的“拉伸凸台/基体”按钮，或选择“插入”→“凸台/基体”→“拉伸”菜单命令，终止条件设置为“两侧对称”，在“深度”一栏中输入值50.00mm，然后单击“确定”按钮✓，结果如图 10-133 所示。

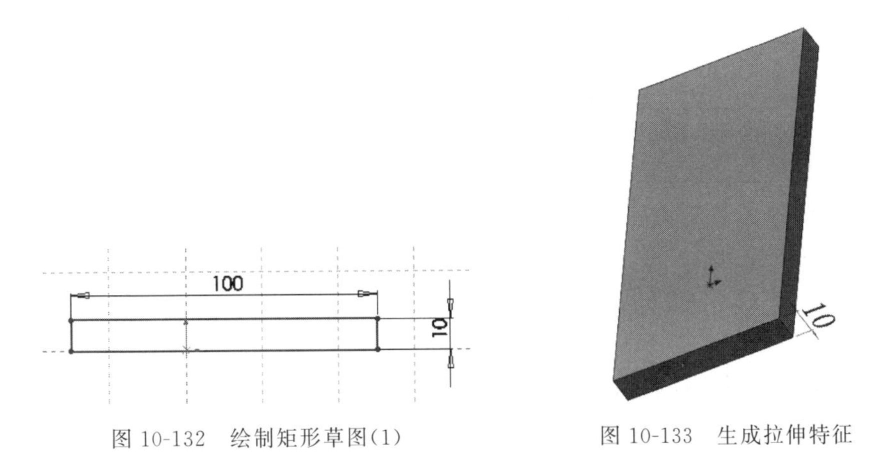

图 10-132 绘制矩形草图(1)　　图 10-133 生成拉伸特征

(3) 单击图 10-133 中的上表面，然后单击“视图(前导)”工具栏中的“正视于”按钮，将该面作为绘制图形的基准面。在此面上绘制一个“成形工具”草图，如图 10-134 所示。

(4) 单击“特征”控制面板中的“旋转凸台/基体”按钮，或选择“插入”→“凸台/

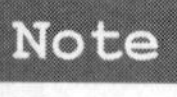

基体”→“旋转”菜单命令，在“角度”一栏中输入值“180.00 度”，旋转生成特征如图 10-135 所示。

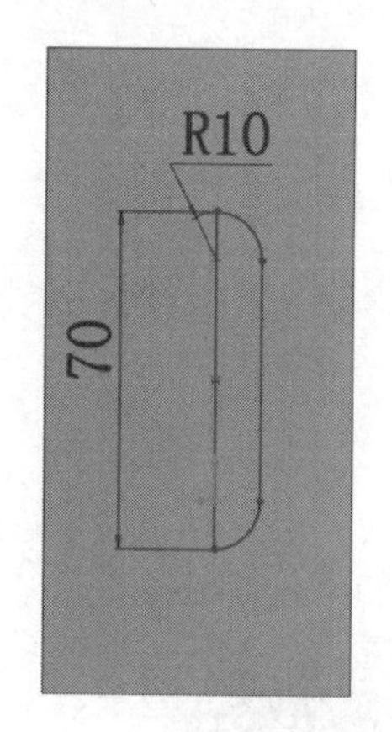

图 10-134　绘制矩形草图(2)

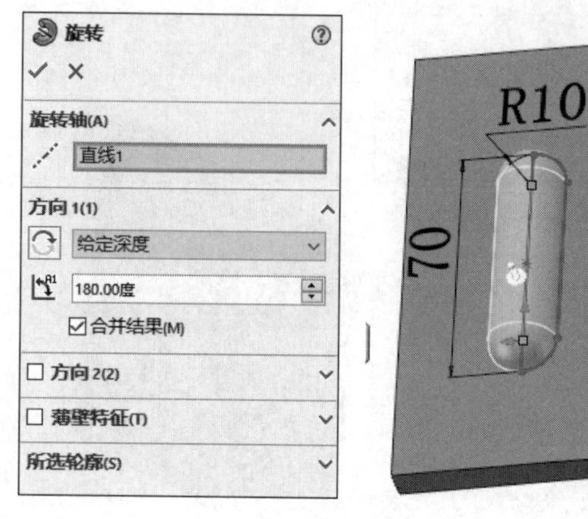

图 10-135　“旋转”属性管理器及生成旋转特征

(5) 单击“特征”控制面板中的“圆角”按钮，或选择“插入”→“特征”→“圆角”菜单命令，输入圆角半径值 6mm，按住 Shift 键，选择圆角特征的边线，如图 10-136 所示，然后单击“确定”按钮✓，结果如图 10-137 所示。

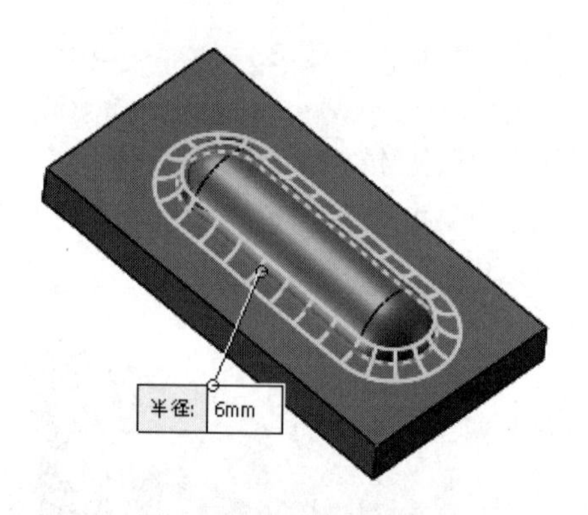

图 10-136　选择圆角边线

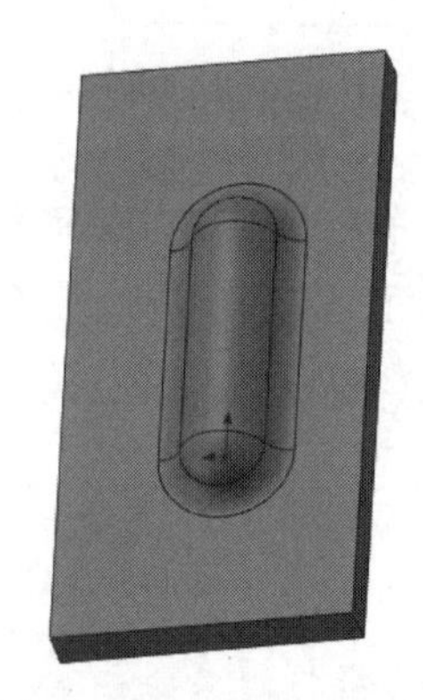

图 10-137　生成圆角特征

(6) 单击图 10-137 中矩形实体的一个侧面，然后单击“草图”操控板中的“草图绘制”按钮，然后单击“草图”控制面板中的“转换实体引用”按钮，生成矩形草图，如图 10-138 所示。

(7) 单击“特征”控制面板中的“拉伸切除”按钮，或选择“插入”→“切除”→“拉伸”菜单命令，在弹出“切除拉伸”属性管理器中“终止条件”一栏中选择“完全贯穿”，如图 10-139 所示，然后单击“确定”按钮✓。

(8) 单击图 10-140 中的底面，然后单击“视图(前导)”工具栏中的“正视于”按钮，将该表面作为绘制图形的基准面。单击“草图”控制面板中的“圆”按钮和“直线”按钮，以基准面的中心为圆心绘制一个圆和两条互相垂直的直线，如图 10-141 所示，单击“退出草图”按钮。

Note

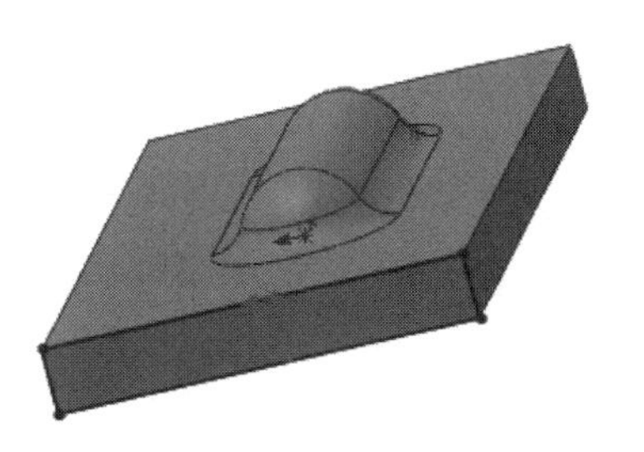

图 10-138　转换实体引用

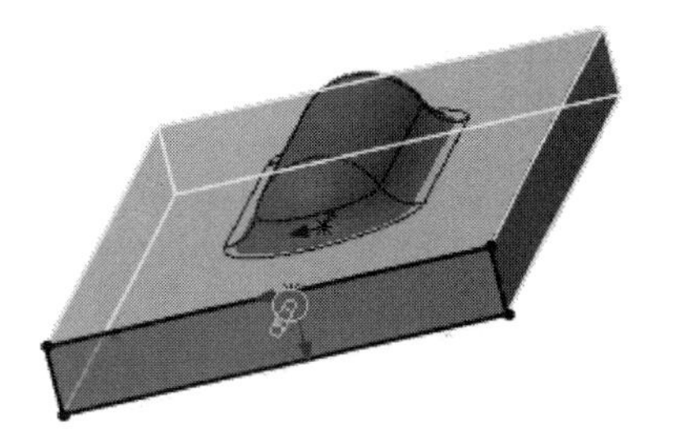

图 10-139　完全贯穿切除

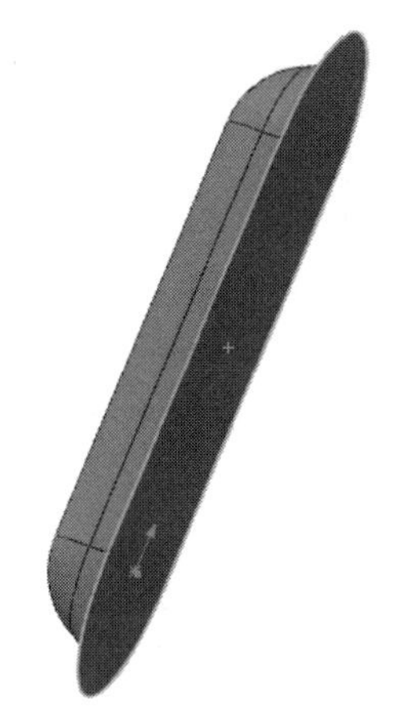

图 10-140　选择草图基准面

图 10-141　绘制定位草图

技巧荟萃

在步骤(8)中绘制的草图是成形工具的定位草图,必须要绘制,否则成形工具将不能放置到钣金零件上。

(9) 首先将零件文件保存,然后单击操作界面右边设计库按钮,在弹出的"设计库"属性管理器中单击"添加到库"按钮 ,如图 10-142 所示,系统弹出"添加到库"属性管理器,在属性管理器中选择保存路径 design library\forming tools\embosses\,如图 10-143 所示。将此成形工具命名为"弧形凸台",单击"保存"按钮,可以把新生成的成形工具保存在设计库中,如图 10-144 所示。

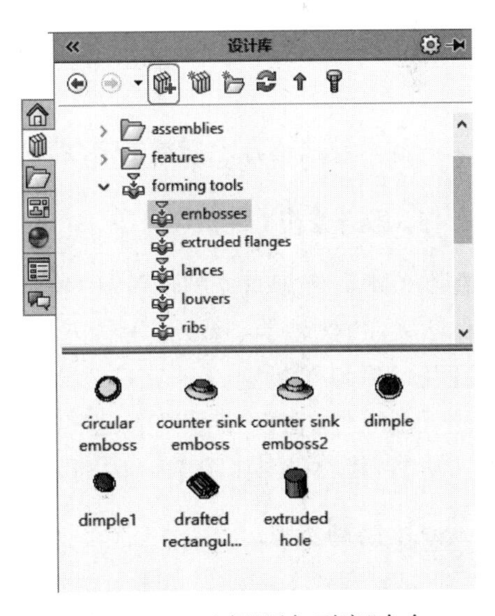

图 10-142　选择"添加到库"命令

Note

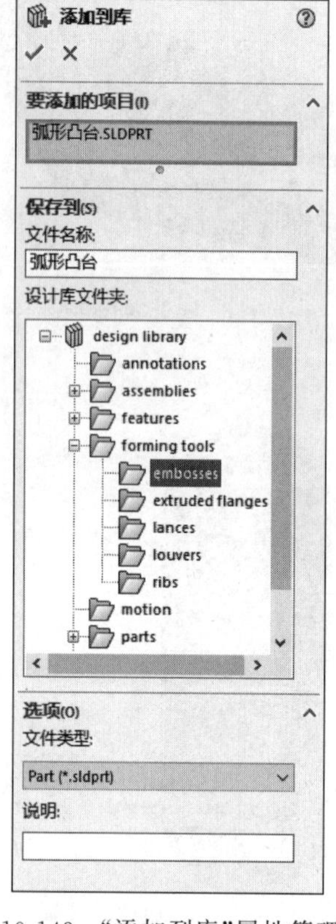

图 10-143 "添加到库"属性管理器

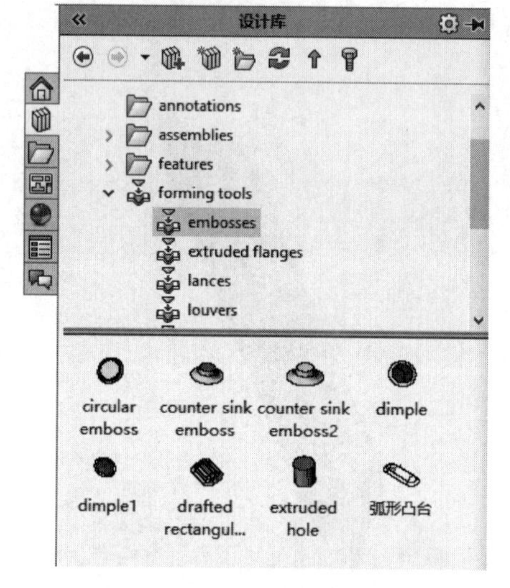

图 10-144 添加到设计库

10-21

10.7 综合实例——硬盘支架

本实例绘制的硬盘支架如图 10-145 所示。

在本节中介绍硬盘支架的设计过程,此过程中运用了基体法兰、边线法兰、褶边、自定义成形工具、添加成形工具及通风口等钣金设计工具。此钣金件是一个较复杂的钣金零件,在设计过程中,综合运用了钣金的各项设计功能,其流程图如图 10-146 所示。

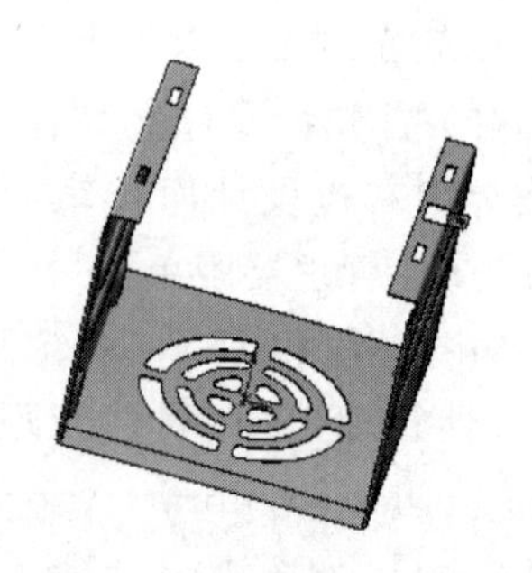

图 10-145 硬盘支架模型

(1) 启动 SOLIDWORKS 2020,单击"标准"工具栏中的"新建"按钮,或选择"文件"→"新建"菜单命令,在弹出的"新建 SOLIDWORKS 文件"对话框中选择"零件"按钮,然后单击"确定"按钮,创建一个新的零件文件。

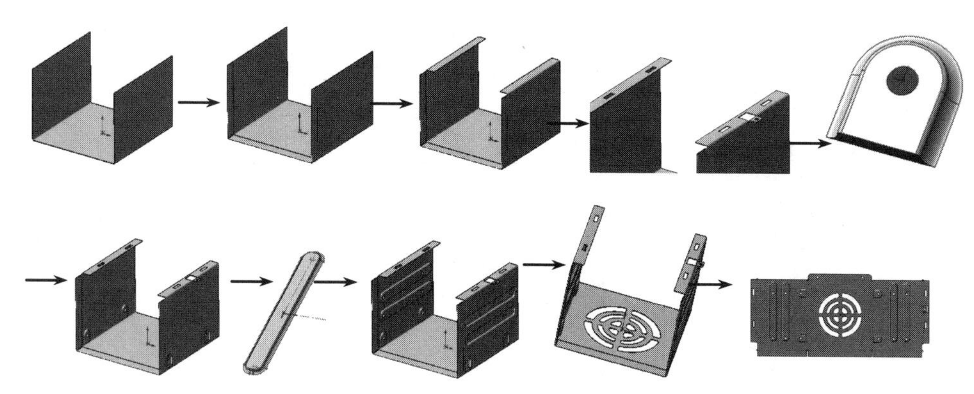

图 10-146 硬盘支架绘制流程图

(2) 绘制草图。在左侧的 FeatureMannger 设计树中选择“前视基准面”作为绘图基准面,然后单击“草图”控制面板中的“边角矩形”按钮,绘制一个矩形,将矩形上直线删除,标注相应的智能尺寸,如图 10-147 所示。将水平线与原点添加“中点”约束几何关系,如图 10-148 所示,然后单击“退出草图”按钮。

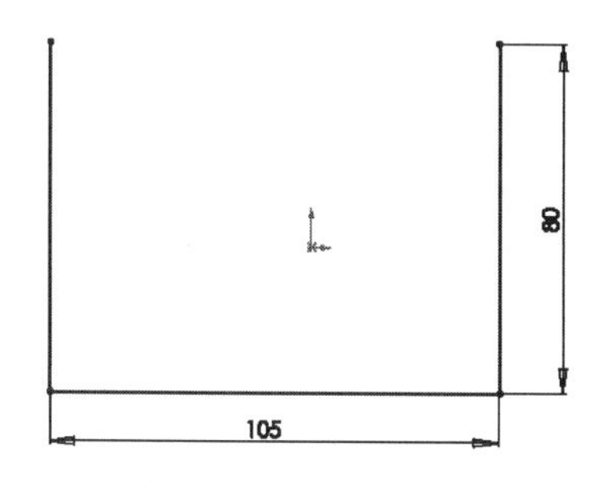

图 10-147 绘制草图(1)

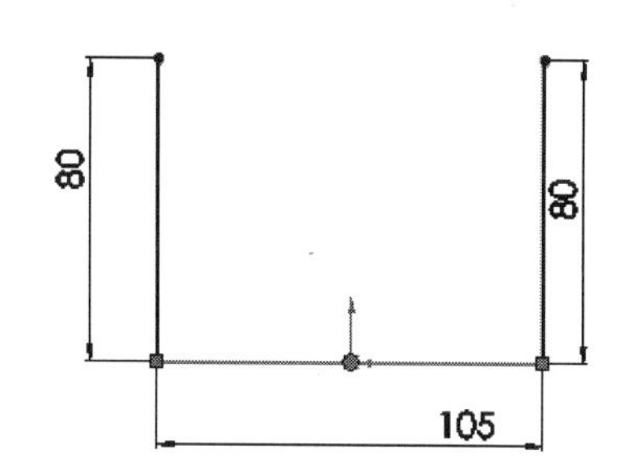

图 10-148 添加“中点”约束

(3) 生成“基体法兰”特征。单击草图(1),然后单击“钣金”控制面板中的“基体法兰/薄片”按钮,或选择“插入”→“钣金”→“基体法兰”菜单命令,在属性管理器中方向 1 的“终止条件”一栏中选择“两侧对称”,在“深度”栏中输入数值 110.00mm,在“厚度”栏中输入数值 0.50mm,圆角半径值为 1.00mm,其他设置如图 10-149 所示,最后单击“确定”按钮。

(4) 生成“褶边”特征。单击“钣金”控制面板中的“褶边”按钮,或选择“插入”→“钣金”→“褶边”菜单命令,在属性管理器中单击“材料在内”按钮,在“类型和大小”栏中单击“闭合”按钮,其他设置如图 10-150(a)所示。单击拾取如图 10-150(b)所示的 3 条边线,生成“褶边”特征,最后,单击“确定”按钮。

(5) 生成“边线法兰”特征。

① 单击“钣金”控制面板中的“边线法兰”按钮,或选择“插入”→“钣金”→“边线法兰”菜单命令,在属性管理器中的“法兰长度”栏中输入数值 10.00mm,单击“外部虚拟交点”按钮,在“法兰位置”栏中单击“折弯在外”按钮,其他设置如图 10-151 所示。

② 单击拾取如图 10-152 所示的边线,然后单击属性管理器中的“编辑法兰轮廓”

Note

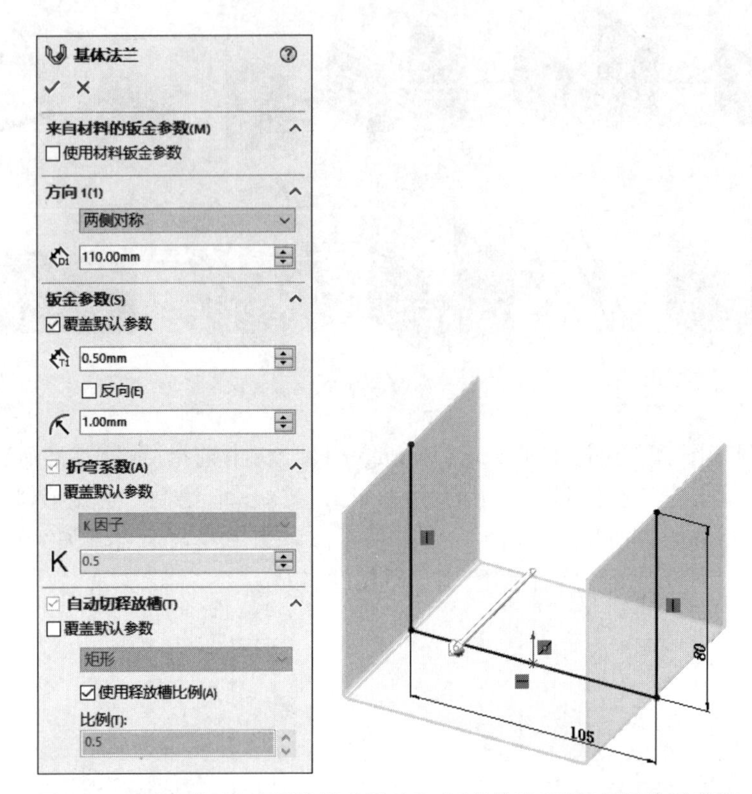

图 10-149　“基体法兰”属性管理器及生成“基体法兰”特征操作示意图

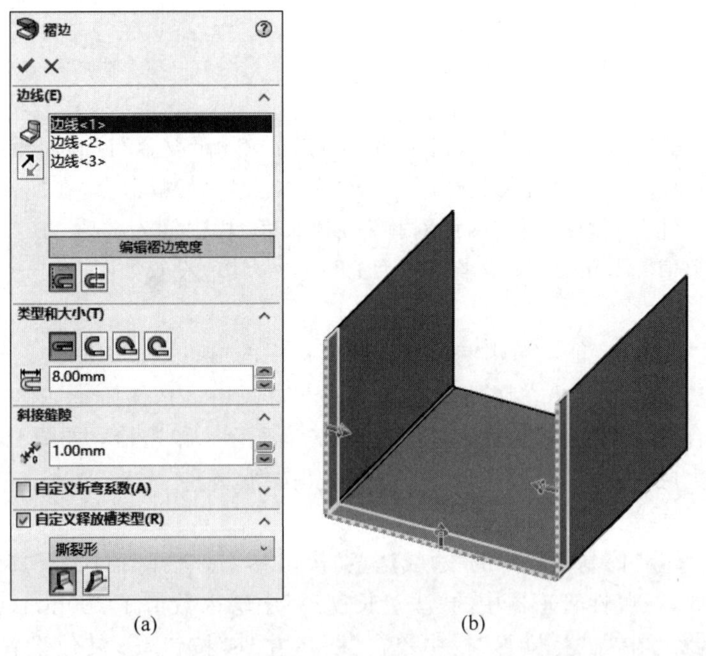

图 10-150　“褶边”属性管理器及生成“褶边”特征操作示意图

按钮，进入编辑法兰轮廓状态，如图 10-153 所示。单击如图 10-154 所示的边线，删除其“在边线上”的约束，然后通过标注智能尺寸，编辑法兰轮廓，如图 10-155 所示。单击“完成”按钮，结束对法兰轮廓的编辑。

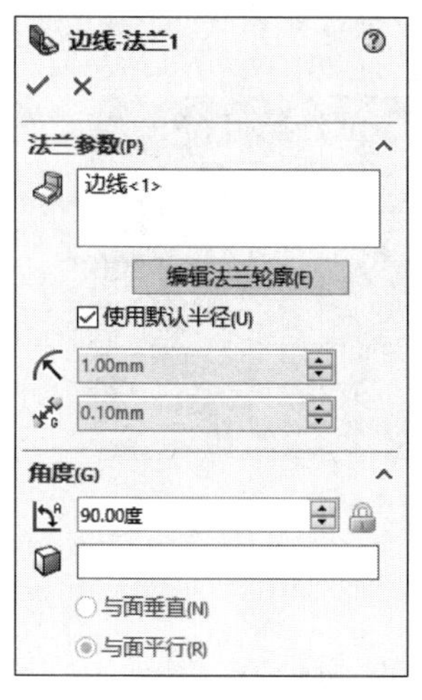

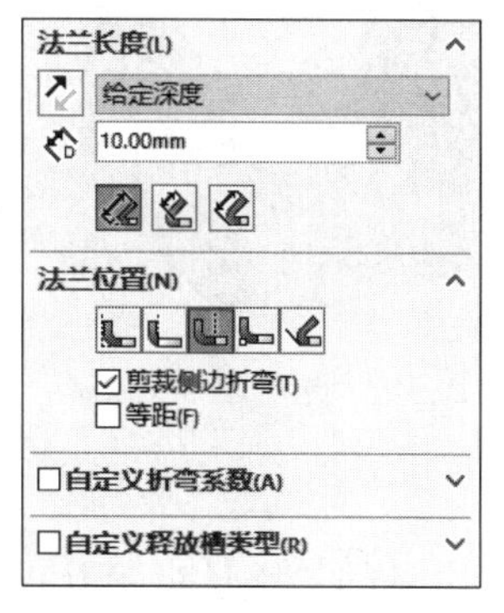

图 10-151　生成“边线法兰”特征操作(1)

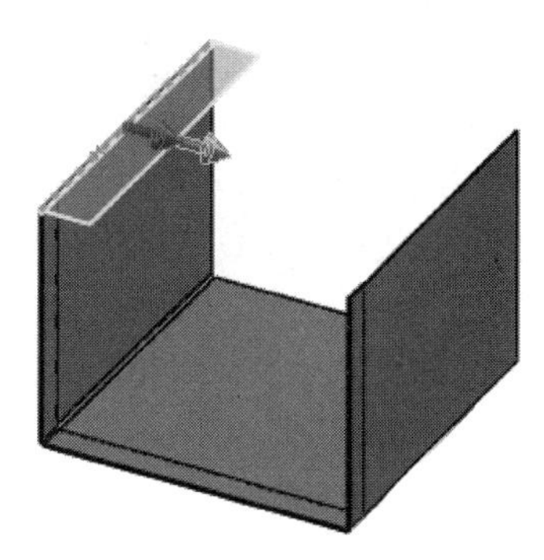

图 10-152　拾取边线

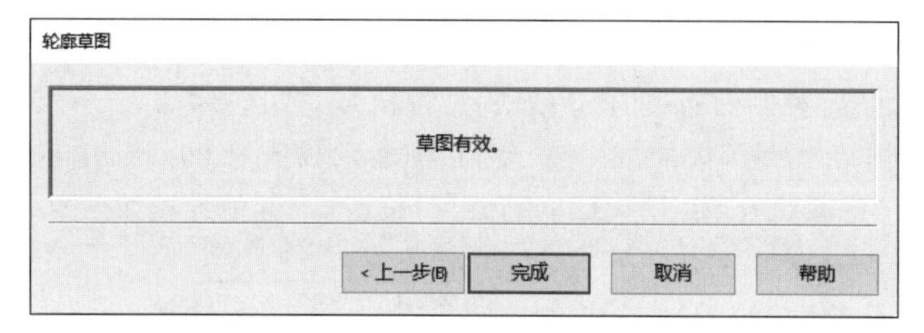

图 10-153　编辑法兰轮廓

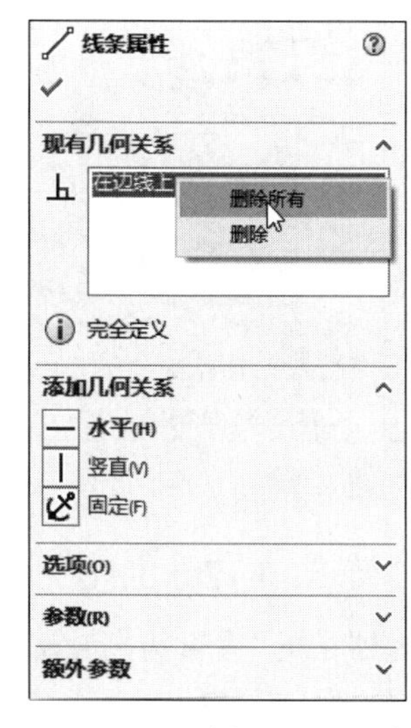

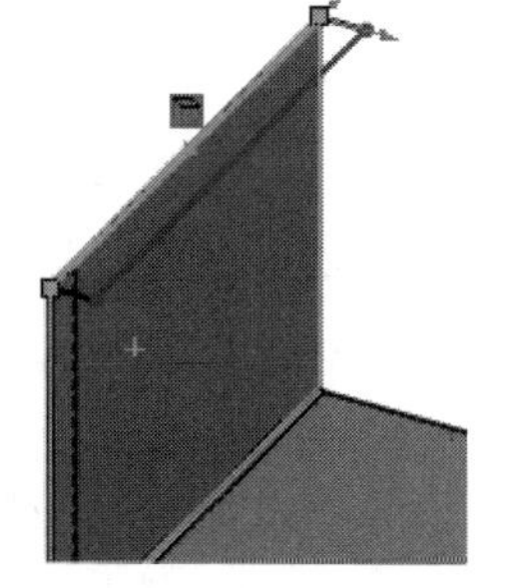

图 10-154　删除约束关系

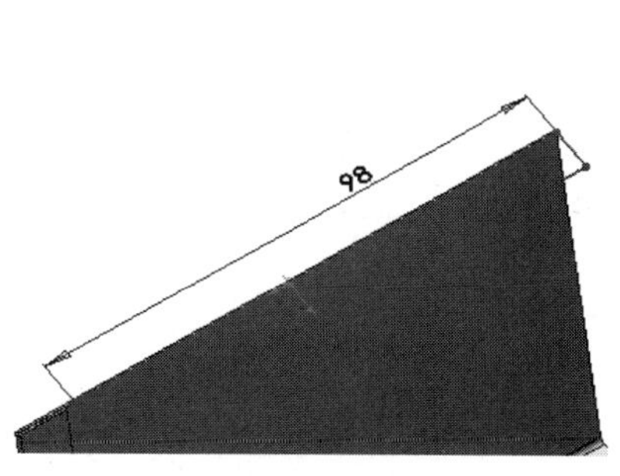

图 10-155　编辑尺寸

（6）同理，生成钣金件的另一侧面上的“边线法兰”特征，如图 10-156 所示。

（7）选择绘图基准面。单击钣金件的面 A，单击“视图（前导）”工具栏中的“正视于”按钮，将该基准面作为绘制图形的基准面，如图 10-157 所示。

（8）绘制草图。在基准面上绘制如图 10-158 所示的草图，标注其智能尺寸。

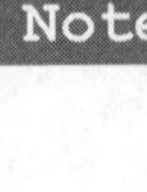
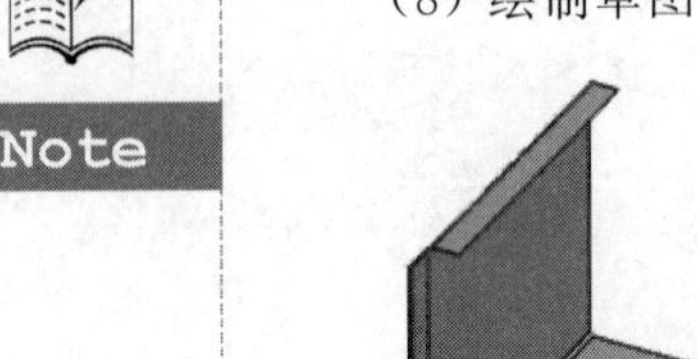

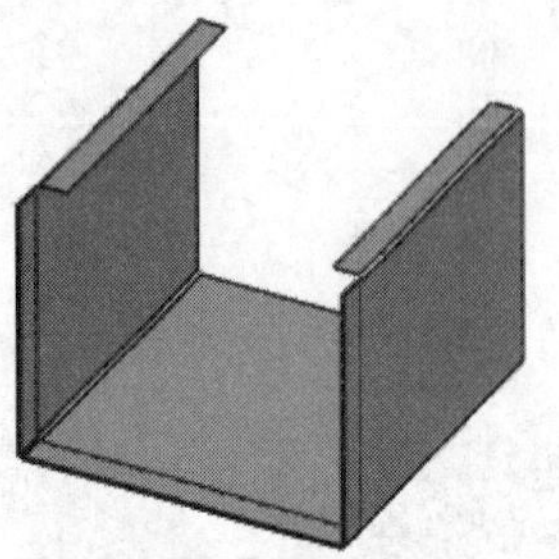

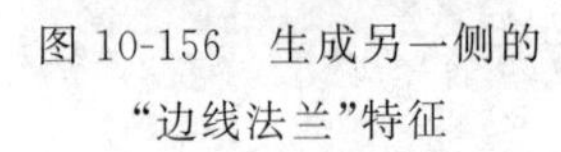
图 10-156　生成另一侧的“边线法兰”特征

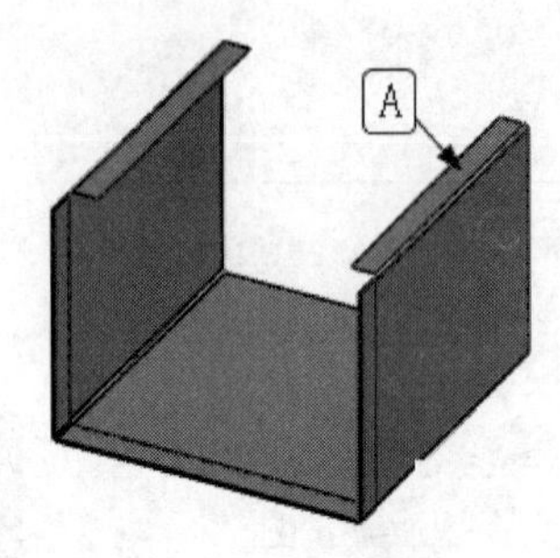

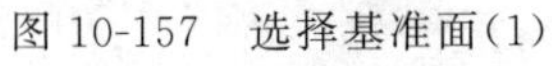
图 10-157　选择基准面(1)

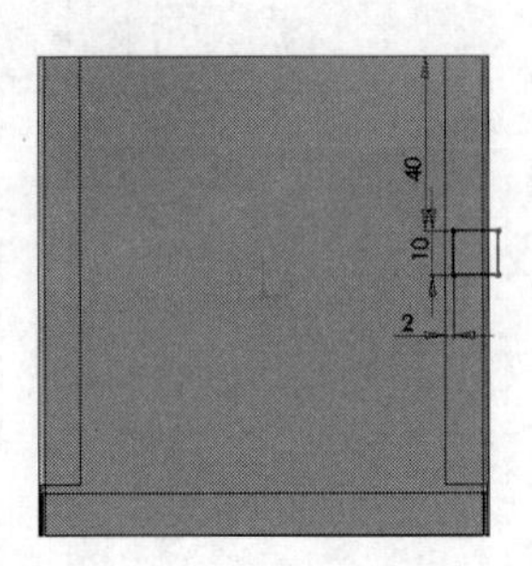

图 10-158　绘制草图(2)

（9）生成“拉伸切除”特征。单击“特征”控制面板中的“拉伸切除”按钮，或选择“插入”→“切除”→“拉伸”菜单命令，在属性管理器中“深度”栏中输入数值 1.50mm，其他设置如图 10-159 所示，最后单击“确定”按钮✔。

（10）生成“边线法兰”特征。

① 单击“钣金”控制面板中的“边线法兰”按钮，或选择“插入”→“钣金”→“边线法兰”菜单命令，在“法兰”中的“法兰长度”栏中输入数值 6.00mm，单击“外部虚拟交点”按钮，在“法兰位置”栏中单击“折弯在外”按钮，其他设置如图 10-160 所示。

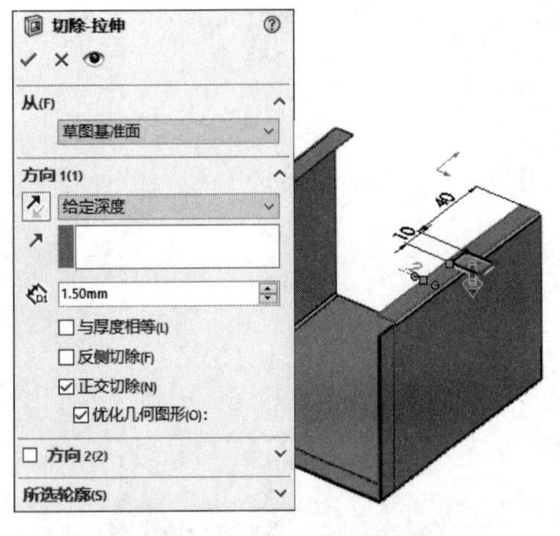

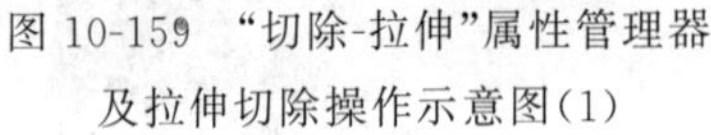
图 10-159　“切除-拉伸”属性管理器及拉伸切除操作示意图(1)

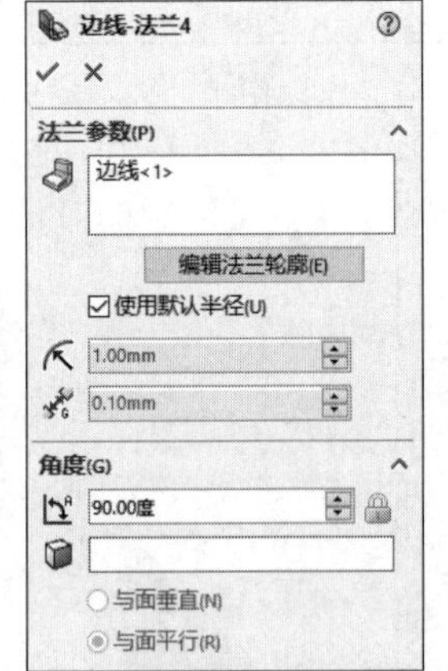

图 10-160　生成“边线法兰”特征操作(2)

② 单击拾取如图 10-161 所示的边线，然后，单击属性管理器中的“编辑法兰轮廓”按钮，进入编辑法兰轮廓状态，通过标注智能尺寸，编辑法兰轮廓，如图 10-162 所示。最后，单击“完成”按钮，结束对法兰轮廓的编辑。

Note

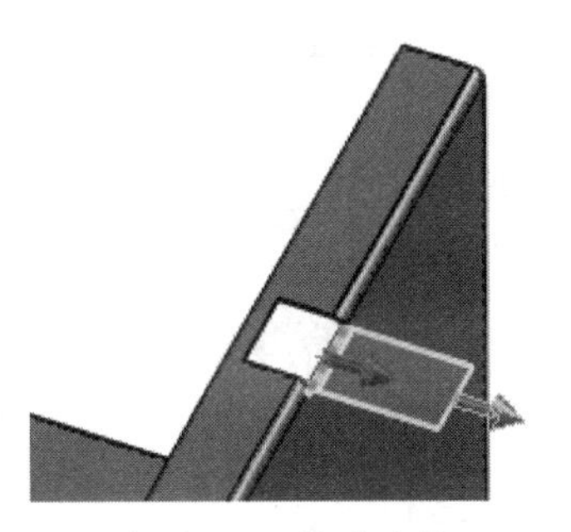

图 10-161 拾取边线

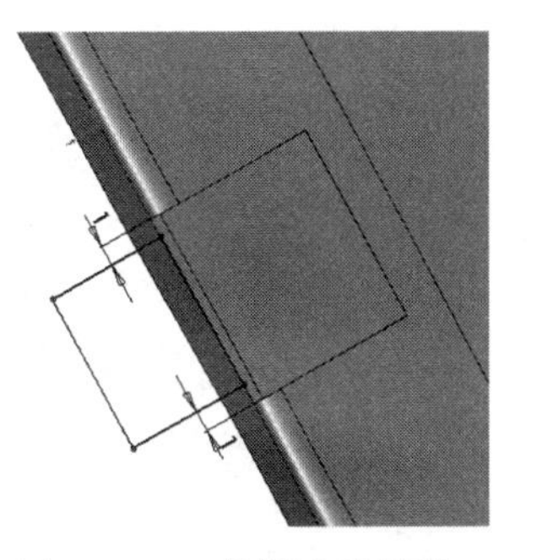

图 10-162 编辑法兰轮廓

(11) 生成“边线法兰”上的孔。在图 10-162 所示的边线法兰面上绘制一个直径 3mm 的圆，进行拉伸切除操作，生成一个通孔，如图 10-163 所示，单击“确定”按钮 ✓。

(12) 选择绘图基准面。单击如图 10-164 所示的钣金件面 A，单击“视图(前导)”工具栏中的“正视于”按钮，将该面作为绘制图形的基准面。

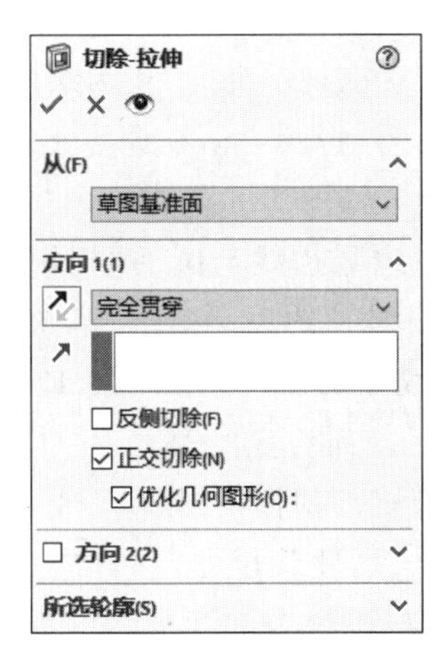

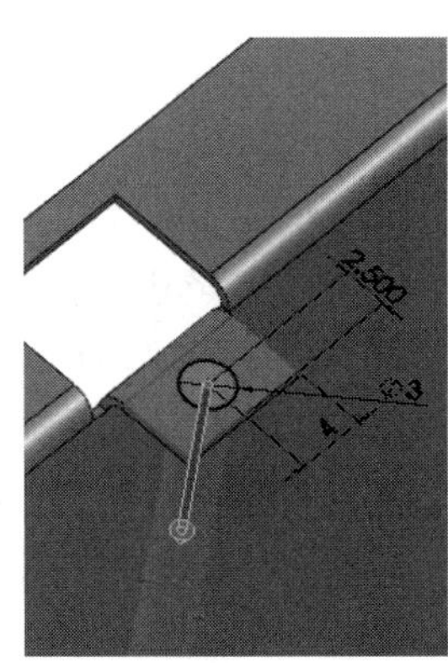

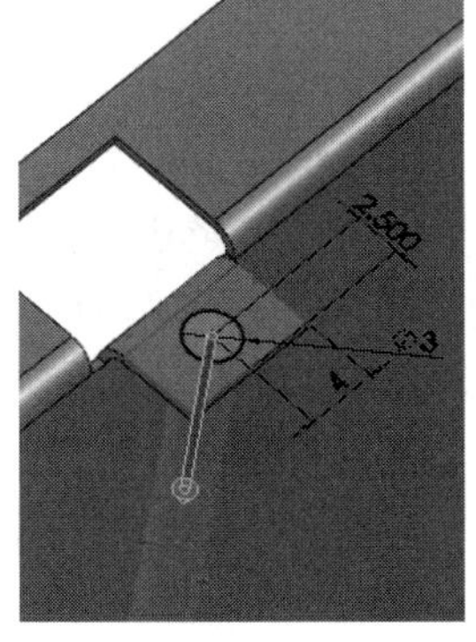

图 10-163 生成边线法兰上的孔

图 10-164 选择基准面(2)

(13) 绘制草图。在如图 10-164 所示的基准面上，单击“草图”控制面板中的“边角矩形”按钮，绘制 4 个矩形，标注其智能尺寸，如图 10-165 所示。

(14) 生成“拉伸切除”特征。单击“特征”控制面板中的“拉伸切除”按钮，或选择“插入”→“切除”→“拉伸”菜单命令，在属性管理器中“深度”栏中输入数值 0.50mm，其他设置如图 10-166 所示，最后，单击“确定”按钮 ✓，生成拉伸切除特征，如图 10-167 所示。

(15) 建立自定义的成形工具。

在进行钣金设计过程中，如果软件设计库中没有需要的成形特征，就要求用户自己创建，下面介绍本钣金件中创建成形工具的过程。

① 建立新文件。单击“标准”工具栏中的“新建”按钮，或选择“文件”→“新建”菜单命令，在弹出的“新建 SOLIDWORKS 文件”对话框中选择“零件”按钮，然后单击“确定”按钮，创建一个新的零件文件。

Note

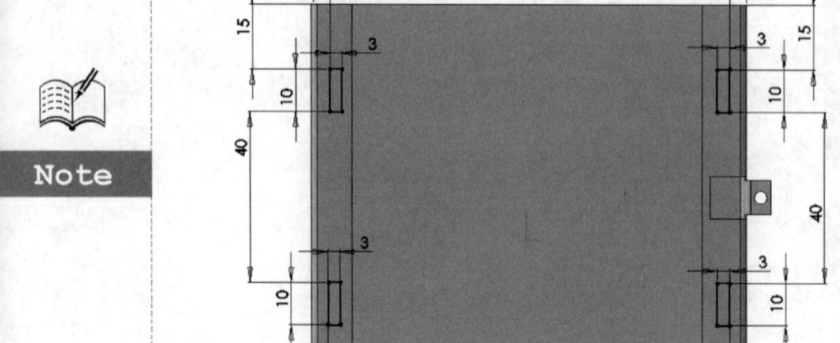

图 10-165　绘制草图(3)

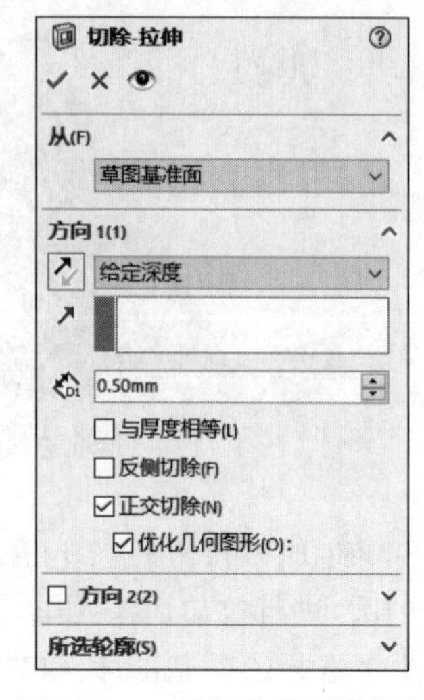

图 10-166　进行拉伸切除操作

② 绘制草图。在左侧的 FeatureMannger 设计树中选择“前视基准面”作为绘图基准面，然后单击“草图”控制面板中的“圆”按钮，绘制一个圆，将圆心落在原点上；单击“草图”控制面板中的“边角矩形”按钮，绘制一个矩形，如图 10-168 所示。单击“草图”控制面板中的“添加几何关系”按钮，添加矩形左边竖边线与圆的“相切”约束，如图 10-169 所示，然后添加矩形另外一条竖边与圆的“相切”约束。单击“草图”控制面板中的“剪裁实体”按钮，将矩形上边线和圆的部分线条剪裁掉，如图 10-170 所示，标注智能尺寸如图 10-171 所示。

③ 生成“拉伸”特征。单击“特征”控制面板中的“拉伸凸台/基体”按钮，或选择“插入”→“凸台/基体”→“拉伸”菜单命令，弹出“凸台-拉伸”属性管理器，在方向 1 的“深度”栏中输入数值 2.00mm，如图 10-172 所示，单击“确定”按钮 ✔。

④ 绘制另一个草图。单击图 10-172 所示的拉伸实体的一个面作为基准面，然后单击“草图”控制面板中的“边角矩形”按钮，绘制一个矩形，矩形要大于拉伸实体的投影面积，如图 10-173 所示。

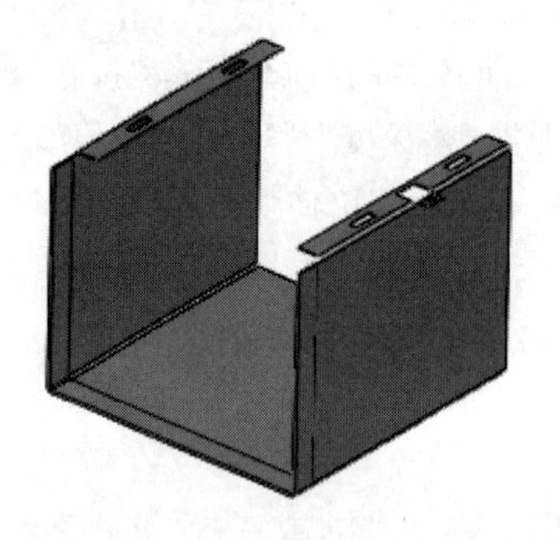

图 10-167　生成的“拉伸切除”特征

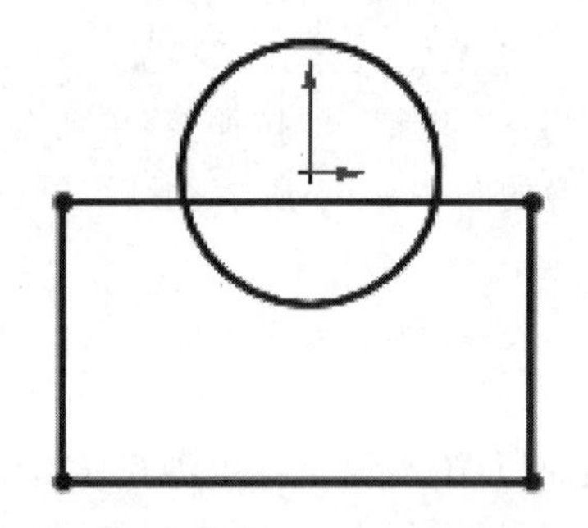

图 10-168　绘制草图(4)

Note

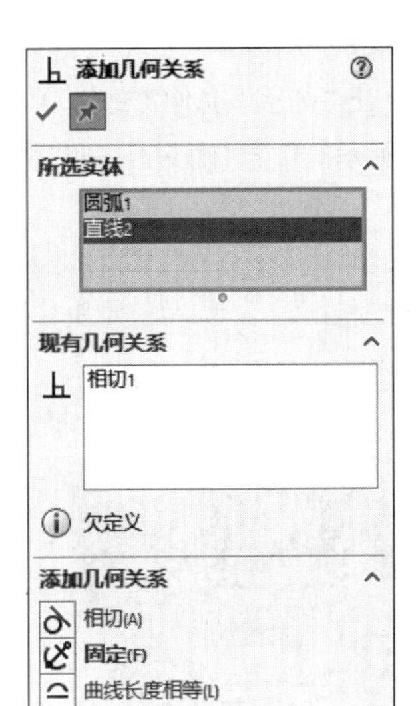

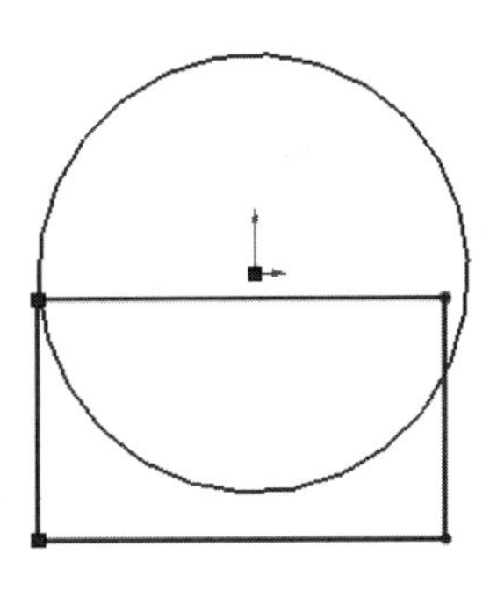

图 10-169 “添加几何关系”属性管理器及添加“相切”约束示意图

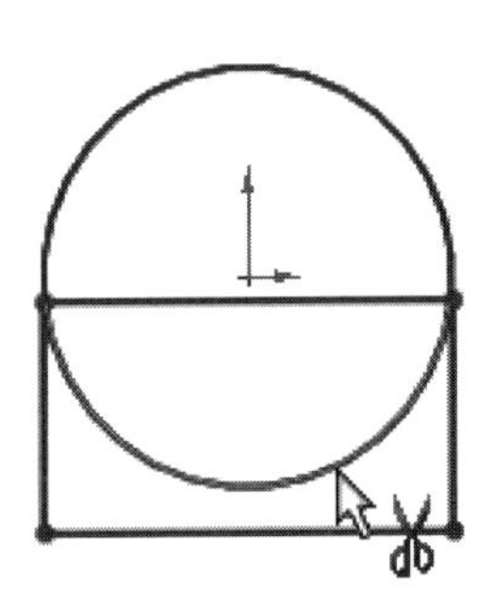

图 10-170 剪裁草图

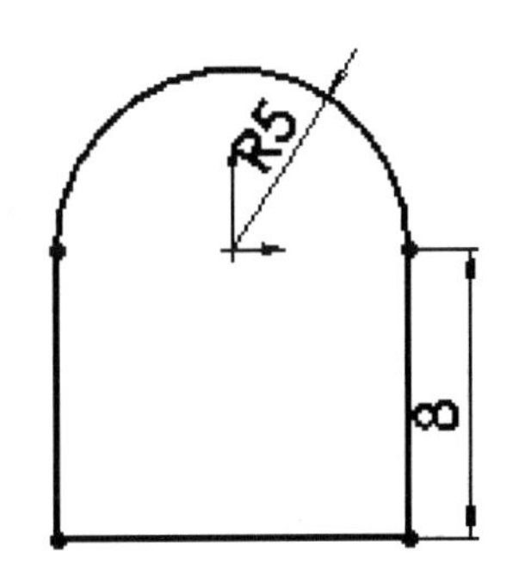

图 10-171 标注智能尺寸

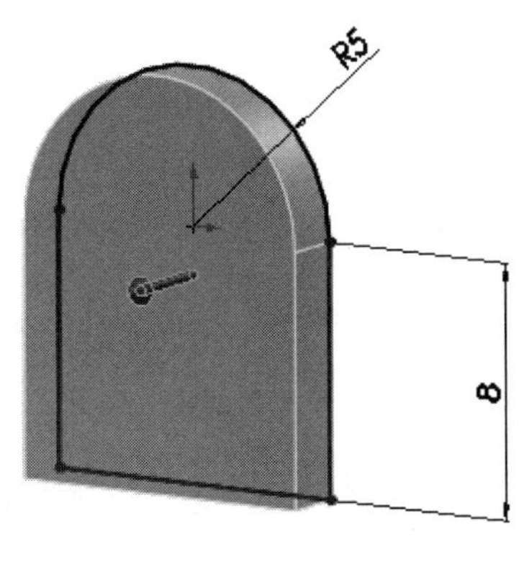

图 10-172 “凸台-拉伸”属性管理器及进行拉伸操作示意图(1)

图 10-173 绘制矩形

Note

⑤ 生成“拉伸”特征。单击“特征”控制面板中的“拉伸凸台/基体”按钮，或选择“插入”→“凸台/基体”→“拉伸”菜单命令，弹出“凸台-拉伸”属性管理器，在方向 1 的“深度”栏中输入数值 5.00mm，如图 10-174 所示，单击“确定”按钮✔。

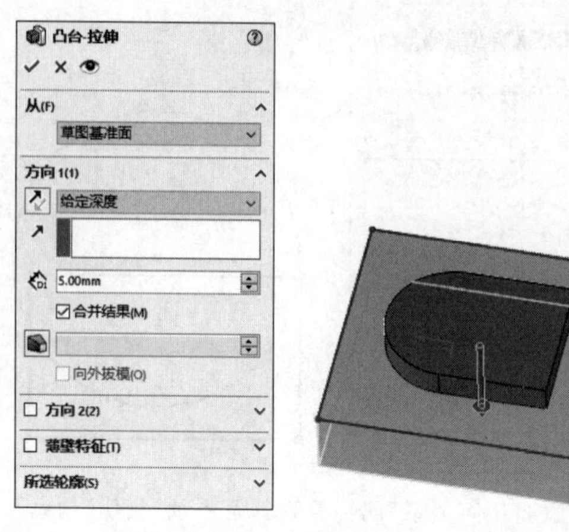

图 10-174 “凸台-拉伸”属性管理器及进行拉伸操作示意图(2)

⑥ 生成“圆角”特征。单击“特征”控制面板中的“圆角”按钮，或选择“插入”→“特征”→“圆角”菜单命令，弹出“圆角”属性管理器，选择圆角类型为“等半径”，在圆角半径输入栏中输入数值 1.50mm，单击拾取实体的边线，如图 10-175 所示，单击“确定”按钮✔生成圆角 1。继续单击“特征”控制面板中的“圆角”按钮，或选择“插入”→“特征”→“圆角”菜单命令，弹出“圆角”属性管理器，选择圆角类型为“等半径”，在圆角半径输入栏中输入数值 0.50mm，单击拾取实体的另一条边线，如图 10-176 所示，单击“确定”按钮✔生成圆角 2。

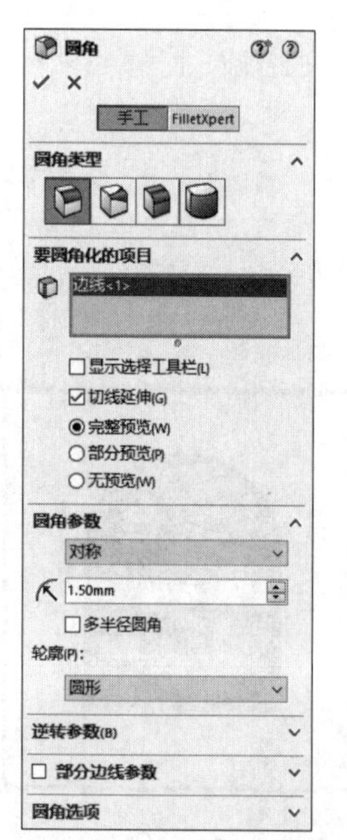

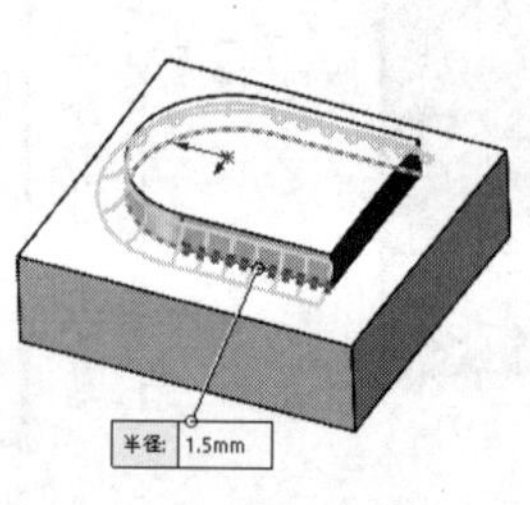

图 10-175 “圆角”属性管理器及进行圆角 1 操作示意图

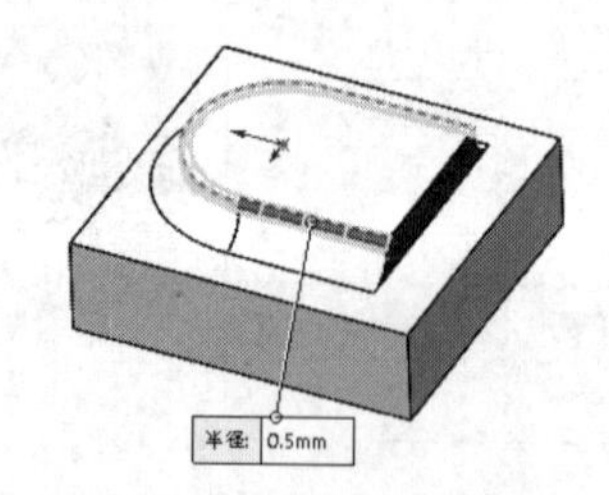

图 10-176 进行圆角 2 操作

⑦ 绘制草图。在实体上选择如图 10-177 所示的面作为绘图的基准面，单击“草图”控制面板中的“草图绘制”按钮，然后单击“草图”控制面板中的“转换实体引用”按钮，将选择的矩形表面转换成矩形图素，如图 10-178 所示。

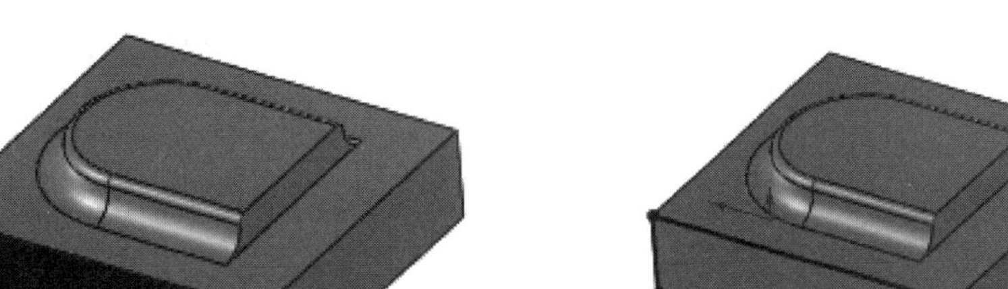

图 10-177　选择基准面(3)

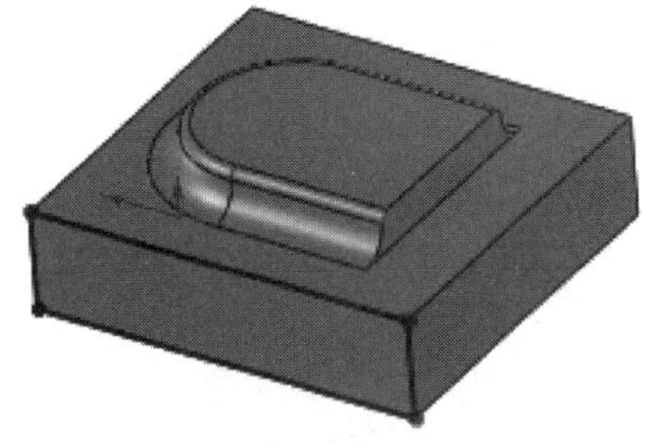

图 10-178　生成草图(1)

⑧ 生成“拉伸切除”特征。单击“特征”控制面板中的“拉伸切除”按钮，或选择“插入”→“切除”→“拉伸”菜单命令，在属性管理器中方向 1 的终止条件中选择“完全贯穿”，如图 10-179 所示，单击“确定”按钮，完成拉伸切除操作。

⑨ 绘制草图。在实体上选择如图 10-180 所示的面作为基准面，单击“草图”控制面板中的“圆”按钮，在基准面上绘制一个圆，圆心与原点重合，标注直径智能尺寸，如图 10-181 所示，单击“退出草图”按钮。

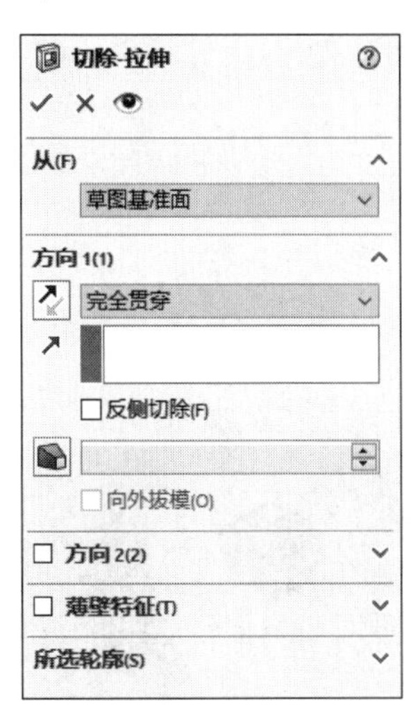

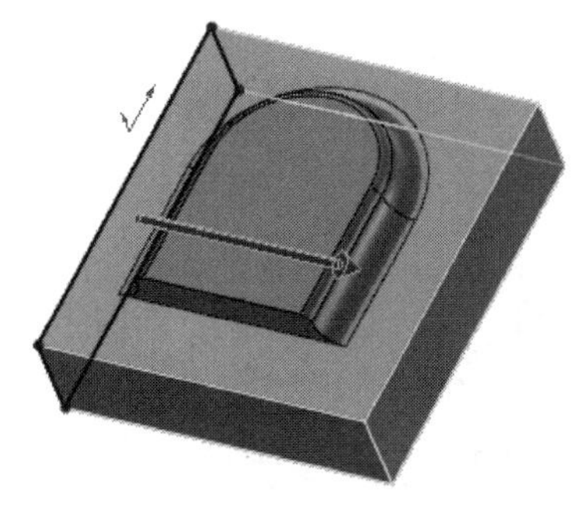

图 10-179　“切除-拉伸”属性管理器及进行拉伸切除操作示意图(2)

图 10-180　选择基准面(4)

⑩ 生成“分割线”特征。单击“特征”控制面板中的“分割线”按钮，或选择“插入”→“曲线”→“分割线”菜单命令，弹出“分割线”属性管理器，在分割类型中选择“投影”选项，在“要投影的草图”栏中选择“圆”草图，在“要分割的面”栏中选择实体的上表面，如图 10-182 所示，单击“确定”按钮，完成分割线操作。

Note

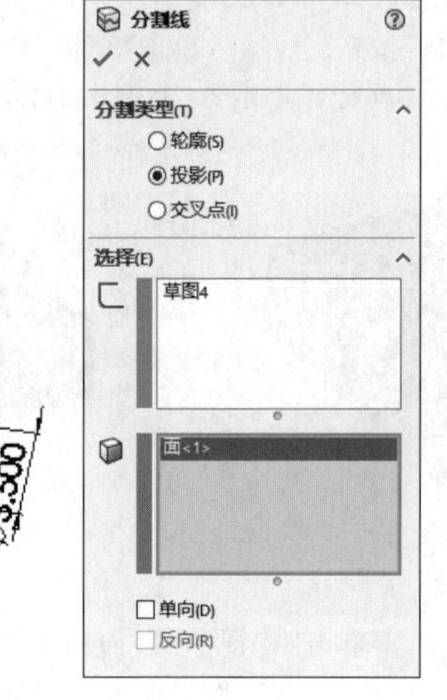

图 10-181　绘制草图(5)　　图 10-182　“分割线”属性管理器及进行分割线操作示意图

⑪ 更改成形工具切穿部位的颜色。在使用成形工具时，如果遇到成形工具中红色的表面，软件系统将对钣金零件做切穿处理。因此，在生成成形工具时，需要切穿的部位要将其颜色更改为红色。拾取成形工具的两个表面，单击“标准”工具栏中的“编辑外观”按钮，弹出“颜色”属性管理器，选择“红色”RGB 标准颜色，即 R=255，G=0，B=0，其他设置默认，如图 10-183 所示，单击“确定”按钮。

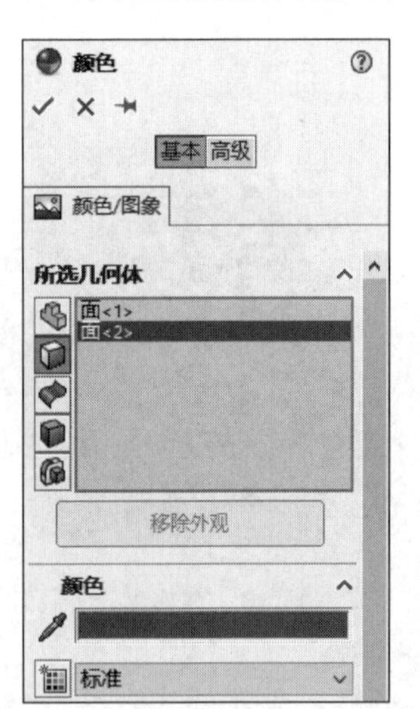

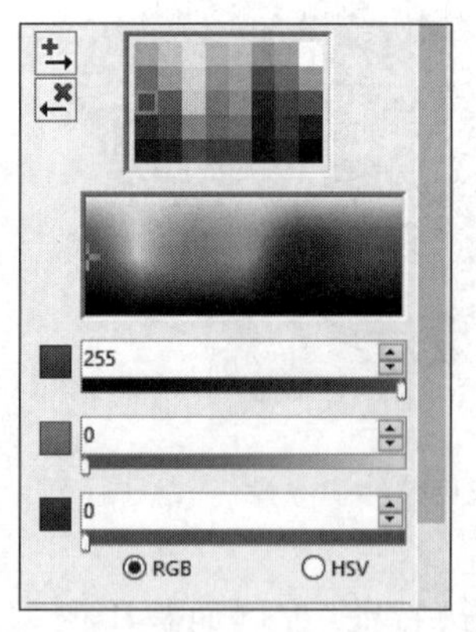

图 10-183　“颜色”属性管理器及更改成形工具表面颜色示意图

⑫ 绘制成形工具定位草图。单击如图 10-184 所示的表面作为基准面，单击“草图”控制面板中的“草图绘制”按钮，然后单击“草图”控制面板中的“转换实体引用”按钮，将选择表面转换成图素。然后，单击“草图”控制面板中的“中心线”按钮，绘制两条互相垂直的中心线，中心线交点与圆心重合，终点都与圆重合，如图 10-185 所

Note

示，单击“退出草图”按钮。

图 10-184　选择基准面(5)

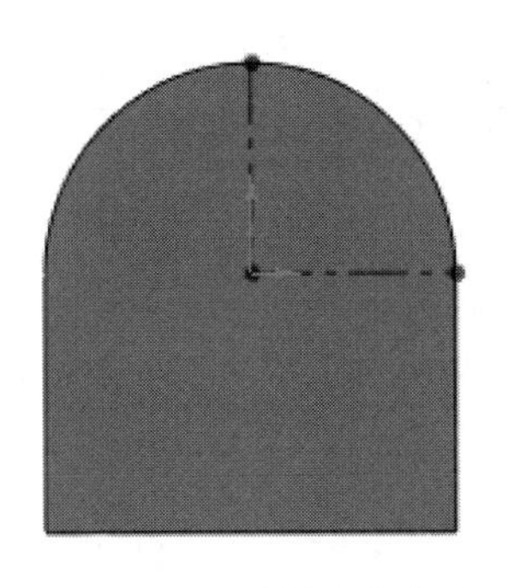

图 10-185　绘制定位草图

注意

在设计成形工具的过程中，必须绘制定位草图，如果没有定位草图，这个成形工具将不能使用。

⑬ 保存成形工具。首先，将零件文件保存，然后，单击操作界面右边设计库按钮，在弹出的“设计库”属性管理器中单击“添加到库”按钮，如图 10-186 所示。系统弹出“添加到库”属性管理器，在属性管理器中选择保存路径 design library\forming tools\lances\，如图 10-187 所示。将此成形工具命名为“硬盘成形工具 1”，如图 10-188 所示，保存类型为 SIDPRT，单击“确定”按钮 ✓，完成对成形工具的保存。

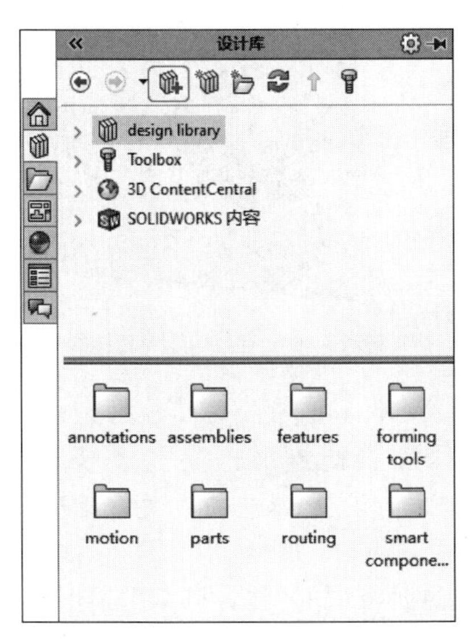

图 10-186　“添加到库”按钮

图 10-187　选择保存位置

这时，单击右边的“设计库”按钮，根据如图 10-189 所示的路径可以找到保存的成形工具。

Note

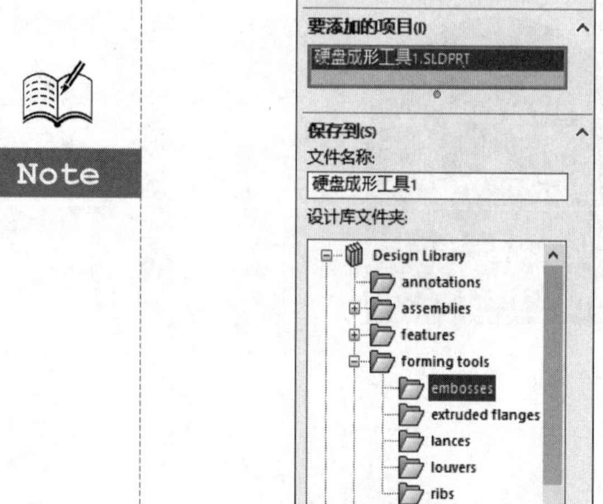

图 10-188 将成形工具命名并设置保存类型

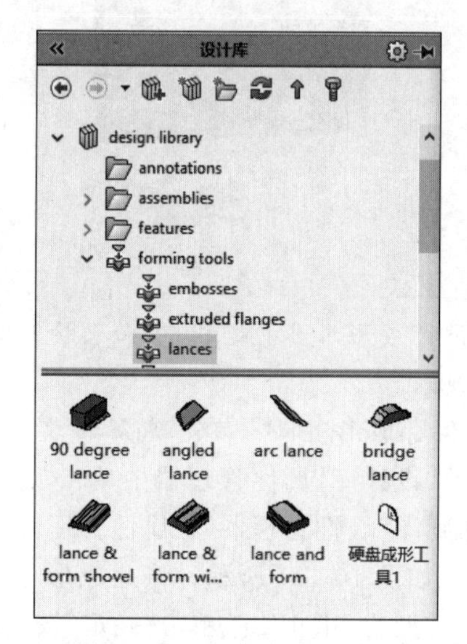

图 10-189 已保存成形工具

(16)向硬盘支架钣金件添加成形工具。

① 单击右边的"设计库"按钮,根据如图 10-187 所示的路径可以找到成形工具的文件夹 lances,找到需要添加的成形工具"硬盘成形工具 1",将其拖放到钣金零件的侧面上。

② 单击"草图"控制面板中的"智能尺寸"按钮,标注出成形工具在钣金件上的位置尺寸,如图 10-190 所示,最后,单击"放置成形特征"对话框中的"完成"按钮,完成对成形工具的添加。

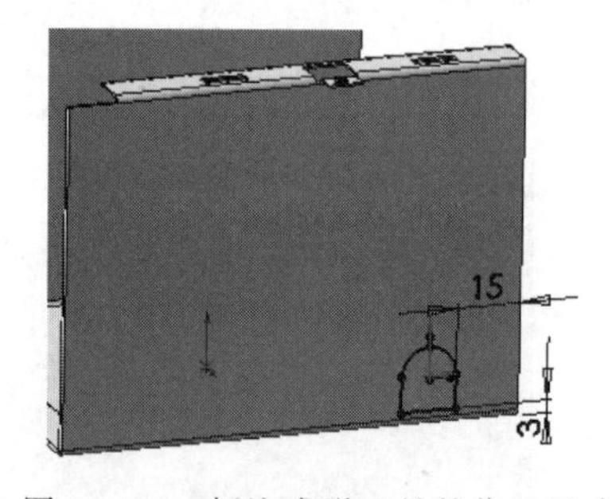

图 10-190 标注成形工具的位置尺寸

注意

在添加成形工具时,系统默认成形工具所放置的面是凹面,拖放成形工具的过程中,如果按下 Tab 键,系统将会在凹面和凸面间进行切换,从而可以更改成形工具在钣金件上所放置的面。

(17)线性阵列成形工具。单击"特征"控制面板中的"线性阵列"按钮,或选择"插入"→"阵列/镜像"→"线性阵列"菜单命令,弹出"线性阵列"属性管理器,在对话框中的方向 1 的"阵列方向"栏中单击,拾取钣金件的一条边线,单击按钮切换阵列方向,在"间距"栏中输入数值 70.00mm,然后在 FeatureManager 设计树中单击"硬盘成形工具 1"名称,如图 10-191 所示,单击"确定"按钮,完成对成形工具的线性阵列,结果如图 10-192 所示。

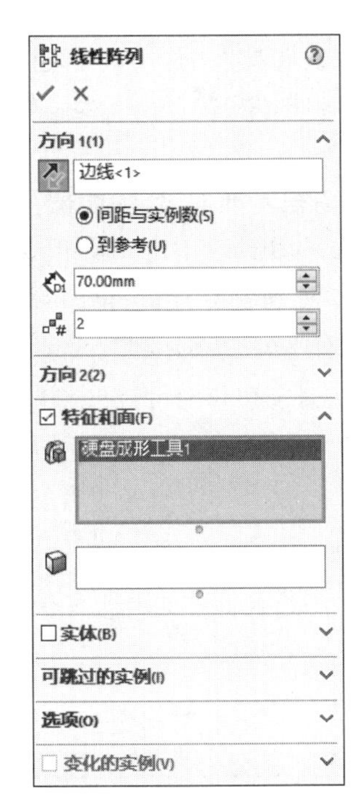

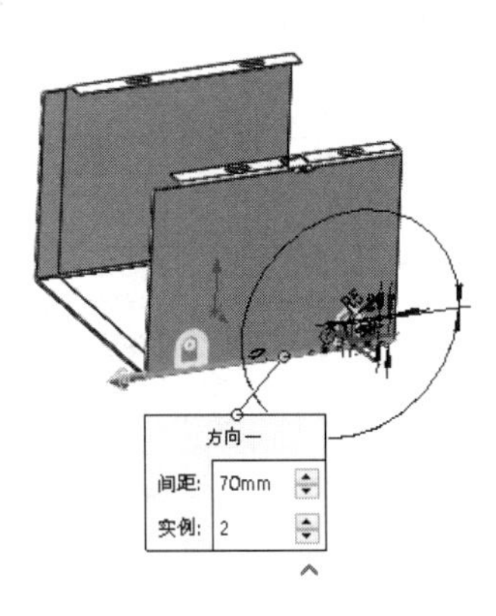

图 10-191　选择“线性阵列”中的“硬盘成形工具 1”示意图

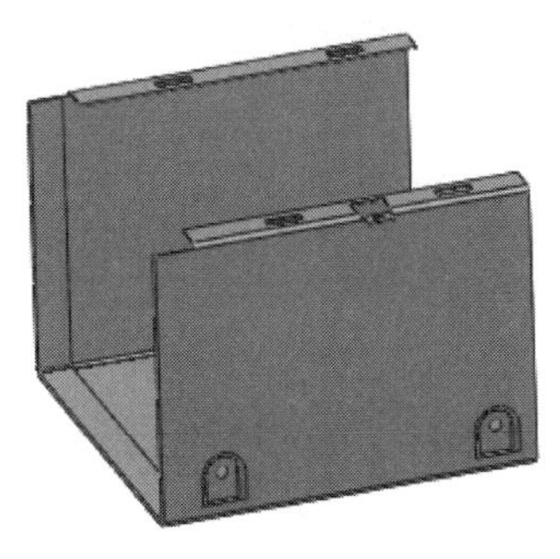

图 10-192　线性阵列生成的结果

(18) 镜像成形工具。单击“特征”控制面板中的“镜像”按钮，或选择“插入”→“阵列/镜像”→“镜像”菜单命令，弹出“镜像”属性管理器，在“镜像面/基准面”栏中单击，在 FeatureManager 设计树中单击“右视基准面”作为镜像面，单击“要镜像的特征”栏，在 FeatureManager 设计树中单击“硬盘成形工具 1”和“阵列(线性)1”作为要镜像的特征，其他设置默认，如图 10-193 所示，单击“确定”按钮✓，完成对成形工具的镜像。

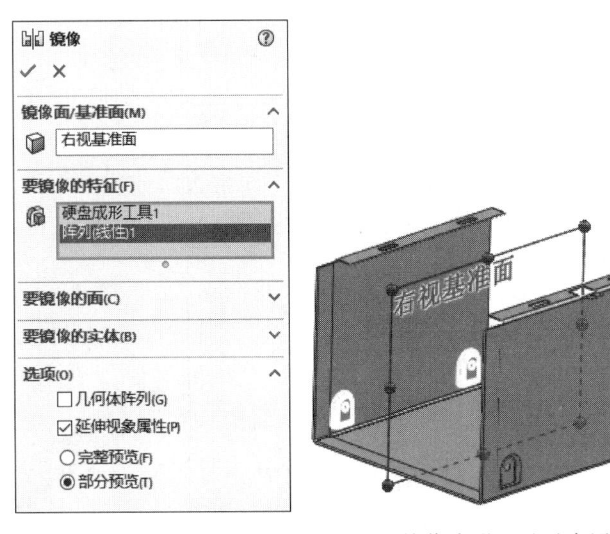

图 10-193　“镜像”属性管理器及镜像成形工具示意图

(19) 建立自定义的第二个成形工具。在此钣金件设计过程中，需要自定义两个成形工具，下面介绍第二个成形工具的创建过程。

① 建立新文件。单击“标准”工具栏中的“新建”按钮，或选择“文件”→“新建”菜单命令，在弹出的“新建 SOLIDWORKS 文件”对话框中选择“零件”按钮，然后单击“确定”按钮，创建一个新的零件文件。

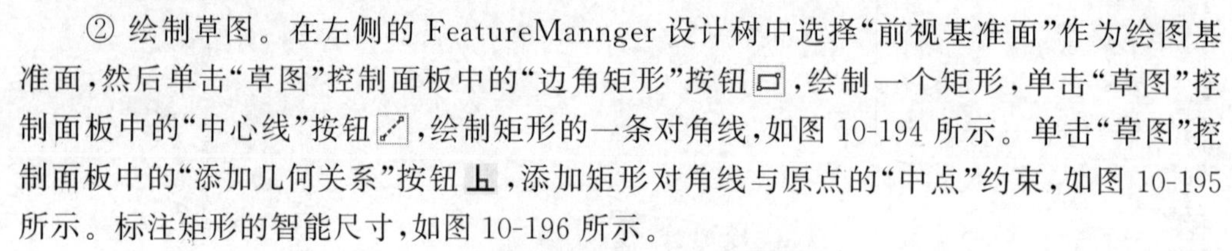

Note

② 绘制草图。在左侧的 FeatureMannger 设计树中选择“前视基准面”作为绘图基准面，然后单击“草图”控制面板中的“边角矩形”按钮，绘制一个矩形，单击“草图”控制面板中的“中心线”按钮，绘制矩形的一条对角线，如图 10-194 所示。单击“草图”控制面板中的“添加几何关系”按钮，添加矩形对角线与原点的“中点”约束，如图 10-195 所示。标注矩形的智能尺寸，如图 10-196 所示。

图 10-194　绘制草图(6)

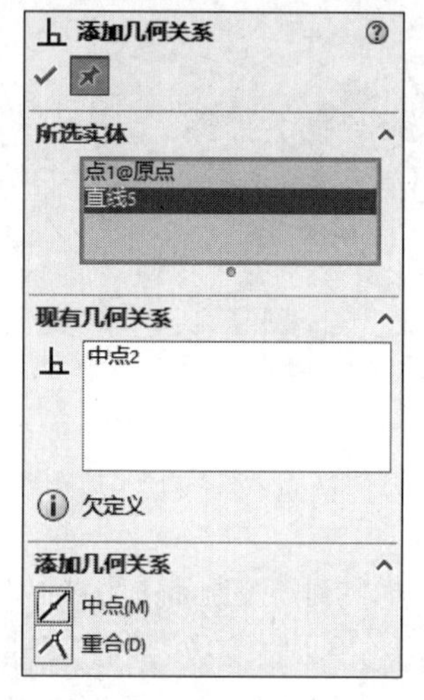

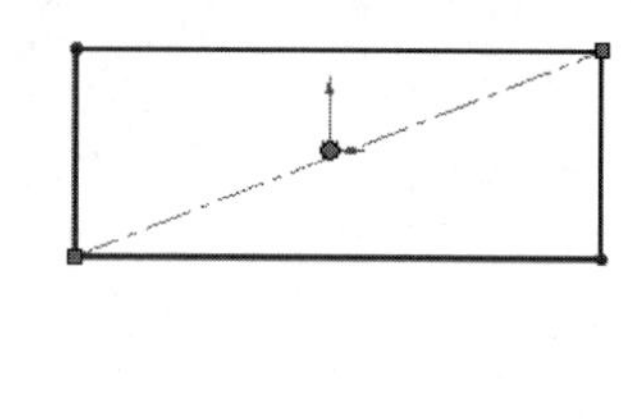

图 10-195　添加“中点”约束

③ 生成“拉伸”特征。单击“特征”控制面板中的“拉伸凸台/基体”按钮，或选择“插入”→“凸台/基体”→“拉伸”菜单命令，弹出“凸台-拉伸”属性管理器，在方向 1 的“深度”栏中输入数值 2.00mm，如图 10-197 所示，单击“确定”按钮✔。

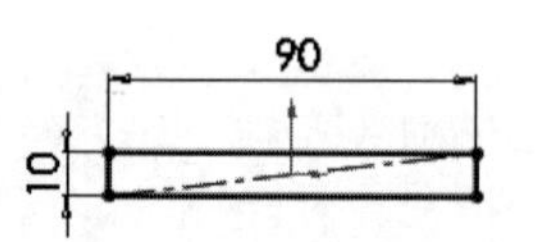

图 10-196　标注智能尺寸

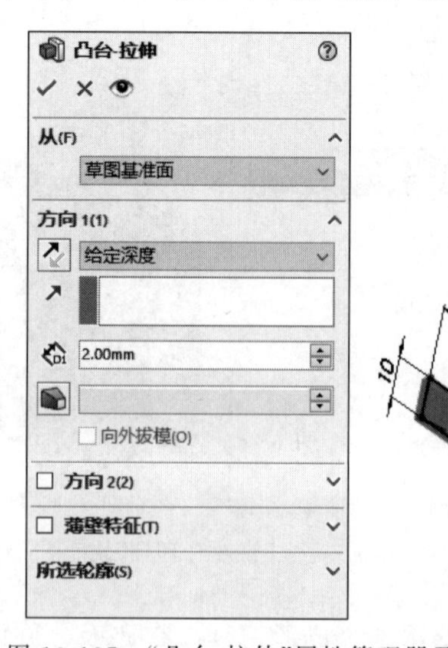

图 10-197　“凸台-拉伸”属性管理器及进行拉伸操作示意图(3)

Note

④ 绘制另一个草图。单击如图 10-197 所示的拉伸实体的一个面作为基准面，然后单击“草图”控制面板中的“边角矩形”按钮，绘制一个矩形，矩形要大于拉伸实体的投影面积，如图 10-198 所示。

⑤ 生成“拉伸”特征。单击“特征”控制面板中的“拉伸凸台/基体”按钮，或选择“插入”→“凸台/基体”→“拉伸”菜单命令，弹出“凸台-拉伸”属性管理器，在方向 1 的“深度”栏中输入数值 5.00mm，如图 10-199 所示，单击“确定”按钮。

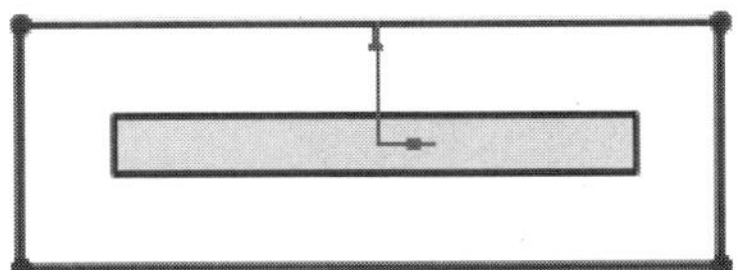

图 10-198　绘制矩形

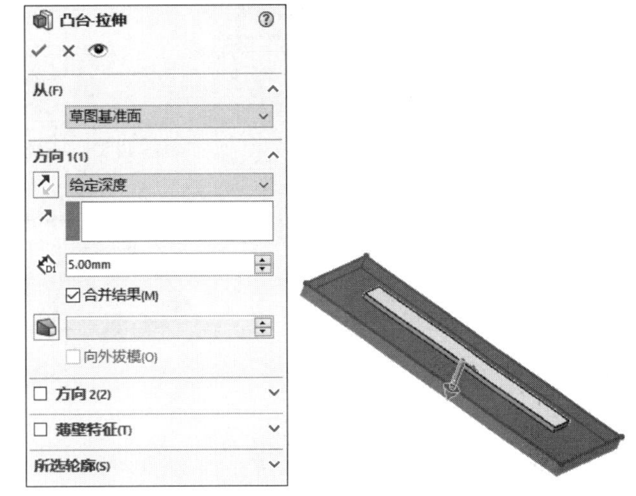

图 10-199　“凸台-拉伸”属性管理器及进行拉伸操作示意图(4)

⑥ 生成“圆角”特征。单击“特征”控制面板中的“圆角”按钮，或选择“插入”→“特征”→“圆角”菜单命令，弹出“圆角”属性管理器，选择圆角类型为“等半径”，在圆角半径输入栏中输入数值 4.00mm，单击拾取实体的边线，如图 10-200 所示，单击“确定”按钮生成圆角 1。

⑦ 单击“特征”控制面板中的“圆角”按钮，或选择“插入”→“特征”→“圆角”菜单命令，弹出“圆角”属性管理器，选择圆角类型为“等半径”，在圆角半径输入栏中输入数值 1.50mm，单击拾取实体的另一条边线，如图 10-201 所示，单击“确定”按钮，生成圆角 2。

⑧ 单击“特征”控制面板中的“圆角”按钮，或选择“插入”→“特征”→“圆角”菜单命令，选择圆角类型为“等半径”，在圆角半径输入栏中输入数值 0.50mm，单击拾取实体的另一条边线，如图 10-202 所示，单击“确定”按钮，生成圆角 3。

⑨ 绘制草图。在实体上选择如图 10-203 所示的面作为绘图的基准面，单击“草图”控制面板中的“草图绘制”按钮，然后单击“草图”控制面板中的“转换实体引用”按钮，将选择的矩形表面转换成矩形图素，如图 10-204 所示。

⑩ 生成“拉伸切除”特征。单击“特征”控制面板中的“拉伸切除”按钮，或选择“插入”→“切除”→“拉伸”菜单命令，在属性管理器中方向 1 的终止条件中选择“完全贯穿”，如图 10-205 所示，单击“确定”按钮，完成拉伸切除操作。

Note

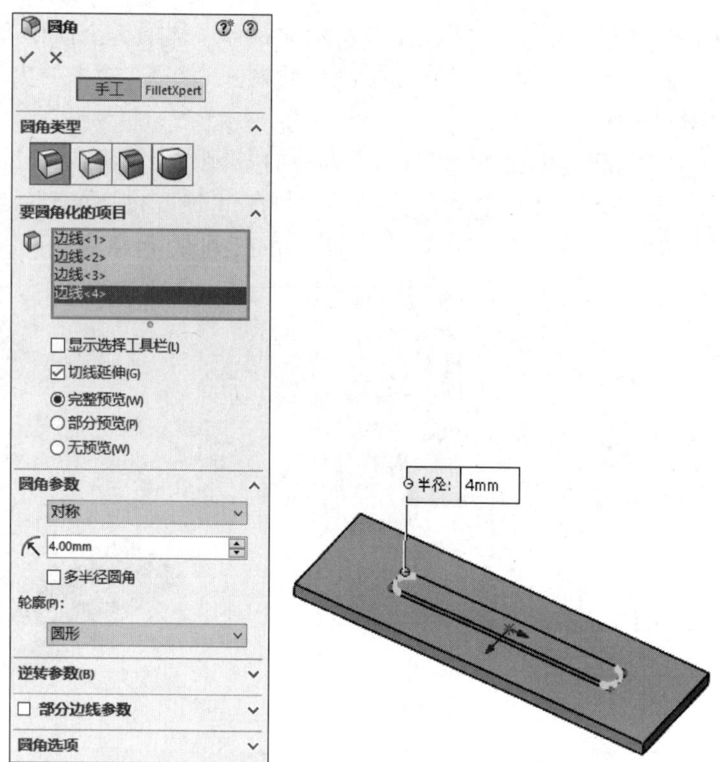

图 10-200 “圆角”属性管理器及进行圆角 1 操作示意图

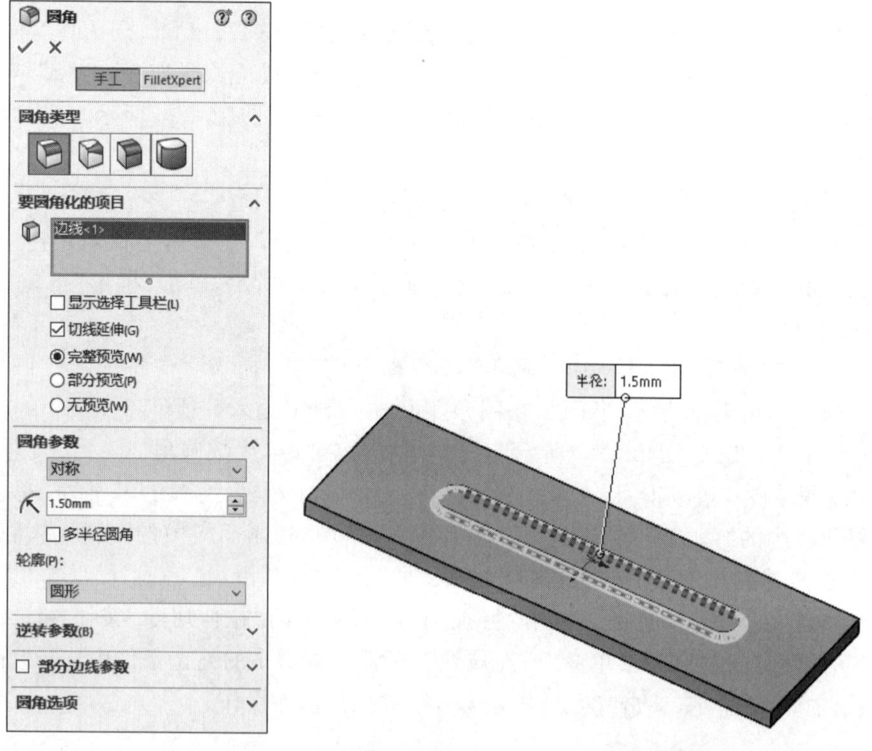

图 10-201 “圆角”属性管理器及进行圆角 2 操作示意图

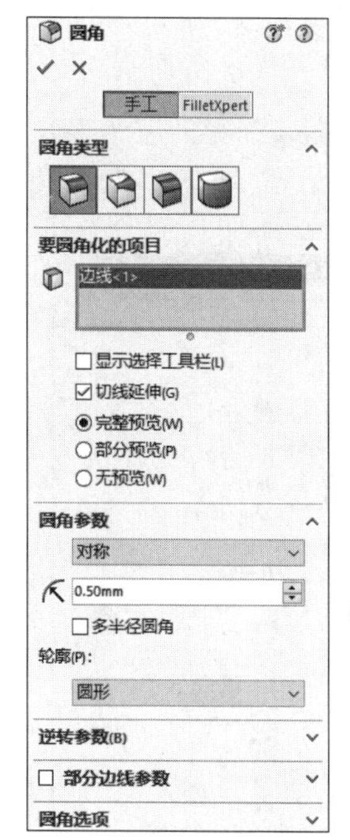

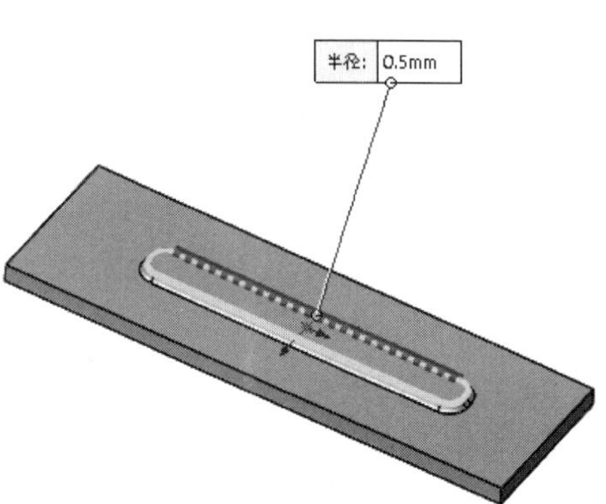

图 10-202　“圆角”属性管理器及进行圆角 3 操作示意图

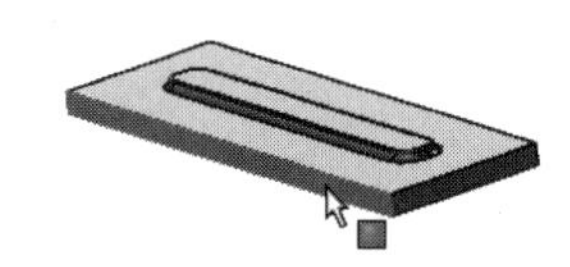

图 10-203　选择基准面(6)

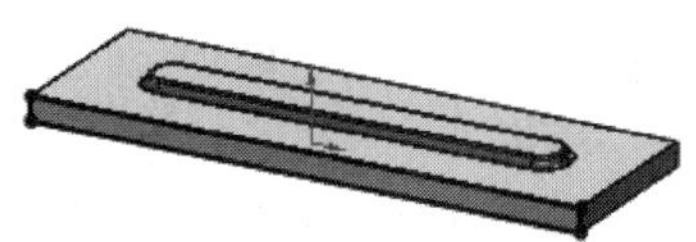

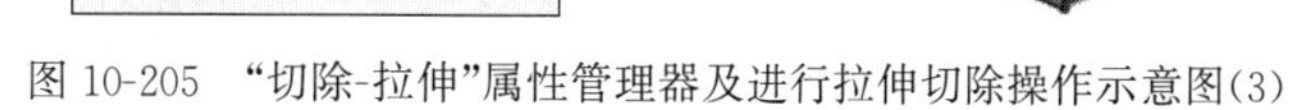

图 10-204　生成草图(2)

图 10-205　“切除-拉伸”属性管理器及进行拉伸切除操作示意图(3)

⑪ 绘制成形工具定位草图。单击成形工具如图 10-206 所示的表面作为基准面，单击“草图”控制面板中的“草图绘制”按钮，然后单击“草图”控制面板中的“转换实体引用”按钮，将选择表面转换成图素。然后，单击“草图”控制面板中的“中心线”按钮，绘制两条互相垂直的中心线，中心线交点与圆心重合，如图 10-207 所示，单击“退出草图”按钮。

⑫ 保存成形工具。首先，将零件文件保存，然后，单击操作界面右边设计库按钮，在弹出的“设计库”属性管理器中单击“添加到库”按钮，弹出“添加到库”属性管理器，在属性管理器中选择保存路径 design library\forming tools\embosses\，将此成形

Note

工具命名为"硬盘成形工具 2",保存类型为"＊.sldprt",如图 10-208 所示,单击"确定"按钮✔,完成对成形工具 2 的保存。

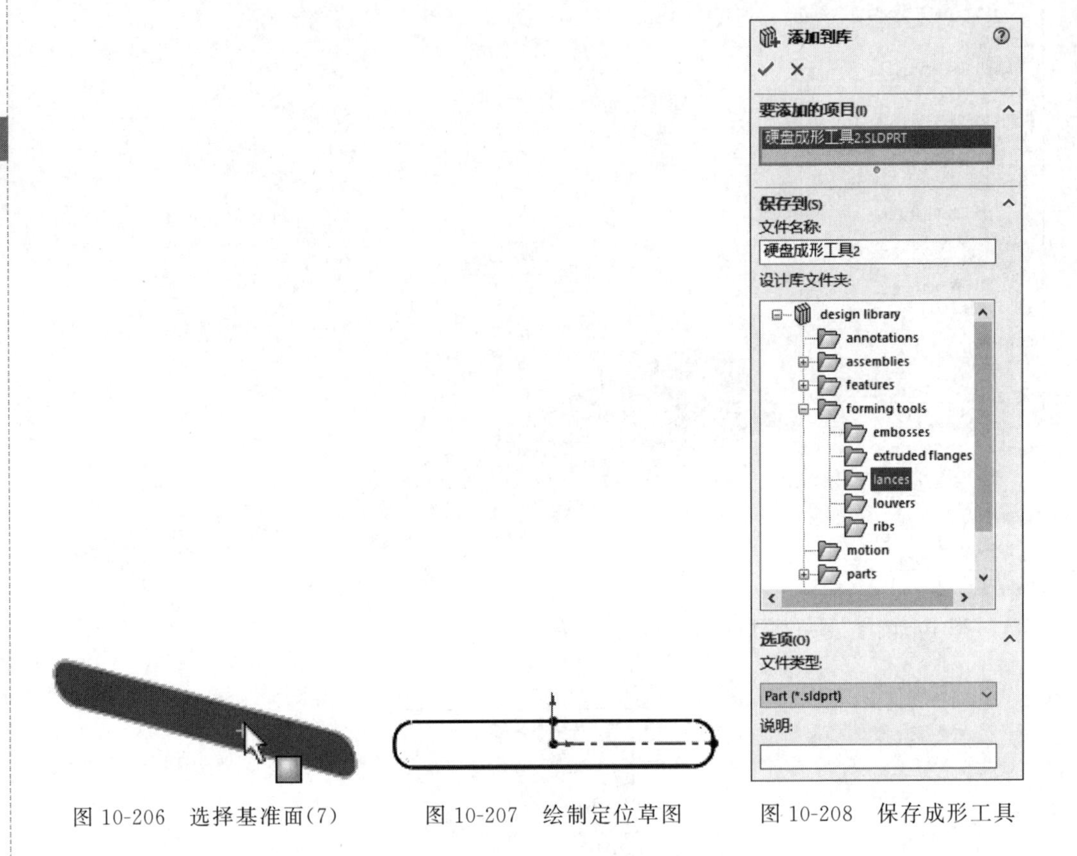

图 10-206　选择基准面(7)　　图 10-207　绘制定位草图　　图 10-208　保存成形工具

(20) 向硬盘支架钣金件添加成形工具。单击右边的"设计库"按钮，找到需要添加的成形工具"硬盘成形工具 2",将其拖放到钣金零件的侧面上。

(21) 单击"草图"控制面板中的"智能尺寸"按钮，标注出成形工具在钣金件上的位置尺寸,如图 10-209 所示,最后,单击"放置成形特征"对话框中的"完成"按钮,完成对成形工具的添加。

(22) 镜像成形工具。单击"特征"控制面板中的"镜像"按钮，或选择"插入"→"阵列/镜像"→"镜像"菜单命令,弹出"镜像"属性管理器,在对话框中的"镜像面/基准面"栏中单击,在 FeatureManager 设计树中单击"右视基准面"作为镜像面,单击"要镜像的特征"栏,在 FeatureManager 设计树中单击"硬盘成形工具 2"作为要镜像的特征,其他设置默认,如图 10-210 所示,单击"确定"按钮✔,完成对成形工具的镜像。

(23) 绘制草图。单击图 10-211 所示的面作为基准面,单击"草图"控制面板中的"中心线"按钮，绘制三条构造线,一条水平构造线和两条竖直构造线,两条竖直构造线通过箭头所指圆的圆心,如图 10-212 所示。添加水平构造线如图 10-212 所示。

Note

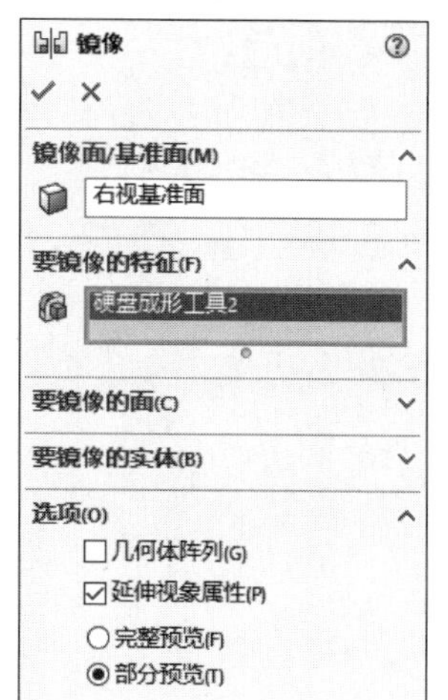

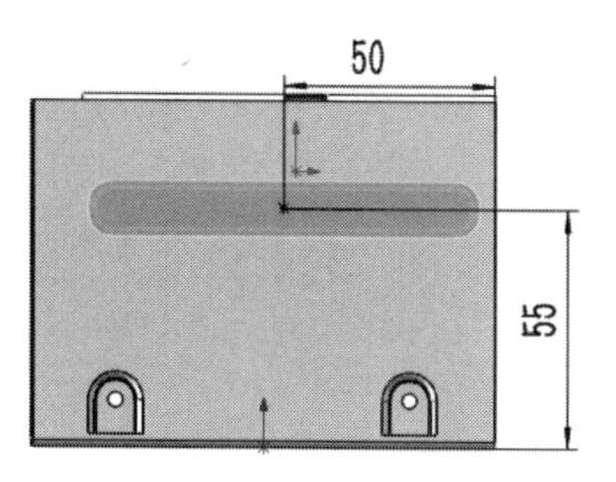

图 10-209　标注成形工具的位置尺寸

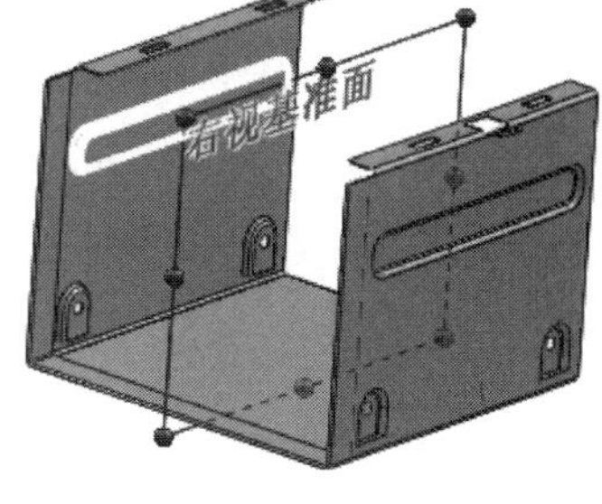

图 10-210　镜像成形工具

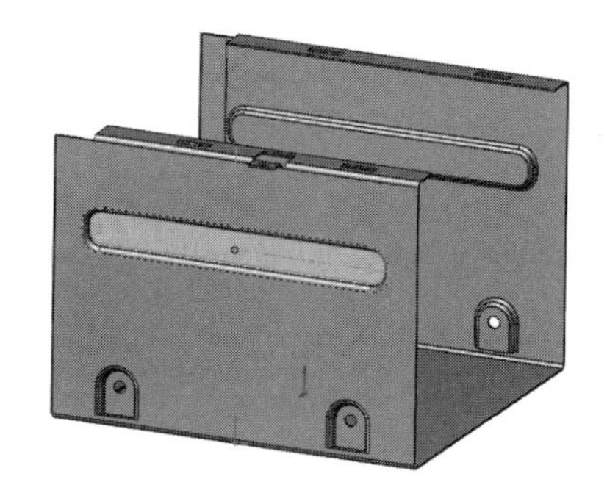

图 10-211　选择基准面(8)

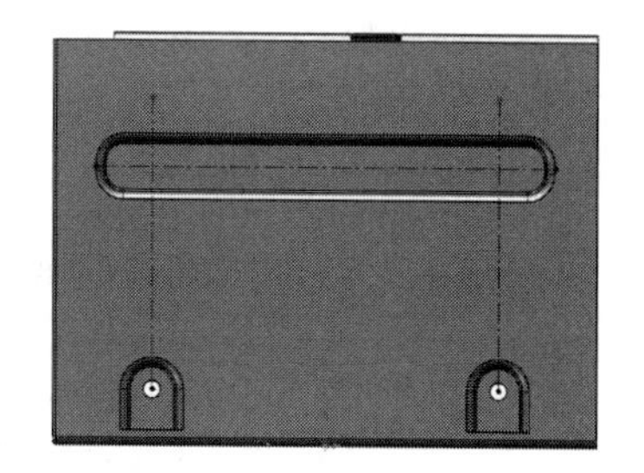

图 10-212　绘制构造线

(24) 单击“草图”控制面板中的“添加几何关系”按钮 ，添加水平构造线与图 10-213 中箭头所指两边线“对称”约束，单击“退出草图”按钮 。

(25) 生成“孔”特征。单击“特征”控制面板中的“异形孔向导”按钮 ，或选择“插入”→“特征”→“孔”→“向导” 菜单命令，弹出“孔规格”属性管理器。在孔规格选项栏中，单击“孔”按钮 ，选择 GB 标准，选择孔大小为“ϕ3.5”，给定深度为 120.00mm，如图 10-214 所示。将对话框切换到位置选项下，然后，单击拾取图 10-213 中的两竖直构造线与水平构造线的交点，如图 10-215 所示，确定孔的位置，单击“确定”按钮 ✓，生成孔特征如图 10-216 所示。

(26) 线性阵列成形工具。单击“特征”控制面板中的“线性阵列”按钮 ，或选择“插入”→“阵列/镜像”→“线性阵列”菜单命令，弹出“线性阵列”属性管理器，在方向 1 的“阵列方向”栏中单击，拾取钣金件的一条边线，如图 10-217 所示，在“间距”栏中输入数值 20.00mm，然后在 FeatureManager 设计树中单击“硬盘成形工具 2”“镜像”“ϕ3.5(3.5)直径孔 1”名称，如图 10-218 所示，单击“确定”按钮 ✓，完成对成形工具的线性阵列，结果如图 10-219 所示。

Note

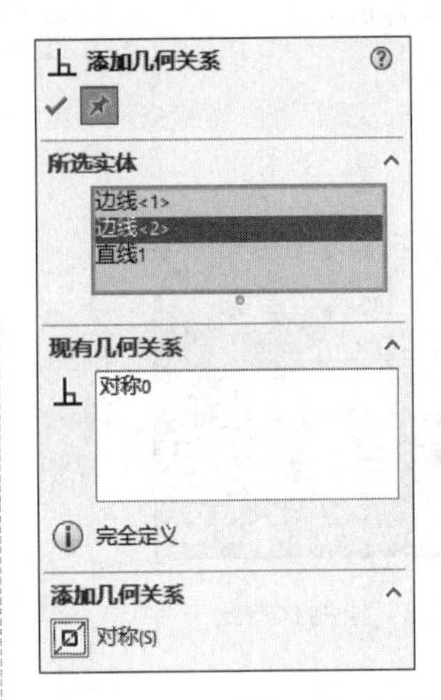

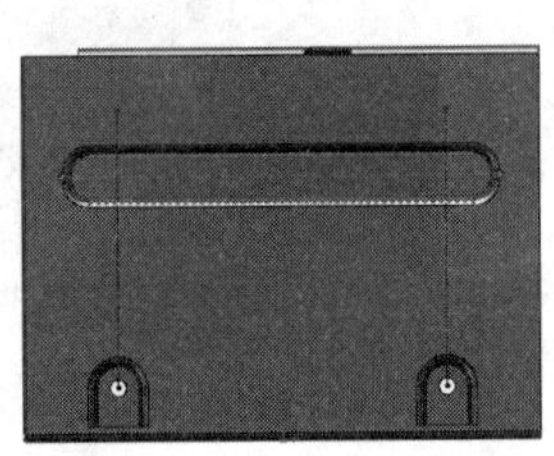

图 10-213 添加"对称"约束

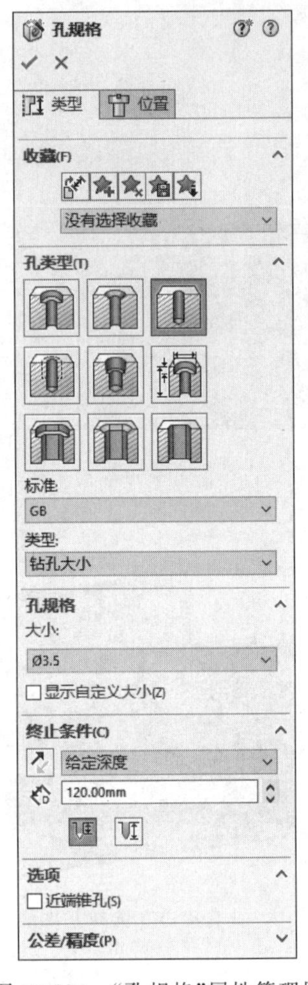

图 10-214 "孔规格"属性管理器

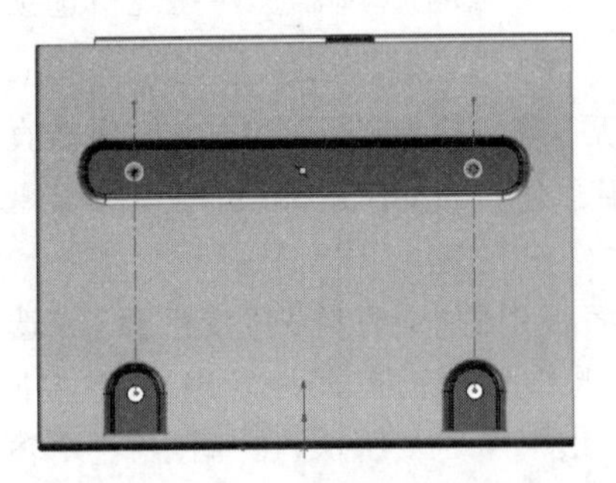

图 10-215 拾取孔位置点

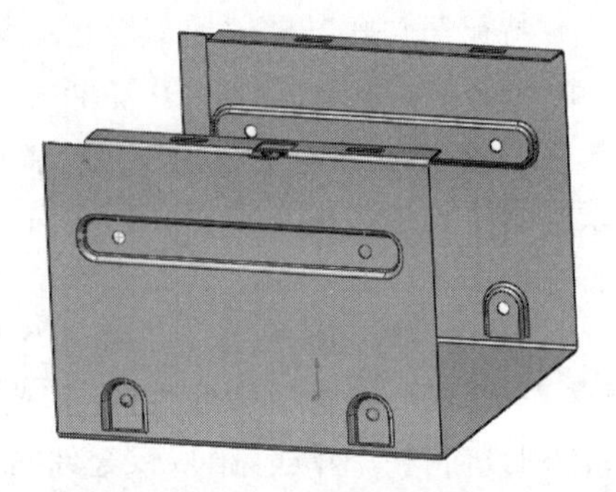

图 10-216 生成的孔特征

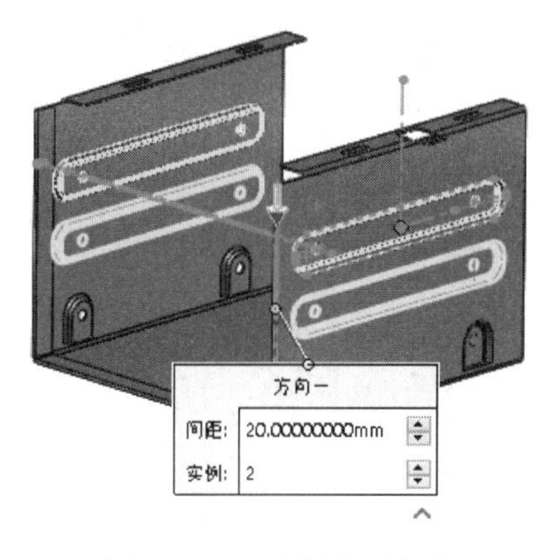

图 10-217　选择阵列方向

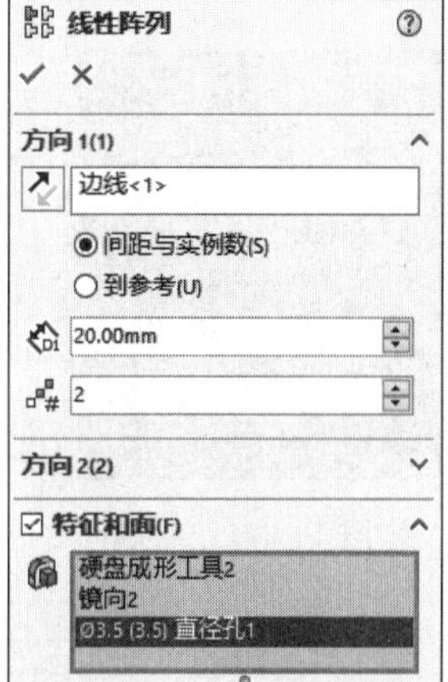

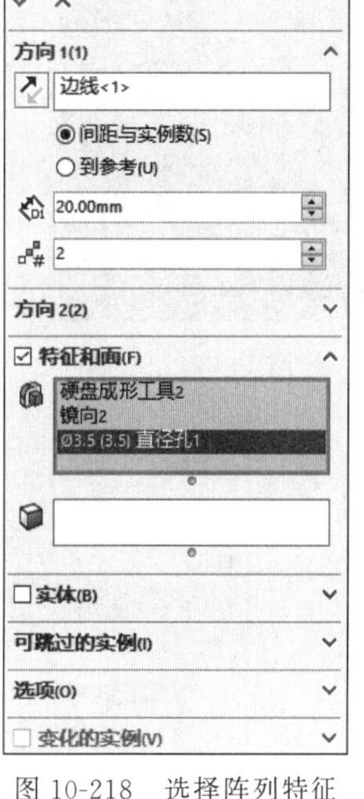

图 10-218　选择阵列特征

(27) 选择基准面。单击钣金件的底面,单击“视图(前导)”工具栏中的“正视于”按钮,将该基准面作为绘制图形的基准面,如图 10-220 所示。

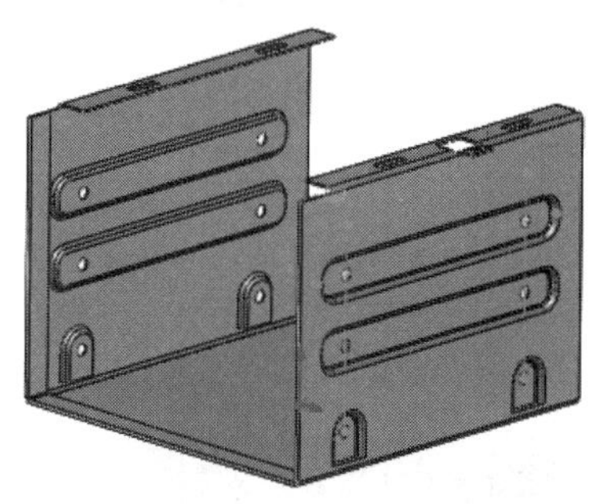

图 10-219　阵列后的结果

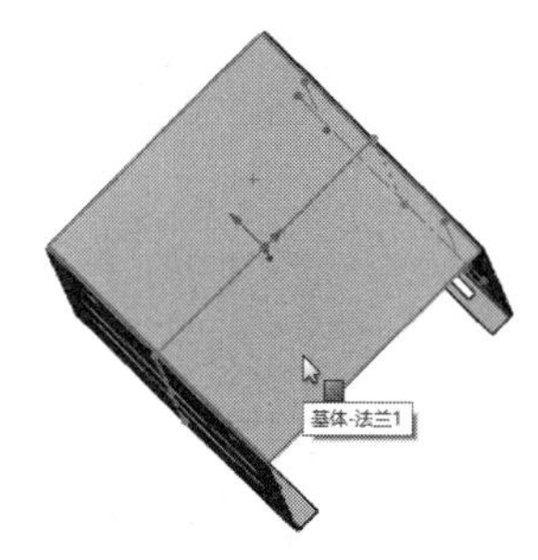

图 10-220　选择基准面(9)

(28) 绘制草图。单击“草图”控制面板中的“圆”按钮,绘制 4 个同心圆,标注其直径尺寸,如图 10-221 所示。单击“草图”控制面板中的“直线”按钮,绘制两条互相垂直的直线,直线均过圆心,如图 10-222 所示,单击“退出草图”按钮。

(29) 生成“通风口”特征。单击“钣金”控制面板中的“通风口”按钮,或选择“插入”→“扣合特征”→“通风口”菜单命令,弹出“通风口”属性管理器,选择通风口草图中的最大直径圆作为边界,输入圆角半径数值 2.00mm,如图 10-223 所示。

(30) 在草图中选择两条互相垂直的直线作为通风口的筋,输入筋的宽度数值 5.00mm,如图 10-224 所示。在草图中选择中间的两个圆作为通风口的翼梁,输入翼梁的宽度数值 5.00mm,如图 10-225 所示。在草图中选择最小直径的圆作为通风口的填充边界,如图 10-226 所示。设置结束后,单击“确定”按钮,生成的通风口如图 10-227 所示。

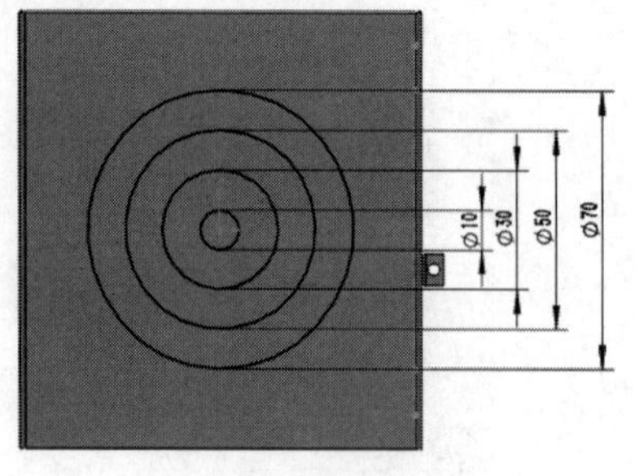

图 10-221　绘制同心圆

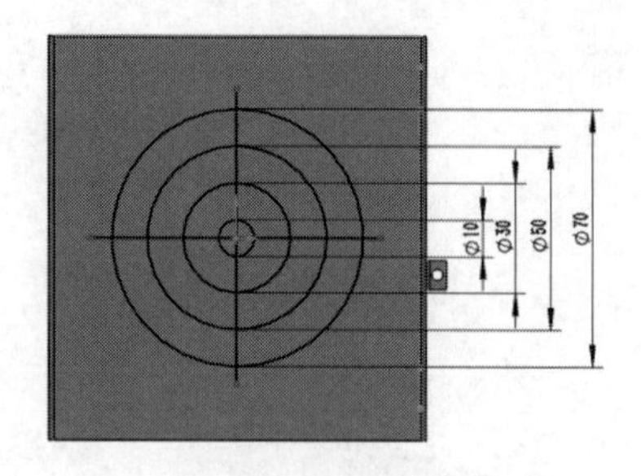

图 10-222　绘制互相垂直的直线

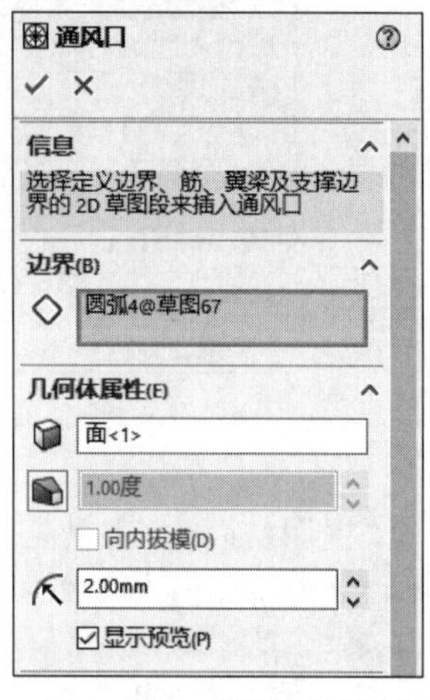

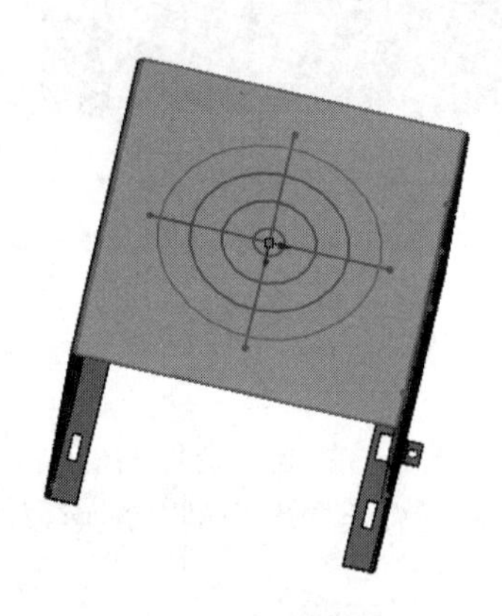

图 10-223　“通风口”属性管理器及选择通风口边界示意图

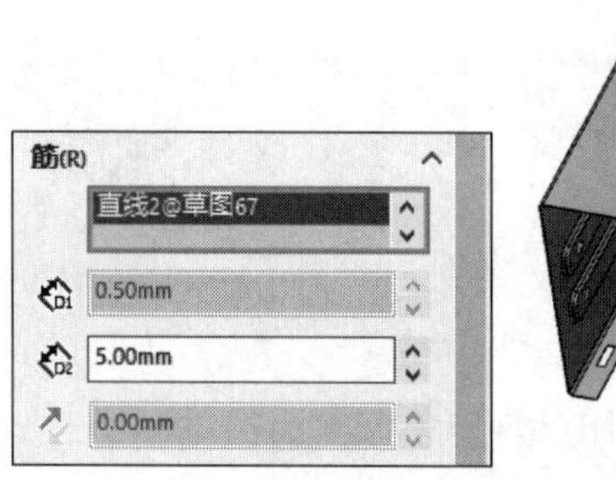

图 10-224　选择通风口筋

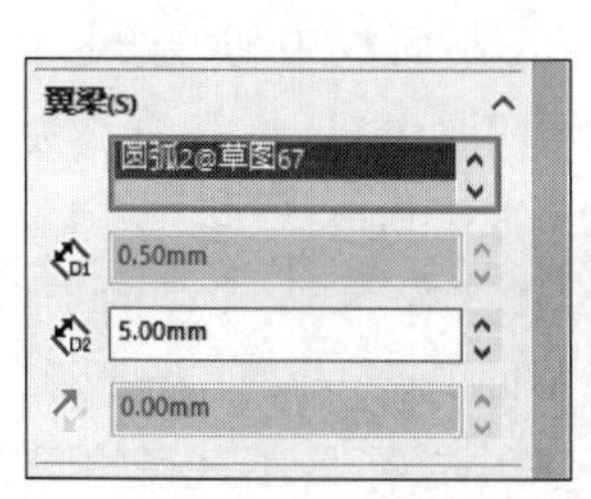

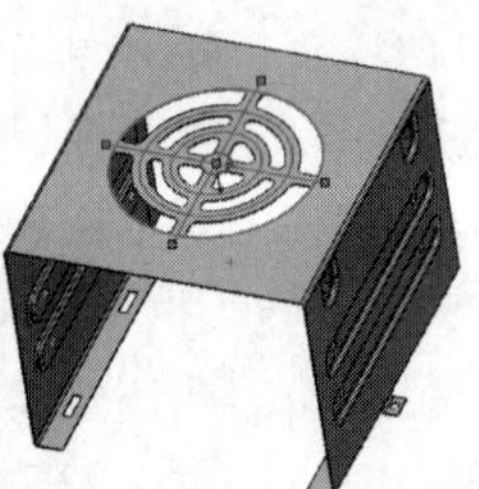

图 10-225　选择通风口翼梁

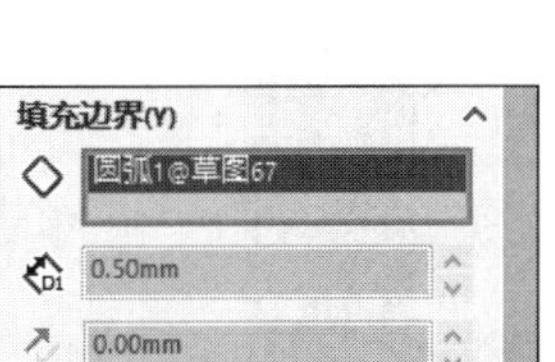

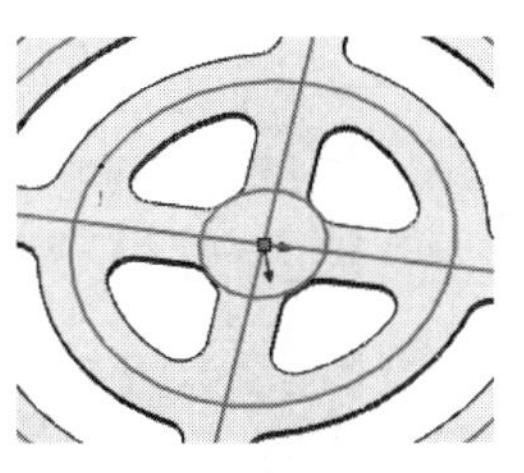

图 10-226　选择通风口填充边界　　　　图 10-227　生成的通风口

(31) 生成“边线法兰”特征。单击“钣金”控制面板中的“边线法兰”按钮，或选择“插入”→“钣金”→“边线法兰”菜单命令，在属性管理器中的“法兰长度”栏中输入数值 10.00mm，单击“外部虚拟交点” 按钮，在“法兰位置”栏中单击“材料在内”按钮，勾选“剪裁侧边折弯”复选框，其他设置如图 10-228 所示。

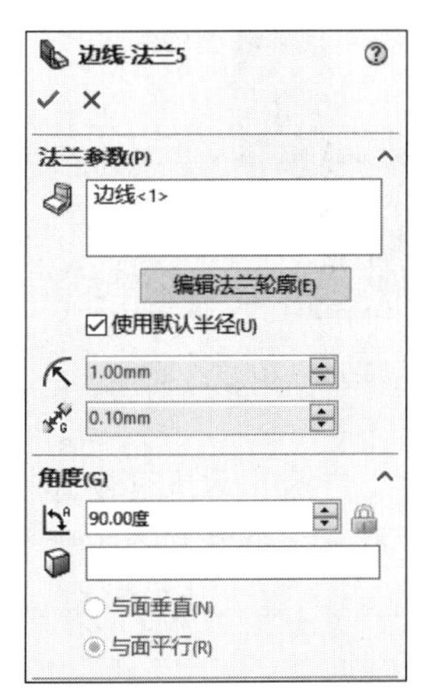

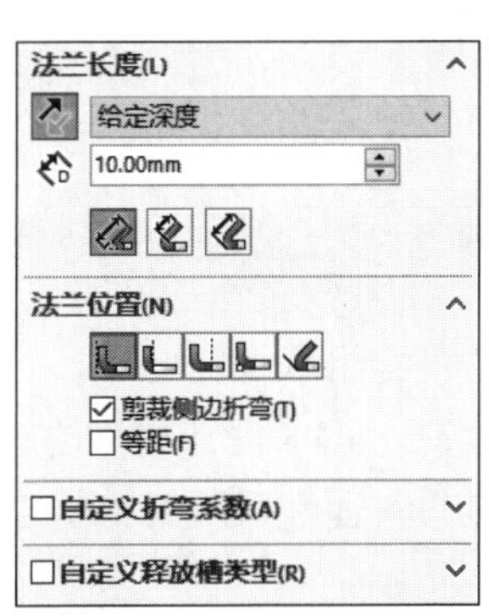

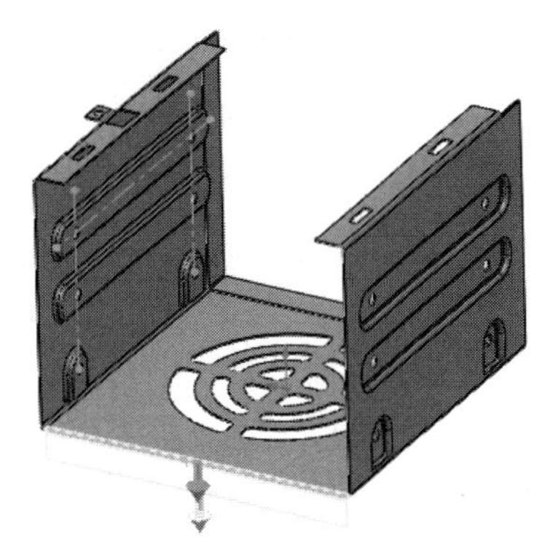

图 10-228　生成“边线法兰”操作

(32) 编辑边线法兰的草图。在 FeatureManager 设计树中右击“边线法兰”，在弹出的菜单中单击“编辑草图”按钮，如图 10-229 所示。这时，将进入边线法兰的草图编辑状态，如图 10-230 所示。

单击“草图”控制面板中的“绘制圆角”按钮，在对话框中输入圆角半径数值 5.00mm，在草图中添加圆角，如图 10-231 所示，单击“退出草图”按钮。

(33) 选择基准面。单击如图 10-232 所示的面，单击“视图(前导)”工具栏中的“正视于”按钮，将该面作为绘制图形的基准面。

(34) 生成“简单直孔”特征。单击“特征”控制面板中的“简单直孔”按钮，或选择“插入”→“特征”→“钻孔”→“简单直孔”菜单命令。在“孔”属性管理器中勾选“与厚度相同”选项，输入孔直径尺寸数值 3.50mm，如图 10-233 所示，单击“确定”按钮✔，生成简单直孔特征。

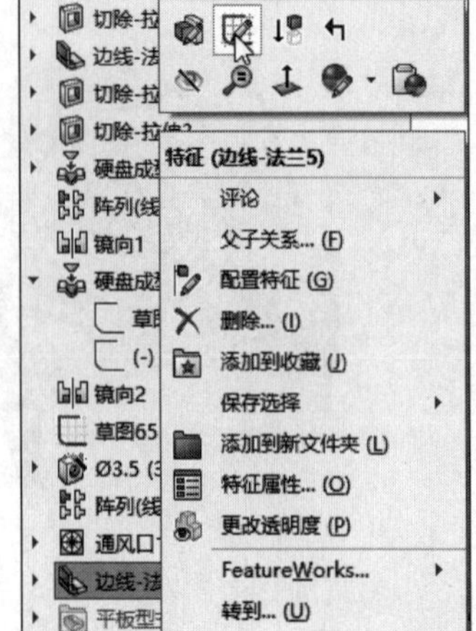

图 10-229　选择“编辑草图”命令(1)　　　图 10-230　进入草图编辑状态

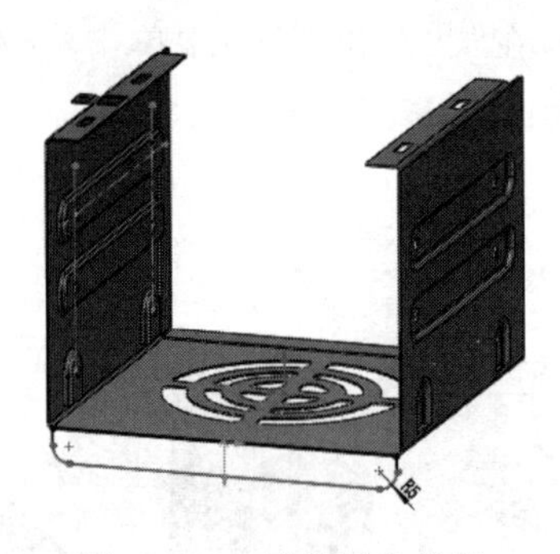

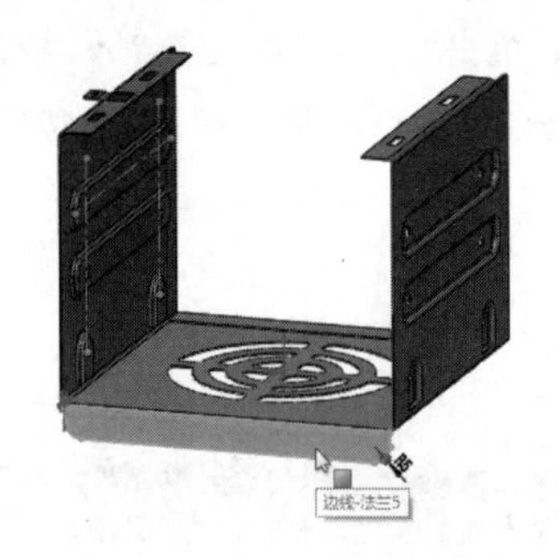

图 10-231　进行圆角编辑　　　图 10-232　选择基准面(10)

(35) 编辑简单直孔的位置。在生成简单直孔时，有可能孔位置并不是很合适，这样就需要重新进行定位。在 FeatureManager 设计树中右击“孔 1”，如图 10-234 所示，在弹出的菜单中单击“编辑草图”按钮，进入草图编辑状态，标注智能尺寸如图 10-235 所示，单击“退出草图”按钮。

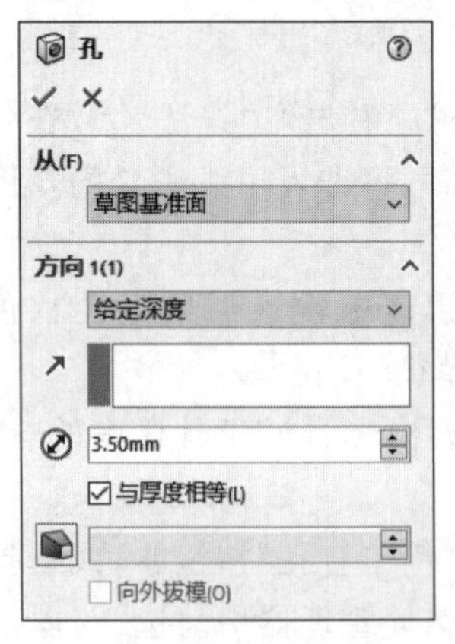

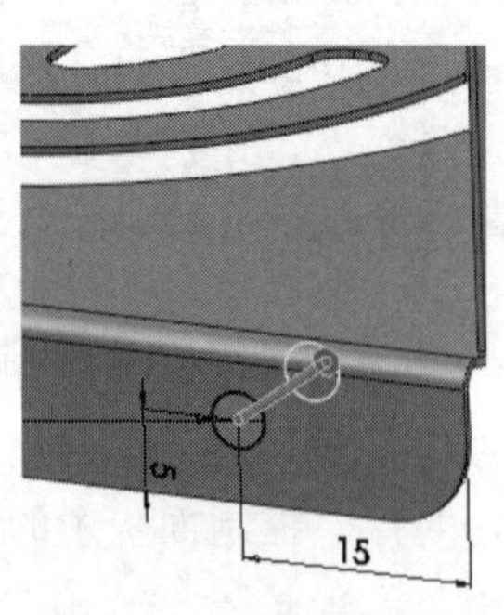

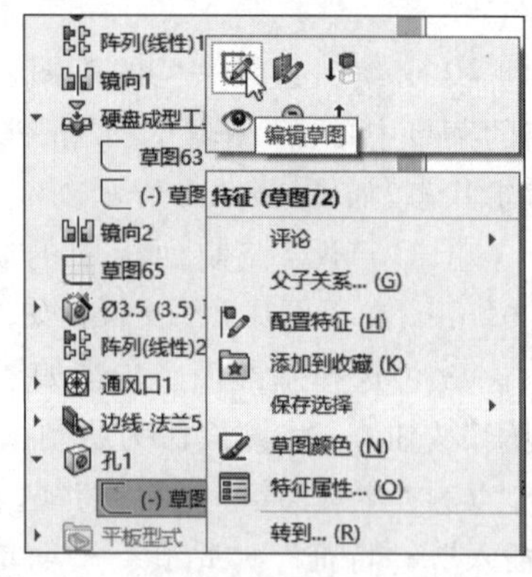

图 10-233　生成“简单直孔”特征操作　　　图 10-234　选择“编辑草图”命令(2)

(36) 生成另一个简单直孔。重复上述的操作，在同一个表面上生成另一个简单直孔，直孔的位置如图 10-236 所示。

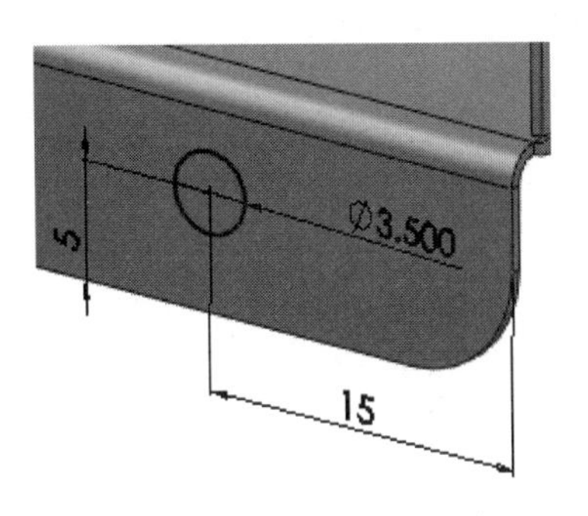

图 10-235 标注智能尺寸

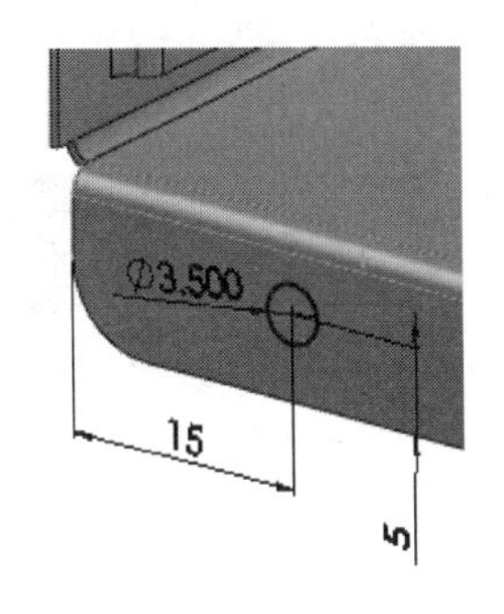

图 10-236 生成另一个简单直孔

(37) 展开硬盘支架。右击 FeatureMannger 设计树中的“平板型式 1”，在弹出的快捷菜单中选择“解除压缩”命令将钣金零件展开，如图 10-237 所示。

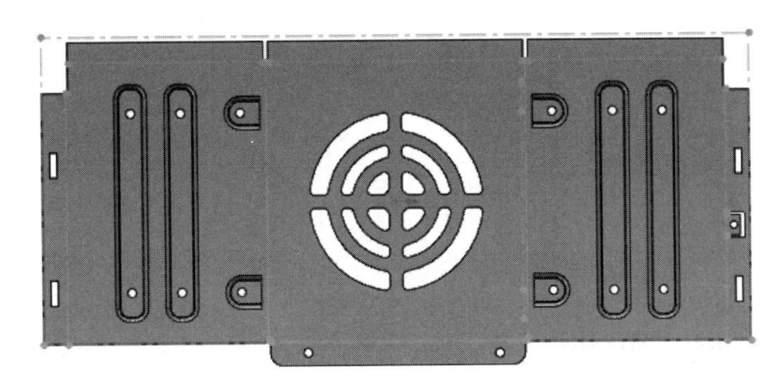

图 10-237 展开的钣金件

第11章

装配体设计

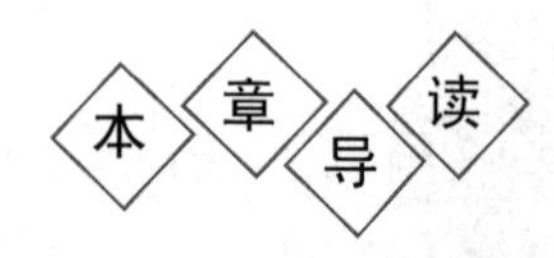

在 SOLIDWORKS 中，当生成新零件时，可以直接参考其他零件并保持这种参考关系。在装配的环境里，可以方便地设计和修改零部件，使 SOLIDWORKS 的性能得到极大的提高。

内容要点

- 装配体基本操作
- 定位零部件
- 设计方法和配合关系
- 装配体检查
- 爆炸视图
- 装配体的简化

11.1 装配体基本操作

11-1

要实现对零部件进行装配，必须首先创建一个装配体文件。本节将介绍创建装配体的基本操作，包括新建装配体文件、插入装配零件与删除装配零件。

11.1.1 创建装配体文件

下面介绍创建装配体文件的操作步骤。

(1) 选择菜单栏中的“文件”→“新建”命令，弹出“新建 SOLIDWORKS 文件”对话框，如图 11-1 所示。

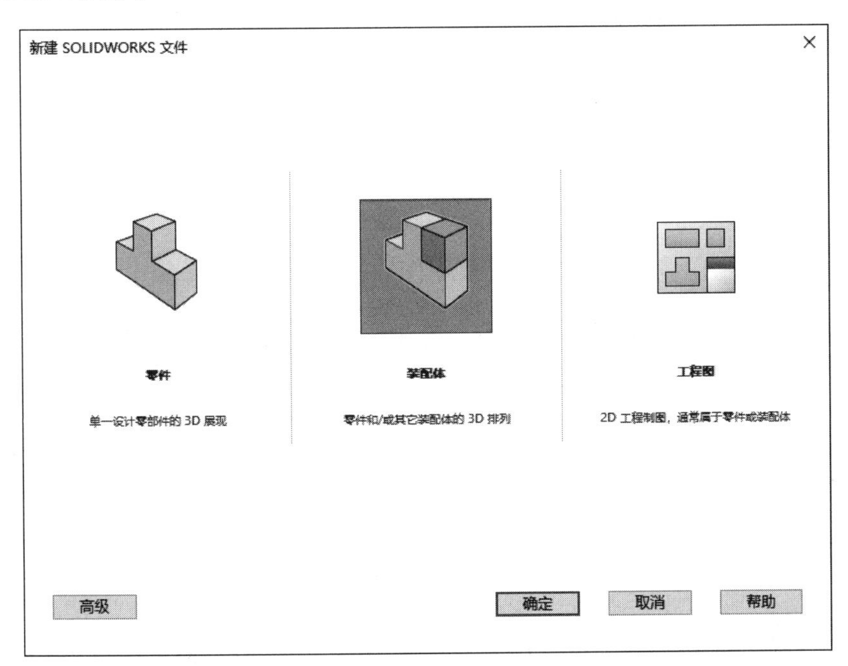

图 11-1 “新建 SOLIDWORKS 文件”对话框

(2) 单击“装配体” →“确定”按钮，进入装配体制作界面，如图 11-2 所示。

(3) 在“开始装配体”属性管理器中，单击“要插入的零件/装配体”选项组中的“浏览”按钮，弹出“打开”对话框。

(4) 选择一个零件作为装配体的基准零件，单击“打开”按钮，在图形区合适位置单击以放置零件。然后调整视图为“等轴测”，即可得到导入零件后的界面，如图 11-3 所示。

装配体制作界面与零件的制作界面基本相同，特征管理器中出现一个配合组，在装配体制作界面中出现如图 11-4 所示的“装配体”控制面板，对“装配体”控制面板的操作同前边介绍的控制面板操作相同。

Note

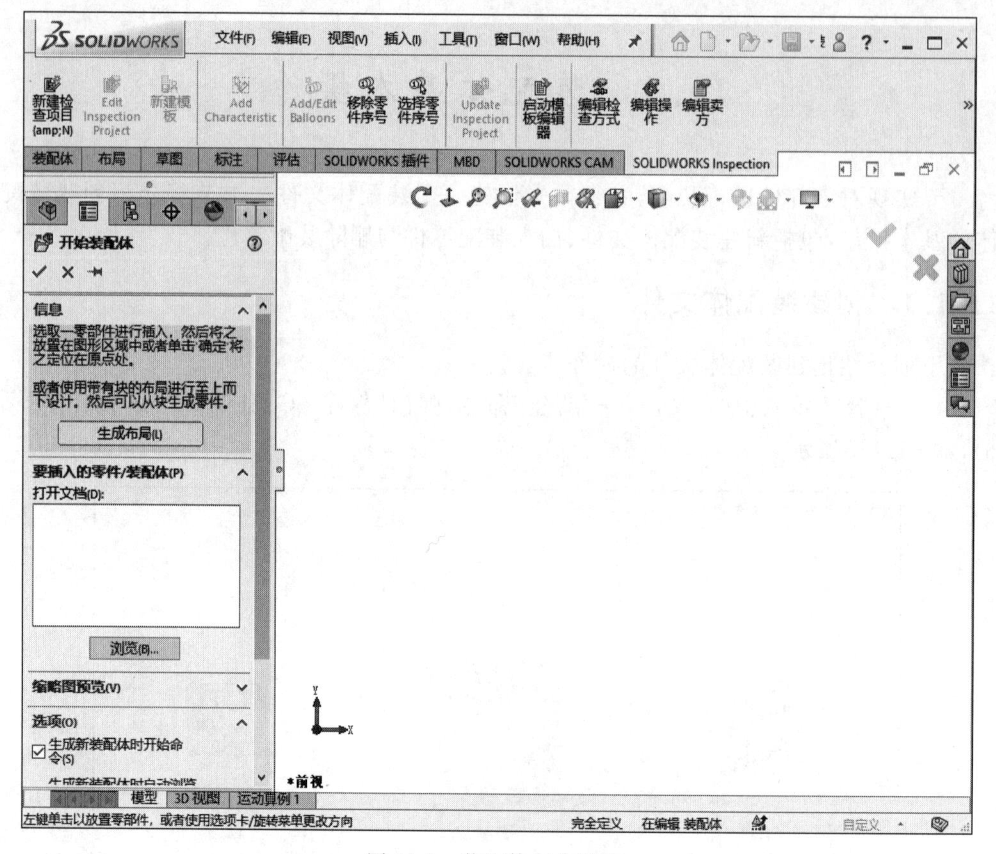

图 11-2　装配体制作界面

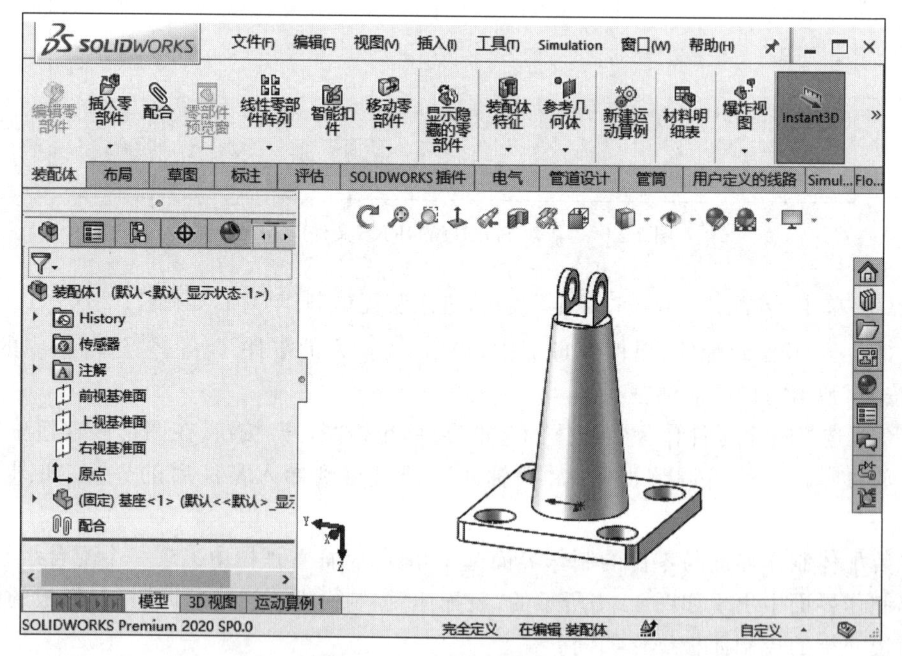

图 11-3　导入零件后的界面

Note

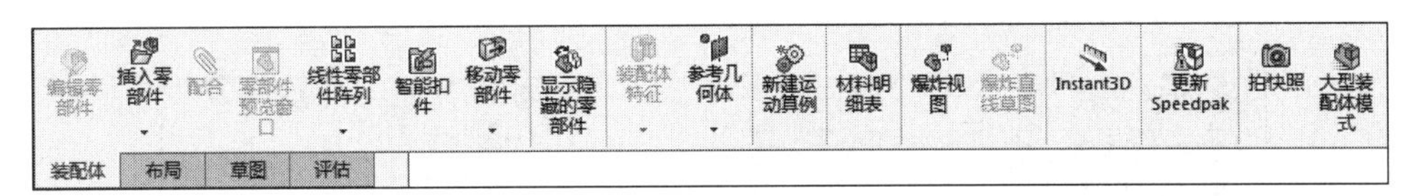

图 11-4　“装配体”控制面板

(5) 将一个零部件(单个零件或子装配体)放入装配体中时,这个零部件文件会与装配体文件链接。此时零部件出现在装配体中,零部件的数据还保存在原零部件文件中。

技巧荟萃

对零部件文件所进行的任何改变都会更新装配体。保存装配体时文件的扩展名为“*.sldasm”,其文件名前的图标也与零件图不同。

11.1.2　插入装配零件

11-2

制作装配体需要按照装配的过程,依次插入相关零件,有多种方法可以将零部件添加到一个新的或现有的装配体中。

(1) 使用插入零部件属性管理器。

(2) 从任何窗格中的文件探索器拖动。

(3) 从一个打开的文件窗口中拖动。

(4) 从资源管理器中拖动。

(5) 从 Internet Explorer 中拖动超文本链接。

(6) 在装配体中拖动以增加现有零部件的实例。

(7) 从任何窗格的设计库中拖动。

(8) 使用插入、智能扣件来添加螺栓、螺钉、螺母、销钉以及垫圈。

11.1.3　删除装配零件

11-3

下面介绍删除装配零件的操作步骤。

(1) 在图形区或 FeatureManager 设计树中单击零部件。

(2) 按 Delete 键,或选择菜单栏中的“编辑”→“删除”命令,或在右击弹出的快捷菜单中单击“删除”命令,此时会弹出如图 11-5 所示的“确认删除”对话框。

(3) 单击“是”按钮确认删除,此零部件及其所有相关项目(配合、零部件阵列、爆炸步骤等)都会被删除。

技巧荟萃

① 在装配图中,第一个插入的零件默认的状态是固定的,即不能移动和旋转,在 FeatureManager 设计树中显示为“固定”。如果不是第一个零件,则是浮动的,在 FeatureManager 设计树中显示为(—),固定和浮动显示如图 11-6 所示。

② 系统默认第一个插入的零件是固定的,也可以将其设置为浮动状态,右击 FeatureManager 设计树中固定的文件,在弹出的快捷菜单中单击“浮动”命令。反之,也可以将其设置为固定状态。

Note

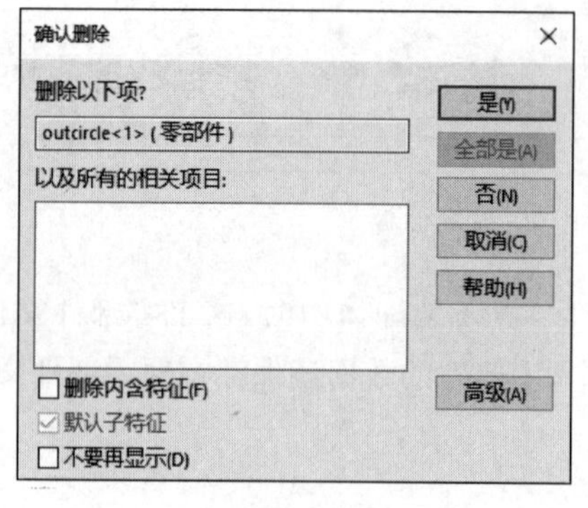

图 11-5 “确认删除”对话框

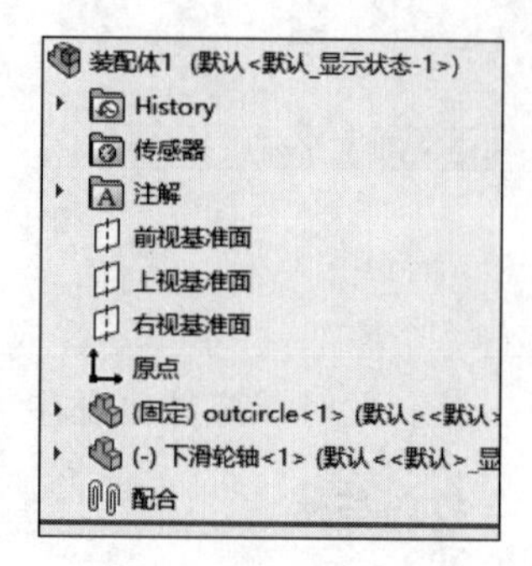

图 11-6 固定和浮动显示

11.2 定位零部件

在零部件放入装配体中后，用户可以移动、旋转零部件或固定它的位置，用这些方法可以大致确定零部件的位置，然后再使用配合关系来精确地定位零部件。

11-4

11.2.1 固定零部件

当一个零部件被固定之后，它就不能相对于装配体原点移动了。默认情况下，装配体中的第一个零件是固定的。如果装配体中至少有一个零部件被固定，它就可以为其余零部件提供参考，防止其他零部件在添加配合关系时意外移动。

要固定零部件，只要在 FeatureManager 设计树或图形区中右击要固定的零部件，在弹出的快捷菜单中单击“固定”命令即可。如果要解除固定关系，只要在快捷菜单中单击“浮动”命令即可。

当一个零部件被固定之后，在 FeatureManager 设计树中，该零部件名称的左侧出现文字“固定”，表明该零部件已被固定。

11-5

11.2.2 移动零部件

在 FeatureManager 设计树中，只要前面有“(—)”符号的，该零件就可被移动。

下面介绍移动零部件的操作步骤。

(1) 打开源文件“X:\源文件\原始文件\11\移动零部件. SLDPRT”。选择菜单栏中的“工具”→“零部件”→“移动”命令，或者单击“装配体”工具栏中的“移动零部件”按钮，或者单击“装配体”控制面板中的“移动零部件”按钮，弹出的“移动零部件”属性管理器，如图 11-7 所示。

(2) 选择需要移动的类型，然后拖动到需要的位置。

(3) 单击“确定”按钮✓，或者按 Esc 键，取消命令操作。

在“移动零部件”属性管理器中，移动零部件的类型有自由拖动、沿装配体 XYZ、沿实体、由 Delta XYZ 和到 XYZ 位置 5 种，如图 11-8 所示，下面分别介绍。

图 11-7 “移动零部件”属性管理器

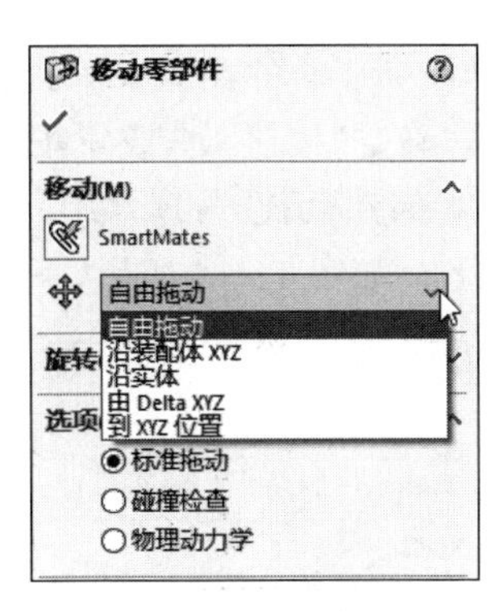

图 11-8 移动零部件的类型

- 自由拖动：系统默认选项，可以在视图中把选中的文件拖动到任意位置。
- 沿装配体 XYZ：选择零部件并沿装配体的 X、Y 或 Z 方向拖动。视图中显示的装配体坐标系可以确定移动的方向，在移动前要在欲移动方向的轴附近单击。
- 沿实体：首先选择实体，然后选择零部件并沿该实体拖动。如果选择的实体是一条直线、边线或轴，所移动的零部件具有一个自由度。如果选择的实体是一个基准面或平面，所移动的零部件具有两个自由度。
- 由 Delta XYZ：在属性管理器中键入移动 Delta XYZ 的范围，如图 11-9 所示，然后单击“应用”按钮，零部件按照指定的数值移动。
- 到 XYZ 位置：选择零部件的一点，在属性管理中输入 X、Y 或 Z 坐标，如图 11-10 所示，然后单击“应用”按钮，所选零部件的点移动到指定的坐标位置。如果选择的项目不是顶点或点，则零部件的原点会移动到指定的坐标处。

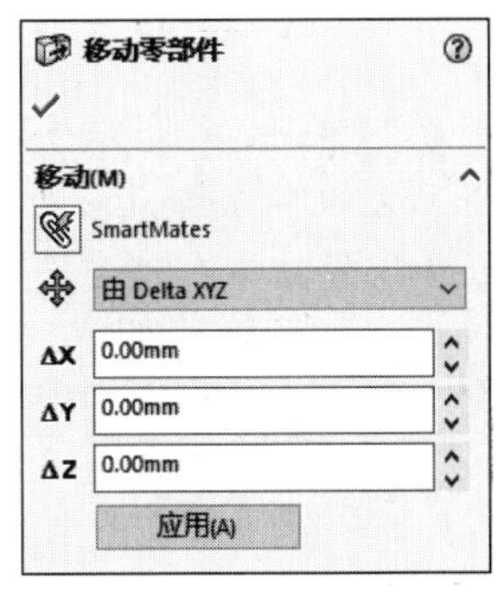

图 11-9 “由 Delta XYZ”设置

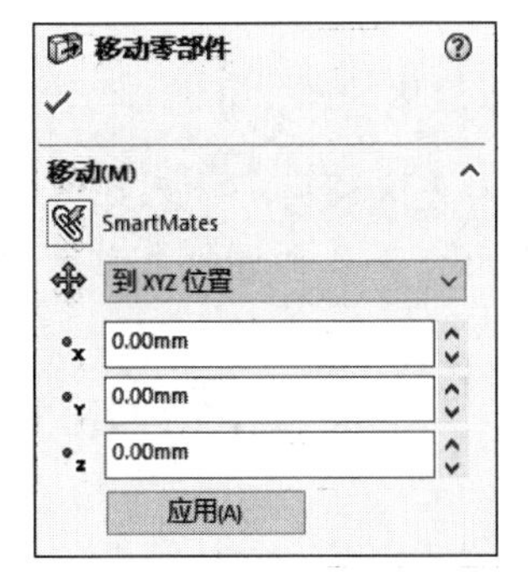

图 11-10 “到 XYZ 位置”设置

11.2.3 旋转零部件

11-6

在 FeatureManager 设计树中，只要前面有“(－)”符号，该零件即可被旋转。下面介绍旋转零部件的操作步骤。

Note

(1) 打开源文件“X:\源文件\原始文件\11\旋转零部件.SLDPRT”。选择菜单栏中的“工具”→“零部件”→“旋转”命令，或者单击“装配体”工具栏中的“旋转零部件”按钮，或者单击“装配体”控制面板中的“旋转零部件”按钮，弹出的“旋转零部件”属性管理器，如图 11-11 所示。

(2) 选择需要旋转的类型，然后根据需要确定零部件的旋转角度。

(3) 单击“确定”按钮✓，或者按 Esc 键，取消命令操作。

在“旋转零部件”属性管理器中，移动零部件的类型有 3 种，即自由拖动、对于实体和由 Delta XYZ，如图 11-12 所示，下面分别介绍。

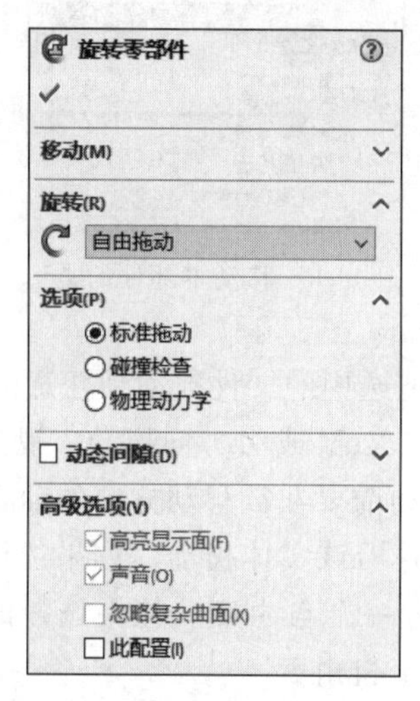

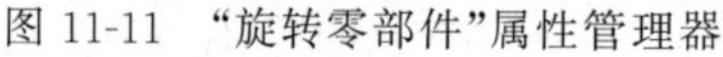
图 11-11 “旋转零部件”属性管理器

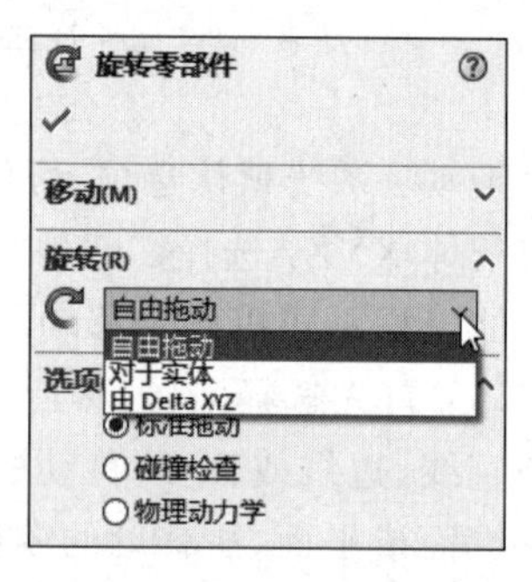

图 11-12 旋转零部件的类型

- 自由拖动：选择零部件并沿任何方向旋转拖动。
- 对于实体：选择一条直线、边线或轴，然后围绕所选实体旋转零部件。
- 由 Delta XYZ：在属性管理器中输入旋转 Delta XYZ 的范围，然后单击“应用”按钮，零部件按照指定的数值进行旋转。

技巧荟萃

① 不能移动或者旋转一个已经固定或者完全定义的零部件。

② 只能在配合关系允许的自由度范围内移动和选择该零部件。

11-7

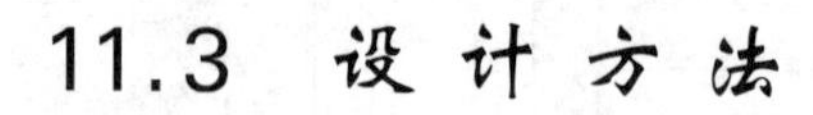

11.3 设计方法

设计方法分为自下而上和自上而下两种。在零件的某些特征上、完整零件上或整个装配体上使用自上而下的设计方法技术。在实践中，设计师通常使用自上而下的设计方法来布局其装配体，并捕捉对其装配体特定的自定义零件的关键方面。

11.3.1 自下而上的设计方法

自下而上设计方法是比较传统的方法。首先设计并创建零件，然后将零件插入装

配体，再使用配合来定位零件。如果想更改零件，则必须单独编辑零件，更改后的零件可在装配体中看见。

自下而上设计对于先前建造、现售的零件或者对于金属器件、带轮、马达等标准零部件是优先技术，这些零件不根据设计而更改形状和大小。本书中的装配零件都采用自下而上的设计方法。

11.3.2　自上而下的设计方法

在自上而下的装配设计中，零件的一个或多个特征由装配体中的某项定义，如布局草图或另一个零件的几何体。设计意图来自装配体并到零件中，因此称为“自上而下”。

可以在关联装配体中生成一个新零件，也可以在关联装配体中生成新的子装配体。

下面介绍在装配体中生成零件的操作步骤。

（1）新创建一个装配体文件。

（2）单击“装配体”控制面板“插入零部件”下拉列表中的“新零件”按钮，或选择菜单栏中的“插入”→“零部件”→“新零件”命令，或者单击“装配体”工具栏中的“新零件”按钮，在 FeatureManager 设计树中添加一个新零件，如图 11-13 所示。

（3）在设计树中的新建零件上右击，弹出如图 11-14 所示的快捷菜单，选择“编辑”命令，进入零件编辑模式。

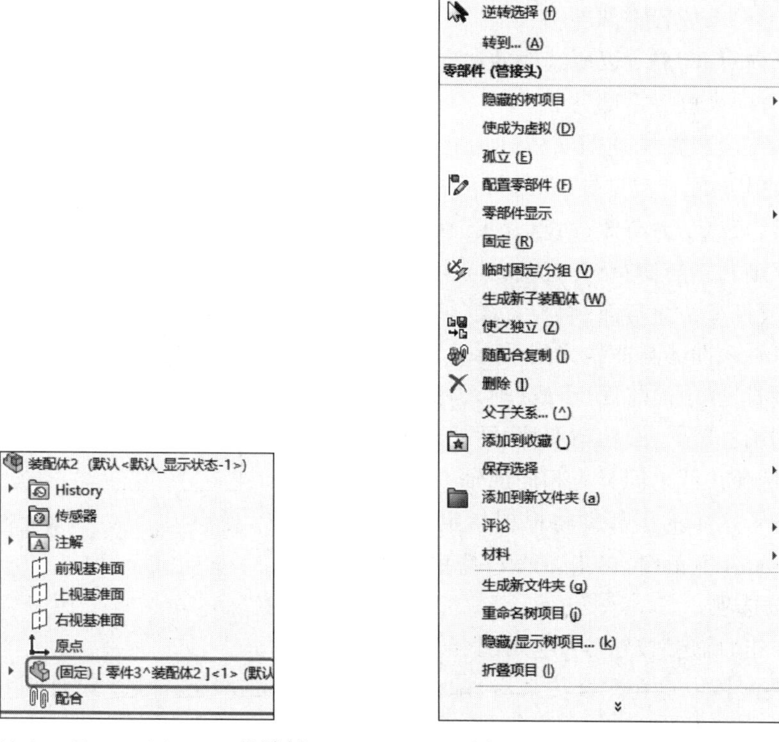

图 11-13　FeatureManager 设计树　　图 11-14　进入零件编辑模式

(4) 绘制完零件后，单击右上角的按钮，返回到装配环境。

11.4 配合关系

Note

11-8

11.4.1 添加配合关系

使用配合关系，可相对于其他零部件来精确地定位零部件，还可定义零部件如何相对于其他的零部件移动和旋转。只有添加了完整的配合关系，才算完成了装配体模型。

下面介绍为零部件添加配合关系的操作步骤。

(1) 打开源文件"X:\源文件\原始文件\11\添加配合关系.SLDPRT"。单击"装配体"工具栏中的"配合"按钮，或选择菜单栏中的"插入"→"配合"命令，或者单击"装配体"控制面板中的"配合"按钮，弹出"配合"属性管理器。

(2) 在图形区中的零部件上选择要配合的实体，所选实体会显示在"要配合实体"列表框中，如图 11-15 所示。

图 11-15 "配合"属性管理器

(3) 选择所需的对齐条件。

- "同向对齐"：以所选面的法向或轴向的相同方向来放置零部件。
- "反向对齐"：以所选面的法向或轴向的相反方向来放置零部件。

(4) 系统会根据所选的实体列出有效的配合类型。单击对应的配合类型按钮，选择配合类型。

- "重合"：面与面、面与直线(轴)、直线与直线(轴)、点与面、点与直线之间重合。
- "平行"：面与面、面与直线(轴)、直线与直线(轴)、曲线与曲线之间平行。
- "垂直"：面与面、直线(轴)与面之间垂直。
- "同轴心"：圆柱与圆柱、圆柱与圆锥、圆形与圆弧边线之间具有相同的轴。

(5) 图形区中的零部件将根据指定的配合关系移动，如果配合不正确，单击"撤销"按钮，然后根据需要修改选项。

(6) 单击"确定"按钮✔，应用配合。

当在装配体中建立配合关系后，配合关系会在 FeatureManager 设计树中以按钮表示。

Note

11.4.2 删除配合关系

如果装配体中的某个配合关系有错误，用户可以随时将它从装配体中删除掉。下面介绍删除配合关系的操作步骤。

(1) 打开源文件"X:\源文件\原始文件\11\删除配合关系.SLDPRT"。在FeatureManager设计树中，右击想要删除的配合关系。

(2) 在弹出的快捷菜单中选择"删除"命令，或按Delete键。

(3) 弹出"确认删除"对话框，如图11-16所示，单击"是"按钮，确认删除。

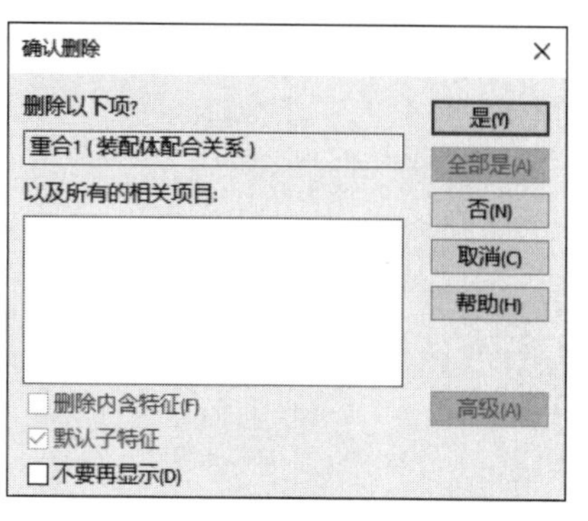

图11-16 "确认删除"对话框

11-9

11.4.3 修改配合关系

11-10

用户可以像重新定义特征一样，对已经存在的配合关系进行修改。下面介绍修改配合关系的操作步骤。

(1) 打开源文件"X:\源文件\原始文件\11\修改配合关系.SLDPRT"。在FeatureManager设计树中，右击要修改的配合关系。

(2) 在弹出的快捷菜单中单击"编辑定义"按钮。

(3) 在弹出的属性管理器中改变所需选项。

(4) 如果要替换配合实体，在"要配合实体"列表框中删除原来实体后，重新选择实体。

(5) 单击"确定"按钮，完成配合关系的重新定义。

11.5 零件的复制、阵列与镜像

在同一个装配体中可能存在多个相同的零件，在装配时用户可以不必重复地插入零件，而是利用复制、阵列或者镜像的方法，快速完成具有规律性的零件的插入和装配。

11.5.1 零件的复制

11-11

SOLIDWORKS可以复制已经在装配体文件中存在的零部件，下面结合实例介绍复制零件的操作步骤。

(1) 打开源文件"X:\源文件\原始文件\11\零件的复制.SLDPRT"。如图11-17所示。按住Ctrl键，在FeatureManager设计树中选择需要复制的零件，然后将其拖动到视图中合适的位置，复制后的装配体如图11-18所示，复制后的FeatureManager设计树如图11-19所示。

(2) 添加相应的配合关系，配合后的装配体如图11-20所示。

图 11-17　打开的文件实体

图 11-18　复制后的装配体

Note

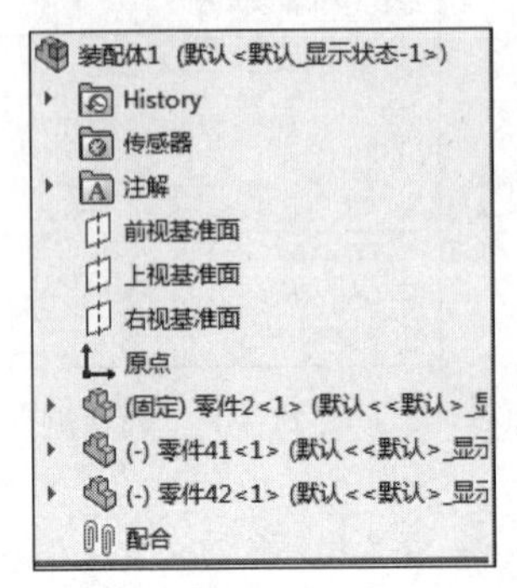

图 11-19　复制后的 FeatureManager 设计树

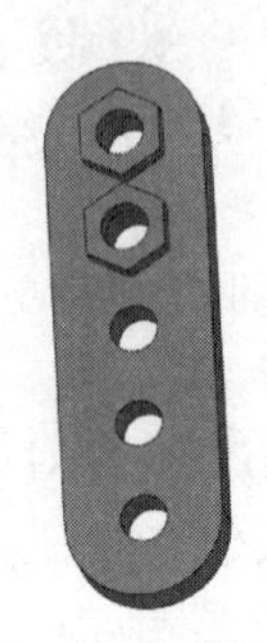

图 11-20　配合后的装配体

11-12

11.5.2　零件的阵列

零件的阵列分为线性阵列和圆周阵列。如果装配体中具有相同的零件,并且这些零件按照线性或者圆周的方式排列,则可以使用线性阵列和圆周阵列命令进行操作。下面结合实例介绍线性阵列的操作步骤,圆周阵列操作与此类似,读者可自行练习。

线性阵列可以同时阵列一个或者多个零件,并且阵列出来的零件不需要再添加配合关系,即可完成配合。

(1) 打开源文件"X:\源文件\原始文件\11\零件的阵列. SLDPRT"。选择菜单栏中的"文件"→"新建"命令,创建一个装配体文件。

(2) 选择菜单栏中的"插入"→"零部件"→"现有零件/装配体"命令,插入已绘制的名为"底座"的文件,并调节视图中零件的方向,底座零件的尺寸如图 11-21 所示。

(3) 选择菜单栏中的"插入"→"零部件"→"现有零件/装配体"命令,插入已绘制的名为"圆柱"的文件,圆柱零件的尺寸如图 11-22 所示。调节视图中各零件的方向,插入零件后的装配体如图 11-23 所示。

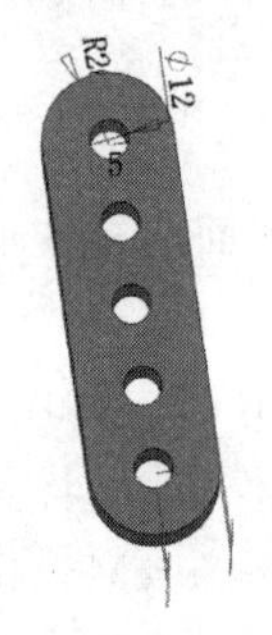

图 11-21　底座零件

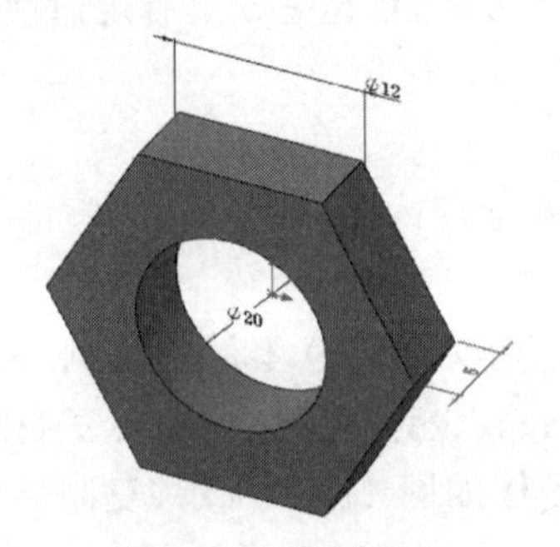

图 11-22　圆柱零件

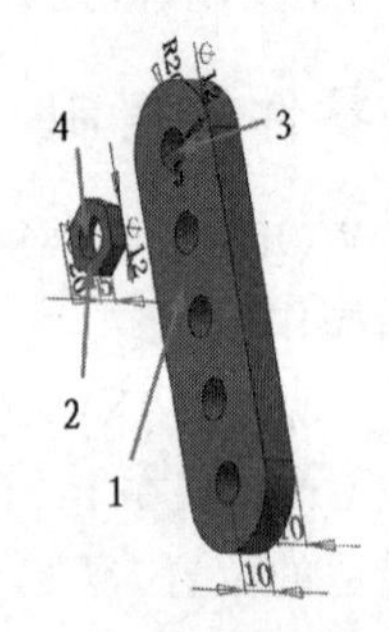

图 11-23　插入零件后的装配体

(4) 选择菜单栏中的“工具”→“配合”命令，或者单击“装配体”控制面板中的“配合”按钮，弹出“配合”属性管理器。

(5) 将如图 11-23 所示的平面 1 和平面 2 添加为“重合”配合关系，将圆柱面 3 和圆柱面 4 添加为“同轴心”配合关系，注意配合的方向。

(6) 单击“确定”按钮✓，配合添加完毕。

(7) 单击“标准视图”工具栏中的“等轴测”按钮，将视图以等轴测方向显示。配合后的等轴测视图如图 11-24 所示。

(8) 选择菜单栏中的“插入”→“零部件阵列”→“线性阵列”命令，弹出“线性阵列”属性管理器。

(9) 在“要阵列的零部件”选项组中，选择如图 11-24 所示的圆柱；在“方向 1”选项组的“阵列方向”列表框中，选择如图 11-24 所示的边线 1，注意设置阵列的方向，其他设置如图 11-25 所示。

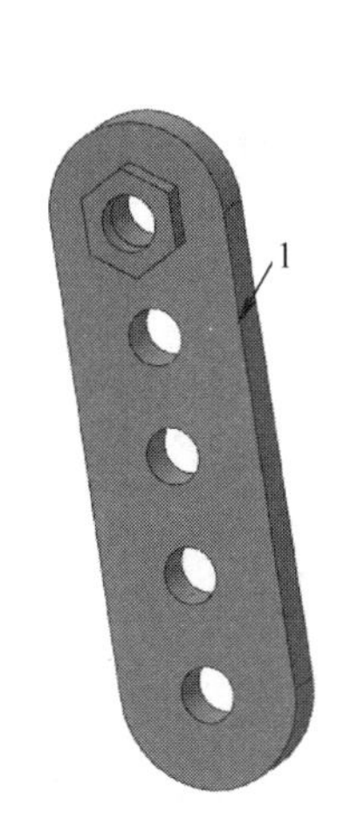

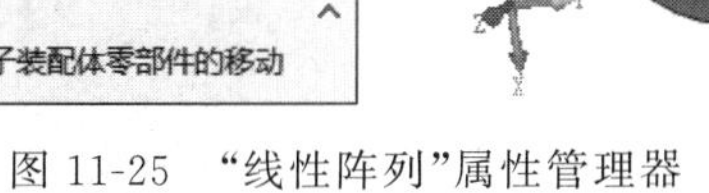

图 11-24　配合后的等轴测视图

图 11-25　“线性阵列”属性管理器

(10) 单击“确定”按钮✓，完成零件的线性阵列。线性阵列后的图形如图 11-26 所示，此时装配体的 FeatureManager 设计树如图 11-27 所示。

11.5.3　零件的镜像

11-13

装配体环境中的镜像操作与零件设计环境中的镜像操作类似。在装配体环境中，有相同且对称的零部件时，可以使用镜像零部件操作来完成。

(1) 打开源文件“X:\源文件\原始文件\11\零件的镜像.SLDPRT”，如图 11-26 所示。

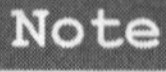

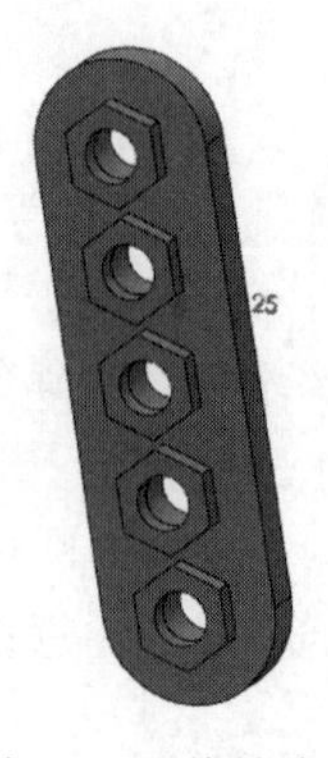

图 11-26　线性阵列

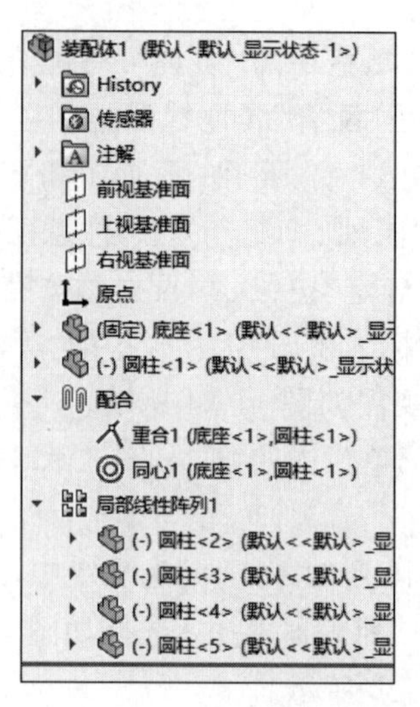

图 11-27　FeatureManager 设计树(1)

（2）选择菜单栏中的“插入”→“镜像零部件”命令，弹出“镜像零部件”属性管理器。

（3）在“镜像基准面”列表框中，选择前视基准面；在“要镜像的零部件”选项组中，选择如图 11-28 所示的零件。单击“下一步”按钮 ⊕，“镜像零部件”属性管理器如图 11-29 所示。

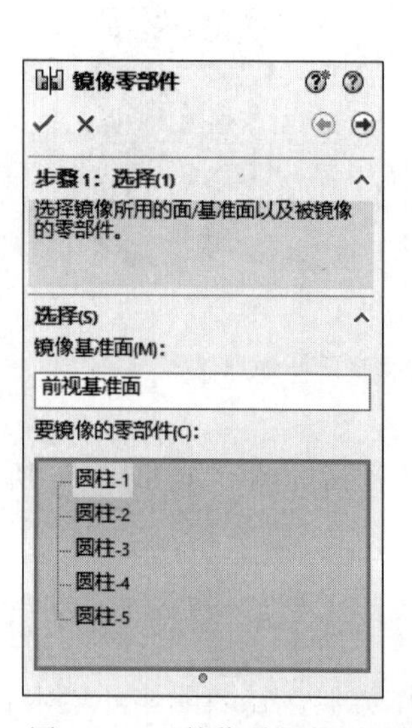

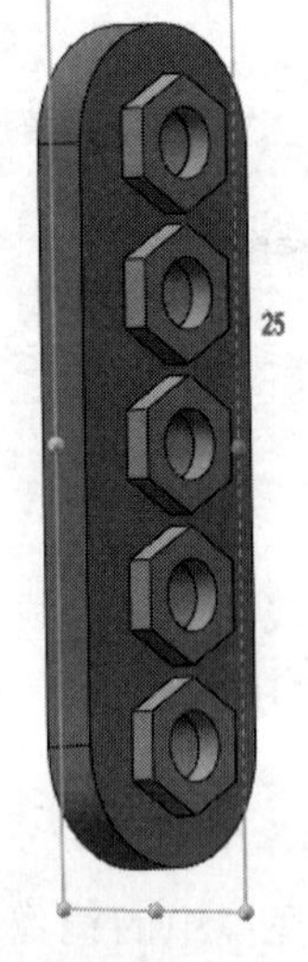

图 11-28　“镜像零部件”属性管理器及所选零件

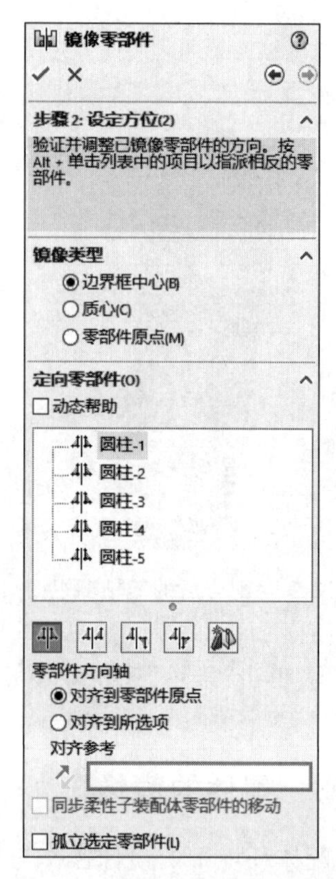

图 11-29　“镜像零部件”属性管理器

Note

（4）单击“确定”按钮 ✔，零件镜像完毕，镜像后的图形如图 11-30 所示。此时装配体文件的 FeatureManager 设计树如图 11-31 所示。

技巧荟萃

从上面的案例操作步骤可以看出，用户在操作过程中不但可以对称地镜像原零部件，而且还可以反方向镜像零部件，要灵活应用该命令。

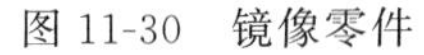

图 11-30　镜像零件

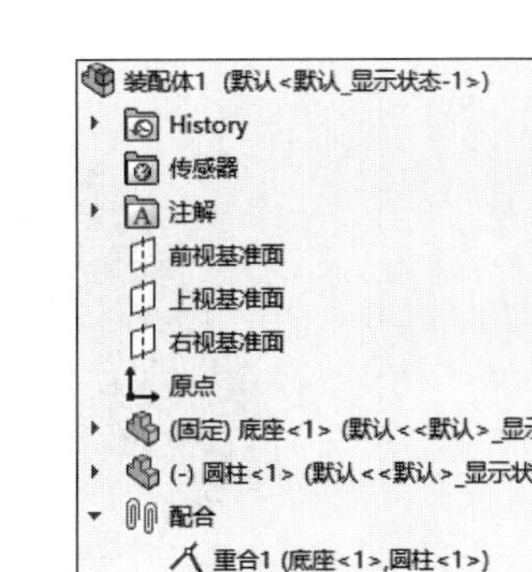

图 11-31　FeatureManager 设计树(2)

11.6　装配体检查

装配体检查主要包括碰撞测试、动态间隙、体积干涉检查和装配体统计等，它用来检查装配体各个零部件装配后的正确性、装配信息等。

11.6.1　碰撞测试

11-14

在 SOLIDWORKS 装配体环境中，移动或者旋转零部件时，提供了检查其与其他零部件的碰撞情况。在进行碰撞测试时，零件必须做适当的配合，但是不能完全限制配合，否则零件无法移动。

“物资动力”是碰撞检查中的一个选项，勾选“物资动力”复选框时，等同于向被撞零部件施加一个碰撞力。

下面介绍碰撞测试的操作步骤。

（1）打开源文件“X:\源文件\原始文件\11\碰撞测试. SLDPRT”。两个撞块与撞击台添加配合，撞块只能在边线 3 方向移动。

（2）单击“装配体”控制面板中的“移动零部件”按钮 ，或者“旋转零部件”按钮 ，弹出“移动零部件”属性管理器或者“旋转零部件”属性管理器。

（3）在“选项”选项组中点选“碰撞检查”和“所有零部件之间”单选按钮，勾选“碰撞时停止”复选框，则碰撞时撞块会停止运动；在“高级选项”选项组中勾选“高亮显示面”

复选框和“声音”复选框，则碰撞时撞块会亮显并且计算机会发出碰撞的声音。碰撞设置如图 11-32 所示。

Note

（4）拖动如图 11-33 所示的撞块 2 向撞块 1 移动，在碰撞撞块 1 时，撞块 2 会停止运动，并且撞块 2 会亮显，碰撞检查时的装配体如图 11-34 所示。

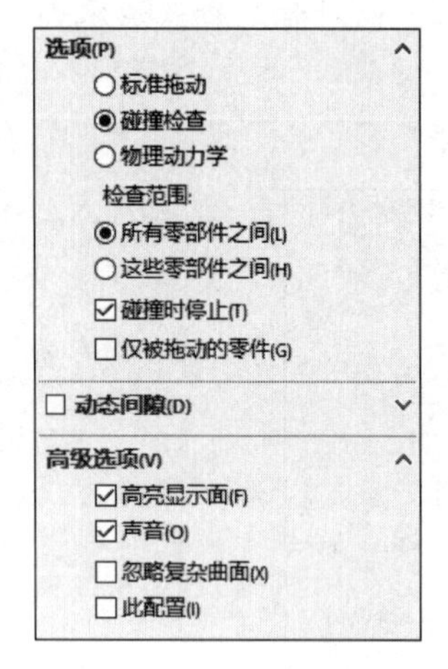

图 11-32 碰撞设置

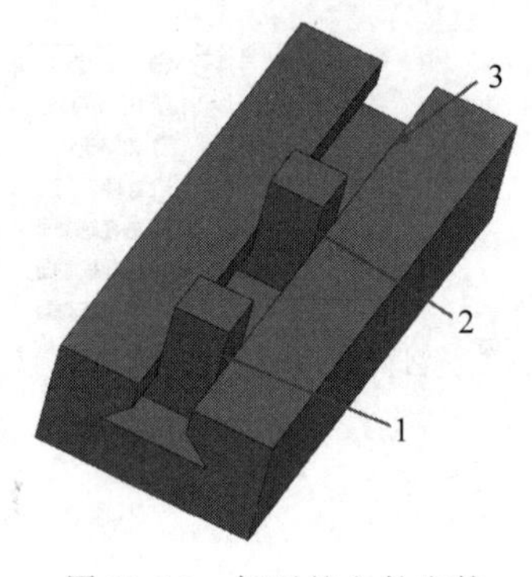

图 11-33 打开的文件实体

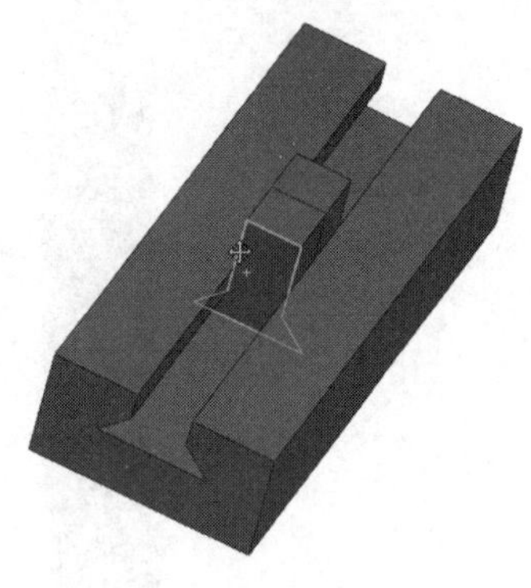

图 11-34 碰撞检查时的装配体

“物理动力学”是碰撞检查中的一个选项，勾选“物理动力学”复选框时，等同于向被撞零部件施加一个碰撞力。

（5）在“移动零部件”属性管理器或者“旋转零部件”属性管理器的“选项”选项组中点选“物理动力学”和“所有零部件之间”单选按钮，用“敏感度”滑块可以调节施加的力；在“高级选项”选项组中勾选“高亮显示面”和“声音”复选框，则碰撞时撞块会亮显并且计算机会发出碰撞的声音，物理动力学设置如图 11-35 所示。

（6）拖动如图 11-33 所示的撞块 2 向撞块 1 移动，在碰撞撞块 1 时，撞块 1 和撞块 2 会以给定的力一起向前运动。物理动力检查时的装配体如图 11-36 所示。

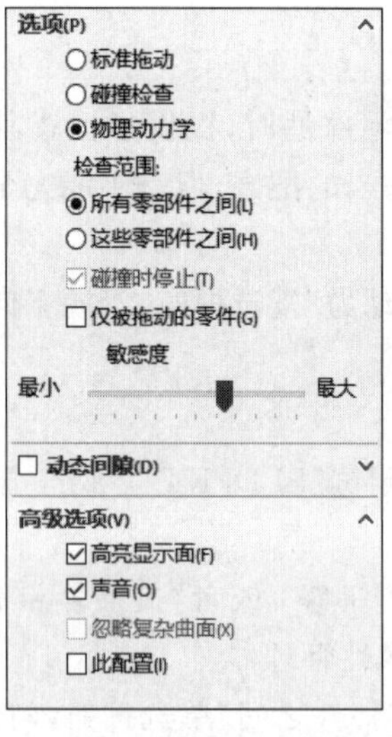

图 11-35 物理动力学设置

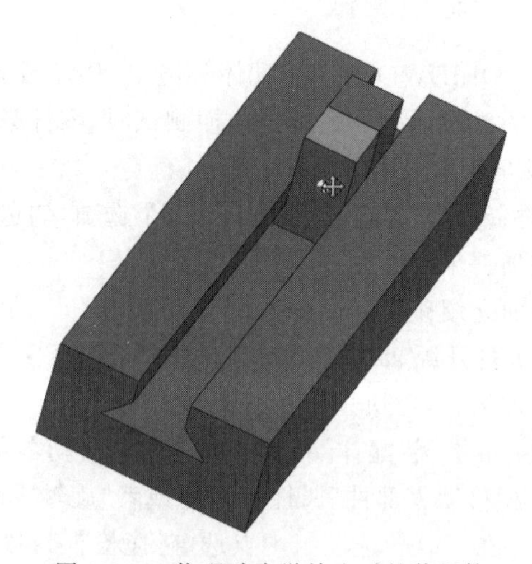

图 11-36 物理动力学检查时的装配体

Note

11-15

11.6.2 动态间隙

动态间隙用于在零部件移动过程中,动态显示两个零部件间的距离。下面介绍动态间隙的操作步骤。

(1) 打开源文件"X:\源文件\原始文件\11\动态间隙. SLDPRT",如图 11-33 所示。

(2) 单击"装配体"控制面板中的"移动零部件"按钮,弹出"移动零部件"属性管理器。

(3) 勾选"动态间隙"复选框,在"所选零部件几何体"列表框中选择如图 11-33 所示的零件 1 和零件 2,然后单击"恢复拖动"按钮。动态间隙设置如图 11-37 所示。

(4) 拖动如图 11-33 所示的零件 2 移动,则两个零件之间的距离会实时地改变,动态间隙图形如图 11-38 所示。

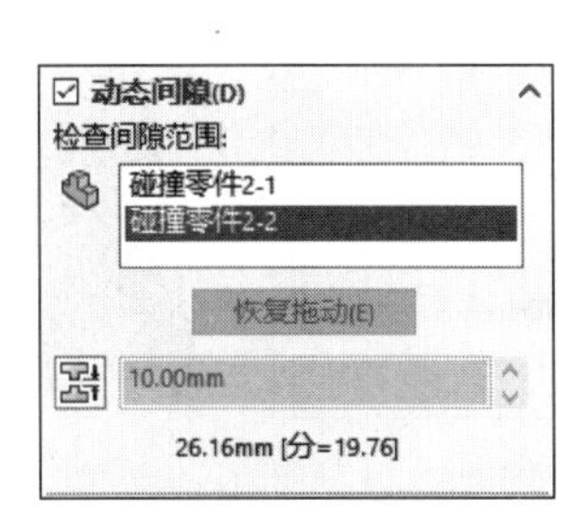

图 11-37 动态间隙设置

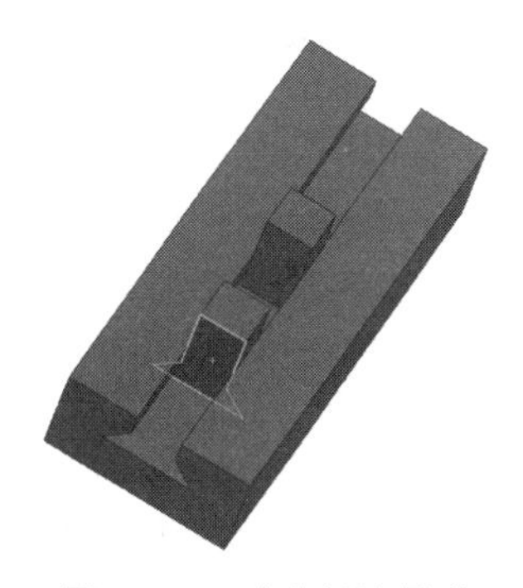

图 11-38 动态间隙图形

技巧荟萃

设置动态间隙时,在"指定间隙停止"文本框中输入的值,用于确定两零件之间停止的距离。当两零件之间的距离为该值时,零件就会停止运动。

11-16

11.6.3 体积干涉检查

在一个复杂的装配体文件中,直接判别零部件是否发生干涉是件比较困难的事情。SOLIDWORKS 提供了体积干涉检查工具,利用该工具可以比较容易地在零部件之间进行干涉检查,并且可以查看发生干涉的体积。

下面介绍体积干涉检查的操作步骤。

(1) 打开源文件"X:\源文件\原始文件\11\体积干涉检查. SLDPRT"。调节两个零件相互重合,体积干涉检查装配体文件如图 11-39 所示。

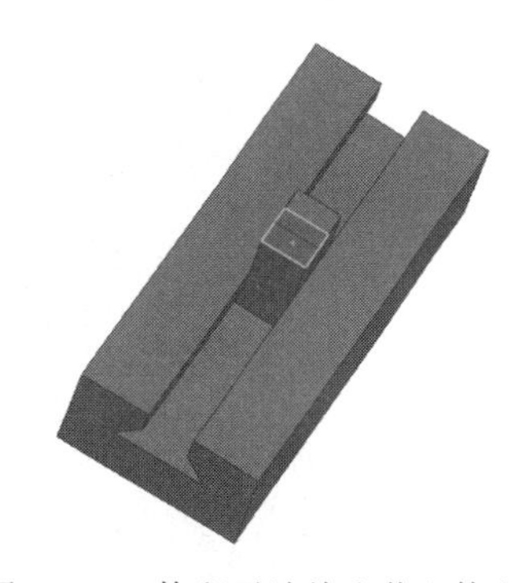

图 11-39 体积干涉检查装配体文件

(2) 选择菜单栏中的"工具"→"干涉检查"命令,弹出"干涉检查"属性管理器。

（3）勾选“视重合为干涉”复选框，单击“计算”按钮，如图 11-40 所示。

（4）干涉检查结果出现在“结果”选项组中，如图 11-41 所示。在“结果”选项组中，不但显示干涉的体积，还显示干涉的数量以及干涉的个数等信息。

Note

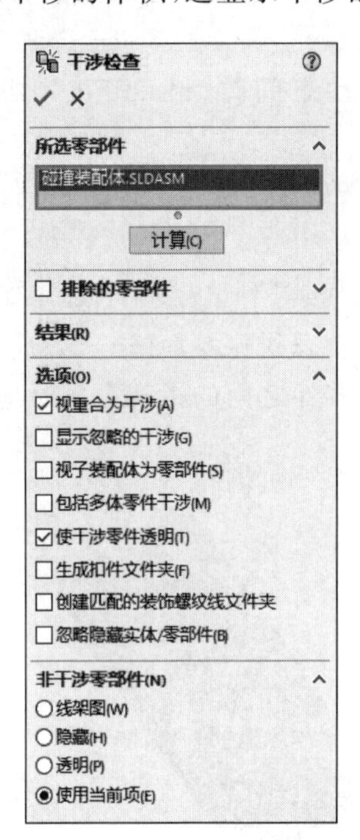

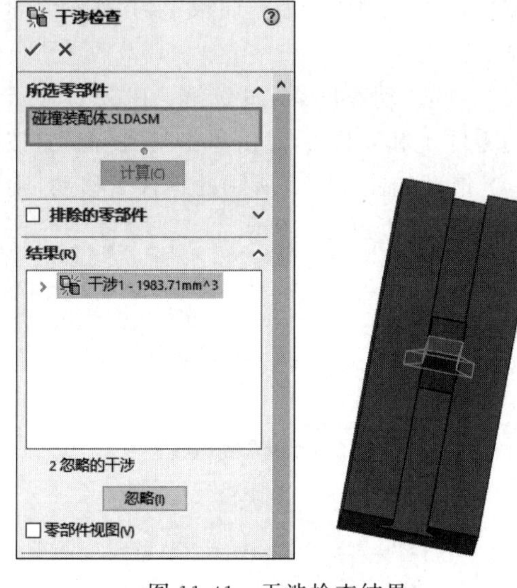

图 11-40 “干涉检查”属性管理器

图 11-41 干涉检查结果

11-17

11.6.4 装配体统计

SOLIDWORKS 提供了对装配体进行统计报告的功能，即装配体统计。通过装配体统计，可以生成一个装配体文件的统计资料。

下面介绍装配体统计的操作步骤。

（1）打开源文件“X:\源文件\原始文件\11\装配体统计.SLDPRT”，如图 11-42 所示。装配体的 FeatureManager 设计树如图 11-43 所示。

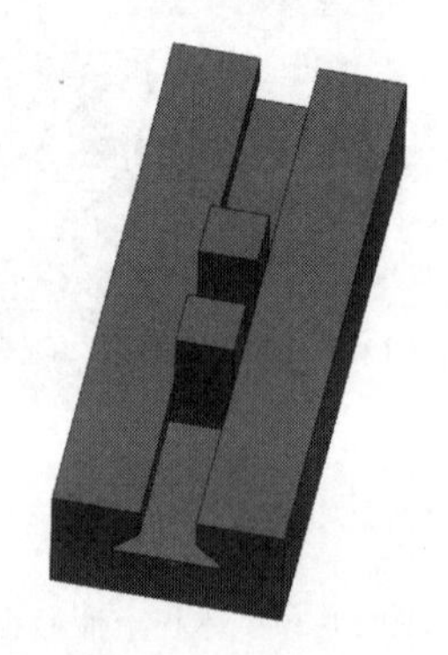

图 11-42 打开的文件实体

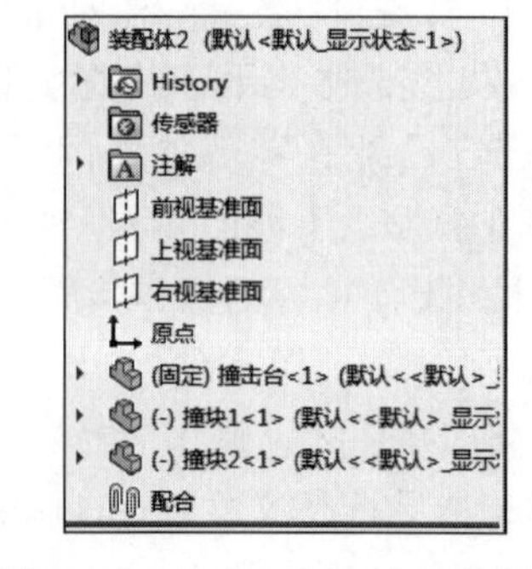

图 11-43 FeatureManager 设计树

Note

(2) 选择菜单栏中的"工具"→"评估"→"性能评估"命令，弹出的"性能评估"对话框，如图 11-44 所示。

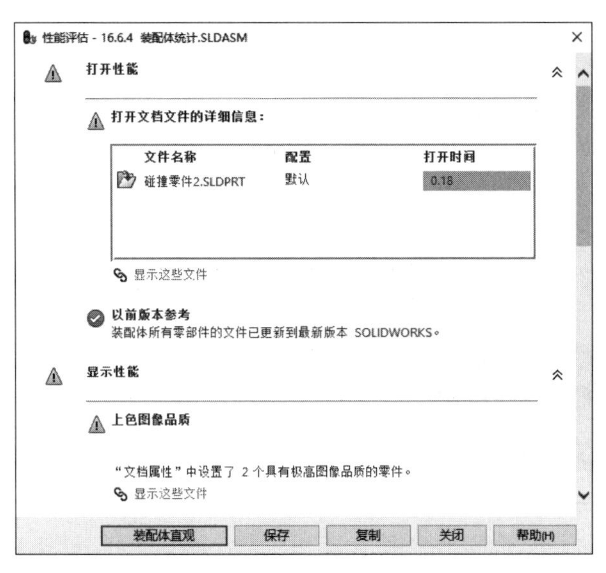

图 11-44　"性能评估"对话框

(3) 单击"性能评估"对话框中的"保存"按钮，关闭该对话框。

从"性能评估"对话框中，可以查看装配体文件的统计资料，对话框中各项的意义如下。

- 零件：统计的零件数包括装配体中所有的零件，无论是否被压缩，但是被压缩的子装配体的零部件不包括在统计中。
- 子装配体：统计装配体文件中包含的子装配体个数。
- 还原零部件：统计装配体文件处于还原状态的零件个数。
- 压缩零部件：统计装配体文件处于压缩状态的零件个数。
- 顶层配合数：统计最高层装配体文件中所包含的配合关系个数。

11.7　爆炸视图

在零部件装配体完成后，为了在制造、维修及销售中直观地分析各个零部件之间的相互关系，需要将装配图按照零部件的配合条件来产生爆炸视图。装配体爆炸以后，用户不可以对装配体添加新的配合关系。

11.7.1　生成爆炸视图

11-18

爆炸视图可以很形象地查看装配体中各个零部件的配合关系，常称为系统立体图。爆炸视图通常用于介绍零件的组装流程、仪器的操作手册及产品使用说明书中。

下面介绍爆炸视图的操作步骤。

(1) 打开源文件"X:\源文件\原始文件\11\平移台装配体.SLDPRT"，如图 11-45 所示。

Note

（2）选择菜单栏中的“插入”→“爆炸视图”命令，或者单击“装配体”工具栏中的“爆炸视图”按钮，或者单击“装配体”控制面板中的“爆炸视图”按钮，弹出“爆炸”属性管理器。

（3）在“添加阶梯”选项组的“爆炸步骤零部件”列表框中，单击如图 11-45 所示的“底座”零件，此时装配体中被选中的零件被亮显，并且出现一个设置移动方向的坐标，选择零件后的装配体如图 11-46 所示。

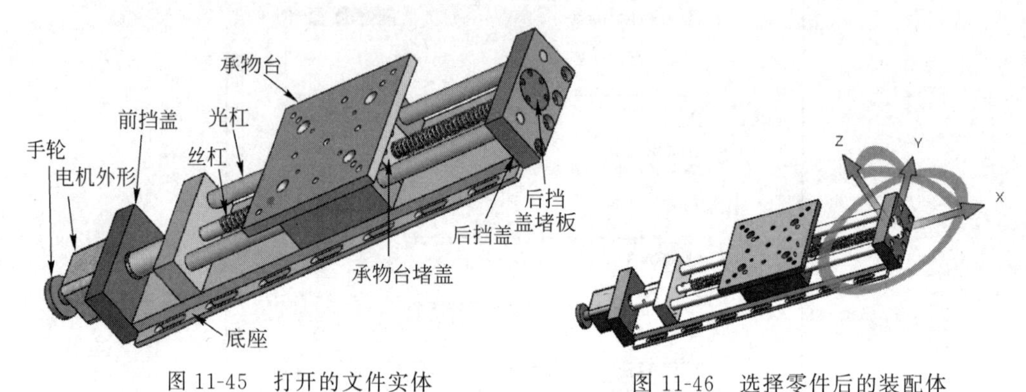

图 11-45　打开的文件实体　　　　图 11-46　选择零件后的装配体

（4）单击如图 11-46 所示的坐标的某一方向，确定要爆炸的方向，然后在“添加阶梯”选项组的“爆炸距离”文本框中输入爆炸的距离值，如图 11-47 所示。

（5）在“添加阶梯”选项组中，单击“反向”按钮，反方向调整爆炸视图，单击“应用”按钮，观测视图中预览的爆炸效果。单击“完成”按钮，第一个零件爆炸完成，第一个爆炸零件视图如图 11-48 所示，并且在“爆炸步骤”选项组中生成“爆炸步骤 1”，如图 11-49 所示。

（6）重复步骤(3)～步骤(5)，将其他零部件爆炸，最终生成的爆炸视图如图 11-50 所示，共有 9 个爆炸步骤。

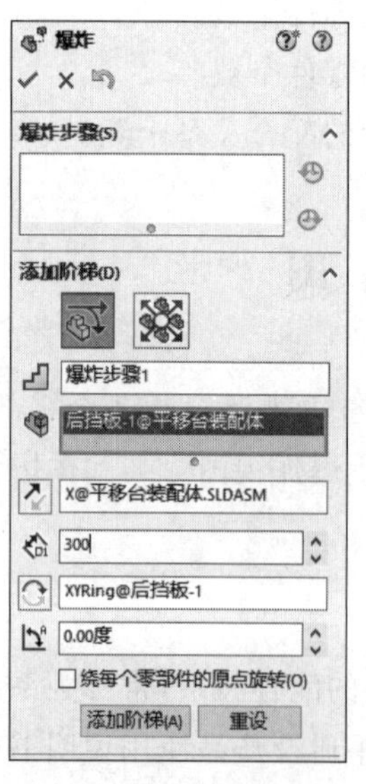

图 11-47　“添加阶梯”选项组的设置

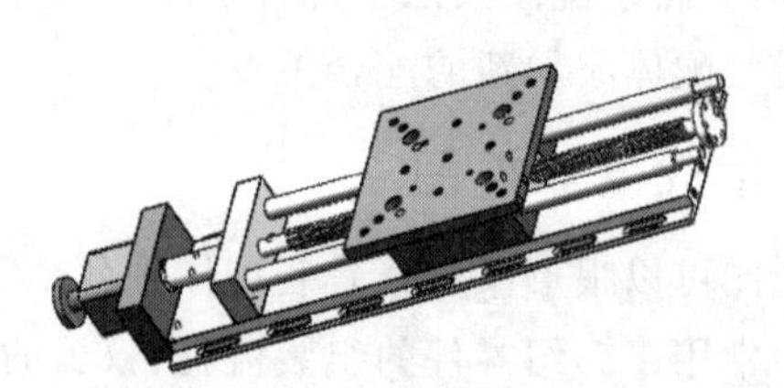

图 11-48　第一个爆炸零件视图

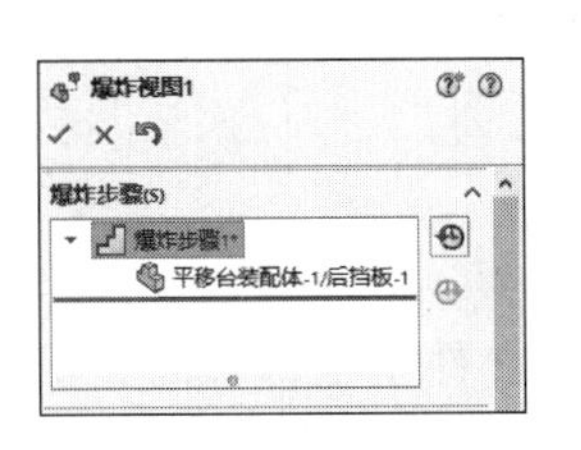

图 11-49　生成的爆炸步骤 1

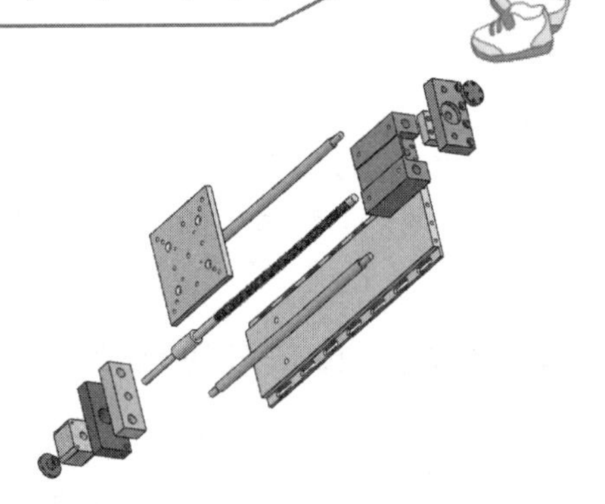

图 11-50　最终爆炸视图

技巧荟萃

在生成爆炸视图时，建议对每一个零件在每一个方向上的爆炸设置为一个爆炸步骤。如果一个零件需要在 3 个方向上爆炸，则建议使用 3 个爆炸步骤，这样可以很方便地修改爆炸视图。

11.7.2　编辑爆炸视图

11-19

装配体爆炸后，可以利用“爆炸”属性管理器进行编辑，也可以添加新的爆炸步骤。下面介绍编辑爆炸视图的操作步骤。

(1) 打开源文件“X:\源文件\原始文件\11\编辑爆炸视图. SLDPRT”，如图 11-50 所示。

(2) 单击 FeatureManager 设计树右侧的“配置”按钮，展开“爆炸视图”。

(3) 右击“爆炸步骤”选项组中的“爆炸步骤 1”，在弹出的快捷菜单中选择“编辑步骤”命令，此时“爆炸步骤 1”的爆炸设置显示在“在编辑爆炸步骤”选项组中。

(4) 修改“在编辑爆炸步骤”选项组中的距离参数，或者拖动视图中要爆炸的零部件，然后单击“完成”按钮，即可完成对爆炸视图的修改。

(5) 在“爆炸步骤 1”的右键快捷菜单中选择“删除”命令，该爆炸步骤就会被删除，零部件恢复爆炸前的配合状态，删除爆炸步骤 1 后的视图如图 11-51 所示。

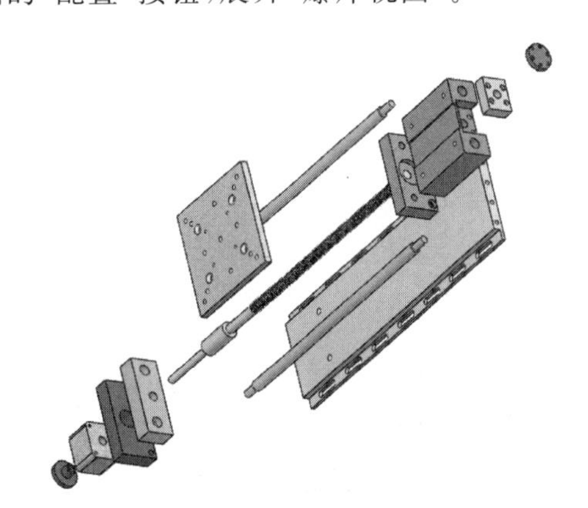

图 11-51　删除爆炸步骤 1 后的视图

11.8　装配体的简化

在实际设计过程中，一个完整的机械产品的总装配图是很复杂的，通常有许多的零件组成。SOLIDWORKS 提供了多种简化的手段，通常使用的是改变零部件的显示属性以及改变零部件的压缩状态来简化复杂的装配体。SOLIDWORKS 中的零部件有 2

种显示状态。

- “隐藏”：仅隐藏所选零部件在装配图中的显示。
- “压缩”：装配体中的零部件不被显示，并且可以减少工作时装入和计算的数据量。

Note

11-20

11.8.1 零部件显示状态的切换

零部件有显示和隐藏两种状态。通过设置装配体文件中零部件的显示状态，可以将装配体文件中暂时不需要修改的零部件隐藏起来。零部件的显示和隐藏不影响零部件本身，只是改变在装配体中的显示状态。

切换零部件显示状态常用的方法有 3 种，下面分别介绍。打开源文件“X:\源文件\原始文件\11\平移台装配体.SLDPRT”。

(1) 快捷菜单方式。在 FeatureManager 设计树或者图形区中，单击要隐藏的零部件，在弹出的左键快捷菜单中单击“隐藏零部件”按钮，如图 11-52 所示。如果要显示隐藏的零部件，则右击图形区，在弹出的右键快捷菜单中选择“显示隐藏的零部件”命令，如图 11-53 所示。

图 11-52　左键快捷菜单

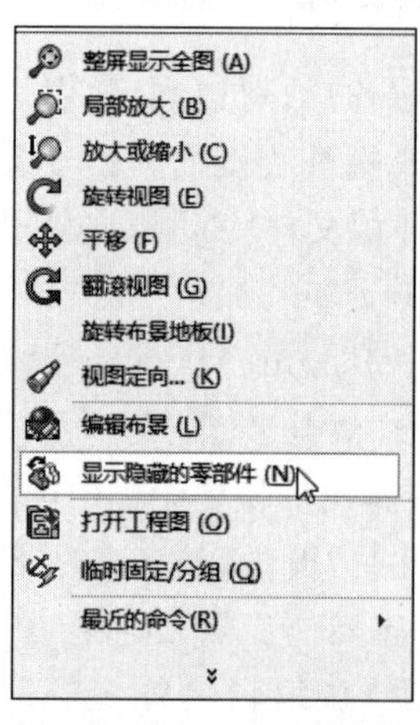

图 11-53　右键快捷菜单

(2) 工具栏方式。在 FeatureManager 设计树或者图形区中，选择需要隐藏或者显示的零部件，然后单击“装配体”工具栏中的“显示隐藏的零部件”按钮，即可实现零部件的隐藏和显示状态的切换。

(3) 控制面板方式。在 FeatureManager 设计树或者图形区中，选择需要隐藏或者显示的零部件，然后单击“装配体”控制面板中的“显示隐藏的零部件”按钮，即可实现零部件的隐藏和显示状态的切换。

(4) 菜单方式。在 FeatureManager 设计树或者图形区中，选择需要隐藏的零部件，然后选择菜单栏中的“编辑”→“隐藏”→“当前显示状态”命令，将所选零部件切换到隐藏状态。选择需要显示的零部件，然后选择菜单栏中的“编辑”→“显示”→“当前显示状态”菜单命令，将所选的零部件切换到显示状态。

图 11-54 所示为平移台装配体图形，图 11-55 所示为平移台的 FeatureManager 设计树，图 11-56 所示为隐藏底座后的装配体图形，图 11-57 所示为隐藏零件后的

FeatureManager 设计树（“底座”前的零件图标变为灰色）。

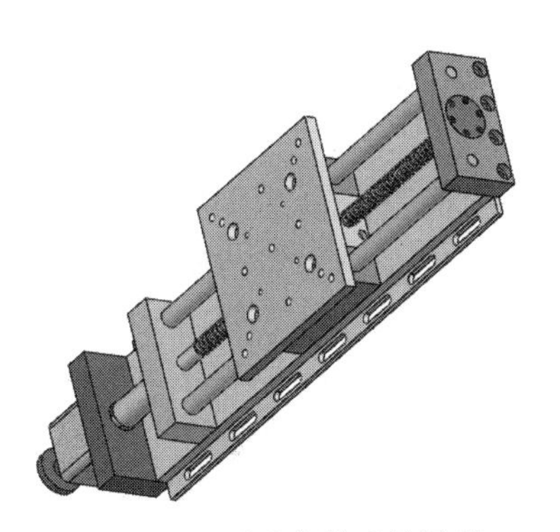

图 11-54　平移台装配体图形

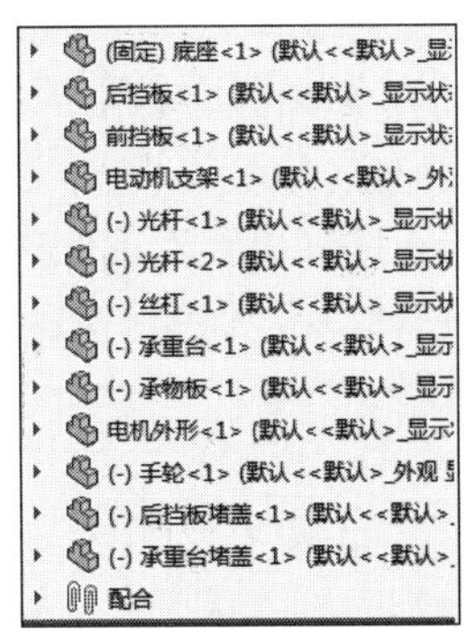

图 11-55　平移台的 FeatureManager 设计树

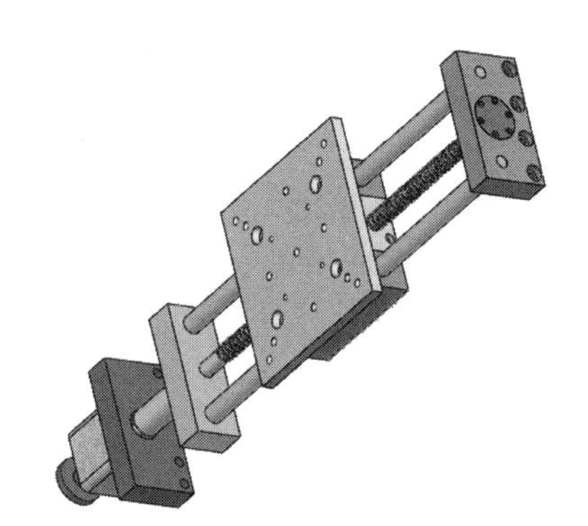

图 11-56　隐藏底座后的装配体图形

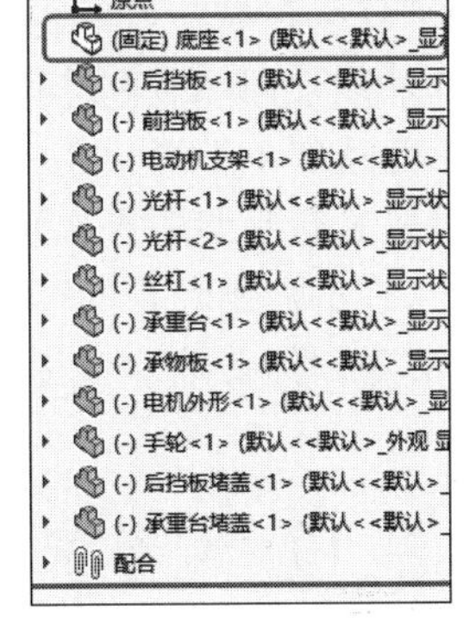

图 11-57　隐藏零件后的 FeatureManager 设计树

11.8.2　零部件压缩状态的切换

11-21

在某段设计时间内，可以将某些零部件设置为压缩状态，这样可以减少工作时装入和计算的数据量。装配体的显示和重建会更快，可以更有效地利用系统资源。

装配体零部件共有还原、压缩和轻化 3 种压缩状态，下面分别介绍。

1. 还原

还原是使装配体中的零部件处于正常显示状态，还原的零部件会完全装入内存，可以使用所有功能并可以完全访问。

常用设置还原状态的操作步骤是使用左键快捷菜单，具体操作步骤如下。

(1) 打开源文件“X:\源文件\原始文件\11\零部件压缩状态的切换. SLDPRT”。在 FeatureManager 设计树中，单击被轻化或者压缩的零件，弹出左键快捷菜单，单击“解除压缩”按钮 。

(2) 在 FeatureManager 设计树中，右击被轻化的零件，在弹出的右键快捷菜单中选择“设定为还原”命令，则所选的零部件处于正常的显示状态。

2. 压缩

压缩命令可以使零件暂时从装配体中消失。处于压缩状态的零件不再装入内存，

所以装入速度、重建模型速度及显示性能均有提高，减少了装配体的复杂程度，提高了计算机的运行速度。

Note

被压缩的零部件不等同于该零部件被删除，它的相关数据仍然保存在内存中，只是不参与运算而已，它可以通过设置很方便地调入装配体中。

被压缩零部件包含的配合关系也被压缩。因此，装配体中的零部件位置可能变为欠定义。当恢复零部件显示时，配合关系可能会发生矛盾，因此在生成模型时，要小心使用压缩状态。

常用设置压缩状态的操作步骤是使用右键快捷菜单，在 FeatureManager 设计树或者图形区中，右击需要压缩的零件，在弹出的右键快捷菜单中单击“压缩”按钮，则所选的零部件处于压缩状态。

3. 轻化

当零部件为轻化时，只有部分零件模型数据被装入内存，其余的模型数据根据需要装入，这样可以显著提高大型装配体的性能。使用轻化的零件装入装配体比使用完全还原的零部件装入同一装配体速度更快。因为需要计算的数据比较少，包含轻化零部件的装配重建速度也更快。

常用设置轻化状态的操作步骤是使用右键快捷菜单，在 FeatureManager 设计树或者图形区中，右击需要轻化的零件，在系统弹出的右键快捷菜单中单击“设定为轻化”命令，则所选的零部件将处于轻化的显示状态。

11-22

11.9 综合实例——机械臂装配

本例创建的机械臂装配如图 11-58 所示。

思路分析

首先导入基座定位，然后插入大臂并装配，再插入小臂并装配，最后将零件旋转到适当角度。机械臂装配绘制的流程图如图 11-59 所示。

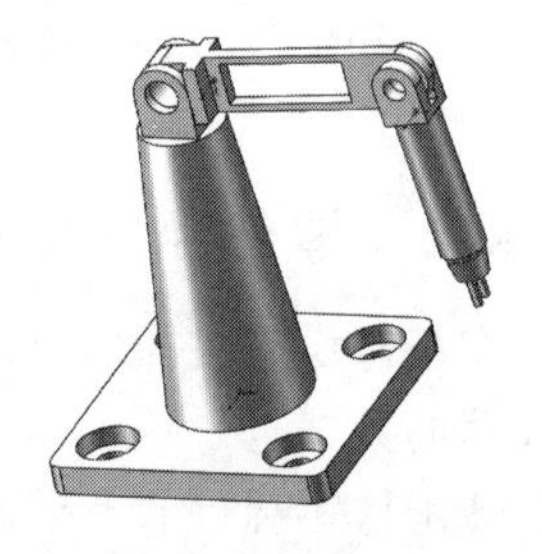

图 11-58　机械臂装配

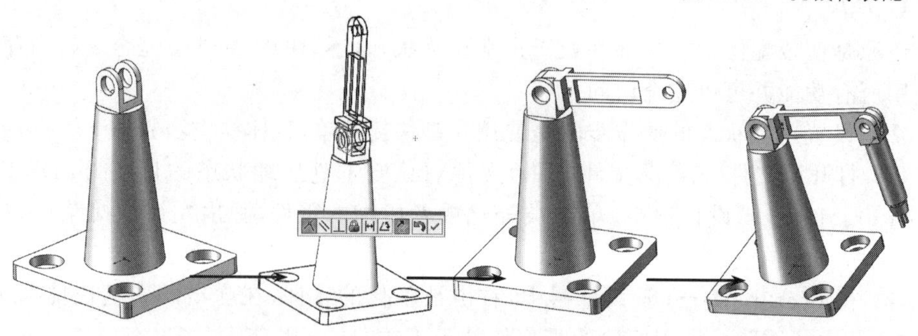

图 11-59　机械臂装配绘制流程图

绘制步骤

(1) 启动 SOLIDWORKS 2020，单击“标准”工具栏中的“新建”按钮，或执行“文件”→“新建”菜单命令，在弹出的“新建 SOLIDWORKS 文件”对话框中选择“装配体”按钮，如图 11-60 所示。然后单击“确定”按钮，创建一个新的装配文件。系统弹出“开始装配体”属性管理器，如图 11-61 所示。

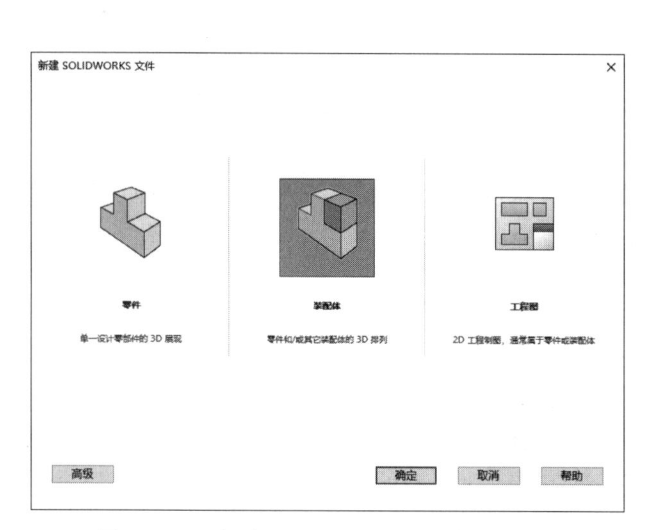

图 11-60　“新建 SOLIDWORKS 文件”对话框

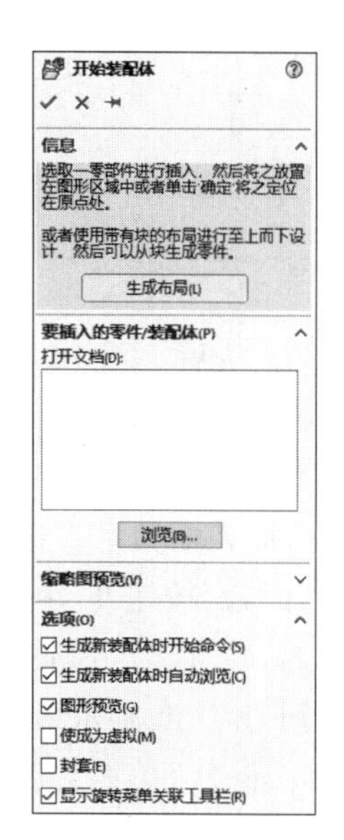

图 11-61　“开始装配体”属性管理器

(2) 定位基座。单击“开始装配体”属性管理器中的“浏览”按钮，弹出“打开”对话框，选择已创建的“基座”零件，这时对话框的浏览区中将显示零件的预览结果，如图 11-62 所示。在“打开”对话框中单击“打开”按钮，进入装配界面，光标变为形状，选择菜单栏中的“视图”→“原点”命令，显示坐标原点，将光标移动至原点位置，光标变为形状，如图 11-63 所示，在目标位置单击将基座放入装配界面中，如图 11-64 所示。

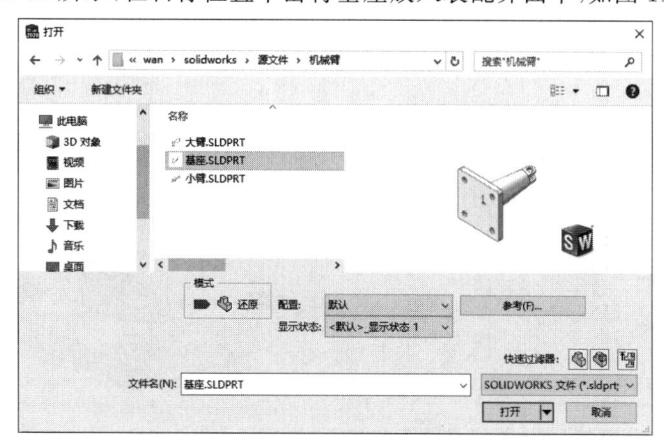

图 11-62　“打开”对话框

Note

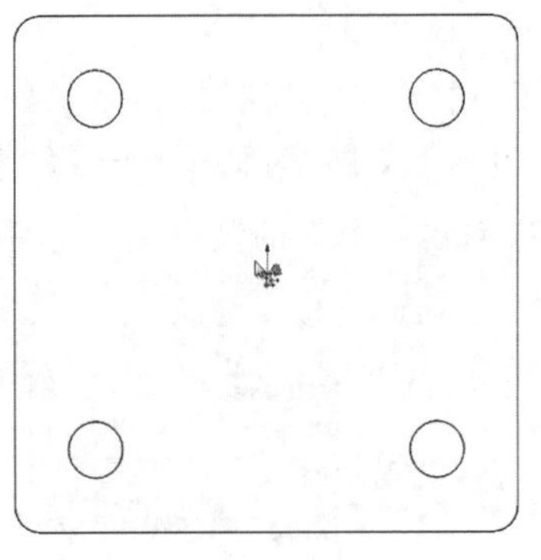

图 11-63　定位原点

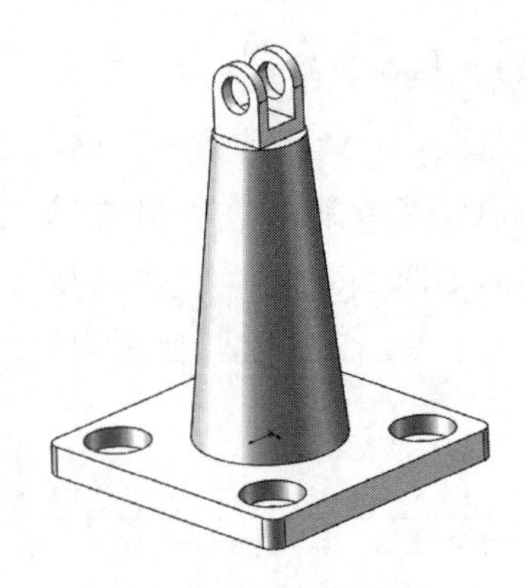

图 11-64　插入基座

（3）插入大臂。单击“装配体”控制面板中的“插入零部件”按钮，弹出如图 11-65 所示“插入零部件”属性管理器，单击“浏览”按钮，在弹出的“打开”对话框中选择“大臂”，将其插入到装配界面中，如图 11-66 所示。

（4）添加装配关系。选择菜单栏中的“插入”→“配合”命令，或单击“装配体”控制面板中的“配合”按钮，弹出“配合”属性管理器，如图 11-67 所示。选择如图 11-68 所示的配合面，在“配合”属性管理器中单击“同轴心”按钮，添加“同轴心”关系，单击“确定”按钮✓。选择如图 11-68 所示的配合面，在“配合”属性管理器中单击“重合”按钮，添加“重合”关系，单击“确定”按钮✓，拖动大臂旋转到适当位置，如图 11-69 所示。

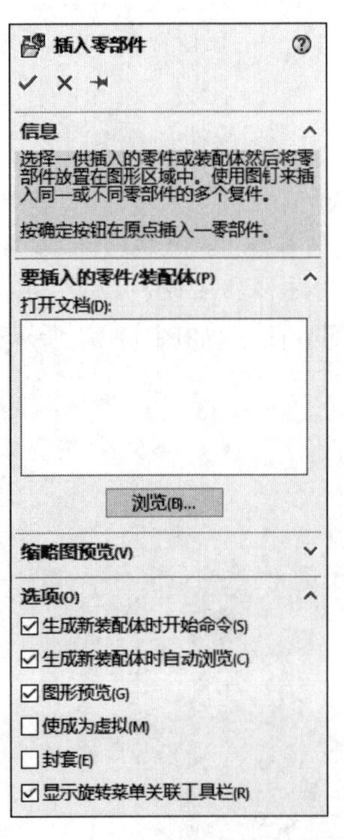

图 11-65　“插入零部件”属性管理器

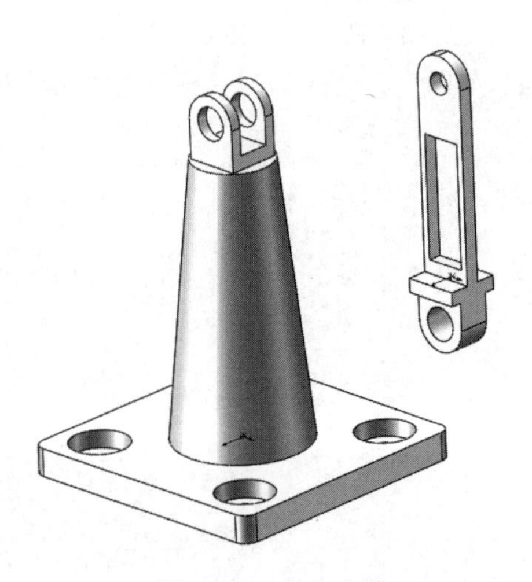

图 11-66　插入大臂

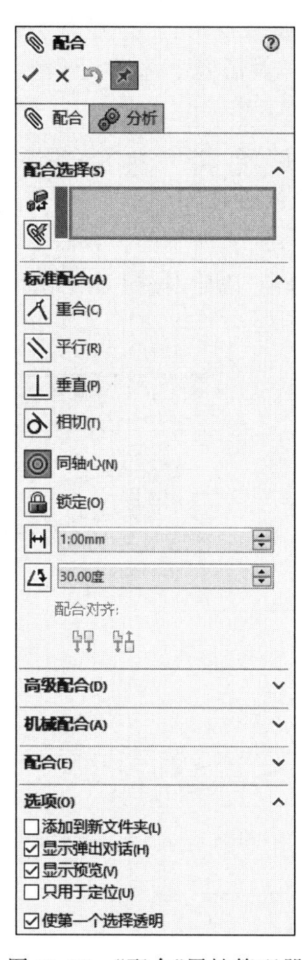

图 11-67　“配合”属性管理器

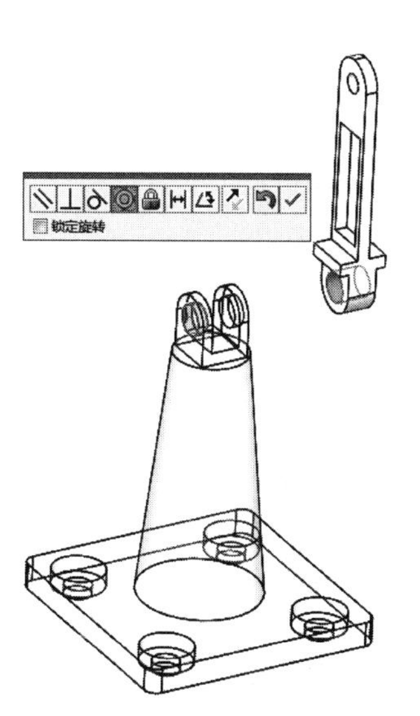

图 11-68　选择配合面

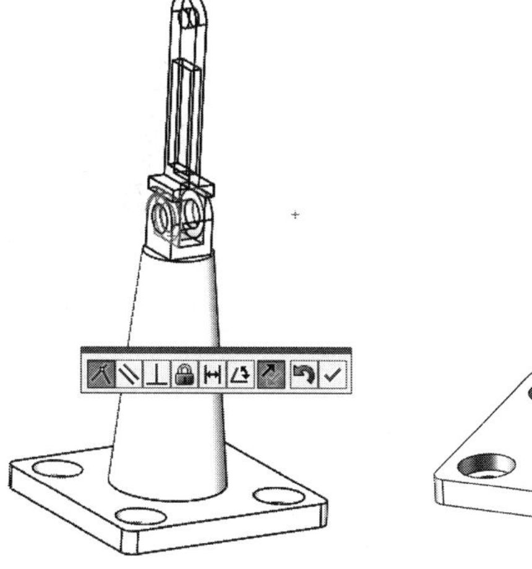

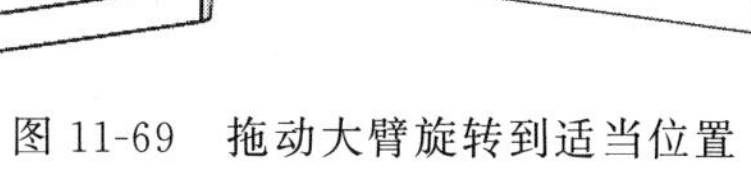

图 11-69　拖动大臂旋转到适当位置

Note

(5) 插入小臂。单击“装配体”控制面板中的“插入零部件”按钮，弹出“插入零部件”属性管理器，单击“浏览”按钮，在弹出的“打开”对话框中选择“小臂”，将其插入装配界面中，如图 11-70 所示。

(6) 添加装配关系。单击“装配体”控制面板中的“配合”按钮，弹出“配合”属性管理器。选择图 11-71 所示的配合面 1，在“配合”属性管理器中单击“同轴心”按钮，添加“同轴心”关系，单击“确定”按钮✓。选择如图 11-72 所示的配合面 2，在“配合”属性管理器中单击“重合”按钮，添加“重合”关系，单击“确定”按钮✓，拖动小臂旋转到适当位置，如图 11-73 所示。

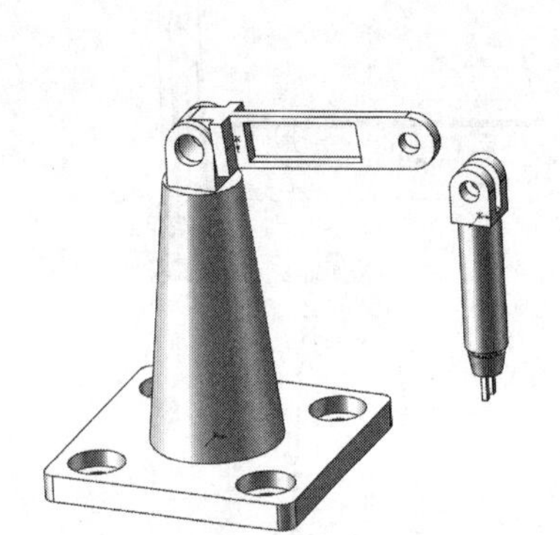

图 11-70　插入小臂

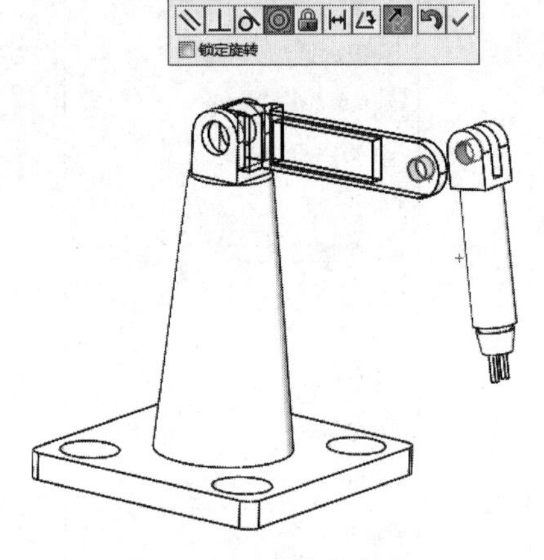

图 11-71　选择配合面 1

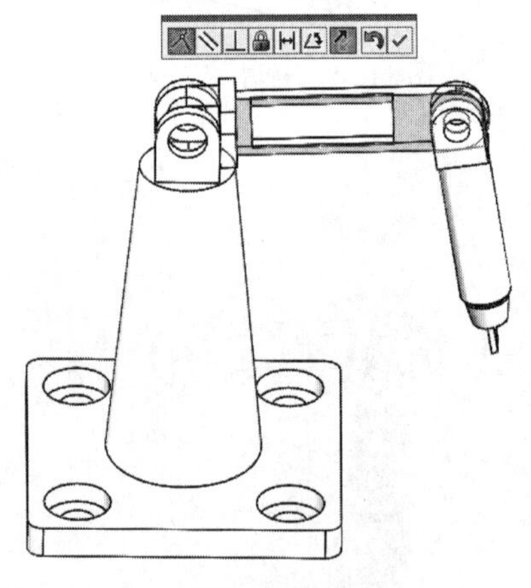

图 11-72　选择配合面 2

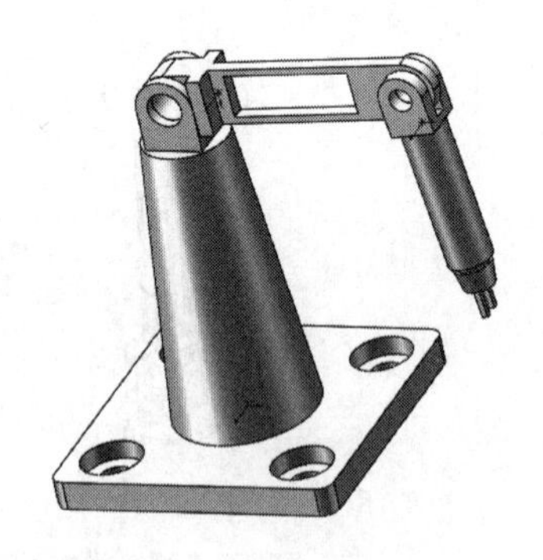

图 11-73　配合结果

第12章 工程图设计

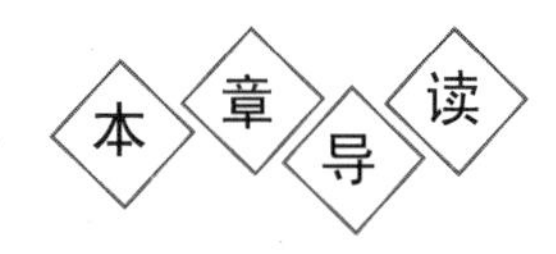

SOLIDWORKS提供了生成完整、详细工程图的工具。同时工程图是全相关的，当修改图样时，三维模型、各个视图、装配体都会自动更新，也可从三维模型中自动产生工程图，包括视图、尺寸和标注。

内容要点

- 工程图的绘制方法
- 定义图纸格式
- 绘制视图
- 编辑工程视图
- 视图显示控制
- 标注尺寸
- 打印工程图

12.1 工程图的绘制方法

Note

默认情况下，SOLIDWORKS系统在工程图和零件或装配体三维模型之间提供全相关的功能，全相关意味着无论什么时候修改零件或装配体的三维模型，所有相关的工程视图将自动更新，以反映零件或装配体的形状和尺寸变化；反之，当在一个工程图中修改一个零件或装配体尺寸时，系统也会自动地将相关的其他工程视图及三维零件或装配体中的相应尺寸加以更新。

在安装 SOLIDWORKS 软件时，可以设定工程图与三维模型间的单向链接关系。这样，当在工程图中对尺寸进行修改时，三维模型并不更新。如果要改变此选项的话，只有再重新安装一次软件。

此外，SOLIDWORKS 系统提供多种类型的图形文件输出格式，包括最常用的 DWG 和 DXF 格式以及其他几种常用的标准格式。

工程图包含一个或多个由零件或装配体生成的视图。在生成工程图之前，必须先保存与它有关的零件或装配体的三维模型。

下面介绍创建工程图的操作步骤。

(1) 单击"标准"工具栏中的"新建"按钮，或选择菜单栏中的"文件"→"新建"命令。

(2) 在弹出的"新建 SOLIDWORKS 文件"对话框的"模板"选项卡中单击"工程图"按钮，如图 12-1 所示。

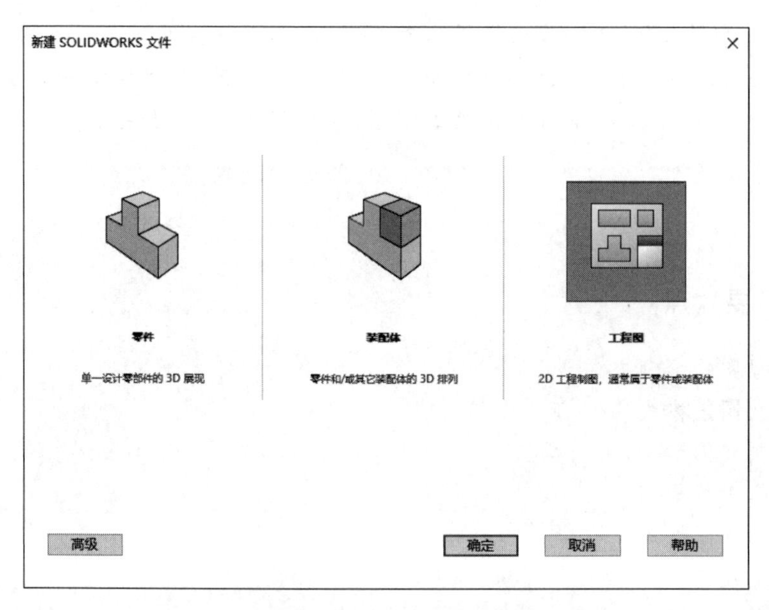

图 12-1 "新建 SOLIDWORKS 文件"对话框

(3) 单击"高级"按钮。

(4) 在"模板"选项卡中，选择图纸格式，如图 12-2 所示。

Note

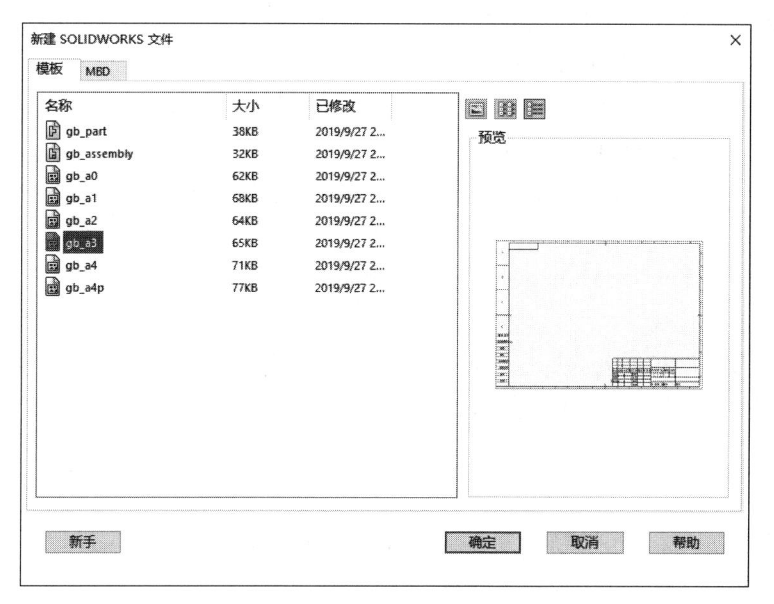

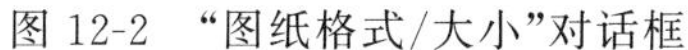

图 12-2　“图纸格式/大小”对话框

(5) 单击“确定”按钮,进入工程图编辑状态。

工程图窗口中也包括 FeatureManager 设计树,它与零件和装配体窗口中的 FeatureManager 设计树相似,包括项目层次关系的清单。每张图纸有一个图标,每张图纸下有图纸格式和每个视图的图标。项目图标旁边的符号 ▸ 表示它包含相关的项目,单击它将展开所有的项目并显示其内容,工程图窗口如图 12-3 所示。

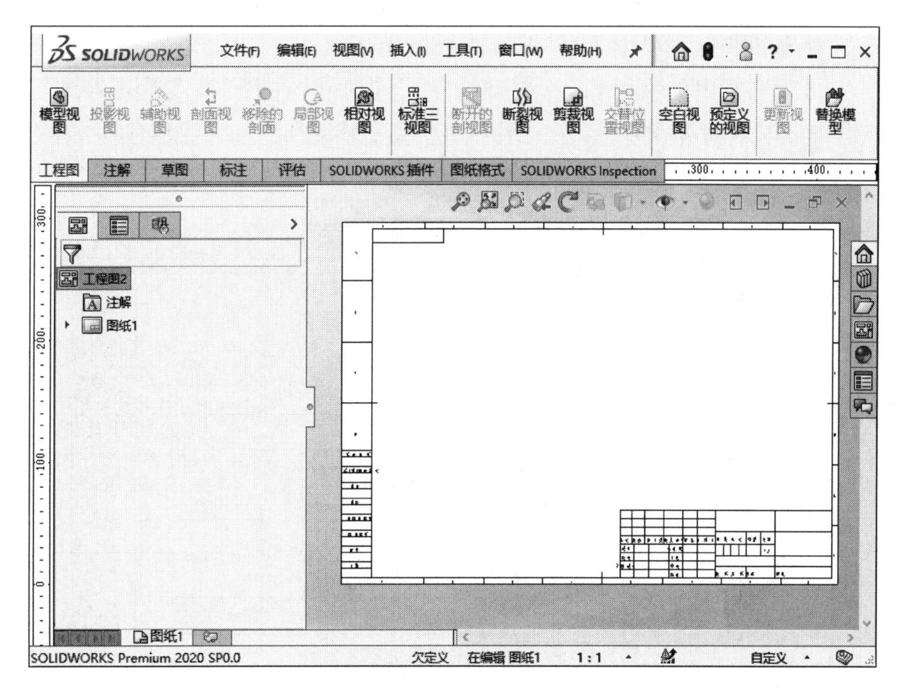

图 12-3　工程图窗口

标准视图包含视图中显示的零件和装配体的特征清单。派生的视图(如局部或剖面视图)包含不同的特定视图项目(如局部视图图标、剖切线等)。

工程图窗口的顶部和左侧有标尺,标尺会报告图纸中光标指针的位置。选择菜单栏中的"视图"→"用户界面"→"标尺"命令,可以打开或关闭标尺。

Note

如果要放大视图,右击 FeatureManager 设计树中的视图名称,在弹出的快捷菜单中单击"放大所选范围"命令。

用户可以在 FeatureManager 设计树中重新排列工程图文件的顺序,在图形区拖动工程图到指定的位置。

工程图文件的扩展名为"*.slddrw"。新工程图使用所插入的第一个模型的名称。保存工程图时,模型名称作为默认文件名出现在"另存为"对话框中,并带有扩展名"*.slddrw"。

12-1

12.2 定义图纸格式

SOLIDWORKS 提供的图纸格式不符合任何标准,用户可以自定义工程图图纸格式以符合本单位的标准格式。

1. 定义图纸格式步骤

下面介绍定义工程图图纸格式的操作步骤。

(1) 打开源文件"X:\源文件\原始文件\12\定义图纸格式.SLDPRT"。右击工程图图纸上的空白区域,或者右击 FeatureManager 设计树中的"图纸格式"按钮。

(2) 在弹出的快捷菜单中选择"编辑图纸格式"命令。

(3) 双击标题栏中的文字,即可修改文字。同时在"注释"属性管理器的"文字格式"选项组中可以修改对齐方式、文字旋转角度和字体等属性,如图 12-4 所示。

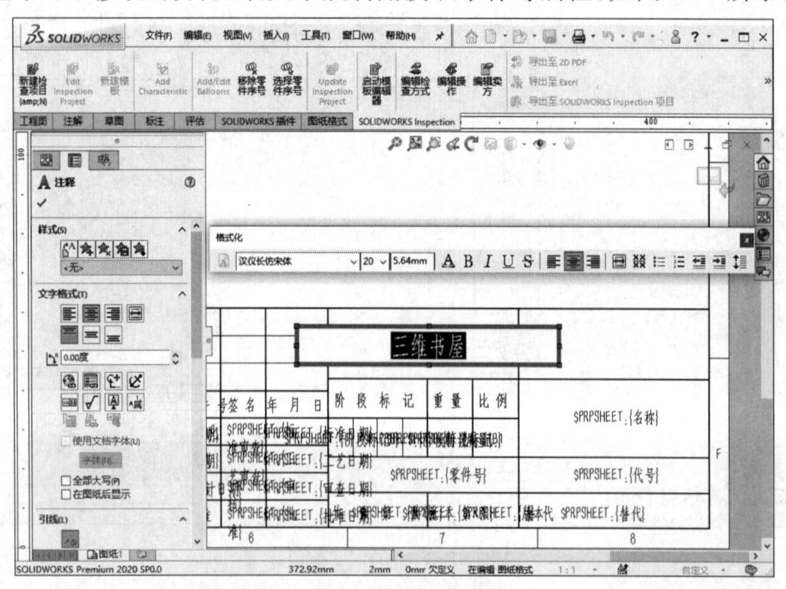

图 12-4 "注释"属性管理器

Note

（4）如果要移动线条或文字，单击该项目后将其拖动到新的位置。

（5）如果要添加线条，则单击“草图”控制面板中的“直线”按钮，然后绘制线条。

（6）在 FeatureManager 设计树中右击“图纸”选项，在弹出的快捷菜单中选择“属性”按钮。

（7）弹出的“图纸属性”对话框如图 12-5 所示，具体设置如下。

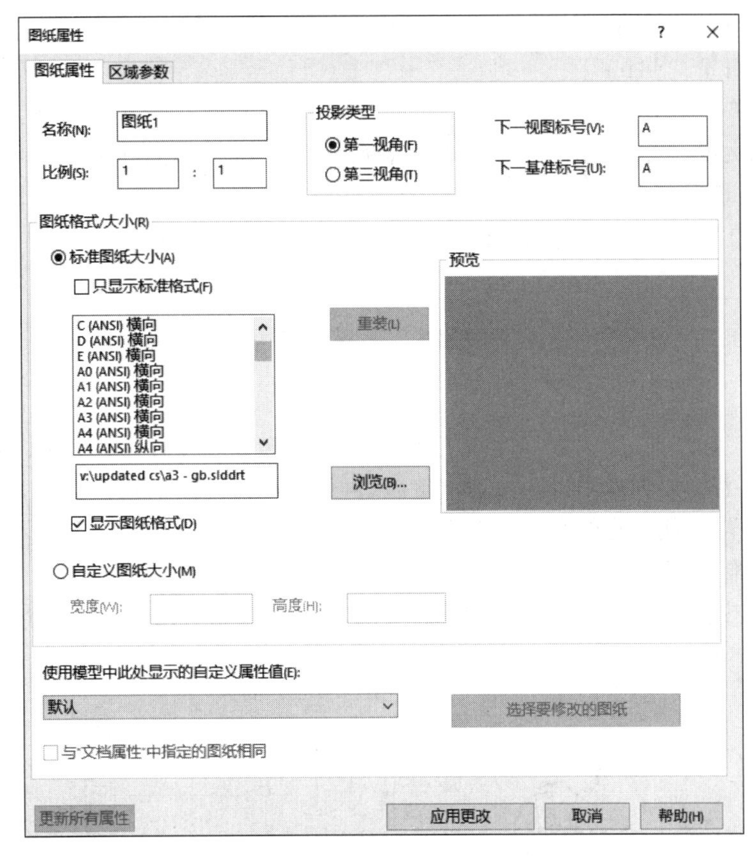

图 12-5　“图纸属性”对话框

① 在“名称”文本框中输入图纸的标题。

② 在“比例”文本框中指定图纸上所有视图的默认比例。

③ 在“标准图纸大小”列表框中选择一种标准纸张（如 A4、B5 等）。如果点选“自定义图纸大小”单选按钮，则在下面的“宽度”和“高度”文本框中指定纸张的大小。

④ 单击“浏览”按钮，可以使用其他图纸格式。

⑤ 在“投影类型”选项组中点选“第一视角”或“第三视角”单选按钮。

⑥ 在“下一视图标号”文本框中指定下一个视图要使用的英文字母代号。

⑦ 在“下一基准标号”文本框中指定下一个基准标号要使用的英文字母代号。

⑧ 如果图纸上显示了多个三维模型文件，在“使用模型中此处显示的自定义属性值”下拉列表框中选择一个视图，工程图将使用该视图包含模型的自定义属性。

（8）单击“应用更改”按钮，关闭“图纸属性”对话框。

2. 保存图纸格式

下面介绍保存图纸格式的操作步骤。

(1) 打开源文件"X:\源文件\原始文件\12\保存图纸格式.SLDPRT"。选择菜单栏中的"文件"→"保存图纸格式"命令，弹出的"保存图纸格式"对话框。

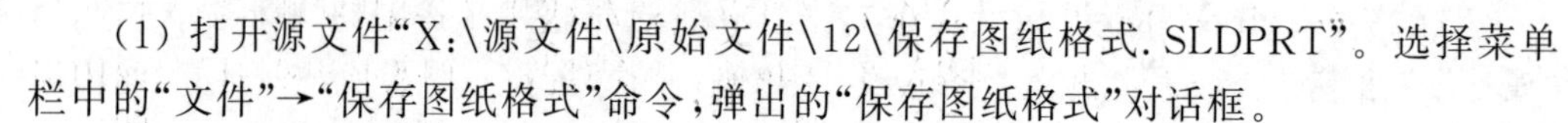

Note

(2) 如果要替换 SOLIDWORKS 提供的标准图纸格式，需要点选"标准图纸格式"单选按钮，然后在下拉列表框中选择一种图纸格式。单击"确定"按钮，图纸格式将被保存在＜安装目录＞\data 下。

(3) 如果要使用新的图纸格式，可以点选"自定义图纸大小"单选按钮，自行输入图纸的高度和宽度；或者单击"浏览"按钮，选择图纸格式保存的目录并打开，然后输入图纸格式名称，最后单击"确定"按钮。

(4) 单击"保存"按钮，关闭对话框。

12.3 标准三视图的绘制

在创建工程图前，应根据零件的三维模型，考虑和规划零件视图，如工程图由几个视图组成，是否需要剖视图等。考虑清楚后，再进行零件视图的创建工作，否则如同用手工绘图一样，可能创建的视图不能很好地表达零件的空间关系，给其他用户的识图、看图造成困难。

标准三视图是指从三维模型的主视、左视、俯视 3 个正交角度投影生成 3 个正交视图，如图 12-6 所示。

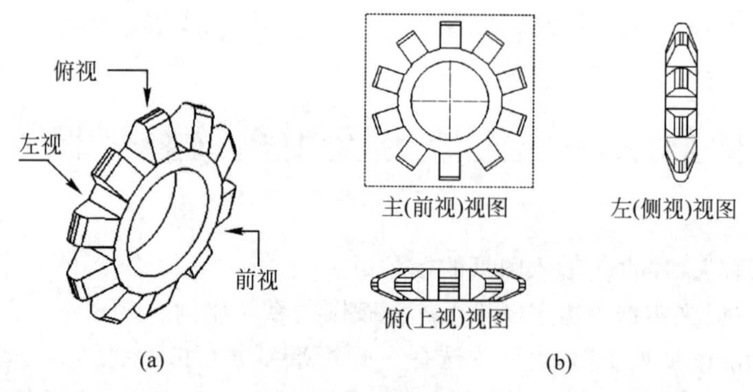

图 12-6　标准三视图

在标准三视图中，主视图与俯视图及侧视图有固定的对齐关系。俯视图可以竖直移动，侧视图可以水平移动。SOLIDWORKS 生成标准三视图的方法有多种，这里只介绍常用的两种。

12-2

12.3.1　用标准方法生成标准三视图

下面介绍用标准方法生成标准三视图的操作步骤。

(1) 新建一张工程图。

(2) 单击“工程图”控制面板中的“标准三视图”按钮，或选择菜单栏中的“插入”→“工程视图”→“标准三视图”命令，此时光标指针变为形状。

(3) 在“标准视图”属性管理器中提供了4种选择模型的方法，具体如下。

- 选择一个包含模型的视图。
- 从另一窗口的FeatureManager设计树中选择模型。
- 从另一窗口的图形区中选择模型。
- 在工程图窗口右击，在快捷菜单中选择“从文件中插入”命令。

Note

(4) 选择菜单栏中的“窗口”→“文件”命令，进入零件或装配体文件中。

(5) 利用步骤(3)中的一种方法选择模型，系统会自动回到工程图文件中，并将三视图放置在工程图中。

如果不打开零件或装配体模型文件，用标准方法生成标准三视图的操作步骤如下。

(1) 新建一张工程图。

(2) 单击“工程图”工具栏中的“标准三视图”按钮，或选择菜单栏中的“插入”→“工程视图”→“标准三视图”命令，或者单击“工程图”控制面板中的“标准三视图”按钮。

(3) 在弹出的“标准三视图”属性管理器中，单击“浏览”按钮。

(4) 在弹出的“插入零部件”对话框中浏览到所需的模型文件，单击“打开”按钮，标准三视图便会放置在图形区中。

12.3.2　利用拖动的方法生成标准三视图

12-3

利用拖动的方法生成标准三视图的操作步骤如下：

(1) 新建一张工程图。

(2) 执行以下操作之一：

- 将零件或装配体文档从“文件探索器”拖放到工程图窗口中。
- 将打开的零件或装配体文件的名称从FeatureManager设计树顶部拖放到工程图窗口中 。

(3) 视图添加在工程图上。

12.4　模型视图的绘制

12-4

标准三视图是最基本也是最常用的工程图，但是它所提供的视角十分固定，有时不能很好地描述模型的实际情况。SOLIDWORKS提供的模型视图解决了这个问题。通过在标准三视图中插入模型视图，可以从不同的角度生成工程图。

下面介绍插入模型视图的操作步骤。

(1) 单击“工程图”工具栏中的“模型视图”按钮，或选择菜单栏中的“插入”→“工程视图”→“模型视图”命令，或者单击“工程图”控制面板中的“模型视图”按钮。

(2) 和生成标准三视图中选择模型的方法一样，在零件或装配体文件中选择一个模型(本书选择锥齿轮.SLDPRT)。

(3) 当回到工程图文件中时,光标指针变为形状,用光标拖动一个视图方框表示模型视图的大小。

(4) 在"模型视图"属性管理器的"方向"选项组中选择视图的投影方向。

(5) 在工程图中适当位置单击,放置模型视图,如图 12-7 所示。

Note

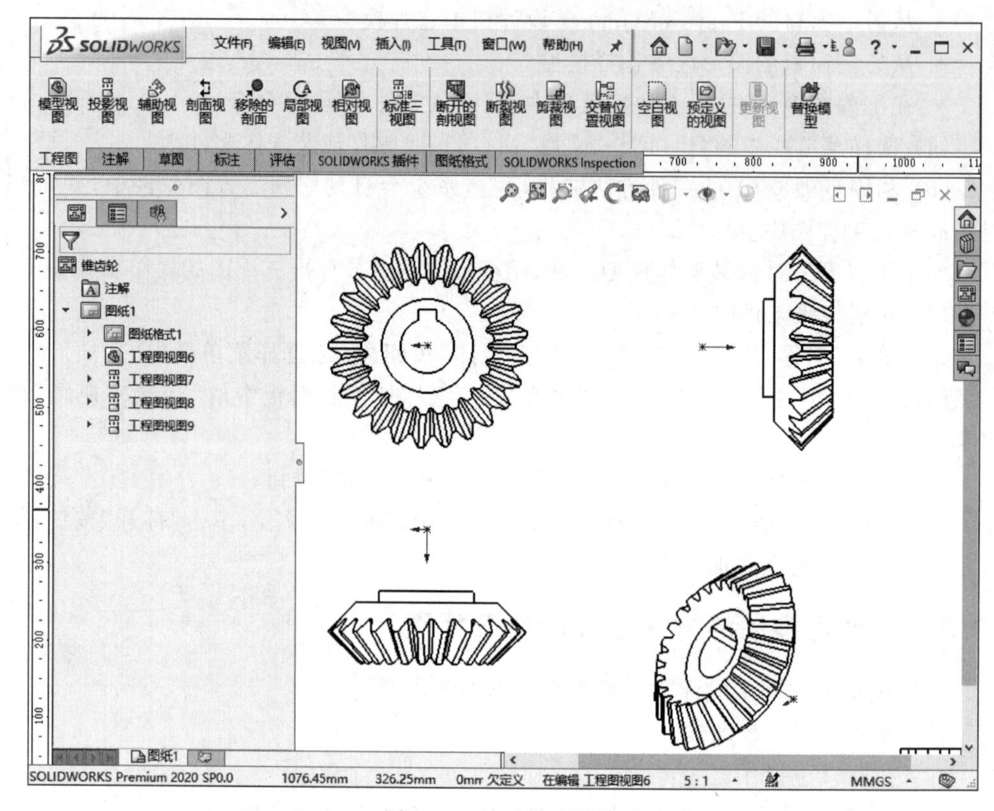

图 12-7 放置模型视图

(6) 如果要更改模型视图的投影方向,则双击"方向"选项中的视图方向。

(7) 如果要更改模型视图的显示比例,则点选"使用自定义比例"单选按钮,然后输入显示比例。

(8) 单击"确定"按钮✔,完成模型视图的插入。

12.5 绘制视图

12-5

12.5.1 剖面视图

剖面视图是指用一条剖切线分割工程图中的一个视图,然后从垂直于剖面方向投影得到的视图,如图 12-8 所示。

下面介绍绘制剖面视图的操作步骤。打开的工程图如图 12-6(b)所示。

(1) 打开源文件"X:\源文件\原始文件\12\剖面视图.SLDPRT"。单击"工程图"工具栏中的"剖面视图"按钮,或选择菜单栏中的"插入"→"工程图视图"→"剖面视

Note

图”命令，或者单击“工程图”控制面板中的“剖面视图”按钮⇅。

（2）弹出“剖面视图”属性管理器，同时“草图”控制面板中的“直线”按钮／也被激活。

（3）在工程图上绘制剖切线。绘制完剖切线之后，在垂直于剖切线的方向会出现一个方框，表示剖切视图的大小。拖动这个方框到适当的位置，则剖切视图被放置在工程图中。

（4）在“剖面视图”属性管理器中设置相关选项，如图 12-9(a)所示。

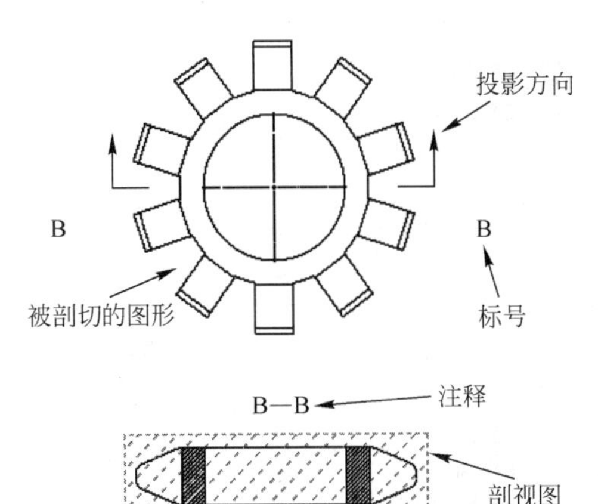

图 12-8　剖面视图举例

① 如果勾选“反转方向”复选框，则会反转切除的方向。

② 在“名称”文本框中指定与剖面线或剖面视图相关的字母。

③ 如果剖面线没有完全穿过视图，勾选“部分剖面”复选框将会生成局部剖面视图。

④ 如果勾选“只显示切面”复选框，则只有被剖面线切除的曲面才会出现在剖面视图上。

⑤ 如果点选“使用图纸比例”单选按钮，则剖面视图上的剖面线将会随着图纸比例的改变而改变。

⑥ 如果点选“使用自定义比例”单选按钮，则定义剖面视图在工程图纸中的显示比例。

（5）单击“确定”按钮✔，完成剖面视图的插入，如图 12-9(b)所示。

新剖面是由原实体模型计算得来的，如果模型更改，此视图将随之更新。

12.5.2　投影视图

12-6

投影视图是通过从正交方向对现有视图投影生成的视图，如图 12-10 所示。下面介绍生成投影视图的操作步骤。

（1）打开源文件“X:\源文件\原始文件\12\投影视图. SLDPRT”。如图 12-10 所示。在工程图中选择一个要投影的工程视图。

（2）单击“工程图”工具栏中的“投影视图”按钮，或选择菜单栏中的“插入”→“工程图视图”→“投影视图”命令，或者单击“工程图”控制面板中的“投影视图”按钮。

（3）系统将根据光标指针在所选视图的位置决定投影方向。可以从所选视图的上、下、左、右 4 个方向生成投影视图。

（4）系统会在投影方向出现一个方框，表示投影视图的大小，拖动这个方框到适当的位置，则投影视图被放置在工程图中。

（5）单击“确定”按钮✔，生成投影视图。

12.5.3　辅助视图

12-7

辅助视图类似于投影视图，它的投影方向垂直所选视图的参考边线，如图 12-11 所示。下面介绍插入辅助视图的操作步骤。

（1）打开源文件“X:\源文件\原始文件\12\辅助视图. SLDPRT”，如图 12-11 所示。

Note

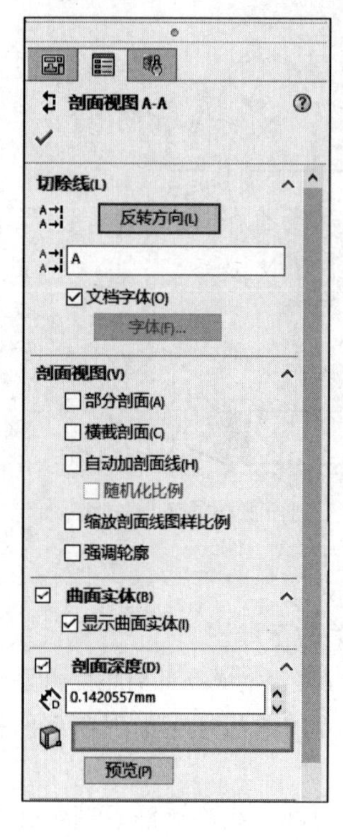

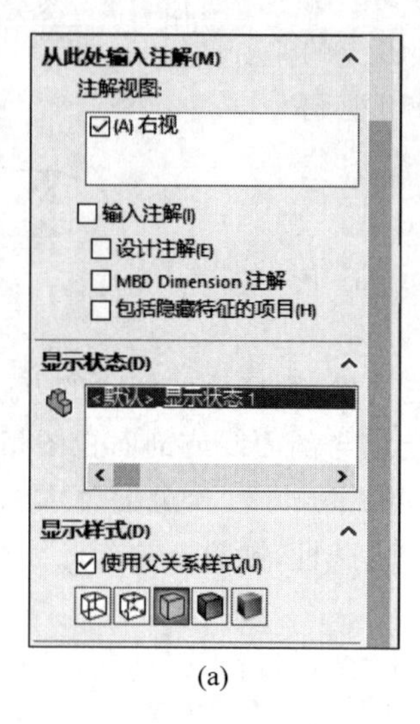

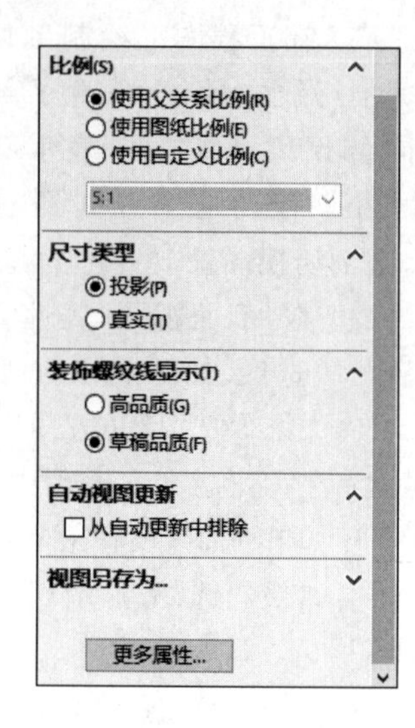

(a)

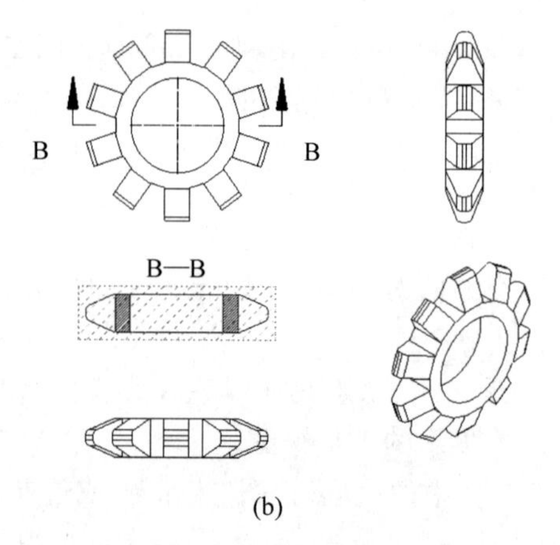

(b)

图 12-9　绘制剖面视图

(2) 单击“工程图”工具栏中的“辅助视图”按钮，或选择菜单栏中的“插入”→“工程视图”→“辅助视图”命令，或者单击“工程图”控制面板中的“辅助视图”按钮。

(3) 选择要生成辅助视图的工程视图中的一条直线作为参考边线，参考边线可以是零件的边线、侧影轮廓线、轴线或所绘制的直线。

(4) 系统会在与参考边线垂直的方向出现一个方框，表示辅助视图的大小，拖动这个方框到适当的位置，则辅助视图被放置在工程图中。

(5) 在“辅助视图”属性管理器中设置相关选项，如图 12-12(a)所示。

① 在“名称”文本框中指定与剖面线或剖面视图相关的字母。

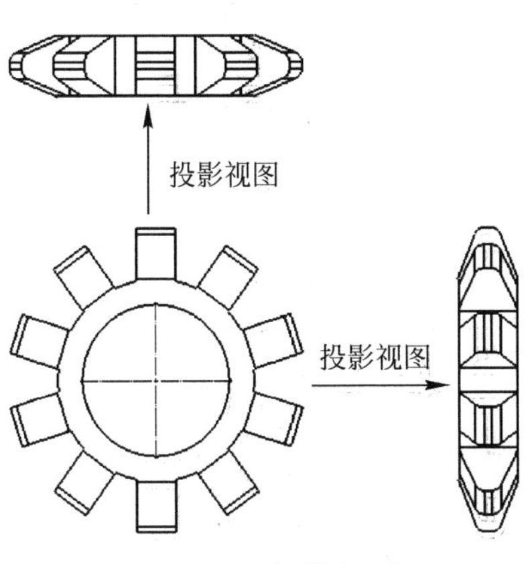

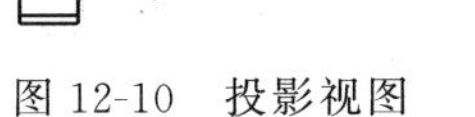

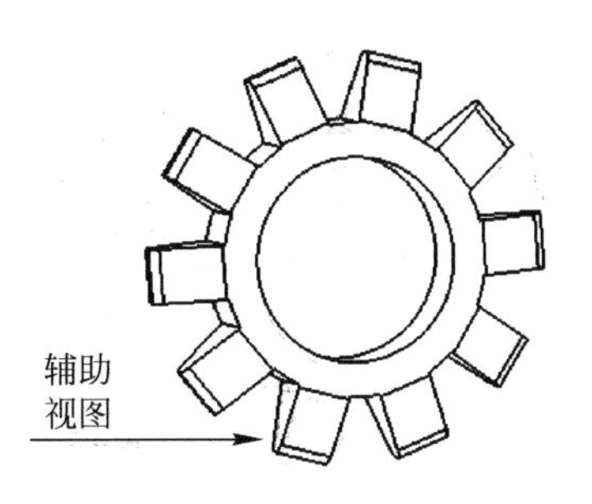

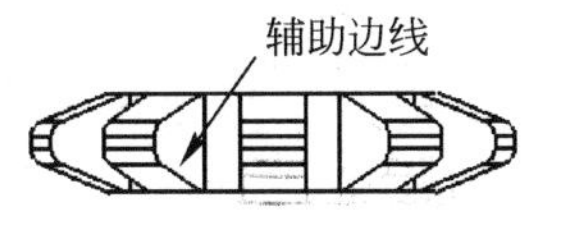

图 12-10　投影视图　　　　图 12-11　辅助视图

② 如果勾选“反转方向”复选框，则会反转切除的方向。

(6) 单击“确定”按钮 ✔，生成辅助视图，如图 12-12(b)所示。

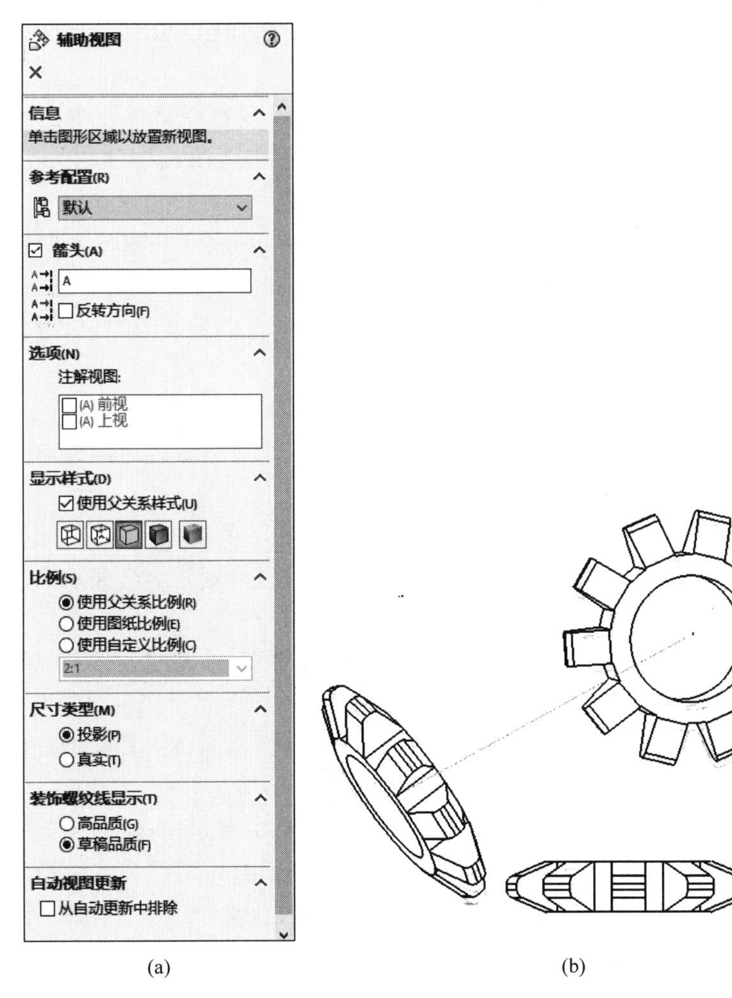

(a)　　　　(b)

图 12-12　绘制辅助视图

Note

12-8

12.5.4 局部视图

可以在工程图中生成一个局部视图，用来放大显示视图中的某个部分，如图 12-13 所示。局部视图可以是正交视图、三维视图或剖面视图。

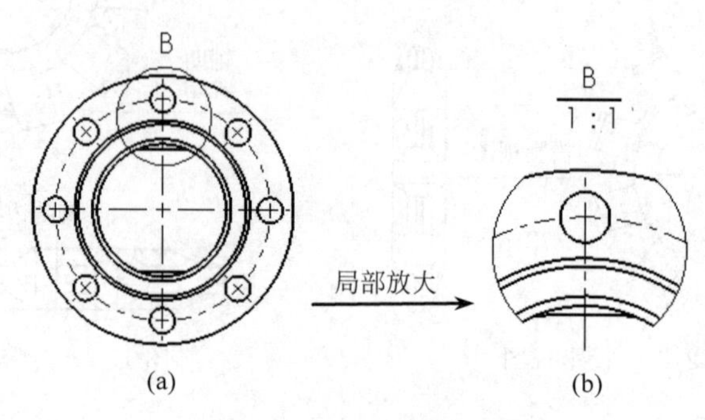

图 12-13　局部视图举例

下面介绍绘制局部视图的操作步骤。

(1) 打开源文件"X:\源文件\原始文件\12\局部视图. SLDPRT"。如图 12-13(a)所示。

(2) 单击"工程图"工具栏中的"局部视图"按钮，或选择菜单栏中的"插入"→"工程图视图"→"局部视图"命令，或者单击"工程图"控制面板中的"局部视图"按钮。

(3) 此时，"草图"控制面板中的"圆"按钮被激活，利用它在要放大的区域绘制一个圆。

(4) 弹出一个方框，表示局部视图的大小，拖动这个方框到适当的位置，则局部视图被放置在工程图中。

(5) 在"局部视图"属性管理器中设置相关选项，如图 12-14(a)所示。

① "样式"下拉列表框：在下拉列表框中选择局部视图图标的样式，有"依照标准""中断圆形""带引线""无引线""相连"5 种样式。

② "名称"文本框：在文本框中输入与局部视图相关的字母。

③ 如果在"局部视图"选项组中勾选"完整外形"复选框，则系统会显示局部视图中的轮廓外形。

④ 如果在"局部视图"选项组中勾选"钉住位置"复选框，在改变派生局部视图的视图大小时，局部视图将不会改变大小。

⑤ 如果在"局部视图"选项组中勾选"缩放剖面线图样比例"复选框，将根据局部视图的比例来缩放剖面线图样的比例。

(6) 单击"确定"按钮，生成局部视图，如图 12-14(b)所示。

此外，局部视图中的放大区域还可以是其他任何的闭合图形。其方法是首先绘制用来作放大区域的闭合图形，然后再单击"局部视图"按钮，其余的步骤相同。

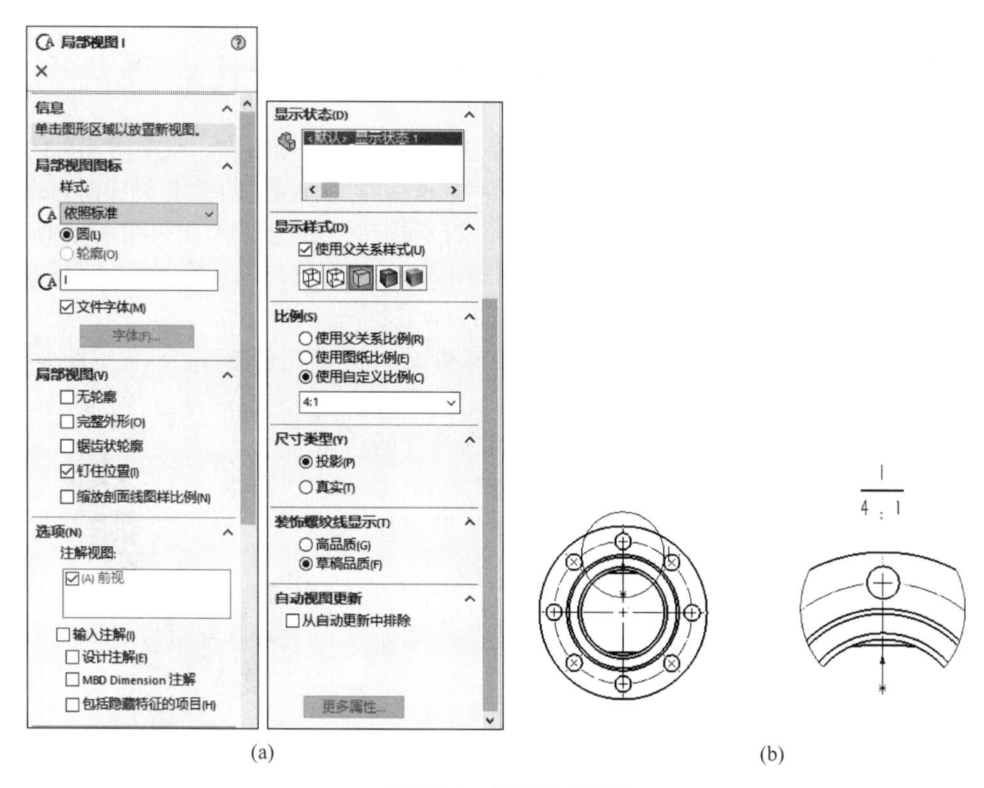

(a)　　　　　　　　(b)

图 12-14　绘制局部视图

12.5.5　断裂视图

工程图中有一些截面相同的长杆件(如长轴、螺纹杆等),这些零件在某个方向的尺寸比其他方向的尺寸大很多,而且截面没有变化。因此可以利用断裂视图将零件用较大比例显示在工程图上,如图 12-15 所示。

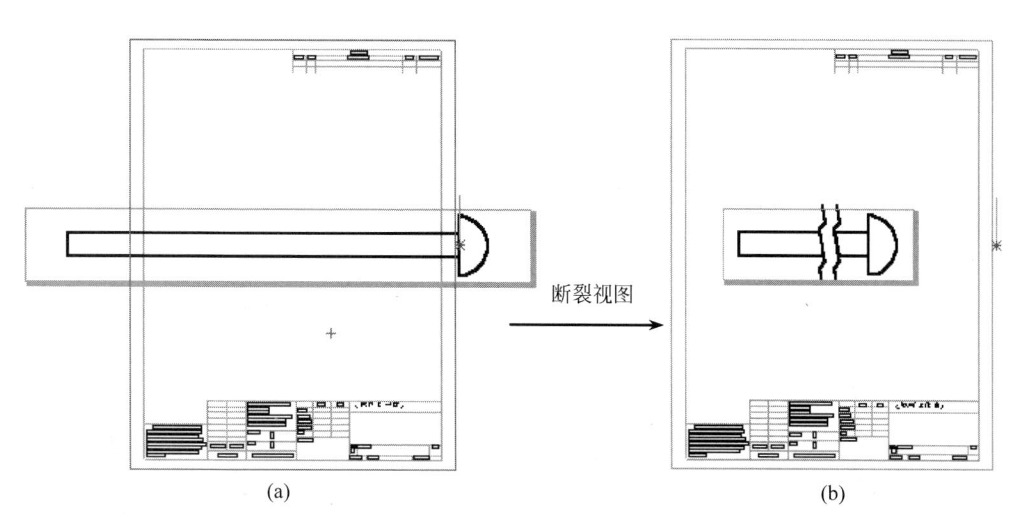

(a)　　　　　　　　(b)

图 12-15　断裂视图

Note

下面介绍绘制断裂视图的操作步骤。

(1) 打开源文件“X:\源文件\原始文件\12\断裂视图.SLDPRT”。如图 12-15(a)所示。

(2) 选择菜单栏中的“插入”→“工程图视图”→“断裂视图”命令,或者单击“工程图”工具栏中的“断裂视图”按钮,或者单击“工程图”控制面板中的“断裂视图”按钮,此时折断线出现在视图中。可以添加多组折断线到一个视图中,但所有折断线必须为同一个方向。

(3) 将折断线拖动到希望生成断裂视图的位置。

(4) 在视图边界内部右击,在弹出的快捷菜单中单击“断裂视图”命令,生成断裂视图,如图 12-15(b)所示。

此时,折断线之间的工程图都被删除,折断线之间的尺寸变为悬空状态。如果要修改折断线的形状,则右击折断线,在弹出的快捷菜单中选择一种折断线样式(直线、曲线、锯齿线、小锯齿线和锯齿状切除)。

12-10

12.5.6 实例——基座模型视图

机械臂基座模型如图 12-16 所示。

图 12-16 机械臂基座

思路分析

本例将通过如图 12-16 所示机械臂基座模型,介绍零件图到工程图的转换,以及工程图视图的创建,熟悉绘制工程图的步骤与方法,流程图如图 12-17 所示。

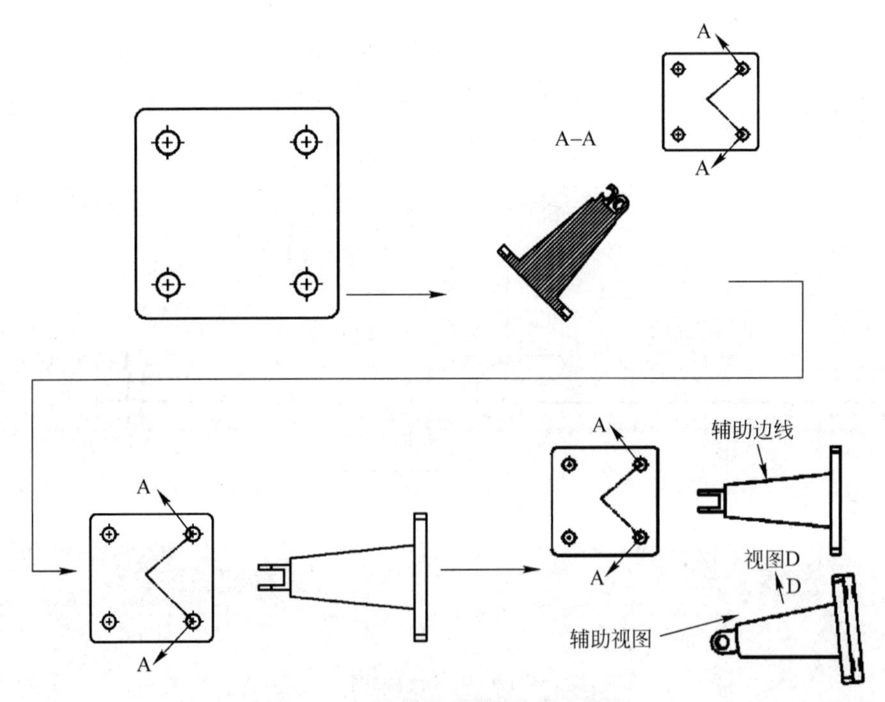

图 12-17 基座模型视图绘制流程图

(1) 进入 SOLIDWORKS 2020,选择菜单栏中的"文件"→"新建"命令或单击"标准"工具栏中的"新建"按钮,在弹出的"新建"对话框中,单击"工程图"按钮,新建工程图文件,如图 12-18 所示。

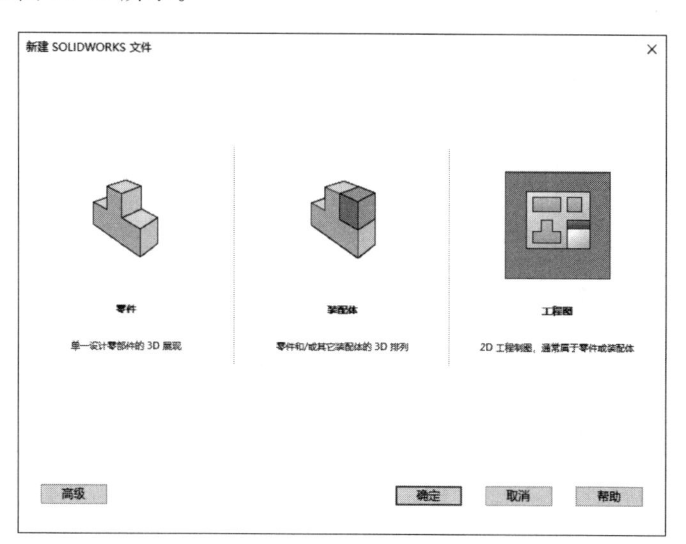

图 12-18　"新建"对话框

(2) 此时在图形编辑窗口左侧会出现如图 12-19 所示"模型视图"属性管理器,单击"浏览"按钮,在弹出的"打开"对话框中选择需要转换成工程图视图的零件"基座",单击"打开"按钮,在图形编辑窗口出现矩形框,如图 12-20 所示,打开"模型视图"属性管理器中"方向"选项组,选择视图方向为"前视",如图 12-21 所示,并在图纸中合适的位置放置视图,如图 12-22 所示。

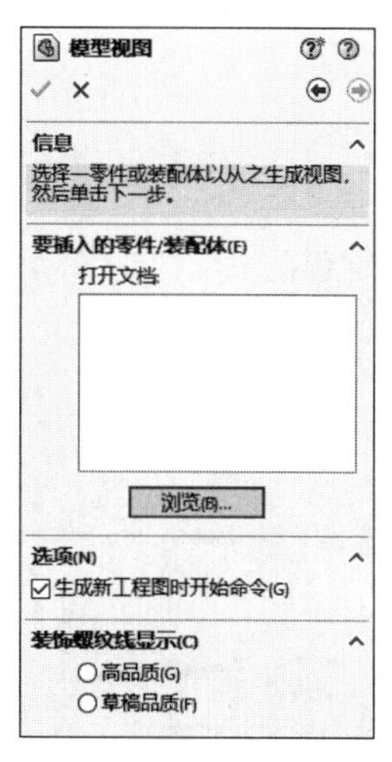

图 12-19　"模型视图"属性管理器

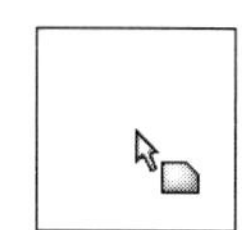

图 12-20　矩形图框

Note

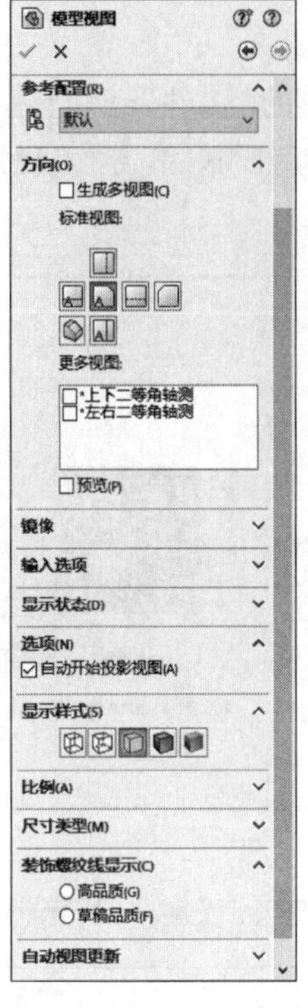

图 12-21　选择视图方向

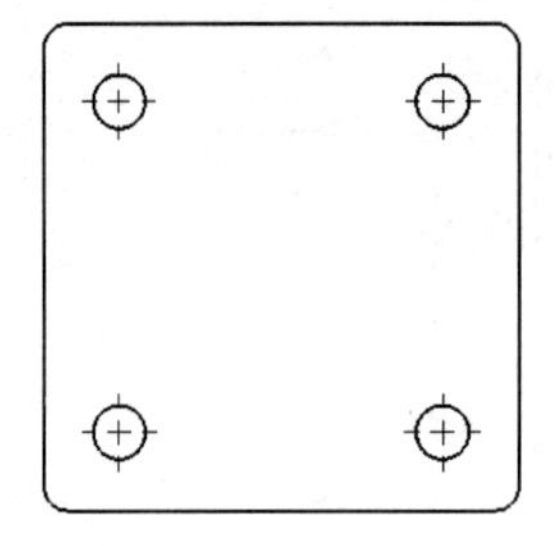

图 12-22　视图模型

（3）选择菜单栏中的"插入"→"工程图视图"→"旋转剖视图"命令，或者单击"工程图"控制面板中的"剖面视图"按钮，会出现"剖面视图辅助"属性管理器，如图 12-23 所示，在属性管理器中设置各参数，在"标号"图标右侧文本框中输入剖面号 A，取消"文档字体"复选框的勾选，单击 字体(F)... 按钮，弹出"选择字体"对话框，设置"高度"值，如图 12-24 所示，单击属性管理器中的"确定"按钮，这时会在视图中显示剖面图，如图 12-25 所示。

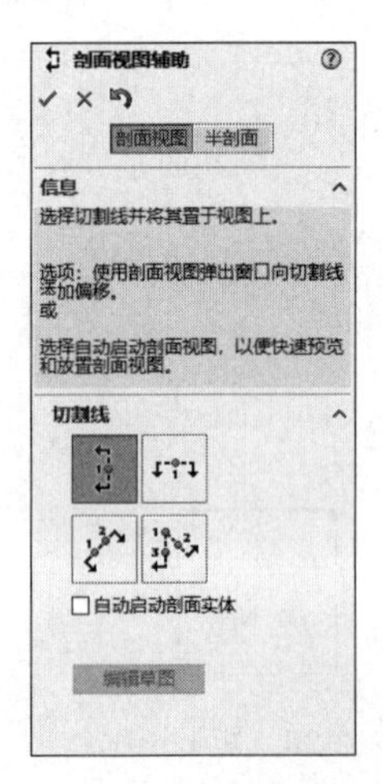

图 12-23　"剖面视图辅助"属性管理器

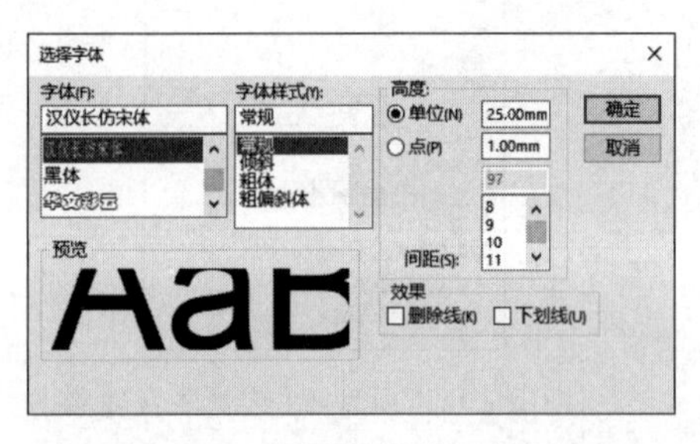

图 12-24　"选择字体"对话框

(4) 依次在“工程图”控制面板中单击“投影视图”“辅助视图”按钮,在绘图区放置对应视图,得到的结果如图 12-26 和图 12-27 所示。

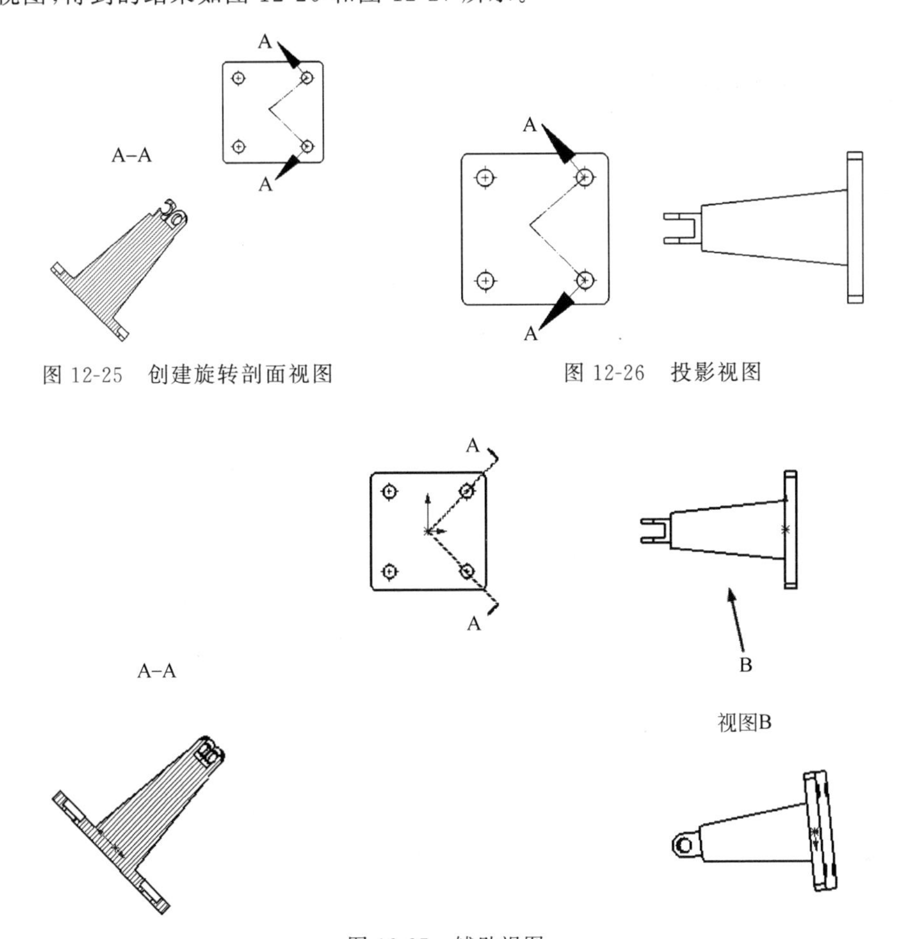

图 12-25 创建旋转剖面视图

图 12-26 投影视图

图 12-27 辅助视图

12.6 编辑工程视图

在第 12.5 节的派生视图中,许多视图的生成位置和角度都受到其他条件的限制(如辅助视图的位置与参考边线相垂直)。有时,用户需要自己任意调节视图的位置和角度以及显示和隐藏,SOLIDWORKS 就提供了这项功能。此外,SOLIDWORKS 还可以更改工程图中的线型、线条颜色等。

12.6.1 移动视图

12-11

光标指针移到视图边界上时,变为形状,表示可以拖动该视图。如果移动的视图与其他视图没有对齐或约束关系,可以拖动它到任意的位置。

当视图与其他视图之间有对齐或约束关系时,若要任意移动视图,其操作步骤如下。

(1) 打开源文件“X:\源文件\原始文件\12\移动视图.SLDPRT”。单击要移动的

视图。

（2）选择菜单栏中的“工具”→“对齐工程视图”→“解除对齐关系”命令。

（3）单击该视图，即可以拖动到任意位置。

Note

12-12

12.6.2 旋转视图

SOLIDWORKS 提供了两种旋转视图的方法：一种是绕着所选边线旋转视图；一种是绕视图中心点以任意角度旋转视图。

1. 绕边线旋转视图

（1）打开源文件“X:\源文件\原始文件\12\旋转视图.SLDPRT”。在工程图中选择一条直线。

（2）选择菜单栏中的“工具”→“ 对齐工程视图”→“水平边线”命令，或选择菜单栏中的“工具”→“ 对齐工程视图”→“竖直边线”命令。

（3）此时视图会旋转，直到所选边线为水平或竖直状态，旋转视图如图 12-28 所示。

2. 绕中心点以任意角度旋转视图

（1）选择要旋转的工程视图。

（2）右击，在弹出的快捷菜单中选择“旋转视图”命令或按住鼠标中间滚轮，在绘图区出现图标，弹出“旋转工程视图”对话框，如图 12-29 所示。

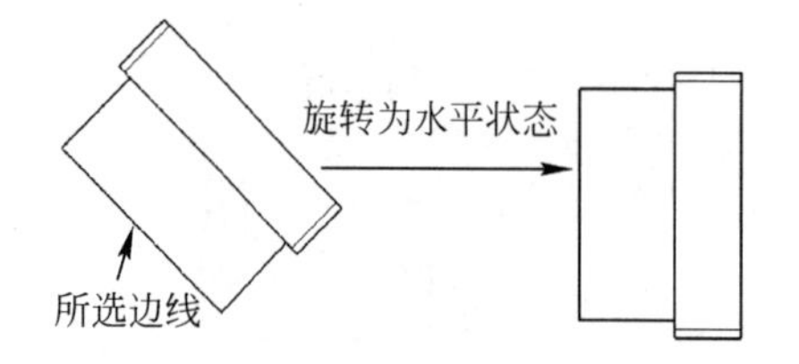

图 12-28 旋转视图

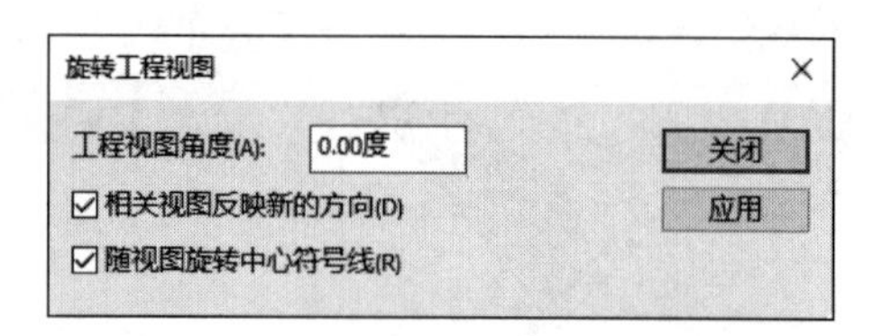

图 12-29 “旋转工程视图”对话框

（3）使用以下方法旋转视图。

- 在“旋转工程视图”对话框的“工程视图角度”文本框中输入旋转的角度。
- 使用鼠标直接旋转视图。

（4）如果在“旋转工程视图”对话框中勾选“相关视图反映新的方向”复选框，则与该视图相关的视图将随着该视图的旋转做相应的旋转。

（5）如果勾选“随视图旋转中心符号线”复选框，则中心符号线将随视图一起旋转。

12.7 视图显示控制

12-13

12.7.1 显示和隐藏

在编辑工程图时，可以使用“隐藏”命令来隐藏一个视图。隐藏视图后，可以使用“显示”命令再次显示此视图。

下面介绍隐藏或显示视图的操作步骤。

Note

（1）打开源文件“X:\源文件\原始文件\12\显示和隐藏.SLDPRT”。在 FeatureManager 设计树或图形区中右击要隐藏的视图。

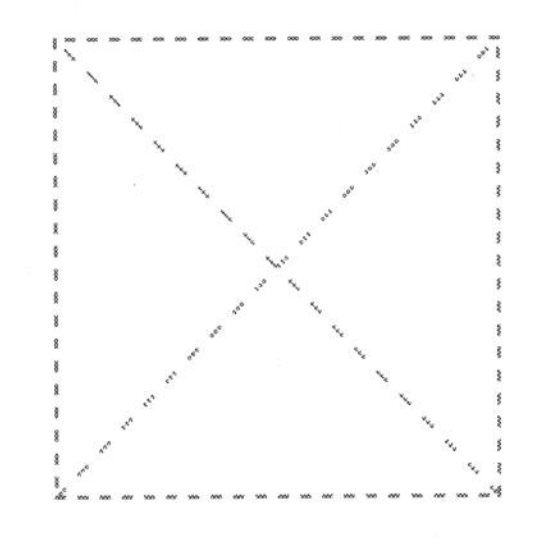

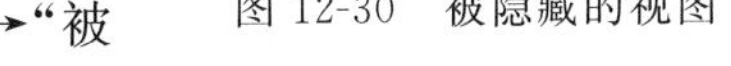

图 12-30　被隐藏的视图

（2）在弹出的快捷菜单中选择“隐藏”命令，此时，视图被隐藏起来。当光标移动到该视图的位置时，将只显示该视图的边界。

（3）如果要查看工程图中隐藏视图的位置，但不显示它们，则选择菜单栏中的“视图”→“隐藏/显示”→“被隐藏的视图”命令，此时被隐藏的视图将显示如图 12-30 所示的形状。

（4）如果要再次显示被隐藏的视图，则右击被隐藏的视图，在弹出的快捷菜单中单击“显示”命令。

12.7.2　更改零部件的线型

12-14

在装配体中为了区别不同的零件，可以改变每一个零件边线的线型。下面介绍改变零件边线线型的操作步骤。

（1）打开源文件“X:\源文件\原始文件\12\更改零部件的线型.SLDPRT”。在工程视图中右击要改变线型的视图。

（2）在弹出的快捷菜单中选择“零部件线型”命令，弹出“零部件线型”对话框，如图 12-31 所示。

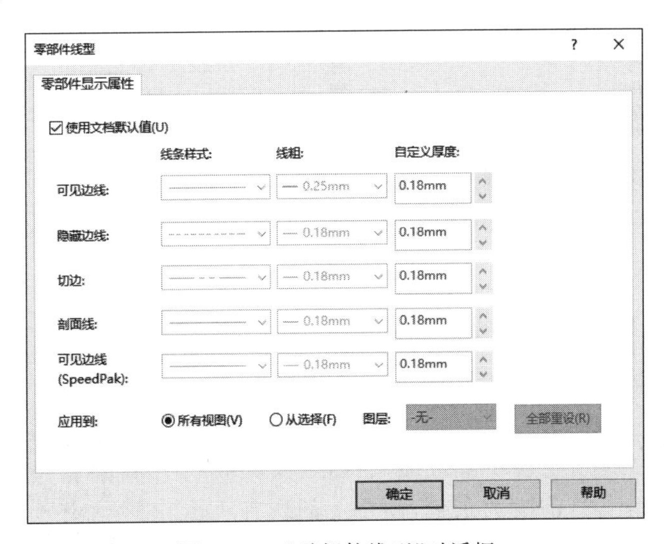

图 12-31　“零部件线型”对话框

（3）消除对“使用文档默认值”复选框的勾选。

（4）在“边线类型”列表框中选择一个边线样式。

（5）在对应的“线条样式”和“线粗”下拉列表框中选择线条样式和线条粗细。

（6）重复步骤（4）和步骤（5），直到为所有边线类型设定线型。

（7）如果点选“工程视图”选项组中的“从选择”单选按钮，则会将此边线类型设定应用到该零件视图和它的从属视图中。

(8) 如果点选“所有视图”单选按钮,则将此边线类型设定应用到该零件的所有视图。

(9) 如果零件在图层中,可以从“图层”下拉列表框中改变零件边线的图层。

(10) 单击“确定”按钮,关闭对话框,应用边线类型设定。

Note

12-15

12.7.3 图层

图层是一种管理素材的方法,可以将图层看作重叠在一起的透明塑料纸,假如某一图层上没有任何可视元素,就可以透过该层看到下一层的图像。用户可以在每个图层上生成新的实体,然后指定实体的颜色、线条粗细和线型。还可以将标注尺寸、注解等项目放置在单一图层上,避免它们与工程图实体之间的干涉。SOLIDWORKS 还可以隐藏图层,或将实体从一个图层移动到另一图层。

下面介绍建立图层的操作步骤。

(1) 打开源文件“X:\源文件\原始文件\12\图层.SLDPRT”。选择菜单栏中的“视图”→“工具栏”→“图层”命令,打开“图层”工具栏,如图 12-32 所示。

图层(Y)

10

图 12-32 “图层”工具栏

(2) 单击“图层属性”按钮,打开“图层”对话框。

(3) 在“图层”对话框中单击“新建”按钮,在对话框中建立一个新的图层,如图 12-33 所示。

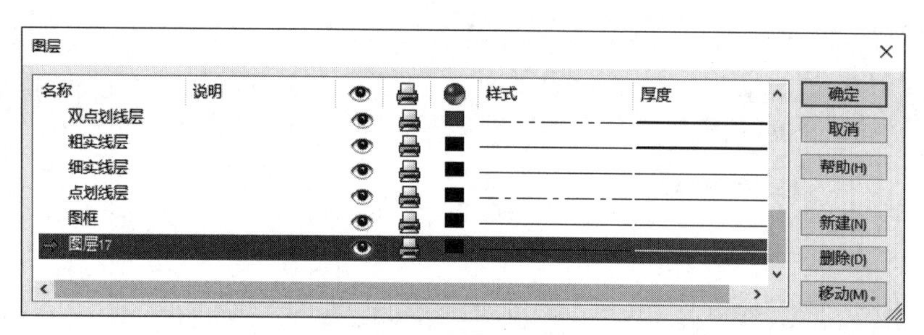

图 12-33 “图层”对话框

(4) 在“名称”选项中指定图层的名称。

(5) 双击“说明”选项,然后输入该图层的说明文字。

(6) 在“开关”选项中有一个灯泡图标,若要隐藏该图层,双击该图标,灯泡变为灰色,图层上的所有实体都被隐藏起来。要重新打开图层,再次双击该灯泡图标。

(7) 如果要指定图层上实体的线条颜色,单击“颜色”选项,在弹出的“颜色”对话框中选择颜色,如图 12-34 所示。

(8) 如果要指定图层上实体的线条样式或厚度,单击“样式”或“厚度”选项,然后从弹出的清单中选择

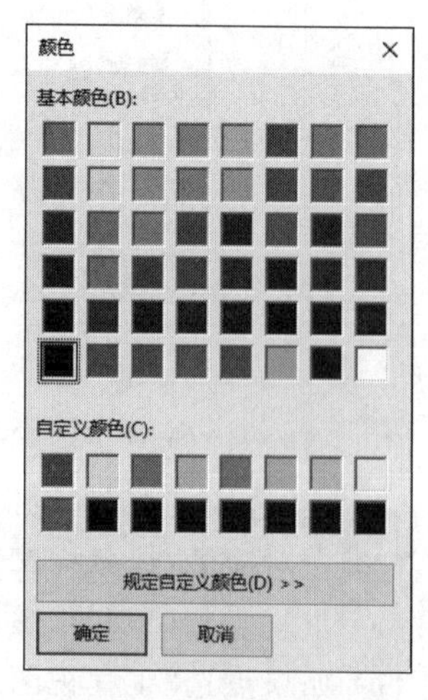

图 12-34 “颜色”对话框

想要的样式或厚度。

（9）如果建立了多个图层，可以使用“移动”按钮来重新排列图层的顺序。

（10）单击“确定”按钮，关闭对话框。

建立了多个图层后，只要在“图层”工具栏的“图层”下拉列表框中选择图层，就可以导航到任意的图层。

12.8 标注尺寸

如果在三维零件模型或装配体中添加了尺寸、注释或符号，则在将三维模型转换为二维工程图样的过程中，系统会将这些尺寸、注释等一起添加到图样中。在工程图中，用户可以添加必要的参考尺寸、注解等，这些注解和参考尺寸不会影响零件或装配体文件。

工程图中的尺寸标注是与模型相关联的，模型中的更改会反映在工程图中。通常用户在生成每个零件特征时生成尺寸，然后将这些尺寸插入各个工程视图中。在模型中更改尺寸会更新工程图，反之，在工程图中更改插入的尺寸也会更改模型。用户可以在工程图文件中添加尺寸，但是这些尺寸是参考尺寸，并且是从动尺寸，参考尺寸显示模型的测量值，但并不驱动模型，也不能更改其数值，但是当更改模型时，参考尺寸会相应更新。当压缩特征时，特征的参考尺寸也随之被压缩。

12.8.1 插入模型尺寸

12-16

默认情况下，插入的尺寸显示为黑色，包括零件或装配体文件中显示为蓝色的尺寸（如拉伸深度），参考尺寸显示为灰色，并带有括号。

（1）打开源文件“X:\源文件\原始文件\12\插入模型尺寸.SLDPRT”。执行命令。选择菜单栏中的“插入”→“模型项目”命令，或者单击“注解”工具栏中的“模型项目”按钮，或者单击“注解”控制面板中的“模型项目”按钮，执行模型项目命令。

（2）设置属性管理器。弹出如图12-35所示的“模型项目”属性管理器，“尺寸”选项组中的“为工程按钮注”一项自动被选中。如果只将尺寸插入指定的视图中，取消勾选“将项目输入到所有视图”复选框，然后在工程图选择需要插入尺寸的视图，此时“来源/目标”设置框如图12-36所示，自动显示“目标视图”一栏。

（3）确认插入的模型尺寸。单击“模型项目”属性管理器中的“确定”按钮✔，完成模型尺寸的标注。

注意

插入模型项目时，系统会自动将模型尺寸或者其他注解插入工程图中。当模型特征很多时，插入的模型尺寸会显得很乱，所以在建立模型时需要注意以下几点。

① 因为只有在模型中定义的尺寸，才能插入工程图中，所以，在将来建模型特征时，要养成良好的习惯，并且是草图处于完全定义状态。

② 在绘制模型特征草图时，仔细设置草图尺寸的位置，可以减少尺寸插入工程图后调整尺寸的时间。

如图12-37所示为插入模型尺寸并调整尺寸位置后的工程图。

Note

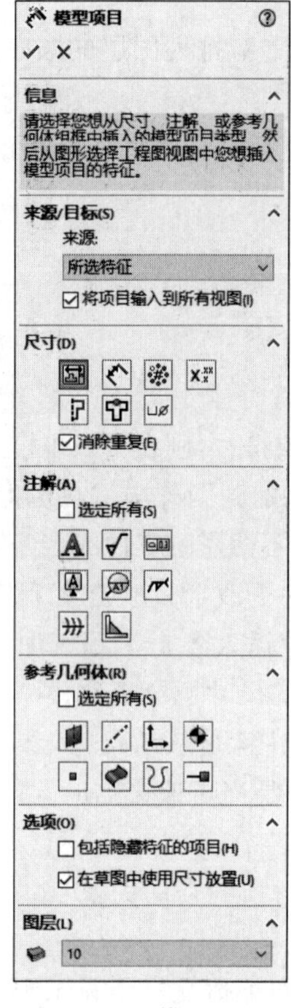

图 12-35 “模型项目”属性管理器

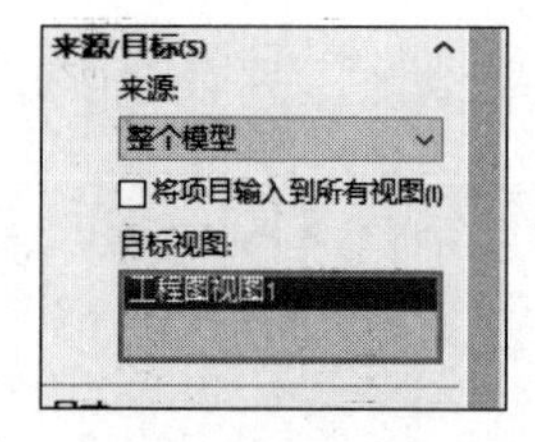

图 12-36 “来源/目标”设置框

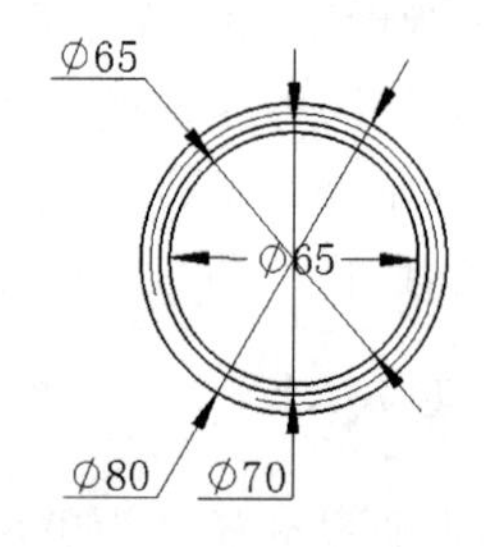

图 12-37 插入模型尺寸并调整尺寸位置后的工程视图

12-17

12.8.2 注释

为了更好地说明工程图,有时要用到注释。注释可以包括简单的文字、符号或超文本链接。下面介绍添加注释的操作步骤。

打开源文件“X:\源文件\原始文件\12\注释.SLDPRT”,如图 12-38 所示。

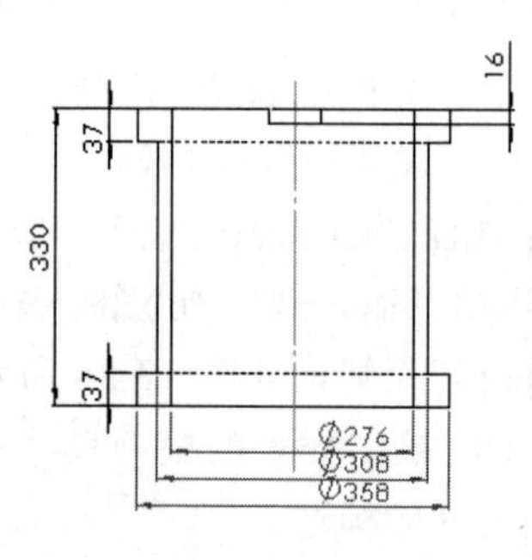

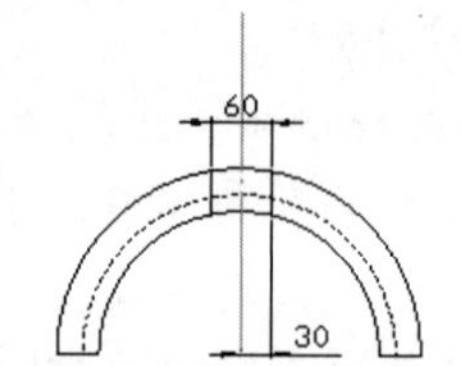

图 12-38 打开的工程图

(1) 单击“注解”工具栏中的“注释”按钮A,或选择菜单栏中的“插入”→“注解”→“注释”命令,或者单击“注解”控制面板中的“注释”按钮A,弹出“注释”属性管理器。

(2) 在“引线”选项组中选择引导注释的引线和箭头类型。

(3) 在“文字格式”选项组中设置注释文字的格式。

Note

（4）拖动光标指针到要注释的位置，在图形区添加注释文字，如图 12-39 所示。

（5）单击“确定”按钮 ✔，完成注释。

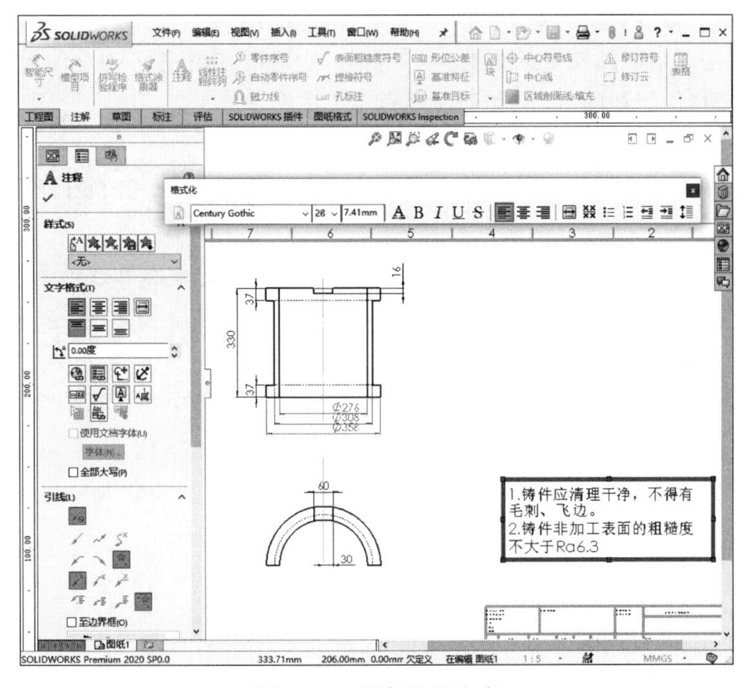

图 12-39　添加注释文字

12.8.3　标注表面粗糙度

12-18

表面粗糙度符号 ▽ 用来表示加工表面上的微观几何形状特性，它对于机械零件表面的耐磨性、疲劳强度、配合性能、密封性、流体阻力以及外观质量等都有很大的影响。

下面介绍插入表面粗糙度的操作步骤。

打开源文件“X:\源文件\原始文件\12\标注表面粗糙度.SLDPRT”，如图 12-38 所示。

（1）单击“注解”工具栏中的“表面粗糙度”按钮 √，或选择菜单栏中的“插入”→“注解”→“表面粗糙度符号”命令，或者单击“注解”控制面板中的“表面粗糙度”按钮 √。

（2）在弹出的“表面粗糙度”属性管理器中设置表面粗糙度的属性，如图 12-40 所示。

（3）在图形区中单击，以放置表面粗糙符号。

（4）可以不关闭对话框，设置多个表面粗糙度符号到图形上。

（5）单击“确定”按钮 ✔，完成表面粗糙度的标注。

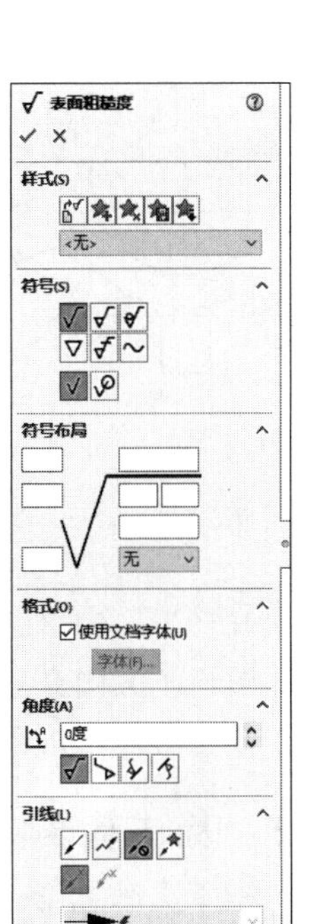

图 12-40　“表面粗糙度”属性管理器

12-19

Note

12.8.4 标注形位公差

形位公差是机械加工工业中一项非常重要的指标，尤其在精密机器和仪表的加工中，形位公差是评定产品质量的重要技术指标。它对于在高速、高压、高温、重载等条件下工作的产品零件的精度、性能和寿命等有较大的影响。

下面介绍标注形位公差的操作步骤。

打开源文件“X:\源文件\原始文件\12\标注形位公差.SLDPRT”，如图12-41所示。

（1）单击“注解”工具栏中的“形位公差”按钮，或选择菜单栏中的“插入”→“注解”→“几何公差”命令，或者单击“注解”控制面板中的“形位公差”按钮，系统弹出“属性”对话框。

（2）单击“符号”文本框右侧的下拉按钮，在弹出的面板中选择形位公差符号。

（3）在“公差”文本框中输入形位公差值。

（4）设置好的形位公差会在“属性”对话框中显示，如图12-42所示。

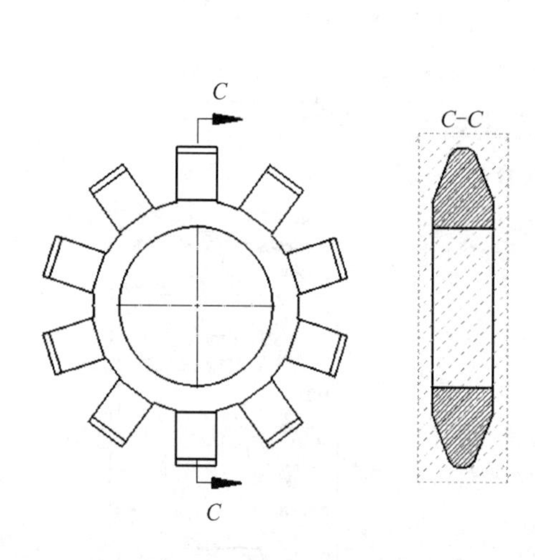

图12-41 打开的工程图

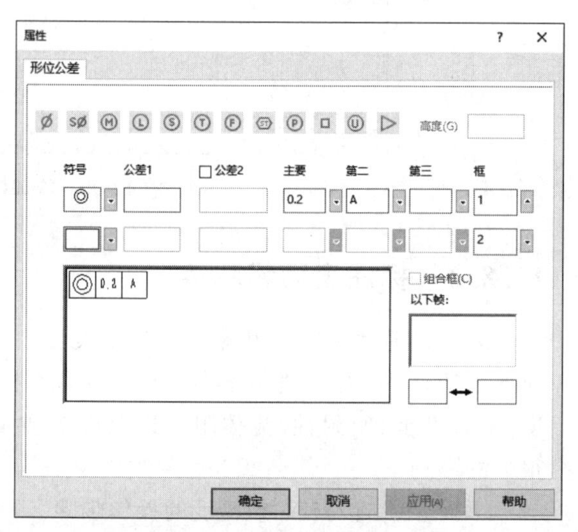

图12-42 “属性”对话框

（5）在图形区中单击，以放置形位公差。

（6）可以不关闭对话框，设置多个形位公差到图形上。

（7）单击“确定”按钮，完成形位公差的标注。

12-20

12.8.5 标注基准特征符号

基准特征符号用来表示模型平面或参考基准面。下面介绍插入基准特征符号的操作步骤。

打开源文件“X:\源文件\原始文件\12\标注基准特征符号.SLDPRT”，如图12-43所示。

（1）单击“注解”工具栏中的“基准特征符号”按钮，或选择菜单栏中的“插入”→

"注解"→"基准特征符号"命令,或者单击"注解"控制面板中的"基准特征"按钮。

(2) 在弹出的"基准特征"属性管理器中设置属性,如图 12-44 所示。

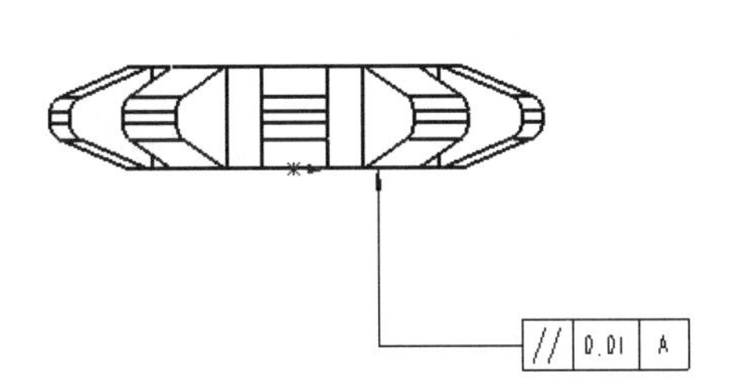

图 12-43　打开的工程图

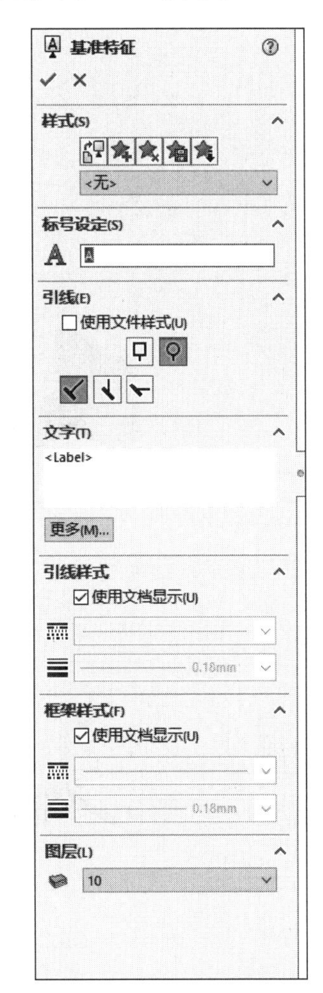

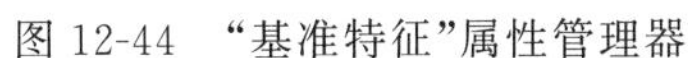

图 12-44　"基准特征"属性管理器

(3) 在图形区中单击,以放置符号。

(4) 可以不关闭对话框,设置多个基准特征符号到图形上。

(5) 单击"确定"按钮 ✓,完成基准特征符号的标注。

12.8.6　实例——基座视图尺寸标注

机械臂基座工程图如图 12-45 所示。

思路分析

本例将通过图 12-45 所示机械臂基座模型,

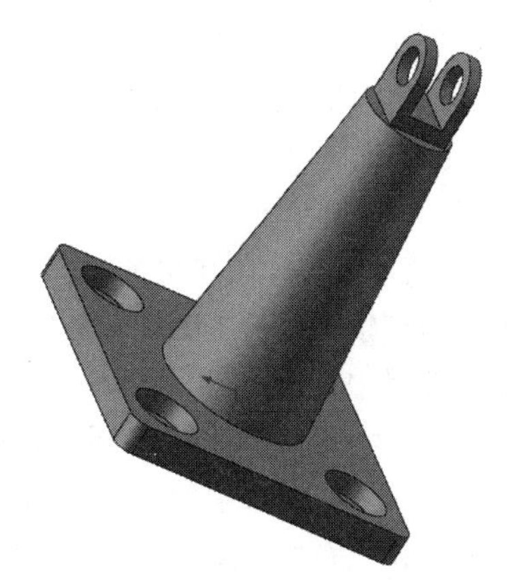

图 12-45　机械臂基座

12-21

重点介绍视图中各种尺寸标注及添加类型,同时复习零件模型到工程图视图的转换,流程图如图 12-46 所示。

Note

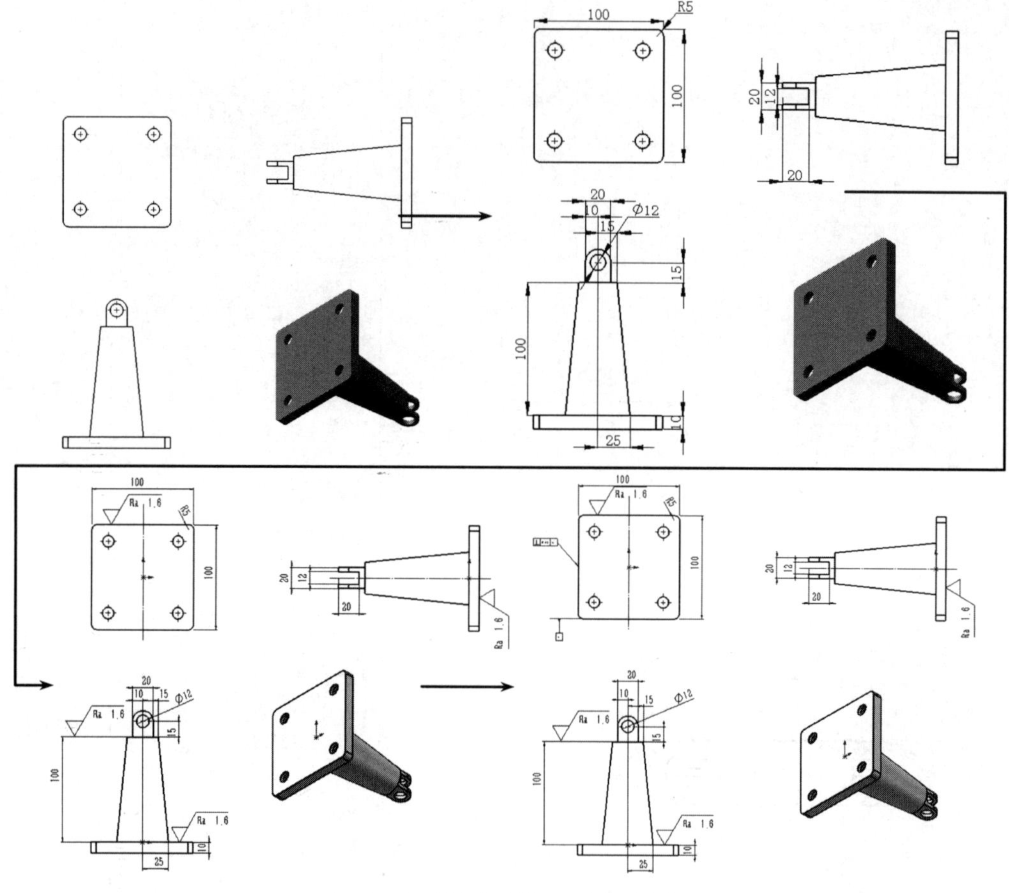

图 12-46 基座视图尺寸标注流程图

绘制步骤

(1) 进入 SOLIDWORKS 2020,选择菜单栏中的“文件”→“新建”命令或单击“标准”工具栏中的“新建”按钮,在弹出的“新建”对话框中(图 12-47)单击“工程图”按钮,新建工程图文件。

(2) 在图形编辑窗口左侧会出现如图 12-48 所示“模型视图”属性管理器,单击“浏览”按钮 浏览(B)... ,在弹出的“打开”对话框中选择需要转换成工程视图的零件“基座”,单击“打开”按钮,在图形编辑窗口出现矩形框,如图 12-49 所示,打开左侧“模型视图”属性管理器中“方向”选项组,选择视图方向为“前视”,如图 12-50 所示,利用鼠标拖动矩形框沿灰色虚线依次在不同位置放置视图,放置过程如图 12-51 所示。

(3) 在图形窗口中的右下角视图 4 单击,此时会出现“模型视图”属性管理器中设置相关参数。在“显示样式”面板中选择“带边线上色”按钮,工程图结果如图 12-52 所示。

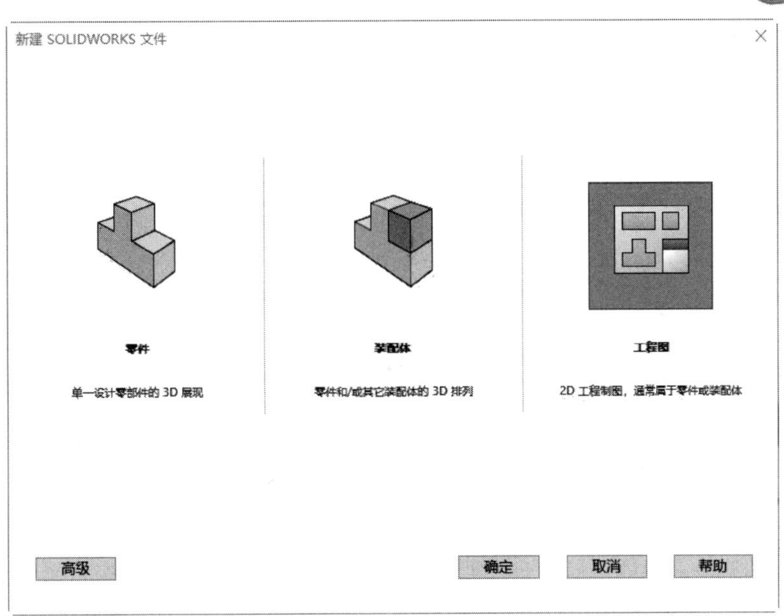

图 12-47　“新建”对话框

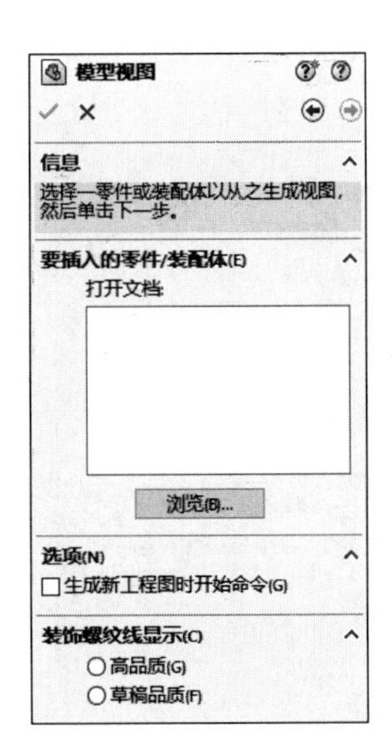

图 12-48　“模型视图”属性管理器

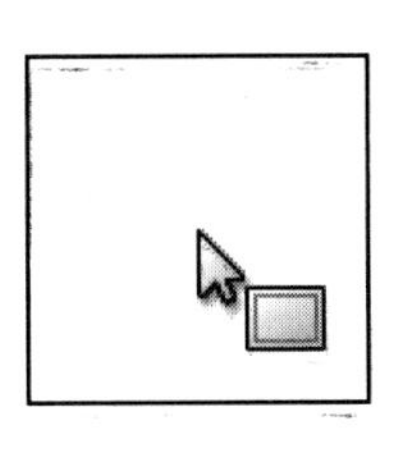

图 12-49　矩形图框

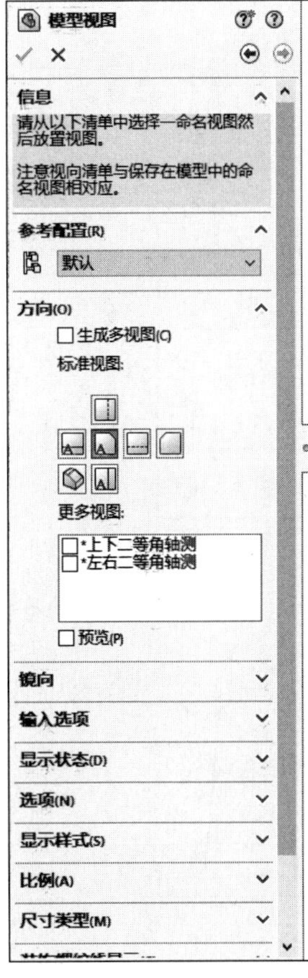

图 12-50　选择视图方向

Note

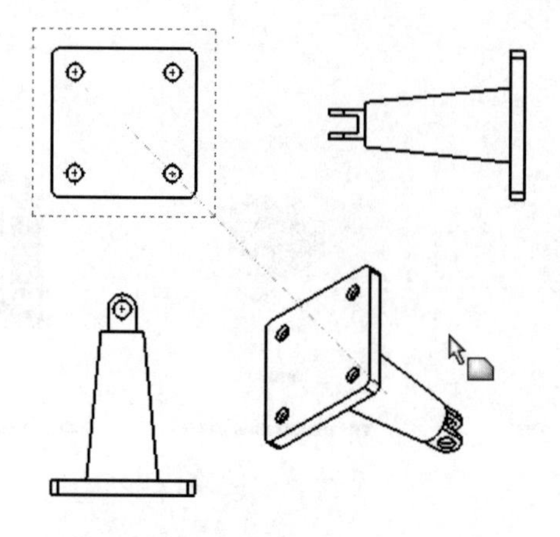

图 12-51　放置视图模型

（4）选择菜单栏中的“插入”→“模型项目”命令，或者选择“注解”控制面板中的“模型项目”按钮，会出现“模型项目”属性管理器，在属性管理器中设置各参数如图 12-53 所示，单击属性管理器中的“确定”按钮✓，这时会在视图中自动显示尺寸，如图 12-54 所示。

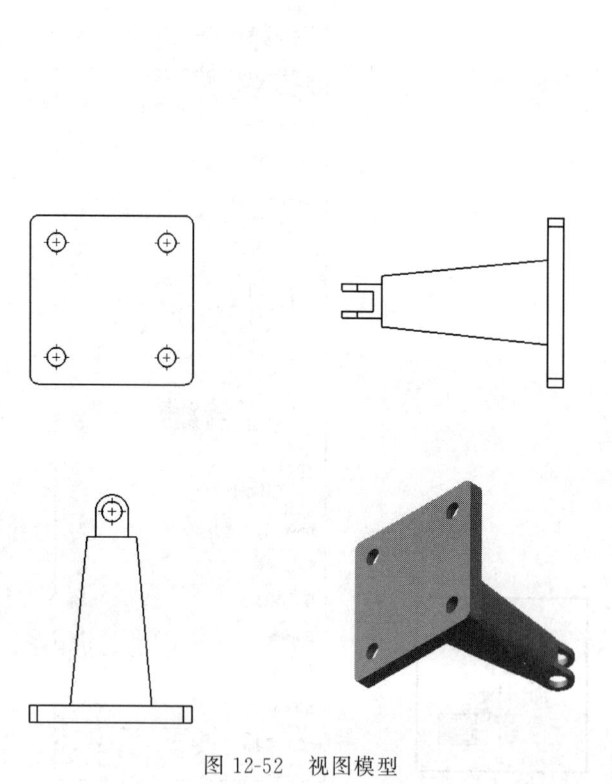

图 12-52　视图模型

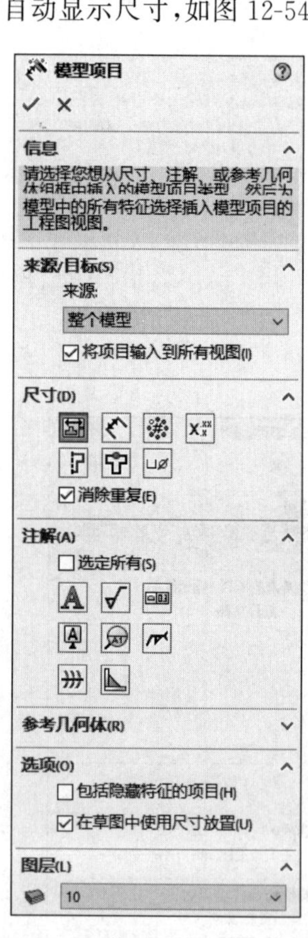

图 12-53　“模型项目”属性管理器

（5）在视图中单击选取要调整的尺寸，在绘图窗口左侧显示“尺寸”属性管理器，单

击“其他”选项卡，如图 12-55 所示，取消“使用文档字体”复选框的勾选，单击“字体”按钮，弹出“选择字体”对话框，修改“高度”→“单位”选项，输入值为 10mm，如图 12-56 所示，单击“确定”按钮，完成尺寸显示设置，结果如图 12-57 所示。

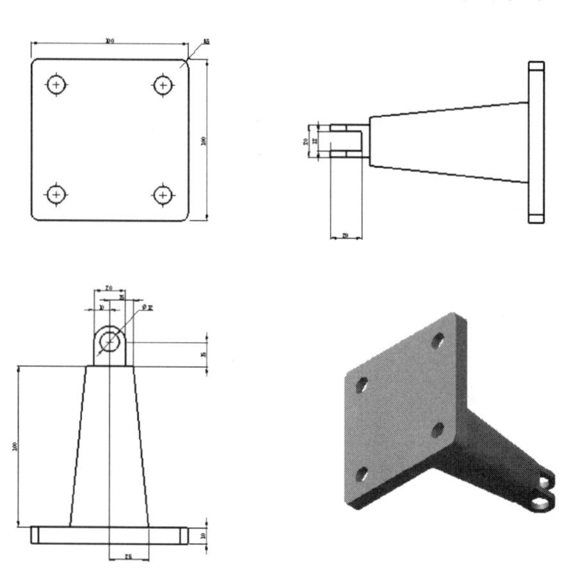

图 12-54　显示模型尺寸

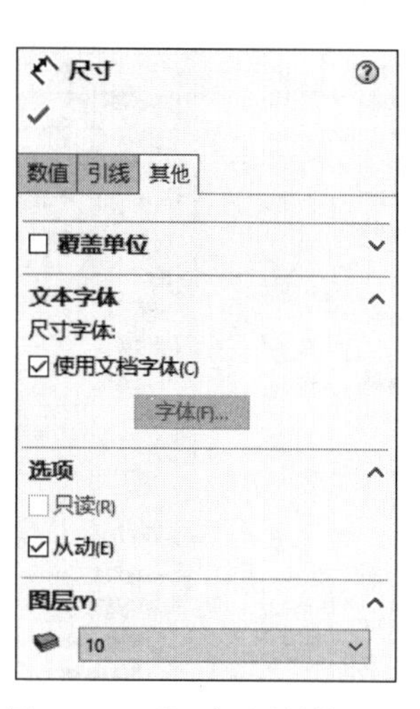

图 12-55　“尺寸”属性管理器

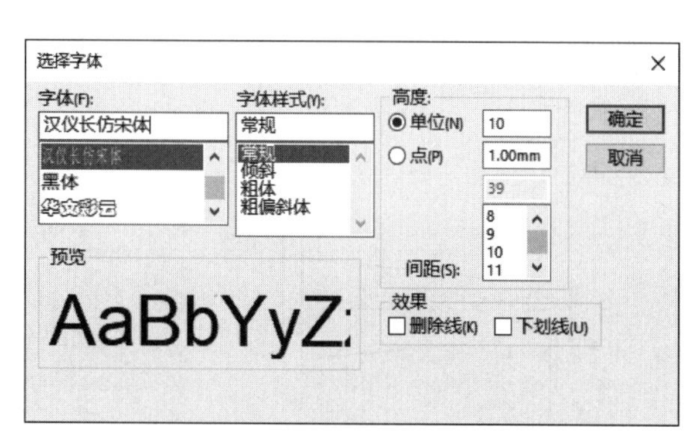

图 12-56　“选择字体”对话框

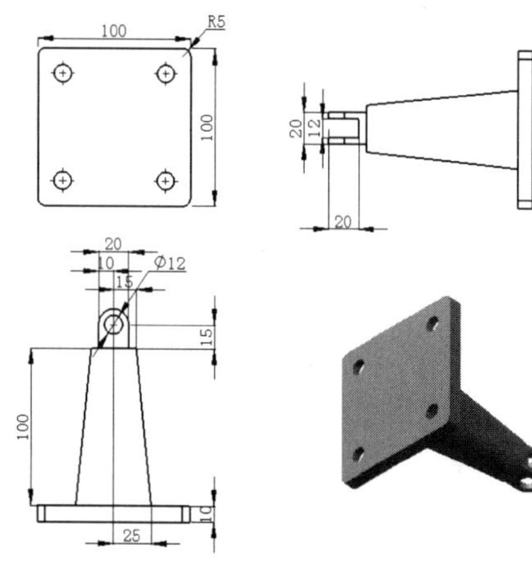

图 12-57　调整尺寸

注意

由于系统设置不同，有时模型尺寸默认单位与实际尺寸大小差异过大，若出现 0.01、0.001 等精度数值时，可进行相应设置，步骤如下所示。

选择菜单栏中的“工具”→“选项”命令，弹出“选项”对话框，切换到“文档选项”选项卡，单击“单位”选项，如图 12-58 所示，显示参数，在“单位系统”选项组中点选“MMGS（毫米、克、秒）”单选按钮，单击“确定”按钮退出对话框。

（6）单击“草图”控制面板中的“中心线”按钮，在视图中绘制中心线，如图 12-59 所示。

Note

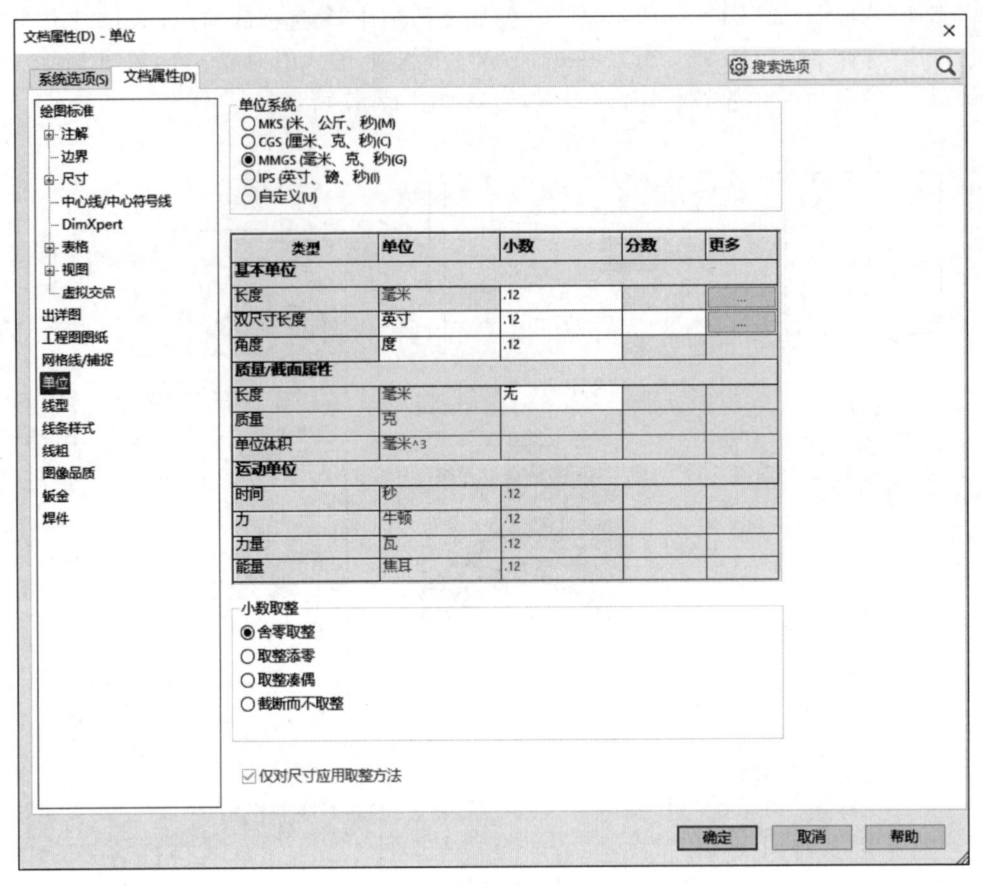

图 12-58 “文档属性-单位”对话框

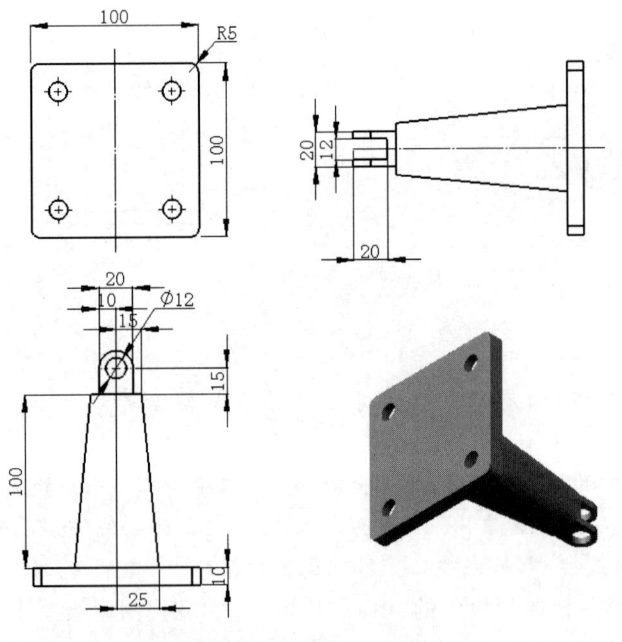

图 12-59 绘制中心线

（7）选择“注解”控制面板中的“表面粗糙度符号”按钮，会出现“表面粗糙度”属性管理器，在属性管理器中设置各参数，如图 12-60 所示。

（8）设置完成后，移动光标到需要标注表面粗糙度的位置，单击即可完成标注，单击属性管理器中的“确定”按钮 ✔，表面粗糙度即可完成标注。下表面的标注需要设置角度为 90°，标注表面粗糙度效果如图 12-61 所示。

（9）单击“注解”控制面板中的“基准特征”按钮，会出现“基准特征”属性管理器，在属性管理器中设置各参数如图 12-62 所示。

（10）设置完成后，移动光标到需要添加基准特征的位置单击，然后拖动鼠标到合适的位置再次单击即可完成标注，单击“确定”按钮 ✔ 即可在图中添加基准符号，如图 12-63 所示。

（11）选择“注解”控制面板中的“形位公差”按钮，会出现“形位公差”属性管理器及“属性”对话框，在属性管理器中设置各参数，如图 12-64 所示，在“属性”对话框中设置各参数，如图 12-65 所示。

（12）设置完成后，移动光标到需要添加形位公差的位置单击即可完成标注，单击“确定”按钮 ✔ 即可在图中添加形位公差符号，如图 12-66 所示。

（13）选择视图中的所有尺寸，在“尺寸”属性管理器中“引线”选项卡中的“尺寸界线/引线显示”属性管理器中选择实心箭头，如图 12-67 所示，单击“确定”按钮。最终可以得到如图 12-68 所示的工程图。工程图的生成到此即结束。

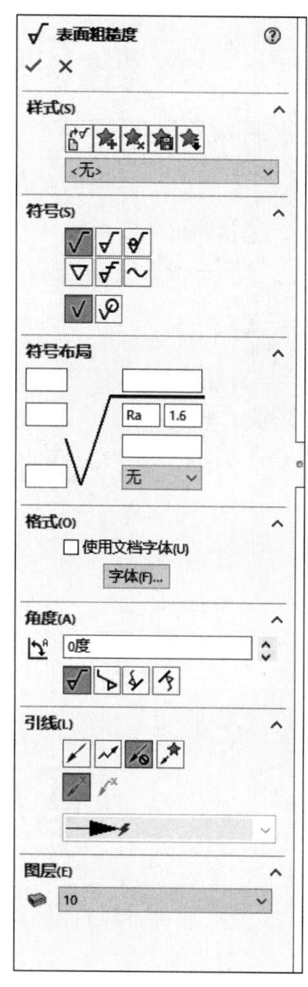

图 12-60　“表面粗糙度”属性管理器

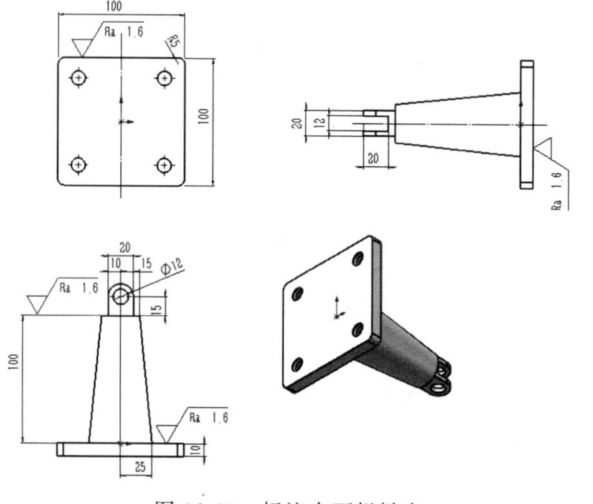

图 12-61　标注表面粗糙度

Note

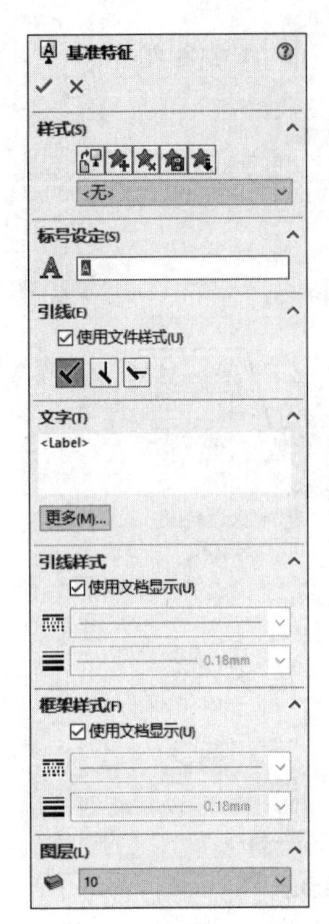

图 12-62 “基准特征”属性管理器

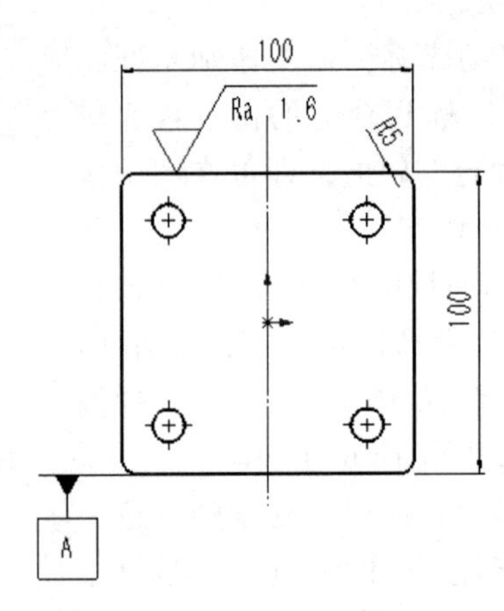

图 12-63 添加基准符号

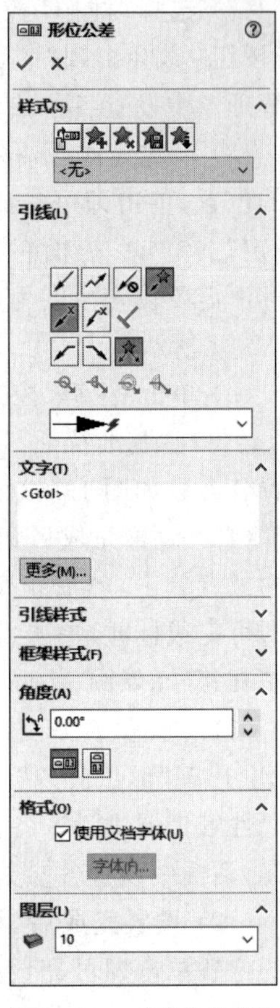

图 12-64 “形位公差”属性管理器

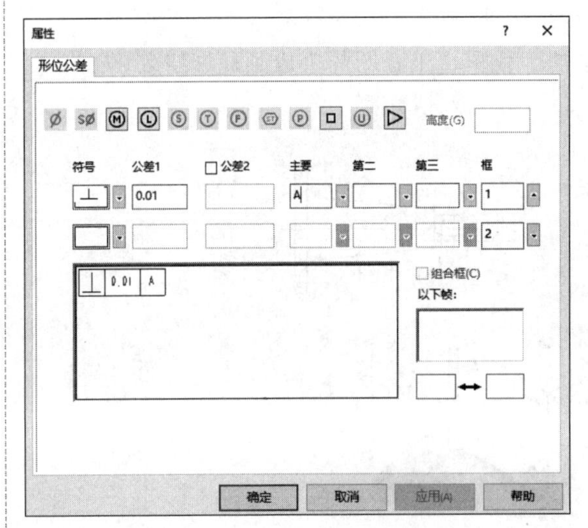

图 12-65 “属性”对话框

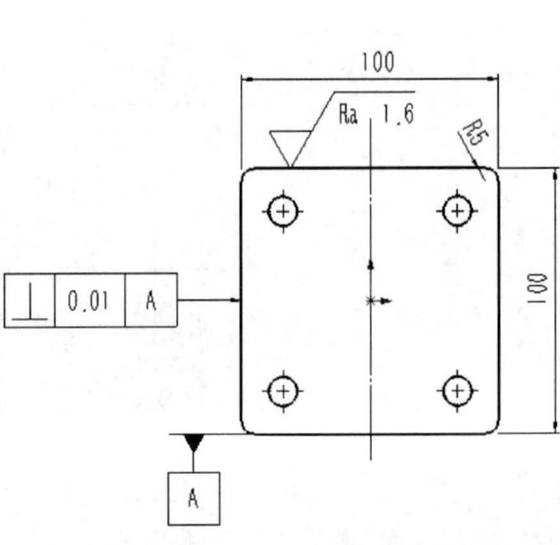

图 12-66 添加形位公差

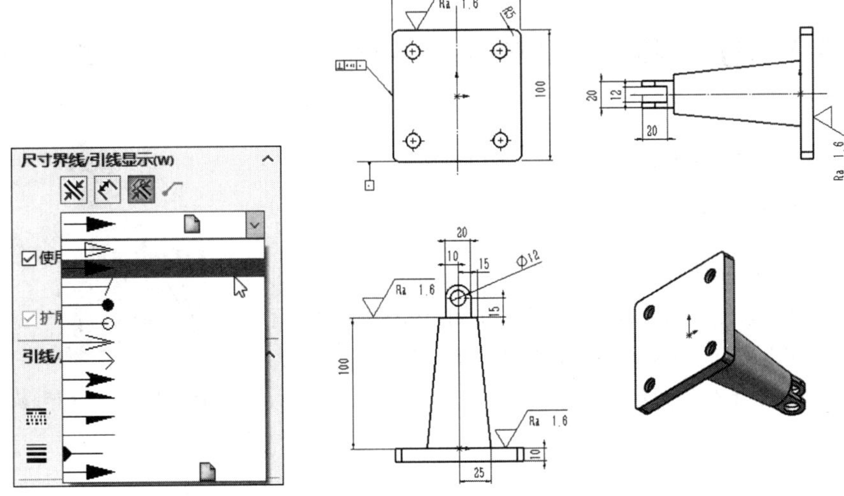

图 12-67　“尺寸界线/引线显示”属性管理器

图 12-68　工程图

12-22

12-23

12.9　打印工程图

用户可以打印整个工程图样，也可以只打印图样中所选的区域，其操作步骤如下。

选择菜单栏中的“文件”→“打印”命令，弹出“打印”对话框，如图 12-69 所示。在该对话框中设置相关打印属性，如打印机的选择，打印效果的设置，页眉、页脚设置，打印线条粗细的设置等。在“打印范围”选项组中点选“所有图纸”单选按钮，可以打印整个工程图样；点选其他 3 个单选按钮，可以打印工程图中所选区域。单击“确定”按钮，开始打印。

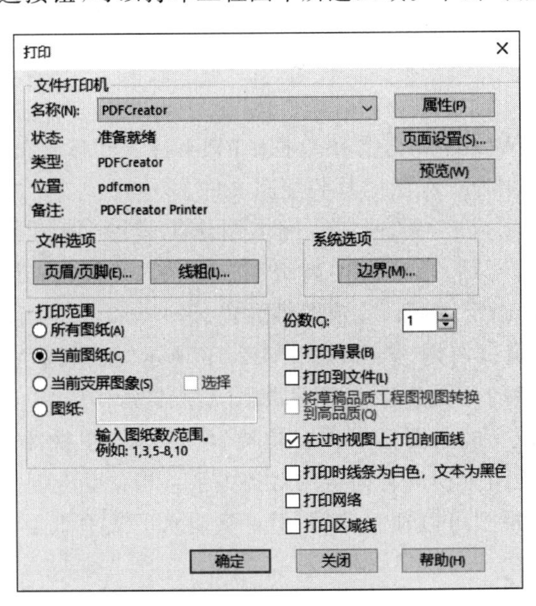

图 12-69　“打印”对话框

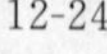

12-24

Note

12.10 综合实例——机械臂装配体工程图

机械臂装配体工程图如图 12-70 所示。

思路分析

本例将通过图 12-70 所示机械臂装配体的工程图创建实例，综合利用前面所学的知识，讲述利用 SOLIDWORKS 的工程图功能创建工程图的一般方法和技巧，绘制的流程图如图 12-71 所示。

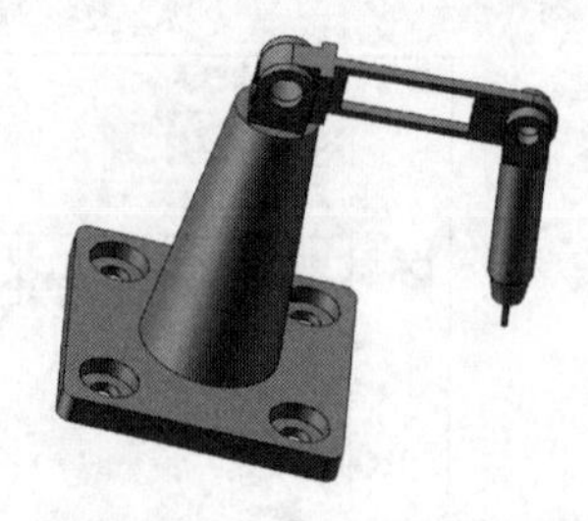

图 12-70 机械臂装配体

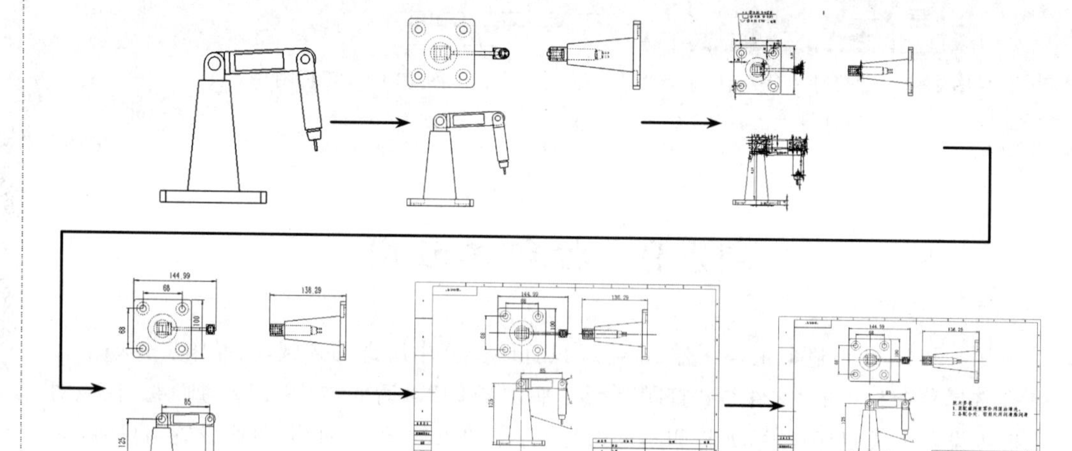

图 12-71 机械臂装配体绘制流程图

绘制步骤

（1）进入 SOLIDWORKS，选择菜单栏中的"文件"→"打开"命令，在弹出的"打开"对话框中选择将要转化为工程图的总装配图文件。

（2）单击"标准"工具栏中的"从装配体制作工程图"按钮，此时会弹出"新建 SOLIDWORKS 文件"对话框，单击"高级"按钮，在"模板"选项卡中选择 gb_a4，如图 12-72 所示。单击"确定"按钮，完成图纸设置。

（3）在图形编辑窗口右侧，会出现如图 12-73 所示"视图调色板"属性管理器，选择上视图，在图纸中合适的位置放置上视图，如图 12-74 所示。

（4）利用同样的方法，在图形操作窗口放置前视图、左视图，相对位置如图 12-75 所示。（上视图与其他两个视图有固定的对齐关系。当移动它时，其他的视图也会跟着移动。虽然其他两个视图可以独立移动，但是只能水平或垂直于主视图移动。）

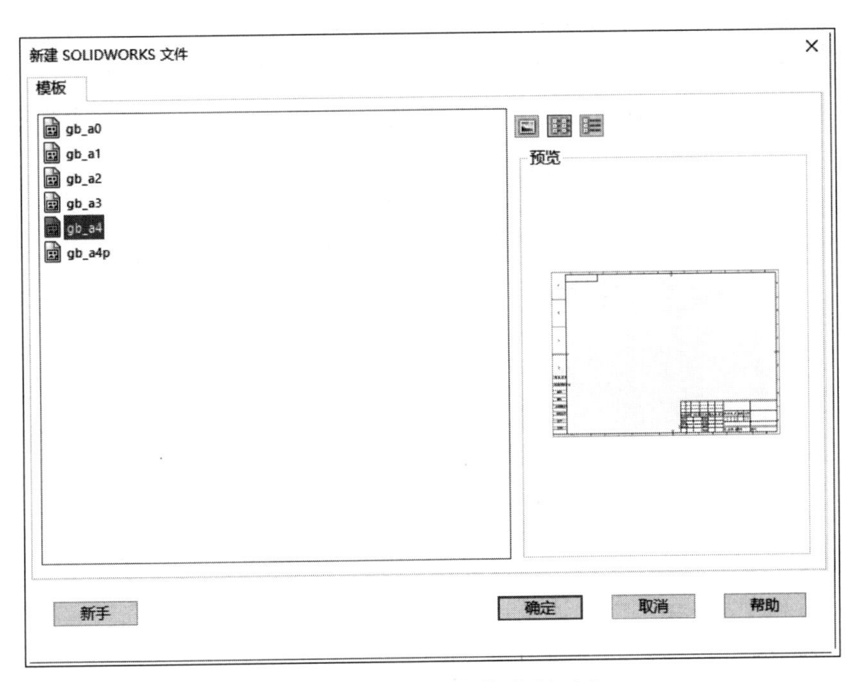

图 12-72　设置"图纸格式/大小"

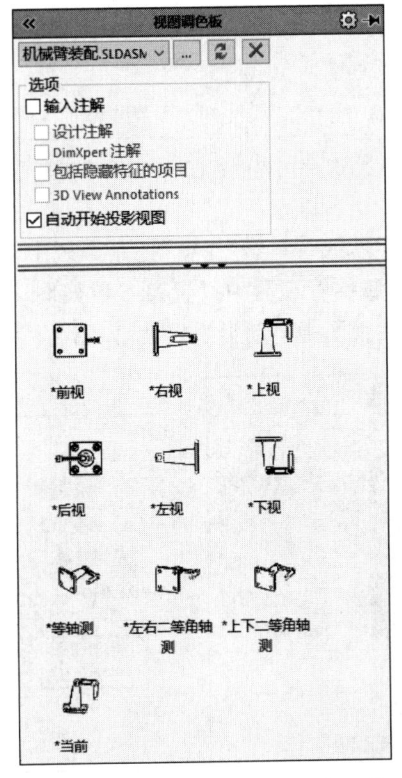

图 12-73　"视图调色板"属性管理器

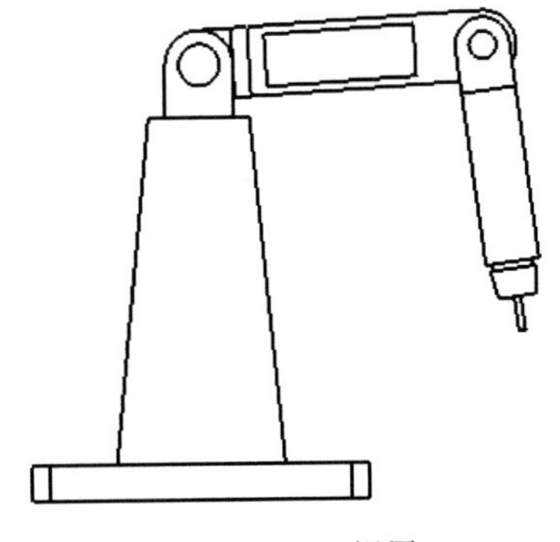

图 12-74　上视图

Note

（5）在图形窗口中的上视图内单击，此时会出现“工程图视图 1”属性管理器，在其中设置相关参数：在“显示样式”选项组中单击“隐藏线可见”按钮，如图 12-76 所示，在“比例”选项组中选中“使用自定义比例”单选按钮，此时的三视图将显示隐藏线。工程图结果如图 12-77 所示。

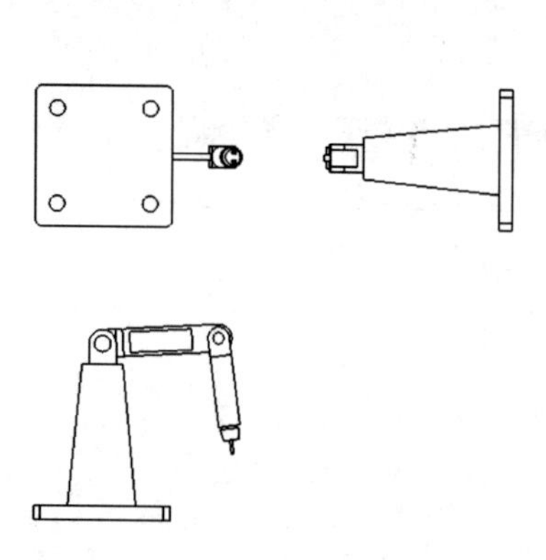

图 12-75　视图模型

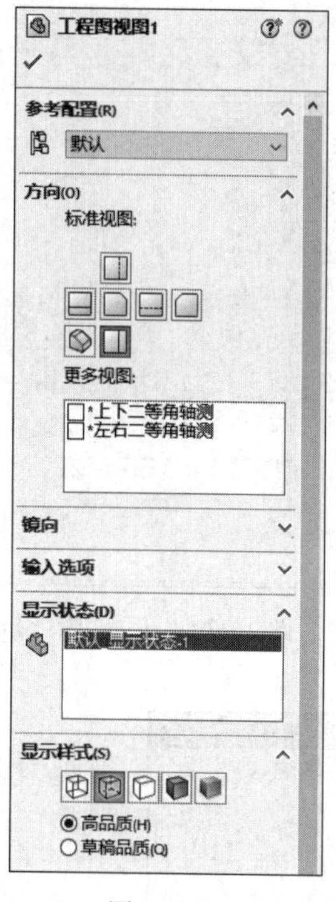

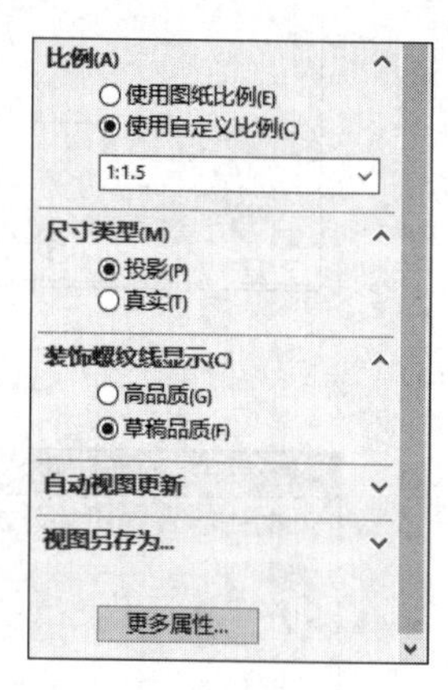

图 12-76　“工程图视图 1”属性管理器

（6）选择菜单栏中的“插入”→“模型项目”命令，或者单击“注解”控制面板中的“模型视图”按钮，会出现“模型项目”属性管理器，在属性管理器中设置各参数如图 12-78 所示，单击属性管理器中的“确定”✓按钮，这时会在视图中自动显示尺寸，如图 12-79 所示。

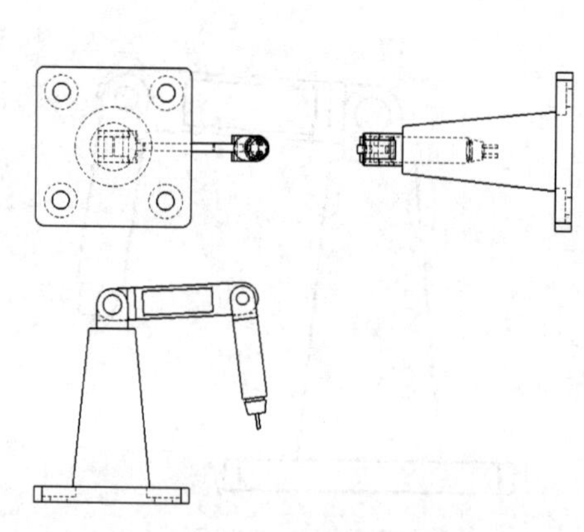

图 12-77　显示隐藏线的三视图

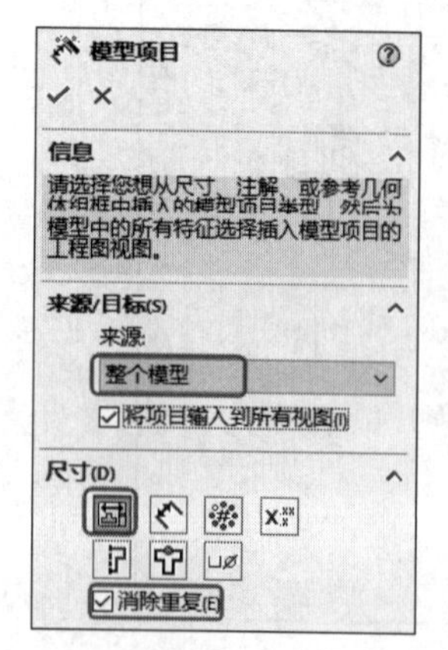

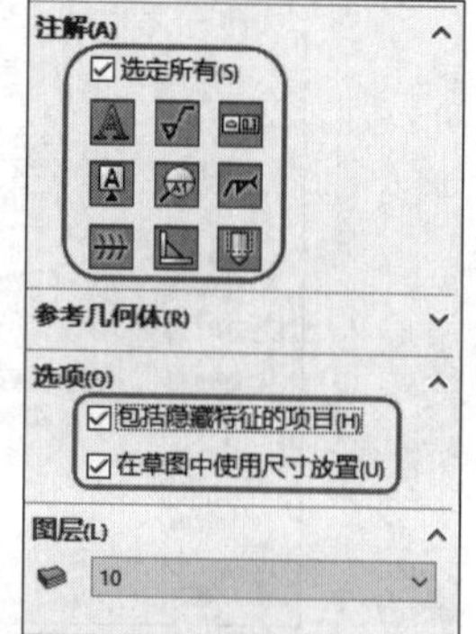

图 12-78　“模型项目”属性管理器

(7) 在前视图中选取要移动的尺寸,按住鼠标左键移动光标位置,即可在同一视图中动态地移动尺寸位置。选中将要删除的多余的尺寸,然后按 Delete 键即可将多余的尺寸删除。单击智能尺寸命令标注需要的尺寸。调整后的上视图如图 12-80 所示。

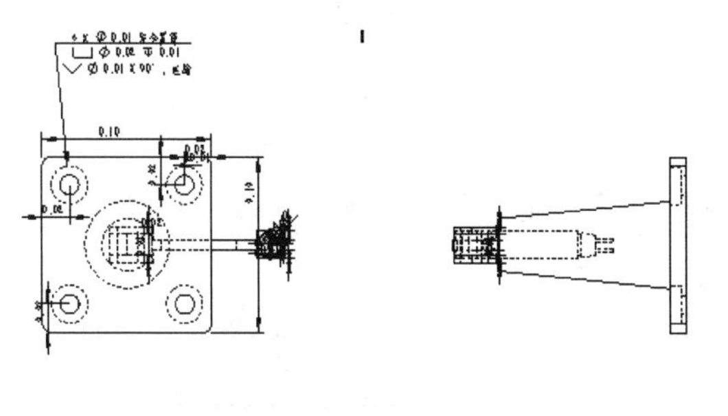

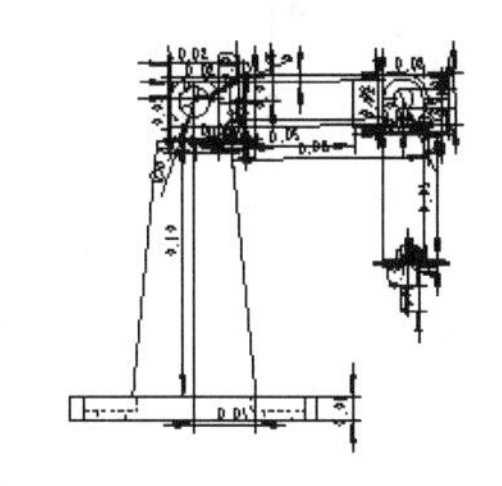

图 12-79 显示尺寸

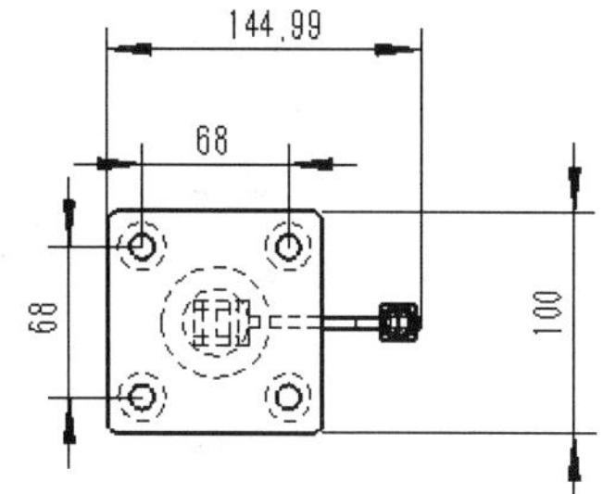

图 12-80 调整尺寸后的上视图

技巧荟萃

如果要在不同视图之间移动尺寸,首先选择要移动的尺寸并按住鼠标左键,然后按住 Shift 键,移动光标到另一个视图中释放鼠标左键,即可完成尺寸的移动。

(8) 利用同样的方法可以调整上视图和左视图,得到的结果如图 12-81 和图 12-82 所示。

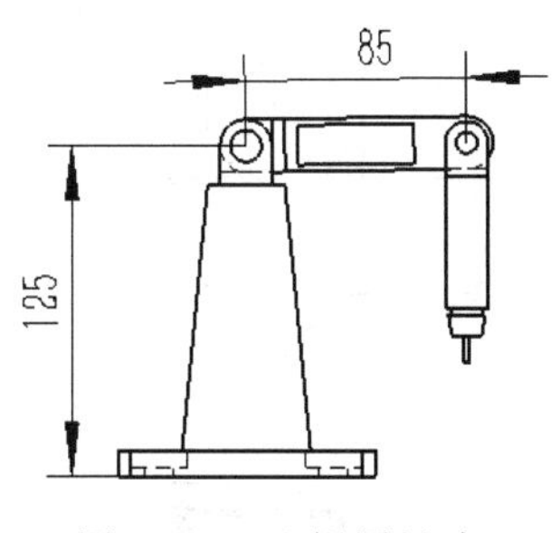

图 12-81 上视图尺寸

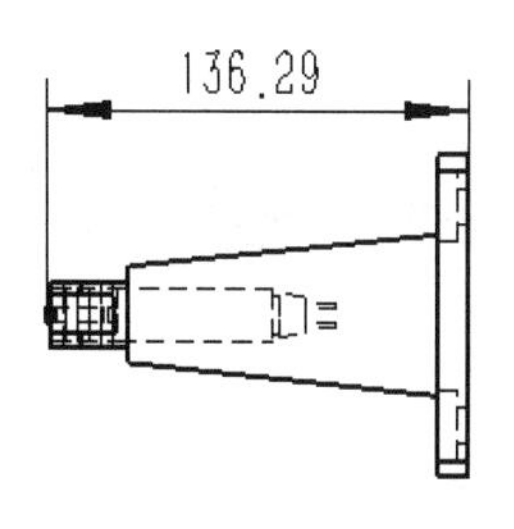

图 12-82 左视图尺寸

(9) 选择菜单栏中的"工具"→"选项"命令,弹出"选项"对话框,切换到"文档选项"选项卡,在左侧树形列表中选择"单位"选项,如图 12-83 所示。在"单位系统"选项组中选中"MMGS(毫米、克、秒)"单选按钮,单击"尺寸"选项,单击"字体"按钮,设置合适的字体高度,单击"确定"按钮,退出对话框。设置完成的三视图如图 12-84 所示。

(10) 单击"草图绘制"工具栏中的"中心线"按钮,在三视图中绘制中心线,如图 12-85 所示。

Note

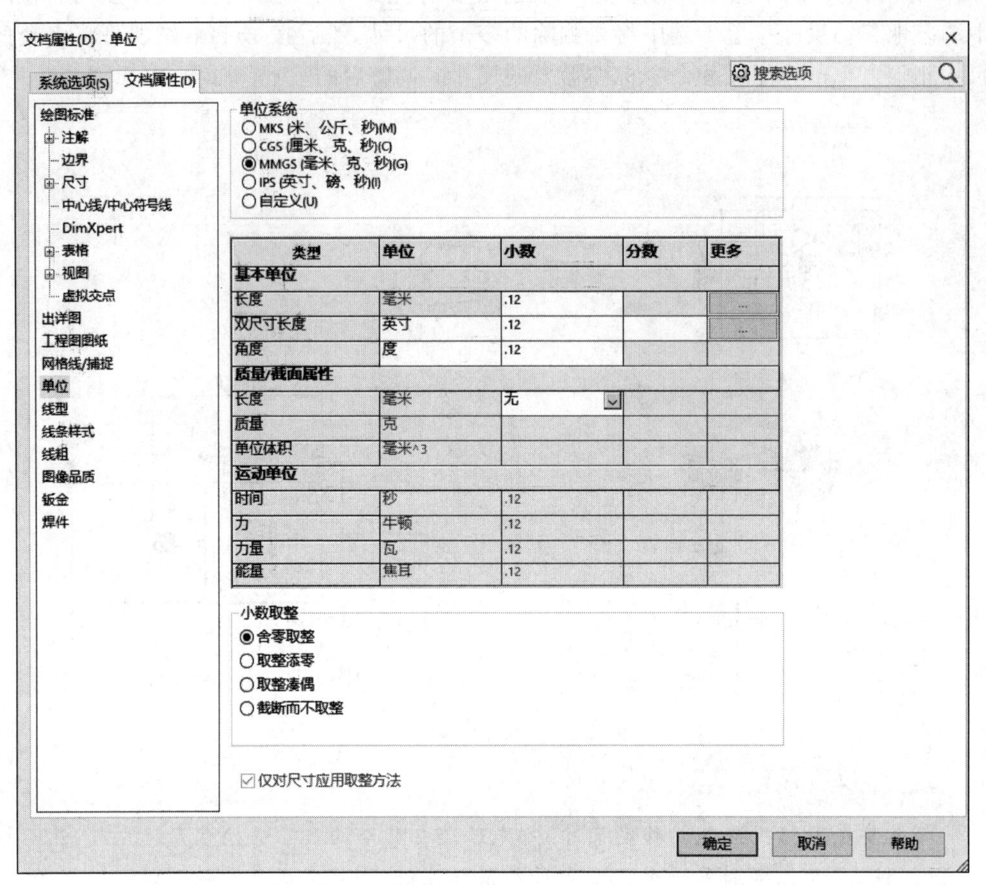

图 12-83 “文档属性”选项卡

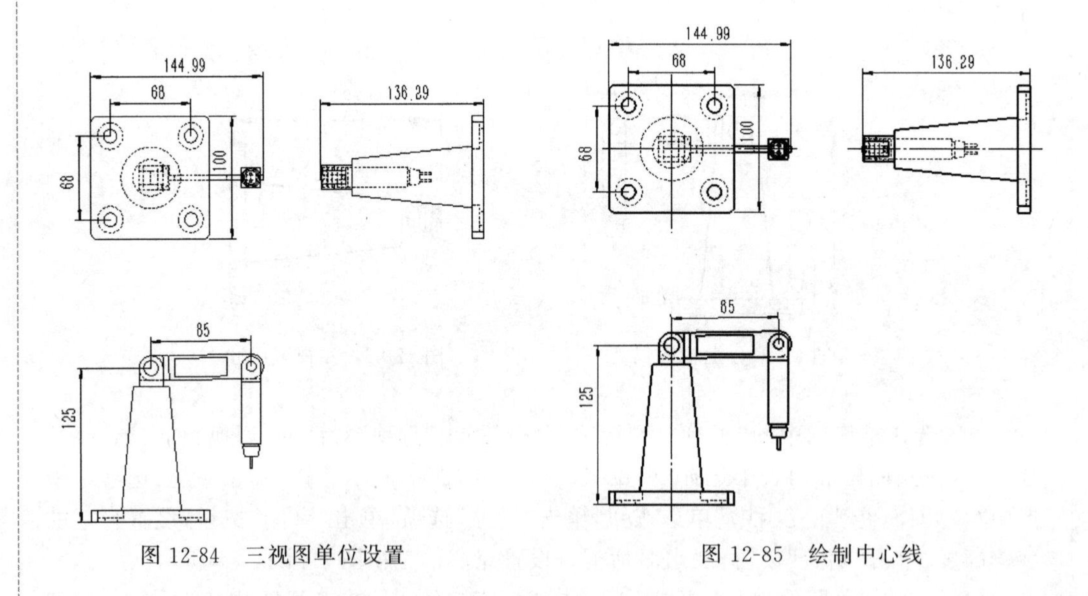

图 12-84 三视图单位设置

图 12-85 绘制中心线

（11）选择菜单栏中的“插入”→“注解”→“自动零件序号”命令，或者单击“注解”工具栏中的“自动零件序号”按钮，在图形区域单击上视图将自动生成零件的序号，零件序号会插入适当的视图中，不会重复。在弹出的属性管理器中可以设置零件序号的布局、样式等，参数设置如图12-86所示，生成零件序号的结果如图12-87所示。

（12）下面为视图生成材料明细表，工程图可包含基于表格的材料明细表或基于Excel的材料明细表，但不能同时包含两者。选择菜单栏中的“插入”→“表格”→“材料明细表”命令，或者单击“表格”工具栏中的“材料明细表”按钮，选择刚才创建的左视图，弹出“材料明细表”设置对话框，设置如图12-88所示，单击属性管理器中的“确定”按钮✔，在图形区域弹出跟随鼠标的材料明细表表格，在图框的右下角单击确定为定位点，创建明细表后的效果如图12-89所示。

（13）选择菜单栏中的“插入”→“注解”→“注释”命令，或者单击“注解”工具栏上的“注释”按钮A，为工程图添加注释，如图12-90所示，此工程图即绘制完成。

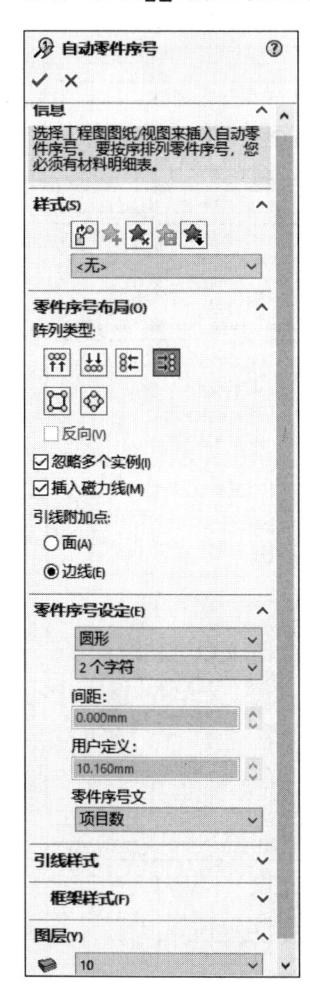

图12-86 “自动零件序号”设置框

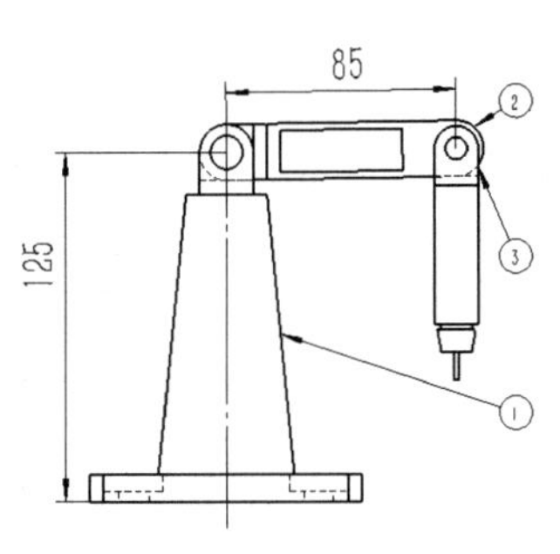

图12-87 自动生成的零件序号

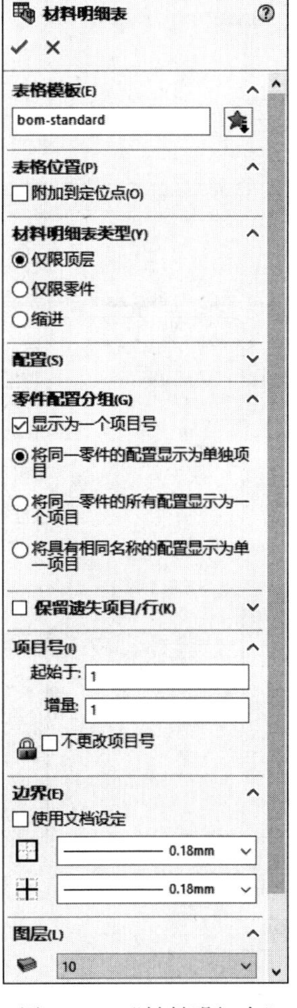

图12-88 “材料明细表”设置框

Note

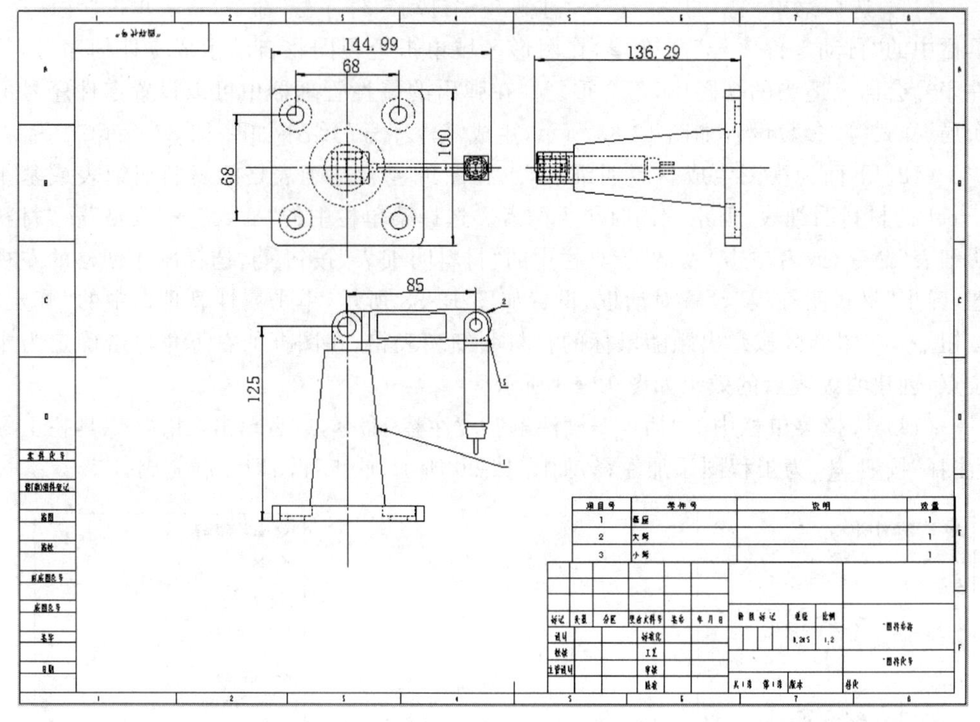

图 12-89　添加创建明细表

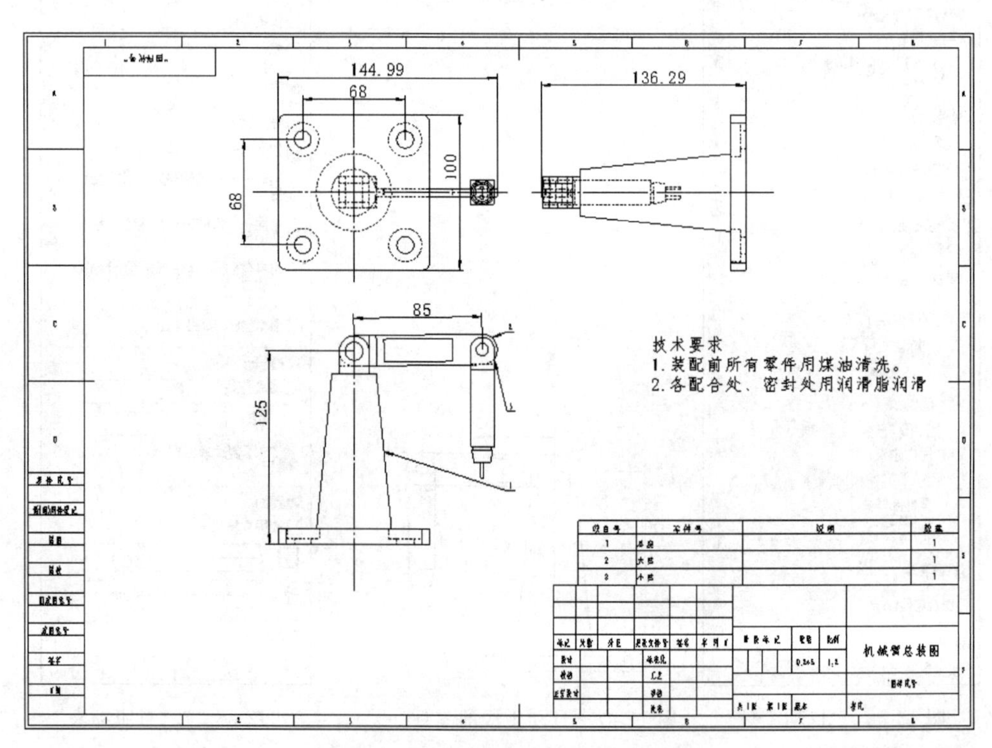

图 12-90　添加技术要求和标题栏

挖掘机设计综合实例

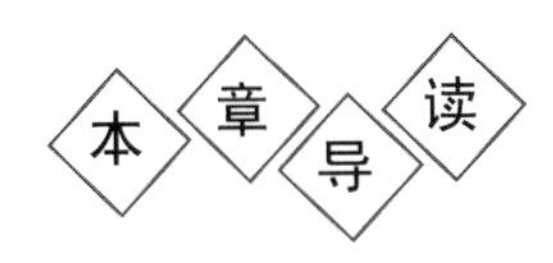

本章在前面几章全面学习各种建模方法的基础上，以一个典型的机械装置——挖掘机的整体设计过程为例，深入地讲解了应用SOLIDWORKS 2020进行工程设计的整体思路和具体实施方法。

内 容 要 点

- 绘制挖掘机零件
- 挖掘机装配体

13.1 绘制挖掘机零件

13.1.1 主连接

Note

13-1

本例绘制的主连接如图 13-1 所示。

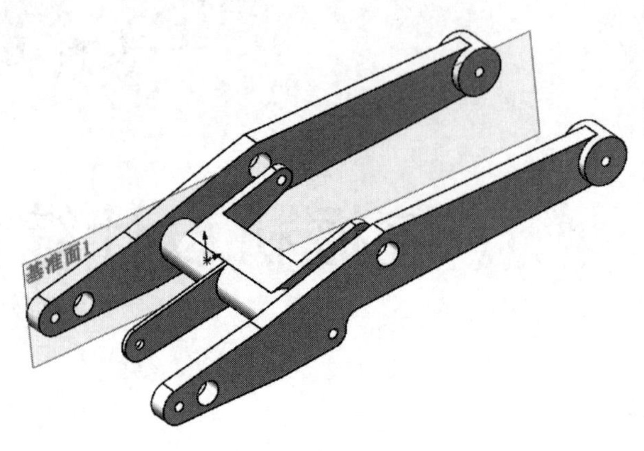

图 13-1 主连接

思路分析

首先绘制主连接的外形轮廓草图，然后旋转成为主连接主体轮廓，最后进行倒角处理。绘制的流程图如图 13-2 所示。

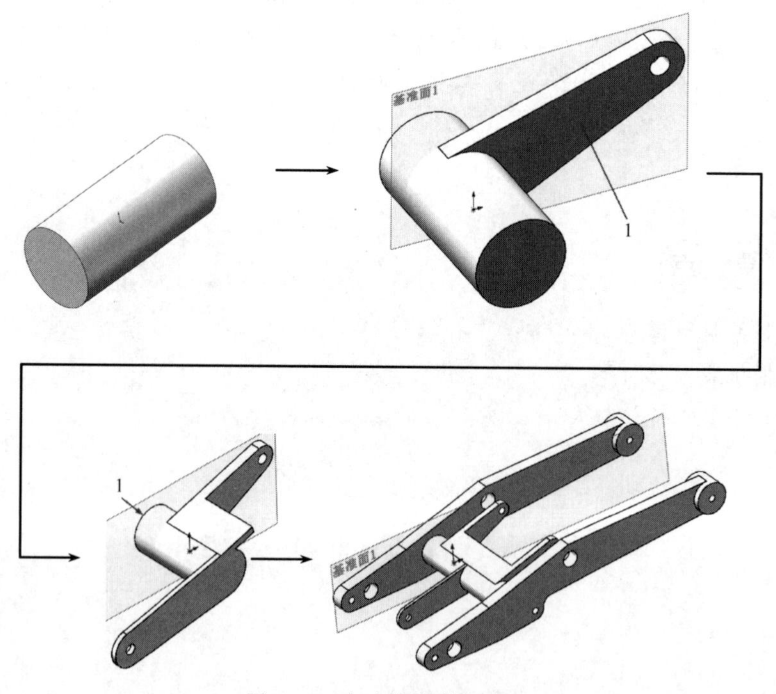

图 13-2 主连接绘制流程图

绘制步骤

（1）新建文件。启动 SOLIDWORKS 2020，选择菜单栏中的“文件”→“新建”命令，或者单击“标准”工具栏中的“新建”按钮，在弹出的“新建 SOLIDWORKS 文件”对话框中选择“零件”按钮，然后单击“确定”按钮，创建一个新的零件文件。

（2）绘制草图 1。在左侧的 FeatureManager 设计树中用鼠标选择“前视基准面”作为绘制图形的基准面。单击“草图”控制面板中的“圆”按钮，绘制直径为 45mm 的圆。

（3）拉伸实体 1。选择菜单栏中的“插入”→“凸台/基体”→“拉伸”命令，或者单击“特征”控制面板中的“拉伸凸台/基体”按钮，弹出如图 13-3 所示的“凸台-拉伸”属性管理器。设置拉伸终止条件为“两侧对称”，输入拉伸距离为 95.00mm，然后单击“确定”按钮，结果如图 13-4 所示。

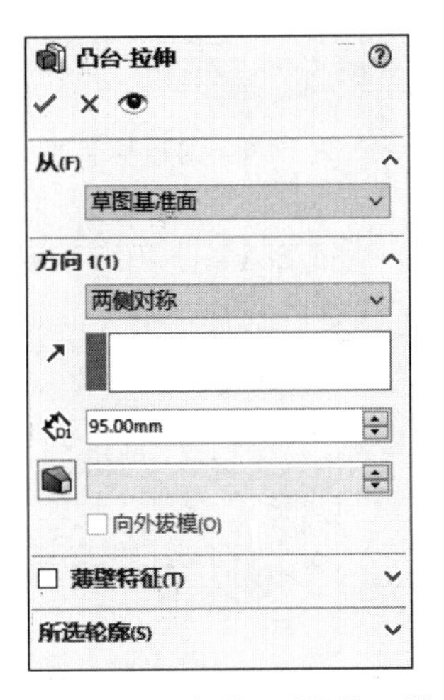

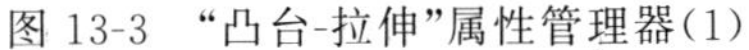
图 13-3 “凸台-拉伸”属性管理器(1)

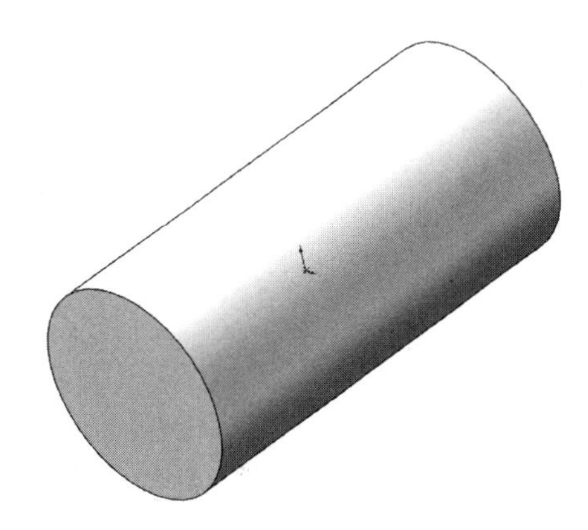
图 13-4 拉伸实体 1(主连接)

（4）创建基准平面 1。在左侧的 FeatureManager 设计树中用鼠标选择“前视基准面”作为绘制图形的基准面。单击“特征”控制面板“参考几何体”下拉列表中的“基准面”按钮，弹出“基准面”属性管理器，在“偏移距离”文本框中输入距离为 22.5mm，如图 13-5 所示；单击属性管理器中的“确定”按钮，生成基准面如图 13-6 所示。

（5）绘制草图 2。在左侧的 FeatureManager 设计树中用鼠标选择“基准面 1”作为绘制图形的基准面。单击“草图”控制面板中的“转换实体引用”按钮、“圆”按钮、“直线”按钮和“剪裁实体”按钮，绘制如图 13-7 所示的草图并标注。

（6）拉伸实体 2。选择菜单栏中的“插入”→“凸台/基体”→“拉伸”命令，或者单击“特征”控制面板中的“拉伸凸台/基体”按钮，弹出如图 13-8 所示的“凸台-拉伸”属性管理器。设置拉伸终止条件为“给定深度”，输入拉伸距离为 10.00mm，单击“反向”按钮，调整拉伸方向，使拉伸方向朝内，如图 13-9 所示，然后单击“确定”按钮，结果如图 13-10 所示。

Note

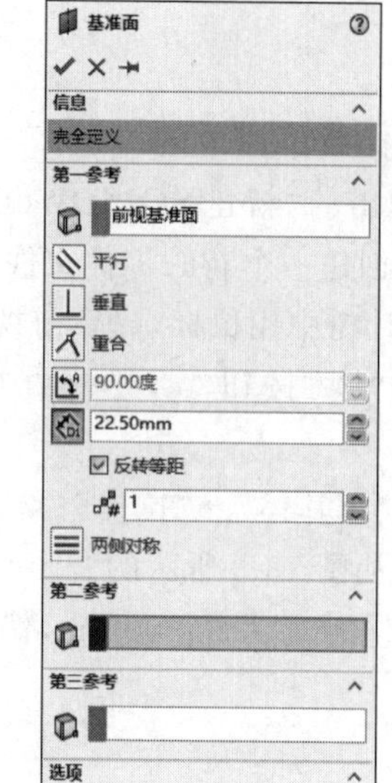

图 13-5 "基准面"属性管理器

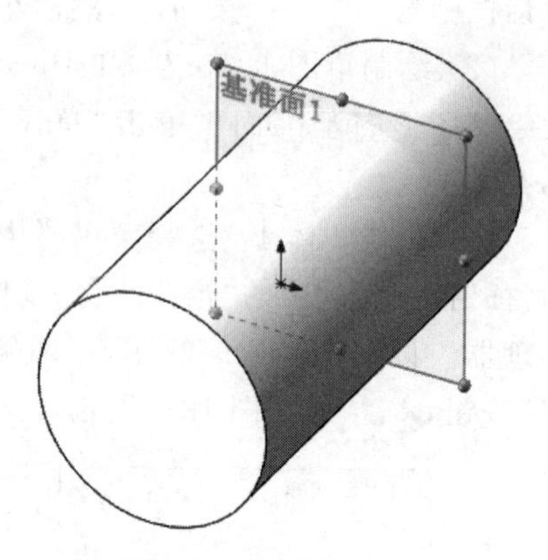

图 13-6 创建基准面 1

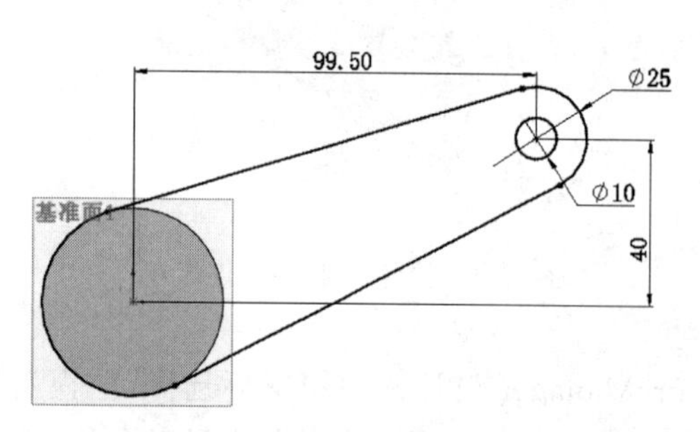

图 13-7 绘制草图 2(主连接)

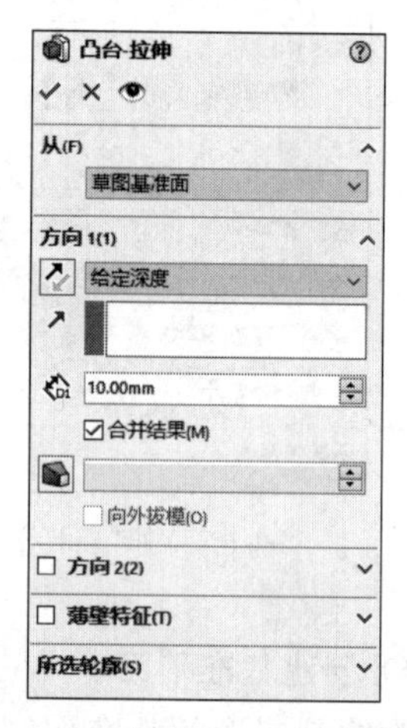

图 13-8 "凸台-拉伸"属性管理器(2)

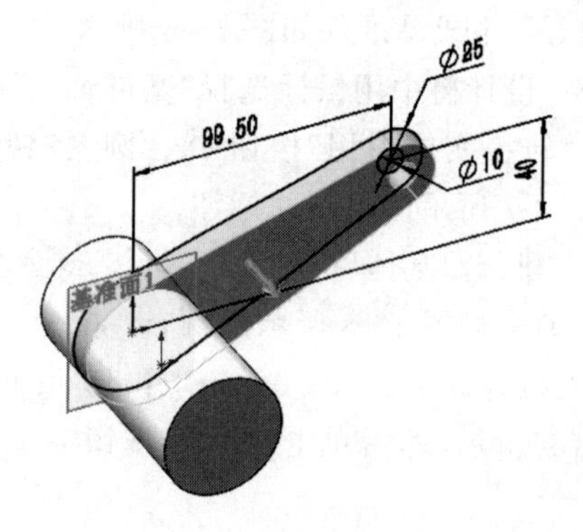

图 13-9 拉伸方向

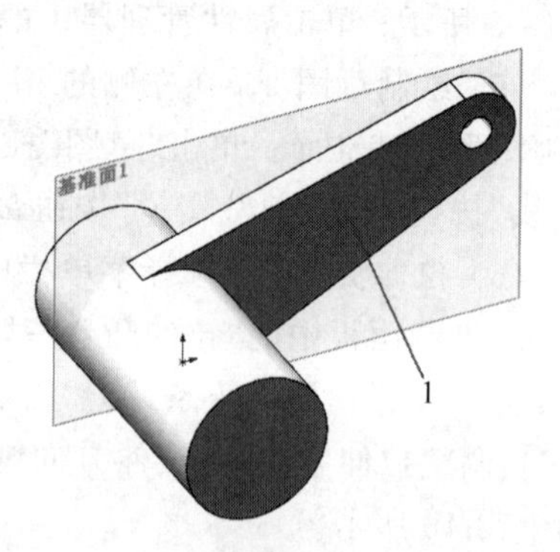

图 13-10 拉伸实体 2(主连接)

(7) 绘制草图 3。在视图中用鼠标选择如图 13-10 所示的面 1 作为绘制图形的基准面。单击“草图”控制面板中的“转换实体引用”按钮、“直线”按钮和“剪裁实体”按钮，绘制如图 13-11 所示的草图并标注。

(8) 拉伸实体 3。选择菜单栏中的“插入”→“凸台/基体”→“拉伸”命令，或者单击“特征”控制面板中的“拉伸凸台/基体”按钮，弹出如图 13-12 所示的“凸台-拉伸”属性管理器。设置拉伸终止条件为“成形到一面”，选择之前创建的拉伸实体 1，然后单击“确定”按钮，结果如图 13-13 所示。

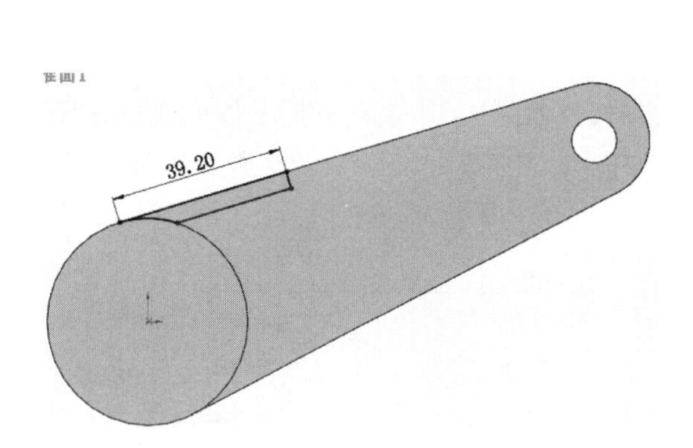

图 13-11　绘制草图 3(主连接)

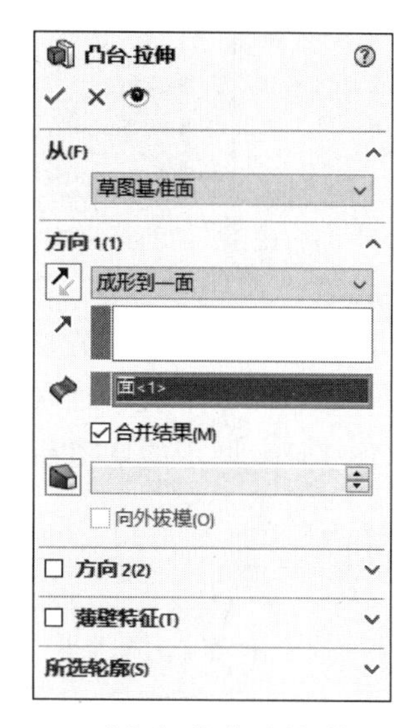

图 13-12　“凸台-拉伸”属性管理器(3)

(9) 绘制草图 4。在视图中用鼠标选择如图 13-13 所示的面 1 作为绘制图形的基准面。单击“草图”控制面板中的“转换实体引用”按钮、“圆”按钮、“直线”按钮和“剪裁实体”按钮，绘制如图 13-14 所示的草图并标注。

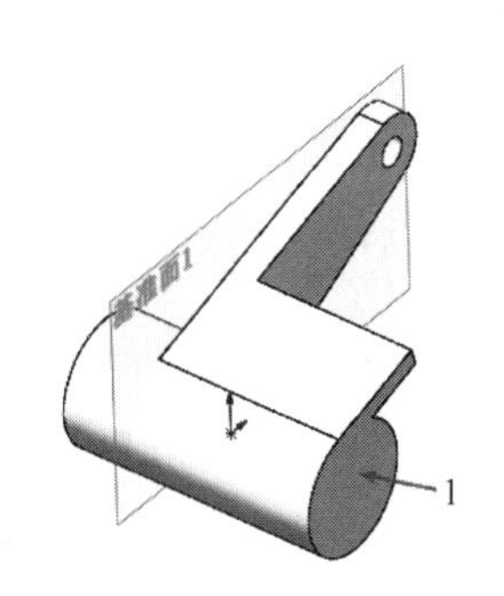

图 13-13　拉伸实体 3(主连接)

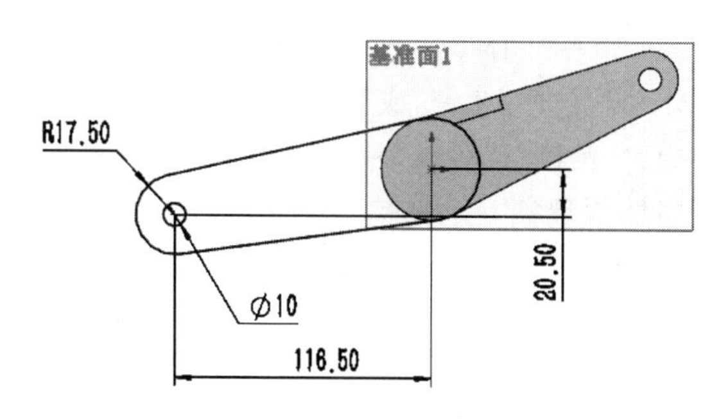

图 13-14　绘制草图 4(主连接)

(10) 拉伸实体 4。选择菜单栏中的“插入”→“凸台/基体”→“拉伸”命令，或者单击“特征”控制面板中的“拉伸凸台/基体”按钮，弹出如图 13-15 所示的“凸台-拉伸”属性管理器。设置拉伸终止条件为“给定深度”，输入拉伸距离为 5.00mm，然后单击“确定”按钮，结果如图 13-16 所示。

Note

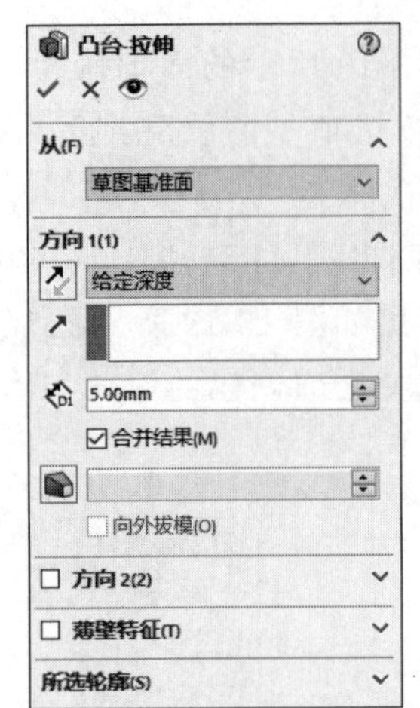

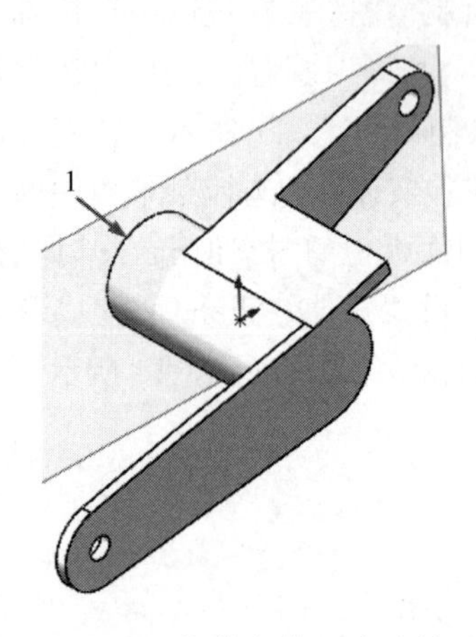

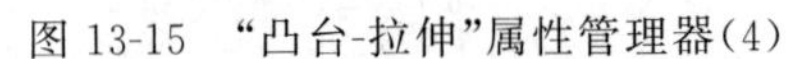

图 13-15 “凸台-拉伸”属性管理器(4)　　图 13-16 拉伸实体 4(主连接)

(11) 绘制草图 5。在视图中用鼠标选择如图 13-16 所示的面 1 作为绘制图形的基准面。单击“草图”控制面板中的“圆”按钮、“直线”按钮和“剪裁实体”按钮，绘制如图 13-17 所示的草图并标注。

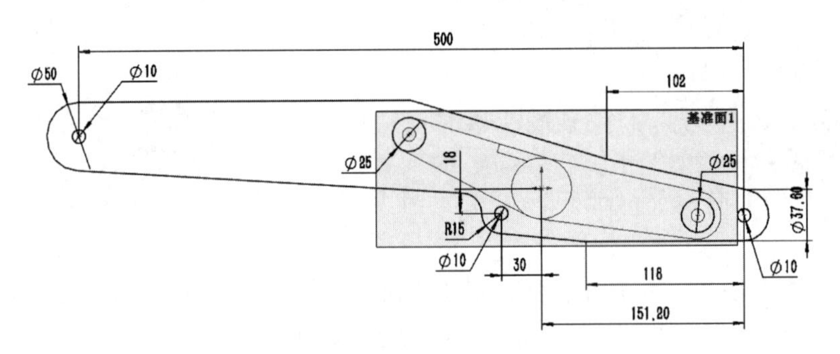

图 13-17 绘制草图 5(主连接)

(12) 拉伸实体 5。选择菜单栏中的“插入”→“凸台/基体”→“拉伸”命令，或者单击“特征”控制面板中的“拉伸凸台/基体”按钮，弹出如图 13-18 所示的“凸台-拉伸”属性管理器。设置拉伸终止条件为“给定深度”，输入拉伸距离为 20.00mm，单击“反向”按钮，调整拉伸方向，使拉伸方向朝外，然后单击“确定”按钮✔，结果如图 13-19 所示。

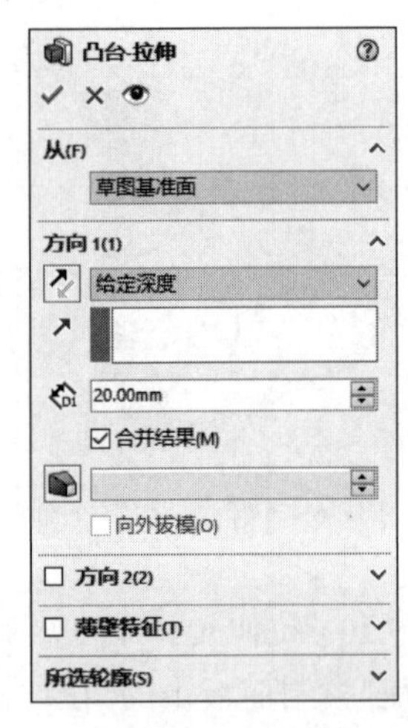

图 13-18 “凸台-拉伸”属性管理器(5)

(13) 绘制草图 6。在视图中用鼠标选择如图 13-19 所示的面 1 作为绘制图形的基准面。单击“草图”控制面板中的“转换实体引用”按钮和“圆”按钮，绘制如图 13-20 所示的草图并标注。

(14) 拉伸实体 6。选择菜单栏中的“插入”→“凸台/基体”→“拉伸”命令，或者单击“特征”控制面板中的

“拉伸凸台/基体”按钮，弹出如图 13-21 所示的“凸台-拉伸”属性管理器。设置拉伸终止条件为“给定深度”，输入“方向 1”拉伸距离为 10.00mm，“方向 2”的拉伸距离为 30.00mm，然后单击“确定”按钮✓，结果如图 13-22 所示。

Note

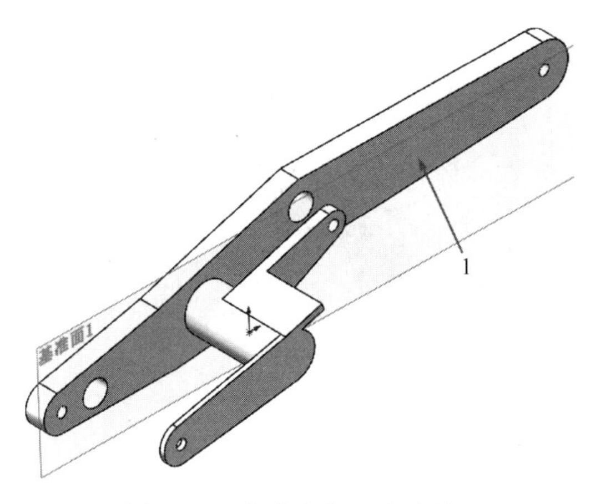

图 13-19　拉伸实体 5(主连接)

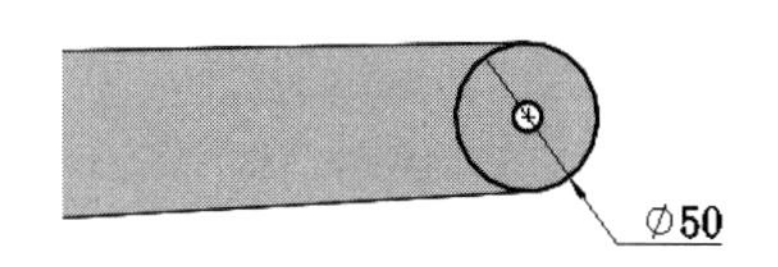

图 13-20　绘制草图 6(主连接)

图 13-21　“凸台-拉伸”属性管理器(6)

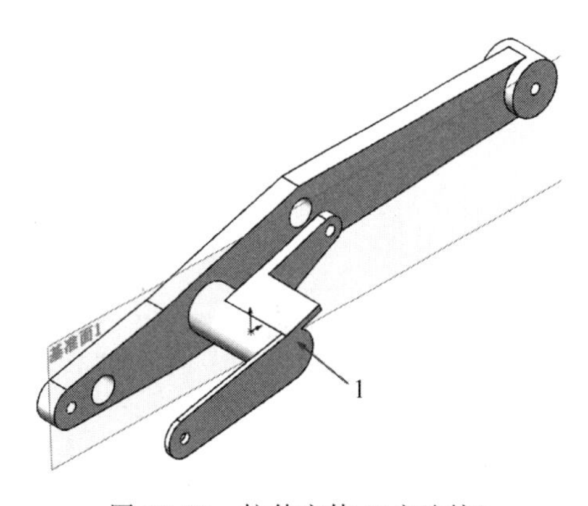

图 13-22　拉伸实体 6(主连接)

(15) 镜像特征。选择菜单栏中的“插入”→“阵列/镜像”→“镜像”命令，或者单击“特征”控制面板中的“镜像”按钮，弹出如图 13-23 所示的“镜像”属性管理器。选择如图 13-22 所示的面 1 为镜像面，在视图中选择所有特征为要镜像的特征，然后单击“确定”按钮✓，结果如图 13-24 所示。

Note

镜像
镜像面/基准面(M)
面<1>
要镜像的特征(F)
凸台-拉伸1
凸台-拉伸2
凸台-拉伸3
凸台-拉伸5
凸台-拉伸6
要镜像的面(C)
要镜像的实体(B)
选项(O)
几何体阵列(G)
延伸视象属性(P)
完整预览(F)
部分预览(T)

图 13-23 “镜像”属性管理器

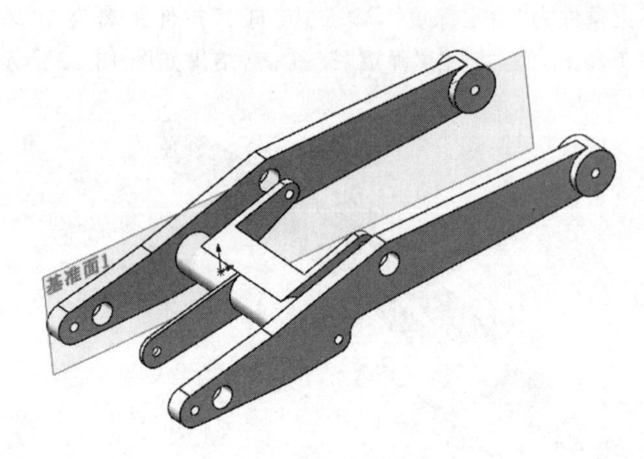

图 13-24 镜像实体

13-2

13.1.2 主件

本例绘制的主件如图 13-25 所示。

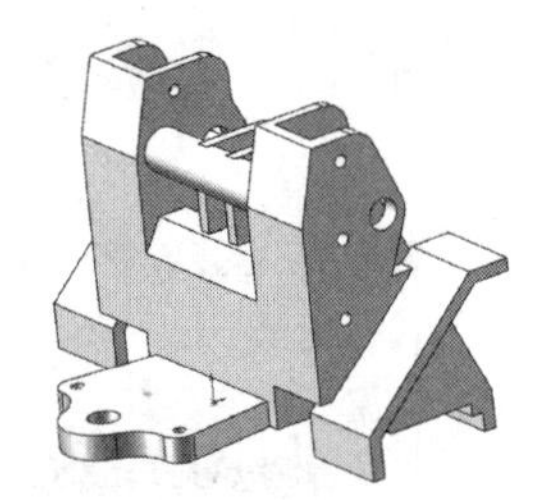

图 13-25 主件

思路分析

首先绘制主件的外形轮廓草图，然后旋转成为主件主体轮廓，最后进行倒角处理。绘制的流程图如图 13-26 所示。

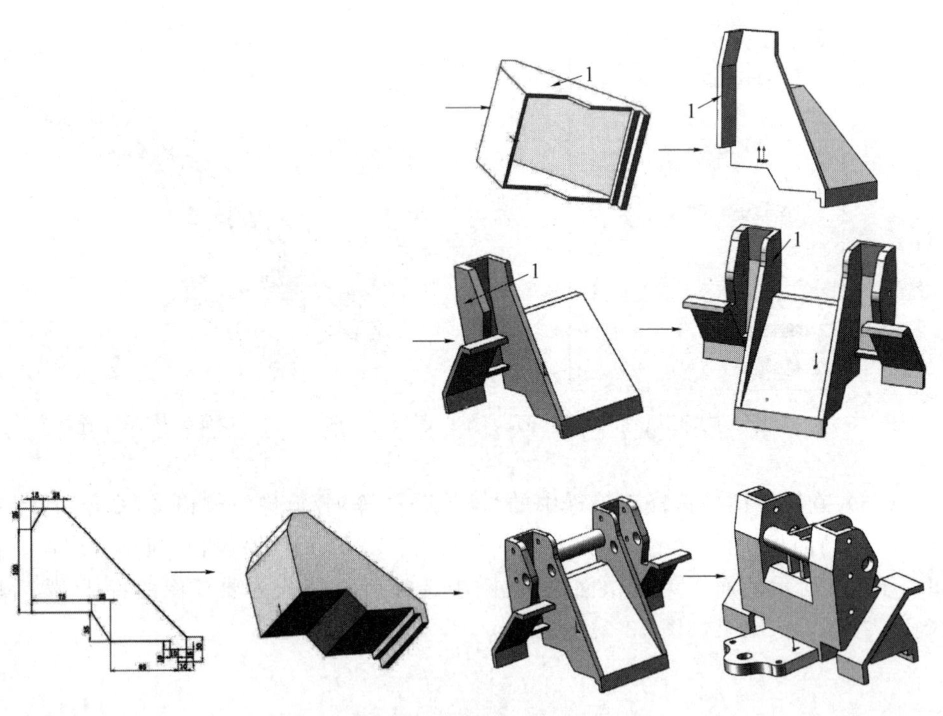

图 13-26 主件绘制流程图

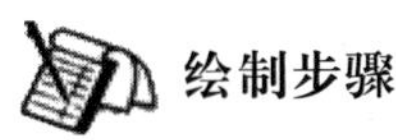

绘制步骤

(1) 新建文件。启动 SOLIDWORKS 2020，选择菜单栏中的"文件"→"新建"命令，或者单击"标准"工具栏中的"新建"按钮，在弹出的"新建 SOLIDWORKS 文件"对话框中选择"零件"按钮，然后单击"确定"按钮，创建一个新的零件文件。

(2) 绘制草图 1。在左侧的 FeatureManager 设计树中用鼠标选择"前视基准面"作为绘制图形的基准面。单击"草图"控制面板中的"直线"按钮，绘制并标注草图，如图 13-27 所示。

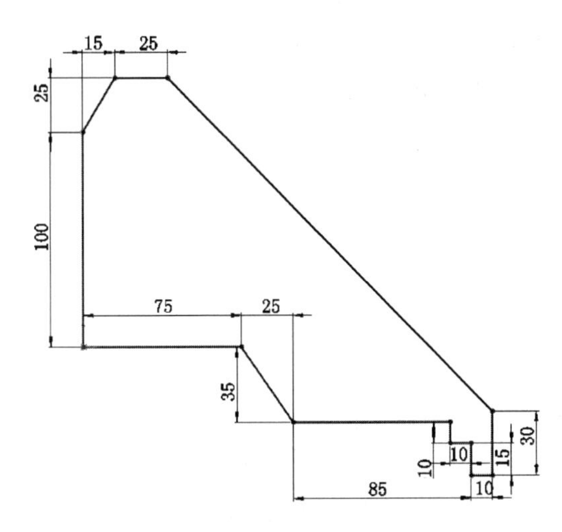

图 13-27　绘制草图 1(主件)

(3) 拉伸实体 1。选择菜单栏中的"插入"→"凸台/基体"→"拉伸"命令，或者单击"特征"控制面板中的"拉伸凸台/基体"按钮，弹出如图 13-28 所示的"凸台-拉伸"属性管理器。设置拉伸终止条件为"两侧对称"，输入拉伸距离为 160.00mm，然后单击"确定"按钮，结果如图 13-29 所示。

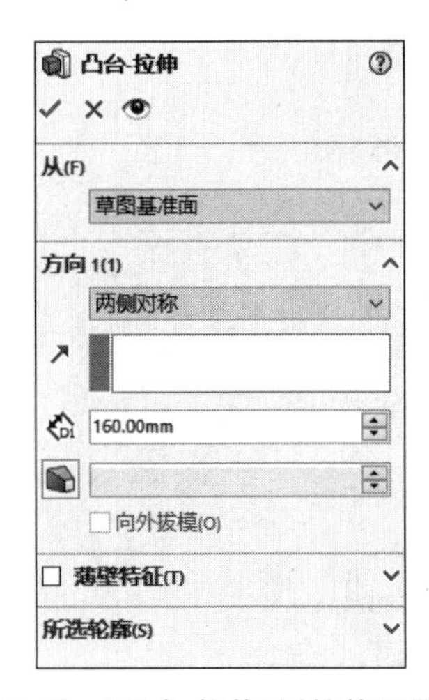

图 13-28　"凸台-拉伸"属性管理器(1)

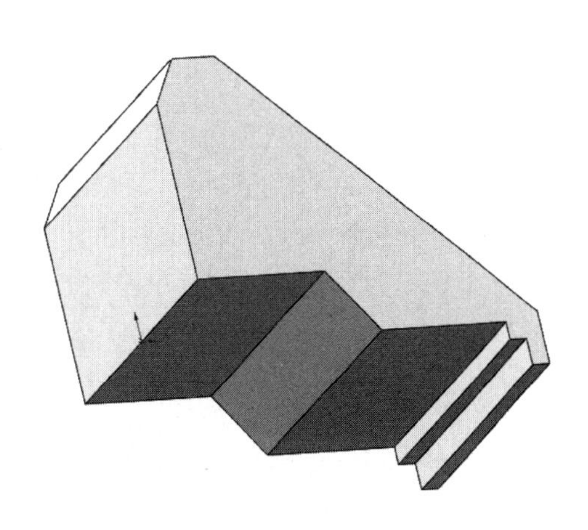

图 13-29　拉伸实体 1(主件)

Note

(4) 实体抽壳。选择菜单栏中的“插入”→“特征”→“抽壳”命令，或者单击“特征”控制面板中的“抽壳”按钮，弹出如图 13-30 所示的“抽壳 1”属性管理器。输入厚度为 5.00mm，在视图中选择如图 13-30 所示的 3 个面为移除面，然后单击“确定”按钮✓。结果如图 13-31 所示。

(5) 绘制草图 2。在视图中用鼠标选择如图 13-31 所示的面 1 作为绘制图形的基准面。单击“草图”控制面板中的“直线”按钮，绘制并标注草图如图 13-32 所示。

(6) 拉伸实体 2。选择菜单栏中的“插入”→“凸台/基体”→“拉伸”命令，或者单击“特征”控制面板中的“拉伸凸台/基体”按钮，弹出如图 13-33 所示的“凸台-拉伸”属性管理器。设置拉伸终止条件为“给定深度”，输入拉伸距离为 10.00mm，单击“反向”按钮，使拉伸方向朝里，然后单击“确定”按钮✓，结果如图 13-34 所示。

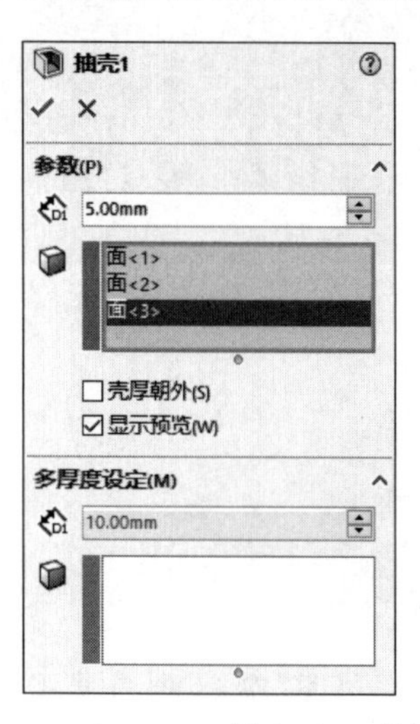

图 13-30 “抽壳 1”属性管理器

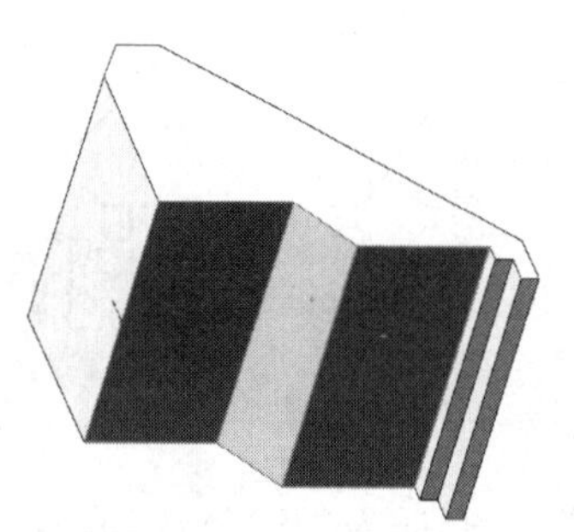
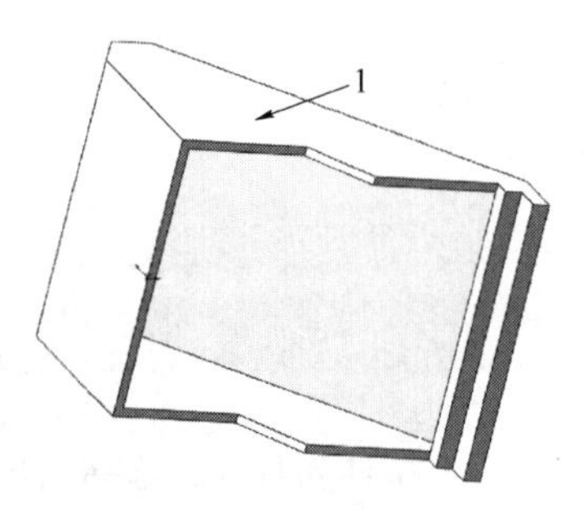

图 13-31 抽壳结果

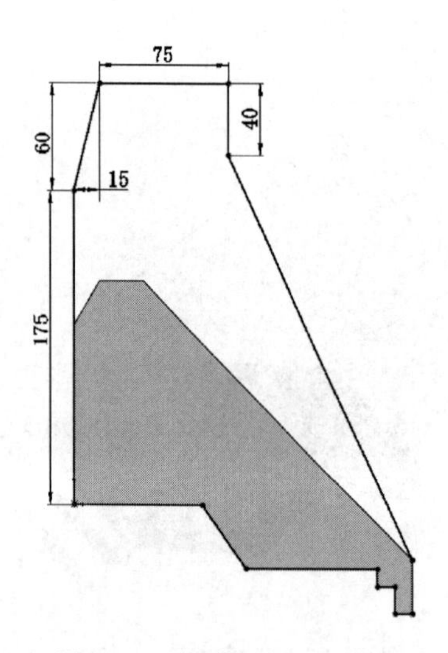

图 13-32 绘制草图 2(主件)

图 13-33 “凸台-拉伸”属性管理器(2)

(7) 绘制草图 3。在视图中用鼠标选择如图 13-34 所示的面 1 作为绘制图形的基准面。单击“草图”控制面板中的“直线”按钮，绘制并标注草图 3 如图 13-35 所示。

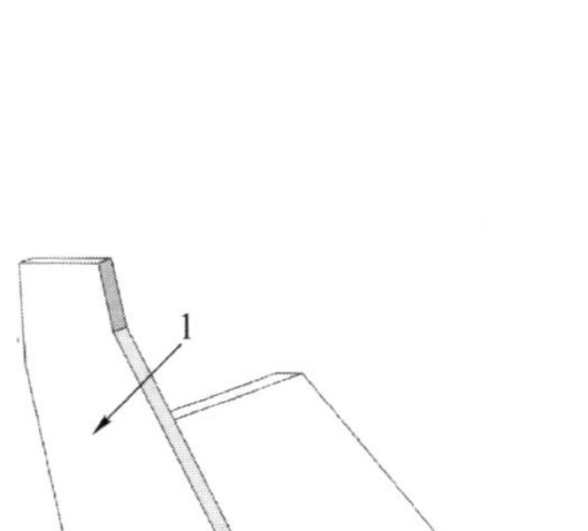

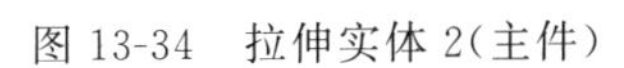

图 13-34　拉伸实体 2(主件)

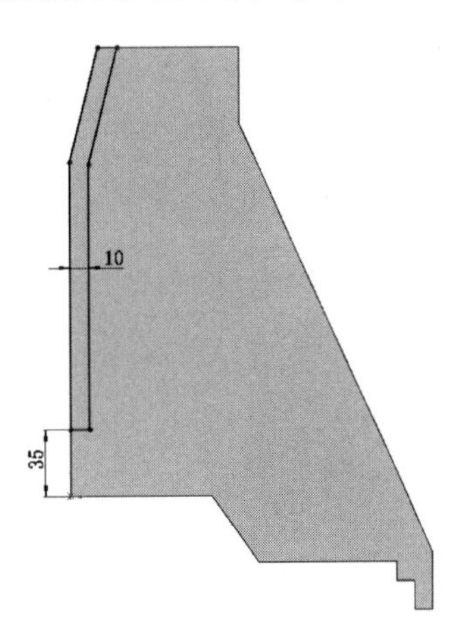

图 13-35　绘制草图 3(主件)

(8) 拉伸实体 3。选择菜单栏中的“插入”→“凸台/基体”→“拉伸”命令，或者单击“特征”控制面板中的“拉伸凸台/基体”按钮，弹出如图 13-36 所示的“凸台-拉伸”属性管理器。设置拉伸终止条件为“给定深度”，输入拉伸距离为 45.00mm，然后单击“确定”按钮 ✓，结果如图 13-37 所示。

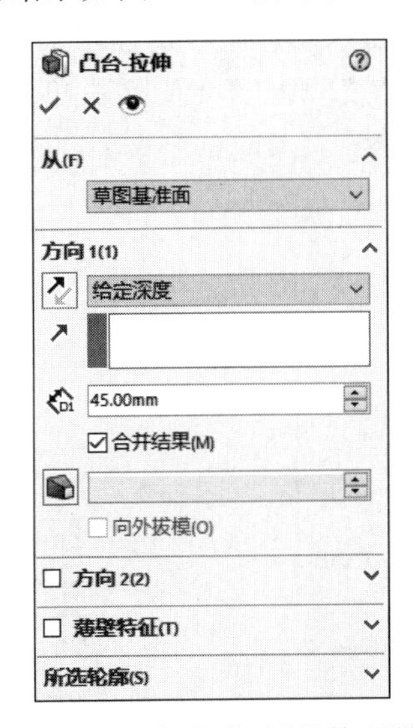

图 13-36　“凸台-拉伸”属性管理器(3)

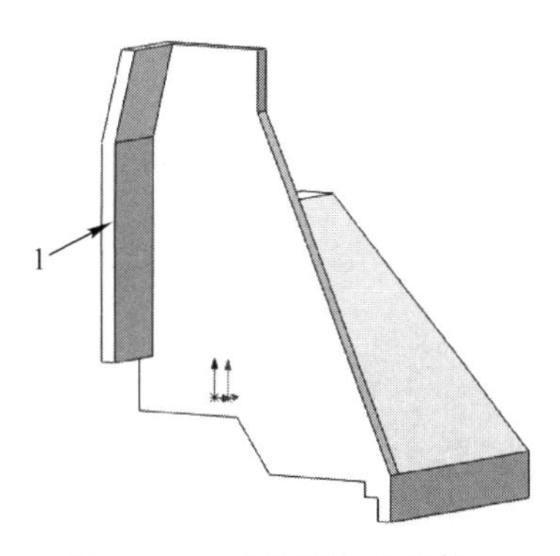

图 13-37　拉伸实体 3(主件)

(9) 绘制草图 4。在视图中用鼠标选择如图 13-37 所示的面 1 作为绘制图形的基准面。单击“草图”控制面板中的“直线”按钮，绘制并标注草图如图 13-38 所示。

(10) 拉伸实体 4。选择菜单栏中的“插入”→“凸台/基体”→“拉伸”命令，或者单击“特征”控制面板中的“拉伸凸台/基体”按钮，弹出如图 13-39 所示的“凸台-拉伸”属性管理器。设置拉伸终止条件为“给定深度”，输入拉伸距离为 15.00mm，然后单击“确

Note

定"按钮✓,结果如图13-40所示。

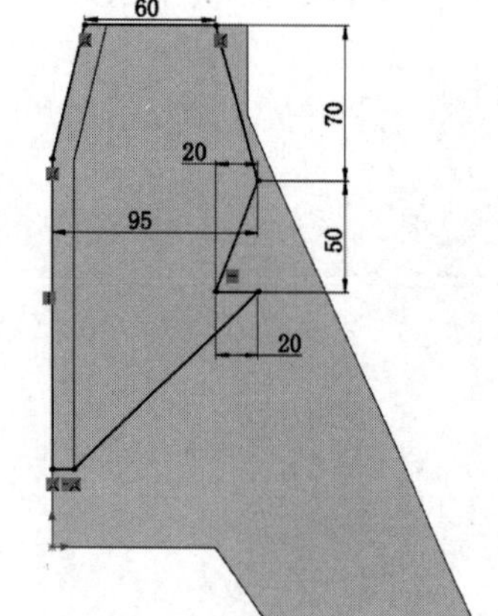

图13-38 绘制草图4(主件)

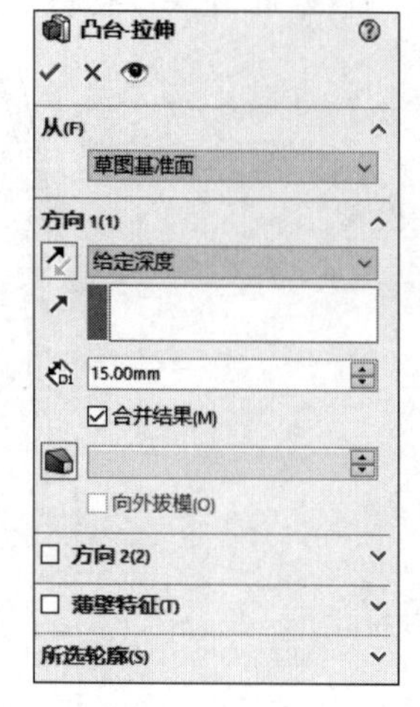

图13-39 "凸台-拉伸"属性管理器(4)

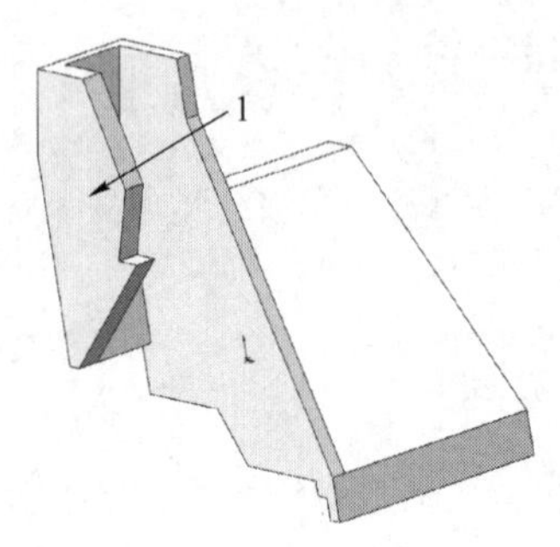

图13-40 拉伸实体4(主件)

(11) 绘制草图5。在视图中用鼠标选择如图13-40所示的面1作为绘制图形的基准面。单击"草图"控制面板中的"直线"按钮,绘制并标注草图如图13-41所示。

(12) 拉伸实体5。选择菜单栏中的"插入"→"凸台/基体"→"拉伸"命令,或者单击"特征"控制面板中的"拉伸凸台/基体"按钮,弹出如图13-42所示的"拉伸-薄壁1"属性管理器。设置拉伸终止条件为"给定深度",输入"方向1"拉伸距离为60.00mm,输入"方向2"拉伸距离为15.00mm,输入薄壁厚度为10.00mm,然后单击"确定"按钮✓,结果如图13-43所示。

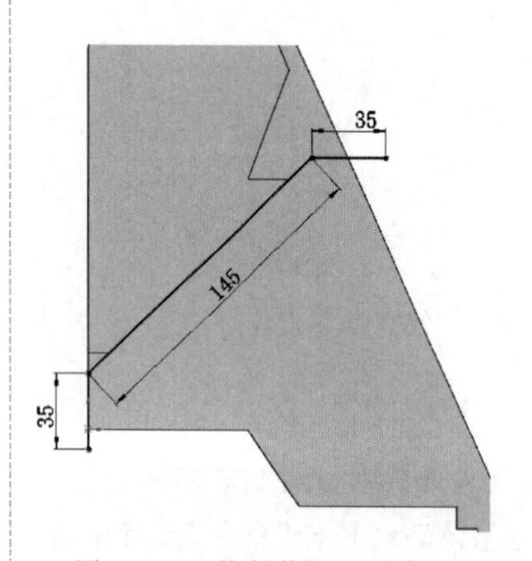

图13-41 绘制草图5(主件)

图13-42 "拉伸-薄壁1"属性管理器

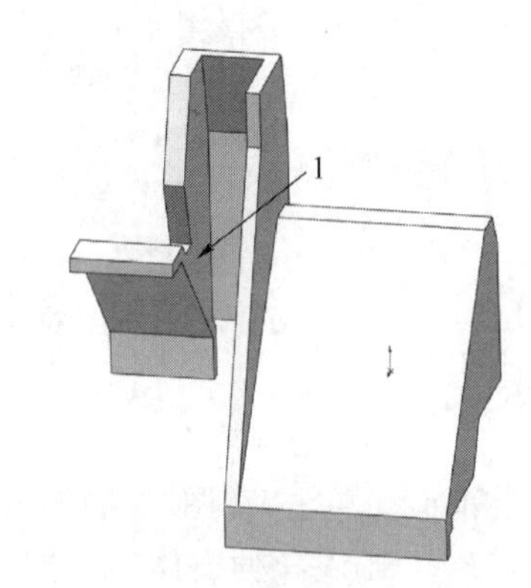

图13-43 拉伸实体5(主件)

(13) 绘制草图6。在视图中用鼠标选择如图13-43所示的面1作为绘制图形的基准

Note

面。单击“草图”控制面板中的“直线”按钮，绘制并标注草图如图 13-44 所示。

(14) 拉伸实体 6。选择菜单栏中的“插入”→“凸台/基体”→“拉伸”命令，或者单击“特征”控制面板中的“拉伸凸台/基体”按钮，弹出如图 13-45(a)所示的“凸台-拉伸”属性管理器。设置拉伸终止条件为“成形到一面”，在视图中选择如图 13-45(b)所示的面，然后单击“确定”按钮✔，结果如图 13-46 所示。

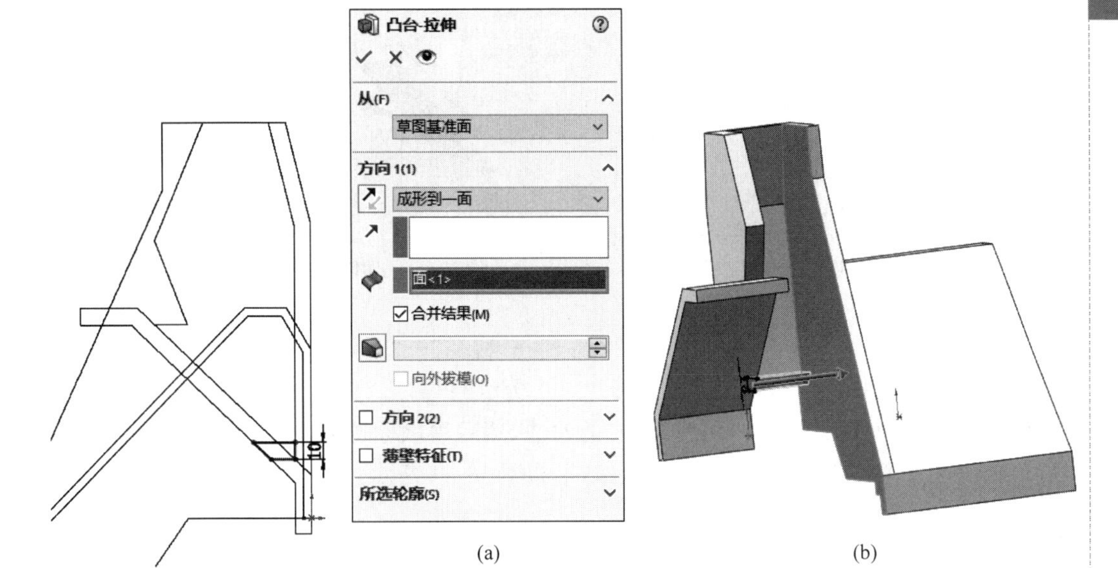

图 13-44　绘制草图 6(主件)　　图 13-45　“凸台-拉伸”属性管理器及拉伸示意图

(15) 绘制草图。在视图中用鼠标选择如图 13-46 所示的面 1 作为绘制图形的基准面。单击“草图”控制面板中的“圆”按钮，绘制并标注草图如图 13-47 所示。

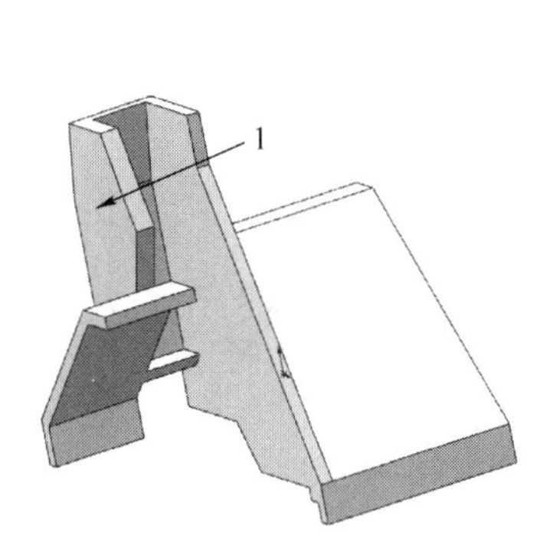

图 13-46　拉伸实体 6(主件)

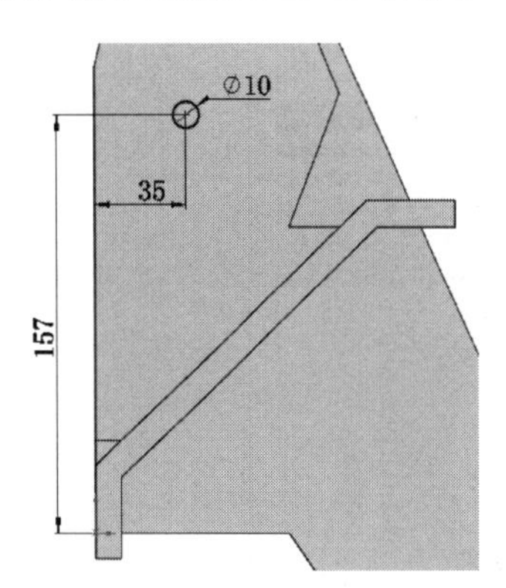

图 13-47　绘制草图并标注

(16) 切除拉伸实体 1。选择菜单栏中的“插入”→“切除”→“拉伸”命令，或者单击“特征”控制面板中的“切除拉伸”按钮，弹出如图 13-48 所示的“切除-拉伸”属性管理器。设置终止条件为“给定深度”，输入拉伸切除距离为 15.00mm，然后单击属性管理器中的“确定”按钮✔，结果如图 13-49 所示。

Note

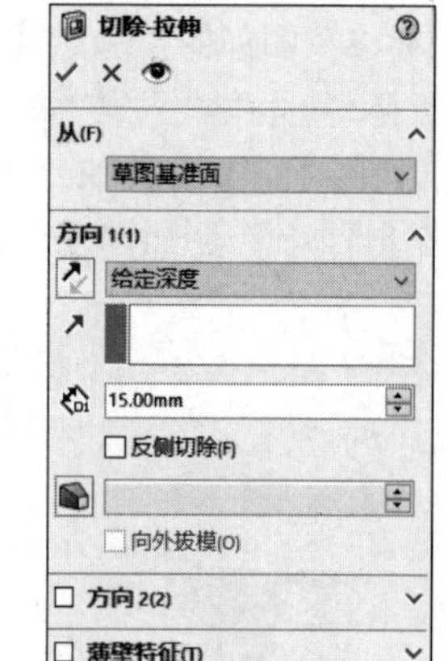

图 13-48 “切除-拉伸”属性管理器(1)

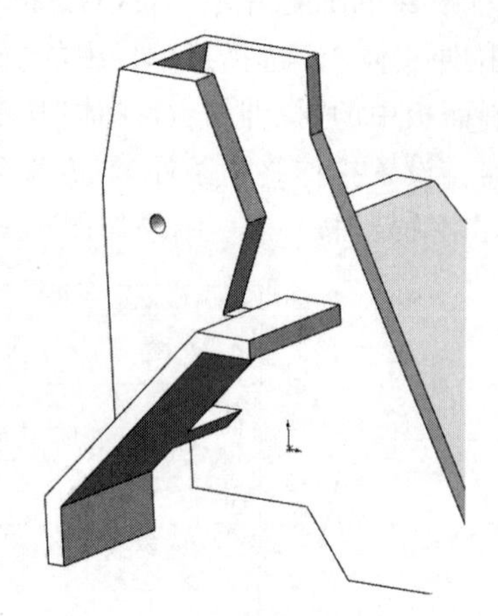

图 13-49 切除拉伸实体 1

(17) 圆角实体。选择菜单栏中的“插入”→“特征”→“圆角”命令，或者单击“特征”控制面板中的“圆角”按钮，弹出如图 13-50 所示的“圆角”属性管理器。在“半径”一栏中输入值 20.00mm，取消“切线延伸”的勾选，然后用鼠标选取图 13-50 中的边线，最后单击属性管理器中的“确定”按钮✔，结果如图 13-51 所示。

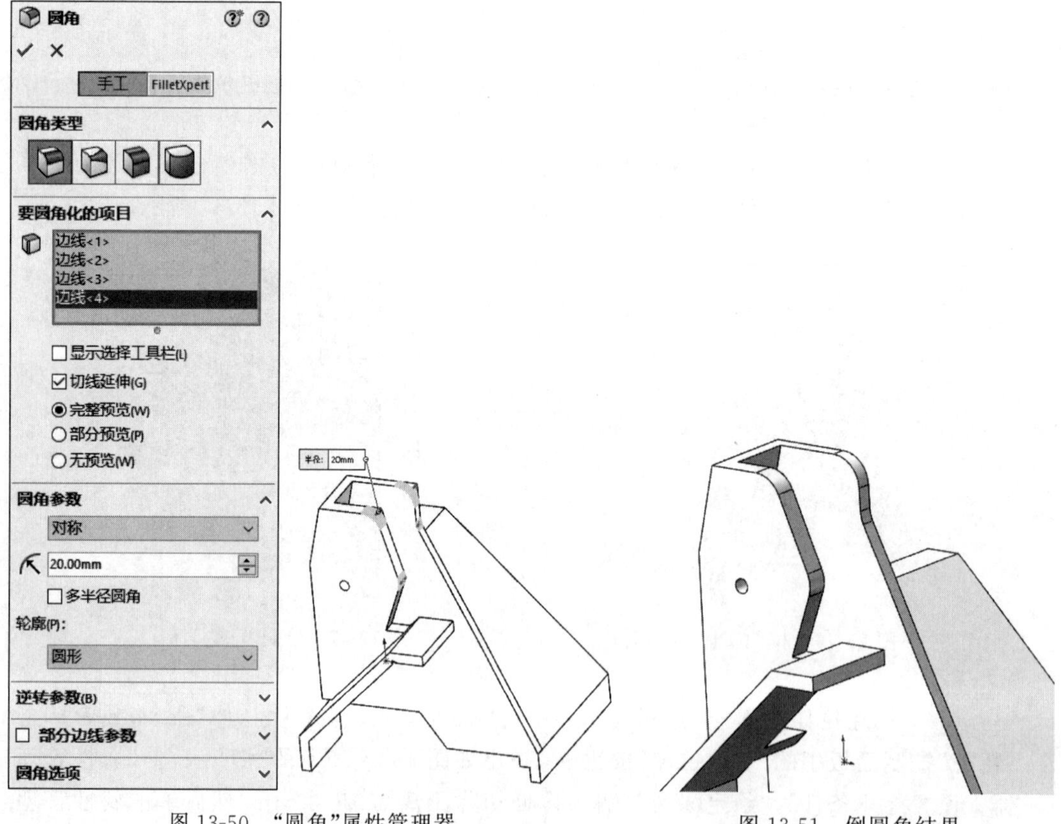

图 13-50 “圆角”属性管理器

图 13-51 倒圆角结果

Note

(18) 镜像特征。选择菜单栏中的“插入”→“阵列/镜像”→“镜像”命令，或者单击“特征”控制面板中的“镜像”按钮，弹出如图 13-52 所示的“镜像”属性管理器。选择“前视基准面”为镜像面，在视图中选择第(4)～(10)步创建的拉伸特征和圆角特征为要镜像的特征，然后单击“确定”按钮，结果如图 13-53 所示。

(19) 绘制草图 7。在视图中用鼠标选择如图 13-53 所示的面 1 作为绘制图形的基准面。单击“草图”控制面板中的“圆”按钮，绘制并标注草图如图 13-54 所示。

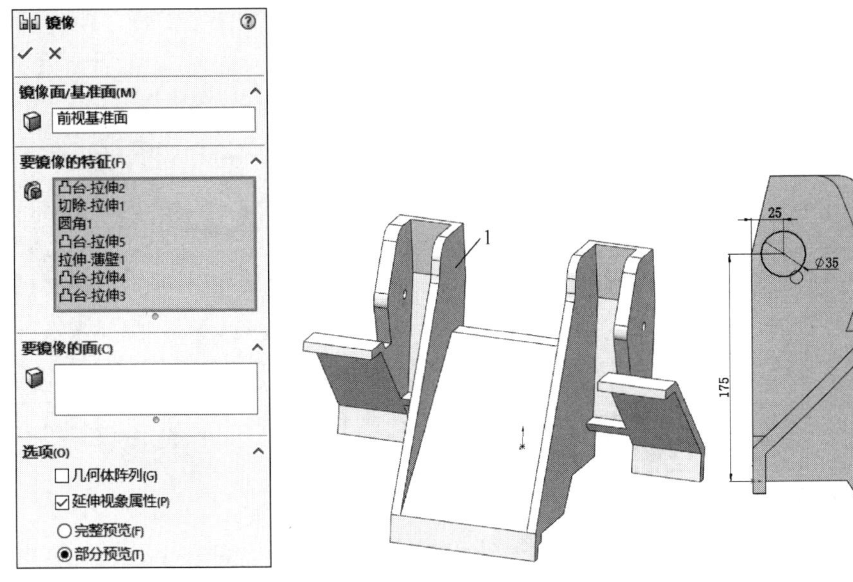

图 13-52 “镜像”属性管理器(1)　　图 13-53 镜像结果(1)　　图 13-54 绘制草图 7(主件)

(20) 拉伸实体 7。选择菜单栏中的“插入”→“凸台/基体”→“拉伸”命令，或者单击“特征”控制面板中的“拉伸凸台/基体”按钮，弹出如图 13-55 所示的“凸台-拉伸”属性管理器。在“方向 1”和“方向 2”中设置拉伸终止条件为“成形到下一面”，然后单击“确定”按钮，结果如图 13-56 所示。

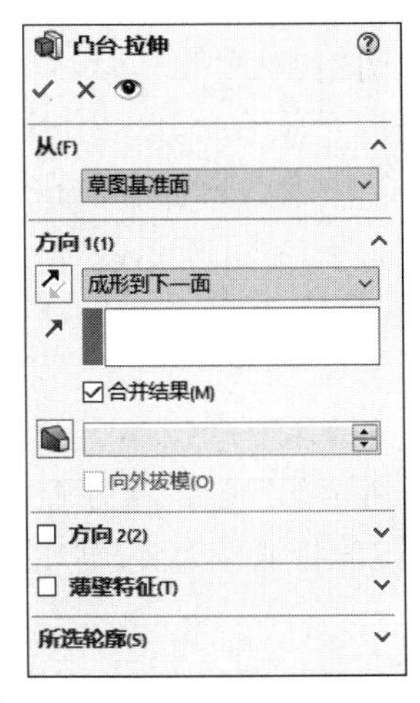

图 13-55 “凸台-拉伸”属性管理器(5)

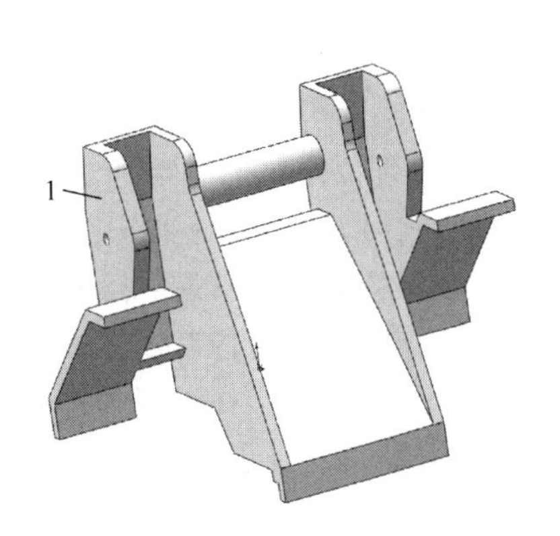

图 13-56 拉伸实体 7(主件)

Note

（21）绘制草图。在视图中用鼠标选择图13-56所示的面1作为绘制图形的基准面。单击“草图”控制面板中的“圆”按钮，绘制并标注草图如图13-57所示。

（22）切除拉伸实体2。选择菜单栏中的“插入”→“切除”→“拉伸”命令，或者单击“特征”控制面板中的“切除拉伸”按钮，弹出如图13-58所示的“切除-拉伸”属性管理器。在“方向1”和“方向2”中设置终止条件为“完全贯穿”，然后单击属性管理器中的“确定”按钮✔，结果如图13-59所示。

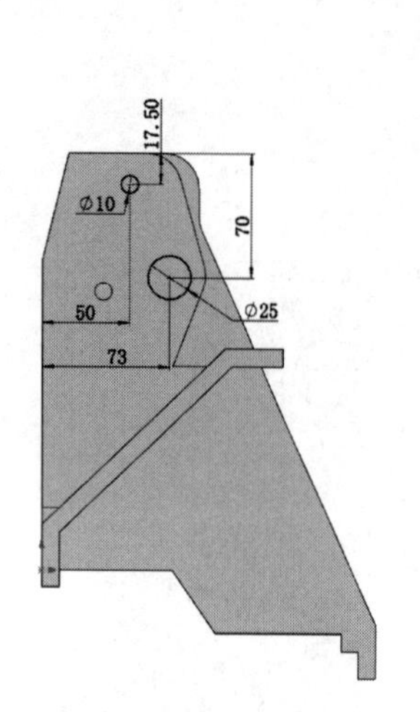

图13-57 绘制草图并标注尺寸

图13-58 “切除-拉伸”属性管理器(2)

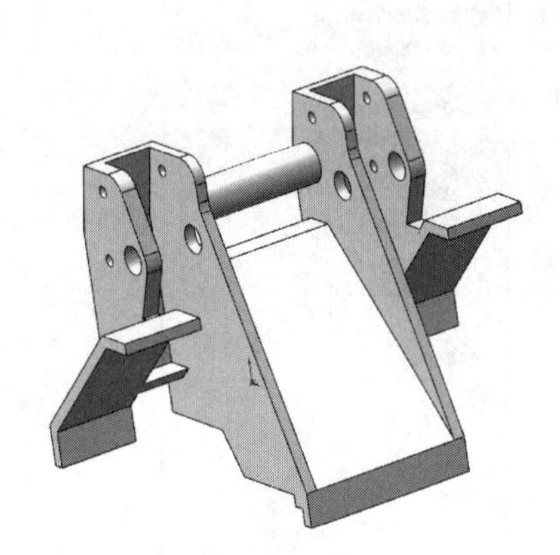

图13-59 切除拉伸实体2

（23）创建基准平面。在左侧的FeatureManager设计树中用鼠标选择“前视基准面”作为绘制图形的基准面。单击“特征”控制面板“参考几何体”下拉列表中的“基准面”按钮，弹出“基准面”属性管理器，在“偏移距离”文本框中输入距离为12.50mm，如图13-60所示；单击属性管理器中的“确定”按钮✔，生成基准面如图13-61所示。

（24）绘制草图8。在左侧的FeatureManager设计树中用鼠标选择“基准面1”作为绘制图形的基准面。单击“草图”控制面板中的“圆”按钮，绘制并标注草图如图13-62所示。

（25）拉伸实体8。选择菜单栏中的“插入”→“凸台/基体”→“拉伸”命令，或者单击“特征”控制面板中的“拉伸凸台/基体”按钮，弹出如图13-63所示的“凸台-拉伸”属性管理器。设置拉伸终止条件为“给定深度”，输入拉伸距离为10.00mm，然后单击“确定”按钮✔，结果如图13-64所示。

（26）镜像特征。选择菜单栏中的“插入”→“阵列/镜像”→“镜像”命令，或者单击“特征”控制面板中的“镜像”按钮，弹出如图13-65所示的“镜像”属性管理器。选择“前视基准面”为镜像面，在视图中将步骤(25)创建的拉伸特征作为要镜像的特征，然后单击“确定”按钮✔，结果如图13-66所示。

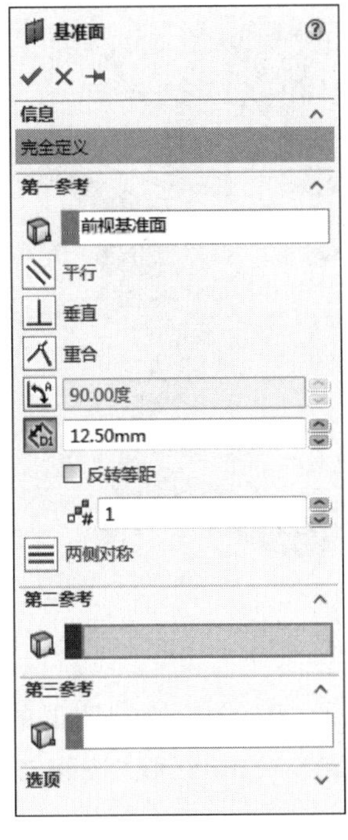

图 13-60　“基准面”属性管理器

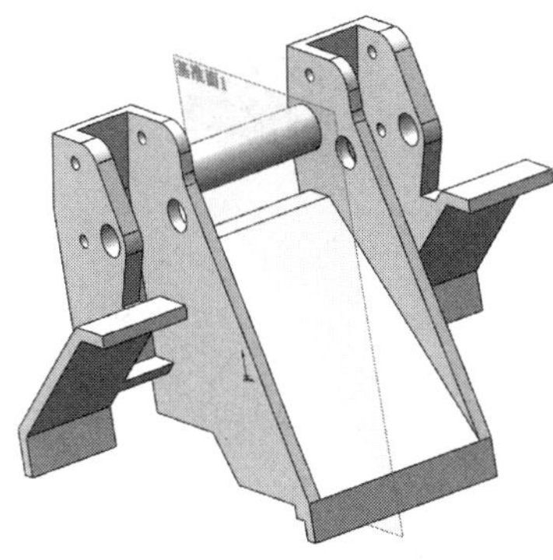

图 13-61　创建基准面

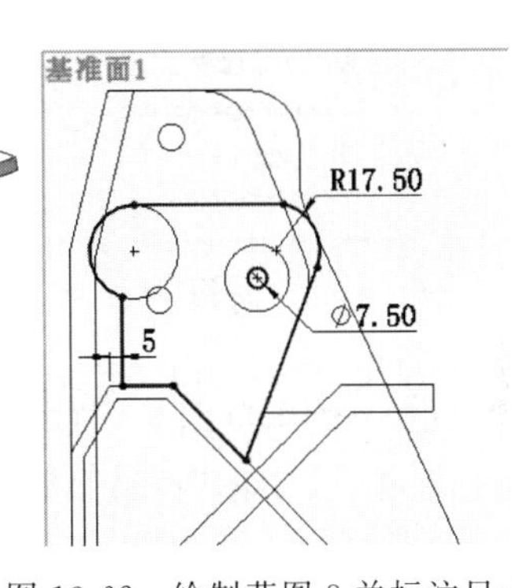

图 13-62　绘制草图 8 并标注尺寸

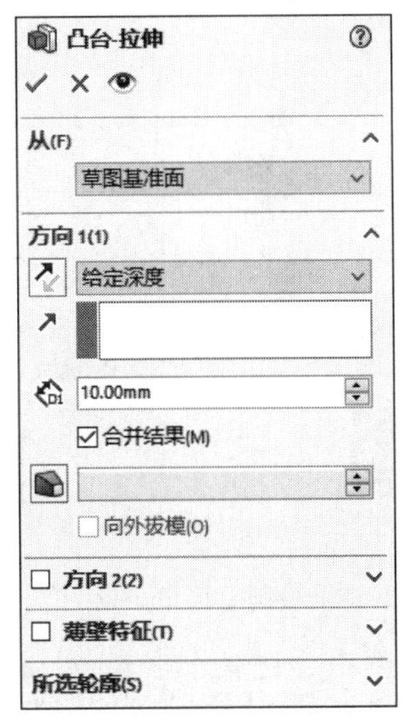

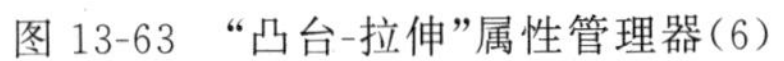

图 13-63　“凸台-拉伸”属性管理器(6)

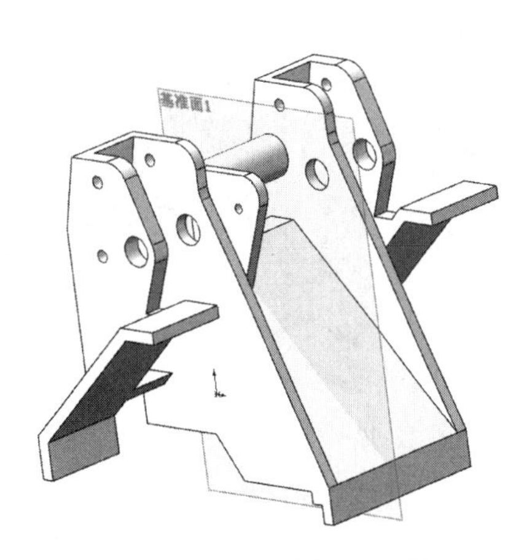

图 13-64　拉伸实体 8(主件)

Note

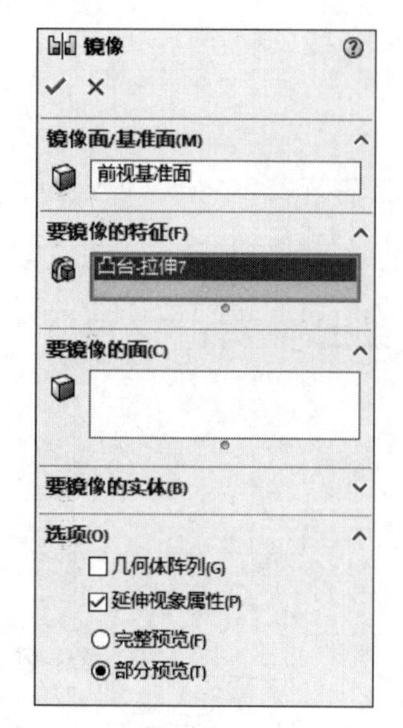

图 13-65 “镜像”属性管理器(2)

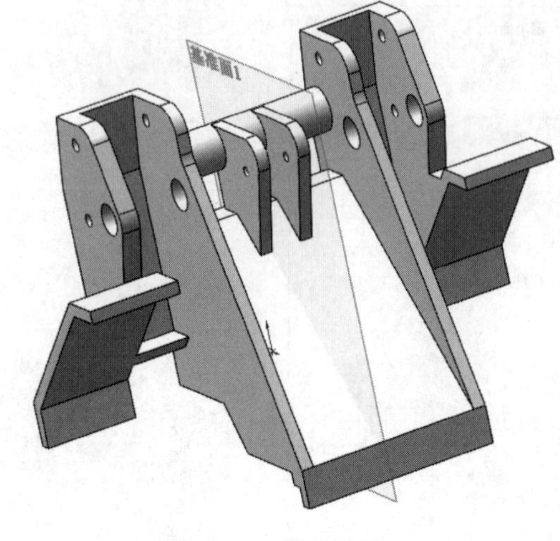

图 13-66 镜像结果(2)

(27) 绘制草图 9。在视图中用鼠标选择如图 13-67 所示的面 1 作为绘制图形的基准面。单击“草图”控制面板中的“中心线”按钮、“直线”按钮、“切线弧”按钮和“镜像”按钮,绘制并标注草图如图 13-68 所示。

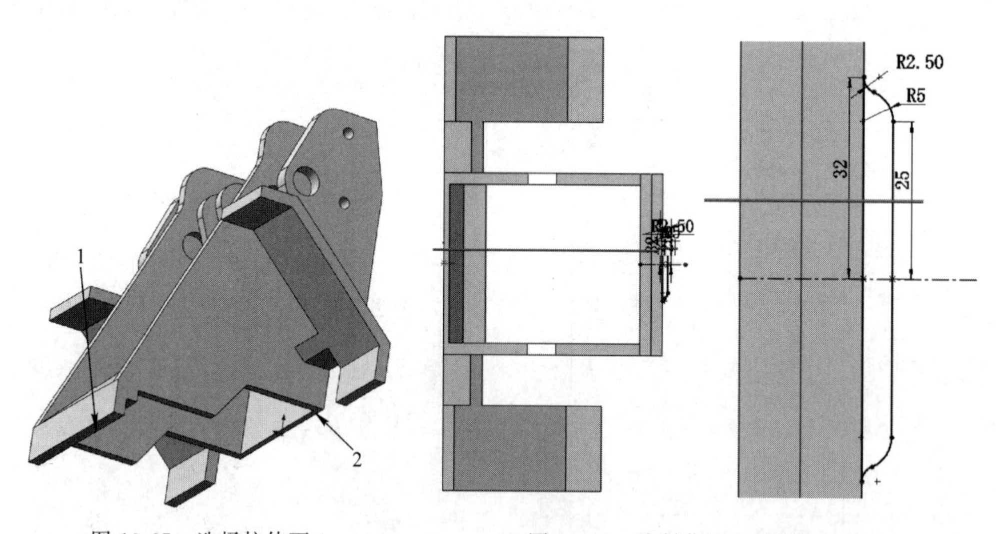

图 13-67 选择拉伸面 1

图 13-68 绘制草图 9 并标注尺寸

(28) 拉伸实体 9。选择菜单栏中的“插入”→“凸台/基体”→“拉伸”命令,或者单击“特征”控制面板中的“拉伸凸台/基体”按钮,弹出如图 13-69 所示的“凸台-拉伸”属性管理器。设置拉伸终止条件为“给定深度”,输入拉伸距离为 30.00mm,单击“反向”按钮,使拉伸方向朝上,然后单击“确定”按钮,结果如图 13-70 所示。

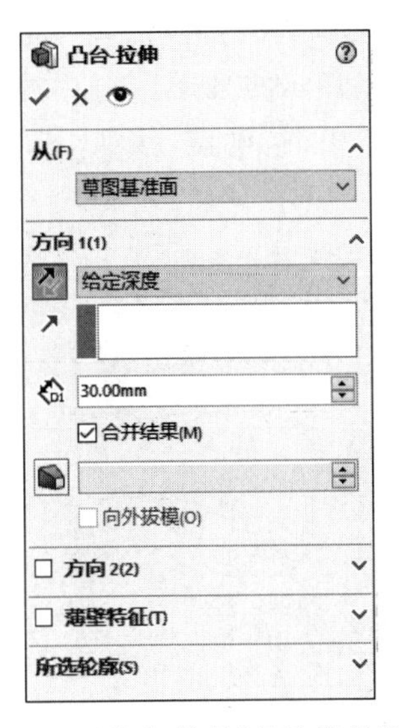

图 13-69　“凸台-拉伸”属性管理器(7)

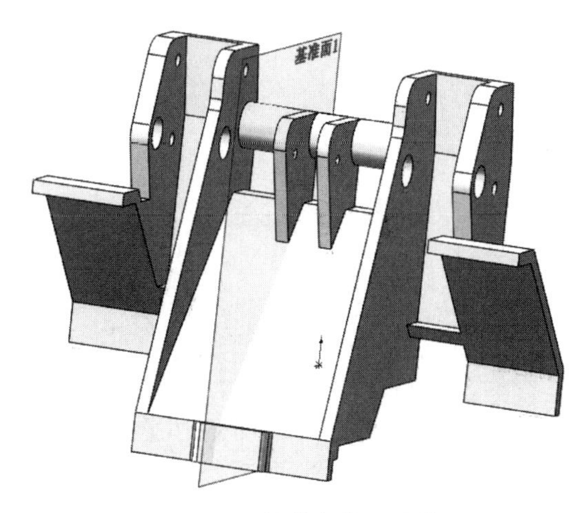

图 13-70　拉伸实体 9(主件)

(29) 绘制草图 10。在视图中用鼠标选择如图 13-67 所示的面 2 作为绘制图形的基准面。单击“草图”控制面板中的“中心线”按钮、“直线”按钮、“切线弧”按钮、“镜像”按钮和“圆”按钮，绘制并标注草图如图 13-71 所示。

(30) 拉伸实体 10。选择菜单栏中的“插入”→“凸台/基体”→“拉伸”命令，或者单击“特征”控制面板中的“拉伸凸台/基体”按钮，弹出如图 13-72 所示的“凸台-拉伸”属性管理器。设置拉伸终止条件为“给定深度”，输入拉伸距离为 20.00mm，单击“反向”按钮，使拉伸方向朝上，然后单击“确定”按钮✓，结果如图 13-73 所示。

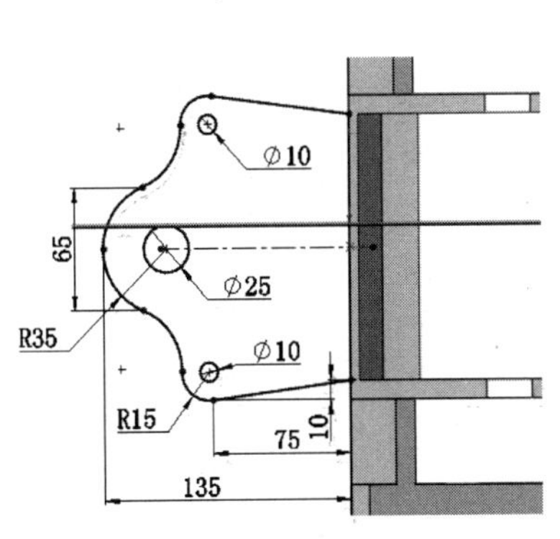

图 13-71　绘制草图 10 并标注尺寸

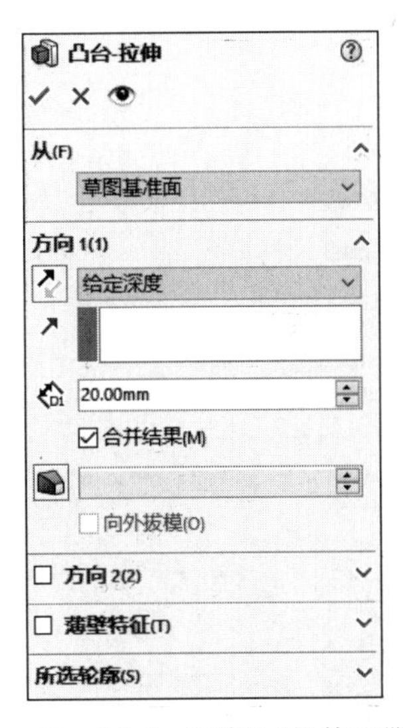

图 13-72　“凸台-拉伸”属性管理器(8)

(31) 绘制草图。在视图中用鼠标选择如图 13-73 所示的面 1 作为绘制图形的基准面。单击“草图”控制面板中的“圆”按钮，绘制并标注草图如图 13-74 所示。

Note

(32) 切除拉伸实体 3。选择菜单栏中的“插入”→“切除”→“拉伸”命令，或者单击“特征”控制面板中的“切除拉伸”按钮，弹出如图 13-75 所示的“切除-拉伸”属性管理器。设置终止条件为“完全贯穿”，然后单击属性管理器中的“确定”按钮 ✓，结果如图 13-76 所示。

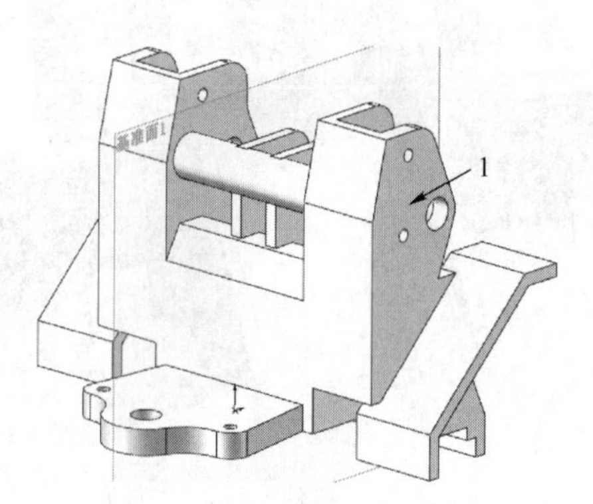

图 13-73　拉伸实体 10(主件)

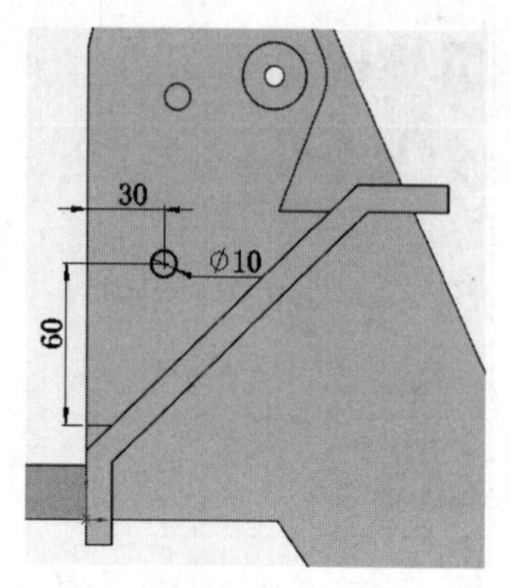

图 13-74　绘制草图

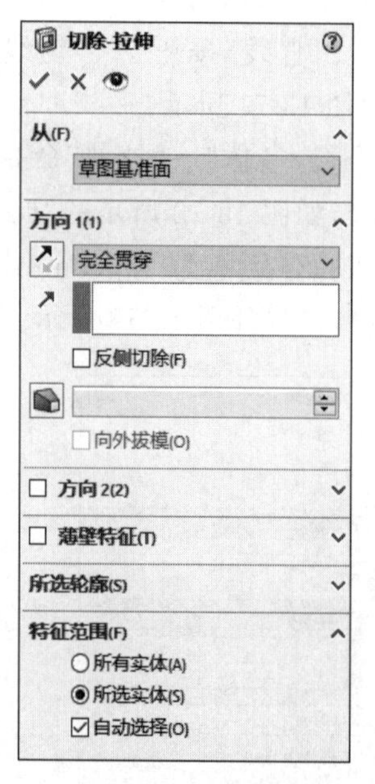

图 13-75　“切除-拉伸”属性管理器(3)

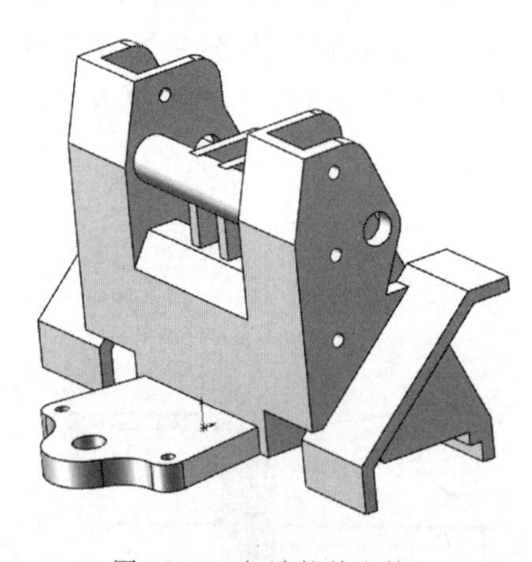

图 13-76　切除拉伸实体 3

13-3

13.1.3　斗

本例绘制的斗，如图 13-77 所示。

思路分析

首先绘制斗的外形轮廓草图，然后旋转成为斗主体轮廓，最后进行倒角处理。绘制的流程图如图 13-78 所示。

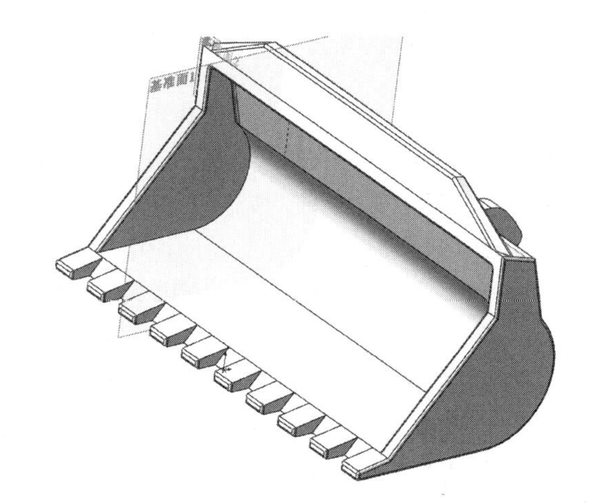

图 13-77　斗

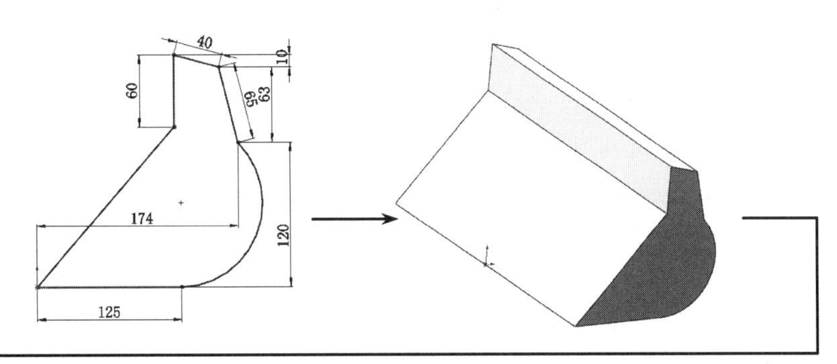

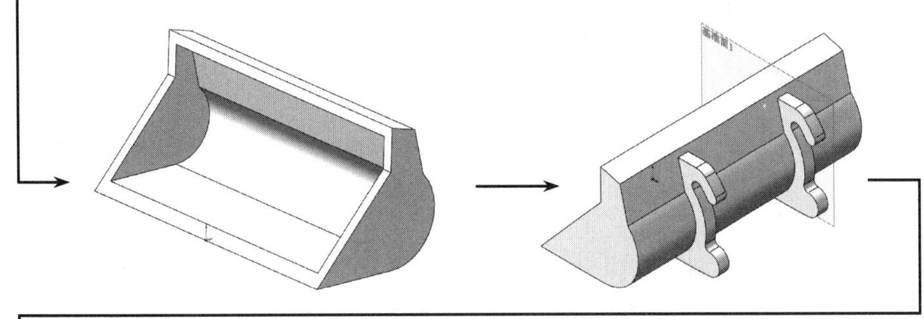

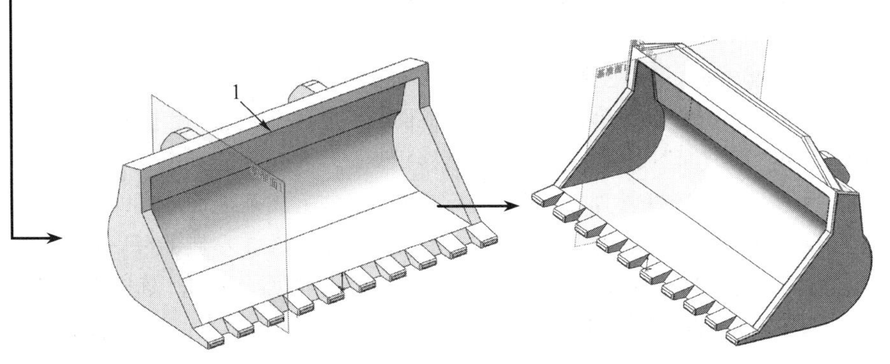

图 13-78　斗绘制流程图

Note

(1) 新建文件。启动 SOLIDWORKS 2020,选择菜单栏中的"文件"→"新建"命令,或者单击"标准"工具栏中的"新建"按钮,在弹出的"新建 SOLIDWORKS 文件"对话框中选择"零件"按钮,然后单击"确定"按钮,创建一个新的零件文件。

(2) 绘制草图 1。在左侧的 FeatureManager 设计树中用鼠标选择"前视基准面"作为绘制图形的基准面。单击"草图"控制面板中的"直线"按钮和"三点圆弧"按钮,绘制并标注草图如图 13-79 所示。

(3) 拉伸实体 1。选择菜单栏中的"插入"→"凸台/基体"→"拉伸"命令,或者单击"特征"控制面板中的"拉伸凸台/基体"按钮,弹出如图 13-80 所示的"凸台-拉伸"属性管理器。设置拉伸终止条件为"两侧对称",输入拉伸距离为 450.00mm,然后单击"确定"按钮,结果如图 13-81 所示。

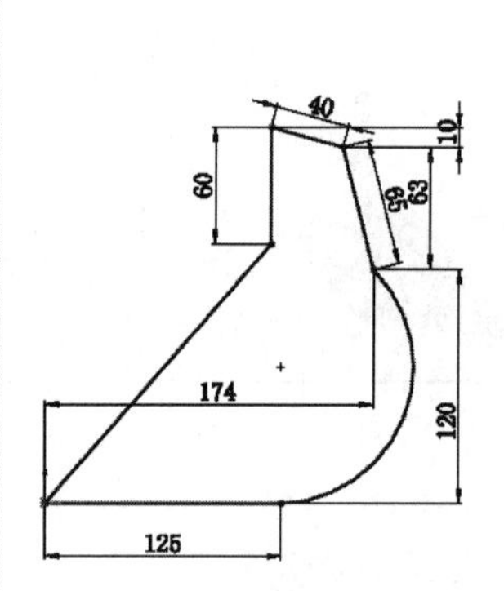

图 13-79 绘制草图 1(斗)

图 13-80 "凸台-拉伸"属性管理器(1)

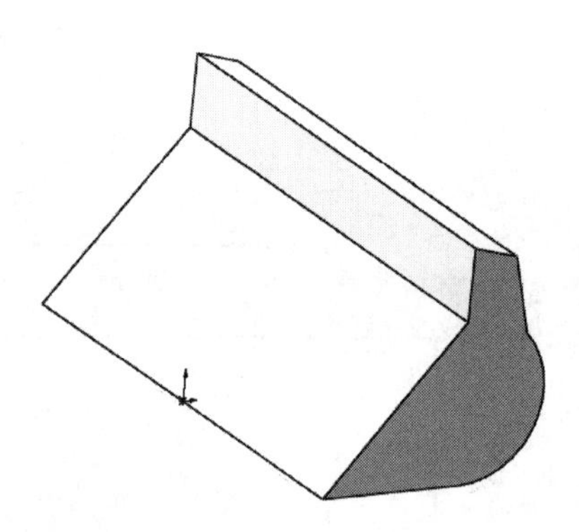

图 13-81 拉伸实体 1(斗)

(4) 实体抽壳。选择菜单栏中的"插入"→"特征"→"抽壳"命令,或者单击"特征"控制面板中的"抽壳"按钮,弹出如图 13-82 所示的"抽壳 1"属性管理器。输入厚度为 15.00mm,在视图中选择如图 13-82 所示的两个面为移除面,然后单击"确定"按钮,结果如图 13-83 所示。

(5) 创建基准平面。在左侧的 FeatureManager 设计树中用鼠标选择"前视基准面"作为绘制图形的基准面。单击"特征"控制面板"参考几何体"下拉列表中的"基准面"按钮,弹出"基准面"属性管理器,在"偏移距离"文本框中输入距离为 115.00mm,如图 13-84 所示;单击属性管理器中的"确定"按钮,生成基准面如图 13-85 所示。

(6) 绘制草图 2。将基准面 1 作为绘制图形的基准面。在左侧的"FeatureManager 设计树"中用鼠标选择"前视基准面"作为绘制图形的基准面。单击"草图"控制面板中的"中心线"按钮、"直线"按钮和"三点圆弧"按钮,绘制并标注草图如图 13-85 所示。

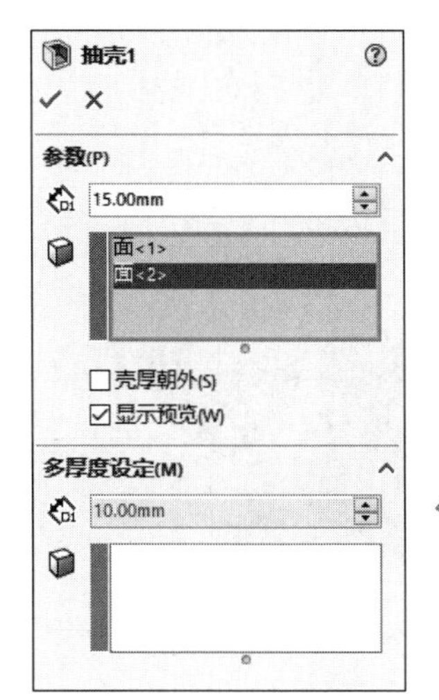

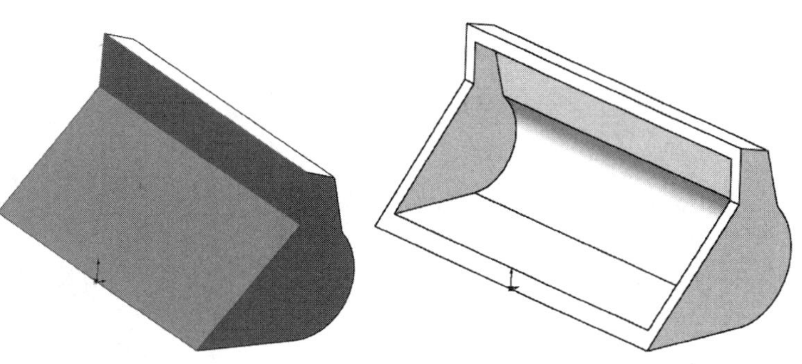

图 13-82 “抽壳 1”属性管理器及示意图

图 13-83 抽壳结果

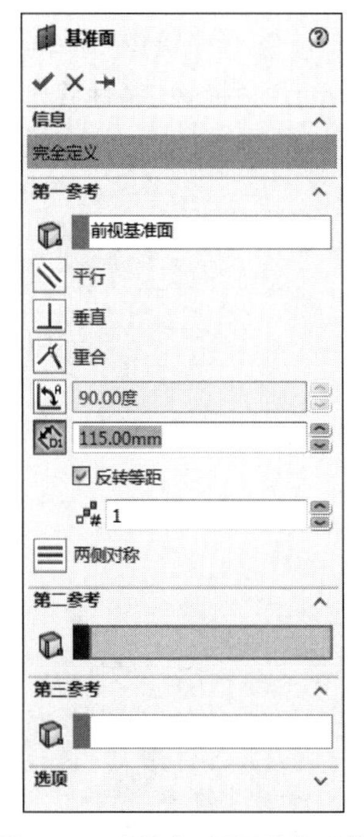

图 13-84 “基准面”属性管理器

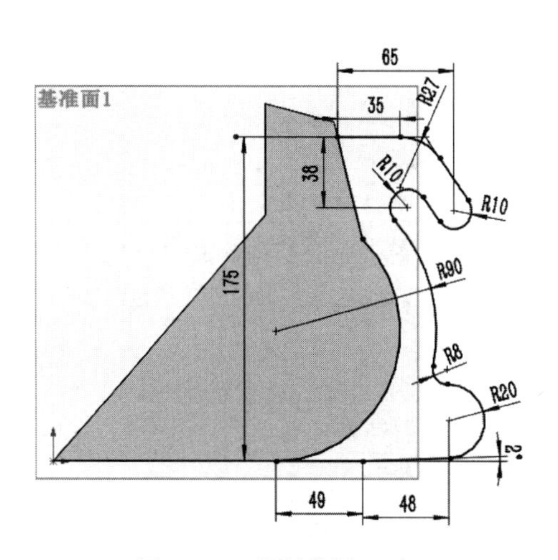

图 13-85 绘制草图 2(斗)

(7) 拉伸实体 2。选择菜单栏中的“插入”→“凸台/基体”→“拉伸”命令,或者单击“特征”控制面板中的“拉伸凸台/基体”按钮,弹出如图 13-86 所示的“凸台-拉伸”属性管理器。设置拉伸终止条件为“给定深度”,输入拉伸距离为 20.00mm,然后单击“确定”按钮✔,结果如图 13-87 所示。

Note

图 13-86 “凸台-拉伸”属性管理器(2)

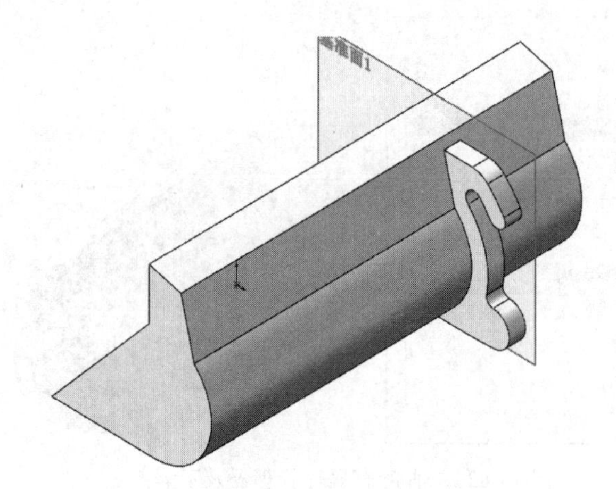

图 13-87 拉伸实体 2(斗)

(8) 镜像特征 1。选择菜单栏中的“插入”→“阵列/镜像”→“镜像”命令,或者单击“特征”控制面板中的“镜像”按钮,弹出如图 13-88 所示的“镜像”属性管理器。选择“前视基准面”为镜像面,在视图中步骤(7)创建的拉伸特征为要镜像的特征,然后单击“确定”按钮✓,结果如图 13-89 所示。

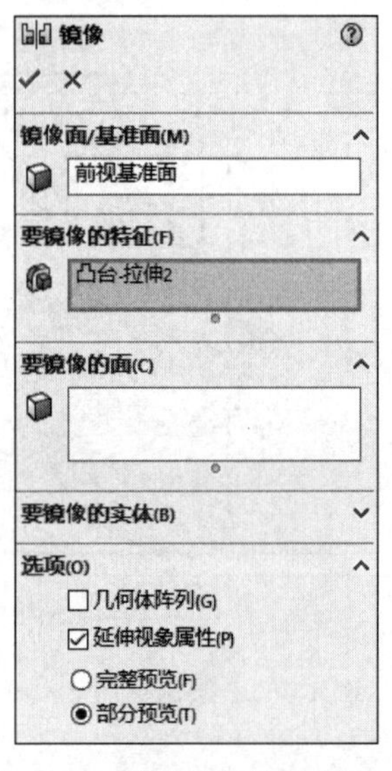

图 13-88 “镜像”属性管理器(1)

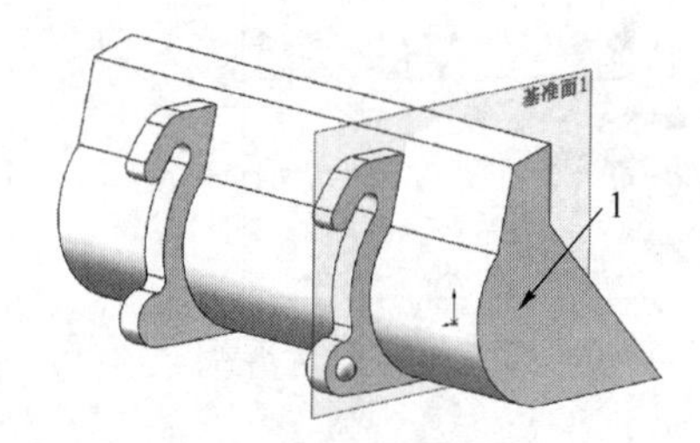

图 13-89 镜像特征 1

(9) 绘制草图 3。在视图中用鼠标选择如图 13-89 所示的面 1 作为绘制图形的基准面。单击“草图”控制面板中的“直线”按钮,绘制并标注草图如图 13-90 所示。

(10) 拉伸实体 3。选择菜单栏中的“插入”→“凸台/基体”→“拉伸”命令,或者单击“特征”控制面板中的“拉伸凸台/基体”按钮,弹出如图 13-91 所示的“凸台-拉伸”属性管理器。设置拉伸终止条件为“给定深度”,输入拉伸距离为 25.00mm,然后单击“确

定”按钮✓，结果如图 13-92 所示。

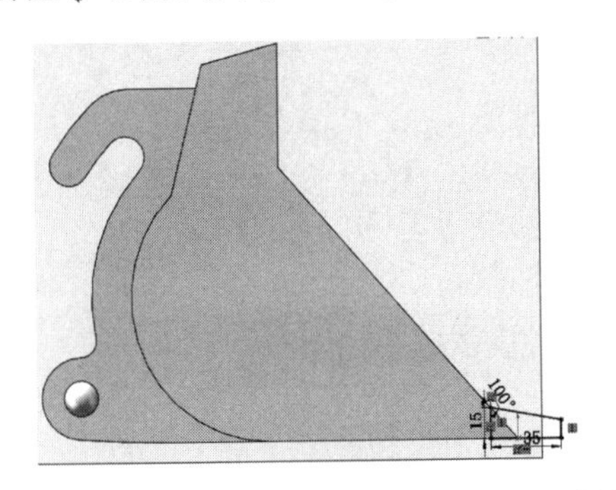

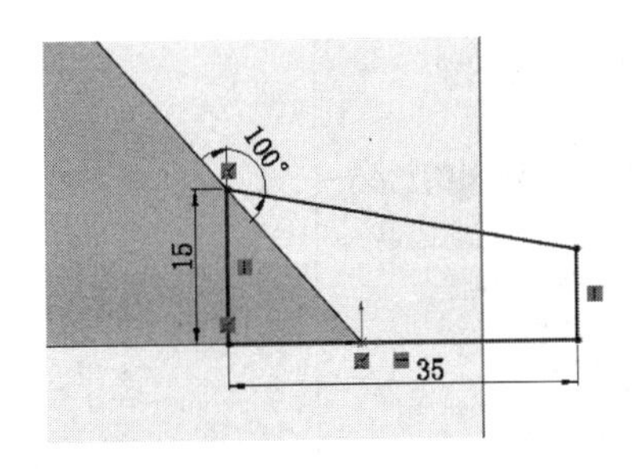

图 13-90 绘制草图 3 并标注尺寸

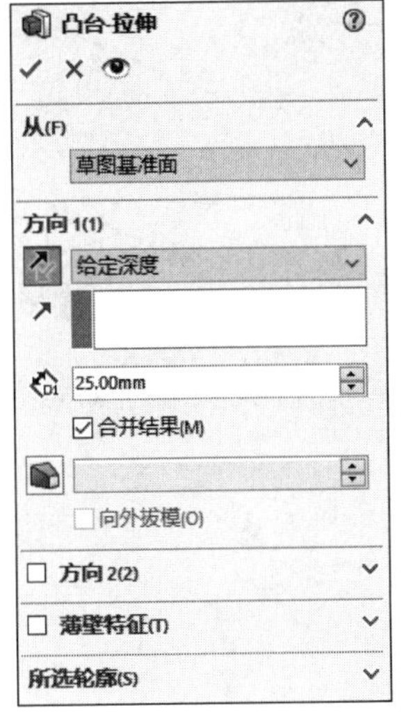

图 13-91 “凸台-拉伸”属性管理器(3)

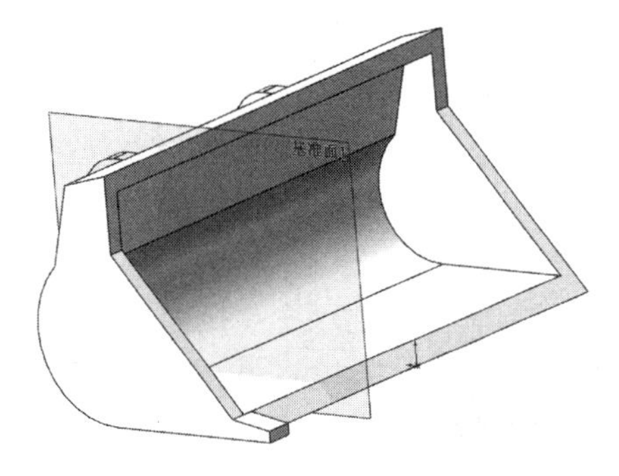

图 13-92 拉伸实体 3(斗)

(11) 圆角实体。选择菜单栏中的“插入”→“特征”→“圆角”命令，或者单击“特征”控制面板中的“圆角”按钮，弹出如图 13-93(a)所示的“圆角”属性管理器。在“半径”一栏中输入值 2.50mm，然后用鼠标选取图 13-93(b)中的面，最后单击属性管理器中的“确定”按钮✓，结果如图 13-94 所示。

(12) 线性阵列。选择菜单栏中的“插入”→“阵列/镜像”→“线性阵列”命令，或者单击“特征”控制面板中的“线性阵列”按钮，弹出如图 13-95 所示的“线性阵列”属性管理器。在视图中选择如图 13-95 所示的边线为阵列方向，输入阵列距离为 47.00mm，个数为 5，选择步骤(11)创建的拉伸特征和圆角特征为要阵列的特征，然后单击“确定”按钮✓，结果如图 13-96 所示。

(13) 镜像特征 2。选择菜单栏中的“插入”→“阵列/镜像”→“镜像”命令，或者单击“特征”控制面板中的“镜像”按钮，弹出如图 13-97 所示的“镜像”属性管理器。选择“前视基准面”为镜像面，在视图中步骤(12)创建的阵列特征为要镜像的特征，然后单击“确定”按钮✓，结果如图 13-98 所示。

Note

(a)

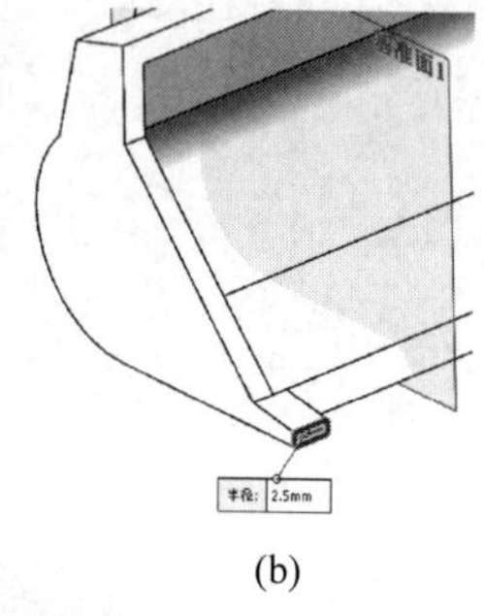

(b)

图 13-93 “圆角”属性管理器及圆角示意图

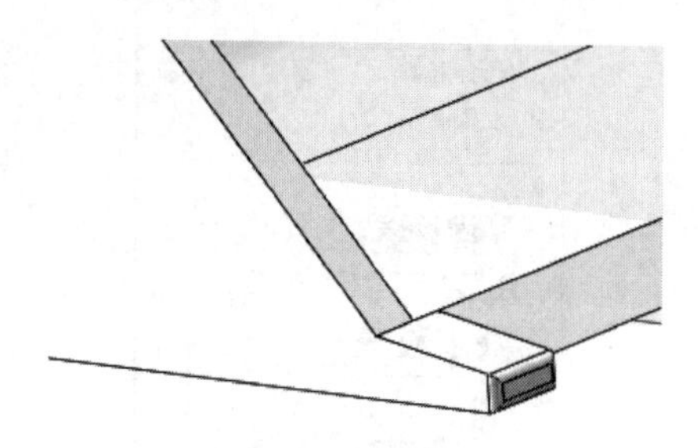

图 13-94 倒圆角结果

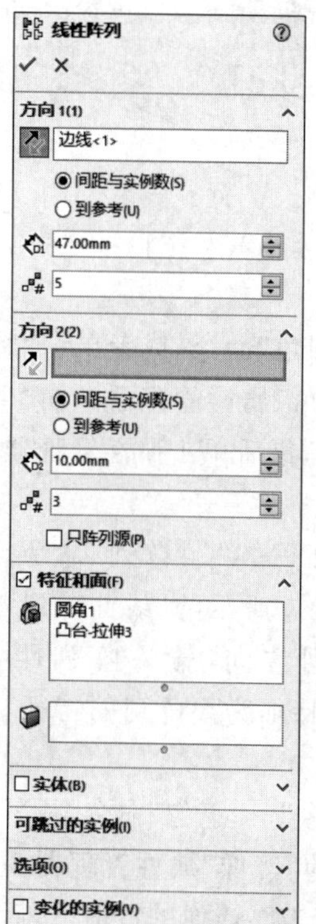

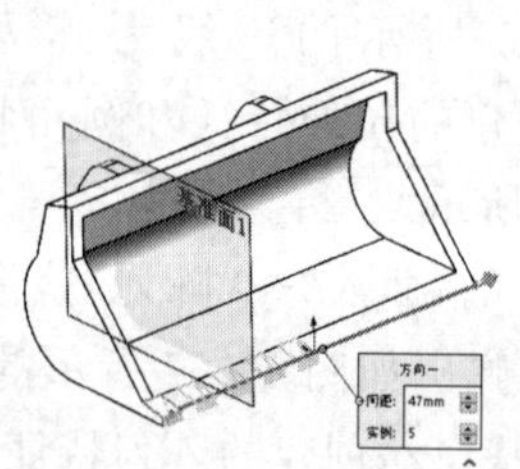

图 13-95 “线性阵列”属性管理器及线性阵列示意图

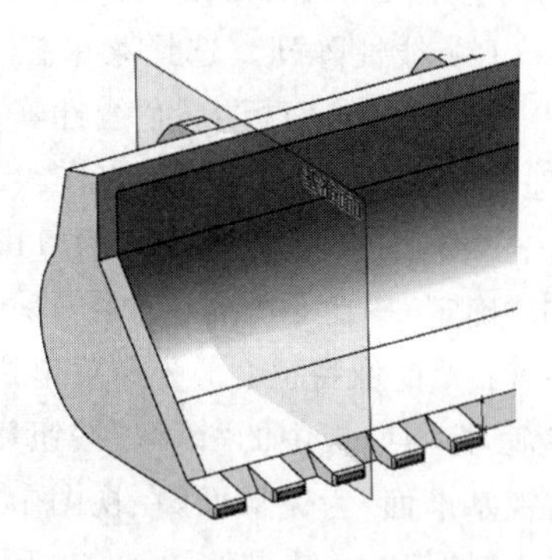

图 13-96 阵列结果

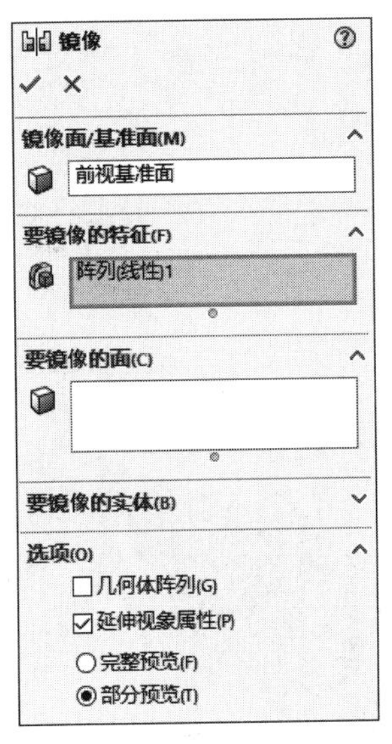

图 13-97 “镜像”属性管理器(2)

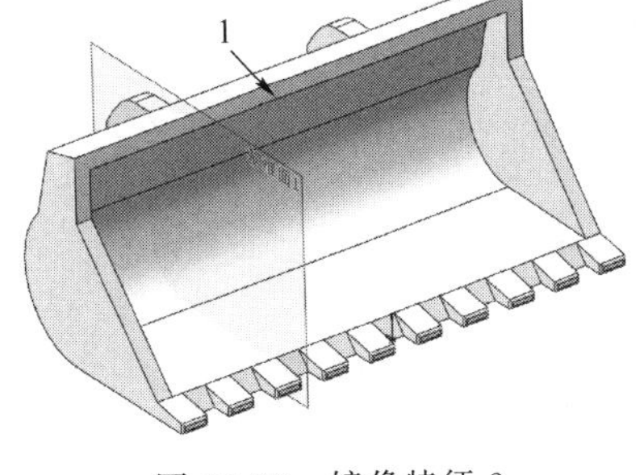

图 13-98 镜像特征 2

(14) 绘制放样草图 1。在视图中用鼠标选择如图 13-98 所示的面 1 作为绘制图形的基准面。单击“草图”控制面板中的“直线”按钮,绘制并标注草图如图 13-99 所示。

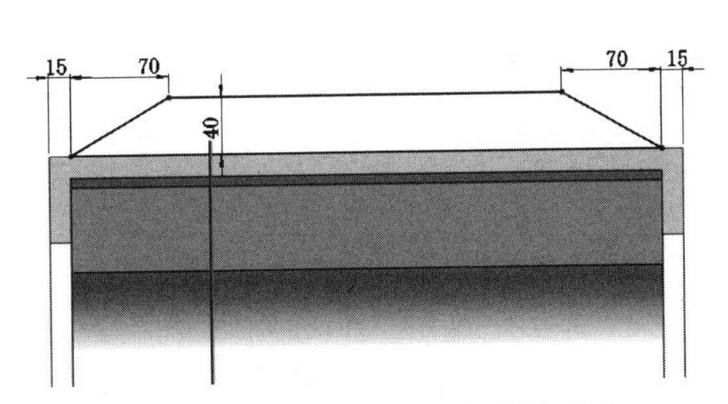

图 13-99 绘制放样草图 1 并标注尺寸

(15) 创建基准面。单击“特征”控制面板“参考几何体”下拉列表中的“基准面”按钮,弹出“基准面”属性管理器,选择如图 13-98 所示的面 1 为参考面,在“偏移距离”文本框中输入距离为 15.00mm,勾选“反转等距”复选框,如图 13-100 所示;单击属性管理器中的“确定”按钮,生成基准面如图 13-101 所示。

(16) 绘制放样草图 2。在左侧的 FeatureManager 设计树中用鼠标选择“基准面 2”作为绘制图形的基准面。单击“草图”控制面板中的“直线”按钮,绘制草图如图 13-102 所示。单击“退出草图”按钮,退出草图。

(17) 绘制放样草图 3。在视图中用鼠标选择实体上表面作为绘制图形的基准面。单击“草图”控制面板中的“直线”按钮,连接两个草图的一端端点,如图 13-103 所示,单击“退出草图”按钮,退出草图。

Note

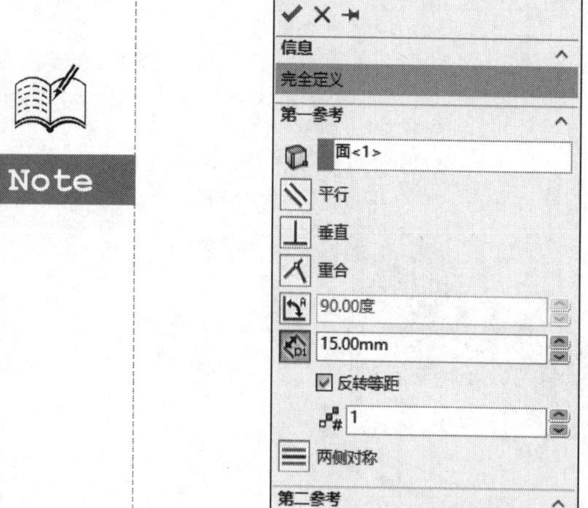

图 13-100 “基准面”属性管理器

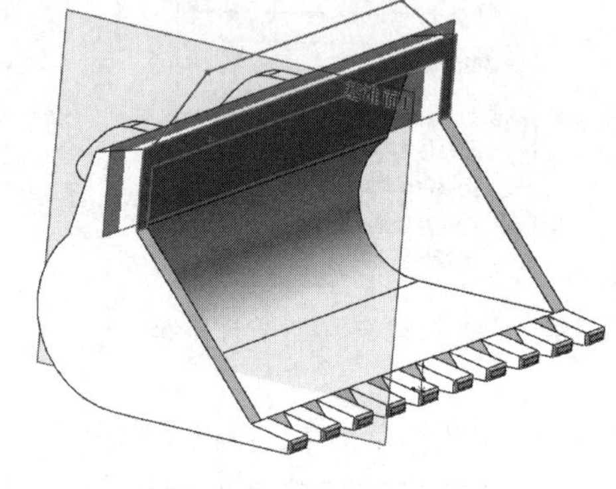

图 13-101 创建基准面

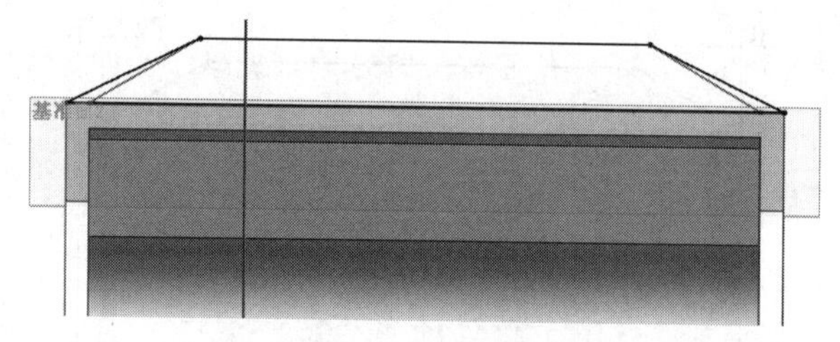

图 13-102 绘制放样草图 2

(18) 绘制放样草图 4。在视图中用鼠标选择实体上表面作为绘制图形的基准面。单击“草图”控制面板中的“直线”按钮，连接两个草图的一端端点，如图 13-104 所示，单击“退出草图”按钮，退出草图。

(19) 放样实体。选择菜单栏中的“插入”→“凸台/基体”→“放样”命令，或者单击“特征”控制面板中的“放样凸台/基体”按钮，弹出如图 13-105 所示的“放样”属性管理器。选择步骤(18)绘制的放样草图 4 和 5 为放样轮廓，选择放样草图 6 和 7 为引导线，然后单击“确定”按钮，结果如图 13-106 所示。

(20) 圆角实体。选择菜单栏中的“插入”→“特征”→“圆角”命令，或者单击“特征”控制面板中的“圆角”按钮，弹出如图 13-107 所示的“圆角”属性管理器。在“半径”一栏中输入值 2.50mm，取消“切线延伸”的勾选，然后用鼠标选取图 13-108 中的边线，最后单击属性管理器中的“确定”按钮，结果如图 13-109 所示。重复“圆角”命令，选择如图 13-109 所示的边线，输入圆角半径值为 1.25mm，结果如图 13-110 所示。

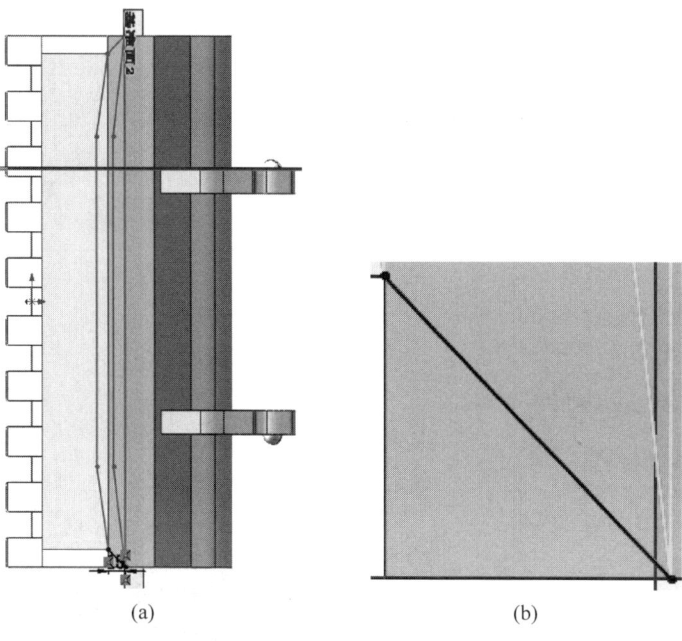

图 13-103　绘制放样草图 3

(a) 草图位置；(b) 草图尺寸

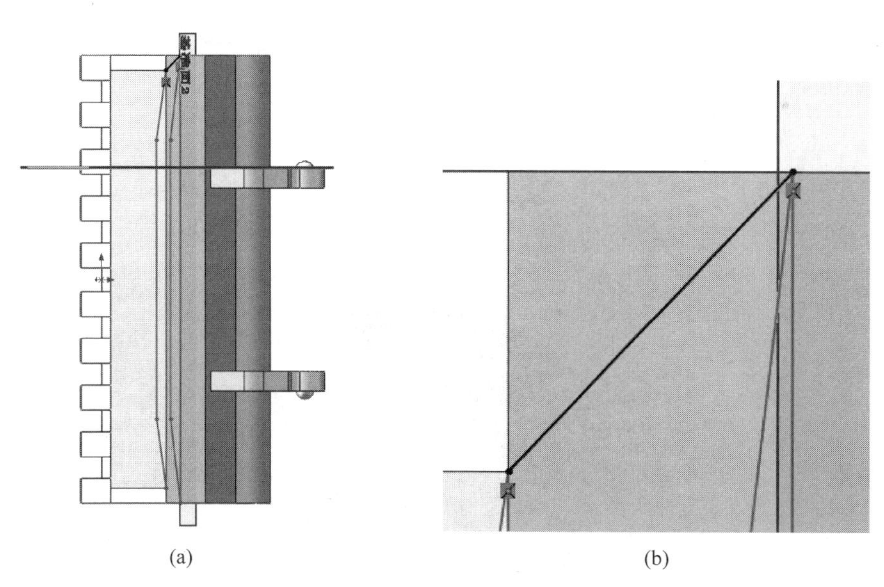

图 13-104　绘制放样草图 4

(a) 草图位置；(b) 草图尺寸

Note

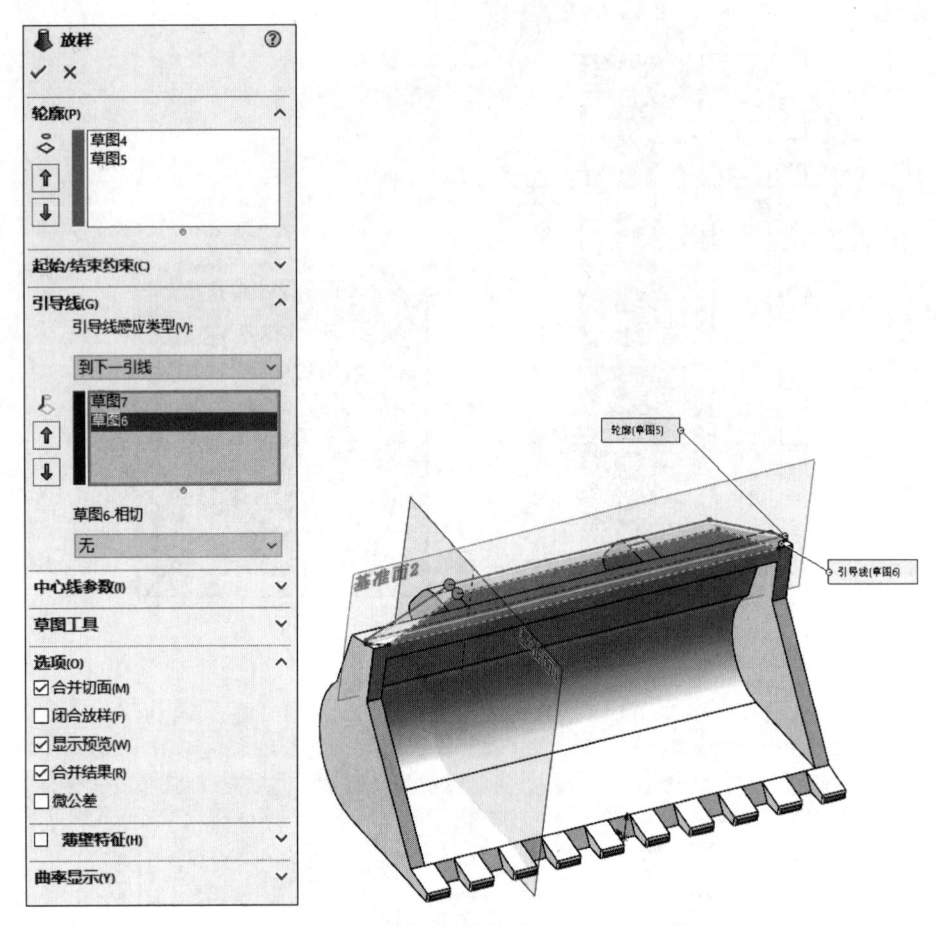

图 13-105 “放样”属性管理器和放样示意图

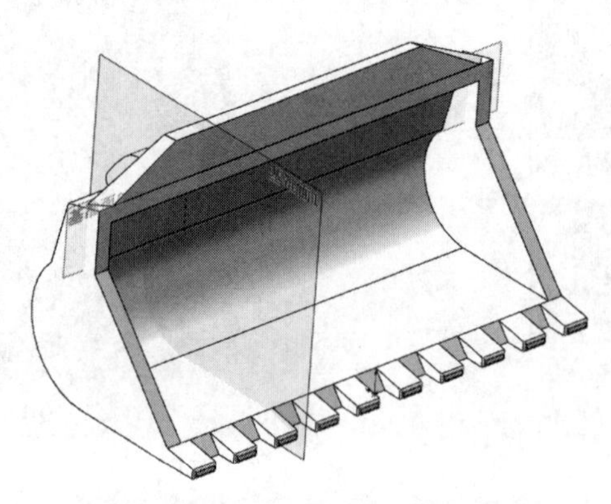

图 13-106 放样结果

Note

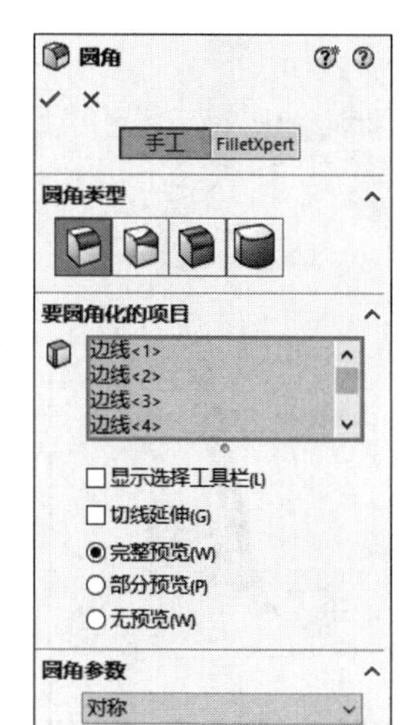

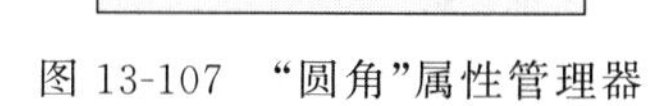

图 13-107 “圆角”属性管理器

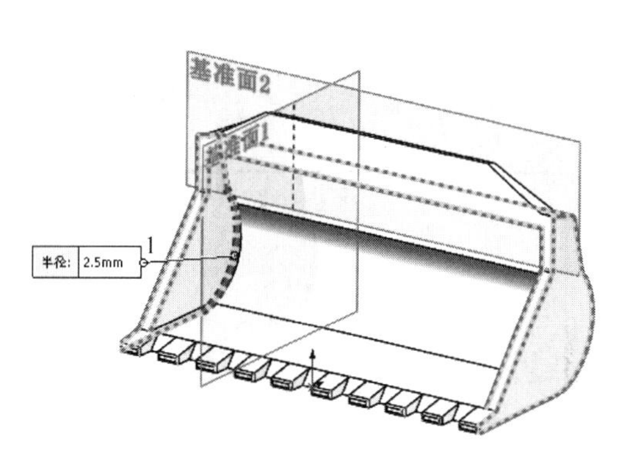

图 13-108 选择圆角边线 1

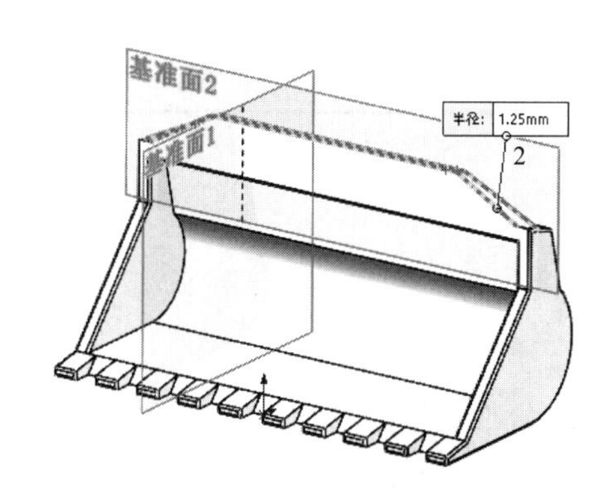

图 13-109 选择圆角边线 2

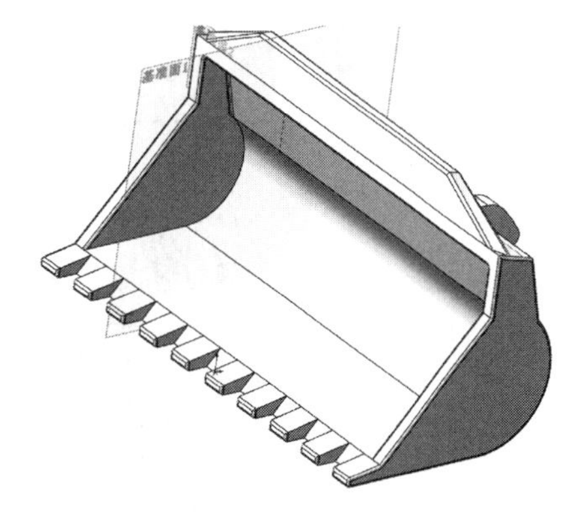

图 13-110 倒圆角结果

13.1.4 铲斗支撑架

13-4

本例绘制的铲斗支撑架，如图 13-111 所示。

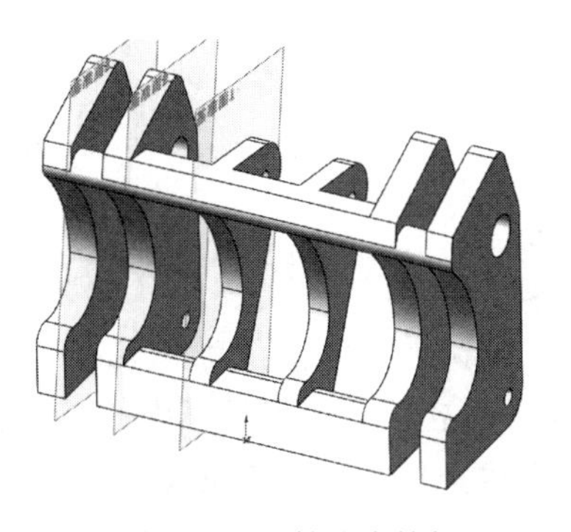

图 13-111 铲斗支撑架

思路分析

首先绘制铲斗支撑架的外形轮廓草图，然后旋转成为铲斗支撑架主体轮廓，最后进行倒角处理。绘制的流程图如图 13-112 所示。

Note

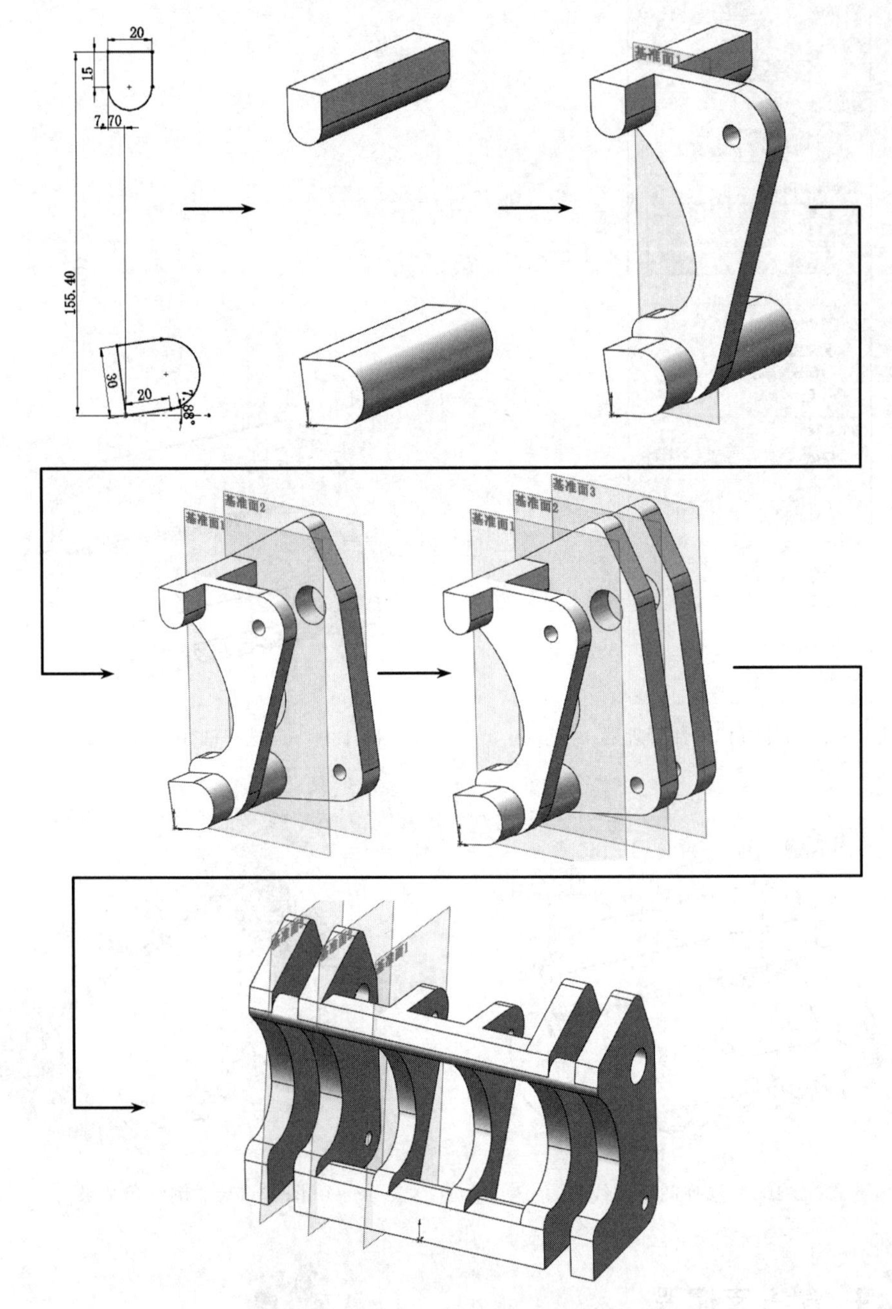

图 13-112　铲斗支撑架绘制流程图

绘制步骤

（1）新建文件。启动 SOLIDWORKS 2020，选择菜单栏中的“文件”→“新建”命令，或者单击“标准”工具栏中的“新建”按钮，在弹出的“新建 SOLIDWORKS 文件”对话框中选择“零件”按钮，然后单击“确定”按钮，创建一个新的零件文件。

(2) 绘制草图 1。在左侧的 FeatureManager 设计树中用鼠标选择"前视基准面"作为绘制图形的基准面。单击"草图"控制面板中的"中心线"按钮、"直线"按钮和"三点圆弧"按钮，绘制并标注草图如图 13-113 所示。

(3) 拉伸实体 1。选择菜单栏中的"插入"→"凸台/基体"→"拉伸"命令，或者单击"特征"控制面板中的"拉伸凸台/基体"按钮，弹出如图 13-114 所示的"凸台-拉伸 1"属性管理器。设置拉伸终止条件为"两侧对称"，输入拉伸距离为 265.00mm，然后单击"确定"按钮✓，结果如图 13-115 所示。

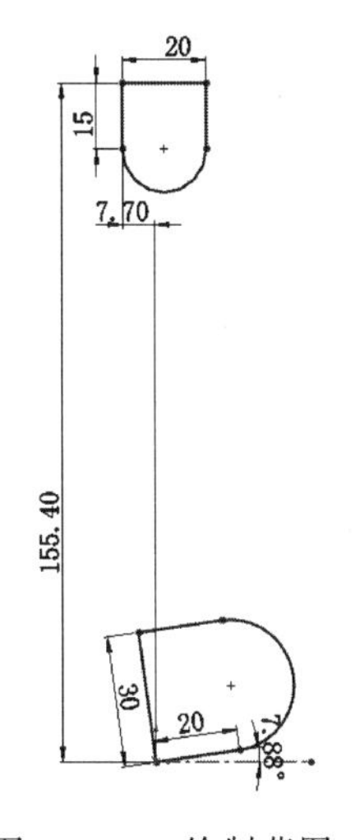

图 13-113　绘制草图 1 并标注尺寸

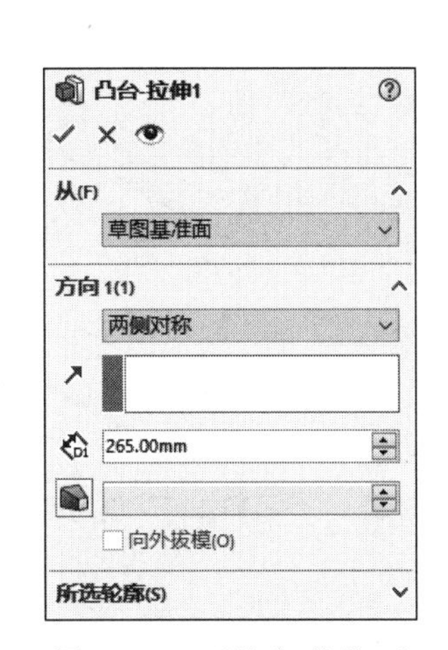

图 13-114　"凸台-拉伸 1"属性管理器

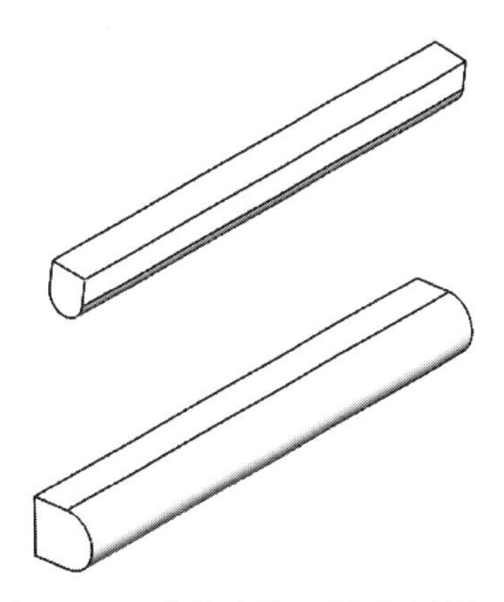

图 13-115　拉伸实体 1(铲斗支撑架)

(4) 创建基准平面 1。在左侧的 FeatureManager 设计树中用鼠标选择"前视基准面"作为绘制图形的基准面。单击"特征"控制面板"参考几何体"下拉列表中的"基准面"按钮，弹出"基准面"属性管理器，在"偏移距离"文本框中输入距离为 22.00mm，如图 13-116 所示；单击属性管理器中的"确定"按钮✓，生成基准面如图 13-117 所示。

(5) 绘制草图 2。在左侧的 FeatureManager 设计树中用鼠标选择"基准面 1"作为绘制图形的基准面。单击"草图"控制面板中的"直线"按钮、"切线弧"按钮、"三点圆弧"按钮和"圆"按钮，绘制并标注草图如图 13-118 所示。

注意

圆弧和圆弧以及直线之间是相切关系。

(6) 拉伸实体 2。选择菜单栏中的"插入"→"凸台/基体"→"拉伸"命令，或者单击"特征"控制面板中的"拉伸凸台/基体"按钮，弹出如图 13-119 所示的"凸台-拉伸"属性管理器。设置拉伸终止条件为"给定深度"，输入拉伸距离为 13.00mm，然后单击"确定"按钮✓，结果如图 13-120 所示。

Note

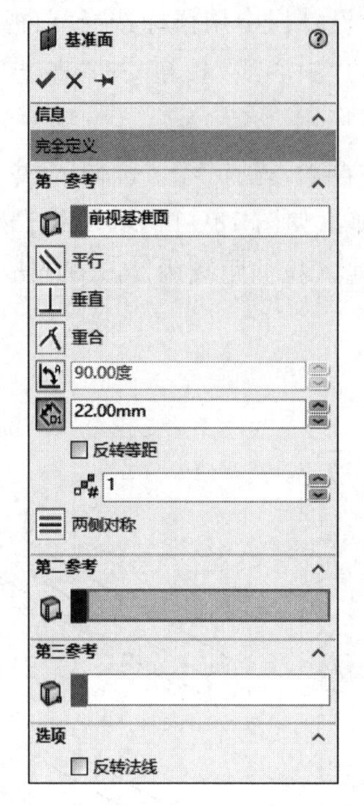

图 13-116 "基准面"属性管理器

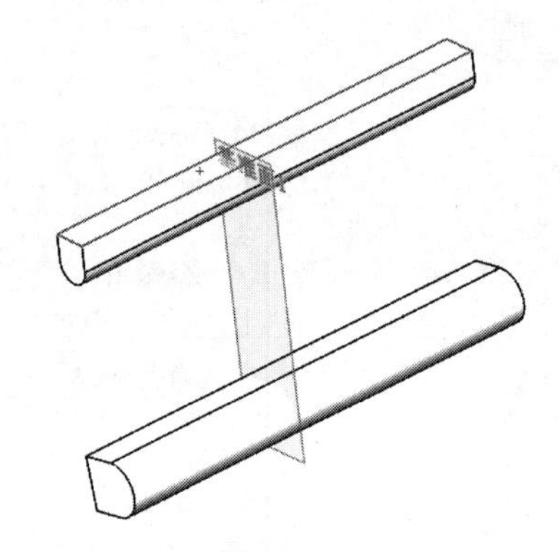

图 13-117 创建基准面 1(铲斗支撑架)

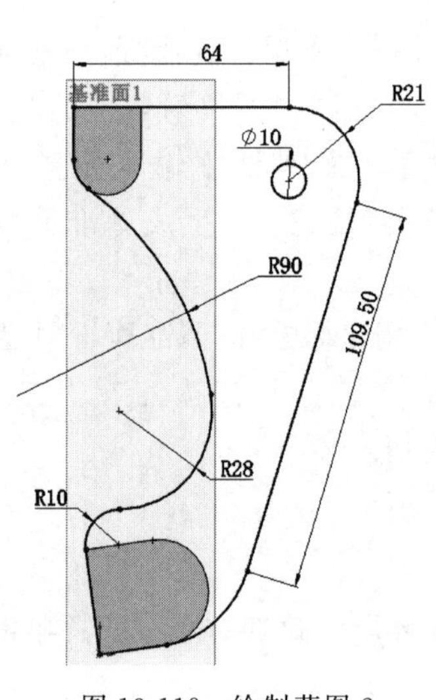

图 13-118 绘制草图 2 并标注尺寸

图 13-119 "凸台-拉伸"属性管理器(1)

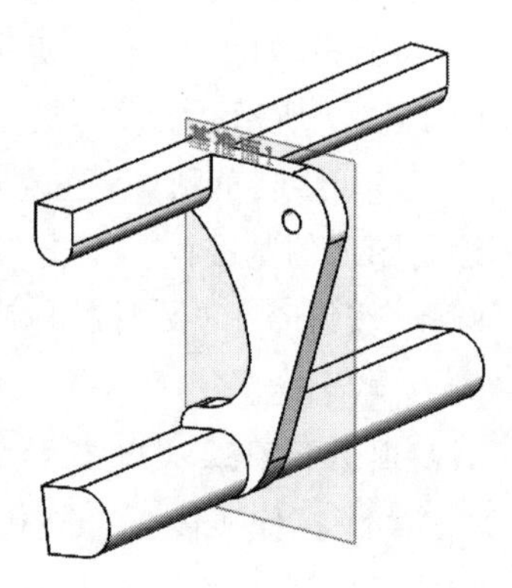

图 13-120 拉伸实体 2(铲斗支撑架)

(7) 创建基准平面 2。在左侧的 FeatureManager 设计树中用鼠标选择"前视基准面"作为绘制图形的基准面。单击"特征"控制面板"参考几何体"下拉列表中的"基准

面”按钮，弹出“基准面”属性管理器，在“偏移距离”文本框中输入距离为 77.50mm，单击属性管理器中的“确定”按钮✔。

（8）绘制草图 3。在左侧的 FeatureManager 设计树中用鼠标选择“基准面 2”作为绘制图形的基准面。单击“草图”控制面板中的“实体引用”按钮、“直线”按钮、“切线弧”按钮、“绘制圆角”按钮和“圆”按钮，绘制并标注草图如图 13-121 所示。

（9）拉伸实体 3。选择菜单栏中的“插入”→“凸台/基体”→“拉伸”命令，或者单击“特征”控制面板中的“拉伸凸台/基体”按钮，弹出如图 13-122 所示的“凸台-拉伸”属性管理器。设置拉伸终止条件为“给定深度”，输入拉伸距离为 17.50mm，然后单击“确定”按钮✔，结果如图 13-123 所示。

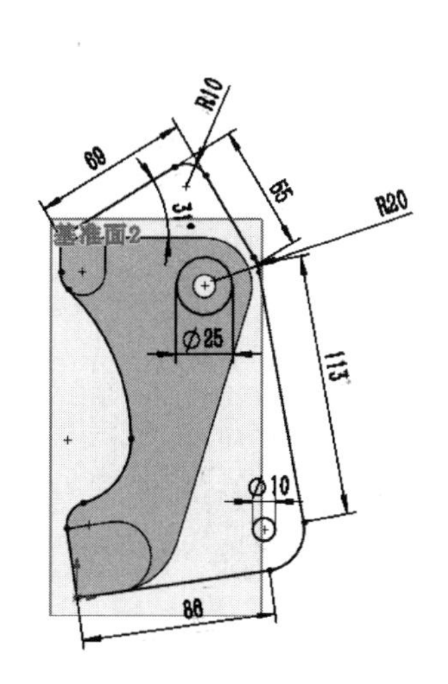

图 13-121　绘制草图 3 并标注尺寸

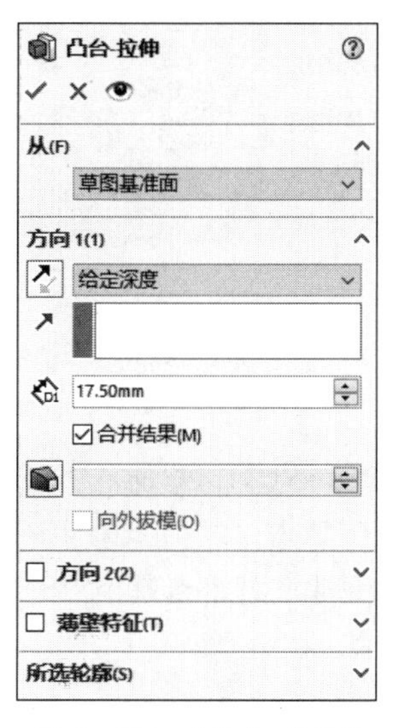

图 13-122　“凸台-拉伸”属性管理器(2)

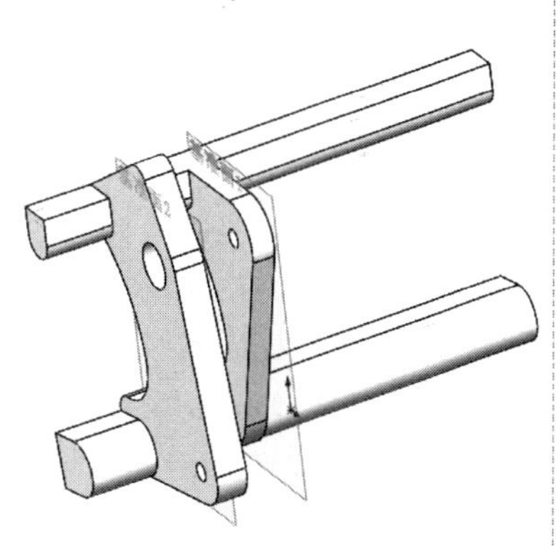

图 13-123　拉伸实体 3（铲斗支撑架）

（10）创建基准平面 3。在左侧的 FeatureManager 设计树中用鼠标选择“前视基准面”作为绘制图形的基准面。单击“特征”控制面板“参考几何体”下拉列表中的“基准面”按钮，弹出“基准面”属性管理器，在“偏移距离”文本框中输入距离为 115.00mm，单击属性管理器中的“确定”按钮✔。

（11）绘制草图 4。在左侧的 FeatureManager 设计树中用鼠标选择“基准面 3”作为绘制图形的基准面。单击“草图”控制面板中的“实体引用”按钮，绘制如图 13-124 所示。

（12）拉伸实体 4。选择菜单栏中的“插入”→“凸台/基体”→“拉伸”命令，或者单击“特征”控制面板中的“拉伸凸台/基体”按钮，弹出如图 13-125 所示的“凸台-拉伸”属性管理器。设置拉伸终止条件为“给定深度”，输入拉伸距离为 17.50mm，然后单击“确定”按钮✔，结果如图 13-126 所示。

（13）绘制草图 5。在左侧的 FeatureManager 设计树中用鼠标选择“基准面 3”作为绘制图形的基准面。单击“草图”控制面板中的“圆”按钮，绘制如图 13-127 所示。

Note

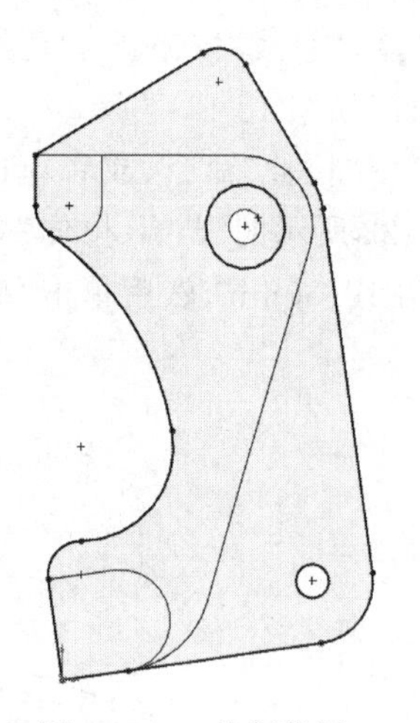

图 13-124　绘制草图 4（铲斗支撑架）

图 13-125　“凸台-拉伸”属性管理器(3)

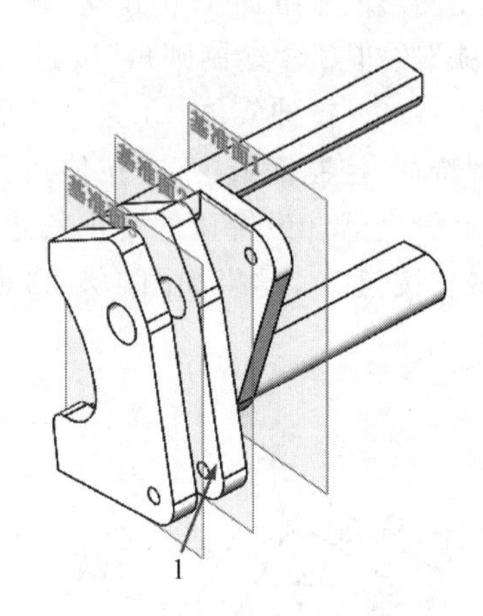

图 13-126　拉伸实体 4（铲斗支撑架）

（14）切除-拉伸实体 5。选择菜单栏中的“插入”→“切除”→“拉伸”命令，或者单击“特征”控制面板中的“拉伸切除”按钮，弹出如图 13-128 所示的“切除-拉伸”属性管理器。设置拉伸终止条件为“成形到一面”，选择图 13-126 所示的面 1。然后单击“确定”按钮 ✓，结果如图 13-129 所示。

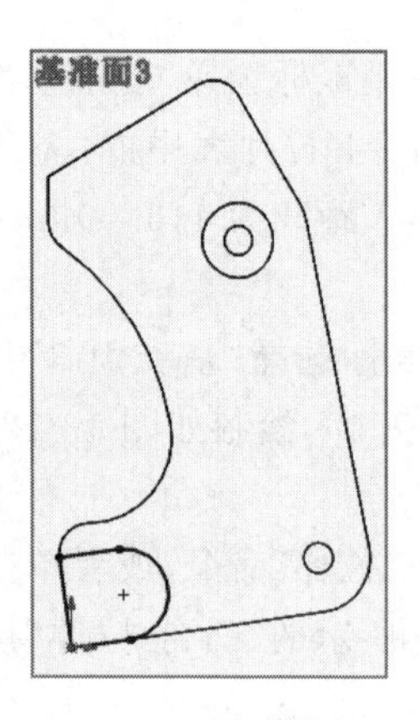

图 13-127　绘制草图 5（铲斗支撑架）

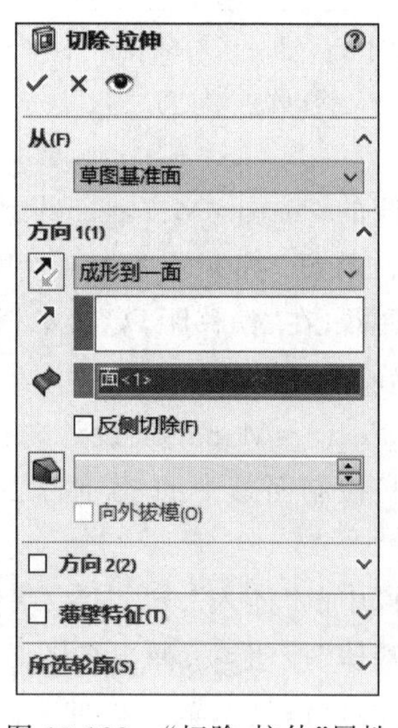

图 13-128　“切除-拉伸”属性管理器

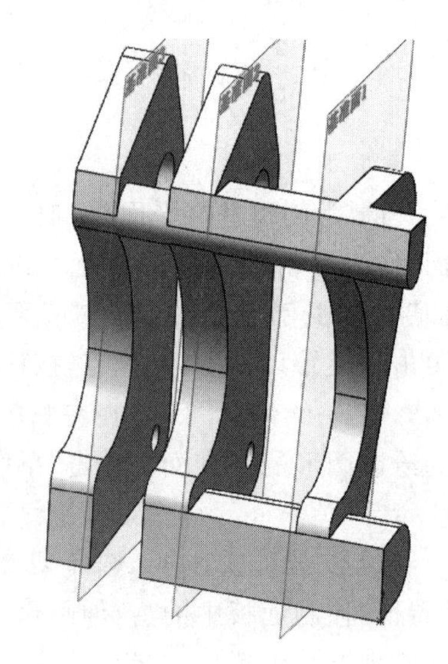

图 13-129　切除-拉伸实体 5（铲斗支撑架）

（15）镜像特征。选择菜单栏中的“插入”→“阵列/镜像”→“镜像”命令，或者单击“特征”控制面板中的“镜像”按钮，弹出如图 13-130 所示的“镜像”属性管理器。选

Note

择“前视基准面”为镜像面，在视图中选择所有实体为要镜像的实体，然后单击“确定”按钮 ✓，结果如图 13-131 所示。

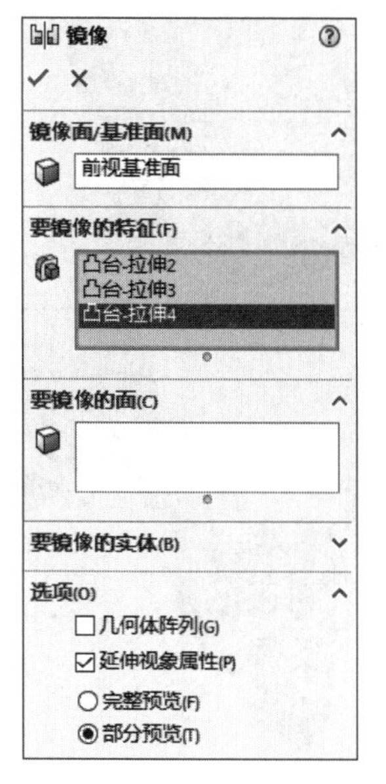

图 13-130　“镜像”属性管理器

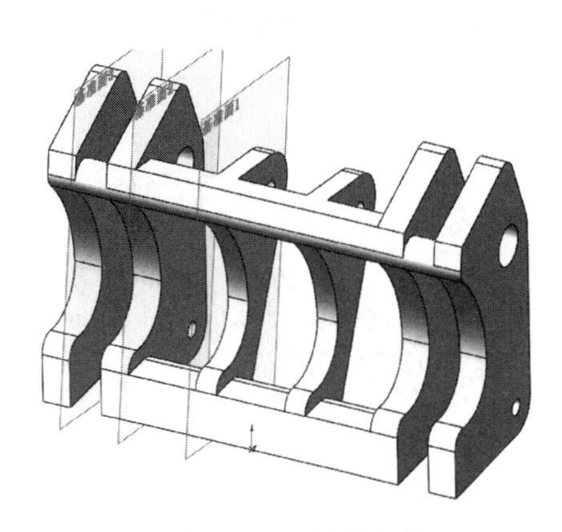

图 13-131　镜像实体

13.2　挖掘机装配体

本例创建的挖掘机装配体，如图 13-132 所示。

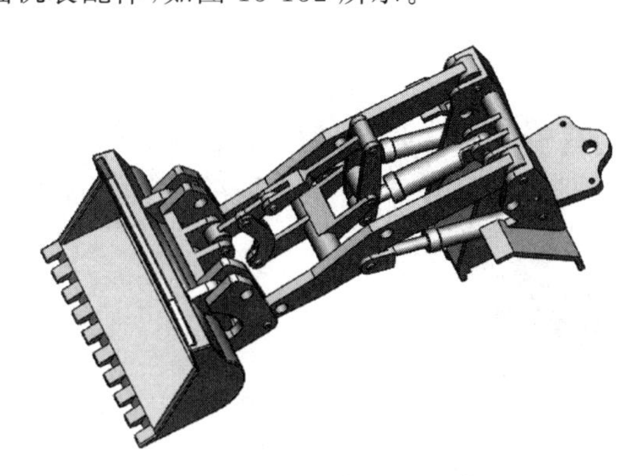

图 13-132　挖掘机装配体

思路分析

首先绘制连接件与铲斗小装配体，然后依次导入其余零部件，利用“同心”“重合”等配合关系装配零件。绘制的流程图如图 13-133 所示。

Note

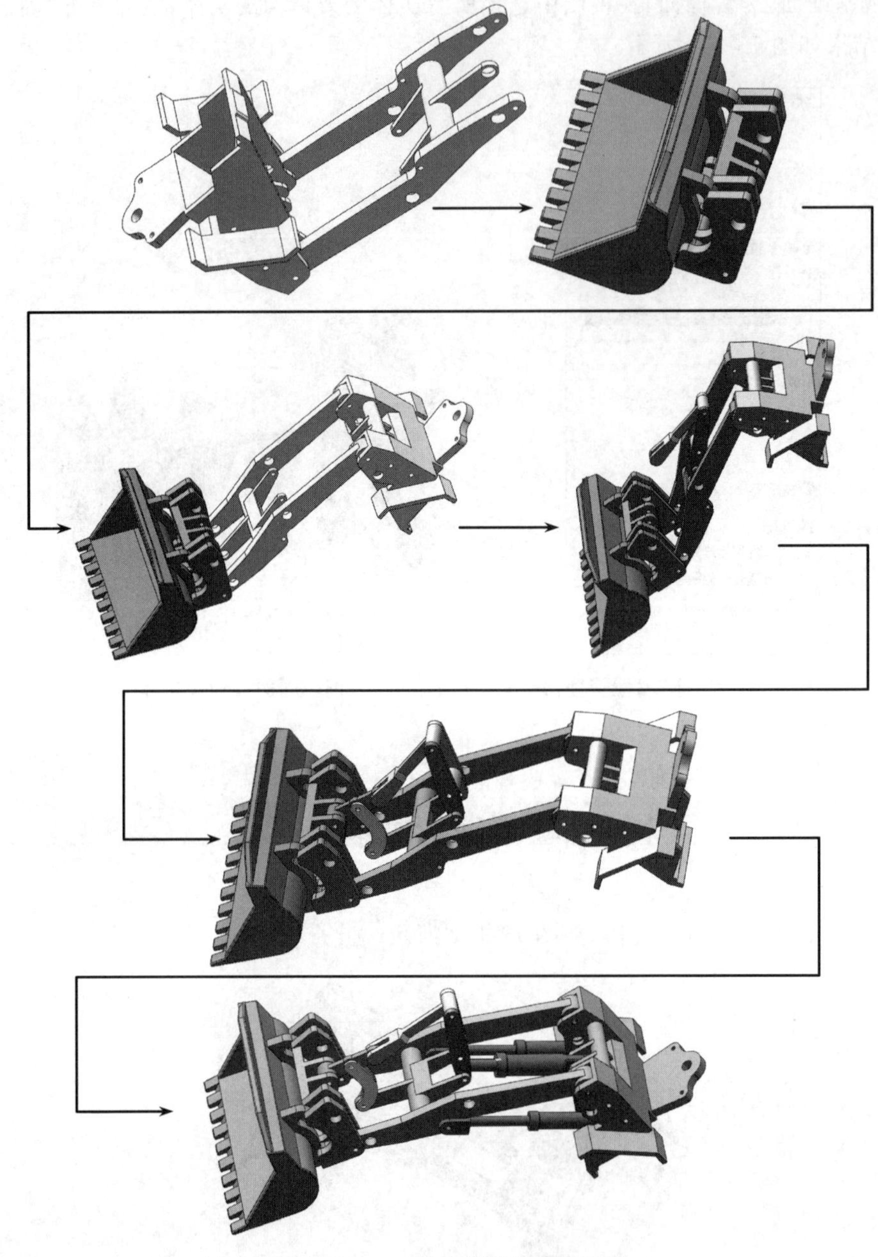

图 13-133　挖掘机装配体流程图

13-5

13.2.1　连接件装配体

（1）启动 SOLIDWORKS 2020，单击“标准”工具栏中的“新建”按钮，或执行“文件”→“新建”菜单命令，在弹出的“新建 SOLIDWORKS 文件”对话框中选择“装配体”按钮，如图 13-134 所示，然后单击“确定”按钮，创建一个新的装配文件。系统弹出“开始装配体”属性管理器，如图 13-135 所示。

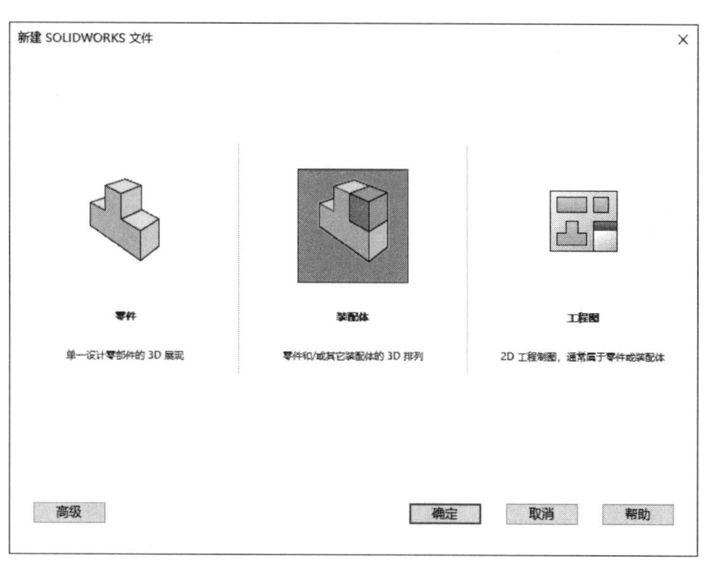

图 13-134　“新建 SOLIDWORKS 文件”对话框

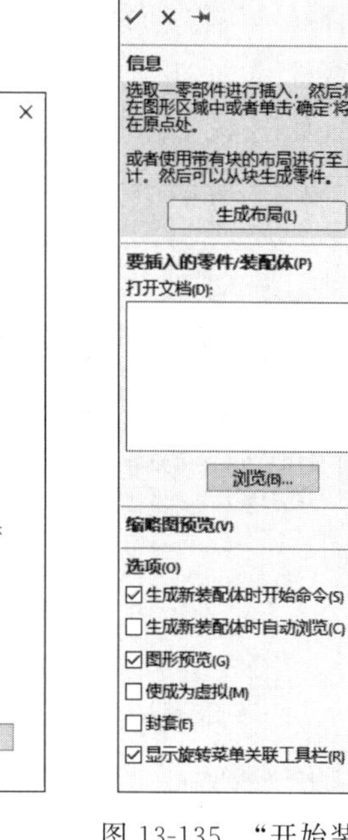

图 13-135　“开始装配体”属性管理器

（2）定位主件。单击“开始装配体”属性管理器中的“浏览”按钮，弹出“打开”对话框，选择已创建的“主件”零件，这时对话框的浏览区中将显示零件的预览结果，如图 13-136 所示。在“打开”对话框中单击“打开”按钮，系统进入装配界面，光标变为形状，选择菜单栏中的“视图”→“隐藏/显示”→“原点”命令，显示坐标原点，将光标移动至原点位置，光标变为形状，在目标位置单击将“主件”放入装配界面中，如图 13-137 所示。

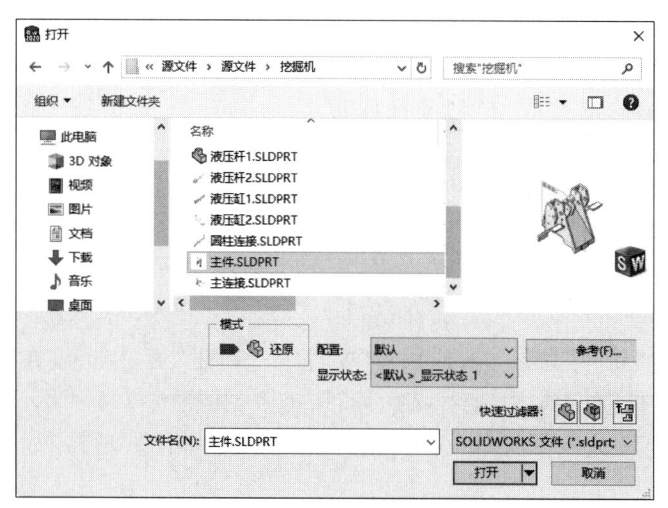

图 13-136　“打开”对话框

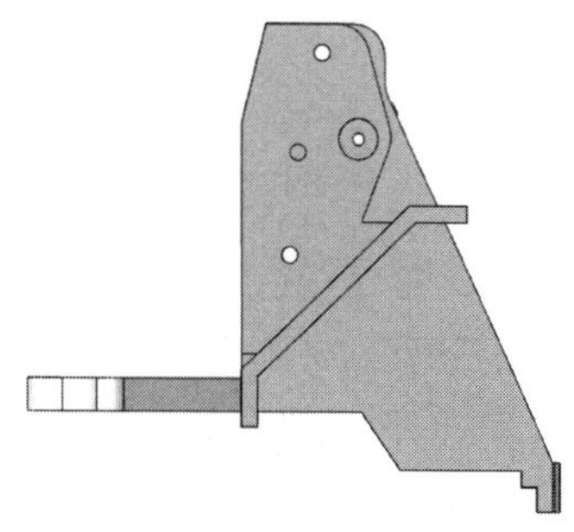

图 13-137　放置零件图

(3) 插入主连接。选择菜单栏中的“插入”→“零部件”→“现有零件/装配体”命令，或单击“装配体”控制面板中的“插入零部件”按钮，弹出如图 13-138 所示“插入零部件”属性管理器，单击“浏览”按钮，在弹出的“打开”对话框中选择“主连接”，将其插入装配界面中，如图 13-139 所示。

Note

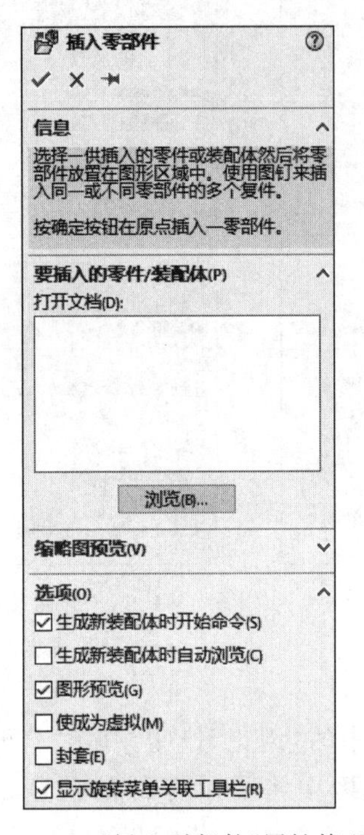

图 13-138 “插入零部件”属性管理器

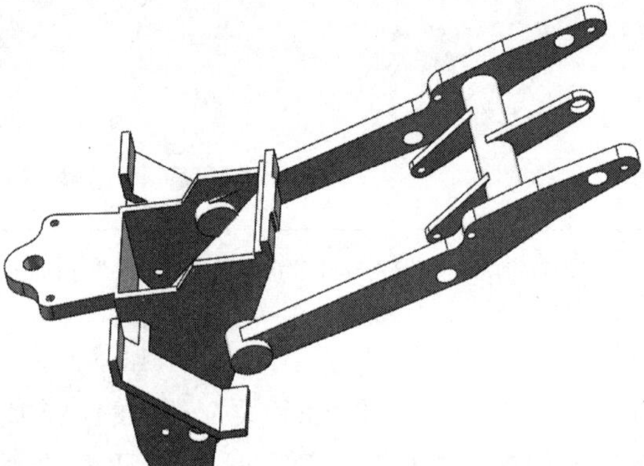

图 13-139 插入主连接

(4) 添加装配关系。选择菜单栏中的“插入”→“配合”命令，或单击“装配体”控制面板中的“配合”按钮，弹出“配合”属性管理器，如图 13-140 所示。选择图 13-141 所示的配合面，在“配合”属性管理器中单击“重合”按钮，添加“重合”关系，单击“确定”按钮✓，在“配合”属性管理器中单击“同轴心”按钮，添加“同轴心”关系，单击“确定”按钮✓。选择如图 13-142 所示的配合面，拖动零件旋转到适当位置，如图 13-143 所示。

(5) 保存文件。选择菜单栏中的“文件”→“保存”命令，将装配体文件保存为“连接件”。

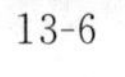

13-6

13.2.2 铲斗装配体

(1) 单击“标准”工具栏中的“新建”按钮，或执行“文件”→“新建”菜单命令，在弹出的“新建 SOLIDWORKS 文件”对话框中选择“装配体”按钮，如图 13-144 所示，然后单击“确定”按钮，创建一个新的装配文件。弹出“开始装配体”属性管理器，如图 13-145 所示。

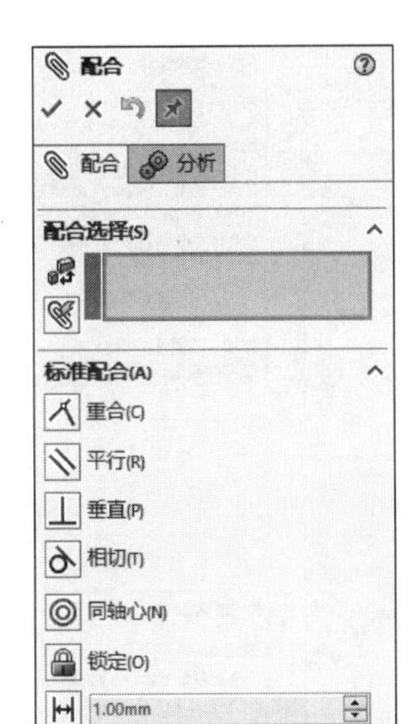

图 13-140　“配合”属性管理器(1)

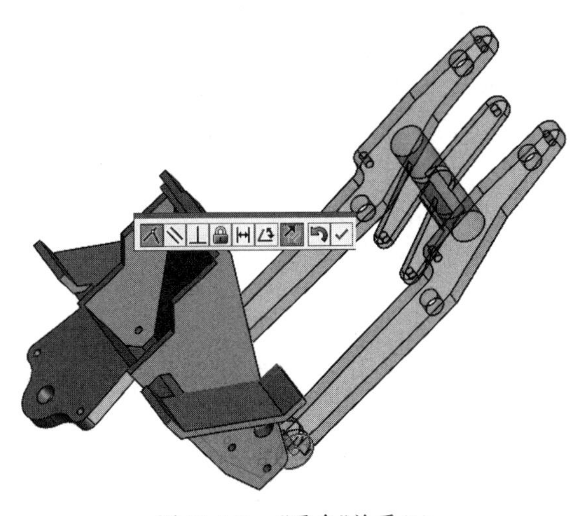

图 13-141　“重合”关系(1)

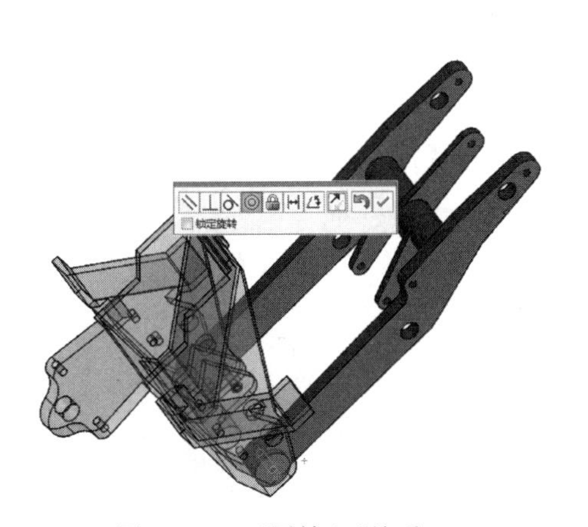

图 13-142　“同轴心”关系(1)

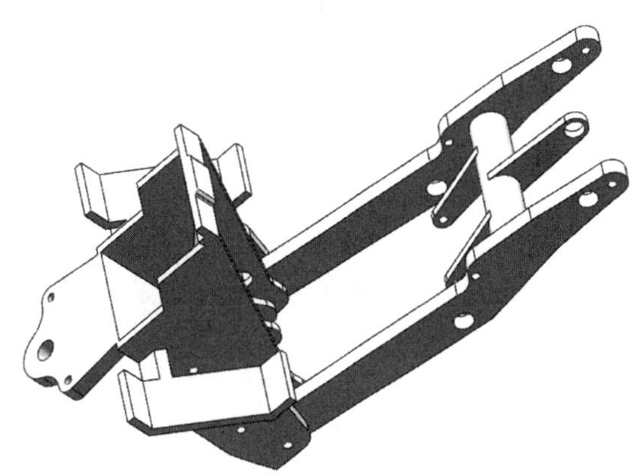

图 13-143　零件旋转结果(1)

(2) 定位斗。单击“开始装配体”属性管理器中的“浏览”按钮，弹出“打开”对话框，选择已创建的“铲斗”零件，这时对话框的浏览区中将显示零件的预览结果，如图 13-146 所示。在“打开”对话框中单击“打开”按钮，进入装配界面，光标变为形状，选择菜单栏中的“视图”→“隐藏/显示”→“原点”命令，显示坐标原点，将光标移动至原点位置，光标变为形状，在目标位置单击将“斗”放入装配界面中，如图 13-147 所示。

Note

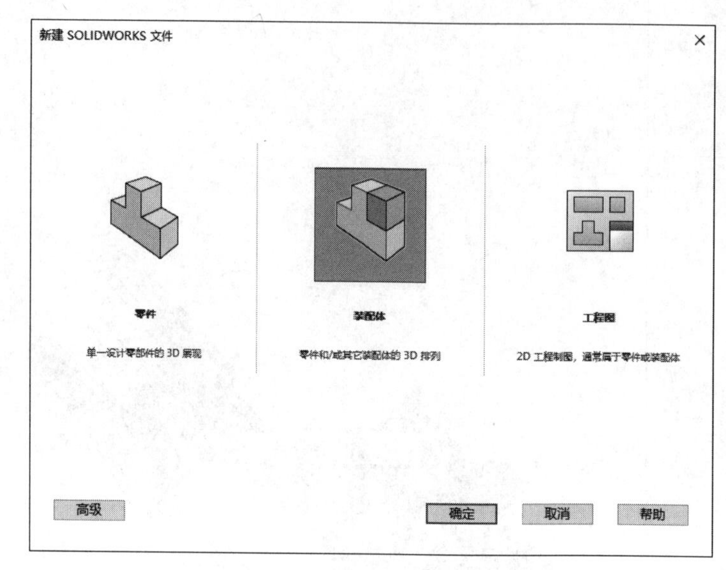

图 13-144　“新建 SOLIDWORKS 文件”对话框

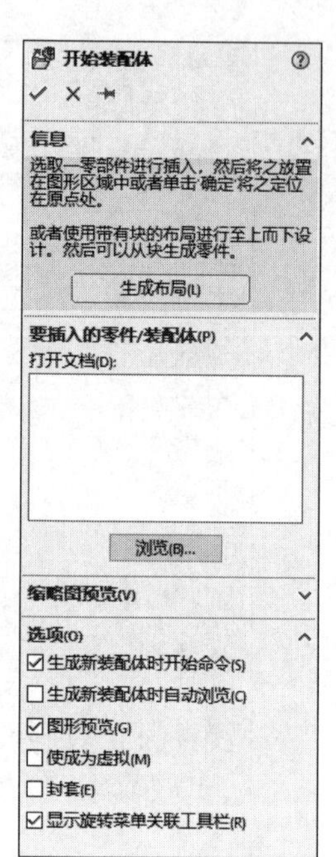

图 13-145　“开始装配体”属性管理器

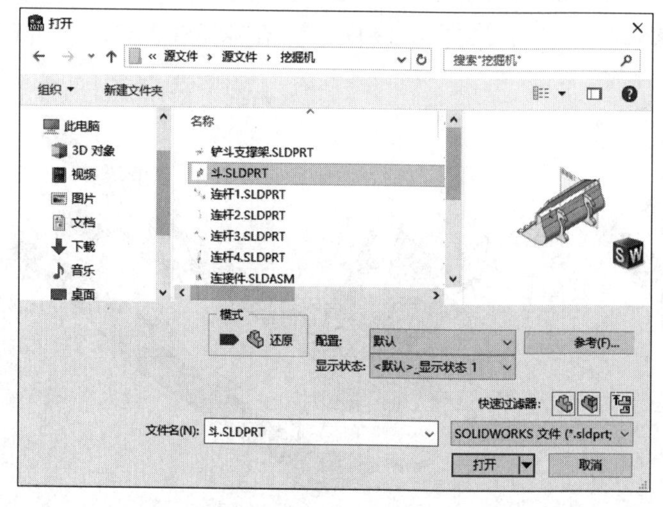

图 13-146　“打开”对话框

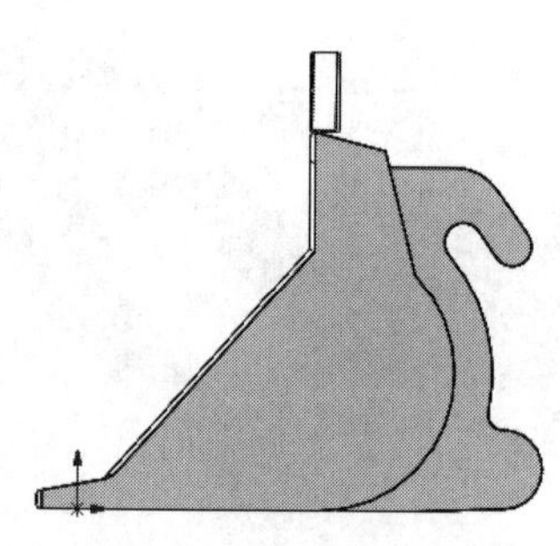

图 13-147　放置“斗”

（3）插入铲斗支撑架。选择菜单栏中的“插入”→“零部件”→“现有零件/装配体”命令，或单击“装配体”控制面板中的“插入零部件”按钮，弹出如图 13-148 所示“插入零部件”属性管理器，单击“浏览”按钮，在弹出的“打开”对话框中选择“铲斗支撑架”，将其插入装配界面中，如图 13-149 所示。

（4）添加装配关系。选择菜单栏中的“插入”→“配合”命令，或单击“装配体”控制面板中的“配合”按钮，弹出“配合”属性管理器，如图 13-150 所示。选择图 13-151 所

示的配合面，在“配合”属性管理器中单击“同轴心”按钮◎，添加“同轴心”关系，单击“确定”按钮✓，在“配合”属性管理器中单击“重合”按钮⋌，添加“重合”关系，单击“确定”按钮✓。选择图 13-152 所示的配合面，拖动零件旋转到适当位置，如图 13-153 所示。

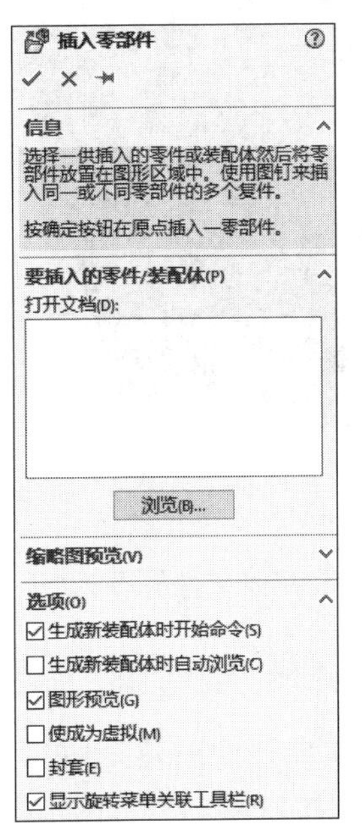

图 13-148　“插入零部件”属性管理器

图 13-149　插入铲斗支撑架

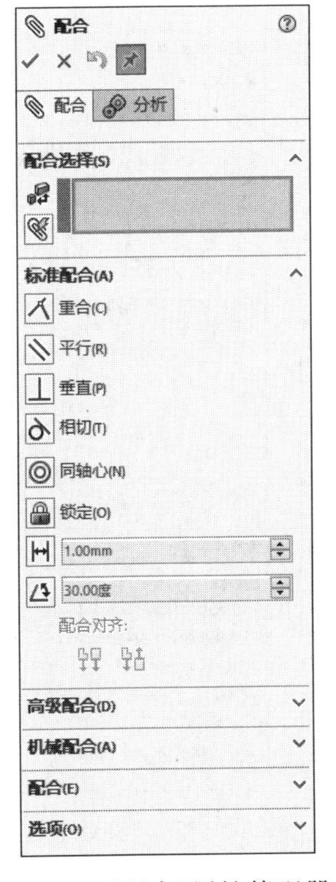

图 13-150　“配合”属性管理器(2)

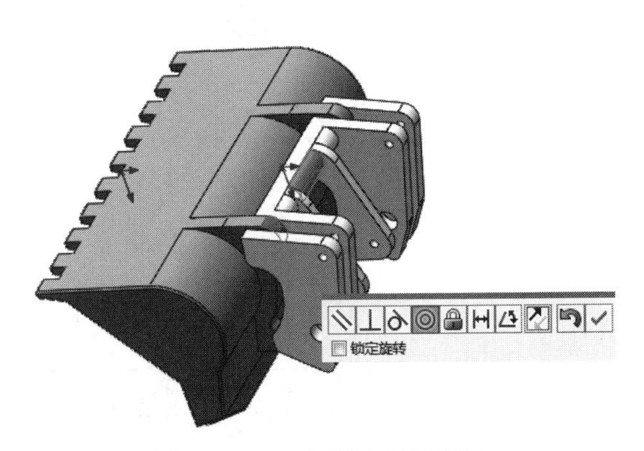

图 13-151　“同轴心”关系(2)

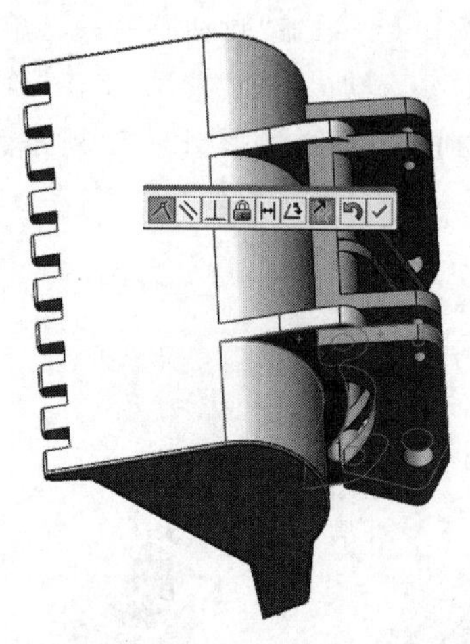

图 13-152 “重合”关系(2)

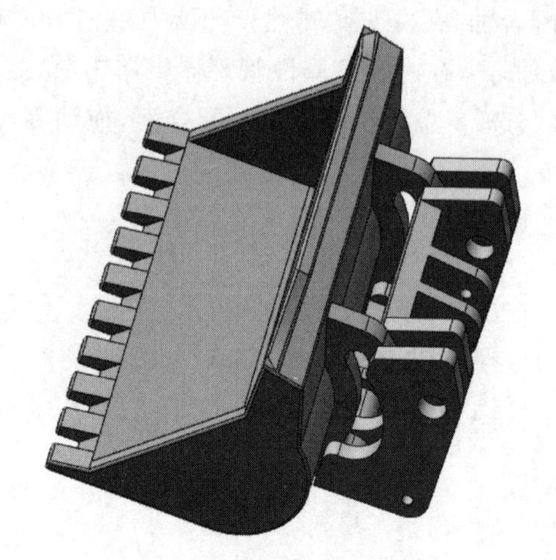

图 13-153 零件旋转结果(2)

(5) 保存文件。选择菜单栏中的“文件”→“保存”命令,将装配体文件保存为“铲斗”。

13.2.3 挖掘机总装配体

13-7

(1) 单击“标准”工具栏中的“新建”按钮,或执行“文件”→“新建”菜单命令,在弹出的“新建 SOLIDWORKS 文件”对话框中选择“装配体”按钮,如图 13-154 所示,然后单击“确定”按钮,创建一个新的装配文件。弹出“开始装配体”属性管理器,如图 13-155 所示。

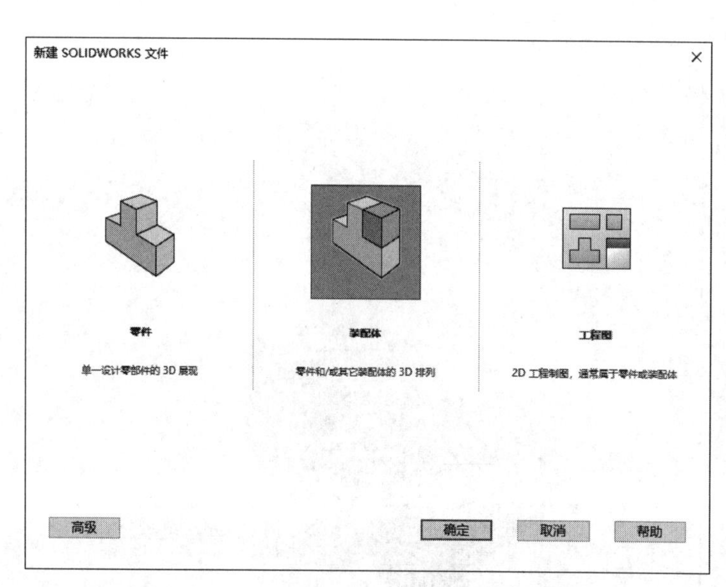

图 13-154 “新建 SOLIDWORKS 文件”对话框

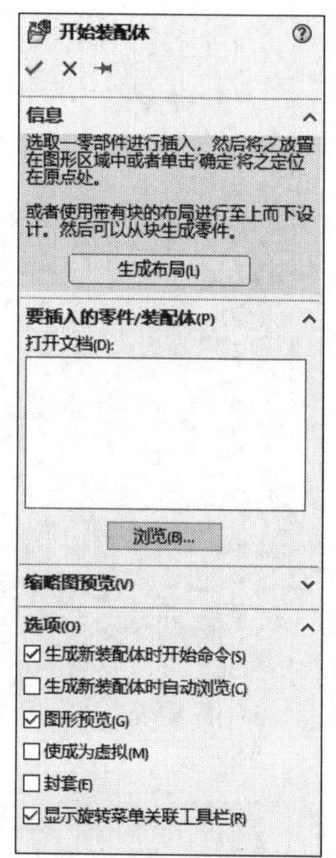

图 13-155 “开始装配体”属性管理器

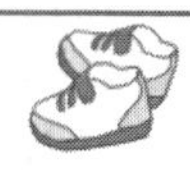

Note

（2）定位连接件。单击“开始装配体”属性管理器中的“浏览”按钮，弹出“打开”对话框，选择已创建的“连接件”装配体文件，这时对话框的浏览区中将显示零件的预览结果。在“打开”对话框中单击“打开”按钮，进入装配界面，光标变为形状，选择菜单栏中的“视图”→“隐藏/显示”→“原点”命令，显示坐标原点，将光标移动至原点位置，光标变为形状，在目标位置单击将“连接件”放入装配界面中，如图 13-156 所示。

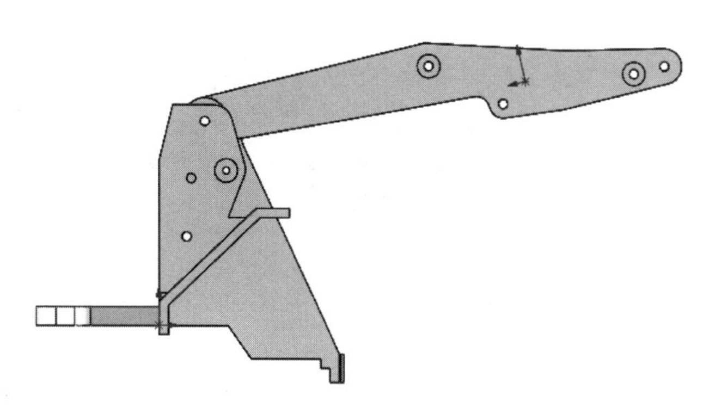

图 13-156　放置“连接件”

（3）插入铲斗。选择菜单栏中的“插入”→“零部件”→“现有零件/装配体”命令，或单击“装配体”控制面板中的“插入零部件”按钮，弹出如图 13-157 所示“插入零部件”属性管理器，单击“浏览”按钮，在弹出的“打开”对话框中选择“铲斗”，将其插入装配界面中，如图 13-158 所示。

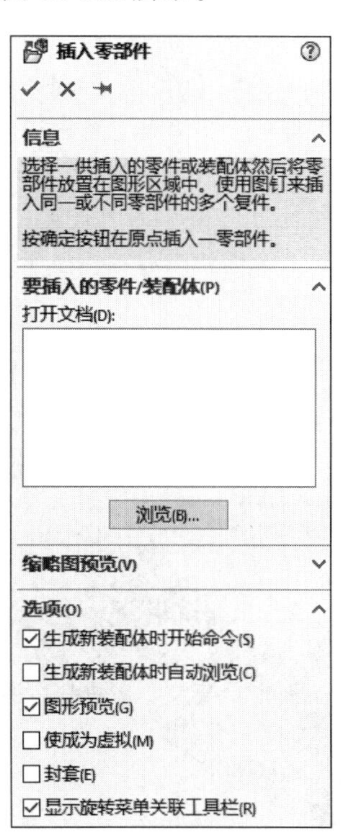

图 13-157　“插入零部件”属性管理器

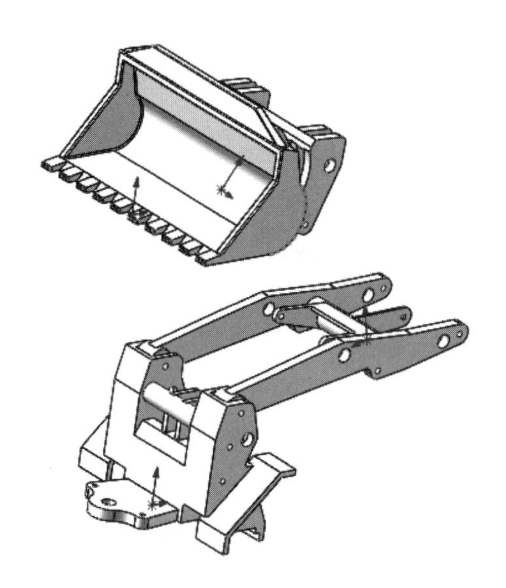

图 13-158　插入铲斗

(4) 旋转装配体。单击"装配体"控制面板中的"旋转零部件"按钮，或者执行"工具"→"零部件"→"旋转"命令，弹出"旋转零部件"属性管理器，旋转铲斗到合适的位置，结果如图 13-159 所示。

Note

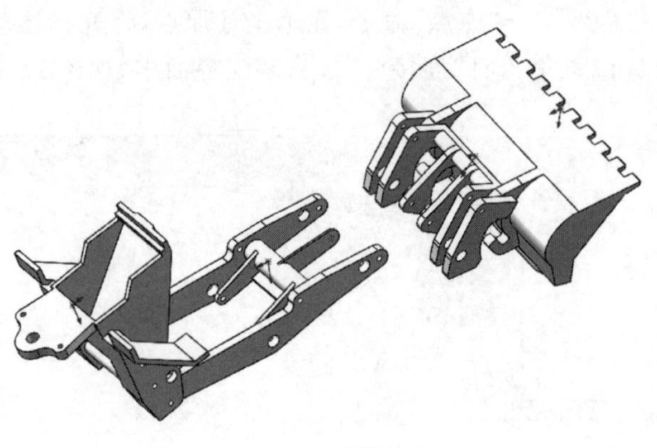

图 13-159　旋转铲斗

(5) 添加装配关系。选择菜单栏中的"插入"→"配合"命令，或单击"装配体"控制面板中的"配合"按钮，弹出"配合"属性管理器，如图 13-160 所示。选择图 13-161 所示的配合面，在"配合"属性管理器中单击"重合"按钮，添加"重合"关系，单击"确定"按钮，在"配合"属性管理器中单击"同轴心"按钮，添加"同轴心"关系，单击"确定"按钮。选择图 13-162 所示的配合面，拖动零件旋转到适当位置，如图 13-163 所示。

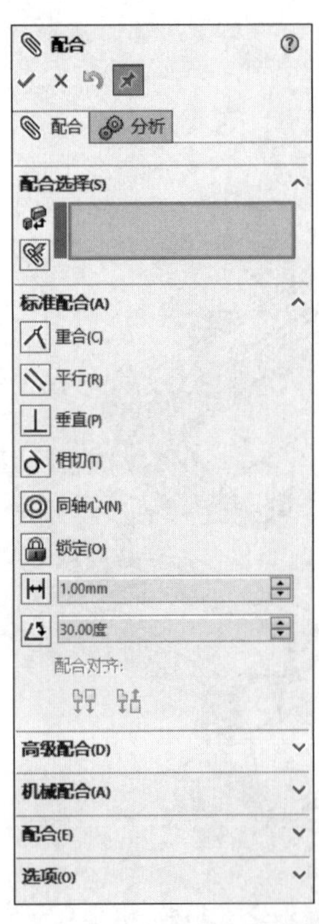

图 13-160　"配合"属性管理器(1)

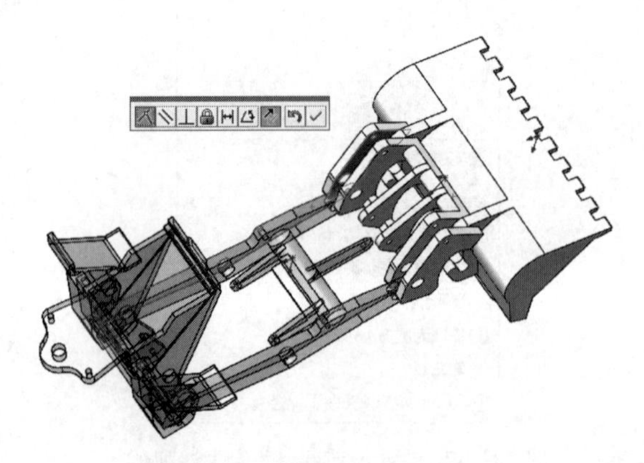

图 13-161　"重合"关系(1)

Note

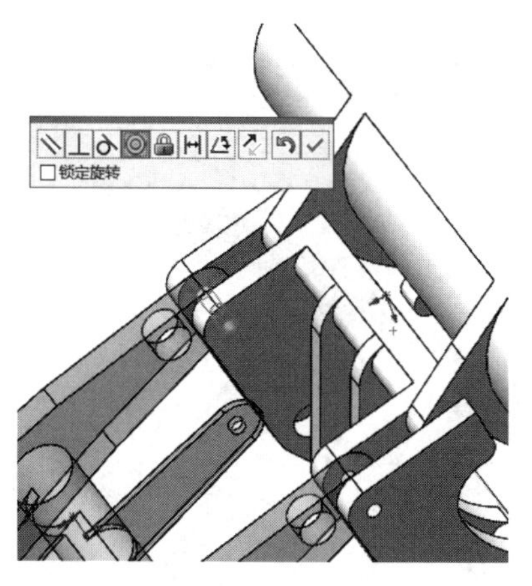

图 13-162　“同轴心”关系(1)

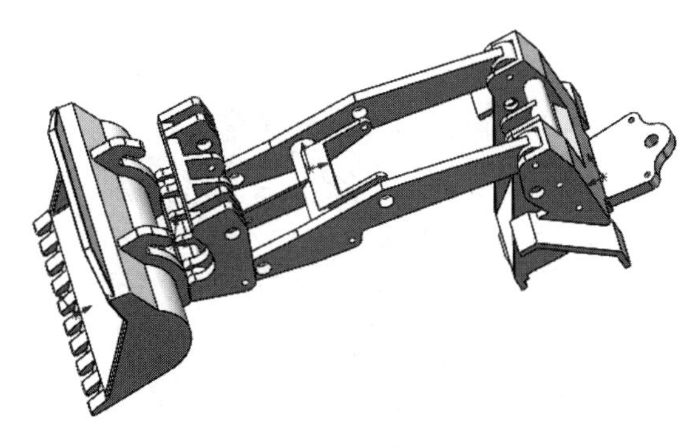

图 13-163　零件旋转结果(1)

(6) 插入连杆 4。选择菜单栏中的“插入”→“零部件”→“现有零件/装配体”命令，或单击“装配体”控制面板中的“插入零部件”按钮，弹出“插入零部件”属性管理器，单击“浏览”按钮，在弹出的“打开”对话框中选择“连杆 4”，将其插入装配界面中，如图 13-164 所示。

(7) 添加装配关系。选择菜单栏中的“插入”→“配合”命令，或单击“装配体”控制面板中的“配合”按钮，系统弹出“配合”属性管理器，如图 13-165 所示。选择图 13-166 所示的配合面，在“配合”属性管理器中单击“距离”按钮，设置距离值为 25.00mm，添加“距离”关系，单击“确定”按钮✓。选择图 13-167 所示的配合面，在“配合”属性管理器中单击“同轴心”按钮，添加“同轴心”关系，单击“确定”按钮✓，拖动零件旋转到适当位置，如图 13-168 所示。

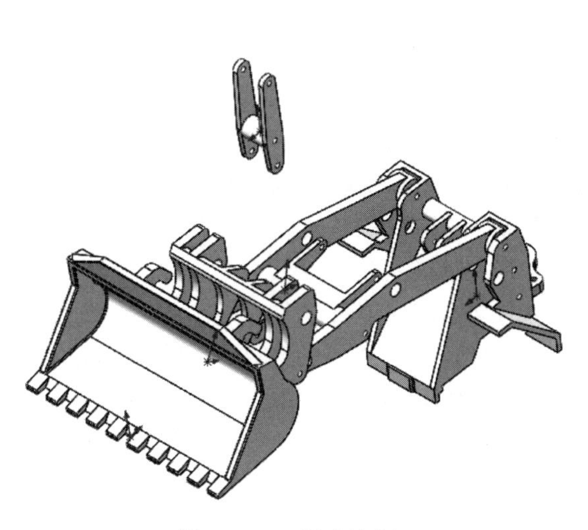

图 13-164　插入连杆 4

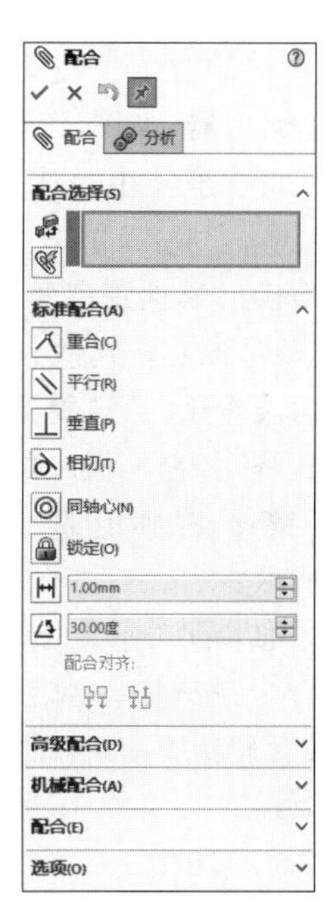

图 13-165　“配合”属性管理器(2)

Note

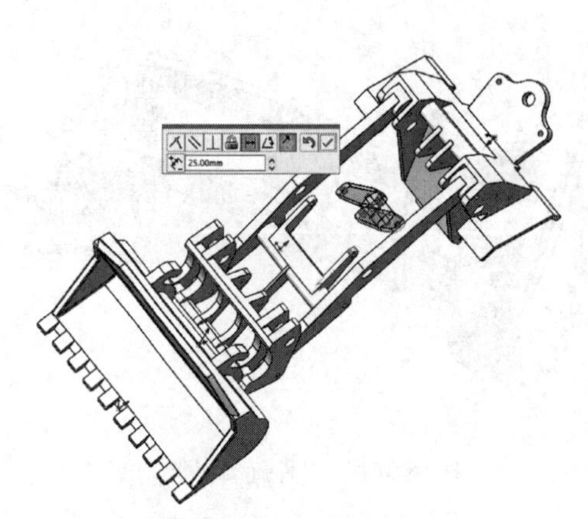

图 13-166 “距离”关系(1)

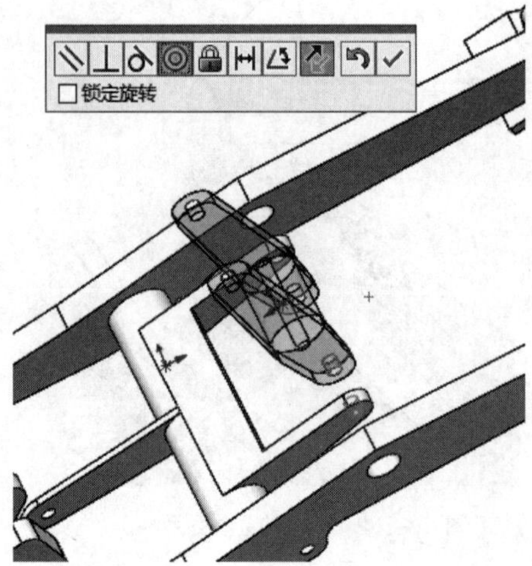

图 13-167 “同轴心”关系(2)

(8) 插入连杆 3。选择菜单栏中的“插入”→“零部件”→“现有零件/装配体”命令,或单击“装配体”控制面板中的“插入零部件”按钮,弹出“插入零部件”属性管理器,单击“浏览”按钮,在弹出的“打开”对话框中选择“连杆 3”,将其插入装配界面中,如图 13-169 所示。

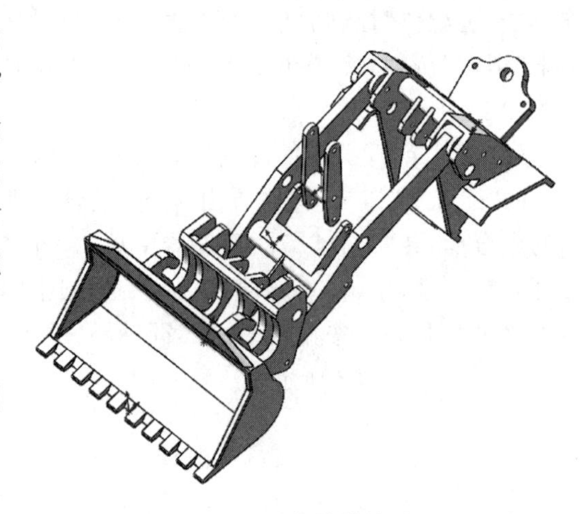

图 13-168 零件旋转结果(2)

(9) 添加装配关系。选择菜单栏中的“插入”→“配合”命令,或单击“装配体”控制面板中的“配合”按钮,弹出“配合”属性管理器,如图 13-170 所示。在“配合”属性管理器中单击“重合”按钮,添加“重合”关系,单击“确定”按钮✓,如图 13-171 所示。选择图 13-172 所示的配合面,在“配合”属性管理器中单击“同轴心”按钮,添加“同轴心”关系,单击“确定”按钮✓,拖动零件旋转到适当位置,如图 13-173 所示。

(10) 插入连杆 1。选择菜单栏中的“插入”→“零部件”→“现有零件/装配体”命令,或单击“装配体”控制面板中的“插入零部件”按钮,弹出“插入零部件”属性管理器,单击“浏览”按钮,在弹出的“打开”对话框中选择“连杆 1”,将其插入装配界面中,如图 13-174 所示。

(11) 添加装配关系。选择菜单栏中的“插入”→“配合”命令,或单击“装配体”控制面板中的“配合”按钮,弹出“配合”属性管理器。选择图 13-175 所示的配合面,在“配合”属性管理器中单击“重合”按钮,添加“重合”关系,单击“确定”按钮✓。选择图 13-176 所示的配合面,在“配合”属性管理器中单击“同轴心”按钮,添加“同轴心”关系,单击“确定”按钮✓,选择图 13-177 所示的配合面,在“配合”属性管理器中单击“同轴心”按钮,添加“同轴心”关系,单击“确定”按钮✓,拖动零件旋转到适当位置,如图 13-178 所示。

Note

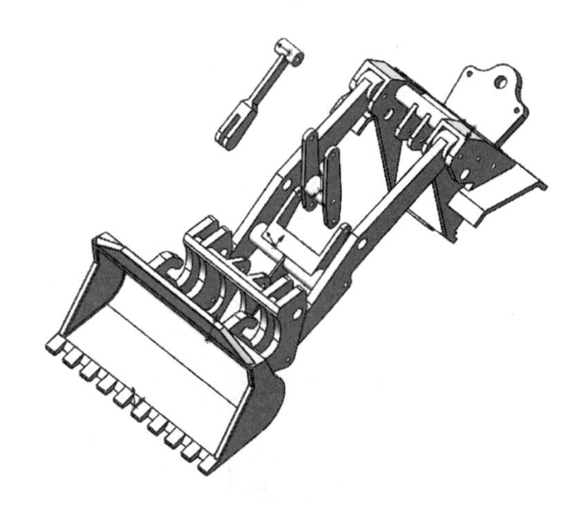

图 13-169　插入连杆 3

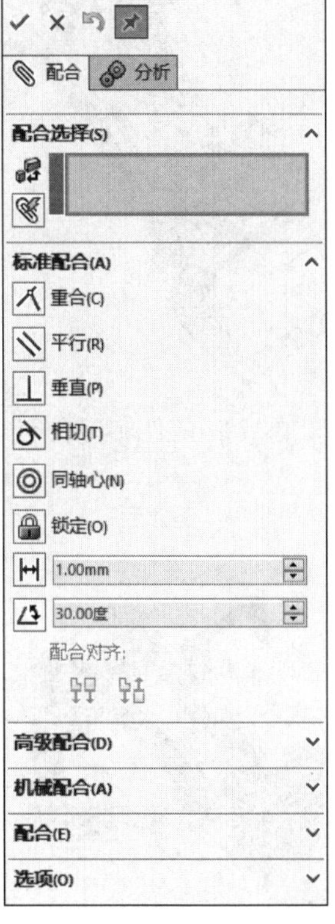

图 13-170　"配合"属性管理器(3)

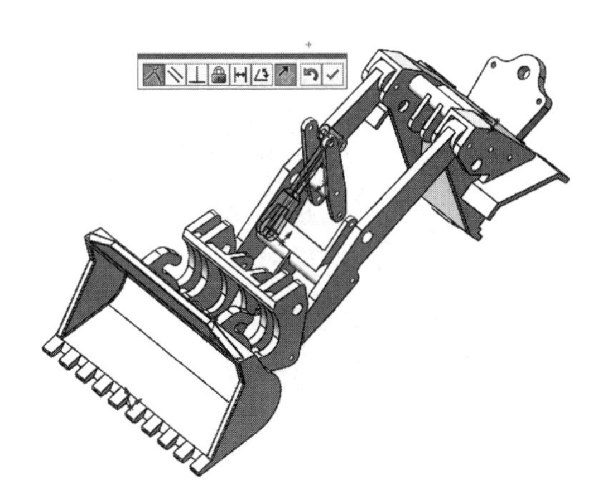

图 13-171　"重合"关系(2)

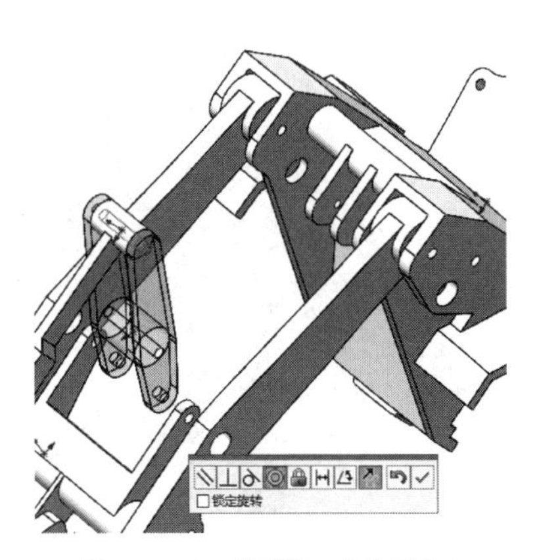

图 13-172　"同轴心"关系(3)

Note

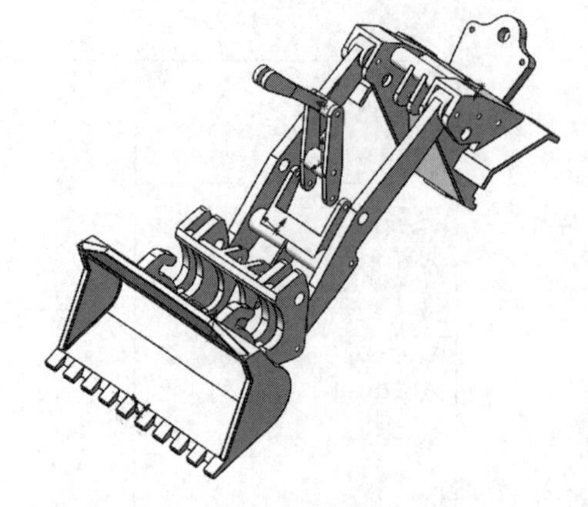

图 13-173　零件旋转结果(3)

图 13-174　插入连杆 1

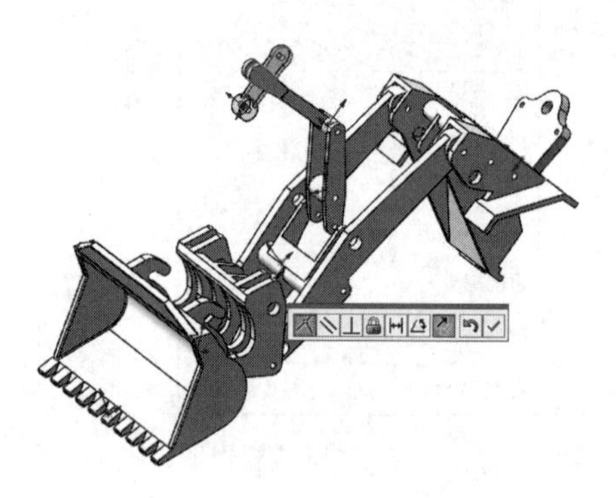

图 13-175　“重合”关系(3)

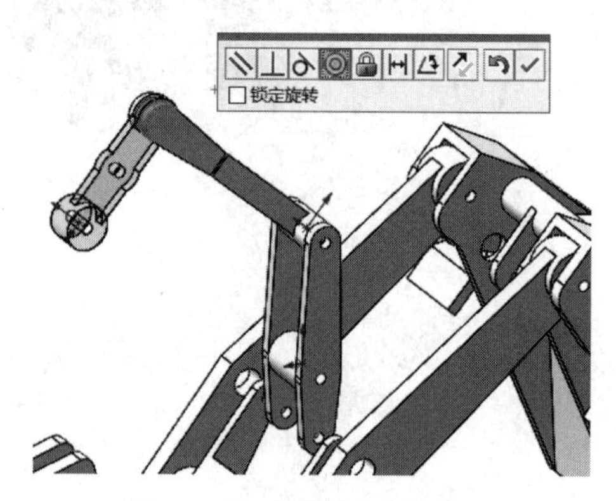

图 13-176　“同轴心”关系(4)

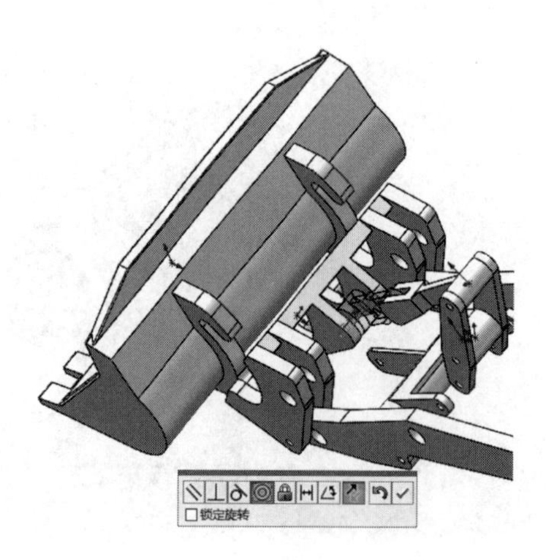

图 13-177　“同轴心”关系(5)

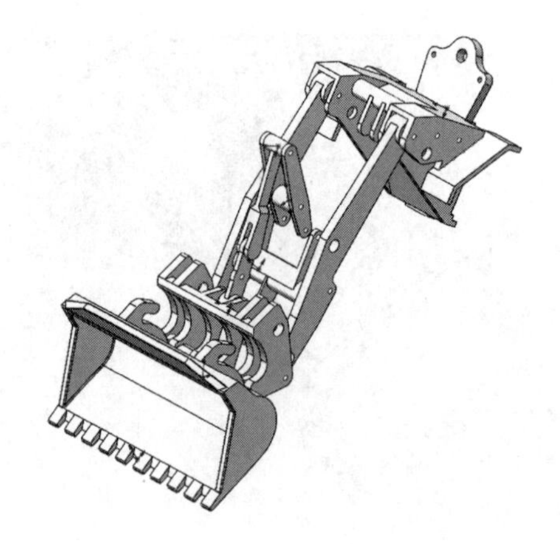

图 13-178　零件旋转结果(4)

(12) 插入连杆 2。选择菜单栏中的“插入”→“零部件”→“现有零件/装配体”命令，或单击“装配体”控制面板中的“插入零部件”按钮，弹出“插入零部件”属性管理器，单击“浏览”按钮，在弹出的“打开”对话框中选择“连杆 2”，将其插入装配界面中，如

Note

图 13-179 所示。

(13) 添加装配关系。选择菜单栏中的“插入”→“配合”命令,或单击“装配体”控制面板中的“配合”按钮,弹出“配合”属性管理器。选择图 13-180 所示的配合面,在“配合”属性管理器中单击“重合”按钮,添加“重合”关系,单击“确定”按钮。选择图 13-181 所示的配合面,在“配合”属性管理器中单击“同轴心”按钮,添加“同轴心”关系,单击“确定”按钮,选择图 13-182 所示的配合面,在“配合”属性管理器中单击“同轴心”按钮,添加“同轴心”关系,单击“确定”按钮,拖动零件旋转到适当位置,如图 13-183 所示。

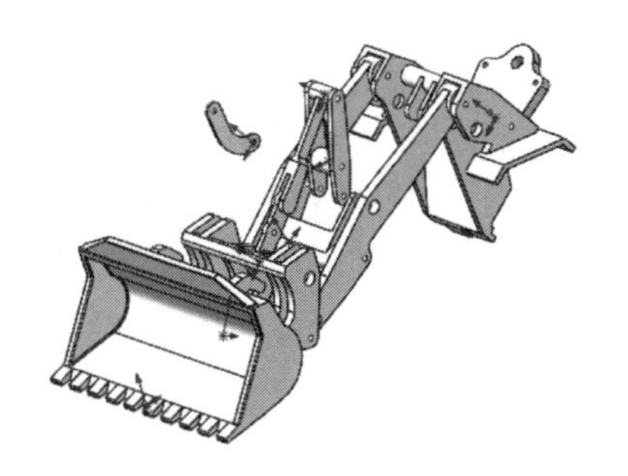

图 13-179　插入连杆 2

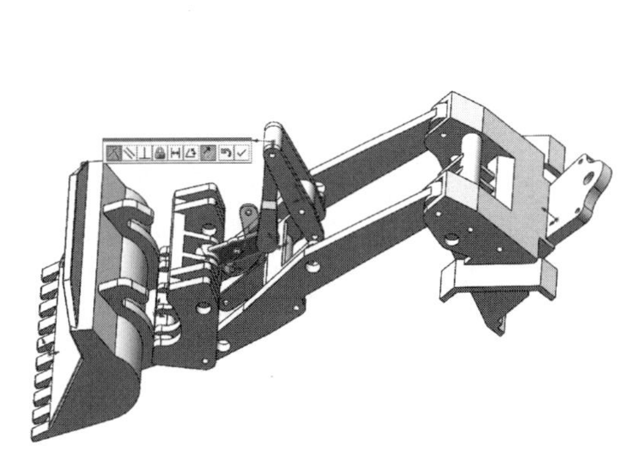

图 13-180　“重合”关系(4)

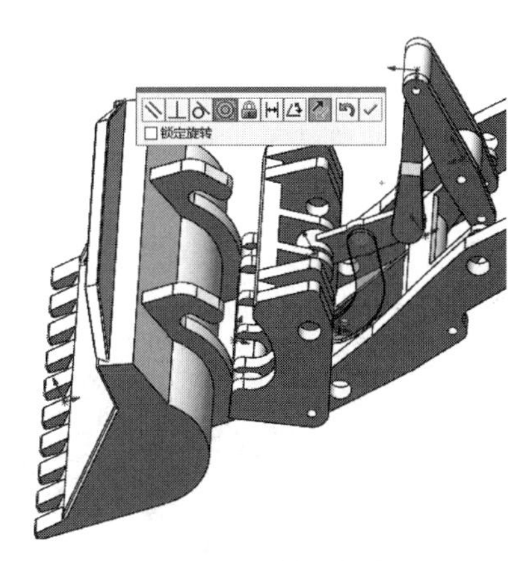

图 13-181　“同轴心”关系(6)

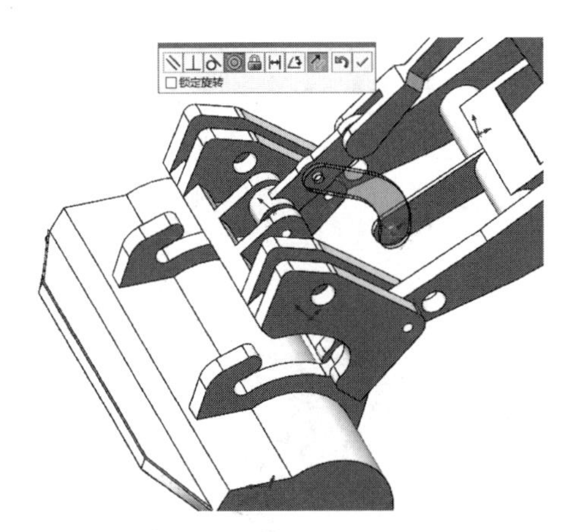

图 13-182　“同轴心”关系(7)

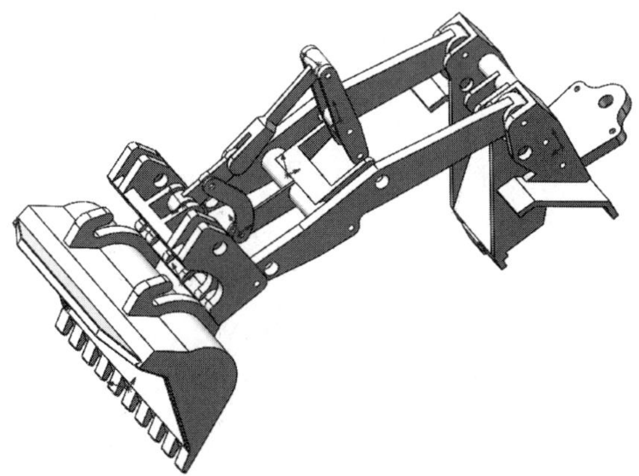

图 13-183　零件旋转结果(5)

(14) 插入液压缸 1。选择菜单栏中的“插入”→“零部件”→“现有零件/装配体”命令,或单击“装配体”控制面板中的“插入零部件”按钮,弹出“插入零部件”属性管理器,单击“浏览”按钮,在弹出的“打开”对话框中选择“液压缸 1”,将其插入装配界面中,

Note

如图 13-184 所示。

（15）添加装配关系。选择菜单栏中的“插入”→“配合”命令，或单击“装配体”控制面板中的“配合”按钮，弹出“配合”属性管理器，如图 13-185 所示。选择图 13-186 所示的配合面，在“配合”属性管理器中单击“距离”按钮，添加“距离”关系，设置距离为 2.50mm，单击“确定”按钮✔。选择图 13-187 所示的配合面，在“配合”属性管理器中单击“同轴心”按钮，添加“同轴心”关系，单击“确定”按钮✔，拖动零件旋转到适当位置，如图 13-188 所示。

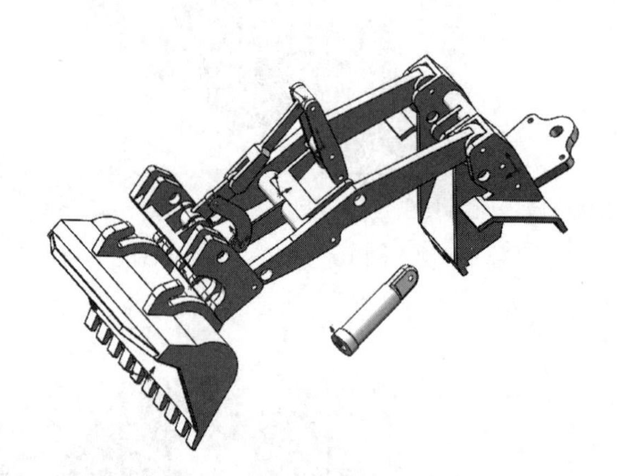
图 13-184 插入液压缸 1

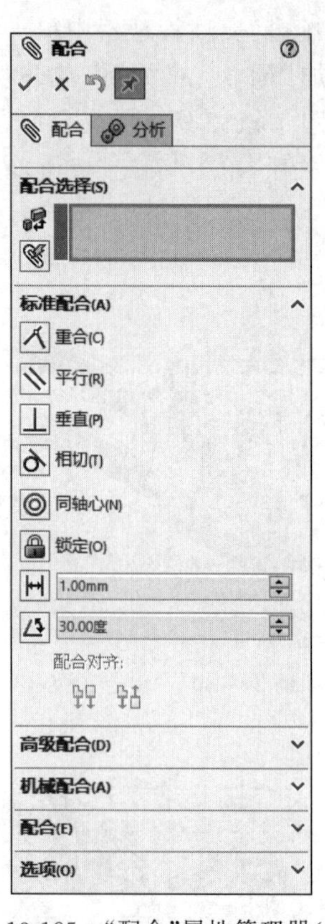

图 13-185 “配合”属性管理器(4)

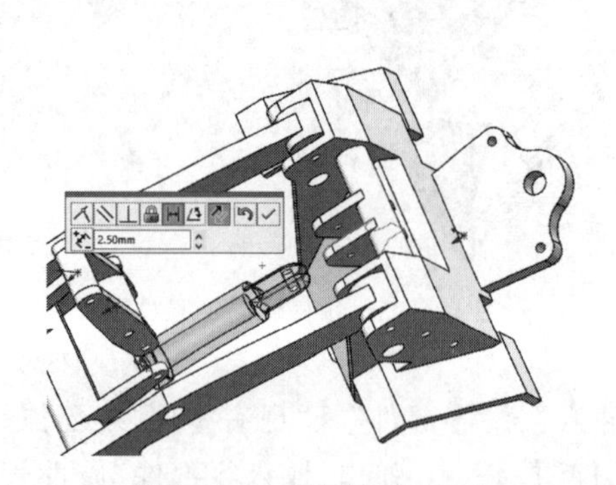

图 13-186 “距离”关系(2)

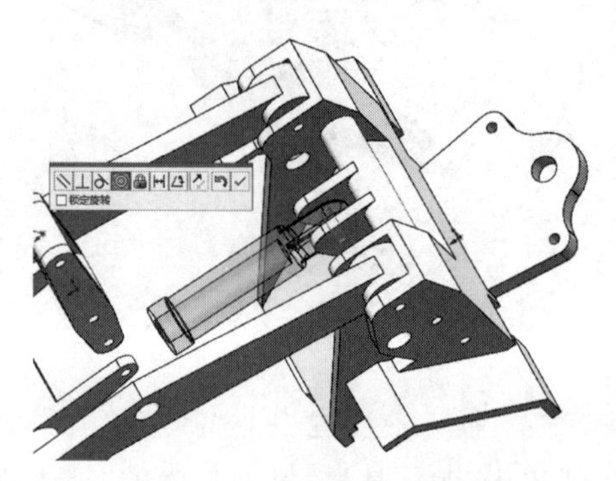
图 13-187 “同轴心”关系(8)

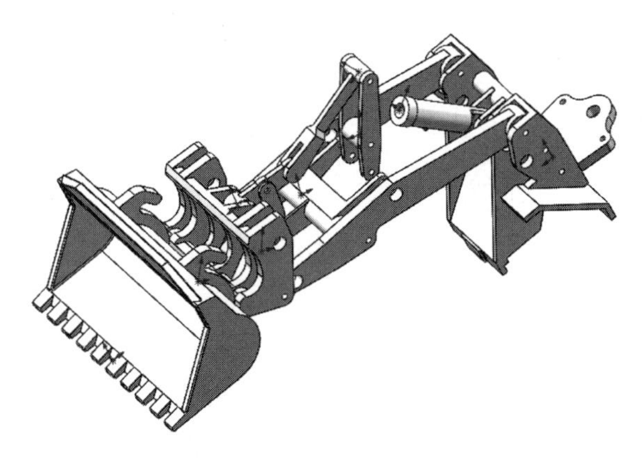

图 13-188　零件旋转结果(6)

(16) 插入液压杆 1。选择菜单栏中的"插入"→"零部件"→"现有零件/装配体"命令,或单击"装配体"控制面板中的"插入零部件"按钮,弹出"插入零部件"属性管理器,单击"浏览"按钮,在弹出的"打开"对话框中选择"液压杆 1",将其插入装配界面中,如图 13-189 所示。

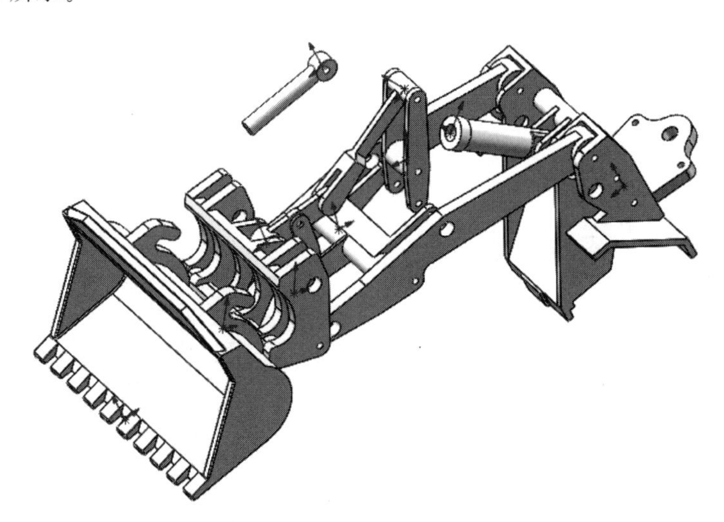

图 13-189　插入液压杆 1

(17) 添加装配关系。选择菜单栏中的"插入"→"配合"命令,或单击"装配体"控制面板中的"配合"按钮,弹出"配合"属性管理器,如图 13-190 所示。选择如图 13-191 所示的配合面,在"配合"属性管理器中单击"同轴心"按钮,添加"同轴心"关系,单击"确定"按钮✔。选择如图 13-192 所示的配合面,在"配合"属性管理器中单击"同轴心"按钮,添加"同轴心"关系,单击"确定"按钮✔。

(18) 插入液压杆 2。选择菜单栏中的"插入"→"零部件"→"现有零件/装配体"命令,或单击"装配体"控制面板中的"插入零部件"按钮,弹出"插入零部件"属性管理器,单击"浏览"按钮,在弹出的"打开"对话框中选择"液压杆 2",将其插入装配界面中,如图 13-193 所示。

Note

图 13-190 “配合”属性管理器(5)

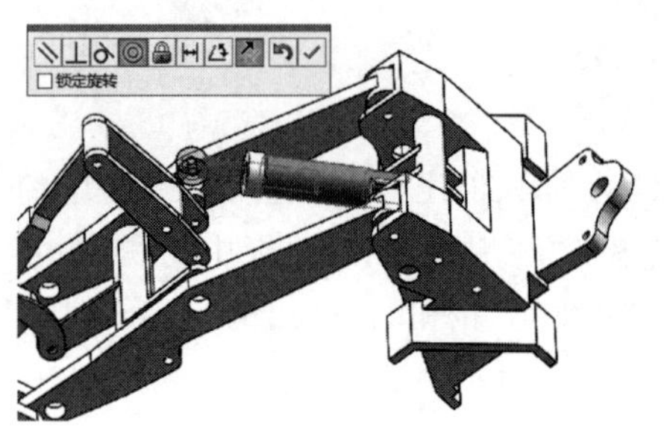

图 13-191 “同轴心”关系(9)

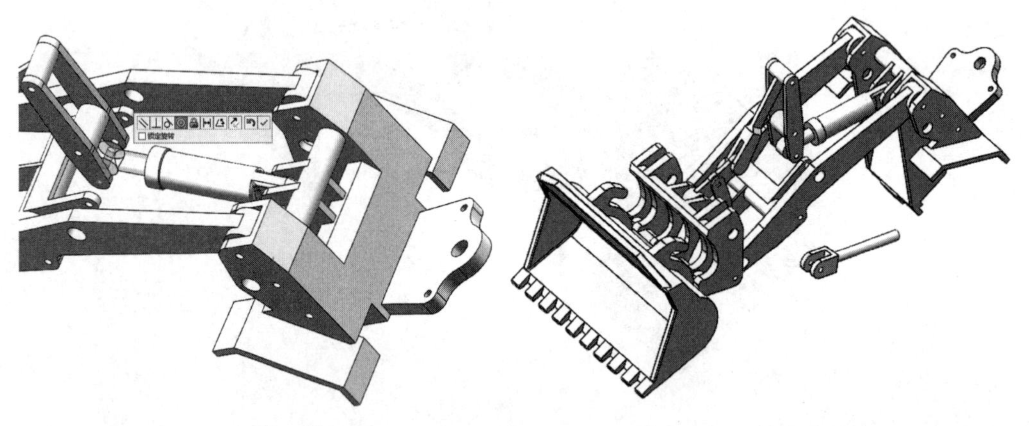

图 13-192 “同轴心”关系(10)

图 13-193 插入液压杆 2

(19) 添加装配关系。选择菜单栏中的“插入”→“配合”命令,或单击“装配体”控制面板中的“配合”按钮,弹出“配合”属性管理器,如图 13-194 所示。选择图 13-195 所示的配合面,在“配合”属性管理器中单击“重合”按钮,添加“重合”关系,单击“确定”按钮✓。选择图 13-196 所示的配合面,在“配合”属性管理器中单击“同轴心”按钮,添加“同轴心”关系,单击“确定”按钮✓。

(20) 插入液压缸 2。选择菜单栏中的“插入”→“零部件”→“现有零件/装配体”命令,或单击“装配体”控制面板中的“插入零部件”按钮,弹出“插入零部件”属性管理器,单击“浏览”按钮,在弹出的“打开”对话框中选择“液压缸 2”,将其插入装配界面中,如图 13-197 所示。

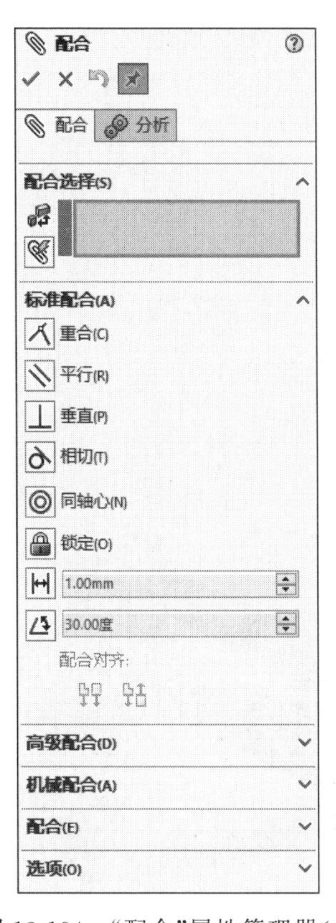

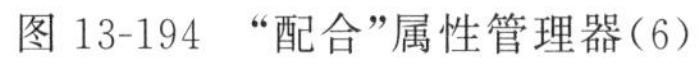
图 13-194　“配合”属性管理器(6)

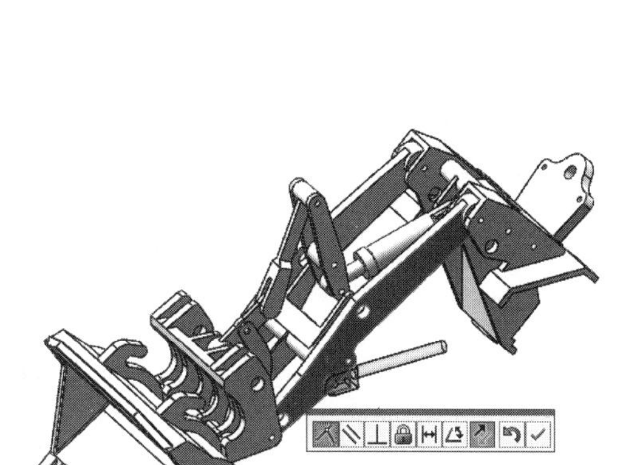
图 13-195　“重合”关系(5)

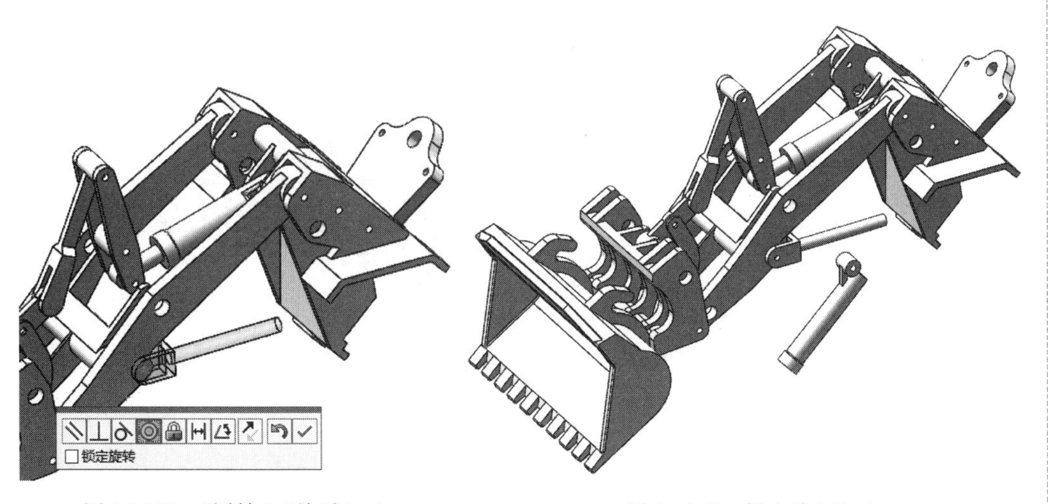

图 13-196　“同轴心”关系(11)

图 13-197　插入液压缸 2

(21) 添加装配关系。选择菜单栏中的“插入”→“配合”命令,或单击“装配体”控制面板中的“配合”按钮,弹出“配合”属性管理器,如图 13-198 所示。选择图 13-199 所示的配合面,在“配合”属性管理器中单击“同轴心”按钮,添加“同轴心”关系,单击“确定”按钮。选择图 13-200 所示的配合面,在“配合”属性管理器中单击“同轴心”按钮

Note

◎，添加“同轴心”关系，单击“确定”按钮✓，拖动零件旋转到适当位置，如图 13-201 所示。

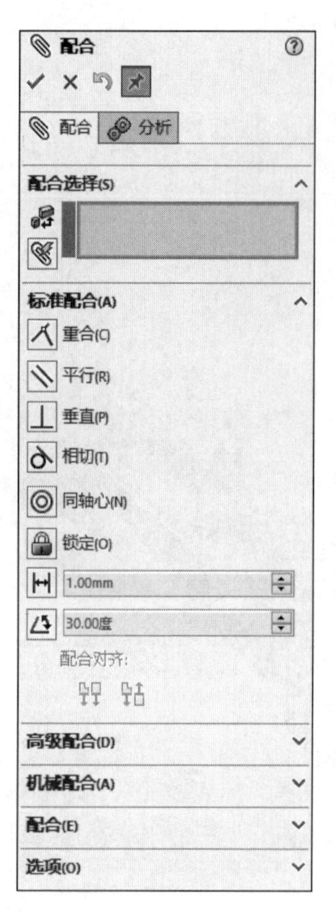

图 13-198 “配合”属性管理器(7)

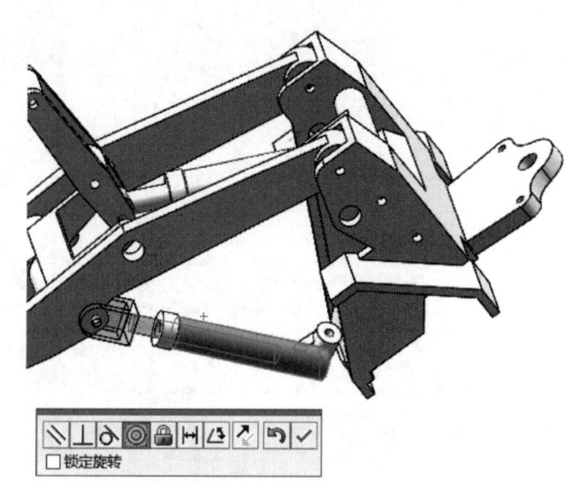

图 13-199 “同轴心”关系(12)

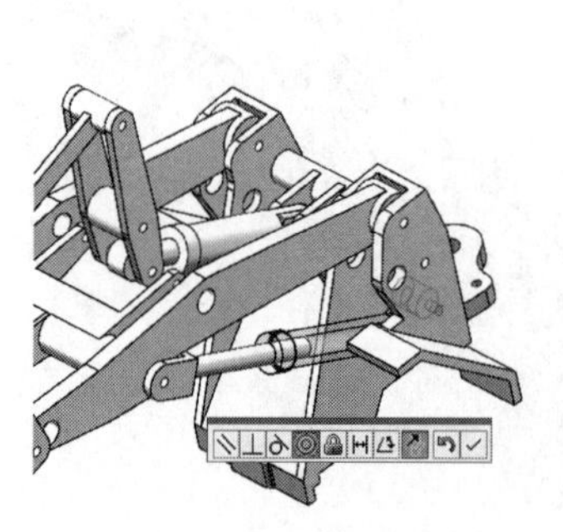

图 13-200 “同轴心”关系(13)

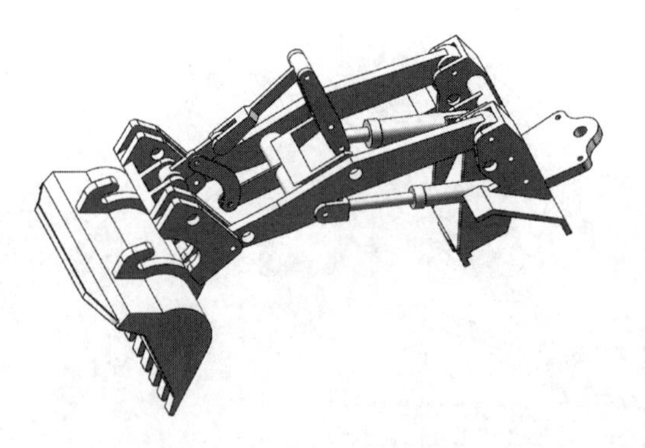

图 13-201 零件旋转结果(7)

(22) 在左侧 FeatureManager 设计树中选择“主连接”零件，利用鼠标左键拖动出“连接件”装配体，并列到设计树列表中。

(23) 旋转装配体。单击“装配体”控制面板中的“旋转零部件”按钮，或者执行“工具”→“零部件”→“旋转”命令，拖动鼠标将各零件旋转到适当角度，如图 13-202 所示。

(24) 插入圆柱连接。选择菜单栏中的“插入”→“零部件”→“现有零件/装配体”命

Note

令，或单击“装配体”控制面板中的“插入零部件”按钮，弹出“插入零部件”属性管理器，单击“浏览”按钮，在弹出的“打开”对话框中选择“圆柱连接”，将其插入装配界面中，如图 13-203 所示。

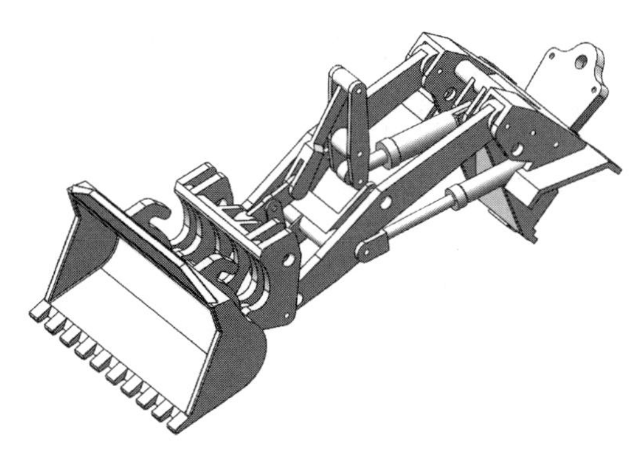

图 13-202　旋转零件

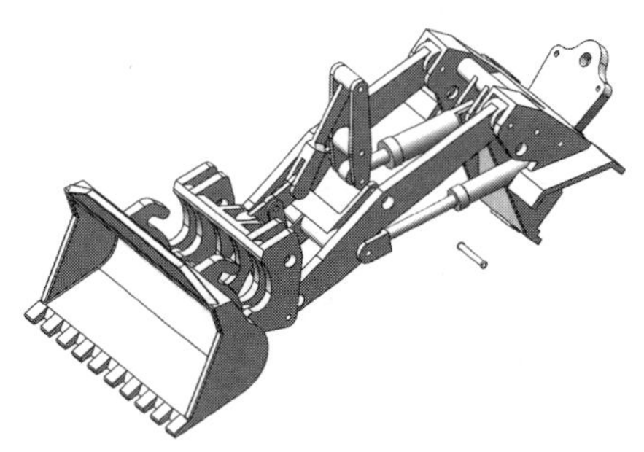

图 13-203　插入圆柱连接

（25）添加装配关系。选择菜单栏中的“插入”→“配合”命令，或单击“装配体”控制面板中的“配合”按钮，系统弹出“配合”属性管理器，如图 13-204 所示。选择图 13-205 所示的配合面，在“配合”属性管理器中单击“同轴心”按钮，添加“同轴心”关系，单击“确定”按钮✔。选择图 13-206 所示的配合面，在“配合”属性管理器中单击“重合”按钮，添加“重合”关系，单击“确定”按钮✔，拖动零件旋转到适当位置。

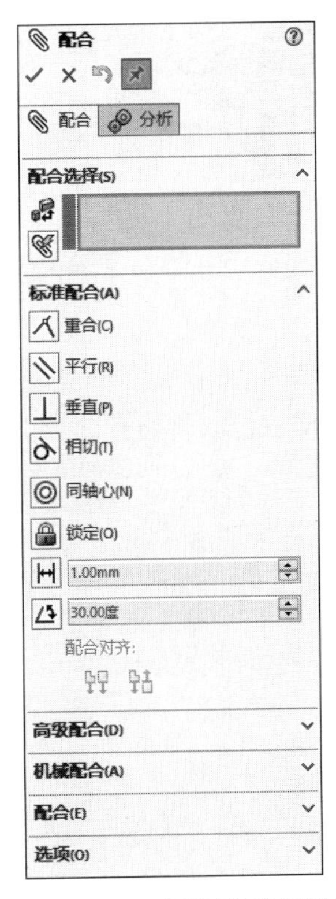

图 13-204　“配合”属性管理器(8)

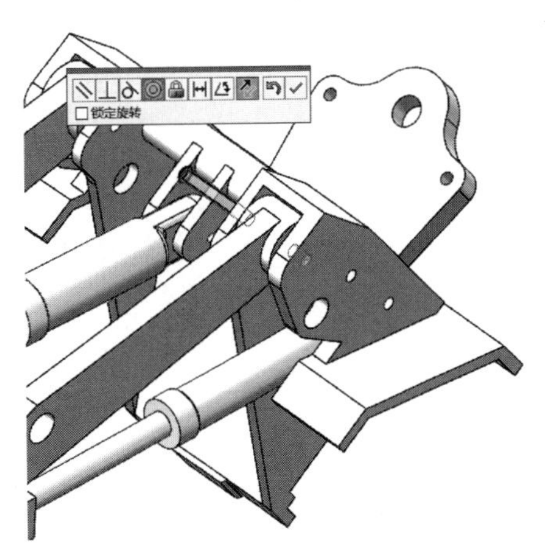

图 13-205　“同轴心”关系(14)

（26）选择菜单栏中的“插入”→“镜像零部件”命令，或者单击“装配体”控制面板上的“镜像零部件”按钮，系统弹出“镜像零部件”属性管理器，如图 13-207 所示。

Note

（27）在“镜像基准面”列表框中，选择前视基准面；在“要镜像的零部件”列表框中选择图 13-207 所示的零件，镜像完成的零部件如图 13-208 所示。

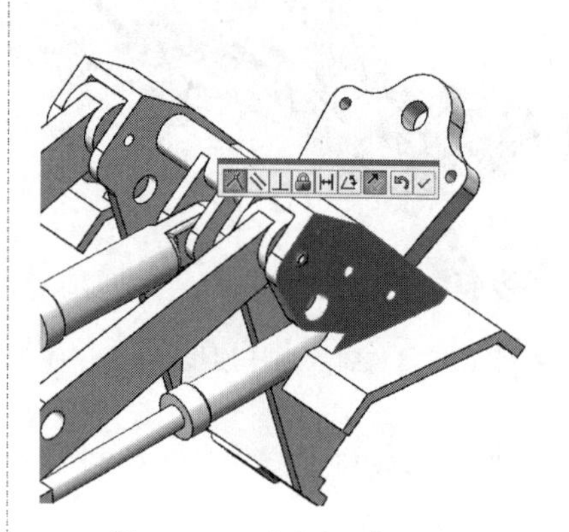

图 13-206　“重合”关系(6)

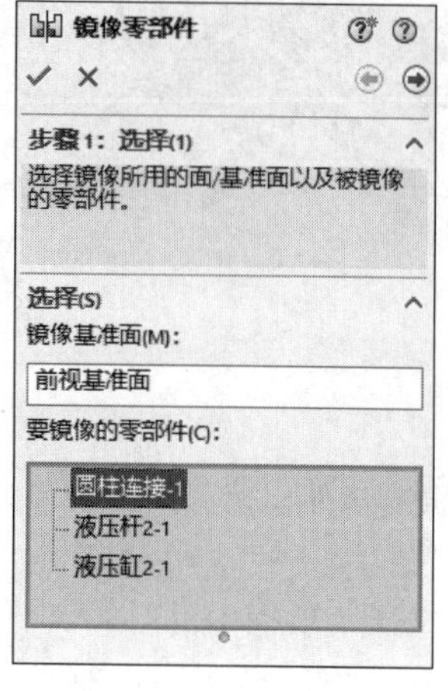

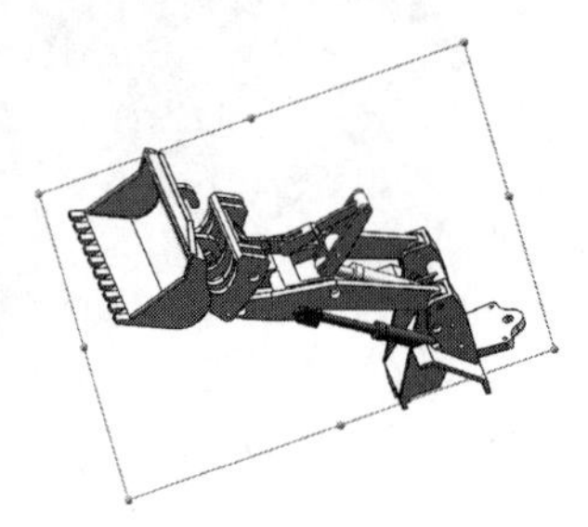

图 13-207　“镜像零部件”属性管理器

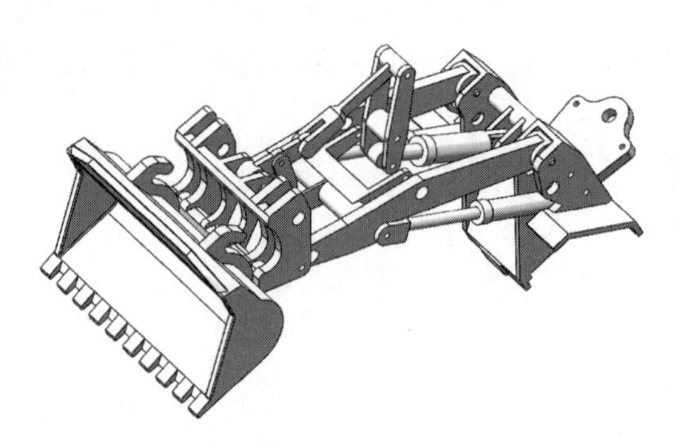

图 13-208　镜像结果

（28）保存文件。选择菜单栏中的“文件”→“保存”命令，将装配体文件保存为“挖掘机总装配体”。

附　录

第1~8届全国成图大赛试题集

二维码索引

Note

Note

Note

Note

Note

Note